YARATILIŞ GERÇEKLİĞİ

~ II. CİLT ~

EVREN VE CANLILARIN YARATILIŞI

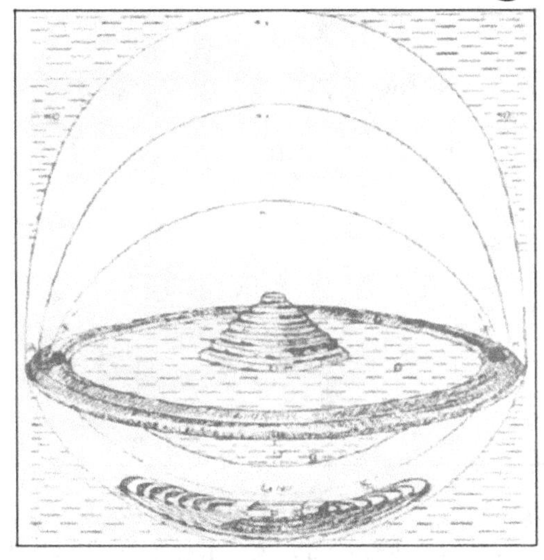

MURAT UKRAY

~ 2009 ~

YARATILIŞ GERÇEKLİĞİ

(II. Cilt)

"EVREN VE CANLILARIN YARATILIŞI"

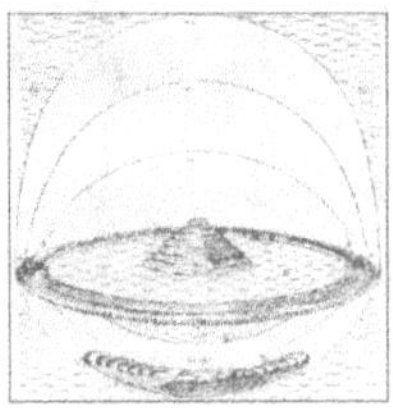

Yazarı (Author): MURAT UKRAY (Turkish Writer)

Sayfa Düzeni ve Grafik Tasarım: E-Kitap Projesi

Yayıncı (Publisher): http://www.ekitaprojesi.com

Baskı ve Cilt (Print): POD (PublishDrive) Inc.

Sertifika No: 45502

İstanbul – Ağustos, 2023

ISBN: 978-625-8196-61-0

eISBN: 978-625-8196-22-1

İletişim ve İsteme Adresi:

E-Posta (e-mail): muratukray@hotmail.com

İnternet Adresi (web): www.kiyametgercekligi.com

Kıyâmet Gerçekliği Külliyâtından

كَوْنُ الْتَّكَآمُل

EVRİM TEORİSİ

&

YARATILIŞ GERÇEKLİĞİ

MURAT UKRAY, 2009

يار اتىلىش گەرچەكليغي

OKUYUCUYA NOT:

*"**Yaratılış** konusunu SORU-CEVAP şeklinde ele aldığımız bu ikinci cildimizde, meselelerin ilmi boyutuna ve derinliğine göre bazı meselelere kısa cevap şeklinde açıklama getirilirken, bazı önemli meseleler uzunca gitmiştir. Bununla beraber, her konunun teferruatına yeterince inilip, meselenin imani boyutuna bakan tahkiki kısmı aydınlatılmaya çalışılmaktadır. Bununla birlikte, herkes her meselenin cevabını tam anlamasa da, hissesiz de kalmaz.*

Yaratılış konusunu ele aldığımız ve sık sık sorulmakla beraber genellikle Felsefeden kaynaklanan bazı kafa karıştırıcı unsurların ve konunun inkarına götüren bazı meselelerin güncel olarak yorumlanmasına çalışılmış, nakli ilimlerin kaynağı olan Kur'an ve Hadis kaynaklı açıklamalarla beraber modern akli ilimlere (Fizik, Kimya, Biyoloji, Organik Kimya, Botanik gibi vs.) dayanan delillerinin araştırmaya dayalı tahkiki kısımlarının verilmeye çalışıldığı bu biyoloji eserimizde, her konuyu genel olarak DÖRT bölüm halinde ele alıp; Yaratılış konusunu en basitten, yani günlük yaşamda sık sık karşılaştığımız felsefi meselelere dayanan sorular ve bunlara ilişkin cevaplardan başlayarak; hücre biyolojisi, canlılığı oluşturan kompleks biyolojik mekanizmalara ve bunlara ilişkin karmaşık meselelere doğru kademeli bir şekilde ilerleyerek; meseleleri, herkesin kendi seviyesine göre anlayacağı bir tarzda inceledik.

Buradaki ana hedef ise, konuya çok vakıf olmayan ve biyolojik meselelerde başlangıç aşamasında olanlara genel bir fikir vermenin yanında; ilerleyen bölümlerde konunun uzmanı olanlar için de, detaylı bir bilgi içeriğinin verilmesidir.. Bu çalışma aynı zamanda, son zamanlarda, özellikle Batı dünyasında yayılan ve Richard Dawkins gibi Materyalist Evrimci bilim adamlarının yayınladığı Yaratılış karşıtı fikirlere ve son zamanlarda yükselişe geçen Materyalist/Ateist çerçevede gelişen yaratılış karşıtı fikirlere de gerçekçi bir cevap niteliğindedir.."

YAZAR HAKKINDA
(About the Author)

MURAT UKRAY

17 Ağustos 1976 tarihinde İstanbul'da doğdu. İlk, orta ve lise öğrenimini İstanbul'da tamamladı. Daha sonra Yıldız Teknik Üniversitesi Elektronik Mühendisliği bölümünde ve aynı üniversitenin fen bilimleri enstitüsünde yüksek lisans öğrenimi gördü. 2000'li yılların başından bu yana, çeşitli yerli ve yabancı kaynaklardan araştırmalar yaparak imanî ve bilimsel konularda çeşitli makaleler ve grafik tasarımları (aralarında Hz. Mevlana, Üstad Bediîüzzaman Saidî Nursî'ye v.b. ait çizimlerin de bulunduğu) eserleri hazırladı. Çocuklar için *"Galaxy"* isimli bir oyun tasarladı. Yazarın, kaotik zaman serileri ve yapay sinir ağlarıyla borsa da tahmin sistemleri üzerine uluslararası düzeyde yayınlanmış bir makalesi ve yayınlanmış iki kitabı vardır. Bunlardan ilki: Kıyamet Gerçekliği, Kur'ân'daki İncil'deki ve diğer bazı ilmî kaynaklardaki kıyametin büyük alâmetlerini içinde bulunduğumuz zamana yönelik açıklamaya ve aydınlatmaya yönelik bir çalışmadır. Kitaba, ayrıca günümüz Türkçe'sini Osmanlı Alfabesine kodlayan bir de Osmanlıca Alfabe konulmuştur. Kitap, bu konuyla ilgili Kur'an âyetleri ve hadislere yönelik batınî bir tefsirdir. İkincisi ise: 5 Boyutlu Rölativite ve Birleşik Alan Teorisi, Plâton'dan günümüze kadar devam eden süreç içerisinde yapılan fizik yasalarını birleştirme çabasına yönelik bir çalışma olup, Kur'ân'ın bazı semavî müteşâbih ayetlerinin tefsirine yönelik, bugüne kadar çeşitli bilim adamları tarafından yapılmış matematiksel ve fiziksel çalışmaları da içerecek şekilde, gözlemleyebildiğimiz maddî evreni matematiksel olarak açıklamaya çalışan zahirî bir tefsirdir. Kitapta, evrenin yapısını ve karadelikleri açıklayan hikmet (fizik) yasaları çeşitli teoremlerle anlatılmakta olup, yüksek bir matematik bilgisi gerektirmektedir. Her iki çalışmanın da amacı iman-ı tahkikînin batınî ve zahirî kutuplarına yöneliktir.

2011 yılında, "İnternette e-kitap yayıncılığı ilkeleri" ve "5-Boyutlu Relativite & Birleşik Alan Kuramı & Quantum Mekaniği"nin birleştirilmesi üzerine iki makale yayımladı. Bu makaleleri büyük ses getirdi ve çoğu kişi web yayıncılığına yöneldi. İkinci makalesindeki fikirlerini, temel Fizik yasalarını en küçük ölçeklerde birleştirmeye çalışan ve halen üzerinde çalışılan "Birleşik Alan Teorisi" isimli eserini 2007 yılında yazmaya başladı. 2000'li yıllardan bu yana, çeşitli yerli ve yabancı kaynaklardan araştırmalar yaparak, Akademik, Web yayıncılığı ve Bilimsel konularda çeşitli Makaleler, Projeler yürütmüş olup, yine çoğu dini araştırmalar olmak üzere, çeşitli Grafik Tasarımları ile Kitap kapakları hazırladı. Bu yüzden, yurtdışında profesyonel yayıncılık için kendine editoryal ve grafik sanatları olarak iki yönlü geliştirerek kuvvetli bir alt yapı hazırladı. Aralarında, 2006 yılında kaleme aldığı ilk eseri "KIYAMET GERÇEKLİĞİ" ve 2007 yılında kaleme aldığı "5-BOYUTLU RELATİVİTE & BİRLEŞİK ALAN TEORİSİ", 2008 yılında kaleme aldığı "İSEVİLİK İŞARETLERİ" ile diğer eserleri olan "YARATILIŞ GERÇEKLİĞİ" (2009), ve yine Mevlanayla ilgili "MESNEVİYYE-İ UHREVİYYE" (2010) (AŞK-I MESNEVİ) ve "ZAMANIN SAHİPLERİ" (2011) isimli otobiyografik roman olmak üzere yayımlanmış toplam 14 türkce kitabı ile çoğu FİZİK ve METAFİZİK konularında olmak üzere, ingilizce olarak yayınlanmış toplam 5 kitap olmak üzere tamamı 19 yayımlanmış eseri vardır..

Yazar, daha sonraki zamanda tüm kitaplarının ismine genel olarak, her biri KIYAMET'i isbat ve ilan etmek üzere odaklandığından "KIYAMET GERÇEKLİĞİ KÜLLİYATI" ismini vermiş, ve 2010 yılından beri zaman zaman gittiği AMERİKA'daki aynı isimde kurmuş olduğu (www.kiyametgercekligi.com) web sitesi üzerinden kitaplarını *sadece* dijital elektronik ortamda, hem düzenli olarak yılda yazmış veya yayınlamış olduğu diğer eserleri de yayın hayatına E-KİTAP ve POD (Print on Demand -talebe göre yayıncılık-) sistemine göre yayın hayatına geçirerek okurlarına sunmayı ilke olarak edinirken; diğer yandan da, projenin SOSYAL yönü olan doğayı korumak amaçlı başlattığı "E-KİTAP PROJESİ" isimli yayıncılık sistemiyle KİTABINI KLASİK SİSTEMLE YAYINLAYAMAYAN "AMATÖR YAZARLAR" için, elektronik ortamda kitap yayıncılığı ile kitaplarını bu sistemle yayınlatmak isteyen PROFESYONEL yayıncılar ve yazarlar için de hemen hemen her çeşit kitabın (MAKALE, AKADEMİK DERS KİTABI, ŞİİR, ROMAN, HİKAYE, DENEME, GÜNLÜK TASLAK) elektronik ortamda yayıncılığının önünü açan E-YAYINCILIĞA başlamıştır. Yazar, halen çalışmalarına İstanbul'da devam etmektedir.

Yazarın yayınlanmış diğer Kitapları:

1- **Kıyamet Gerçekliği** *(Kurgu Roman) (2006)*

2- **Birleşik Alan Teorisi** *(Teori – Fizik & Matematik) (2007)*

3- **İsevilik İşaretleri** *(Araştırma) (2008)*

4- **Yaratılış Gerçekliği- 2 Cilt** *(Biyokimya Atlası)(2009)*

5- **Aşk-ı Mesnevi** *(Kurgu Roman) (2010)*

6- **Zamanın Sahipleri** *(Deneme) (2011)*

7- **Hanımlar Rehberi** *(İlmihal) (2012)*

8- **Eskilerin Masalları** *(Araştırma) (2013)*

9- **Ruyet-ul Gayb (Haberci Rüyalar)** *(Deneme) (2014)*

10- **Sonsuzluğun Sonsuzluğu (114 Kod)** *(Teori & Deneme) (2015)*

11- **Kanon (Kutsal Kitapların Yeni Bir Yorumu)** *(Teori & Araştırma) (2016)*

12- **Küçük Elisa (Zaman Yolcusu)** *(Çocuk Kitabı) (2017)*

13- **Tanrı'nın Işıkları (Çölde Başlayan Hikaye)** *(Bilim-Kurgu Roman) (2018)*

14- **Son Kehanet- 2 Cilt** *(Bilim-Kurgu Roman) (2019)*

15- **Medusa'nın Sırrı** *(Bilim-Kurgu Roman) (2020)*

16- **Çöl Gezegen** *(Bilim-Kurgu Roman) (2021)*

17- **Kabustan Gelen** *(Bilim-Kurgu Roman) (2022)*

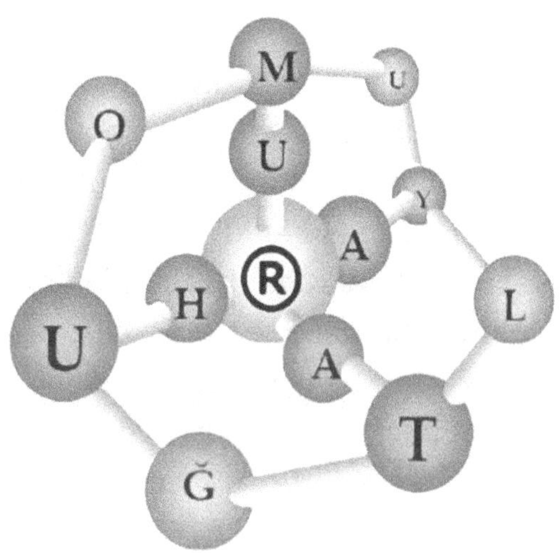

"Hiçbir Canlı varlık yoktur ki, O'nu zikretmesin.."

Kur'an-ı Hakim

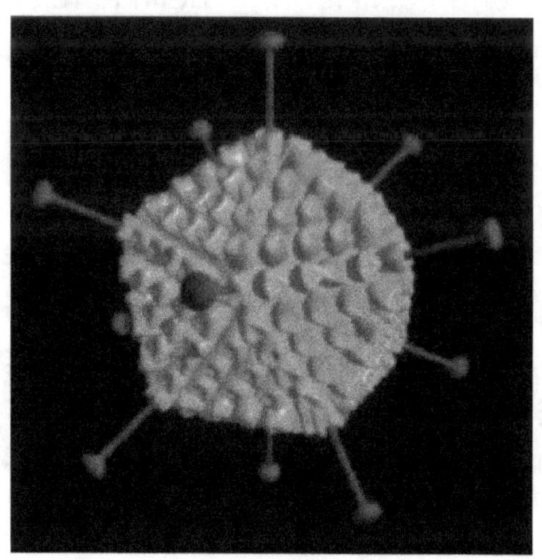

ÖNSÖZ

Yaratılış konusunu SORU-CEVAP şeklinde ele aldığımız bu ikinci

cildimizde, meselelerin ilmi boyutuna ve derinliğine göre bazı meselelere kısa cevap şeklinde açıklama getirilirken, bazı önemli meseleler uzunca gitmiştir. Bununla beraber, her konunun teferruatına yeterince inilip, meselenin imani boyutuna bakan tahkiki kısmı aydınlatılmaya çalışılmaktadır. Bununla birlikte, herkes her meselenin cevabını tam anlamasa da, hissesiz de kalmaz. Yaratılış konusunu ele aldığımız ve sık sık sorulmakla beraber genellikle Felsefeden kaynaklanan bazı kafa karıştırıcı unsurların ve konunun inkarına götüren bazı meselelerin güncel olarak yorumlanmasına çalışılmış, nakli ilimlerin kaynağı olan Kur'an ve Hadis kaynaklı açıklamalarla beraber modern akli ilimlere (Fizik, Kimya, Biyoloji, Organik Kimya, Botanik gibi vs.) dayanan delillerinin araştırmaya dayalı tahkiki kısımlarının verilmeye çalışıldığı bu biyoloji eserimizde, her konuyu genel olarak **DÖRT** bölüm halinde ele alıp;

1- Önce Kur'an ayetleri ışığında yaratış konusunda sıkça gündeme gelen ve evrim teorisi ile benzeri yaratılış karşıtı görüşleri sık sık çatıştıran önemli konu başlıklarını genellikle felsefeden kaynaklanan önemli meselelere soru-cevap şeklindeki açıklamalarla *"Felsefeden Kaynaklanan Yaratılış Meseleleri"* kısmında izah ve isbat getirmeye çalışacağız.

2- Daha sonra, yaratılışı meydana getiren yapılanmaların temellerini teşkil eden moleküler yapıları Organik Kimya biliminden yararlanarak açıklamaya ve canlı bir organizmanın hangi maddelerden teşekkül ettiğini ve nasıl meydana geldiğini basitten karmaşığa doğru detaylı bir şekilde *"Canlılığın Yapıtaşı Hücre ve Organik Kimya"* kısmında inceleyeceğiz.

3- Daha sonra ise, Yaratılışın sürekli ve dinamik olarak yinelenmesiyle meydana gelen doku ve organ topluluklarının sistemli bir şekilde nasıl meydana geldiğini, bunların vücutta hangi fonksiyonları yerine getirdiğini *"Canlılığı oluşturan Organel ve Sistemler"* kısmında inceleyeceğiz. Bu bölüm, eserimizin en geniş kısmını ve esas içeriğini oluşturmaktadır. Eğer iki ciltten oluşan eserimiz, tek bir bölümden ibaret olsaydı, sadece bu bölüm yeterli olabilirdi. Bu yüzden, eserlerimizi sırasıyla takip eden okuyucu, yaratılışın mantığını ve ne kadar mu'cizevi bir olaylar zincirinden meydana geldiğini anlamak için bu bölümü dikkatlice irdelemelidir.

4- En sonda ise, kainattaki Yaratılış delilleri karşısında, akli ilimleri kullanarak tahkiki imana ulaşan bazı batılı bilimadamlarının görüşlerine *"İman Eden Bilimadamlarının Yaratılışla İlgili Görüşleri"* kısmında yer vererek, iki ciltten oluşan çalışmamızı noktalayacağız..

Yaratılış konusunu en basitten, yani günlük yaşamda sık sık karşılaştığımız felsefi meselelere dayanan sorular ve bunlara ilişkin cevaplardan başlayarak; hücre biyolojisi, canlılığı oluşturan kompleks biyolojik mekanizmalara ve bunlara ilişkin karmaşık meselelere doğru kademeli bir şekilde ilerleyerek; meseleleri, herkesin kendi seviyesine göre anlayacağı bir tarzda inceledik. Buradaki ana hedef ise, konuya çok vakıf olmayan ve biyolojik meselelerde başlangıç aşamasında olanlara genel bir fikir vermenin yanında; ilerleyen bölümlerde konunun uzmanı olanlar için de, detaylı bir bilgi içeriğinin verilmesidir. Bu Amaçla konu aralarında modern biyolojinin geldiği son noktalardaki araştırma sonuçlarını içeren çok ileri ilmi biyokimya yaratılış delillerinin verildiği 11 adet **Appendix** (ileri ek bilgi) bölümleri de kitaba eklenmiştir. Bu çalışma aynı zamanda, son zamanlarda, özellikle Batı dünyasında yayılan ve Richard Dawkins gibi Materyalist Evrimci bilim adamlarının yayınladığı Yaratılış karşıtı fikirlere ve son zamanlarda yükselişe geçen Materyalist/Ateist çerçevede gelişen yaratılış karşıtı fikirlere de gerçekçi bir cevap niteliğindedir.. .

İÇİNDEKİLER

**Beni Yetiştiren Kıymetli
BABAANNEM'in, Ve Bu Çalışmada
Bana Manevî Destek Veren,
Üstâdım BEHÂEDDİN MUHAMMED
ŞÂH-I NAKŞİBENDÎ'nin,
Ve O'nun TALEBELERİ'nin,
Ve Kainattaki YARATILIŞ gayesine
göre zikreden BÜTÜN ZİKİR EHLİ'nin,
... ANISINA ...**

VIII. BÖLÜM

FELSEFEDEN KAYNAKLANAN YARATILIŞ MESELELERİ

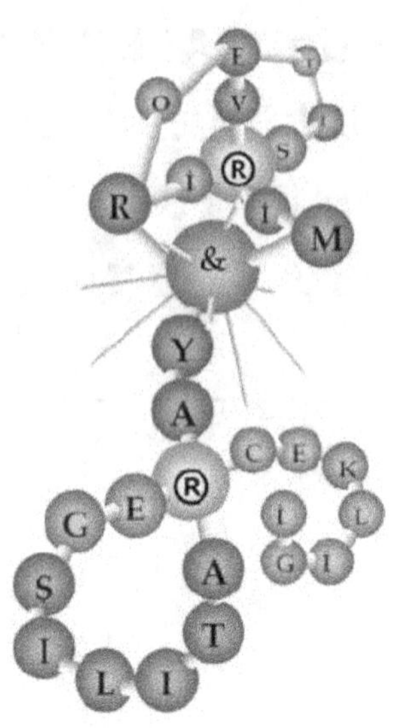

GİRİŞ

بِسْمِ اللهِ الرَّحْمٰنِ الرَّحِيمِ

اَلْحَمْدُ لِلّٰهِ رَبِّ الْعَالَمِينَ وَالصَّلٰوةُ وَالسَّلَامُ عَلٰى سَيِّدِنَا

مُحَمَّدٍ وَعَلٰى اٰلِهِ وَصَحْبِهِ اَجْمَعِين

EY MUALLİM! Kur'ân-ı Hakîmin; Aşağıdaki **YİRMİDOKUZ KEVNÎ MÜTEŞÂBİH** Âyetinden İstifade Ettiğim **KAİNATIN VE CANLILARIN YARATILIŞI** İle İlgili **YİRMİDOKUZ HAKİKATİ; EVRENİN BAŞLANGIÇ ANINDAKİ YARATILIŞI** ve **TEKÂMÜLÜ** ile **CANLI ORGANİZMALARDAKİ HAYATIN İDAME ETTİRİLMESİ VE YENİLENMESİ** İle İlgili **YİRMİDOKUZ SIRRI, YİRMİDOKUZ DELİLİ** ve **YİRMİDOKUZ HAKİKAT** ile; Bunlardan Çıkan ve Felsefeden Kaynaklanan **YİRMİDOKUZ SONUCU;** Tamamı **19⊗6=114 Sûre, 66⊕66=6666 Âyet** Olan **KUR'ÂN-I HAKÎM'in** Üçte birini Teşkil Eden **2222 Yaratılış Âyeti** İçin; **DÖRT BÖLÜM** Halinde **ASTROFİZİK ve BİYOKİMYA** Lisanıyla İfade Edeceğim..

Kim İsterse İstifade Edebilir...

Not: Bu Biyoloji eseri, Kainatın ve Canlıların yaratılış anındaki felsefi meseleleri, Soru-Cevap şeklinde ele alır.

Herkes her meselesini anlamasa da, hissesiz de kalmaz..

اِنَّ فِى خَلْقِ السَّمٰوَاتِ وَالْأَرْضِ وَاخْتِلَافِ الَّيْلِ وَالنَّهَارِ وَالْفُلْكِ الَّتِى تَجْرِى فِى الْبَحْرِ بِمَا يَنْفَعُ النَّاسَ وَمَا أَنْزَلَ اللهُ مِنَ السَّمَاءِ مِنْ مَاءٍ فَأَحْيَا بِهِ الْأَرْضَ بَعْدَ مَوْتِهَا وَبَثَّ فِيهَا مِنْ كُلِّ دَابَّةٍ وَتَصْرِيفِ الرِّيَاحِ وَالسَّحَابِ الْمُسَخَّرِ بَيْنَ السَّمَاءِ وَالْأَرْضِ لَآيَاتٍ لِقَوْمٍ يَعْقِلُونَ

Şüphesiz, göklerin ve yerin yaratılışında, gece ile gündüzün birbiri ardınca gelişinde, insanlara yarar sağlayacak şeylerle denizde seyreden gemilerde, Allah'ın gökyüzünden indirip kendisiyle ölmüş toprağı dirilttiği yağmurda, yeryüzünde her çeşit canlıyı yaymasında, rüzgârları ve gökle yer arasındaki emrine itaat eden bulutları evirip çevirmesinde elbette düşünen bir topluluk için deliller vardır.

(Bakara, 164)

اِنَّ فِي خَلْقِ السَّمٰوَاتِ وَالْأَرْضِ وَاخْتِلَافِ الَّيْلِ وَالنَّهَارِ لَآيَاتٍ لِأُولِى الْأَلْبَابِ

Göklerin ve yerin yaratılışında, gece ile gündüzün birbiri ardınca gelip gidişinde selim akıl sahipleri için elbette ibretler vardır.

(Al-i İmran, 190)

اَلَّذٖينَ يَذْكُرُونَ اللهَ قِيَامًا وَقُعُودًا وَعَلٰى جُنُوبِهِمْ وَيَتَفَكَّرُونَ فٖى خَلْقِ السَّمٰوَاتِ وَالْاَرْضِ رَبَّنَا مَا خَلَقْتَ هٰذَا بَاطِلًا سُبْحَانَكَ فَقِنَا عَذَابَ النَّارِ

Onlar ayaktayken, otururken ve yanları üzerine yatarken Allah'ı anarlar. Göklerin ve yerin yaratılışı üzerinde düşünürler. "Rabbimiz! Bunu boş yere yaratmadın, seni eksikliklerden uzak tutarız. Bizi ateş azabından koru" derler.

(Al-i İmran, 191)

اِنَّ رَبَّكُمُ اللهُ الَّذٖى خَلَقَ السَّمٰوَاتِ وَالْاَرْضَ فٖى سِتَّةِ اَيَّامٍ ثُمَّ اسْتَوٰى عَلَى الْعَرْشِ يُغْشِى الَّيْلَ النَّهَارَ يَطْلُبُهُ حَثٖيثًا وَالشَّمْسَ وَالْقَمَرَ وَالنُّجُومَ مُسَخَّرَاتٍ بِاَمْرِهٖ اَلَا لَهُ الْخَلْقُ وَالْاَمْرُ تَبَارَكَ اللهُ رَبُّ الْعَالَمٖينَ

Şüphesiz sizin Rabbiniz, gökleri ve yeri altı gün içinde (altı evrede) yaratan ve Arş'a yerleşen; geceyi, kendisini durmadan takip eden gündüze katan; güneşi, ayı ve bütün yıldızları da buyruğuna tabi olarak yaratan Allah'tır.

Dikkat edin, yaratmak da, emretmek de yalnız O'na mahsustur. Âlemlerin Rabbi olan Allah'ın şanı yücedir.

(A'raf, 54)

اِلَيْهِ مَرْجِعُكُمْ جَمٖيعًا وَعْدَ اللهِ حَقًّا اِنَّهُ يَبْدَؤُا الْخَلْقَ ثُمَّ يُعٖيدُهُ لِيَجْزِىَ الَّذٖينَ اٰمَنُوا وَعَمِلُوا الصَّالِحَاتِ بِالْقِسْطِ وَالَّذٖينَ كَفَرُوا لَهُمْ شَرَابٌ مِنْ حَمٖيمٍ وَعَذَابٌ اَلٖيمٌ بِمَا كَانُوا يَكْفُرُونَ

Hepinizin dönüşü ancak O'nadır. Allah, bunu bir gerçek olarak va'detmiştir. Şüphesiz O, başlangıçta yaratmayı yapar; sonra, iman edip salih ameller işleyenleri adaletle mükâfatlandırmak için onu (yaratmayı) tekrar eder. Kâfirlere gelince, inkâr etmekte olduklarından dolayı, onlar için kaynar sudan bir içecek ve elem dolu bir azap vardır.

(Yunus, 4)

وَهُوَ الَّذٖى خَلَقَ السَّمٰوَاتِ وَالْاَرْضَ فٖى سِتَّةِ اَيَّامٍ وَكَانَ عَرْشُهُ عَلَى الْمَاءِ لِيَبْلُوَكُمْ اَيُّكُمْ اَحْسَنُ عَمَلًا وَلَئِنْ قُلْتَ اِنَّكُمْ مَبْعُوثُونَ مِنْ بَعْدِ الْمَوْتِ لَيَقُولَنَّ الَّذٖينَ كَفَرُوا اِنْ هٰذَا اِلَّا سِحْرٌ مُبٖينٌ

O, hanginizin amelinin daha güzel olacağı konusunda sizi imtihan için, henüz Arş'ı su üstünde iken gökleri ve yeri altı gün içinde (altı evrede) yaratandır. Böyle iken "Ölümden sonra şüphesiz diriltileceksiniz" desen, inkârcılar "Mutlaka bu, apaçık bir büyüdür" derler.

(Hud, 7)

فَإِذَا سَوَّيْتُهُ وَنَفَخْتُ فِيهِ مِنْ رُوحِى فَقَعُوا لَهُ سَاجِدِينَ

Hani Rabbin meleklere, "Ben kuru bir çamurdan, şekillendirilmiş balçıktan bir insan yaratacağım. Onu düzenleyip içine ruhumdan üflediğim zaman, onun için hemen saygı ile eğilin" demişti.

(Hicr, 28-29)

كُلُّ نَفْسٍ ذَائِقَةُ الْمَوْتِ وَنَبْلُوكُمْ بِالشَّرِّ وَالْخَيْرِ فِتْنَةً وَاِلَيْنَا تُرْجَعُونَ

Her nefis ölümü tadacaktır. Sizi bir imtihan olarak hayır ile de şer ile de deniyoruz. Ancak bize döndürüleceksiniz.

(Enbiya, 35)

يَوْمَ نَطْوِى السَّمَاءَ كَطَيِّ السِّجِلِّ لِلْكُتُبِ كَمَا بَدَأْنَا اَوَّلَ خَلْقٍ نُعِيدُهُ وَعْدًا عَلَيْنَا اِنَّا كُنَّا فَاعِلِينَ

Yazılı kâğıt tomarlarının dürülmesi gibi göğü düreceğimiz günü düşün. Başlangıçta ilk yaratmayı nasıl yaptıysak, -üzerimize aldığımız bir vaad olarak- onu yine yapacağız. Biz bunu muhakkak yapacağız.

(Enbiya, 104)

ثُمَّ خَلَقْنَا النُّطْفَةَ عَلَقَةً فَخَلَقْنَا الْعَلَقَةَ مُضْغَةً فَخَلَقْنَا الْمُضْغَةَ عِظَامًا فَكَسَوْنَا الْعِظَامَ لَحْمًا ثُمَّ اَنْشَأْنَاهُ خَلْقًا اٰخَرَ فَتَبَارَكَ اللّٰهُ اَحْسَنُ الْخَالِقِينَ

Sonra bu az suyu "alaka" hâline getirdik. Alakayı da "mudga" yaptık. Bu "mudga"yı da kemiklere dönüştürdük ve bu kemiklere de et giydirdik. Nihayet onu bambaşka bir yaratık olarak ortaya çıkardık. Yaratanların en güzeli olan Allah'ın şânı ne yücedir!

(Mü'minun, 14)

قُلْ سِيرُوا فِى الْاَرْضِ فَانْظُرُوا كَيْفَ بَدَاَ الْخَلْقَ ثُمَّ اللّٰهُ يُنْشِئُ النَّشْاَةَ الْاٰخِرَةَ اِنَّ اللّٰهَ عَلٰى كُلِّ شَىْءٍ قَدِيرٌ

De ki: "Yeryüzünde dolaşın da Allah'ın başlangıçta yaratmayı nasıl yaptığına bakın. Sonra Allah (aynı şekilde) sonraki yaratmayı da yapacaktır (Kıyametten sonra her şeyi tekrar yaratacaktır). Şüphesiz Allah'ın gücü her şeye hakkıyla yeter."

(Ankebut, 20)

خَلَقَ اللّٰهُ السَّمٰوَاتِ وَالْاَرْضَ بِالْحَقِّ اِنَّ فِى ذٰلِكَ لَاٰيَةً لِلْمُؤْمِنِينَ

Allah, gökleri ve yeri hak ve hikmete uygun olarak yaratmıştır. İşte bunda inananlar için bir ibret vardır.

(Ankebut, 44)

وَهُوَ الَّذِى يَبْدَؤُا الْخَلْقَ ثُمَّ يُعِيدُهُ وَهُوَ اَهْوَنُ عَلَيْهِ وَلَهُ الْمَثَلُ الْاَعْلٰى فِى السَّمٰوَاتِ وَالْاَرْضِ وَهُوَ الْعَزِيزُ الْحَكِيمُ

O, başlangıçta yaratmayı yapan, sonra onu tekrarlayacak olandır. Bu, O'na göre (ilk yaratmadan) daha kolaydır. Göklerde ve yerde en yüce ve eşsiz sıfatlar O'nundur. O, mutlak güç sahibidir, hüküm ve hikmet sahibidir.

(Rum, 27)

فَاَقِمْ وَجْهَكَ لِلدِّينِ حَنِيفًا فِطْرَتَ اللّٰهِ الَّتِى فَطَرَ النَّاسَ عَلَيْهَا لَا تَبْدِيلَ لِخَلْقِ اللّٰهِ ذٰلِكَ الدِّينُ الْقَيِّمُ وَلٰكِنَّ اَكْثَرَ النَّاسِ لَا يَعْلَمُونَ

Hakka yönelen bir kimse olarak yüzünü dine çevir. Allah'ın insanları üzerinde yarattığı fıtrata sımsıkı tutun. Allah'ın yaratmasında hiçbir değiştirme yoktur. İşte bu dosdoğru dindir. Fakat insanların çoğu bilmezler.

(Rum, 30)

مَا خَلْقُكُمْ وَلَا بَعْثُكُمْ اِلَّا كَنَفْسٍ وَاحِدَةٍ اِنَّ اللّٰهَ سَمِيعٌ بَصِيرٌ

(Ey insanlar!) Sizin yaratılmanız ve öldükten sonra tekrar diriltilmeniz, ancak bir tek insanı yaratmak ve diriltmek gibidir. Şüphesiz Allah hakkıyla işitendir, hakkıyla görendir.

(Lokman, 28)

اَلَّذِى اَحْسَنَ كُلَّ شَىْءٍ خَلَقَهُ وَبَدَاَ خَلْقَ الْاِنْسَانِ مِنْ طِينٍ

O ki, yarattığı her şeyi güzel yaptı. İnsanı yaratmaya da çamurdan başladı.

(Secde, 7)

ثُمَّ سَوّٰيهُ وَنَفَخَ فِيهِ مِنْ رُوحِهِ وَجَعَلَ لَكُمُ السَّمْعَ وَالْاَبْصَارَ وَالْاَفْئِدَةَ قَلِيلًا مَا تَشْكُرُونَ

Sonra onu şekillendirip ona ruhundan üfledi. Sizin için işitme, görme ve idrak duygularını yarattı. Ne kadar az şükrediyorsunuz!

(Secde, 9)

وَقَالُوا ءَاِذَا ضَلَلْنَا فِى الْاَرْضِ ءَاِنَّا لَفِى خَلْقٍ جَدِيدٍ بَلْ هُمْ بِلِقَاءِ رَبِّهِمْ كَافِرُونَ

(Kâfirler dediler ki:) "Biz toprakta yok olduktan sonra mı, biz mi yeniden yaratılacakmışız? Hayır, onlar Rablerine kavuşmayı inkâr etmektedirler.

(Secde, 10)

قُلْ يُحْيِيهَا الَّذِى اَنْشَاَهَا اَوَّلَ مَرَّةٍ وَهُوَ بِكُلِّ خَلْقٍ عَلِيمٌ

De ki: "Onları ilk defa var eden diriltecektir. O, her yaratılmışı hakkıyla bilendir."

(Yasin, 79)

خَلَقَكُمْ مِنْ نَفْسٍ وَاحِدَةٍ ثُمَّ جَعَلَ مِنْهَا زَوْجَهَا وَأَنْزَلَ لَكُمْ مِنَ الْأَنْعَامِ ثَمَانِيَةَ أَزْوَاجٍ يَخْلُقُكُمْ فِي بُطُونِ أُمَّهَاتِكُمْ خَلْقًا مِنْ بَعْدِ خَلْقٍ فِي ظُلُمَاتٍ ثَلَاثٍ ذَلِكُمُ اللهُ رَبُّكُمْ لَهُ الْمُلْكُ لَا إِلَهَ إِلَّا هُوَ فَأَنَّى تُصْرَفُونَ

O, sizi bir tek nefisten yarattı. Sonra ondan eşini var etti. Sizin için hayvanlardan (erkek ve dişi olarak) sekiz eş yarattı. Sizi annelerinizin karnında bir yaratılıştan öbürüne geçirerek üç (kat) karanlık içinde oluşturuyor. İşte Rabbiniz olan Allah budur. Mülk (mutlak hâkimiyet) yalnız O'nundur. O'ndan başka hiçbir ilâh yoktur. O hâlde, nasıl oluyor da haktan döndürülüyorsunuz?

(Zümer, 6)

لَخَلْقُ السَّمَوَاتِ وَالْأَرْضِ أَكْبَرُ مِنْ خَلْقِ النَّاسِ وَلَكِنَّ أَكْثَرَ النَّاسِ لَا يَعْلَمُونَ

Elbette göklerin ve yerin yaratılması, insanların yaratılmasından daha büyük bir şeydir. Fakat insanların çoğu bilmezler.

(Mü'min, 57)

فَقَضَاهُنَّ سَبْعَ سَمَوَاتٍ فِي يَوْمَيْنِ وَأَوْحَى فِي كُلِّ سَمَاءٍ أَمْرَهَا وَزَيَّنَّا السَّمَاءَ الدُّنْيَا بِمَصَابِيحَ وَحِفْظًا ذَلِكَ تَقْدِيرُ الْعَزِيزِ الْعَلِيمِ

Böylece onları, iki günde (iki evrede) yedi gök olarak yarattı ve her göğe kendi işini bildirdi. En yakın göğü kandillerle süsledik ve onu koruduk. İşte bu, mutlak güç sahibi ve hakkıyla bilen Allah'ın takdiridir.

(Fussilet, 12)

وَمِنْ آيَاتِهِ خَلْقُ السَّمَوَاتِ وَالْأَرْضِ وَمَا بَثَّ فِيهِمَا مِنْ دَابَّةٍ وَهُوَ عَلَى جَمْعِهِمْ إِذَا يَشَاءُ قَدِيرٌ

Gökleri, yeri ve bu ikisi içinde yaydığı canlıları yaratması, O'nun varlığının delillerindendir. O, dilediği zaman, onları bir araya getirmeye de gücü yetendir.

(Şura, 29)

وَفِي خَلْقِكُمْ وَمَا يَبُثُّ مِنْ دَابَّةٍ آيَاتٌ لِقَوْمٍ يُوقِنُونَ

Sizin yaratılışınızda ve Allah'ın (yeryüzüne) yaydığı her bir canlıda da kesin olarak inanan bir toplum için elbette nice deliller vardır.

(Casiye, 4)

وَالنَّجْمُ وَالشَّجَرُ يَسْجُدَانِ

Gökcisimleri gibi, Bitkiler ve ağaçlar da (Allah'a) boyun eğerler (secde ederler).

(Rahman, 6)

نَحْنُ خَلَقْنَاهُمْ وَشَدَدْنَا أَسْرَهُمْ وَإِذَا شِئْنَا بَدَّلْنَا أَمْثَالَهُمْ تَبْدِيلًا

Onları biz yarattık ve eklemlerini (birbirine) biz bağladık. Dilediğimizde (onları yok eder) yerlerine benzerlerini getiririz.

(İnsan, 28)

عَاَنْتُمْ اَشَدُّ خَلْقًا اَمِ السَّمَاءُ بَنٰيهَا

(Ey inkârcılar!) Sizi yaratmak mı daha zor, yoksa göğü yaratmak mı? Oysa onu eksiksiz bir biçimde Allah kurmuştur.

(Naziat, 27)

اَلَّذٖى خَلَقَ فَسَوّٰى وَالَّذٖى قَدَّرَ فَهَدٰى

O, yaratıp şekillendiren, âhenk veren ve düzene koyan; her şeyi ölçüyle yapıp yönlendiren, istihkam edendir.

(A'la, 2-3)

ESERİN METODOLOJİSİ

Yaratılış konusunu SORU-CEVAP şeklinde ele aldığımız bu ikinci cildimizde, meselelerin ilmi boyutuna ve derinliğine göre bazı meselelere kısa cevap şeklinde açıklama getirilirken, bazı önemli meseleler uzunca gitmiştir. Bununla beraber, her konunun teferruatına yeterince inilip, meselenin imani boyutuna bakan tahkiki kısmı aydınlatılmaya çalışılmaktadır. Herkes her meselenin cevabını tam anlamasa da, hissesiz de kalmaz. Yaratılış konusunu ele aldığımız ve sık sık sorulmakla beraber genellikle Felsefeden kaynaklanan bazı kafa karıştırıcı unsurların ve konunun inkarına götüren bazı meselelerin güncel olarak yorumlanmasına çalışılmış, nakli ilimlerin kaynağı olan Kur'an ve Hadis kaynaklı açıklamalarla beraber modern akli ilimlere (Fizik, Kimya, Biyoloji, Organik Kimya, Botanik, Sitoloji, Histoloji, Fizyoloji, Genetik, İmmunoloji gibi vs.) ve Biyolojinin alt dallarına da nüfuz eden yaratılış delillerinin araştırılmasına yönelik, tahkiki kısımlarının verilmeye çalışıldığı bu biyoloji eserimizde, her konuyu genel olarak ÜÇ bölüm halinde ele aldık:

1- Önce Kur'an ayetleri ışığında yaratış konusunda sıkça gündeme gelen ve evrim teorisi ile benzeri yaratılış karşıtı görüşleri sık sık çatıştıran önemli konu başlıklarını genellikle felsefeden kaynaklanan önemli meselelere soru-cevap şeklindeki açıklamalarla *"Felsefeden Kaynaklanan Yaratılış Meseleleri"* kısmında izah ve isbat getirmeye çalışacağız.

2- Daha sonra, yaratılışı meydana getiren yapılanmaların temellerini teşkil eden moleküler yapıları Organik Kimya biliminden yararlanarak açıklamaya ve canlı bir organizmanın hangi maddelerden teşekkül ettiğini ve nasıl meydana geldiğini basitten karmaşığa doğru detaylı bir şekilde *"Canlılığın Yapıtaşı Hücre ve Organik Kimya"* kısmında inceleyeceğiz.

3- Daha sonra ise, yaratılışın sürekli ve dinamik olarak yinelenmesiyle meydana gelen doku ve organ topluluklarının sistemli bir şekilde nasıl meydana geldiğini, bunların vücutta hangi fonksiyonları yerine getirdiğini *"Canlılığı oluşturan Organel ve Sistemler"* kısmında inceleyeceğiz.

4- En sonda ise, kainattaki Yaratılış delilleri karşısında, akli ilimleri kullanarak tahkiki imana ulaşan bazı batılı bilim adamlarının görüşlerine *"İman Eden Bilim adamlarının Yaratılışla İlgili Görüşleri"* kısmında yer vererek, iki ciltten oluşan çalışmamızı noktalayacağız..

Yaratılış konusunu en basitten, yani günlük yaşamda sık sık karşılaştığımız felsefi meselelere dayanan sorular ve bunlara ilişkin cevaplardan başlayarak; hücre biyolojisi, canlılığı oluşturan kompleks biyolojik mekanizmalara ve bunlara ilişkin karmaşık meselelere doğru kademeli bir şekilde ilerleyerek; meseleleri, herkesin kendi seviyesine göre anlayacağı bir tarzda inceledik. Buradaki ana hedef ise, konuya çok vakıf olmayan ve biyolojik meselelerde başlangıç aşamasında olanlara genel bir fikir vermenin yanında; ilerleyen bölümlerde konunun uzmanı olanlar için de, detaylı bir bilgi içeriğinin verilmesidir.

Bu çalışma aynı zamanda, son zamanlarda, özellikle Batı dünyasında yayılan ve Richard Dawkins gibi Materyalist Evrimci bilim adamlarının yayınladığı Yaratılış karşıtı fikirlere ve son zamanlarda yükselişe geçen Materyalist / Ateist çerçevede gelişen yaratılış karşıtı fikirlere de gerçekçi bir cevap niteliğindedir.. .

FELSEFEDEN KAYNAKLANAN YARATILIŞ MESELELERI

KAİNATIN YARATILIŞ GAYESİ NEDİR?

Cevap: Bu çok geniş konuya girmeden ve Kainattaki yaratılış gayesini anlamadan önce, aşağıda yer alan Kur'an ayetlerine bir göz atalım ve henüz ilk insan durumundaki Adem AS'ın yaratılış gayesini öğrenmeliyiz. Çünkü, ancak bu sayede bir nevi, tüm kainatın hülasası ve maddesinin niçin insan olarak özetlenmiş bir paket hulasa şeklinde yaratılmış olduğunu anlayabiliriz.

اِقْرَأْ بِاسْمِ رَبِّكَ الَّذِى خَلَقَ
خَلَقَ الْإِنْسَانَ مِنْ عَلَقٍ

"Yaratan Rabbinin adıyla oku! O, insanı bir "ALAK" (İnsanın yapısını oluşturan BAŞLANGIÇ MADDESİ, ÖZ, HULASA)'dan yarattı."

(Alak, 1-2)

"Sizi yarattık, sonra size biçim verdik, sonra da meleklere: "Âdem'e secde edin" dedik; hepsi secde ettiler, yalnız İblis, secde edenlerden olmadı. Bunun üzerine, (Allah) buyurdu: "Sana emrettiğim zaman, seni secde etmekten alıkoyan nedir?"

(İblis): "Ben, dedi ki, ben ondan daha hayırlıyım; beni ateşten yarattın, onu ise çamurdan yarattın." Bunun üzerine, (Allah) buyurdu: "Öyleyse oradan in oradan (Cennetten), orada büyüklük taslamak senin haddin değildir. Oradan çık, çünkü sen aşağılıklardansın."

(İblis) dedi ki: (Hiç olmazsa) bana (insanların) tekrar diriltilecekleri güne kadar süre ver." Bunun üzerine (Allah) buyurdu ki: "Haydi sen süre verilmişlerdensin." "Öyleyse, dedi, beni azdırmana karşılık, and içerim ki, ben de onları saptırmak için senin doğru yolunun üstüne oturacağım." "Sonra (onların) önlerinden arkalarından, sağlarından sollarından onlara sokulacağım ve sen, çoklarını şükredenlerden, bulmayacaksın." (Allah) buyurdu ki: "Haydi, sen, yerilmiş ve kovulmuş olarak oradan çık. And olsun ki, onlardan sana kim uyarsa, (bilin ki) sizin hepinizden (sana uyanlarla) Cehennemi dolduracağım."

Sonra Allah, Âdem'e hitab etti: "Ey Âdem! Sen ve eşin Cennette durun, dilediğiniz meyveden yiyin; fakat şu ağaca yaklaşmayın, yoksa zalimlerden olursunuz." Derken İblis onların, kendilerinden gizli kalan çirkin yerlerini kendilerine göstermek için onlara şöyle fısıldadı:

"Rabbiniz, başka bir sebepten dolayı değil, sırf ikiniz de birer melek ya da Cennette ebedî kalıcılardan olursunuz diye sizi şu ağaçtan men etti." dedi. Ve sonra da onlara: "Elbette ben size öğüt verenlerdenim." diye de yemin etti. Böylece onları aldatarak aşağı sarkıttı (önceki mevkilerinden indirdi). Ağacın meyvesini tadınca, çirkin yerleri kendilerine göründü ve cennet yapraklarını üst üste yamayıp üzerlerini örtmeğe başladılar. Rableri onlara seslendi:

"Ben sizi o ağaçtan men etmedim mi ve şeytan size apaçık düşmandır, demedim mi?"

Dediler ki: "Ey Rabbimiz! Biz kendimize zulmettik, eğer bizi bağışlamaz ve bize rahmetinle muamele etmezsen muhakkak ziyana uğrayacaklardan oluruz!"

Bunun üzerine (Allah) buyurdu ki:

"Birbirinize düşman olarak inin, sizin yeryüzünde bir süreye kadar kalıp geçinmeniz gerekmektedir."

"Orada yaşayacaksınız, orada öleceksiniz ve yine oradan (dirilip) çıkarılacaksınız!" dedi.

Ey Âdemoğulları, size çirkin yerlerinizi örtecek giysi, süslenecek elbise indirdik. Hayırlı olan, takva elbisesidir. İşte bunlar, Allah'ın âyetlerindendir, belki düşünüp öğüt alırlar.

Ey Âdemoğulları. Şeytan, ana babanızı, çirkin yerlerini onlara göstermek için elbiselerini soyarak cennetten çıkardığı gibi, sizi de (şaşırtıp) bir belaya düşürmesin! Çünkü o ve kabilesi, sizin onları göremeyeceğiniz yerden sizi görürler. Biz, şeytanları, inanmayanların dostu yaptık."

(A'raf, 11-27)

"Andolsun ki biz insanı kuru bir çamurdan, şekillenmiş bir balçıktan yarattık. Cinleri de daha önce insan vücudunun gözeneklerinden geçebilen güçlü bir ateşten yarattık. Ey Peygamber! Rabbinin meleklere şöyle dediğini hatırla: "Ben, kuru balçıktan, şekil verilmiş kokuşmuş çamurdan bir insan yaratacağım." Ben, onun yaratılışını tamamladığım ve ona ruhumdan üflediğim zaman, siz hemen onun için secdeye kapanın." Bunun üzerine meleklerin hepsi birden secde ettiler. Yalnız İblis hariç. O secde edenlerle beraber olmaktan çekinmişti.

Allah buyurdu ki: "Ey İblis! Ne oluyor sana da, secde edenlerle beraber olmuyorsun?" İblis şöyle dedi: "Kuru bir çamurdan, şekillenmiş bir balçıktan yarattığın bir insana secde edemezdim." Allah şöyle buyurdu: "Öyle ise oradan çık! Sen, artık kovulmuş birisin." "Kıyamet gününe kadar lanet senin üzerindedir." İblis: "Rabbim! Öyle ise insanların kabirlerinden kaldırılacakları güne (kıyamete) kadar bana mühlet ver" dedi. Allah buyurdu ki: "Sen mühlet verilenlerdensin." "Allah katında bilinen vaktin gününe kadar.."

İblis şöyle dedi: "Rabbim! Beni saptırdığın için, mutlaka ben de yeryüzünde onlara günahları süsleyeceğim ve onların hepsini mutlaka azdıracağım!" "Ancak içlerinden ihlaslı kulların müstesnâdır." Allah şöyle buyurdu: "İşte bana ulaşan dosdoğru yol budur." "Sana uyan azgınlardan başka, kullarımın üzerinde hiçbir nüfuzun yoktur." "

(Hicr, 26-42)

KAİNATTAKİ GAYELİ VE PLANLI YARATILIŞIN AMACI NEDİR?

Cevap: Söz gelişi, güneşin orada, yerkürenin burada bulunuşu ve belli bir süratle dönmeleri, gayeli bir davranış mıdır? Plânlanmış bir hareket midir? Yoksa, gelişigüzelliğin bir sonucu mudur? Yeryüzünün hâkimi olan insan, acaba bir takım tesadüf ve rastlantıların ürünü müdür? Yoksa, belirli bir gayeye göre bir Yaratıcı tarafından plânlı olarak mı yaratılmıştır? Varlıkların plânlı Yaratılmış olabileceğini ifade etmek, 'bilimsel' bir düşünce tarzı değil midir?

İnsanlık tarihi kadar eski olan bu sorulara cevap bulma gayreti, değişik düşünce akımlarını doğurmuştur. "Felsefi fikirler" olarak ifade edebileceğimiz bu görüşler, iki ana grup altında değerlendirilebilir:

Birincisi, tesadüf ve rastlantıları esas alan ve bir yaratıcının varlığını kabul etmeyen düşünce tarzı,

Diğeri ise, her bir varlığın gayeli yaratıldığını kabul eden görüş.

Günümüzün evrim felsefesinin temelini teşkil eden tesadüfçü görüş, Milattan Önce 5. asırda Leucippus ve Democritus'la başlamış, değişik versiyonlar ve adlar altında günümüze kadar ulaşmıştır. Bu felsefi düşünceye göre, canlıların yapısında, bir gayeyi, bir plânı araştırmak gereksizdir. Meselâ, gözler görmek için yaratılmamış, şans eseri oluşmuştur. Canlı, şans eseri ona bir defa sahip olduğunda görmemesi imkânsızdır.

Bu yüzden, tabiattaki gözle görünen açık intizamın ve ahengin temel sebebi şans ve ihtiyaçlardır. İlk insan Hz. Âdem'den itibaren gayeliliği esas alan düşünce sistemine göre ise, hiçbir şeyin başıboş ve tesadüf eseri olmadığı, bütün varlıkların belirli bir gaye ve hedefe göre plânlanarak yaratıldığı belirtilir.

Günümüzde buna "**Plânlı Tasarım**" deniyor. Amerikalı Biyokimyacı Michael Behe'nin öncülük yaptığı bu görüş, **Darwin'nin Kara Kutusu** (Darwin's Black Box) kitabıyla şöhret buldu. Darwin Teorisine alternatif olarak ileri sürülen bu görüşe göre, Darwin zamanında hücrenin içini bilinmeyen bir "**Kara Kutu**" olduğu, hücrenin detayları anlaşıldıkça, burada "*çok kompleks bir tasarımın*" bulunduğuna dikkat çekiliyor. Behe'ye göre, canlılardaki kompleks sistemlerin doğal seleksiyon ve mutasyonla, yani bilinçsiz mekanizmalarla ortaya çıkması imkânsızdır. Bu durum, hücrenin bilinçli bir şekilde tasarlandığını göstermektedir. Yaratılış ve gayeliliği savunanlar; atomun etrafında saniyede 50 bine yakın devir yapan elektronun, bir an bile tesadüfle ve başıbozuklukla hareket edemeyeceğini belirtilirler. Elektronların gelişi güzel hareket ettiği farz edilse, o elektronun hızla yörüngesinden fırlayarak, diğer atom sistemlerinin parçalanmasına ve neticede zincirleme atom reaksiyonlarıyla bir anda kâinatın atom bombası gibi infilak edebileceğine dikkati çekerler.

Böylece, bir atom ve elektron hareketinin dahi başıboş ve tesadüf eseri olamayacağını nazara verirler. Dolayısıyla, bütün varlıkların sonsuz bir kudret ve ilim sahibi tarafından plânlı ve gayeli yaratılıp idare edildiğini nazara alırlar. Materyalist felsefeyi savunan evrimcilerin en çok üzerinde durdukları konulardan birisi, varlıkların plânlı ve maksatlı yaratılmış olduklarını ileri sürmenin 'bilimsel' olmadığı, böyle bir düşüncenin 'dogmatik' olduğu ve tartışılamayacağı iddialarıdır. Niçin bu iddialarında ısrarlıdırlar? Çünkü Selimiye'yi kabul edip, Mimar Sinan'ı kabul etmemek mümkün değildir. Ya da Selimiye camiindeki şuursuz ve cansız taşların sanki her bir taş yanındaki arkadaşını, birleşme noktalarını, aradaki birleşme malzemesi olan karışımları, harçları ve istinad noktalarını oluşturan bağlantıları, kemerleri bilip tanıyor ve ona göre bir vaziyet ve şekil alıyor ve tüm cami bu şekilde ayakta tutulabiliyor gibi farzeden gayet imkan dışı ve safsata bir görüştür.

Dolayısıyla, "**Selimiye Camii'ni bir ustanın yapmış olmasını düşünmek bilimsel değildir**" deyip mantıklı düşünmenin önü kesiliyor ve her şey tesadüfe veriliyor. Tesadüfen basit bir çorba bile oluşmazken, dünyadaki sonsuz sayıdaki varlıkların tesadüfen meydana geldiğini kabul, onlara göre, bilimsel bir düşünce tarzı oluyor! Halbuki, Göze sadece bir araç olan bir **Gözlüğün ustası varsa, gözün tesadüf eseri oluşması düşünülebilir mi! Veya bunu böyle farzedene mantıklı bir insan denilebilir mi?** Aslında plânsız ve tesadüflerin ürünü bir varlığı incelemek yerine, plânlı tasarımın bulunduğunu bilerek araştırmanın çok daha mantıklı ve araştırma ruhunu kamçılayıcı olduğunu onlar da kabul ediyor. Ama maalesef, materyalist düşünceye olan dogmatik yaklaşım, mantıklı düşünmeye de ket vuruyor. Bir insanın kullandığı gözlüğün mutlaka bir ustasının olduğu ve bunun bir gayeye göre ve ölçülü yapıldığında herkes hemfikirdir. Ama gözün yapısına gelince, o tesadüfe veriliyor! Dolayısıyla bu şekilde, **Bir ilah yerine sayısız ilah kabul edilmiş oluyor.**

Halbuki tüm kainattaki cansız atom ve moleküller toplansa, onlara şuur ve idrak yeteneği verilmeden ve bir yaratıcısı olmadan **Gözün tek bir hücresini dahi oluşturmaları mümkün değildir ve akıl dışı bir safsatadır.** Dolayısıyla, her saniyede binlerce değişik ve planlı reaksiyonların cereyan ettiği tek bir hücreyi, bu materyalist felsefeye göre, bu hücrenin içersindeki DNA molekülleri idare etmektedir.

Üstelik bunlar 'akıllı moleküller' olarak adlandırılır. **Bu moleküller hücrenin en ince ayrıntılarına kadar her şeyi bilecek, o canlının geçmiş ve geleceğini kavramış olacak olması gerekir.** Tabiî bu da yetmez, gerekli icraatları yapacak, hücreler arasındaki organizasyonu sağlayacak kudrete sahip bulunacak. Velhasıl, bu moleküller bir ilah kadar ilim, irade ve kudrete sahip olmalıdır.

İlginçtir ki, böyle bir düşünceyi savunanlar, bir ilahı kabul etmeyip, atom ve moleküller adedince ilahları kabule mecbur kalıyorlar. İşin garibi, tek ilahı kabul ederek meseleye yaklaşım bilimsel bir düşünce tarzı olmadığı gerekçesiyle hemen reddediliyor. Ama her bir atoma veya moleküle bir ilah kadar görev yüklemek, tek ilmi düşünce sistemi olarak takdim edilmekten çekinilmiyor. Bize de, **"Bu kadarına da pes doğrusu"** demek düşüyor.

SORU VE CEVAPLARLA YARATILIŞ

Soru: Yaratılış görüşü nedir? Yaratılış, değişimi kabul etmez mi? Yaratılış nasıl gerçekleşmiştir? Yaratılış devam etmekte midir?

Cevap: Bu sorulara cevap verme hakkı ve görevi, dinlerindir. Çünkü yaratma olayı Allah tarafından gerçekleştirilen bir hadisedir. Dolayısıyla Yaratılış görüşüne dinlerin sahip çıkması gayet normaldir. Diğer taraftan yaratılışçılar, Evrim Teorileri'nin izaha çalıştığı ana problemleri, kendilerinin de açıklayabileceğini ve hatta bu izahlarında evrim görüşlerine göre daha isabetli ve haklı olduklarını ileri sürmektedirler. Bunlar hiçbir canlının kendini plânlayıp yapamayacağına dikkati çekerler. Evrende atomdan galaksilere kadar her şeyin son derece düzenli, plânlı ve programlı yer aldığını, varlıkların kâinatta bu dengeli yerleşiminin, sonsuz bir güç, sonsuz bir ilim ve irade ile mümkün olduğunu belirtirler. Son yüzyıl içinde Yaratılış görüşü, ilmin verilerine uygun, "evrimin alternatifi" olarak detaylı bir şekilde ortaya konamamıştır. Dolayısıyla, ancak Evrim Teorileri'ne karşı reaksiyoner bir duruma düşülmüş ve umumiyetle bu teorilerin kendi görüşlerini ispat için kullandıkları deliller çürütülmeye çalışılmıştır. Ancak son 10 yıl içerisinde moleküler sahada ve özellikle hücre bazında cereyan eden biyolojik olayların çok karmaşık ve komplike reaksiyonları gerektirdiğine, bunun da önceden tasarlanmış ve plânlanmış olaylar olduğuna ve bu tasarımı yapanın ancak bir sonsuz bir ilim ve kudret sahibi tasarımcının olması gerektiği ya da bir Yaratıcı'nın bulunduğuna dikkat çekilmektedir. Dinden gelen tepkiler, genelde Hristiyanlığın varlık ve yaratılış konusundaki kaynaklarına dayanıyordu. Hâlbuki bu kaynakların semavi sağlamlıkları şüpheli olduğundan delil ve iddiaları da tatmin edici değildi ve zayıf bir reaksiyondan ileri gidememişti. Bu bakımdan ilim çevrelerinden de fazla rağbet görmedi.

Şunun da belirtilmesi gerekir ki, Yaratılış görüşünün takdim edilişinde, sınırlarının tespitinde, detaylarının izahında, biyolojik olayların ve özellikle varyasyonun yorumlanmasında, üzerinde birleşilmiş ve herkesin aynı şekilde anladığı bir yaratılış modeli yoktur. Bunda, evrim terminolojisinin yanlış anlaşılmasının da büyük payı vardır. Hristiyan din adamları ve Yaratılış görüşünü savunan Hristiyan bilim adamları, özellikle yüksek yapılı varlıkların bir anda bütün mükemmeliyetiyle ortaya çıktığını savunurlar. *"Aşamalı değişim"* adı verilen tedricî gelişimin olmadığını, zira böyle bir kabulün "yaratma" kavramına aykırı düştüğünü farz ederler. Dolayısıyla Yaratıcı daima vasıtasız olarak ve kısa zaman aralıklarıyla birdenbire yaratmaktadır. Bunun bir sonucu olarak, modern bilimsel verilerin de elde ettiği sonuçlara göre, bütün türler birbirlerinden bağımsız olarak ani şekilde ortaya çıkmışlardır. Fakat zamanla bunların bir kısmı hayat sahnesinden çekilmiş, onun yerini yenileri almıştır. İlk canlının meydana gelişi, dünyanın yaşı ve Tufan Olayı'nın yorumlanması gibi hususlar, özellikle Hristiyan kaynaklarda tahriften dolayı doğruluğu şüpheli olan bilgilerle savunulmaya çalışılmıştır.

Oysa Dinler, vahye ve hadislere dayanırlar. Bu iki kaynaktan elde edilen bilgilerde şüphe olmadıkça, Yaratılış görüşünün şekillenmesinde başvurulacak asıl kaynaklardır. Bilindiği gibi Hristiyanlık ve Yahudilik, kaynak sağlamlığı bakımından güvenilir olmaktan çok uzaktır. Üstelik İncil ve Tevrat içerisinde Kainatın yaratılışı, Cennet ve Cehennem, Ahiret hayatı gibi konuların detaylarına çok fazla girilmemekte, sadece kısa açıklamalarla geçiştirilmektedir. Dolayısıyla bu kapalı ifadeler de yoruma açık bir hale gelerek Hristiyan bilim adamları için başvuru kaynağı olamamaktadır. Bu kaynaklar, değiştirildikleri için orijinal yorumlarını kaybetmişlerdir. Kaynak sağlamlığı bakımından İslâm dini ise diğerlerinden çok farklıdır. Bu dinin kaynakları zamanımıza kadar titizlikle muhafaza edilmiştir. O hâlde, yaratılış konusunda şüphelerden uzak ve tereddütlere yer vermeyen, daha gerçekçi izah tarzlarını İslâmî kaynaklarda bulacağımızı umabiliriz. Ancak İslâm âleminde Batı ve Yunan felsefesinin büyük tesiri sebebiyle yaratılış konusu farklı açılardan yorumlanmıştır. Dolayısıyla bu fikirlerin de tarihî seyir içinde gözden geçirilmesinde fayda vardır.

Soru: Varlıklar nasıl ortaya çıkmıştır?

Cevap: Varlıkların ortaya çıkışıyla ilgili ileri sürülen değerlendirmeleri dört grupta toplamak mümkündür. Bunlar;

1- Eşyanın, kendi kendine var olduğu görüşü,

2- Sebeplerin o şeyi vücuda getirdiğini kabul eden görüş,

3- Tabiatın, o varlığın teşkilinde rol oynadığı görüşü,

4- Varlıkların, ilim, irade ve kudret sahibi birisi tarafından vücuda getirildiği görüşü.

Bu ihtimalleri test edebilmek için, tahtaya bir varlığın ismini yazalım. Meselâ, bu **"murad"** olsun. Şimdi, bu beş harfli yazının tahtaya, yani varlık aynasına nasıl yazılmış olabileceğini düşünerek, yukarıdaki ihtimaller ile ayrı ayrı değerlendirelim:

1-Eşyanın, kendi kendine var olduğu görüşü

Tahtadaki **"murad"** kelimesinin, kendi kendini yazması imkânsızdır. Bu beş harfli kelimelerin kendilerini yazmış olduğunu hiçbir kimseye inandırmak mümkün olamaz. Kaldı ki, bu beş harfin kendi kendine olabilmesi için, öncelikle kendileri mevcut olmalıdır. Başlangıçta yok olan bir şeyin önce yokluk aleminden varlık alemine getirilmesi gerekir. Mevcut olmayan bir şey, nasıl kendini yazacaktır? Dolayısıyla böyle bir yaklaşımın mantıklı hiçbir yanı yoktur. Demek ki, bu kelimenin bir yazıcısı vardır. Beş kelimelik bir kelime bile kendi kendine yazılamazken, bu kelimenin tanımladığı bir canlı varlık olan kişinin göz, kulak ve kalp gibi pek çok organdan meydana gelmiş olan uzuvlarının, hücrelerinin ve tüm doku ve organlarının kendisi, kendi kendine meydana gelebilir mi? Veya kendisinin bile haberinin olmadığı vücut fonksiyonlarını ve habersizce işleyen mükemmel bir düzeni tek başına yönetebilir veya yaratabilir mi? Elbette Haşa! Yaratamaz ve çok geniş bir ilim ve kudret dairesinde gerçekleşen bu olaylar zincirini kendi kendisinin koordine ettiği düşünülemez.

2- Sebeplerin o şeyi vücuda getirdiğini kabul eden görüş

"Murad" kelimesini yazan sebeplerin başında tahtaya o yazıyı yazan tebeşir veya kalem gelmektedir. Kalemin kendiliğinden yerinden kalkıp bu kelimeyi yazdığını, aklı başında olan bir kimseye inandırmak mümkün değildir. Ya da, bu kelimeyi elementler yazmış olmalıdır. Yani, her bir atom veya molekülün, bir araya gelerek bu yazıyı oluşturduğunu kabul etmek gerekecektir. Cansız ve şuursuz elementlerin böyle bir kelimeyi yazabileceğini hiç kimse kabul etmeyecektir. Bir kelimeyi dahi yazamayan sebepler, her bir hücresi çok organize olmuş ve adeta bir şehir gibi plan ve programa sahip milyarlarca hücreden oluşan bir insanı sebepler nasıl meydana getirmiş olacaktır?

3- Tabiatın, o varlığı meydana getirdiği görüşü

Önce tabiat nedir, onun bir tarifini verelim. Canlı ve cansız varlıkların tamamı olarak ifade edilen tabiat; sanattır, sanatkar değildir. Kanundur, kudret sahibi olamaz. Bir nakıştır, nakkaş olamaz. Mahluktur, Halık ve Yaratıcı olamaz.

Oysa Tabiatın unsurlarından olan; hava, su ve toprak gibi cansızlar varlıkların tahtaya, **cansız moleküler alemden, şuurlu canlı varlık alemine çıkmış olan o kelimeyi yazması mümkün değildir.** Canlı varlıklardan olan bitkiler ve hayvanlarda da böyle mana ifade eden bir kelime yazılamayacağına göre, demek ki, yazılan bu kelime, akıl, ilim ve kudret sahibi bir insanın eseri olmalıdır. **Mana-yı harfini oluşturan beş harfli bir kelime dahi kendi kendine veya tesadüfen ya da tabiat tarafından tahtaya yazılamazken; dokuları, organları ile milyarlarca hücreden meydana gelen o kelimenin mana-yı isminin (kendisinin) tesadüfen, kendi kendine, ya da tabiat tarafından yapılması ve yazılması mümkün olabilir mi?** "Murad" isminin yazılması için, nasıl ki bir irade, kuvvet ve ilim sahibi birisi gerekiyorsa, bizzat O'nun ve benzer bütün varlıkların yazılması, yani ortaya çıkarılması için de elbette bir Yaratıcıya ihtiyaç vardır. Bunda şüpheye mahal yoktur.

Soru: Sadece sebep-sonuç ilişkisiyle kainatın nasıl yaratıldığını anlamak mümkün müdür?

Cevap: Bilim, varlıkları sadece sebep-sonuç ilişkisiyle ele almakta ve onları tek boyuta indirgeyerek incelenmektedir. Böyle bir yaklaşım tarzı, kainatı anlamak ve ondaki yaratılış sırlarını çözmek için yeterli değildir. Bunun için maddi bilimlerin (Fizik, Kimya, Biyoloji, Anatomi, Biyokimya, İnorganik kimya, Doku ve Hücre bilimleri ve daha sayamadığımız pek çok bilim dalı) yanında metafizik, yani dinsel yaklaşıma da ihtiyaç duyulmaktadır. Bilim felsefecileri bugün, olayları incelemede, onların metafizik yönlerinin de dikkate alınmasını ısrarla dile getirmektedirler. Nitekim bunlar, dinin, evreni anlama ve açıklamada bilimi tamamladığı görüşündedir. Buna göre, bilimin sebep- sonuç ilişkisiyle evrenin anlaşılması ve anlatılması mümkün değildir. Yeterli bir açıklama, her şeyi bütünüyle kapsayan, kendine daha fazla bir şey eklenemeyen açıklamadır. Dolayısıyla, öyle bir açıklamayı bilimden değil, metafizikten elde edeceğimizi nazara verir. Buna göre, bilimsel metodun etkinlik alanı sınırlıdır. Hayatla ilgili pek çok problem, bu bilim alanın dışındadır. Örneğin, insana ilişkin bilimlerden Psikoloji davranışlarımızla "ruhsal" denen süreçleri inceler. Anatomi, fizyoloji, biyokimya vb. çalışmaların konusu organizmanın yapı ve işleyişine ilişkindir. Antropoloji, sosyoloji ve sosyal psikoloji insanı inançları, töre, gelenek ve alışkanlıkları; hayat tarzı ve yaşama şekillerini ele alır. Bu çalışmaları birlikte değerlendirsek bile, insanı "gerçek niteliği"ne inerek onu bütün yönleriyle çözümlediğimizi söyleyemeyiz. Buna göre, insanın bilimsel metotla erişilemeyen bir öz niteliği, bir varlık ve mana problemi kalmaktadır. İşte bu özde saklı kalan şeye ancak Allah kavramına başvurarak açıklık getirilebilir.

Aynı şekilde, dünyanın, Allah ile ilişkisi kurulmadıkça, kendi içinde ne anlamı ve ne de anlaşılır niteliği vardır. İnsan kulağına giren bir ses gözden yaş akıtıyor, kalbin çalışmasını hızlandırıyor. İnsanın biyolojik âlemini harekete geçiriyor. Böbrek üstü bezi salgısını arttırıyor. Buna bağlı olarak insan bedeninin tamamında biyolojik ve fizyolojik faaliyetler değişiyor. Halbuki, insan bünyesinde meydana gelen pek çok biyolojik hadise, kulaktan giren bir sesin insanın ruh âlemine yaptığı tesirle ilgili olmaktadır. Biyoloji, insanın ruhuna bağlı olan bu âlemine giremiyor. İşte insanı hakkıyla anlayabilmek için, onun bütüncül bir şekilde, yani hem maddesiyle ve hem de manasıyla ele alınması gerekiyor.

Soru: Yaratılışta sebeplerin rolü nedir?

Cevap: İlk yaratılış ve bazı mucizeler istisna edilirse, varlıkların yaratılışında daima sebep ve kaidelerin varlığı dikkati çeker. Kanunlar ve prensipler manzumesi her şeye hâkimdir. Bütün hareket ve davranışlar, belli bir nizamı takip etmek zorundadır. İlimlerin görevi de eşyanın tâbi olduğu bu kanunları tespit ve tayindir. İslâm itikadında sebep ve kanunlar, kesinlikle gerçek etki sahibi değildir. Asıl tasarruf, Allah'ın kudret ve iradesindedir. Sebepler ve kanunlar, kudretin tasarrufunu gözlerden gizlemeye memur birer perdedirler. Böylece, eşyanın yaratılışının ve değişiminin izahını ve yorumunu yapan kimsenin iradesini serbestçe kullanma imkânı tanınmıştır. Eşyadaki tasarruf sebepsiz cereyan etmiş olsaydı, insan iradesi yönlendirilmiş olacak ve imtihan sırrına muhalif olarak herkes ister istemez Allah'a ve O'nun kudretine inanmış olacaktı. Oysa, eşya arasındaki mevcut kurallar, fevkalade durumlar dışında değişmez. Hâl böyle olmakla beraber kâinat, otomatik işleyen ve ustasının karışmadığı bir makine veya saat gibi değildir. Varlık âlemindeki her oluş, her hareketi her an Allah'ın kontrol ve tasarrufundadır. Varlıklar birdenbire yaratılabileceği gibi, tedricî olarak da, yani aşamalı bir şekilde hasıl edilebilir. Hatta insanın yaratılışında da tedriciyet söz konusudur. Varlık âlemine bir hücreyle çıkıyor, dokuz ay sonra bebek olarak dünyaya ayağını basıyor. Bu tedricî tekâmül belli bir devreye kadar devam ediyor. İlk insanın da toprak, balçık, sülale gibi safhaları geçirdiği anlaşılıyor.

Dolayısıyla Kainattaki yaratılış gayesi hakkında şunlar kısaca söylenebilir:

1- Yaratılışta İlahî kuvvet, kudret, ilim ve irade kendini göstermektedir. Hâl böyle olmakla beraber, her hadise bir sebep-sonuç münasebeti içinde halk edilerek, sebep ve tabiat kanunları Allah'ın tasarrufuna perde edilmiştir. Bu bakımdan, değişik faktörler ve kanunlar iş yapıyor gibi görünmektedir.

2- Bazı varlıklar bir anda hasıl edilebildiği gibi, bazıları da aşama aşama kemale ulaştırılmaktadır.

Soru: Yaratılış sürekli midir? Veya bir anda başlayıp bir süre sonra sona mı ermektedir?

Cevap: İnsanın ortaya koyduğu bir eser, nasıl yapıldıysa öyle kalır. Onda gelişme ve büyüme özelliği yoktur. Fakat canlılar böyle değildir. Onlar ister bitki, ister hayvan ve isterse insan olsun, yaratılışları her an yenilenmekte, değişmekte ve farklılaşmaktadır. Dolayısıyla yaratılış, statik değil, dinamik bir olaydır. Bilindiği gibi, canlılar hücrelerden meydana gelmektedir. Her bir hücrede bir anda binlerce değişik reaksiyon söz konusudur. Dolayısıyla insanın yaratılışı bir anda başlamış ve bitmiş bir hadise değildir. Teneffüsle alınan ve verilen hava, besinlerle vücuda giren elementler, insanın hücrelerinde meydana gelen yapım ve yıkım olayları, insanın her an değiştiğini ve adeta yeniden yaratıldığını göstermektedir.

Bu değişiklikleri belki küçük zaman dilimleri içerisinde göremiyoruz. Ama daha geniş aralıklarla kendimize bakınca bunu kolayca anlayabiliriz. Meselâ, 80 yaşındaki bir kimse, her sene bir fotoğraf çektirmiş olsa, ilk yıllardaki resimlerin kendisine ait olduğunda tereddüt edecek kadar değişiklikleri gözlemesi mümkündür. Demek ki, insanın vücudundaki elementler ve onların teşkil ettiği moleküllerde devamlı değişiklikler olmakta ve insan adeta her an yeniden yaratılmaktadır. Bir saniye sonraki insanın, pek çok atomu yenilenmiş, adeta yeni bir insandır. Bu bakımdan, Allah'ın kainattaki icraat ve tasarrufu her an devamlıdır. Kainat, bazı felsefecilerin (**Kant**, **Voltaire**, **Hume** gibi) tasavvur ettiği gibi, kurulmuş bir saat gibi, Allah tarafından yapılmış ve ondan sonra kendi haline bırakılmış değildir. İşte böyle her anı farklılık gösteren insan, her saniye başka bir insandır. Dolayısıyla bedenine gelen yeni elementlerin iman nuru ile nurlanması için, insanın imanını her an tazelemesine ve ibadet ve tefekküre ihtiyacı vardır.

Soru: Yaratılışı Bilim veya Felsefe yoluyla anlamak mümkün müdür?

Cevap: Canlıların yaratılışı mu'cizedir. Yani, insanın onu taklit edip yapması mümkün değildir. Bu yaratılış hadisesini görmek de, anlamak için yeterli değildir. Çünkü, bizim duygularımız ve algılama kapasitemiz çok sınırlıdır. Hele bu biyokimyasal olayların detaylarına inildikçe karmaşıklaşan olaylar zincirinin anlaşılması bile bugünkü geldiğimiz ileri bilim ve teknoloji noktasına rağmen imkansızdır. Tarih içerisinde pek çok ilim adamı ve felsefeci bu yaratılış konusuna değinmiş ve açıklamalar getirmiştir (örneğin, bunların en meşhurları olan **Aristo** ve **Eflatun** gibi) fakat bu ilmi delillerin de yaratılış olayını tam aydınlatmamasının çeşitli sebepleri vardır. Fakat bununla birlikte, tarih içerisinde çeşitli zaman aralıklarıyla yapılan çalışmalarla, günümüze kadar gelinen ilmi çalışmalar sayesinde, bu biyokimyasal süreçlerin tamamen kapalı olmayıp bir kısmının açıklanabildiği görülmüştür. Bunun da aşağıdaki gibi basitçe sıralayabileceğimiz ALTI temel nedeni vardır:

Birincisi: *Ortada nihayetsiz (sonsuz bir ilimden hasıl olan) bir sanat vardır.*

İkincisi: *Bu sanat, statik olmayıp dinamiktir. Dolayısıyla, sürekli yenilenmekte her an devam etmekte ve değişerek, tekamül ederek mükemmele doğru gitmektedir.*

Üçüncüsü: *Yenilenen bu sanat ve hikmetin, tam olarak anlaşılabilmesi için yine sonsuz bir ilim gerekmektedir, bu ise beş duyuyla sınırlı insan algısının ve kapasitesinin çok üstünde, adeta imkansızdır.*

Dördüncüsü: *Canlı organizmadaki cereyan eden biyokimyasal süreçlerin büyük bir kısmı perdeli ve kapalı olup; yapılan tespitlere ve araştırmalara göre, medeniyet ve teknoloji çok ilerlese bile geçit vermeyecek şekilde yüksek bir ilmi seviyeye sahiptir. Çünkü ortada nihayetsiz bir ilim ve kudret tezahür etmekte ve anlaşılabilmesi için yine nihayetsiz bir ilim ve hikmeti gerektirmektedir.*

Beşincisi: *Kainatta deveran eden hikmet-i ilahiyeye dayalı kevni ve fıtri kanunların en önemli ve şumüllü bir kısmı, canlı varlıklar üzerinde gerçekleşmektedir. Örneğin, hareket etme, toplanma, dağılma, nüfuz etme, savunma gibi ma'rifet-i ilahiyeye ve mazhar-ı uluhiyete medar olacak pek çok girift işler canlı varlıklar üzerinde yürütülmektedir.*

Altıncısı: *Kainatta deveran eden sıfat-ı ilahiyeye dayanan kevni ve fıtri faaliyetlerin en önemli ve şumüllü bir kısmı, yine canlı varlıkların faaliyetleri üzerinde gerçekleşmektedir. Örneğin; ibadet, zikir, ahlak, temizlik gibi pek çok sayılamayacak hasletin merkezi ve toplanma noktası yine canlı bir organizma olmalıdır.*

Dolayısıyla, bu sonuçlardan şunu çıkarabiliriz ki, İnsanın şimdiki devam eden an be an yaratılışı ve değişmesi, en az ilk insanın yaratılışı kadar ehemmiyetlidir. Çünkü şimdi de her insan, tek hücreden yaratılıyor. Bunu biliyor ve görüyoruz. Bu yaratılış hadisesini her birimiz yaşayarak geldik. Her an da, yaratılışımız yenileniyor ve değişiyor. Ama bunun ne kadarını anlayabiliyoruz. Yaratılışta bir takım sebepleri bilmek ve saymak, onun basitliği ve bilindiği manasına gelmez. Dolayısıyla bilmek, sadece bizim bu konudaki cehaletimizi giderir. Mesela, alınan bir besinin, kan olması, kemik hücresine dönüşmesi, göze gideceğin göze, saça gidecek atom ve moleküllerin saça gitmesi ve hakeza. Bütün bu hadiseler çok geniş ve külli bir ilim ve iradenin kuvvet ve kudretin eseri olduğunu bize göstermektedir.

İşte bu bakımdan insan, bazı felsefecilerin iddia ettiği gibi, birtakım kör kuvvetlerin ve serseri tesadüflerin ve tabiatın eseri olamaz. İsterseniz yaratılış olayını biraz daha açalım. Meselâ tavuk yumurtasını ele alalım. Bu yumurta da tek hücredir. İçerisinde belli oranlarda sodyum, potasyum, karbon ve hidrojen gibi belli elementler vardır. Uygun şartlarda 21 günde bu yumurtadan civciv çıkmaktadır. Yani, yumurtanın sarısı ve akı, kısa süre içerisinde kanat, barsak, tüy, gaga, göz, kulak, ciğer v.s olmuştur. İş böyle de kalmamış, bu sayılanlar ve daha sayılamayanlar bir vücut şeklini almış ve ona bir de hayat verilmiş ve ayrıca bir de ruhla güzelleştirilmiştir. İşte bu yaratılış olayı her an gözümüzün önünde cereyan etmektedir. Şimdi bu hadise basit sıradan herkesin yapabileceği bir iş midir? Ya da, bir takım gelişme basamaklarını bilimle izlediğimiz bu hadiseyi, gerçekten anladığımız söylenebilir mi?

İşte bir başka misal: incir çekirdeği. Bu çekirdeğin içinde ağacın bütün plan ve programı mevcuttur. Bu çekirdekten koca bir incir ağacının çıkması, ne kadar muazzam bir hadisedir. İnsanlık tarihi boyunca, varlıkların yaratılışı hakkında çok farklı felsefî görüşler ileriye sürülmüştür. Zaman zaman semavî beyanlar ve peygamberlerin mesajları ile Allah'ın kâinatta mutlak tasarruf sahibi olduğu bildirilmiş olmasına rağmen, bu mesajlar kısa sürede göz ardı edilmiştir. Bu hususta, özellikle Yaratıcı'nın isim ve sıfatlarını anlamada hata yapılmış, ya O'nun çok küçük varlıklarla uğraşmadığı yönünde bir ekol gelişmiş, ya da, Allah'ın belli bir büyüklükten sonraki varlıkları yaratmada zorluk çektiği yönünde batıl bir düşünce hâkim olmuştur. Yaratma fiili, Allah'ın tasarrufundadır. Bunu anlamak pek kolay değildir. Çünkü, bizim fiilimizle O'nunki çok farklıdır. Biz topraktan çanak çömlek yapıyoruz. O ise, bütün bitkileri, çiçekleri, yaprakları ve meyveleri ondan halk ediyor. Allah'ın (c.c.) görme, işitme, ilim, kudret, hayat gibi isim ve sıfatları zatındandır. Yani, O'nun varlığının gereğidir. Varlığı ile kâim ve daimdir, isim ve sıfatları zatından ise, bunların zıddı O'na bulaşamaz. Allah'ın yaratma fiilini bir derece anlamak için O'nun, isim ve sıfatlarına ait şu DÖRT hususun bilinmesi gerekir:

1. Allah'ın isim ve sıfatları zatındandır:

Yani, bizatihi O'nun varlığının gereğidir. Meselâ, Kudret sıfatını ele alalım. Allah'ın kudreti zatındandır. Yani, O'nun varlığının gereğidir. O sıfatın bulunmaması halinde o ilah olamaz. insanın sıfatları ise, zatından değildir. İnsanda sıfatlar zatından olmadığı, sonradan verildiği için, bu sıfatın bulunmaması halinde, yine o varlığını devam ettirir. Meselâ, kudreti olmayan bir kimse, yine insan tarifine dahildir. Görmesi, ya da işitmesi olmayan, yine insan tanımlamasının içindedir. Aklı ve ilmi olmayan da insandır. Halbuki ilah öyle değildir. O'nun bütün sıfatları sonsuz olarak bulunmak kaydıyla ilah olabilir. Yani, Kudreti sonsuz olmayan ilah olamaz. İlah'ın görmesi sonsuzluğa uzanmalıdır. Sonsuz işitmesi bulunmayan ilah değildir. Dolayısıyla, **Sonsuz ilmi olmayan ilahlık dava edemez.**

2. Allah'ın isim ve sıfatları zatından olunca, O'na o sıfatların zıddı giremez:

Zıttının girdiği farz edilse, bu durumda iki zıddın bir anda bulunması lazım gelecektir. Bu ise, mantıken ve aklen mümkün değildir. Meselâ, kudretin zıttı acizliktir. Bir ilah, aynı anda hem sonsuz güç sahibi ve hem de hiçbir şeye gücü yetmeyen aciz olmaz. Bir ilah için, hem sonsuz ilim sahibi olmak ve hem de hiçbir şeyi bilmemek mümkün değildir. Demek ki, sıfatlar zatından olunca, o sıfatın zıttı oraya giremiyor.

3. O'na sıfatların zıddı girmeyince, orada mertebe, derecelenme olmaz:

Sıfatlarda derecelenme, o sıfatın zıttının varlığı ile mümkündür. Güzellikteki derecelenme, çirkinliğin bulunması sebebiyledir. Acizlik olmayınca o kudrette derecelenme bulunmaz. İlimdeki mertebe, cahilliğin mevcudiyetiyledir.

4. İsim ve sıfatlarda derecelenme olmazsa, o isim ve sıfatlara fiillerin tahakkuku bakımından büyük küçük, az çok fark etmez:

Yani, bir atomu nasıl kaldırıyorsa, bütün kâinatı da öyle kaldırır, idare eder. Atomu idare eden kuvvet ile kâinatı idare eden kuvvet arasında fark yoktur. Bir atomu idare etmede ve onun ihtiyacını görmede harcanan kuvvet ne ise, bütün kâinatı idarede de harcanan kudret aynıdır. Yaratma noktasında da öyledir.

Allah'a göre, bir atomu yaratmakla bir çiçeği yaratmak, bir insanı yaratmakla bütün insanları yaratmak, Bir baharı yaratmakla bütün kâinatı yaratmak arasında fark yoktur. Bir atomu yaratmakta harcadığı kudret ne ise, Cennet ve Cehennem de dahil, bütün âlemleri yaratmada harcadığı kuvvet aynıdır.

Peki Allah böyle nihayetsiz bir kudrete sahipse niçin ibadet ediyoruz veya Allah'ın bizim ibadetimize ihtiyacı var mı? Diye bir soru gelebilir aklımıza. Evet, Allah Zülcelal nihayetsiz kudret sahibidir, **Ehad** ve **Samed**'dir, yani kendi varlığı hiçbir şeye bağlı değildir ve hiçbir şeye muhtaç değildir. **Hayy** ve **Kayyum**'dur, yani bütün varlık alemi varlığını devam ettirmesi için O'na muhtaçtır ve bizzat O'nun sayesinde ayakta tutulmaktadır. Fakat insan ve diğer mahluklar nihayetsiz fakr ve ihtiyaç dairesinde bulundukları için, bizatihi onlar varlıklarını devam ettirmeleri için O'na ihtiyaç duyarlar. Fakat, yapılan ibadet ve taatlara gelince, elbette Allah'ın bizim ibadetimize ihtiyacı yoktur, fakat verdiği bu sınırsız nimetlere bir şükür ve hamd olması için, ayrıca her varlığın kendi lisanıyla ihtiyaçlarını ona bildirmesi için, bir nevi ibadete ve O'nu zikretmeye ihtiyacı oluyor.

Mesela, Allah nasıl ki bir atomun sesini nasıl işitiyorsa, bütün kâinatın sesini de öyle işitir. Bir atomu nasıl görüyorsa, bir sivrisineği veya diğer bütün varlıkları da aynı şekilde görür. Az-çok, büyük-küçük O'na göre birdir. Bunu, güneşin faaliyeti ile bir derece anlamak mümkündür. Meselâ, bahar mevsiminde gündüz vakti güneş, yansıdığı alandaki bütün bitkileri aydınlatmaktadır. Burada tek çiçek kalsa, diğer bütün bitkiler ortadan kalksa, güneşin işi kolaylaşmayacaktır.

Yani, bütün bitkileri aydınlatmadaki rolü, sarf ettiği gücü ne ise, tek çiçeği aydınlatmada harcadığı gücü de aynıdır. Allah'ın bir mahluku olan güneş böyle olursa, elbette, kâinatın sahibi olan Cenâb-ı Hak için mahlûkatı yaratma ve idarede büyük küçük az çok hiç fark etmeyecektir. Yani bütün varlıklar, güneş örneğinde verildiği gibi birbirine ayna ve misal olacak, ve böylece Allah'ın varlığının hem isbatı hem de delili hükmüne geçecektir. İnsan kendisine verilen cüz-i ilim, irade kudret ve malikiyetle, Cenab-ı Hakk'ın ilmini, kudretini ve malikiyetini anlayamaz. Sadece *"Ben nasıl ki, bu mülkün sahibiyim. Burada istediğim gibi tasarruf edebiliyorum, öyle de Cenâb-ı Hak da bu kâinat mülkünün sahibidir ve onda istediği gibi tasarruf eder"* der. Allah'ın isim ve sıfatlarını bir derece anlar. Bütün insanlarda el, yüz ve göz gibi organlar aynı olmakla beraber, her bir ferdin simasındaki farklılık Cenab-ı Hakk'ın ehadiyetini ve birliğini, istediğini istediği gibi yaptığını gösteren bir mührüdür. İnsan da yeryüzü sayfasında bir kelime gibidir. Her harfinde ayrı bir mana, her noktasında ayrı bir sanat ve hikmet gizlidir. Yüz trilyona yakın hücreden örülmüş bu insan sarayında her bir hücre bir nokta gibidir ve bu her bir noktaya binlerce cilt kitaba sığdırılmayacak kadar bilgi yükleyen kâinat sahibi, kendi varlığını ve birliğini böyle bir mühürle göstermek istemektedir. Bütün bilimlerin gayesi ve faaliyeti, bu kainat kitabını okuyup açıklamaktır.

"Andolsun insanı biz yarattık ve nefsinin kendisine fısıldadıklarını biliriz. Ve biz ona şah damarından daha yakınız."

(Kaf,16-17)

Ayrıca, bütün o sanatlı nakışlardaki basılı mühürleri ve yaratılış gayelerini derceden programları okuyabilmektedir. **İnsan** kelimesini okumaya çalışan ilimler, onun her bir organını ayrı bir bilim sahası olarak ele almaktadır. Dolayısıyla, bu sahada edinilen bilgileri, Allah'ın eseri olarak algılamak, Allah'ı bilmeye vesiledir. İşte İman-ı tahkikiye giden bir yol olan Marifetullah ile hakkı ve hakikati bularak, Allah'ın varlığını ve yaratılan Kainatı bir bütün olarak kavramaktır. Bu ilim sahasında bir kimse ne kadar ilerlese, bilgi sahibi olsa, marifetullah'ta, Allah'ı bilmede o kadar terakki eder. Cenâb-ı Hak, Kayyum isminin tecellisiyle bütün kâinatı her an ayakta tutmakta tasarrufunda bulundurmaktadır. Bir an bile, hiçbir şey O'nun nazarından hariç değildir. Nasıl ki, koca bir fabrikayı çalıştıran küçük bir şaltere komuta eden elektriğin bir an kesilmesi, o fabrikanın faaliyetini tamamen durdurursa, Sani-i Zülcelal'in kâinattaki tasarrufu, idaresi, kontrolü bir an çekilse, her şey alt üst olur, kâinat dağılır. Tıpkı insan ruhunun, insanın bütün bedeniyle bir anda alâkadar olduğu gibi, Cenâbı Hak da, kâinatta her şeyi bir anda, kendi katındaki tek bir zaman diliminde tüm eşyayı nazarında bulundurmakta, uzak yakın büyük küçük fark etmemekte, bütün sesleri tıpkı insan ruhunun, insanın bütün bedeniyle bir anda alâkadar olduğu gibi, Cenâbı Hak da, kâinatta her şeyi bir anda nazarında bulundurmakta, uzak yakın büyük küçük fark etmemekte, bütün sesleri birden işitmekte, bütün varlıkları bir anda görmekte, bütününü birinin imdadına göndermektedir.

Bu gerçek Kur'an'da şöyle ifade edilir:

"Eğer hakikat onların arzularına uysaydı, gökler ile yer ve ikisinin arasında bulunanlar elbette bozulur giderdi."

Cenâb-ı Hak, bütün varlıkları hem vücuda gelmeden ve hem de vücuttan gittikten sonra bilmektedir. Yani, geçmiş ve gelecek her şey bir anda O'nun ilmindedir.

Nasıl ki elimizde bir ayna olsa, bu aynaya göre sağ tarafımızdaki mesafe geçmiş, sol tarafımızdaki mesafe gelecek farz edilse, o ayna önce yalnız karşısını görür. Yukarıya çıktıkça her iki tarafı da birden içerisinde gösterir. Aynanın içindeki bu görüntüye göre artık geçmiş gelecek söz konusu olmaz. Çünkü, her iki tarafı da birden görmektedir. İşte İlmi ezeli, hadîsin tâbiriyle, Alem-i Ula'dan Alem-i Alâ'ya, ezelden ebede kadar herşey, olmuş ve olacak, birden tutar, ihata eder bir makam-ı âlâdadır. Cenab-ı Hak için geçmiş ve gelecek söz konusu değildir. Her şey ve bütün âlemler bir anda O'nun nazarındadır.

KUR'ÂN'A GÖRE YARATILIŞ

Kur'an-ı Hakim'in esas amacı, insana Allah'ı ve peygamberleri tanıtmak, insanın dünyaya geliş maksadını, ahretin mahiyetini ve yaratılış gayesini öğretmek, yaratıcısına, kendi nefsine, ailesine ve çevresine karşı görevlerini bildirmektir.

Kur'an-ı Hakim bu asıl mesajının yanında, kâinatın ve insanın yaratılışına ve diğer varlıklara da tâli derecede, bazen açık, bazen üstü kapalı, bazen de benzetme ve işaretler şeklinde temas eder.

Bilimin görevi de, zamanın anlayışına ve bilimin seviyesine göre bu işaret ve mesajların açıklamasını ve yorumunu yapmaktır. Aynı konu ile ilgili farklı kimselerin aynı veya farklı zamanlarda değişik açıklamalar yapması normaldir. Burada esas olan, Kur'an'ın, âyetlerle ilgili bilimsel açıklamalara ve bilimsel çalışmalara nasıl baktığıdır. Dolayısıyla Kur'an, bilimsel açıklamaları ve çalışmaları teşvik eder.

Soru: İslâm dini bilimle çatışmaz mı?

Cevap: İslâmiyet'le bilimin çatışması söz konusu değildir. Çünkü, İslâm dini, kâinatın tamamını âdeta bir kitap gibi kabul eder. Allah'ın kudret sıfatının eseri olan ve elementlerle yazılmış bir kitap. Yani, kâinat kitabı. Her bahar sanki bu kitabın bir sayfası, asırlar o kitabın formaları hükmünde. İnsan da bu kitapta bir kelimedir. Bütün ilimlerin konusu, bu kâinat kitabıdır. Yani, taşıyla, toprağıyla, havasıyla ve suyuyla, bitkiler, hayvanlar ve insanlarıyla âlemi dolduran canlı ve cansız umum varlıkların yapısını, bağlı olduğu kanunları ortaya koyma görevi ilimlerindir. İlimler bir bakıma bu kâinat kitabını tefsir etmekte, yani açıklamaktadır. Atomdan galaksilere kadar her bir cismin yapısında ve tâbi olduğu kanunlarda; yüksek ve derin bir ilmin, geniş bir kavrayışın, engin ve sonsuz bir düşüncenin, son derece hassas bir ölçü ve plânlamanın, gayet merhametli ve sanatlı yapılışın varlığı görülmektedir. İşte, Allah'ın eseri ve sanatı olan bu kâinat kitabı, O'nu tanıttırmaktadır. İslâm literatüründe, bilimde ne kadar çok terakki edilse, yani varlıklar hakkında ne kadar geniş bilgi

sahibi olunsa, O'nun kâinattaki tasarrufunun, hikmet ve hâkimiyetinin bilinmesini sağlayacağı, dolayısıyla Allah'ın o kadar daha iyi tanınmış olacağı vurgulanır. Bu, günümüzün ilerleyen bilim dünyası için büyük bir müjdedir! Cisimlerdeki bu ölçülü, bir maksat ve gayeye göre plânlı yaratılışın düşünülmesi de "*Tefekkür*", fikir ve akıl yürütme, yorumlama olarak ifade edilir. Böyle bir saatlik akıl yürütme ve düşünmeyi, İslâmiyet bir sene nafile ibadetten üstün görmektedir. Kur'an; "*Düşünmüyor musunuz?*". "*Aklınızı kullanmıyor musunuz?*" diyerek akla havale eder. Akıllı düşünmeye ve akıl yürütmeye teşvik eder. "*Bu inceliği, ancak aklı selim sahipleri düşünüp anlar*" der. Allah'tan ilmimizin arttırılmasını istememizi öğütler:

"*Rabbim, ilmimi arttır*" de'. Bilenlerle bilmeyenlerin bir olmadığına dikkat çekilir: "*Hiç bilenlerle bilmeyenler bir olur mu?*". "*Düşünesiniz diye gerçekten size âyetleri açıkladık*". Bilinmeyen bir şeyin sorulup araştırılarak öğrenilmesi istenmektedir: "*Eğer bilmiyorsanız, bilenlerden sorun*" denmektedir. Hadislerde de ilme teşvik vardır: "*İlim talebi için yola çıkan kimse, dönünceye kadar Allah yolundadır*". "*Kim ilim öğrenmeyi talep ederse, bu onun geçmişteki günahlarına kefaret olur*". "*Hikmetli söz mü'minin yitiğidir. Onu nerede bulursa, hemen alması üzerine haktır*". "*İlmin azalması, cehaletin artması*" dünyanın sonu olarak belirtilmiştir. Ayrıca, İslâmiyet'te âlimin mürekkebi, şehidin kanından üstün tutulmuştur. Böyle bir din, ilme karşı olabilir mi? zaten bütün ilimler, Allah'ın kâinat kitabının tefsiri ve açıklaması değil midir? Kur'an da O'nun kitabı,

Kâinat da. Kur'an'a ters düşen meseleler ise, ilim değil, ancak birtakım teori ve hipotezler veya ideolojik yaklaşımlar olabilir.

Soru: Varlıkların yaratılış gayesi nedir? Nereden gelip nereye gitmektedirler, Varlıklarının hakikati nedir?

Cevap: Her güzellik ve maharet sahibi, bu güzelliğini, eserlerini, sanat inceliklerini hem kendi gözüyle görmek ve hem de başkalarının nazarıyla o eser ve sanatına bakmak ister. İşte Cenâb-ı Hak da, kendi sonsuz cemâl ve kemâlini görmek ve mahlûkatına göstermek hikmetiyle, bu kâinat sergisini açıp antika sanatlarını orada dizmek istedi. Bir çiçeğin yaratılması, bir baharın icadı kadar O'na rahat ve bütün mahlûkatın icadı bir atomun teşkili kadar kudretine kolay gelen Allah-u Zü-l Celal Hazretleri, bu kâinat sergisini hikmet, inayet ve adalet kanunlarına binaen tedricen açtı. Cenâb-ı Hak, önce bütün varlıkların esasını, özünü ve nurunu teşkil eden çekirdek misâli cevheri (Muhammedi cevher) halk etti. O çekirdeği, tekâmül ve terakki kanunlarına tâbi tuttu. Herşeyi kademe kademe, yavaş yavaş yokluk âleminden varlık âlemine çıkardı. Güneşi orada bırakıp, galaksi ve yıldızları yerlerine yerleştirdi, zemin sofrasını burada açtı. Semadan yağmuru indirdi, zemine toprağı serdi. Denizleri çeşit çeşit canlılarla, karaları bitkilerle şenlendirdi. İşte böylece, İnayet ve Rahmetinin tecellisiyle önce sofraları seriyor, arkasından misâfirlerini gönderiyordu. Çimenler yeşeriyor, arkasından koyunlar, kuzular geliyor ve çeşitli hayvanlar yaratılıyordu.

İşte bu uzun sürecin sonunda, zemin sofrası mükemmel hale gelince, insan yeryüzüne gönderildi. Her varlık ve özellikle canlılar, mânâlı birer kelime, birer mektup, ya da kitap tarzında Cenâb-ı Hak tarafından yazılmış bir programa göre yaratılıyor. Bütün şuurlu varlıklar onu inceliyor, tetkik ediyor, sanat inceliklerini ve harikalıklarını anlamaya çalışıyordu. Tabiî bu çok sınırlı bir algılama ve değerlendirme idi. Çünkü hem onları tefekkür edenler az sayıda hem de şuur sahipleri canlıların bütün sanat inceliklerine vakıf olamıyor ve dolayısıyla hakkıyla onun sanat ve kıymetini takdir edemiyordu. O halde canlıların en mühim yaratılış gayesi, doğrudan Cenâb-ı Hakk'ın kendi nazarına arz etmek ve cemal ve kemaline bir ayna olmaktı. Cenâb-ı Hak, sevdiği bu sevimli varlıkları ve özellikle canlıların hiçbirine göz açtırmayarak mütemadiyen âlemi gabya gönderiyor, hiç birine uzun süre nefes aldırmadan bu dünyadan terhis ediyordu.

Bu dünya misâfirhanesini devamlı doldurup misâfirlerin rızası olmadan boşaltıyordu. Şu kâinatta zaman nehri içerisinde devamlı akan ve çalkalanan, kafile kafile arkasından gelip geçen mahlûkatın bir kısmı geliyor, bir saniye sonra kayboluyor. Bir grubu bir dakika kalır, bir çeşidi bir saat bu âleme uğrar ve arkasından âlemi gabya gönderilir. Bazıları bir günde, bir kısmı bir sene, bir kısmı bir asırda, bazısı da asırlarda bu âlemi şahadete gelir; bazıları ise saniyenin milyarda biri ile ölçülebilecek zaman dilimlerin var olur ve bu kısa sürenin sonunda ebedi aleme gider gibi nice bilmediğimiz birtakım vazifeleri görüp gider.

Varlıklar yokluğa kalbolup, gidip kaybolmuyordu. Kudret dairesinden gidiyor, ilim dairesinde, varlığını devam ettiriyordu. Böylece her varlık, Âlem-i şahadetten âlem-i gayba gidiyordu. Dünya âleminden ahiret âlemine geçiyor, bir beldeden bir başka beldeye gidiyor, göç ediyordu. Geçici ve karanlıklı, ezici ve boğucu olan bu âlemden nur âlemine, bâki âleme, yani gerçek aleme yolculuk yaparak gidiyordu. Dolayısıyla, eşyada görünen güzellikler ve mükemmellikler, Cenâb-ı Hakk'ın isimlerine aittir ve o isimlerin tecellileridir. Madem o isimler bâkidir, devamlıdır ve cilveleri dâimidir. Elbette onların nakışları yenilenir, daha güzel bir şekilde âlem-i bâkide tazelenir. Madem Sani-i Zülcelâl vardır ve bâkidir ve sıfat ve isimleri de devamlıdır. Elbette o isimlerin cilveleri, nakışları ve tezahürleri de, bâki bir âlemde devamlıdır.

Kâinattaki bu esrarengiz faaliyet ve hareketin altında yatan sırlardan birisi, bu akıl almaz faaliyetin verdiği lezzettir. Küçük olsun büyük olsun her bir hareket bir lezzet verir. Denilebilir ki, her faaliyette bir lezzet vardır. Bütün mahlûkatın bu sevk ve hareketten aldığı lezzeti müşahede eden Sani-i Zülcelâl, kendi zatına münasip kudsi bir muhabbet, mukaddes bir lezzetle böyle hadsiz faaliyetle ve sayısız yaratıklarıyla kâinatı daima tazelendiriyor, çalkalandırıyor ve değiştiriyor. Varlıkların yaratılışında her an süratli ve sanatlı değişmelerin olması ve hiçbir şeyin kararında kalmaması, fezadaki sonsuz sayıdaki yıldız ve gezegenlerin çok hikmetli ve ölçülü hareketleri, atomdan galaksilere kadar olan her bir varlıktaki hareket ve faaliyet, kışta beyaz elbisesine bürünen zemin yüzünün baharda rengarenk elbiselerle süslenmesi ve ağaçlara takılan her bir meyve, akıl sahiplerine bir şeyler söylemek istiyor. Âdeta, göklerin ve yerin hareketli varlıkları ve hareketleri, onların konuşmalarındaki kelimelerdir ve hareketleri ise bir konuşmadır. Kâinattaki faaliyet dahi kâinatın ve içindeki varlıkların sessizce bir konuşması ve konuşturulmasıdır. İşte, bu yüzden bu yaratma silsilesinin mütekamil bir sonucu olarak, en mükemmel bir tarzda konuşan, varlıkların yaratılış gayelerini en mükemmel bir şekilde düşünen, tefekkür eden ve kainattan yaratıcısını sorarak, O'nu gerçek manada arayıp bulmak ve tanımak isteyen bir varlık yaratıldı ki, O varlık **"İnsan"** olarak vücuda geldi.

Bu yüzden tüm varlık alemine kendisini ve sanatını tanıttırmak isteyen Allah, bu en mükemmel ve kendisini tanıtması için en iyi donanıma sahip varlığı, ademden vücut sahasına çıkardı ki, bütün alem onun vasıtasıyla yaratılış gayesini ve yolculuğun mahiyetini bilip öğrensin. İşte tüm Kâinat ve içerisindeki varlıklar, âdeta birbiri içerisinde sarılı bir gül goncası gibi, helezonik bir spiralin içerisinde akarak, ortak olarak bu amaca yöneltilmiş bir yolculuk yapmaktadırlar. İşte Yaratıcı; **Halık**, **Hakim**, **Hakem**, **Rahman**, **Rahim**, **Hayy** ve **Kayyum** isimlerinin tecellisi olan şu kâinatı öyle bir kitap şekline getirmiştir ki, âdeta her sayfasında yüzer kitap yazılmış ve her satırında yüzer sayfa yerleştirilmiş ve her kelimesinde yüzer satır mevcuttur. Her harfinde yüzer kelime var. Her noktasında bu kâinat kitabının bir fihristi, indeksi bulunur bir tarzdadır. O kitabın sayfaları, satırları, ta noktalarına kadar yüzer cihette yaratıcısını ve kâtibini gösteriyor ki, kendi varlığından yüz derece daha ziyade katibinin varlığını ve birliğini, vahdetini ispat eder. Bu büyük kâinat kitabının bir sayfası, yeryüzüdür. Bu sayfanın bir satırı bir bahçedir. O bahçede bulunan çiçekler, ağaçlar ve bitkiler, bahar mevsiminde beraber birbiri içinde yanlışsız yazıldığı gözle görünüyor. O satırın bir kelimesi, meyve vermek üzere, yaprak ve çiçek açmış bir ağaçtır. İşte bu kelime, muntazam, ölçülü, süslü yaprak, çiçek ve meyveleri adedince Sani-i Zülcelal'in varlığına işaret eder. Senin bahçende kirazlar nasıl yaprak ve çiçek açıyor ve meyve veriyorsa, zemin yüzündeki bütün kirazların da aynı kanuna tâbi olması, buradaki tavuğun verdiği yumurta ile yeryüzünün her tarafındaki tavukların aynı kanunu göre aynı şekil ve yapıda yumurta vermesi, buradaki koyunun süt ve yavru verirken tâbi olduğu kanunun bütün yeryüzünde aynı olması, Sani-i Zülcelal'in varlığını, vahdetini ve her yerde tasarruf sahibi olduğunu bildirir.

Nasıl ki, güneşe karşı parlayan ve akan büyük bir ırmağın kabarcıkları güneşi gösteriyor. O kabarcığın gitmesiyle arkalarından yeni gelen kabarcıkların yine güneşi göstermesiyle daimi bir güneşin varlığına işaret eder. Öyle de, şu kâinattaki her bir varlık da, bu dünyaya gelişi ve hayatlarıyla Vacibü'l-vücud'un varlığına ve birliğine şahadet ettikleri gibi; zevalleri ve ölümleriyle o **Vacibü'l-vücud**'un **Ezeliyetine** ve **Ehadiyetine** şahadet ederler.

Soru: Kur'an'a göre varlıkların yaratılışı nasıl gerçekleşmiştir? Ne kadar sürmüştür?

Cevap: Kur'an-ı Hakim'de yaratılış kıssası bir bütün hâlinde verilmez. Kur'an'ın çeşitli yerlerinde ana prensipleriyle ve genellikle kainatın yaratıcısı nazara verilerek zikredilir:

"O (Allah) ki, gökleri ve yeri altı günde yarattı".

"O (Allah) ki; Gökleri, yeri ve aralarında olanları altı günde yarattı".

gibi. Buradaki *"gün,"* 24 saatlik süreden ziyade, gündüz yani aydınlığı ifade eden kainatın ışığa boğulduğu ve bing bang, yani büyük patlama ile başlayan genişleme ve açılma evresidir. Modern bilim adamları bu sürece *"Işık evresi"* bunun öncesine ise *"Karanlık Evre"* adını vermektedirler. Kur'an'a göre, bu yaratılma sürecini içeren ışık evresi, altı gün olarak ifade edilen ve toplam uzunluğu yaklaşık **15 milyar yıl** olan bir sürede gerçekleşmiştir. Fakat bu evrenin her bir aşaması aynı uzunlukta değildir ve her bir aşamadaki geçen süre bir önceki zaman diliminin yarısı kadardır ki, bu durum kainatın genişlemesinden ve termodinamik ısısının düşmesinden kaynaklanır. Örneğin, **ilk evre** yani ilk gün **8 milyar yıl**, **ikinci evre** yani ikinci gün **4 milyar yıl**, **üçüncü evre** yani üçüncü gün **2 milyar yıl**, **dördüncü evre** yani dördüncü gün **1 milyar yıl**, **beşinci evre** yani beşinci gün **0,5 milyar yıl** ve son olarak **altıncı evre** yani altıncı gün de 0,25 milyar yani yaklaşık **250 milyon yıl** sürmüştür. Böylece hepsini topladığımızda, altı günlük sürenin yaklaşık olarak **15-16 milyar yıl** olarak evrenin yaşına tekabül ettiğini buluruz.

Ayrıca, arkeolojik ve jeolojik araştırmalara göre, tüm canlı türlerinin aynı anda ve birden yaratıldığını öngören *"Kambriyen Patlaması"*'nın da yaklaşık 750 milyon yıl önce başladığı bilinmektedir. Dolayısıyla, tüm canlıların son iki günde ve sudan yaratıldığını belirten Kur'an-ı Hakim daha bu bilimler gelişmemişken, yani 1400 yıl öncesinden mu'cizevi bir tarzda evrenin yaşından ve canlıların yaratılış sürecinden harika bir tarzda haber vermektedir. *"Yevm"* kelimesinin çoğulu *"Eyyam"* ise, "günler" manasına gelmekle birlikte, *"uzun zaman, süre belirlenmemiş zaman devresi"* olarak da kullanılır. Kur'an'da Allah nezdindeki günlerin bizim günümüzle bin yıl ve bunun katları kadar olduğu belirtilir:

"Ve senden azabın acele gelmesini isterler. Hâlbuki Allah vaadinde asla hulf etmez ve şüphe yok ki, Rabbin indindeki bir gün, sizin sayacaklarınızdan bin yıl gibidir."

Arapça'da bu rakamlar çokluğu ifade ettiği için, kesin sayılar şeklinden ziyade *"devir"* manasında alınması daha uygun görülmektedir. Nitekim bazı âlimler bu manada anlamıştır. Hatta bazı yerde, her bir günün 50 bin sene olduğu belirtilir:

"Melekler ve ruh oraya bir günde çıkarlar ki, oranın mesafesi 50 bin yıldır."

Yeryüzünün de devreler hâlinde yaratıldığı nazara verilir. İşte, aşağıda kainatın ve dünyanın ilk yaratılışıyla ilgili bazı ayetler verilmektedir:

"De ki: 'Siz mi arzı (Dünya'nın yerkabuğunu oluşturan son oluşum evresini ve tüm canlıları) iki günde yaratanı tanımıyor ve O'na eşler koşuyorsunuz? İşte, âlemlerin Rabbi O'dur."

"O'na (Yeryüzünde) üstünden ağır baskılar (sağlam dağlar) yaptı. Onda nice bereketler yarattı ve onda arayıp soranlar için gıdalarını (bitkilerini ve ağaçlarını) tam dört günde takdir etti (düzene koydu)."

"Allah O'dur ki yedi göğü ve yerden de onlar kadarını yarattı. Emir bunlar arasında iner ki Allah'ın her şeye kâdir olduğunu ve Allah'ın bilgisinin, her şeyi kuşattığını bilesiniz."

"O'dur ki gökleri ve yeri altı günde yarattı. Sonra arş üzerine istivâ etti (hükümran oldu). Yere gireni, ondan çıkanı, gökten ineni, ona çıkanı bilir. Nerede olsanız O sizinle beraberdir. Allah yaptıklarınızı görmektedir."

"Biz gökleri, yeri ve ikisi arasındakileri ancak hak ile ve belirli bir süre için yarattık."

"Böylece Allah onları iki günde yedi gök olmak üzere yerine koydu. Her göğe kendi işini bildirdi. Biz en yakın göğü (Dünya Seması) kandillerle süsledik ve koruduk. İşte bu çok güçlü ve her şeyi bilen Allah'ın takdiridir."

"Sonra duman halinde bulunan göğe yöneldi. Ona ve yerküreye: "İsteyerek veya istemeyerek buyruğuma gelin." dedi. Her ikisi de: "İsteyerek geldik" dediler."

"O kâfir olanlar, görmediler mi ki, göklerle yer bitişik bir halde iken (Büyük patlama öncesinde galaksi oluşumunu sağlayan madde evreni ile esirden oluşan karanlık madde veya Kambriyen patlaması öncesi atmosfersiz olan dünya seması ortamı ile sonrasında canlılarla çeşitlenen, hayat nuruyla aydınlanan denizlerden oluşan Suküre) biz onları ayırdık. Hayatı olan her şeyi sudan yarattık. Hâlâ inanmıyorlar mı?"

"O, gökleri ve yeri hak ile yarattı, geceyi gündüzün üstüne sarıyor, gündüzü de gecenin üstüne sarıyor. Güneşi ve ay'ı emrine âmade kılmıştır, her biri belli bir süreye kadar akıp gitmektedir (Kendileri için belirlenmiş yörüngelerde dolaşmaktadırlar). İyi bil ki, çok güçlü ve çok bağışlayıcı olan ancak O'dur."

Buradan çıkarabileceğimiz bir sonuç ise, tüm kainatın yaratılışının her biri farklı uzunlukta süren toplam altı evrede tamamlandığını, yeryüzünün iki devrede genel durumunu aldığını, bütün varlıkların yaşayabileceği uygun şekle de dört devrede ve insanın yaratılışından önce uygun hale ulaştığını anlamak mümkündür. Nâziât Suresi'nde varlıkların birbiri ardınca yaratılışı ve tanzimi ile bunların ne için halk edildiği şöyle belirtilir:

"Sizi yaratmak mı daha zordur, yoksa göğü yaratmak mı? Ki Allah onu bina edip yükseltmiş ve ona şekil vermiştir. Gecesini karanlık yapmış, gündüzünü aydınlatmıştır. Bundan sonra da yeri düzenlemiştir. Suyunu ondan çıkarmış ve orada otlak yer meydana getirmiştir. Dağları da yeryüzüne sapasağlam yerleştirmiştir. Bütün bunları sizin ve hayvanlarınızın geçimi için yapmıştır."

Kaf Suresi'nde de yeryüzündeki bitki ve ağaçların durumuna dikkat çekilir:

"Gökten bereketli bir su indirdik, onunla biçilecek taneli ekinler bitirdik. Birbirine girmiş kat kat tomurcukları olan yüksek hurma ağaçları yetiştirdik, kullarımıza rızık olması için. Ve o suyla ölü bir diyara can verdik. İşte, kabirlerden çıkış da böyle olacaktır."

Her canlı varlığın mahiyetinin su olduğu ve bunların sudan yaratıldığına şöyle işaret edilir:

"İnkâr edenler görmediler mi ki, göklerle yer bitişik idi. Biz onları ayırdık ve her canlı şeyi sudan yarattık. Hâlâ inanmıyorlar mı?."

"Allah bütün canlıları sudan yaratmıştır. Bazısı karnı üzerinde sürünür, bazısı iki ayakla yürür, bazısı da dört ayakla yürür. Allah dilediğini yaratır. Allah şüphesiz her şeye kadirdir."

Burada, her hayvan türünün müstakil olarak, yani her canlı türünün kendine has özellikleri olacak şekilde ayrı ayrı yaratıldığını anlamak mümkündür. Bu yaratılışın menşeinin su olduğu, yani üremeyi sağlayan tek hücreli spermanın ve bunun yumurta hücresinin birleşmesiyle teşekkül eden zigotun büyük kısmını suyun teşkil ettiği nazara verilir. Eritici olduğu için hücre reaksiyonlarının temel maddesi de, zaten sudur. Bir organizma için su, bütün besinler derecesinde önemlidir. Vücut suyunun yüzde 10-20 kadarı kaybedilince hayat devam edemez ve su bulunmayan ortamda hayatın olması imkânsızdır. Anne karnındaki ceninin yüzde 94'ü, süt çocuğunun yüzde 80'i ve yetişkinin yüzde 70'i sudur.

Soru: İnsan yoktan mı yaratılmaktadır, mevcut maddelerden mi yapılmaktadır?

Cevap: İnsan, hem yoktan yaratılmakta ve hem de mevcut maddelerden inşâ edilmektedir. Bilindiği gibi, Allah'ın iki türlü yaratması vardır. Birincisi, yoktan, hiçten yaratma. Buna **ibda (veya ihya)** deniyor. Diğeri de, mevcut maddelerden **inşâ**'dır.

Bir hikmete binaen, Cenab-ı Hak, bütün mahlûkatın ham maddesi olan elementleri başlangıçta yoktan var etmiştir. Daha sonra, varlıkların maddesini bu elementlerden **inşâ** etmektedir. Meselâ, bedenimizde görev alan elementlerin her birisi, bir şekilde çevreden, ya besinlerle, ya da teneffüs ettiğimiz hava ile bize gelmektedir. Bu cihetiyle inşâ her an devam etmektedir. Bir de elementlerde olmayan özellikler vardır. Meselâ, insanın kendine has şekli, sesi ve hatta yürüyüşüne varıncaya kadarki özellikleri yoktan yaratılmaktadır. Ayrıca bazı organik fonksiyonları meydana getiren elementler ve organik moleküller doğada az bulunduğu için bazı bitkiler yoluyla hazır alınır. Çünkü bu özellikler atom ve moleküllerde bulunmamaktadır. Demek ki, Cenab-ı Hakk'ın hem inşâ şeklinde mevcut elementlerden yapma ve hem de yoktan yaratma kanunu her an devam etmektedir. Çünkü devam eden sürekli bir yaratılış için her ikisi de gereklidir.

Soru: Madde sürekli ve sabit midir, yani Yoktan var olmaz, var olan yok olmaz mı?

Cevap: Bin sekiz yüzlü yıllarda Lavosier, böyle bir prensibi ileri sürüyor ve *"Yoktan var olmaz, var olan da yok olmaz"* diyordu. Fakat, Lavosier bunu söylerken, gerekli şartlarını da belirtiyordu. Yani diyordu ki, kapalı kaplarda bulunan bir madde, mesela düdüklü tencerede, var olan bir madde kaybolmaz, ancak başka şekillere dönüşebilir. Buraya da; *"Dışarıdan bir madde girmediği sürece, yoktan var olmaz"* diyor. Şimdilerde bu söz mutlak manada, yani bütün kâinat için kullanılmaya çalışılıyor. Güya kâinatta var olan yok olmaz, yok olan da var olmazmış gibi düşünülmeye çalışılıyor. Oysa bu sözü söyleyebilmek için, her şeyden önce, bütün kâinatı dolaşıp, neyin var neyin yok olduğunu tespit etmek gerekir. Halbuki uzayda, daha bize ışığı ulaşmamış binlerce galaksi vardır ve her bir galakside de en az birkaç milyar yıldız bulunmaktadır. Bütün buralarda olup bitenleri anlamadan ve bilmeden bütün kâinat hakkında böyle bir söz, bilimsel değil, sedece ideolojik bir yaklaşımdır. Bu da pozitif bilimi materyalizme, ateizme yani dinsizliğe alet etmektir. Kainatta bir şeyi "Yok" diyebilmek için bütün kainatı gözden geçirmek gerekir. Bu da yetmez. Çünkü, bu gözle bizim gördüğümüz şey çok sınırlıdır. Mesela, görünen ışık, mevcut ışığın ancak %3.5'dur, %96.5'nu görmüyoruz. Radyo ve televizyon ile varlığından haberdar olduğumuz görüntü ve sesler, bizim normal görme alanımızın dışındadır. Bu şekilde görüntü alanının haricinde pek çok alemin varlığından bahsedilmektedir. İnsanda; akıl, hayal, hafıza, merak, endişe, korku, muhabbet, nefret ve adavet gibi pek çok his ve duygunun varlığı bilinmekte, fakat görülememektedir. Dolayısıyla, varlıkların mevcudiyetini sadece gözün gördükleriyle sınırlı kabul etmek, gözün görmediğini yok saymak, cahilliğin ifadesidir veya dinsizlik taassubudur. Cenab-ı Hak, canlıların elementlerde bulunmayan şekil, ses, hayal, hafıza, merak endişe, korku, muhabbet, nefret ve adavet gibi özelliklerini her an, yoktan yaratmaktadır. Mesela, bülbülün şekli ve sesi, gülün goncası atomlarda bulunmadığı için yoktan yaratılmakta veya o cismi oluşturan moleküllere o özellik sonradan kazandırılmaktadır. Dolayısıyla, sınırsız sayıdaki atom ve molekülden belirli özelliklere ve canlılık fonksiyonlarına sahip bir yapının oluşması (tesadüfi süreçlerle ve yoktan var olan mikroskobik bakteriler gibi vs.) ile açıklamak mümkün değildir. Demek ki Allah, mevcudatı hem yoktan var etmekte ve hem de mevcut maddelerden inşâ suretinde her an yaratmaktadır.

Soru: İnsan nasıl yaratılmıştır?

Cevap: Bütün varlıkların ve insanın yaratıcısı Cenab-ı Hakk'ın kelamı olan Kur'an-ı Hakim, insanın yaratılışından uzun uzadıya bahseder. Kur'an insanın dört yaratılış tarzını nazara verir. Bunlar;

1- Kadınsız ve erkeksiz yaratılış: Hz. Âdem'in yaratılışı,

2- Erkekten, kadın olmaksızın yaratılış: Hz. Havva'nın yaratılışı,

3- Kadından erkek olmaksızın yaratılış: Hz. İsa'nın yaratılışı,

4- Erkek ve kadından, genel üreme kanununa göre, insanın yaratılışı: Diğer tüm insanların yaratılışı.

Birincisi: Hz. Âdem'in yaratılışı meselesi

Kur'an-ı Hakim'de, Hz. Âdem'in topraktan belirli bir süreç içerisinde ve aşama aşama yaratıldığına dikkat çekilir:

"Andolsun Biz insanı kuru bir çamurdan, değişmiş cıvık bir balçıktan yarattık."

"Allah insanı, pişmiş bir çamura benzeyen bir balçıktan yarattı. Cinleri de hâlis ateşten yarattı."

"And olsun biz insanı, çamurdan, bir sülâleden (süzülüp çıkarılmış ve canlılığı teşkil eden organik maddeleri içeren bir çamurdan) yarattık."

"O, sizi bir nefisten yarattı. Hem sonra onun eşini de ondan var etti. (Başlangıçta) Sizin için yumuşak başlı hayvanlardan sekiz çift indirdi. Sizi analarınızın karınlarında üç karanlık içinde yaratılıştan yaratılışa yaratıp duruyor (Embriyo halindeki üç karanlık devreden oluşan yaratılış basamakları). İşte Rabbiniz Allah O'dur. Mülk O'nundur, O'ndan başka tanrı yoktur. O halde nasıl haktan çevrilirsiniz?"

"Doğrusu biz insanı, imtihan etmek için karışık bir nutfeden (erkek ve kadın

sularından) yarattık da onu işitici, görücü yaptık."

"Allah, her hayvanı sudan yarattı. İşte bunlardan kimi karnı üstünde sürünür, kimi iki yağı üstünde yürür, kimi dört ayağı üstünde yürür. Allah dilediğini yapar; çünkü Allah her şeye kâdirdir."

Bu âyet-i kerimelere dikkat edersek, **yaratılışın içerisinde organizmanın gerekli olduğu tüm organik bileşikleri içeren bir hulasa halindeki toprakla başladığını**, daha sonra bunun çamur hâlini aldığını anlamak mümkün. Bu çamur da süzülerek "çamur özü" hasıl olmuştur. İşte buradaki ilk ayetlerde bahsedilen yaratılış meselesi ise, ilk insan olan Hz. Adem'in yaratılış sürecinden bahsetmekte, sonrasında gelen ayetlerde ise, bu kez anne karnındaki **üç aşamalı embriyonik yaratılış** meselesine geçilmektedir:

"Andolsun ki Biz insanı, çamurdan süzülmüş bir hülasadan (özden) yarattık."

Daha sonra balçık hâlini alan bu çamur özünün zamanla değiştiği ifade edilir:

"(İblis): 'Ben bir salsaldan (kurumuş çamurdan), değişken bir balçıktan (hamein mesnûn) yarattığın insana secde edemem!' dedi."

Hz. Âdem'in yaratılış şekli, bir bakıma günümüzdeki insanın yaratılışına benzerlik gösterir. Midedeki besinlerden spermanın süzülerek çıkarılması gibi, çamur da süzülerek çamur özü (sülale) hasıl edilmiştir. Bir müddet bu hâlde kalan çamur özü, balçık şeklini (*hamein mesnûn*) almış ve daha sonra katı hâle (*salsal*) sokulmuştur. Bu devreden sonra kuruyan bu balçığa insan şekli verildiğini anlıyoruz:

"Sizi yarattık, sonra size şekil verdik, sonra da meleklere: 'Âdem'e secde edin' dedik."

Cenab-ı Hak, Hz. Âdem'i topraktan, onun neslini de nutfeden yarattığını şu ayet-i kerime ile beyan eder:

"Allah sizi (Hz. Âdem'i) bir topraktan, sonra nutfeden (bir zigottan -Hz. Âdem'in nesli-) yaratmış, sonra da sizi çiftler hâlinde var etmiştir."

İkincisi: Hz. Havva'nın yaratılışı meselesi

İbrani'ce Tevrat'ta, Hz. Havva'nın, Hz. Âdem'in sağ böğründeki 13. kaburga kemiğinden yaratıldığı belirtilir:

"Allah Adem'e derin bir uyku verdi. Adem uyurken, Allah O'nun kaburga kemiklerinden birini alıp yerini etle kapladı. Adem'den aldığı kaburga kemiğinden bir kadın (Hz. Havva) yaratarak O'nu Adem'e getirdi. Adem, 'İşte, bu benim kemiklerimden alınmış bir kemik, Etimden alınmış bir ettir' dedi."

(Eski Ahit, Yaratılış, 2. Bâb, 21-23. âyetler)

İncil'de de yine Tevrat paralelinde görüş yer alır. Hz. Havva'nın yaratılışı ile ilgili olarak Kur'an-ı Hakim'de şu âyet dikkat çekicidir:

"Ey insanlar! Sizi bir tek nefisten (candan) yaratan; ondan da yine onun eşini yaratıp ikisinden birçok erkekler ve kadınlar türeten Rabbinize karşı gelmekten sakının."

Zümer Suresi'nde de Hz. Âdem'den eşinin nasıl yaratıldığına dikkat çekilir ve şöyle buyurulur:

"Allah sizi tek bir nefisten (Âdem'den) yarattı, sonra ondan eşini yarattı."

"Kendileri ile huzur bulasınız diye sizin için türünüzden eşler yaratması ve aranızda bir sevgi ve merhamet var etmesi de O'nun (varlığının ve kudretinin) delillerindendir. Şüphesiz bunda düşünen bir toplum için elbette ibretler vardır."

Bunu açıklar mahiyetteki bir hadiste de şöyle buyurulur:

"Kadınlar hakkında hayır tavsiye ediniz. Yani, onlara iyi davranınız. Çünkü kadın eğri kaburga kemiğinden yaratılmıştır. Kaburga kemiğinin en eğri kısmı baş tarafıdır. Onu doğrultmaya çalışırsan kırarsın. Hali üzere bırakırsan öyle eğri kalır. Kadınlar hakkında hayır tavsiye ediniz."

İnsanın yaratılışı ile ilgili olarak bir başka ayette de şöyle buyurulur:

"Şimdi, insan hangi şeyden yaratıldı? İbretle baksın. O, atılıp dökülen bir sudan yaratılmıştır. Ki, arka kemiği ile göğüs kemikleri arasından çıkar. Şüphe yok ki Allah onu tekrar diriltip döndürmeye elbette kadirdir."

Günümüz tıbbı da, bu ayetin ifade ettiği manaya yaklaşmıştır. Normal üreme kanununda, insanın temel yapısını sperm ve yumurta hücreleri teşkil eder. Bu iki hücrenin ilk teşekkül yeri, Kur'an-ı Hakim'de, omurga kemiği ile göğüs (eğe) kemikleri arası olarak verilir. Günümüz tıp ilmi de, hamileliğin yedinci ayında erkek cenin sperm kesesi olan husyelerin yavaş yavaş vücudun dışındaki torbaya, kız ceninindeki yumurtalığın ise leğen boşluğuna indiğini belirtmektedir. Dolayısıyla, yulkarıda verilen Hz. Havva'nın yaratılışı ile ilgili ayetin verdiği haber ve hadisi şerifin ayeti yorumunun akla ve bilime tamamen uygun olduğu görülmektedir. Tüm bunlar da, Kur'an'ın 1400 sene sonra ulaşılabilen diğer mu'cizelerindendir.

Üçüncüsü: Hz. İsa'nın yaratılışı meselesi

Hz. İsa (a.s.), Hz. Meryem'den babasız olarak dünyaya gelmiştir. Onun bu hali, bir bakıma Hz. Âdem ve Hz. Havva'ya benzemektedir. Onlar, anne ve babasız yaratılmışlardır. Kur'an'da Hz. İsa'nın yaratılışı, Hz. Âdem'in yaratılışına benzetilir ve Cenab-ı Hak bunu âyet-i kerimede şöyle buyurur:

"Şüphe yok ki, Allah Teâlâ'nın nezdinde İsa'nın hâli, Âdem'in hâli gibidir ki, onu topraktan yarattı, sonra ona 'ol' dedi, o da oluverdi."

Bu konu hakkında daha detaylı bilgi edinmek isteyenler, **İsevilik İşaretleri** isimli eserimizin **birinci cildine** bakabilirler. Hz. İsa'nın yaratılışı, genel üreme kanunlarının dışındadır. Bilindiği gibi, insanların, bitkilerin ve hayvanların çoğalmasında anne ve babaya ihtiyaç vardır. Bu, Cenab-ı Hakk'ın genel bir üreme kanunundur. Bütün kanunların istisnası olduğu gibi, bu kanunun da, hem bitkilerde ve hem da hayvanlarda istisnaları mevcuttur. Zaman zaman Cenab-ı Hak, bu istisnai yaratılışı, insanlarda da göstermiştir. Nitekim, Hz. Âdem ve Hz. Havva anne ve babasız yaratılmışlardır. Ayrıca, bütün canlıların ilk atalarının yaratılışları da bu üreme kanunlarının dışında cereyan etmiştir.

Cenab-ı Hak, varlıkları anne-babasız veya bunlardan birisi olmaksızın yaratmakla, yaratma hususunda ihtiyar sahibi olduğunu, kanunlarını dilediği şekilde değiştirebileceğini, varlıkları bağımsız ve kayıtsız yaratabileceğini göstermektedir. Gerek bitkiler aleminde ve gerekse hayvanlar aleminde, eşeysiz üreme olarak ifade edilen, anne ve babasız üremeler de mevcuttur. Yani, anne olmadan, ya da baba olmadan yaratılan diğer canlı türleri de vardır. Örneğin, hayvanlar alemindeki arılar, bunlara bir misal teşkil ederler. Ana arı, belli bir devrede, erkekle çiftleşir. Çiftleşme sonunda spermler, sperm keseciğinde toplanır. Daha sonra bu ana arı yumurtlama esnasında, yumurta kanalına sperm salınırsa yumurta döllenmiş olur ve bu yumurtalardan dişi arılar çıkar. Şayet yumurta kanalında yumurta döllenmemişse, bu yumurtalardan da erkek arılar hasıl olurlar. Yani erkek arılar babasız dünyaya gelmektedirler. Anne veya babasız üremeye, bitkiler aleminde de pek çok misaller mevcuttur. Örneğin, bunlardan mantarlar ve eğrelti otları, spor adı verilen küçük yapıların doğrudan çimlenmesiyle hasıl olmaktadırlar. Bira mayası mantarında da, tomurcuklanma ile yeni fertler teşekkül etmektedir. Bütün bunlar genel üreme kanunlarının dışındadır. Aynı şekilde, çileğin etrafa uzattığı dalları toprağa temas edince köklenir ve oradan yeni çilek bitkisi gelişir. Patates ve yer elması gibi bitkilerin birer parçası kesilip toprağa gömülünce bunlardan yeni bitkiler teşekkül eder. Üzüm, kavak ve söğüt gibi ağaçlardan alınan küçük dal parçaları da toprağa dikilince yeni bitkileri verebilmektedir.

İşte gerek bitkiler ve gerekse hayvanlar âlemindeki bütün bu genel üreme kanunu haricindeki çoğalmaların her yıl milyonlarca numunesinin yaratılışını bilen ve onlara şahit olan, buna rağmen, Hz. İsa (a.s.)'ın babasız yaratılışını kabul etmeyen bir aklın, belki tüm bu babasız üreyen canlı türleri adedince, kaç derece akılsızlık ettiğini kıyas ediniz.

Dördüncüsü: İnsanın genel üreme kanununa göre yaratılışı meselesi

Bizler anne ve babalı olarak yaratıldık. Bu yaratılışımız aşama aşama, yani devre devre olmuştur. Nitekim bir ayette şöyle buyrulur:

"Hâlbuki O, sizi çeşitli merhaleler hâlinde aşama aşama yarattı."

İşte burada asıl bahsedilen aşamalı yaratılış meselesi ise, evrim teorisini savunanların iddia ettiği gibi kademeli bir değişimle bir türden farklı bir türün ortaya çıkması değildir. Sadece o türe ait bireyleri kademeli bir süreç içeren son derece sanatlı ve ihtişamlı bir yaratılışıdır. Dolayısıyla, Sani-i Hakim, kudretini ve sanatını göstermek, göz önüne koymak ve müdakkik seyirciler tarafından (insanoğlu gibi) müşahede ve takdir edilmesini sağlamak için bu şekilde bir kademeli yaratılışı seçmektedir. Oysa dileseydi bir canlıyı, örneğin birkaç günlük ömrü olan bir sivrisineği bir hafta içinde değil de, birkaç saniyede de yaratabilirdi. Buna kuşku yoktur. Çünkü kainatta öyle varlıklar ve atomaltı partiküller vardır ki, bir saniyenin trilyonda biri gibi kısa bir sürede yaratılıp, yine bu kısa sürenin sonunda yok edilmektedir. Dolayısıyla kademeli olarak yaratılan tüm canlılar gibi biz de başlangıçta, anne karnında yumurta, babada sperm şeklinde, daha sonra bunların birleşmesiyle hasıl olan tek hücre halinde idik. Zigot adı verilen bu tek hücre bölünerek çoğaldı. Çok hücreli bu yapıdan dokular ve organlar teşekkül etmeye başladı. İnsan bu safhalarda, bitki ve hayvanlarda olduğu gibi, büyüme, gelişme ve farklılaşma kanunlarına tâbidir. Bu tedricî, yani kademe kademe tamamlanış Kur'an'da şöyle ifade edilir:

"Sonra onu nutfe hâlinde sağlam bir yere yerleştirdik. Sonra nutfeyi alaka (Henüz dokulaşmamış hücre topluluğundan meydana gelen et parçası) çevirdik, alakayı mudğa (Bir çiğnemlik et parçası, yani dokulaşmaya başlamış ve görev dağılımına göre organize olmuş hücreler topluluğu) bir çiğnemlik etten kemikler yarattık, kemiklere de et giydirdik. Sonra onu bambaşka bir yaratık (insan) haline getirdik."

Şu âyet-i kerimede de yaratılışın bütün safhalarına işaret edilir:

"Ey insanlar! Eğer öldükten sonra dirilmek hususunda herhangi bir şüphe içinde iseniz, şu muhakkaktır ki Biz sizin aslınızı topraktan, sonra onun neslini insan suyundan (spermadan), sonra alaka (Dokulaşmamış et parçası)'dan, daha sonra da hilkati belli belirsiz bir çiğnem etten yarattık (ve bunları) size (kudretimizin kemalini) apaçık gösterelim diye (yaptık), sizi dileyeceğimiz muayyen bir vakte kadar rahimlerde tutuyoruz, sonra sizi bir çocuk olarak çıkarıyoruz."

Soru: Kur'an, öldükten sonra yeniden dirilme ve Haşir meselesi üzerinde neden çok durmaktadır? Kur'an'da yeniden diriltilmenin inkar edilmesiyle ilgili neden bu kadar çok şiddetli tehditler vardır?

Cevap: Cenab-ı Hak, öldükten sonra yeniden diriltilme hususunda tereddüde düşmememizi istiyor. Bunun için, daha önce yaşayarak geldiğimiz devrelere ve safhalara dikkati çekiyor. Yetişkin haline gelinceye kadar geçirdiğimiz safhaları tek tek sayıp, öldükten sonra bizim yeniden diriltilişimizin de öyle olacağını ve kendi katında bu olayın bir bahar içerisindeki bitki ve canlıların yeniden diriltilmesi kadar kolay olduğunu, hatta bundan çok daha kolay olduğunu nazara vererek bu apaçık deliller karşısında inkara mecal kalmayacağına dikkat çekiyor:

"O inkarcılar dediler ki: "Biz, bir kemik yığını olduğumuz ve ufalanıp toz olduğumuz vakit mi, gerçekten biz mi, yeni bir yaratılışla diriltileceğiz?"

"De ki: "İster taş olun, ister demir..!

(yeniden diriltileceksiniz) İsterse gönlünüzde büyüyen başka bir yaratık olun, (Muhakkak öldürülecek ve diriltileceksiniz.) "Onlar: "Bizi kim tekrar diriltecek?" diyecekler. De ki: "Sizi ilk defa yaratmış olan kimse, o sizi tekrar diriltecektir." Sana başlarını sallayarak: "Ne zamandır bu.?" diyecekler. De ki: "Yakın olması gerektir.!"

"Hem ilk yaratmayı yapan O'dur. Sonra onu çevirip yeniden yapacak olan da O'dur ki, bu O'na çok kolaydır. Göklerde ve yerde en yüksek şan ve şeref O'nundur. O çok güçlüdür, hüküm ve hikmet sahibidir."

"Emriyle göğün ve yerin (kendi düzenlerinde) durması da O'nun (varlığının ve kudretinin) delillerindendir. Sonra sizi yerden (kalkmaya) bir çağırdı mı, bir de bakarsınız ki (dirilmiş olarak) çıkıyorsunuz."

Yukarıda ayetlerde yer alan açık ifadelerden de görüldüğü gibi, Kur'an'ın yaklaşık üçte biri haşirden, yani insanın yeniden dirilişinden bahsetmektedir. Geçmiş kavimlerde de, insanların en büyük problemi, öldükten sonra tekrar diriltilme olmuştur. Pek çok insan bunu kendi ruh ve düşünce dünyasında çözememiş ve ahiretin varlığını ve yeniden diriltilmeyi aklına sığıştıramadığı için inkar etmiştir. Burada görüldüğü gibi, Cenab-ı Hakkın yaratma sanatı apaçık gerçekleşen ve tüm kainatta cereyan eden şumüllü bir olay olduğu için, Kur'an'ın pek çok yerinde yaratılışın inkar edilmesiyle ilgili şiddetli tehdit ifadeleri yer alır. Çünkü yaratılış, tüm kainata yayılmış olan ve aklını kullanan bir insan için inkara mecal bırakmayacak kadar

açık bir hadise olduğu için ve bu meselenin inkarı durumunda tüm kainattaki zerreler ve varlıklar adedince mevcudatın da yaratılışını ve sanatını inkar etmek anlamına geldiğinden, yaratıcı bu noktada şirki, yani başka bir unsurun bu meseledeki iştirakini kabul etmeyecek derecede bir bedahet noktasına gelmekte ve her bir insanın bir hücreden itibaren yetişkin hale gelinceye kadar yaratılışta geçirdiği safhaları nazara vererek, yeniden diriltilmenin akıldan uzak görülmemesini şiddetle istemektedir.

Soru: Ruh bedenden ayrı bir cevher midir? İnsan bedenine ruh ne zaman gelmektedir?

Cevap: Öncelikle insandaki ruh ve beden ayrımı konusuna kısaca denirsek, şöyle diyebiliriz ki, insanda bulunan ruh cevheri, ilk kez Hz. Adem'e Allah'ın kendi ruhundan üflemesiyle ve onun neslinden devam eden tüm insanlara da bu cevherin bir parçasının aktarılması sebebiyle Ruh, ahiret aleminden, yani sonsuz alemden insana verilen bir nur ve cevher olduğu için bakidir, yani o da sonsuzdur. Fakat bu sonsuzluk, insanların ruhlarının ezelden beri var olduğu anlamına gelmemekte, yani tüm ruhlar da beden gibi sonradan yaratıldığı anlamına gelmektedir. Bu noktada, yani ruh ve bedenin sonradan yaratılması noktasında ikisi de birbirine benzerdir. İkisinin arasındaki fark ise, ruhun manevi alemden gelen nurani bir cevher olduğu ve sonsuz, yani ebedi olduğu; halbuki bedenin ise, toprağa karışarak çürüyeceği, yani bir sonunun olması meselesidir. Dolayısıyla Ruh, baki kalacak olan nurani bir cevher olmasına rağmen, beden sonlu bir cismani cevherdir. Fakat ikisindeki yaratılış sanatı da sonsuz bir kudret ve ilme sahip bir yaratıcı tarafından meydana getirildiği için, üzerlerindeki sanat ve hikmet de nihayetsiz bir cevherin özlerini teşkil eden bir parçanın iki yarısı gibidir. Alem-i şehadette, yani görülebilen bu kainat içerisinde, birisi olmadan diğeri hayatiyetini ve varlığını devam ettiremez. Her ne kadar ruh, öldükten sonra baki olarak kendi başına varlığını devam ettirse de, kainattaki tezahür eden hikmet-i ilahiye kanunları çerçevesinde ikisi birleşik bir bütünün parçaları gibidir. Fakat birisi bir hikmete göre, başka cevhere (Örneğin toprak gibi) dönüştürülerek iade edilerek son bulurken; diğer baki olan ruh ise, ebedi aleme direkt olarak intikal ederek varlığını orada devam ettirir.

İnsandaki yaratılış ve hayat en yüksek seviyededir. Gerçi insanda da bitki ve hayvanlarda cereyan eden; büyüme, gelişme, farklılaşma ve üreme kanunları görülmektedir. Ancak insan, sahip bulunduğu yüksek ruhi özellikleriyle bütün varlıkların üzerinde bir mevki almıştır. İşte bu yüksek mevki, daha çok beden değil de, ruh itibarıyladır. Yani insan ruhu, diğer varlıklardan daha yüksek bir mevkide olacak şekilde bir donanıma ve anlayışa sahip olarak yaratılmıştır. Dolayısıyla, Hz. Peygamberin de belirttiği gibi, ruhla ilgili bilgiler oldukça sınırlı olup, çoğu bizim malumumuzun dışındadır. İnsanın ilk teşekkülü, anne rahmindeki yumurtanın, babadan gelen spermin birleşmesiyle başlar. Bu iki hücrenin birleşmesi sonucu, insanın en küçük ilk numunesi teşekkül etmiştir. Zigot adı verilen bu tek hücre bölünerek, binlerce, milyonlarca ve hatta milyarlarca hücreyi verecektir. Bu hücrelerin her birisindeki genetik özellik ve materyaller, aynen zigottaki kadardır. Bu hücrelerin büyümesi ve farklılaşmasıyla doku ve organlar teşekkül edecektir. Zigot ve sonrası devrede henüz ruh ortada yoktur. Ama, insanın küçük bir numunesi olan ceninde hayat devam etmektedir. Modern fen ilimleri, ruhun bedene gelişiyle ilgili bir görüş ileri sürememektedir. Bununla ilgili bir hadiste, cenin 120 günlük olduğu zaman ruhun geldiği bildirilmektedir. Demek ki, 4 aylık cenin, yetişkin bir insanın bütün özelliklerine sahiptir. Onun küçük bir numunesidir. Nitekim, buradan hareketle, İslâm âlimleri, ceninin 120 günden sonra aldırılmasını, yetişkin bir insanın hayatına müdahale gibi kabul etmişlerdir. Dolayısıyla, anne hayatının tehlikede olması haricinde, 120 gün sonra cenine müdahaleyi kesinlikle uygun görmemişlerdir.

Görüldüğü gibi, insan bedenindeki hayat, tek hücre ile başlamakta, ancak ruh bu hücre topluluğuna 4 ay sonra gelmektedir. Lakin, ölümde böyle değildir. İnsanın ölümüyle ruh bedenden ayrıldığı gibi, insanın canlılık özelliği de büyük oranda sona ermektedir. Yani, hayatı sağlayan özellikler, ruhtan önce insan bedenine gelmekte, fakat, ruh gittikten kısa bir süre sonra insan vücudunu terk etmektedirler. Dolayısıyla ruh olmadan, vücut canlılığını devam ettirememekte ve organik molekül yığınlarının teşkil ettiği bir yığın ortada olmasına rağmen, canlılık fonksiyonlarını yerine getirememektedir.

Soru: Hz. Âdem'in çocukları nasıl çoğalmışlardır?

Cevap: Bir rivayette Hz. Havva 20 doğum yapmış ve her doğumda bir erkek bir kız doğurmuştur. Cenab-ı Hak, aynı batında doğanların birbirleriyle evlenmelerini yasaklamış, önce veya sonra doğanlar birbirleriyle evlenebilmişlerdir. İnsanlar belli bir sayıya ulaşınca Allah, kardeşler arasındaki bu evlenmeyi yasaklamıştır.

Soru: Hz. Âdem'den önce yeryüzünde insan var mıydı?

Cevap: Cenab-ı Hak Kur'an'da, ilk insan Hz. Âdem'in balçıktan safha safha yaratılışını anlatmaktadır. Daha sonra ondan Hz. Havva'nın yaratıldığını nazara verir. Hz. Âdem ve Hz. Havva, imtihan ve tecrübe için Cennet'ten yeryüzüne göndermişlerdir. Cenab-ı Hak, Kur'an'da melaikeye hitaben, yeryüzünde bir halife yaratacağını bildirince, melaike; *"Yerde fesat yapacak, kan dökecek kimseleri mi yaratacaksın?"* demiştir. Müfessirler, yeryüzünde, insanların hayatına elverişli şartlara sahip olmadan önce idrakli mahluk olarak cinlerden bir nev'in bulunduğunu, bunların yaptıkları fesattan dolayı insanlar ile yerdeğiştiklerini belirtirler.

Soru: Hz. Âdem'de tek renk ve ırk karakteri olduğu halde, günümüzdeki farklı renk ve ırk karakterleri nasıl ortaya çıkmıştır?

Cevap: İnsanın genetik yapısını ihtiva eden kromozomlardaki genler, milyonlarca ciltlik kitapların bilgilerini içine alabilmektedir. Tıpkı, bir CD' ye binlerce sayfalık bilgilerin sığdırılabildiği gibi. İşte ilk insan Hz Âdem'in genetik yapısında da, günümüzdeki insanların bütün renk ve ırk karakterleri şifrelenmiş halde mevcuttu. Fakat, başlangıçtaki baskın karakterler, çekinik karakterlerin görünmesine mani oluyordu. Güneşin, gündüz vakti, yıldızların görünmesine engel olduğu gibi. Ne zaman güneş gitse, semadaki yıldızlar görünecektir. Burada güneş baskın gelmekte, zayıf ışıklı, yani çekinik karakterli yıldızların görünmesine engel olmaktadır. Aynen bunun gibi, insanlardaki renk ve ırk karakterleri, insanlar ayrı kabileler halinde yaşamaya başlayınca, kendi içerisinde saflaşmaya başladı. Baskın karakterlerden kurtulan bazı renk ve ırk karakterleri, zamanla ortaya çıkmış ve günümüzdeki renk ve ırk karakterlerinin hasıl etmiştir.

Soru: Hz. Âdem'den günümüze kadar geçen süre nedir? İnsanlığın toplam ömrü ne kadardır?

Cevap: Bu süreyi tam olarak vermek mümkün değildir. İnsanın geçmişiyle ilgili, fen ve felsefenin ortaya koyduğu rakamlar milyonlarla ifade edilmektedir. Ancak, yaş tayin metotlarının güvenirliliği azdır. Canlıların yaşı ile ilgili verilen değerler, mutlak değil, izafi veya nisbi değerlerdir. Semavi kaynaklar dikkate alındığında bu sürenin daha az olduğunu görüyoruz. Kur'an-ı Hakim'de göklerin ve yerin altı günde, arzın iki günde, bitki ve hayvanların ise dört günde yaratıldığı nazara verilir. Buradaki gün tabirinden genelde devir manası anlaşılmıştır. Cenab-ı Hak, Hacc suresinde bir günün bizim saydığımız günlerle bin yıl olduğunu bildirir. Bir başka ayette de 50 bin yıl olduğunu nazara verir. Uzayda her bir gezegen ve yıldızın hareketi farklıdır. Dünya kendi etrafında bir günde dönerken, Merkür bu dönüşünü, dünya günü ile 58.5 günde yapar. Dünyanın güneş etrafında dolanımı bir yıl iken, Plüton'un güneş etrafında bir defa dönüşü 248 yıldır. İnsanın geçmişiyle ilgili olarak şu söylenebilir:

Semavi kaynakların işaretlerinden, ilk insan Hz. Âdem'den itibaren günümüze kadar geçen sürenin 7-8 bin yıl arasında olabileceği anlaşılıyor. Çünkü sahih kaynaklardan (İmam-ı Rabbani gibi) edinilen bilgiye göre, Hz. Peygamber ile Hz. Adem arasında 6000 yıl vardır. Ve Hz. Peygamber ile günümüz arasında 1400 yıl olduğuna göre, Hz. Adem'in yaratılışından günümüze kadar yaklaşık 7400 yıl geçmiş olmaktadır. Ayrıca, bazı sahih rivayetlere göre de, insanlığın toplam ömrünün yaklaşık 7600 yıl olduğu rivayet edilmiştir. (Bakınız: Kıyamet gerçekliği) Bunu basit olarak Kur'an'da belirtilen 6 gün olarak düşünürsek ve her bir devresi 1000 katı olan bir zaman süresi olarak evrenin yaşı gibi hesapladığımızda; Birinci gün, 4 gün; ikinci gün, 2 gün; üçüncü gün, 1 gün; dördüncü gün, 0,5 gün; beşinci gün, 0,25 gün ve altıncı gün 0,125 gün olarak alınırsa; toplam sürenin 7,875 gün yani 7875 yıl olduğunu kolaylıkla bulabiliriz ki, bu bulduğumuz süre de Hz. Adem'in yaratılışından kıyamete kadar geçecek olan yaklaşık bir zaman dilimini vermektedir.

Soru: Hz. Âdem'in boyu ne kadardı?

Cevap: Bazı rivayetlerde Hz. Âdem'in boyunun 60 arşın, ya da zira olduğu ifade ediliyor. Bir arşın 30 cm olarak alınınca, 18-20 metre gibi bir boy uzunluğu ortaya çıkıyor. Şimdiye kadar bu boyda, ya da buna yakın bir insan iskeleti bulunmadı. Bu uzunluk hikmete de pek uygun düşmüyor. Muhtemelen burada, arşın biriminde bir yanlışlık var. Yani bir arşın 30 cm değil, belki daha küçük bir ölçüyü ifade ediyor olmalıdır. Dolayısıyla Hz. Adem'in boyunun bu miktarın yaklaşık 5'te biri, yani 3-4 m arasında olması fikri, daha makul bir görüştür.

Soru: İnsan konuşma yeteneğini nasıl kazanmıştır? Diller nasıl ortaya çıkmıştır? İnsanlar yeryüzüne nasıl ve ne zaman dağılmıştır?

Cevap: İnsan ile hayvanlar arasında en mühim fark, şüphesiz ki insanın şahsi düşünce ve duygularını mantıklı bir şekilde konuşarak bir başkasına aktarabilmesidir. Bin sekiz yüzlü yıllarda, ilkel kabile dillerinin basit ve ilkel yapılı olduğu, hayvanlarla ilkel insanlar arasında dil bakımından fazla bir farkın bulunmadığı iddia ediliyordu. Son yapılan bilimsel çalışmalar, ilkel toplumların kullandığı dilin, medeni insanların kullandığı dil yapısına yakın bulunduğunu, hatta gramer bakımından ondan daha karışık olduğunu göstermiştir. Dil konusunda, insanla maymun arasında bağ kurmak için, maymunlar üzerinde yapılan çalışmalardan beklenen sonuç alınamamıştır. Dilin kademe kademe geliştiği yönündeki beklentiyi destekleyecek bir bulgu elde edilememiş, aksine Hayvanlarla insan konuşması arasında her hangi bir bağ kurmanın mümkün olmadığı anlaşılmıştır. Dil çok kompleks bir yapıya sahiptir. Bu bakımdan ancak noksansız olduğu zaman işlev görebilmektedir. Bir insanın konuşabilmesi için uygun bir yapıdaki dile, gırtlağa, ses tellerine, akciğere, diyaframa, iş görebilen bir işitme sistemine, damağa, dudaklara, bunları kontrol edebilen bir beyin ile beyinde konuşmayla ilgili özel bölgelere ve bunlar arasında ilişki kurarak mantıklı düşünmeye ihtiyaç vardır. Diğer taraftan, hayvanların içgüdüsüyle insanın zekâsı arasında çok büyük farklılıklar vardır. Bunlar hiç dikkate alınmadan, insandaki bu kabiliyetlerin hayvanlardan geçtiğini ileri sürmek, bilimsel bir yaklaşım tarzı değildir. Cenab-ı Hak ilk insan Hz. Âdem'e emir ve yasaklarını bildiren 10 sayfalık kitap indirmiş ve ona bütün isimleri öğretmiştir. Kur'an-ı Kerim bu hususa şöyle işaret etmektedir:

"Allah Âdem'e bütün isimleri öğretti. Sonra onları önce meleklere arz edip, 'Eğer siz sözünüzde sadık iseniz şunların isimlerini bana bildirin' dedi. 'Ey Adem!, eşyanın isimlerini meleklere anlat' dedi. Âdem onların isimlerinin onlara anlattı."

Bu ayetlerden, Cenab-ı Hakk'ın Hz. Âdem'e dili öğrettiğini ve onun meleklerle konuştuğunu anlıyoruz. Ayrıca Kur'an'da, Tevrat ve İncil'de yer alan ifadeler göre, tüm insanların başlangıçta aynı dili konuştuğunu da anlıyoruz. İnsanların bu ortak konuşma dilinin, bir hikmete binaen, Hz. Nuh döneminde gerçekleşen Büyük Tufan'dan sonra, Babil kulesinin yapımı sırasında değiştirildiği ve inşaatın ayrı katlarında çalışanların dillerinin bir mu'cize eseri değiştirilerek birbirlerini anlayamaz hale geldiklerini anlıyoruz. Eski Ahitte bu konu detaylı bir şekilde şöyle anlatılır:

"Başlangıçta dünyadaki bütün insanlar aynı dili konuşur, aynı sözleri kullanırdı. Doğuya göçerlerken, Şinar bölgesinde bir ova bulup oraya yerleştiler. Birbirlerine, "Gelin tuğla yapıp iyice pişirelim!" dediler. Taş yerine tuğla, harç yerine zift kullandılar. Sonra, "Kendimize bir kent kuralım!" dediler. "Göklere erişecek bir kule dikip ün salalım. Böylece yeryüzüne dağılmayız." Rab insanların yaptığı kentle kule için: "Tek bir halk olup aynı dili konuşarak bunu yapmaya başladıklarına göre, düşüncelerini gerçekleştirecek, hiçbir engel tanımayacaklar" dedi. Sonra dillerini birbirine karıştırdı ki, birbirlerini anlayıp kuleyi inşa etmesinler. Böylece Rab yeryüzüne onları dağıtarak kentin ve bir put haline gelen kulenin yapımını durdurdu. Bu nedenle kente Babil (Karıştırmak, anlamına gelir) adı verildi. Çünkü Rab bütün insanların dilini orada karıştırmış ve onları yeryüzünün dört bucağına dağıtmıştı."

(Eski Ahit, Yaratılış, 11. Bâb, 1-9. âyetler)

Yine insanların ve toplumların dillerinin farklı olması Kur'an'da benzer şekilde şöyle dile getirilir:

"Göklerin ve yerin yaratılması, dillerinizin ve renklerinizin farklı olması da O'nun (varlığının ve kudretinin) delillerindendir. Şüphesiz bunda bilenler için elbette ibretler vardır."

KAİNATIN YARATILIŞI NASIL GERÇEKLEŞMİŞTİR?

Cevap: Evren hakkında ne düşündüğümüz gerçekten de önemlidir. Çünkü, Evren hakkındaki görüşümüz, evrenin bir parçası olan kendimiz hakkındaki görüşümüzü de oluşturmaktadır. Big Bang (Büyük Patlama) teorisi evrenin kökeni ve yapısı hakkındaki bilgimizi arttırmış ve evreni daha iyi tanımamızı sağlamıştır. Big Bang teorisi, evrenin tek bir noktadan, çok yoğun ve çok sıcak bir şekilde oluşmaya başladığını; evrenin sürekli genişlediğini ve bu genişlemeyle evrendeki sıcaklığın ve yoğunluğun düştüğünü, buna bağlı olarak evrendeki tüm aşamaların (Kur'anda bahsedilen 6 günlük evre) gerçekleştiğini, bu aşamalarda atom-altı dünyadan yıldızlara kadar tüm oluşumların meydana geldiğini gösterir. Bugün elde edilen son bilimsel verilere göre, Kainat yaklaşık 15 milyar yıl önce sonsuz küçük hacimde ve yoğunluktaki bir nokta halinde iken, yani yok iken, Big Bang denilen büyük patlama ile yaratılmış ve sürekli genişleyerek şu anki büyüklüğüne ulaşmıştır. Şimdi, bu *'Big Bang'*, yani Kainatın oluşumunu başlatan bu *'Büyük Patlama'* ne demektir? 1920'lerde keşfedilen 20. yüzyılın bu büyük bilimsel gelişmesinin, Dini ve Felsefi sonuçları nelerdedir? Kısaca onları inceleyelim.

Soru: Kainat nedir? Kainatı bir arada tutan kuvvetler nelerdir?

Kainatı meydana getiren maddeler nedir ve nelerden oluşmuştur?

Bunlar nasıl yaratılmıştır?

Cevap: Evren (Kozmos veya Kainat), tüm varlıkları ve olayları içeren bir sistemdir. Kelimenin kökü dikkate alındığında bu "dirlik ve düzen içinde bir evren" anlamına gelen Yunanca bir sözcüktür. Kozmoloji (evren bilim) açısından ise bu terim bizim gözlemlediğimiz evren olarak düşünülür. Bu nedenle bizden önceki ve sonraki evrenlerin (Kur'an'da bahsedilen 7 kat yer ve 7 kat gök katmanları) varlığı da söz konusudur. Günümüzde ulaşılabilen en son teknik verilere göre, evrenin fizik yapısı şöyle sıralanabilir:

1- Galaksiler,

2- Karanlık madde (Esir ve Ether de denilen ve evrendeki mevcut madde ağırlığının % 70-80'ini oluşturan ve ışık yaymayan boşluğu oluşturan madde),

3- Elektromanyetik radyasyon,

4- Nötral ve iyonize hidrojen,

5- Toz parçacıkları,

6- Galaksilerden gelen ışınlar,

7- Süpernova ve Galaktik patlamalardan oluşan kozmik ışınlar,

8- Kütlesi olmayan nötronlar (Nötrino

ve diğer kütlesiz partiküller),

9- Gravitasyon (Kütleçekim) dalgaları,

10- Elektromanyetik dalgalar.

Sadece bizim galaksimizde 400 milyar yıldız (güneş) bulunduğu tahmin edilmektedir. Bizim galaksimiz gibi içinde yıldızları ve gezegenleri barındıran ise milyarlarca galaksi var. Evreni dolduran bütün cisimler üç esas gücün etkisiyle bir arada bulunuyor:

1- Nükleer Kuvvet: Atomik çekirdeğin nötron ve protonlarını bağlar.

2- Elektromanyetik Kuvvet: Atomları oluşturmak üzere elektronları çekirdeğe bağlar.

3- Gravitasyon (Kütleçekim) Kuvveti: Uzaydaki cisimleri belirli yörüngelerde tutar.

EVRENİN KISA TARİHİ:

Son yıllarda, astronomlar evrenin tahmini yaşının 15-16 milyar olduğu konusunda anlaşmaya varmıştır.

Bu kadar gerilere dayanan bir tarih, insanın yaşamı göz önüne alındığında düşünülemez bir boyutta olmasına rağmen, evrenimiz daha iyi bir değişle daha yeni doğmuş sayılabilir. Yıllar geçtikçe evrenimiz kendi karakterini çok yavaş ve kısa ölçekte belirsiz de olsa değiştirecek, ve sonunda bizim zamanımızı belirleyen şekillendiren yıldızlar ve gökadalar tarih sahnesinden tamamen çekilecekler ve donmuş yıldızlara ve galaksi boyutlarında yalnız atomlara yer açacaklardır. Astronomlar kendi çalışmalarında çoğunlukla bugünden milyarlarca yıl sonrasını tartışırlar, örnek vermek gerekirse yıldızsal evrim teorisine göre, eğer daha önce gerçekleşecek olan büyük bir felaketle kainatın sonu gelmese bile, güneş şu anki zamandan yaklaşık 1 milyar yıl sonra faaliyetini değiştirecek ve yaydığı ısıyla dünyayı yaşanamaz bir hale sokacak, ayrıca yaklaşık 5 milyar yıl sonra tam anlamıyla kırmızı dev olacak ve bundan birkaç milyon yıl sonra da tamamen patlayarak beyaz cüce haline gelecek.

Tabii bu konular ve hesaplar insanın aklına "Bunlardan sonra ne olacak?" veya "Kıyamet bu şekilde mi gelecek?" sorularını akla getiriyor. Gökyüzündeki bütün yıldızlar bir gün sönecek mi? Evet elbette sönecek! Bütün yıldızların patlayıp yerlerine hiçbir yıldızın üretilemeyeceği bir zaman gelecek mi? Evet, mutlaka gelecek! Fakat, yaşam bu yıldızsız ortamda da sürebilecek mi? Ve sonunda belki de en son ve en önemli soru: Evrenin gerçek bir sonu olacak mı? Evet, Kur'an ve diğer tüm semavi kaynaklara göre, bu son gelecek ve Kainatın büyük ölçekli Kıyameti bir gün kopacaktır. Bu sürenin yakın bir zaman sonra veya çok uzun bir sürenin sonunda gelmesi sonucu değiştirmez. Öyle bir zaman ki, ondan sonra hiçbir olayın gerçekleşmeyeceği ve her şeyin anlamsız kalacağı bir andır o. Ve Kutsal kitabımıza göre, Allah katında belirlenmiş ve süresi hesaplanmış bir zaman dilimidir. İşte şimdi, bu gibi soruların ve daha nicelerinin cevabını yavaş yavaş aydınlatmaya ve açmaya çalışalım.

EVRENİN YARATILIŞI (BIG BANG):

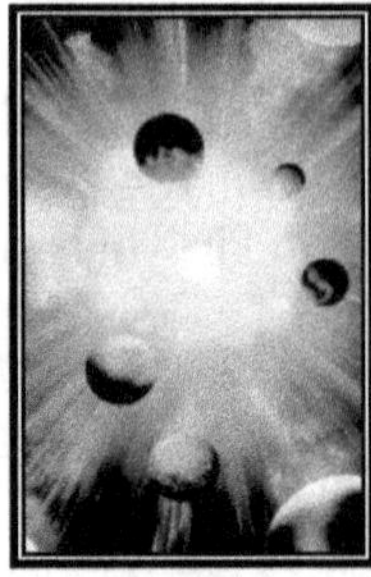

Kozmik mikrodalga fon ışınımını keşfeden iki bilim adamı: Arno penzias ve Robert wilson

Bilim adamları böylesine kompleks bir yapıya sahip olan evrenin oluşumu hakkında tarih boyunca değişik fikirler ve teoriler ortaya atmışlardır. Fakat diğer konulardaki anlaşmazlıklara rağmen, günümüzde evrenin başlangıcı konusu, bilim adamları arasındaki tam bir fikir birliği ile "Big Bang" adı verilen teoriye dayandırılmaktadır.

Bu teori evrenin 10-20 milyar yıl önce "yoktan var edildiğini" ileri sürmektedir. Yani zamanımızdan 10-20 milyar yıl önce madde ve zaman yokken "Big Bang" adı verilen büyük bir patlama ile aniden madde ve zaman yaratılmıştır. "Big Bang" teorisi ilk olarak 1922 yılında Alexander Friedmann tarafından ortaya atıldı. O güne kadar evrenin durağan olduğunu savunan bilim dünyasının bu yeni teoriyi kabullenmesi hiçte kolay değildi. Çünkü bu teori evrenin, zaman ve maddeden bağımsız olan tüm boyutların üzerindeki bir güç tarafından yaratıldığı anlamına geliyordu. Aynı zamanda "maddenin sonsuzdan gelip sonsuza gittiğini" iddia eden materyalist felsefe kökünden çürütülmüş oluyordu. Özellikle materyalist bilim adamları bu teoriyi kabul etmek istemedi. Fakat "Big Bang" gerçeğini görmezlikten gelmek çok zordu.

Ünlü astronom Edwin Hubble, 1929 yılında yaptığı gözlemler sonucunda evrenin devamlı genişlemekte olduğunu ispatladı, bu ispat Big Bang teorisi için çok büyük bir kanıttı. Hubble'ın bu buluşu teorinin büyük bir bilim kesimi tarafından kabul görmesini sağladı, teoriyi kabullenmek istemeyen ve genişleyen evren modeline uygun değişik teoriler oluşturmaya çalışan bir kaç bilim adamı ise ancak1989 yılındaki "Big Bang" teorisinin kesin zaferine kadar dayanabildiler. Teorik hesaplamalara göre büyük patlamadan arda kalması gereken radyasyonu ("*CMRR*" veya *Kozmik Fon Arkaplan Işınımı*" olarak da bilinen, ve Kainatın yaratılış anındaki "**OL**" emrinden geriye kalan frekans bandı kalıntısı) araştırmak üzere NASA tarafından 1989 yılında fırlatılan COBE uydusu bu radyasyonu fırlatılışından sekiz dakika sonra belirleyerek "Big Bang" teorisini kesin olarak kanıtladı:

"Allah bir şeyi dilediği zaman, O'nun emri o şeye ancak "OL!" demektir. O da hemen oluverir."

(Yasin, 82)

Bu kanıttan sonra ard arda gelen diğer kanıtlar teoriyi desteklemeğe devam etti. Evrendeki enerjinin bilinen kısmının büyük bölümü yıldızlarda, Hirojenin (H), füzyon sayesinde Helyuma (He) dönüşmesi ile oluşmaktadır. Bu enerji dönüşümü evrenin başlangıcından bu yana devam eden bir süreçtir. Eğer evren sonsuzdan beri var olsaydı hidrojenin tümünün helyuma dönüşmüş olması gerekirdi. Fakat şu an evrende var olan hidrojen, helyum oranı teorik hesaplamalara göre "Big Bang" 'den bu yana olması gerektiği gibidir. Bu ve benzeri bir çok delil "Big Bang" teorisinin güçlenerek ilerlemesini sağlamaktadır.

EVRENİN YAPISI:

Yazımızın başında da bahsettiğimiz gibi evren akıl almaz komplekslikte bir yapıya sahiptir. Evrenin bazı bölümlerinde çok büyük boşluklar varken, bazı bölümleri yoğun bir şekilde gökcisimleri ile doludur. İlk bakışta dağınık gibi görünen bu yerleşim şekli aslında Big Bang teorisinin ön gördüğü şekilde, homojen bir evreni oluşturmaktadır. Evren, 400 milyon ışık yılından daha geniş bir bölümü incelendiğinde mükemmel bir homojenlik göstermektedir.

Big Bang'den sonra hidrojen ve helyumdan oluşan gazlar kütle çekim enerjisi ve dönmelerinden kaynaklanan manyetik etkinin yardımı ile yoğunlaşarak değişik gök cisimlerini oluşturdular. Yine bu Büyük Patlama sonucunda oluşan ve "kozmik fon ışınımı" adı verilen radyasyon bütün evrene yayılmış durumdadır. Gökcisimlerinin yoğunluk gösterdiği bölgelere galaksi (gökada) adı verilmektedir. Kesin olmamakla beraber galaksilerin hemen hemen hepsinin merkezinde galaksiyi dengede tutan büyük bir karadelik var olduğu tahmin edilmektedir.

Son zamanlardaki teorik araştırmalar bütün gökcisimlerin ve galaksilerin merkezlerinde Ahiret alemine açılan bir gök kapısının (2., 3. ... 7. kat gök katmanları), yani karadeliklerin bulunduğunu ispatlamaktadır. Bu konu ile ilgili daha fazla bilgi için **"Birleşik Alan Teorisi"** isimli eserimize bakabilirsiniz. Fakat yapılan inceleme ve hesaplamalar var olan karadelik ve diğer gök cisimlerinden kaynaklanan kütleçekim etkilerinin bu galaksileri bir arada tutmaya yetmeyeceği fark edilmiştir. Bu noktada teorik olarak var olan fakat tanımlanamayan ve gözlenemeyen başka bir maddenin varlığı bulunmuştur. İşte bilinen hiç bir fiziksel tanıma uymayan ve tamamen görünmez olan bu maddeye "karanlık madde" adı verilmektedir. Karanlık madde, evrende var olan maddenin yaklaşık olarak %90'lık kısmını oluşturmaktadır. Karanlık maddenin dışında kalan ve tanımlanabilen gökcisimleri genel olarak gezegenler, meteorlar, yıldızlar ve galaksilerdir. Ömrünü tamamlayan yıldızların ölümü ile oluşan beyaz cüceler, nötron yıldızları ve daha karmaşık bir yapıya sahip olan karadelikler evrenin en yoğun ve hakkında en az bilgi bulunan diğer cisimleridir. Ömrünü tamamlayan yıldızların *"nebulla"* adı verilen patlamaları sayesinde çekirdeğinde üretilen ağır elementler uzaya dağılır ve meteor şeklinde gezegenlerin üzerlerine yağar. İşte bu yolla demir gibi ağır elementler, gezegenimize patlayan yıldızlardan bir hediye olarak gelmektedir.

EVRENİ OLUŞTURAN PARÇALAR:

Kainatı oluşturan pek çok farklı madde ve gökcismi olmasına rağmen bunların hepsini aşağıdaki gibi SEKİZ madde halinde özetleyebiliriz:

1- GÖKADALAR (GALAKSİLER)

Galaksi; gazlar, yıldızlar, tozlar ve gezegenler içeren en büyük madde topluluğudur. Galaksiler ilk başta yoğun birer gaz bulutu olarak ortaya çıkmışlar ve daha sonra bu gazdan, yoğunlaşma yoluyla yıldızlar meydana gelmiştir.

Galaksi, bu oluşum sırasında döner ve milyonlarca yıl sonra sarmal bir biçim alır. Bu sarmalda kabaca küre şeklinde bir çekirdek ve çevresinde yassımsı bir disk vardır; yörüngesinde de yoğun yıldız kümeleri döner durur. Çekirdek bölümünde pek az gaz ve toz vardır, büyük bir bölümü daha yaşlı yıldızlardan oluşur. Sarmal kollarda büyük miktarda gaz ve toz ile yeni oluşmuş yıldızlar bulunur. Aradan milyonlarca yıl daha geçtikten sonra sarmal kollar içeren elips şeklinde galaksiler meydana gelir.

Bir galaksinin en sonunda alacağı biçim küre biçimidir ki, bu şekli alması galaksinin ölümünün yaklaştığı anlamına gelir; daha sonra da muhtemelen Karadelik haline gelecektir. Bizim Galaksimiz "Samanyolu Galaksisi" ise, orta yaşta olan eliptik sarmal yapıda olan bir galaksidir. Bir galaksimiz olduğu düşüncesi 1920'lere kadar akla gelmemişti. Bugün ise galaksimizin yüz milyarlarca benzeri olduğunu biliyoruz. Evrendeki sayısız galaksiden biri olan Samanyolu Galaksisi, en az 400 milyar yıldız topluluğundan oluşur. Bir uçtan diğer uca şimdilik 100,000 ışık yılı boyunca uzandığı tahmin edilmektedir, muhtemelen bu çok daha da fazladır ve 1000 ışık yılından daha fazla genişliktedir. Ayrıca yıldızlar arasında çok büyük miktarlarda gaz ve toz bulutları ve belki de bilinmeyen milyarlarca gezegen ile onların uyduları bulunmaktadır. Bizimkine en yakın olan dış galaksi ise Andromeda Galaksisidir.

2- KARADELİKLER

Astronomlar karadeliklerin büyük kütleli yıldızların çökmesiyle oluştuğuna inanmaktadırlar. Çoğu karadelik aşağı yukarı aynı boyutlarda olup birkaç kilometrelik çapları olduğu varsayılmaktadır. Bunun yanı sıra da, çok daha büyük karadeliklerin galaksilerin merkezlerinde yer aldığı düşünülmektedir. Galaksilerin merkezlerinde bir karadeliğin var olabileceği fikri ilk defa ciddi bir şekilde, "kuasarların" keşfinden sonra başladı. Bilindiği gibi kuasarlar sıradan bir

galaksiden 100 kez hatta 1,000 kez daha fazla bir ışınım yaymaktadırlar. Bundan dolayı çoğu astronom, böyle olağanüstü bir enerjinin ancak karadelikler sayesinde olabileceğini ummaktadır. Büyük kütleli karadeliklerin araştırılmasında astronomlar iki delilin varlığını ararlar. Galaksi merkezinde büyük kütleli bir karadelik varsa, bu karadelik çevresindeki yıldızları çekerek, merkez çevresindeki bir bölgede yoğun bir parlaklığa yol açardı ki bu da araştırmadaki ilk delili teşkil ederdi. Bundan dolayı astronomlar, galaksilerin merkezlerine yakın yerlerde ani parlaklık artışlarını araştırırlar. İkinci delil ise, gözlemlerden elde edilen spektrumlardan, karadeliğe yakın yıldızların hızlarının araştırılmasıdır. Bir yıldız karadeliğe yakınsa, yörüngesel hızı da fazla olmak zorundadır. Gerçekten, kara deliklere çok yakın olan yıldızların, yörüngeleri üzerinde yaklaşık ışık hızına yakın hızlarla dolaşmaları gerekmektedir.

3- BEYAZ CÜCELER

Gökadamızdaki yıldızların belki de yüzde onunun beyaz cüce olduğuna inanılmaktadır. Bunlar evrimlerinin son aşamalarında bulunan ve başlangıç kütleleri yaklaşık 7 güneş kütlesinden az olan yıldızlardır. Enerjilerini sağlayan çekirdek tepkimelerinin yakıtı bittikten sonra böyle bir yıldız kararsız hale gelir ve sonunda dış tabakasını uzaya fırlatır. Yıldızın arta kalan kütlesi soğur ve atomları çekirdeklerinin üstüne çöküp elektronları sıkıştırıncaya kadar kütle çekimiyle büzüşür. Sonunda geriye yıldızın orijinal kütlesinin yüzde onunu oluşturan ve genişlemekte olan iyonlaşmış bir gaz kabuğuyla çevrelenmiş karbon bir çekirdek kalır. Gezegenimsi bulutsunun merkezinde sıcak olmakla birlikte hızla soğuyan bir yıldız kalıntısı vardır. Bu yıldız bir beyaz cücedir. Dejenere elektron basıncı yıldızın daha fazla içe doğru çökmesini engeller. Bir beyaz cücenin kütlesi ne kadar büyük olursa boyutları o kadar küçük olur. Bir beyaz cücenin sahip olacağı en büyük kütle Chandrasekhar kütlesi olarak bilinen 1.4MΘ dir. Bundan daha büyük kütleli bir cismin çökmesi dejenere elektron basıncı tarafından engellenemez. O zamana kadar biriktirdiği ısı kaynağını kullandığı için parlayan bir beyaz cücede daha ileri düzeyde nükleer reaksiyonların başlaması mümkün değildir. Bütün enerjisini uzaya yayan beyaz cüce daha sonra sıcaklığı ve ışıma gücü çok düşük olan bir kahverengi cüceye dönüşür.

4- KIRMIZI DEVLER

Elementleri birbirine dönüştürmek için gereken ısı, yaklaşık 10 milyon derecedir. Bu yüzden gerçek anlamda bir "simya", sadece yıldızlarda gerçekleşir.

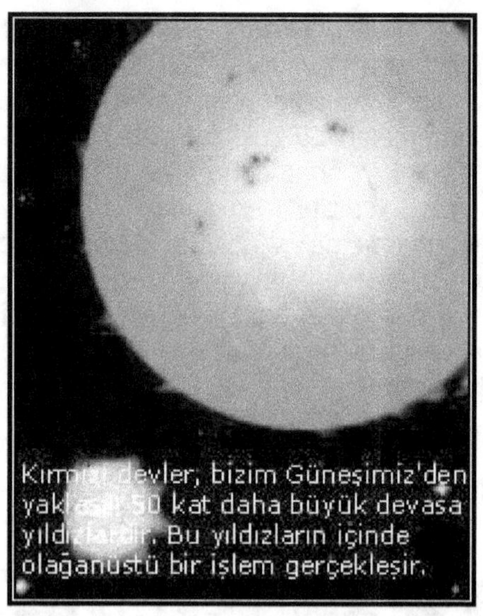

Bizim Güneşimiz gibi orta büyüklükte yıldızlarda sürekli olarak hidrojen helyuma çevrilmekte ve böylece yüksek enerji açığa çıkmaktadır. Şimdi belirttiğimiz bu temel kimya bilgilerini düşünerek Big Bang sonrasını hatırlayalım. Big Bang'den sonra evrende sadece hidrojen ve helyum atomlarının ortaya çıktığını belirtmiştik. Astronomlar, bu atomlardan oluşan dev bulutların, özel olarak ayarlanmış koşulların etkisiyle sıkışarak Güneş tipi yıldızları oluşturduklarını öne sürerler. Ama bu durumda bile evren yine iki tür elementten oluşan ölü bir gaz yığını olmaya devam edecektir. Bir başka işlemin, bu iki gazı daha ağır elementlere çevirmesi gerekmektedir.

Bu ağır elementlerin üretim merkezleri, kırmızı devlerdir, yani Güneş'ten ortalama 50 kat daha büyük olan devasa yıldızlar. Kırmızı devler, Güneş tipi normal yıldızlardan çok daha sıcaktırlar ve bu nedenle de normal yıldızların yapamadığı bir şey yaparlar:

KARBON ATOMUNUN OLUŞUMU:

Kırmızı devler, Helyum atomlarını karbon atomlarına dönüştürürler ki; yaşamı ve organik hayatın kaynağını oluşturan karbon atomu, kırmızı devlerdeki bu termonükleer tepkimeler sonucunda oluşur.

Bu tepkimeler sonucunda karbon atomunun nasıl oluştuğunu kısaca şöyle anlatabiliriz: **Kırmızı devlerdeki Helyum-Karbon atomu döngüsü**:

Elementleri birbirine dönüştürmek için gereken ısı, yaklaşık 10 milyon derecedir. Bu yüzden gerçek anlamda bir "simya", sadece yıldızlarda gerçekleşir. Bizim Güneşimiz gibi orta büyüklükte yıldızlarda sürekli olarak hidrojen helyuma çevrilmekte ve böylece yüksek enerji açığa çıkmaktadır. Şimdi belirttiğimiz bu temel kimya bilgilerini düşünerek Big Bang sonrasını hatırlayalım. Big Bang'den sonra evrende sadece hidrojen ve helyum atomlarının ortaya çıktığını belirtmiştik. Astronomlar, bu atomlardan oluşan dev bulutların, özel olarak ayarlanmış koşulların etkisiyle sıkışarak Güneş tipi yıldızları oluşturduklarını öne sürerler. Ama bu durumda bile evren yine iki tür elementten oluşan ölü bir gaz yığını olmaya devam edecektir. Bir başka işlemin, bu iki gazı daha ağır elementlere çevirmesi gerekmektedir. Bu ağır elementlerin üretim merkezleri, kırmızı devlerdir, yani Güneş'ten ortalama 50 kat daha büyük olan devasa yıldızlar. Kırmızı devler, Güneş tipi normal yıldızlardan çok daha sıcaktırlar ve bu nedenle de normal yıldızların yapamadığı bir şey yaparlar: Helyum atomlarını, canlı formlarını oluşturan organik bileşiklerin vazgeçilmez elementi olan Karbon atomlarına dönüştürürler. Ama bu dönüşüm pek öyle basit bir şekilde gerçekleşmez. Amerikalı bir astronomun ifadesiyle: "*Bu yıldızların derinliklerinde çok olağanüstü bir simya işlemi gerçekleşmektedir.*" Helyumun atom ağırlığı 2'dir; yani çekirdeğinde 2 proton yer alır. Karbonun atom ağırlığı ise 6'dır; yani 6 protonu vardır. Kırmızı devlerin olağanüstü sıcaklıkları içinde, üç helyum atomu biraraya gelir ve bir karbon atomu oluşturur. Bu, Big Bang'den sonra evrenin ağır elementlere kavuşmasını sağlayan en temel "*simya*" sürecidir. Ancak bir noktayı hemen belirtmek gerekir: Helyum atomları, yan yana geldiklerinde birbirleriyle mıknatıs gibi birleşen maddeler değildirler. Hele üç tanesinin yan yana gelip bir anda tek bir karbon atomu oluşturmaları imkansız gibidir. Peki o zaman karbon nasıl üretilir? İki aşamalı bir işlemle. Önce iki helyum atomu birbiriyle birleşir ve böylece ortaya dört protona ve dört nötrona sahip bir "*ara formül*" çıkar. Üçüncü bir helyum da bu ara formüle eklendiğinde, ortaya altı protonlu ve altı nötronlu karbon atomu çıkmış olur:

Bu ara formüle "**berilyum**" denir. Kızıl devlerde ortaya çıkan berilyum, dört protondan ve dört nötrondan oluşmaktadır. Ancak bu berilyum, berilyumun Dünya'da bulunan normal yapısından farklıdır. Periyodik tabloda yer alan normal berilyum, fazladan bir nötrona sahiptir. Kırmızı devlerin içinde oluşan berilyum ise farklı bir versiyondur. Buna kimya dilinde "*izotop*" denir.

Helyum çekirdeği

Karbon çekirdeği

Kırmızı devlerin içinde oluşan olağanüstü
derecede kararsız berilyum izotopu

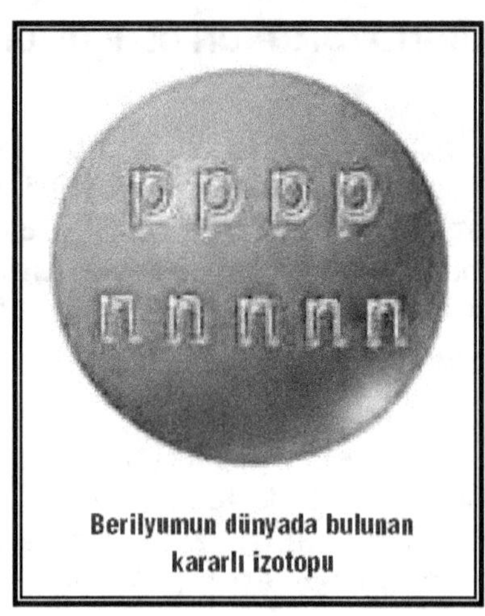

Berilyumun dünyada bulunan
kararlı izotopu

Konuyu inceleyen fizikçileri uzun yıllar boyunca şaşkınlığa düşüren nokta ise, kırmızı devlerin içinde oluşan bu berilyum izotopunun anormal derecede kararsız olmasıdır. **O kadar kararsızdır ki, oluştuktan tam 0.000000000000001 saniye sonra parçalanmaktadır!** Peki ama nasıl olmaktadır da, oluştuğu anda yok olan bu berilyum izotopu, yanına bir tane helyumun tesadüfen gelip kendisiyle birleşmesiyle karbona dönüşmektedir? Bu, tesadüfen üst üste geldiklerinde 0.000000000000001 saniye içinde birbirini fırlatan iki tuğlanın üzerine bir üçüncü tuğlanın daha eklenmesi ve bu şekilde ortaya bir inşaat çıkması gibi imkansız bir şeydir. Peki ama bu iş kızıl devlerde nasıl olmaktadır?

Bu sorunun cevabını on yıllar boyunca dünyanın tüm fizikçileri merak ettiler. Kimse bir cevap bulamadı. Bu konuya ilk kez ışık tutan kişi ise, Amerikalı astrofizikçi Edwin Salpeter oldu. Salpeter ilk kez bu sorunu **"rezonans"** kavramıyla açıkladı:

Rezonans ve Çifte Rezonans:
Rezonans, iki farklı cismin frekanslarının (titreşimlerinin) birbirine uymasına denir.

Fizikçiler rezonansı açıklamak için bazı örneklere başvururlar. Bunlardan bir tanesi salıncak örneğidir: Bir çocuk parkına gittiğinizi ve salıncağa binen bir çocuğu salladığınızı düşünün. İlk başta hareket etmeyen salıncak, sizin itişiniz sayesinde hız kazanır ve bir ileri, bir geri hareket etmeye başlar. Siz, salıncağın arkasında durursunuz ve size doğru her yaklaşmasında onu bir kez daha itersiniz. Ancak dikkat ederseniz, salıncağı "uyumlu" bir biçimde itmeniz gerekir. Kol gücünüzü, salıncağın geriye doğru ilerlemesi tam bittiği anda vermeniz gerekir. Eğer salıncağı daha önce itmeye kalkarsanız, bir tür çarpışma olur ve salıncağın dengesi bozulur. Eğer biraz daha geç itmeye kalkarsanız, salıncak sizden zaten uzaklaşmış olduğu için itmenizin bir anlamı kalmaz. Hemen herkesin yaşadığı bu olayı fizik diliyle ifade etmek istersek, "frekansların uyumu", yani rezonans kavramını kullanmamız gerekir. Salıncağın bir frekansı vardır; örneğin her 1.7 saniyede bir sizin durduğunuz noktaya gelir. İşte siz de kolunuzu kullanarak her 1.7 saniyede bir salıncağı itersiniz. Eğer salıncağı biraz daha hızlı sallarsanız, bu kez 1.5 saniyede bir, 1.4 saniyede bir gibi başka bir frekansa uyum sağlamanız gerekir.

Bu uyumu sağlarsanız, yani rezonansı yakalarsanız, salıncağı dengeli bir şekilde itersiniz. Eğer rezonansı yakalayamazsanız, salıncak sallanmaz. Rezonans, iki hareketli cismin uyumunu sağladığı gibi, bazen hareketsiz bir cismin harekete geçmesini de sağlayabilir. Bunun örnekleri müzik aletlerinde yaşanır.

"Akustik rezonans" denen bu etki, örneğin aynı sese akord edilmiş olan iki ayrı keman arasında yaşanır. Eğer akordları aynı olan bu iki kemanın birisini çalarsanız, diğerinde de, hiç dokunmadığınız halde, bir titreşim ve dolayısıyla ses oluşur. Her iki keman da aynı titreşime ayarlandığı için, birindeki hareket diğerini de etkilemiştir. Salıncak ya da keman örneğinde gördüğümüz bu rezonanslar, basit rezonanslardır. Yakalanmaları kolaydır. Ama fizikteki diğer bazı rezonanslar, bu kadar basit değildirler. Özellikle de atom çekirdekleri arasındaki rezonanslar, çok çok ince dengeler üzerinde kuruludurlar. Her atom çekirdeğinin doğal bir enerji seviyesi vardır. Fizikçiler bunları çok uzun araştırmalar sonucunda tespit etmişlerdir. Tespit edilen bu enerji seviyeleri birbirinden çok farklıdır. Ama bazı nadir durumlarda, bir kısım atom çekirdekleri arasında rezonanslar gerçekleştiği tespit edilmiştir. Bu rezonans sayesinde, atom çekirdeklerinin hareketleri birbirine uyum sağlayabilmektedir. Bu ise çekirdekleri etkileyecek olan nükleer reaksiyonlara yardım etmektedir. Kırmızı devlerdeki karbon üretiminin nasıl oluştuğunu anlamak isteyen Edwin Salpeter, helyum ile berilyum çekirdekleri arasında bu tür bir rezonans olduğunu ileri sürdü. Salpeter, bu rezonans sayesinde helyum atomlarının berilyum oluşturma şansının çok yüksek olabileceğini ve kırmızı devlerdeki olayın böyle açıklanabileceğini savundu. Ama bu konuda yapılan hesaplamalar, Salpeter'in iddiasını doğrulamadı.

Bu meseleye el atan ikinci önemli kişi ise, ünlü astronom Fred Hoyle oldu. Hoyle, Salpeter'in rezonans iddiasını daha ileri götürdü ve "**çifte rezonans**" kavramını ortaya attı. Hoyle'a göre, kırmızı devlerin içinde, hem iki helyumun berilyuma dönüşmesini sağlayan bir rezonans, hem de bu kararsız yapıya anında üçüncü bir helyum ekleyen ikinci bir rezonans olmalıydı. Kimse Hoyle'a inanmadı, çünkü tek birinin bile var olması son derece düşük bir ihtimal olan rezonansın iki kez ayrı ayrı gerçekleşmesi imkansız görülüyordu. Hoyle yıllarca bu konuyu araştırdı, hesapladı ve sonunda hiç kimsenin ihtimal vermediği gerçeği ortaya çıkardı:

Kırmızı devlerde gerçekten de "çifte rezonans" gerçekleşiyordu. İki helyumun rezonans yaparak birleştiği anda, ortaya çıkan berilyum, 0.000000000000001 saniye içinde bir üçüncü helyumla ayrı bir rezonans yapıp birleşiyor ve karbonu oluşturuyordu. Bu durumda birbirinden çok farklı üç yapı (helyum, berilyum ve karbon) ile birbirinden çok farklı iki rezonans vardır. Bu atom çekirdeklerinin neden bu denli uyum içinde çalıştıklarını anlamak çok zordur. Başka nükleer reaksiyonlar buradaki gibi olağanüstü derecede şanslı bir tesadüfler zinciriyle işlemezler. Bu, bir bisiklet, bir araba ve bir kamyon arasında çok derin ve kompleks rezonanslar keşfetmek gibi bir şeydir. Peki, Neden bu denli ilgisiz yapılar birbirleriyle uyum sağlasınlar? İşte, bizim ve evrendeki tüm hayat formlarının varlığı, bu olağanüstü işlem sayesinde mümkün olmuştur. İlerleyen yıllarda oksijen gibi diğer bazı elementlerin de bu gibi olağanüstü rezonanslarla oluştuğu ortaya çıkmıştır.

Bu "olağanüstü işlem"leri ilk kez keşfeden Fred Hoyle ise, *Galaxies, Nuclei and Quasars* (Galaksiler, Çekirdekler ve Kuasarlar) adlı kitabında bunun birer tesadüf olamayacak kadar planlı bir işlem olduğu sonucuna varmış ve koyu bir materyalist olmasına rağmen, keşfettiği çifte rezonansın "ayarlanmış bir iş" olduğunu kabul etmiştir. Bir başka makalesinde ise şöyle yazmıştır:

*"Eğer yıldız nükleosentezi (atom çekirdeği birleşimi) yoluyla karbon ya da oksijen üretmek isterseniz, ayarlamanız gereken iki ayrı düzey vardır. Ve yapmanız gereken ayar, tam da şu anda yıldızlarda var olan ayardır... Gerçeklerin akıl süzgecinden geçirilerek yorumlanışı ortaya koymaktadır ki, **üstün bir Akıl, fiziğe, kimyaya ve biyolojiye müdahale etmiştir** ve doğada varlığından söz etmeye değer bilinçsiz güçler yoktur. Gerçeklerin hesaplanmasıyla ortaya çıkan sayılar o kadar akıl almazdır ki, beni bu sonucu tartışmasız biçimde kabul etmeye götürmektedir."*

5- YILDIZLAR

İlk olarak yıldızların oluşumları için gereken materyallere bakalım. Bir yıldızın oluşumu için iki şey gereklidir. Bunlar; madde ve maddeyi yüksek yoğunluklara sıkıştıracak bir mekanizma. Madde uzayda oldukça boldur. Bazı yerlerde gaz düzenli bir biçimde dağılmış iken bazı yerlerde yoğunlaşmış durumdadır. Uzayda galaksilerin içinde, nebula olarak adlandırılan, soğuk ve karanlık toz bulutları vardır. Bunlar az sayıdaki helyum atomları ile hidrojen atomlarından meydana gelen seyrek gazlardır. Bu gaz ve toz bulutları, galaksi etrafındaki şok dalgalarının ve gaz bulutlarının kendi gravitasyonel çekiminin neden olduğu etki ile büyük bulut ve küreler halinde yoğunlaşarak, sıkışıp ısınırlar. Çünkü bu gaz küresi kendini oluşturan gazların korkunç ağırlığına karşı koyamaz. Böylece yıldız taslağı büzülmeyi, merkezdeki basınç ve sıcaklık da artmayı sürdürür (basınçla sıcaklık doğru orantılıdır). Sonunda da yıldız taslağının merkezindeki sıcaklık on milyon dereceye ulaşınca hidrojen yanması başlar. Bu sıcaklıkta Hidrojen atomlarının çekirdekleri öylesine büyük hızlarla hareket ederler ki, çarpıştıkları zaman birbirleriyle kaynaşıp bu süreç sonucunda hidrojeni helyuma dönüştürürler. Kaynaşan her dört hidrojen çekirdeğine karşılık bir helyum çekirdeği ortaya çıkar. Ama daha önemlisi, sonuçta açığa çıkan helyum çekirdeğinin ağırlığı, başlangıçtaki dört hidrojen çekirdeğinin ağırlığından daha azdır.

Burada kaybolan madde, Einstein'ın ünlü $E=m.c^2$ formülü uyarınca saf enerjiye dönüşür. Hidrojen yanmasından ortaya çıkan bu korkunç enerji, sonunda yıldız taslağının kendi ağırlığını taşımasını sağlayarak büzülmeyi durdurur ve bir yıldızın doğmasına sebep olur.

Yıldızların ömürleri ve yaşamlarına yön veren özellik onların kütlesiydi. Güneş'ten daha büyük kütleye sahip yıldızların ömürleri daha küçük kütleye sahip yıldızlarınkinden daha küçük olmakla birlikte ana kol sonrası aşamaları da farklı olacaktır. Büyük kütleli yıldızların akıbetine göz attığımızda gözümüze nötron yıldızları ve karadelikler çarpar.

6- NÖTRON YILDIZLARI

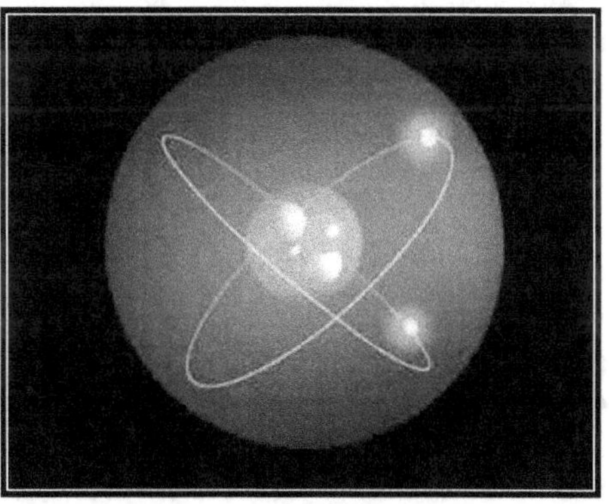

Büyük kütleli yıldızlar ana kol üzerinde göreceli olarak az zaman geçirirler. Kütlesi 15 Güneş kütlesine sahip bir yıldız ana kol üzerinde 10 milyon yıl, kütlesi 30 Güneş kadar olan da bir milyon yıl geçirir.

Büyük kütleli yıldızın evrimi hızlı olduğundan, helyum çekirdek çökerek yeniden nükleer reaksiyonları başlatıp yıldız yeniden bir kırmızı deve dönüşürken, dış kabukta hidrojen yanması için çok az zaman kalır. Helyum tüketildiğinde çekirdek yeniden çöker ve üç helyum çekirdeğinin kaynaşarak bir karbon çekirdeğine dönüştüğü üçlü alfa sürecini başlatır.

Sonunda çekirdek, karbon yakalayıp oksijene dönüşecek kadar ısınır. Bu arada çevrede helyum yakan bir kabukta vardır ve yıldızın dış katmanları genişleyerek bir kırmızı süper dev oluşturur. Çekirdek sıcaklığı 1 milyar Kelvin'e ulaşıncaya kadar yanmaya devam eder. Füzyon reaksiyonları sonucunda gittikçe daha ağır elementler üretilir ve sonunda çekirdek tümüyle demire dönüşür. Isı çıkarken çekirdek büzülür ve sıcaklık 1 milyar Kelvin'i aşar. Termodinamiğin I. Yasasına göre, Güneş gibi bir tamamen gazlardan oluşan bir gökcismi için çekirdek kütlenin yüzeye ulaştırdığı ısı miktarı:

$$E=\varepsilon\sigma T_s^4$$

olarak hesaplanır. Burada, ε çekirdeğin ısı yayma oranı olarak adlandırılır ve yüzeyin bir ışınım özelliğini gösterir. T_s, Çekirdeğin içerisinde hapsolan gaz kütlesinin toplam ısı miktarını; σ ise, Stefan-Boltzmann sabitidir. Denkleme dikkat edersek, yüzey üzerinde yayılan ısı, demir çekirdeğin iç kütlesinin sıcaklığının dördüncü kuvvetiyle orantılıdır. Bu durumda çekirdekteki sıcaklık 10 milyon santigrad derece olması durumunda yüzey üzerinde korkunç bir sıcaklık oluşması ve bu ısının tüm güneş sistemini bir anda kül etmesi beklenirdi. Halbuki böyle olmaz, çünkü güneşin çekirdeğindeki termonükleer tepkimeler bu şekildeki bir lineer denkleme göre değil de, daha kontrollü ve belirli bir programa göre zincirleme bir reaksiyon şekilde gerçekleşir. Buna rağmen bu ısıda çok ufak bir düzensizlik dahi oluşsa (100 milyarda bir kadar) dünyada büyük çevresel etkilere sebep olan güneş patlamaları meydana gelmektedir. Dolayısıyla, güneşin enerjisini bir anda tüketmeden yavaş yavaş ısı vermesi (adeta gökyüzüne asılmış bir lamba veya kandil gibi) Allah tarafından çok hassas bir dengeye oturtulduğunun çok güzel bir ispatıdır:

"O, karanlığı yarıp sabahı çıkarandır. Geceyi dinlenme zamanı, Güneş'i ve Ay'ı da ince birer hesap ölçüsü kıldı. Bütün bunlar mutlak güç sahibinin, hakkıyla bilenin takdiridir (ölçüp biçmesidir)."

(En'am, 96)

"O, güneşi bir ışık (kaynağı), ayı da (geceleyin) bir aydınlık (kaynağı) kılan, yılların sayısını ve hesabı bilmeniz için ona menziller takdir edendir. Allah, bunları (boş yere değil) ancak gerçek ile (hikmeti gereğince) yaratmıştır. O, âyetlerini, bilen bir topluma ayrı ayrı açıklamaktadır."

(Yunus, 5)

"O, geceyi, gündüzü, güneşi ve ayı sizin hizmetinize verdi. Bütün yıldızlar da O'nun emri ile sizin hizmetinize verilmiştir. Şüphesiz bunlarda aklını kullanan bir millet için ibretler vardır."

(Nahl,12)

Çekirdeğin kütlesi 1,4 Güneş kütlesini aştığı an, artık dejenere elektron basıncı da çökmeyi engelleyemez. Çekirdek çöker ve atomların ötesinde atom çekirdeklerinin sıkıştırıldığı, maddenin çok daha yoğun olduğu bir duruma girer. Bu durumda protonlar, elektron yakalayarak nötronlara dönüşürler.

Aynı zamanda nötrinolarla enerji kaybı olur. Enerji kaybı sadece nötronlardan meydana gelen dev bir atom çekirdeğinin oluşumunu hızlandırır. Nötron yıldızı çekirdek yoğunluğuna kadar sıkıştırılmış olup dejenere nötron basıncı tarafından daha fazla çökmesi önlenen bir gaz küresidir.

7- SÜPERNOVALAR

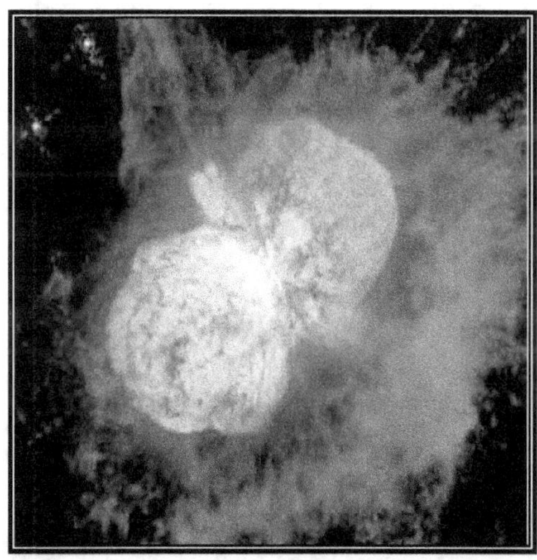

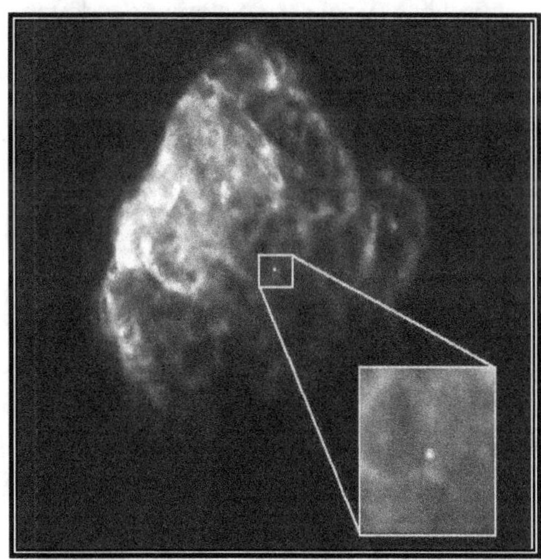

Büyük kütleli yıldızlar da tıpkı küçük kütleliler gibi, çekirdeğindeki helyum tükendiğinde dev hatta süper dev bir yıldıza dönüşür. Bununla birlikte, büyük kütleli yıldızı bekleyen son daha dramatiktir. Yüksek kütle çekimi nedeniyle çekirdekteki enerji son damlasına kadar tüketilir. Nükleer füzyon, Güneş kütlesi kadar demir oluştuğunda durur. Demir, tüm termonükleer reaksiyonların sonucunda biriken en kararlı elementtir. Demiri sıkıştırarak ve termonükleer füzyon reaksiyonlarına sokarak hiçbir şekilde yeni enerji üretilemez. Yıldızın çekirdeği çöker ve enerji stokları bir anda tükenir. Sonuç bir nötron yıldızıdır.

Demir atomlarının çekirdekleri parçalanarak proton ve elektronlara ayrışır. Bu parçacıklar kendi aralarında kaynaşarak nötronları oluşturur. Bu arada ortaya çıkan fazla enerji de nötrinolar tarafından dışarıya taşınır. Nötrinolar merkeze doğru ~0.1 - 0.2 c ($c=3\times10^8$ m/sn. ışık hızı), hızlarına ulaşarak düşerler. Bu çökme ~1 saniyeden biraz daha fazla zamanda gerçekleşir. Pauli İlkesi nötronlar için etkin olmaya başlar ve düşen madde o anda durur. Bunun sonucunda nötrinoların bir kısmı bilardo topu gibi dışarıya doğru dağılarak ve birlikteliğinde madde de taşıyarak muhteşem bir patlamayı gerçekleştirirler. Artık bir süpernova doğmuştur. Bir an içinde çok büyük bir enerji salınmıştır. Yıldız, çok hızlı bir şekilde parlaklığını arttıracaktır (bir galaksi parlaklığının tümü kadar!).

8- KARANLIK MADDE

Gökbilimciler açısından gündemin en gizemli meselesi ise, "karanlık madde" adı verilmiş olan fenomendir. Önceleri ona "kayıp madde" adı veriliyordu. Çünkü, karanlık madde doğrudan "görülemez": Işığı ne soğurur, ne yansıtır, ne de yayar. Kısacası, elektromanyetik tayfın hiçbir bölgesinde gözlemlenmesi söz konusu değildir. Karanlık maddenin varlığını, yalnızca ve yalnızca, gözlemleyebildiğimiz diğer gökcisimleri üzerindeki etkileri dolayısıyla çıkarsıyoruz. Yıldızların gökadalar içinde sergiledikleri, başka şekilde açıklanamayan hareketler, "kara madde" varsayımı ile açıklanmağa çalışılıyor. Yapılan çalışmalarda, yıldızların gökada içindeki davranışlarını önceden kestirmek için bilgisayarda üretilen modeller ön plana çıkıyor. Ayrıca, veri toplamada uydulardan da büyük yarar sağlanmıştır. 1997 yılında, Hubble Uzay Teleskobu ile elde edilen bir görüntü, uzak bir gökada kümesinden bize ulaşan ışığın, ön planda yer alan bir başka gökada kümesi tarafından "eğildiğini" göstermiştir. Eğilmenin derecesini inceleyen gökbilimciler, aradaki bu ikinci gökada kümesinin toplam kütlesinin, içindeki görülebilir madde kütlesinin 250 katı dolayında olduğu, yani kat kat çok daha fazla olduğu kanısına varmışlardır. Başka bir deyişle, aradaki büyük fark, gökada kümesi içinde yer aldığı düşünülen "karanlık madde" kütlesine bağlanmıştır. Halen, karanlık maddenin tam olarak ne olabileceği konusunda çok çeşitli görüşler vardır. Kimilerine göre, örneğin soğuk gazlar, karanlık gökadalar, yada "MACHO" adı verilen (karadelikler ve kahverengi cüce yıldızlar da içeren) devasa sıkışmış haleli yapılar gibi bildik fenomenlere dayanılarak bir açıklama getirilebilir. Diğer bir grup bilim adamı ise, karanlık maddenin, evrenin başlangıç dönemlerinde oluşmuş, bize garip gelen niteliklere sahip partiküllerden oluştuğu kanısında. Bu partiküller arasında, aksiyon'lar, "WIMP" adı verilen zayıf etkileşimli dev partiküller veya nötrino'lar yer alıyor olabilir. Karanlık maddenin niteliğinin anlaşılması niçin bu derece büyük önem taşıyor? Çünkü böyle bir bilgi, bizlere evrenin boyutları, biçimi ve geleceği hakkında önemli ipuçları verecektir. Evrende mevcut karanlık madde miktarı, evrenin açık uçlu olup olmadığı (yani, genişlemeğe devam edip etmediği); yoksa kapalı bir sistem mi olduğu (yani, bir noktaya kadar genişledikten sonra kendi içine mi çöküşmeğe başladığı); yoksa genişleyerek bir denge noktasını bulduğunda artık hareketine son mu verdiği gibi konulardaki tartışmaların çözülmesine yardım edecektir. Karanlık maddenin niteliğinin açıklığa kavuşması, ayrıca, gökadalar ve gökada kümelerinin oluşumu ve evrimini daha iyi anlamamıza yardımcı olacaktır.

Şöyle ki, ilk bakışta, bir gökadanın kendi çevresinde dönerken parçalanarak bütünlüğünü yitirmesi gerekir gibi görünürken, bunun gerçekleşmiyor olması, tabiatıyla, onu bir arada tutan "bir şey"in varlığı nedeniyledir. Söz konusu "bir şey" ise, bildiğimiz "çekim" (gravitasyon) gücüdür. Ne var ki, burada söz konusu olan çekim gücü inanılmaz boyutlarda olmak zorundadır ve evrendeki görülebilir madde tarafından tek başına üretilmesi söz konusu olamaz ve bu noktada yine karşımıza nihayetsiz bir güç çıkar ki, bu da gökadayı aynı merkez etrafında tutabilecek kudretin Allah tarafından koordine edildiğinin mükemmel bir ispatıdır:

"İşte ben, hem benim, hem sizin Rabbiniz olan Allah'a dayandım. Yeryüzünde bulunan hiçbir canlı yoktur ki, Allah, onun perçeminden tutmuş olmasın. Şüphesiz Rabbim dosdoğru bir yol üzerindedir."

(Hud, 56)

Soru: Zaman Kavramı nedir? Kainattan ayrı bir olgu mudur? Yoksa Kainattaki birleşik bir alanın (Kütleçekimi gibi) parçası mıdır?

Cevap: Zaman, iki hareket arasındaki süredir. Hareket ve maddenin nesnel hali zamanla belirir. Zamanın olmadığı yerde, nesnellik de, yani madde de yoktur! Bu nedenle zaman cismin kesinlikle varlığını belirleyici olan faktörüdür. Hareketin hızı zamanın da hızıdır. Görelilik ve kuantum varsayımlarına göre zaman ile uzay birbirleriyle doğrudan ilişkili ve bağlantılıdır. Zaten zaman ile uzay birlikte anlamlıdır. Biri olmadan diğerinin olması mümkün değildir.

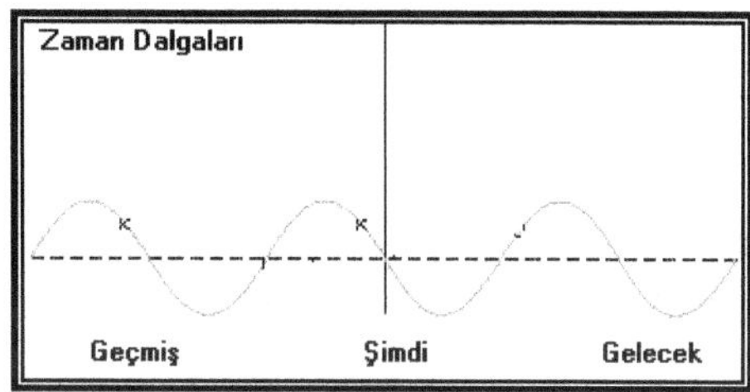

Bunu şöyle özetleyelim: elektrik yükünün çevresindeki elektrik alanı, o elektrik yükünün bir bağlantısıdır. Tıpkı bunun gibi, geometri ile kinamatik'den oluşan eğri yada düz uzay-zaman metrik alanı da özdeğin (maddenin içeriğini oluşturan öz enerjisi) bir bağlantısıdır. Elektrik yükü olmadıkca, elektrik alanı nasıl olmaz ise; maddesiz bir "metrik alan", eş anlamıyla "uzay-zaman" da var olamaz. Dolayısıyla, uzayla zaman, düşünsel farazi kavramlar değil, maddesel nesnenin içinde bulunan nesnel zaman-uzay madde somutluğundan oluşmuş bir bütündür. Böylece uzayın boyutları kadar zaman boyutunun kendisi de uzay boyutlarının bir devamı niteliğinde bir nesnel uzam boyutu olarak var olmaktadır. Madde özünde ışıma kuatlarından oluşan bir yapıdır. Bu ışıma kuantları kendilerini özde zamansal bir var oluş olarak, bir frekans olarak bir zaman yapısı olarak ortaya konur.

Zaten Birleşik Alanlar Teoreminin özündeki ana fikir 'de ışık kuantları düzeyinde elektrik alanı-manyetik alanı ve gravitasyon (kütleçekim) alanlarını tek bir alan yapısı altında formüllemekten başka bir şey değildir. Yani doğanın temel bileşenleri ve uzay-zamanı oluşturan maddenin tek bir kudret tarafından, yani tek bir yaratıcı tarafından meydana getirildiğinin fiziksel isbatıdır.

Dolayısıyla kuvvetli delil ve bürhanlarla isbat edilecek olan herhangi bir Birleşik Alan Yasası, doğa yasalarının tek bir kudret tarafından yaratıldığının ve düzenlendiğinin mükemmel bir kanıtı olacaktır. Bu ilmi yaklaşım ise, maddenin esas yapısına nüfuz eden temel alan kuvvetlerine yeni bir felsefi yaklaşım getirerek, elektro-gravitasyon alanı denebilecek yeni bir alan anlayışını öngörecektir. Dolayısıyla, felsefi olarak bilimsel metodlarla ve matematiği kullanarak doğa yasalarında bu tür birleşik alan kaynaklarını yakalamak Vahdaniyetin, yani Kainatın Allah tarafından yaratıldığının da önemli bir isbatını teşkil edecek olup, yeni girmiş olduğumuz 21. asırdaki modern fen bilimlerinin yavaş yavaş hedef edindiği felsefi metod bu görüşe doğru gitmektedir.

Dolayısıyla, artık eski dönemlerde ayrık gibi duran fizik yasaları birleştirilerek tek bir birleşik yasanın hakim olduğu konjönktüre doğru yönelmektedir ki, bu da big bang ve yaratılış görüşünü destekleyen sonuçlar vermektedir. Eğer elektrik-manyetik ve gravitasyonel alanlar içerisinde zaman kayması, yani boyut değişimi hadiselerini açıklayabilirsek bir Birleşik Alan Kuramı anlayışına sahibiz demektir. Dolayısıyla zaman, mekanı (uzayda bir noktayı) temsil eden enerji dalgasının beşinci boyut çizgisi boyunca dört ve beşinci boyutların yer aldığı hiperbolik yüzey üzerinde bulunan temel alan bileşenleri, zamana ait önceki ve sonraki salınım değerlerin bir toplamıdır. Dolayısıyla uzayla zaman, beşinci boyutta birleşerek; 3+2 boyutlu davranan birleşik bir alan kaynağının parçalarıdır. Geçmiş, gelecek ve şimdi olmak üzere üç zaman dalgası vardır ki, beşinci boyutta üst-üste binen ya da yan yana gelen iki ayrı

zaman dilimindeki iki ayrı olayı üç boyutlu zihnimizle hayal edebilmek oldukça güçtür. Zaman'ı fiziksel bir uzunluk olarak görebilmeyi başaramadığımızdan, onu eğilip bükülerek geçmişin ve geleceğin fiziksel noktalarıyla bitiştirebileceğimiz gerçeği ortaya çıkar. Oysa zaman, çok plastiksi bükülüp-katlanılabilen elektromanyetik dalga yapısında bir akıştır, bir boyuttur ya da bir uzamdır derken 'zaman fenomeninin' enerji alanlarına bağlı bir titreşimsel ritmin yansıması olduğunu bilmeliyiz. Uzaya bağlı bu farklı zaman frekanslarının -birbirine devreden zaman titreşimlerinin- uzayda yaratılacak güçlü elektromanyetik uyaranlar karşısında birbirleriyle senkron hale gelebileceğini ve bu frekansların üst üste binip çatışabileceğini ifade edebiliriz. Bu durumda, dev elektromanyetik düzeneklerce 'uzay-zamanın enerji vakumu' içerisinde yaratılan çatışma alanlarının (Örneğin, CERN'deki LHC, büyük hadron çarpıştırıcısında ışık hızına kadar hızlandırılan atomaltı partiküller gibi) ortasına düşen insanlar ve cisimler, gemiler ve uçaklarda uzay-zamanın makroskopik ölçeklerde kendi üstüne bükülüp-eğrilen çizgilerin boyunca zamanda ya da mekanda kaymalara uğrayabilirler.

İşte eski evliyaullahın, tayy-ı mekan, yani uzay-zamandaki yolculuğunu ve bir anda pek çok yerde var olabilmesini mümkün kılan olay da, beşinci boyutta gerçekleşen bu zaman kayması olayıdır. Aslında zamanın bu dalgalı yapısından dolayı, yani zaman boyutlarının beşinci boyutta asılı duran elektromanyetik bir frekanslar bütünü olduğunu kavradığımızda, katı sandığımız, yani gerçek dediğimiz tüm yaşamımızı paylaştığımız her şey de dahil olmak üzere tüm binalar, bu gezegen, yıldızlar, hatta uzay boşluğunun kendisi bile ve hatta tüm bunları yansıtan-içine alan 'Geçmiş-Şimdi-Gelecek' dediğimiz zaman kalıplarının bile dev bir elektromanyetik seraptan, yani sürekli titreşim yaparak bir var olan bir yok olan olaylar zincirinden başka bir şey olmadığını idrak ederiz. Bazı eski hikmet, yani felsefecilerin bazı görüşlerinde de yer alan bu bilgi, bize kendi zaman boyutumuzun nasıl harici etkenlerle (Belirli ve kritik aralıklarla gerçekleşen ilahi müdahaleler gibi) etkileyerek değiştirebileceğimize dair derin bir öngörü sunar! Çünkü bu tür bir felsefi yaklaşım, tüm uzay-zamanın yani sonlu varlık olan evrenin sonu olan Kıyamet süreci ve bu süreçte ortaya çıkacak olan ve zincirleme olarak gerçekleşeceği bildirilen büyük hadiseler için gaybi bir öngörü yapılabileceğinin açık bir isbatıdır.

Dolayısıyla, bu da, tarih içerisindeki tüm olayların aslında önceden, Levh-i Mahfuz denilen kader programında Allah tarafından belirlenmiş olduğunu ve bu büyük ana programın bizim evrenimize uygulanması anlamına gelir. Ayrıca zaman'ın, maddeyi oluşturan enerjinin titreşimsel bir ritmi oluşu, zaman'ın maddeden ayrılmaz olması anlamına gelir. Dolayısıyla zaman burada, maddesel oluşumun yapısına karışan bir öğe durumundadır. Öyleyse enerji denetimi ile zaman'ın akışı (ritmi) de denetlenebilir. Örneğin, mu'cizelerle gerçekleşen büyük zaman kaymaları gibi. Ayrıca konuya şöyle bir yaklaşımda da bulunabiliriz; Evren, doğa, insan ve zamanı ayrı ayrı düşünmek yerine, hepsini iç içe düşünmek ve bir bütünün parçaları gibi algılamak gerekir. Öncesiz ve sonrasız zamanı, evrenin yaratılışına paralel olarak düşündüğümüzde ortaya *evrensel zaman* çıkmaktadır. Bu zaman kavramı, herşeyi içine alan bir karakterdedir. Zaman deyince, geniş anlamda insan aklının sınırlarını zorlayan zaman kavramı budur. Aslında tüm evren tek bir evrensel zaman dalgası kalıbı içerisinde kendini gösterir. Yani temel zaman dalgası harmonik sapmalar ve esnemeler yapmaktadır. Ama hiç bir madde ve enerji olağan koşullar zorlamadıkça temel zaman alanının dışına çıkmaz. Her varlığın yapı ve konumları itibariyle, izafi zamanları vardır. Zaman, evren boyunca ne kadar esneyip kasılsa da "zaman'ı" heryerde geçerli olmak üzere genel bir an olarak nitelemek yerinde olur. İşte bu da Allah katında sadece tek bir an olarak yaşanan bölünemez ve parçalanamaz olan üstün ve sonsuz uzunluktaki bir zaman diliminin bulunduğunu, yani ahiret aleminin varlığını ortaya koyar. Buradan hareketle, doğası açısından Allah katında zamanın tekliği ve sabitliğinin mümkün olduğu söylenebilir. Zaman boyutlar içinde farklılıklar gösterse de, bizim için çok önemli olan zaman olgusu, farklı bir boyutta belki hiç önemli olmayacaktır.

Haftalar, aylar, yıllar ve yüzyıllar çok kısalacak ve tek bir saniye gibi olacaktır. Oysa şu an yaşanan an,evrenin her yerinde şimdi değildir. Her yerin, her sistemin kendine özgü bir izafi zamanı vardır. Mesela bir hücre organelinde gerçekleşen biyokimyasal reaksiyonlardaki zaman kavramı ile bir gökcisminin yörünge etrafında dolaşma zamanı arasında relatif bir fark vardır. Birisinde olaylar çok kısa bir sürede gerçekleşirken, diğerinde yıllar belki yüzyıllar almaktadır. Oysa o sistemlerin içerisinde bulunan parçalara göre, zaman eşit uzunlukta akıyormuş gibi görünmektedir. Bu nedenle, bir olayla ilgili, her sistemin yaşamakta olduğu zamanı, bu sistemin diğer sistemlere olan relatif, yani izafi durumunu belirlemezsek, o olayın şimdi ve bu anda olduğunu söylememiz imkansız olur.

Bizim için şimdi ve sonra kavramları, başka bir boyutta, farklı bir şimdi ve sonra kavramı haline dönüşür. O halde bizim için "an" şimdi olmakla birlikte, başka bir boyutta şimdi değildir. Acaba evren insanın bildiği dört boyuttan mı oluşmuştur? Başka boyutlar var mıdır? Oysa bugün bilim dünyası hala bir beşinci boyutun var olup olmadığını tartışıp dururken, Allah Kur'an'da zamanın izafi olduğunu ve uzay-zamanın çok daha fazla boyutlu olduğunu ve bunların evrenin yaratılış anında bir hikmete binaen saklı kalarak içeriye doğru kıvrıldıklarını, yani gizli olduklarının 1400 sene öncesinden bildirmektedir (*Bkz: Birleşik Alan Teorisi*):

"O (Allah) yedi kat göğü iki günde yarattı ve her göğün işini, kendisine vahyetti. En yakın göğü (1. Kat gök), kandillerle (Yıldız ve Galaksiler) ve bir korumayla (Süpersicim ağ yapısındaki 5-Boyutlu uzay-zaman dokusu) donattı. İşte bu, güçlü olan ve bilenin belirlemesidir."

"O inkarcılar, Gökler ve Yer bitişikken (Büyük patlama öncesi fazlara ayrılmamışken ve tüm uzay-zaman ve kuvvetler biraradayken) onları ayırdığımızı ve bütün canlıları SUDAN (Suyun büyük bir kısmını teşkil eden Tek hidrojen atomundan ve onun çoğaltılarak diğer elementlere dönüştürülmesiyle) yarattığımızı görmediler mi? Öyleyse inanmayacaklar mı?"

"Yeri, sizin için yerleşim alanı olarak binanın ilk katı (1. Boyut); Gökleri de çadır gibi (Hiperbolik uzay-zaman yapısına sahip eyer tipi bina) diğer üst katları (Diğer 10 boyut) olarak bina eden ve size sûret veren, sûretinizi de en güzel bir şekilde yaratan ve sizi, tertemiz nimetlerle rızıklandıran ALLAH'tır; İşte sizin RAB'biniz olan Allah budur. Alemlerin Rabbi olan Allah ne yücedir.."

Ancak zaman, mekan içinde bir dördüncü boyuttur. Evet başka zaman/uzay süreklilikleri de vardır. Zaten boyut farkına neden olan şey farklı zaman akış hızları yada farklı zaman fazları denen şeydir. Aslında ne ilginçtir ki, kendi zaman ve mekanlarına sahip farklı boyutlar, örneğin çok küçük mikroskobik varlıklar alemi, burada bizim zamanımızda kesişiyorlar ve onlar da zamanı en az bizim kadar yaşayabiliyorlar diyebiliriz. Çünkü boyutlar küçüldükçe, cisimler daha çok incelmekte ve mana alemine daha çok yaklaşarak, zaman boyutunda nurani pencereler açıp, hakikat alemine ışık tutmaktadır. Yani iç-içe geçmiş olan 18 bin adet farklı boyutsal uzay-zamanlar varlılar ve realiteler vardır ve hepsi de zamanı aynı çerçeve içerisinde yaşıyormuş gibi algılamaktadır ve her boyut bir temel titreşim düzeyini (temel zaman alanını) ifade eder. Buna göre, bu boyutlardan birine ait bir maddenin titreşim frekansının bir şekilde diğer boyutlardan etkilenerek bir anda diğerine atlaması anlaşılmaz bir şey değil! İşte bu olay da, bir boyuttan bir diğerine geçiş anlamına gelen tayy-ı mekan olgusunun temelidir. Dolayısıyla, cisimlerin bir anda başka bir boyuta geçiyor ve sonra yeniden kendi boyutunun frekansına dönüyor olması mümkündür. Zaman frekansları bizim şu anımızdan geçmiş ve geleceğe doğru açılan bir zaman çizgisini oluşturmakla birlikte, Şu an'ın zaman frekası dalgasını genişletecek olursak bizim geçmiş ve geleceğimizde yer almayan farklı bir uzay/zaman sürekliliği içerisine doğru kendimizi kaydırmış oluruz. Bu zamanda yolculuk değildir. Sadece farklı bir paralel bir evrene geçiştir. Oranın da kendine göre farklı bir zaman akış hızı vardır. O boyut bizim zaman/uzay sürekliliğimizden ayrı bir maddesel realitedir. Dolayısıyla bilinmelidir ki geçmiş, gelecek ve şimdi, ard ardına gelen, devreler halinde birbirini takip eden titreşimler serisidir.

Şimdi'ki zaman'ı belirleyen titreşim dalgasının genliği-dalga boyu ve salınım genişliği üstünde bir sapma yaratarak zaman frekansları arasında geçiş yaparak bir zaman diliminden diğerine sıçrayabiliriz. Çünkü fiziksel olarak ispatlanmıştır ki, çok güçlü elektromanyetik dalgalarla uzay/ zamanın bir noktasında yaratılacak elektromanyetik fırtınalar uzay/zaman geometrisini bozarak başka boyutlara doğru yerçekimsel bir tünel etkisi denen uzay/zamansal bükülmeleri yaratabilir. Yoğun elektromanyetik alanlar altında

"*uzay/zaman*"ın düz çizgileri bir beşinci boyuta doğru "*eğrilip spiralleşerek/bükülerek*" uzay/zaman çizgilerinin burkulmasından oluşmuş yerçekimsel bir girdap etkisi ya da bir çeşit tünel etkisi' ne (solucan deliği) neden olur.

Soru: Kainattaki büyük boşluklar niçin vardır?

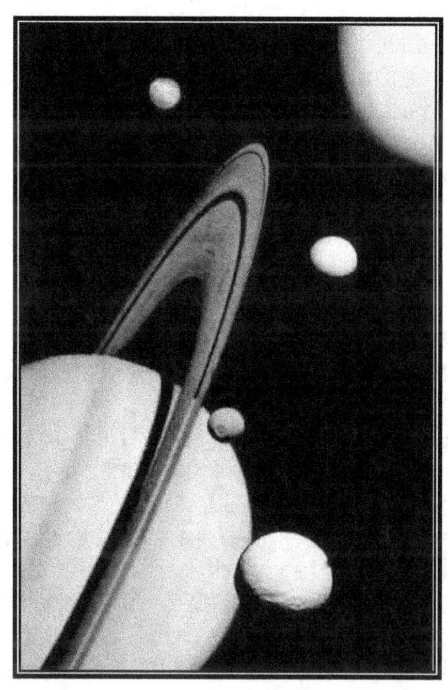

Cevap: Önceki kısımlarda incelediklerimizi kısaca hatırlayalım: Big Bang'den sonra ortaya çıkan evren, öncelikle sadece hidrojen ve helyumdan ibaret bir gaz yığını olmuş, sonrasında ise bu gaz yığını, özellikle tasarlanmış olduğu açık olan nükleer reaksiyonlarla daha ağır elementleri meydana getirmiştir. Ama evrenin yaşam için uygun bir yer haline dönüşmesi, sadece ağır elementlerin varlığıyla mümkün olmaz. Bundan da önemli olan bir nokta ise, evrenin nasıl bir şekil ve düzen aldığıdır. Bu incelemeye, önce evrenin ne kadar büyük olduğuna bakarak başlayalım. Dünya gezegeni, bildiğimiz gibi Güneş Sistemi'nin bir parçasıdır. Bu sistem, evrenin içindeki diğer yıldızlara göre orta-küçük bir yıldız olan Güneş'in etrafında dönmekte olan dokuz gezegenden ve onların elli dört uydusundan oluşur. Dünya, sistemde Güneş'e en yakın üçüncü gezegendir. Önce bu sistemin büyüklüğünü kavramaya çalışalım. Güneş'in çapı, Dünya'nın çapının 103 katı kadardır.

Bunu bir benzetmeyle açıklayalım; eğer çapı 12.200 km. olan Dünya'yı bir misket büyüklüğüne getirirsek, Güneş de bildiğimiz futbol toplarının iki katı kadar büyüklükte yuvarlak bir küre haline gelir. Ama asıl ilginç olan, aradaki muazzam mesafedir. Gerçeklere uygun bir model kurmamız için, misket büyüklüğündeki Dünya ile top büyüklüğündeki Güneş'in arasını yaklaşık 280 metre yapmamız gerekir. Güneş Sistemi'nin en dışında bulunan gezegenleri ise kilometrelerce öteye taşımamız gerekecektir. Ancak bu kadar dev bir boyuta sahip olan Güneş Sistemi, içinde bulunduğu Samanyolu galaksisine oranla oldukça mütevazi bir büyüklüktedir. Çünkü Samanyolu galaksisinin içinde, Güneş gibi ve çoğu ondan daha büyük olmak üzere yaklaşık 250 milyar yıldız vardır. Bu yıldızların içinde Güneş'e en yakın olanı Alpha Centauri'dir. Eğer Alpha Centauri'yi az önce yaptığımız ölçeğe, yani Dünya'nın misket büyüklüğünde olduğu ve Güneş ile Dünya'nın arasının 280 metre tuttuğu ölçeğe yerleştirirsek, onu Güneş'in 78 bin kilometre uzağına koymamız gerekir!

Modeli biraz daha küçültürsek: Dünya'yı gözle zor görülen bir toz zerresi kadar yapalım. O zaman Güneş fındık büyüklüğünde olacak ve Dünya'ya üç metre mesafede yer alacaktır. Bu ölçek içinde Alpha Centauri'yi ise Güneş'ten 640 kilometre uzağa koymamız gerekir. Samanyolu galaksisi, işte aralarında bu denli inanılmaz mesafeler bulunan 250 milyar yıldızı barındırır. Spiral şeklindeki bu galaksinin kollarının birisinde, bizim Güneşimiz yer almaktadır. Ancak ilginç olan, Samanyolu galaksisinin de uzayın geneli düşünüldüğünde çok "küçük" bir yer oluşudur. Çünkü uzayda başka galaksiler de vardır, hem de tahminlere göre, yaklaşık 300 milyar kadar!... Bu galaksilerin arasındaki boşluklar ise, Güneş ile Alpha Centauri arasındaki boşluğun milyonlarca katı kadardır. Eğer yıldızlar birbirlerine biraz daha yakın olsalardı, astrofizik çok da farklı olmazdı. Yıldızlarda, nebulalarda ve diğer gök cisimlerinde süregiden bu temel fiziksel işlemlerde hiçbir değişim gerçekleşmezdi. Uzak bir noktadan bakıldığında, galaksimizin görünüşü de şimdikiyle aynı olurdu. Tek fark, gece izlediğimiz gökyüzünde çok daha fazla sayıda yıldız bulunması olurdu. Ama, bunun yanında çok büyük bir farka da oluşurdu. O da şudur: Bu manzarayı seyredecek olan "biz", yani içindekilerle beraber tüm evren var olmazdı. Peki neden? Uzaydaki gökcisimleri arasındaki bu muazzam uzaklıklarda küçük bir değişimin meydana gelmesi neden evrende var olan hassas dengeyi bozmaktadır. Bunun sebebi, Kur'an'da da belirtildiği gibi oldukça açıktır. Uzaydaki bu devasa boşluk, bizim varlığımızın bir ön şartıdır.

Eğer bu mesafeler biraz daha fazla veya biraz daha az olsaydı tüm kainattaki dengeler altüst olacaktı. Bu gerçeklik Kur'an'da şöyle belirtilir:

"Gaybın anahtarları yalnızca O'nun katındadır. Onları ancak O bilir. Karada ve denizde olanı da bilir. Hiçbir yaprak düşmez ki onu bilmesin. Yerin karanlıklarında da hiçbir tane, hiçbir yaş, hiçbir kuru şey yoktur ki apaçık bir kitapta (Allah'ın bilgisi dâhilinde, Levh-i Mahfuz'da) olmasın."

"Eğer hakikat onların arzularına uysaydı, gökler ile yer ve ikisinin arasında bulunanlar elbette bozulur giderdi."

"Allah, her dişinin neye gebe olduğunu, rahimlerin artırdığı şeyi ve eksilttiği şeyi bilir. Her şey O'nun katında bir ölçü iledir."

Dolayısıyla, uzaydaki büyük boşluklar, boşuna değildir, bazı fiziksel değişkenlerin tam insan yaşamına uygun biçimde şekillenmesini sağlamaktadır. Ayrıca Dünya'nın, uzay boşluğunda gezinen dev gök cisimleriyle çarpışmasını engelleyen etken de, evrendeki gök cisimlerinin arasının bu denli büyük boşluklarla dolu oluşudur. Kısacası evrendeki gök cisimlerinin dağılımı, insanın yaşamı için tam olması gereken yapıdadır. Dev boşluklar, amaçsız yere ortaya çıkmamışlardır; amaçlı bir yaratılışın sonucudurlar.

Soru: Paralel Evrenler Teorisi (M-teorisi) nedir? Bu teori ile kainatın yaratılışı arasında bir ilişki var mıdır?

Cevap: Son zamanlarda geliştirilen bu teori, uzayı, içlerinde bizim ikiz evrenimizin (Paralel evrenler veya Alem-i Misal) bulunduğu başka evrenlerden oluşan çok boyutlu bir labirent olarak görüyor. Teoriyi geliştiren bilim adamları, Edward Witten ve Stephen Hawking, bu "Konford veya Konifold evrenler"in yaşayanlarını "gölge insanlar" olarak nitelendiriyor. Yani, bizim evren olarak tanımladığımız belki de, gerçekte iç içe geçmiş, birbirini şekillendiren ve hatta belki birbirine paralel çok sayıda evrenlerin bulunduğu sonsuz bir uzayın minik bir kesitini oluşturmaktadır.

Stephen Hawking'in geliştirdiği evren teorisi, hesaplamalara dayalı yepyeni bir açıklama getiriyor. Buna göre, görülebilir evrenlerimiz dışında, iç içe geçmiş ve ikiz görüntülerimizin bulunduğu, görülemeyen daha çok sayıda evren var. Eğer Hawking haklıysa daha pek çok olgu paralel evren teorisiyle açıklanabilecek. Hawking'in geliştirdiği formül, makroskobik dünyayı tanımlamakla kalmayacak, "Büyük patlama" ve onunla birlikte zaman ve uzay boyutlarının başlangıcını da hesaplanabilir hale getirecek. Böylece insan, evrenin merkezinde yer alan en büyük gizemine, daha doğru bir yaklaşım gösterebilecek.

Soru: Kainatta Dünya'nın yerinin özel bir konumu var mıdır? Dünyada hayatın oluşabilmesi hangi şartlar gereklidir ve bu şartlar tesadüf eseri oluşabilir mi?

Cevap: Güneş Sistemi'ndeki bu muhteşem dengenin yanı sıra, üzerinde yaşadığımız Dünya gezegeninin bu sistem ve genel olarak uzay içindeki yeri de, yine kusursuz bir yaratılışın varlığını göstermektedir. Son astronomik bulgular, sistemdeki diğer gezegenlerin varlığının, Dünya'nın güvenliği ve yörüngesi için büyük önem taşıdığını göstermiştir. Jüpiter'in konumu buna bir örnektir. Güneş Sistemi'nin en büyük gezegeni olan Jüpiter, varlığıyla aslında Dünya'nın dengesini sağlamaktadır.

Astrofiziksel hesaplamalar, Jüpiter'in bulunduğu yörüngedeki varlığının, sistemdeki Dünya gibi diğer gezegenlerin yörüngelerinin istikrarlı olmasını sağladığını ortaya çıkarmıştır. Jüpiter'in Dünya'yı koruyucu ikinci bir işlevini ise, şöyle açıklanabilir: Jüpiter'in bulunduğu yerde eğer bu büyüklükte bir gezegen var olmasaydı, Dünya, gezegenler arası boşlukta gezinen meteorlara ve kuyrukluyıldızlara yaklaşık bin kat daha fazla hedef olurdu. Eğer Jüpiter olduğu yerde olmasaydı, be kez de şu anda biz de dahil olmak üzere tüm güneş sistemi Güneş Sistemi'nin kökenini araştırmak için var olamazdık. Kısacası Güneş Sistemi'nin yapısı, insan için özel bir tasarıma sahiptir. Biraz daha ileri gidelim ve Güneş Sistemi'nin evren içindeki yerinden söz edelim. Güneş Sistemi başta da belirttiğimiz gibi Samanyolu galaksisinin merkezinde değil, dev kollarından birinin kıyısında yer almaktadır. Acaba bu bizim için nasıl bir avantajdır? Son derece çarpıcı olan bir başka gerçek ise, evrenin sadece bizim varlığımıza ve biyolojik ihtiyaçlarımıza olağanüstü derecede uygun olması değil, aynı zamanda bizim onu anlamamıza da son derece uygun olmasıdır.

Dolayısıyla, Güneş Sistemimiz'in bir galaktik kolun kıyısında bulunması, bizim geceleri gökyüzünü inceleyerek uzak galaksileri görebilmemizi ve evrenin genel yapısı hakkında bilgi sahibi olmamızı sağlamaktadır. Eğer bir galaksinin merkezinde yer alsaydık, hiçbir zaman bir spiral galaksinin yapısını gözlemleyemez ya da evrenin yapısı hakkında bir fikir sahibi olamazdık. Bir başka deyişle, evrenin fiziksel yasaları gibi Dünya'nın uzaydaki konumu da, bu evrenin insan yaşamı için tasarlanmış olduğunu gösteren kanıtlar içermektedir. Yani evrenin Allah tarafından yaratılmış ve düzenlenmiş olduğu, apaçık bir gerçektir.

Dolayısıyla, kimi insanların bunu kavrayamamalarının nedeni, samimi ve ön yargısız bir biçimde düşünememeleridir. Oysa samimi olarak düşünen her akıl sahibi inanan insan, evrende her şeyin bir amaçla yaratıldığını:

"Biz gökyüzünü, yeryüzünü ve ikisi arasında bulunan şeyleri batıl olarak yaratmadık. Bu, inkâr edenlerin zannıdır."

ayetiyle bildirildiği gibi, insan için yaratılmış ve düzenlenmiş olduğunu anlar. Bu derin kavrayış, bir başka Kuran ayetinde şöyle tarif edilmektedir:

"Allah, yeryüzünü sizin için bir karar, gökyüzünü bir bina kıldı; sizi suretlendirdi, suretinizi de en güzel (bir biçim ve incelikte) kıldı ve size güzel-temiz şeylerden rızık verdi. İşte sizin Rabbiniz olan Allah budur. Alemlerin Rabbi Allah ne Yücedir."

"Sizin için, yeryüzüne boyun eğdiren O'dur. Şu halde onun yolunda yürüyün ve O'nun rızkından yiyin. Sonunda dönüş yine O'nadır."

GÜNEŞ SİSTEMİ VE DÜNYANIN İDEAL KONUMU:

Dünya; atmosferi ve okyanuslarıyla, kompleks biyosferiyle, uygun biçimde okside edilmiş kabuğuyla, zengin silisyum yataklarıyla, tortul veya katılaşım kayalarıyla, zengin buz yatakları, çölleri, ormanları, tundraları, otlak alanları, tatlı su gölleri, kömür ve petrol yatakları, yanardağları, hayvanları, bitkileri, manyetik alanı, okyanus dibi şekilleri ve hareketli mağmasıyla... hayranlık uyandıracak derecede kompleks bir sistemdir.

Eğer Güneş Sistemi içinde bir yolculuk yapacak olursanız, oldukça ilginç bir tablo ile karşılaşırsınız. Yolculuğa sistemin en dışından başladığınızı varsayalım. İlk karşılaşacağınız gezegen Pluton'dur. Bu küçük gök cismi, oldukça "soğuk" bir yerdir. Yaklaşık - 238°C kadar!.. Bu dondurucu soğukluk içinde gezegenin çok ince bir atmosferi vardır. Ancak atmosfer, sadece, eliptik bir yörüngeye sahip olan gezegenin Güneş'e yakın olduğu dönemlerde gaz halindedir. Diğer zamanlarda atmosfer bir buz kütlesi haline döşünür. Kısaca Pluton, ölü bir buz yığınıdır. Güneş Sistemi'nin merkezine biraz daha ilerlediğinizde,

Neptün'le karşılaşırsınız. Bu gezegen de oldukça "soğuk"tur: Yüzey sıcaklığı -218°C civarındadır. Hidrojen, helyum ve metan gazlarından oluşan atmosferi insan için zehirlidir. Dahası gezegenin yüzeyinde, hızları saatte 2000 km'ye varan korkunç fırtınalar eser. Merkeze doğru biraz daha ilerleyince Uranüs'e varırsınız. Uranüs yapısında yüksek oranda kaya ve buz bulunduran bir "gaz gezegen"dir. Atmosfer sıcaklığı -214°C civarındadır. Hidrojen, helyum ve metan içeren atmosfer yaşama kesinlikle uygun değildir. Yolculuğa devam ettiğinizde Satürn'e varırsınız. Güneş Sistemi'nin bu ikinci büyük gezegeni, etrafındaki halkalarla tanınır. Bu halkalar gaz, buz ve kaya parçalarından oluşmaktadır. Asıl ilginç olan Satürn'ün yapısıdır. Gezegen tam anlamıyla bir gaz gezegendir; kütlesi % 75 oranında hidrojen ve % 25 oranında helyumdan oluşur. Yoğunluğu suyun yoğunluğundan bile düşüktür. Bu nedenle, eğer Satürn'e bir uzay gemisi indirmek isterseniz, bunu yüzebilir bir "şişme bot" olarak tasarlamanız gerekir. Isı yine korkunç derecede düşüktür: -178°C. Biraz daha ilerlediğinizde Güneş Sistemi'nin en büyük gezegeni olan Jüpiter'e varırsınız. Kütlesi Dünya'nın 318 katı olan Jüpiter de bir gaz gezegendir.

Jüpiter gezegeninin atmosferi, yüzeyi ve iç yapısı arasında ayrım yapmak güç olduğundan "atmosfer sıcaklığı" gibi bir kavramı ifade etmek de aynı oranda zordur. Ancak, gezegenin atmosferi sayılabilecek üst kısımlarındaki ısı -143°C'dir. Jüpiter üzerinde bulunan büyük kırmızı renkli lekenin varlığı, Dünya'daki gözlemciler tarafından yaklaşık 300 yıldır bilinmektedir. Bu kırmızı lekenin, içine iki Dünya alacak kadar büyük olan bir fırtınadan başka

birşey olmadığı ise çağımızda anlaşılmıştır. Kısaca Jüpiter, üzerinde hiç kara parçası bulunmayan, delici bir soğuğun hüküm sürdüğü, üzerinde yüzlerce yıl süren korkunç fırtınaların yaşandığı, manyetik alanı ile her canlıyı anında öldürecek korkunç, ürpertici bir gezegendir. Jüpiter'den sonra Mars gelir. Mars'ın atmosferi yoğun karbondioksit içeren zehirli bir karışımdır. Gezegenin üzerinde hiç su yoktur. Yüzeyde büyük göktaşlarının çarpmasıyla meydana gelen dev kraterler dikkat çeker. Çok kuvvetli rüzgarlar ve aylarca süren kum fırtınaları hüküm sürer. Isı – 53°C civarındadır. Hakkında yapılan tüm spekülasyonlara rağmen, Mars ölü bir gezegendir. Mars'tan sonra karşımıza çıkan mavi gezegeni şimdilik bir kenara bırakalım.

Bir sonra varacağımız gezegen Venüs'tür. Venüs'te, daha önce rastladığımız dondurucu soğukların aksine, yakıcı bir sıcaklık hüküm sürer. Isı yüzeyde yaklaşık 450°C'ye kadar ulaşır. Bu, kurşunu bile eritmeye yetecek bir ısıdır. Venüs'ün bir diğer korkunç özelliği, yoğun bir karbondioksit tabakasından oluşan ağır atmosferidir. Atmosfer basıncı, yüzeyde 90 atmosferi bulur. Bu, Dünya'da denizin 1 km derinliğindeki basınca eş değerdir. Venüs'ün atmosferinde ayrıca kilometrelerce kalınlığa sahip sülfürik asit katmanları bulunmaktadır. Bu yüzden gezegene sürekli öldürücü asit yağmurları yağar. Cehennemi andıran böyle bir ortamda, hiçbir canlı yaşayamaz. Hala Güneş'e doğru ilerlemeye devam ederseniz, sistemin en başındaki Merkür gezegenine ulaşırsınız. Merkür'ün en ilginç özelliği, kendi etrafında olağanüstü derecede yavaş dönmesidir. Kendi etrafındaki dönüş hızı, neredeyse Güneş'in etrafında yaptığı dönüş kadar yavaştır. Öyle ki Merkür Güneş etrafında iki kez döndüğünde, kendi etrafında sadece üç kez dönmüş olur. Yani iki yılı, üç gününe eşittir. Gece ile gündüzün bu kadar uzun sürmesi, gezegenin bir yüzünü kızartırken, öteki yüzünü ise dondurur. Bu nedenle gece ile gündüz arasındaki ısı farkı yaklaşık 1000°C'yi bulmaktadır. Elbette böyle bir ortam, hiçbir canlıyı barındıramaz. Kısacası, Güneş Sistemi'ndeki bilinen dokuz gezegenin sekizi (ve bunların burada değinmediğimiz 53 uydusu) içinde, yaşama uygun tek bir gök cismi yoktur. Her biri ölü ve sessiz birer madde yığınıdır. Ancak az önce değinip geçtiğimiz mavi gezegen, işte o diğerlerinden çok farklıdır. Çünkü atmosferinden yeryüzü şekillerine, ısısından manyetik alanına, elementlerinden Güneş'e olan mesafesine kadar, her türlü dengesiyle, tamamen yaşam için özel olarak yaratılmıştır.

KARBON ELEMENTİNİN YAŞAMSAL ÖNEMİ:

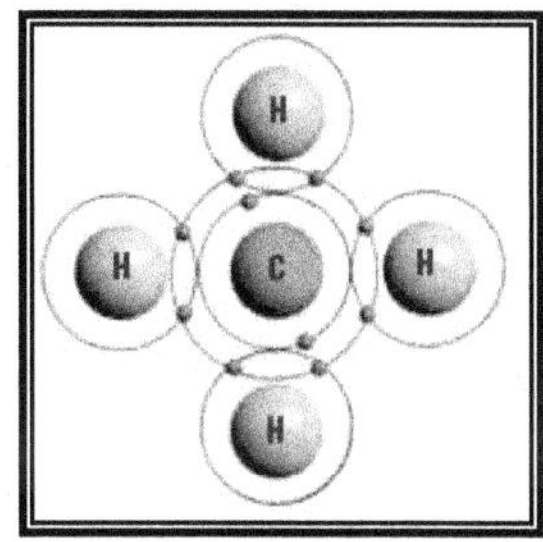

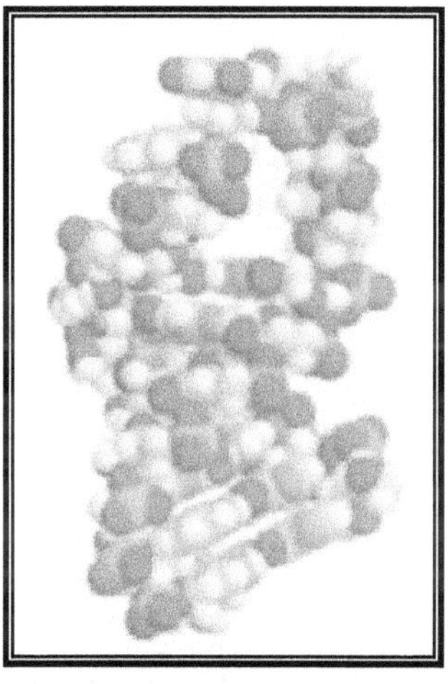

Bir başka yaşamsal olan ve son derece hayati fonksiyonları bulunan etken, Karbon elementindeki özelliklerdeki muazzam düzenlemedir. Yaşamın temelini oluşturan Karbon elementi, periyodik tablodaki altıncı elementtir ve Silisyum gibi yarıiletken bir özelliğe sahip olması hayati fonksiyonlara açısından onun eşsiz bir element olarak, yani özel olarak seçildiği anlamına gelir. Bu element, Dünya üzerindeki yaşamın temelidir, çünkü bütün temel organik moleküller (aminoasitler, proteinler, nükleik asitler gibi) karbon atomunun diğer bazı atomlarla çeşitli şekillerde birleşmesiyle oluşur. Karbon, hidrojen, oksijen ve azot gibi diğer atomlarla birleşerek vücudumuzdaki milyonlarca farklı tür proteini meydana getirir. Karbonun yerini tutabilecek başka bir element yoktur; çünkü başka hiçbir element, karbon gibi sınırsız türde bağ yapma özelliğine sahip değildir. Dolayısıyla evrendeki herhangi bir gezegende hayat var olacaksa, bu mutlaka "karbon temelli" bir hayat olmak durumundadır. Bunun sonucunda, Karbon temelli yaşamın ise değişmez bazı kuralları vardır. Örneğin, karbon temelli organik bileşikler (örneğin proteinler) sadece belirli bir ısı aralığında var olabilirler. 120 °C'den yüksek ısılarda parçalanmaya, -20 °C'den düşük ısılarda donmaya başlarlar. Sadece ısı değil, ışık, yerçekimi, atmosfer bileşimi, manyetik güç gibi etkenlerin de karbon bazlı bir yaşama izin verebilmeleri için çok dar ve belirli bazı sınırlar içinde olmaları gerekmektedir.

Dünya, işte tam bu dar ve belirli çerçevedeki sınırlara sahiptir. Eğer bu sınırların herhangi biri bozulsa, örneğin Dünya'nın yüzey ısısı 120°C'yi aşsa, artık Dünya üzerinde yaşam olamaz. Bu yüzden, ne Dünya'nın ne de bir başka gezegenin üzerinde - 238°C derecede terleyen, oksijen yerine helyum soluyan ya da su yerine sülfürik asit içen küçük yeşil adamların yaşaması mümkün değildir. Hayat, ancak çok özel ve belirli şartların yerine getirildiği bir ortamda var olabilir. Bir başka deyişle, canlılar, ancak kendileri için özel olarak tasarlanmış bir mekanda yaşayabilir. Dünya, işte bu şekilde Karbon temelli bir yaşamı destekleyecek şekilde, özel olarak tasarlanmış bir mekandır.

DÜNYA'NIN ÖZEL ISISI VE ATMOSFERİN ÖZELLİKLERİ:

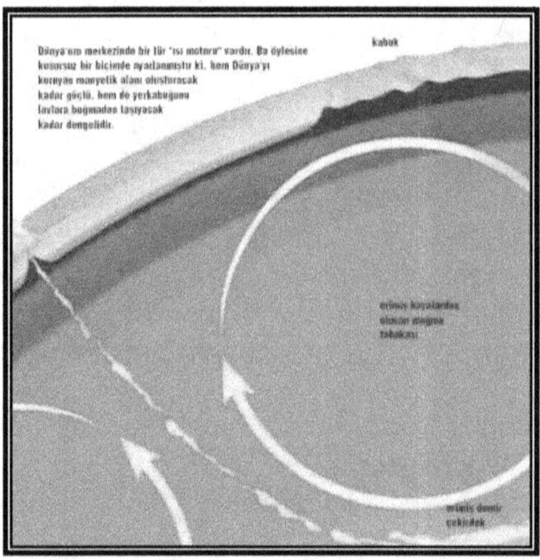

Dünya'nın yaşam için en gerekli şartlardan bir diğeri de, ısısı ve atmosferidir. Mavi gezegen, canlıların, özellikle de bizim gibi son derece kompleks canlı varlıkların yaşayabileceği bir ısı değerine ve soluyabileceği bir atmosfere sahiptir. Ancak bu iki etken de, birbirinden son derece farklı faktörlerin her birinin ideal değerlerde belirlenmesiyle gerçekleşmiştir.

Bunlardan birisi, Dünya'nın Güneş'e olan uzaklığıdır. Elbette ki Dünya Güneş'e Venüs kadar yakın ya da Jüpiter kadar uzak olsaydı, yaşama imkan verecek bir ısı değerine sahip olamazdı. Karbon bazlı organik moleküller, az önce belirttiğimiz gibi, 120°C ile -20°C arasında değişen bir ısı aralığında oluşabilirler. Güneş Sistemi'nde bu ısı değerine sahip olan yegane gezegen ise Dünya'dır. Tüm evren düşünüldüğünde ise, hayat için gerekli olan bu ısı aralığının, gerçekte elde edilmesi çok zor bir aralık olduğunu görürüz. Çünkü evrenin içindeki ısılar, en sıcak yıldızların içindeki milyarlarca derecelik korkunç sıcaklıklardan, "mutlak sıfır" noktası olan − 273.15°C'ye kadar değişebilmektedir. Bu dev ısı yelpazesi içinde karbon-temelli bir hayata izin veren ısı aralığı, çok dar bir aralıktır. Ama Dünya, tam bu ısı aralığına sahiptir. Dolayısıyla, **"yaşam sadece çok sınırlı bir ısı aralığında mümkündür"** ve bu ısı aralığı Güneş'in ısısı ile mutlak sıfır arasındaki muhtemel ısıların yaklaşık % 1'lik bir bölümünü oluşturmaktadır. İşte, **Dünya'nın ısısı, tam bu dar aralıktadır."**

İşte bu ısı aralığının korunması, elbette Güneş ile Dünya arasındaki mesafe kadar, Güneş'in yaydığı ısı enerjisi ile de yakından ilişkilidir. Hesaplara göre Dünya'ya ulaşan Güneş enerjisindeki %10'luk bir azalma yeryüzünün metrelerce kalınlıkta bir buzul tabakası ile örtülmesiyle sonuçlanacaktır. Enerjinin biraz artması halinde ise tüm canlılar kavrularak öleceklerdir. Dünya'nın ideal olan ısısının, gezegen içinde dengeli olarak dağıtımı da son derece önemlidir. Nitekim bu dengenin sağlanması için çok özel bazı tedbirler alınmıştır. Örneğin, Dünya'nın ekseninin 23°27´lık eğimi, kutuplarla ekvator arasındaki atmosferin oluşmasında engel oluşturabilecek aşırı sıcaklığı önler. Eğer bu eğim olmasaydı, kutup bölgeleriyle ekvator arasındaki sıcaklık farkı çok daha artacak ve yaşanabilir bir atmosferin var olması imkansızlaşacaktı. Dünya'nın kendi etrafındaki yüksek dönüş hızı da ısının dengeli dağılımına yardımcı olur. Dünya sadece 24 saatlik bir süre içinde kendi etrafını dolaşır ve bu sayede geceler ve gündüzler kısa sürer. Kısa sürdükleri için de gece ile gündüz arasındaki ısı farkı çok azdır. Bu dengenin önemi, bir günü bir yılından daha uzun süren ve bu yüzden gece-gündüz arasındaki ısı farkı 1000°C'yi bulan Merkür ile karşılaştırıldığında görülebilir. Yeryüzünün şekilleri de ısının dengeli dağılımına yardımcı olur. Dünya'nın ekvatoru ile kutupları arasında yaklaşık 100°C'lik bir ısı farkı vardır.

Eğer böyle bir ısı farkı fazla engebesi olmayan bir yüzeyde gerçekleşmiş olsaydı, hızı saatte 1000 km'ye varan fırtınalar Dünya'yı allak bullak ederdi. Oysa ki yeryüzü, ısı farkından dolayı ortaya çıkması muhtemel kuvvetli hava akımlarını bloke edecek engebelerle donatılmıştır. Bu engebeler, yani sıradağlar, Çin'de Himalayalar'la başlar, Anadolu'da Toroslarla devam eder ve Avrupa'da Alplere kadar sıradağlar halinde uzanarak batıda Atlas Okyanusu, doğuda Büyük Okyanus'la birleşir. Okyanuslarda ise ekvatorda oluşan fazla ısı, sıvıların ısı farkını dereceli bir şekilde dengelemesi sayesinde kuzeye ve güneye doğru aktarılır. Bu arada Dünya'nın atmosferinde ısıyı sürekli dengeleyen birtakım otomatik sistemler de vardır. Örneğin bir bölge çok fazla ısındığında su buharlaşması artar ve bulutlar çoğalır. Bu bulutlar ise Güneş'ten gelen ışınların bir kısmını geri yansıtarak aşağıdaki havanın ve yüzeyin daha fazla ısınmasını engeller.

YERKÜRENİN KÜTLESİ VE MANYETİK ALANI:

Dünya'nın Güneş'e olan mesafesi, dönüş hızı ya da yeryüzü şekilleri kadar, büyüklüğü de önemlidir. Dünyamız'ı, Dünya'nın kütlesinin sadece % 8'i kadar bir kütleye sahip olan Merkür'le, ya da Dünya'dan 318 kat daha büyük bir kütleye sahip olan Jüpiter'le karşılaştırdığımızda, gezegenlerin çok farklı büyüklüklere sahip olabileceklerini görürüz. Peki acaba bu kadar farklı büyüklükteki gezegenler içinde, Dünyamız'ın büyüklüğü tesadüfen mi belirlenmiştir? Hayır! Yerkürenin özelliklerini incelediğimizde, üzerinde yaşadığımız bu gök cisminin tam olması gerektiği büyüklükte olduğunu görürüz.

Amerikalı jeologlar Press ve Siever, Dünya'nın bu yönden "uygunluğu" hakkında şu bilgileri verirler: **Dünya'nın büyüklüğü tam olması gerektiği kadardır**. Daha küçük olsa yerçekimi çok zayıflayacak ve atmosferi Dünya'nın etrafında tutamayacaktı, daha büyük olsaydı bu kez de yerçekimi çok artacak ve bazı zehirli gazları da tutarak atmosferi öldürücü hale getirecekti. Dünya'nın kütlesinin yanısıra, iç yapısı da yaşam için özel bir tasarıma sahiptir. Bu iç yapıdaki tabakalar sayesinde, Dünya bir manyetik alana sahiptir ve bu manyetik alan yaşamın korunması için çok önemlidir. Dünya'nın çekirdeği ise, çok büyük bir hassasiyetle dengelenmiş ve radyoaktivite tarafından beslenen bir ısı motorudur. Eğer bu motor daha yavaş çalışsaydı, kıtalar şu anki yapılarına ulaşamazlardı. Demir hiçbir zaman erimez ve merkezdeki sıvı çekirdeğe inmezdi ve böylece Dünya'nın manyetik alanı hiçbir zaman oluşmazdı. Eğer Dünya'nın daha fazla radyoaktif yakıtı olsaydı ve dolayısıyla daha hızlı bir ısı motoru bulunsaydı, volkanik bulutlar Güneş'i kapatacak kadar kalın olur, atmosfer aşırı derecede yoğun hale gelir ve Dünya yüzeyi de hemen her gün volkanik patlamalar ve depremlerle sarsılırdı. Dolayısıyla dünyanın manyetik alanı, yaşamımız için büyük öneme sahiptir. Bu manyetik alan, yukarıda belirtildiği gibi, yerkürenin çekirdeğinin yapısından kaynaklanır. Çekirdek, demir ve nikel gibi manyetik özelliği olan ağır elementleri içerir. İç çekirdek katı, dış çekirdek ise sıvı haldedir. Çekirdeğin bu iki katmanı birbiri etrafında hareket eder. Bu hareket ağır metaller üzerinde bir çeşit mıknatıslanma etkisi yaparak bir manyetik alan oluşturur. Atmosferin çok daha dışına kadar uzanan bu alan sayesinde Dünya, uzaydan gelebilecek olan tehlikelere karşı korunmuş olur. Güneş dışındaki yıldızlardan kaynaklanan öldürücü kozmik ışınlar, Dünya'nın etrafındaki bu koruyucu kalkanı geçemezler. Özelikle de Dünya'nın on binlerce kilometre uzağında manyetik halkalar çizen *Van Allen Kuşakları*, Dünya'yı bu öldürücü enerjiden korur. Söz konusu plazma bulutlarının, kimi zaman Hiroşima'ya atılan gibi 100 milyar atom bombasına eş değer olduğu hesaplanmıştır.

Aynı şekilde kozmik ışınlar da çok şiddetli olabilirler. Ama Dünya'nın manyetik alanı, tüm bu öldürücü ışınların sadece % 0.1'ni geçirmekte ve kalan bu binde birlik ışınlar da atmosfer tarafından emilmektedir. Bu manyetik alanı üretmek için kullanılan elektrik enerjisi bir milyar amperlik bir akımdır ki, insanlığın tüm tarihi boyunca ürettiği elektrik enerjisinin toplamına yakındır. Eğer Dünya'nın bu manyetik kalkanı olmasa, yeryüzündeki yaşam sık sık öldürücü ışınlarla tahrip edilecek, belki de hiç var olmayacaktı.

Oysa, yerkürenin çekirdeği tam olması gerektiği gibi olduğu için, Dünya bu şekilde korunur. Bir başka deyişle, gökyüzünde, Kuran'daki:

"Gökyüzünü korunmuş bir tavan kıldık; onlar ise O'nun ayetlerinden yüz çeviriyorlar."

ayetiyle dikkat çekildiği gibi, bizler için kurulmuş özel bir koruyucu kalkan vardır.

ATMOSFERİN UYGUNLUĞU:

Dünya, şimdiye kadar incelediğimiz gibi, hem yaşam için gerekli sıcaklığa, hem gerekli kütleye, hem de yaşamı koruyan özel kalkanlara sahiptir. Ama bunlar Dünya üzerinde canlılığın var olması için yeterli şartlar değildir. Çok önemli bir başka şart, atmosferin yapısıdır. Bilimkurgu filmleri, önceki sayfalarda da değindiğimiz gibi, insanları kimi zaman yanlış yönlendirirler. Bunun bir örneği, bu filmlerde sık sık rastlanan "kolay atmosfer uygunluğu"dur. Uzay gemisiyle uzak bir gezegene yaklaşan insanlar, gezegene inmeden önce atmosferinin solunabilir olup olmadığına bakarlar. Genellikle de solunabilir bir atmosfer çıkar. Bu senaryolar, insanoğlunun kolaylıkla ve tesadüfen uygun atmosferler bulabileceği gibi bir izlenim vermektedir. Oysa eğer gerçekten uzay gemileri ile evrenin derinliklerinde gezinseydik, Dünya dışındaki bir başka gezegende solunabilir bir atmosfer bulmak, neredeyse imkansız olurdu.

Çünkü Dünya'nın atmosferi, yaşam için gerekli son derece özel şartları biraraya getirerek tasarlanmış olağanüstü bir karışımdır. Dünya atmosferi, % 77 azot, % 21 oksijen ve %1 oranında karbondioksit ve argon gibi diğer gazların karışımından oluşur. Öncelikle bu gazların en önemlisi ile, oksijenle başlayalım. Oksijen çok önemlidir, çünkü insan gibi kompleks bedenlere sahip canlıların enerji elde etmek için kullandıkları çoğu kimyasal reaksiyon oksijen sayesinde gerçekleşir. Karbon bileşikleri oksijenle reaksiyona girerler. Reaksiyon sonucunda su, karbondioksit ve enerji açığa çıkar. Hücrelerimizde kullandığımız ve **ATP** (*adenosin trifosfat*) adı verilen enerji paketçikleri, bu reaksiyonla ortaya çıkarlar. İşte biz de bu nedenle sürekli olarak oksijene ihtiyaç duyarız ve bu ihtiyacı karşılamak için solunum yaparız. İşin ilginç yanı, soluduğumuz havadaki oksijen oranının, son derece hassas dengelerle tespit edilmiş oluşudur. Atmosferimiz daha fazla oksijen içerebilir ve buna rağmen hayatı destekleyebilir miydi? Hayır! Oksijen çok reaktif bir elementtir. Şu anda atmosferde bulunan okijeninin oranı, yani yüzde 21, yaşamın güvenliği için aşılmaması gereken sınırların tam ideal noktasındadır. Yüzde 21'in üzerine artan her yüzde birlik oksijen oranı, bir yıldırımın orman yangını başlatma olasılığını % 70 artıracaktır. Yüzde 25'lik bir oksijen oranının daha yukarısında, şu anda kullandığımız bitkisel besinlerin çok azı, tüm tropik ormanları ve arktik tundraları yok edecek olan dev yangınlardan korunabilirdi.

Dolayısıyla, atmosferin şu anki **oksijen oranı, tehlikenin ve yararın çok iyi bir biçimde dengelendiği bir rakamdadır.** Atmosferdeki oksijen oranının dengede kalması da, mükemmel bir "geri dönüşüm" sistemi sayesinde gerçekleşir.

Hayvanlar devamlı olarak oksijen tüketirler ve kendileri için zehirli olan karbondioksiti üretirler. Bitkiler ise bu işlemin tam tersini gerçekleştirir ve karbondioksiti hayat verici oksijene çevirerek canlılığın devamını sağlarlar. Her gün bitkiler tarafından milyarlarca ton oksijen bu şekilde üretilerek atmosfere salınır.

Bu iki canlı grubu, yani bitkiler ve hayvanlar, eğer aynı reaksiyonu gerçekleştirselerdi Dünya çok kısa sürede yaşanılmaz bir gezegene dönüşürdü. Örneğin hem hayvanlar hem de bitkiler oksijen üretselerdi, atmosfer kısa sürede "yanıcı" bir özellik kazanır ve en ufak bir kıvılcım dev yangınlar çıkarırdı. Sonunda da Dünya dev bir "tüp patlaması"yla yanarak kavrulurdu. Öte yandan eğer hem bitkiler hem de hayvanlar karbondioksit üretselerdi, bu kez atmosferdeki oksijen hızla tükenir ve bir süre sonra canlılar nefes almalarına rağmen "boğularak" toplu halde ölmeye başlarlardı. Ancak canlılığın dengesi öylesine kusursuzca kurulmuştur ki, atmosferdeki oksijen oranı hep canlılık içinde en ideal olan oranda, Lovelock'ın ifadesiyle "tehlikenin ve yararın çok iyi bir biçimde dengelendiği bir rakamda" durmaktadır. Atmosferin çok iyi bir biçimde dengelenmiş bir başka yönü ise, onu solumamızı sağlayan ideal yoğunluğudur.

FOTOSENTEZ VE IŞIK:

Fotosentez, herkesin ortaokul ya da lise derslerinde öğrendiği kimyasal bir işlemdir. Ama çoğu insan ders kitapları arasına sıkışmış olan bu konunun bizim yaşamımız için ne kadar hayati bir önem taşıdığını fark etmez. Önce bu lise bilgilerini bir hatırlayalım ve fotosentezin formülüne bakalım:

$6H_2O$ + $6CO_2$ + Güneş Işığı (Fotosentez) $\rightarrow$ $C_6H_{12}O_6$ (Glukoz) + $6O_2$

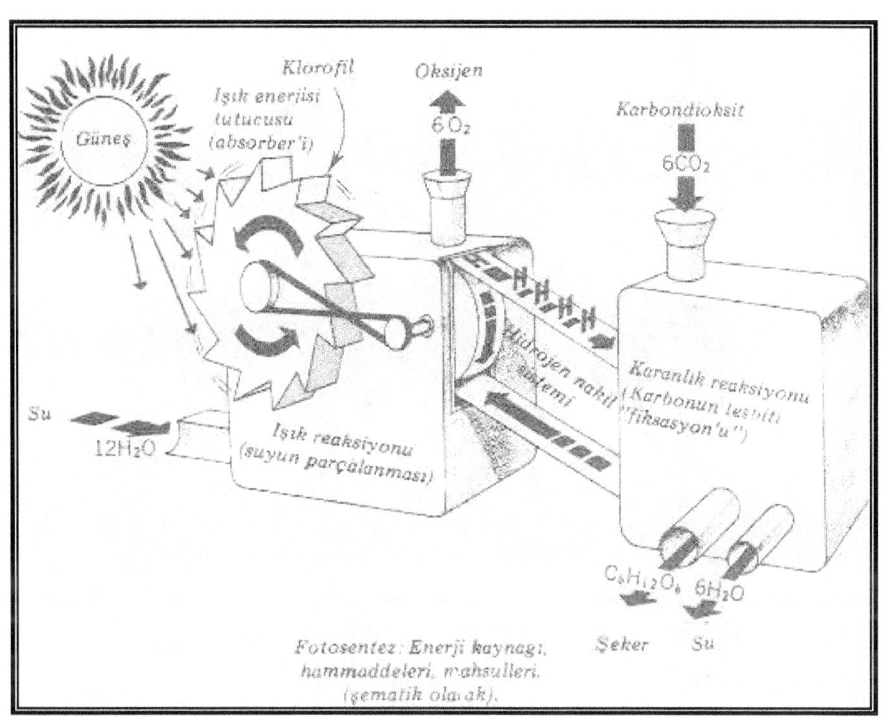

Fotosentez: Enerji kaynağı, hammaddeleri, mahsulleri. (şematik olarak).

Bitki Hücresi

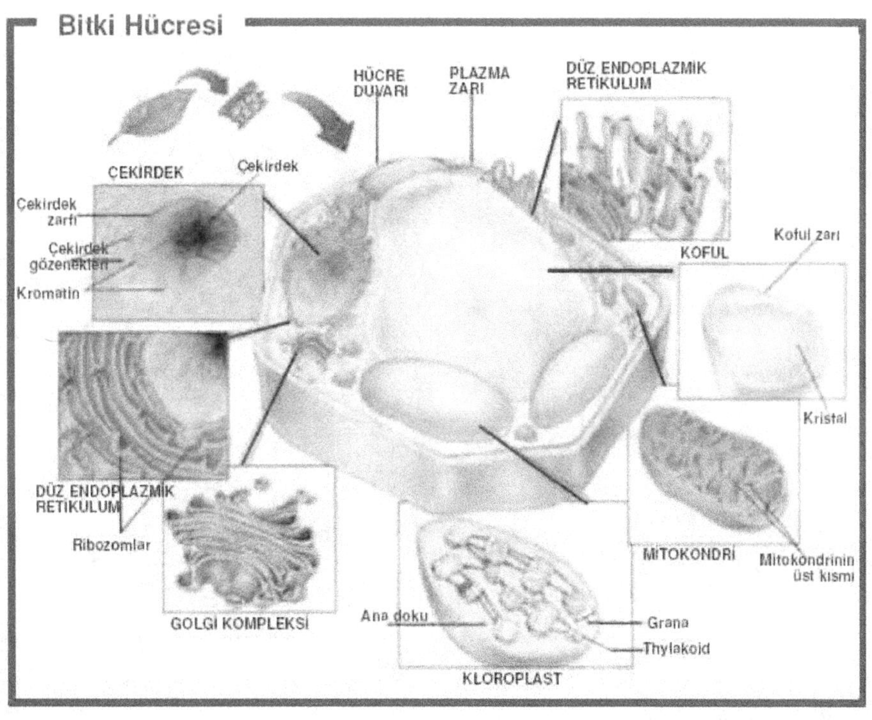

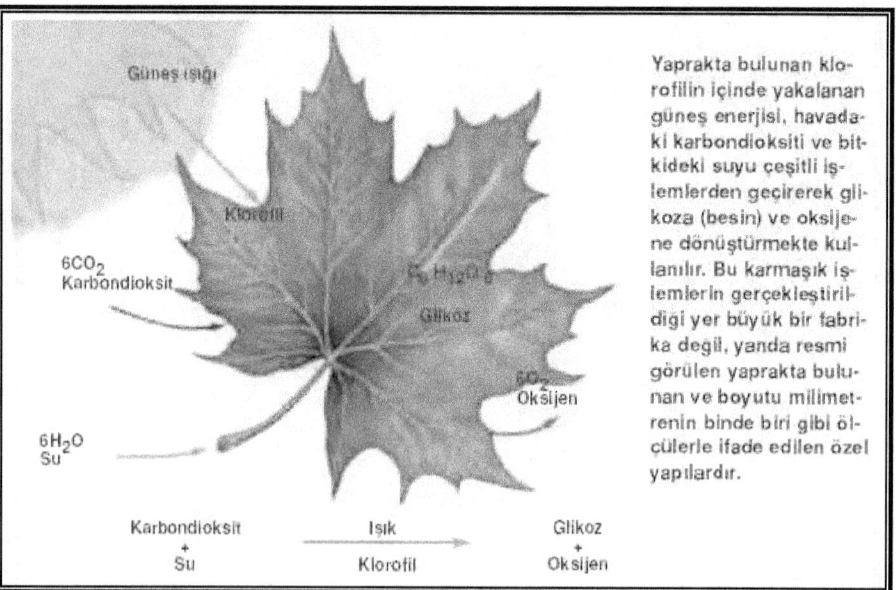

$$6H_2O + 6CO_2 + \text{Güneş Işığı} \ (\text{Fotosentez}) \rightarrow C_6H_{12}O_6 \ (\text{Glukoz}) + 6O_2$$

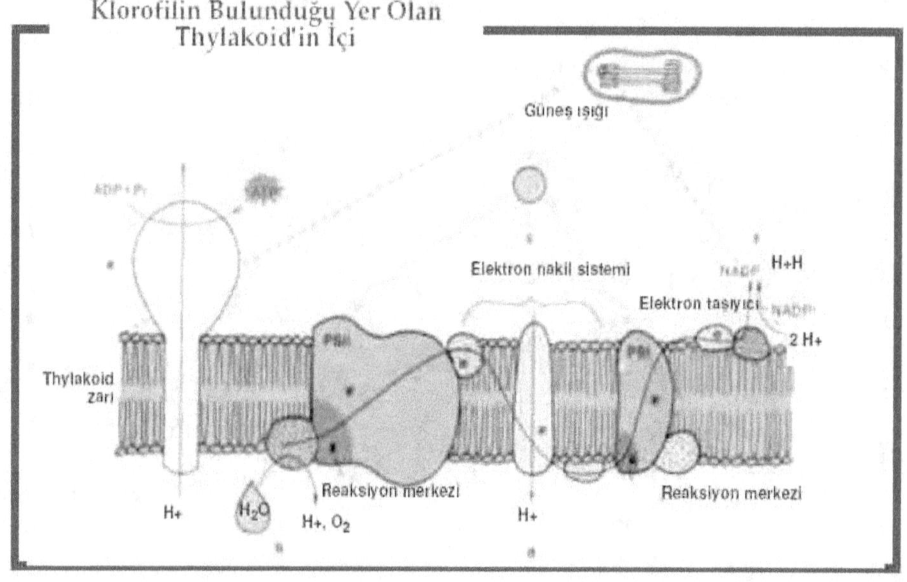

Bitki Hücresindeki Fotosentez Mekanizmalarından bazı detaylar.

Bu kimyasal reaksiyonda altı su molekülü ile altı karbondioksit molekülü, Güneş ışığının enerjisi sayesinde birleşmektedir. Ortaya çıkan ve glukoz olarak adlandırdığımız molekül, yüksek enerji içeren bir yapıdır ve tüm besinlerin temel taşını oluşturur. Kısacası bitkiler fotosentez yaptıklarında, Güneş'ten gelen enerjiyi kullanarak besin üretmiş olurlar. Dünya üzerindeki tek besin üretimi, bitkilerin gerçekleştirdiği bu olağanüstü kimyasal işlemdir. Diğer tüm canlılar bu kaynaktan beslenir. Otobur hayvanlar bitkileri yediklerinde bu Güneş kaynaklı enerjiyi almış olurlar. Etobur hayvanlar ise bitkileri yemiş olan otobur hayvanları yemekle, yine Güneş kaynaklı enerjiyi elde ederler. Biz insanlar da hem bitkiler hem hayvanlar aracılığıyla yine aynı enerjiyi alırız. Bu nedenle, yediğimiz her elma, patates, çikolata ya da biftek, aslında bize Güneş'ten gelen enerjiyi verir. Fotosentezin çok önemli bir başka sonucu daha vardır. Üstteki formüle dikkat ederseniz, fotosentezin glukoz yanında bir de altı oksijen molekülü açığa çıkardığını görürsünüz. Bitkiler bu şekilde hayvanlar ve insanlar tarafından sürekli "kirletilen" atmosferi temizlerler. İnsanlar ve hayvanlar, atmosferdeki oksijeni yakarak enerji elde ettikleri için, her nefes alışlarında atmosferdeki oksijen oranını biraz daha azaltırlar. Ama bu azalan oksijen, bitkiler tarafından yerine konur. Kısacası, fotosentez olmasa, bitkiler olmaz, bitkiler olmadığında ise havyanlar ve biz insanlar da var olamayız. Üzerine bastığınız çimlerin, pek önemsemediğiniz ağaçların ya da salata malzemesi yaptığınız bitkilerin derinliklerinde gerçekleşen —ve henüz hiçbir laboratuarda taklit edilemeyen— bu kimyasal reaksiyon, yaşamın temel şartlarından biridir. Konunun dikkat çekici yanı ise, fotosentezin son derece iyi tasarlanmış bir işlem oluşudur. Dikkat ederseniz, bitkilerin gerçekleştirdikleri fotosentez ile, hayvanların ve insanların enerji tüketimleri arasında tam bir denge vardır. Bitkiler bize glukoz ve oksijen verirler. Biz ise hücrelerimizde glukozu oksijenle birleştirip "yakar", böylelikle bitkilerin glukoza eklemiş oldukları Güneş enerjisini açığa çıkarıp kullanırız. Yaptığımız şey, aslında fotosentezi tersine çevirmektir. Bunun sonucunda atık madde olarak karbondioksit çıkarır ve bunu ciğerlerimizle atmosfere veririz. Ama bu karbondioksit hemen bitkiler tarafından yeniden fotosentez için kullanılır. Bu mükemmel çevirim böylelikle sürer gider. Şimdi bu işlemin ne kadar kusursuz bir uyumla yaratıldığını görebilmek için, işlemin içindeki faktörlerden yalnızca bir tanesinin üzerinde biraz yoğunlaşalım: Güneş ışığına. Güneş ışığının Dünya üzerindeki yaşam için özel olarak tasarlandığını az önce incelemiştik. Acaba Güneş'in ışığı fotosentez için de özel olarak ayarlanmış mıdır? Yoksa bitkiler, kendilerine ne tip ışık gelirse gelsin, bu ışığı değerlendirip ona göre fotosentez yapabilecek bir esnekliğe sahip midir? Fotosentezi gerçekleştiren molekül, klorofildir. Fotosentez mekanizması, bir klorofil molekülünün Güneş ışığını absorbe etmesiyle başlar. Ama bunun gerçekleşebilmesi için, ışığın doğru renkte olması gerekir. Yanlış renkteki ışık, işe yaramayacaktır. Bu konuda örnek olarak televizyonu verebiliriz. Bir televizyonun, bir kanalın yayınını yakalayabilmesi için, doğru frekansa ayarlanmış olması gerekir.

Kanalı başka bir frekansa ayarlayın, görüntü elde edemezsiniz. Aynı şey fotosentez için de geçerlidir. Güneş'i televizyon yayını yapan istasyon olarak kabul ederseniz, klorofil molekülünü de televizyona benzetebilirsiniz. Eğer bu molekül ve Güneş birbirlerine uyumlu olarak ayarlanmış olmasalar, fotosentez oluşmaz. Ve Güneş'e baktığımızda, ışınlarının renginin tam olması gerektiği gibi olduğunu görürüz. Işığın absorbe edilmesi işlemi, moleküllerin içindeki elektronların yüksek enerji seviyelerine olan duyarlılıklarıyla ilgilidir ve hangi molekülü ele alırsanız alın, bu işi gerçekleştirmek için gereken enerji aynıdır. Işık, fotonlardan oluşur ve yanlış enerji seviyesinde foton, hiçbir şekilde absorbe edilemez.

Kısacası; **yıldızların fiziği ile, moleküllerin fiziği arasında çok iyi bir uyum vardır. Bu uyum olmasa, yaşam imkansız olurdu.**

Dolayısıyla, herhangi bir bitkinin fotosentez yapabilmesi, sadece ve sadece çok belirli bir ışık aralığında mümkündür. Bu aralık ise tam olarak Güneş'in yaydığı ışığa karşılık gelmektedir. "Yıldızların fiziği ile moleküllerin fiziği arasındaki bu uyum", asla rastlantılarla açıklanamayacak kadar olağanüstü bir uyumdur. Güneş'in 10^{25}'te 1 ihtimalle bizim için gerekli olan ışığı vermesi ve yeryüzünde bu ışığı kullanacak kompleks moleküllerin bulunması, elbette söz konusu uyumun yaratılmış olduğunu göstermektedir.

SUYUN YARATILIŞ İÇİN EN UYGUN ORTAM VE ELEMENT OLMASI:

Yaşamın oluşabilmesi için mutlaka sıvı maddelerin varlığı zorunludur. Eğer, evrenin kanunları sadece maddenin katı ve gaz haline izin vermiş olsaydı, hayat hiçbir zaman var olamayacaktı. Çünkü katı maddelerde atomlar birbirleri ile çok iç içe ve durgundurlar ve canlı organizmaların gerçekleştirmek zorunda oldukları dinamik moleküler işlemlere kesinlikle izin vermezler. Gazlarda ise, atomlar hiçbir istikrar göstermeden serbestçe uçuşurlar ve böyle bir yapı içinde canlı organizmaların kompleks mekanizmalarının işlemesi mümkün değildir. Kısacası, hayat için gerekli işlemlerin gerçekleştirilmesi için, sıvı bir ortamın varlığı zorunludur. Sıvıların en ideali -daha doğrusu tek ideal olanı- ise sudur.

Suyun hayat için olağanüstü derecede uygun özelliklere sahip olduğu, eskiden beridir bilim adamlarının dikkatini çekmiştir. Bu konudaki ilk detaylı çalışma ise, İngiliz doğabilimci William Whewell'in 1832 yılında yayınlanan *Astronomy and General Physics Considered with Reference to Natural Theology* (Doğal Teoloji Işığında Astronomi ve Genel Fizik) adlı kitabı oldu. Whewell suyun özellikle termal (ısıyla ilgili) özelliklerini inceledi ve suyun genel doğa kanunlarına aykırı gibi duran bazı termal özelliklerinin, bu maddenin yaşam için özel yaratıldığına delil sayılması gerektiğini anlattı. Dolayısıyla, çevre, temel özellikleriyle (yani canlıları oluşturan çeşitli kimyasallar ve fiziko-kimyasal işlemler ile hidrosferin fiziksel ve kimyasal özellikleri yönünden) yaşam için olabilecek en uygun çevredir.

SUYUN CANLILIK İÇİN GEREKLİ TERMAL ÖZELLİKLERİ:

Hayat için gerekli organik fonksiyonların başında, üzerinde durulan en önemli konulardan biri, suyun termal (ısıyla ilgili) özellikleridir. Suyun termal özellikleri ise, beş ayrı yönden çok ilginç önemlilikte özellikler gösterir. Bunlar sırasıyla şöyledir:

1) Bilinen tüm maddeler ısıları düştükçe büzüşürler. Bilinen tüm sıvılar da yine ısıları düştükçe büzüşür, hacim kaybederler. Hacim azalınca yoğunluk artar ve böylece soğuk olan kısımlar daha ağır hale gelir. Bu yüzden sıvı maddelerin katı halleri, sıvı hallerine göre daha ağırdır. Ama su, bilinen tüm sıvıların aksine, belirli bir ısıya (+ 4°C'ye) düşene kadar büzüşür, ama sonra birdenbire genleşmeye başlar. Donduğunda ise daha da genleşir. Bu nedenle suyun katı hali, sıvı halinden daha hafiftir. Yani buz, aslında "normal" fizik kurallarına göre suyun dibine batması gerekirken, su üstünde yüzer.

2) Buz eridiğinde ya da su buharlaştığında, etraftan ısı çekilir. Bunun tersi gerçekleştiğinde ise, dışarıya ısı verilir. Bu "gizli ısı" olarak bilinen kavramdır.78 Tüm sıvıların gizli ısıları vardır. Ancak suyun gizli ısısı, bilinen tüm sıvıların en yükseği sayılabilir. Normal ısılarda, sadece amonyak sudan daha yüksek bir donma gizli ısısına sahiptir. Buharlaşma gizli ısısında ise hiçbir sıvı, su ile boy ölçüşemez.

3) Suyun "termal kapasitesi", yani suyun ısısını bir derece artırmak için gereken ısı miktarı, bilinen diğer sıvıların çok büyük

bölümünden daha yüksektir.

4) Suyun termal iletkenliği, yani ısıyı iletebilme yeteneği, bilinen diğer herhangi bir sıvıdan en az dört kat daha yüksektir.

5) Buzun ve karın termal iletkenlikleri ise düşüktür.

Teknik birer fiziksel özellik gibi duran yukarıdaki beş maddenin ne gibi bir öneme sahip olduğunu merak edebilirsiniz. Bunlar çok büyük birer öneme sahiptir, çünkü dünya üzerindeki yaşam ve bizim hayatımız, bu üstteki özelliklerin tam tamına bu şekilde olması sayesinde mümkündür.

Şimdi sırasıyla bu özelliklerin etkilerini inceleyelim:

ÜSTTEN DONMANIN ETKİSİ:

Suyun yukarıdaki birinci maddede anlatılan özelliği, Dünya üzerindeki denizler açısından çok önemlidir. Eğer bu özellik olmasa, yani buz suyun üzerinde yüzmese, Dünya üzerindeki suyun çok büyük bir bölümü tamamen donacak, göllerde ve denizlerde hiçbir yaşam kalmayacaktı. Bu gerçeği biraz detaylı olarak inceleyelim. Dünya'nın pek çok yerinde soğuk kış günlerinde ısı 0°C'nin altına düşer. Bu soğuk elbette denizleri ve gölleri de etkiler. Bu su kütleleri giderek soğurlar. Soğuyan tabakalar dibe doğru çöker, daha sıcak kısımlar yüzeye çıkar, ama bunlar da havanın etkisiyle soğur ve yine dibe doğru çöker. Ancak bu denge sıcaklık 4°C'ye gelince birdendeğişir, bu kez ısının her düşüşünde, su genleşmeye ve hafiflemeye başlar. Böylece 4°C'lik su en altta kalır. Daha yukarıda 3°C, onun üstünde 2°C, böylece devam eder. Suyun yüzeyi ise 0°C'ye vararak donar. Ama sadece yüzey donmuştur. Yüzeyin altında kalan 4°C'lik bir su tabakası, balıkların ve diğer su canlılarının yaşamlarını sürdürmeleri için yeterlidir. (Bu arada suyun yukarıdaki beşinci maddede değindiğimiz özelliği de çok büyük bir işlev görmektedir: Bu özellik, buzun ve karın termal iletkenliklerinin düşük olmasıdır. Yani buz, havadaki soğuğu, altındaki su tabakasına çok az iletir. Böylece dışarıdaki hava −50°C'yi bulsa bile, denizin üstündeki buz tabakası bir-iki metreyi geçmez. Foklar, penguenler ve diğer kutup hayvanları, bu sayede denizin üstündeki buzu delip alttaki suya ulaşabilirler.) Eğer böyle olmasa ne olurdu? Su "normal" davransaydı, tüm diğer sıvılar gibi onun da ısı kaybına paralel olarak yoğunluğu artsaydı, yani buz suyun dibine batsaydı ne olurdu? Bu durumda okyanuslar, denizler ve göllerde, donma alttan başlayacaktı. Alttan başlayan donma, yüzeyde soğuğu kesecek bir buz tabakası olmadığı için, yukarı doğru devam edecekti. Böylece Dünya'daki göllerin, denizlerin ve okyanusların çok büyük bölümü dev birer buz kütlesi haline gelecekti. Denizlerin yüzeyinde sadece birkaç metrelik bir su tabakası kalacak ve hava sıcaklığı artsa bile, dipteki buz asla çözülmeyecekti. Böyle bir Dünya'nın denizlerinde hiçbir canlı yaşayamazdı. Denizlerin ölü olduğu bir ekolojik sistemde kara canlılarının varlığı da mümkün olamazdı. Kısacası Dünya, eğer su "normal" davransaydı, ölü bir gezegen olacaktı.

Suyun neden "normal" davranmadığı, yani 4°C'ye kadar büzüştükten sonra neden birdenbire genleşmeye başladığı ise, hiç kimsenin cevaplayamadığı bir sorudur.

TERLEYEREK SOĞUMANIN etkisi:

Yukarıda suyun termal özelliklerinden söz ederken sıraladığımız ikinci ve üçüncü maddeler, yani suyun gizli ısısının ve termal kapasitesinin tüm diğer sıvılardan yüksek olması da, bizim için çok önemlidir. Bu özellik, çoğu insanın neye yaradığını bilmediği çok önemli bir vücut işlevimizin temel anahtarıdır. Bu işlev, terlemedir. Gerçekten de, terleme neye yarar? Bunu incelemek için hikayeyi konuyu biraz daha baştan almak gerekir. Bütün memeli canlılar, aşağı yukarı aynı vücut sıcaklığına sahiptirler. 35-40°C arasında değişen bu sıcaklık, insanlarda da normal şartlarda 37°C civarındadır. Bu çok hassas bir ısıdır ve mutlaka sabit tutulması gerekir. Vücut sıcaklığı birkaç derece düştüğünde donma tehlikesi ile karşı karşıya geliriz. Birkaç derece yükseldiğinde ise ciddi biçimde güçten düşeriz. Vücut ısısının 40°C'nin üzerine çıkması ise, ölüm tehlikesi anlamına gelir. Kısacası vücudumuzun ısısı ancak birkaç derece oynayabilecek kadar hassas bir dengeye sahiptir. Ama vücudumuzun bu noktada önemli bir sorunu vardır: Sürekli olarak hareket etmektedir. Bütün fiziksel hareketler, makinaların çalışmaları da dahil, enerji üretimi gerektirirler. Enerji üretimi de her zaman için ısı açığa çıkarır. Bu ısıyı kolaylıkla hissedebilirsiniz de. Bu kitabı bir kenara bırakıp, kızgın Güneş'in altında 10 kilometre koşup geri gelirseniz, vücudunuzun ısındığını çok açık olarak hissedersiniz. Ama aslında yine de fazla ısınmazsınız. Isının birimi kaloridir. Normal bir insan 10 kilometrelik yolu bir saat içinde koştuğu zaman, yaklaşık 1000 kalorilik bir ısı açığa çıkarır. Eğer koşu sırasında bu ısı vücuttan atılmasa, koşan kişinin vücut ısısı o kadar artacaktır ki, koşucu daha birinci kilometrenin içinde komaya girecektir. İşte bu büyük tehlike, suyun sahip olduğu iki özellik sayesinde engellenir.

Bu özelliklerin birincisi, suyun yüksek termal kapasitesidir. Yani suyun ısısını artırmak için çok yüksek kalori gerekir. Bu sayede, % 70'i sudan oluşan vücudumuz çok hızlı bir şekilde ısınmaz. Örneğin bizim vücut ısımızı 10°C arttıracak olan bir hareket, eğer vücudumuz temel olarak alkolden oluşsa, ısımızı 20°C arttıracaktır. Diğer maddeler daha da vahimdir: Tuz 50°C, demir 100°C, kurşun ise 300°C'lik artışlar yaşatacaktır. Ama suyun yüksek termal kapasitesi, bizi bu gibi korkunç ısı değişimlerinden korur. Ancak başta da belirttiğimiz gibi 10°C'lik bir artış bile bizim için ölümcüldür. Bunu gidermek içinse, suyun diğer bir özelliği, yani gizli ısısının yüksekliği devreye girer. Vücut, açığa çıkan ısı karşısında kendisini serinletmek için terleme mekanizmasını kullanır. Terleme sırasında deriye yayılan su, hızla buharlaşır. Bu buharlaşma sırasında ise, gizli ısısı çok yüksek olduğu için, yüksek ısıya ihtiyaç duyar. Bu ısıyı vücudumuzdan çekip alır ve böylece bizi soğutmuş olur. Bu soğutma o kadar etkilidir ki, bazen üşütmeye bile neden olabilir. Bu sayede, üstte ele aldığımız 10 kilometre koşucusu, sadece bir litre terinin buharlaşması sayesinde, vücut ısısını 6°C düşürür. Ne kadar fazla enerji harcarsa vücut ısısı o kadar artacak, buna

karşılık o kadar fazla terleyip-soğuyacaktır. Vücudun bu mükemmel termostat sistemini mümkün kılan etkenlerin başında ise, suyun termal özellikleri gelmektedir. Başka hiçbir sıvı su gibi iyi terletemez. Eğer su yerine başka bir sıvı, örneğin alkol kullanılsa, sıcaklık 6°C değil, sadece 2.2°C düşecektir. Amonyak ise 3.6°C'lik bir düşüş sağlayabilir. Olayın çok önemli bir başka yönü daha vardır: Eğer vücudun içinde oluşan ısı, yüzeye, yani deriye aktarılamazsa, suyun sözünü ettiğimiz bu iki özelliği ve buna dayalı terleme sistemi yine de bir işe yaramayacaktır. Bu nedenle, vücudun yapısının, ısıyı çok hızlı iletebilir olması gerekir. İşte bu noktada suyun bir diğer özelliği devreye girer: Su, diğer bilinen tüm sıvıların aksine, çok yüksek bir termal iletkenliğe, yani ısıyı iletebilme yeteneğine sahiptir. Bu sayede vücut, içinde oluşan yüksek ısıyı hızla deriye taşır. Hatta bunun için deriye yakın olan kan damarları genişler ve biz de bu yüzden ısındığımız zaman kızarırız. Eğer suyun termal iletkenliği birkaç kat kadar daha az olsa, vücutta oluşan ısının yüzeye taşınması çok yavaşlayacak, bu da yine memeliler gibi kompleks canlıların yaşamını imkansız hale getirecektir. Tüm bunlar, suyun birbirinden farklı üç termal özelliğinin ortak bir amaca, yani insan gibi kompleks canlıların serinletilmesine hizmet ettiğini göstermektedir. Su, bu iş için seçilmiş özel bir sıvıdır.

DÜNYA'NIN ORTALAMA SICAKLIĞI:

Suyun, hayati fonksiyonlar için çok önemli olan beş farklı termal özelliği, aynı zamanda Dünya'nın ılık ve dengeli bir iklime sahip olmasında da büyük rol oynar. Suyun gizli ısısının ve termal kapasitesinin diğer sıvılara göre çok yüksek olması, denizlerin karalara göre daha geç ısınıp daha geç soğumalarını sağlar. Bu nedenle Dünya'da kara üzerindeki ısı farklılıkları en sıcak yer ile en soğuk yer arasında 140°C'ye kadar çıkarken, denizlerin ısı farklılığı en fazla 15-20°C arasında değişir. Aynı durum gece-gündüz arasındaki ısı farkında da yaşanır. Karada gece ile gündüz arasındaki fark kurak ortamlarda 20-30°C'ye kadar çıkarken, denizlerde en fazla birkaç derecelik bir ısı farkı olur. Sırf denizler değil, atmosferdeki su buharı da çok büyük bir denge sağlamaktadır. Gece-gündüz arasındaki ısı farkının, su buharının çok az bulunduğu çöllerde çok fazla, deniz iklimi yaşayan yerlerde ise çok daha az olması, bunun bir sonucudur. Suyun bu kendine özgü termal özellikleri sayesinde, kış ile yaz ya da gece ile gündüz arasındaki sıcaklık farkı daima insanların ve diğer canlıların dayanabileceği bir sınırda kalmaktadır. Dünya üzerindeki su miktarı karalara oranla daha az olmuş olsaydı, gece ile gündüz sıcaklıkları arasındaki fark çok artacak, karaların büyük kısmı çöle dönecek ve yaşam imkansızlaşacak ya da en azından çok zorlaşacaktı. Ya da suyun termal özellikleri farklı olsaydı, yine yaşama son derece elverişsiz bir gezegen ortaya çıkacaktı. Özetlemek gerekirse, suyun bu özelliği üç yönden büyük önem taşımaktadır.

Birincisi; Öncelikle, Dünya'nın ısısını düzenlemeye ve dengelemeye yarar.

İkincisi; Canlıların bedenlerinin ısı dengesinin mükemmel bir biçimde korunmasını sağlar.

Üçüncüsü ise; Meteorolojik çevirimleri destekler. Tüm bu etkiler, olabilecek en yüksek uygunlukta gerçekleşmektedir ve başka hiçbir madde bu yönden su ile karşılaştırılamaz.

YÜKSEK YÜZEY GERİLİMİ:

Suyun şimdiye dek ele aldığımız tüm özellikleri, termal, yani ısıyla ilgili özelliklerdir. Ancak suyun diğer bazı önemli fiziksel özellikleri de vardır ve bunlar da yaşam için yine olağanüstü derecede uygundur. Bu özelliklerin biri, suyun son derece yüksek olan yüzey gerilimidir. Yüzey gerilimi, ansiklopedik kaynaklarda "sıvıların yüzeyinin gerilmiş bir zar gibi davranması özelliği" diye tarif edilir. Bunun nedeni, sıvıyı oluşturan moleküllerin birbirlerini çekmeleridir. Yüzey geriliminin örneklerini en çok suda görürüz. Suyun yüzey gerilimi çok yüksek olduğu için, birtakım ilginç fiziksel olaylar yaşanır. Örneğin bir su kabı, kabın yüksekliğinden biraz daha yüksek bir su kütlesini taşırmadan taşıyabilir. Ya da metal bir iğne suyun üzerine dikkatli bir biçimde yatay olarak konduğunda, batmadan yüzebilir. **Suyun yüzey gerilimi, bilinen diğer sıvıların hemen hepsinden daha yüksektir** ve bunun çok önemli bazı biyolojik etkileri vardır. Bitkilerdeki etki, bunların başında gelir. Bitkilerin, hiçbir pompaları, kas sistemleri vs. olmadan, toprağın derinliklerindeki suyu metrelerce yukarı taşıdıklarını düşündünüz mü? Bu sorunun cevabı, yüzey gerilimidir. Bitkilerin köklerindeki ve damarlarındaki kanallar, suyun yüzey geriliminden yararlanacak şekilde tasarlanmışlardır. Yukarı doğru gidildikçe daralan bu kanallar, suyun yukarı doğru "tırmanmasına" neden olurlar. Bu üstün tasarımı mümkün kılan şey, biraz önce belirttiğimiz gibi suyun yüksek yüzey gerilimidir. Eğer suyun yüzey gerilimi diğer sıvıların çoğu gibi düşük düzeyde olsa, geniş karasal bitkilerin yaşaması fizyolojik olarak imkansız hale gelecektir. Yüksek yüzey geriliminin bir başka önemli etkisi ise, kayaların parçalanmasıdır. Su, yüksek yüzey gerilimi nedeniyle, kayaların içinde bulunan küçük çatlakların en derinliklerine kadar sızar. Daha sonra havalar soğur ve sular donar. Donup buza dönüşen su, olağanüstü bir etki gösterip genleştiği için, kayaları zorlar ve zamanla parçalar. Bu, kayaların içindeki minerallerin doğaya kazandırılması ve aynı zamanda toprak oluşumu açısından hayati bir öneme sahiptir.

Suyun Kimyasal Özellikleri:

Suyun tüm bu fiziksel özelliklerinin yanısıra, kimyasal özellikleri de yaşam için olağanüstü derecede idealdir. Bu özelliklerin başında, suyun çok iyi bir çözücü olması gelir. Neredeyse tüm kimyasal maddeler, suyun içinde uygun bir biçimde çözünürler. Bunun yaşam için çok önemli bir etkisi, suda çözünen sayısız yararlı mineral ve benzeri kimyasalların, nehirler aracılığıyla denizlere aktarılmasıdır. Bu şekilde denizlere, yılda 5 milyar ton kimyasal madde taşındığı hesaplanmaktadır. Bu maddeler, sudaki yaşam için zorunludurlar. Su, neredeyse bilinen tüm kimyasal reaksiyonları hızlandırır (katalize

eder.) Suyun bir başka kimyasal özelliği ise, kimyasal reaktifliğinin ideal düzeyde olmasıdır. Su ne sülfürik asid gibi aşırı derecede reaktif ve dolayısıyla parçalayıcı bir bileşim, ne de argon gibi hiçbir reaksiyona girmeyen durgun bir maddedir. Dolayısıyla, **"suyun reaksiyona girme düzeyi, onun hem biyolojik hem de jeolojik görevleri açısından olabilecek en uygun değerdedir."** Suyun kimyasal özelliklerinin yaşam için uygunluğu, su hakkında yapılan her yeni araştırma ile biraz daha detaylı bir biçimde ortaya çıkmaktadır. Son yıllarda, suyun daha önceden bilinmeyen bir özelliğinin anlaşılmasına yarayan gelişmeler olmuştur. Bu özelllik (*Crebs çemberi* veya *Calvin öngüsü* de olarak adlandırılan ve vücudun ihtiyaç duyduğu enerji üretimini gerçekleştirem ATP üretimi için son derece önemli olan proton iletkenliği), sadece suya has bir özellik olarak gözükmektedir ve biyolojik-enerji transferi ile hayatın kökeni açısından çok büyük öneme sahiptir. Bilgilerimizde arttıkça, doğanın (yaşam için) kusursuz uygunluğuna olan hayranlığımız da artmaktadır.

Suyun İdeal Akışkanlık Değeri:

Sıvı dendiğinde hepimizin gözünün önünde son derece akışkan bir madde canlanır. Oysa gerçekte sıvıların akışkanlıkları birbirinden çok farklı olabilir. Örneğin katran, gliserol, zeytin yağı ve sülfürik asit arasındaki akışkanlık farklılıkları çok yüksektir. Bu sıvılar su ile karşılaştırıldıklarında ise, ortaya çok daha büyük farklar çıkar. Çünkü su, katrandan 10 milyar kat, gliserolden bin kat, zeytin yağından yüz kat ve sülfürik asitten de 25 kat daha akışkandır.

Su, üstteki karşılaştırmadan da anlaşıldığı gibi, çok yüksek bir akışkanlığa sahiptir. Hatta, eter ve sıvı hidrojen gibi normal formu gaz olan maddeler bir kenara bırakılırsa, suyun tüm sıvılar içinde akışkanlık değeri en yüksek madde olduğunu söyleyebiliriz. Peki acaba suyun bu akışkanlık değerinin bizim için bir önemi var mıdır? Bu hayati sıvı, biraz daha az ya da fazla akışkan olsa, bizim için fark eder miydi?

Eğer akışkanlığı daha yüksek olsaydı, su, hayat için uygun bir temel olma özelliğini kesinlikle yitirirdi. Örneğin akışkanlığı sıvı hidrojen kadar yüksek olsaydı, canlıların yapıları, tahrip edici etkiler karşısında çok daha şiddetli hareketlere maruz kalacaktı. Hassas moleküler yapıların su tarafından desteklenmesi mümkün olmayacak, canlı hücresinin son derece hassas olan yapısı yaşamını sürdüremeyecekti. Öte yandan, suyun akışkanlığı biraz daha az olsaydı, (proteinler, enzimler gibi) makromoleküllerin ve özellikle mitokondri gibi özelleşmiş yapılar ile küçük organellerin kontrollü hareketleri imkansız hale gelecekti. Aynı şekilde hücre bölünmesi de imkansızlaşacaktı. Hücrenin tüm yaşamsal faaliyetleri fiili olarak donacak ve bizim bildiğimize benzer bir hücre yaşamı mümkün olmayacaktı. Hücrelerin embriyogenez (anne rahmindeki gelişim) sırasındaki hareket etme ve sürünme yeteneklerine bağlı olan daha yüksek organizmaların gelişimi ise, suyun akışkanlığının çok az bile daha düşük olması durumunda, kesinlikle gerçekleşemeyecekti.

Suyun akışkanlık değeri, sadece hücre içindeki hareketler bakımından değil, aynı zamanda dolaşım sistemi açısından da çok önemlidir. Bir milimetrenin çeyrekte birinden daha büyük bir vücuda sahip olan tüm canlılar, merkezi bir dolaşım sistemine sahiptirler. Çünkü bu büyüklükten sonra, besinlerin ve oksijenin "difüzyon" yoluyla, yani doğrudan hücre içindeki sıvıya bırakılıp alınarak taşınması mümkün değildir. Vücudun içinde çok sayıda hücre vardır ve dışarıdan alınan havanın ve enerjinin, hücrelere birtakım "kanallar" yoluyla pompalanması, artıkların da başka birtakım "kanallar" tarafından toplanması gereklidir. Bu kanallar, damarlardır. Kalp ise bu damarlardaki akışı sağlayan pompadır. Damarların içinde akan şey ise, "kan" olarak bildiğimiz sıvıdır ki, aslında temel olarak sudan oluşur. (Kanın içindeki hücre, protein ve hormonlar çıkarıldığında geriye kalan ve "plazma" adı verilen sıvının % 95'i sudur.)

İşte bu nedenle, suyun akışkanlığı, dolaşım sisteminin verimli çalışabilmesi açısından çok önemlidir. Örneğin eğer suyun akışkanlığı katranınkine benzer bir değerde olsa, elbette hiçbir kalp bunu pompalayamayacaktır. Katranınkinden 100 milyon kat yüksek bir akışkanlık değerine sahip olan zeytinyağına benzer bir su bile, kalp tarafından pompalansa dahi, vücudun her tarafını kaplayan milyarlarca kılcal damarın içine giremeyecek ya da çok büyük bir akış zorluğu ile karşılaşacaktır. Bu kılcal damarlar konusunu biraz daha yakından ele alalım. Kılcal damarların amacı, vücudun dört bir yanındaki hücrelerin her birine gerekli oksijen, enerji, besin, hormon gibi maddeleri taşıyabilmektir. Bir hücrenin bir kılcal damardan yararlanabilmesi için de, ondan en fazla 50 mikronluk bir mesafe kadar uzak olması gerekir. (Bir mikron, milimetrenin binde biridir.) Daha uzakta kalan hücreler, beslenemeyerek öleceklerdir. İşte bu nedenle insan vücudu öyle bir şekilde yaratılmıştır ki, kılcal damarlar vücudun her bir parçasını ağ gibi sarar. Vücudumuzdaki ortalama 5 milyar kılcal damarın toplam uzunluğu 950 km. yi bulur.

Bazı memelilerde, tek bir santimetrekarelik bir kas alanı içinde, 3000 tane açık kılcal damar yer alır. Eğer insan vücudunun en küçük kılcal damarlarının 10 bin tanesini yan yana getirirsek, toplam kalınlıkları ancak bir kurşun kalemin kurşun kısmı kadar olur. Bu kılcal damarların çapı, 3-5 mikron arasında değişir. Bu, milimetrenin binde üçü ya da beşi demektir. Ancak elbette kanın bu kadar daracık damarlar arasında tıkanmadan ve ağırlaşmadan hareket edebilmesi, suyun yüksek akışkanlığı sayesinde mümkün olmaktadır.

Dolayısıyla, bu akışkanlığın birazcık bile daha düşük olması durumunda hiçbir kan dolaşımı sisteminin işe yaramayacağını şöyle açıklayabiliriz: Bir kılcal damar sistemi, ancak kanalların içine pompalanan sıvının yüksek bir akışkanlığa sahip olması durumunda çalışır. Yüksek akışkanlık çok önemlidir, çünkü sıvının damar içindeki hareketi, sıvının akışkanlığına doğru orantı ile bağlıdır. Buradan açıklıkla görmek mümkündür ki, **eğer suyun akışkanlığı sadece birkaç kat daha fazla olsa**, kılcal damarlardaki kan akışı için çok

büyük bir pompalama basıncı gerekecek ve **herhangi bir kılcal damar sistemi işlemez hale gelecektir**. Eğer suyun akışkanlık değeri biraz az olmuş olsa ve en küçük kılcal damarın çapı 3 mikron yerine 10 mikron olmak zorunda kalsa, bu kılcal damarlar, yeterli oksijen ve glikoz oranını ulaştırabilmek için (beslemeleri gereken) kas dokusunun neredeyse tamamını kaplayacaklardır. Açıktır ki, (bu durumda) geniş yaşam formlarının dizaynı imkansız hale gelecek ya da olağanüstü derecede sınırlanacaktır. Dolayısıyla, suyun hayata uygun bir temel olabilmesi için, akışkanlığının şu anda sahip olduğu değere çok çok yakın olması, zorunludur. Bir başka deyişle, suyun tüm diğer özellikleri gibi akışkanlığı da, yaşam için olabilecek en ideal değerdedir. Sıvıların akışkanlıkları arasında milyarlarca kat farklılıklar vardır. Ama su, bu milyarlarca farklı akışkanlık değeri içinde tam olması gereken değerle yaratılmıştır.

Soru: Dünyada Yaşamın oluşabilmesi için gerekli olan diğer Koşullar ve Dengeler nelerdir?

Cevap: Buraya kadar değindiklerimiz, Dünya'daki yaşam için gerekli dengelerin sadece bir kısmıdır. Yerküreyi incelediğimizde, neredeyse bitmeyecekmiş gibi duran çok daha büyük "yaşam için gerekli dengeler" listesi oluşturabiliriz:

Yerçekimi;

-Eğer daha güçlü olsaydı: Dünya atmosferi çok fazla amonyak ve metan biriktirir, bu da yaşam için çok olumsuz olurdu.

-Eğer daha zayıf olsaydı: Dünya atmosferi çok fazla su kaybeder, canlılık mümkün olmazdı.

Güneş'e uzaklık;

-Eğer daha fazla olsaydı: Gezegen çok soğur, atmosferdeki su döngüsü olumsuz etkilenir, gezegen buzul çağına girerdi.

-Eğer daha yakın olsaydı: Gezegen kavrulur, atmosferdeki su döngüsü olumsuz etkilenir, yaşam imkansızlaşırdı.

Yer kabuğunun kalınlığı;

-Eğer daha kalın olsaydı: Atmosferden yerkabuğuna çok fazla miktarda oksijen transfer edilirdi.

-Eğer daha ince olsaydı: Hayatı imkansız kılacak kadar fazla sayıda volkanik hareket olurdu.

Dünya'nın Kendi Çevresindeki Dönme Hızı;

-Eğer daha yavaş olsaydı: Gece gündüz arası ısı farkları çok yüksek olurdu.

-Eğer daha hızlı olsaydı: Atmosfer rüzgarları çok çok büyük hızlara ulaşır, kasırgalar ve tufanlar hayatı imkansızlaştırırdı.

Ay ile Dünya Arasındaki Çekim Etkisi;

-Eğer daha fazla olsaydı: Ay'ın şiddetli çekiminin, atmosfer şartları, Dünya'nın kendi eksenindeki dönüş hızı ve okyanuslardaki gelgitler üzerinde çok sert etkileri olurdu.

-Eğer daha fazla olsaydı: Atmosfer çok fazla ısınırdı.

-Eğer daha az olsaydı: Atmosfer ısısı düşerdi.

Dünya'nın Manyetik Alanı;

-Eğer daha güçlü olsaydı: Çok sert elektromanyetik fırtınalar olurdu.

-Eğer daha zayıf olsaydı: Güneş Rüzgarı denilen ve Güneş'ten fırlatılan zararlı partiküllere karşı Dünya'nın koruması kalkardı. Her iki durumda da yaşam imkansız olurdu.

Aorora Etkisi (Yeryüzünden Yansıyan Güneş Işığının, Yeryüzüne Ulaşan Güneş Işığına Oranı);

-Eğer daha fazla olsaydı: Hızla buzul çağına girilirdi.

-Eğer daha az olsaydı: Sera etkisi aşırı ısınmaya neden olur, Dünya önce buzdağlarının erimesiyle sular altında kalır daha sonra kavrulurdu.

Atmosferdeki Oksijen ve Azot Oranı;

-Eğer daha fazla olsaydı: Yaşamsal fonksiyonlar olumsuz şekilde hızlanırdı.

-Eğer daha az olsaydı: Yaşamsal fonksiyonlar olumsuz şekilde yavaşlardı.

Atmosferdeki Karbondioksit ve Su Oranı;

-Eğer daha fazla olsaydı: Yaşamsal fonksiyonlar olumsuz şekilde hızlanırdı.

-Eğer daha az olsaydı: Yaşamsal fonksiyonlar olumsuz şekilde yavaşlardı.

Ozon Tabakasının Kalınlığı;

-Eğer daha fazla olsaydı: Yeryüzü ısısı çok düşerdi.

-Eğer daha az olsaydı:Yeryüzü aşırı ısınır, Güneş'ten gelen zararlı ultraviole ışınlarına karşı bir koruma kalmazdı.

Sismik (Deprem) Hareketleri;

-Eğer daha fazla olsaydı: Canlılar için sürekli bir yıkım olurdu.

-Eğer daha az olsaydı: Okyanus zeminindeki besinler suya karışmaz, okyanus ve deniz yaşamı dolayısıyla bütün Dünya canlıları olumsuz etkilenirdi.

Dolayısıyla, burada sayılanlar Dünya'da yaşamın oluşabilmesi ve canlılığın devam edebilmesi için gereken, son derece hassas dengelerden sadece birkaçıdır. Yalnızca burada sayılanlar bile evrenin ve Dünya'nın tesadüfler sonucunda, rastgele olayların ardı ardına gelmesiyle oluşamayacağını kesin olarak ortaya koymak için yeterlidir. Tüm bu bilgiler, apaçık bir gerçeği bir kez daha teyit eder niteliktedir:

Tüm evreni, yıldızları, gezegenleri, dağları ve denizleri kusursuzca yaratan, insana ve tüm canlılara hayat veren, her şeyi yoktan var etmeye güç yetiren, yarattıklarını insanın emrine veren, sonsuz güç ve kudret sahibi olan Allah'tır.

Allah'ın bu kusursuz yaratışı bazı Kur'an ayetlerinde şöyle anlatılmaktadır:

"Yaratmak bakımından siz mi daha güçsünüz yoksa gökler mi? (Allah) Onu bina etti. Boyunu yükseltti, ona belli bir düzen verdi. Gecesini kararttı, kuşluğunu açığa-çıkardı. Bundan sonra yeryüzünü serip döşedi. Ondan da suyunu ve otlağını çıkardı. Dağlarını dikip-oturttu; size ve hayvanlarınıza bir yarar (meta) olmak üzere."

Soru: Madde-Antimadde ikilisi mevcut mudur? Kainatın yaratılış anında bu iki cevher birleşik miydi?

Cevap: Ünlü fizikçi Richard Feynman, antimaddelerin *zaman içinde geriye doğru* hareket ettiğini gösterdi. Bir antimadde, zaman içinde geriye doğru hareket ederken, özellikleri önemli ölçüde tersine çeviriliyordu. Örneğin bir elektron, negatif yüklü geçmişten geleceğe hareket ettiriyorsa, geriye doğru olan elektronun onu gelecekten geçmişten hareket ettirmesi gerekiyor. Bu aslında artı yüklü bir parçacığın davranışıdır; yani zaman içinde geriye doğru hareket eden bir elektron bize artı yüklü görünecektir. Feynman'a göre bir pozitron, zaman içinde geriye doğru hareket eden bir elektrondur, Dolaysıyla madde ve antimadde arasında zaman tersinmesi ilişkisi vardır. Feynman bu konuyu şöyle anlatıyor:

"Şimdi diğer bir olaya bakalım. Bir foton ve bir elektrondan başlayıp bir foton ve bir elektronla bitirelim. Bir foton, bir elektron tarafından soğurulur, elektron biraz ilerler ve yeni

bir foton ortaya çıkar. Bu sürece ışığın saçılması denilir. Burada özgün oluşlar söz konusudur. Örneğin, elektron foton soğurmadan önce diğerini salabilir. Daha da acayibi elektronun bir foton salıp, sonra zamanda geri giderek bir başka fotonu soğurarak zamanda yeniden ilerlemesidir. Böylesine "geriye doğru giden" elektronun yolu, laboratuvarda yapılan bir deneyde, gerçekmiş gibi görülebilecek kadar uzun olabilir.."

Geri giden bir elektron, ilerleyen zaman içinde gözlendiğinde olağan bir elektron gibi görünür; yalnız bu elektron olağan elektronlara doğru *çekilir-* dolaysıyla buna "artı yüklü" deriz. Bu tür elektrona pozitron denir. Pozitron, elektronun kardeş parçacığı ve bir "karşıt-parçacık" örneğidir. Dirac,"karşıt-elektroların" gerçekliğini 1931'de önerdi. Ertesi yıl Carl Anderson bunları deneysel olarak buldu ve onlara "pozitron" adını verdi. Bugün pozitronlar kolaylıkla yapılabilmekte (örneğin, iki fotonun birbiriyle çarpıştırılmasıyla) ve haftalarca bir manyetik alanda saklanabilmektedir. Bu olgu, yani karşıt parçacık olgusu, geneldir. Doğadaki her taneciğin zamanda ileri gitmek için bir genliği, dolaysıyla bir karşıt parçacığı vardır. Yani doğadaki her madde, Parity (çiftler halinde) yaratılmıştır. Bu gerçek Kur'an'da şöyle bildirilir:

"Allah, yeryüzünü size beşik yapan, orada size yollar açan ve size gökten yağmur indirendir." Böylece onunla sizin için yerden türlü türlü bitkileri çift çift çıkardık."

"Şüphesiz O, iki eşi, erkeği ve dişiyi, (rahme) atıldığında az bir sudan (meniden) yaratmıştır."

"Sizleri (erkekli dişili) eşler hâlinde yarattık."

"Öyle kudret ki O, yeri yayıp onda sabit dağlar ve ırmaklar meydana getirmiş; yeryüzünde her türlü meyve ve ürünü çift çift yaratıp var kılmış; geceyi gündüze bürümüştür. İşte bunlarda iyice düşünen bir millet için işaretler, ibretler ve öğütler vardır."

Bir parçacık kendi karşıtıyla karşılaştığında birbirilerini yok ederek başka parçacıklar yaratır. Pozitron ve elektronların yok olmasından genellikle bir veya iki foton çıkar. Peki fotonların durumu nedir? Fotonlar zamanda ters yöne gittiklerinde, daha önce de görmüş olduğumuz gibi, her bakımdan aynı görünürler; dolayısıyla fotonlar kendi kendilerinin karşıt parçacıklarıdır. Elektron ile zıt yönde giden foton belli bir anda birdenbire iki parçacığa ayrılıyor: bir pozitron ve bir elektron. Fakat Pozitronun ömrü fazla değildir: hemen bir elektrona rastlar ve bunlar yok olarak yeni bir foton yayarlar. Bu arada baştaki fotonun daha önce yaymış olduğu elektron da uzay/zamanda yoluna devam eder.

Soru: Evrenin Genişlemesi devam etmekte midir?

Cevap: 1929 yılında California Mount Wilson gözlemevinde, Amerikalı astronom Edwin Hubble astronomi tarihinin en büyük keşiflerinden birini yaptı. Hubble, kullandığı dev teleskopla gökyüzünü incelerken, yıldızların uzaklıklarına bağlı olarak kızıl renge doğru kayan bir ışık yaydıklarını saptadı. Bu buluş bilim dünyasında büyük bir yankı yarattı. Çünkü bilinen fizik kurallarına göre, gözlemin yapıldığı noktaya doğru hareket eden ışıkların tayfı mor yöne doğru, gözlemin yapıldığı noktadan uzaklaşan ışıkların tayfı da kızıl yöne doğru kaymaktaydı. Yani yıldızlar her an bizden uzaklaşmaktaydılar. Hubble, çok geçmeden çok önemli bir şeyi daha buldu; yıldızlar ve galaksiler sadece bizden değil, birbirlerinden de uzaklaşıyorlardı. Herşeyin birbirinden uzaklaştığı bir evren karşısında varılabilecek tek sonuç ise, evrenin her an "genişlemekte" olduğuydu. Aslında bu gerçek daha önce de teorik olarak keşfedilmişti. Albert Einstein, 1915 yılında ortaya koyduğu genel görecelik kuramıyla yaptığı hesaplamalarda evrenin durağan olamayacağı sonucuna varmıştı. Kendi buluşu karşısında son derece şaşıran Einstein bu uygunsuz sonucu ortadan kaldırmak için denklemlerine *kozmolojik sabit* adı verilen bir faktör eklemişti.

Yandaki şekil: Burada değişik galaksilerin uzaklıkları ile kızıla kaçış miktarları görülmektedir. En yukarıdaki düşey ok tayfın üzerindeki belirli bir noktayı göstermektedir. Bu nokta diğer tayflarda yatay oklar kadar sağa yani kızıla kaçmaktadır. Görüldüğü hızın bir belirtisi olan bu kızıla kaçma etkisi, galaksi dünyamızdan uzaklaştıkça artmaktadır.

Çünkü o sıralar, Kozmolojide Newton'cu görüş hakimdi ve astronomlar evrenin statik olduğunu söylüyorlardı, dolayısıyla Einstein da kuramının bu modele uymasını istemişti. Ancak sonradan kendisinin de 'kariyerimin en büyük hatası' sözleriyle itiraf edeceği bu görüş, gelişen bilimsel bulgular sonucunda çürüyüp gidecekti.

İlk olarak 1922 yılında Rus Alexandre Friedmann, genel göreceliğe göre evrenin değişken olduğunu ve en ufak bir etkileşimin genişlemesine veya büzüşmesine yol açacağını buldu. Friedmann bu sonuca ulaşırken, Einstein'ın 1917 tarihli makalesindeki hatayı da (kozmolojik sabiti) düzeltmiş oldu. Friedmann'ın bulduğu çözümleri kullanan ilk kişi Belçikalı evren bilimci Georges Lemaitre (1894-1966) idi. Lemaitre, bu çözümlere dayanarak evrenin bir başlangıcı olduğunu ve bu başlangıçtan itibaren sürekli genişlediğini öngördü. Ayrıca, bu başlangıç anından arta kalan ışımanın da saptanabileceğini belirtti (ileride, kozmik fon radyosyonu olarak adlandırılacak bu ışıma gözlemlerle de tespit edilecekti). 20. yy'ın son on yılında çağdaş evren bilimi bu iki fikrin etkisi altındadır. Burada değişik galaksilerin uzaklıkları ile kızıla kaçış miktarları görülmektedir. En yukarıdaki düşey ok tayfın üzerindeki belirli bir noktayı göstermektedir. Bu nokta diğer tayflarda yatay oklar kadar sağa yani kızıla kaçmaktadır. Görüldüğü hızın bir belirtisi olan bu kızıla kaçma galaksi dünyamızdan uzaklaştıkça artmaktadır. Kur'an'da ise, henüz yaklaşık 1300 yıl sonra tüm bu buluşlar gerçekleşirken, şu ifadelerin yer alması dikkat çekici bir başka mu'cizedir:

"Göğü Biz çok sağlam bir şekilde bina ettik, onu genişleten de Biziz."

Soru: Evrenin geleceği ve sonu nasıl olacaktır? Hangi Astronomik parametrelere bağlıdır?

Kritik Yoğunluk

• Evren genişlemesini sürekli koruyacak mı yoksa genişleme duracak ve çökecek mi?

• Eğer madde yoğunluğu:

- büyük ise, sonunda çökecek (sonlu)

- küçük ise, genişlemeyi sürdürecek (sonsuz)

• *Kritik yoğunluk*, sonlu ve sonsuz durumları ayıran çizgidir.

• Gerçek yoğunluğun, kritik yoğunluğa oranı olarak Ω'yı tanımlayalım:

$$\Omega = \frac{gerçek\ yoğunluk}{kritik\ yoğunluk} \qquad \begin{array}{l} \Omega < 1 \Rightarrow açık \\ \Omega > 1 \Rightarrow bağlı \end{array}$$

Uzayın Geometrisi

• Genel Görecelik, uzayın "eğri" olacağını öngörür.

• Evrenin eğriliği (geometrisi), onun sonlu, kritik yada sonsuz olup olmamasına bağlıdır.

$$\blacksquare\ bağlı \quad (\Omega > 1) \Rightarrow pozitif\ eğrilik$$
$$\blacksquare\ kritik \quad (\Omega = 1) \Rightarrow düz\ (Euclidean)\ uzay$$
$$\blacksquare\ açık \quad (\Omega < 1) \Rightarrow negatif\ eğrilik$$

Kapalı Evren (omega > 1)

• >1 değeri için, uzay kendi üzerine kavis yaparak döneceğinden ve evren boyut olarak sonlu olacağından, kapalı bir evren elde

edilir.

• Uzay *pozitif eğriliğe* (bir küre gibi) sahiptir.

• Hacim sonludur ancak sınırlı değildir!

• Bir doğrultuda giden ışık sonuçta ters yönden dönerek geri gelir.

Kapalı Evren ile Küre Benzerliği

• Paralel düz çizgiler kesişir!

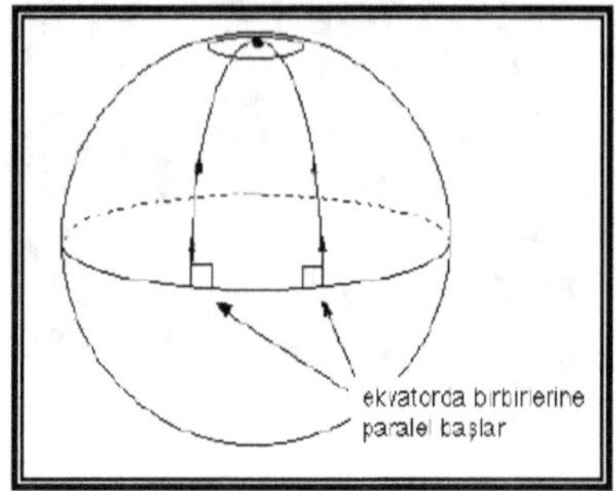

**Kapalı (Sonlu) Evren
ile Küre Benzerliği**

Açık Evren (omega< 1)

- <1 için, bir *açık evren* elde ederiz.
  - Uzay "dışa doğru" eğrilir.
  - Evren boyut olarak sonsuzdur.
- Uzay *negatif eğriliğe* sahiptir (eyer yada semere benzer).
- Sonsuz hacim

Açık Evren ile Eyer Benzerliği

- Paralel düz çizgiler birbirlerinden uzaklaşırlar!

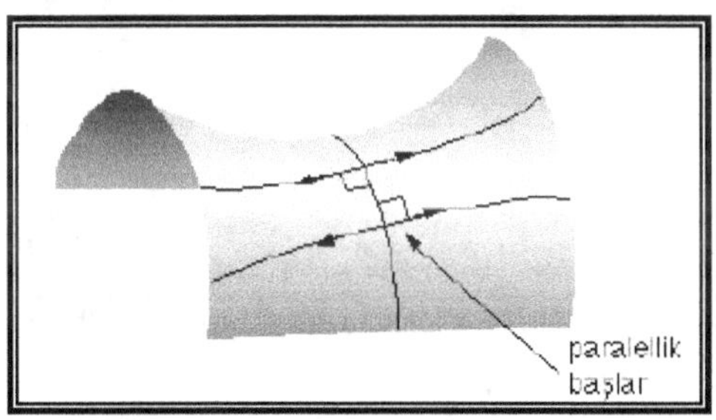

Açık Evren ile Eyer Benzerliği

Evrenin Geleceği

- Evrenin kütle yoğunluğu için, "karanlık madde"yi de içeren, en iyi tahminler ~1 değerini vermektedir.
- Evren, gelecekte genişlemesini sürdürecek, yavaşça soğuyacak.
- Tüm yıldızlar yok olacak.

Soru: Evrenin sonu demek olan Kainatın ölümüyle ilgili diğer önemli senaryolar nelerdir? Doğal afetler neden oluşmaktadır? Kıyamet nasıl gelecektir?

Cevap: Dünyanın sonunu getirecek doğal afetlerin neler olabileceği konusunda düşünmeye başlamadan önce, küçük bir soruya yanıt bulmak gerekiyor: İnsanlık, kendisiyle birlikte dünyadaki öteki yaşam biçimlerini yok edebilir mi? Bu sorunun yanıtını insanlığın artan enerji ihtiyacında aramamız gerekiyor.

Soru: Doğal afetler ve Kıyamet arasındaki ilişki nedir?

Cevap: İnsanların artan ölçüde enerjiye ihtiyaç duydukları, kaynağı ne olursa olsun bu enerjinin kullanılmasının da çevreyi tehdit ettiği bir gerçektir. Hem de tartışılmaz bir gerçek. Enerji ihtiyacını karşılamak için kullanılan fosil yakıtlarının havadaki karbondioksit yoğunluğunu artırdığı, oysa yerküresinin Venüs kadar sıcak (425 santigrad) olmasını önlemek için, yoğunluğun belli bir düzeyin altında tutulması gerektiği biliniyor. Bilim adamlarının birleştikleri nokta, yerküresi ısısının 5-10 derece santigrad yükselmesinin bile ölümcül tehlikeler getireceği yönünde. Yerküresi ısısında meydana gelebilecek böylesi geçici bir yükselmenin bile Kuzey ve Güney kutuplarındaki buzulları çözeceğini, dünyadaki su düzeyinin 100-120 metre yükseleceğini, böylece dünyanın en büyük gökdelenleri dışındaki çok büyük bölümünün sular altında kalacağını söylüyorlar ki, önümüzdeki 200 yıl içerisinde böyle bir sürecin yaşanması, Kur'an'da yer alan pek çok gaybi işaretten anlaşıldığına göre oldukça mümkün görünmektedir. Bu konuda detaylı bilgi edinmek isteyenler için, Kıyamet Gerçekliği isimli eserimizde yeterli bilgi verildiğinden oraya havale ederek burada detaylarına girilmeyecektir.

Soru: Yeni bir buzul devri başlayabilir mi?

Cevap: Yerküresinin dönüş ekseni Kuzey Yıldızı'na baktığı için, Kuzey yarımkürenin kuzey bölgelerinde yazlar sıcak, kışlar soğuk olmaktadır. Bunun anlamı, kuzey ekseninin, yaz aylarında güneşe dönük, kış aylarındaysa karşı yöne dönük olması. Ama, ilginçtir ki, dünyanın güneşe en yakın olduğu mevsim kış, en uzak olduğu mevsim de yazdır. Milyarlarca yıldır durum böyle. Üstelik çok az değişiyor. Ama, kim bilir, belki birkaç on yıl sonra durum öylesine değişmiş olacak ki, kışlar daha soğuk, yazlar da serin olacak.

Yazların serin geçmesi yeni bir Buzul Çağı'nın habercisi olabilir. Kaldı ki, bu "serinleşme" yeryüzü tabakalarının temasa geçerek yeni yükseltiler oluşturdukları, dolayısıyla buzların erimesinin güçleştiği bir döneme rastlayabilir. O zaman da dünyayı ince bir buz tabakası kaplar.

Soru: Meteorlar nedir? Tehlikeleri nelerdir?

Cevap: Diyelim ki, yukarıda sıraladığımız bu doğal afetlerin hiç biri meydana gelmedi. O zaman da, gökyüzü cisimlerinden herhangi birinin yeryüzüne çarpması tehlikesi sürüyor. Dünyaya her gün çarpan meteorların sayısı milyonları bulmaktadır. İrili-ufaklıdır bunlar. Kimi atmosfere girerken sürtünmenin etkisiyle parçalanıyor, unufak oluyor. Kimi de (sayıları günde 25 kadar) yerkabuğuna ulaşıyor. Yapılan saptamalara göre, yeryüzüne zarar verebilecek büyüklükte meteorların sayısı her yüzyılda 2 tane kadardır. 1908 yılında Rusya'nın Sibirya civarındaki Tunguska gölgesindeki ormanlık alana çarpan bu tür meteorlardan biri, 1 kilometre çapında, 300 metre derinliğinde bir çukur açmış ve 80 kilometre yarı çapında, bir daire içinde tek bir canlı bile bırakmamıştır. Bu büyüklükte bir meteorun yeryüzüne çarpması ihtimali 50 milyonda birdir. Fakat, Dünyanın yörüngesinde dönerken bir göktaşına çarpması ihtimali, ancak 80 milyon yılda 1 kere gerçekleşebilir bir hadisedir. Dünyanın başka gezegenlerle çarpışması ihtimali ise, yerçekimi yasaları vb. nedeniyle çok küçük olsa da (sıfıra yakındır) imkansız da değildir.

Soru: Gel-Git olayı: yani 24 saatte bir gerçekleşen Ay'ın kütleçekim dalgalanmaları dünyanın Jeolojik, Elektromanyetik ve Coğrafi yapısını etkiler mi?

Cevap: Bilim adamlarının saptamalarına göre, gel-git olayları, dünyayla ay arasındaki ilişkileri er ya da geç etkileyecektir. Şöyle ki, suların sürekli çekilmesi ve yükselmesi, yörüngesi etrafında dönen dünyanın dönüş hızını frenlemekte, böylece her yüzyılda günler birkaç saniye uzamaktadır. Dünyanın dönüşündeki bu yavaşlama esas itibariyle ayın etkilerinden kaynaklandığı için, Newton'un III. Yasasında belirtilen etki-tepki yasalarının işleyişi sonucu, dünyanın yitirdiğini çekim gücü etkisiyle ay bir parça ivme kazanmakta ve bu uydu ağır ağır dünyadan uzaklaşmaktadır. Bunun sonucunda hem günler, hem aylar uzayacak ve ancak birkaç milyar yıl sonra "gün" ve "ay" süreleri, bugün kullandığımız "gün" birimi üstünden, 60 günde eşitlenecektir. Bunun sonunda ay artık ne doğacak, ne batacak, dünyanın yalnızca bir cephesinden görülecektir. Öte yandan, güneş de dünyada suların yükselip

alçalmasını sağlamaya başlayacaktır. Güneş gelgitlerinin etkisiyle günler, aylardan uzun duruma gelecek, dünyanın kendi ekseni etrafında dönüş hızı ayın yörüngesindeki dönüşünden daha yavaş olacaktır. Gelgit hareketine uyabilmek için, ay, bu kez de, daha daralan bir yörüngeyle dünyaya yaklaşacak ve dünyayla uydusu birlikte güneşten uzaklaşmaya başlayacaklardır.

Eğer Kıyametin daha önce gelmeyeceğini farzetsek bile ve birkaç milyar yıl sonunda dünyanın merkeziyle ayın merkezi arasındaki mesafe 150.000 kilometreye inecek olsa, ayın gelgit etkisi de bugünkü düzeyinin 15.000 katına çıkacaktır ve tüm bu olay da tüm dünyayı sular altında bırakmaya yetecektir. Yüzlerce metre yükseklikte dalgalar, saatte 8-10 bin kilometreye yaklaşan hızlarla karaların üstünden geçip gidecekler, sürtünmenin etkisiyle de kaynamaya başlayacaklardır. Dünya, bir anda, kaynar sulu bir girdaba dönüşecektir. Yeryüzündeki bu gelgit etkisi artık çok yakınlaşırken bu gel-git kuvveti ay üstünde de etkiler yapacak ve ay un ufak olacaktır. Bugün bildiğimiz ayın yerini, ay parçalarından oluşan ve dünya çevresinde dönen küçük zerrecikler alacaktır. Kısacası, ya ay-dünya sistemi kendiliğinden parçalanacak, ya da güneşin beklenen ölümüyle aynı sonuç ortaya çıkacaktır. Yani sonuçta dünyanın ve güneş sisteminin sonu bir gün mutlaka gelecektir.

Soru: Güneşteki 100 milyon santigrad derecelik sıcaklık nerede ve ne zaman oluşmaktadır?

Cevap: Güneş, yapılan hesaplara göre, 5 milyar yıldır vardır. O günden bu yana geçen süre içinde, güneşin özgün çekirdek hidrojeninin yüzde 50'si helyuma dönüşmüştür. Güneşin çekirdeğinde hidrojenin helyuma dönüşmesiyle birlikte çekirdek daralmakta, yerçekimi enerjisini boşaltmakta, güneş de serinleyip parlaklaşmaktadır. Eğer yukarıda sıraladığımız olasılıkların hiçbirisi gerçekleşmeyecek dahi olsa, ortalama Beş milyar yıl sonra güneş çekirdeğinin tamamı helyum olacak, yoğunlaşacak ve sonra birdenbire ısınmaya başlayarak 100 milyon derece santigrada ulaşacaktır. Bu arada halen, güneşin genleşmesi de sürmektedir. "Kızıl bir dev" durumuna dönüşecek olan bu sürecin sonunda, bugünkü parlaklığının bin katına ulaşacak, Merih, Venüs, Ay ve Dünyayı yutacaktır.

Soru: Diğer kıyamet senaryoları nelerdir?

Cevap: Bu mesele de oldukça tafsilatlı olup, şimdilik benzer senaryolara numune olması için yalnız üç tanesini örnek vereceğiz:

1- YILDIZ DEPREMLERİ RİSKİ:

Çok güçlü bir manyetik alana sahip olan bu yıldızlar, kütlesi geniş sönmüş yıldızlarda meydana gelen patlamalar sonucu oluşur. Deprem sırasında yıldızın çekirdeği devasa yoğunlukta bir maddeye dönüşür, enerji yüklü parçacıklar evrene yayılır. Bu sırada gama ışınlarının oluşturduğu yıldırımlar meydana gelir. Dolayısıyla, çok güçlü bir gama yıldırımı dünya açısından tehdit oluşturabilir.

2- SÜPERNOVA VE NÖTRON YILDIZI PATLAMALARI RİSKİ:

İki nötron yıldızının çarpışması, ya da bir nötron yıldızının bir karadelikle çarpışması sonucunda bir süpernova patlaması meydana gelebilir. Böyle bir çarpışmada, tıpkı bir top gibi dünyaya yönelen bir ateş topu oluşur.

3- KARADELİKLER RİSKİ:

Yoğun çekim alanı oluşturan bu görünmeyen noktalar gezegenlerin rotasını değiştirebilir. Böylesine güçlü bir çekim kuvvetinin, dünyayı güneşe doğru fırlatması olası bir kıyameti getirir.

Soru: Big Bang (Büyük patlama) bitmiş midir?

Cevap: Kıyamet teorisyenlerinin bir bölümü de, evreni oluşturan büyük patlamanın (Big Bang) henüz tamamlanmadığı görüşündedir. Bu nedenle evrende "sanal vakum" oluştuğunu belirten kozmologlar, gerçek vakuma doğru bir geçiş olacağını ve büyük patlamanın tamamlanacağını öne sürüyorlar. Bu durumda, bildiğimiz anlamdaki evrenin genişlemesi de durmuş olur. Fakat bu durumda da, evren statik bir hale geçip merkezcil kütleçekim etkisini kaybedeceği için, yani termodinamiğin ikinci yasasına göre sürekli enerji kaybedeceğinden dolayı, kendi üzerine çökmesi mümkün olabilir.

Soru: Kainat başlangıçta nasıl yaratılmıştır? Mutlak bir sonu var mıdır? Büyük Patlama (Bing Bang)

Teorisi nedir? Bu teori Kainatın yaratılışını açıklamakta yeterli midir?

Cevap: Big Bang teorisinin felsefi sonuçlarını daha iyi anlayabilmek için öncelikle bu teori ortaya konmadan önce felsefe tarihinde ileri sürülen fikirleri incelemek faydalı olacaktır. Böylelikle, bu teorinin insanlık tarihi boyunca ortaya konan fikirlerden hangilerini desteklediği, hangilerini geçersiz kıldığı anlaşılabilecektir. Big Bang'in temel ve yan delilleri ile karşıt delillerini ele alarak ardından, şimdi kısaca özetleyeceğimiz fikirler çok detaylı bir şekilde ele alınacaktır. Felsefe tarihinin en önemli sorunlarının başında bir Yaratıcı'nın var olup olmadığı gelir. Yine bu sorunla çok alakalı olduğunu göreceğimiz maddenin ve evrenin ezeli olup olmadığı meselesi de felsefe tarihinin en önemli sorunlarının başında gelmektedir. Materyalist felsefenin en temel tezi olan bu görüşe göre, yalnız madde gerçektir ve onun dışında hiçbir şey yoktur. Madde yaratılmamıştır, yok edilemez, kendiliğinden varlığını sürdürür, evrenin tek yapıtaşıdır.

Materyalizmin bu inancından çıkarttığı sonuca göre Allah yoktur, dolayısıyla Allah'ın varlığı fikri üzerine inşa edilmiş dinlere inanç da yanlış görülür. Dolayısıyla, maddenin ezeliliği fikri, materyalist felsefenin dışında da savunulmuştur. Örneğin, Budizm'de (kuruluşu M.Ö. 5. yy), Yaratıcı'nın hiçbir müdahalesi olmadan, var olan herşeyin mekanik yasalara uygun olarak maddeden meydana geldiği söylenir. Budizm'in bazı kollarında Allah'ın varlığı kabul edilmiş olabilir, fakat temel metinlerde Allah'dan hiç bahsedilmediği ve evren ezeli kabul edildiği için; Budizm,

bir Yaratıcı'yı yok sayan ve maddeyi ezeli kabul eden başlığın altında incelenebilir. Hint felsefesinin (kuruluşu M.Ö. 20. yy'a kadar uzanır) önemli bir bölümü de evreni ezeli kabul eder ve Allah'a yer vermeden evreni açıklamaya çalışır. Çin düşüncesindeki Taoizm ve Brahmanizm'de de (kuruluşu M.Ö. 6. yy) her şeyin kendiliğinden oluştuğu ve evrenin ezeli olduğu fikrine rastlanır. Bu konu ileride daha ayrıntılı işlenirken Uzakdoğu'nun bu felsefelerinden ve dinlerinden kaynaklanan fikirler ele alınacak, Big Bang'in tüm bu felsefeler ve dinler için doğurduğu sonuçlar gösterilecektir. Eski Yunan'ın atomcuları Demokritos (M.Ö. 460-370) ve O'ndan felsefesinin ana çizgilerini alan Epikuros (M.Ö. 341-270), günümüz materyalist görüşlerinin babası kabul edilirler. Onlar da evreni ezeli (öncesiz) ve ebedi (sonsuz) kabul ediyorlardı ve Yaratıcı'ya yer vermiyorlardı.

Bu durum, Eski Yunan'ın en büyük felsefecileri olan Platon ve Aristo için de geçerli olsa da, onların ileri sürdüğü görüşler tabiatta mutlak güç sahibi bir hakimiyetin ve kudretin, kendi sanat faaliyetini işlettirdiği fakat bu yüksek sanatın beş duyuyla ve var olan bilimsel ve deneysel metodlarla anlaşılamayacağı yönündeydi. Yani bir derece, günümüzün bilim dünyasına yakın da diyebiliriz. Fakat, o dönemde, yani Hz. İsa'nın getirdiği hak din olan İsevilikten önce, tüm batı dünyası, Allah'ı açıkça inkar ederek evreni ezeli kabul etme ilk olarak Lucretius'ta (M.Ö. 98-55) kendini gösterir. İlk olarak O'nda apaçık gözüken ateizmden dolayı, O'nu, materyalist felsefenin ilk temsilcisi olarak kabul edenler de vardır. Felsefe tarihindeki matematikçi D'Alembert, iktisatçı Turgot, ayrıca Condorcet, Baron d'Holbach da materyalist felsefenin temsilcileridir. Fakat hiç şüphesiz ki, materyalist felsefenin en ünlü ve en etkili olmuş temsilcileri Karl Marks (1818-1883) ve Friedrich Engels'tir (1820-1895). Felsefelerini eylemle birleştiren Marksçılar, Marks'ın ölümünden 70 yıl sonra Dünya'nın üçte birini yanlarına almışlardır. Karl Marks'ın dışında düşünceleri bu kadar kısa bir zamanda bu denli büyük etki yaratmış bir düşünürün olmadığı rahatlıkla söylenebilir. Marks'ın ve Engels'in yazılarını okuyanlar, onların felsefenin en temel sorununu şu şekilde ortaya koyduklarına tanık olacaklardır ki, bu görüşlerin tamamı iki kısımdan müteşekkildir:

1- Ya madde ve doğa öncedir, Allah yoktur (Haşa!),

2- Ya da Allah öncedir, madde ve doğa Allah'ın eseri ve sanatıdır.

Dolayısıyla, onlara göre felsefenin en temel sorunu budur. Fakat onlar felsefenin en temel sorununu ortaya koyarken, birinci maddenin doğruluğunu savunmuşlardır. Materyalist felsefenin en ünlü ideologları bilimi kutsamışlar, dinlerle beraber agnostikliğin (bilinemezciliğin) her türlüsüne de karşı çıkmışlardır. Bilimi kutsayan bu kişilerin görüşlerinin, Big Bang teorisi tarafından bilimsel bir merkezde ele alınması gerçekten de ilginç olacaktır. Çünkü onlar bilimin hakemliğini kabul etmişlerdi ki, büyük bir kısmı bu yüzden bilimin felsefi sonuçlara yol açacağını savunuyordu.

Bakalım bilim (Big Bang örneği ile) onların felsefesini nasıl yargılayacak! Bu ilerleyen kısımda ayrıntılı bir şekilde ele alınacaktır ki, bu mesele de aslında iki kısımdan müteşekkildir:

BİRİNCİSİ: MATERYALİST, YANİ BİR YARATICININ VAR OLMADIĞINI VE MADDENİN KENDİ KENDİNE VAR OLDUĞUNU SAVUNAN GÖRÜŞ

Materyalistlerin de kabul ettiği gibi iki temel görüş vardır. Ya madde ezelidir ve Yaratıcı yoktur, ya da Allah ezelidir ve madde sonradan yaratılmıştır. Fakat felsefe tarihinde çok geniş bir yer kaplayan felsefecilerden Platon'un (M.Ö. 427-347) ve Aristo'nun (M.Ö. 384-322), hem Allah'ın hem de maddenin varlığını ezeli kabul eden görüşte olmaları, bu fikrin de özel bir bölüm olarak ele alınmasının sebebidir. Evrenin ezeliliği fikri Aristo'da kendini daha da açık bir şekilde gösterir. Ona göre, yıldızlar ezeli bir yakıtla yanarlar ve ebedidirler. Platon her şeyin "kaos" tan, yani ilkel bir kargaşadan türeyerek çıktığını söylerken, onun bu açıklamasının yoktan yaratılışa daha yakın olduğu söylenebilir, fakat Platon yorumcularının çoğunluğuna göre Platon da maddenin ezeliliği fikrine inanmaktadır. Bu görüşün tarihteki en önemli savunucuları Platon ve Aristo olmakla beraber, onlardan sonra gelip onlardan etkilenen filozoflar da benzeri görüşleri savunmuşlardır. Örneğin, Farabi ve İbn-i Sina'nın bu görüşlerden etkilenmesi ve Gazali'nin onlara getirdiği eleştiriler İslam dünyasında çok ünlüdür. Platon ve Aristo, Hristiyan dünyasında adeta Hristiyanlık öncesi azizler olarak kabul edilmelerine rağmen, tek Tanrılı vahiy dinleriyle en büyük farklılıklarından biri maddenin ezeliliği konusunda olmuştur. Bu yüzden Big Bang'in bu konuda söyleyecekleri tarihin bu önemli tartışmasına da ışık tutacaktır. Acaba kim haklıydı? Platon ve Aristo mu? Yoksa tek Tanrılı Tevhid dinleri mi? Bakalım Big Bang ne karar verecek? Şimdi onu inceleyelim.

İKİNCİSİ: VAHDANİYYETÇİ, YANİ ALLAH'IN VARLIĞINI VE MADDENİN YARATILMIŞ OLDUĞUNU KABUL EDEN GÖRÜŞ

Bu görüşü savunan tarihteki en önemli aktör, hatta tek aktör tek Tanrılı Vahiy dinleridir. Tek Tanrı'ya, yani Allah'a inanan dinler, kendilerinin dışındaki herkese karşı Allah'ın var olduğunu, maddenin ve evrenin yaratılmış olduğunu savunmuşlardır. Yahudilik, Hristiyanlık ve Müslümanlığın mezhepleri arasında birçok farklar olmakla beraber, Allah'ın ezeli varlığı ve maddenin yaratılmış olması konusunda üç büyük din bütün mezheplerinde aynı ortak görüşe sahiptir. Bu dinler, bu görüşlerini kutsal kitaplarına (Kur'an, Tevrat ve İncil) dayandırarak temellendirirler. Maddeci ateizmin, maddenin ezeliliği konusundaki ortak görüşüne karşın, tek Tanrı'ya inanan dinlerin maddenin yaratılmışlığı ve dolayısıyla başlangıcı olduğu konusundaki ortak görüşü çok önemlidir. Çünkü bu vahiy dinlerini, kendileri dışındaki her görüşten ayıran temel bir konudur. Vahiy dinlerinde Allah'ın yüceliği ve kudreti en temel kavramlardır. Bu yüzden Allah'ın yüceliğine ve kudretine ters düşecek bütün izahlar reddedilir. Allah'a eksiklik atfeden anlatımlar, görüşler dışlanır.

Yaratılmamış, kendi kendine var olma fikriyle madde, Allah'ın gücü ve kudretinden bağımsız bir varlık kazanmış olur. Bu yüzden yaratılmamış madde fikri, Tevhid dinlerinin kesinlikle karşı çıktıkları bir kavramdır. Tevhid dinlerinin ortaya koydukları çok önemli dört tane iddia önemlidir. Çünkü bu dört nokta – ileride ayrıntılı bir şekilde görüleceği gibi – Big Bang'in ortaya koydukları açısından çok önemlidir. İnsanlık tarihinde bu dört tane iddianın hepsini birden sadece ve sadece tek Tanrılı Tevhid dinleri ortaya koyup savunmuşlardır. Dolayısıyla bu da gösterir ki, hepsi de aynı kaynaktan, yani Allah tarafından gönderilen Peygamberlerden ve onlara verilen kitaplardan, yani semavi vahiylerden alınmıştır. Şimdi aşağıda vereceğimiz şu dört tane iddianın incelenmesi; "Tek Tanrılı dinler, kendileri dışındaki sistemlerle bu çok temel görüş ayrılıklarında haklılar mı, haksızlar mı?" sorusunun cevabını verecektir. Dolayısıyla, bu dört iddianın doğru olup olmadığında hakemliği Big Bang yapacak, ilerleyen sayfalarda kararı o verecektir. Şimdi, Tevhid dinleri tarafından ileri sürülen şu dört iddiaya:

1- Evren yoktan yaratılmıştır. Dolayısıyla madde ezeli değildir, yani başlangıcı vardır.

2- Evrenin yaratılışı belli aşamaların gerçekleşmesiyle, aşamalı-gelişmeci bir süreç takip edilerek gerçekleşmiştir.

3- Evren amaçsal olarak yaratılmış ve tasarımlanmıştır.

4- Evrenin başlangıcı olduğu gibi sonu da vardır. Günü gelince evren Kıyamet denilen son sürecini yaşayacaktır.

bir bakalım ve tarihin seyri boyunca bilimsel veriler hangi sonucu veriyor, yukarıdaki maddeleri doğruluyor mu? Big Bang'in ilk anlarından başlayarak sırasıyla inceleyelim:

Soru: Kainatın başlangıç aşamasını teşkil eden ilk üç dakikada neler olmuştur? Evrenin genişlemesi ve açılması nasıl gerçekleşmiştir?

Cevap: Evrenin başlangıcından yaklaşık bir saniye sonra evrenin her yerinde sıcaklığın yaklaşık on milyar derece olduğu matematiksel yöntemlerle hesaplanabilmektedir. Bu, matematiğin en yüksek uygulamalarıyla mümkün olmaktadır. Fizikle ve matematikle fazla ilgilenmeyenler, evrenin ilk saniyesi hakkında insanların hangi cüretle konuştuklarını pek anlayamamaktadırlar. Fakat atomaltı dünyanın en meşhur kitapları bu oluşumları saniyeden daha küçük dilimlerden başlayarak aktarmaktadır. İyi bir teoriden beklenen öngörülerde bulunma gücü Big Bang'de en mükemmel şekilde vardır. Evrendeki maddenin aşamalı gelişimini anlatan "*İlk Üç Dakika*" kitabının (bu konunun belki de en ünlü kitabı) yazarı Steven Weinberg anlatımlarına şöyle bir giriş yapmaktadır: "*Artık evrimin ilk üç dakika içerisindeki kozmik akışını izlemeye hazırız. Olaylar önceleri, sonraya göre çok daha hızlı aktığı için olağan bir filmdeki gibi, resimleri eşit zaman aralıklarına dizilmiş göstermek yararlı olmayabilir. Bunun yerine filmimizin hızını evrenin sıcaklığının düşmesine uyacak şekilde ayarlayacağız; her seferinde sıcaklığın üçe bölümü kadar düşüş*

oldukça kamerayı durdurup bir resim çekeceğiz." Weinberg altı film karesiyle bu aşamaları anlatır. Big Bang'in matematiksel modelinin bir sonucu olan öngörüde bulunma gücünü gösterebilmek için bu altı kareyi kısaca özetleyerek aktaracağız:

Birinci Film Karesi: Evrenin sıcaklığı 100 milyar Kelvin'dir. Evren, madde ve ışınımdan oluşmuş ayrılmaz bir çorba gibidir. Bu çorba içinde her bir parçacık diğer parçacıklarla çok hızlı bir şekilde çarpışır. Birinci film karesinde çok az sayıda çekirdek parçacığı vardır. Yaklaşık olarak her bir milyar fotona ya da elektrona, ya da nötrinoya karşılık bir proton, ya da bir nötron. Bu film karesinin alındığı zaman ölçüsünün, saniyenin yüzde biri kadar olduğunu hatırlatmakta fayda vardır.

İkinci Film Karesi: Evrenin sıcaklığı 30 milyar Kelvin'e düşer. Birinci film karesinden beri 0.11 saniye geçmiştir. Az sayıdaki çekirdek parçacıkları hala çekirdekleri oluşturmak üzere bağlanmamışlardır. Çekirdek parçacıklarının dengesi yüzde 38 nötron ve yüzde 62 proton şeklinde bir kayma göstermiştir.

Üçüncü Film Karesi: Evrenin sıcaklığı 10 milyar Kelvin'e düşer. Birinci kareden beri 1.09 saniye geçmiştir. Evren hala nötronların atom çekirdeklerini oluşturmak üzere bağlanmalarına meydan vermeyecek kadar çok sıcaktır. Azalan sıcaklık nedeniyle, proton ve nötron dengesinden yüzde 24 nötron ve yüzde 76 proton olmak üzere bir kayma olmuştur.

Dördüncü Film Karesi: Evrenin sıcaklığı 3 milyar Kelvin'e düşer. İlk kareden beri 13.82 saniye geçmiştir. Nötronlar öncesinden çok daha yavaş olmakla birlikte hala protonlara dönüşmektedirler, şimdi denge yüzde 17 nötron ve yüzde 83 protondur. Evren, artık helyum gibi çeşitli kararlı çekirdeklerin oluşmasına yetecek kadar soğuktur, fakat bu hemen gerçekleşmez.

Beşinci Film Karesi: Evrenin sıcaklığı 1 milyar Kelvin'e düşer. Beşinci kareden kısa bir zaman sonra çarpıcı bir olay olur. Sıcaklık, döteryum (hidrojen elementinin izotopu) çekirdeklerinin artık parçalanmadığı bir noktaya düşer. Ne var ki, helyumdan daha ağır çekirdekler sezilir sayıda oluşamazlar. İlk kareden bu yana 3 dakika 46 saniye geçer (Bu noktada Weinberg, 46 saniye için okuyucudan özür diler. Kitabın ismini 3 dakika 46 saniye koysaydı kulağa hoş gelmeyeceğini vurgular).

Altıncı Film Karesi: Beşinci karede arzulanan noktaya ulaşılmıştır, temel elementler artık oluşmuştur. Fakat ne olacağını göstermek için Weinberg filmi bir kare ileriye götürür. Bu karede sıcaklık 300 milyon Kelvin'dir. İlk kareden beri 34 dakika 40 saniye geçmiştir. Çekirdek parçacıkları artık helyum veya hidrojen şeklinde bağlıdır (bir önceki bölümde bu konuya değindik). Fakat evren hala o kadar sıcaktır ki henüz kararlı atomlar oluşamamaktadır.

PLANCK ZAMANI:

Görüldüğü gibi matematiğin yüksek uygulamaları ve parçacık hızlandırıcılarda yapılan deneyler sayesinde, Big Bang ile açıklanan evrenin, ilk saniyesinde olanlar anlaşılmaya çalışılmaktadır. Ancak evrenin 10^{-43} saniyelik (1 saniyenin, 1'in arkasına 43 tane sıfır yazacağımız sayıya bölünmüş kısmı) bölümü için konuşulamamaktadır. Bu zamana Planck zamanı denmektedir, bu zaman diliminde çekim kanunu gibi fizik kanunları işlemediği için, bu zaman dilimi tarif edilememektedir. 10^{32} Kelvin derece (Planck çağı) üzerine konuşulamaz, bu Planck zamanındaki evrenin sıcaklığıdır. Planck zamanından sonra sıcaklığın ve yoğunluğun düşüşü ve evrenin genişlemesi çerçevesinde atom-altı dünyadan galaksilere evrenin oluşumunun bu kadar detaylı anlatılabilmesi, Big Bang'in bilgimizi ne kadar arttırdığını gösterir. Bir saniyeden çok çok daha kısa olan Planck zamanı, artık tartışma konusudur. Oysa binlerce yıl bilim dünyası, bilimsel anlamda bir kozmogoniden (evrenin oluşumunun açıklamasından) yoksundu. Dolayısıyla, atomaltı dünya ile ilgili tüm deneyler ve hesaplar Big Bang'i desteklemektedir. Kuarklardan gluonların oluşumuna, protonlardan, nötronlardan ve elektronlardan nötrinolara kadar tüm parçacıklar, Big Bang'in modelinde yerini bulmaktadır. Bu parçacıklar kadar bunların karşı parçacıklarının oluşumu ve birbirleriyle etkileşimleri ve bugünkü duruma aşamalı bir süreç sonunda gelinmesi de Big Bang'in anlatımlarında yerini bulmaktadır.

YILDIZLARIN AŞAMALI GELİŞİMİ:

Big Bang'in atomaltı dünyanın oluşumunu aşamalı - gelişmeci bir süreçte anlatması gözlemle ve deneyle desteklendiği gibi, yıldız kümeleri hakkındaki aşamalı-gelişmeci anlatımları da gözlemle desteklenmektedir. Astronomlar yıldızları;

1. Popülasyon,

2. Popülasyon ve

3. Popülasyon yıldızlar

olarak üçe ayırırlar. Bunlardan ilk ortaya çıkan yıldızlar 1.Popülasyon yıldızlardır (Bazıları yıldızların keşfine dayanarak numaralandırma yaptıkları için, popülasyon numaralandırmaya, yaptığımızın tersinden başlarlar).

1. Popülasyon yıldızlar evrenin maddesinin daha yoğun olduğu dönemde ortaya çıktıkları için, bu yıldızlar "süperdev yıldızlar" olarak adlandırılır. Bu yıldızların ömrü kısadır ve büyük bir patlamayla bütün maddelerini uzaya saçarlar. Teorisyenler, bu yıldızların ancak çok az bir kısmının gözlemlenebileceği kanaatindedirler.

2. Popülasyon yıldızlar ise, Big Bang'in aşamalı-gelişmeci süreçlerine dayanılarak şöyle tarif edilmişlerdir:

a) En büyük yıldız grubu bunlardır,

b) Belli bölgelerde daha yoğundurlar (genç yıldızların oluşma bölgeleri gibi),

c) Her kütlede büyük ve küçük yıldızları beraberce barındırırlar.

Bu üç öngörü de astonomların son yıllarda yaptıkları gözlemlerle uyumludur.

3. Popülasyon yıldızlar ise (Güneş'imiz dahil), 2. Popülasyon yıldızların dağılmış tozlarından oluşmuştur. Vücudumuzdaki karbon, kalsiyum gibi elementlerden altın ve demir gibi elementlere kadar birçok element, 2.Popülasyon yıldızlarda üretilmiştir. Bu bilgi, canlıların, evrenin yaratılışından neden 15 milyar yıl sonra yaratıldığının da bir sebebini göstermektedir. Çünkü canlılık için mutlaka gerekli olan karbon atomu gibi atomlar, 2. Popülasyon yıldızlarda üretilmiştir. Bizim içinde bulunduğumuz bölge, bu yıldızların dağılmış tozlarındaki bu atomlar sayesinde canlılık için gerekli ham maddelere kavuşmuştur.

Yıldızların aşamalı-gelişmeci süreci gözlemlerle doğrulanmış, bu da Big Bang'i destekleyen ek bir delil olmuştur. Big Bang, atom-altı dünyadan, ayrı yıldız popülasyonlarına kadar tüm evreni aşamalı-gelişmeci bir süreçle açıklamaktadır; bu, evreni, binlerce yıldır statik modellerle açıklayan görüşlere tamamen ters, dinamik bir anlatımdır. Gözlem ve deney, bu anlatımlarda matematiksel hesaplarla birleşmiş ve evrenin, bilim tarihinde hiç olmadığı kadar anlaşılır olması mümkün olmuştur.

Soru: Big Bang'in doğru olduğunu destekleyen başka deliller var mıdır?

Cevap: Big Bang'in yan delilleri, doğrudan Big Bang'i ispatlamadan, evrenin bir başlangıcı olduğunu; yani ezeli olmadığını ortaya koyarak, teoriyi dolaylı yoldan desteklemektedir. Big Bang teorisinin en temel, en önemli felsefi sonucu evrenin bir başlangıcı olduğunu ortaya koymasıdır. Bu yüzden evrenin başlangıcı olduğunu ortaya koyan her delil, Big Bang teorisini dolaylı yoldan desteklemektedir. Şimdilik bu delillerin fizik bilimine ait olanlarına değineceğiz. Bölümün sonunda ise, evrenin bir başlangıcı olduğu görüşünün, daha önceden felsefi olarak nasıl temellendirildiğini kısaca göstereceğiz. Böylece Big Bang'le ilgili delillerin, diğer fiziki ve felsefi delillerle, evrenin başlangıcı olduğu noktasında nasıl birleştiğine tanıklık edeceğiz.

1- ENTROPİ DELİLİ

ENTROPİ YASASI KIYAMET HAKKINDA NE DİYOR?

Entropi kanunlarının kıyamet hakkında ne söylediğini incelemeden önce Termodinamik bilimine ait bazı temel kavramların bilinmesi gerekir. Bu yüzden, kitabımızın bu kısmında, bu kanunların genel olarak neyi anlattığını kısaca inceleyelim. Entropi kavramının temelini, ilk olarak Benjamin Thompson 1854'de attı. Fakat Entropi Yasası'nı ilk olarak Hermann Von Helmhotz 1856'da keşfetti. Entropi Yasası, termodinamiğin ikinci yasası olarak da anılır. Bu yasa, bize, evrenin sonunun her an yaklaştığını ve fizik kuralları açısından bu sonucun kaçınılmaz olduğunu söyler. Buna sebep olan; ısının tek yönlü, geri çevrilmesi mümkün olmayan akışıdır. Örneğin, bir odanın içinde sıcak su dolu bir kova bıraktığımızı düşünelim. Sıcak su kütlesindeki ısı enerjisi odaya yayılır, fakat hiçbir zaman için bu ısı akışı aksi yönde olmaz; bir kere ısı enerjisi odaya yayıldıktan sonra, bu ısı enerjisi dönüp de kovadaki suyu eski sıcaklığına getirmez.

Kapalı bir sistemdeki enerji akışı tek yönlüdür ve bu akış tam bir denge noktasına ulaşıncaya kadar devam eder. Bu denge noktasına *"termodinamik denge"* denir ve bu durumda entropi en yüksek değerine kavuşur. Tersine çevrilmesi mümkün olmayan bu fiziki sürecin varlığı, evrenin de, tıpkı insanlarda olduğu gibi, asla geri dönüşü olmayan bir yaşlanma sürecine sahip olduğunu gösterir. Gerek bizim Güneş'imizde, gerekse evrendeki diğer yıldızlarda, ısının bu tek yönlü hareketine dayalı termodinamik yasa hüküm sürmektedir. Güneş, soğuk uzaya ısı yayarak entropiyi sürekli arttırır. Fakat uzaydaki bu ısı toplanıp da Güneş'e geri dönmez. Termodinamik yasası, entropinin sürekli arttığını ve bu sürecin kesinlikle tek taraflı olduğunu, yani var olan maddenin sürekli düzenlilikten düzensizliğe ve kaotik bir yapıya doğru gittini, dolayısıyla bir gün tamamen kendi üzerine çökeceğini ve bir kıyameti getireceğini ilmen isbat ve ilan eder. Şimdi termodinamiğin en temel yasalarını ve ne anlama geldiklerini kısaca inceleyelim:

ENTROPİ YASASI'NIN ASTROFİZİKSEL VE BİYOKİMYASAL SONUÇLARI:

Termodinamik ve ona bağlı bir bilim dalı olan Entropinin canlı organizmalarda da geçerliliğini koruyan bazı temel kanunları vardır.

Şimdi bu kanunları ve bizim için önemli olan bazı sonuçlarını kısaca inceleyelim:

1- **Termodinamiğin temel yasası:** Belirli bir hacim içerisindeki birim zamanda gerçekleşen Isı transferi veya geçişi, bir düzlemsel yüzeyle birbirinden ayrılan iki cisim arasındaki sıcaklık farkından kaynaklanan enerji aktarımıdır. İki cismin sıcaklıları birbirinden farklı ise, Denge noktasına ulaşıncaya kadar mutlaka aralarında ısı alışverişi gerçekleşir. Bu durum, termodinamiğin ve entropinin en temel ilkesidir. İki cisim arasındaki Isı iletimi, teorik olarak *Fourier yasası* olarak bilinen,

$$q'' = -k\nabla T = -k\left(i\frac{\partial T}{\partial x} + j\frac{\partial T}{\partial y} + k\frac{\partial T}{\partial z} \right)$$

(TERMODİNAMİĞİN TEMEL YASASI)

denklemiyle belirlenir. Bu denklem, belirli bir hacim içerisindeki iki cisim arasındaki ısı alışverişine bağlı olarak birim zamanda bir yüzeyden diğer yüzeye geçen ısı miktarını verir. Burada **q** (**W/m²**), Isı akısı olarak tanımlanan akı yoğunluğu; **T** (**x,y,z**), iki cisim arasındaki ortamın hacimsel sıcaklık dağılım fonksiyonu ve "**k**", cisimlerin ısı iletim yapısıyla ilgili Isı iletim katsayısıdır. Denklemdeki "-" eksi işareti, önemli bir özelliği belirterek, ısı geçişinin sıcaklığın azaldığı yöne doğru gerçekleştiğini gösterir. Termodinamikteki Isı iletimi yasasının, biyolojik organizmalarda gerçekleşen maddelerarası difüzyon ile kütle transferi mekanizması ve denklemiyle yakın bir ilişkisi vardır. Şöyle ki, örneğin hücre içerisindeki plazma ortamındaki karışım halindeki iki sıvı **A** ve **B** molekülü sözkonusu olduğunda, bu moleküller arasındaki ısı iletimi ise, teorik olarak *Fick yasası* olarak bilinen;

$$J_{AB} = -\rho D\nabla m$$
$$= -\rho D\left(i\frac{\partial m}{\partial x} + j\frac{\partial m}{\partial y} + k\frac{\partial m}{\partial z} \right)$$

(MOLEKÜLER KÜTLE YOĞUNLUĞU TEOREMİ)

denklemiyle belirlenir. Bu denklem, belirli bir hacim içerisinde karışım halinde bulunan iki sıvı madde içerisinde gerçekleşen ve çok yoğun olan madde ortamından az yoğun olan madde ortamına doğru gerçekleşen kütle miktarını verir. Yani bu denklem, bizim organik yapılarda sıkça rastladığımız difüzyon ile madde geçişini tanımlayan denklemdir. Burada **J** (**kg/s.m²**), Kütle akısı olarak tanımlanan kütle yoğunluğu olarak hacimsel düzlem içerisinde iki karışımı ayıran geçiş doğrultusuna dik birim (Örneğin, yukarıdaki denklemde verildiği gibi, A sıvısından B sıvısına) yüzeyden birim zamanda geçen kütle; **m** (**x,y,z**), karışımın birim hacim içerisindeki toplam kütle yoğunluğunun dağılım fonksiyonudur. $\rho = \rho_A + \rho_B$ olarak karışımın yoğunluğu ve $D = D_A + D_B$ ise *kütlesel diffüzitive* veya *kütlesel yayılım katsayısı* olarak tanımlanır. Buradaki eksi işareti kütle yayılımının termodinamik ısı yayılımı yasasının bir sonucu olarak, çok yoğun ortamdan az yoğun ortama doğru gerçekleşeceğini belirtir.

NOT: Hatırlarsak birleşik alan teorisine göre, bu yoğunluk ifadesi, *Graviton yasası* olarak bilinen;

$$J_g = J_e - J_m = \frac{\Delta m}{\Delta V}$$

$$= -\left(\frac{1}{\varepsilon_0} + \mu_0\right)\left(i\frac{\partial \rho_g}{\partial t} + j\frac{\partial \rho_g}{\partial t} + k\frac{\partial \rho_g}{\partial t}\right)$$

(GALAKTİK KÜTLE YOĞUNLUĞU TEOREMİ)

olarak birim hacim (**ΔV**) içerisine birim zamanda (**Δt**) akan kütle yoğunluğunu, yani kütleçekim alanının taşıyıcı yükü olan graviton yoğunluğunu vermekteydi. Yine benzer şekilde, buradaki eksi işareti ise; bu kez kütle yayılımının termodinamik ısı yayılımı yasasının bir sonucu olarak, kütleçekiminin az yoğun olduğu ortamdan çok yoğun ortama doğru (Örneğin, karadeliklerdeki gibi) madde geçişinin gerçekleşeceğini belirtir. Dolayısıyla buradan, **mikro** alemdeki kütle akışı yoğunluğu ile **makro** alemdeki kütle akışı yoğunluğu denklemlerinin de birbirine mekanizma olarak benzediği sonucunu çıkarabiliriz ki, bu da her iki yasayı kontrol eden ilahi otoritenin varlığına, **BİR** olmasına ve her şeyde **AYNI kevni kanunları** uygulamasına kuvvetli bir işarettir.

2- TERMODİNAMİĞİN BİRİNCİ YASASI:
Belirli hacim içerisindeki birim zamanda giren ısıl, mekanik enerji ile birim hacim içerisinde üretilen ısıl ve mekanik enerjinin toplamı; birim hacim içerisinden dışarı çıkan ısıl ve mekanik enerji ile birim hacim içerisinde üretilen ısıl ve mekanik enerjinin toplamı; birim hacim içerisinden dışarı çıkan ısıl ve mekanik enerji ile hacim içerisinde depolanan enerjinin toplamına eşittir. Yani bunu matematiksel olarak ifade edersek;

$$E_{in} + E_{gen} = E_{out} + E_{store}$$

$$\Rightarrow E_{in} + E_{gen} - E_{out} = E_{store}$$

$$\Rightarrow q - \frac{dW}{dt} = \frac{dU}{dt}$$

(TERMODİNAMİK ENERJİ KORUNUMU YASASI)

Dolayısıyla, sisteme giren ve üretilen enerjilerin toplamı, çıkan enerjiden fazla olursa sistemde depolanan enerjide bir artış; tersi olursa azalma meydana gelir. Eğer birbirine eşit olursa sistemdeki enerji miktarı değişmez ve sürekli rejim oluşur. Bu denklemin biyokimyasal olaylar için ifade ettiği önem ise, hücre duvarı içerisindeki plazma ortamı ile dış ortam arasındaki yüzey olaylarına bağlı olan madde alışverişlerini kontrol eden enerji veya entalpi değişimi terimlerini termodinamik kanunlarıyla ifade etmesidir. Diğer bir ifadeyle, hücre içerisindeki enerji üretimi de diğer enerji türleri gibi (kimyasal, elektriksel veya nükleer gibi) moleküller arasında saklı halde bulunan potansiyel enerjinin ısı enerjisine dönüştürülerek yakılması ve bu döngünün sürekli sağlanması ile ilgilidir. Dolayısıyla, bu şekilde depolanan hücre içi **ATP** enerjisi, diğer biyokimyasal süreçleri gerçekleştirmek için başka enerji şekillerine çevrilebilir.

İç enerjideki (**U**) değişme depolanarak (**q**) iş ve hareket enerjisine (**W**) dönüştürülür. Bu esnada depo edilen bu iç enerji ise, hücreyi meydana getiren patiküllerin, atomların veya moleküllerin ötelenme, dönme veya titreşim hareketlerinin nedeni olan bir ısıl itici güç enerjisi olan ATP'den; katı, sıvı veya buhar fazları arasındaki değişimi etkileyen moleküller arası kuvvetler ile ilgili olan bir gizli bileşenden (**NAH⁺** veya **NADH** gibi); atomlar veya moleküller arasındaki kimyasal bağlarda depolanmış enerjinin (**FAD⁺** veya **FADH** gibi) nedeni olan bir biyokimyasal bileşenden veya çekirdekteki hücre yenilenmesini ve çoğalmasını kontrol eden **DNA** ve **RNA** mekanizmalarına ait bağ kuvvetlerini kontrol eden nükleer bileşenden oluşur.

Fakat burada dikkat edilmesi gereken nokta, bu değişimler ve dönüşümler sırasında açığa çıkan enerjiler miktarları yukarıda verilen Termodinamiğin I. Yasasına uymak zorunda olmasıdır.

3- TERMODİNAMİĞİN İKİNCİ YASASI: Termodinamik yasaları içerisinde, belki de konumuz açısından en önemli olanı bu ikinci yasadır. Çünkü bu yasa, belirli bir süreç sonunda, hangi sistem olursa olsun mutlaka daha düşük ısıyı içeren, daha düşük entalpili, daha karmaşık ve bozulmaya yakın sürece doğru gidileceğini öngörür. Bu yasayı matematiksel olarak şöyle ifade edebiliriz: Herhangi bir birim hacim içerisinde yer alan bir sisteme ait herhangi bir **Δt** süreci sonucunda;

$$\Delta S_{\Delta V, \Delta t} \geq 0$$

$$\Rightarrow \left(i \frac{\partial S}{\partial x} + j \frac{\partial S}{\partial y} + k \frac{\partial S}{\partial z} \right)_{\Delta V, \Delta t} \geq 0$$

(TERMODİNAMİK ENTROPİ YASASI)

Denklemine göre, toplam ısı enerjisinin düşeceğini ve buna bağlı olarak ister astronomik süreçlere ait olsun; isterse hücre içerisindeki aktivitelere ait olsun, sistemin; toplam entalpisini artıracağını ve buna bağlı olarak da hacim içerisindeki birim kütlenin bozulmaya ve dağılmaya yüz tutacak şekilde bir zaman sürecine doğru sürükleneceğini öngörür ki, tüm bu sonuçların ortak yönü kainatın ölümü demek olan '**Büyük Kıyamet**'e işaret etmektedir.

ENTROPİ YASASI'NIN FELSEFİ SONUÇLARI:

Entropi ile ilgili bilgileri birçok kişi salt fiziksel bir konu olarak algılamakta ve ele almaktadır. Oysa Entropi Yasası, bizi çok önemli felsefi sonuçlara da ulaştırmaktadır. Bu, maddelenerek şöyle gösterilebilir:

1- Evrendeki ısı akışı tek yönlüdür ve bu akış geri çevrilemez. (**Termodinamiğin ikinci kanunu**)

2- Buna göre evrende bir gün termodinamik denge oluşacak ve "ısı ölümü" yaşanacaktır. Kısacası evren ebedi değildir, evrenin bir sonu vardır. (**Termodinamiğin birinci kanunu**)

112

3- Eğer evren sonsuzdan beri var olsaydı, aradan geçen zamanda evren çoktan termodinamik dengeye gelip "ısı ölümü"nü yaşıyor olacaktı. Dolayısıyla, ölümlü bir evren, sonsuzdan beri var olamaz. (**Termodinamiğin birinci ve ikinci kanunu**)

4- Evren sonsuzdan beri var olamıyorsa demek ki evrenin bir başlangıcı vardır. Bu başlangıç durumundaki (**t=0**) evren, düşük entropili bir halden yüksek entropili duruma doğru gitmektedir. Entropinin sürekli olarak artıp hiç azalmaması, evrenin başlangıcının çok düşük entropili olduğunu gösterir. (**Termodinamiğin temel kanunu**)

ENTROPİ'NİN VAHİY DOĞRULTUSUNDA DEĞERLENDİRİLMESİ:

Daha önce felsefecilerin bir kısmı Entropi Yasası'nın, evrenin ebedi olmadığına ilişkin sonucu üzerinde durmuşlar ve evrenin başlangıcı olduğuna dair sonucunu göz ardı etmişlerdir. Örneğin Bertrand Russell, insanlığın tüm ürünlerinin ve evrenin yok oluşunun kendisinde uyandırdığı karamsarlığı yazılarında açıklamıştır. Bilim adamı ve felsefecilerin, entropinin, evreni yok oluşa götürdüğüne odaklanıp, evrenin başlangıcı olduğu sonucunu göz ardı etmelerine Paul Davies şaşırmaktadır: *"19. yüzyıl bilimcilerinin bu derin anlamlı sonucu (evrenin başlangıcı olduğunu) kavrayamamış olmaları çok ilginçtir."* Fakat Entropi Yasası'nın insanlığı ümitsizlik yerine ümide sevkedecek sonuçları da vardır. İnsanoğlu ölümlü olması nedeniyle, zaten Entropi Yasası olmasa da, insanlığın ürünlerini ve evrenin güzelliğini, sürekli algılamaktan mahrum kalacağını bilmektedir. İnsanoğlunun karamsarlığını yenmesini sağlayacak unsur, kendi öldükten sonra evrenin ebedi var olması değil, kendisinin ebedi yaşayabilmesidir. İnsanoğlunun bunu yapmaya gücünün yetmediği ortadadır. Öyleyse insanoğluna ümidi verecek olan, bu gücü keşfedebilmesidir. Entropi Yasası, evrenin başlangıcı olduğunu ortaya koyarak, evrenin kendisi dışında bir Güç'e olan ihtiyacını temellendirmekte ve Tavhid inancının evrenin başlangıcı olduğu konusundaki iddialarını desteklemektedir. Maddeyi ezeli kabul eden kimselerin ezeli ve ebedi olarak değerlendirdikleri evrenin ölüme gittiğini öğrenmeleri karşısında karamsarlığa kapılmaları doğaldır. Fakat evrenin başlangıcı ve sonu olduğundan, Allah'ın varlığını ve ilahi dinlerin mesajının doğruluğunu delillendiren ve ümidi Allah'a imanda bulanlar için *"Entropi Yasası"* karamsarlığa sebebiyet vermez.

ENTROPİ YASALARININ BIG BANG ÜZERİNDEKİ ETKİSİ:

Evrenin bir başlangıcı ve sonu olduğu fikri, bilimsel deliller temelinde detaylı olarak Big Bang teorisi ile ortaya koyulmuştur. Termodinamiğin kanunları (Entropi Yasası), daha önceden ortaya koyulmuştu, bunların bizi ulaştırdığı sonuç da görüldüğü gibi tamamen aynıdır. Sonuç olarak termodinamik kanunlar, astronomik gözlemler ve izafiyet teorisinin formülleri; evrenin başlangıcı ve sonu olduğu sonucunda birbirlerini desteklemektedirler. Entropi Yasası,

Big Bang'den ayrı bir fiziksel yasa olup, ulaştığı sonuçlar ile Big Bang'i onayladığı için, bu yasayı, Big Bang'in yan delillerinden biri olarak değerlendirdik. Fakat bu yasa aslında bir yönüyle Big Bang'in doğrudan delillerinden de biridir. Evrendeki entropi miktarı çok yüksektir ve bu yüksek entropiyi ancak sıcak ortamdaki bir Big Bang başlangıcı ile açıklayabiliriz (Entropi miktarı, ışığın en küçük parçası fotonların, proton ve nötron gibi baryonlara oranıyla ölçülebilir). Süpernova patlaması gibi, en çok entropiye sebep olan olaylardan biri olmasına rağmen sebep olduğu entropi, evrendeki entropiden çok daha azdır. Bilinen hiçbir evrensel oluşum, evrendeki bu yüksek entropiyi açıklayamaz. Oysa Big Bang ile bu yüksek entropi oranı tamamen uyumludur.

2- IŞIĞIN SON BULACAK OLMASINDAKİ KIYAMET DELİLLERİ

DEĞİŞMEYEN (STATİK) EVREN YANILGISI:

Yıldızlarla dolu evren, birçok insanda sabit ve değişmez bir evren hissi uyandırmaktadır. Aristo gibi felsefeciler, yıldızların ezeli ve ebedi olduğuna kanaat getirmiş, yıldızların hiç tükenmeyen bir yakıta sahip olduklarını ileri sürmüştür. Geceleyin, gökyüzüne çıplak gözle bakan birçok kişi durağan evren fikrine kapılmış, evrendeki dinamizmi, sürekli var oluş ve yok oluş sürecini gözden kaçırmıştır. Yıldızların yapısı keşfedilmeden önce, yıldızların sonsuzdan beri var olduğunu, sonsuza dek var olacağını, yıldızların tükenmez bir kaynak olarak sonsuza dek ışık vereceğini, aşağı yukarı tüm materyalistler savunuyordu.

Oysa yıldızların belirli bir ömrü olduğunu, yıldızların (Güneş dahil hepsinin) hidrojeni helyuma çevirerek varlıklarını sürdürdüğünü, yakıtları bitince ise varlıklarının sona erdiğini öğrendik. Bu anlaşıldıktan sonra ölen yıldızların yerine yeni yıldızların oluştuğunu, bunun sonsuza dek böyle gideceğini zannedenler oldu. Fakat bunun da yanlış olduğu artık bilinmektedir. Bir gün gelecek uzayda hiçbir yıldız kalmayacak, hiçbir ışık var olmayacaktır. Var olan yıldızların ölümünü yeni oluşan yıldızlar takip etmektedir. Bu süreç yıldızları oluşturacak kadar gaz olduğu sürece devam edecektir. Bu gazların kaynağı, evrenin başlangıç süreci olduğu gibi, süpernovalardaki ve diğer yıldızlardaki patlamalar ve püskürmeler de evrendeki gaz oluşumunun kaynağıdır. Bu gazlar kütle çekimi kuvvetinin etkisi ile sıkışır, çöker ve yıldızların oluşumuna sebebiyet verir. Bu yıldızlar belirli bir ömür yaşadıktan sonra kara deliklere, nötron yıldızlarına, beyaz cücelere, kırmızı devlere dönüşüp ölürler. Yeni yıldızların oluşumu için yeterli ham madde (gazlar) gittikçe azalmaktadır. Bu ham madde tükenince, artık hiç yıldız oluşmamaya başlayacaktır. Yaşayan son yıldızların ölümüyle ise evren sürekli bir karanlığa gömülecektir (Eğer evrenin sonunu getiren başka bir olay daha önce yaşanmazsa).

IŞIĞIN SON BULACAK OLMASININ KIYAMET SÜRECİNE ETKİSİNİN FELSEFİ ÇIKARIMLARI:

Mevcut bilimsel verilere göre bu süreç

milyarlarca yıl sürecektir. Bu kadar uzakta gözüken bir süreç, birçok kişiyi pek fazla ilgilendirmeyecektir. Oysa bu süreç felsefi açıdan önemli bilgiler vermektedir.

Bunları ÜÇ madde ile şöyle özetleyebiliriz:

1- Evrendeki ışık belirli bir zaman sonra yok olacaktır.

2- Işık olmadan yaşam mümkün olmadığına göre bu evrende yaşam ebedi olamaz.

3- Eğer ki evrende var olan ışık belli bir zaman sonra yok oluyorsa, demek ki ışık sonsuzdan beri var olamaz, ışığın bir başlangıcı vardır.

Işığın (veya yıldızların), belli bir zaman sonra yok olacağının ve başlangıcı olduğunun gösterilmesi, ezeli ve ebedi evren fikrinin yanlışlığını göstermektedir. Bu da Entropi Yasası ile ve Big Bang'in delilleriyle tamamen uyumlu bir sonuçtur. Artık yıldızların ezeli varlıklar olduğu fikri geçersiz olmuş, yerini en hatasız ölçümle yıldızların yaşını saptama çabası almıştır. Yapılan hesaplara göre en yüksek adette olan 2. Popülasyon yıldızlar, evrenin başlangıcından 1,5 ile 5 milyar yıl kadar sonra oluşmuşlardır. Gözlemlenebilen 2. Popülasyon yıldızların yaşı bu sayıya eklenirse evrenin yaşı bulunabilir. Buna dayanarak yapılan ölçümlerde evrenin yaşı yaklaşık 15 milyar yıl olarak tahmin edilmektedir. Bu sonuç "Hubble sabitine" dayanarak yapılan tahminlerle çok yakındır. Yıldızlar ve saçtıkları ışık, ezeli evren modellerini yalanlamakta, evrenin bir başlangıcı ve sonu olduğunu ise doğrulamaktadır.

3- RADYOAKTİF ELEMENTLERİN YAŞINDAKİ DELİLLER

RADYOAKTİF ELEMENTLERİN YARI ÖMRÜ:

Radyoaktif elementler günümüzde lise öğrencileri tarafından bile öğrenilmektedir. Oysa radyoaktifliğin bulunması insanlık tarihinin son dönemlerinde olmuştur. Radyoaktiflik, Fransız bilim adamı **Henry Becquerel** tarafından **1896** yılında bulunmuştur. Radyoaktiflik kısaca, bir atom çekirdeğinin tanecik ya da elektromanyetik ışıma yayarak parçalanmasıdır. Böyle bir parçalanmada radyoaktif atomların hepsi birden parçalanmaz. Radyoaktif maddenin etkisi zamana bağlı olarak gittikçe azalır, çünkü zamana bağlı olarak sürekli atom sayısı azalmaktadır. Radyoaktif maddedeki atomların belirli bir bölümünün ayrışması için geçen süre her zaman aynıdır. Buna binaen radyoaktif maddedeki atomların yarısının parçalanması için geçen süre hesaplarda kullanılmaktadır. Bu süreye "radyoaktif maddenin yarı ömrü" denmektedir ve bu süre her radyoaktif maddede farklıdır. Bazı radyoaktif elementlerin yarı ömrünü aşağıdaki tablodan öğrenebilirsiniz.

RADYOAKTİF ELEMENTLERLE TARİHLENDİRME:

Radyoaktif izotop listesinde gördüğümüz **Uranyum235'**i örnek olarak ele alalım. Belli bir miktarda var olan Uranyum 235, 707 milyon yılda bu miktarın yarısına düşecektir.

RADYOAKTİF ELEMENT	YARI ÖMRÜ
URANYUM-238	4.510.000.000 YIL
URANYUM-235 (İZOTOP)	707.000.000 YIL
TORYUM-232	14.100.000.000 YIL
NEPTÜNYUM-237	2.250.000 YIL
KARBON-14 (İZOTOP)	5600 YIL
RADYUM-226	1622 YIL
AKTİNYUM-227	21.6 YIL
BERKELYUM-249	314 GÜN
POLONYUM-210	138 GÜN
EİNSTEİNYUM-253	20 GÜN
RADON-222	3.8 GÜN
FERMİUM-251	7 SAAT

Daha sonraki 707 milyon yılda geriye kalan miktar yine yarıya düşecektir, bu her 707 milyon yıllık dönemde bu şekilde tekrarlanır. Sonuçta, ortamda dönüşmüş maddeler ve Uranyum 235 atomları hesaplanarak, kaç yıl önce ne kadar Uranyum 235 atomu olduğu matematiksel yöntemlerle belirlenebilir.

1960'ta Nobel Kimya Ödülü'nü kazanan ABD'li atom fizikçisi Willard Frank Libby, Karbon14 radyoaktif atomunu, radyoaktif elementlerin bu özelliğine dayanarak, tarihlendirme amacıyla jeolojide kullanmıştır. Bu da radyoaktif elementlerin bilim dünyasındaki önemini daha da arttırmıştır. Modern gözlem teknikleri, kimyasal elementlerin yaşını, mevcut radyoaktif elementlerden ve onların, yarı ömürleri sonucunda oluşan radyoaktif elementlerin miktarlarından anlamamıza olanak vermektedir. 1997 yılında İngiliz ve Amerikan astro-fizikçileri; Margaret ve Geoffrey Burbidge, William Fowler ve Fred Hoyle atom ağırlığı yüksek olan elementlerin, sadece süpernovaların içindeki süreçlerle oluşabileceğini ortaya koydular. Onların çalışması ve sonraki çalışmalar bize Toryum 232, Uranyum 238 ve Uranyum 235 gibi elementlerin ilk süpernovalardan kaldığını göstermektedir. Bu elementlerin mevcut miktarı ve yarı ömre dair önceden değindiğimiz hesaplar, ilk süpernovaların yaşını bize vermektedir.

RADYOAKTİF ELEMENTLERE GÖRE EVRENİN YAŞI:

Toryum 232'nin Uranyum 238'e ve Uranyum 235'in Uranyum 238'e oranına dayanarak, Avrupalı fizikçiler Thielemann, Metzinger ve Klapdor 1983'te ilk süpernovaların 16.8-22.8 milyar yıl aralığında oluştuğunu söylediler. Sonra 1987 yılında William Fowler, bu hesapları düzeltmeye çalıştı ve daha evvelki Thielemann'ın hesaplamalarının 3 milyar yıl ile 9 milyar yıl arasında azaltılması gerektiğini söyledi. Daha sonra ise Thielemann ve iki arkadaşı Cowan ile Truran yeniden hesaplamalar yaptılar ve 12.4-14.7 milyar yıl aralığına ulaştılar. Bunlardan sonra Amerikalı fizikçi Donald Clayton, sekiz ayrı metot kullanarak, ilk süpernovaların tarihi için

12 milyar yıl ile 20 milyar yıl geniş aralığını ileri sürdü. Evrenin başlangıç safhasında maddenin çok yoğun olduğu dönemde ilk süpernovalar oluşmuştur ve bu evrenin başlangıcına çok yakın bir zamandır. Bu yüzden radyoaktif elementlerin ilk süpernovanın oluşumuna dair verdiği tarihler yaklaşık olarak evrenin yaşını vermektedir. Gerek bu tekniklerle, gerek yıldızların yaşına bağlı olarak, gerek Hubble sabiti kullanılarak yapılan hesaplar hep aynı zaman aralıklarını vermektedir. Bu hesapların hiçbirinde evrenin yaşı; bir trilyon yıl, 200 milyar yıl veya bir milyar yıl, 10 milyon yıl, 5 milyon yıl gibi birbiriyle alakasız sonuçlar vermemektedir. Bazı güçlüklerden dolayı tam ve kesin bir hesap yapılamamaktadır ama tüm farklı hesaplarda evrenin yaşı 15-16 milyar yıl civarında çıkmaktadır. Hesap yöntemlerinin hep farklı kriterlere dayanmasına karşın sonuçlar hep yaklaşık aralıklarda gerçekleşmektedir. Radyoaktif elementlerin sahip olduğu özelliklerin kullanılması görüldüğü gibi bu hesap yöntemlerinden birini oluşturmaktadır.

Evrenin ezeli olup olmadığı tartışması artık yerini evrenin başlangıcının tam olarak ne zaman olduğu tartışmasına bırakmıştır. Ayrıca protonları oluşturan kuarkların çok uzun bir süre içinde (10^{31} yıl olarak tahmin ediliyor) elektronlara dönüşmesi bekleniyor. Bu ise protonların ve atomların sonu demektir. Proton bozulmasına dair bu beklenti de, sabit ve yok olmadığı zannedilen kararlı protonların bile, dolayısıyla atomların ezeli olmadığının bir delilidir. Eğer bunlar ezeli olsalardı şu anda var olamayacaklardı, demek ki Big Bang için bu da bir "yan delil"dir. Fakat üzerinde çok spekülasyonlar yapılan ve bilimsel kesinliğe sahip olmayan bu konuya girmiyor ve "bilimsel yan delilleri" burada noktalıyoruz.

4- EVRENİN BAŞLANGICI VE SONU OLDUĞUNUN FELSEFİ DELİLLERİ

EVRENİN BAŞLANGICININ FELSEFİ KANITLARI:

Astronomi ve fizik alanında incelediğimiz gelişmelerin yaşanmadığı dönemde; kozmik fon radyasyonun bilinmediği, evrenin genişlemesinin gözlenmediği, entropiden ve radyoaktif elementlerden insanların haberinin olmadığı zamanda evrenin bir başlangıcı olduğu akılcı argümantasyonlarla savunulmuştur. Yahudi filozof Sadia, Hristiyan filozof Bonaventure, Müslüman filozof Kindi ve daha birçok filozof bunun örneklerini vermişlerdir. Geniş bir kitap olabilecek bu konuya çok kısaca değinmeye çalışacağım. Bu argümantasyonlar kurulurken özellikle evrenin, evrendeki hareketin ve evrendeki zamanın sonsuz olamayacağının üzerinde durulmuştur. Evrenin başlangıcının sebepsiz olamayacağı vurgulanmış ve evrenin kendi dışında bir Sebep'e ihtiyacı olduğu gösterilmiştir. Bunu özetle şöyle gösterebiliriz:

1- Her var olmaya başlayan, başlangıcı için bir sebebe muhtaçtır.

2- Evrenin bir başlangıcı vardır.

3- O halde evrenin var olmaya başlamasının bir sebebi vardır.

İkinci madde argümantasyonun merkezini oluşturmaktadır. Bu argümantasyona itiraz edenler de bu maddeye itiraz etmişlerdir. Big Bang'in temel delilleri ve yan delilleri bu maddenin bilimsel yönden ispatını oluşturmaktadır. Fakat bilimsel deliller olmadan sırf felsefi açıdan da bu argümantasyon savunulabilir. Buna göre evrendeki hareket ve evrendeki zaman sonsuz olamaz, zaman kavramının başlangıcı evrenin de başlangıcıdır. Evrendeki zaman, evrendeki hareketin ölçüsüdür, hareket eden evrenin parçaları, yani evrenin kendisidir. Hareketin olmadığı bir evren düşünülemez. Öyleyse evrenin zamanının başı varsa, bu başlangıç evrendeki hareketin ve evrenin kendisinin de başlangıcıdır. Bu başlangıç, evrenin kendi dışında bir Yaratıcı Sebep'e olan ihtiyacını doğurur.

Soru: SÜREKLİLİK OLARAK SONSUZ KAVRAMI NEDİR?

Cevap: Zihinsel kurgu ile evrenin gerçeğinin en çok karıştırıldığı kavramların başında "sonsuz" gelmektedir. Matematikte "sonsuz"u adeta gerçek bir sayı gibi algılayanlar olmuştur. Oysa "sonsuz" diye bir sayı yoktur, "sonsuz" bizim hiç durmaksızın, sürekli olarak ilerleyeceğimizi söyler. Örneğin, doğal sayı dizisini ele alalım: {0,1,2,3,4.....}. Bu sayı dizisinin sonsuza gittiğini söylerken aslında bu sayı dizisinin bir hedefe gittiğini söylemiyoruz, bu sayı dizisinin 1 arttırılmak suretiyle sürekli ilerlediğini söylüyoruz. Bu yüzden sayı dizilerinin hiçbiri sonsuzu tamamlamaz, sürekli ilerler, eğer bir yerde bu sayı dizisi duruyorsa zaten "sonsuz" kavramının tanımına aykırıdır demektir, çünkü "sonu" vardır. Bu tariften sonra, evrenin zamanının geçmişte ve gelecekte sonsuz olduğunu iddia edenlerin iddiasını birbirinden ayırmalıyız.

Evrenin geçmiş ve geleceğini Cantor'un sayı dizileri gibi düşünenler, bu söylemi çok düşünmeden kabul edebilirler. Evrenin sonsuza gittiğini söyleyenler evrendeki zamanın sürekli olarak hiç durmadan ilerlediğini söylemiş olurlar. Bu yüzden geleceğe doğru ilerlemeye "potansiyel sonsuz" diyenler olmuştur. Bu tanım açıkladığımız sonuç açısından bir şey değiştirmez. Fakat ben, bu tanımı kullanmayı bile uygun bulmuyorum. Çünkü potansiyel kelimesi gerçekleşme gücüne sahip olmayı çağrıştırabilir. Oysa sonsuza giden bir süreç, sonsuzun tanımı gereği hiçbir zaman durmaz, sonsuza hiçbir zaman ulaşmaz, zaten sonsuz diye bir nokta yoktur, "sonsuz" varılacak bir hedef değildir, o ancak hiç durmadan ilerlemeyi ifade eder. Bu yüzden evrenin gelecek zamanının "gerçek sonsuz" (gerçekleşip, tamamlanabilen sonsuz) olduğunu söyleyenler hata yaparlar.

Sürekli ilerlemenin neresinde durursak duralım bu sonsuz değildir. Oysa evrenin geçmişinin sonsuz olduğunu söyleyenler, sonsuzun tamamlandığını, evrenin yaşının "gerçekleşmiş sonsuz" olduğunu söylerler. Görüldüğü gibi burada "sonsuz"un tanımı, artık süreklilik dışında, bir bitmişlik, bir tüketilmişlik ifade eder. Gelecek zamanın sonsuz olmasıyla bu çok farklıdır, bu çok önemli fark, birçok kişinin gözünden kaçmıştır.

Soru: SONSUZUN BAŞLANGICI OLUR MU VEYA SONSUZ GEÇİLEBİLİR Mİ?

Cevap: Bizim sonsuz zaman geçtikten sonra bu noktada olduğumuzu söylemek; sonsuz+1'in olabileceğini, sonsuzun geçilebileceğini söylemek demektir ki, bu sonsuzun tanımına aykırıdır. "Sonsuz" kavramını kurgusal olarak kullananlar bunu gözden kaçırmışlardır. Bunu kısaca şöyle gösterebiliriz:

1- Sonsuz sürekli olarak ilerleyen ve ilerlemeyle tamamlanmayan demektir.

2- Evrendeki geçmiş zamanın sonsuz olduğu söylenmektedir.

3- O zaman bizim bu noktada var olabilmemiz için sonsuzun geçilmiş olması lazımdır (2. maddeye göre).

4- Sonsuz geçilemeyeceğine göre (1. maddeye göre) ve bizim var olmamız inkar edilemeyeceğine göre, evrendeki geçmiş zaman sonsuz olamaz.

5- Öyleyse evrendeki zamanın başlangıcı vardır.

Sonsuz kavramının yanlış kullanılması düzeltilirse görüldüğü gibi evrenin zamanının bir başlangıcı olduğu da anlaşılacaktır. Bir kere daha belirtmeliyim ki matematiğe, evrende var olmayan kurgusal unsurlar katılması değil, bu "kurgu" ile evrendeki "gerçeğin" karıştırılması yanlıştır. Matematiğin paradokslarının, bu hataları düzeltmede önemli bir yardımcımız olacağı görüşündeyim. Şu cümle bir isbat veya delil olabilir: "Matematik olan bitenin (evrendeki gerçeğin) matematiği olduğu müddetçe hiçbir paradoksu olamaz." Eğer matematiğin ontolojik statüsünde (matematiksel kavramların kurgusal mı, gerçek mi olduğunda) hata yapılmazsa, paradokslar oluşmayacaktır.

Nitekim bilimlerin ilerlemesinde matematiğin doğru uygulamalarının tartışılmaz bir yeri vardır. Kurgusal olarak tasarlanıp evrendeki gerçekliğe uymayan matematiğin ise bu ilerlemede hiçbir katkısı olmamıştır. Bu matematik ancak bir oyalanma, bir fikir jimnastiği ve bir paradoks üretme kaynağı olmuştur. Matematikle uğraşanlar kurgusal düzenlemelerden çekinmemelidirler, fakat kurgusal olanı evrenin gerçeği ile karıştırmaktan çekinmelidirler. Örneğin Pamela Huby, Cantor'un sonsuz sayı dizilerini ele aldığında, bunların "gerçek sonsuz" hakkında hiçbir şey söylemediklerinin tespitini yapabilmektedir. Veya Robinson bu sayı dizilerinin gerçekten kopukluğunu tespit edebilmiştir. Fakat herkesin "kurgu" ile "evrenin gerçeği" ni ayırt etmede bu kadar başarılı olmadığı anlaşılmaktadır. William Lane Craig bu konuyu çalışmalarında detaylıca irdelemekte ve evrenin sonsuz zamandan beri var olamayacağını şu argümantasyonla özetlemektedir:

1- Kainatta "Gerçek sonsuz" var olamaz.

2- Zamanda sonsuza dek geri gitmek "gerçek sonsuz" oluşturur.

3- Öyleyse zamanda sonsuza dek geri gitmek mümkün değildir.

Soru: EVRENİN SONU VE KIYAMET ARASINDAKİ İLİŞKİ NEDİR?

Cevap: Daha önce gördüğümüz gibi evren sürekli genişlemektedir. Buna göre iki senaryonun birinin gerçekleşmesi kaçınılmazdır. Ya evren geriye kapanmadan sürekli genişleyecek ve ısı ölümüyle Büyük Donma (Big Chill) süreci yaşanacaktır, ya da genişleme belli bir seviyeye geldikten sonra çekim gücü geriye kapanmayı başlatacak ve Büyük Çöküş (Big Crunch) yaşanacaktır.

Eğer böyle bir çöküş yaşanırsa, evrenin olmadığı noktada zamanın da önemi kalmadığı için, evren-zamanının da sonu gelecektir. Big Bang'in felsefi sonuçlarına daha önce değinenler, Big Bang'in, evrenin başlangıcı olduğunu göstermesinin felsefi sonucu üzerinde durmuşlar, evrenin sonunu göstermesinin felsefi sonucunu yüzeysel geçmişlerdir. Bu kitapta yapmaya çalıştığım şeylerden biri de bu önemli felsefi sonuca da dikkatleri çekebilmektedir. Bilimsel verilerle evrenin sonsuza dek var olamayacağı anlaşılmadan önceki binlerce yıllık zaman zarfında ateistler, hep evrenin sonsuza dek var olacağını savunmuşlardır. Anlaşılıyor ki, materyalistlerin en azından bir kısmı, kendi varlıklarının ölümle son bulmasına karşın evrenin ebedi var oluşunda kısmen de olsa teselli aramışlardır. Fakat hepsi, her şeyin açıklamasının içinde olduğunu ileri sürdükleri maddi evrenin sonsuzluğunu ısrarla savunmuşlar ve evrenin bir kıyamet süreciyle yok olacağını savunan dinlere karşı çıkmışlardır. Big Bang, felsefe tarihini yargılarken, ateistlerin binlerce yıldır savundukları bu tezi de mahkum etmiştir. Kısacası Big Bang beş önemli noktada, materyalist felsefelerin her şeklini geçersiz kılmaktadır. Bu felsefelere dayanarak inanç, eylem ve ahlak sistemlerini oluşturanlar; hem inanç, hem eylem, hem de ahlak sistemlerini baştan ele almalıdırlar. Bu beş madde şunlardır:

1- Evren ezeli değildir. Böylece evreni, maddeyi tek ve asli unsur kabul eden materyalist felsefeler en temellerinden geçersiz olmuşlardır.

2- İzafiyet teorisinin formülleri evreni ve zamanı birbirine bağladı. Böylece evrenin başlangıcının ispatı, zamanın başlangıcının ispatı anlamına da gelmektedir. Zamanı sonsuza dek geriye giden bir süreç olarak tasarlayan materyalist düşünürler yanılmışlardır.

3- Big Bang ile oluşan süreçler evrende bilinçli bir tasarımın var olduğunu gösterir. Evreni sırf kendiyle açıklayan, bilinçli bir Yaratıcı'nın müdahalesini kabul etmeyen materyalist felsefeler bu açıdan da geçersiz olmuşlardır.

4- Materyalizm doğası gereği, değişmeyen ve bozulmayan, zamanın geçmesiyle aşınmayan bir evren ve madde tasarımı yapmıştır. Evrendeki aşamalı süreçler bunun tam tersini ispatlamıştır. Evrenin genişlemesi, entropi, yıldızların ve ışığın son bulacak olmasının anlaşılması; değişmeyen tek şeyin sürekli ve kesintisiz değişim olduğunu göstermektedir.

5- Evren ezeli olmadığı gibi ebedi de değildir. İnsanlar gibi evrenimiz de bir gün ölüm sürecini yaşayacaktır. Materyalizm bu en temel tezinde de geçersiz olmuştur.

Soru: BIG BANG'in sonuçları ve VAHİY kaynaklı veriler üzerindeki etkisi nedir?

Cevap: Bundan önceki kısımda Big Bang'in sonuçlarının, diğer görüşleri nasıl yanlışladığı incelendi ve bu bölümlerin sonunda Big Bang'in sonuçlarının, incelenen görüşleri geçersiz kılışı beşer maddede özetlendi. Bu kısımda ise, Big Bang'in ortaya koyduğu sonuçların, Allah tarafından gönderilen Vahiy dinlerinin, yani İslamiyet, Hristiyanlık ve Yahudiliğin tarih boyunca ortaya koydukları tezleri desteklediği beş maddede özetlenecektir. Tek Tanrılı dinler dışında bu maddelerin hepsini beraber savunmuş hiçbir dini ve felsefi sistem gösterilemez. Tek Tanrılı semavi dinler, kendileri dışındaki herkese karşı bu tezlerini tarih boyunca savunmuşlardır.

1- EVREN VE MADDE SONRADAN YARATILMIŞLARDIR, BAŞLANGIÇLARI VARDIR:

Big Bang'in ortaya koyduğu veriler ile evrenin ezeli olup olmadığı tartışması yerini evrenin başlangıcının ne zaman olduğuna bırakmıştır. Evrenin yaşını hesaplamada kullanılan değişik yöntemlerin hepsi yaklaşık olarak 15 milyar yıl öncesini göstermektedir. Big Bang'in sonuçları içerisinde en önemlisi evrenin başlangıcı olduğunu göstermesidir. Tarih boyunca aşağı yukarı tüm ateistler, evrenin ezeliliğini, Allah'ın varlığına alternatif olarak göstermişlerdir. Fred Hoyle gibi astronomlar, Big Bang'e bu yüzden karşı çıkmışlardır. Hoyle, Big Bang'in olmadığını iddia ediyordu ve eğer bu teori doğru olsaydı yoktan yaratılışa karşılık geleceğini kabul ediyordu.

Ona göre, eğer bu teori doğru olsaydı yoktan yaratılışa karşılık geleceğini kabul ediyordu. Hoyle'ye göre Big Bang, zamanda geriye doğru gidildiği takdirde, her şeyin başlangıç noktasında yokluğa kapanması sonucuna götürür. Kısacası Big Bang'in düşmanları bile, O'nun yoktan yaratılışın açıklaması olduğunu görmüşlerdir. Yokluk tarif edilemeyen demektir, öyleyse evrenin başlangıcı yokluk ise, evrenin başlangıcının tarif edilemez olması lazımdır. Fizik kuralları ile yapılan hesaplar, evrenin başlangıcında fizik kurallarının çöktüğünü göstermektedir. Bu, fizik kurallarına dayanarak, fizik kurallarının çöktüğü anı tespit etmek demektir ki bilimin bizi böyle bir sonuca götüreceğini hiç kimse tahmin etmiyordu. William Lane Craig bunu şöyle açıklamaktadır:

"Başlangıçtaki tekillik, bir varlık değildir. Yani bu tekilliğin pozitif ontolojik (varlıksal) bir statüsü yoktur. Eğer uzayın genişlemesini zamanda geriye doğru götürürseniz, tekillik, evrenin varlığının kesildiği noktayı temsil eder. O, evrenin bir parçası değildir, fakat geriye döndürülmüş, zamanda büzülen evrenin, yok olduğu noktayı temsil etmektedir. Evrenin, tekilliğin yanında var olan hiçbir anı yoktur. Başlangıçtaki tekilliğin ontolojik statüsü yokluğa denk gelmektedir. Tekillikte fizik kurallarının durması ve mevcut tahmin edilemezlik, yokluğun hiçbir fiziki kural gerektirmemesinin ışığı altında anlaşılırdır."

İzafiyet teorisi ise, evrene geniş çaplı bakışta bambaşka bir yaklaşım getirerek uzayı, zamanı ve maddeyi birbirine bağlayarak, maddenin başlangıcının yokluğa denkliğini gösterir. Evrenin başlangıcına geri gittiğimizde tüm uzayın kapanması, maddeyi de bahsedilir olmaktan çıkarmakta, yani maddenin yokluğunu göstermektedir. Ateizmin binlerce yıllık tezi evrenin ezeliliğidir. Big Bang'in reddedilemeyeceği anlaşıldıktan sonra, Big Bang'e uydurulmaya çalışılan ateist yaklaşımların, zorlama olduğunu ve tarih boyunca savunulan ateizm ile alakasının olmadığını, ne olursa olsun ateizmden vazgeçmemek adına psikolojik bir çırpınma olduğunu daha evvel gördük. Big Bang binlerce yıldır savunulan ateist tezleri darmadağın etmiş ve ateizmi yargılayarak saçmalığa mahkum etmiştir. Böylece Allah'ın varlığının evreni açıkladığı yaklaşımı, alternatifsiz kalmış, tevhid dinlerinin binlerce yıldır savunduğu bu açıklama desteklenmiştir. Böylece Allah'ın varlığı kadar, en temel tezleri Allah'ın varlığı ve evrenin yaratılması olan Tevhid inancı da güvenilirlik kazanmıştır.

2- ÖYLEYSE ZAMAN DA SONRADAN YARATILMIŞTIR:

Vahiy dinleri asıl olarak evrenin yaratıldığının üstünde durmuşlardır. Bu yüzden zamanın yaratılıp yaratılmadığı tartışması, Allah'a inananlar ile ateistler arasında temel bir ayrılık noktası olmamıştır. Fakat yine de zamanın da yaratılmış olduğu dinlerdeki hakim görüştür. "Allah ezelidir" derken, bunun zamanda sonsuz bir geriye gidişte Allah'ın var olduğu anlamına geldiğini söyleyenler olduysa da, hakim olan görüş Allah'ı "zaman-dışı", "zaman-üstü", "zamanın yaratıcısı" olarak tarif etmektir.

Bu tarzdaki yaklaşımlar ise, uzay-zamanın veya Allah'ın yaratacağı herhangi bir evrendeki zamanın, aynen evren gibi yaratılmış olmasıdır. Zaman hareket ile vardır, hareket ise değişimdir. Mükemmel olan Yaratıcı'nın içinde bir değişim düşünülemez, bu yüzden de O'nu "zaman-dışı", "zaman-üstü", "zamanın yaratıcısı" olarak gören yaklaşımlar daha isabetlidir. Zamanın yaratılması ve Allah'ın zamanlı evren ve zamanlı varlıklarla ilişkisinin olması, O'nun "zaman-üstü" konumunda bir şey değiştirmez. Big Bang ve izafiyet teorisi, Tevhid dinlerinin bu hakim görüşüne bilimsel destek sağlamıştır. İzafiyet teorisi, uzayı, maddeyi, hareketi ve zamanı birbirine bağlamış, bunların birinin yokluğunda diğerlerinden söz edilemeyeceğini göstermiştir. Big Bang evrenin başlangıcının uzayın kapandığı bir durum olduğunu, bu durumda hareketin durup, fizik kurallarının çöktüğünü göstermiştir. Bu ise zamanın da yokluğu demektir. Nitekim Penrose'un çalışmaları, bunun, matematiksel formüllerle detaylı ispatını da içermektedir.

3- BUNUN SONUCUNDA, EVRENİN YARATILIŞI FARKLI AŞAMALARIN GERÇEKLEŞMESİYLE OLMUŞTUR:

Üç büyük tek Tanrılı dinin, kutsal kitaplarına dayandırdıkları ortak bir iddia da evrenin altı günde (dönemde) yaratıldığıdır. Tevrat'ta geçen "gün" (dönem) kelimesinin İbranicesi "yovm" dur. Bu kelimenin İbranicesi hem 24 saatlik bir günü, hem de "zamansal bir dönemi" ifade eder. Birçok Tevrat yorumcusu, Tevrat'ın Tekvin (yaratılış) bölümünde geçen bu kelimenin "uzun zaman dönemleri" ifade eden anlamında anlaşılmasının doğru olduğunu söylemişlerdir Kur'an'da da aynı şekilde, evrenin altı günde (dönemde) yaratıldığı söylenir. Kuran'da geçen altı gün (dönem) kelimesinin Arapça karşılığı, İbranice ile aynı kökten geldiği hemen belli olan "yevm" kelimesidir. Aynı şekilde Arapça dilinin uzmanları, bu kelimenin hem gece ve gündüzün birleşiminden oluşan güne, hem de bir zaman dilimini ifade eden devire karşılık geldiğini, evrenin altı "yevm" de yaratılmasından "altı devirde" yaratılmasını anlamanın daha doğru olduğunu söylemişlerdir. Gece ve gündüzden oluşan gün, Dünya'nın yaratılmış olmasına ve Dünya'nın içindeki süreçlere bağlıdır. Dünya'nın var olmadığı bir durumda, Dünya'daki günden bahsedilemeyeceği için; "yevm" kelimesini "devir" olarak anlamanın daha doğru olduğu açıktır. Sonuç olarak vahiy dinlerinin kutsal metinlerinde evrenin bir kerede yaratıldığı ve yaratma faaliyetinin bittiği söylenmez. Evrenin farklı aşamalardan geçerek yaratılmış olduğu söylenir.

Big Bang, evrenin farklı aşamalar geçirerek yaratıldığını en mükemmel şekilde ortaya koyar. Big Bang'in başlangıcında evren çok yoğun ve çok sıcak durumdadır, evrenin genişlemesiyle yoğunluk ve sıcaklık düşmüş ve buna bağlı olarak farklı aşamalar yaşanmıştır. Bu süreçlerde ilk patlamadan atomaltı parçacıklara, atomaltı parçacıklardan ilk atomlara, ilk atomlardan yıldızların farklı evrelerine kadar süreçler yaşanmıştır. Tüm bu oluşumlarda aşamalı bir süreç vardır ve her süreçteki oluşumlar diğerlerinden farklıdır. Big Bang'in verileri, tevhid dinlerinin, evrenin farklı dönemlerden geçerek yaratıldığını söyleyen izahlarıyla uyumludur. Önceden gördüğümüz Aristo'nun ezeli yakıtla yanan yıldızlarının durağanlığı veya Durağan Durum modelinin savunduğu gibi hep aynı süreci yaşayan evren tasarımı, farklı aşamalar geçiren evren tasarımı ile uyuşmaz. Big Bang'in ve diğer modern fiziğin verileri, vahiy ile bu konuda da uyumludur. Bu yüzden Yaratıcı'nın evreni bir saat gibi kurmasına ve saatin sürekli aynı hareketleri tekrarlamasına benzer bir model, tevhid inancının Yaratıcı'sıyla, farklı dönemlerin yaşandığı bir evren modeli kadar iyi uyuşmaz. Gerek evrenin genişlemesindeki dinamizm, gerekse evrensel oluşumlardaki farklı aşamalar, Allah'ın, evrenin farklı dönemlerinde, evren üzerindeki faalliğini göstermektedir. Farklı dönemlerin olduğu bu model, Yaratıcı'yı, evrenin sadece başına koymaya çalışan ve Allah'ın etkenliğini görmezden gelen "deist" yaklaşımı geçersiz kılar. Bu modelin her aşamasındaki farklı yaratılışlar, evrenin bilinçli bir tasarımla yaratıldığının delilidir; bu, bir sonraki maddede ve ileride müstakil bir bölümde incelenecektir.

Dolayısıyla, Big Bang'in felsefi sonucunu inceleyenlerin çoğu, Big Bang'in "evrenin başlangıcını" gösteren ilk maddede incelediğimiz felsefi sonucunu -ki en önemli felsefi sonucu budur- detaylıca incelemişler, bu maddede belirtilen sonuç üzerinde pek durmamışlardır. Oysa ki bu sonuç Big Bang'in ortaya koydukları ile tek Tevhid inancının binlerce yıldır savundukları iddiaların uyumunu göstermesi açısından önemlidir.

4- ÖYLEYSE, EVREN BİLİNÇLİ BİR ŞEKİLDE TASARLANMIŞTIR:

Tevhid inancı, Allah'ı bilinçli, bilgi sahibi, kudretli, maddi evren üzerinde istediği düzenlemeyi yapan bir Güç olarak tanımlarlar. Bunlar Allah'ın en önemli olmazsa olmaz sıfatlarındandır. Bu yüzden, Evrendeki bilinçli tasarım, Allah'ın varlığını ispatlamada tasarım delili, teleolojik delil, gaye ve nizam delili veya marifetullah gibi adlarla anılmıştır ve bununla Allah'ın varlığının yanında en önemli sıfatları da temellendirilmektedir. Güneş sistemimizden atomaltı dünyaya, elementlerin kimyasından canlılar dünyasına kadar birçok yerde bu delilin (veya deliller ailesinin) sayısız verileri bulunmaktadır. Big Bang ile oluşan süreçler de bu sayısız verilere destekte bulunmaktadır.

Örneğin, Big Bang başlangıcındaki patlamanın şiddeti, evrenin genişleme hızını belirler. Çünkü bu, olayın hızını belirleyen ve kontrol eden bir bilincin, yani bir yaratıcının varlığını gerektirir. Bu genişleme biraz daha yavaş olsaydı bütün madde çekim gücüyle yeniden kapanacaktı ve evren oluşamayacaktı. Eğer genişleme daha şiddetli olsaydı evrenin maddesi tamamen dağılacak ve hemen Büyük Donma (Big Chill) sürecine girilecek ve evren artık oluşamayacaktı. Anlaşılıyor ki, evrenin genişleme hızı inanılmayacak kadar hassas bir şekilde tasarlanmıştır. Dolayısıyla, Big Bang rastgele bir patlama değil, bilinçli bir şekilde bir amaca göre (teleolojik) tasarlanmış, çok iyi hesaplanmış ve gerçekleştirilmiş bir patlamadır. Evrenin başlangıç anının düşük entropili başlatılması ve böylece galaksi sistemlerinin, yıldızların ve canlılığın ortaya çıkmasına olanak verilmiş olması da çok önemlidir. Evrenin her aşamasında kritik değerler gözetilmiş ve bu, canlılığın ileride ortaya çıkmasının sebebi olmuştur. Atomaltı dünyada ortaya çıkan parçacık ve karşı parçacıkların oranında, atomun içindeki nükleer kuvvetin ve elektromanyetik kuvvetin değerinde, protonların ve elektronların birbirlerine göre oranlarında hep bu kritik değerler gözetilmiştir. Tüm bu kritik değerlerin sağlanması ise ancak Big Bang başlangıcındaki tasarım ve ayarlamayla mümkündür. Big Bang'in sunduğu bu delillerin birçoğunu olasılık hesapları çerçevesinde matematiksel olarak ifade etmek mümkündür. Bunu şöyle bir örnek benzetme ile de daha ayrıntılı bir şekilde açıklayabiliriz:

"Örneğin, büyük bir şehre gittiniz. Her tarafta mükemmel bir düzenleme ve tasarımın olduğunu gördünüz. Numune olarak o şehirdeki bir fabrikaya girdiniz. Gördünüz ki, fabrikanın içerisinde birbirinden karmaşık ve birçok fonksiyonu bulunan pek çok makine var. Fakat ortada hiçbir usta ve işçi görünmüyor. Fakat fabrika, mükemmel bir tarzda ürettiği ve paketlediği ürünleri imal edip tüm şehre gerekli miktarlarda dağıtıyor.

Her bir üründen gerekli miktarda alınıyor, ne bir fazla ne bir eksik ve ihtiyaca göre kontrollü olarak sarf ediliyor. Üstelik, her seferinde tek bir kez kullanılan ürünler fabrikaya geri getirilip daha farklı ve daha karmaşık bir sanat içeren ürünler meydana getiriliyor. Sanki sanat içerisinde daha girift bir sanat işlettiriliyor.

Şimdi siz, numune olarak o fabrikadaki makinelerdeki acayipliği ve tasarıma daha iyi dikkat etmek için bir makineyi açıp içerisini incelediniz. Bir de gördünüz ki, her makinede yüzlerce aksam, kontrol paneli, program, düğme, somun, vida ve civata benzeri kısımlar bulunuyor. Üstelik, o makinenin her bir parçası üretilen ürünlerden daha sanatlı ve mükemmel görünüyor. Şimdi siz şöyle hükmedebilir misiniz ki, tüm o makineleri, fabrikaları ve koca o bütün şehri, üretilen küçücük basit bir ürün idare etsin ve yönlendirsin. İşte, kainatın yaratılış anındaki durum da aynen böyledir. Elbette hiçbir akıl sahibi insan böyle uzak bir muhali kabul etmeyecek ve içindekilerle beraber tüm şehrin mükemmel bir sanat sahibi mimar, usta ve mühendisler tarafından inşa edildiğini anlayacaktır. Fakat bu arada, şu aklımıza gelebilir: şehri inşa eden tüm o işçiler, ustalar ve mühendisler nerede? Niçin görünmüyorlar? Eğer göremiyorsam ustaya da iman etmem diyebilisiniz; fakat Şehir içerisinde cereyan eden tüm bu antika sanat eserlerini inkar edebilir misiniz? Edemezsiniz! Yapılan sanat ve eser ortada, yani göz önündedir.

İşte yukarıdaki benzetmede ele aldığımız, şehir ve fabrika örneği gibi, tıpkı bir şehir hükmündeki tüm evren gibi; onun içerisinde yaratılmış olan her bir canlı varlık da, tıpkı bir makine veya o makineden yüz kat daha sanatlı olan bir parçası hükmündeki tek bir hücresi gibi, belki kainattan daha sanatlı ve harika tarzda inşa edilen

birer şehir hükmündedir ki, içerisinde yukarıda örneğini verdiğimiz tek bir üründen binlerce kat daha karmaşık ve kompleks olan çok daha fazlası, o fabrikalarda üretilir, işlenir, dağıtılır ve toplanır. Fakat bu kompleks aşamaların hiçbirisinde en ufak bir yanlışlık ve kontrol dışı olay gerçekleşmez. Dolayısıyla, elbette ki, böyle muhteşem bir faaliyet kendi kendine ve tesadüfler eseri olması mümkün değildir. Harici bir yaratıcının varlığı, gözle görülmese bile mevcut olması gerektiğini bildirir.

Çünkü ortaya konulan sanat ve icraat O'nun varlığını isbatlamak için yeterli bir delildir ve belki bunun için, yani maharetini ve sanatını dikkatli gözlemcilere, yani insanoğluna göstermek için ve kendi varlığını bildirmek için bu kainat şehrini düzenlemiş ve içerisinde belki de o şehirden daha sanatlı olan milyarlarca müdakkik gözlemciyi var etmiştir. Hem nasıl ki, küçük bir yaban arısı veya karınca bu kainatın yaratıcısını gösterdiği gibi, içerisindeki atom ve moleküllerle bir şehir hükmünde veya içerisinde yüzlerce makinenin bulunduğu sanatlı bir biyokimya fabrikası ise; aynen bu şekilde uzaydaki milyarlarca dev galaksiler de, içerisinde barındırdıkları ve çekim kuvveti etkisiyle dağılmamak üzere mükemmel bir şekilde bir arada tutulan yıldız ve gezegenleriyle devasa bir ülke hükmünde veya içerisinde yüzlerce reaktörün bulunduğu nükleer yakıt fabrikasıdır. Hem bu büyüklük farklarına ve aralarındaki büyük uzaklık farklarına rağmen, şu küçücük fabrikalardaki kurallarla devasa büyüklükteki tesislerde hükmeden kanunların aynı olması ve aynı mükemmellikte, kolaylıkta ve nizam altında kusursuzca gizli bir sermayedar tarafından işlettirilmesi; elbette tüm bu kanunları ve kuralları koyan zatın aynı ve tek bir zat olduğuna ve tüm kainatın tasarrufunu elinde bulundurduğuna, içerisinde bulunan tüm canlı ve cansız varlıklar adedince kuvvetli birer delildir. Hem yine aynı şekilde, bu fabrika şeklindeki canlı ve cansız varlıklar üzerinde hüküm süren inşaat, üretim, dağıtım, tanıma, haberleşme gibi yüzlerce faaliyet ile beslenme, korunma, savunma, bilgi toplama, bilgi kopyalama gibi işlemleri gerçekleştiren şuursuz ve rasgele dağılmış bir halde bulunan atom ve moleküllerle kainat kitabında teşkil edilen yüzlerce harf, isim, sıfat, zarf, cümle ve parağraf; O zatın o varlıklar üzerindeki tecellisine, O'nun isim ve sıfatlarına dalalet eder.

Hem mesela, bir hücrenin hayata başlayıp canlı bir organizma olması için gerekli olan atom ve moleküller tüm kainattan toplanıp, "KÛN" "OL" emr-i ilahisiyle vücut bulduğunda Muhyî ismine mazhar olduğu gibi; yaratılması ve inşası sırasında o hücre, Bâri ismine tecelli olur ve o Sâni-i Bâri'sini gösterdiği gibi; teşekkülü sırasında Musavvir ismine; gıda için ihtiyaç duyduğu maddeleri dışarından aldığında Rezzak ismine; rızık olarak ihtiyaç duyduğu maddeleri taleb ettiğinde

Mürîd ismine; zararlı maddeleri dışarı atıp kendisini tamir ettiğinde Dâfi ve Şâfi ism-i celillerine; hayatını devam ettirecek faaliyetlere devam edip vazifesini yerine getirdiğinde Hay ve Kayyum ism-i celillerinin tecellisine ve hayata veda ettiğinde Mümît ism-i celiline mazhar olur. İşte bütün canlı organizmalar bunun gibi, hem kendi hayatiyetiyle, kendi varlığını gösterdiği gibi; yaratıcısını, Hâlik ism-i celiliyle kendi üzerinde kendisinden daha fazla gösterir ve müdakkik gözlemcilere tanıttırır.."

5- TÜM BUNLARIN FELSEFİ VE MANTIKSAL SONUCU OLARAK, EVRENİN BAŞLANGICI GİBİ SONU DA VARDIR:

Allah tarafından gönderilen tüm Vahiy dinleri, kendileri dışındaki tüm düşünce sistemlerinden, dinlerden ve felsefelerden ayıran diğer önemli bir nokta da evrenin bir sonunun olacağını söylemeleridir. Big Bang'in felsefi sonuçları üzerine yapılan tartışmalarda, bu sonucun üzerinde de yeterince durulmamıştır. Oysa bu sonucun da, tarih boyunca yapılmış çok temel bir tartışmada, kimin haklı olduğunu göstermesi açısından büyük bir önemi bulunmaktadır.

Genişleyen evrenin ise, karşılaşacağı iki tane son senaryosu vardır:

1- Ya evren sürekli genişleyecek ve sonunda bir ısı ölümü yaşanacaktır. Buna Büyük Donma (Big Chill) denmektedir.

2- Ya da çekim gücü bir noktada genişlemeye baskın çıkacak ve evren büzülmeye başlayıp sonunda bir tekillikte kaybolacaktır. Buna ise Büyük Çöküş (Big Crunch) denmektedir.

Bu senaryoların hangisi doğru olursa olsun evrenin bir sonunun olduğu görülmektedir. Binlerce yıldır Vahiy dinlerine karşı ateistler ve diğerleri, evrenin sonsuza kadar var olacağını iddia etmişler ve adeta kendi ölümlerine karşı teselliyi evrenin ebedi varlığında aramışlardır (Bu tesellinin bir kendini kandırma olduğu çok açıktır). Big Bang, Tevhid görüşünün karşısındaki tüm bu sistemlerin yanlışlığını ilan etmiştir. Tarih boyunca bu çok önemli konudaki doğru tezi savunmanın ayrıcalığı da Allah tarafından gönderilen Hak dinlere aittir.

İnsanların ölümlerinden sonrasıyla ilgili anlatımlarda (Eskatolojide –Kıyamet, yani dünyanın sonunu inceleyen bilim dalı), Dünya'nın ve evrenin sonunun gelecek olması çok önemli bir yere sahiptir. Örneğin, evrenin hem sonsuzdan beri var olduğunu hem de sonsuza dek var olacağını söyleyen Hindu inancındaki reenkarnasyon görüşünü incelersek bunu görürüz. Hindu inancında sonsuza dek var olacak bir evrene inanıldığı için, ruhların sonsuza dek bu Dünya'nın içindeki bedenler arasında dolaştığı söylenir. İnsanların tamamen yok olmasını içine sindiremeyen bu anlayış, artan insan nüfusunun, belirli sayıdaki ruhların karşılamasındaki güçlüğü de görmezden gelmiştir. Bu anlayışın oluşmasında sonsuza dek var olacak evren tasarımı çok önemli bir yer oynamıştır. Big Bang'in evrenin başlangıcı olduğunu göstermesi, Hint felsefesini kökünden yıktığı gibi; Big Bang'in,

evrenin sonu olduğunu göstermesi ise zaten yıkılmış olan Hint felsefesinin reenkarnasyon inancını geçersiz kılmıştır. Dolayısıyla Hak dinlerin, insanın ölümünden sonraki süreçle ilgili anlatımları, evrenin ve Dünya'daki canlılığın sona ermesi ile başlar.

Soru: Kainattaki bilinçli tasarıma verilebilecek başka örnekler var mıdır?

Cevap: Bu konu da kainatın ve canlıların yaratılışı ile yakından ilgili bir mesele olup, yüzlerce ve hatta milyonlarca yaratılış delili bulunmaktadır. Fakat bu kısa çalışmamızda tüm bunların hepsine birden değinmek imkansız olacağından, şimdilik numune olması için bunlardan 40 tanesine değineceğiz.

KAİNATTAKİ BİLİNÇLİ TASARIMA VERİLEBİLECEK 40 ÖRNEK:

Evrendeki tasarıma dair birçok veri o kadar yenidir ki, birçoğu 20. yüzyılın ikinci yarısında fark edilmiş olup, tarihin eski dönemlerinde yaşayanların ve hatta günümüzde bile geniş kitlelerin bunlardan henüz haberi yoktur. Bu verilerin adedi ise inanılmaz boyuttadır. Bu verilerin sadece 40 tanesini örnek olarak vereceğiz. Hiç şüphesiz biyoloji bu konuda en çok örneğin verilebileceği alandır. Ancak bu örnekleri ve bu konunun biyoloji ile ilgili boyutunu bundan sonraki bölümlerdeki çalışmalarımıza bırakarak, listede biyoloji ile ilgili örnek vermeyeceğiz. Burada dikkat edilmesi gereken en önemli husus, listede vereceğimiz bu örneklerin

Dünya'mızdaki canlılığın oluşabilmesi için olmazsa olmaz şartlar olmasıdır:

1) Evreni meydana getiren patlama biraz daha şiddetli olsaydı, evrendeki tüm madde dağılırdı; eğer patlama biraz daha yavaş olsaydı, bütün madde hemen kapanacaktı. Her iki durumda da ne galaksiler, ne yıldızlar, ne dünyamız, ne de canlılar oluşurdu. Patlamanın galaksileri, yıldızları, Dünya'mızı ve canlıları oluşturacak şekilde olmasının olasılığı havaya atılan bir kurşun kalemin sivri ucu üstünde durması kadar bile değildir.

2) Big Bang'in patlama anında eğer daha fazla madde olsaydı evren hemen kapanacaktı. Eğer patlama anında madde daha az olsaydı patlama galaksileri oluşturmadan maddeyi dağıtabilirdi. Görülüyor ki Big Bang, hem şiddeti, hem madde oranı, hem de bunların birbirine göre düzenlenmesiyle bilinçli ve mükemmel bir tasarımın ürünüdür.

3) Big Bang'in başlangıcının çok yüksek sıcaklıkta olması sayesinde atom-altı dünyadaki oluşumlar gerçekleşmiştir. Böylece de galaksilerden canlılara kadar olan süreç mümkün olmuştur.

4) Evrenin başlangıçtaki homojen yapısı da galaksilerin oluşmasının bir şartıdır. Başlangıç homojenliğindeki ufak bir azalma galaksilerin oluşmasına izin vermeyecek ve tüm maddenin karadeliklere dönüşmesi sonucunu doğuracaktı. O zaman da biz var olamayacaktık.

5) Evrende entropi sürekli artmaktadır. Bu ise, evrendeki başlangıç anında çok düşük entropili bir başlangıcın olması gerektiği anlamını taşır. Bu olasılığın gerçekleşmesi imkansızdır. Roger Penrose, düşük entropili bu başlangıcın gerçekleşme ihtimalini $10^{10^{123}}$ ' te 1 olarak hesaplamıştır. Bu ise imkansız demektir. Çünkü kainatın başlangıç anındaki entropi çok yüksekti. Demek ki, kainat bilinçli bir kontrol edici tarafından kademe kademe soğutulmakta ve ancak bu sayede ısısını korumaktadır.

6) Big Bang'den sonra açığa çıkan protonlar ve anti-protonlar birbirini yok eder. Canlılığın oluşabilmesi için proton sayısının, anti-protonlardan çok olması gerekiyordu ve öyle olmuştur.

7) Aynı şekilde nötronlar ve anti-nötronlar birbirini yok eder. Canlılığın oluşabilmesi için nötron sayısı, anti-nötronlardan çok olmalıydı ve öyle olmuştur.

8) Elektronlar ve pozitronlar da birbirini yok eder. Canlılığın oluşabilmesi için elektron sayısı, pozitronlardan çok olmalıydı ve öyle olmuştur.

9) Kuarklar ve karşı kuarklar da birbirini yok eder. Oysa yaşamın varlığı kuarkların daha fazla olmasına bağlıdır ve kuarklar karşı kuarklardan daha çok olmuşlardır.

10) Evrende canlılığın oluşabilmesi için proton, nötron ve elektronların kendi antimaddelerinden daha fazla olmaları gerektiği gibi, birbirlerine göre belirlenmiş oranlarda yaratılmış olmaları da gerekmektedir. Bu da canlılığın bir şartıdır.

11) Evrende canlılığın oluşabilmesi için proton, nötron ve elektronların kütleleri de mevcut şekilde olmalıdır. Bu parçacıkların mevcut kütleleri farklı olsaydı yaşam için gerekli atomlar oluşamayacaktı.

12) Protonlar ve elektronlar çok farklı kütlelerine karşın elektrik yükleriyle birbirlerini dengelerler. Eğer bu denge sağlanmasaydı da canlılık için gerekli atomlar oluşamayacaktı. Elektronun elektrik yükü biraz farklı olsaydı yıldızlar oluşamazdı.

13) Eğer evrendeki nötrino miktarı daha az olsaydı galaksiler oluşamayacaktı. Eğer nötrino miktarı daha fazla olsaydı galaksiler çok yoğun olacaktı. Her iki durum da canlılığın oluşmasını engellerdi.

14) Güçlü nükleer kuvvet çekirdekteki proton ve nötronları bir arada tutar. Bu kuvvet biraz daha zayıf olsaydı, hidrojen dışında hiçbir atom, dolayısıyla canlılık oluşamazdı.

15) Zayıf nükleer kuvvet biraz daha güçlü olsaydı, Big Bang'te çok fazla hidrojen helyuma dönüşürdü. Eğer bu kuvvet biraz daha zayıf olsaydı, yıldızlardaki ağır elementlerin oluşumu olumsuz etkilenecekti ve canlılık oluşamayacaktı.

16) Elektromanyetik kuvvet daha şiddetli olsaydı kimyasal bağların oluşumunda sorun çıkardı. Eğer daha zayıf olsaydı kimyasal bağların oluşumu sorunlu olurdu ve canlılık için mutlak gerekli olan karbon ve oksijen atomları yetersiz kalırdı.

17) Çekim gücü daha kuvvetli olsaydı, tüm yıldızlar bu kuvvetin gücüne direnemeden karadeliklere dönüşürdü. Eğer daha zayıf olsaydı, ağır elementleri oluşturacak yıldızlar oluşamayacaktı. Her iki durumda da canlılık oluşamazdı.

18) Zayıf nükleer kuvvet, güçlü nükleer kuvvet, elektromanyetik kuvvet ve yerçekimi kuvveti belli kritik değerler gözetilerek yaratılmaları gerektiği gibi, birbirlerine göre uygun oranlarda da yaratılmaları gerekmektedir. Bu hem galaksilerin ve yıldızların, hem de tüm canlıların var olabilmesi için gerekli çok hassas bir dengedir.

19) Canlılığın oluşabilmesi için yıldızlar arası mesafe belli bir büyüklükte olmalıdır. Eğer yıldızlar birbirlerine daha yakın olsaydı çekim gücünün fazlalığı gezegenlerin yörüngelerini bozacaktı. Eğer yıldızlar birbirlerine daha uzak olsaydı süpernovalar tarafından evrene saçılan ağır atomlar çok geniş bir alana yayılacaktı ve yaşam için gerekli atomlar yeterli düzeyde olamayacaktı.

20) Hayat için gerekli atomlardan en önemli ikisi karbon ve oksijendir. Bu atomlardan karbonun oksijen atomunun enerji seviyesine olan oranı daha yüksek olsaydı canlılık için gerekli oksijen yetersiz olurdu. Eğer mevcut oran daha düşük olsaydı canlılık için gerekli karbon yetersiz olurdu.

21) Hayat için büyük önemi olan

karbon ve oksijen atomları birbirlerinin enerji seviyelerine bağlı oldukları gibi, helyum atomunun enerji seviyesine de bağlıdırlar. Helyumun enerji seviyesi yüksek olsaydı yaşam için gerekli karbon ve oksijen miktarı yetersiz olurdu, eğer helyumun enerji seviyesi düşük olsaydı yine yaşam için gerekli karbon ve oksijen miktarı yetersiz olacaktı.

22) Süpernova patlamalarının uzaklığı,yakınlığı ve sıklık derecesi de canlılık için çok önemlidir. Örneğin bu patlamalar çok yakın olsaydı oluşacak radyasyon canlılığı yok edebilirdi. Eğer bu patlamalar çok uzak olsaydı canlılık için gerekli ağır atomlar yeterli seviyede olmayacaktı.

23) Dünya'mızda canlılığın oluşabilmesi için galaksimizin belli oranda maddeye sahip olması gerekmektedir. Eğer madde oranı fazla olsaydı Güneş'in yörüngesi değişirdi. Eğer daha az madde olsaydı, Güneş'imiz gibi yeterli zaman yaşayacak bir yıldızın var olması mümkün olmayacaktı. Ayrıca galaksimizin büyüklüğü, şekli ve başka galaksilere uzaklığı da canlılığın oluşması için çok önemlidir.

24) Jüpiter gezegeninin büyüklüğü ve mesafesi de Dünya'mızdaki canlılığı mümkün kılan koşullardan biridir. Eğer Jüpiter şu andaki yerinde ve büyüklüğünde olmasaydı, Dünya'mız meteor yağmurlarına karşı bu kadar güvenli olmazdı. Ayrıca mevcut yörüngemiz de değişirdi. Bu iki durum da canlılık için ayarlanmış çok özel koşulları bozardı.

25) Dünya'mız, Güneş'e daha uzak olsaydı, yaşama olanak tanımayan bir soğuk ve buzullarla karşı karşıya kalırdık. Eğer Güneş'e daha yakın olsaydık yeryüzündeki su buharlaşır ve yaşam mümkün olmazdı.

26) Dünya'mızın çekimi daha fazla olsaydı, amonyak ve metan oranının artması gibi durumlar yeryüzünün canlılığa elverişli bir ortam olmasını engellerdi. Eğer Dünya'mızın çekimi daha az olsaydı atmosfer çok su kaybeder ve canlılık için elverişli ortam kalmazdı.

27) Dünya'mızın çevresindeki manyetik alan da çok özel olarak ayarlanmıştır. Eğer bu manyetik alan daha güçlü olsaydı, Güneş'ten gelen canlılık için yararlı ışınları da engelleyebilirdi. Eğer bu manyetik alan daha zayıf olsaydı, Güneş'ten gelen zararlı ışınlar yaşamın oluşmasına olanak tanımazdı.

28) Yeryüzünden yansıtılan ışık ile yeryüzüne çarpan ışık da belli bir oranda olmalıdır. Eğer bu oran daha büyük olsaydı yeryüzü buzullarla kaplanırdı. Eğer bu oran daha küçük olsaydı sera etkisiyle aşırı ısınan yeryüzü yaşama elverişli olmazdı.

29) Yaşam için yer kabuğunun kalınlığı da önemlidir. Yer kabuğu daha kalın olsaydı, atmosferden yer kabuğuna oksijen transferiyle oksijen dengesi bozulurdu. Yer kabuğu daha ince olsaydı yer kabuğunun her yerinden sürekli volkanlar fışkırırdı. Bu ise hem iklimi değiştirir, hem de canlılığı yok ederdi.

30) Atmosferdeki oksijen miktarı da

yaşam için kritik bir değerde yaratılmıştır. Bu değer eğer yüksek olsaydı, yeryüzünde sürekli yangınlar çıkardı. Bu değer eğer alçak olsaydı solunum yapmak imkansız olurdu.

31) Atmosferdeki karbondioksit oranı da yaşamı mümkün kılacak bir değerde yaratılmıştır. Karbondioksit daha fazla olsaydı sera etkisi oluşacaktı. Eğer daha az olsaydı bitkilerin fotosentez yapması mümkün olmayacaktı.

32) Dünya'mızdaki ozon miktarı da çok kritik bir değerde yaratılmıştır. Eğer bu değer daha yüksek olsaydı yüzey sıcaklığı çok düşerdi. Eğer bu değer daha düşük olsaydı hem yüzey sıcaklığı çok yükselirdi, hem de yaşamı yok edecek şekilde ultraviyole artardı.

33) Yaşam için atmosfer basıncının da belli bir değerde olması gerekmektedir. Eğer atmosfer basıncı daha düşük olsaydı, buharlaşan su miktarı artacak ve bu sera etkisi oluşturacaktı, atmosferdeki su buharı azalacak ve dünya çölleşecekti.

34) Atmosferdeki havanın solunabilmesi için havanın belli bir basınçta, akışkanlıkta ve yoğunlukta olması lazımdır. Atmosferin yoğunluğunda ve akışkanlığındaki ufak bir değişiklik nefes almamızın imkansız olmasına sebep olabilirdi.

35) Canlılık için olmazsa olmaz şart olan karbon atomunun, yıldızların içindeki oluşumu çok kritik değerler altında meydana gelmektedir. Bunun için iki helyum atomu birleşip 0.000000000000001 saniye gibi kısa bir süre berilyum atomuna dönüşürler ve

üçüncü bir helyumun eklenmesiyle karbon atomu oluşur. Bahsedilen atomların enerji seviyelerindeki ufak bir farklılık karbon atomunun ve canlılığın ortaya çıkışını imkansızlaştırırdı.

36) Tüm canlılar karbon atomunun diğer elementlerle bileşikler yapması sayesinde var olmuşlardır. Karbon, yaşam için gerekli olan bileşikleri ancak dar bir sıcaklık aralığında gerçekleştirebilir. Bu sıcaklık aralığı ise Dünya'nın sıcaklığıyla tam uyumludur. Oysa evrende yıldızların içindeki milyarlarca derece sıcaktan mutlak sıfır olan -273 dereceye kadar geniş bir aralık mevcuttur.

37) Karbon atomunun oluşturduğu kovalent bağlar gibi zayıf bağlar da ancak belli bir sıcaklık aralığında gerçekleşebilirler. Bu sıcaklık aralığı ise Dünya'da var olan sıcaklık aralığı ile tam uyumludur. Zayıf bağlar gerçekleşmese hiçbir canlı var olamazdı.

38) Yaşam için bütün şartları yerine getiren Dünya'mızın, yaratılma zamanı da yaşama tam uygun olarak seçilmiştir. Dünya eğer daha önce yaratılsaydı canlılık için gerekli ağır atomlar (karbon, oksijen gibi) yeterli miktarda bulunmayacaktı. Eğer Dünya'mızın yaratılışı daha sonraya kalsaydı, Güneş sistemimizi oluşturacak yoğunlukta ham madde kalmamış olacaktı.

39) Canlılığın mümkün olabilmesinin şartlarından biri de suyun belirli bir yüzey gerilimine sahip olmasıdır. Bitkilerin suyu topraktan emmeleri ve en üst noktalarına kadar iletebilmeleri bu gerilimin tasarlanmış olması sayesindedir. Bu gerilim daha farklı olsaydı ne bitkilerden, ne de diğer canlılardan söz edebilirdik.

40) Suyun reaksiyon kabiliyeti de canlılığın diğer şartlarından biridir. Su ne bazı asitler gibi parçalayıcı özellikler gösterir, ne de argon gibi hiçbir reaksiyona girmeden durur. Suyun akışkanlık değeri, suyun katı halinin sıvı halinden daha hafif olması da yeryüzündeki canlılığa büyük katkıda bulunur.

Soru: KAİNATTAKİ TÜM ATOMLAR VE TÜM UZAY-ZAMAN BİRLEŞSE TESADÜFEN BİR PROTEİNİ OLUŞTURABİLİR Mİ?

Cevap: Bu mesele de oldukça geniş olup, kainatta yaratılışı isptlayan ve tesadüfi oluşumların imkansızlığını ortaya koyan milyarlarca, belki kainattaki zerreler adedince deliller bulunmaktadır. Nasıl ki, ışıldayan tüm şeffaf nesneler güneşin varlığına delalet ettiği ve varlıklarını kendiliğinden oluşturmadıklarına bir delil olarak ispat ettiği gibi; işte aynen bunun gibi, kainatta bulunan ve mükemmel bir tasarım ve programlama içeren her bir varlık da, kendi lisan-ı haliyle yaratıcıyı isbat etmektedir. Fakat şimdilik burada, bu yaratılış delillerine tek tek girmeyerek, kainattaki var olan bir canlının veya bir molekülün tesadüfen meydana gelme olasılığının ne kadar zayıf olduğunu inceleyeceğiz.

YARATILIŞA İLİŞKİN OLASILIK MANTIĞI

Yukarıda incelediğimiz 40 örnek, evrenin ve Dünya'mızın içindeki oluşumların, yaşamı mümkün kılacak şekilde düzenlendiğini göstermektedir. Tüm bu düzenlemelerin tesadüfen, bilinçsizce, rastgele oluştuğunu söylemek mantıklı değildir.

Evrenin bilinçli bir şekilde düzenlendiğini inkar etmenin kökeni mantıksal değil, daha ziyade psikolojiktir. Astronomi, fizik, kimya gibi bilimlerin verileri; evrenin çok kritik değerler gözetilerek, yaşama tam uygun olarak hazırlandığını ortaya koymaktadır. Eğer biyoloji alanına geçilirse bu deliller çok daha artmakta, her canlıdan, evrenin bilinçli olarak düzenlendiğine dair kanıtlar sağlanmaktadır. Evrenin yaratılışında çok kritik değerlerin gözetildiğini olasılık mantığı ile gösterebiliriz. Bu epistemolojide (bilgi teorisinde), olasılığın merkeze konduğu, matematiksel bir yaklaşımdır. Evrenin yaşama uygun bir şekilde düzenlendiğine dair birçok delilden 40 tanesini seçtik ki, bu delillerden ilginç olan iki tanesini inceleyerek olasılık mantığının nasıl kullanıldığını göstermeye çalışacağız.

BAŞLANGIÇ ENTROPİSİ VE OLASILIK İLİŞKİSİ:

Örnek vereceğimiz ilk delili ilk olarak ünlü matematikçi Roger Penrose açıklamıştır. Önceden termodinamiğin ikinci kanununa göre evrendeki entropinin sürekli arttığını ve bunun geriye çevrilemez olduğunu gördük. Entropi, sürekli düzensizliğin artmasının, matematiksel, nesnel bir ölçütüdür. Penrose'un dediği gibi yüksek entropi durumları doğal durumlardır, fakat düşük entropi durumları düzeni ifade ederler ve açıklama gerektirirler. Evrenin galaksileriyle, gezegenleriyle ve canlılarıyla varlığı, evrenin düşük entropili bir durumda başlamış olması sayesindedir. İşte evrenin bu başlangıcı bir açıklama gerektirmektedir. Evrenin başlangıcının çok ufak bir noktada olması da düşük entropinin açıklaması olamaz. Karadelikler hakkındaki matematiksel kuramlar konusunda en iyi olarak kabul edilen Penrose, ne karadelikler gibi ufak noktaların, ne de evren eğer bir gün Büyük Çöküş'ü (Big Crunch), yani Büyük Kıyamet'i yaşarsa evrenin sonundaki bu bileşimin, yüksek entropi durumundan kurtulamayacaklarını göstermiştir. Anlaşılmaktadır ki evrenin başlangıcındaki düşük entropi durumunun, evrenin başlangıcının çok ufak bir nokta olmasıyla ilgisi yoktur. Demek ki evrenin başlangıcındaki düşük entropi, evrenin hacminin çok küçük olması dışında bir açıklamayı gerektirir. Evrenin hacmi küçülse de büyüse de termodinamik ok tek yönlü olarak ilerler. Bunu, insanların yaşlanınca boylarının kısalmaya başlamasına benzetebiliriz, fakat bu durum insanların gençleştiği anlamını taşımaz. Aynen evrenin de hacmi küçülse bile entropisi düşmez. Entropi zaman gibidir: Tek yönlü, acımasız ve kesin olan ve Büyük Kıyamet süreciyle çok yakın bir ilişkisi bulunan fiziksel bir gerçektir. Penrose, evrendeki baryon (proton, nötron) sayısı olan 10^{80}' i, buna karşılık gelen foton sayısı ve karadelikleri de hesaba katarak, evrenin başlangıç entropisinin bilinçli bir şekilde düzenlendiğini ortaya koymaktadır. Penrose'un bulduğu bu sayı muazzam bir rakamdır.

Penrose bu sayıyı şöyle açıklar:

"*Yaratan'ın ne kadar kesin olarak isabetle hedefini belirlediği görülüyor, yani doğruluk oranı şöyledir:* $10^{10^{123}}$ *'de 1.*" Bu işlemi yapmak için önce 10^{123}' ü hesaplamak, sonra 123 sıfırlı bu sayıyı 10'un üzerine yazmak gerekir. Daha sonra 10'u bu sayı kadar kendisiyle çarpmak gerekir. Bu sayının yazılması bile mümkün değildir. Bu sayıyı yazmak bile gerçekten imkansızdır. Eğer bu sayı 10'un üzeri 10^{123} olarak değil de, klasik şekilde yazsaydık (üstsüz bir sayı olarak), sadece bu sayıyı yazmaya bile bütün insanların ömrü çok kısa gelirdi. Eğer evrendeki tüm proton, nötron, hatta fotonları kullansaydık ve her bir proton, nötron ve fotonun üzerine bir trilyon sayı yazsaydık, bu sayıyı yine yazamayacaktık. Bundan gerçekten de Yaratıcı'nın, her şeyi nasıl bilinçli bir şekilde yarattığı çok açık görülmektedir. Evrende var olan sıradan bir düzen değil, olağanüstü bir düzendir.

PROTEİNLER VE OLASILIK İLİŞKİSİ:

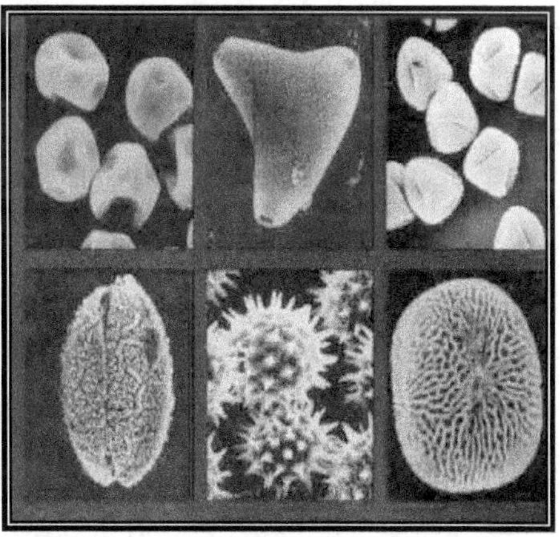

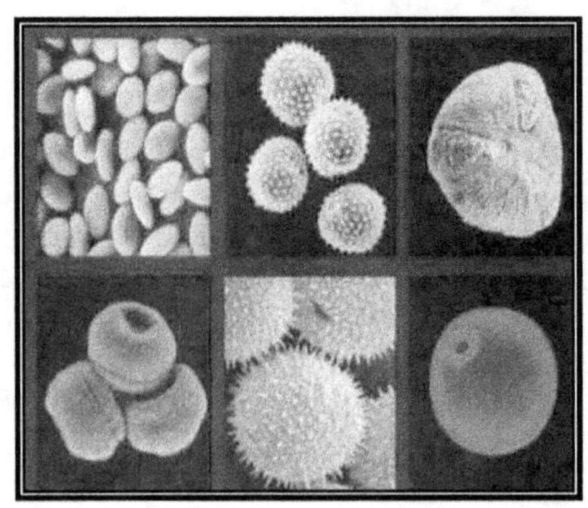

Kitabın bu bölümünde, kısa bir istisna yaparak biyoloji alanından da tasarım delili ve olasılık hesaplarıyla ilgili şöyle bir örnek verebiliriz. Biyoloji alanı belki de tasarım delili ile ilgili en çok delilin sunulabileceği alandır. Yüzbinlerce bitki çeşidinden sayısız böcek türlerine, balıklara, kuşlara, birbirlerinden çok farklı hayvan çeşitlerine ve insana kadar her tür birbirinden farklı çok ilginç özelliklere sahiptir. Dolayısıyla, bu milyonlarca örnek sayısının hepsini burada vermek mümkün değildir. Numune için yalnız bir tanesine değinerek, tesadüfün ne kadar imkansız ve yaratılışın ne kadar mümkün bir olay olduğunu matematiksel olarak ispatlamaya çalışacağız. Makro seviyede bu özelliklerin birçoğunu gözlemleyebiliriz. Mikro seviyeye inilince komplekslik daha da artmaktadır. Bunu göstermek için canlı organizmaların mikro bir parçası olan proteinleri inceleyebiliriz. Her canlı proteinlerden oluşur, proteinsiz bir canlı düşünülemez. En basit bakterilerde bile binlerce protein vardır.

Biz tek bir proteini alıp, bu proteinin tesadüfen oluşmasının olasılığını incelersek, canlılardaki mikro dünyanın sırf bu unsurunun bile bilinçli tasarımı ispatlamaya yeterli olduğunu görürüz. Örnek olarak vücudumuzdaki proteinlerin

en fazla bilinenlerinden biri olan hemoglobini (*Hem*) ele alalım. Bilindiği gibi hemoglobin kan hücrelerinde oksijen taşıma vazifesini görür. Bir insanda 60 octillion (60.000.000.000.000.000.000) civarında hemoglobin proteini bulunur. Hemoglobin 574 tane amino asidin arka arkaya gelmesi sonucunda oluşur. İnsan vücudunda 20 tane farklı amino asit kullanılır. Bu amino asitlerin herbiri tam doğru yerde olmalıdır. Örneğin orak hücre kansızlığı denen öldürücü hastalık, hemoglobin proteininin sadece tek bir amino asidinin doğru yerde olmamasından kaynaklanmaktadır. Bir hemoglobin proteinin sırf amino asitlerinin belli bir dizilimde olmasının olasılığını şöyle gösterebiliriz:

Bir amino asidin doğru yerde olma olasılığı: **1/20**

İki amino asidin doğru dizilme olasılığı: **1/20 × 1/20**

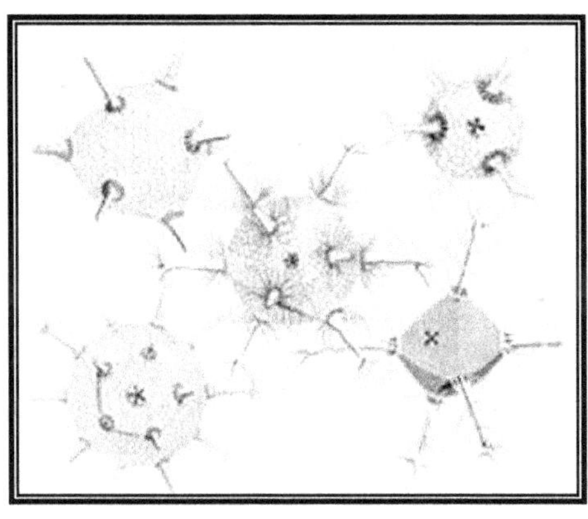

Üç amino asidin doğru dizilme olasılığı:

1/20 × 1/20 × 1/20

574 amino asidin (hemoglobin) doğru dizilme olasılığı ise:

1/20^{574}

olur. Bu olasılığın matematik açısından imkansız olduğunu şöyle düşünerek anlayabiliriz. Evrende 10^{80} baryon vardır. Evrendeki baryonları, fotonları, elektronları toplarsak 10^{90}'dan düşük bir sayı elde ederiz. Evrenin tahmin edilen yaşı 15 milyar yıldır. Evren: 15 milyar yıl x 365 gün x 24 saat x 60 dakika x 60 saniye = 473.040.000.000.000.000 saniye yaşındadır. Bu sayıyı da 10^{18} olarak alabiliriz. Bu iki sayıyı çarparsak 10^{90} ×10^{18} = 10^{108} eder. Şimdi bu bulduğumuz 10^{108} sayısı neyi ifade etmektedir? Bu sayı, evrendeki her proton, nötron, elektron ve fotonun her biri birer amino asit olsaydı ve her biri evrenin her saniyesi bir protein yapmaya kalksalardı, toplam olarak yapılacak denemenin sayısıdır (10^{120} 'nin 10^{108}'in bir trilyon katı olduğunu düşünün). Yüzbinlerce canlı türünün tek biri olan insanın, bir çok yapıtaşından tek biri olan proteinin, bir çok farklı tipinden tek biri olan hemoglobinin, tesadüfen oluşmasının imkansızlığı görülmektedir. Oysa amino asitlerin oluşma olasılığını, bir proteindeki amino asitlerin sol-elli olmasının olasılığını, proteinin üç boyutlu katlanmasının olasılığını göz ardı edip hiç hesaba katmadık. Bir proteinin, DNA'da kodlanışının olasılığını hesaplasaydık amino asit diziliminin olasılığından elde ettiğimizden de inanılmaz bir sonuçla karşı karşıya gelirdik. Evrenin tüm parçacıklarının, evrenin tüm zamanında oluşturmaya güç yetiremeyeceği bir molekülün (hemoglobinin), bilinçli bir tasarım olmasaydı var olamayacağı açıktır. Dolayısıyla ateistler, canlıların tasarım ürünü gibi gözüktüklerini, fakat uzun bir zaman sürecinde, birleşen tesadüflerle, bilinçli bir tasarım olmadan da tüm canlıların oluşabileceklerini söylemişlerdir. Oysa olasılık hesapları, evrenin tüm ömrünün ve tüm parçacıklarının tek bir proteini bile ortaya tesadüfen çıkarmasına imkan olmadığını ortaya koymuştur. Dünyanın içindeki tesadüfi evrim, doğal seleksiyon gibi süreçler ile bu hiçbir şekilde açıklanamaz. Linnaeus, Darwin, Heackel veya onların günümüzdeki savunucusu olan Dawkins gibi, doğal seleksiyon ve sırf canlıların üreme hücrelerindeki tesadüfi mutasyonlarla olayı açıklayanlar; evren kümesi yerine canlıların üreme hücrelerini, evrenin yaşı yerine canlıların yaşını koymuş oluyorlar. Örneğin, günümüzde Darwinizm'in uzantısı olan Materyalist Darwinizm'in en büyük savunucularından birisi olan İngiliz Biyolog Richard Dawkins, **"Gen Bencildir (1976)"** ve Paley'i eleştirmeci bir biçimde sorgulayan **"Kör Saatçi (1986)"** isimli eserlerinde türlerin rasgele ve birbirinden türediğini, modern biyolojideki bazı şaşırtmalı bilgileri ve hayali çizimleri de kullanarak bir yaratıcının olmadığını savunduğu fikirlerinde, çeşitli kelime oyunlarıyla okuyucuyu çelişkiye düşürmekte ve aldatmaktadır. Örneğin, son eserlerinden birisi olan ve biyolojik evrim yoluyla dinleri sorgulayan tartışmalı **"Tanrı Yanılgısı (2006)"** isimli eserinde de bu tür yorumlara (Bir süre dua eden deneklerin istediklerine kavuşamaması veya rasgele dizilen harflerden oluşan bir cümleyi oluşturmak için bir maymunun bilgisayarın klavyesindeki uygun tuşlara rasgele basarak istenilen cümleyi oluşturması veya tevratta ve eski ahitte yaratılış konusunun akıl ve mantık dışı bir şekilde anlatılması gibi v.b.) yer verir. Oysaki Dawkins'in verdiği tüm bu örnekler tekil, yani karşıt delil oluşturmak için seçilmiş müstakil ve pozitif delilleri olmayan kafa karıştırıcı birkaç meseleden ibarettir. Dawkins belirli örnekleri dinlerin kökeni için de kullanır ki, örneğin size eğer hindistan'da doğsaydınız hindu, brezilyada doğsaydınız nehir timsahına tapan biri olacağınızı örnek göstermesi bu karşıt delillerin en safsatasıdır. Oysa ki, Kur'an'da da bildirildiği gibi din özgürdür ve dinde zorlama yoktur ki, Avrupa'da ve Amerika'da müslüman olan milyonlarca insan bunun en iyi kanıtıdır ve Dawkins bu duruma nasıl cevap verebilecektir. Eserimizin birçok yerinde bu gibi meselelere olasılık hesaplarıyla ve matematiksel denklemlerle yüzlerce delil sunduğumuz gibi, tabiatta yaratılışın gerçek bir mu'cize olduğunu ve varlık alemindeki tesadüfi bir evrimin imkansız olduğunu ve sonsuz bir ilim ve kudret gerektirdiğini gösteren milyarlarca delili vardır. Dolayısıyla, Dawkins ve onun gibi düşünen sofistleri, bu delilleri inceleyip tesadüf elinin buralara nasıl uzanabildiğini düşünmeye davet ediyoruz. Dolayısıyla, yukarıda olasılık hesabıyla verdiğimiz, canlı organizmada kullanılabilen tek bir protein molekülünün dahi sentezlenmesi için kainattaki tüm zerrelerin sayısından daha büyük bir sayıyı veren tesadüfi bir raslantının olması gerekmektedir. Bu ise, imkansızdır. Kaldı ki, hücre içerisinde bundan daha kompleks bir yapıda olan binlerce molekül aynı anda ve aynı tarzda kolaylıkla inşa ve ihya edilir. Bu da, gösteriyor ki, bir proteini yaratmak için, gerçekten tüm kainatı yaratacak kadar bilgi ve maharet gerekmektedir. Şuursuz protein atomlarının ise, bu şuura, bilgiye ve maharete sahip olması düşünülemez. Dolayısıyla bu hadsiz mevcut durumdan, uygun olanlarının seçilip canlılığı oluşturacak şekilde moleküllerin dizilmesi ve hücrenin olağanüstü karmaşık ve kompleks yapısı zaten tavr-ı aklın haricindedir ve bu konu Dawkins'in evrim teorisine dayanan tesadüfi mekanizmalarını geçersiz kılmaktadır. Geldik ikinci meseleye ki, bunun halli de yaratılış çerçevesinde gayet kolaydır. Örneğin, Dawkins gibi biz de William Shakespeare'den bir örnek dize alalım ve harflerini karıştırarak, aşağıdaki gibi bir tablo oluşturalım ve bırakın bir maymunu dahiyane edebiyat bilgisi bulunan Shakespeare gibi; Victor Hugo, Balsac gibi şairler ile Aristo, Socrat ve Eflatun gibi felsefenin en meşhur dahilerinin uygun cümleyi oluşturmak için, harfleri rasgele seçerek aşağıdaki Shakespeare'e ait dizeyi tek seferde oluşturmalarını isteyelim:

"There is a tide in the affairs of men,

Which, taken at the flood, leads on to fortune;

Omitted, all the voyage of their life

Is bound in shallows and in miseries."

Bunun cevabı şöyle olacaktır:

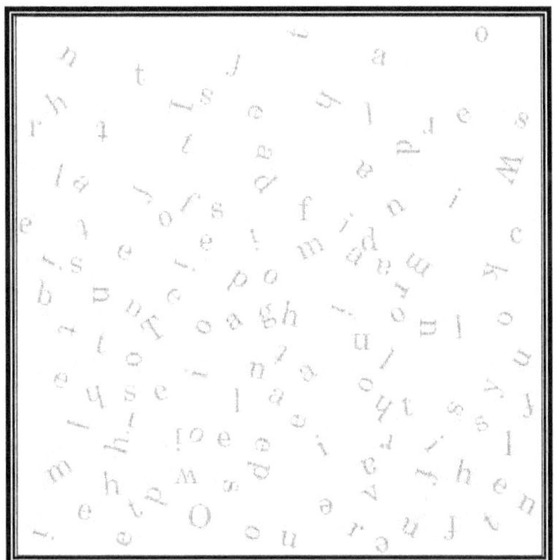

Shakespeare'e ait bir dizenin harflerinin karıştırılmış şekli.

Bu dizede 125 harf olduğu için, 125 farklı dizilim içerisinde ve tekrar eden harfleri de hesaba katmak şartıyla, doğru cümlelerin tek bir seferde rasgele tuşlara basılarak oluşturulma olasılığını hesaplamalıyız ki, bunun matematiksel olarak permütasyonu şu şekilde elde edilir;

$$\frac{1}{125} \times \frac{5}{124} \times \frac{12}{123} \times \frac{5}{122} \times \frac{11}{121}$$
$$\times \frac{12}{120} \times \frac{8}{119} \times \frac{10}{118} \times \frac{6}{117} \times \frac{11}{116}$$
$$\times \frac{5}{115} \times \frac{10}{114} \times \frac{10}{113} \times \frac{7}{112} \times \frac{5}{111}$$
$$\times \frac{4}{110} \times \frac{9}{109} \times \frac{9}{108} \times \frac{4}{107} \times \frac{3}{106}$$
$$\times \frac{8}{105} \times \frac{8}{104} \times \frac{4}{113} \times \frac{7}{112} \times \frac{9}{111}$$
$$\times \frac{2}{110} \times \frac{7}{109} \times \cdots \times \frac{1}{2} \times \frac{1}{1} \cong \frac{1}{10^{108}}$$

olarak ilginç bir sonuç çıktı ki, bu Dawkins gibi sofistleri susturmaya yetecek tevafuki bir sonuçtur. Çünkü bu sonuç, az önce elde ettiğimiz evrenin yaratılışından günümüze kadar süre içerisindeki zamanın her bir saniyesi içerisinde evrendeki tüm partiküllerin üzerine yukarıdaki 125 harften oluşan dizenin karıştırılmış harflerinin her bir muhtemel dizilişinin sadece bir kez yazılmasına karşılık gelir.

Dolayısıyla, yukarıda doğrusu yazılan dizenin bunlardan birisi olması olasılığı, 10^{108}'de 1'dir. Elbette, böyle imkansız bir muhali bırakın aklı başında bir insanın; bu dizelerden ve harflerden hiçbir şey anlamayan o maymunun dahi, bu harfleri gösterip şu dizeyi rasgele tuşlara basarak doğru bir şekilde tek bir seferde yazması istense, teberri edip kaçması ve "*ben böyle imkansız bir muhale olur diyemem, kabul edemem!*" demesi lazım gelir. Fakat mütemerrid bir inkarcı, o maymundan daha aşağı bir seviyeye düşer, sadece vicdanı kabul ve tasdik etmediği için "*olur ve mümkündür veya belki tabiat kendi kendisine yapmıştır!*" der ve hezeyanın en şiddetlisini gayr-i makul zannederek esfel-i safilinin en alt seviyesine düşerek, maymundan daha aşağı bir seviyeye iner.

Dawkins'in iddia ettiği üçüncü ve dördüncü mesele ise, gayet mesnetsiz ve dayanak noktası olmaması, belki deneklerin o andaki şartları sırr-ı imtihan koşullarına uymadığı için dualarına hemen cevap gelmez, ertelenir veya daha iyi bir şekilde daha sonra mukabele edilerek tam bir cevap verilir. Dua etmek kulluğun bir borcudur, fakat onun vakti olan duaya gelecek cevap ise, rahmet-i ilahiyeye bağlıdır, o deneklerin tabi olduğu İsevi dininin hakiki temsilcisi olan Hz. İsa'nın da belirttiği gibi kulun şu noktada O'nu imtihan etmeye hakkı yoktur. Dolayısıyla, kendi okuduğu kutsal kitaplardan dahi tam haberi olmayan ve dinin özünü ve mantığını kavrayamayan ilkel zihinlerin, kadere bağlı olan yüksek hakikatlerini anlaması hiç mümkün olmadığından, bu meseledeki tutarsızlıklar apaçık ortadadır. Gelelim son mesele olan, Kutsal Kitabın ilk kısmını oluşturan Eski Ahit veya Tevrat'ta yaratılışa ait gayr-i makul, akıl dışı efsanelerin yer alması ve böyle bir meselenin akla sığıştırılamaması meselesine. Bu konudaki yazarın öne sürdüğü fikirler dahi, araştırılmadan ve metinler doğru bir şekilde yorumlanmadan yüzeysel kalmıştır ki, zaten yaratıcının bir kısmı tahrif edilmiş bu vahiy bilgilerindeki bize bildirdiği nokta, yaratılışın nasıl ve ne zaman cereyan ettiğini ve gerçekleşme şeklini anlamak değil, dünya hayatının geçici bir imtihan olduğunu ve baki, ebedi bir aleme gidildiğini fark ettirmektir.

Bu yüzden, yaratılış meselesinin mu'cizevi bir olay olduğunu icmalen belirtmek için ve sırr-ı imtihan fikrini öne çıkarmak için meselenin detaylarına inmemiş, sadece *"İnsanı ve diğer canlıları yarattım ki; inanın, iman edin ve sizi yaratmama karşılık bana kulluk vazifesini bir şükür olarak ifa edin!'* denmektedir. Yoksa zaten, bu ilahi mesajlarda, yaratılışın detaylarına ve nasıl gerçekleşmiş olduğu konusuna girilmiş olsa, değil kendini bugün en modern bilim insanı sayanlar, tarihin gelmiş geçmiş en büyük filozofları, tıp uzmanları, biyologları ve müdakkik hikmet ehli dahi gelse bu anlatılanları anlamakta aciz kalacaklardı.

Çünkü, organik yapıların incelmiş detaylarına bakıldığında, zaten yaratılışın bir İ'caz olayı, yani idrak ve anlayışı aciz bırakan üstün ve mu'cizevi bir olay olduğu meydana çıkacaktır. Dolayısıyla, Kutsal Kitaplarda yaratılışın detaylarına girilmemesi, açık bir bilgiyi bizden saklamak için değil; bu mevzunun insanın anlayış ve idrakinin çok üzerinde bir mesele olduğu içindir.

Sonuç olarak, daha evvel olasılık hesaplarıyla tüm evrendeki tüm sürede, bir tek proteinin oluşmasının dahi mümkün olmadığını gösterdiğimiz için, canlıların üreme hücreleri ile sınırlı bir küme için kainatın her yerinde benzer şekilde karşımıza çıkan bu olasılığı tekrar tekrar hesaplamaya gerek yoktur. Bütün canlılar protein gibi kompleks yapılardan yaratıldığı, en basit bakterilerin bile bin kadar proteine sahip oldukları için, bu olasılık hesabı, tüm canlıların bilinçli bir tasarımla ve üstün bir güçle yaratıldıklarını zaten göstermektedir. Kısacası evrende tesadüf mümkün değildir, en basit moleküller bile çok ince bir şekilde tasarımlanmışlardır.

Evrende tesadüfe tesadüf edilmez..

YARATILIŞ VE İNSANCI İLKE (ANTHROPIC PRINCIPLE) ARASINDAKİ İLİŞKİ:

Son yüzyılda astronomide, fizikte, kimyada, biyokimyada, moleküler biyolojide, hücre biyolojisinde ve diğer bilim dallarında gerçekleştirilen keşifler, insanların varlığının çok kritik değerlere bağlı olduğunu gösterdi. Bu kritik değerlere daha önce 40 örnek verdik. Evrende insanların yaratılışını mümkün kılacak birçok değerin varlığı bilim adamlarının dikkatini çekti ve bu durum **"insancı ilke (anthropic principle)"** ile izah edilmeye çalışıldı.

"İnsancı ilke" yaklaşımı ilk olarak Brandon Carter tarafından 1976 yılında kullanıldı ve o günden beri bilim, felsefe ve din alanında kullanılmaktadır. Fakat "insancı ilke" farklı bilim adamlarınca farklı yorumlandı. Bazı bilim adamları "tasarım delili" ile "insancı ilke" arasındaki ilişkiyi gördüler ve "insancı ilke"nin, "tasarım delili" ile aynı anlama geldiğini söylediler. Bazı bilim adamları ise, bizim evrendeki varlığımıza uygun olarak oluşan şartlara şaşmamamız gerektiğini, çünkü bunlar gerçekleşmeseydi bizim bunları gözlemleyemeyeceğimizi ileri sürdüler. Bu bakış açısına göre bizim evrendeki gözlemimiz seçici bir etki yapmaktadır, bu yüzden biz, kendi varlığımıza olanak veren koşulları gözlüyoruz. Evrende insanlığın oluşmasına olanak verecek ortamın gerçekleşmesine şaşmamamız gerektiğini söylemek hiç tutarlı gözükmemektedir. "İnsancı ilke"nin bize sunduğu veriler sadece insanlığın oluşması için belli şartların var olduğuyla sınırlı değildir. O, bundan çok daha fazlasını ortaya koyar. "İnsancı ilke"ye göre evrende çok çok kritik değerlerin

sonucunda insanlığın var olabilmesi mümkün olmuştur. Daha evvelden incelediğimiz örneklerde evrenin düşük entropili başlangıcının düzenlenme olasılığının $10^{10^{123}}$'te 1 olduğunu, tek bir proteinin bir tek amino asit sıralamasının oluşma olasılığının 20^{574}'te 1 olduğunu hatırlayın. Oysa, bir sonraki bölümde göreceğimiz gibi, bunlardan başka Evrim teorisinin en büyük açmazları aslında canlıların makro yapısında değil, mikro yapısını teşkil eden moleküler düzeyde cereyan etmektedir. Bu olasılıksal sayılar ve hücre içindeki moleküler metabolizmalar ile mükemmel düzenlemeleri içeren sayısız mekanizmalar insanların ve tüm diğer canlıların var olması için gerekli şartların, ne kadar kritik aralıklarda olduğunun sayısız örneklerinden sadece birkaçıdır. Yaratılışa dair daha sınırsız sayıda delil olmasına rağmen, biz bu bölümde bunların çok küçük bir bölümüne değinebildik.

İlerleyen bölümlerimizde ise, yaratılışın ne kadar mu'cizevi bir olay olduğunu gözler önüne seren daha pek çok delille karşılaşacağız..

IX. BÖLÜM

CANLILIĞIN YAPITAŞI HÜCRE VE ORGANİK KİMYA

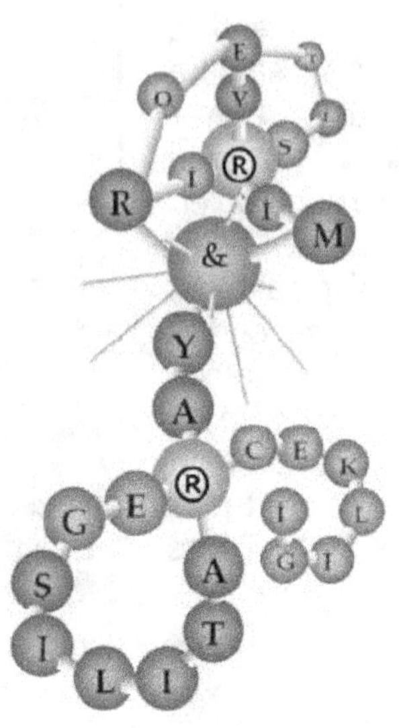

GİRİŞ

𝕭u bölümde, canlı organizmaların yapısını teşkil eden temel moleküler yapıları, Biyololojinin temel bilimlerinden birisi olan **ORGANİK KİMYA (BİYOKİMYA)**, Biliminden yararlanarak ayrıntılı bir şekilde **ÜÇ ANA BAŞLIK** halinde inceleyeceğiz:

1- **Organik Elementler ve Moleküller,**
2- **Organik Kimyanın Yapı Teorisi,**
3- **Canlılığı Oluşturan Temel Organik Bileşikler.**

1- ORGANİK ELEMENTLER VE MOLEKÜLLER

[TEMEL ORGANİK KİMYA BİLGİSİ]

PERİYODİK TABLODA VE BİYOKİMYADA KULLANILAN TEMEL ORGANİK ELEMENTLER

Soru: Canlılar hangi maddelerden meydana gelmiştir. Canlı yapıda bu elementlerin kullanılma oranı nedir ve doğada hangi oranlarda bulunurlar? Ve bu Organik moleküller Canlılığı nasıl meydana getirmektedir?

Cevap: Bu bölümde Canlılığın yeryüzünde oluşumunu ve Yaratılışın mantığını, biyokimyasal ilkelerini ve yeryüzünde nasıl başladığını kısaca açıklayarak; canlılığı meydana getiren organik moleküllerin yapısını ve bunların oluşumlarını, biyolojik molekülleri, reaksiyonları ve metabolizmaları nasıl meydana getirdiğini detaylı olarak inceleyeceğiz.

Bundan yaklaşık 15 milyar yıl önce, kainatın cevherini oluşturan çok yüksek sıcaklık ve basınç altındaki sonsuz küçük bir hacim içerisindeki sonsuz büyük bir kütleden meydana gelen noktanın ki, modern astrofizik bu noktanın kur'a'nda belirtildiği gibi hidrojen (H) atomlarından oluştuğunu keşfetmiştir, büyük patlamayla birlikte "OL!" emrinden yoktan yaratılarak genişlemesi ve buna bağlı olarak termodinamiğin II. Yasası uyarınca toplam ısı miktarının düşmesiyle birlikte tek bir temel çekim kuvveti (Atom çekirdeklerini bir arada tutan Güçlü çekirdek kuvveti) etkisi altındaki bu çok yoğun hidrojen çorbasının hidrojen ve helyum atomlarından oluşan bir karışıma dönüşmesi ile iki temel çekim kuvvetinin (Güçlü çekirdek kuvveti ile zayıf nükleer çekim kuvveti) etkisi altına girerek ve daha sonraki çok uzun süren (Birleşik alan teorisine göre, yaklaşık 66 milyon yıl) bir süre sonunda bu ilkel çorbanın da dört temel kuvvet (Zayıf ve Güçlü çekirdek kuvvetleriyle Elektromanyetizma ve Kütleçekim kuvvetleri) etkisi altına girerek diğer elementleri de oluşturmaya başlaması ve değişik fazlara ayrılarak (katı, sıvı ve gaz şeklinde veya sıcak ve soğuk bölgeler şeklinde veya itme kuvvetleriyle çekme kuvvetleri şeklinde veya çekirdek kuvvetleriyle çekim kuvvetleri şeklinde) "AYRILIN!" emr-i ilahisiyle ayrı ayrı kütleler halinde topaklanmaya başlayan bu madde kümelerinin termonükleer reaksiyonlar sonucunda ayrı ayrı çekim alanları oluşturmaya başlayan müstakil haldeki galaksi ve yıldız kümelerinin meydana getirmesiyle yaşamı oluşturan organik elementlerin ilk temeli oluşmuştur.

Daha sonraki süreçte, galaksilerin merkezlerinde ve büyük yıldızların soğumasıyla birlikte merkezlerinde meydana gelen termonükleer rezonans ve birleşme (füzyon) reaksiyonları sonucunda organik yaşamı oluşturan ilk karbon atomları oluşmaya başlamıştır. Daha sonra ise oluşan bu karbon atomları, gezegenlerin de yıldızlardan soğuma sonucu koparak ayrılmasıyla su ve hidrojen veya azot gibi diğer organik elementlerle birleşerek, gezegenlerde yaşayabilecek olan canlı varlıkların ilk yapıtaşlarını ve biyomoleküllerini meydana getirmeye başlamıştır. İşte, Yaşamı oluşturan ilk maddeler, ikinci bir "OL!" emriyle yaklaşık 750 milyon yıl önce ikinci bir büyük patlama olan Kambriyen patlamasıyla birlikte ilk kez denizlerdeki canlıların yaratılmasıyla bir anda başlamıştır. Denizlerdeki canlıların gelişmesi, çoğalması belli bir orana ulaşınca ise, yaşamı oluşturan ikinci bir nesil olan kara canlıları yaklaşık 500 milyon yıl önce yaratılmıştır. İlk gelişmiş kara canlıların (Örneğin, memeliler ve uçabilen kuşlar gibi) yaratılması ise, yine bir 250 milyon yıl arayla yani 250 milyon yıl önce yaratılmıştır. Dolayısıyla günümüzde hala tartışılan ve tüm bu canlı çeşitlerinin karada denizde nasıl ayrı ayrı ortaya çıktığı konusu veya kainatın basit bir noktadan nasıl olup da milyarlarca galaksinin ve yıldız sistemleriye gezegenlerin oluştuğu meselesi hep merak konusu olmuştur. Dolayısıyıyla Yaratılış, ne Evrim teorisinin iddia ettiği gibi türlerin gelişmesi ve birbirine dönüşmesiyle ve ne de tüm türlerin bir anda ve aynı zaman dilimi içerisinde yaratılması fikriyle savunulabilir.

Dolayısıyla, kainatın yaratılış anından başlayarak gelişmiş canlıların yaratılmasına kadar geçen süreç, yukarıda birkaç tanesini saydığımız ALTI ana aşama geçirmiştir. ALTI AYRI EVRENİN başındaki ALTI "OL!" EMRİYLE tüm varlık aleminin yaratılması ise, Kur'an'da belirtildiği gibi ALTI GÜNDE, yani ALTI EVREDE gerçekleşmiştir. İlk evre olan zaman diliminde, yani ilk 8 milyar yıl süren ilk günlük sürecin sonunda galaksiler yaratılmış; ikinci evre olan zaman diliminde, yani ikinci gün olan 4 milyar yıllık sürenin sonunda büyük yıldızlar yaratılmış; üçüncü evre olan zaman diliminde, yani üçüncü gün olan 2 milyar yıllık sürenin sonunda ilk gezegenleri oluşturan güneş sistemi benzeri yıldız sistemleri yaratılmış; dördüncü evre olan zaman diliminde, yani dördüncü gün olan 1 milyar yıllık sürenin sonunda yaşamı oluşturan ilk organik bileşikler denizlerde oluşmaya başlamış; beşinci evre olan zaman diliminde, yani beşinci gün olan 0,5 milyar yıllık sürenin sonunda ilk deniz canlıları yaratılmış ve son olarak altıncı evre yani altıncı gün de 0,25 milyar yani yaklaşık 250 milyon yıl süren sürecin sonunda da ilk gelişmiş kara canlıları yaratılmıştır. Dolayısıyla, yaşam yeryüzünde birden oluşmamış, kainatın yaratılışından itibaren altı ana zaman diliminde belirli bir ilahi programa göre TEKÂMÜL ederek, yani gelişerek meydana getirilmiştir. Fakat bu süreç, kur'an'da detaylı olarak verilmezken bu ara dönemlerde gerçekleşen yaratılış hadiselerine işaret ederken *"Gökleri, Yeri ve İkisinin arasındakileri"*; şeklinde üç gruba ayırırken; *"Galaksilerin"*, *"Gezegenlerin"* ve ikisinin içeriğinde de bulunan elementlerden ve atomlardan süzülerek ve özenle seçilerek maydana getirilen *"Canlıların"* ve tüm varlık aleminin toplamının ALTI günde yaratıldığını ifade eder.

Bu gerçek, Kur'an-ı Hakim'de açıkça şöyle bildirilir:

"O (Allah) ki; Gökleri (Galaksileri), Yeri (Dünyayı) ve İkisinin arasındakileri (Canlıları) altı günde yarattı".

Doğada, yaklaşık 80 adet kararlı element vardır ve bunlardan yaklaşık 20 tanesi (özellikle 8-10 tanesi) bütün yaşayan canlı organizmaların temel yapıtaşını teşkil eder. Bu organik elementlerin çoğu ise, periyodik tablonun birinci yarısında olup, yaratılışı meydana getirmek için adeta her birisinden özenle belli bir miktar seçilmek üzere, bu tablo üzerindeki çok özel konumlara yerleşmişlerdir.

Onların bu özel konumları ayrıca, bu özel miktarlarındaki bu hassas ayarlama, yaşam ve organizma için ne kadar kritik bir değerde olduklarını isbat etmektedir. Çünkü bu elementlerin herhangi birisi tablonun yanlış bir yerinde bulunsa veya doğadaki miktarı daha az veya çok olsa şu anda dünya üzerindeki canlı yaşam mümkün olamayacaktı. Bu öyle mükemmel bir ayarlamadır ki: Bir hayvan vücudundaki atomların %95'inden fazlası şu dört element tarafından meydana getirilir: **H (Hidrojen)**, **O (Oksijen)**, **C (Karbon)** ve **N (Azot)**. Bildiğimiz gibi, bu elemtlerden ilk ikisi olan Hidrojen ve Oksijen, canlı yapıdaki sıvı ortamı oluşturan ve madde iletimine ortam hazırlayan Su'yu meydana getirir. Öyleyse, buradan şu sonucu çıkarabiliriz: Canlıların organik yapısının büyük bir kısmı (yaklaşık %75) sudan meydana gelmiştir. Bu gerçek Kur'an'da şöyle belirtilir:

"Allah, bütün canlıları sudan yarattı. İşte bunlardan bir kısmı karnı üzerinde sürünür, kimi iki ayak üzerinde yürür, kimisi dört ayak üzerinde yürür. Allah, dilediğini yaratır. Çünkü Allah, her şeye hakkıyla gücü yetendir."

Diğer iki element olan, Karbon ve Azot da yaşam için çok önemli olup, birçok yaşamsal molekülün yapısında (hemen hemen tamamında) ya serbest bir şekilde suda çözülmüş halde veya çoğunlukla kuvvetli kovalent bağlar oluşturan bileşikler halinde yer alır. Ayrıca bunlardan başka Kükürt (S) ve Fosfor (P) elementleri de pek çok biyolojik molekülün yapısında yer alır.

İşte yukarıda saydığımız bu altı element, canlı organizmanın yaklaşık %96-97'sini oluşturur. Geriye kalan %3-4'lük oran ise, Sodyum (Na), Potasyum (K), Magnezyum (Mg), Kalsiyum (Ca), Klor (Cl), Demir (Fe), Bakır (Cu), Çinko (Zn), Kobalt (Co), Manganez (Mn) ve İyot (I) gibi elementler tarafından teşkil edilir. Bu elementlerin vücutta pek çok fonksiyonu olmakla birlikte, daha çok madde geçişi sırasındaki osmotik basıncın ve dengenin ayarlanması, elektriksel proton ve elektron iletkenliğinin sağlanması gibi görevlerde yer alırlar.

Soru: Organik elementlerin periyodik tablodaki yerleri ve Elektron konfigürasyonları nasıldır?

Cevap: Bütün elementlere ait atomların kimyasal davranışları; elektron konfigürasyonları, yani elektronlarının yörünge üzerindeki dizilişleri tarafından belirlenir. Aşağıdaki grafiklerde, bu dizilişlere bağlı olarak organik moleküllerin periyodik tablo üzerindeki yerleri gösterilmektedir.

Elektronların yörünge üzerinde bulunma olasılıklarının yüksek olduğu yerlere, **"orbital"** adı verilir. Bu orbital değeri ise, **"s"**, **"p"** ve **"d"** olarak belirlenen üç kuantum seviyesi tarafından belirlenir. Buna, *"baş kuantum durumu"* da denir. Her orbital maksimum iki elektron alır. Örneğin, altı elektronu bulunan Karbon atomunun, bir adet 1s, bir adet 2s ve iki adet 2p orbitali bulunur. Yani, serbest bir karbon atomu üzerinde, 1s orbitalinde 2 elektron; 2s orbitalinde iki elektron ve 2p orbitallerinde birer elektronu, bağ yapmaya hazır bir şekilde

bekler. Bu konuyu ilerleyen kısımda daha detaylı bir şekilde inceleyeceğiz.

BİYOKİMYADA KULLANILAN TEMEL ORGANİK BİLEŞİKLER

Soru: Doğadaki en temel organik bileşikler nelerdir ve bunların teşkil ettiği moleküller arasındaki kimyasal bağ çeşitleri nelerdir?

Cevap: Doğada bulunan hemen hemen tüm organik bileşiklerde C (Karbon) atomu yer alır ve yine hemen hemen oluşturulan tüm organik bileşiklerin yapısı karbon atomları tarafından belirlenir. Bu nedenle karbon için, organik yaşamın temeli olan bir element de diyebiliriz. Öyle ki, adeta karbon olmadan canlı bir yaşam formunun meydana gelmesi mümkün değildir. Bu yüzden doğadaki en temel organik bileşiklerin yapı iskeletini karbon atomları oluşturur.

Bunun neden böyle olduğunu, örneğin neden Silisyum (Si) bazlı bir yaşamın mümkün olmadığını, ilerleyen bölümlerde ele alacağız. Şimdi karbon atomundan meydana gelen temel organik molekül yapılarını ve bunlara ilişkin kimyasal bağ çeşitlerini kısaca inceleyelim. Karbon atomları, son yörüngelerinde yer alan 2s ve 2p orbitallerinden dolayı, 4 elektronlu kuvvetli kovalent bağlar yapabildiği için, hem daha fazla sayıda bileşik oluşturabilmekte hem de oluşturduğu bileşikler daha kararlı bir yapıda olmaktadır. Doğadaki organik bileşiklerin tamamı iki grup halinde toplanabilir:

Periyodik tablodaki önemli Biyolojik Elementler

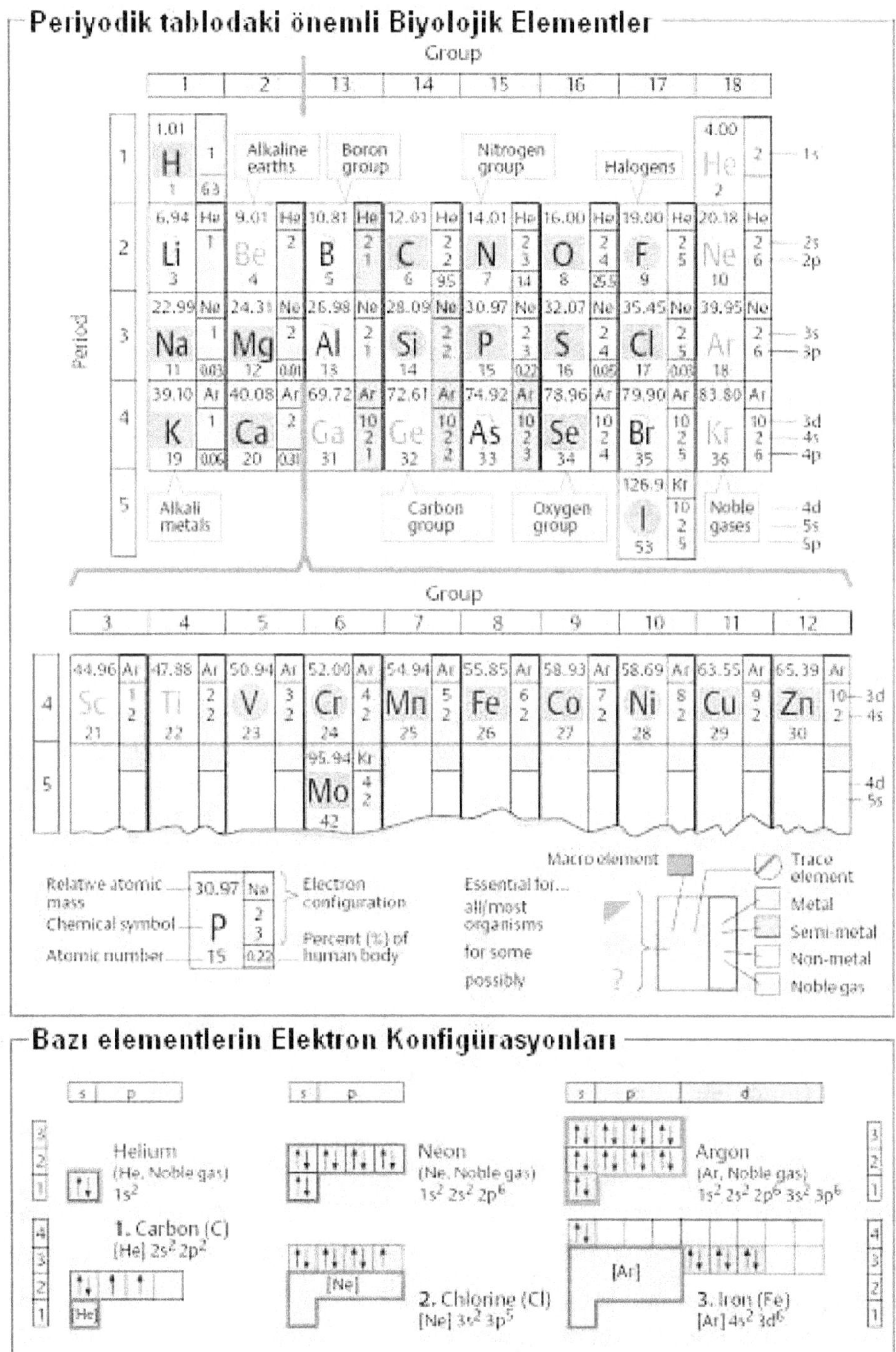

Bazı elementlerin Elektron Konfigürasyonları

Üstteki Tablo: Periyodik tabloda bulunan ve canlılığı oluşturan organik elementlerin dizilişini gösteren bir diyagram.

Bunlardan;

Birincisi: **Hidrokarbonlar** dediğimiz, tek elektronla bağlanmış karbon ve hidrojen bağlarına dayalı moleküllerdir. Alkanlar, Alkenlerin büyük bir kısmı ile Alkinler ve Aromatik Hidrokarbon bileşikleri bu ana grubu oluşturur. Hidrokarbonlar, ayrıca hidrojen atomu eksikliğine göre, **_Doymuş_** ve **_Doymamış_** şeklinde de ikiye ayrılır.

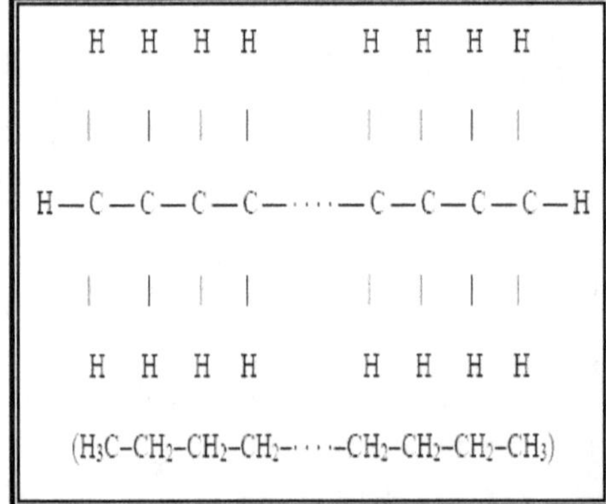

Basit bir hidrokarbonun moleküler yapısı.

Hidrokarbonların _doymamış hidrokarbonlar_ denen bir grubunda molekül iskeletinde birbirlerine **C-C** tek bağları vasıtasıyla bağlanmış karbon atomlarından başka birbirlerine **C=C** çift bağları ve hatta **C≡C** üçlü bağları vasıtasıyla bağlanmış karbon atomları da bulunur. Hidrokarbonlarda karbonlara bağlı hidrojen atomları çıkabilir; bunların yerine fonksiyonel gruplar denen ve

moleküle spesifik kimyasal özelliklerini veren atom veya atom grupları eklenerek hemen hemen sınırsız çeşitlilikte organik bileşik oluşabilir. Hidrokarbonlarda bir karbon atomuna bağlı hidrojen (H) atomlarından birinin çıkışından sonra geri kalan kısım, _radikal (kök)_ olarak tanımlanır ve kısaca **R** olarak gösterilir.

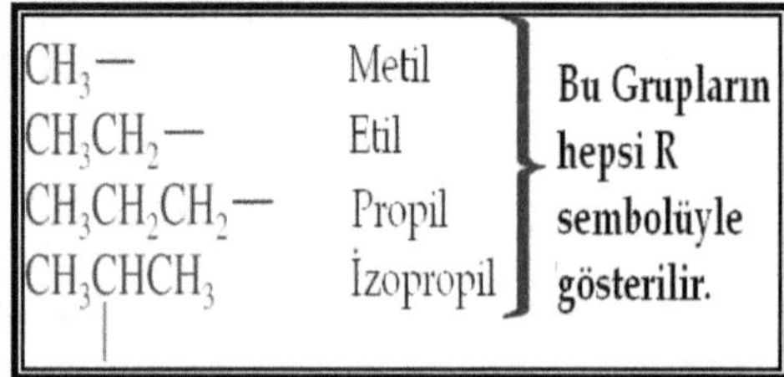

Bir organik bileşiğe bağlanan fonksiyonel grup, R sembolüyle gösterilir.

Örneğin en basit hidrokarbon olan metan (**CH₄**) bileşiğinde karbon atomuna bağlı hidrojenlerden biri çıkacak olursa geriye metil (**-CH₃**) radikali (kökü) kalır. Hidrokarbon ve hidrokarbon türevi olan alifatik bileşikler de çeşitli sınıflara ayrılarak incelenirler:

_1)_ Alkanlar (parafin hidrokarbonlar, doymuş hidrokarbonlar)

_2)_ Alkenler (etilen hidrokarbonlar, olefinler)

_3)_ Alkinler (asetilen hidrokarbonlar, asetilenler)

_4)_ Organik halojen bileşikleri

_5)_ Alkoller

_6)_ Eterler

146

ALKAN	ALKİL GRUBU	ÖNEKİ
CH_4 Metan	CH_3- Metil Grubu	$Me-$
CH_3CH_3 Etan	CH_3CH_2- veya C_2H_5- Etil Grubu	$Et-$
$CH_3CH_2CH_3$ Propan	$CH_3CH_2CH_2-$ Propil Grubu	$Pr-$
$CH_3CH_2CH_3$ Propan	$CH_3\overset{\displaystyle CH_3}{\underset{\displaystyle \vert}{CHCH_3}}$ veya $CH_3\overset{\displaystyle CH_3}{\underset{\displaystyle \vert}{CH}}-$ İzopropil Grubu	$i\text{-}Pr-$

Eğer bir fonksiyonel gruba; CH_3 bağlanırsa metil, C_2H_5 bağlanırsa etil, $CH_3CH_2CH_2$ bağlanırsa propil grubu adı verilir.

7) Karbonil bileşikleri (aldehit ve ketonlar)

8) Karboksilik asitler

9) Alifatik aminler ve nitroalkanlar

10) Organik kükürt, fosfor ve silisyum bileşikleri

11) Karbonik asidin organik türevleri

12) Birden çok fonksiyonel grubu olan organik bileşikler

Alkanlar, doymuş hidrokarbonlardır. Alkenler ve alkinler doymamış hidrokarbonlardır. Diğer alifatik bileşikler hidrokarbon türevleri olarak kabul edilirler.

İkincisi: Fonksiyonel gruplar dediğimiz, Alken ve Alkinlerin oluşturduğu ve karbon-karbon çift bağlarına dayanan organik bileşik grubudur. Şimdi basit yapılı olandan karmaşığa doğru bu organik bileşiklerin yapılarını kısaca inceleyelim:

ALKANLAR:

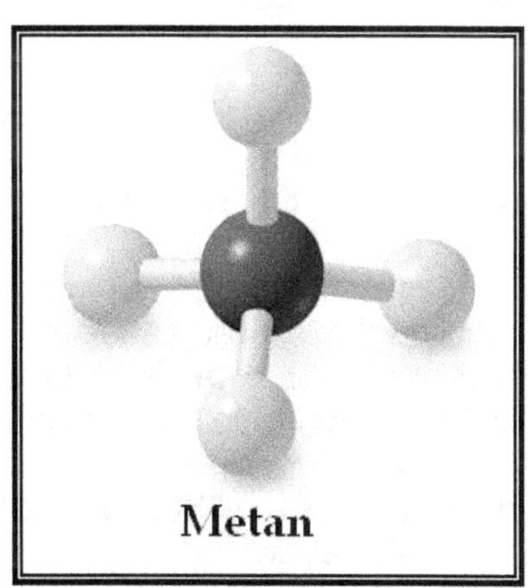

Metan

147

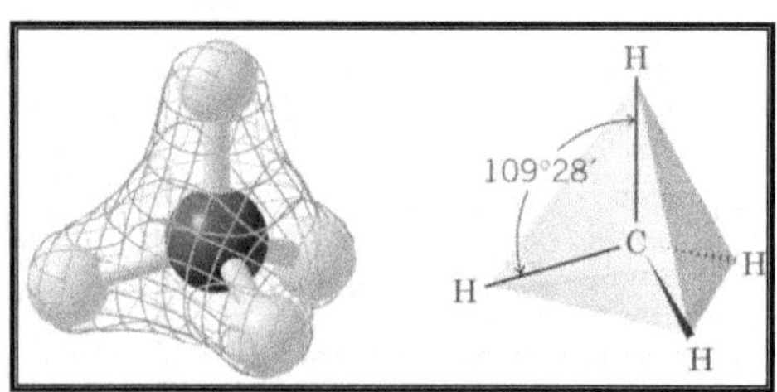

Alkanların, 1-4 atomu içeren bileşikleri doğada gaz halinde bulunurken; 4 atomdan fazla olanları, petrol kaynakları şeklinde ya sıvı veya kömür (elmas) şeklinde katı kristal halde bulunur. En basit alkan, yukarıdaki grafiklerde molekül ve bağ yapısı verilen metan (**CH₄**) gazıdır. Çoğu gezegenin atmosferinde bulunur ve doğal gazların en önemli bileşenidir. Alkanlar, C_nH_{2n+2} genel formülü ile gösterilebilen doymuş hidrokarbonlardır.

En az karbon atomu içerenden itibaren önemli alkanlar ve radikalleri şunlardır:

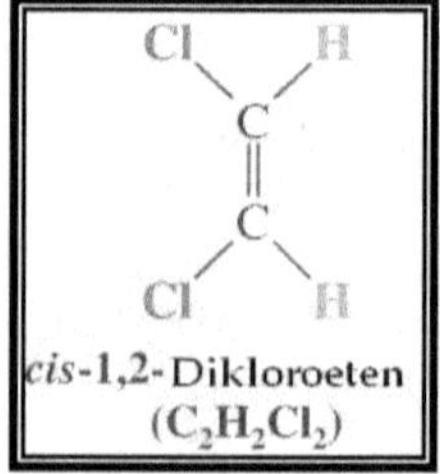

Etil alkol   Dimetil eter

4 karbonlu butan ve daha sonraki alkanlarda **dallanma izomerleri** meydana gelir. Örneğin yukarıdaki şekilde, iki izomer molekül gösterilmektedir. Bunlar, kimyasal özelliği farklı olan iki bileşik olmasına rağmen, birisinin ismi **Dimetil Eter**, diğerininki **Etil Alkol** olup, aynı molekül formülüne (**C₂H₆O**) sahiptir. Bir başka örnek de, i-Butan, **CH₃-CH(CH₃)₂** açık formülüyle gösterilebilir.

İzobutanda ortadaki karbona bağlı tek hidrojene, **tersiyer hidrojen** denir. n-Butil ve s-Butil, n-Butandan türeyen köklerdir; izobutandan da i-Butil **[(CH₃)₂CHCH₂-]** ve t-Butil **[-(CH₃)₃C]** kökleri türer. Sekonder alkil köklerinden türeyen bileşiklerde sekonder karbon atomuna bağlı olan gruplar R, H, CH₃ ve X'dir; yani dördü de birbirinden farklıdır.

ORGANİK MOLEKÜLLERDE SİMETRİ (KİRALLİK)

Bir molekülde kendisine dört farklı grup bağlı olan karbon atomlarına **asimetrik (Chiral, Kiral) karbon atomu** denir. Asimetrik karbon atomu içeren moleküllerin en önemli özelliği, dissimetrik (simetrisi olmayan) molekül olması, birbirinin ayna görüntüsü olan ve üst üste çakıştırılamayan, **Enantiyomerler** diye tanımlanan iki uzay izomerinin olmasıdır:

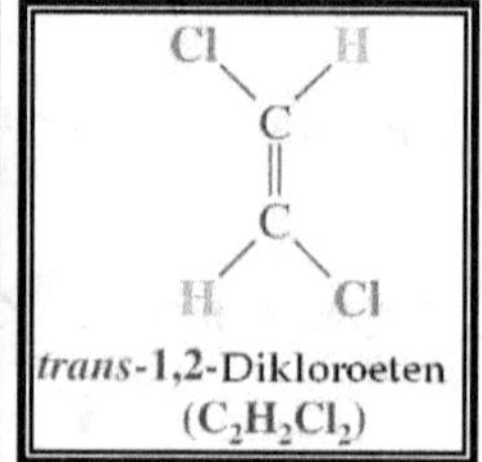

**Cis-Trans çift bağlı
İzomeri molekülü**

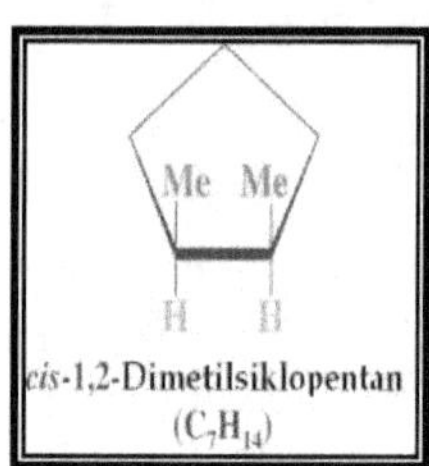

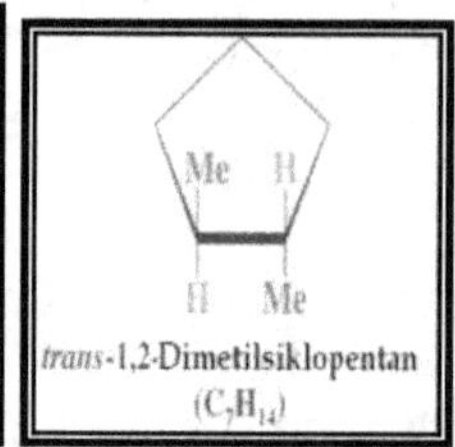

Cis-Trans tek bağlı Kiral molekülü

Karbon sayısı (n)	Alkan		Radikali (R)	
Bileşik adı	Molekül formülü	Radikal adı	Formül	
1	Metan	CH₄	Metil	-CH₃
2	Etan	C₂H₆ CH₃-CH₃	Etil	-C₂H₅
3	Propan	C₃H₈ CH₃-CH₂-CH₃	n-Propil	-C₃H₇ CH₃-CH₂-CH₂-
4	n-Butan	C₄H₁₀	n-Butil	CH₃CH2CH2CH2-
		CH₃(CH₂)₂CH₃	s-Butil	-CH₃CH₂CHCH₃
5	Pentan	C₅H₁₂	Pentil	-C₅H₁₁
6	Hekzan	C₆H₁₄	Hekzil	-C₆H₁₃
7	Heptan	C₇H₁₆	Heptil	-C₇H₁₅

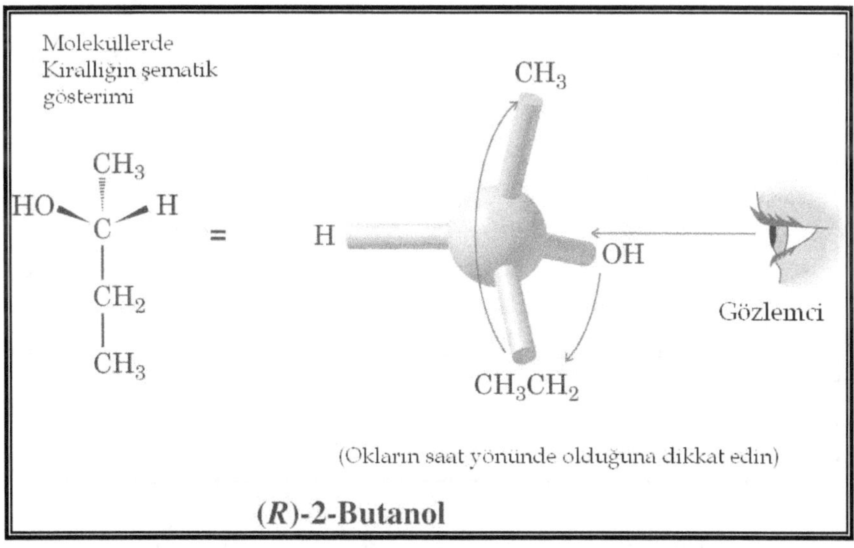

Kiral moleküllere bir diğer örnek: R-2-Butanol.

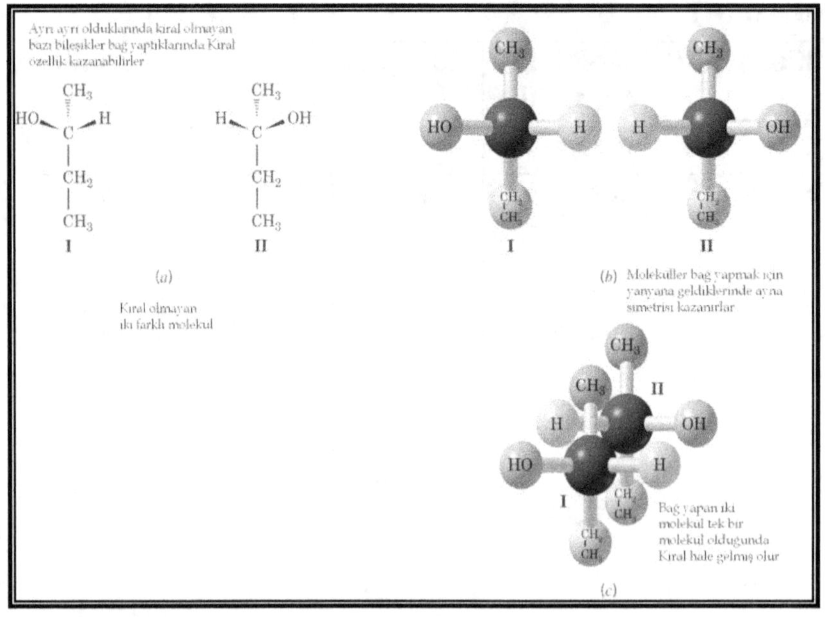

(a) Kiral olmayan farklı iki molekülün, (b) Moleküler bağ yapmasıyla ayna simetrisi kazanması ve (c) Kiral hale gelmesi.

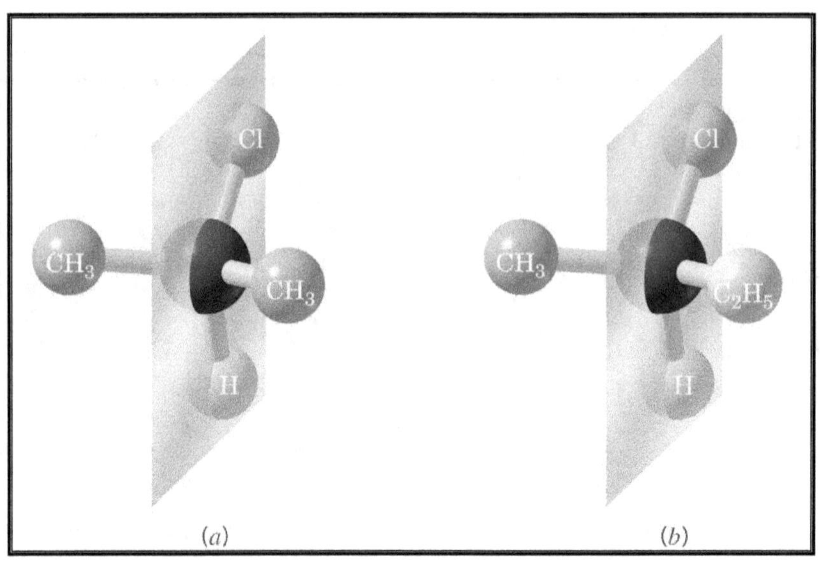

(a) Kiral, (b) Kiral olmayan iki organik bileşik.

Enantiyomerler gibi dissimetrik, yani simetrik olmayan moleküllü maddeler, **optikçe aktif maddeler**'dir; polarize ışığın titreşim düzlemini belirli bir miktar sağa (+) veya sola (-) çevirirler. Enantiyomerler gibi dissimetrik moleküllü maddeler, **optik izomerler** olarak tanımlanırlar. Enantiyomerlerin sağ el ve sol elin durumuna benzemelerinden dolayı optik izomerliğe bazan şirallik (kirallik) de denir. Enantiyomerlerden biri polarize ışık düzlemini ne kadar sağa çeviriyorsa diğeri aynı derecede sola çevirir. Bir maddenin optik izomerlerini eşit miktarlarda içeren karışıma **rasem şekli** veya **rasemat** denir; rasem şeklin optikçe aktivitesi yoktur.

Alkanlar, reaksiyonlar bakımından tembel bileşiklerdir; verdikleri reaksiyonlar az sayıdadır; halojenlerle substitüsyon reaksiyonları, alkenlerle alkilleme reaksiyonları, yeterli oksijenle tam yanma reaksiyonları, yetersiz oksijenle yükseltgenme (oksitlenme) reaksiyonları verirler. Alkanlar yeterli miktarda oksijen içinde tam yandıklarında karbon dioksit (CO_2) ve su (H_2O) meydana gelir ve ısı enerjisi açığa çıkar.

Alkanların yetersiz oksijen nedeniyle tam olmayan yanmaları sonucunda karbon monoksit (CO), aldehitler, ketonlar, karboksilik asitler ve is şeklinde karbon meydana gelir; bunlar da önemli hava kirletici maddelerdir. Halojenler ise, F, Cl, Br, I elementleridir. *Substitüsyon, bir organik molekülde bulunan bir atom veya grubu, başka bir atom veya grupla değiştirmedir. Halojenlerle olan substitüsyon reaksiyonlarında, alkandaki hidrojenlerin yerine halojen geçer.*

Alkanların halojenlerle substitüsyon reaksiyonları sonucunda alkil halojenürler oluşur. Bir organik molekülün yükseltgenmesi, molekülden hidrojen çıkması anlamındadır; indirgenmesi de moleküle hidrojen girmesi anlamındadır.

Metan (CH_4), Daha çok petrol kaynaklarındaki yer gazlarında bulunur; maden ocaklarında sıkışmış halde iken serbest hale geçerse havanın oksijeni ile grizu denen patlama reaksiyonunu verir; bataklıklarda yer alır.

Etan (C_2H_6), Doğal gazda bulunur; genellikle ısıtmada kullanılır.

Propan (C_3H_8), n-butan [CH_3-(CH_2)$_2$-CH_3] ve **izobutan [CH_3-$CH(CH_3)$-CH_3]**, Daha çok doğal gazda bulunur; kolayca sıvı hale getirilebildiklerinden yakacak olarak kullanılmak üzere metal tüplerde sıvılaştırılır.

ALKENLER:

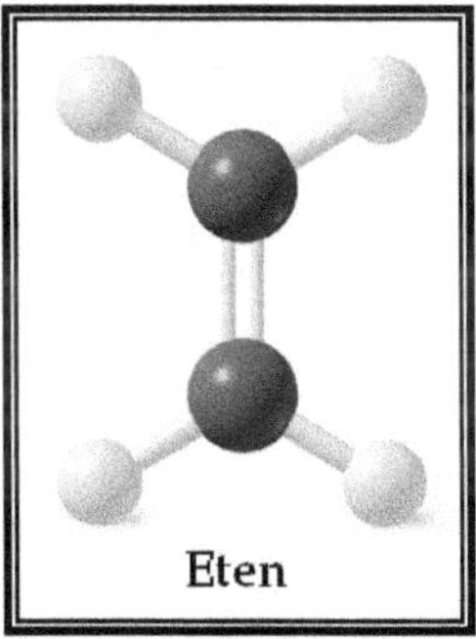

Eten

Alkenler, **C_nH_{2n}** genel formülü ile gösterilebilen doymamış hidrokarbonlardır. En az karbon atomu içerenden itibaren önemli alkenler ve radikalleri aşağıdaki tabloda verilmektedir.

Karbon sayısı (n)	Alken	Radikali (R)		
Bileşik adı	**Molekül formülü**	**Radikal adı**		**Formül**
2	Eten (etilen)	C_2H_4 ($CH_2=CH_2$)	Vinil	$CH_2=CH-$
3	Propen (propilen)	C_3H_6 $CH_3-CH=CH_2$	Propenil Allil	$CH_3CH-CH-$ $CH_2=CH-CH_2-$
4	1-Buten (σ-Butilen) 2-Buten İzobutilen (İzobuten)			C_4H_8 $CH2=CH-CH_2-CH_3$ $CH3-CH=CH=CH_3$ $(CH_3)_2C$ $=CH_2$
5	1-Penten			C_5H_{10}

İki çift bağ içeren alkenlere **alkadienler** denir; üç çift bağ içeren alkenler **alkatrienler** denir; çok sayıda çift bağ içeren alkenlere **alkapolienler** denir. Birden fazla sayıda çift bağ içeren alkenlerde çift bağların düzeni, allende ($H_2C=C=CH_2$) olduğu gibi birbirine bitişik (**kumule**) olabilir; veya 1, 3-Butadiende ($H_2C=CH-CH=CH_2$) olduğu gibi bir atlamalı (**konjuge**) olabilir.

Alkenlerin fiziksel özellikleri alkanlarınkinden pek farklı değildir: Kaynama noktaları ve erime noktaları molekül büyüdükçe büyür; normal şartlarda **2-4** karbonlular **gaz**, **5-15** karbonlular **sıvı**, **daha fazla** karbonlular **katıdır**. Alkenler de suda çözünmezler; organik çözücülerde çözünürler. Alkenlerin hepsi sudan daha hafiftir; yoğunlukları 1'den küçüktür. Aklenlerde molekül dallandıkça kararlılık da artmış olur. Trans-izomerler de cis-izomerlerden daha kararlıdır. Geometrik izomerler (*cis-* ve *trans-* izomerler) ve optik izomerler (enantiyomerler) uzaysal izomerler (stereoizomerler)'dir.

Belirli bir uzaysal izomerin belirli başka bir uzaysal *izomere dönüşmesi stereospesifik reaksiyon olarak tanımlanır; geometrik izomerin optik izomerlere veya optik izomerlerin geometrik izomerlere dönüşmesi stereoselektif reaksiyon olarak tanımlanır.* Alkenler, alkan veya alkan türevlerinin eliminasyon reaksiyonlarıyla ya da alkinlere mono- katılmalarla elde edilebilirler. *Organik kimyada eliminasyon, ayrılma anlamındadır.* Alkenlerin katılma ve polimerizasyon reaksiyonları önemlidir. Alkenlere hidrojen katılması ile alkanlar meydana gelir.

Bu reaksiyonlarda hidrojenleme katalizörleri denen platin ve nikel gibi metal katalizörler kullanılır. Çok ince dağılmış nikel olan **Raney nikel** ile yapılan hidrojenleme reaksiyonu, margarin üretiminde sıvı yağların hidrojenlenerek katı yağlara dönüştürülmelerinde yaygın olarak kullanılmaktadır. Alkenlere hidrohalojen asidi katılmasıyla alkil halojenürler meydana gelir. *Bir hidrohalojen asidi, genel olarak H-X biçiminde gösterilir; burada X, bir halojeni temsil eder.* **Markovnikof kuralı** veya katılmalarda **Markovnikof yönlenmesi** olarak bilinen kurala göre; çift bağ çevresinde simetrik olmayan alkenlere hidrohalojen asitleri katılmasında hidrojen, çift bağ çevresinde en çok hidrojeni olan karbona katılır, halojen ise diğer karbona katılır. Örneğin, propilen (propen)'e bir hidrohalojen asidi (H-X) katılması sonucunda n-propil halojenür (1-halojen propan) değil, izopropil halojenür (2-halojen propan) meydana gelir.

ALKİNLER:

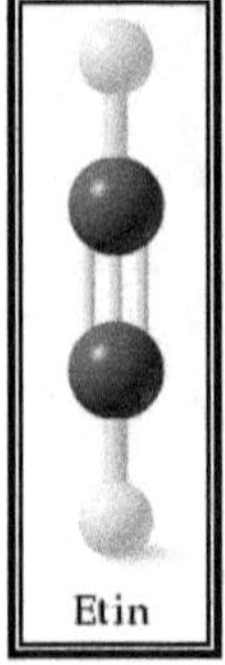

Etin

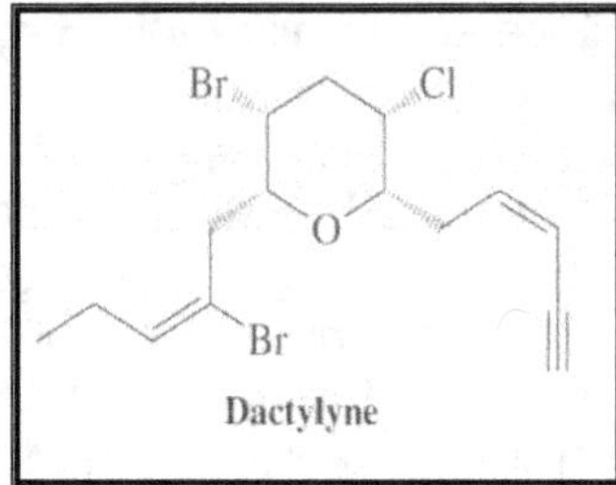

Dactylyne

Ethinyl estradiol
[17α-ethynyl-1,3,5(10)-estratriene-3,17 β-diol]

Alkinlere dört örnek: Etin, Capillin, Dactylyne ve Estradiol.

Alkinler, **C≡C** üçlü bağı içeren bileşiklerdir; genel formülleri C_2H_{2n-2}'dir. Alkinlerin **R-C≡C-H** şeklinde olanlarına uç asetilenleri denir; **R-C≡C-R′** şeklinde olanlarına *dialkil asetilen* denir ve bunlar, üçlü bağın bulunduğu yere göre adlandırılırlar. Alkinlerin kaynama noktaları ve erime noktaları düşüktür; sudan hafiftirler yani yoğunlukları 1'den küçüktür. Alkinler suda çözünmezler; aseton ve benzen gibi organik çözücülerde çözünürler. Alkinler, organik halojen bileşiklerinden, aldehit ve ketonlardan, eliminasyon ve substitüsyon reaksiyonlarıyla elde edilebilirler. *Organik kimyada eliminasyon, ayrılma anlamındadır; substitüsyon, bir organik molekülde bulunan bir atom veya grubu başka bir atom veya grupla değiştirme olayıdır.*

Bazı önemli alkinler şunlardır:

Capillin

Alkin adı	Formül
Etin (Asetilen)	$H-C\equiv C-H$
Propin (Metil asetilen)	$CH_3-C\equiv C-H$
1-Butin (Etil asetilen)	$CH_3-CH_2-C=C-H$
2-Butin (Dimetil asetilen)	$CH_3-CH\equiv CH-CH_3$
1-Pentin (n-Propil asetilen)	$CH_3-CH_2-CH_2-C\equiv C-H$
2-Pentin (Metil-etil asetilen)	$CH_3-CH_2-CH\equiv CH-CH_3$
1-Hekzin (n-Butil asetilen)	$CH_3-CH_2-CH_2-CH_2-C\equiv CH$
2-Hekzin (Metil-propil asetilen)	$CH_3-CH_2-CH_2-CH\equiv CH-CH_3$
3-Hekzin (Dietil asetilen)	$CH_3-CH_2-C\equiv C-CH_2-CH_3$

$$H-C\equiv C-H + H-OH \rightarrow H-\underset{\underset{H}{|}}{C}=\underset{\underset{OH}{|}}{C}-H \leftrightarrow CH_3-\underset{\underset{H}{|}}{C}=O$$

(Asetilen)　　　　　(Vinil alkol)　　(Asetaldehit)

$$CH_3-C\equiv C-H + H-OH \rightarrow CH_3-\underset{\underset{OH}{|}}{C}=\underset{\underset{H}{|}}{C}-H \leftrightarrow CH_3-\underset{\underset{CH_3}{|}}{C}=O$$

(Metil asetilen)　　(izopropenil alkol)　　(Aseton)

(enol)　　　　(keto-)

Asetilene su katılması vinil alkol üzerinden asetaldehit verir; Metil asetilene su katılması da izopropenil alkol üzerinden Aseton verir.

Alkinlerin kaynama noktaları ve erime noktaları düşüktür; sudan hafiftirler yani yoğunlukları 1'den küçüktür. Alkinler suda çözünmezler; aseton ve benzen gibi organik çözücülerde çözünürler. Alkinler, organik halojen bileşiklerinden, aldehit ve ketonlardan, eliminasyon ve substitüsyon reaksiyonlarıyla elde edilebilirler. *Organik kimyada eliminasyon, ayrılma anlamındadır; substitüsyon, bir organik molekülde bulunan bir atom veya grubu başka bir atom veya grupla değiştirme olayıdır.* Alkinler, katılma reaksiyonları, yükseltgenme reaksiyonları, indirgenme reaksiyonları verebilirler ve uç alkinler alkin tuzları oluşturabilirler. Alkinlere hidrohalojen asitleri ve halojenler katılabilir; bu katılmalarda da Markovnikof yönlenmesi vardır. Alkinlerdeki üçlü bağ, alkenlerdeki çift bağdan daha kararlıdır; bu nedenle alkinlere katılma reaksiyonları alkenlere katılmadan daha yavaş yürür. Alkinlere su katılması, alkenlere su katılması gibi asit katalizli bir reaksiyondur. Bu katılmada önce enol meydana gelir; sonra bu, daha kararlı yapı olan tautomerine yani keto- şekline dönüşür. Örneğin, asetilene su katılması vinil alkol üzerinden asetaldehit verir; metil asetilene su katılması da izopropenil alkol üzerinden aseton verir.

ALKOLLER:

Alkoller, **hidroksil** (**-OH**) grubu içeren bileşiklerdir. Alkoller, moleküldeki hidroksil grubunun sayısına göre monoalkoller, dialkoller (glikoller), trialkoller, polialkoller olarak sınıflanabilirler. *Molekülünde iki hidroksil (-OH) grubu içeren maddelere **glikoller** denir. Glikoller ve daha fazla sayıda hidroksil grubu içeren alkoller, yüksek değerli alkoller olarak adlandırılırlar.*

Alkoller, hidroksil grubunun bağlı olduğu karbon atomunun primer (RCH_2-), sekonder (R_2CH-), tersiyer (R_3C-) olmasına göre primer alkoller (RCH_2-OH), sekonder alkoller (R_2CH-OH), tersiyer alkoller (R_3C-) olarak sınıflandırılırlar. Önemli bazı alkoller aşağıdaki tabloda verilmektedir. Alkoller, hidrokarbon türevi (**hidroksillenmiş hidrokarbon**) veya suyun türevi (**alkillenmiş su**) olarak kabul edilebilirler. Alkollerin molekülleri arasında hidrojen bağları bulunduğundan kaynama noktaları diğer bileşiklerinkinden yüksektir. Su molekülleri arasındaki hidrojen bağları üç boyutludur, yani bütün ortaklanmamış elektron çiftleri hidrojen bağı yapmıştır. Alkollerin hidrojen bağları ise iki boyutludur, yani oksijenler üzerinde hidrojen bağı yapmamış elektron çiftleri vardır. Alkollerde moleküller arası hidrojen bağı kuvveti sudaki kadar güçlü olmadığından kaynama noktaları suyunkinden daha düşüktür; örneğin, suyun kaynama noktası 100°C olduğu halde daha büyük moleküllü metanolün kaynama noktası 65°C'dir. Metanol, etanol ve propanoller suda her oranda çözünürler. Butanolden itibaren suda çözünme azalmaya başlar; çözünmeyen kısım ayrı bir faz olarak kalır.

Alkol molekülü büyüdükçe çözünme hızla azalır ve **C>12**'den sonraki alkoller pratik bakımdan suda çözünmezler. Alkollerdeki **-OH** grubu, sudaki çözünürlüğü sağlayan (*hidrofil*=**suyu seven**) gruptur; **R** grubu ise sudaki çözünmeyi önleyici (*hidrofob*=**suyu sevmeyen**) gruptur.

Hidroksil (-OH) grubu içeren organik bileşiklere Alkol denir.

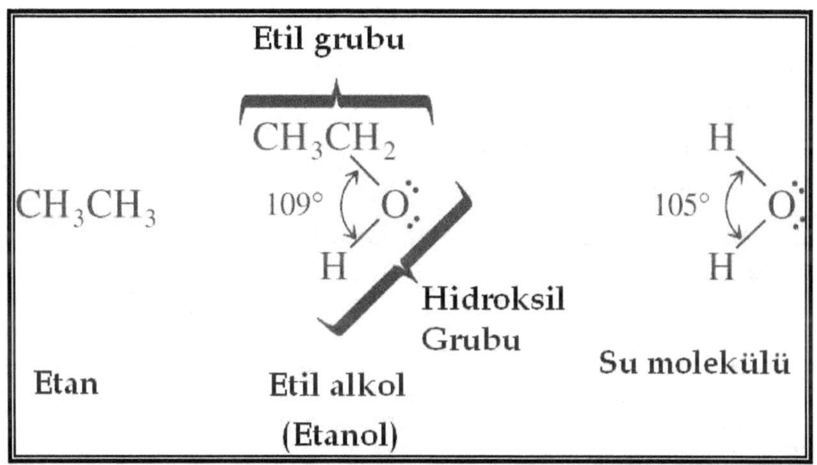

Alkollerin molekül yapısı suyla (H$_2$O) benzerlik gösterir.

Alkol adı	Formül
Metanol, hidroksimetan (Metil alkol)	CH_3OH
Etanol, hidroksietan (Etil alkol)	C_2H_5OH
1-Propanol, 1-hidroksipropan (n-Propil alkol)	$CH_3CH_2CH_2OH$
2-Propanol, 2-hidroksipropan (izopropil alkol)	$CH_3CH(OH)CH_3$
1-Butanol, 1-hidroksibutan (n-Butil alkol)	$CH_3CH_2CH_2CH_2OH$
2-Butanol, 2-hidroksibutan (s-Butil alkol)	$CH_3CH_2CH(OH)CH_3$
2-Metil-1-hidroksipropan (i-Butil alkol)	$(CH_3)_2CHCH_2OH$
2-Metil-2-hidroksipropan (t-Butil alkol)	$(CH_3)_3COH$
1-Pentanol (n-amil alkol)	$CH_3CH_2CH_2CH_2CH_2OH$
2-Pentanol (s-amil alkol)	$CH_3CH_2CH_2CH(OH)CH_3$
1,2-Etandiol (Etilen glikol)	$HOCH_2-CH_2OH$
1,2,3-Trihidroksipropan (Gliserol, gliserin)	$HOCH_2-CH(OH)-CH_2OH$
1,2,3,4,5,6-Hekzahidroksihekzan (Sorbitol)	$HOCH_2(CHOH)_4CH_2OH$

Hidroksil gruplarının sayısı arttıkça büyük moleküller bile suda çözünebilirler ve bu da alkolün çözünürlüğünü arttırır.

ETERLER:

Eterler, genel formülü **R-O-R'** şeklinde olan bileşiklerdir. Eterler, alkillenmiş alkol veya iki kez alkillenmiş su olarak kabul edilebilirler. Eter molekülünde oksijen üzerinde hidrojen bulunmadığından moleküller arasında hidrojen bağları meydana gelmez; bu nedenle eterlerin kaynama noktaları düşüktür. Eter molekülü, su molekülleriyle hidrojen bağları yapabilir; bu nedenle küçük moleküllü eterler suda biraz çözünürler, büyük moleküllü eterler ise hidrofob etkiden dolayı suda çözünmezler. Her iki alkil grubu aynı olan eterlere *simetrik eterler* denir; alkil grupları farklı olan eterlere *karışık eterler* denir. Simetrik eterler, alkil grubuna göre dimetil eter, dietil eter gibi adlandırılırlar; karışık eterler ise metil-etil eter, benzil-propil eter gibi adlandırılırlar. Eterler, asit katalizli ve baz katalizli reaksiyonlarla alkollerden elde edilirler. Eter grubu, etkin bir fonksiyonel grup değildir; bu nedenle eterlerin verdikleri reaksiyonlar sınırlıdır.

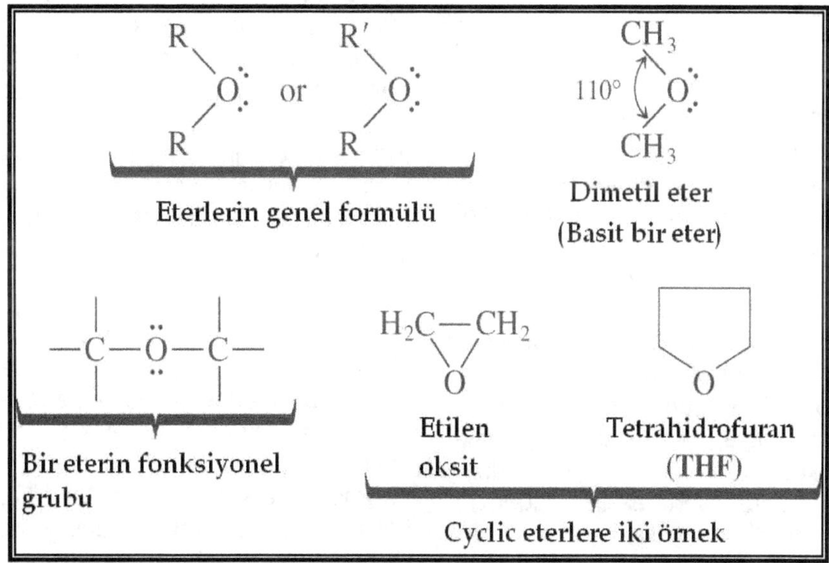

Eterlerin molekül yapıları.

KARBONİL BİLEŞİKLERİ:

$$\backslash C = \ddot{O}$$

Karbonil Grubu

$$H \overset{121°}{\underset{121°}{\overset{118°}{C}}} = \ddot{O}$$

Genel olarak bir karbonil bileşiğinin molekül yapısı C=O grubu içerir.

ALDEHİT VE KETONLAR

Aldehitler, genel formül yapıları R-CHO şeklinde olan karbonil bileşikleridirler.

Organik bileşiklerde karbonil grubu, **C=O** grubudur; bu grup, aldehit, keton, karboksilik asit ve ester gibi karboksilik asit türevlerinde bulunur. Ancak, karbonil bileşikleri deyince aldehit ve ketonlar akla gelir. Aldehitler, özel adlandırmada içerdikleri açil grubuna göre adlandırılırlar; önemli bazı aldehitler aşağıdaki tabloda verilmektedir. Aldehitler polar olmakla birlikte, molekülleri arasında hidrojen bağları meydana gelmez; bu nedenle kaynama noktaları alkollerinkinden daha düşüktür. Aldehitlerin küçük moleküllü olanları suda çözünürler; çünkü su molekülleriyle hidrojen bağları yapabilirler. Molekül büyüdükçe hidrofob etkiden dolayı suda çözünürlükleri azalır. Aldehitler, primer alkollerin yükseltgenmesi, asit klorürlerinin indirgenmesi, **Grignard** katılma reaksiyonlarıyla elde edilebilirler. Aldehitler, reaksiyon yeteneği fazla olan bileşiklerdir; yükseltgenme, indirgenme, katılma, kondensasyon reaksiyonları verebilirler. *Kondensasyon reaksiyonları, birisi organik molekül olmak üzere iki molekül arasında küçük ve polar bir molekülün ayrılarak yeni bir molekülün meydana geldiği reaksiyonlardır.*

Formaldehit (HCHO), normal şartlarda gaz halde, karakteristik kokulu bir maddedir; endüstride metanolden elde edilir. %40'lık formaldehit çözeltisi, *formol* veya *formalin* diye bilinir; formolde hala %10-15 metanol bulunur. Formol, kuvvetli bir dezenfeksiyon maddesidir; anatomik dokuların, organların saklanmasında kullanılır. Formaldehit, proteinleri denatüre eder; bu nedenle tahriş edicidir; gaz ve çözelti halinde ellere, yüze ve göze değmesinden sakınılmalıdır. Formol uzun süre beklerse kabın dibinde beyaz bir madde toplanır; bu, formaldehidin çizgisel bir polimeri olan paraformaldehittir. Paraformaldehitte 50-100 formaldehit birimi bulunabilir; yumuşak toz halinde bir maddedir; kuru olarak ısıtılınca formaldehide ayrışır. Kuru formaldehit ile, susuz ortamda ve özel katalizörlerle çok daha fazla formaldehit birimi içeren, ticari adı *delrin* olan dayanıklı çizgisel polimerler elde edilebilir; bunlardan da örneğin tekstil iplikleri yapılabilir.

Asetaldehit (CH_3-CHO), renksiz, kaynama noktası 21°C olan, bayıltıcı kokuda bir maddedir. Asetaldehit, asetik aside yükseltgenebilir veya etanole indirgenebilir. Asetaldehit, sulu asitli ortamda kolaylıkla paraldehit adında halkalı bir trimer verir. Paraldehit de özel kokulu bir sıvıdır; bir zamanlar uyku ilacı olarak kullanılmıştır; nefeste kötü bir koku oluştururlar.

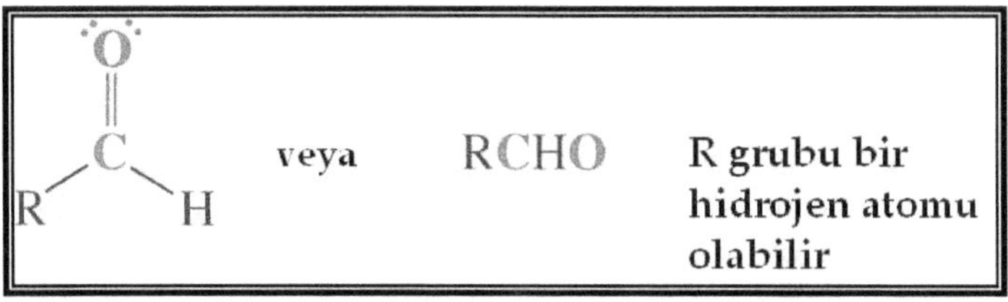

Bir Aldehite ait molekül yapısı.

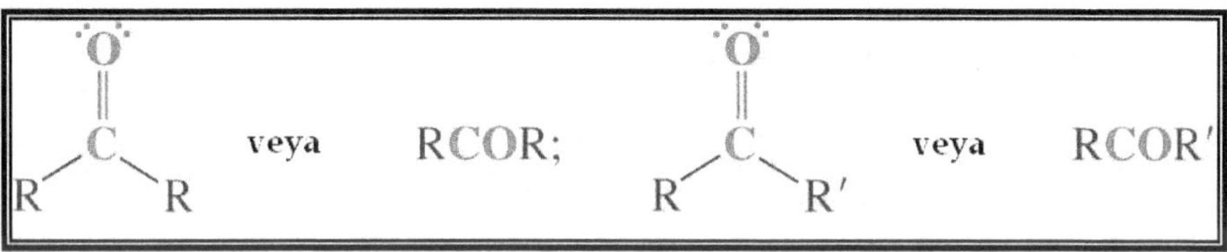

Bir Ketona ait molekül yapısı.

Aldehit adı	Formül
Formaldehit (Metanal)	$H-CHO$
Asetaldehit (Etanal)	CH_3-CHO
Propiyon aldehit (Propanal)	CH_3-CH_2-CHO
n-Butiraldehit (Butanal)	$CH_3-CH_2-CH_2-CHO$
i-Butiraldehit (3-Metilpropanal)	$(CH_3)_2-CH_2-CHO$

Keton adı	Formül
Aseton, dimetil keton (2-Propanon)	$CH_3-CO-CH_3$
Metil-etil keton (2-Butanon)	$CH_3-CH_2-CO-CH_3$

Ketonlar, genel formül yapıları R-CO-R' şeklinde olan karbonil bileşikleridirler. Ketonlar, özel adlandırmada C=O grubuna bağlı alkil gruplarına göre adlandırılırlar; önemli bazı ketonlar yukarıdaki tabloda verilmektedir. Ketonlar polar olmakla birlikte molekülleri arasında hidrojen bağları meydana gelmez; bu nedenle kaynama noktaları alkollerinkinden daha düşüktür. Ketonların küçük moleküllü olanları suda çözünürler; çünkü su molekülleriyle hidrojen bağları yapabilirler. Molekül büyüdükçe hidrofob etkiden dolayı suda çözünürlükleri azalır. Ketonlar, sekonder alkollerin yükseltgenmesi, asit klorürlerinin indirgenmesi, Grignard katılma reaksiyonlarıyla elde edilebilirler. Ketonlar, reaksiyon yeteneği fazla olan bileşiklerdir; yükseltgenme, indirgenme, katılma, kondensasyon reaksiyonları verebilirler. *Kondensasyon reaksiyonları, birisi organik molekül olmak üzere iki molekül arasında küçük ve polar bir molekülün ayrılarak yeni bir molekülün meydana geldiği reaksiyonlardır.* Ketonlar, güçlü yükseltgenlerle normal koşullarda reaksiyon vermezler; çünkü ketonlarda karbonil grubuna bağlı hidrojen bulunmaz. Ancak çok etkin koşullarda C-CO bağları kopar ve meydana gelen karbokatyonlara -OH bağlanarak karboksilik asitler meydana gelir.

Bir organik molekülün yükseltgenmesi, molekülden hidrojen çıkması anlamındadır; indirgenmesi de moleküle hidrojen girmesi anlamındadır. **Karbokatyon (C+),** *organik* reaksiyonlarda etkin olan kararsız karbonlu ara ürünlerden biridir. Bu ürünlerin diğerleri, **karbanyon (C:⁻),** **karbon radikali (C.)** ve **karben (C:)'**dir:

Aseton (CH₃-CO-CH₃), kaynama noktası 56°C ve kendine has kokusu olan bir sıvıdır. Asetonun organik bileşikleri çözme gücü yüksektir; genellikle çözücü olarak kullanılır. Aseton, su, etanol ve eterle kolayca karışır. Aseton, diabetes mellituslu hastaların vücudunda da patolojik olarak fazla miktarda oluşur; idrarla ve solunum yoluyla vücuttan atılır.

KARBOKSİLİK ASİT, ESTER VE AMİTLER:

Karboksilik asitler, genel formülleri R-COOH şeklinde olan organik bileşiklerdir. Karboksilik asitler, heteroatom olarak sadece oksijen içeren organik bileşikler arasında asit gücü en yüksek olanlardır. *Bir organik bileşik molekülünde C ve H atomlarından başka atomlara hetero-atomlar denir.* Karboksilik asitler, özel adlandırmada açil (R-CO) köklerine göre adlandırılırlar; -ik sonekli açil kök adından sonra asit denir (aset*ik* asit gibi). Bazı karboksilik asitler aşağıdaki tabloda verilmektedir. Küçük moleküllü karboksilik asitler suda çok çözünürler ve kaynama noktaları alkollerinkinden daha yüksektir. Formik asit, asetik asit, propiyonik asit ve butirik asitler suda çözünürler; daha fazla karbonlu karboksilik asitlerde R grubunun hidrofob etkisi ortaya çıkar ve çözünürlük gittikçe azalır. Palmitik asit, stearik asit gibi büyük moleküllü karboksilik asitler suda çözünmezler.

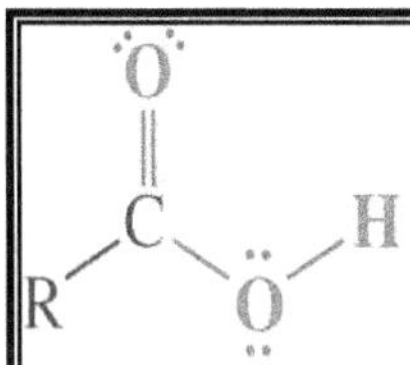

veya RCO_2H veya $RCOOH$

Karboksilik asitlerin moleküler yapısı

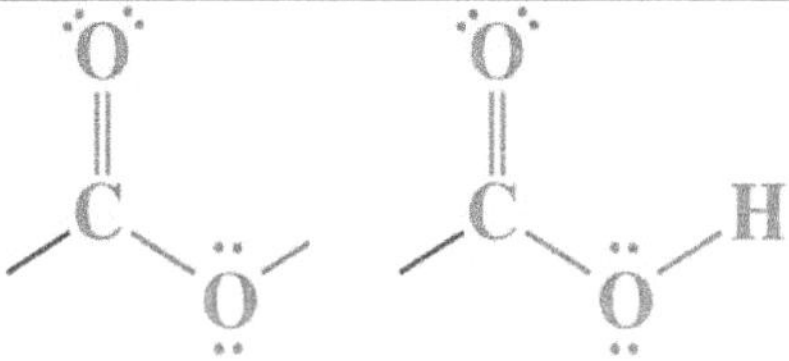

veya $—CO_2H$

Karboksil Grubu

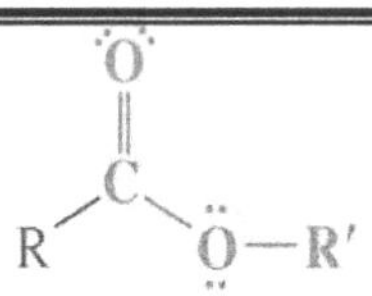

veya RCO_2R' veya $RCOOR'$

Bir Esterin genel formül yapısı

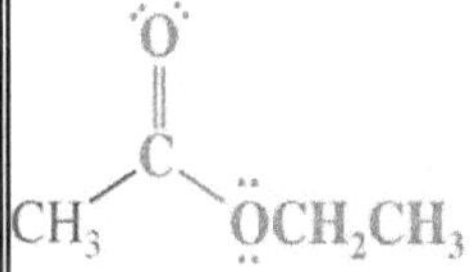

veya $CH_3CO_2CH_2CH_3$ veya $CH_3COOCH_2CH_3$

Tipik bir Ester olan Etil asetat

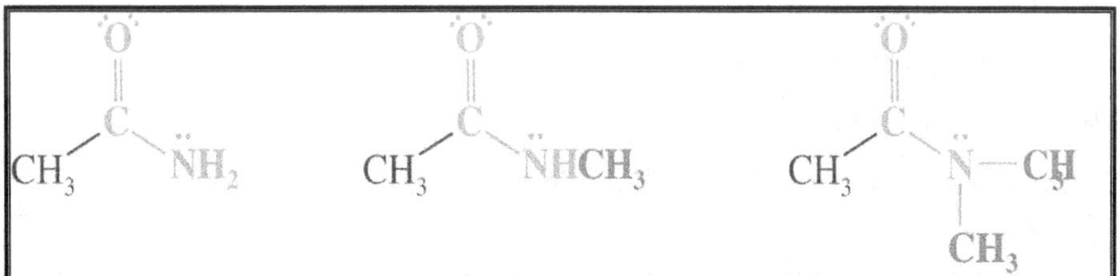

Acetamide *N*-Methylacetamide *N,N*-Dimethylacetamide

Karboksilik Asit, Ester ve Amitlerin moleküler yapıları.

Karboksilik asit adı	Formül
Formik asit (Metanoik asit)	$H\text{-}COOH$
Asetik asit (Etanoik asit; sirke asidi)	$CH_3\text{-}COOH$
Propiyonik asit (Propanoik asit)	$CH_3\text{-}CH_2\text{-}COOH$
Butirik asit (Butanoik asit)	$CH_3\text{-}CH_2\text{-}CH_2\text{-}COOH$
İzobutirik asit (3-Metilpropanoik asit)	$(CH_3)_2\text{-}CH_2\text{-}COOH$
Valerik asit (Pentanoik asit)	$CH_3\text{-}CH_2\text{-}CH_2\text{-}CH2\text{-}COOH$
İzovalerik asit (4-Metilbutanoik asit)	$(CH3)2\text{-}CH2\text{-}CH_2\text{-}COOH$
Kaproik asit (Hakzanoik asit)	$C_5\text{-}COOH$
Kaprilik asit (Oktanoik asit)	$C_7\text{-}COOH$
Kaprik asit (Dekanoik asit)	$C_9\text{-}COOH$
Laurik asit (Dodekanoik asit)	$C_{11}\text{-}COOH$
Miristik asit (Tetradekanoik asit)	$C_{13}\text{-}COOH$
Palmitik asit (Hekzadekanoik asit)	$C_{15}\text{-}COOH$
Stearik asit (Oktadekanoik asit)	$C_{17}\text{-}COOH$
Arşidik asit	$C_{19}\text{-}COOH$
Behenik asit	$C_{21}\text{-}COOH$
Lignoserik asit	$C_{23}\text{-}COOH$
Serotik asit	$C_{25}\text{-}COOH$

Yapı formülü	Sistematik adı	Genel adı	Erime noktası mp (°C)	Kaynama noktası bp (°C)	Sudaki çözünürlüğü (g 100 mL^{-1} H$_2$O), 25°C	pK$_a$
HCO_2H	Methanoic acid	Formic acid	8	100.5	∞ (Tamamıyla çözünür)	3.75
CH_3CO_2H	Ethanoic acid	Acetic acid	16.6	118	∞	4.76
$CH_3CH_2CO_2H$	Propanoic acid	Propionic acid	−21	141	∞	4.87
$CH_3(CH_2)_2CO_2H$	Butanoic acid	Butyric acid	−6	164	∞	4.81
$CH_3(CH_2)_3CO_2H$	Pentanoic acid	Valeric acid	−34	187	4.97	4.82
$CH_3(CH_2)_4CO_2H$	Hexanoic acid	Caproic acid	−3	205	1.08	4.84
$CH_3(CH_2)_6CO_2H$	Octanoic acid	Caprylic acid	16	239	0.07	4.89
$CH_3(CH_2)_8CO_2H$	Decanoic acid	Capric acid	31	269	0.015	4.84
$CH_3(CH_2)_{10}CO_2H$	Dodecanoic acid	Lauric acid	44	179[18]	0.006	5.30
$CH_3(CH_2)_{12}CO_2H$	Tetradecanoic acid	Myristic acid	59	200[20]	0.002	
$CH_3(CH_2)_{14}CO_2H$	Hexadecanoic acid	Palmitic acid	63	219[17]	0.0007	6.46
$CH_3(CH_2)_{16}CO_2H$	Octadecanoic acid	Stearic acid	70	383	0.0003	
CH_2ClCO_2H	Chloroethanoic acid	Chloroacetic acid	63	189	Büyük oranda çözünür	2.86
$CHCl_2CO_2H$	Dichloroethanoic acid	Dichloroacetic acid	10.8	192	Büyük oranda çözünür	1.48
CCl_3CO_2H	Trichloroethanoic acid	Trichloroacetic acid	56.3	198	Büyük oranda çözünür	0.70
$CH_3CHClCO_2H$	2-Chloropropanoic acid	α-Chloropropionic acid		186	Kısmen çözünür	2.83
$CH_2ClCH_2CO_2H$	3-Chloropropanoic acid	β-Chloropropionic acid	61	204	Kısmen çözünür	3.98
$C_6H_5CO_2H$	Benzoic acid	Benzoic acid	122	250	0.34	4.19
$p\text{-}CH_3C_6H_4CO_2H$	4-Methylbenzoic acid	p-Toluic acid	180	275	0.03	4.36
$p\text{-}ClC_6H_4CO_2H$	4-Chlorobenzoic acid	p-Chlorobenzoic acid	242		0.009	3.98
$p\text{-}NO_2C_6H_4CO_2H$	4-Nitrobenzoic acid	p-Nitrobenzoic acid	242		0.03	3.41
CO$_2$H (1-Naphthoic)	1-Naphthoic acid	α-Naphthoic acid	160	300	Çözünmez	3.70
CO$_2$H (2-Naphthoic)	2-Naphthoic acid	β-Naphthoic acid	185	−300	Çözünmez	4.17

Bazı karboksilik asit gruplarının, molekül yapı formülleri, erime (mp) ve kaynama noktaları (bp) ile sudaki çözünürlük (mL^{-1}) ve asitlik kuvveti (pK$_a$) değerlerini gösteren tablolar.

Bütün karboksilik asitler alkol, eter, benzen gibi organik çözücülerde çözünürler; ancak büyük moleküllü olanlar alkolde az çözünürler. Karboksilik asitlerin erime noktaları da alkollerinkinden daha yüksektir; 7 karbonluya kadar olanlar sıvı, daha fazla karbonlu olanlar katıdır; katı olanların kristal yapıları mumsu, yani yumuşak yapılıdır.

Formik asit ve asetik asit çok sert kokarlar ve tahriş edicidirler. Butirik asit kötü kokar; bozunmuş tereyağının kokusu bundan ileri gelir. Valerik asit de kötü kokuludur. Molekül büyüdükçe koku zayıflar; büyük moleküllü karboksilik asitler kokusuzdur. Karboksilik asitler, primer alkol, aldehit, alken ve alkinlerin yükseltgenmeleriyle elde edilebilirler. Karboksilik asitlerin katıldığı reaksiyonlarda, karboksilik asidin karboksil (-COOH) grubundaki H yerine metal veya alkil grupları geçebilir. Böylece sodyum asetat (CH_3-COONa) ve etil asetat (CH_3-$COOC_2H_5$) gibi maddeler meydana gelir. *R-COO, genel olarak karboksilat köküdür. Sodyum asetat ve etil asetatta molekül yapısı benzerliği değil, sadece ad benzerliği vardır. Sodyum asetat, iyonik bir bileşiktir ve katıdır; etil asetat ise kovalent bağlı bir bileşiktir ve sıvıdır.*

Karboksilik asitler zayıf asitler olmakla birlikte alkali ve toprak alkali hidroksitleri, karbonatları ve bikarbonatlarıyla tuz oluşturabilirler. Karboksilik asitler, amonyak ve aminlerle de amonyum asetat (CH_3-$COONH_4$) ve metil amonyum asetat (CH_3-$COOH_3N$-CH_3) gibi tuzlar oluşturabilirler.

Karboksilik asitlerin katıldığı reaksiyonlarda, karboksilik asidin karboksil (-COOH) grubundaki OH yerine halojen, azot, kükürt gibi hetero-atomlu gruplar geçebilir. Böylece karboksilik asidin türevleri meydana gelir. Karboksilik asidin OH grubu yerine Cl geçmesiyle oluşan asit klorürleri (R-COCl), karboksilik asitlerin diğer türevlerini elde etmek için anahtar bileşiklerdir.

Karboksilik esterler (*R-COOR'*), Asit katalizli bir reaksiyonla, karboksilik asitler ile alkollerden oluşurlar:

R-COOH + R'-OH ↔ R-COOR' + H_2O

Esterlerin değişik kullanım alanları vardır. Etil asetat, metil asetat, etil format gibi küçük moleküllü esterler, ekstraksiyon çözücüsü ve boya seyreltme çözücüsü (tiner) olarak çok kullanılırlar; aynı zamanda birtakım sentezlerin çıkış maddesidirler. Butirik asit, valerik asit gibi karboksilik asitlerin bazı esterleri elma, armut, muz gibi meyve kokusunda olduğundan yiyecek ve içeceklere yapay koku vermek için kullanılırlar. Aromatik esterler parfüm olarak kullanılırlar. Büyük moleküllü asit ve alkollerin esterleri mum olarak kullanılabilirler. Hayvansal ve bitkisel yağlar trigliserittirler yani gliserinin yağ asidi triesterleridirler; bunların baz (örneğin NaOH) katalizli hidrolizleri, yağ asitlerinin sodyum tuzları karışımını verir; olay sabunlaşma (saponifikasyon) olarak adlandırılır, oluşan madde de sabun olarak adlandırılır. *Saponifikasyon, sonuçta sabun oluşmasa bile baz katalizli ester hidrolizlerinin genel adıdır.* Sabun, doğal bir deterjandır. *Deterjan, sulu çözeltilerde yağlı kirleri (hidrofob kirler) temizleyen maddelere günümüzde verilen genel bir addır. Yağlı kirleri susuz ortamda benzin veya trikloretilen ile temizlemeye kuru temizleme denir.* Sabun yağlı kirleri temizlerken miseller oluşur. Miselin orta kısmı hidrofobdur; hidrofob kirler buraya van der Waals kuvvetleriyle tutulur. Miselin dış kısmı ise hidrofildir; bu kısım miselin suda kolloidal olarak dağılmasını sağlar. Yıkama ile miselin bulunduğu sulu kısım yıkanan eşyadan ayrılırken kirler de misel ile birlikte giderler.

Amitler (R-CONH₂) Amitlerin geleneksel adları, formamit (H-CONH₂), asetamit (CH₃-CONH₂), propiyonamit (CH₃-CH₂-CONH₂) gibi açil grubuna göredir. *Amitler, monoaçil amonyak yapısındadırlar. Diaçil amonyak türevlerine imitler denir; ancak bunların halkasız olanları kararsız olduklarından elde edilemezler.* Amitlerin en belirgin özellikleri, oldukça polar bileşikler olmalarıdır; molekülünde amit-imit tautomerliği ve rezonans şekiller önemlidir: Amitlerin erime noktaları ve kaynama noktaları, aynı karbon sayılı karboksilik asitlerinkinden daha yüksektir; formamit (H-CONH₂) sıvı, diğerleri katıdır. Karbon sayısı 6'ya kadar olanlar suda çözünür; molekül büyüdükçe R grubunun hidrofob etkisi nedeniyle suda çözünürlük azalır. Amitler, asitli ya da bazlı ortamda karboksilik asitlere hidrolizlenirler:

$$R\text{-}CONH_2 + HCl + H_2O \rightarrow R\text{-}COOH + NH_4Cl$$

$$R\text{-}CONH_2 + NaOH \rightarrow R\text{-}COO^- \, Na^+ + NH_3$$

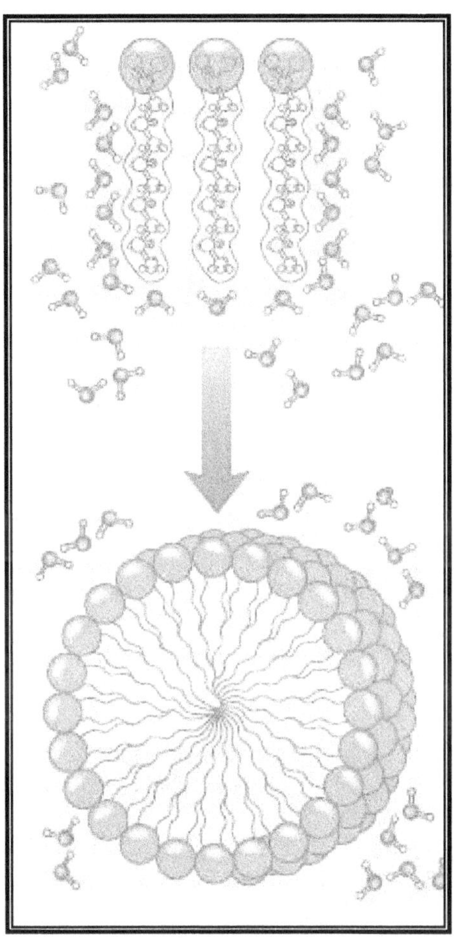

Yağlı kirlerin misellerle kaplanarak temizlenmesi.

Bazik ortamda hidroliz sonucu açığa çıkan amonyak, kokusundan veya kırmızı turnusol kağıdını maviye dönüştürmesinden anlaşılabilir; bu nedenle de amitlerin tanınmasını sağlayabilir. Amitlerin nitröz asit (HNO₂) ile reaksiyonu, azot çıkışıyla karboksilik asit verir:

$$R\text{-}CONH_2 + HNO_2 \rightarrow R\text{-}COOH + N_2 + H_2O$$

Amitler, uygun reaktiflerle aminlere indirgenebilirler. *Aminler, alkillenmiş amonyak türevleridirler; R-NH₂ primer amin, R₂NH sekonder amin, R₃N tersiyer amindir; aminler ayrıca incelenecektir.* Amitler, su kaybederek nitrillere (R-C≡N) dönüşebilirler:

$$R\text{-}CONH_2 \rightarrow R\text{-}C\equiv N + H_2O$$

HİDROKSİ ASİTLER:

Hidroksi asitler, hem **-OH** hem de **-COOH** grubu içeren bileşiklerdir. Küçük moleküllü hidroksi asitler, biyokimyasal bileşiklerdir; bunların metabolizmada önemli rolleri vardır. Amino asitler nitröz asit ile etkileştirildiğinde N_2 yitirirler; böylece *α*-hidroksi asitler meydana gelir: Hidroksi asitler, moleküllerinde bulunan -OH ve -COOH gruplarından dolayı ortak reaksiyonlar verirler; ayrıca -OH grubunun -COOH grubuna uzaklığına bağlı olarak farklı reaksiyonlar da verirler. *β*-Hidroksi asitler ısıtıldıklarında iki molekül arasından iki eşdeğer su ayrılarak halkalaşma olur ve halkalı bir iç diester olan laktitler meydana gelir; *γ*-hidroksi asitler ısıtıldıklarında molekülden bir eşdeğer su ayrılarak α-β doymamış asitler meydana gelir; γ-hidroksi asitlerden bir eşdeğer su ayrılarak halkalaşma olur ve γ-laktonlar; δ-hidroksi asitlerden ise aynı şekilde su ayrılarak δ-laktonlar meydana gelir. Şimdi önemli biyolojik açıdan önemli Hidroksi asitleri inceleyelim.

Glikolik asit (HO-CH₂-COOH), En basit hidroksi asittir; asetik asitten yaklaşık 100 kat daha güçlü bir asittir. Glikolik asit, hidrosfobik bir maddedir; meyve ve sebzelerde bulunur. Glikolik asit ısıtılırsa, iki molekül arasından 2 eşdeğer su ayrılarak halkalaşır ve glikolid meydana gelir.

Laktik asit (süt asidi; CH₃-CH(OH)-COOH), Doğal bir bileşiktir; ilk kez 1870'de Scheele tarafından ekşimiş süt suyundan yalıtılmıştır. 1807'de Berzelius, kasların su ile özütlenmesiyle bir asit elde etti ve buna "kas asidi" adını verdi. Sonradan yapılan incelemelerle süt asidi ve kas asidinin fiziksel özelliklerinin ve molekül yapılarının aynı olduğu kanıtlandı ve kökenleri farklı olsa da bunların aynı bileşikler olduğu kabul edildi. Ancak, daha sonraları polarize ışığın organik bileşiklere uygulanması ve optik izomerliğin bulunmasından sonra bu iki bileşiğin polarize ışığa karşı davranışlarının aynı olmadığı; süt asidinin polarize ışığı 12° sola (-12°), kas asidinin ise 12° sağa (+12°) çevirdiği yani bunların birbirlerinin optik izomerleri olduğu anlaşıldı.

Tartarik asit (tortu asidi; HOOC-CH(OH-CH(OH)-COOH), Şarap tortusu asididir; üzümde ve diğer meyvelerde bulunur. Şarap tortusu, tartarik asidin mono-potasyum tuzudur ve alkolde az çözündüğü için üzüm suyunun fermantasyonu sırasında çökerek kabın çeperlerine yapışır. Bunun asitlenmesiyle (+) tartarik asit (polarize ışığı sağa çevirir) elde edilir; şarap tortusunda ayrıca az miktarda (-) tartarik asit (polarize ışığı sola çevirir) ve (±) tartarik asit (polarize ışığı çevirmeyen rasem şekli) de bulunur. Tartarik asidin değişik kullanım alanları vardır: Gümüş aynası yapımında kullanılır. Saf potasyum mono-tartarat, pasta kabartma tozu olarak kullanılır; hamura katılan potasyum tartarat, hamur 200°C'de pişerken gliserik asit + karbondiokside ayrışır. Saf tartarik asit, gazoz tipi karbondioksitli içeceklere katkı maddesi olarak katılabilir. Tartarik asitten *Fehling belirteci* yapılır. Fehling çözeltisi, Cu_2 + tartarat kompleksidir; koyu mavi renkli olan bu belirteç, sıcakta aldehitleri karboksilik asitlere yükseltgerken kendisi de kiremit kırmızısı Cu_2O'te indirgenir.

Malik asit (elma asidi; HOOC-CH(OH)-CH₂-COOH), Hidroksi süksinik asittir; ham elma başta olmak üzere diğer meyvelerde bulunur. *Süksinik asit, bir dikarboksilik asittir.* Elma suyundan yalıtılan doğal malik asidin erime noktası 101°C'dir; suda çok çözünür ve polarize ışığı sola çevirir. Malik asit ısıtılırsa, molekül içi su yitirerek iki doymamış asit yani maleik asit (cis-) ve fumarik asit (trans-) meydana gelir; ısıtmaya devam edilirse, maleik asit molekül içi su yitirerek maleik anhidride dönüşür, fumarik asit ise değişmez.

Sitrik asit (limon asidi; HOOC-C(OH)(COOH-CH₂-COOH), Limon ve diğer turunçgillerde bulunan bir trikarboksilik asittir; erime noktası 135°C'dir; limon suyundan Ca^{2+} tuzu üzerinden yalıtılabilir. Sitrik asit, suda çok çözünür; asetik asitten yaklaşık 100 kat daha güçlü bir asittir; molekülü disimetrik değil simetrik olduğundan optikçe aktif değildir. Sitrik asit, endüstride melas'ın özel bakterilerle fermantasyonuyla üretilir. *Melas, şeker pancarından şeker yani sakkaroz yalıtıldıktan sonra geride kalan ve kristallenmeyen bir yan üründür;*

genellikle hayvan yemi olarak kullanılır veya fermantasyonla başta etanol olmak üzere çeşitli ürünler elde edilebilir. Sitrik asit, bazik ortamda Cu^{2+} iyonlarıyla koyu mavi bir kompleks verir. Bu komplekse, *Benedict belirteci* denir; Fehling belirteci gibi, aldehitlerin veya glukoz gibi indirgen şekerlerin belirlenmesinde kullanılabilir. Sitrik asit, ayrıca hücre içi fonksiyonların gerçekleşmesinde kullanılan önemli bir organik bileşik olup, **glukoz** metabolizmasında **Krebs döngüsünün** bir öğesidir; sitrat sentaz enziminin katalizörlüğünde, oksalasetik aside **asetil-CoA** aracılığı ile asetik asit katılması sonucu biyosentezlenir.

Keto asitler: Keto asitler, glioksalik asit, pirüvik asit, asetoasetik asit, levülinik asit gibi molekülünde -C=O grubu bulunan karboksilik asitlerdir. Bazı α-keto asitler, metabolizmada rolleri olan biyokimyasal bileşiklerdir:

Glioksalik asit (HOOC-CHO), kıvamlı bir sıvıdır; belirli bir erime noktası yoktur; ısıtılınca değişik ürünler vererek bozunur. Glioksalik asit, en çok ham meyvelerde bulunur; ham meyveye ekşi tadını veren asitler arasındadır. Glioksalik asit, güçlü yükseltgenlerle karbondiokside kadar yükseltgenir; ılıman yükseltgenlerle oksalik aside (HOOC-COOH) yükseltgenir.

Pirüvik asit (keto-propiyonik asit; CH₃-C(O)-COOH), α-ketopropiyonik asittir; oldukça güçlü doğal bir asittir; oda sıcaklığında sıvıdır. Pirüvik asit, glikoliz olayının son ürünüdür ve Krebs döngüsüne giren asetil-CoA'yı oluşturan ürün olması bakımından karbonhidrat metabolizmasının anahtar bileşiğidir.

Pirüvik asit, ılıman koşullarda laktik aside indirgenebilir. Bu indirgenme, metabolizmada laktat dehidrojenaz enzimi ve **NADH koenzimi** ile olur. Pirüvik asit, seyreltik sülfürik asitle sıcakta asetaldehit + karbondiokside; derişik sülfürik asitle sıcakta asetik asit+karbonmonokside ayrışır. Pirüvik asit, alkollerle asit katalizli bir reaksiyonla esterleşebilir. Pirüvik asit, karbonil grubu ile, katılma ve kondensasyon reaksiyonlarını çok kolaylıkla verir.

Asetoasetik asit (β-ketobutirik asit; CH_3-C(O)-CH_2-COOH), Önemli bir biyokimyasal bileşiktir; yağ asitlerinin biyosentezinde oluşan ara ürünler arasında asetoasetil-CoA vardır; yağ asitlerinin β-oksidasyonunda sondan bir önceki basamakta da asetoasetil-CoA vardır. Plazmada bulunan serbest asetoasetik asit anyonu, keton cismi olarak adlandırılır; glukoz azaldığında nöronların enerji gereksinimi için de kullanılır. Asetoasetik asit, $100°C$'nin üstünde ısıtıldığında karbondioksit yitirerek asetona dönüşür.

Levülinik asit (γ-ketovalerik asit; CH_3-C(O)-CH_2-CH_2-COOH), Glukozun derişik hidroklorik asitli ortamda sıcakta bozunmasıyla, formik asitle birlikte oluşur. Levülinik asit, bir keto-asit olduğundan, keton ve karboksilik asit gruplarının bütün reaksiyonlarını verir.

Dikarboksilik asitler; Dikarboksilik asitler, molekülünde iki karboksilik asit grubu bulunan organik asitlerdir. Bunlardan genel formülleri HOOC-$(CH_2)_n$-COOH şeklinde gösterilebilen, karboksilik asit grupları molekülün iki ucunda bulunanlar önemlidir.

Molekülü en küçük dikarboksilik asit olan oksalik asidin erime noktası en yüksektir. Sudaki çözünürlüğü en yüksek olan malonik asittir; eter, alkol gibi organik çözücülerde çözünürlükleri sudaki çözünürlüklerinin zıttıdır. Oksalik asit, asetik asitten yaklaşık 1000 kat daha güçlü bir asittir; bundan sonraki asitlerde asit gücü hızlı bir şekilde düşer ve sonra yaklaşık olarak sabit kalır. Dikarboksilik asitler, diollerin veya dialdehitlerin yükseltgenmesiyle elde edilebilirler. Dikarboksilik asitler de birer karboksilik asit olduklarından, ester, asit klorürü, amit oluşturmak gibi reaksiyonları verirler. Oksalik asit ve malonik asit, erime noktalarının üstünde ısıtıldıklarında karbondioksit ayrılmasıyla bozunurlar.

Oksalik asit (HOOC-COOH), Oldukça güçlü bir organik asittir; suda 9 g/100mL çözünür; higroskopiktir. Oksalik asit, doğal bir maddedir; kuzukulağı bitkisinde mono-potasyum tuzu, ıspanakta sodyum tuzu halinde bulunur. Oksalik asidin kalsiyum tuzu suda az çözündüğünden, böbreklerde süzülen oksalik asit Ca^{2+} ile birleşerek bazan kalsiyum oksalat olarak idrar yollarında veya mesanede idrar yolları taşı oluşturur. Oksalik asit, Fe^{3+} ile suda çözünen bir kompleks verir. Bu özelliğinden yararlanılarak pas temizleyici ve elbiselerdeki pas lekelerini çıkarmakta kullanılabilir. Oksalik asidin mono- ve dibazik tuzları vardır; monobazik tuzlarına asit tuzlar da denir. Ca^{2+} tuzu (kalsiyum oksalat), suda az çözündüğünden gravimetrik nicel analizlerde Ca^{2+} ve oksalik asit tayinlerinde kullanılabilir. Oksalik asit, asitli $KMnO_4$ çözeltisiyle sıcakta

Dikarboksilik asit	Formül
Oksalik asit (Etandioik asit)	HOOC-(CH$_2$)$_0$-COOH –HOOC-COOH–
Malonik asit (Propandioik asit)	HOOC-(CH$_2$)$_1$-COOH
Süksinik asit (Butandioik asit)	HOOC-(CH$_2$)$_2$-COOH
Glutarik asit (Pentandioik asit)	HOOC-(CH$_2$)$_3$-COOH
Adipik asit (Hekzandioik asit)	HOOC-(CH$_2$)$_4$-COOH

Yapı formülü	Genel adı	Erime noktası mp (°C)	pK_a (at 25°C) pK_1	pK_2
HO$_2$C—CO$_2$H	Oxalic acid	189 dec	1.2	4.2
HO$_2$CCH$_2$CO$_2$H	Malonic acid	136	2.9	5.7
HO$_2$C(CH$_2$)$_2$CO$_2$H	Succinic acid	187	4.2	5.6
HO$_2$C(CH$_2$)$_3$CO$_2$H	Glutaric acid	98	4.3	5.4
HO$_2$C(CH$_2$)$_4$CO$_2$H	Adipic acid	153	4.4	5.6
cis-HO$_2$C—CH=CH—CO$_2$H	Maleic acid	131	1.9	6.1
trans-HO$_2$C—CH=CH—CO$_2$H	Fumaric acid	287	3.0	4.4
(benzen, 1,2-CO$_2$H)	Phthalic acid	206–208 dec	2.9	5.4
(benzen, 1,3-CO$_2$H)	Isophthalic acid	345–348	3.5	4.6
(benzen, 1,4-CO$_2$H)	Terephthalic acid	Çok yüksek	3.5	4.8

Bazı Dikarboksilik asit gruplarının, molekül yapı formülleri, erime noktaları (mp) ile asitlik kuvveti (pK$_a$) değerlerini gösteren tablo.

karbondioksite yükseltgenir. Oksalik asit, metil alkol veya etil alkolle karıştırılıp ısıtılırsa kolaylıkla metil ve etil esterleri elde edilebilir. Oksalik asidin sulu çözeltisi, suda çözünmeyen berlin mavisini (siyanoferriferrat) çözer ve koyu mavi renkli bir çözelti elde edilir; bu çözelti, çıkmaz mürekkep olarak kullanılabilir.

Malonik asit ($HOOC\text{-}CH_2\text{-}COOH$), Suda en çok çözünen dikarboksilik asittir; alkolde de çok çözünür. Malonik asit, doğal bir üründür; yağ asitlerinin biyosentezinde ara ürün olarak oluşur. Malik asidin havada ısıtılmasıyla oluşan bozunma ürünleri arasında malonik asit de bulunur. Malonik asit, ısıya karşı kararsızdır; erime noktasının biraz üstünde ısıtıldığında karbondioksit yitirerek asetik aside dönüşür. Katı ve kuru malonik asit, fosfopentoksit ile ısıtıldığında, molekülde bulunan bütün hidrojenlerini su olarak yitirir ve trikarbondiokside ($O=C=C=C=O$) dönüşür: Trikarbondioksit, oda sıcaklığında sıvı olan keskin kokulu bir gazdır.

Süksinik asit (kehribar asidi; $HOOC\text{-}(CH_2)_2\text{-}COOH$), Suda az çözünen ve asit gücü yaklaşık asetik asit kadar olan beyaz kristaller halinde bir dikarboksilik asittir. Süksinik asit, doğal bir bileşiktir; glukoz metabolizmasında Krebs döngüsünün bir öğesidir; ilk kez, doğal bir fosil reçine olan amberin (kehribar) ısıtılmasıyla elde edilmiştir. Süksinik asit, tartarik asit veya malik asidin özel bakterilerle fermantasyonuyla elde edilebilir. Süksinik asit, bütün genel diasit reaksiyonlarını verir.

Glutarik asit ($HOOC\text{-}(CH_2)_3\text{-}COOH$), suda az çözünen zayıf bir asittir. Glutarik asit, bütün genel diasit reaksiyonlarını verir.

Adipik asit ($HOOC\text{-}(CH_2)_4\text{-}COOH$), Suda az, alkolde çok çözünen zayıf bir asittir; yağların veya yağ asitlerinin yükseltgen maddelerle ısıtılmasıyla meydana gelir Nylon (naylon), diasitlerle diaminlerin oluşturduğu bir homopoliamittir; genelde diasit olarak adipik asit, diamin olarak 1,6-diaminohekzan kullanılır.

AROMATİK BİLEŞİKLER:

Aromatik bileşikler, özel bir doymamışlık gösteren benzen (benzol) ve türevleriyle, kondense benzen halkalarının oluşturduğu çeşitli bileşiklerdir.

BENZEN VE TÜREVLERİ:

Benzen (benzol), Aromatik organik bileşiklerin en basit örneği benzen molekülüdür. Benzen, aromatik bileşiklerin en basiti ve aynı zamanda bilinen en eski organik bileşiklerden biridir. Alman bilgini Kekulé, yüksek derecede doymamış bir bileşik olmasına karşın kimyasal reaksiyonlara karşı tembel olmasını göz önüne alarak, benzenin açık formülünün içinde üç çift bağ bulunan altıgen şeklinde olması gerektiğini önerdi. Benzenin bu altıgen molekül modeli en iyi, rezonans teorisiyle açıklanabilir. İlerki kısımlarda benzenin neden bu yapıya doğru yönlendiğini rezonans teorisinden yararlanarak tekrar inceleyeceğiz. Şimdilik şu kadarını söyleyebiliriz ki,

Benzen molekülünün Kékule yapısı

veya

Kékule yapısının halkasal bağ modeli

Benzen'in Kékule yapısına ait iki eşdeğer model

Benzen'in molekül yapısı.

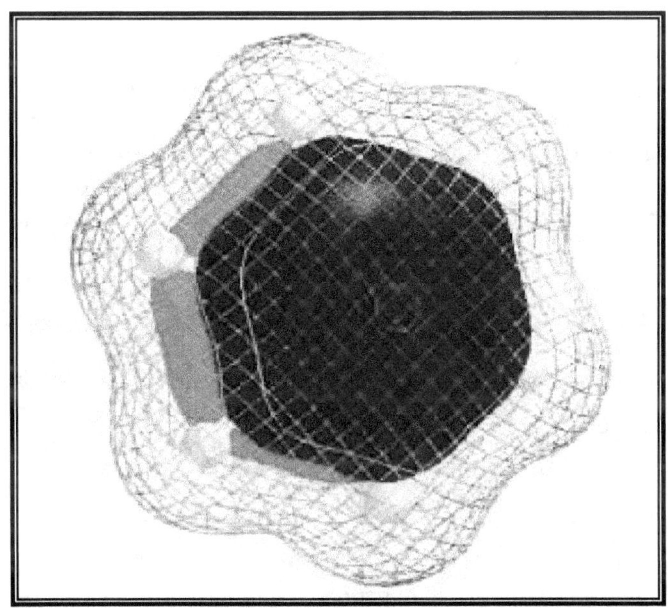

Benzenin π moleküler orbitallerinden birisinin altıgen yapıdaki Van der Waals yüzeyi üzerindeki elektropotansiyelin ağ şeklindeki gösterimi.

benzen molekülündeki karbon atomu, **sp²** hibritleşmesi yaptığı için, her bir karbon atomuna bir **p** orbitali denk gelir. Böylece altı karbon atomu, bir halka oluşturacak şekilde hidrojen atomlarının ortasında dizilerek, dairesel bir molekül modeli oluşturur. Bu mükemmel yapı, yaratıcının bu moleküldeki düzenlemeyi ne kadar hassasiyetle düzenlediğinin bir başka örneğidir. Çünkü doğada altı karbon atomuna sahip pek çok organik bileşik var olmasına rağmen hiçbirisi, benzenin sahip olduğu halka şeklindeki geometrik yapıya sahip değildir.

Organik kimyacıların aromatik bileşikler olarak sınıflandırılan bileşikler üzerindeki çalışmaları, İngiliz kimyacı **Michael Faraday** tarafından **1825** yılında ilk defa Benzen molekülünün keşfedilmesiyle başlamıştır. Faraday, benzeni balina yağının piroliz edilmesiyle elde edilmesiyle sıkıştırılmış aydınlatma gazından elde etmişti. Yine **1834** yılında Alman kimyacı **Eilhardt Mitscherlich** benzeni, benzoik asiti kalsiyum oksitle ısıtarak sentezlemiş ve molekül formülünün **C₆H₆** olduğunu tesbit etmiştir:

$$C_6H_5CO_2H \;+\; CaO \xrightarrow{\text{ISI}} C_6H_6 \;+\; CaCO_3$$

Benzoik asit   **Benzen**

Zamanın organik kimya bilginleri, Kekulé'nin önerdiği formülü benimsemeyip kendileri başka formüller önerdiler. Daha sonraları, benzenin Kekulé formülü diğer bilim adamlarının önerdikleri formüllere yeğlenerek kabul görmüştür. Benzen molekülünün moleküler orbital kuramına göre yorumlanmasıyla, son yıllarda içerisine çember çizilerek aromatik yapının belirtilmesi yaygınlaşmaktadır.

Benzen, donma noktası 5,5°C, kaynama noktası 80°C olan, sudan hafif, özel kokulu bir sıvıdır. Benzen, zehirlidir; buharlarının kronik bir lösemi etmeni olduğu kanıtlandığından iş yerlerinde çözücü ve özütleme aracı olarak kullanılması yasaklanmıştır.

Benzen, endüstri bakımından önemli bir bileşiktir; nitrolanarak, klorlanarak, sulfolanarak sentezler için gerekli olan birçok ara ürün elde edilir. Benzen molekülündeki hidrojenlerin yerine değişik fonksiyonel grupların geçmesiyle benzen türevleri diye bilinen önemli bileşikler oluşmaktadır. Benzen halkasında 6 karbon atomu vardır ve bunların her biri üzerine bir fonksiyonel grup bağlanmış olabilir. Bunların yerleri genellikle numaralarla gösterilir; yani 1, 2, 3, 4, 5, 6 substitüe benzen türevleri olanaklıdır. Komşu bileşikler arasında CH₂ kadar bir fark olan metilbenzen (toluen; toluol), etilbenzen, propilbenzen, ... bileşikleri, benzenin mono-substitüe türevleridirler ve benzenin homologları veya alkil benzenler olarak bilinirler ve bu bileşikler de benzen türevi oldukları için halkalı bir yapıya sahiptirler.

Aşağıda verilen moleküler modellerde benzen molekülünün halkalı yapısına ilişkin bir model verilmektedir:

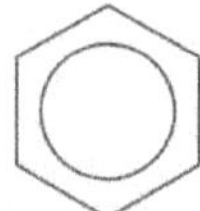

Benzen molekülünün rezonans hibrit modeli

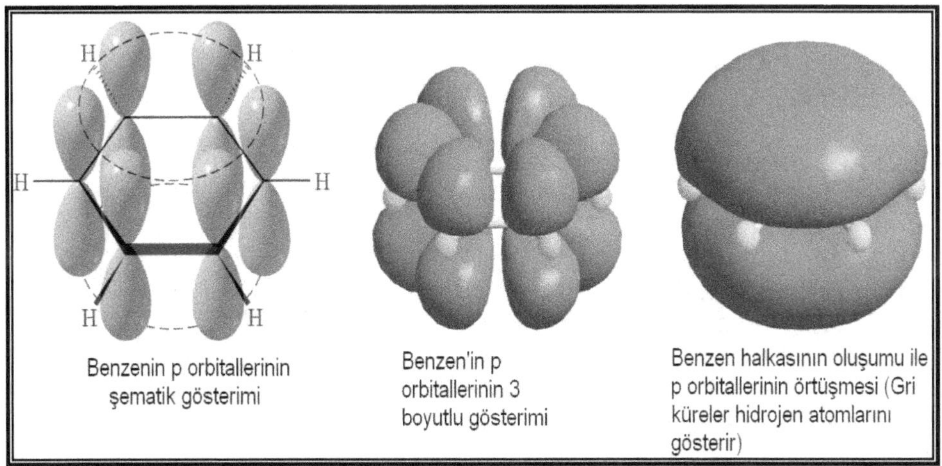

Rezonans teorisine göre benzen molekülünün yapısı ve Hibrit modeli.

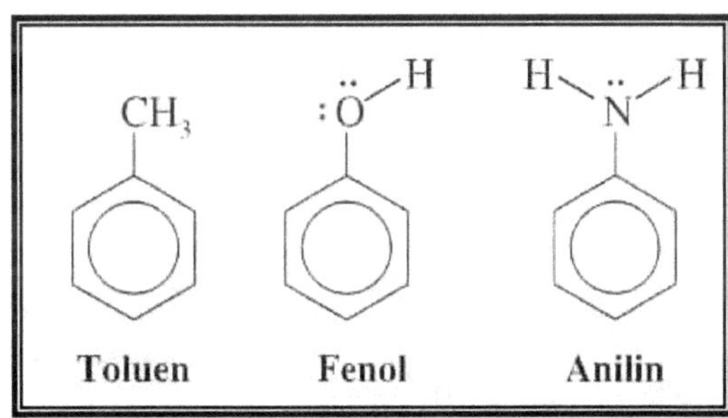

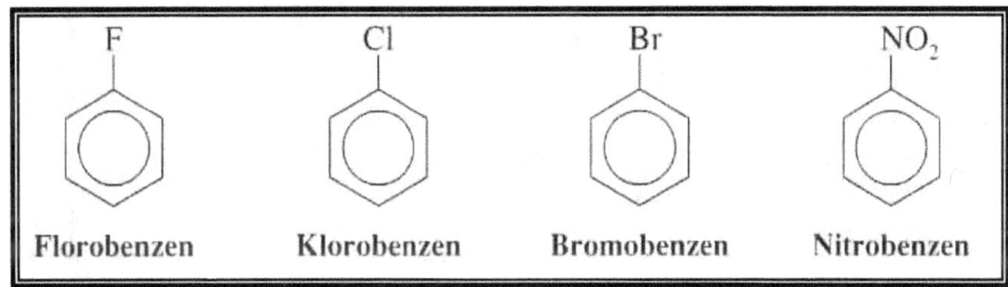

Benzenin türevi olan bazı Aromatik organik bileşikler.

BİTİŞİK HALKALI AROMATİK BİLEŞİKLER:

Benzen ve türevlerinin dışında, diğer başka halkalı aromatik bileşikler de vardır. Tüm bu organik moleküllerin ortak özelliği ise, birbirine bitişik (kaynaşık) birden çok halkanın birleşerek farklı ve büyük bir molekül teşkil etmesidir. Bu şekildeki bir birleşik molekülün oluşabilmesinin yaşamsal organik moleküllerin oluşabilmesine izin veren **İKİ** önemli sonucu vardır:

Birincisi: Bu şekildeki halka birleşmeleri sayesinde, canlılığı oluşturan çok daha büyük molekül yapılarının, örneğin proteinler, enzimler, DNA ve RNA gibi organik moleküllerin oluşturulması ve bir bütün halinde ayakta tutulması mümkün hale gelir.

İkincisi: Bu şekildeki birleşik halka yapıları, molekülün rahatça uzayda 3-boyutlu olarak her tarafa dönebilmesine ve hareket edebilmesine izin verir ve böylece molekül dinamik bir yapı kazanabilir. Bu da, canlı organizmadaki yaşamsal faaliyetlerin sürdürülebilmesi için çok gerekli bir özelliktir.

Bunların en basiti, iki benzen halkasının bitişmesiyle oluşan naftalindir. Üç, dört, beş benzen halkasının çizgisel olarak bitişmesiyle sırayla *Antrasen*, *Naftasen* (*Tetrasen*), *Pentasen,...*meydana gelir. Bitişmeler, *Fenantrende* olduğu gibi açılı şekilde, ya da *Koronende* olduğu gibi küme şeklinde olabilir (Bkz: yandaki şekil.)

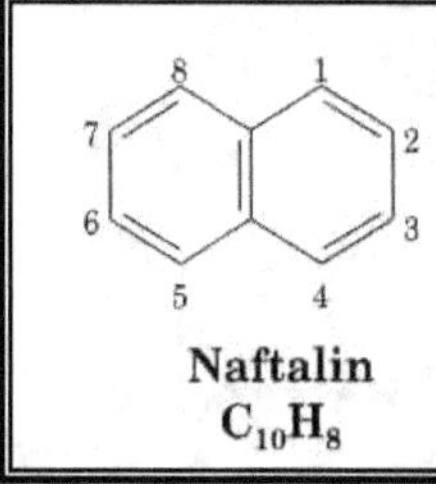

Naftalin
$C_{10}H_8$

Antrasen
$C_{14}H_{10}$

Fenantren
$C_{14}H_{10}$

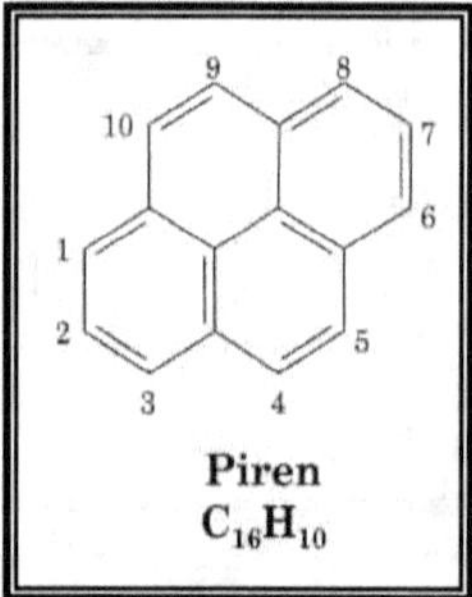

Piren
$C_{16}H_{10}$

Benzo[*a*]piren
$C_{20}H_{12}$

Halkalı yapıdaki çeşitli organik bileşikler.

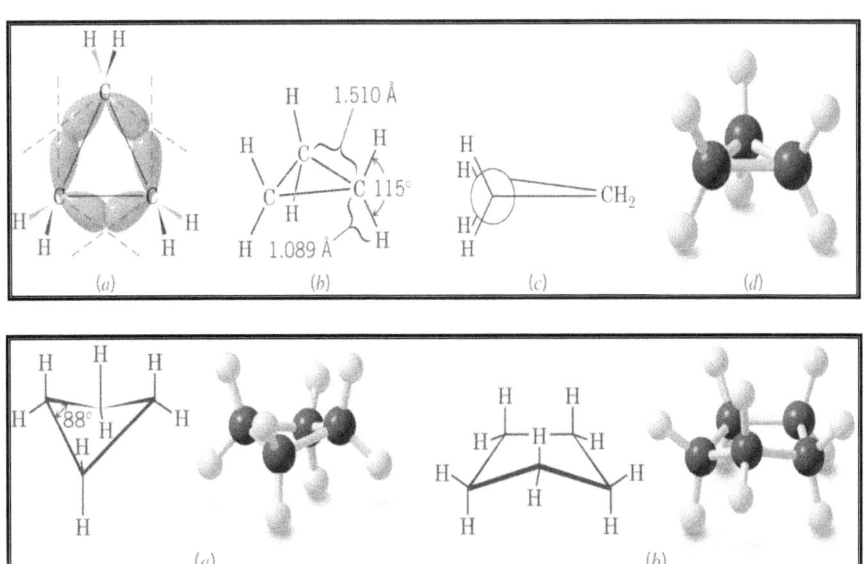

Tek halkalı bir organik molekülden, birden çok sayıdaki halkanın teşkil edilmesi.

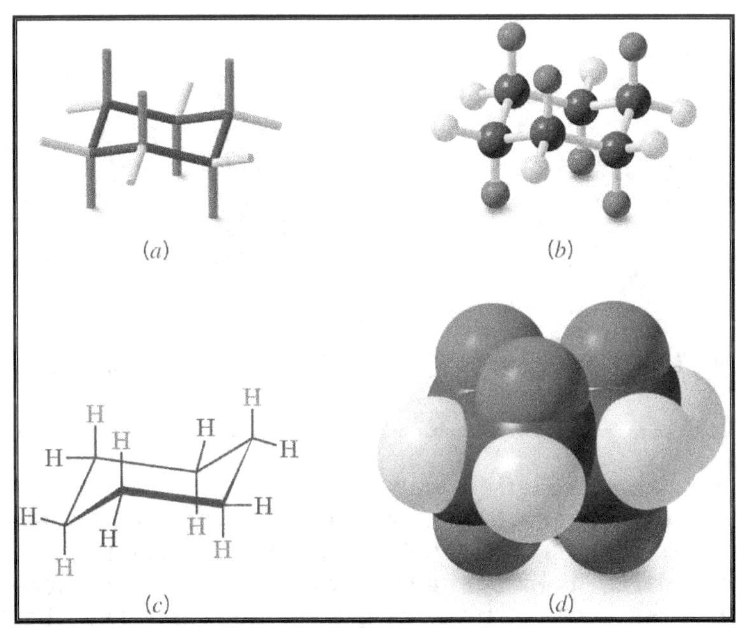

Büyük organik moleküllerin, küçük halkalı moleküllerden birleşerek oluşturulması (a-b-c-d sırasına göre).

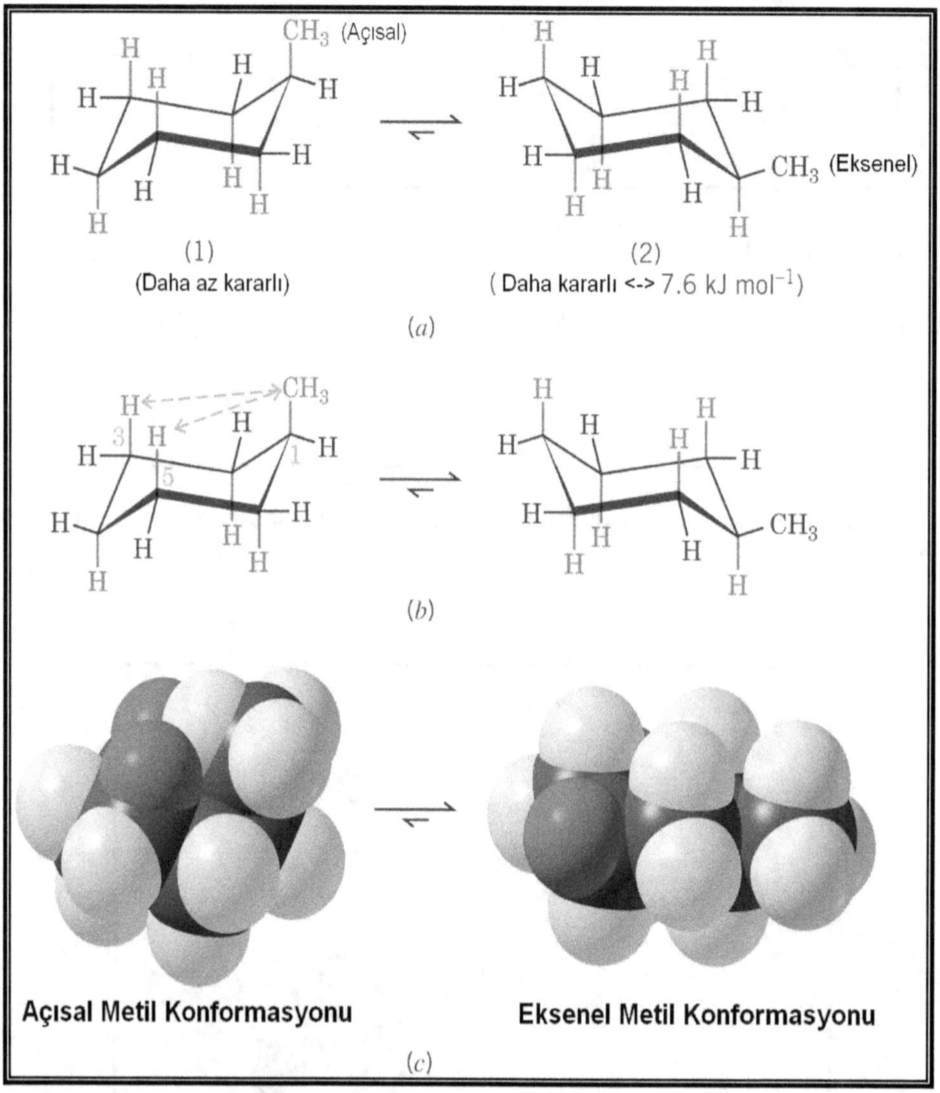

Büyük organik moleküllerin, daha küçük alt moleküllerin yeniden düzenlenmesi (konformasyonu) ile halkalı moleküllerden birleşerek oluşturulması (a-b-c sırasına göre). Büyük organik moleküller teşkil edilirken, termodinamik olarak daha az enerji tüketecek şekilde konformasyona uğrayarak eksenel veya açısal grupların katlanmasıyla kararlılıklarını arttırırlar.

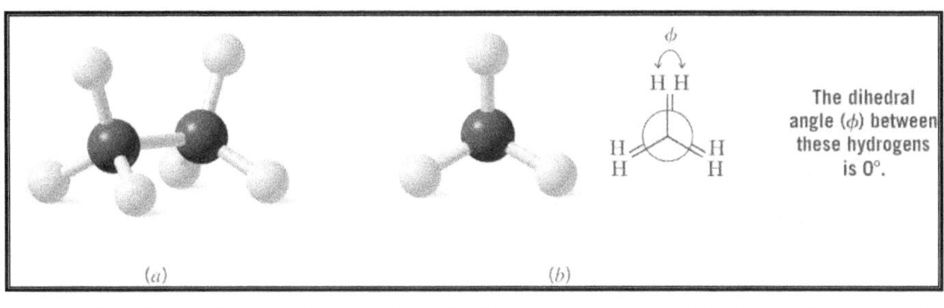

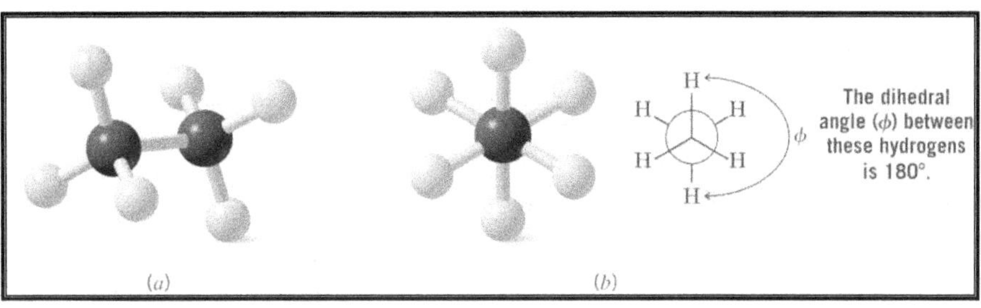

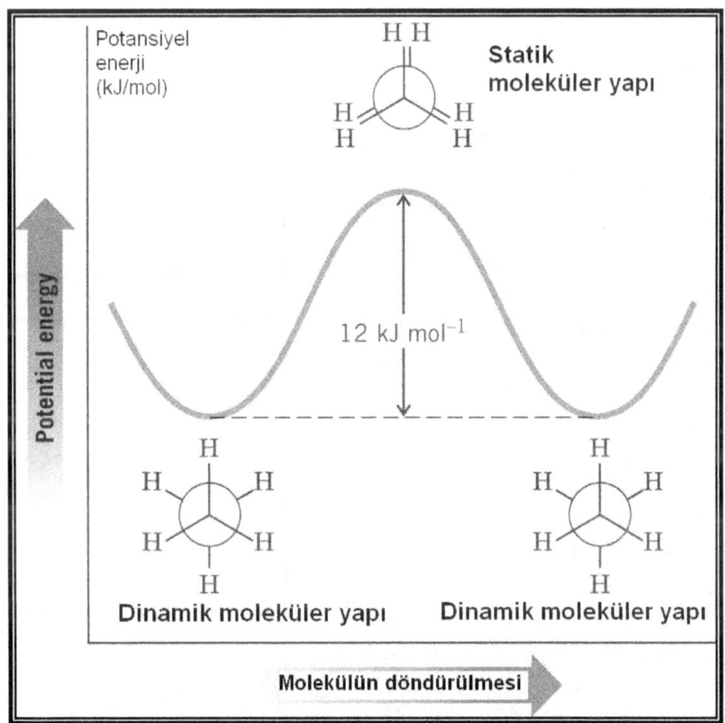

Halkalı yapıdaki moleküllerin, 3-Boyutlu uzayda serbest dönmeyi sağlayan moleküler mekanizmalar ve bu dönmeye bağlı enerji diyagramının değişimi. Görüldüğü gibi molekül, dönme miktarına bağlı olarak daha kararlı bir yapı kazanır.

Naftalin, Erime noktası 80°C, kaynama noktası 218°C, sublimleşme özelliği olan renksiz pulcuklar halinde kristalli bir bileşiktir; keskin bir kokusu vardır; suda çözünmez, organik çözücülerde çözünür. Naftalin, evlerde güve tozu olarak kullanılmaktadır. Naftalin, halojenlenme, nitrolanma, sulfolanma gibi tipik aromatik substitüsyon reaksiyonlarını verir. Naftalin halkasında tek substitüent var ise bu, 1- veya 2- ya da α- veya β- simgeleriyle gösterilebilir; birden çok substitüent var ise bunların yerleri numaralarla (1,2,3..6 gibi) belirtilir (Bkz: yandaki şekil.)

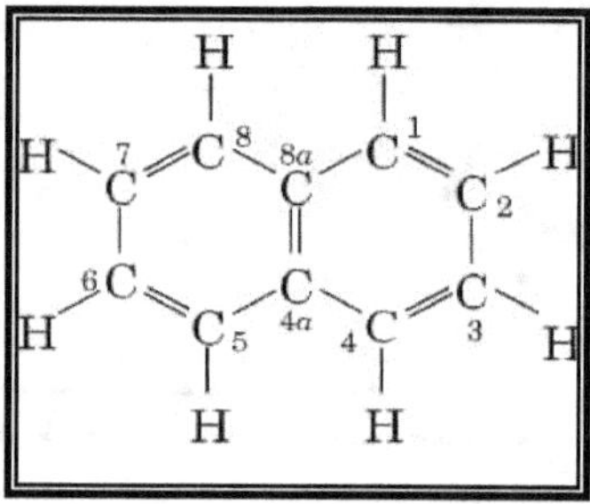

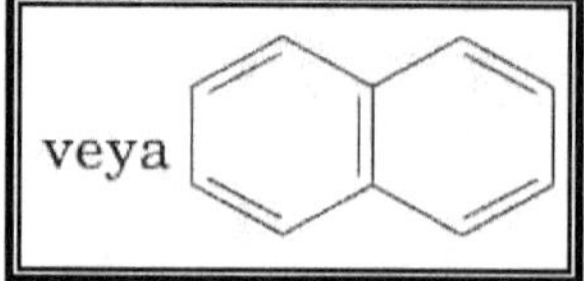

Naftalin molekülünün Kékule molekül yapısı.

HETEROHALKALI AROMATİK BİLEŞİKLER:

Buraya kadar incelediğimiz aromatik organik moleküllerin hepsinde halka üzerinde karbon atomu vardı. Halka üzerinde, karbon atomundan başka elementlerin de bulunduğu halkalı bileşiklere *Heterohalkalı aromatik bileşikler* denir. Bu bileşiklerin birçoğu yaşamsal faaliyetlerde önemli fonksiyonları olan organik bileşiklerin temelini oluşturur. Heterohalkalı bileşiklerden, halka üzerinde; Oksijen, Azot veya Kükürt içerenleri çok yaygın olarak kullanılır. Aromatik halkalı bileşikler, canlı organizmalardaki tepkimelerde çok önemli rol oynarlar. Sadece bu moleküllerin fonksiyonlarını ve canlılık için gerçekleştirdikleri fonksiyonları içeren uzun zincirleme tepkimeleri anlatmak bile, ciltlerce dolusu geniş bir eserin konusu olabilir. Örneğin, yandaki şekilde verilen aromatik heterohalkalı organik moleküller, proteinlerin yapıtaşlarını oluşturan aminoasitlerin temelini oluştururlar. (Bkz: yandaki şekiller.)

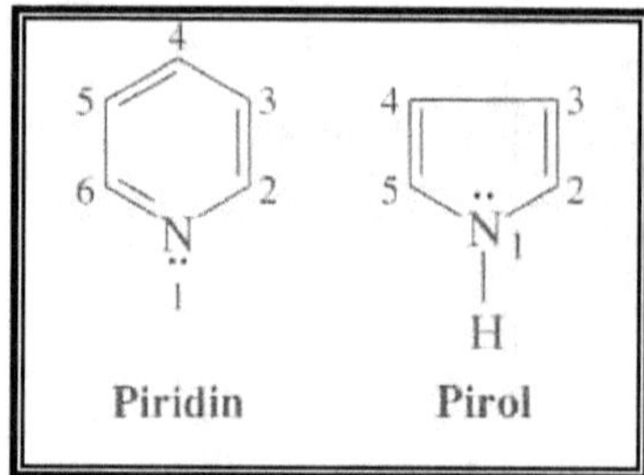

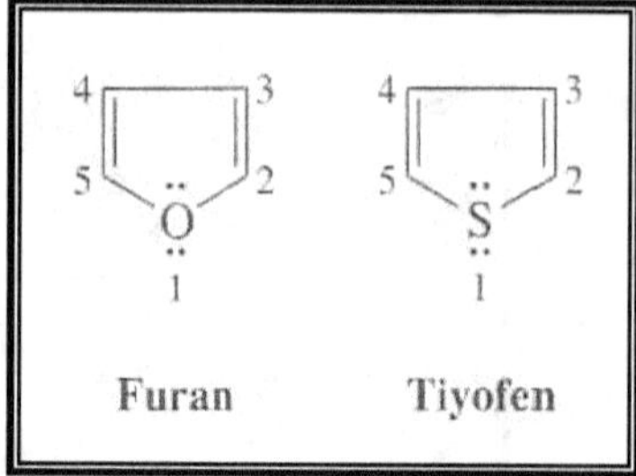

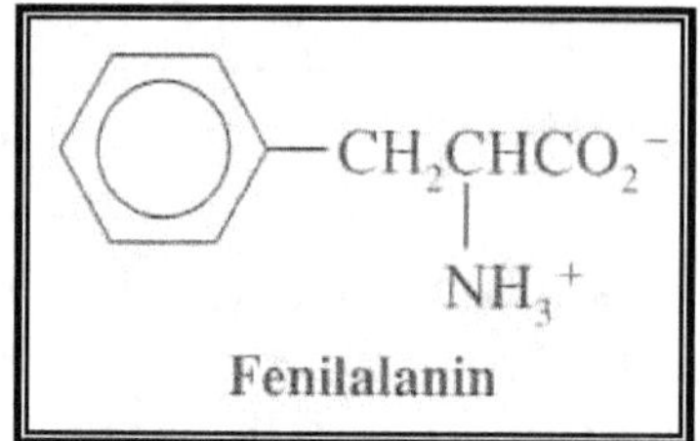

Halkalı yapıdaki çeşitli organik bileşikler.

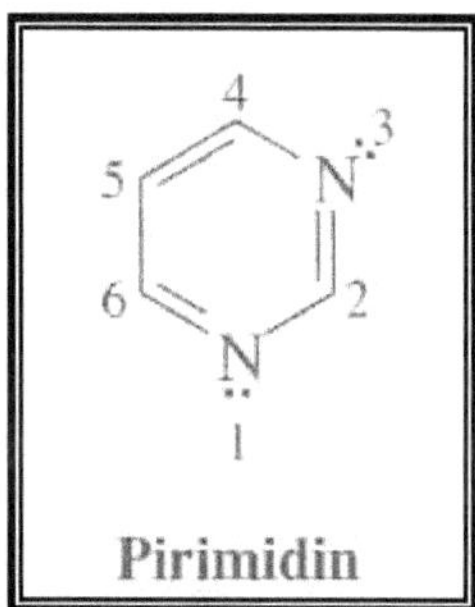

Pirimidin

DNA ve RNA molekülleri ise, hücredeki genetik bilginin depolanmasından sorumludur. Ayrıca RNA, enzimlerin ve diğer proteinlerinin sentezinde aktif bir rol oynar. Ayrıca hücredeki enerji üretiminden sorumlu olan ATP (Adenozin Trifosfat) molekülünün yapısında da heterohalkalı aromatik bileşikler bulunur ve molekülün yapı iskeletini teşkil eden *Pürin* ve *Pirimidin* moleküllerini içerir:

Tirosin

Triptofan

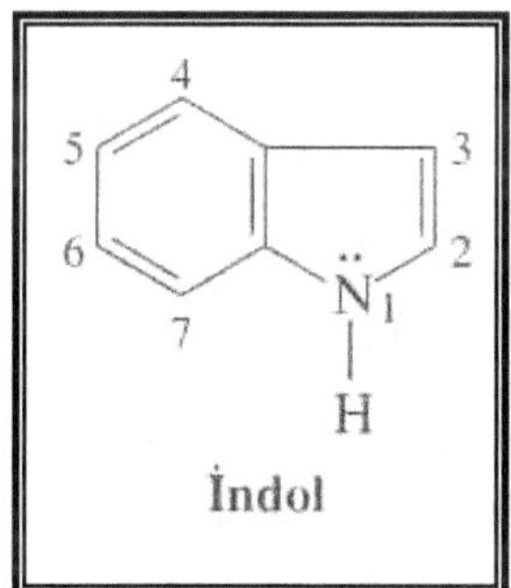

İndol

Aşağıdaki moleküller ise, genetik yapının temelini teşkil eden **DNA** ve **RNA**'nın yapıtaşlarını oluştururlar:

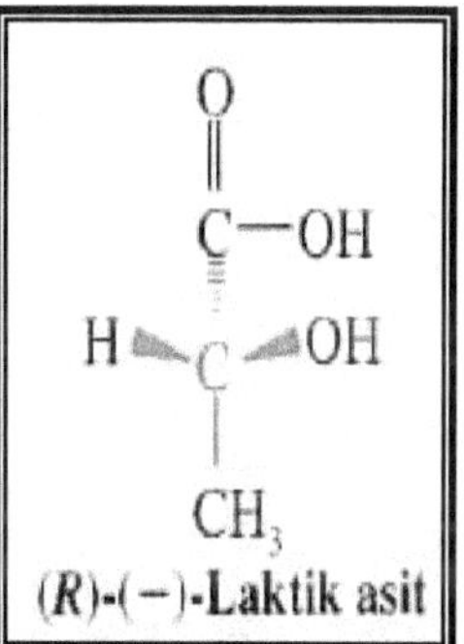

(R)-(−)-Laktik asit

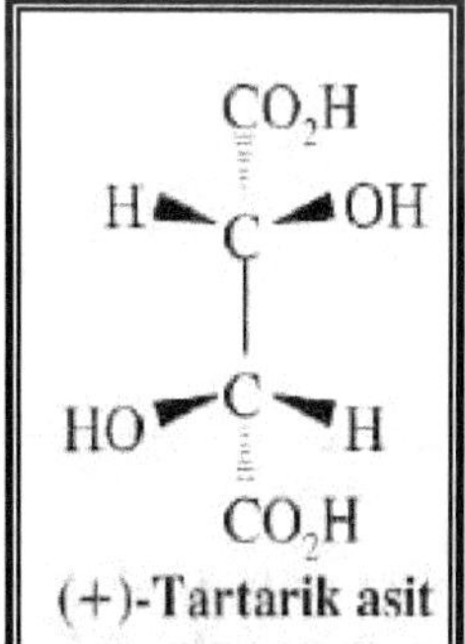

(+)-Tartarik asit

Pürin

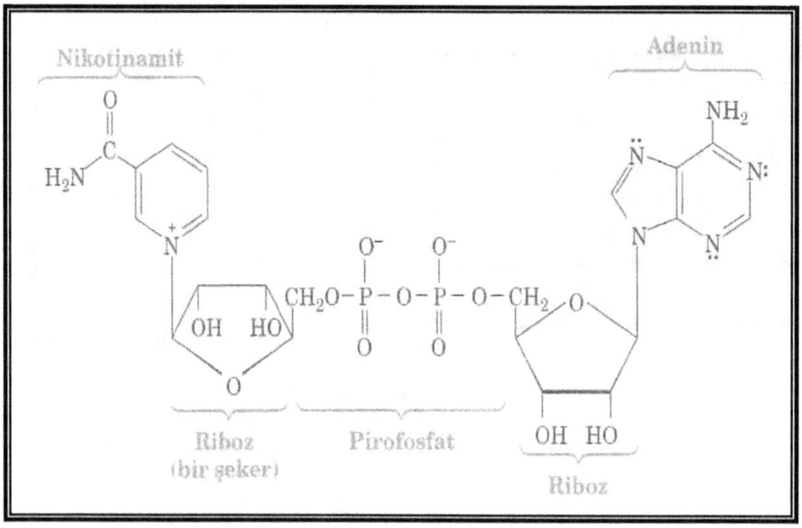

ATP molekülünün temelini oluşturan NAD⁺ ve Adenin molekülünün yapısı.

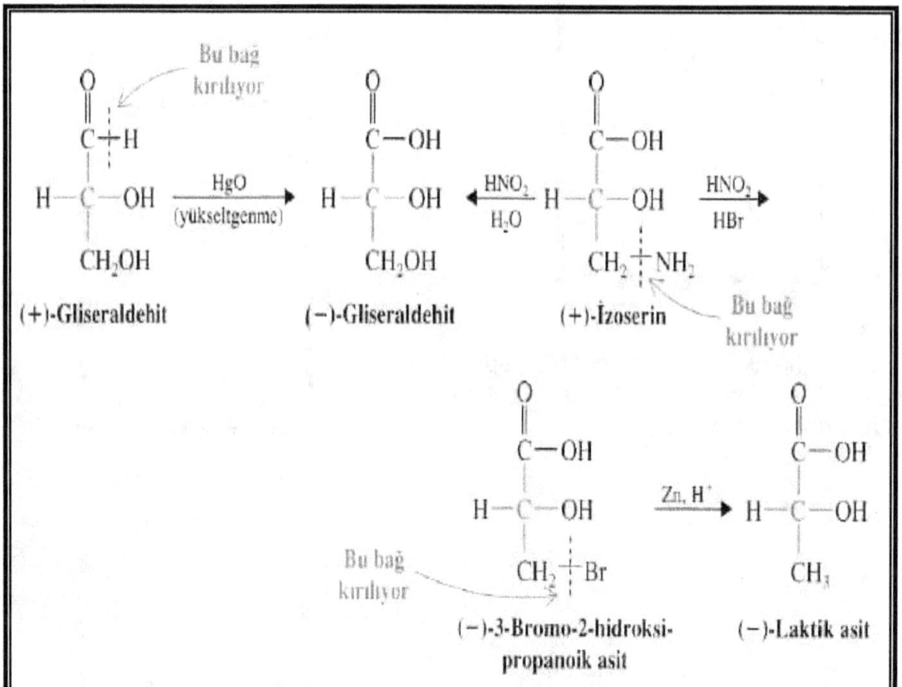

Bir başka biyolojik önemi olan iki heterohalkalı aromatik bileşik, Laktik asit ve Tartarik asit de, aldehitlerin yükseltgenmesiyle oluşur.

NAD⁺ ve onun indirgenmiş hali olan NADH molekülü.

Canlı organizmalar ihtiyaç duydukları pek çok heterohalkalı aromatik bileşiği, daha küçük moleküllerden sentezleyerek oluştururlar. Bu biyosentezlerin birçoğu ise günümüzün ileri teknoloji ve bilim seviyesine rağmen yapay olarak organik kimya laboratuarlarında sentezlenememekte ve dışarıdan, yani bitkisel aromalardan hazır olarak alınmaktadırlar. İşte yukarıdaki şekillerde verilen moleküler yapılar ile bitki ve hayvan hücresinde gerçekleşen pek çok tepkime, metiyonin olarak adlandırılan bir aminoasitten diğer bileşiklere bir metil grubunun aktarılması işlemini içerir ve bu şekilde biyolojik önemi olan adrenalin, nikotin ve kolin gibi bazı önemli bileşikler meydana gelir. Kolin, sinir uyarılarının iletiminde; adrenalin, kan basıncını ayarlar ve tütünde bol miktarda bulunan nikotin ise, vücuttaki alışkanlık kazanan istemsin yapıları koordine etmekte kullanılır fakat aşırı dozdaki miktarları pek çok organik bileşikte olduğu gibi oksitlenme, yani hücre içerisinde zehirleme etkisi yapar.

Örnek olarak, yukarıda moleküler yapısı verilen ve bir Piridin türevi olan Nikotinamit ve bir Pürin türevi olan Adenin, biyolojik yükseltgenme reaksiyonlarında yer alan en önemli koenzimlerin yapıtaşlarını oluşturur. Bu molekül, NAD^+ olarak bilinen Nikotin Amit Dinükleotittir. İndirgenme reaksiyonlarında işlev yapanı ise NADH, Nikotin Amit Dinükleotit Hidroksittir. NADH'deki depolanmış enerji ise, enerji gerektiren ve hayat için gerekli olan birçok biyokimyasal tepkimede kullanılan önemli bir bileşiktir.

Yukarıdaki organik moleküllerin birçoğu canlı yapılarda bulunmasına veya sentezlenmesine karşın; organik moleküllerin birçoğu, yaklaşık 200 yıldır uğraşılmasına rağmen, yapay olarak sentezlenememekte ve temel beslenme için dışarıdan hazır olarak alınmak zorundadır. Bununla birlikte günümüzde, insanoğlunun, teknolojinin bunca ilerlemesine karşın, tek bir benzen halkasını dahi sentezleyememesi bunun en açık kanıtıdır. Bu durum, Kur'an-ı Hakim'de açıkça şöyle bildirilir:

"Ey insanlar! Size bir örnek verildi. Şimdi ona iyi kulak verin. Sizin, Allah'tan başka taptıklarınız bir sineği dahi yaratamazlar, hepsi bunun için toplansalar bile. Eğer sinek onlardan bir şey kapacak olsa, ondan geri de alamazlar. İsteyen de, istenen de ne kadar âciz.."

"Allah, bir sivrisineği, hatta ondan daha da ötesi bir varlığı örnek olarak vermekten çekinmez. İman edenler onun, Rablerinden (gelen) bir gerçek bir delil olduğunu bilirler. Küfre saplananlar ise, "Allah, örnek olarak bununla neyi kastetmiştir?" derler. İşte (Allah) onunla birçoklarını saptırır, birçoklarını da doğru yola iletir. Onunla ancak fasıkları saptırır.."

Dolayısıyla, konunun çok geniş olması sebebiyle, bu bileşiklere burada kısaca değindik. Bununla birlikte, doğada bulunan ve henüz bilinmeyen daha pek çok organik bileşik vardır. Fakat tüm bu organik bileşikleri kimyasal ve yapısal özelliklerine göre aşağıdaki tabloda verildiği gibi gruplandırabiliriz. Şimdi diğer konu başlığımız olan organik moleküllerin yapı teorisine geçeceğiz.

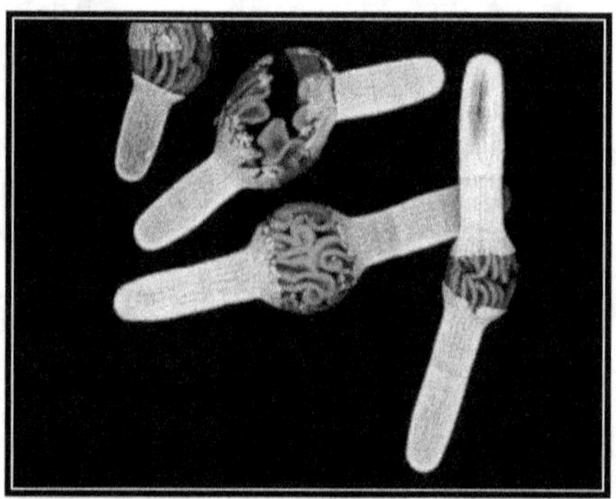

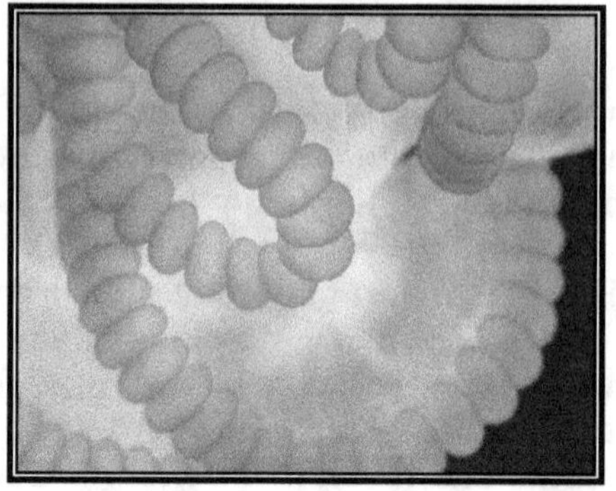

Sineğin midesinde bulunan sindirim hücreleri (üstte) ile sineğin kafasında yer alan görme hücrelerinden birinin büyütülmüş resmi (altta).

Organik moleküllerin sınıflandırılması						
	Alkan	Alken	Alkin	Aromatik	Haloalkan	Alkol	Eter
Fonksiyonel grup	$C-H$ ve $C-C$ bağları	$\diagup C=C \diagdown$	$-C\equiv C-$	Aromatik halka	$-\overset{\mid}{\underset{\mid}{C}}-\ddot{\underset{\cdot\cdot}{X}}:$	$-\overset{\mid}{\underset{\mid}{C}}-\ddot{O}H$	$-\overset{\mid}{\underset{\mid}{C}}-\ddot{O}-\overset{\mid}{\underset{\mid}{C}}-$
Genel formül	RH	$RCH=CH_2$ $RCH=CHR$ $R_2C=CHR$ $R_2C=CR_2$	$RC\equiv CH$ $RC\equiv CR$	ArH	RX	ROH	ROR
Tipik örnek molekül	CH_3CH_3	$CH_2=CH_2$	$HC\equiv CH$	(benzen halkası)	CH_3CH_2Cl	CH_3CH_2OH	CH_3OCH_3
IUPAC ismi	Etan	Eten	Etin	Benzen	Kloroetan	Etanol	Metoksimetan
Genel ismi	Etan	Etilen	Asetilen	Benzen	Etil klorid	Etil alkol	Dimetil eter

Organik moleküllerin sınıflandırılması(devamı)						
Amin	Aldehit	Keton	Karboksilik asit	Ester	Amid	Nitril
$-\overset{\mid}{\underset{\mid}{C}}-\ddot{N}\diagdown$	$\overset{\overset{\cdot\cdot}{O}}{\underset{H}{\parallel}{C}}$	$-\overset{\mid}{C}-\overset{O}{\overset{\parallel}{C}}-\overset{\mid}{C}-$	$\overset{\overset{\cdot\cdot}{O}}{\underset{\ddot{O}H}{\parallel}{C}}$	$\overset{\overset{\cdot\cdot}{O}}{C}-\ddot{O}-\overset{\mid}{\underset{\mid}{C}}-$	$\overset{\overset{\cdot\cdot}{O}}{C}-\ddot{N}$	$-C\equiv N$
RNH_2 R_2NH R_3N	$\overset{O}{\overset{\parallel}{RCH}}$	$\overset{O}{\overset{\parallel}{RCR'}}$	$\overset{O}{\overset{\parallel}{RCOH}}$	$\overset{O}{\overset{\parallel}{RCOR'}}$	$\overset{O}{\overset{\parallel}{RCNH_2}}$ $\overset{O}{\overset{\parallel}{RCNHR'}}$ $\overset{O}{\overset{\parallel}{RCNR'R''}}$	RCN
CH_3NH_2	$\overset{O}{\overset{\parallel}{CH_3CH}}$	$\overset{O}{\overset{\parallel}{CH_3CCH_3}}$	$\overset{O}{\overset{\parallel}{CH_3COH}}$	$\overset{O}{\overset{\parallel}{CH_3COCH_3}}$	$\overset{O}{\overset{\parallel}{CH_3CNH_2}}$	$CH_3C\equiv N$
Metanamin	Etanal	Propanon	Etanoik asit	Metil etanoat	Etanamid	Etanonitril
Metilamin	Asetaldehit	Aseton	Asetik asit	Metil asetat	Asetamid	Asetonitril

Temel Organik bileşiklerin gruplandırılması.

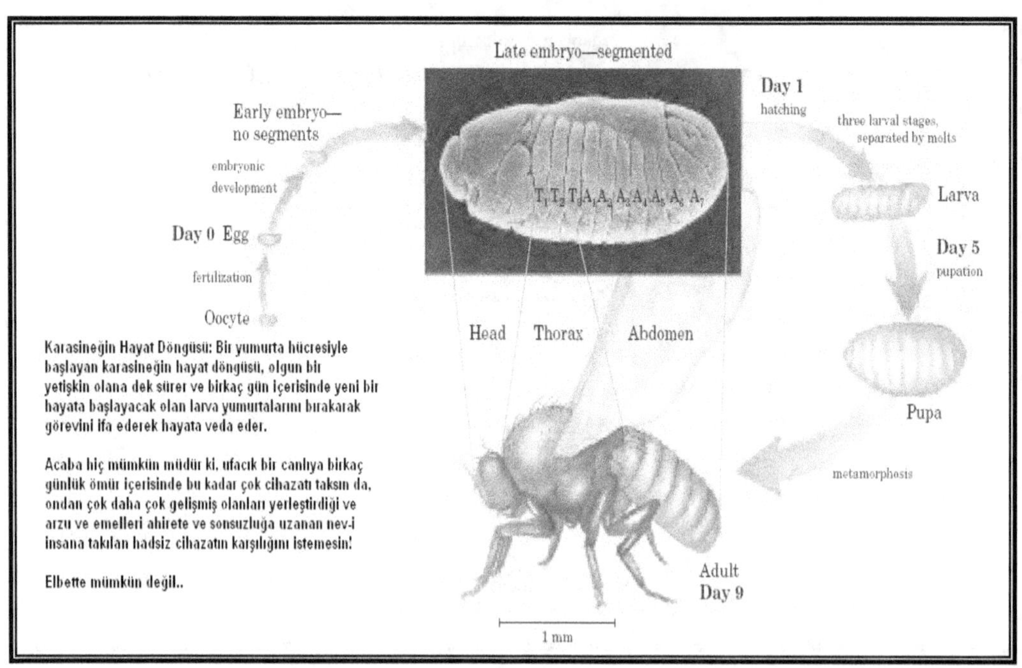

Karasineğin Hayat Döngüsü: Bir yumurta hücresiyle başlayan karasineğin hayat döngüsü, olgun bir yetişkin olana dek sürer ve birkaç gün içerisinde yeni bir hayata başlayacak olan larva yumurtalarını bırakarak görevini ifa ederek hayata veda eder.

Acaba hiç mümkün müdür ki, ufacık bir canlıya birkaç günlük ömür içerisinde bu kadar çok cihazatı taksın da, ondan çok daha çok gelişmiş olanları yerleştirdiği ve arzu ve emelleri ahirete ve sonsuzluğa uzanan nev-i insana takılan hadsiz cihazatın karşılığını istemesin!

Elbette mümkün değil..

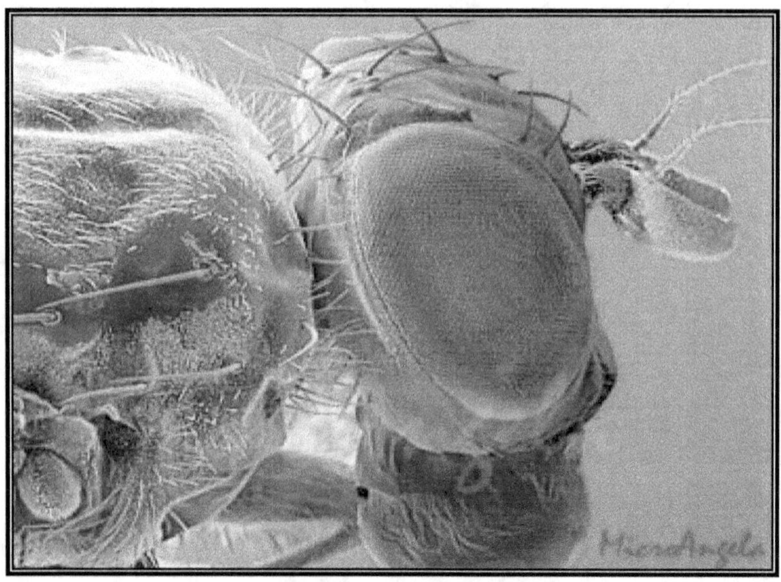

Bir Sineğin yumurta hücresi olarak başlayan hayat döngüsünde, büyütülerek çekilmiş fotoğrafında, larva olarak hayata başlangıcından, yetişkin bir sinek olana kadarki geçirdiği dönemler gösteriliyor. Altta: Bir sineğin büyütülmüş resmi.

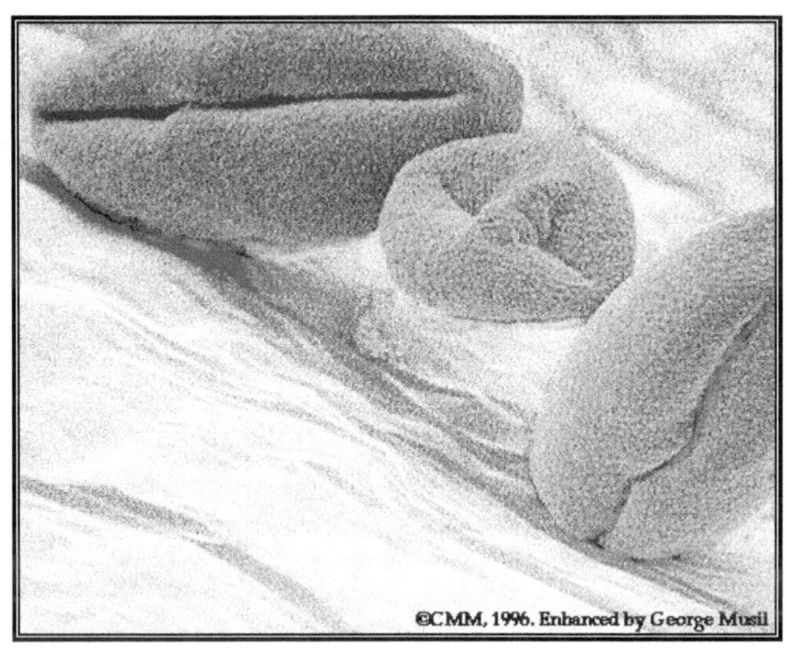

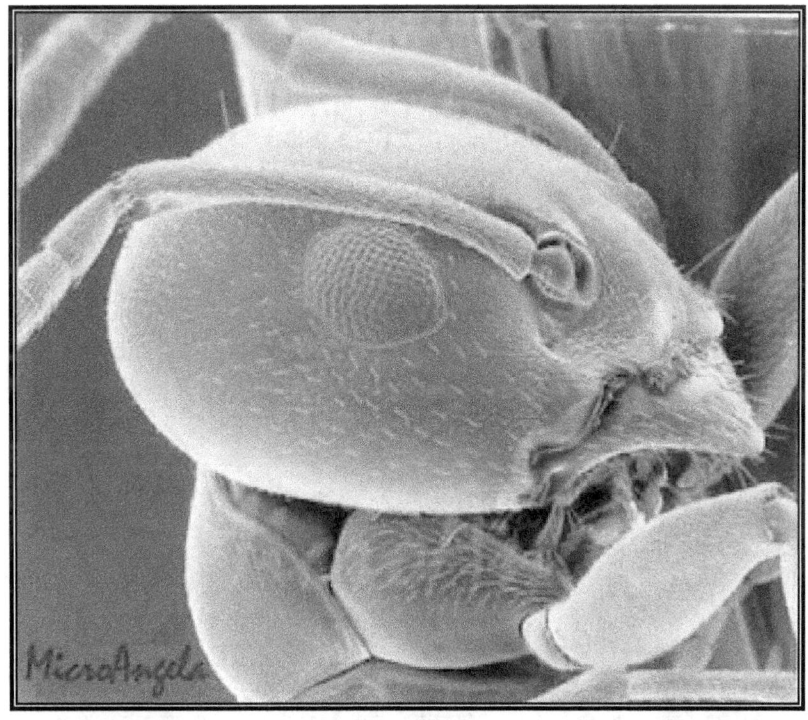

Mikrodünyadaki varlıklar, insanı hayrete düşürecek derecede taklitsiz
ve harika ve ince bir yaratılış tasarımına sahiptirler.

Yukarıda: Bir tırtıl larvasının büyütülmüş resmi ve

Aşağıda: Arının gözü: Büyütülmüş bir resmi.

İnkarcılar, bir sineği bile yaratmaktan acizdirler..

2- ORGANİK KİMYANIN YAPI TEORİSİ

[İLERİ ORGANİK KİMYA BİLGİSİ-I]

Soru: Yapı Teorisinin organik kimya açısından önemi nedir, Organik bileşiklerin yapısına ilişkin ilk teori ne zaman ve kim tarafından geliştirilmiştir?

Cevap: **1858** ila **1861** yılları arasında, **August Kékule**, **Archibal Scott** ve **Alexander M. Butlerov** birbirinden bağımsız olarak, organik kimyanın en temel teorilerinden birinin, **Yapı Teorisinin** temelini attılar. Bu teorinin başlıca İKİ öngörüsü vardır:

Birincisi: Organik bileşiklerdeki elementlerin atomları sadece belirli ve sınırlı sayıda bağ yapabilirler. Bu bağ oluşturabilme ölçüsüne **Değerlik** adı verilir. Örneğin, dört değerlikli karbon atomu, en fazla dört bağ yapabilir; Oksijen iki değerliklidir ve en fazla iki bağ yapabilir; Hidrojen atomu ise, tek elektronu olduğu için en fazla bir bağ yapabilir:

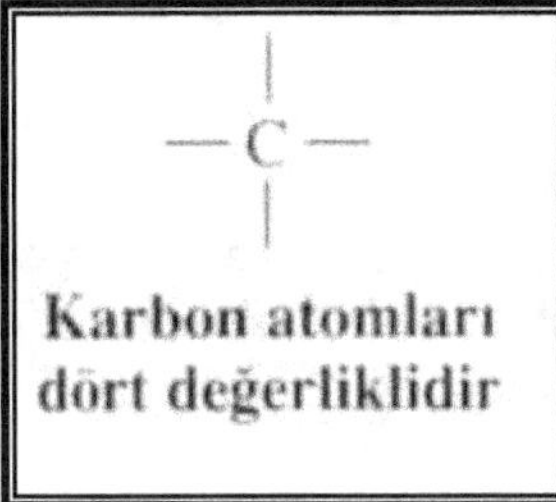

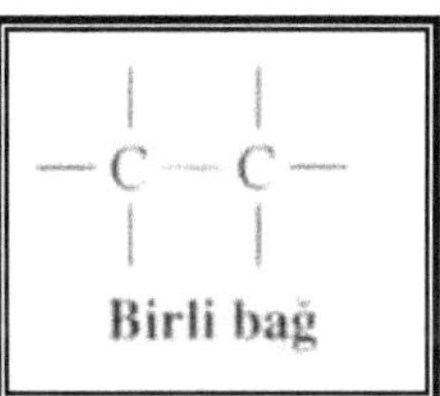

İkincisi: Bir karbon atomu, değerliklerinden birini ya da daha fazlasını diğer karbon atomlarıyla bağ yapmakta kullanabilir:

Karbon-Karbon Bağları

$$\cdot\overset{\cdot}{C}\cdot \;+\; \cdot H \;\longrightarrow\; \cdot\overset{\cdot}{C}:H \qquad -\overset{|}{\underset{}{C}}-H$$

$$\cdot\overset{\cdot}{C}\cdot \;+\; \cdot\overset{\cdot\cdot}{O}: \;\longrightarrow\; \cdot\overset{\cdot}{C}:\overset{\cdot\cdot}{O}\cdot \qquad -\overset{|}{\underset{}{C}}-O-$$

$$\cdot\overset{\cdot}{C}\cdot \;+\; \cdot\overset{\cdot}{O}: \;\longrightarrow\; C::\overset{\cdot\cdot}{O}: \qquad {>}C{=}O$$

$$\cdot\overset{\cdot}{C}\cdot \;+\; \cdot\overset{\cdot}{N}: \;\longrightarrow\; \cdot\overset{\cdot}{C}:N: \qquad -\overset{|}{\underset{}{C}}-N{<}$$

$$\cdot\overset{\cdot}{C}\cdot \;+\; \cdot\overset{\cdot}{N}: \;\longrightarrow\; C::\overset{\cdot\cdot}{N}\cdot \qquad {>}C{=}N-$$

$$\cdot\overset{\cdot}{C}\cdot \;+\; \cdot\overset{\cdot}{C}\cdot \;\longrightarrow\; \cdot\overset{\cdot}{C}:\overset{\cdot}{C}\cdot \qquad -\overset{|}{\underset{|}{C}}-\overset{|}{\underset{|}{C}}-$$

$$\cdot\overset{\cdot}{C}\cdot \;+\; \cdot\overset{\cdot}{C}\cdot \;\longrightarrow\; C::C \qquad {>}C{=}C{<}$$

$$\cdot\overset{\cdot}{C}\cdot \;+\; \cdot\overset{\cdot}{C}\cdot \;\longrightarrow\; \cdot C:::C\cdot \qquad -C{\equiv}C-$$

Çeşitli Karbon bağı türleri. Karbonun çok çeşitli şekillerde bağ yapabilmesi, organik moleküllerin neden bu kadar çok çeşitliliğe sahip olduğunu da açıklar.

YAPI TEORİSİNİN ÖNEMİ

ORGANİK MOLEKÜLLERDE İZOMERİ:

Yapı teorisi, ilk organik kimyacıların çözemedikleri önemli bir sorunu, İzomeri konusunu açıklamakta etkili olmuştur. Şöyle ki, biyokimyacılar sık sık aynı molekül formülüne sahip farklı türdeki bileşiklerle karşılaşmıştırlar. Bu bileşiklere **İzomerler** denir. Örneğin, molekül formülü C_6H_6O olan iki bileşik, **Dimetil Eter** ve **Etil Alkol** tamamen farklı kimyasal özelliklere sahip olmasına rağmen aynı formülle gösterilir:

Etil alkol

Dimetil eter

Dimetil eter, oda sıcaklığında gaz olduğu halde; Etil alkol, sıvı haldedir. İşte, bu bileşikleri birbirinden ayırmanın yolu, yapı formüllerini kullanmaktır. Çünkü, bu iki bileşiğin atomlarının bağlanma sırası farklıdır, yani Etil alkolün atomları Dimetil eterin atomlarından farklı olarak bağlanmıştır:

Yukarıdaki şekilde de görüldüğü gibi; *Etil alkolde, C-C-O* bağlantısı; *Dimetil eterde* ise, *C-O-C* bağlantısı vardır. Etil alkolde oksijene bağlı bir hidrojen bulunurken, Dimetil eterin bütün hidrojenleri karbonlara bağlıdır. Etil alkolde oksijene kovalent bağla bağlı olan bu hidrojen atomu, etil alkolün oda sıcaklığında sıvı olmasını sağlar. Dolayısıyla, aradaki bu farklılık hidrojen bağlarından kaynaklanır ve konunun yapı teorisi ile aydınlatılmasını gerekli kılar.

Soru: Temel organik bileşiklere ilişkin yapı teorisi nedir, bu bileşiklerin yapısını nasıl açıklar?

Cevap: Bu inceleme de oldukça geniş

bir konu olmasına rağmen, ana hatlarıyla temel organik bileşiklere ilişkin yapı teorisinin getirmiş olduğu açıklamaları ve modelleri detaylı bir şekilde incelemeye çalışacağız. Bu kısımdaki incelememize temel teşkil eden ve en basit organik bileşik olan Metan'dan (CH_4) başlayarak, en kompleks yapıda olan Benzen'e (C_6H_6) ilişkin moleküler yapı teorisini vererek konumuzu noktalayacağız. Daha büyük yapıdaki moleküller için ise, ayrıca bir model geliştirmeyip; bu büyük moleküller, bu temel organik bileşiklerin ve türevlerinin birleşmelerinden oluştukları için ayrıca bir yapı teorisi vermeyip, sadece moleküllerarası organik kimyasal bağ çeşitlerini inceleyerek konunun ana hatlarına değineceğiz.

ORGANİK KİMYANIN MOLEKÜLER BAĞ TEORİSİ

Organik kimyada kullanılan moleküler bağ yapısını ilk kez **1916** yılında **G.N. Lewis** ve **W. Kössel** öne sürmüştür. Genel olarak kimyasal bağlar İKİ ana gruba ayrılır:

1- İYONİK BAĞ: Bir ya da daha fazla sayıdaki elektronun iyonlar oluşturmak için bir atomdan diğerine verilmesiyle oluşur.

2- KOVALENT BAĞ: İki ya da daha fazla sayıdaki atomun elektronlarını ortak olarak paylaşmasıyla oluşur.

İYONIK BAĞLAR: Atomların elektron kazanarak ya da kaybederek "**iyon**" adı verilen yüklü parçacıkları oluşturması ve bunlara arasında bir elektriksel zıt yüklere dayanan çekim kuvvetinin oluşmasıyla

meydana gelir. Bu tip iyonların bir diğer kaynağı da, oldukça farklı **Elektronegatifliklere** sahip olan atomlar arasında meydana gelen tepkimelerdir. *Elektronegatiflik* ise, bir atomun serbest elektronları çekebilme yeteneğidir. Özellikle, periyodik cetvelin solundan sağına gidildikçe elektronegatiflik artar. Dikey kolonlarda ise, yukarı gidildikçe artar:

Li Be B C N O F
Artan Elektronegatiflik

F
Cl
Br
I

Artan elektronegatiflik

Bazı Elementlerin Elektronegatiflikleri					
		H			
		2,1			
Be	B	C	N	O	F
1,5	2,8	2,5	3,0	3,5	4,0
Mg	Al	Si	P	S	Cl
1,2	1,5	1,8	2,1	2,5	3,0
					Br
					2,8

İyonik bir bağın oluşumuna basit bir örnek olarak, aşağıdaki Lityum ve Flor atomları arasındaki tepkime verilebilir:

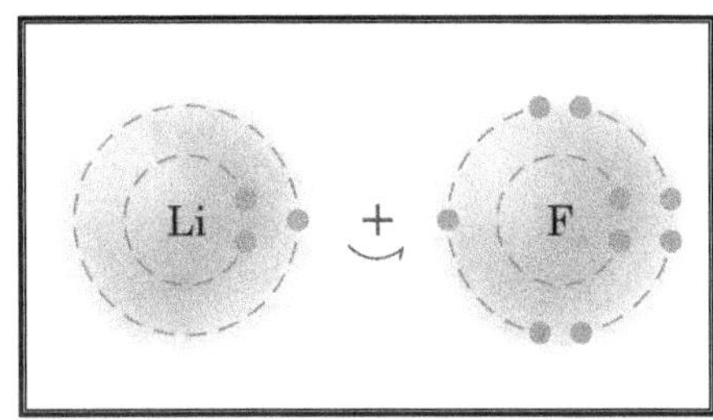

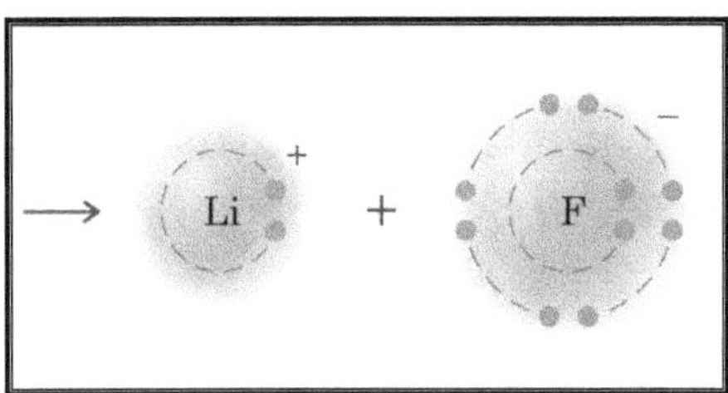

Li ve F atomlarının birleşmesiyle oluşan LiF molekülü.

İyonik bağ yapısı, Lityum ve Flor atomunun birleşerek oluşturdukları **LiF** molekülünün, elektronegatifliği yüksek olan F atomlarının, elektronegatifliği düşük olan Li atomlarını çevrelemesiyle oluştuğunu açıklar. Yani, **F⁻** anyonları ve **Li⁺** katyonları uzayda doğrusal olarak birleşerek bu molekülü meydana getirir. Dolayısıyla, ayrı ayrı atomlar halindeyken daha az kararlı olan Li ve F atomları, iyonik bağ oluşturarak soygaz dizilimine daha yakın olan, yani daha kararlı bir yapıda olan LiF molekülünü oluşturmaya doğru bir eğilim gösterirler. Bu yüzden, buradan şu önemli sonucu çıkarabiliriz:

"Doğadaki maddeler daima sahip oldukları toplam Enerjilerini düşürerek; daha uzun ömürlü olma özelliğine, yani daha Kararlı bir yapıya geçme eğilimine doğru temayül gösterirler. İşte Organik moleküllerin tüm kimyasal bağlar

içerisinde en kuvvetlisi olan "Kovalent bağ" türünü seçmelerinin nedeni de bu, yani daha çok hayatta kalma ve sahip olduğu potansiyel enerji ve stabiliteye bağlı olarak kararlılığını koruma eğilimidir. İşte bu kilit özellik de canlı organizmanın yapısını daha uzun bir süre kararlı bir biçimde korumasına ve yenilenmesine olanak sağlar.."

KOVALENT BAĞLAR:

Elektronegatiflikleri aynı ya da yakın olan iki ya da daha fazla sayıdaki atom tepkime verirse, aralarında tam bir elektron akımı gerçekleşmez ve bazı elektronlar ortak olarak kullanılmaya başlar. Bu durumda atomlar, daha kararlı bir hele geçerek soygaz yapısına ulaşmak için elektronlarını paylaşırlar. Böylece atomlar arasında kovalent bağlar oluşur ve bu sayede çok sayıda atom tek bir yapı halinde birleşerek dinamik molekülleri oluşturabilir. İşte bu önemli özellik de, canlılığın yapıtaşlarını oluşturan Organik moleküllerin oluşmasına izin verir. Aşağıdaki grafikte, Levis nokta yapılarıyla birlikte verilen bazı kovalent bağlı moleküller verilmektedir:

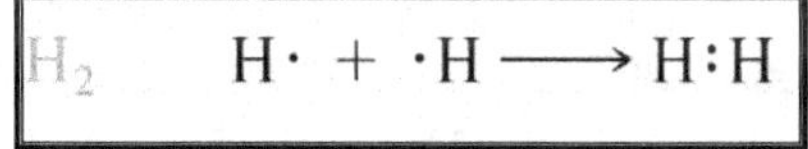

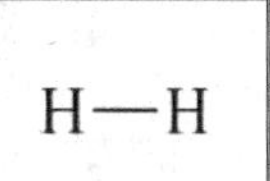

$$Cl_2 \qquad :\ddot{C}l\cdot \; + \; \cdot\ddot{C}l: \;\longrightarrow\; :\ddot{C}l:\ddot{C}l:$$

$$:\ddot{C}l-\ddot{C}l:$$

$$CH_4 \qquad \cdot\dot{C}\cdot \; + \; 4\,H\cdot \;\longrightarrow\; H:\overset{\displaystyle H}{\underset{\displaystyle H}{\ddot{C}}}:H$$

$$\begin{array}{c} H \\ | \\ H-C-H \\ | \\ H \end{array}$$

Bu iki ana bağ türünden başka, moleküller arasında etkili olan diğer bazı kuvvetler de vardır. Şimdi o kuvvetlerden en önemli olanlarını kısaca inceleyelim:

POLAR KOVALENT BAĞLAR: İki farklı atom arasındaki farklı ve kalıcı olan elektronegatiflikten kaynaklanır. Elektronegatifliği büyük olan atom diğerini kendine doğru çekerek polar bir kovalent bağ oluşturur. Böylece kısmi negatif (δ^-) ve kısmi pozitif (δ^+) yük yoğunluğuna sahip bölgeler arasında zıt yüklerden kaynaklanan bir çekim etkisi ve bağ oluşur. Bu tür bağlara polar kovalent bağ denir. Dolayısıyla bu tür bir bağda, bir elektriksel **Dipol (D)** ve buna bağlı olarak bir **Dipol momenti [μ(D)]** oluşur. Dipol momentinin değeri ise, $\boldsymbol{\mu = e \times d}$ (yük×aradaki mesafe) olarak hesaplanır. Dipol momentinin birimi ise, **Debye** olarak ölçülür. Dipolün yönü ise,

pozitif yüklü atomdan negatif yüklü olana doğrudur. Bağın kuvvetlilik derecesini işte bu dipol momenti belirler. Aşağıdaki tabloda, polar kovalent bağlı bazı bileşiklere ait dipol momenti büyüklükleri *Debye* cinsinden verilmektedir:

Molekül formülü	μ (D)
H_2	0
Cl_2	0
HF	1.91
HCl	1.08
HBr	0.80
HI	0.42
BF_3	0
CO_2	0

Molekül formülü	μ (D)
CH_4	0
CH_3Cl	1.87
CH_2Cl_2	1.55
$CHCl_3$	1.02
CCl_4	0
NH_3	1.47
NF_3	0.24
H_2O	1.85

Örneğin, hidrojen (H) ve Klor (Cl) atomlarının birleşmesiyle oluşan Hidroklorik asit (HCl) bileşiği bu tür bir bağ ile oluşur:

$$\overset{\delta+}{H} \overset{\delta-}{:\ddot{\underset{\cdot\cdot}{C}}l:} \qquad H-Cl \longrightarrow$$

Örneğin, bir başka örnek olarak **Karbon tetraklorür** (**CCl₄**) bileşiğinin dipol momenti sıfır debye olduğu için üzerinde hiç elektriksel yük birikmez ve moleküller arasındaki kuvvet eşit olarak dağılır:

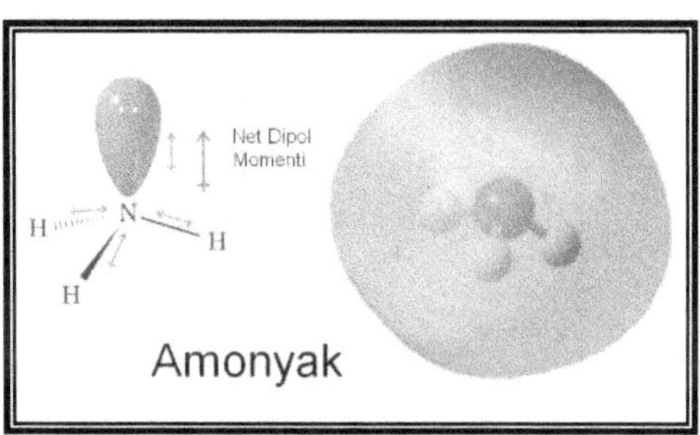

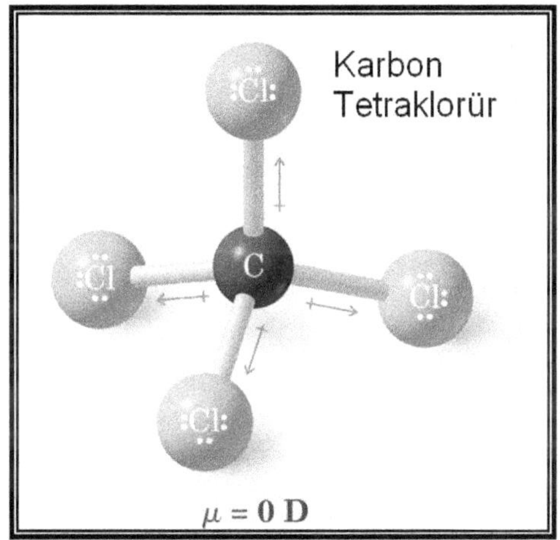

Benzer şekilde, **Su** (**H₂O**) ve **Amonyak** (**NH₃**) moleküllerinin de dipol momentleri sıfırdan farklı, oldukça büyük ve moleküllerarası kuvvetler eşit olarak dağılmadığı için, dipol momenti Hidrojen (H) atomlarından Oksijen (O) ve Azot (N) atomlarına doğru yönlenmiştir:

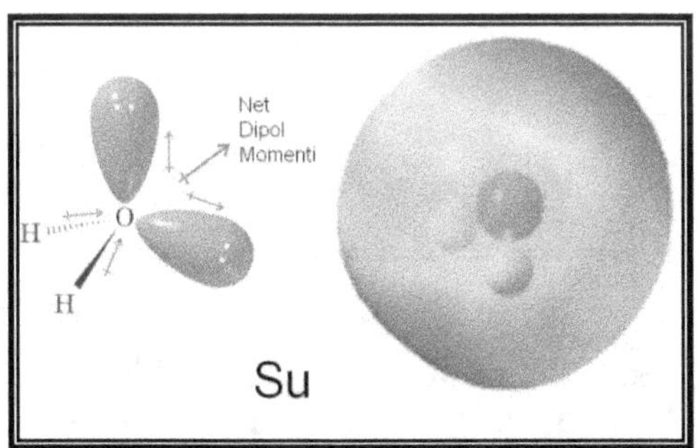

Eğer, **Klorometanda** (**CH₃Cl**) olduğu gibi, C-H bağları arasında küçük dipol momentleri olmasına rağmen; kuvvetli bir dipol momentine sahip olan C-Cl bağları içeriyorsa, meydana gelen molekülün dipol momenti çok daha büyük olur:

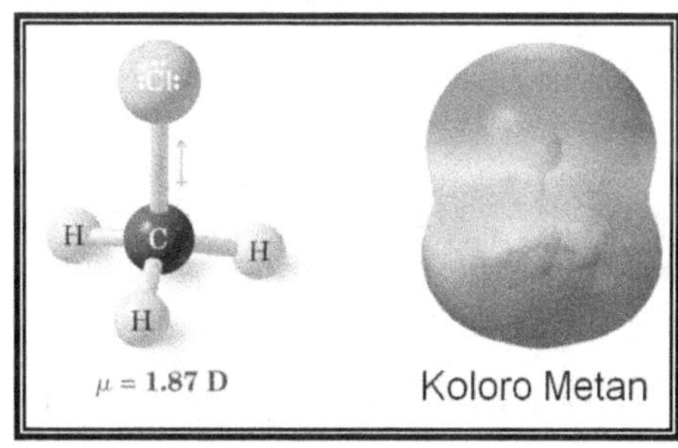

Bu tür bağ oluşumlarından ve elektriksel yük farklılıklarından yararlanılarak **Elektrostatik potansiyel haritaları** hazırlanır. Aşağıdaki grafikte, yukarıda örnek verdiğimiz HCl molekülünün bu harita ile hazırlanmış olan elektropotansiyeli, yani molekül bağlarındaki elektronların yerleşimleri veya elektronların bulunma olasılığının yüksek olduğu konumlar rahatlıkla görülebilmektedir. Haritadaki mavi bölgeler, düşük yoğunluklu elektron bölgelerini, kırmızı bölgeler yüksek yoğunluklu elektron bölgelerini gösterir:

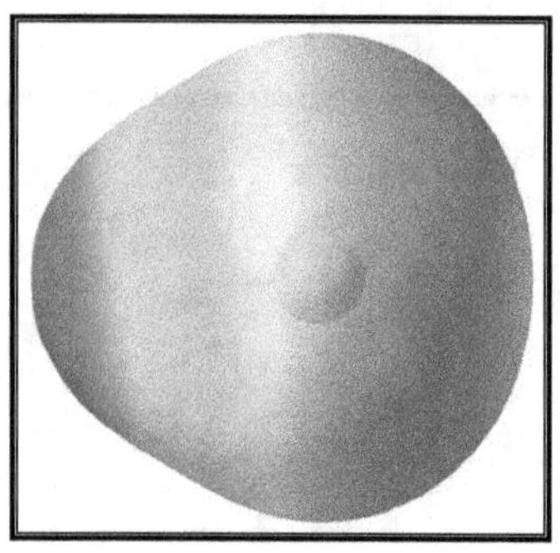

HCl molekülünün elektrostatik potansiyel haritası.

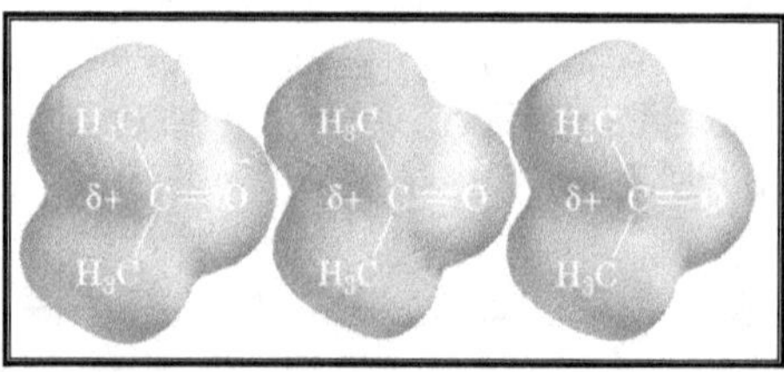

Bir başka polar kovalent bağlı molekül: Asetonun (CH$_3$-CO-CH$_3$) elektrostatik potansiyel haritası.

İYON-İYON KUVVETLERİ: Pozitif ve negatif yüklü bileşenlere sahip moleküllerin bağ enerjisinde saklı olan kuvvetlerdir. Bağ enerjisi oldukça kuvvetli olduğu için bileşiğin faz geçişi (Örneğin katı halden sıvı hale) sırasında açığa çıkar. Bir maddenin erime noktası, oldukça düzenli olan kristal bir yapıdaykenki hali ile sıvı hale geçiş sıcaklığı arasındaki denge noktasıdır. Kristalin düzenli olan yapısını parçalayarak, sıvının düzensiz açık yapısına dönüştürmek için fazla miktarda ısı gerekir. Bunun sonucunda ise, maddenin erime sıcaklığı oldukça yükselir. Dolayısıyla, bu kuvvetli bağı kırmak için kullanılan enerji miktarı iyon-iyon kuvvetleri dediğimiz bağ enerjisinde

depolanmıştır. Örneğin, aşağıdaki şekilde **Sodyum asetatın** katı halden sıvı hale dönüşmesi sırasında oluşan iyon-iyon kuvvetleri gösterilmektedir:

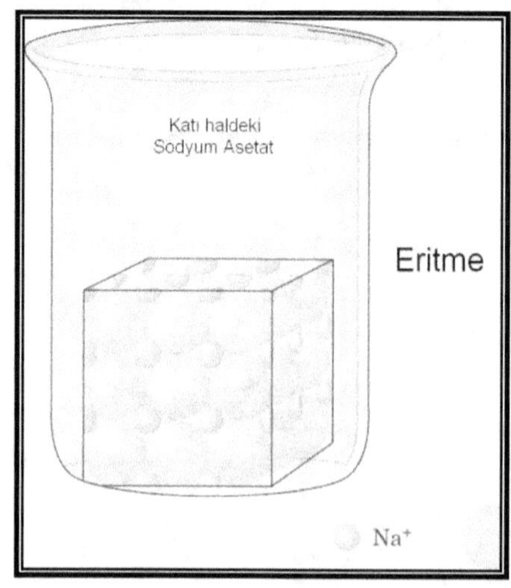

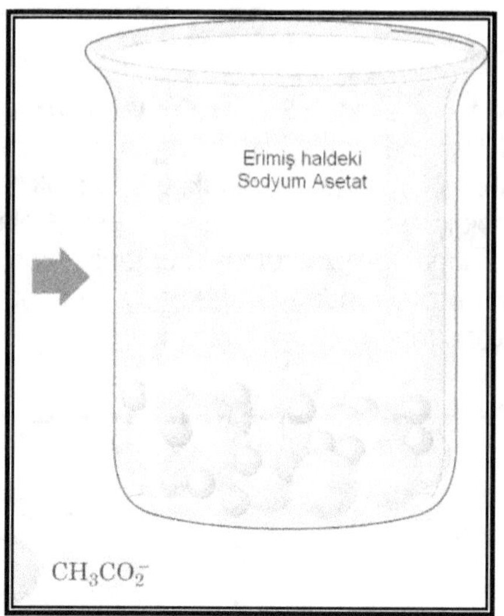

Sodyum Asetat bileşiğinin eritilmesiyle ortaya çıkan İyon-İyon kuvvetlerine bir örnek.

HİDROJEN BAĞLARI: Küçük ve kuvvetli elektronegatif atomlara (O, N ya da F) bağlı Hidrojen atomlarıyla, bu tür diğer elektronegatif atomların bağ yapmayan elektron çiftleri arasında oldukça kuvvetli Dipol-Dipol çekim kuvvetleri oluşur. Moleküller arası kuvvetlerin bu türüne *Hidrojen Bağı* denir. Hidrojen bağlarının bağ ayrışma enerjisi **4-38 KJ^{-1}** değerleri arasında olduğu için, normal kovalent bağdan daha zayıftır, fakat aseton ve benzeri moleküllerde oluşan polar kovalent bağlardan daha kuvvetlidir:

$$:\overset{\delta-}{Z}-\overset{\delta+}{H}\cdots\cdots:\overset{\delta-}{Z}-\overset{\delta+}{H}$$

Buradaki kırmızı noktalar Hidrojen bağlarını, Z harfi ise O, N ya da F atomları gibi, Elektronegatif bir elementi göstermektedir.

Hidrojen bağına diğer bir örnek de Etil Alkol molekülüdür. Oksijen atomuna kovalent bağla bağlı Hidrojen atomu bulunan etil alkol molekülleri birbirleriyle kuvvetli hidrojen bağları oluşturabilirler. Bununla birlikte, kuvvetli elektronegatif bir atoma bağlı hidrojen atomu bulunmaması nedeniyle aynı molekül formülüne sahip olan Dimetil Eter molekülleri birbirleriyle kuvvetli hidrojen bağı oluşturamazlar ve bu nedenle kaynama noktası çok daha düşüktür.

Organik bileşiklerin birçoğunun erime noktasını etkileyen bir diğer etken de, polarlığa bağlı olarak her bir molekülün sıkı olarak istiflenmiş olması ve esnekliğinin az olmasıdır. Simetrik moleküllerin genellikle çok yüksek erime noktaları bulunur (Elmas veya Granit gibi). Örneğin, *ter*-bütil alkolün diğer izomerik alkol moleküllerine kıyasla, daha yüksek bir erime noktası vardır.

VAN DER WAALS KUVVETLERİ:

Metan gibi polar olmayan moleküllerden oluşmuş bir organik maddeyi göz önüne aldığımızda, kaynama ve erime noktasının oldukça düşük olduğunu görürüz: sırasıyla -182 ^{0}C ve -162 ^{0}C. İşte bunun nedeni; *"Metan neden düşük sıcaklıklarda erir ve kaynar?"* sorusu yerine *"Metan iyonik ve polar olmadığı halde nasıl sıvı ya da katı olabilir?"* sorusunun cevabında yatmaktadır. Bunun nedeni, *van der waals* ya da london *kuvvetleri* dediğimiz, moleküller arası dağılma ve çekim kuvvetleridir. Van der waals kuvvetlerinin tam bir açıklaması, kuantum mekaniği sayesinde yapılabilmesine rağmen, bu kuvvetlerin nedenini şu şekilde göz önüne getirebiliriz:

Polar olmayan bir molekülde (Metan gibi) ortalama yük dağılımı belli bir zaman aralığı içerisinde düzgündür. Herhangi bir **t** anında ise, elektronların hareketi nedeniyle elektronlar ve buna bağlı olarak kısmi yükler ($\delta^{\pm}$) düzgün olarak dağılmayabilir. Herhangi bir anda elektronlar molekülün bir kısmında biraz daha fazla birikebilir ve bunun sonucunda geçici ve küçük bir dipol (**D**) oluşur. Bir moleküldeki bu geçici dipol, etrafındaki moleküllerde de zıt ve eşit yüklü kısmi dipoller meydana getirir. Bir molekülün pozitif ya da negatif yüklü kısmı, diğer molekülün yakın kısmının elektron bulutunu etkileyerek bu geçici dipolü oluşturur. Bu geçici dipoller sürekli değişir, ancak bunların oluşturdukları birikmiş geçici net yükler sonucu olarak, polar olmayan moleküller arasında çekim kuvvetleri oluşur ve böylece molekülün katı veya sıvı hallerde bulunmasını sağlar:

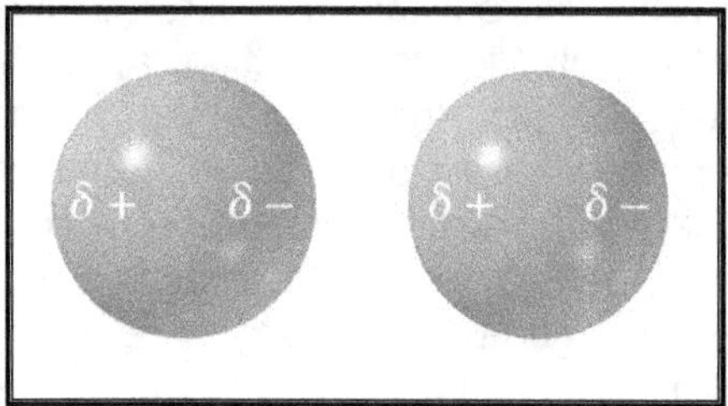

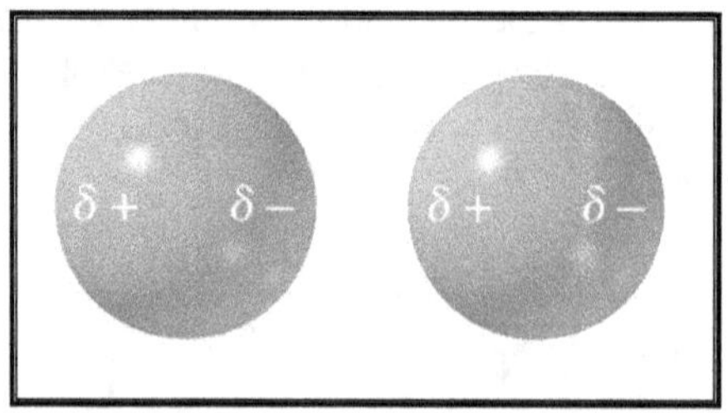

Elektronların herhangi bir anda düzgün olmayan dağılımı sonucunda; polar olmayan moleküllerde oluşan geçici dipoller ve indüklenmiş dipoller, moleküller arasında yeni ve kuvvetli bir çekim kuvveti oluşturur. İşte bu kuvvetlere, Van der Waals kuvvetleri denir.

Van der waals kuvvetlerinin büyüklüğünü belirleyen en önemli etken, atomlardaki elektronların *bağıl polarlanabilme yetenekleridir.* Polarlanabilme, elektronların değişen elektrik alanına karşılık verebilme yeteneği, yani bir nevi elektrik alana karşı direnç gösterebilme yetenekleridir. Dolayısıyla bağıl polarlanabilme elektronların molekül tarafından gevşek ya da sıkı tutulmalarına bağlıdır. Örneğin, halojenlerde bağıl polarlanabilme F<Cl<Br<I sırasına göre artış gösterir. Aşağıdaki tabloda ise, bazı moleküllerin dipol momentlerine göre van der waals çekim kuvvetleri verilmektedir:

Biyokimyada, bir sıvının buhar basıncının, sıvının üzerinde bulunan atmosfer basıncına eşit olduğu sıcaklığa **kaynama noktası** denilir. Bu nedenle, sıvıların kaynama noktaları basınca bağlıdır ve belirli bir basınçta örneğin, bir bileşik 1 atm (Atmosfer) basınç altında 150 ^{0}C'de kaynıyorsa; basınç düşürüldüğünde örneğin, 0,1 atm'de çok daha düşük bir sıcaklıkta, örneğin 100 ^{0}C'de kaynayabilir. Bu yüzden, yukarıdaki tabloda da görüldüğü gibi, bir sıvı için verilen kaynama noktası 1atm basınç altındaki değeridir.

Moleküller arası kuvvetlerin çok zayıf olduğu polar olmayan bileşikler, 1 atm basınçta bile genellikle düşük sıcaklıklarda kaynarlar. Fakat bununla birlikte başka etkenler de vardır. Örneğin, molekül büyüklüğü veya ağırlığı gibi. Çünkü, ağır veya büyük moleküller, sıvının yüzeyinden ayrılmaya yetecek hıza daha yüksek sıcaklıklarda ulaşacakları için, kaynama noktaları daha yüksek olur ve molekül yüzeyleri de görece daha geniş olduğu için moleküller arası van der waals çekim kuvvetleri de daha büyük olur. İşte bu etkenlerden dolayı; örneğin, Etanın kaynama noktası (-88 ^{0}C), Metana (-162 ^{0}C) kıyasla daha yüksektir. Örneğin, ağır bir organik bileşik olan Dekanın (**$C_{10}H_{22}$**), kaynama noktası bu yüzden yaklaşık +170 ^{0}C civarındadır.

	Çeşitli Moleküllerin Bağ Çekim Enerjileri ($kJ\ mol^{-1}$)				
Molekül	Dipol Momenti (D)	Hidrojen bağı kuvveti	Van der waals bağı kuvveti	Erime Noktası (C)	Kaynama Noktası (C)
H_2O	1.85	36	8.8	0	100
NH_3	1.47	14	15	− 78	− 33
HCl	1.08	3	17	− 115	− 85
HBr	0.80	0.8	22	− 88	− 67
HI	0.42	0.03	28	− 51	− 35

Çeşitli moleküllerin Bağ çekim Enerjileri.

ORGANİK MOLEKÜLLERDE ÇÖZÜNÜRLÜK:

Organik moleküllerdeki **çözünürlük** miktarları arasındaki farkı ise, yine moleküller arası kuvvetlerden yararlanarak açıklayabiliriz. Şöyle ki, bir katının bir sıvı içerisinde çözünmesi, çoğu yönlerden katının erimesiyle ve her iki maddenin moleküllerinin ya reaksiyona girerek farklı bir **bileşik** oluşturması veya **karışım** halinde kalmasıyla sonuçlanır. Erime sırasında, katı maddenin molekülleri sıvı maddenin molekülleri tarafından parçalanır ve çözeltide moleküllerin ya da iyonların rastgele dağılımı gerçekleşir. Bunun sonucunda, çözünme işlemi sırasında, moleküller ya da iyonlar birbirinden ayrılarak, dışarıdan parçalanma için gerekli olan enerji miktarı verildiğinde, örgü enerjilerini ve moleküller arası veya iyonlar arası çekim kuvvetlerini yenmek için gerekli enerji, çözünen ve çözücü arasında oluşacak yeni çekim kuvvetleriyle sağlanır. Örneğin kuvvetli bir çözücü olan suyu ele aldığımızda, polarlıklarının büyük olması yanında küçük yapıları nedeniyle su molekülleri, kristal yüzeyinden ayrılmış bağımsız iyonları kolaylıkla çevreleyerek çözer. Aşağıdaki şekilden de görüldüğü gibi, pozitif iyonlar su moleküllerinin pozitif iyona doğru yönlenmiş negatif ucu tarafından çevrelenirler ve böylece çözünen madde su molekülleri tarafından kuşatılır. Su, oldukça kuvvetli bir polar yapıda ve kuvvetli hidrojen bağlarına da sahip olduğu için Dipol-İyon çekim kuvveti de büyüktür. Dolayısıyla bu şekildeki kuvvetli çözücü yapısı sayesinde, katı maddenin hem örgü enerjisini ve hem de iyonları arasındaki çekim kuvvetlerini yenerek maddeyi tamamen çözer.

Çözünürlük, ilerki kısımlarda da görüleceği gibi, biyokimyasal reaksiyonlar için gerekli olan çok önemli bir özellik olup; bir maddenin diğer bir madde içerisindeki çözünürlük miktarının ölçüsü için basit bir kural "*Benzer, benzeri çözer*" mantığıdır. Bu yüzden, polar ve iyonik bileşikler; polar çözücülerde iyi çözünür veya polar sıvılar birbiriyle daha iyi karışır. Buna karşın, polar olmayan katılar veya sıvılar, polar sıvılarda iyi çözünmezler. Uzun karbon atomları zinciri içeren (>**6**) bileşiklerin suda çözünmediği görülürken, **1-4** karbonlu bileşikler genel olarak suda az ya da çok çözünürler. Buna rağmen, molekülün hidrofilik grup içerip içermemesine bağlı olarak da bu çözünürlük değerleri değişebilir. Örneğin, polisakkaritler, proteinler ve nükleik asitler bu tip hidrofilik gruplardan binlerce içerdikleri için, çok büyük karbon zincirleri (>**1000**) olmasına rağmen suda kısmen çözünebilirler.

Burada karbon zincirinin uzunluğu çözünürlüğü etkileyen en önemli faktördür. Bu durum **Hidrofobik** (*Suyu sevmeyen*) veya **Hidrofilik** (*Suyu seven*) denilen karmaşık bir etkiyle açıklanır. Fakat bu durumun en önemli sebebi, sudaki *yeğlenmeyen entropi değişimleridir*. Entropi değişimleri, bağıl olarak daha düzenli halden daha düzensiz hale ya da bunun tersine doğru bir değişimle ilgilidir. Düzenliden düzensize doğru bir değişim yeğlenirken; düzensizden düzenliye doğru bir değişim yeğlenmez.

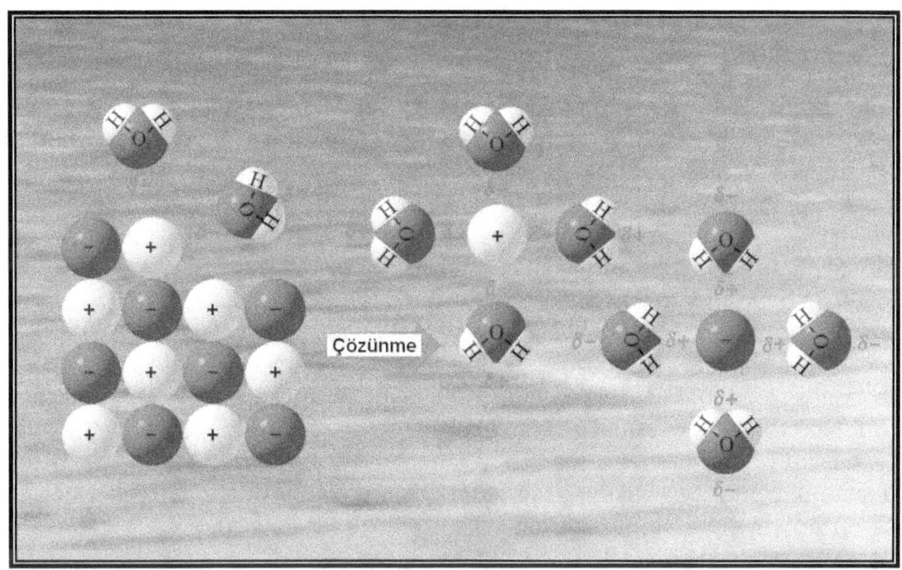

Kuvvetli bir çözücü olan Su moleküllerinin katı madde iyonlarını rahatça parçalamasının nedeni, su moleküllerinin sahip olduğu yüksek polarlık ve kuvvetli hidrojen bağlarından kaynaklanır.

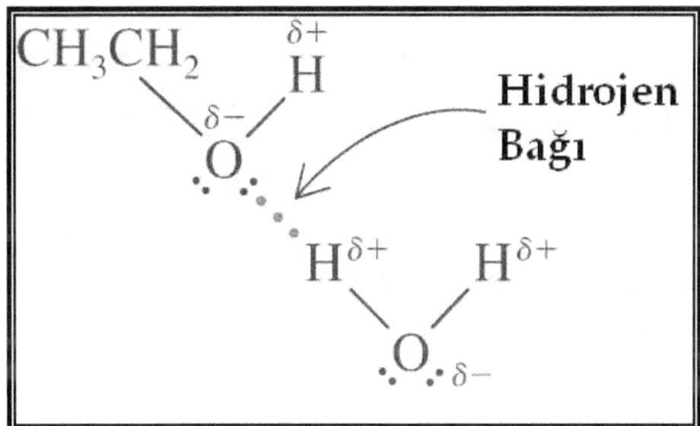

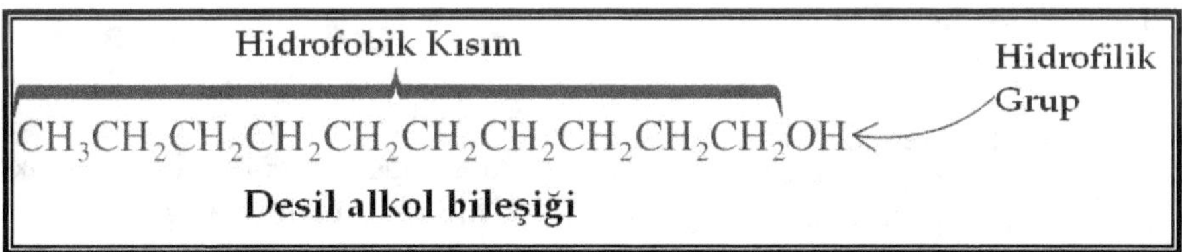

Decil Alkol bileşiği, çok büyük bir karbon zinciri (10 adet) içermesine rağmen suda az miktarda çözünebilmesinin nedeni, içerdiği hidrojen bağları ve hidrofilik gruptan kaynaklanır.

Bu durum ise, genel olarak tüm kainat için geçerli olan ve mikrodünyada da etkisini gösteren **Termodinamiğin II. Yasasından** kaynaklanır. Örneğin, metan, etan veya diğer organik sıvılar ve yağlar su içerisinde çözünmezler ve karışım olarak kalırlar ki, bu özelliğin biyokimyada çok önemli sonuçları vardır: Örneğin, çoğu organik molekül (Örneğin, yağlar, proteinler, enzimler, koenzimler gibi) hücre içerisine alınırken veya hücrede herhangi bir organik molekül içerisindeyken, çözünmemesi çok büyük bir öneme sahiptir. Aksi takdirde, örneğin birçok enzim veya protein, aminoasit veya DNA'nın yapıtaşları gibi, eğer su içerisinde çözünmüş olsaydı, canlılık meydana gelemeyecek ve canlı bir organizmanın teşkil edilmesi mümkün olmayacaktı. Bu yüzden suyun, yukarıda bahsettiğimiz biyokimyasal özellikleri ve çözünürlüğü bu hayati fonksiyonlar için çok büyük bir hassasiyetle ayarlanmıştır. Gerçekten de, eğer suyun çözünürlük değeri biraz daha fazla olsaydı, organik moleküllerin birçoğu su içerisinde çözünerek dağılacak veya biraz daha düşük olsaydı, hücre içerisindeki plazma ortamına madde geçişi ve hareketi sınırlanacağı için, yine birçok organik reaksiyonun gerçekleşmesi mümkün olmayacaktı.

SUYUN ORGANİK MEKANİZMALARDAKİ TAŞINMA YÖNTEMLERİ

Suyun, canlılar için gerekli olan pek çok ve sayılamayacak kadar faydalı özellikleri olmakla birlikte; en önemli özelliklerinde birisi de, bu kısımda BEŞ MADDE halinde kısaca inceleyeceğimiz organik yapılar içerisindeki taşınma mekanizmalarıdır. Suyun bileşenleri olan Oksijen ve Hidrojen iyonlarının canlılardaki pek çok metabolik olaylarda kullanıldığı, solunum ve enerji üretimini gerçekleştiren pek çok reaksiyonu katalizlediğini ilk kez **1789** yılında Fransız bilgin **Anton Lavosier** keşfetti. Fransız devrimi gerçekleşmeden bu çalışmalarını bir makale ile yayınlayan Lovosier, devrim sırasında idam edilmeden birkaç yıl önce biyolojik mekanizmalardaki yapılardaki suyun önemini keşfetmişti. Şimdi, suyun en çok bilinen taşınma yöntemlerini matematiksel yapılarıyla birlikte inceleyelim:

BİRİNCİSİ:

Yüzey gerilimine ve **Basıncına** bağlı olarak taşınmasıdır ki, suyun diğer bir önemli özelliği ise, çözünürlüğe bağlı olan yüksek gerilimidir. Su molekülleri içerdikleri dipoları molekül yapılarından dolayı, yalıtkan bir ortamla temas eden, örneğin hava gibi açık yüzeyler üzerinde yüksek bir yüzey gerilimi meydana getirir:

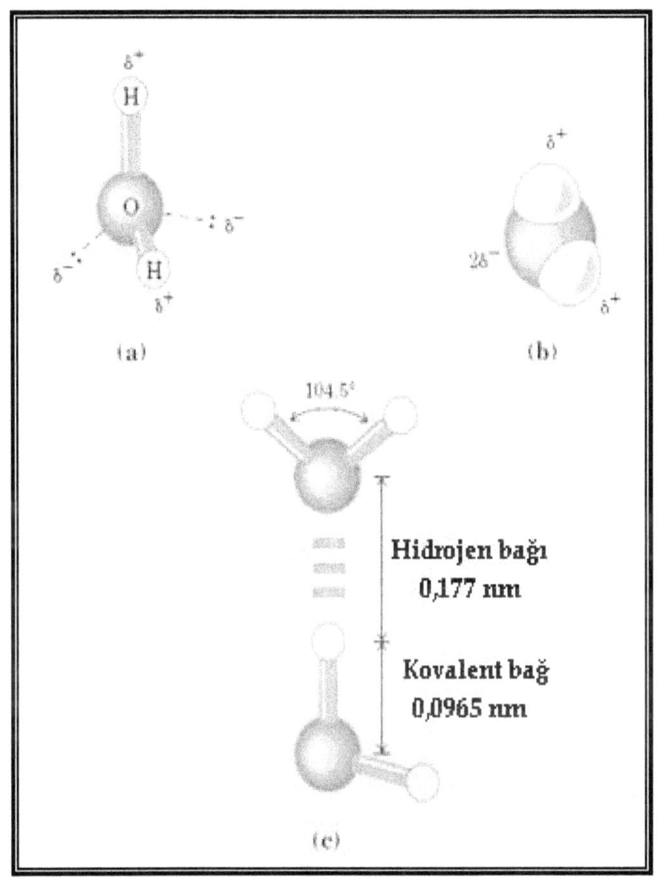

Su moleküllerinin moleküler yapısı. (a) Su molekülüne ait dış görüngedeki valans elektronlarını gösteren top ve çubuk modeli. Buradaki kesikli çizgiler, bağ yapmamış elektronları gösterir. (b) Su molekülünün izole edilmiş polarize yapısı. Buradan da görüldüğü gibi, su molekülünün kısmi pozitif yükleri (δ^+) hidrojen atomunun etrafında toplanmıştır ve negatif kısmi yükler ($2\delta^-$) ise oksijen atomunun etrafında yer alır. (c) İki su molekülü burada kesikli mavi çizgilerle belirtilen hidrojen bağlarıyla birleştiğinde ve zıt yüklere sahip olan birer adet oksijen ve hidrojen atomu karşılıklı konumlara geldiğinde ise, O-H bağının oluşturduğu kovalent bağdan daha fazla uzunluğa sahip olan esnek ve daha zayıf bir bağ oluşur. İşte bu esnek bağlar da, suyun yüzey geriliminin ve çözünürlüğünün yüksek olmasını sağlar.

Suyun yüzey gerilimini ve çözünürlüğünü belirleyen şöyle bir matematiksel kuvvet ifadesi yazabiliriz:

$$F = \frac{Q}{\varepsilon r^2}$$

Şimdi bu ifadenin, tüm kısmi yükün etkili olduğu kapalı uzay bölgesini içeren yüzey üzerinden diferansiyelini alırsak;

$$\vec{F}\Delta S = \frac{Q}{\varepsilon r^2}\,\Delta V$$

$$\Rightarrow \oiint_{(\Delta S)}\left(\vec{\nabla}.\vec{F}\right)\hat{n}\,dS$$

$$= \oiiint_{(\Delta V)}\frac{Q}{\varepsilon r^2}\,dV$$

$$\vec{F} = \frac{Q}{4\pi\varepsilon r^2}$$

şeklinde tek bir su molekülü için yüzey gerilim kuvveti elde edilir. Burada, **F**, suyun yüzey gerilimini belirleyen kuvvet; **ε**, suyun dielektrik sabiti; **r**, su molekülünün ortalama yarıçapı ve **Q**, tek bir su molekülünün toplam kısmi yükünü göstermek üzere; Eğer ortamda birbirinden farklı **n** adet **Q** kısmi yükü varsa, tüm moleküllerin belirli bir ΔV hacmi içersinde ΔS yüzeyi üzerinde oluşturduğu yüzey gerilimini, **Diverjans** ve **Stokes teoremlerinden** yararlanarak bu ifadenin diferansiyelini alarak hesaplarsak;

$$\vec{F}\Delta S = \frac{\left(Q_1 + Q_2 + \cdots + Q_n\right)}{\varepsilon_r r^2}\,\Delta V$$

$$\Rightarrow \oiint_{(\Delta S)}\left(\vec{\nabla}.\vec{F}\right)\hat{n}\,dS$$

$$= \oiiint_{(\Delta V)}\frac{Q_{nort.}}{\varepsilon_r r^2}\,dV$$

Veya bu ifadeyi küresel koordinatlarda yazarsak;

$$\oiint_{(\Delta S)}\left(\vec{\nabla}.\vec{F}\right)\hat{n}\,dS$$

$$= \oiiint_{(\Delta V)}\frac{Q_{nort.}}{\varepsilon_r r^2}\,r^2\,dV$$

$$\Rightarrow \oiint_{(\Delta S)}\left(\vec{\nabla}.\vec{F}\right)dS$$

$$= \oiiint_{(\Delta V)}\frac{Q_{nort.}}{\varepsilon_r}\,dV$$

$$\left(\vec{\nabla}.\vec{F}\right) = \frac{Q_{nort.}}{\varepsilon_r}$$

Şeklinde, sulu çözelti içerisindeki ortalama kısmi yük ve ortamın relatif dielektrik geçirgenliği cinsinden, suyun üzerindeki birim hacme uyguladığı yüzey gerilimini elde etmiş oluruz.

Dikkat edersek bu elde ettiğimiz denklemler, Elektrik alanın skaler davranışıyla aynı temel özellikleri gösterir ki, bu zaten beklediğimiz bir şey olmalıdır.

Çünkü zaten suyun içerisindeki kısmi yüklerin oluşturduğu dipol kuvvetlerine ait diferansiyel alanlar ve kuvvetler elektriksel, yani elektron hareketlerine dayalı kuvvetlerdir. Özellikle son elde ettiğimiz, suyun yüzey üzerindeki etki ettiği kuvvetin yayılımını belirleyen diverjans denklemi, yani suyun yüzey gerilimine ait kuvvet denkleminin yayılım ifadesine baktığımızda; yüzeyin yarıçapına, dolayısıyla kesitine bağlı olmadığını görürüz. İşte bu özellik canlılık için çok önemli olup, herhangi bir bitkinin kalınlığı ne olursa olsun; suyun hep yukarı yönde, yani topraktan ve köklerden dallara doğru taşınacağını ifade eder. Dolayısıyla, su molekülleri arasında gerçekleşen elektromanyetik olaylar canlılık için çok önemli olan fonksiyonları gerçekleştirirler. Örneğin, bu sayede büyük moleküller su içerisinde çözünebilir ve parçalanabilir veya küçük hacimlerde sıkışan su kütlesi, üzerindeki boşluğa basınç uygulayarak bitkilerde suyun daha yüksek katmanlara taşınmasını sağlar.

İKİNCİSİ:

Suyun ikinci bir taşınma şekli de, yüksek yoğunluklu ortamdan düşük yoğunluklu ortama doğru gerçekleşen **Osmotik Basınca** bağlı su transferidir. Bu taşınma şekli, özellikle hücre içerisindeki organeller ve hücre zarı için oldukça önemli olan bir özelliktir ki, çoğu biyokimyasal reaksiyon su yoğunluğunun yüksek olduğu ortamlarda gerçekleşir. Bu yüzden, bu ortama sürekli gerekli miktarda su transferi gerçekleştirmek hücresel yapıların ihtiyaç duyduğu en önemli işlevlerden birisidir. Suyun osmotik basınca bağlı taşınmasına ilişkin şöyle bir matematiksel ifade **Van't Hoff Osmotik Basınç Denklemiyle** verilir:

$$P = i.c.R.T$$

Burada **P**, suyun gerekli olan taşınma miktarını belirleyen basınç; **R**, Rydberg gaz sabiti; **T**, Kelvin olarak mutlak sıcaklık; **c**, suyun çözelti içerisindeki osmotik konsantrasyon sabiti ve **i**, sulu çözeltide yer alan iyon sayısına bağlı olan osmotik basınç sabitidir. Örneğin, çözeltide hiç iyon yoksa **i=1** veya **Na$^+$Cl$^-$** (tuz) gibi iki farklı iyona sahip bir bileşik varsa **i=2**'dir. Eğer belirli bir ΔV hacmi içersindeki çözeltide **n** sayıda çözünmüş farklı iyon varsa, bu durumda osmotik basınç denklemini şu şekilde entegre ederek, **i=n** alarak genel bir osmotik basınç denklemini şöyle elde edebiliriz:

$$P\Delta S = \begin{pmatrix} i_1 c_1 + i_2 c_2 + \\ i_3 c_2 + \cdots + i_n c_n \end{pmatrix} R.T\Delta V$$

$$\oiint_{(\nabla S)} \left(\vec{\nabla}.\vec{P} \right) \hat{n} dS$$

$$= \oiiint_{(\Delta V)} \left(i_{nort.} c_{nort.} \right) R.T dV$$

$$\left(\vec{\nabla}.\vec{P} \right) = i_{nort.}.c_{nort.}.R.T$$

Veya bu denklemi yoğunluk cinsinden ifade etmek istersek, **Steverman Denklemini** kullanarak;

$$\pi = c_{osm.}.R.T$$

olarak osmotik basıncı göstermek üzere;

$$\Delta\pi = i.\Delta c_{osm.}.R.T$$

$$\Rightarrow J_{osm.} = k.A.\Delta\pi$$

Ve sınır koşul olarak (**Δx=[x₀-x∞]**) hücre içi çözelti ortamı ile hücre dışı çözelti ortamını ayıran hücre zarı duvarını alırsak;

$$\left(\vec{\nabla}.\vec{J}_{osm.}\right) = K_{plazma}\left(c_{H_2O}^{Out} - c_{H_2O}^{In}\right)$$

olarak **K_{plazma}**, plazma plazma zarının osmotik geçirgenlik katsayısı olmak üzere **Osmotik Yoğunluk Denklemi** elde edilir. Bu denklemler bize, osmoz işleminin ortamda bulunan iyon yoğunluğuna bağlı olduğunu gösterir. Dolayısıyla, plazma membranından hücre içerisine osmoz ile su girişi veya çıkışı; metabolitler olarak adlandırılan ve hücresel yapılarda yer alan molekül, iyon veya makromoleküller gibi moleküler yapıların ne kadar az ya da çok yoğunlukta bulunduğuna bağlı olacaktır. Eğer hücresel yapının içi ile dışı **aynı** osmotik basınca sahipse, bu çözeltiye **İzotonik**; ortamda su yoğunluğu **fazla** ise, **Hipertonik** veya su yoğunluğu diğer ortama göre **düşükse, Hipotonik** çözelti olarak adlandırılır. Aşağıdaki grafikte, hücre içi ve dışı arasındaki bu çözelti farkına dayanan osmotik basınca bağlı suyun taşınma yönleri verilmektedir:

ÜÇÜNCÜSÜ:

Suyun taşınmasında kullanılan üçüncü bir yöntem ise, ortamın madde yoğunluğunun bir fonksiyonuna bağlı olan **Difüzyonla** taşınmasıdır. Bu taşımanın osmotik basınçtan farkı, her iki çözeltinin bulunduğu ortamın, sıcaklık, yoğunluk gibi nicelikleriyle çözelti konsantrasyonlarının değişken olması ve konsantrasyonlarının zamana bağlı olarak değişmesidir. Bu taşıma sırasında her iki ortamı da ayıran bir sınır yüzey olan bir membran (zar) potansiyel konsantrasyon gradienti (**dc/dx**) oluşur ve suyun geçiş yönüne bağlı olarak bu potansiyel gradient zarın iç yapısına bağlı olur. Örneğin, oksijenin difüzyon konsantrasyon gradienti (**dPO₂/dx**) büyük olduğundan, plazma zarından ve suyun içerisinden difüzyon yoluyla geçişi kolay olur. Karbondioksit için de aynı şey geçerlidir. Bu yüzden, sıvıların difüzyonla geçişi gazlara göre daha yavaş olur. Difüzyon oranı (**J_{diff.}**) (mol.s⁻¹), çözelti içerisindeki maddenin zarın bir tarafından diğer tarafına geçiş miktarını belirlemek üzere, difüzonla madde geçişini **Fick Yasasının** birinci denklemi şu şekilde belirler:

$$J_{diff.} = A.D.\frac{\Delta c}{\Delta x} \quad (mol.s^{-1})$$

veya diferansiyel formda yazarsak;

$$J_{diff.} = A.D.\left(\frac{dc}{dx}\right) (mol.s^{-1})$$

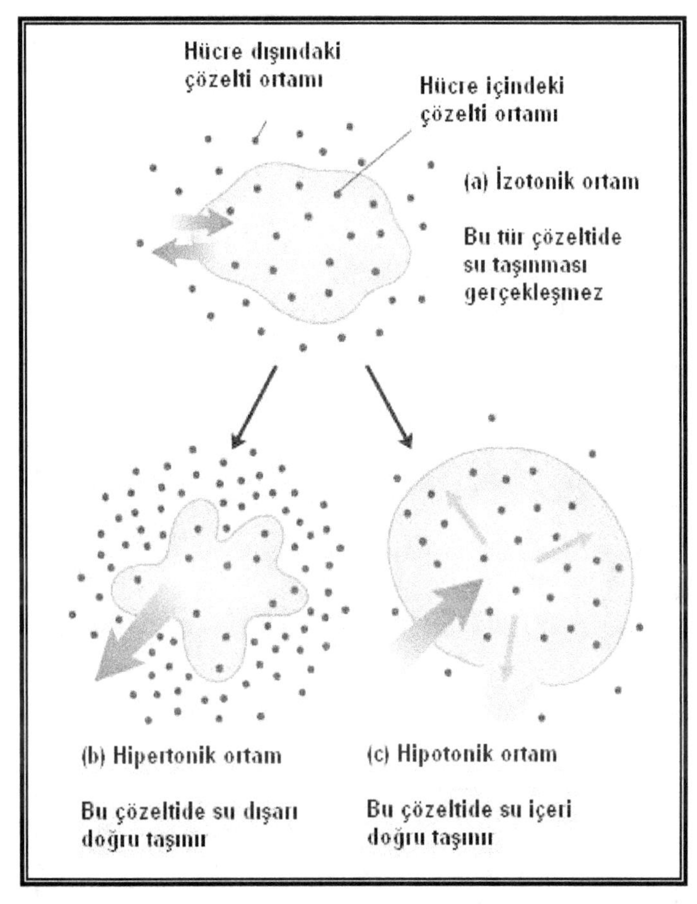

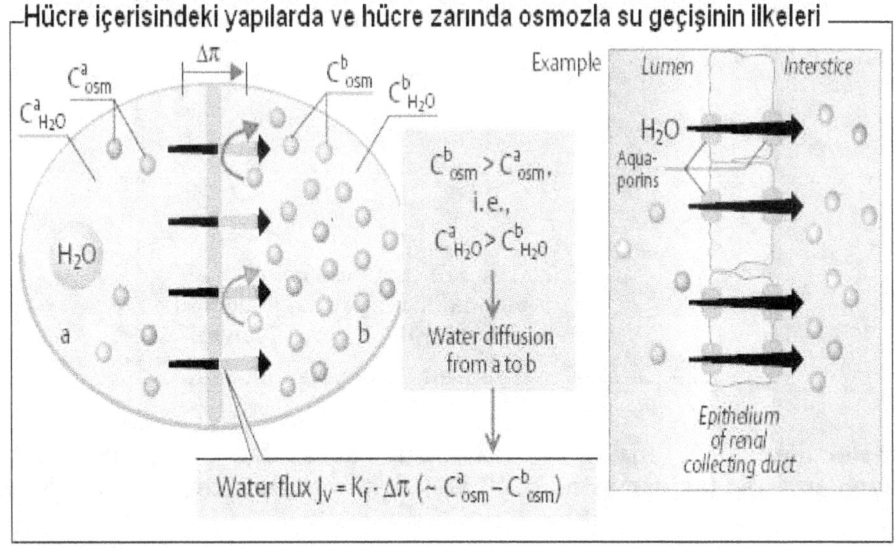

$$C^b_{osm} > C^a_{osm},\ \text{i.e.,}\ C^a_{H_2O} > C^b_{H_2O}$$

$$\text{Water flux } J_V = K_f \cdot \Delta\pi\ (\sim C^a_{osm} - C^b_{osm})$$

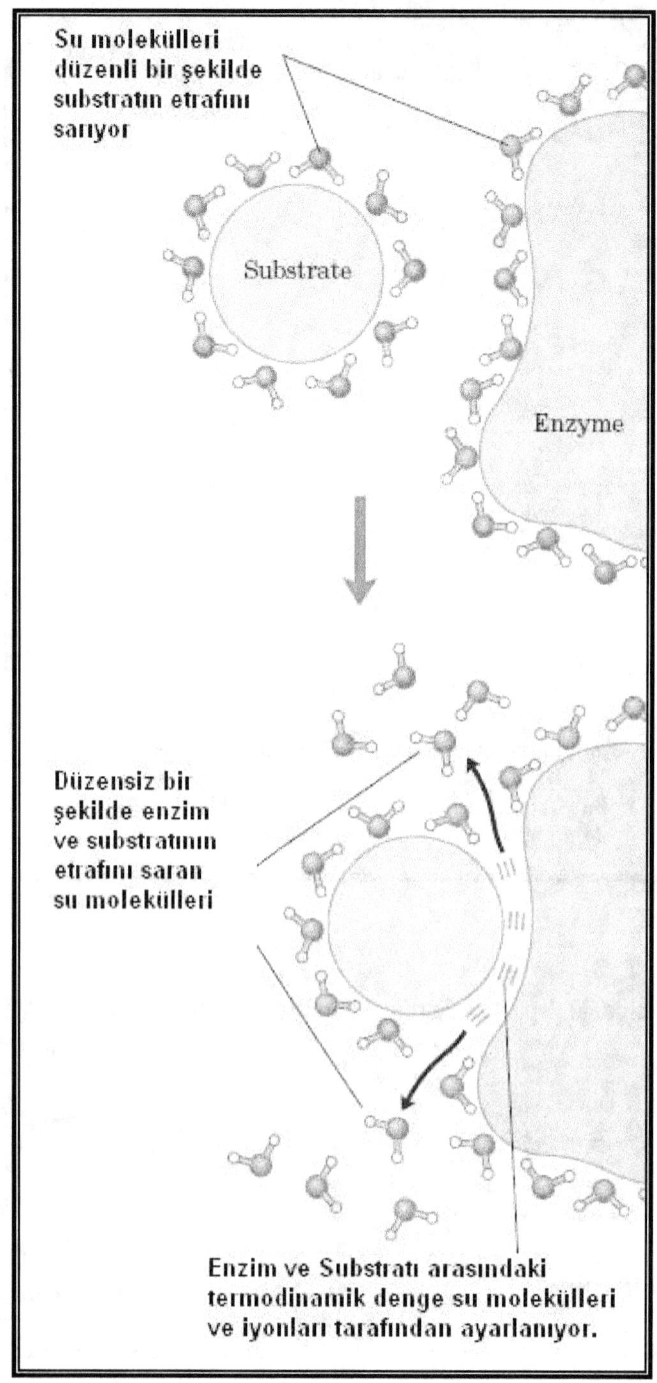

Su molekülleri bir enzim ve substrat arasındaki organik kimyasal reaksiyonların gerçekleşmesini sağlamak için ortamın termodinamik ısısını düşürmesini gösteren bir grafik.

Bu denklemde **c**, molar madde konsantrasyonu; **x**, difüzyonun gerçekleştiği hücresel membran (zar) kalınlığı; **A**, difüzyonun gerçekleştiği yüzey alanı ve **D**, difüzyon katsayısı olup, değeri **Einstein-Stokes Denklemiyle** şu şekilde bilirlenir:

$$D = \frac{R.T}{N_A.6\pi.r.\eta} \quad (m^2.s^{-1})$$

Burada, **N_A** Avagadro sayısı (**$6{,}022.10^{23}$ mol^{-1}**); **R**, Rydberg gaz sabiti (**8.3144 J.K^{-1}.mol^{-1}**); **T**, Kelvin olarak mutlak sıcaklık; **r**, yarıçapa bağlı difüzyon uzaklığı ve **η**, ortamın dielektrik geçirgenliğine bağlı olan difüzyon yayılım katsayısıdır.

Bu denkleme baktığımızda; **A**, **D** ve **c**'nin artması durumunda difüzyon miktarının artacağı kolaylıkla görülmektedir. Bununla birlikte, difüzyonun gerçekleştiği membran kalınlığının artmasıyla ve bu denklemde yer almayan zamanın (**t**) artmasıyla da difüzyon miktarı ve hızı (**x=v.t** olduğu için) azalacak, yani zarın kalınlığının artmasıyla difüzyon daha yavaş gerçekleşeceği için daha az miktar madde geçebilecektir. Fakat hücre zarının çift katlı lipid yapısı hidrofilik bir polar grup içerdiğinden suyun hücre zarından ve diğer organellerin zarından geçişi kolay olur. Bununla birlikte hidrofobik grup içeren molekül gruplarının sulu ortamda hücre zarından geçişi daha zor olur. Bu yüzden, hücre zarının geçirgenliği en yüksek sıvı bileşeni sudur.

Aşağıdaki grafiklerde Difüzyonla madde geçişinin ilkeleri detaylı olarak verilmektedir:

DÖRDÜNCÜSÜ:

Suyun bir başka taşınma yöntemi ise, **Filtrasyondur**. Sulu çözeltiye ait ortamın basınç ve sıcaklığına bağlı geçirgenlik katsayısı ifadesini şu şekilde yazarsak;

$$P_{filt.} = k_{filt.}.\frac{D_{filt.}}{\Delta x} \quad (m.s^{-1})$$

Buradaki **D**, **k** ve **Δx** taşınma işlevinin gerçekleştiği ortama bağlı katsayılar olup; **k**, plazma zarının filtrasyon katsayısı; **D**, plazma zarının dielektrik geçirgenliği ve **Δx**, plazma zarının filtrasyon kalınlığıdır. Bu durumda filtrasyon denklemi şu şekilde verilebilir:

$$J_{filt.} = K_f.\Delta P(m.s^{-1})$$

Buradaki **K_f**, ortamın hidrolik iletkenlik katsayısıdır. Filtrasyonla su geçişi kapiller hücre duvarların doğru gerçekleştiği için küçük iyonların ve moleküllerin sulu çözelti içerisindeki plazma membranından geçişi daha kolay gerçekleşir. Dolayısıyla bu özellik sayesinde, seçici geçirgenliğe sahip plazma organellerinin membranları ihtiyaç duyulan moleküler yapıların oluşması için gerekli metabolitleri kolaylıkla hücre duvarından içeri alarak filtre eder ve böylece istenmeyen büyük moleküllerin ve metabolitlerin hücre zarından içeri geçişi yasaklanmış olur. Büyük moleküllerin nadir olarak geçişi ise;

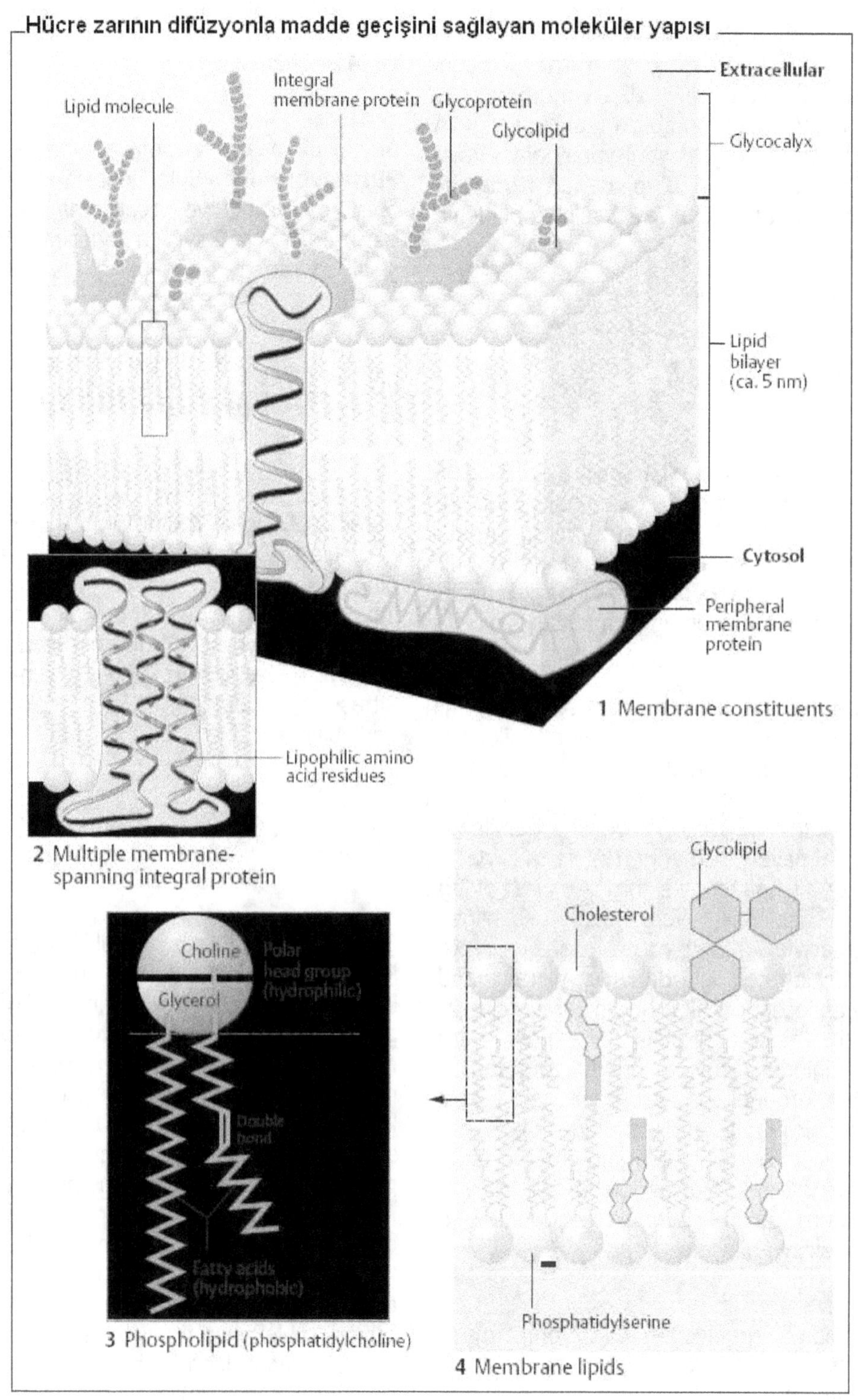
Lipid molecule
Integral membrane protein
Glycoprotein
Glycolipid
Extracellular
Glycocalyx
Lipid bilayer (ca. 5 nm)
Cytosol
Peripheral membrane protein
1 Membrane constituents
Lipophilic amino acid residues
2 Multiple membrane-spanning integral protein
Choline
Glycerol
Polar head group (hydrophilic)
Double bond
Fatty acids (hydrophobic)
3 Phospholipid (phosphatidylcholine)
Glycolipid
Cholesterol
Phosphatidylserine
4 Membrane lipids

Hücre zarından Difüzyonla madde (Su, Oksijen, Karbondioksit v.b.) geçişi

Hücre içi ve dışı arasında gerçekleşen Difüzyonla madde geçişinin Konsantrasyon diyagramı

Hücre zarında meydana gelen Potansiyel Konsantrasyon Gradienti

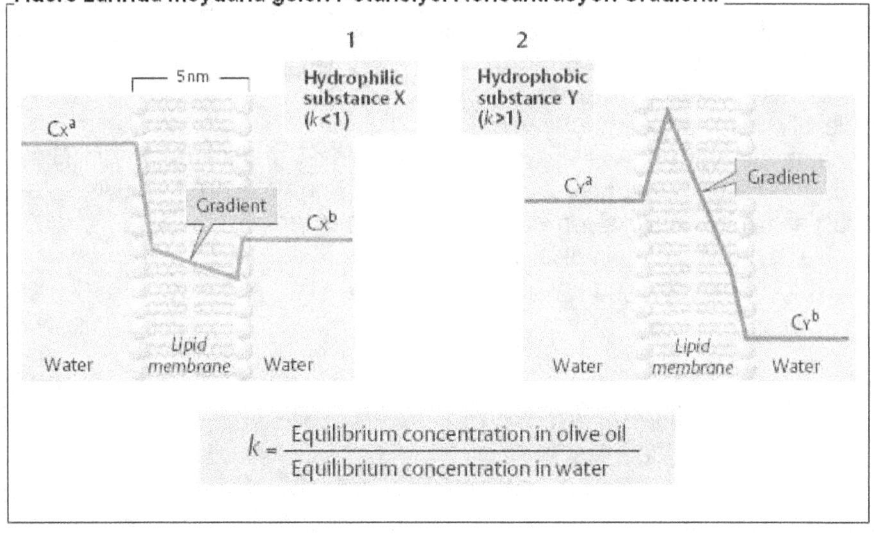

Düfüzyonla hücresel ortam içerisinde gerçekleşen su ve madde taşınımı.

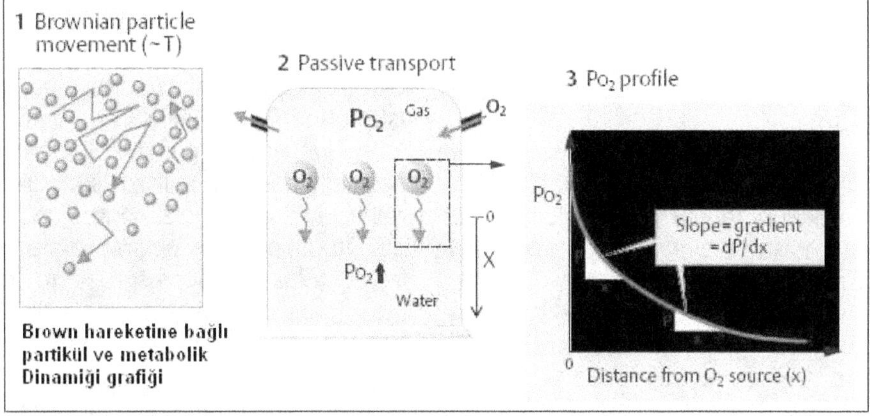

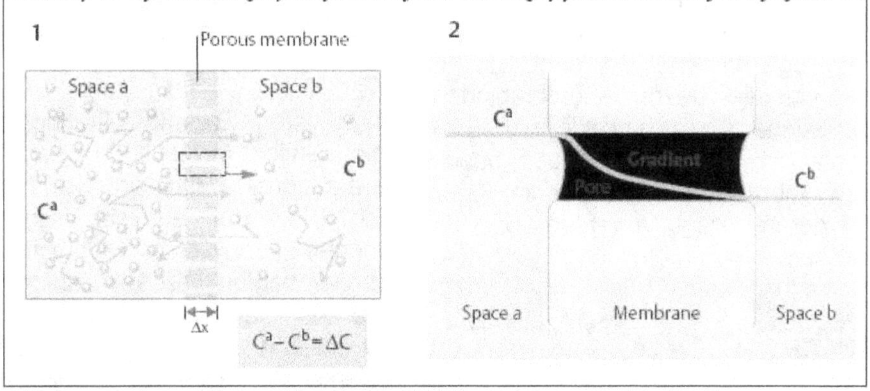

$$J_{ref.} = J_{filt.}(1-\sigma).\bar{a}_x \, (m.s^{-1})$$

Refleksiyon denklemine göre gerçekleşir ki; buradaki **σ**, refleksiyon katsayısı ve **a$_x$**, molekülün refleksiyon akışkanlık aktivitesidir. Protein gibi büyük moleküllerin refleksiyon katsayısı büyük ve yaklaşık 1'e aşit olmakla birlikte (**σ**=1) olmakla birlikte; üre gibi görece daha küçük moleküller için daha düşük (**σ**=0,68) veya çok daha küçük olan steroller ile glikolipidler veya aldehit ve ketonlar gibi daha küçük moleküllerin refleksiyon katsayısı daha küçük olduğu (**σ**<<1) için, genellikle bu tür taşınma ile plazma membranından geçişleri daha kolay gerçekleşir. Suyun filtrasyonu için ise, **σ**'nın sıfırdan büyük olması yeterlidir. Fakat **σ**'nın sıfır olduğu durumlarda suyun filtrasyonu da gerçekleşemez.

BEŞİNCİSİ:

Suyun burada değineceğimiz son bir taşınma yöntemi ise, **Konveksiyon**, yani yayılım ile taşınmasıdır. Bü tür taşınmayla su moleküllerinin; organizma içerisindeki kılcal damarlar veya hücre içerisindeki küçük organeller gibi uzak noktalara kadar taşınması sağlanır. Konveksiyon denklemi, filtrasyonla aynı yapıda olmakla birlikte, sadece önüne bir katsayı çarpanı gelir:

$$P_{konv.} = k_{konv.}.\frac{D_{konv.}}{\Delta x} \, (m.s^{-1})$$

$$J_{konv.} = K_f.\Delta P(m.s^{-1})$$

İleride canlı organizmaları oluşturan moleküllerin özelliklerini ayrıntılı olarak incelediğimiz zaman, hücrelerin işlevlerinde moleküller arası kuvvetlerin ve yüzey gerilimi ile osmotik basıncın nasıl önemli rol oynadıklarını daha iyi göreceğiz. Hidrojen bağı oluşumu, polar grupların hidrasyonu veya polar olmayan grupların polar ortamdan uzaklaşma eğilimleri; karmaşık enzim ve protein moleküllerinin en uygun şekli almalarına, bunun sonucunda da biyolojik katalizör olarak olağanüstü bir etkinlik kazanmalarına neden olur.

Bu etkenler; Enzimler, Proteinler ve Lipid denilen moleküllerin hücre zarı olarak görev yapmasını ve madde geçişini kontrol etmesini sağlarlar. Örneğin, hayvansal hücrelerde; hidrojen bağları bazı karbonhidratlara yuvarlak şekil vererek, bunların hayvansal gıda olarak depolanmasını sağlarken; bitkisel hücrelerde, doğrusal bir şekil vererek bitkilerde bunların iyi birer yapı bileşeni ve sert doku olmasını sağlar.

Aşağıdaki grafiklerde suyun Filtrasyon ve Konveksiyon yoluyla taşınımı verilmektedir:

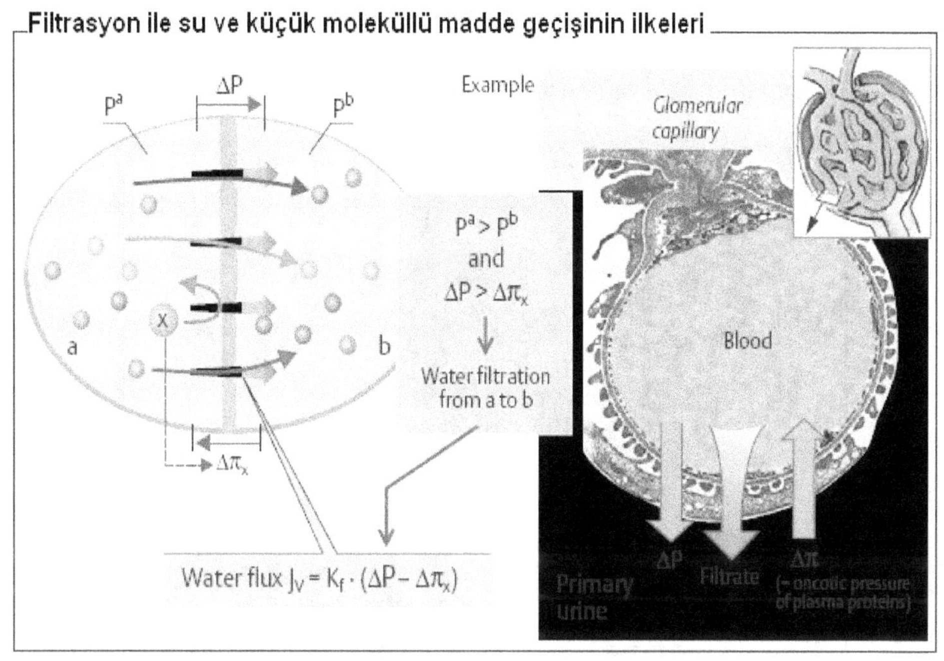

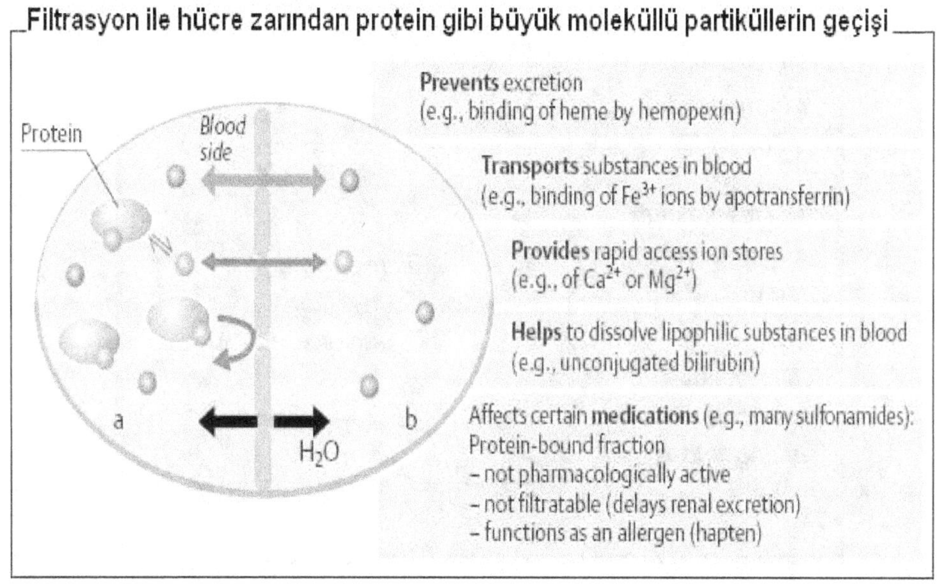

Filtrasyon ile su ve madde geçişinin ilkeleri.

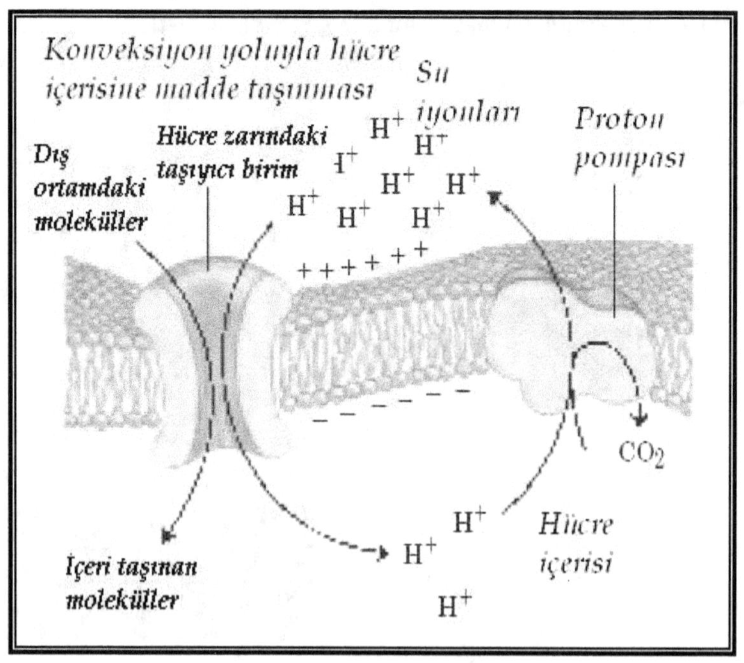

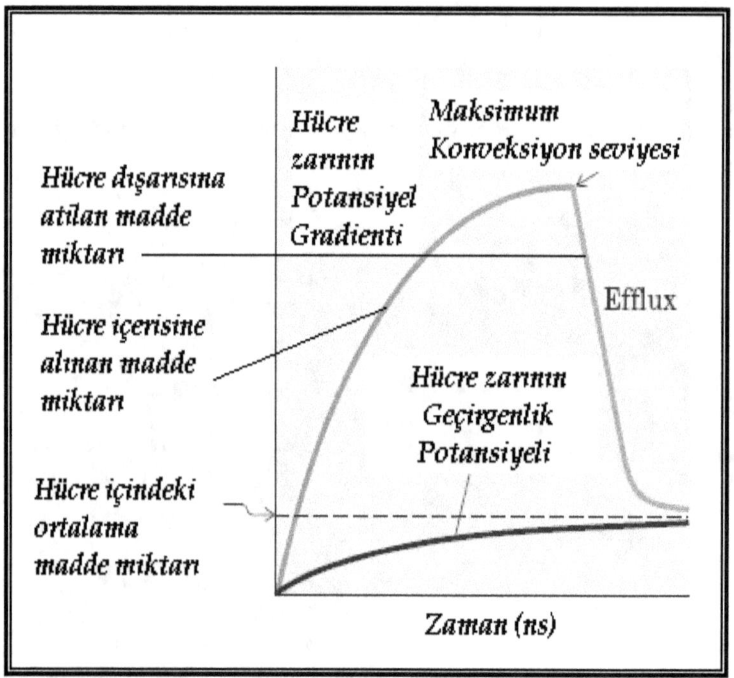

Konveksiyon yoluyla suyun ve diğer bazı maddelerin hücre içerisine taşınmasını gösteren diyagram ve grafikler.

ORGANİK KİMYANIN MOLEKÜLER YAPI TEORİSİ

Soru: Tabiattaki Organik moleküller nasıl meydana gelir, Kuantum mekaniği moleküler orbital teorisine nasıl bir açıklama getirmektedir?

Cevap: Bu kısımda, diğer bir önemli konu başlığımız olan temel organik moleküllerin nasıl oluştuğunu kuantum mekaniğinden yararlanarak açıklamaya çalışacağız. Moleküler orbital teorisi, organik bileşiklerin nasıl oluştuğunu ve molekül yapısını açıklamakla birlikte, biz öncelikle en basit kovalent bağlı organik bileşik olan iki hidrojen atomunun birleşmesiyle oluşan hidrojen gazının nasıl meydana geldiğini kuantum mekaniğinden yararlanarak açıklamaya çalışacağız. Daha sonraki adımlarda ise, hemen hemen tüm organik bileşikler daha basit olanlardan teşkil edilerek inşa edildiği için, vereceğimiz bu model, karmaşık organik bileşiklerin nasıl meydana geldiğini anlamamız için yol gösterici basit bir tanımlama olacaktır.

MOLEKÜLER ORBİTAL KURAMI VE KUANTUM MEKANİĞİ:

1926 yılında birbirinden bağımsız ve eşzamanlı olarak **Erwin Schrödinger**, **Werner Heisenberg** ve **Paul Dirac** atomik ve moleküler yapıyla ilgili yeni bir kuram öne sürüldü. Schrödinger'in **Dalga mekaniği** ve Hisenberg'in geliştirdiği **Kuantum mekaniği** adını verdikleri bu kuram moleküllerde bağlanmayı modern anlamda anlamamızın temelini oluş-turmaktadır. Schrödinger tarafından öne sürülen kuantum mekaniği eşitlikleri, biyokimyacıların çoğu tarafından kullanılan moleküler orbital teorisinin temelini oluşturur. Schrödinger'in denklemleri, elektronların hareketi elektronların dalga hareketi yapmaları prensibine dayalı olarak geliştirilmiştir. Schrödinger, bir proton ve bir elektrondan oluşan bir sistemin, yani hidrojen atomunun, toplam enerjisi için yazdığı matematiksel bağıntıyı *dalga eşitliği* denen bir diğer bağıntıya dönüştürecek bir yol geliştirmiştir. Bu eşitlik daha sonra, *dalga fonksiyonları* denen bir dizi çözümü verecek şekilde çözüldüğünde, hidrojen atomu etrafında dönmekte olan elektron bulutu için yazılmış bir *dalga hareketi* sonucu ortaya çıkmaktadır. Bu dalga fonksiyonları yunan harfi ψ ile gösterilmektedir ve her bir dalga fonksiyonu (ψ fonksiyonu) elektron için yörüngenin farklı bir konumunda bulunmasına denk gelmektedir.

Dolayısıyla her bir konumun, o konumun dalga fonksiyonundan hesaplanabilen farklı bir enerjisi vardır. Bu konumların her biri bir ya da iki elektron barındırabilecek bir enerjiye sahiptir. Hidrojen için geliştirilen dalga eşitlikleri kullanılarak, farklı olan diğer element atomları için de uygun yaklaşımlarla elektron düzeyleri geliştirilmiştir. İşte bu farklı enerji seviyelerine sahip elektron barındırabilme olasılığı bulunan konumların her birine **orbital** adı verilir.

Bir dalga fonksiyonundan yararlanarak moleküler orbital teorisinde kullanılan iki önemli özellik vardır:

Birincisi: Elektronun bulunduğu konumdaki enerjisinin hesaplanabilmesi,

İkincisi: Bu enerji düzeyinin belirli yerlerinde bir elektronun bulunabilme olasılığının hesaplanabilmesi.

Bu özellikten yararlanarak, atom çekirdeğini merkez alarak, uzayda belirli bir nokta için hesaplanan dalga fonksiyonu değeri, pozitif (**+**) veya negatif (**-**) bir değer veya sıfır (**0**) değerini alabilir. Bu değerlere **faz işaretleri** denir ve bunlar dalgaları tanımlayan bütün eşitliklerde kullanılır. Biraz sonra, bu işaretlerin ne anlama geldiğini daha iyi anlayacağız. Peki, bu fonksiyonlarla ve faz işaretleriyle elektron hareketlerinin ve moleküllerin oluşmasının ne ilgisi var diyebilirsiniz. Burada, dalga fonksiyonlarının nasıl çıkartıldığına ve kuantum mekaniğinin bu konuyla ilgili detaylarına girmeyeceğiz. Yalnız, bizim için önemli olan bu faz işaretlerinin ne demek olduğunu, bu dalga fonksiyonlarına göre enerji seviyesi değişen elektronların molekülleri nasıl oluşturduğunu basit bir benzetmeyle anlatacağız: Bir gölde hareket eden bir dalgayı düşünelim. Dalga ilerledikçe gölün ortalama düzeyine göre yüksek ya da aşağı yerlerde bulunan dalga tepeleri ve olukları oluşur:

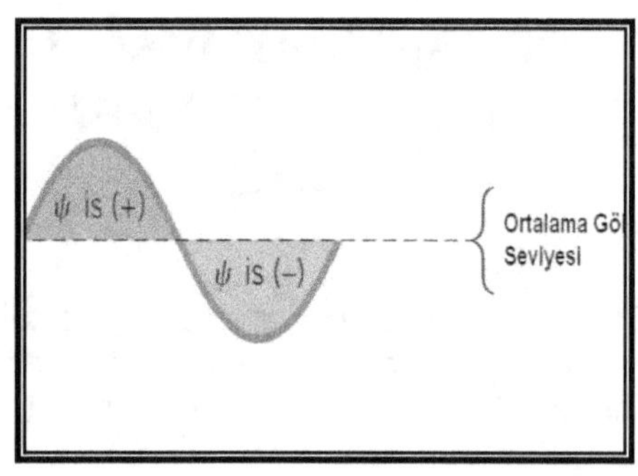

Şimdi, yukarıdaki dalga için bir eşitlik yazarsak dalga fonksiyonları **ψ**, dalganın gölün ortalama düzeyine göre yüksek yerlerde bulunduğu durumlarda (örneğin tepelerde) artı (+) işaretini, ortalama düzeyin altındaki yerlerde (örneğin oluklarda) eksi (-) değerini aldığını görürüz. Böylece, **ψ**'nin bağıl büyüklüğüne eşit olan dalganın genliği ($|ψ|^2$), gölün ortalama düzeyine göre dalganın yükselme ya da düşme aralığının büyüklüğüyle ilgili bir bilgi verir. Dalganın gölün ortalama düzeyiyle aynı olduğu yerlerde dalga fonksiyonu sıfır olur. Böyle bir yere **düğüm** denir. Moleküllerin oluşumu için burada kullanacağımız dalga modelini gözümüzde şöyle canlandırabiliriz:

Birleşen iki dalga tepesi birbirini kuvvetlendirerek birleşen dalgalardan daha büyük genlikli bir dalga ortaya çıkar veya bir tepe ile bir çukur birleşirse birbirini zayıflatır veya bir tepe ile bir çukur tam olarak çakışırsa birbirini söndürür. Yani, dalgaların bir diğer belirgin özelliği birbirlerini kuvvetlendirmeleri ya da zayıflatmaları, yani girişim yapmalarıdır. İşte aynen bu durumdaki gibi, moleküler orbital teorisine göre;

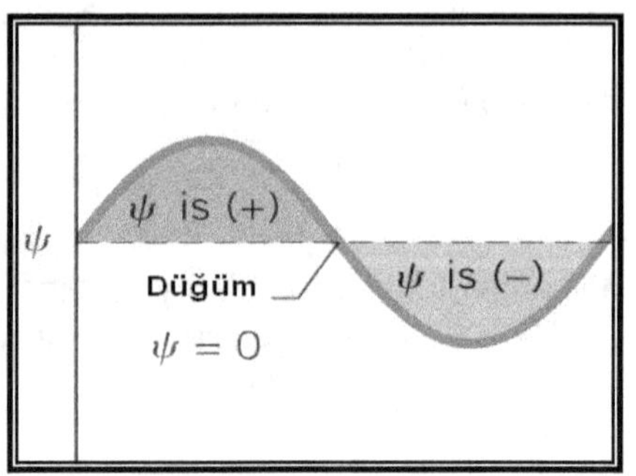

iki atomun elektronları kovalent bağ yapmak için birbirine yaklaştığında ayrı ayrı iken düşük olan orbital enerji seviyeleri, ortak olarak kullanılmak üzere birleştiğinde toplam enerji seviyesi yükselir ve böylece dış yörüngedeki bağ yapan iki elektronun dalga fonksiyonları birleşmiş olur veya tersi sözkonusu olduğunda ise, elektronların dalga fonksiyonları birbirinin enerji seviyesini düşürerek toplam bağ enerjisi azalır ve bunun sonucunda bağ kopmuş, yani yukarıdaki dalga örneğinde verildiği gibi elektronların dalga fonksiyonları birbirini azaltmış veya söndürmüş olur. Bu arada elektronun yörünge üzerindeki konumunun neden tam olarak belirlenemediğini kuantum mekaniğinden yararlanarak kısaca şöyle açıklayabiliriz:

KUANTUM MEKANİĞİ AÇISINDAN BİR ELEKTRONUN DALGA FONKSİYONUNUN ANLAMI:

Sırası gelmişken burada biraz da kuantum mekaniğinden bahsetmek istiyorum. Sanırım bu kısa bilgi, moleküler orbital teorisine geçmeden önce, atomik seviyedeki orbital kuramına bir açıklık getirir. Klasik düzeyde tek bir kuantum parçacığını düşünürsek, parçacık uzaydaki konumu ile tanımlanır ve bir sonraki evredeki davranışını bilmek için hızını (veya eşdeğer olarak Momentumunu) bilmeliyiz. Kuantum mekaniksel açıdan, bir parçacığın bulunabileceği her bir konum, ona sunulan bir *seçenek*'tir. Bu seçenekler, olasılık dağılım fonksiyonlarıyla ifade edilip daha sonra da çarpılıp toplanabilirler. Kuantum kuramında, konumun bir kompleks değerli fonksiyonu olarak kabul edilen ve parçacığın *Dalga Fonksiyonu* denilen bu fonksiyon ψ ile gösterilir ve herhangi bir x konumu için, dalga fonksiyonu, $\psi(x)$ değerine sahiptir ve bu parçacığın x konumunda bulunması olasılığının genliğidir. Kompleks değerli ψ, üç boyutlu uzayda parçacığın x-ekseni boyunca hareket ettiğini varsayarsak, y-yönünün de reel ekseni oluşturduğunu düşünürsek; z-yönü sanal eksen olur. Yani, x-eksenindeki her konuma karşı (y,z) düzleminde bir nokta işaretleyebiliriz. x değiştikçe bu nokta da değişir ve izlediği yol x-ekseninin yakın komşuluğu içinde dolanarak uzayda bir eğriyi tanımlar. Bu eğriye, parçacığın ψ eğrisi denir. Parçacığın belirli bir x noktasında bulunma olasılığı, bu noktaya bir parçacık dedektörü yerleştirilmiş gibi düşünürsek, $\psi(x)$ genlik değerinin mutlak değerinin karesini alarak bulunabilir:

$$\left| \psi(x) \right|^2$$

Bu ifade, ψ-eğrisinin x-ekseninden uzaklığının karesidir. Bu durumu, üç boyutlu fiziksel uzaydaki bir dalga fonksiyonu ile ifade etmek için, üç boyutu fiziksel uzaya ve iki boyutu $\psi(x)$'in işaretlendiği her noktadaki konumu belirten düzleme karşılık gelmek üzere <u>Beş Boyut</u> gerekir. Bu durumda $\left| \psi(x) \right|^2$ ifadesi bir olasılık yoğunluğunu belirtir. Bunun olasılık yoğunluğu ise, bir noktanın komşuluğundaki sabit uzunlukta küçük bir aralıkta parçacığın bulunması olasılığıdır. Böylece $\psi(x)$, bir genlikten çok bir genlik yoğunluğunu tanımlar.

Ψ Kompleks Dalga Fonksiyonu ifadesi:

$$\psi = e^{\frac{j}{\hbar}px}$$

$$= \cos\left(\frac{jpx}{\hbar}\right) + j\sin\left(\frac{jpx}{\hbar}\right)$$

olarak ifade edilebilir. Buradaki *"p"* parçacığın söz konusu momentumudur. Bu dalga fonksiyonu ifadesi ise, ψ-eğrisi olarak matematiksel olarak bir helezonu tanımlamaktadır. Helisin genliği *p*'ye bağlıdır ve büyük Momentumlar <u>sık helezonlara</u>; küçük Momentumlar <u>seyrek helezonlara</u> karşılık gelmektedir. Sıfır Momentum durumunda, ψ-eğrisi bir düz çizgidir. Bu, sıfır Momentum durumudur. Sık sarmallar kısa dalga uzunluğu ve yüksek frekans ve dolayısıyla yüksek momentum ve yüksek enerji anlamına gelir; seyrek sarmallar düşük frekans ve düşük enerji $(E = \hbar v)$ demektir.

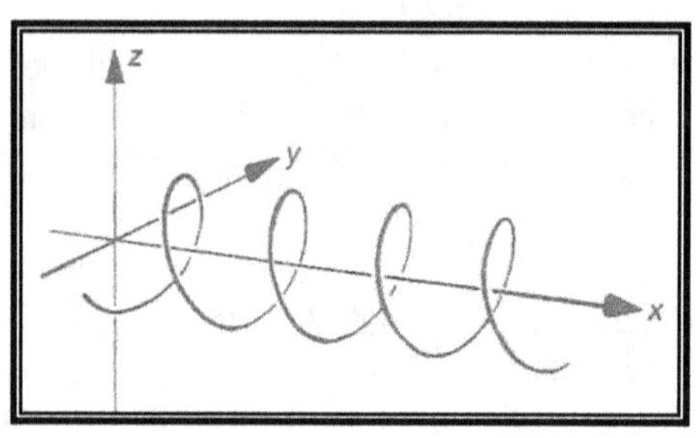

Bir Momentum durumunun, *ψ*-eğrisi Helezonik (sarmal) yapıdadır. Dalga paketleri hem konuma *(x)* hem de Momentuma *(p)* bağımlıdır.

BELİRSİZLİK İLKESİ:

Bu ilkeye göre, bir parçacığın hem konum ve hem de Momentumunu aynı anda ölçmek (yani klasik düzeye büyütmek) mümkün değildir. Belirsizlik ilkesi:

$$\Delta x . \Delta p \geq \hbar$$

formülüyle verilir.

Bu formül bize, eğer x konumunu ölçerek ne kadar kesin belirliyorsak; p Momentumunun da o oranda belirsiz kalacağını söylemektedir. Benzer şekilde, p Momentum ölçümleri de x konumunu belirsiz bırakacaktır. Eğer konumu sonsuz duyarlılıkta ölçmüş olsaydık, Momentum bütünüyle belirsiz kalırdı; tersine eğer Momentumu kesin olarak ölçseydik, parçacığın konumu tamamen belirsiz kalırdı.

KUANTUM MEKANİĞİ VE ATOMİK ORBİTALLER:

Schrödinger'in 1926'daki önerisinden kısa bir süre sonra, elektron dalga fonksiyonu için tam bir fiziksel açıklama, kuantum mekaniğinin ilk uygulayıcıları tarafından gerçekleştirildi. Bundan kısa bir süre sonra, Max Born ψ'nin karesine tam bir fiziksel anlam verilebileceğini buldu.

Aşağıdaki grafiklerde Kuantum Mekaniğinin temel ilkeleri ve Atomik Orbitallere nasıl uygulandığı birkaç örnek verilerek gösterilmektedir:

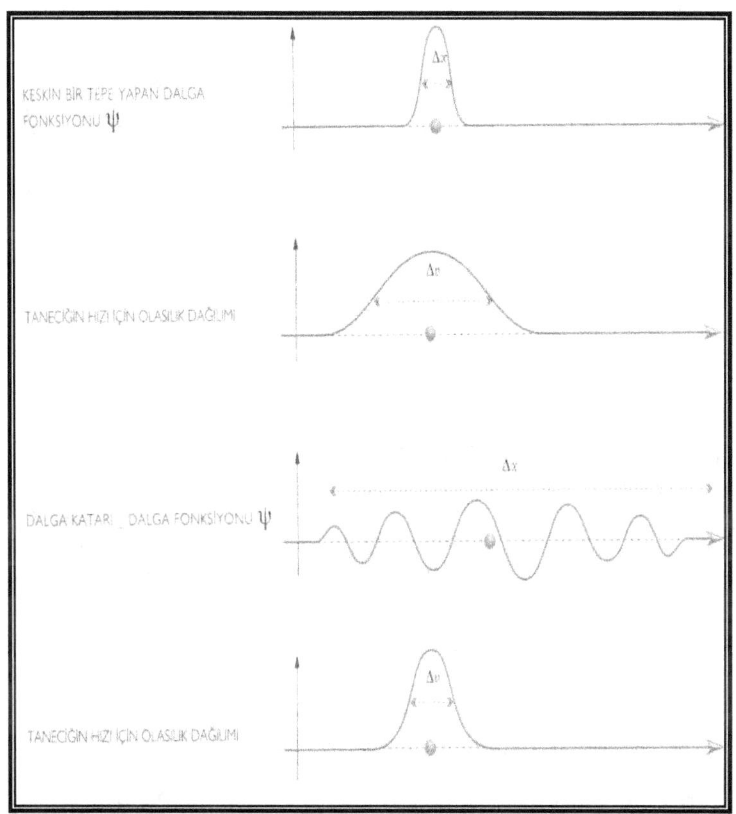

Dalga Fonksiyonu, Δx ve Δv belirsizlik ilkesine uyacak şekilde, parçacığın farklı konum ve hızlara sahip olacağı olasılıkları belirler.

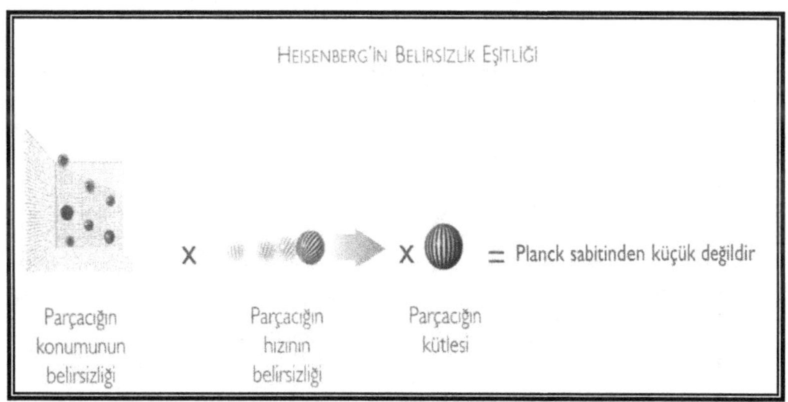

Belirsizlik ilkesi daha kesin olarak; bir parçacığın konumdaki belirsizliğin, Momentumundaki belirsizlikle çarpımının, bir ışık kuantumundaki enerji içeriği ile yakından ilişkili bir nicelik olan Planck sabitinden her zaman büyük olması gerektiğini belirtir.

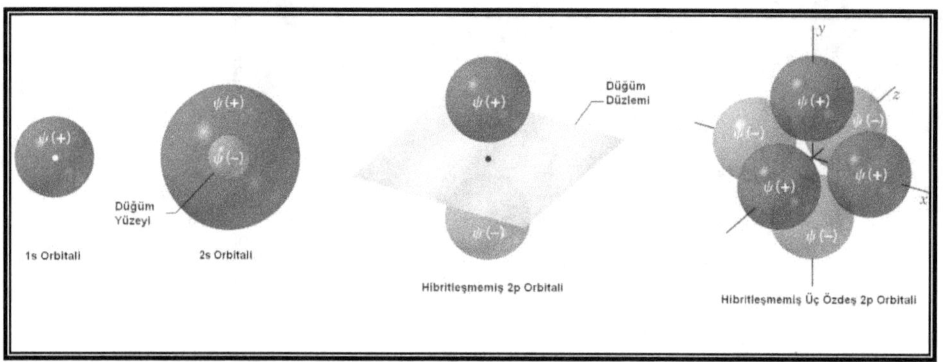

Ψ^2'nin gerçek fiziksel anlamı, atomik orbitallerin 3-boyutlu uzaydaki şekillerini verir. Yukarıdaki grafikte bazı s ve p orbitallerinin 3-boyutlu çizimleri verilmektedir. Melezleşmemiş p orbitalleri, birbirine değecekmiş gibi olan küreler olarak; melezleşmiş olanlar ise, aradaki bir düzlemle ayrılan loblar olarak gösterilmektedir. Born'a göre, uzayda belirli bir (x, y, z) konumu için ψ^2, elektronun uzayda o yerde bulunma olasılığını belirtir. Eğer ψ^2, uzayın bir birim hacminde büyükse, elektronun o hacimde bulunma olasılığı yüksektir. Buna, elektron bulunma olasılık yoğunluğu da diyebiliriz. Eğer, uzayın başka bir birim hacmi için ψ^2 küçükse, elektronun orada bulunma olasılığı düşüktür. Bütün uzayda, ψ^2'nin integrali 1'e eşit olmalıdır

$$\oint_{\Delta v} f(|\psi|^2)\,d\psi = 1$$

( ). Bu, bütün uzayda mutlaka 1 elektron bulunma olasılığının %100 olduğu anlamına gelir. Dolayısıyla ψ^2'nin 3-Boyutlu uzaydaki çizimleri, atomik yapı modelleri olarak kullandığımız s, p ve d atomik orbitallerinin bildiğimiz moleküler yapı şekillerini teşkil edecektir. Bir orbital, uzayın bir bölgesinde, bir elektronun bulunma olasılığının en yüksek olduğu yerdir.

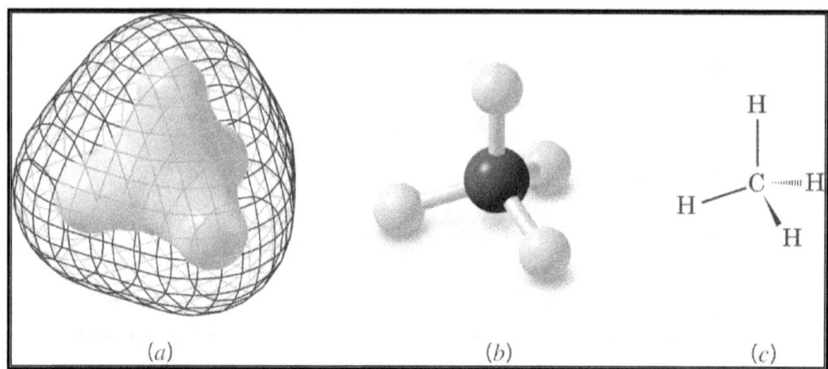

Organik kimyada pratik olarak f orbitalleri hiç kullanılmaz. Bu yüzden biz burada temel organik bileşikleri inceleyeceğimiz için kullanacağımız orbitaller sadece s ve p orbitalleri olacaktır. S ve p orbitalleri yukarıdaki şekildeki gibidir. Çekirdekten çok fazla uzaklıklarda da elektronun bulunma olasılığı az da olsa var olduğu için, yukarıdaki şekillerde de belirtildiği gibi, bir orbitali göstermek için kullanılan tipik hacimler, elektronun bulunma olasılığının %90-95'ini kapsayan bölgeler olarak gösterilmektedir. Bu durum, yukarıdaki modellerde kürenin uzaydaki sınır yüzeyi olarak belirtilirken; ileride kullanacağımız bir başka model olan file modelinde de, filenin uzaydaki maksimum kapladığı hacimsel alan olarak belirtilecektir. Yukarıdaki şekilde her üç modelin (a-File, b-Top-çubuk ve c-Çizgi) uzaydaki 3-boyutlu çizimleri gösterilmektedir. 1s, 2s ve bütün daha yüksek enerjili s orbitalleri küresel yapıdadır. 2s orbitalleri, ψ=0 olan bir düğüm yüzeyi içerir. 2s orbitalinin en iç kısmındaki ψ negatiftir. 2p orbitalleri ise, birbirine neredeyse değecekmiş gibi gösterilen simetrik kürelerdir ve dalga fonksiyonu ψ, bir lobda + iken diğer lobda − işaretini almaktadır. Aynı şekilde 1p orbitali de, düğüm düzlemi bir yüzey tarafından ayrılan iki simetrik küreden oluşur. 3p orbitali ise, eksenleri uzayda birbirine dik olarak yerleştirilmiş üçer çift simetrik küreden oluşur. Bir orbitalin düğüm sayısıyla enerjisi arasında doğru orantı vardır. Dolayısıyla, düğüm sayısı arttıkça enerji de artar. Örneğin, 2s ve 2p orbitallerinin bir düğümü vardır ve hiç düğümü olmayan 1s ve 1p orbitallerinden daha yüksek enerjilidirler. Atomlardaki bu enerji dizilimine bağlı elektron konfigürasyonunu belirlemede kullanılan ÜÇ temel kural vardır:

1- **Aufbau Kuralı**: Orbitaller, en düşük enerjili olandan başlayarak doldurulur.
2- **Pauli dışarılama Kuralı**: Her bir orbitale elektron spinleri eşleşmiş en fazla iki elektron yerleşebilir. Her elektron kendi ekseni etrafında da döndüğü için ve bu dönme yönünü gösteren spini belirlemek için genellikle ↑ ya da ↓ simgeleri kullanılır. Bu nedenle, spinleri eşleşmiş iki elektron ↑↓ simgesiyle gösterilir. Eşleşmemiş elektronlar aynı orbitalde bulunamazlar ve bunlar ↑↑ ya da ↓↓ simgeleriyle gösterilirler.
3- **Hund Kuralı**: Üç adet p orbitali gibi, eşit enerjili orbitallerin her birine spini eşleşmemiş bir elektronu yerleştiririz. Daha sonra, her bir orbitale spinleri eşleşecek şekilde ikinci birer elektron yerleştirmeye başlarız.

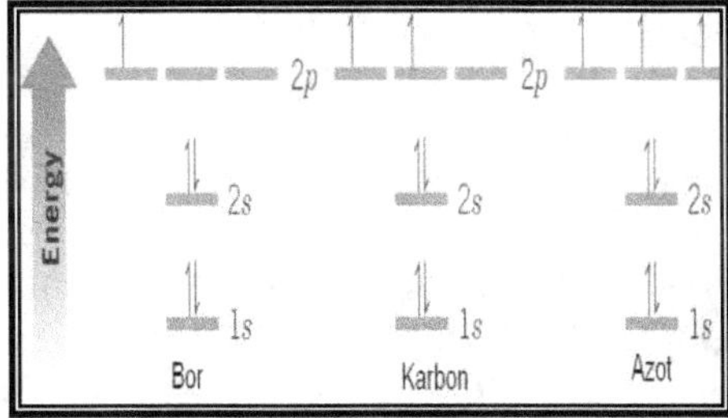

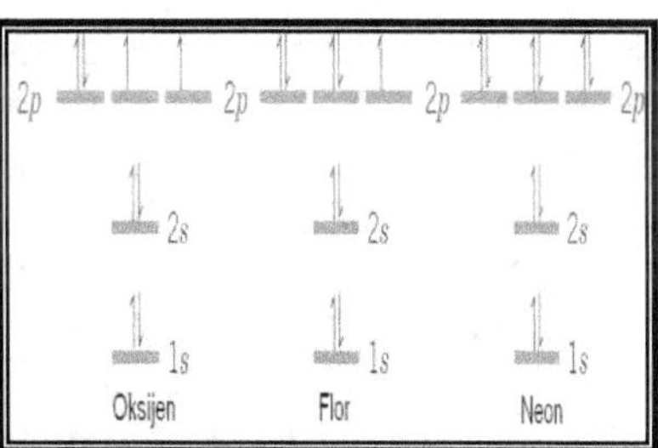

Yukarıdaki üç temel kuralı uyguladığımızda elde edilen bazı temel organik elementlere ait elektron dizilişleri.

MOLEKÜLER ORBİTALLER:

Organik kimya açısından atomik orbitallerin en büyük yararı, atomların molekülleri oluşturmak için nasıl bir araya geldiklerinin anlaşılması amacıyla atomik orbitallerin model olarak kullanılabilmesidir. Daha önce de söylediğimiz gibi, kovalent bağlar canlılığı oluşturan organik kimyanın incelenmesinde temeldir. Bundan dolayı, en temel kovalent bağ çeşidi olan iki hidrojen atomunun bir araya gelmesiyle oluşan Hidrojen molekülünü (H_2) inceleyelim. Bu **H-H** bağının oluşumunu açıklamak, daha karmaşık olan organik moleküllerin bağ yapısına temel teşkil edeceği için, tüm kovalent bağ yapılarının az çok birbirine benzediğini göreceğiz. İlk önce, zıt spinleri olan iki hidrojen atomu birbirine yaklaştırıldığında, toplam enerjilerinin nasıl değiştiğini incelemekle başlayalım. Bunun için aşağıda verilen hidrojen molekülüne ait enerji diyagramını incelersek; Hidrojen atomları birbirinden oldukça uzakta iken (**I**), toplam enerjileri iki ayrı hidrojen atomunun enerjisine eşit olduğunu görürüz. Hidrojen atomları birbirine yaklaştıkça (**II**), her birinin çekirdeği diğerinin elektronunu çeker. Bu çekim etkisi iki çekirdek veya iki elektronun birbirine yaklaşmasını sağlar ve zıt spinli dalga fonksiyonlarının birleşmesiyle toplam enerjilerinde bir azalma meydana gelir. İki çekirdeğin arasındaki mesafe **r=0,76 A^0** (**III**) olduğunda ise, molekül en kararlı yani en düşük enerjili olduğu hale ulaşmış olur. Böylece, hidrojen molekülü teşkil etmiş olur ve bağ uzunluğu da **0,76 A^0** (1 $A^0 = 10^{-10}$ m) olmuştur.

Eğer çekirdekler birbirine daha da yakınlaşırsa (**IV**), pozitif yüklü olan çekirdekler birbirini iterler ve sistemin enerjisi fazlalaşır. Enerji diyagramından da görüldüğü gibi r=0 (**V**) noktasında sistemin toplam enerjisi sonsuza gitmektedir. Bunun anlamı ise, iki çekirdeğin merkezinin birleşmesi ve bunun sonucunda açığa çıkan büyük bir nükleer, yani çekirdek enerjisini gösterir. Birleşik alan teorisi, çekirdek merkezindeki birleşmelerin, tam manasıyla tekillik noktasında (Singularity veya Karadelik tekilliği) son bulacağını ve maddenin bundan sonra başka bir düzlem düğüm noktasına geçerek boyut değiştireceğini (5. Boyut) öngörür (***Bkz: Birleşik Alan Teorisi***).

Bununla birlikte, bağ oluşumu için yukarıdaki modelde önemli bir sorun vardır: Şöyle ki, elektronların temelde hareketsiz olduklarını ve birbirine yaklaşan çekirdeklerin arasındaki bölgede bulunduklarını varsaydık. Oysa ki, elektronlar gerçekte böyle davranmazlar, hareket ederler ve Heisenberg'in belirsizlik kuramına göre bir elektronun yerini ve momentini aynı anda bilemeyiz. Bu nedenle, yukarıdaki örnekte olduğu gibi belirli bir yerde sabit duruyormuş gibi farzedemeyiz. Fakat, kuantum mekaniğine ve orbital teorisine dayanan bir model kullanarak bu sorundan kaçabiliriz. Şöyle ki, elektronun yörüngenin belirli bir yerinde bulunma olasılığı $|\psi|^2$ ile belirlidir ve elektronun nerede bulunduğunu kesin olarak söyleyemediğimiz için, elektronun bu şekilde ele alınması belirsizlik kuramına ters düşmez. Böylelikle, sadece elektron yoğunluğu olasılığının büyük ya da küçük olduğunu söylemiş

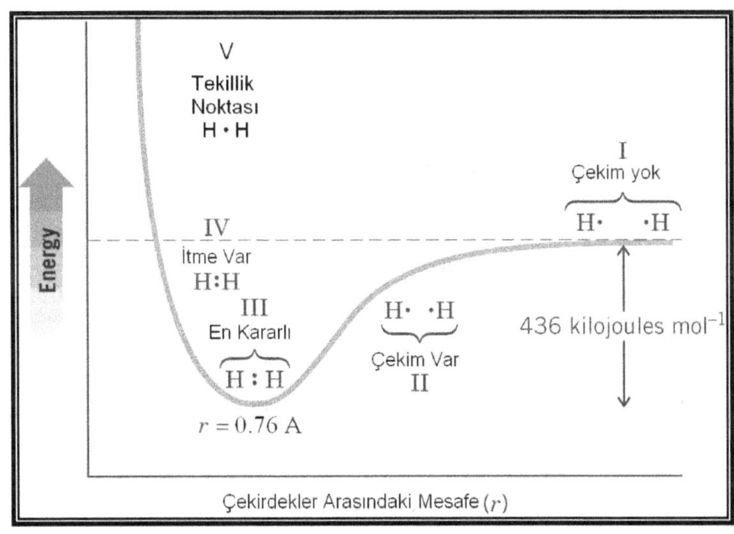

MOLEKÜL FİZİĞİ

Yıldızların tabi olduğu Kütleçekim etkisiyle Atom ve Moleküllerin tabi olduğu Kütleçekim etkisinin aynı ve tek kaynaklı olduğunu gösteren önemli bir örnek: Çekirdekler arası uzaklığın (r) bir fonksiyonu olarak hidrojen molekülünün (H_2) oluşması sırasındaki potansiyel enerjisi değişimi ile aynı yörünge etrafında dönen bir Çift Yıldız olan Pulsar'ın çekim etkileri tamamıyla birbirine benzer.

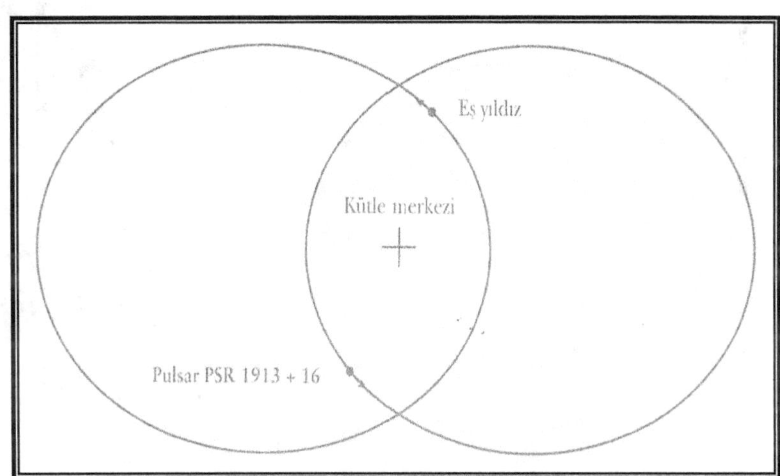

YILDIZ FİZİĞİ

Bu durum aynen gökcisimlerinde görülen biri küçük diğeri büyük kütleli veya eşkütleli iki gökcisminin birbirlerinin yörüngelerine girmesine benzer. İki gökcismi arasındaki mesafe kısalıp çekim etkisi arttığında, iki kütle sanki tek bir gökcismi gibi hareket etmeye başlayarak eşmerkezli bir yörünge etrafında dönmeye başlarlar ve her birinin ayrı ayrı uydusu olduğunda, bu kez uyduları da bu eşmerkez etrafında dönmeye başlar.

oluruz. Bu durumda, iki hidrojen atomunun bir hidrojen molekülü oluşturmak için biraraya gelmesiyle ne olduğunun orbital açıklaması şöyle olur: Hidrojen atomları birbirine yaklaştıkça, atomik orbitaller moleküler orbitalleri oluşturuncaya kadar orbital örtüşmesi artar. Oluşan moleküler orbitaller, her iki çekirdeği ve etraflarında dönen elektronları kapsar. Böylece, elektronlar sadece ortak bir çekirdeğin çevresindeymiş gibi dönmeye başlarlar.

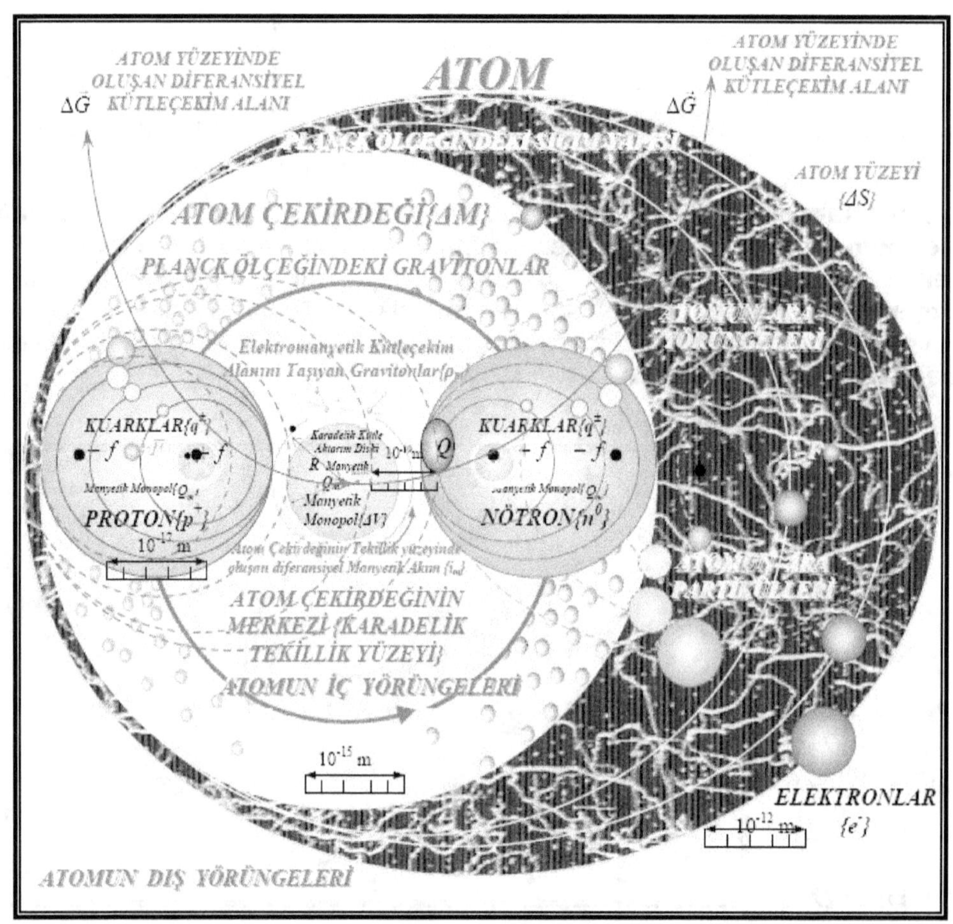

İşte atomik ve moleküler boyutlardaki bağ yapıları ve elektron konfigürasyonları da aynen bu durum gibidir. İki atoma ait eliptik yörüngedeki elektron bulutları birbirine yaklaştıkça, yörüngelerin mesafesi daha geniş bir alana yayılırken, eliptik yörüngenin dışmerkezliği artar ve buna bağlı olarak elektronlar daha yavaş dönmeye başladıkları için, sistemin toplam kinetik enerjisi ve buna bağlı olarak toplam potansiyel bağ enerjisi düşerek iki atomun elektronları tek bir merkez etrafındaymış gibi dönmeye

224

başlayarak iki atom arasındaki kovalent bağı gerçekleştirirler. Yukarıdaki atom modelini incelediğimizde bu durumu daha iyi göz önünde canlandırabiliriz:

(Yandaki şekil) Birleşik alan teorisine göre, oluşturulan bu atom modelinde ve atomaltı partiküllerin eliptik yörüngelerinde, şekilden de görüldüğü gibi, elektronların yörüngesi ile, çekirdekte yer alan atomlatı partiküllerin (Kuarklar, gravitonlar, protonlar, nötronlar gibi) yörüngeleri büyük bir benzerlik gösterir ve bunun bir sonucu olarak birleşen iki atomun etrafında dönen atomaltı partiküllerin yörüngeleri uzayda daha geniş bir alan kaplar ve bu şekilde molekülün hacmi genişlediği için kinetik enerjisi ve buna bağlı olarak sistemin toplam potansiyel enerjisi azalarak molekülü daha kararlı bir hale getirir. Çekirdekler arası mesafe sıfıra indiğinde ise, şekilden de görüldüğü gibi merkezde yer alan tekillik noktası tüm kütleyi sıkıştırarak hapseder ve bunun sonucunda sistemin toplam potansiyel enerjisi çok büyük bir değer (sonsuza yakın) alır.

Sonuç olarak, moleküler orbitallerin nasıl oluştuğunu özetleyerek kısaca toparlarsak; *bağlayıcı moleküler orbital* denen moleküler orbitaller, hidrojen molekülünün en düşük enerjili ya da temel haldeki iki elektronunu içerecek şekilde birleşir ve bu orbital, aşağıdaki şekilde gösterildiği gibi atomik orbitallerin katılımıyla bir araya gelir ve bu da aynı faz işaretli dalga fonksiyonlarına sahip hidrojen atomu orbitallerinin *örtüşmes*i anlamına gelir:

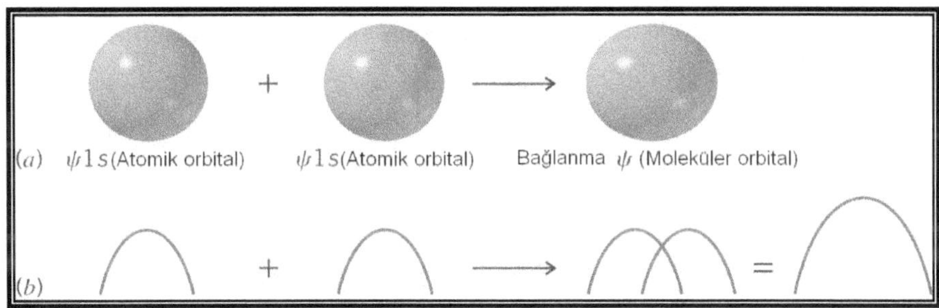

Moleküler orbital teorisine göre, Atomik orbitallerin bağlayıcı moleküler orbital yardımıyla birleşmesiyle (a), oluşan moleküler orbitallerin dalga fonksiyonları birbirine eklenir (b). Bu örtüşme sırasında, iki çekirdek arasındaki bölgede dalga fonksiyonu kuvvetlenerek, elektron bulunma olasılığı çekirdekler arası bölgede arttırılarak bağ oluşumu sağlanmış olur. Bu bölgede elektron yoğunluğu daha fazla olduğundan, çekirdeklerin elektronları çekme kuvvetleri, iki çekirdeğin birbirini itme kuvvetine baskın gelerek atomların bir arada durmasını sağlayarak adeta bir tutkal görevi görür.

Karşıtbağlayıcı moleküler orbital ise, orbitallerin faz değiştirmesi, yani (+) işaretli kuantum seviyesinden (−) işaretli kuantum seviyesine geçmesiyle oluşur. Bu moleküler orbital, temel haldeki elektronları içermez, sadece zıt fazlı orbitaller örtüştüğü için dalga fonksiyonların iki çekirdeğin arasındaki bölgede girişim yapar ve bir *düğüm* noktası oluşturur. Düğüm noktasında **$\psi=0$** ve düğümün her iki tarafında **ψ** değeri küçük olduğu için, **$|\psi|^2$** değeri de ve buna bağlı olarak elektron bulunma olasılığı da küçük olacağı için, elektronlar çekirdekler arası bölgede bulunmaktan kaçınarak, elektronların birbirini itme kuvveti çekirdeğin elektronları çekme kuvvetine baskın gelerek, atomları birbirinden uzaklaştırır. Bu nedenle, karşıtbağlayıcı moleküler orbitali bulunan moleküllerin atomları uzaya daha çok yayılmış olur ve buna bağlı olarak molekülün hacmi büyür:

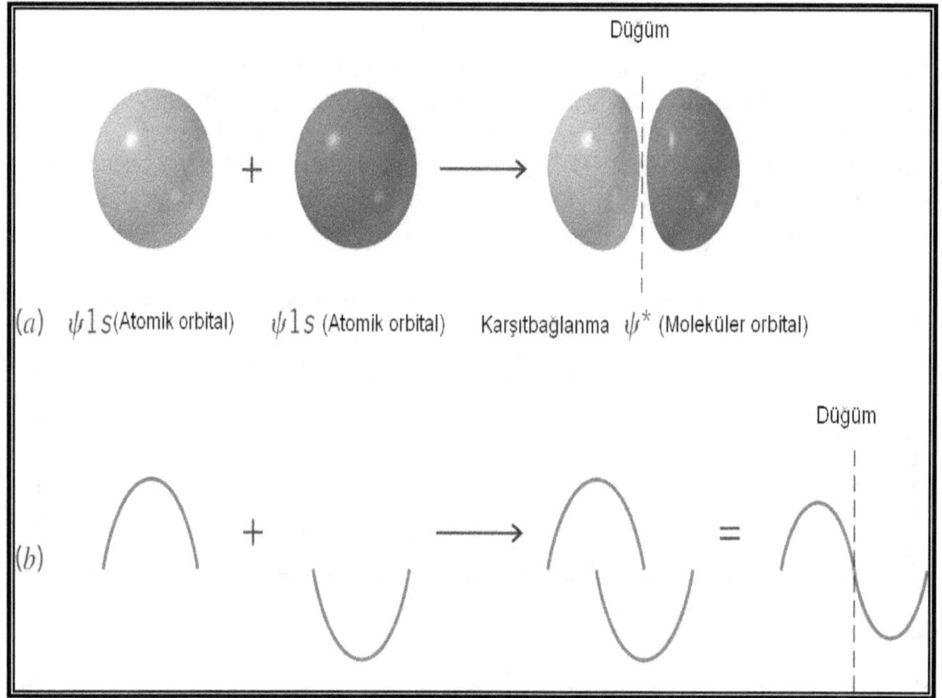

Karşıtbağlayıcı moleküler orbitallerin gösterimi. Zıt işaretli dalga fonksiyonları birbirine eklendiğinde, düğüm noktası civarındaki dalga fonksiyonu zayıflar ve buna bağlı olarak çekirdekler arası bölgedeki elektron bulunma olasılığı düşer.

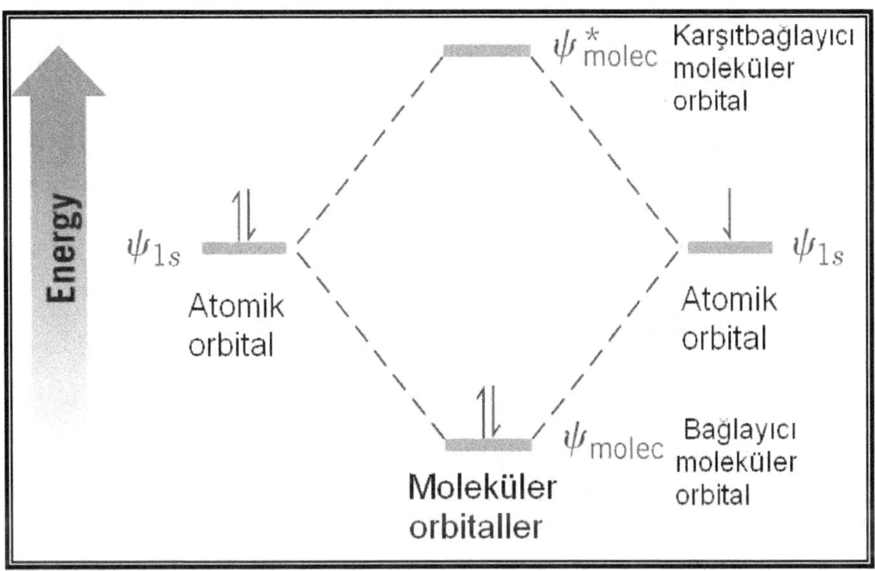

Yukarıdaki şekilde, hidrojen molekülünün moleküler orbatallerinin grafiği gösterilmektedir. Dikkat edilirse, elektronlar moleküler orbitallere atomik orbitallerdekiyle aynı şekilde yerleşmiştir. İki elektron, toplam enerjisi iki atomik orbitalden (sağ ve sol kenardaki) az olan bağlayıcı moleküler orbitalde (ortadaki alttaki kenar) zıt spinli olarak bulunur. İşte bu hale, hidrojen molekülünün *temel seviyesi* denir. Molekül için, *uyarılmış hal* denen başka bir durumda ise, bir elektron karşıtbağlayıcı moleküler orbitale (ortadaki üstteki kenar) geçer. Örneğin, molekül uygun frekanslı bir ışık ışınının fotonunu soğurduğunda, elektronlardan birinin enerji seviyesi yükselerek bu orbitale geçer.

TEMEL ORGANİK MOLEKÜLLERİN BAĞ YAPISI:

METAN (CH₄) VE ETAN'IN (C₂H₆) YAPISI

sp³ hibritleşmesi:

Karbon atomunun kuantum mekaniksel tanımlanmasında kullanılan s ve p orbitalleri tek başlarına alındıklarında, metan molekülünün *dört değerlikli düzgün dörtyüzlü* karbon atomu için uygun bir model oluşturmadığı için, *orbital melezleşmesi* denen bir yaklaşım yoluyla metanın yapısının kuantum mekaniğine dayalı uygun bir modeli oluşturulabilir. Basitçe ifade etmek gerekirse orbital melezleşmesi, s ve p orbitallerinin dalga fonksiyonlarının yeni orbitaller oluşturmak üzere getirilmiş olan yeni bir matematiksel yaklaşımdır. Dolayısıyla yeni orbitaller, bunları oluşturan orbitallerin özelliklerini değişik oranlarda içerirler. İşte bu yeni orbitallere *melez orbitaller* adı verilir. Karbon atomunun en düşük enerji seviyesindeki hale temel hal denir ve kuantum mekaniğine göre elektron dizilişi aşağıdaki gibidir:

$$C \quad \underline{\uparrow\downarrow} \quad \underline{\uparrow\downarrow} \quad \underline{\uparrow} \quad \underline{\uparrow} \quad \underline{}$$
$$\quad\quad 1s \quad\quad 2s \quad\quad 2p_x \quad 2p_y \quad 2p_z$$

Karbon (C) atomunun temel haldeki elektron dizilişi. Görüldüğü gibi karbon atomunun değerlik elektronları (bağ yapacak olan elektronları) 2s ve 2p elektronlarıdır.

Metan molekülünün yapısı için göz önüne alınan melez atomik orbitaller karbonun **2s** orbitaliyle, en dış yörüngedeki **üç adet 2p** orbitalinin dalga fonksiyonlarının birleştirilmesiyle elde edilir:

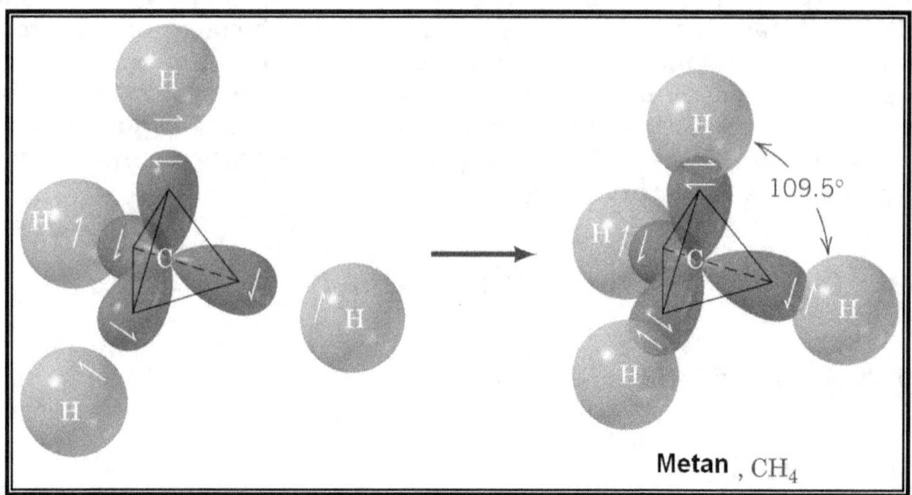

Orbital melezleşmesinin matematiksel sonucu olarak, dört sp³ orbitalinin birbiriyle 109,5⁰ açı yapacak şekilde yöneldikleri görülür. Bu sonuç, metandaki dört hidrojen atomunun uzaydaki yönlenmeleriyle uyum gösterir. Bunun sonucunda, sp³ melezleşmiş karbon atomunun metana düzgün dörtyüzlü bir yapı verdiğini ve dört adet C-H bağından meydana geldiğini görürüz.

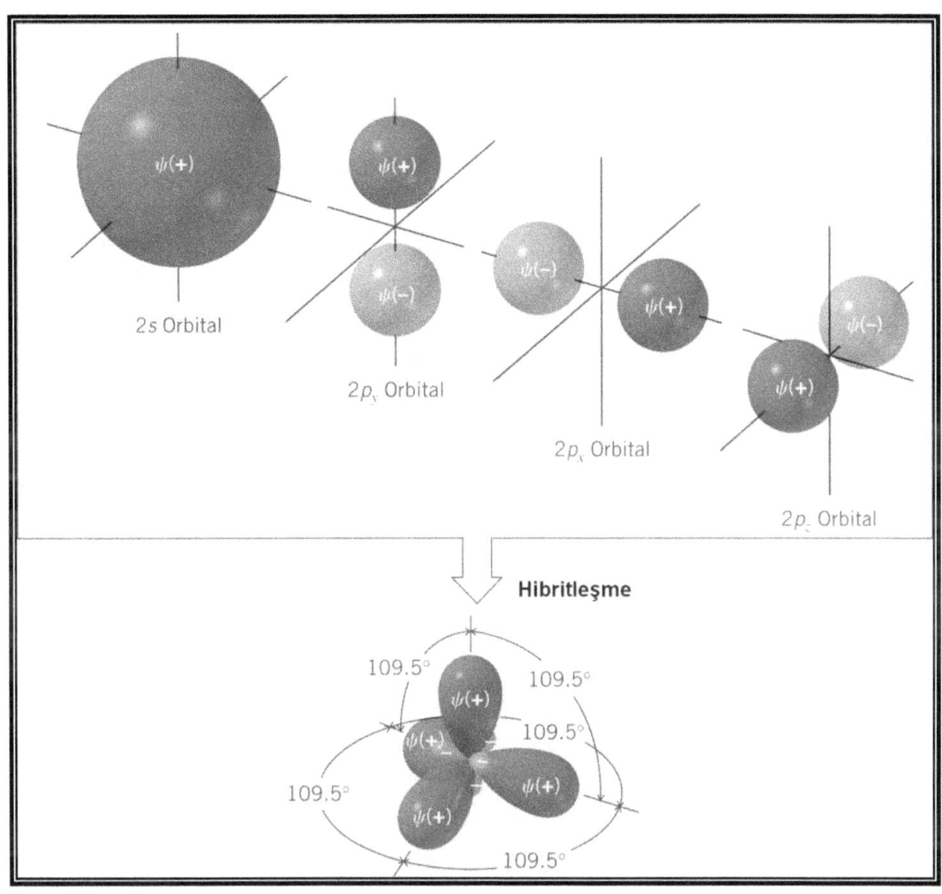

Melezleşme için kullanılan matematiksel model yukarıdaki gibi şematize edilebilir. Bu modelde dört orbital karıştırılarak melezleşir ve yeni dört melez orbital elde edilir. Bu melez orbitallere, bir kısım karakterinin s orbitalinden ve üç kısım karakterinin de p orbitalinden geldiğini göstermek için, bu modele uyan melezleşmeye sp³ melezleşmesi adı verilir.

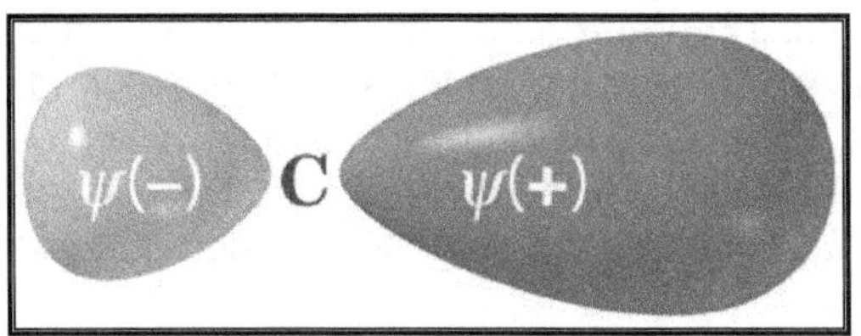

Orbital melezleşmesi, metanın şekli için oldukça uygun olmasının yanında, karbon ve hidrojen atomları arasındaki kuvvetli bağ oluşumuna da açıklık getirir. Yukarıdaki şekilden de görüldüğü gibi, bir sp^3 orbitali p karakterine daha yakın olduğu için, sp^3 orbitalinin pozitif lobu daha büyüktür ve uzaya daha çok yayılmıştır.

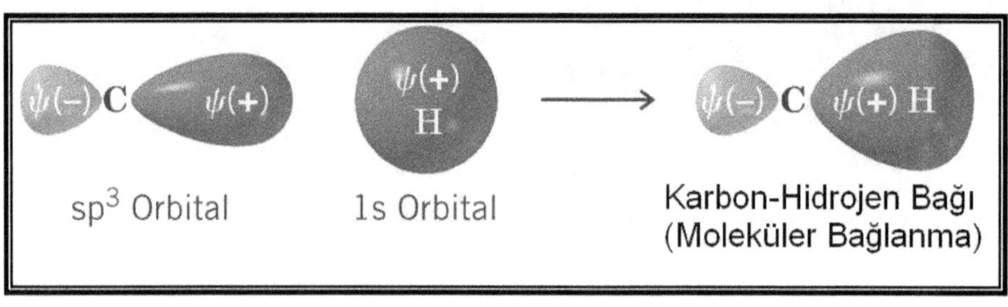

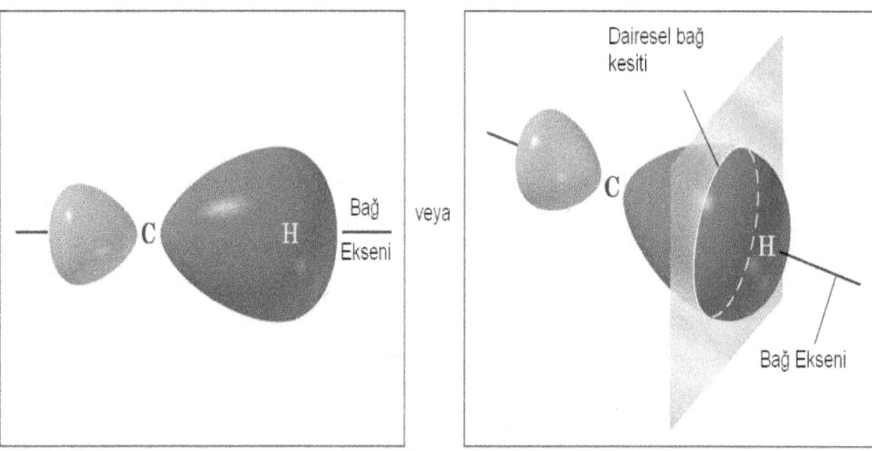

Bir sp^3 orbitaliyle bir 1s orbitalinin örtüşmesiyle oluşan bağa sigma (σ) bağı denir. Birli bağların hepsi sigma bağıdır ve yukarıdaki şekilde de görüldüğü gibi, halkasal simetri içerirler.

Etanın ve diğer bütün alkanların karbon atomlarının bağ açıları metanda olduğu gibi düzgün dörtyüzlüdür. Etanın karbon-karbon bağı, örtüşen iki sp3 orbitali tarafından oluşturulan bir sigma bağıdır. Ayrıca diğer karbon-hidrojen bağları da sigma bağıdır ve hidrojenin 1s orbitaliyle örtüşmesi sonucu oluşur. Bir sigma bağının bağ ekseni boyunca silindirik simetrisi vardır. Bundan dolayı, birli bağla bağlanmış olan organik molekül gruplarının canlı organizmada kullanılan çok önemli özellikleri vardır. Örneğin, bu bağ çeşidinde molekülün dönmesi sırasında çok fazla enerji sarfedilmez ve bunun sonucunda daha az ATP enerjisi harcanır (yaklaşık 12-26 kcal/mol) ve molekül gerekli formu alabilmesi için uzayda serbestçe dönebilir. Bu yüzden büyük organik moleküllerin, fonksiyonel grupları genellikle sigma bağı ile bağlıdır.

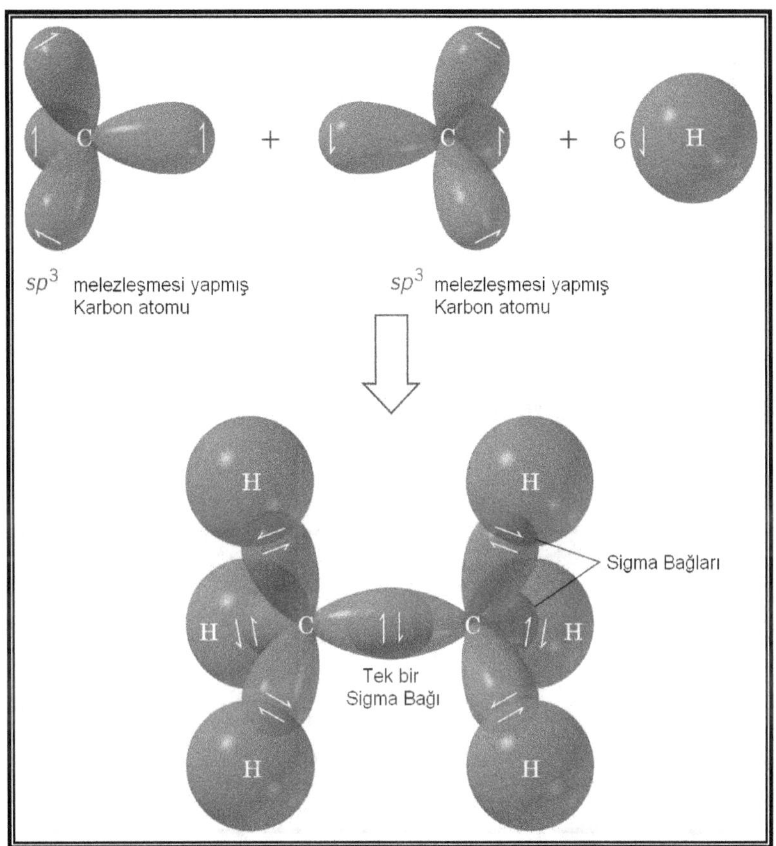

Etan (C_2H_6) molekülü için uygun bir sp³ hibrit modeli yukarıda gösterilmektedir. Etan molekülünün bağlayıcı moleküler orbatallerinin iki sp³ melezleşmiş karbon atomu ve altı hidrojen atomundan nasıl oluştuğu şekilde gösterilmektedir. Buradaki bütün bağlar sigma bağlarıdır.

ETEN (C_2H_4) VEYA ETİLEN'İN YAPISI

sp² hibritleşmesi:

Buraya kadar incelediğimiz moleküllerin çoğunda, karbon atomları dört değerlik elektronlarını diğer dört atomla, dört birli kovalent (sigma) bağı oluşturmak için kullanıyordu. Buna karşılık, birçok organik bileşikte ikiden fazla elektronu bir diğer atomla ortaklaşan karbon atomları da vardır. Bu bileşiklerin moleküllerinde oluşan bağlardan bazıları çoklu kovalent bağlardır. İki karbon atomunun iki çift elektronu ortaklaştığında karbon-karbon ikili bağı oluşur. Molekülleri karbon-karbon ikili bağları içeren hidrokarbonlara ise, **alkenler** denir. Örneğin, eten (C_2H_4) ve propen (C_3H_6) birer alkendir.

Etende bir tek karbon-karbon ikili bağı, propende ise bir karbon-karbon birli bağı ve bir karbon-karbon ikili bağı vardır.

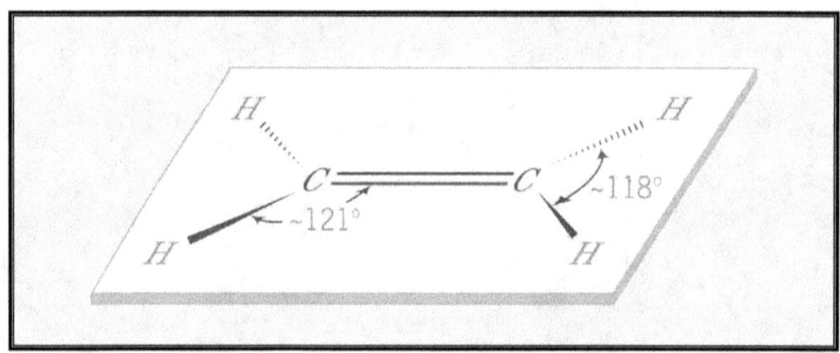

Alkenlerin atomlarının üç boyutlu yapıları alkanlarınkinden farklıdır. Etenin altı atomu aynı düzlemde yer alır ve her bir karbon atomu etrafındaki atom dizilişi bağ açılarıyla yaklaşık 120^0 yapacak şekilde üçgenseldir.

Karbon-karbon ikili bağı için uygun bir model sp^2 melezleşmiş karbon atomlarına dayandırılabilir. 2s orbitali ile iki adet 2p orbitali melezleşerek, her bir sp2 melezleşmiş orbitale bir elektron aktarılır. Bir 2p orbitali melezleşmemiş olarak kalır. Kalan 2p orbitaline de bir elektron aktarılır. Böylece, melezleşme sonucunda oluşan üç adet sp^2 orbitali eşkenar bir üçgenin köşelerine 120^0'lik bir açı yapacak şekilde yönlenir. Karbonun melezleşmemiş p orbitali ise, sp^2 melez orbitallerinin oluşturduğu üçgensel düzleme dik olarak konumlanarak **pi (n)** bağı denen yeni bir kovalent bağ çeşidini oluşturur.

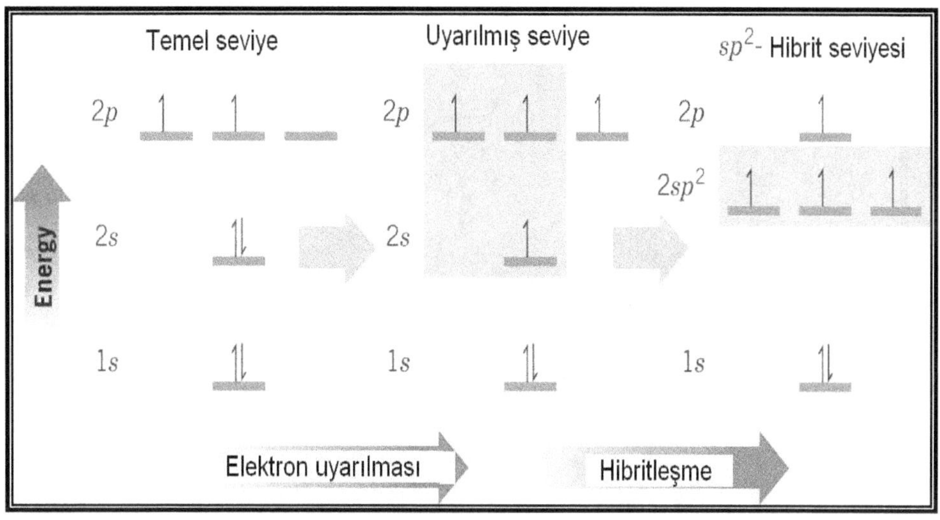

Melezleşmiş sp² karbon atomlarının kuantum mekaniksel oluşma süreci.

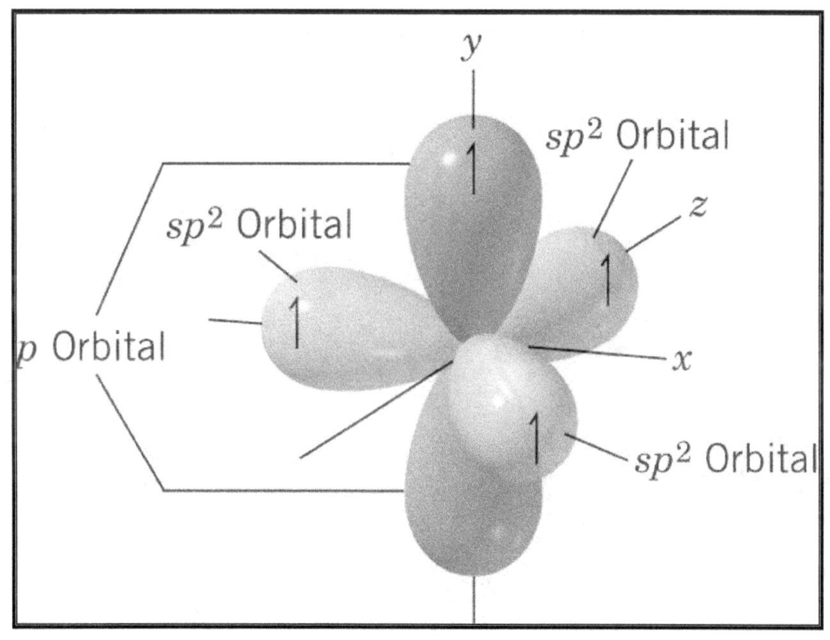

sp² melezleşmesi yapmış bir karbon atomu.

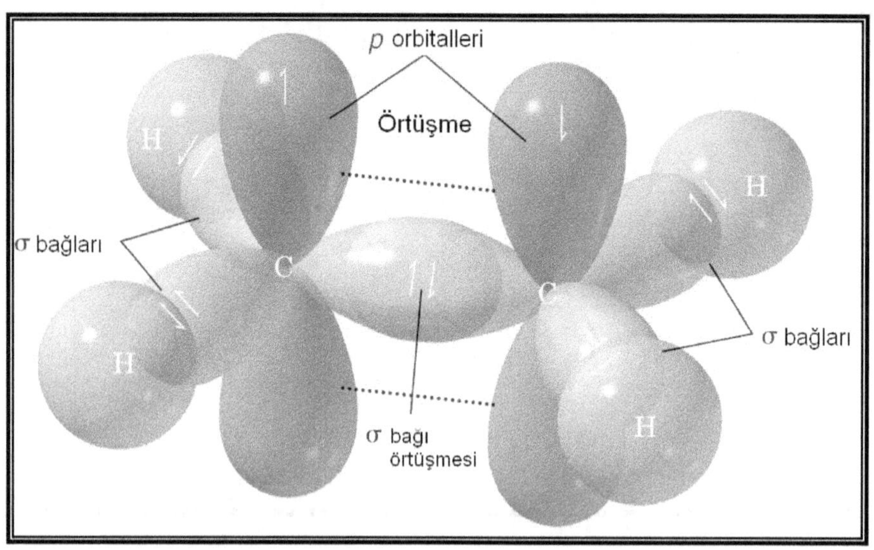

sp² melezleşmesi yapmış iki karbon atomu ve sigma bağı yapmış dört hidrojen atomundan oluşan Etenin moleküler orbital yapısı. Şekilde dikkat edilirse, bir pi bağının bağlayıcı moleküler orbitalinin şekli (mavi küreler) sigma bağınınkinden (gri küreler) oldukça farklıdır.

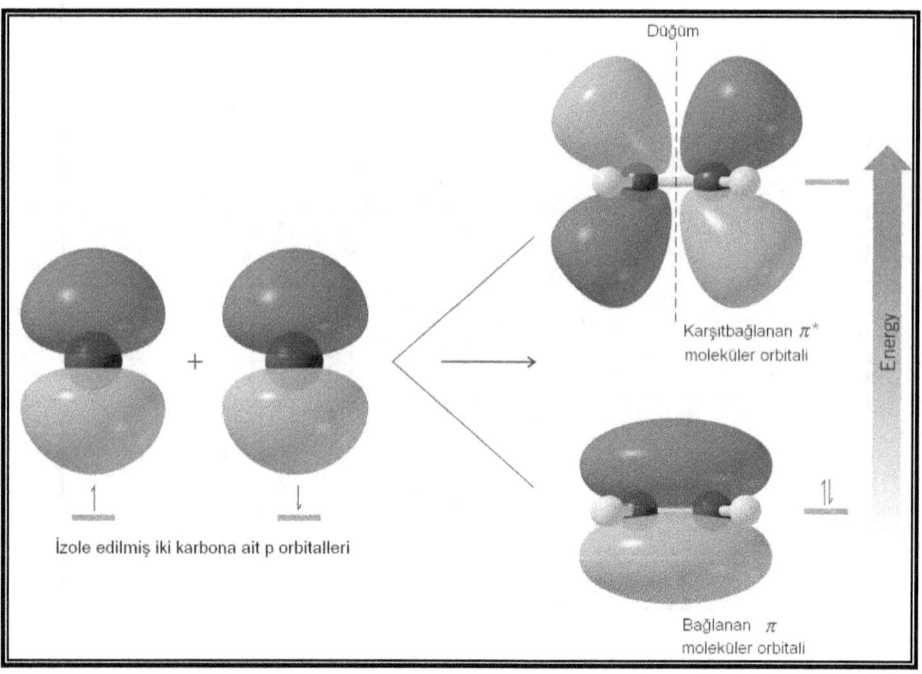

Moleküler orbital   teorisine göre, p orbitalleri bir π bağı oluşturacak

şekilde etkileştiğinde hem bağlayıcı ve hem de karşıtbağlatıcı π moleküler orbitalleri oluşur. Aynı işaretli p orbital lobları örtüştüğünde bağlayıcı π orbitali; zıt işaretli p orbital lobları örtüştüğünde ise karşıtbağlayıcı π orbitali oluşur. Bağlayıcı π orbitali düşük enerjili orbitaldir ve molekülün temel halindeki her iki elektronunu içerir. Bağlayıcı π orbitalinde elektronların bulunma olasılığının fazla olduğu bölge genellikle iki karbon atomu arasındaki σ bağı iskeleti düzleminin altındaki ve üstündeki bölgelerdir. Karşıtbağlayıcı π moleküler orbitali ise yüksek enerjilidir ve molekül temel haldeyken boştur. Eğer molekül uygun frekansta foton soğurursa, bir elektron düşük enerjili seviyeden yüksek enerjili seviyeye geçerek uyarılır. Dolayısıyla, π bağı elektronlarının enerjisi σ bağınınkilerden yüksektir.

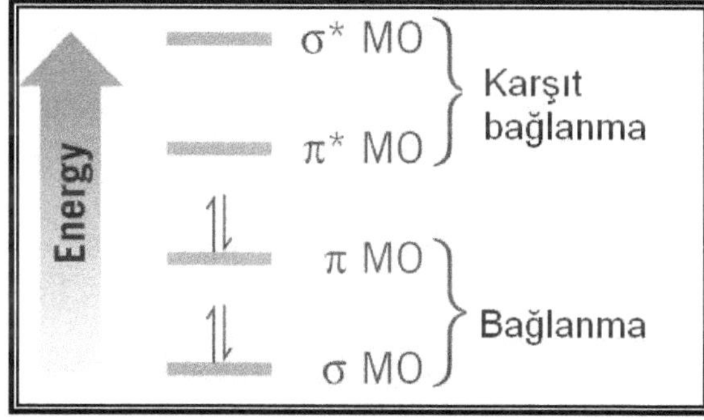

Hibrit (melez) orbital teorisine dayanan modellerde bağlayıcı ve karşıtbağlayıcı moleküler orbitallerin enerji değişimi yukarıdaki grafikteki gibi bir değişim izler.

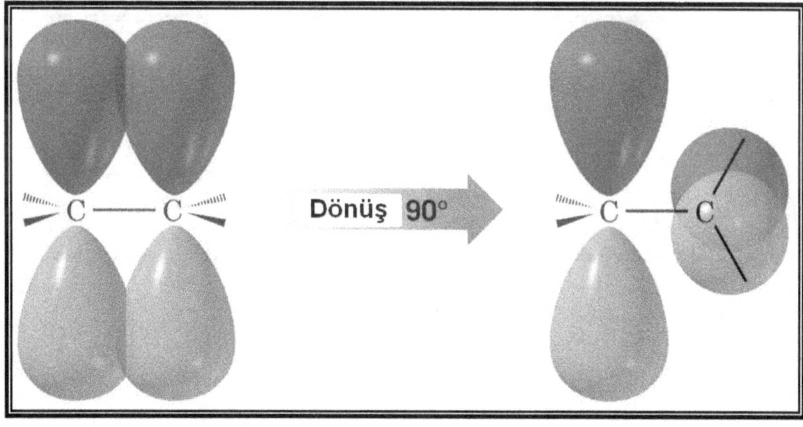

Bir karbon atomunun ikili bağ etrafında 90° döndürülmesiyle pi bağının nasıl kırıldığını gösteren bir grafik. Burada gösterilmeye çalışılan karbon-karbon ikili bağının σ-π modeli, ikili bağın önemli bir özelliğini de açıklar; ikili bağla bağlı grupların dönmesinde büyük bir enerji engeli vardır. Dolayısıyla, karbon-karbon ikili bağı 90⁰ döndürüldüğünde π bağı kırılır ve p orbitallerinin eksenleri dik hale geldiğinden örtüşme olmaz. Termokimyasal hesaplamalara dayanılarak yapılan tahminlere göre π bağının kırılmaya karşı dayanımı 264 kJ mol⁻¹'dir. Bu değer, ikili bağın dönme engelidir ve karbon-karbon birli bağlarının dönme engelinden (hatırlarsak, daha önce 12-26 kJ mol⁻¹ olarak verilmişti) epeyce yüksektir. Bu yüzden, birli bağla bağlı organik molekül grupları oda sıcaklığında serbestçe dönerken, ikili bağla bağlı gruplar dönmezler. Bu özellik de, sabit organik canlı dokularının oluşmasında önemli bir özelliktir.

ETİN (C₂H₂) VEYA ASETİLEN'İN YAPISI

sp hibritleşmesi:

Üç elektron çiftini ortaklaşan ve bu nedenle de üçlü bağla bağlı olan iki karbon atomuna sahip hidrokarbonlara **alkinler** denir. En basit iki alkin, **Etin** (C_2H_2) ve **Propin** (C_3H_4)'dir. Asetilen adı da verilen etin, atomları doğrusal düzenlenmiş olarak konumlanmış olan bir bileşiktir. Etin molekülünün **H-C≡C** bağ açıları **180⁰**'dir:

$$H—C≡C—H \qquad CH_3—C≡C—H$$

Etin (Asetilen)

(C₂H₂)

Propin

(C₃H₄)

Etin ve Propin moleküllerinin yapısı.

Etinin molekül yapısını, Etan ve Eten'de olduğu gibi, orbital melezleşmesine dayandırarak yapacağız. Etan için oluşturduğumuz modelimizde, karbon atomlarının

236

sp³ melez orbitalleri ve Eten için olan modelimizde **sp²** melez orbitalleri olduğunu görmüştük. Etin için oluşturacağımız modelimizde ise, karbon atomlarının **sp** melezleşmesi yaptığını göreceğiz:

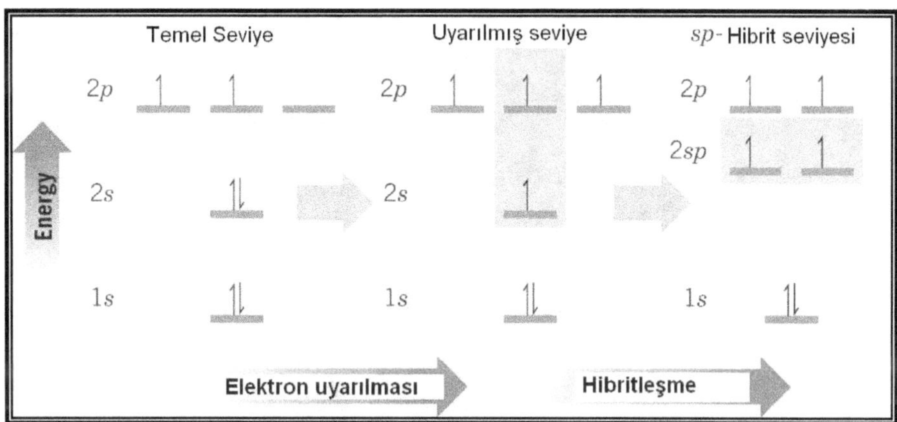

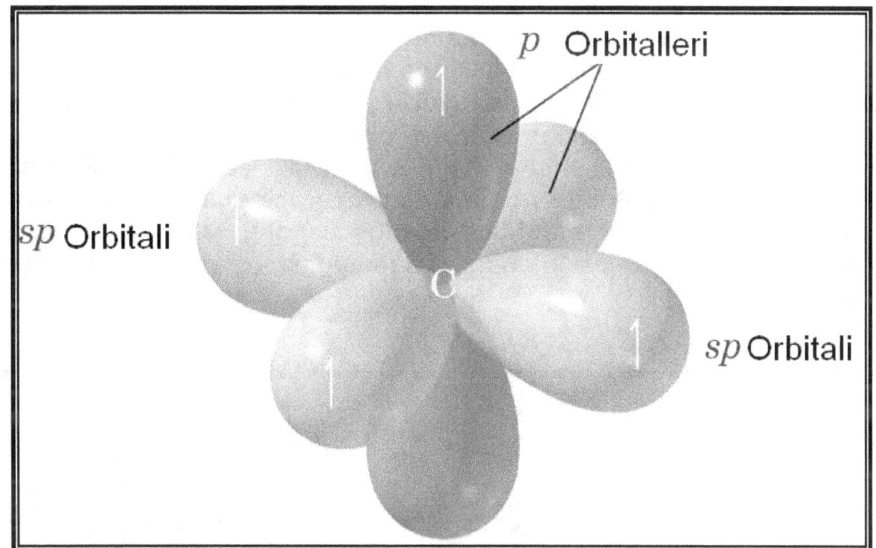

Etinin sp melez orbitallerinin elde edilmesi için gerekli matematiksel işlem yukarıdaki şekildeki gibi gerçekleşir. Karbonun 2s orbitali ve bir 2p orbitali; iki sp orbitali oluşturmak için bir araya gelir ve bu uyarılmanın sonucunda (excited state) sp melez orbitallerinin büyük pozitif loblarının birbirlerine göre 180⁰ açıyla yönlendikleri görülür (Hybridized state). Melezleşmeyen iki 2p orbitali ise, sp orbitallerinin merkezinden geçen eksene dik olarak bulunur.

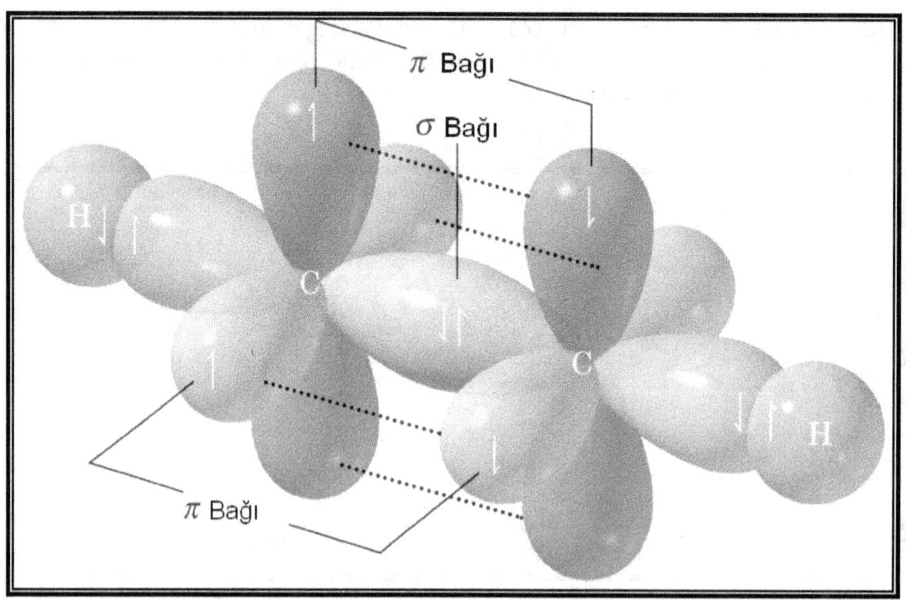

Etinin bağlayıcı moleküler orbitallerinin yukarıdaki şekildeki gibi oluştuğunu öngörebiliriz ki, bu durumda iki karbon atomu sp orbitallerini bir sigma bağı oluşturmak için örtüştürür ki, üçlü bağlardan birisi budur. Kalan iki sp orbitali, her bir karbon atomunda hidrojen atomlarıyla örtüşerek iki adet C-H sigma bağı oluşturur, yani her bir karbon atomundaki iki p orbitali iki pi bağı oluşturmak için yan yana örtüşür. Bu durumda, üçlü bağdaki diğer iki bağ da oluşmuş olur. Dolayısıyla, karbon-karbon üçlü bağının iki pi (π) bağı ile bir sigma (σ) bağından oluştuğu söylenebilir.

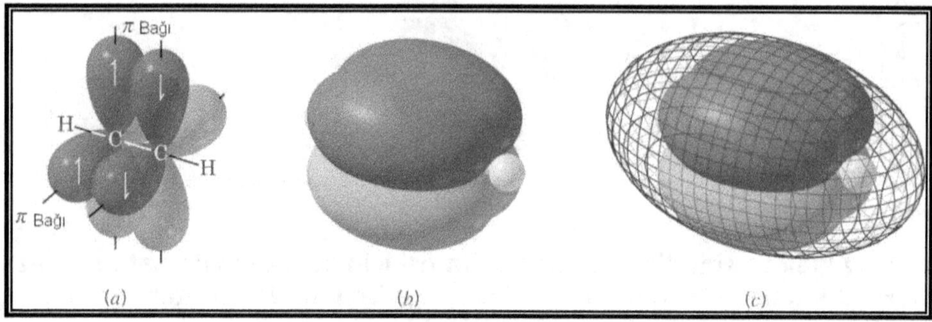

Etinin modern hesaplanmış moleküler orbitallere ve elektron yoğunluğuna ilişkin yapılar yukarıda a-çubuk b-top ve c-file modelleri gösterilmektedir. Görüldüğü gibi, molekülde halkasal simetri vardır ve

238

bunun sonucunda üçlü bağla bağlı grupların dönmesinde bir engel oluşmaz ve dönme gerçekleştiğinde yeni bir bileşik oluşmaz.

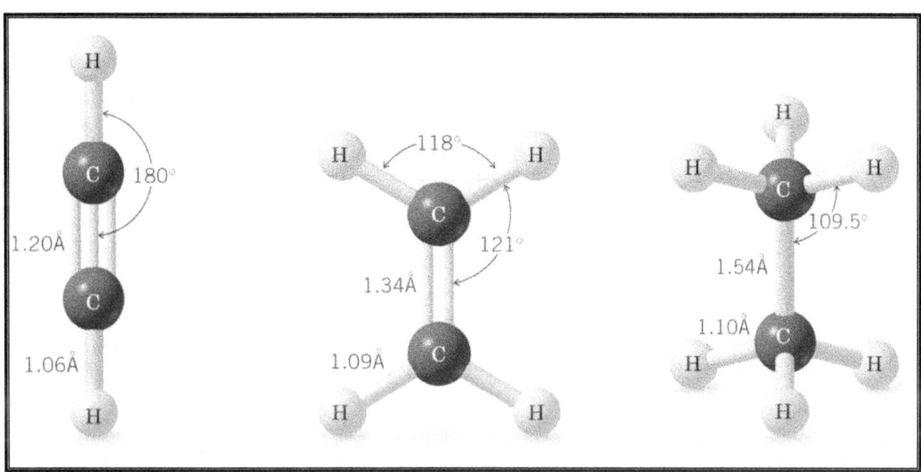

Karbon-karbon üçlü bağı, karbon-karbon ikili bağından kısadır ve karbon-karbon ikili bağı da karbon-karbon birli bağından daha kısadır. Etinin karbon-hidrojen bağları, eteninkinden kısadır. Etenin karbon-hidrojen bağları ise, etanınkinden kısadır. Dolayısıyla, s karakteri büyük olan karbon orbitallerinin C-H bağları daha kısadır. Etin, Eten ve Etanın bağ uzunlukları ve bağ açıları arasındaki farklılıklar şekilde verilmektedir.

Sonuç olarak, moleküler orbital yapılarına ilişkin kuantum mekaniğinden çıkan sonuçları aşağıdaki gibi özetleyebiliriz:

1- **Atomik orbital**, tek bir atomun çekirdeğin etrafındaki uzayda, elektronun bulunma olasılığının yüksek olduğu bir bölgeye karşılık gelir. S orbitalleri küresel olup, p orbitalleri tanjant küreseldir. Orbitallerde spinleri eşleşmiş olan en çok iki elektron bulunabilir. Orbitaller ψ dalga fonksiyonu ile tanımlanırlar ve her bir orbitalin kendine özgü bir enerjisi vardır. Bir orbitalin faz işaretleri + veya − sembolleriyle gösterilir.

2- **Atomik orbitaller**, örtüştüğünde moleküler orbitalleri oluştururlar. Moleküler orbitaller uzayda iki ya da daha fazla çekirdeği kapsayan elektronların bulunabileceği bölgelerdir.

3- **Aynı faz işaretli**, atomik orbitaller etkileştiğinde bir bağlayıcı moleküler orbital oluşur.

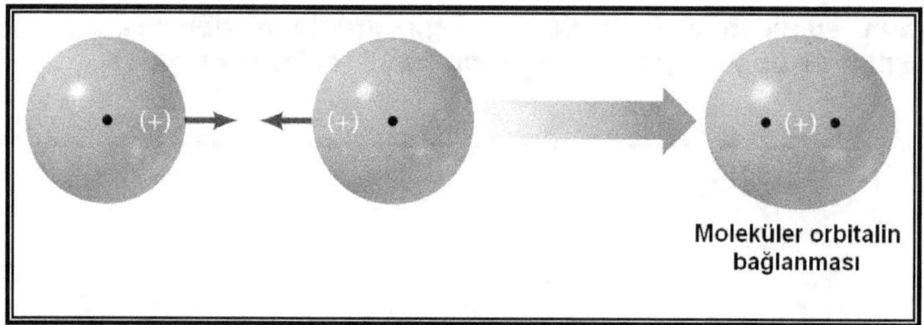

Bir bağlayıcı moleküler orbitalin elektron bulunma yoğunluğu iki çekirdek arasındaki uzay bölgesinde daha fazladır. Bu bölgedeki negatif elektronlar pozitif çekirdekleri bir arada tutarlar.

4- **Zıt faz işaretli**, orbitaller örtüştüğünde ise, bir karşıtbağlayıcı moleküler orbital oluşur.

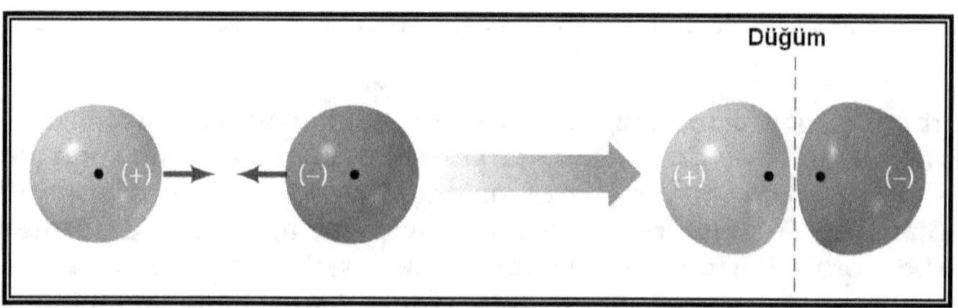

Bir karşıtbağlayıcı orbitalin enerjisi, bağlayıcı orbitalinkinden yüksektir. Çekirdekler arasındaki bölgede elektron bulunma yoğunluğu düşüktür ve bu nedenle karşıtbağlayıcı orbitallerde bulunan elektronlar çekirdekleri birbirinden uzaklaştırır. Karşıtbağlayıcı orbitaldeki elektronların enerjisi ayrı ayrı atomik orbitallerin enerjisinden yüksektir.

5- **Moleküler orbitallerin**, sayısı her zaman bunları oluşturan atomik orbitallerin sayısına eşittir. İkiş atomik orbitalin yan yana gelmesiyle biri bağlayıcı diğeri de karşıtbağlayıcı olan iki moleküler orbital oluşur.

6- **Melez atomik orbitaller**, farklı türlerde (örneğin, s ve p gibi) ancak aynı atoma ait olan orbitallerin dalga fonksiyonlarının bir araya gelmesi (melezleşmesi) yoluyla elde edilir.

7- **Üç p orbitali ve bir s orbitalinin**, bir araya gelmesiyle **sp³** melez orbitali oluşur. Bu orbital, metan ve amonyak moleküllerinde olduğu gibi düzgün dörtyüzlü yapıdadır.

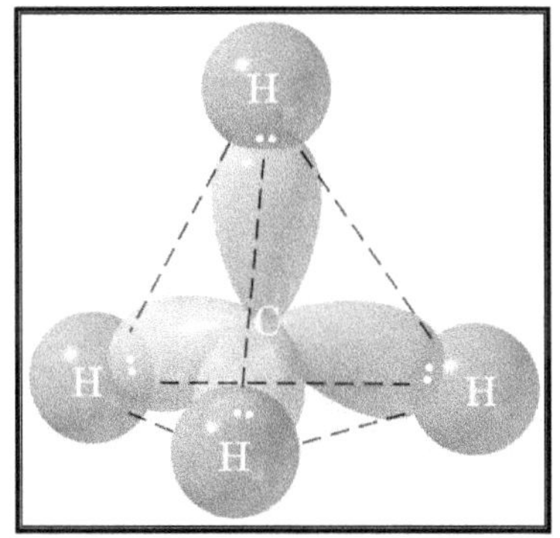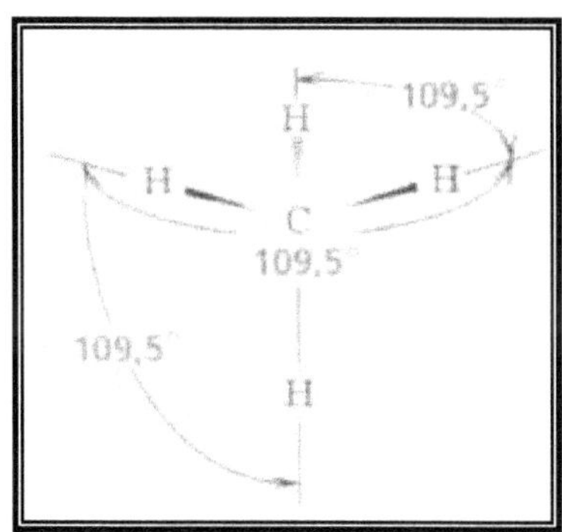

CH₄

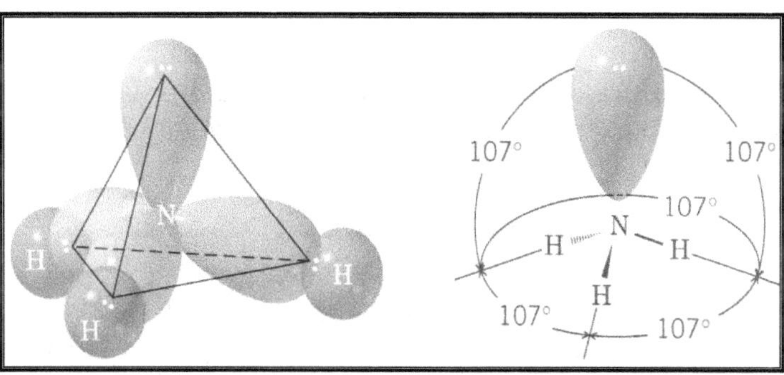

NH₃

8- **İki p orbitali ve bir s orbitalinin**, bir araya gelmesiyle **sp²** melez orbitali oluşur. Bu orbital, su ve bortriflorür moleküllerinde olduğu gibi eşkenar üçgen düzlemsel yapıdadır.

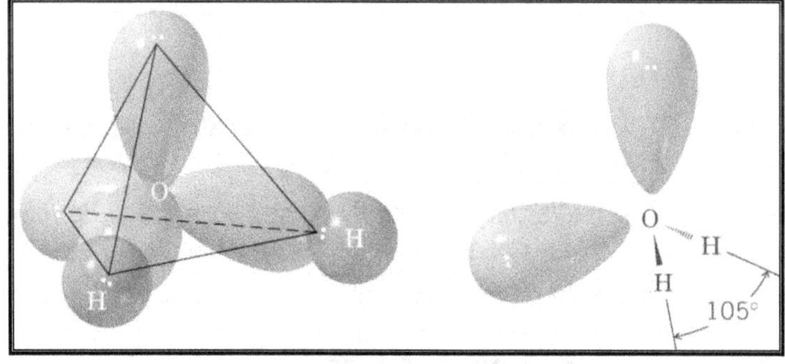

H₂O

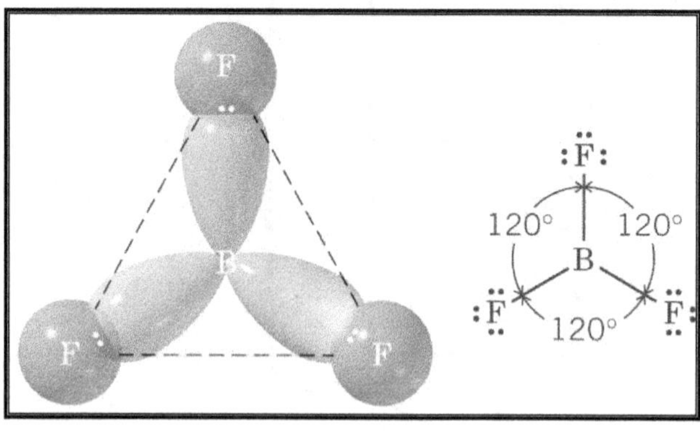

BF₃

9- **Bir p orbitali ve bir s orbitalinin**, bir araya gelmesiyle **sp** melez orbitali oluşur. Bu orbital, karbondioksit ve berilyumhidrür moleküllerinde olduğu gibi doğrusal yapıdadır.

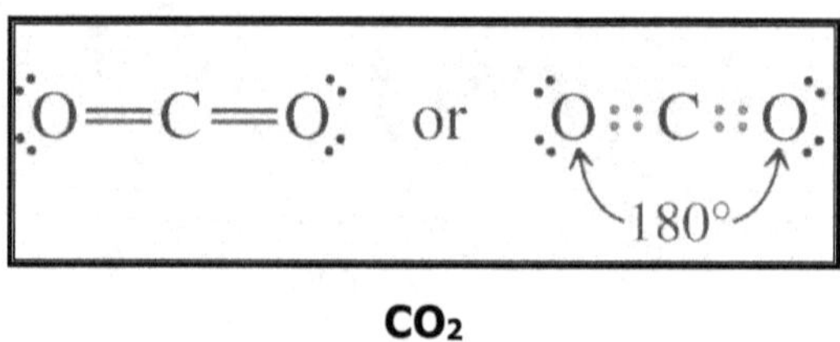

CO₂

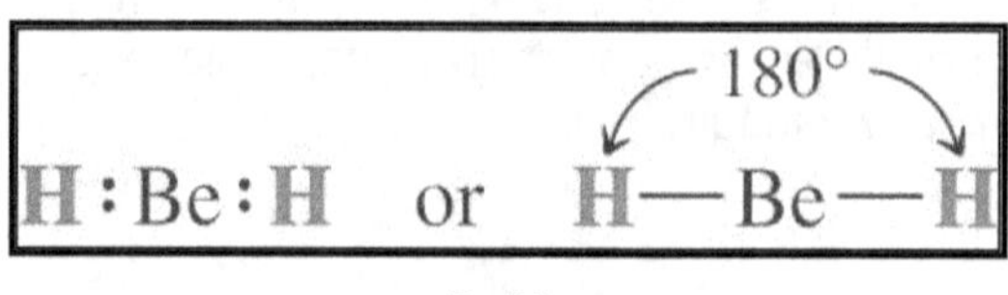

BeH₂

10- Sigma bağı, halkasal simetrisi olan birli bağlardır. Genellikle organik moleküllerin iskeletleri sigma bağıyla bağlı atomlardan oluşur.

11- İkili ve üçlü bağlardan bir kısmını oluşturan pi bağında, iki komşu ve paralel p orbitalinin elektron yoğunlukları bir bağlayıcı pi moleküler orbitali oluşturmak için yan yana örtüşür.

YAPI FORMÜLLERİNİN GÖSTERİLMESİ:

Organik kimyada yapı formüllerini göstermek için çeşitli gösterimler kullanılır. Nokta yapısını gösteren Lewis gösterimi bütün değerlik lektronlarını gösterir, ancak bunun yazılması dikkat gerektirir ve zaman alır. Aşağıda verilen gösterimler ise, daha sık kullanılır ve daha kısa sürede yazılabilir.

Şimdi bu yapı formülü gösterimlerini ALTI ana başlık halinde inceleyelim:

1- Çizgili Yapı Formülleri

Çizgili yapı formülleri, moleküllerin gerçek 3-boyutlu şekillerini gösteren yapılar olmayıp, sadece atomların birbirine bağlanma sırasını belirten formüllerdir. Bunlar, atomların birbirine bağlanma sırasını gösterir.

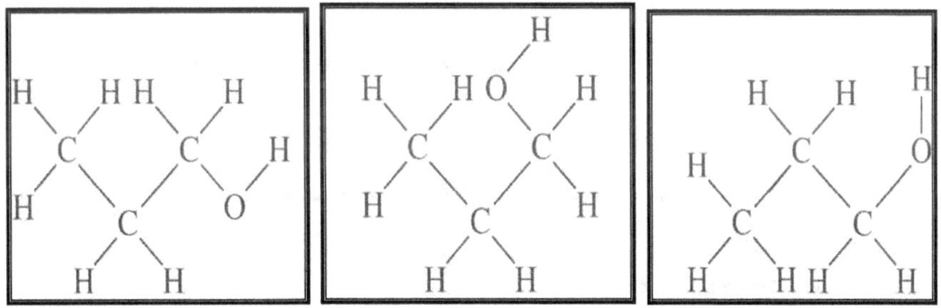

Aynı molekül formülüne sahip bir bileşiğin (C_2H_6O) Nokta yapısı, çizgili formül ve sıkıştırılmış formülü.

Propil alkol (C_3H_8O) için yazılan üç eşdeğer çizgili formül.

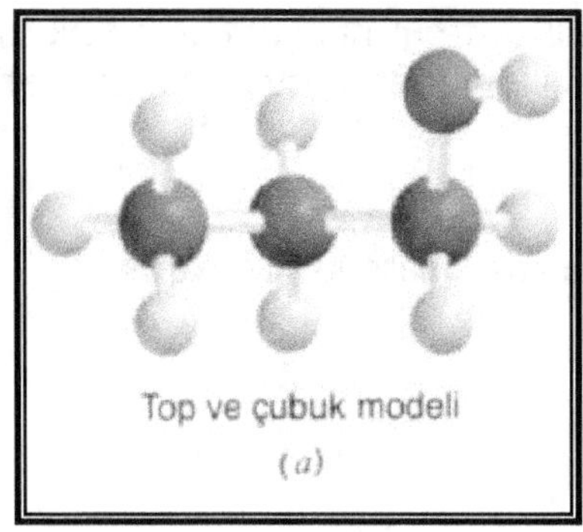

Propil alkol için yazılan dört değişik gösterim: a) top-çubuk modeli, b) çizgili formül modeli, c) sıkıştırılmış formül modeli ve d) çizgi-bağ modeli.

2- Sıkıştırılmış Yapı Formülleri

Sıkıştırılmış yapı formüllerini yazmak, çizgili formüllerden kolaydır. Sıkıştırılmış formüllerde bir karbon atomuna bağlı tüm hidrojenler yan yana yazılabilir. Daha sonra ise, diğer atomlar formüle eklenerek molekülün tam yapısı elde edilir.

$$
\begin{array}{c}
\text{H} \quad \text{H} \quad \text{H} \\
\text{H}-\text{C}-\text{C}-\text{C}-\text{H} \\
\text{H} \quad \text{O} \quad \text{H} \\
\text{H}
\end{array}
\qquad
\begin{array}{l}
CH_3CHCH_3 \qquad CH_3CH(OH)CH_3 \\
\quad\ OH \\[4pt]
CH_3CHOHCH_3 \ \text{ya da} \ (CH_3)_2CHOH
\end{array}
$$

Çizgili formül   Sıkıştırılmış formüller

İzopropil alkol (C_3H_8O) için yazılan sıkıştırılmış formül, yukarıdaki gibi dört farklı şekilde de yazılabilir.

3- Halkalı Molekül Formülleri

Organik bileşiklerin karbon atomları sadece zincir halinde sıralanmazlar, aşağıdaki gibi halkalı yapıda da olabilirler. Halkalı molekül formülleri, bu moleküllerin yapısını göstermek için sıklıkla kullanılır.

$$
\begin{array}{c}
\text{H} \qquad \text{H} \\
\text{H}-\text{C}-\text{H} \\
\text{C}-\text{C} \\
\text{H} \qquad \text{H}
\end{array}
\qquad \text{ya da} \qquad
\begin{array}{c}
CH_2 \\
H_2C-CH_2
\end{array}
\qquad
\left.\begin{array}{l}
\text{Siklopropanın} \\
\text{formülleri}
\end{array}\right\}
$$

4- Çizgi-Bağ Formülleri

Diğer yapı formüllerine göre en basit olanıdır. Çizgi-bağ gösteriminde sadece karbon iskeletini gösteren kısım çizgilerle belirtilir. Diğer yabancı atomlar ise (Örneğin; O, Cl, N gibi) formülde ayrıca belirtilir. Çizgi-bağ formülleri daha çok halkalı organin bileşikleri tanımlamak için kullanılır. Ayrıca çoklu bağlar da (pi bağı gibi) formülde gösterilebilir.

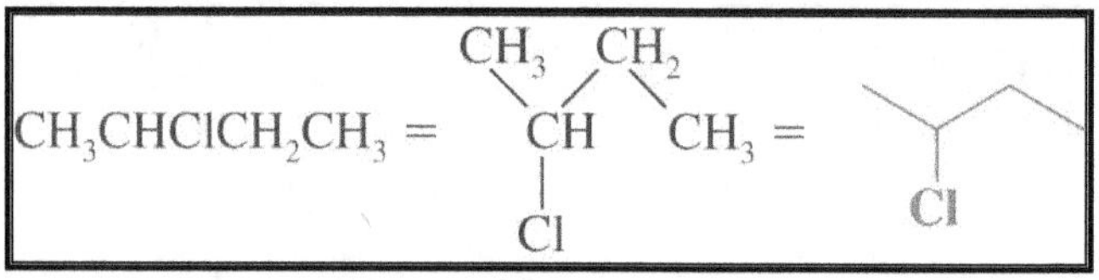

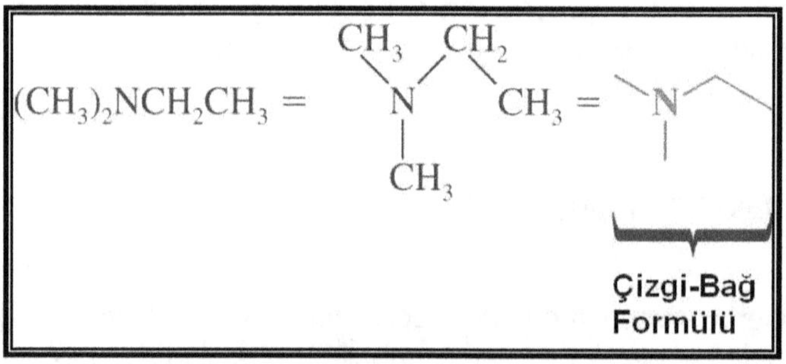

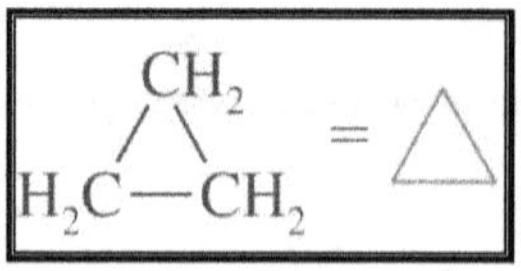

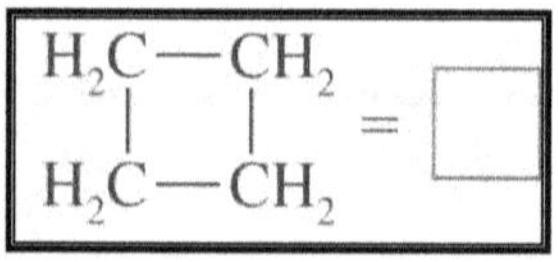

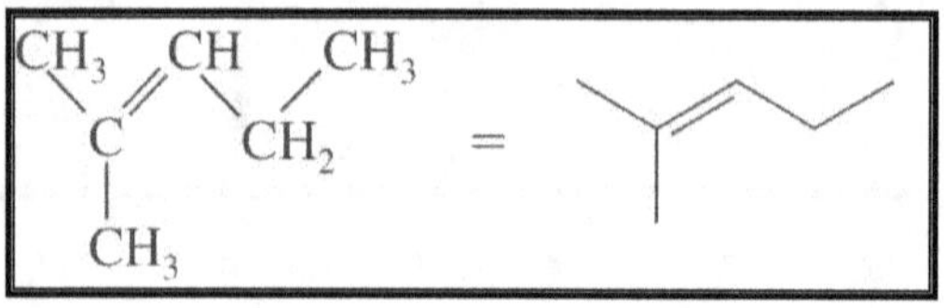

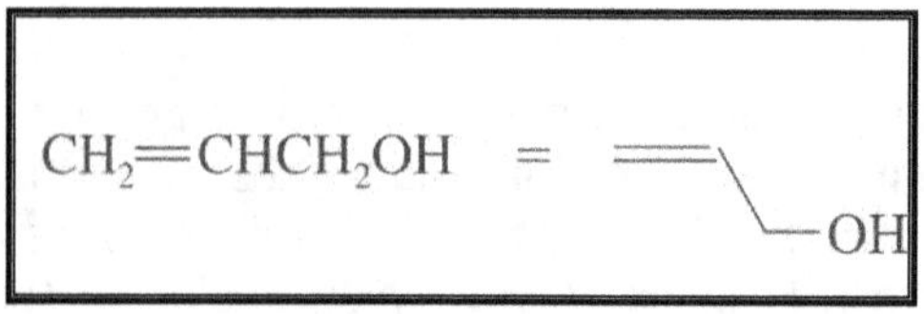

$$CH_3CHClCH_2CH_3 = \underset{\underset{Cl}{|}}{\overset{\overset{CH_3 \quad CH_2}{\diagdown \; \diagup}}{CH}} \quad CH_3 =$$

$$CH_3CH(CH_3)CH_2CH_3 = \underset{\underset{CH_3}{|}}{\overset{\overset{CH_3 \quad CH_2}{\diagdown \; \diagup}}{CH}} \quad CH_3 =$$

$$(CH_3)_2NCH_2CH_3 = \underset{\underset{CH_3}{|}}{\overset{\overset{CH_3 \quad CH_2}{\diagdown \; \diagup}}{N}} \quad CH_3 =$$

$$\underset{H_2C - CH_2}{\overset{CH_2}{}} = \triangle \qquad \underset{H_2C - CH_2}{\overset{H_2C - CH_2}{}} = \square$$

$$\underset{\underset{CH_3}{|}}{\overset{\overset{CH_3 \quad CH \quad CH_3}{}}{C}} \quad CH_2 =$$

$$CH_2{=}CHCH_2OH \; = \quad \diagdown{=}\diagup{-}OH$$

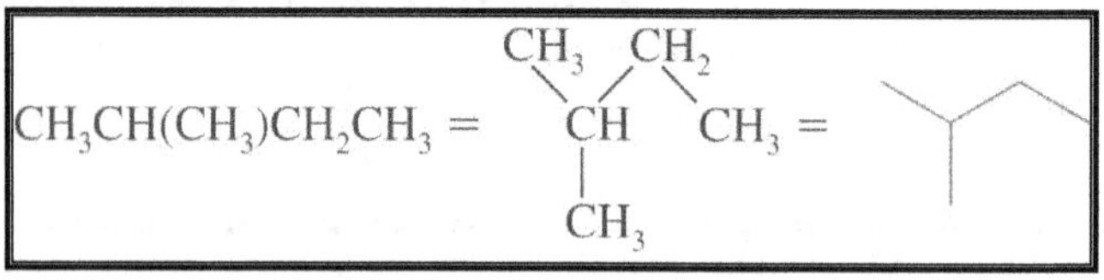

Çizgi-bağ formül yapısıyla değişik moleküllerin gösterimi.

5- Üç Boyutlu Formüller

Buraya kadar ele aldığımız molekül formüllerinin hiçbirisi, moleküldeki atomların uzayda nasıl yönlendikleri konusunda yeterli bilgi vermez. Bununla birlikte, aşağıdaki şekilde verilen 3-boyutlu kama gösterimleri, molekülün uzaydaki yapısını daha iyi belirler.

Metan   veya   Etan   veya   Bromometan

6- Dallanmış Yapı Formüller

Bu yapı formülü, çok fazla karbon atomu içeren bileşikleri göstermek için kullanılır.

Aşağıdaki şekillerde, bazı çok karbon atomlu alkanların yapı formülleri ve olası dallanmalarla oluşabilecek olan izomeri molekülleri tablo halinde gösterilmektedir. Tabloya dikkat edersek, **40 karbon** atomuna sahip bir alkanın oluşturabileceği izomer sayısı **60 trilyonu** geçmektedir. Yapılan hesaplamalara göre, **300 karbon** atomundan fazla karbon atomu içeren bir alkan bileşiğinin oluşturabileceği izomeri sayısının, **kainattaki toplam partikül** sayısından fazla olduğu bulunmuştur. Dolayısıyla, bu da bize, kainatın yaratıcısının yaratılışı meydana getirmek için ne kadar hassas davrandığını ve hayatı oluşturan organik bileşiklerin ne kadar hassas düzenlemeler içerdiğini bir kez daha ispatlamaktadır.

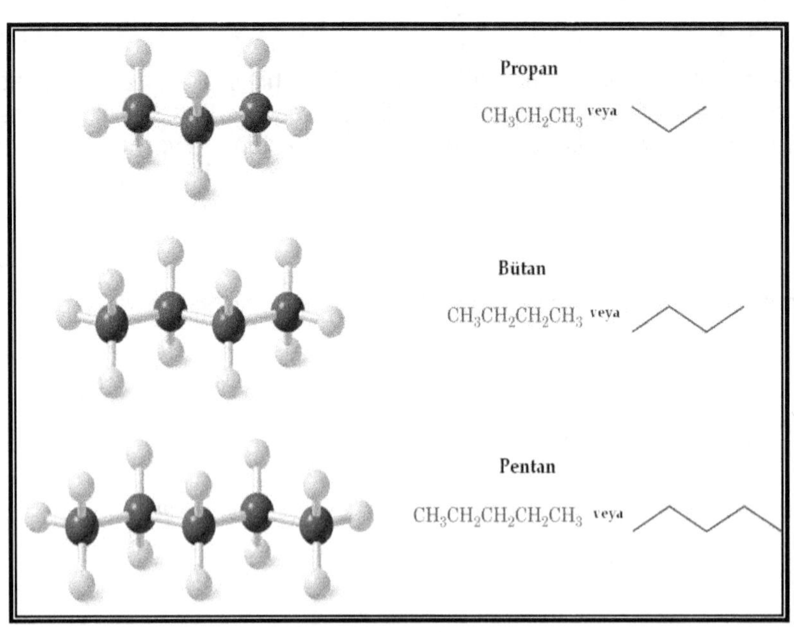

Molekül Formülü	Doğada Oluşturabileceği Toplam İzomer Sayısı
C_4H_{10}	2
C_5H_{12}	3
C_6H_{14}	5
C_7H_{16}	9
C_8H_{18}	18
C_9H_{20}	35
$C_{10}H_{22}$	75
$C_{15}H_{32}$	4,347
$C_{20}H_{42}$	366,319
$C_{30}H_{62}$	4,111,846,763
$C_{40}H_{82}$	62,481,801,147,341

İzobütan

CH_3CHCH_3 veya

CH_3

İzopentan

$CH_3CHCH_2CH_3$ veya

CH_3

Neopentan

CH_3

CH_3CCH_3 veya

CH_3

AROMATİK BİLEŞİKLERİN YAPI TEORİSİ:

Aromatik hidrokarbonlar olarak bilinen doymamış organik bileşikler grubunu bu kısımda detaylı olarak inceleyeceğiz. **Benzen**, olarak bilinen tek halkalı bileşik bu organik bileşikler grubunun temel yapıtaşı ve en basit temsilcisidir. Bu yüzden incelememize rezonans teorisinden de yaralanarak benzen molekülünün yapısını incelemekle başlayacağız. Benzen, ilk defa **August Kékule** tarafından tanımlandığı için, benzenin molekül yapısının anlaşılması için Kékule yapısı denilen birli ve ikili bağlardan oluşan rezonans yapısının, nasıl birbirini izleyen altılı bir yapı teşkil ettiğini incelemekle başlayalım.

BENZEN (C₆H₆)'İN MOLEKÜL YAPISI:

Benzenin molekül yapısı

Yukarıdaki kékule yapısı, benzen bileşikleri için sıkça kullanıldığı halde, bu gösterimin yetersiz olduğunu söyleyebiliriz. Çünkü, kékule yapısının belirttiği şekilde benzende birli ve ikili bağlar birbirini izliyorsa, halkanın karbon-karbon bağlarının uzunlukları da karbon-karbon birli ve ikili bağlarında olduğu gibi, sırasıyla uzun ve kısa olmalıdır. Gerçekte ise, benzen molekülündeki bütün karbon-karbon bağları aynı uzunluktadır (**1,39A⁰**). İşte bu olgu da ancak moleküler orbital teorisi ve rezonans kuramıyla açıklanabileceği için, şimdi kısaca rezonans teorisi ve diğer bazı temel organik kimya bilgilerini kısaca inceleyelim:

MOLEKÜLER ORBİTALLERDE REZONANS KURAMI:

Şimdi, Karbonat katyonuna (**CO_3^{-2}**) ait aşağıda verilen eşdeğer molekül yapıları üzerinde düşünelim. Burada görüldüğü gibi, serbest elektronun molekülün üç farklı yerinde bulunma olasılığına bağlı olarak üç adet eşedeğer yapı yazabiliriz:

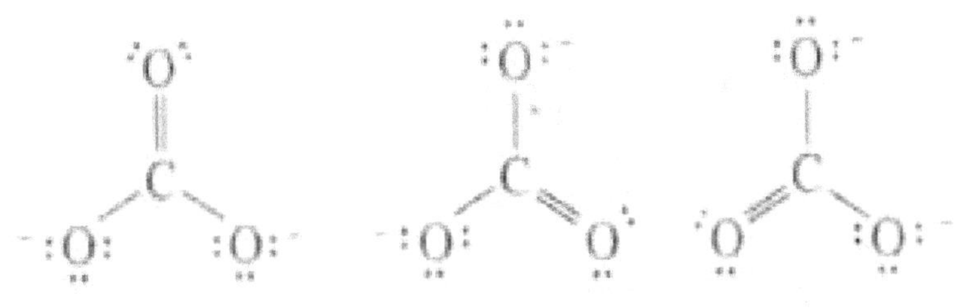

Dikkat edilirse, bu yapılarda iki önemli özellik vardır. Bunlardan birincisi, her atomun soygaz dizilişinde olduğudur. İkinci özellik ise, konumuz açısından daha önemlidir. Bir yapıyı diğerine sadece elektronların yerlerini değiştirerek dönüştürebiliriz. Yani, atom çekirdeklerini ve molekülün kimyasal özelliklerini değiştirmeden üç farklı molekül yapısı elde edebilmekteyiz. Örneğin, yapı 1'deki elektron çiftleri ok yönünde hareket ettirilirse, yapı 1'i yapı 2'ye dönüştürmüş oluruz:

Benzer biçimde yapı 2'yi de yapı 3'e dönüştürebiliriz:

Görüldüğü gibi, 1-3 yapıları aynı olmamakla birlikte eşdeğerdir. X ışınlarıyla yapılan incelemeler sonucunda, karbon-oksijen ikili bağlarının (**1,43 A⁰**) birli bağlardan (**1,20 A⁰**) daha kısa olduğu anlaşılmıştır. Karbonat iyonunda yapılan benzer araştırmalar sonucunda ise, ilginçtir ki bütün karbon-oksijen bağlarının eşit uzunlukta (**1,28 A⁰**) olduğu ortaya çıkmıştır. İşte, bu durumu açıklığa kavuşturmak için rezonans kuramını uygulamak gerekmektedir. Daha sonraki bölümlerde de açıkça göreceğimiz gibi, rezonans kuramı kainatta cereyan eden daha pek çok eşdeğer yapıya (Örneğin, vcanlılığın temel yapıtaşı olan karbon atomunun, kırmızı dev yıldızlardaki karbon atomu sırasında cereyan eden, Helyum-karbon döngüsü reaksiyonları sırasındaki oluşumu gibi) alternatif bir model olarak kullanılabileceği görülecektir. Aşağıdaki şekilde de verildiği gibi birbirinin eşdeğeri olan rezonans yapılar gösterilirken çift uçlu ok (↔) kullanılır:

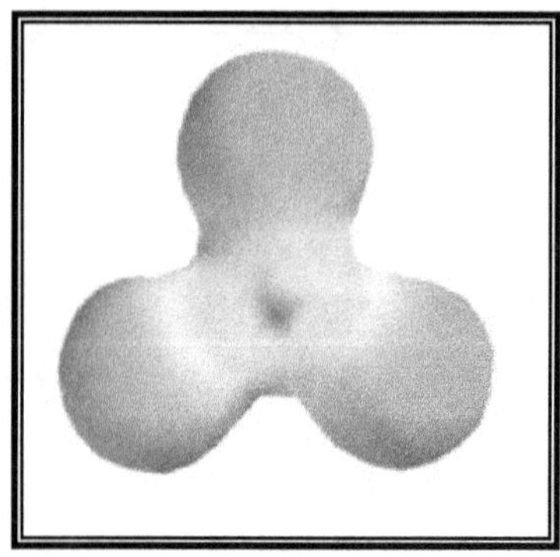

Burada görüldüğü gibi, atomların temel karakterleri korunmaktadır. Bir kimyasal reaksiyonda, tepkime sonucunda bir bileşik başka bir bileşiğe dönüşüyorsa bu bir

denge reaksiyonu olarak tanımlanır ve ⟶ ile; molekül yapısı korunuyor fakat bazı elektronların yerdeğiştirmesine bağlı olarak molekül şekli değişiyorsa

rezonans reaksiyonu olarak tanımlanır ve ↔ ile gösterilir. Aşağıdaki şekilde, rezonans teorisine göre, karbonat anyonundaki karbon-oksijen birli bağları etrafındaki elektron yoğunluğuna bağlı olarak çizilmiş bir elektrostatik potansiyel haritası verilmektedir:

Aşağıdaki şekilde ise, bir başka rezonans molekül olan Nitrat iyonuna (NO_3^{-2}) ait molekül yapısı ve eşdeğer rezonans yapıları verilmektedir:

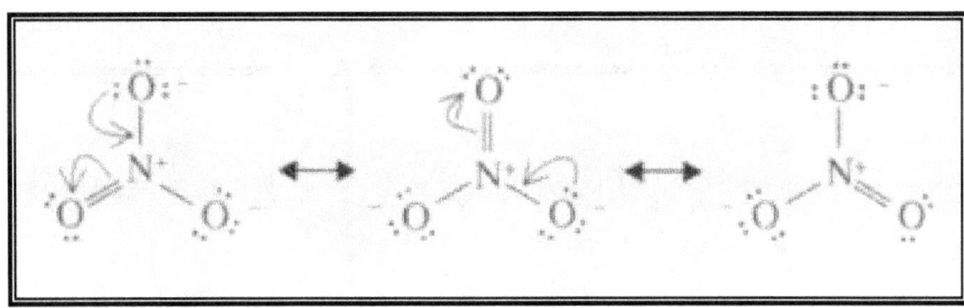

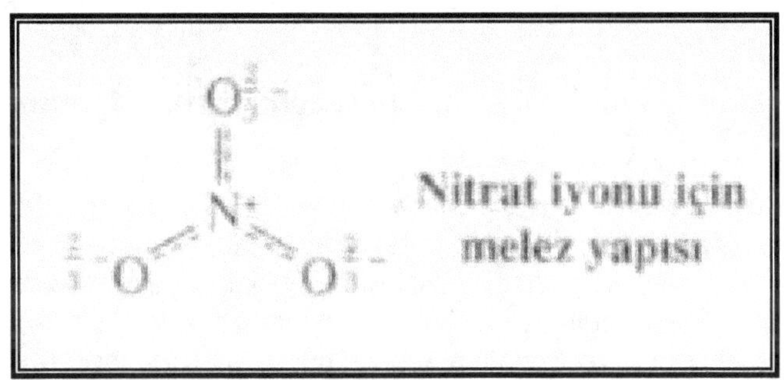

Nitrat iyonu eşdeğer rezonans melez yapısı. Şekilden de görüldüğü gibi, rezonans teorisine göre her oksijen atomu etrafında sanki $\delta^- = -\dfrac{2}{3}e^-$ **değerinde bir kısmi yük varmış gibi düşünülür ve bu durum kesikli çizgilerle belirtilen kısmi yük (δ^-) tarafından oluşturulmuş eşdeğer rezonans bağ yapılarıyla temsil edilir.**

Rezonans teorisini, yukarıda kısaca inceledikten sonra, şimdi genel olarak bir rezonans molekül yapısı için geçerli olan rezonans kurallarını özet olarak ONBİR madde halinde vererek, tekrar benzen molekülünün yapı teorisini incelemeye kaldığımız yerden devam edelim:

1- **Rezonans yapılar sadece teorik olarak vardırlar**. Dolayısıyla, gerçekte olmasına rağmen, tek bir Lewis yapısının molekülün bağ yapısını ifade etmediği durumlardaki iyon, radikal veya moleküllerin tanımlanmasında yardımcı olur. Rezonans veya rezonansa katkıda bulunan yapılar iki ya da daha çok sayıdaki eşdeğer molekül modeli ile gösterilebilir ve hepsi de ortak olarak aynı yapının farklı farklı görüntülerini ifade eder. *Rezonans yapıları* içeren reaksiyonlar, çift başlı okla (↔) ifade edilir ve gerçek molekülün, iyonun veya radikalin bir melezi olduğu söylenir. Denge halindeki, yani molekül biçimi ve yapısı tamamen belirlenmiş olan moleküller içeren reaksiyonlar için ise, *denge reaksiyonu* ($\longleftrightarrow$) ile ifade edilir.

Rezonans yapıdaki Allil katyonu için rezonans reaksiyonu denklemi.

2- **Rezonans yapıların yazımında sadece elektronların hareketine izin verilir**. Atomların çekirdeklerinin yerleri eşdeğer yapıların hepsinde aynı kalmak zorundadır. Örneğin, Allil katyonu için aşağıda verilen 3 yapısı bir rezonans yapısı değildir. Çünkü, onu oluşturmak için bir hidrojen atomunu hareket ettirmek zorunda kalırız ve buna da izin verilmez. Bu yüzden 3 yapısı eşdeğer bir rezonans yapısı değildir.

$$CH_3-\overset{+}{CH}-CH=CH_2 \longleftrightarrow CH_3-CH=CH-\overset{+}{CH_2} \qquad \overset{+}{CH_2}-CH_2-CH=CH_2$$

$$\underbrace{\qquad\qquad\qquad\qquad 1 \qquad\qquad\qquad\qquad\qquad\qquad 2 \qquad\qquad}_{} \qquad \underbrace{\qquad 3 \qquad}_{}$$

Bu yapılar 1,3-bütadienin bir proton aldığı zaman oluşan allil katyonu için rezonons yapılardır.	Bir hidrojen atomu yer değiştirdiğinden dolayı allilik katyon için uygun bir rezonons yapı değildir.

3- **Tüm rezonans yapıları Lewis yapılarına uygun olmalıdır**. Örneğin, karbon atomu için beş bağa sahip olan bir yapı yazılamaz.

$$H-\overset{\overset{\displaystyle H}{|}}{\underset{\underset{\displaystyle H}{|}}{C}}=\overset{+}{O}-H$$

Karbon beş bağ yaptığından, bu, metanol için uygun bir rezonans yapısı değildir. Periyodik çizelgenin birinci sırasının (2. periyot) elementleri, değerlik kabuklarında sekiz elektrondan fazla bulunduramazlar.

4- Bütün rezonans yapılar aynı sayıda çiftleşmemiş elektrona sahip olmalıdır. Örneğin, aşağıdaki yapı üç tane elektrona sahip olduğu için Allil radikali için bir rezonans yapısı değildir ve allil radikali sadece bir elektron bulundurur.

5- Uzayda konum değiştiren bir rezonans molekülün tüm atomları aynı düzlemde kalmak zorundadır. Örneğin, aşağıda verilen 2,3-di-ter-bütil-1,3-bütadien bileşiğinde ter-bütil grupları çok hacimli gruplar olduğu için yapıyı döndürürler ve ikili bağın aynı düzlemde kalmasını engellerler. Bu yüzden bu bileşik, konjuge olmayan bir grup gibi davranır ve bu yüzden rezonans engellenir.

6- Gerçek molekülün enerjisi, katkıda bulunan eşdeğer rezonans molekül yapılarının herhangi birinin enerjisinden daha azdır. Örneğin, aşağıda verilen gerçek allil katyonu ayrı ayrı gösterilen 4 veya 5 rezonans yapılarının her birinden daha kararlıdır, yani daha düşük enerjilidir. Bu duruma **rezonans kararlılığı** denir. İşte, benzen molekülünün çok kararlı bir yapıda olmasının sebebi de budur.

$$CH_2=CH-\overset{+}{C}H_2 \longleftrightarrow \overset{+}{C}H_2-CH=CH_2$$

$$\qquad\qquad 4 \qquad\qquad\qquad\qquad 5$$

7- **Eşdeğer rezonans yapılar melez yapıya eşit katkıda bulunurlar ve bunların temsil ettiği sistem büyük bir rezonans kararlılığına sahip olur**. Örneğin, aşağıdaki benzen molekülünde olduğu gibi rezonans yapılar melez yapıyı eşit olarak etkiledikleri için, benzenin rezonans yapısı çok kararlı olur.

Benzenin rezonons yapıları   veya   **Melez gösterimi**

8- **Bir rezonans yapısı ne kadar kararlı ise, melez yapıya katkısı o kadar büyük olur**. Eşdeğer olmayan yapılar eşit katkı yapmazlar. Örneğin, aşağıdaki katyon 6 ve 7 yapılarının bir melezidir fakat 6 yapısı 7 yapısından daha fazla bir katkı yapar. Çünkü 7 yapısı birincil bir karbokatyon yapısı iken, 6 yapısı daha kararlı üçüncül bir karbokatyon yapısıdır. 6 yapısının daha büyük bir katkıda bulunmasının anlamı, b karbonu üzerindeki kısmi pozitif yükün, d karbonu üzerindeki kısmi pozitif yükten büyük olmasıdır. Bunun bir başka anlamı ise, c ve d karbon atomları arasındaki bağın; b ve c karbon atomları arasındaki bağdan daha fazla ikili bağa benzemesidir.

9- **Bir rezonans yapısı ne kadar çok kovalent bağ içeriyorsa o kadar kararlıdır.** Kovalent bağ oluşurken atomların enerjisi düşeceği için, zaten bu beklenen bir durumdur. Örneğin, aşağıda verilen 1,3-Bütadien bileşiği için verilen yapılardan 8, birden fazla bağ ihtiva ettiği için en büyük katkıyı yapan ve en kararlı olanıdır.

$$CH_2{=}CH{-}CH{=}CH_2 \longleftrightarrow \overset{+}{C}H_2{-}CH{=}CH{-}\overset{..}{C}H_2 \longleftrightarrow \overset{..}{C}H_2{-}CH{=}CH{-}\overset{+}{C}H_2$$

8   9   10

Bu yapı daha fazla kovalent bağ içerdiği için en kararlıdır.

10- **Değerlik kabukları tamamen elektronlarla dolu olan, yani soygaz yapısında olan bileşikler daha kararlıdır ve melez rezonans yapısına daha çok katkı yaparlar.** Örneğin, aşağıda verilen molekül yapıdaki 12 yapısı, bütün değerlik elektronları dolu olduğundan 11 yapısına göre katyonun kararlılığına daha büyük katkı sağlar. Çünkü burada, 12 yapısı soygaz yapısına daha yakındır ve daha fazla kovalent bağ içerir.

$$\overset{+}{C}H_2{-}\overset{..}{\underset{..}{O}}{-}CH_3 \longleftrightarrow CH_2{=}\overset{+}{\underset{..}{O}}{-}CH_3$$

11   12

Burada bu karbon atomu sadece altı elektrona sahiptir.   Burada karbon atomu sekiz elektrona sahiptir.

11- **Yük ayrımı rezonans kararlılığını azaltır.** Zıt yükleri ayırmak daha fazla enerji gerektireceği için, zıt yüklü yapılar yük ayrımı oluşmayan yapılara göre daha fazla enerji içerirler ve bu yüzden daha az kararlı bir yapı gösterirler. Örneğin, aşağıda verilen Vinil Klorür bileşiğinin iki rezonans yapısından 13 yapısı, yük ayrımı olmadığı için rezonans yapıya daha çok katkı sağlar.

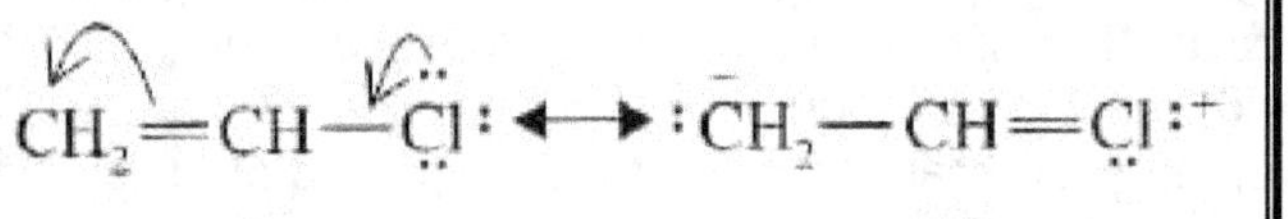

$$CH_2=CH-\overset{..}{\underset{..}{C}l}: \longleftrightarrow :\overset{-}{C}H_2-CH=\overset{..}{\underset{..}{C}l}:^+$$

13   14

Asetik Asit   **Asetat İyonu**

Düşük Rezonans Kararlılığı

(Bu iki yapı yük ayrımı olmadığı için eşdeğer değildir)

Yüksek Rezonans Kararlılığı

(Bu iki yapı eşdeğerdir ve yük ayrımına gerek yoktur)

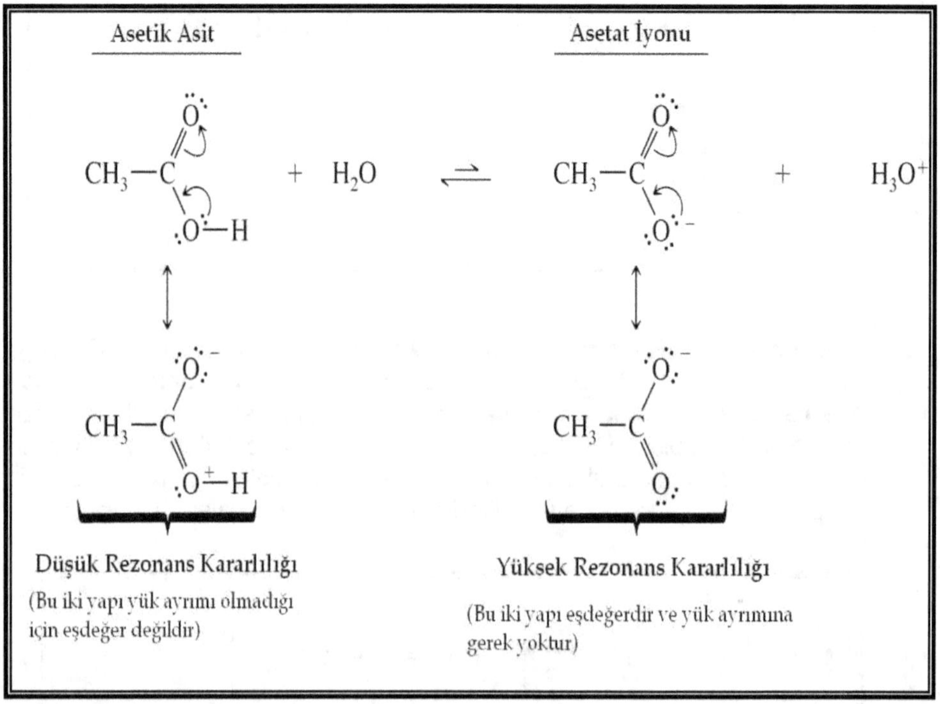

Asetat iyonu için denge reaksiyonu denklemi ve yük ayrımına bağlı olarak değişen rezonans kararlılığı.

ORGANİK KİMYASAL TEPKİMELER VE MEKANİZMALAR:

Şimdi, rezonans teorisini inceledikten sonra, ileride karşılaşacağımız bazı organik kimya tepkimeler ve yapılarda kullanacağımız temel mekanizmaları ve reaksiyon çeşitlerini özet olarak inceleyerek daha sonra, benzen molekülü için oluşturduğumuz moleküler orbital kuramına geri döneceğiz.

Gerçekte, tüm organik tepkimeler şu DÖRT sınıfın içerisinden birinde yer alır:

1- **Yer değiştirme (*substitution*) tepkimeleri,**
2- **Katılma (*addition*) tepkimeleri,**
3- **Ayrılma (*elimination*) tepkimeleri,**
4- **Çevrilme (*rearrangement*) tepkimeleri.**

Şimdi bu tepkime çeşitlerini kısaca inceleyelim:

Yerdeğiştirme tepkimeleri: Alkanlar, Alkil halojenürler gibi doymuş bileşiklere ve aromatik (halkalı) bileşiklere özgü tepkimelerdir. Bir yerdeğiştirmede, bir grup diğer grubun yerine geçerek tepkimeye girer. Örneğin, metil klorür sodyum hidroksitle, metil alkol ve sodyum klorür vermek üzere aşağıdaki gibi bir tepkimeye girer:

$$H_3C-Cl + Na^+OH^- \xrightarrow{H_2O} H_3C-OH + Na^+Cl^-$$

Bir yer değiştirme tepkimesi

Bu tepkimede sodyum hidroksitten gelen hidroksit iyonu, metil klorürde klor atomunun yerine geçer ve metil alkolü oluşturur.

Katılma tepkimeleri: Çoklu bağlı bileşiklere özgüdür. Örneğin, Eten bromla bir katılma tepkimesi vererek aşağıdaki gibi yeni bir bileşik oluşturur. Bir katılma tepkimesinde, katılan reaktifin tüm kısımları üründe yer alır ve böylece ayrı ayrı reaksiyona giren iki molekül tek bir molekülü oluşturur:

Bir katılma tepkimesi

Ayrılma tepkimeleri: Ktılma tepkimelerinin tam tersidir. Bu kez, tek bir molekül olarak tepkimeye giren reaktif iki ayrı molekülden oluşan bir ürün oluşturur. Daha doğrusu, molekül sahip olduğu bileşenlerden bazılarını yitirerek yeni bir bileşik oluşturur:

Bir ayrılma tepkimesi

Çevrilme tepkimeleri: Bu tepkime çeşidinde molekülü oluşturan kısımlar yeniden düzenlenir. Örneğin, aşağıdaki alkenin kuvvetli bir asitle ısıtılması farklı bir izomerik alkenin oluşmasına yol açar. Bu çevrilme tepkimesinde, dikkat edersek sadece ikili bağ ve hidrojen atomunun yeri değişmekle kalmamış, bir metil grubu (**CH₃**) bir karbondan başka bir karbon atomuna geçmiştir:

Bir çevrilme

Yukarıdaki tepkime çeşitlerinden de anlaşılacağı gibi, doğada bu şekilde gerçekleşen milyarlarca reaksiyon çeşidi olmasına rağmen tüm bu tepkimeler yukarıdaki dört gruptan birisine dahil olur. İşte bu durum, organik kimyaya mekanistik yaklaşım konusunda önemli bir sınıflandırma aracı sunar. Dolayısıyla bu tür bir yaklaşım, moleküler düzeydeki bilginin aşırı derecede karmaşık olabileceği durumlarda, anlaşılabilir bir şekle getirilmesine yardımcı olur. Milyarlarca organik bileşik ve bunların yer aldığı milyarlarca tepkime, bu sınıflandırma olmasaydı belki de ayrı ayrı ezberlenmek zorunda kalınacaktı.

Ancak bunu yapmak zorunda değiliz çünkü nasıl ki organik bileşiklere ait büyük birer grup olan hidrokarbonlar ve fonksiyonel gruplar veya aromatik bileşikler; organik bileşikleri anlaşılabilir bir şekilde ayırmamaza yardımcı oluyorsa; aynen bunun gibi, bu dört gruptan oluşan tepkime mekanizmaları da organik reaksiyon çeşitlerini düzenlememize yardımcı olur. İşte bu durum da, yaratıcının sunduğu büyük bir lütf-u ilahi olsa gerektir.

ORGANİK TEPKİMELERDE HOMOLİZ VE HETEROLİZ:

Organik bileşiklerin tepkimeleri daima kovalent bağların oluşumu veya kırılmasını içerir. Bir kovalent bağ temel olarak iki farklı yoldan kırılabilir:

Birincisi: **Heteroliz** yoluyla ki, bağ oluşacak parçalardan birinin bağ elektronlarının her ikisini de alacağı ve geriye boş orbitalli diğer parçayı bırakacak şekilde kırılabilir. Bu şekildeki bir bağ kırılması ile, yüklü partiküller ve iyonlar ortaya çıkar:

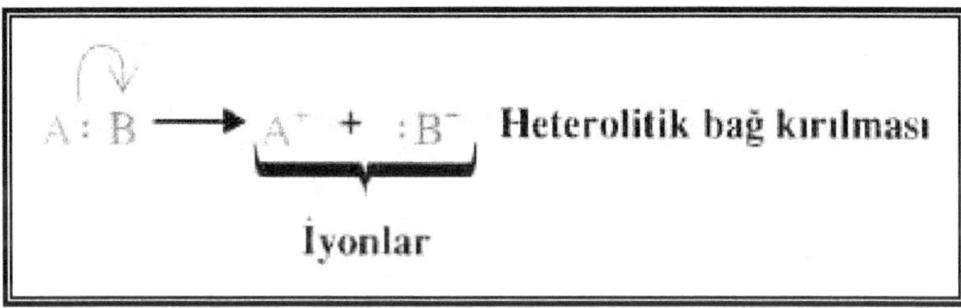

Dolayısıyla Heteroliz, zıt yüklü iyonların ayrılmasını gerektirir.

İkincisi: **Homoliz** yoluyla ki, her bir parçanın bağ elektronlarından birer tane alarak ayrıldığı bağ kırılması olayıdır. Homoliz olayı sonucunda, radikaller dediğimiz çiftleşmemiş elektronlu organik molekül parçaları ortaya çıkar:

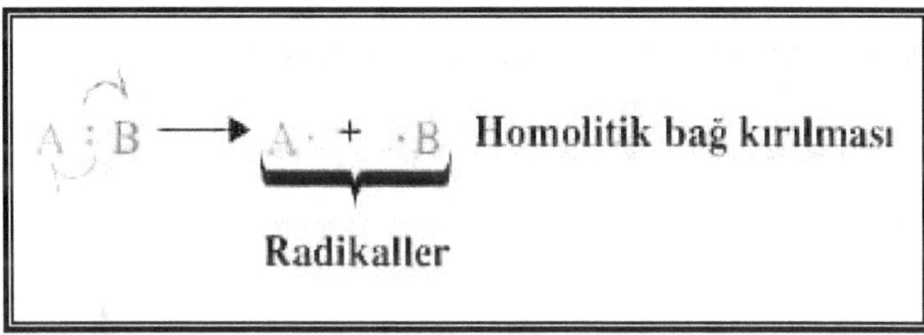

Dolayısıyla Homoliz, aynı yüklü iyonların ayrılmasını gerektirir.

ORGANİK TEPKİMELERDE YÜKSELTGENME VE İNDİRGENME:

Bir organik bileşiğin **indirgenmesi**, genellikle onun **hidrojen içeriğinin artması** veya **oksijen içeriğinin azalması** anlamına gelir. Örneğin, aşağıda verilen bir karboksilik asidin bir aldehite dönüşmesi bir indirgenmedir, çünkü oksijen içeriği azalmaktadır:

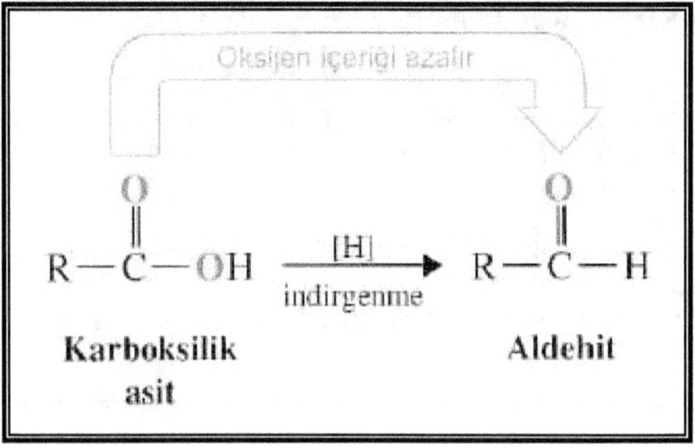

Aynı şekilde, bir aldehitin bir alkole dönüşmesi de bir indirgenmedir:

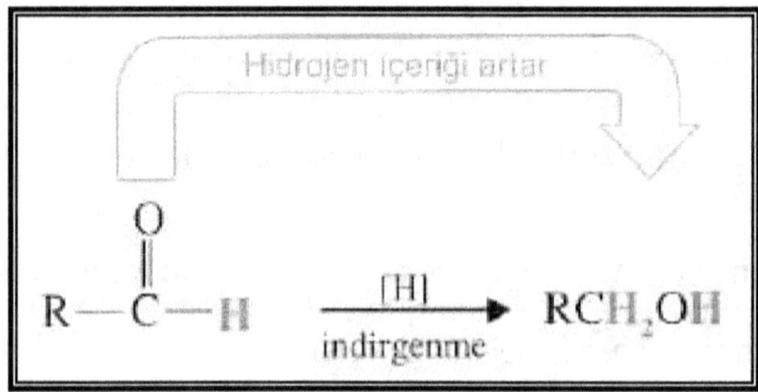

Yine, bir alkolün bir alkana dönüşümü de bir indirgenmedir:

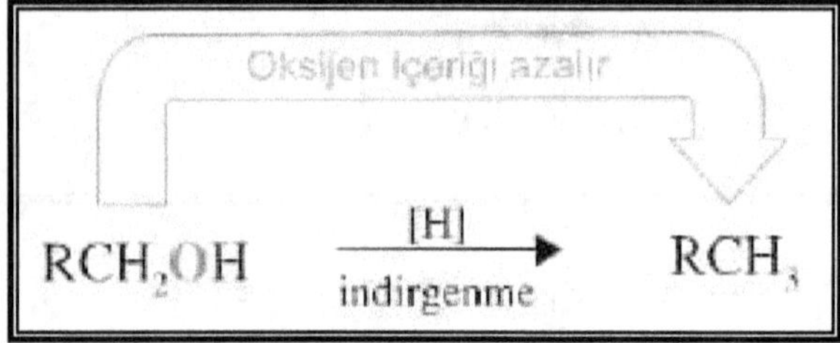

Buradaki **[H]** tepkimenin, Yükseltgenme tepkimesi olduğunu belirtir.

İndirgenmenin tersi **yükseltgenmedir**. Buna göre, bir organik molekülün **oksijen içeriğinin artması** veya **hidrojen içeriğinin azalması** yükseltgenme tepkimesidir. Dolayısıyla, yukarıda verilen tepkimelerin tersi yönde gerçekleşen reaksiyonlar yükseltgenme tepkimesidir.

262

Örneğin, aşağıda verilen tepkimedeki alkolün hidrojen içeriğinin azalmasıyla bir ketona dönüşümü bir yükseltgenmedir:

$$R-\underset{\underset{\text{2° Alkol}}{|}}{\overset{\overset{OH}{|}}{CH}}-R' \xrightarrow{[O]} R-\underset{\underset{\text{Keton}}{}}{\overset{\overset{O}{\|}}{C}}-R'$$

Yine bir alkolün bir aldehit ve ardından bir karboksilik asite dönüşmesi iki basamaklı bir yükseltgenme tepkimesidir:

$$R-\underset{\text{1° Alkol}}{CH_2OH} \xrightarrow{[O]} R-\underset{\text{Aldehit}}{\overset{\overset{O}{\|}}{C}}-H \xrightarrow{[O]} R-\underset{\text{Karboksilik asit}}{\overset{\overset{O}{\|}}{C}}-OH$$

Buradaki **[O]** tepkimenin, Yükseltgenme tepkimesi olduğunu belirtir. Ayrıca, bazı organik moleküller çift yönlü olarak yükseltgenme-indirgenme reaksiyonları verebilirler. Bunlara *çift yönlü organik reaksiyonlar* denir.

$$R-\underset{\underset{\substack{\text{Bir birincil} \\ \text{alkol}}}{\overset{|}{H}}}{\overset{\overset{H}{|}}{C}}-\ddot{O}-H \underset{\underset{[H]}{\text{indirgenme}}}{\overset{\overset{[O]}{\text{yükseltgenme}}}{\rightleftarrows}} \underset{\underset{\text{Bir aldehit}}{H}}{\overset{R}{\diagdown}} C=\ddot{O}$$

ORGANİK KİMYADA ASİT-BAZ TEPKİMELERİ:

Organik kimyada meydana gelen tepkimelerden birçoğunun ya kendisi asit-baz tepkimesidir ya da herhangi bir basamakta asit-baz tepkimesi içerir. Asit-baz tepkimeleri, moleküllerin yapıları ve etkinlikleri arasındaki ilişkiler hakkındaki önemli fikirleri denememize ve bir tepkime dengeye ulaştığında oluşacak ürün miktarını öngörebilmek için, bazı termodinamik parametrelerin nasıl kullanılabileceğini görmemize de imkan tanır. Asit-baz tepkimeleri ayrıca, kimyasal tepkimelerde yer alan çözücülerin önemli rollerinin açıklanmasını da sağlar. Bu yüzden bu kısımda, genel kimyadan da sıklıkla aşina olduğumuz asit ve baz tepkimelerine kısaca bir göz atalım.

ASİT VE BAZLARIN TANIMI:

Brønsted-Lowry teorisine göre, bir asit proton verebilen (veya kaybeden) bir madde; bir baz ise, proton alabilen (veya yakalayan) bir maddedir. Bu kavrama bir örnek olarak aşağıdaki tepkimeyi inceleyelim:

$$H-\ddot{O}H + H-\ddot{C}l \longrightarrow H-\overset{+}{\underset{H}{\ddot{O}}}-H + \ddot{:}\ddot{C}l\ddot{:}^{+}$$

Baz	Asit	H_2O'nun	HCl'nin
(proton alıcı)	(proton verici)	eşlenik (konjuge) asidi	eşlenik (konjuge) bazı

Kuvvetli bir asit olan hidrojen klorür (veya hidroklorik asit), protonunu suya aktarır ve su da bir baz olarak davranır ve protonu alır ve tepkime sonucunda hidronyum iyonu (H_3O^+) ile klorür iyonu (Cl^-) oluşur.

Suda çözündüklerinde, suya tamamıyla proton aktaran diğer kuvvetli asitler: Hidrojen iyodür, Hidrojen bromür ve Sülfirik asittir:

$$HI + H_2O \longrightarrow H_3O^+ + I^-$$
$$HBr + H_2O \longrightarrow H_3O^+ + Br^-$$
$$H_2SO_4 + H_2O \longrightarrow H_3O^+ + HSO_4^-$$
$$HSO_4^- + H_2O \rightleftharpoons H_3O^+ + SO_4^{2-}$$

Bu yüzden, hidronyum iyonları ve hidroksit iyonları, sulu çözeltilerde önemli miktarlarda bulunabilen en kuvvetli asitlerdir.

ASİT VE BAZLARIN KUVVETLERİ [K$_a$ VE pK$_a$]:

Bir asidin kuvveti, ondan bir protonun ne kadar kolay veya ne kadar zor ayrılabilmesine bağlıdır. Periyodik çizelgenin düşey sütunundaki elementlerin bileşiklerini karşılaştırdığımızda, protonla yaptıkları bağın asitlik için temel belirleyici kuvvet olduğunu görürüz:

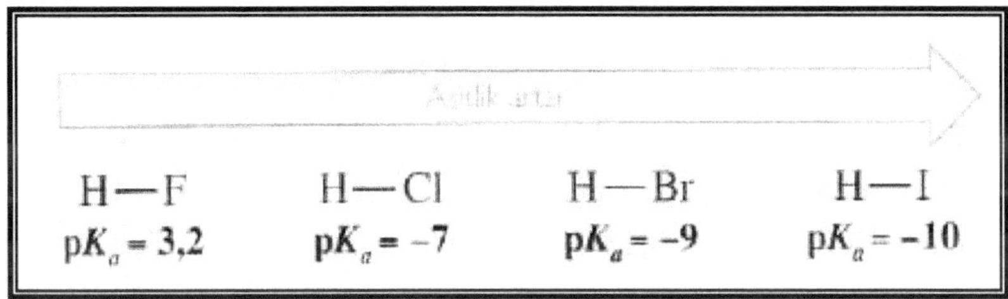

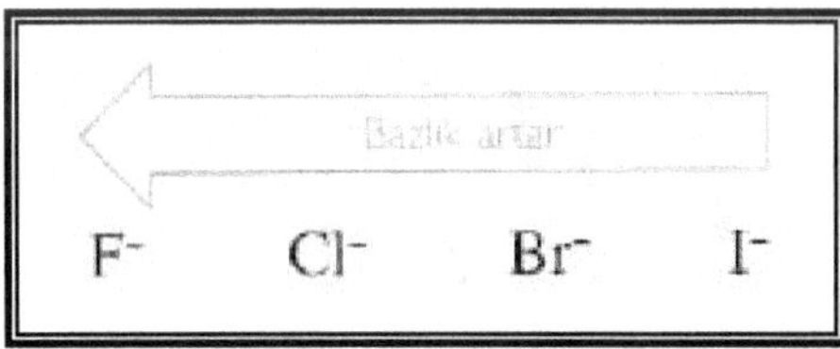

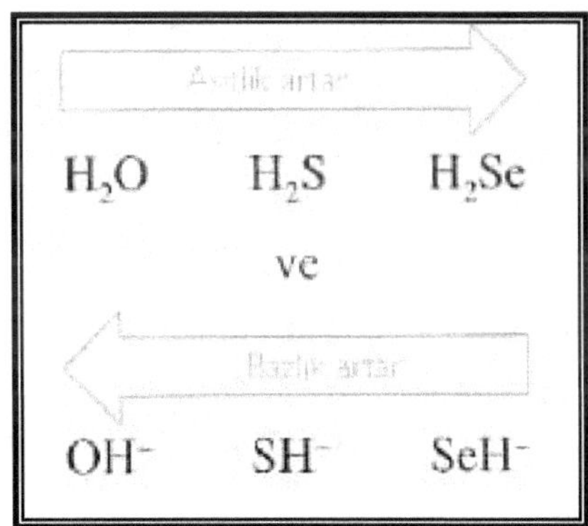

Dolayısıyla, periyodik tabloda yatay sütunda; sağa gidildikçe asitlik artıp, bazlık azalırken; sola gidildikçe bazlık artıp asitlik azalır. Benzer şekilde, düşey sütunlar boyunca; aşağı inildikçe asitlik artarken, bazlık azalır ve yukarı çıkıldıkça, bazlık artarken asitlik azalır.

Şimdi asitlik kuvvetini belirleyen faktörler olan **Ka VE pKa** faktörlerinin ne anlama geldiğini bir örnek vererek açıklamaya çalışalım:

Asitlik Sabiti, Ka: HCl ve H_2SO_4 gibi kuvvetli asitlere karşın; Asetik asit (CH_3-COOH) çok daha zayıf bir asittir. Bu yüzden, asetik asit suda tamamen çözünmez ve aşağıda verilen tepkime tamamlanamaz:

$$CH_3-\underset{\underset{O}{\|}}{C}-OH + H_2O \rightleftharpoons CH_3-\underset{\underset{O}{\|}}{C}-O^- + H_3O^+$$

Yapılan deneyler sonucunda, $0,1M$ asetik asit içerisinde, 25 °C'da, asetik asit moleküllerinin sadece %1'inin su moleküllerine protonlarını aktararak iyonlaştıklarını göstermiştir. Asetik asitin sulu çözeltisinde meydana gelen tepkimenin, bir denge tepkimesi olmasından dolayı, bu çözünme olayını ürünlerin derişiminin reaktiflerin derişimine oranı olarak tanımlanan bir denge sabitiyle tanımlayabiliriz:

$$K_{denge} = \frac{[H_3O^+][CH_2CO^-]}{[CH_3CO_2H][H_2O]}$$

Sulu çözeltiler için suyun derişimi ($\approx 55{,}5M$) sabit olduğu için, denge sabiti ifadesini yeniden şu şekilde yazabiliriz:

$$K_a = K_{denge}[H_2O] = \frac{[H_3O^+][CH_2CO^-]}{[CH_3CO_2H]}$$

Bu değer, 25 °C'de asetik asit için $1{,}76\times10^{-5}$'tir.

Buradan yola çıkarak, herhangi bir **[HA]** asidi için, genelleştirilmiş kuramsal bir denge sabiti ifadesi yazabiliriz:

$$HA + H_2O \rightleftharpoons H_3O^+ + A^-$$

$$K_a = \frac{\left[H_3O^+\right]\left[A^-\right]}{\left[HA\right]}$$

Dolayısıyla bu denklemden çıkan bir sonuç olarak, **büyük değerli K_a** değerleri için **asidin kuvvetli** olduğunu; **küçük değerli K_a** değerleri için ise **asidin zayıf** asit olduğunu söyleyebiliriz. Eğer **K_a 10'dan büyük** ise, asit bütün pratik uygulamalarda suda **tamamıyla çözünmüş** demektir.

Asitlik ve pK_a: Organik kimyada genellikle, kolaylık olması açısından K_a'nın negatif logaritması olan pK_a kullanılır:

$$pK_a = -\log K_a$$

Bu kullanım asitlik için kullanılan **pH=-log[H$_3$O$^-$]** ifadesine benzer. Asetik asit için, bu değeri hesaplarsak:

$$pK_a = -\log\left(1{,}76 \times 10^{-5}\right) = 4{,}75$$

olarak bulunur.

Dolayısıyla, pKa değeri arttıkça asitlik oranı azalmaktadır. Örneğin, hidroklorik asit için pK_a değeri -7'dir. Aşağıdaki, bu hesaplanmış değerlere göre oluşturulmuş olan ve asitlik kuvvetlerini gösteren bir tablo verilmektedir:

	Asit	Yaklaşık pK_a	Konjuge Baz	
En Kuvvetli Asit	$HSbF_6$	< -12	SbF_6^-	En Zayıf Baz
	HI	-10	I^-	
	H_2SO_4	-9	HSO_4^-	
	HBr	-9	Br^-	
	HCl	-7	Cl^-	
	$C_6H_5SO_3H$	$-6,5$	$C_6H_5SO_3^-$	
	$(CH_3)_2OH$	$-3,8$	$(CH_3)_2O$	
	$(CH_3)_2C=OH$	$-2,9$	$(CH_3)_2C=O$	
	CH_3OH_2	$-2,5$	CH_3OH	
	H_3O^+	$-1,74$	H_2O	
	HNO_3	$-1,4$	NO_3^-	
	CF_3CO_2H	$0,18$	$CF_3CO_2^-$	
	HF	$3,2$	F^-	
	H_2CO_3	$3,7$	HCO_3^-	
	CH_3CO_2H	$4,75$	$CH_3CO_2^-$	
	$CH_3COCH_2COCH_3$	$9,0$	$CH_3COCHCOCH_3$	
	NH_4^+	$9,2$	NH_3	
	C_6H_5OH	$9,9$	$C_6H_5O^-$	
	HCO_3^-	$10,2$	CO_2^-	
	CH_3NH_3	$10,6$	CH_3NH_2	
	H_2O	$15,7$	OH^-	
	CH_3CH_2OH	16	$CH_3CH_2O^-$	
	$(CH_3)_3COH$	18	$(CH_3)_3CO^-$	
	CH_3COCH_3	$19,2$	$^-CH_2COCH_3$	
	$HC\equiv CH$	25	$HC\equiv C^-$	
	H_2	35	H^-	
	NH_3	38	NH_2^-	
	$CH_2=CH_2$	44	$CH_2=CH^-$	
En Zayıf Asit	CH_3CH_3	50	$CH_3CH_2^-$	En Kuvvetli Baz

ORGANİK KİMYADA ENDOTERMİK VE EKZOTERMİK TEPKİMELER:

Enerji türleri: Organik kimyada sık sık tepkimelerin enerjilerinden ve moleküllerin bağıl kararlılıklarından bahsedildiği için burada kısaca moleküller arası kuvvetlerin yaptığı iş ve enerjiden bahsederek bununla ilgili tepkime çeşitlerini inceleyelim. Enerji, iş yapabilme kapasitesi olarak tanımlanır. İki temel enerji türü vardır: Potansiyel (durgun) ve Kinetik (hareketli) enerji. Kinetik enerji, bir nesnenin hareketinden kaynaklanan enerjidir. Nesnenin kütlesiyle hızının karesinin çarpımına eşittir: $\frac{1}{2}mv^2$'dir. Potansiyel enerji ise, depolanmış enerjidir ve sadece nesneler arasındaki itme veya çekme kuvvetleri var olduğu sürece varlığını korur. Örneğin yerden belirli bir "h" yüksekliğinde duran "m" kütleli bir nesnenin yerçekiminden kaynaklanan potansiyel enerjisi: mgh'dır. Dolayısıyla, organik kimyada da moleküller ve atomlar, aralarındaki itme ya da çekme kuvvetlerine dayalı olarak bağ yaptıkları için, içerdikleri kimyasal enerji türü potansiyel enerjidir. Çekirdekler elektronları çeker, çekirdekler birbirini iter ve elektronlar da birbirini iterler.

268

Dolayısıyla, moleküler düzeyde bağ yapılması için kullanılan tüm bu kuvvetler birer kimyasal potansiyel enerji kaynağıdır.

Bununla birlikte, bir maddenin içerdiği potansiyel enerjinin mutlak miktarını tanımlamak pratikte her zaman mümkün değildir. Bu nedenle, onun *bağıl potansiyel enerjisi* kullanılır. Bu ise, bir sistemin diğer bir sisteme göre sahip olduğu potansiyel enerjinin daha az veya daha çok olduğu anlamına gelir. Bu anlamda, kimyacıların sık sık kullandıkları bir başka terim olan *kararlılık* veya *bağıl kararlılık* kavramları kullanılır. Bir sistemin bağıl kararlılığı, onun sahip olduğu bağıl potansiyel enerjisiyle ters orantılıdır. Yani, daha fazla potansiyel enerjiye sahip olan bir nesne daha az kararlıdır. Örnek olarak, bir dağın yamacındaki kar kütlesi ile dağın yükseklerindeki bir kar kütlesini ele alalım. Yerçekiminden dolayı, yükseklerdeki kar kütlesi daha büyük potansiyel enerjiye sahiptir ve yamaçlardaki kardan çok daha az kararlıdır. Bu yüzden, dağın zirvesindeki karın daha büyük olan potansiyel enerjisi, büyük bir çığ ile büyük bir kinetik enerjiye dönüşebilir ve hareket haline geçebilir İşte bu yüzden daha az kararlıdır. Buna karşın, daha düşük potansiyel enerjiye ve daha büyük kararlılığa sahip olan yamaçtaki kar kütlesinin bu şekilde bir kinetik enerjiye dönüşme ihtimali daha azdır. İşte aynen bunun gibi, atomlar ve moleküller de tepkimeye girdiklerinde ısı olarak salınabilen bir potansiyel enerjiye sahiptirler. Molekül hareketlerinden kaynaklanan ısı salıverilmesi sonucunda, potansiyel enerji kinetik enerjiye dönüşür. Bu yüzden, kovalent bağlar açısından en yüksek potansiyel enerjili hal, atomların birbirine hiç bağlı olmadıkları hal olan serbest haldir.

Ekzotermik (Isı veren) ve Endotermik (Isı alan) Tepkimeler: Temel bir örnek oldu için, hidrojen atomlarından hidrojen molekülü oluşumunu ele alalım ve tepkime türünü belirleyelim:

$$H \cdot \; + \; H \cdot \longrightarrow H-H \quad \Delta H° = -435 \; kJ \; mol^{-1}$$

Kovalent bağ oluştuğunda, atomların potansiyel enerjisi **435 kJ Mol^{-1}** kadar azalmıştır. Bu potansiyel enerji değişimi aşağıdaki grafikte verilmektedir:

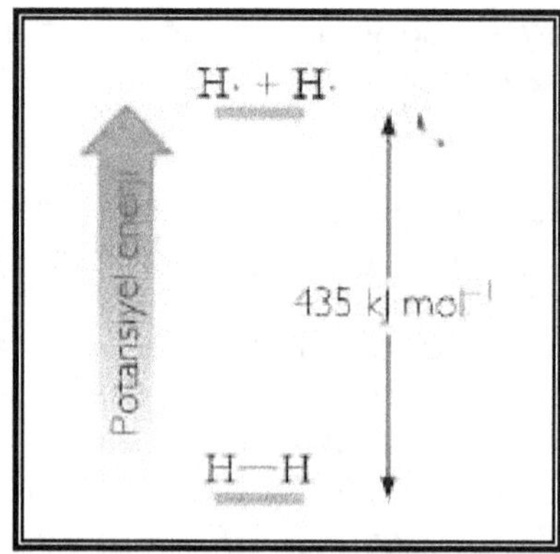

Yukarıda verilen moleküllere ait bağıl potansiyel enerji değişimlerini Termodinamik olarak ifade etmenin bir diğer yolu da, bunların içerdiği **bağıl Entalpilerini** veya **Isı içeriklerini** (**H** ve **ΔH**) vermektir. Bir kimyasal değişimde, reaktiflerin ve ürünlerin bağıl entalpilerindeki farka **entalpi değişimi** (**ΔH**) denir. (**ΔH**) değeri yukarıdaki gibi ekzotermik (ısı veren) tepkimelerde eksi işaretli, yani negatif; endotermik (ısı alan) tepkimelerde ise, artı işaretlidir, yani pozitiftir. Dolayısıyla bir tepkimede, termodinamik açıdan (**ΔH**) değeri önemli bir nicelik olup, reaktiflerin ürünlere dönüşümünde, atomların entalpisindeki değişimin bir ölçüsüdür. Termodinamik açıdan, tepkimede önemli olan bir diğer nicelik ise, aşağıda inceleyeceğimiz **serbest enerji değişimi** (**ΔG**)'dir.

Denge sabiti (K_a) ve Serbest Enerji Değişimi (ΔG) arasındaki ilişki: Bir organik kimyasal tepkime sırasında açığa çıkan ürünler ile tepkimeye giren reaktifler arasındaki bağıl potansiyel enerji değişimini ifade eden bir başka önemli nicelik daha vardır. **ΔG** denilen bu nicelik ile denge sabiti arasında aşağıdaki gibi bir ilişki vardır:

$$\Delta G = -2{,}303RT \log K_a$$

Burada; **R, Rydberg gaz sabiti**'dir ve değeri **8,314 kJ mol⁻¹**'dir. T ise, **Kelvin** olarak **mutlak sıcaklık**'tır. Bu eşitliğe göre, dengeye ulaşıldığında ürünlerin oluşumu lehine olan tepkimelerin **ΔG değerinin negatif** olduğu ve denge sabitinin **1'den büyük** kalacağı söylenebilir. Bu denklemden yararlanarak, yaklaşık 13 kJ mol⁻¹'den büyük değerli tepkimelerin tamamlanacağı öngörülür ve dengeye ulaşıldığında rektiflerin tamamının (yaklaşık >%99) ürünlere dönüşeceği anlaşılır. **Pozitif değerli ΔG** değerine sahip tepkimeler için ise, denge sabiti **1'den küçüktür** ve ürünlerin oluşması gerçekleşmez. Termodinamik olarak; serbest enerji değişimi (**ΔG**), entalpi değişimi (**ΔH**) ve entropi değişimi (**ΔS**) arasında aşağıdaki gibi bir ilişki vardır:

$$\Delta G = \Delta H - T\Delta S$$

Bu denklemin **KIYAMET**'e bakan ve **CANLI ORGANİZMA**'da etkili olan çok önemli **ÜÇ** sonucu vardır:

Birincisi: Entropi değişimleri, bir sistemin bağıl düzenindeki değişikliklere eşlik eder. Bu ise, kainattaki hiçbir sistemin kendi kendisine var olamayacağı, yani mutlaka başka bir sisteme bağlı bağıl bir ısı içeriği barındıracak şekilde bulunması gerektiği anlamına gelir. Dolayısıyla, mutlaka bir sistemin; diğerinden termodinamik olarak etkilenmesi ve kararlılığını diğer komşu sistem, atom veya moleküllerin bağıl ısı içeriklerine de bağlı olmasını gerektirir. Bu ise, evrendeki hiçbir sistem kendi başına izole edilmiş olarak kararlı bir yapıda olamaması, yani tüm atom, molekül veya galaksi sistemlerinin ölümlü, düzensiz, dağılmaya meyilli ve sonlu bir yapıda olduğu ve aynı zamanda harici bir güç tarafından sonradan yaratılmış olduğu anlamına gelir.

İkincisi: Bir sistem ne kadar düzensiz, yani kararsız ise entropisi o kadar fazla olur. Bu nedenle, pozitif bir entropi değişimi ($+\Delta S$), daha düzenli bir sistemden daha düzensiz bir sisteme doğru geçişi temsil eder. Bunun termodinamik anlamı ise, kainatta gerçekleşen organik tepkime sistemlerinin tamamına yakınının pozitif entropi değişimi içeren ekzotermik tepkimeler olduğu, yani dağılmaya ve bozulmaya daha fazla meyilli oldukları anlamına gelir. Bununla birlikte, ΔG'nin küçük değerleri de, kararlı organik moleküllerin oluşabilmesine olanak sağlar.

Üçüncüsü: Entropi değişimine bağlı olarak, reaktif moleküllerinin ürün moleküllerinin sayısına eşit olduğu canlılığı oluşturan pek çok organik tepkime için entropi değişimi küçük olur. İşte bu önemli özellik sayesinde, yani ΔS'nin küçük değer aralıklarında, kararlı organik moleküllerin oluşabilmesine olanak sağlanır. Çünkü bu kritik entalpi değeri aralığında çok yüksek sıcaklıklar dışında, ΔS küçük olsa bile $T\Delta S$ değeri büyük olur ve dengeyi sağlayarak ΔG değeri 1'den büyük kalır ve böylece birçok organik bileşiğin oluşmasına izin verilir. Sadece belirli küçük bir aralıktaki ΔH değerinin büyük olduğu bir kısım organik tepkimeler gerçekleşmez ki, yine bu tepkimelerin gerçekleşmemiş olmasının da canlılık için çok önemli fonksiyonları bulunur.

Serbest enerji değişiminin negatif olduğu **ekzotermik tepkimelerde** reaksiyonun zamana göre değişim grafiğini belirleyen serbest enerji diyagramındaki aşağıdaki gibi **tepe aşağı** gider. Bunla birlikte, **endotermik bir tepkime** için ise, tersi bir durum söz konusu olup, enerji diyagramı **tepe yukarı** gider.

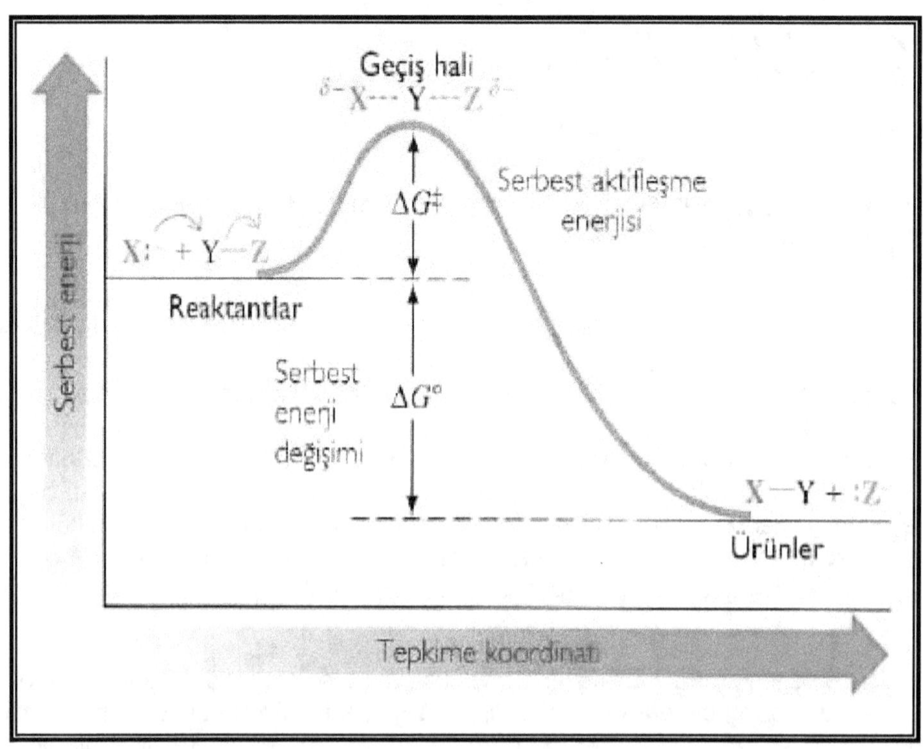

Ekzotermik bir reaksiyon için çizilen serbest enerji diyagramı. Buradaki ΔG^{+} değeri, ürünlerin oluşabilmesi için gerekli olan **SERBEST AKTİFLEŞME ENERJİSİ**'dir. ΔG^{0} değeri ise, standart, yani oda sıcaklığındaki serbest enerji geçiş engeli enerjisidir. Tepkime hızıyla aktifleşme enerjisi arasında da önemli bir ilişki vardır. Tepkimenin hız sabiti (k) ile ΔG^{+} arasındaki bu

ilişki: $k = k_0 e^{-\frac{\Delta G^{+}}{RT}}$ şeklindedir. Eşitlikteki, e doğal logaritmanın tabanı olan 2,718 ve k_0 ise, mutlak hız sabitidir ve değeri oda sıcaklığında $6{,}2 \times 10^{12}$ s^{-1}'dir. Buradaki üssel ilişki nedeniyle, daha düşük aktifleşme enerjisine sahip olan bir tepkime aktifleşme enerjisi yüksek olandan daha hızlı gerçekleşir. Dolayısıyla, reaktiflerin ürünleri oluşturabilmesi için bu engeli aşmaları gerekir. Bununla birlikte, herhangi bir dış etkiyle, örneğin reaksiyon ortamı ısıtılırsa, entalpi ve buna bağlı olarak aktifleşme engeli düşeceği için ürünlerin oluşma süreci de hızlandırılmış olur.

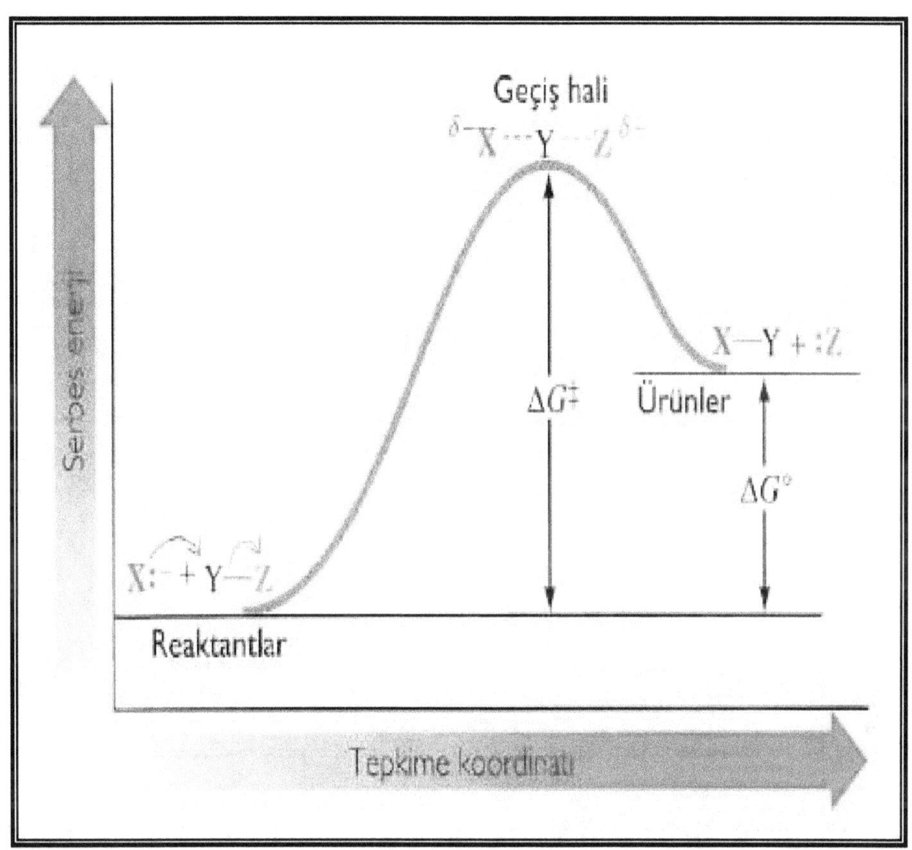

Endotermik bir reaksiyon için çizilen serbest enerji diyagramı. Diyagramın ortasındaki tepe bölgesi, geçiş hali bölgesi olup, reaksiyonun hızına ve ürünlerin oluşma süresine bağlı olarak bu bölgenin genişliği değişebilir. Bununla birlikte, herhangi bir dış müdahale, örneğin ısıtma sonucunda geçiş hali bölgesi daralabilir.

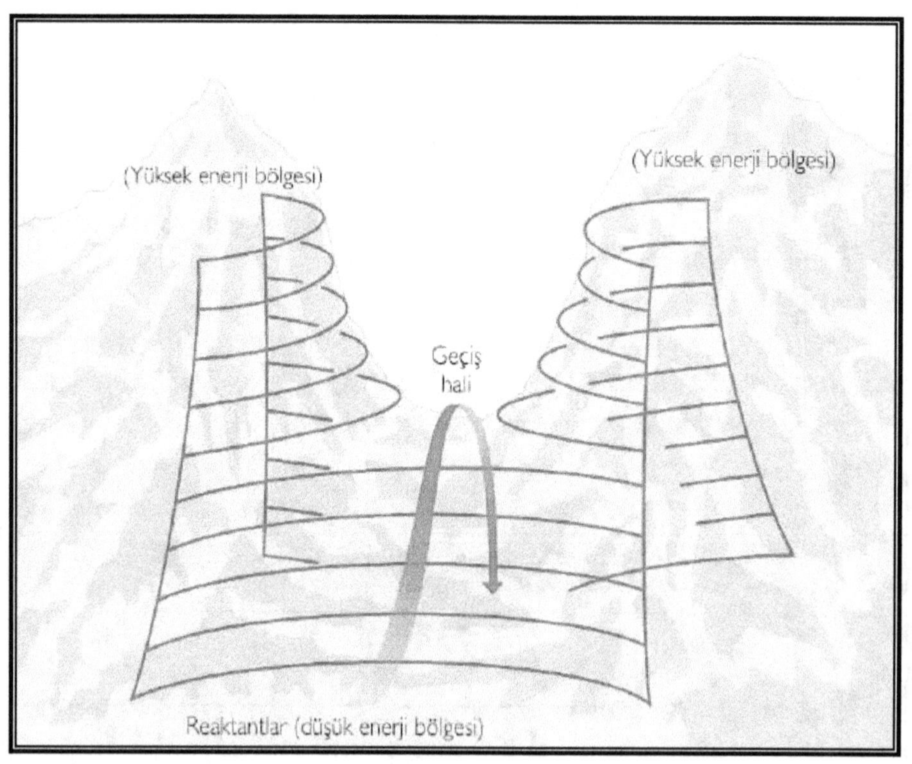

Tepkime koordinatlarını yukarıdaki gibi, iki boyutlu değil de üç boyutlu olarak zihnimizde canlandırmak istediğimizde, serbest enerji diyagramı aşağıdaki gibi bir yapı arzeder. Buradaki enerji engelleri ise, bir dağın yamacındaki ve zirvesindeki geçit noktalarına benzetilebilir. Bu durumda, reaktif ve ürünlerin oluşum süreci, iki dağ arasındaki bir geçit bölgesiyle ayrılıyormuş gibi tasvir edilebilir. Görüldüğü gibi, reaktiflerden ürünlere doğru giden sonsuz sayıda alternatif yol olmasına rağmen, geçiş hali, en düşük enerjili yokuşa gerek duyan yolun zirvesi olacaktır. Geçişin geniş veya dar olması, ΔS'ye bağlıdır. Geniş bir geçiş aralığı, tepkimenin meydana gelmesi için reaktiflerin kısmen pek çok yönelimde (farklı molekül konumlarında, ürün veya reaktif olarak) olabileceği anlamına gelir. Dar bir geçişte ise, bu durumun tersi geçerli olur.

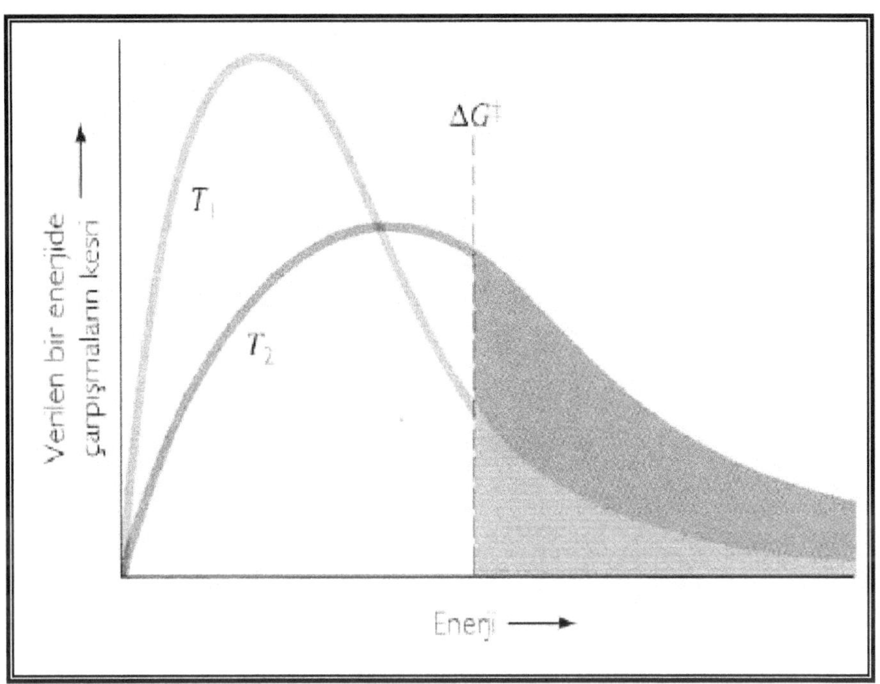

Aynı tepkimeye ait, iki farklı sıcaklıktaki, T_1 ve T_2 ($T_2>T_1$) sıcaklıklarındaki, serbest enerji diyagramlarının değişimi. Grafikten de görüldüğü gibi, serbest aktifleşme enerjisinden daha büyük enerjiye sahip çarpışmaların sayısı, her bir eğrinin altındaki gölgelendirilmiş renkli bölgelerle ifade edilmektedir. Görüldüğü gibi, sıcaklık arttırıldığında, reaksiyonun serbest aktifleşme enerjisinde büyük bir azalma ve buna bağlı olarak reaksiyonun gerçekleşme hızında bir artış meydana gelir.

Şimdi benzen molekülünün yapı teorisine geri dönelim. 1900'lü yıllardan önce, kimyacılar, aromatikliği sağlayan yapı özelliklerinden birisinin, halkalı bileşiklerin birbirini izleyen birli ve ikili bağlara sahip olması gerektiği olmuştur. O yıllarda sadece benzen ve türevleri (yani altı üyeli halkalı bileşikler) bilinen aromatik bileşikler olduğundan, bunun açıklanması için başka teoriler kurguladılar. Şimdi bu modern teorileri kısaca inceleyelim:

Benzen'in Yapısının Rezonans Teorisiyle Açıklanması: Bu teorilerden ilki, rezonans teorisidir. Rezonans teorisi, bir molekül için sadece elektronlarının konumlarının farklı olduğu iki veya daha fazla Lewis yapısı yazılabildiğinde, bu yapıların hiçbirinin bileşiğin orijinal yapısının özellikleri ile tam bir uyum içerisinde olmaması esasına dayanır. Dolayısıyla, benzen molekülü için yazılan iki farklı kékule yapısı, sadece elektronların konumu bakımından farklıdır.

Oysa bu yapılar, klasik değerlik teorisine göre, altı hidrojen atomunun da eşdeğer olduğunu ve molekülün her atarfına eşit bir şekilde dağıldığını söyler. Fakat buradaki sorun, bu durumun yaklaşık bir ifadeyi belirtmesidir. Halbuki rezonans teorisi, benzendeki hidrojen halkasına ait elektronları yerleşik ve düzgün bir şekilde değil, tam tersine dağılmış bir vaziyette bulunduğunu söyler (Termodinamiğin II. Yasasına göre). Bu yüzden eşdeğer rezonans melez yapısı, içerisine bir halka çizilmiş altıgen bir yapı ile gösterilir ve molekülün toplam kararlılığının melez yapıların her birisinden daha kuvvetli olduğunu belirtir:

Bu gösterim, halka üzerinde altı elektronun gelişigüzel bir şekilde dağıldığını belirtir. Aşağıda verildiği gibi diğer bazı benzen türevi aromatik moleküllerde ise, halka üzerinde daha çok elektron bulunabilir:

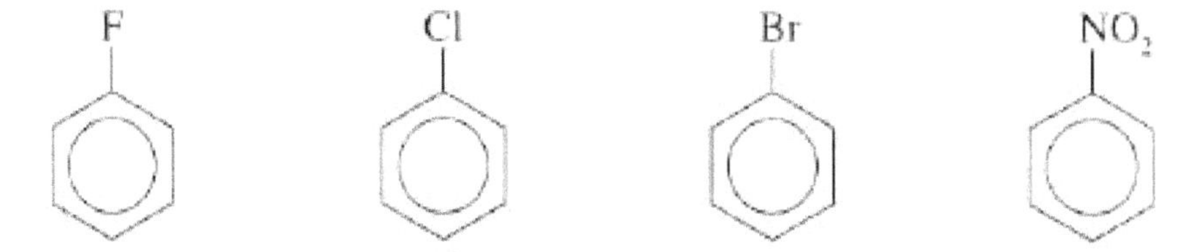

| Florobenzen | Klorobenzen | Bromobenzen | Nitrobenzen |

| Toluen | Fenol | Anilin |

| enzensülfonik asit | Benzoik asit | Asetofenon | Anizol |

1,2-Dibromobenzen	1,3-Dibromobenzen	1,4-Dibromobenzen
(*o*-dibromobenzen)	(*m*-dibromobenzen)	(*p*-dibromobenzen)
orto	*meta*	*para*

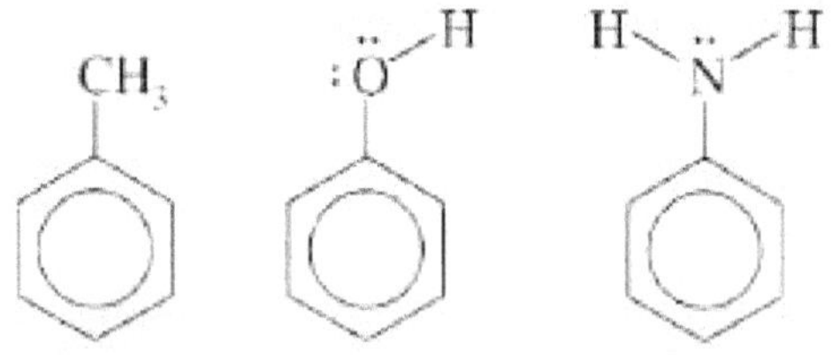

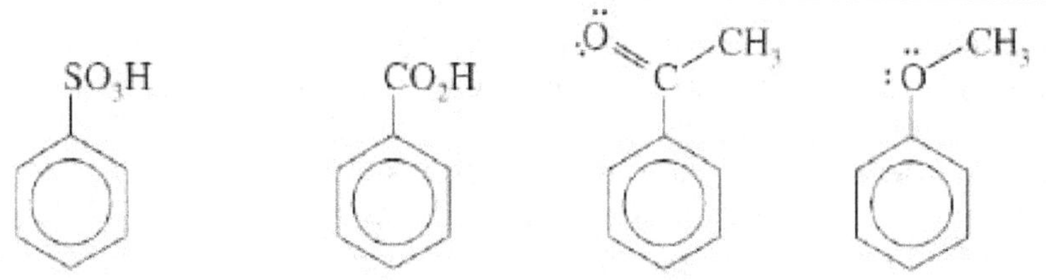

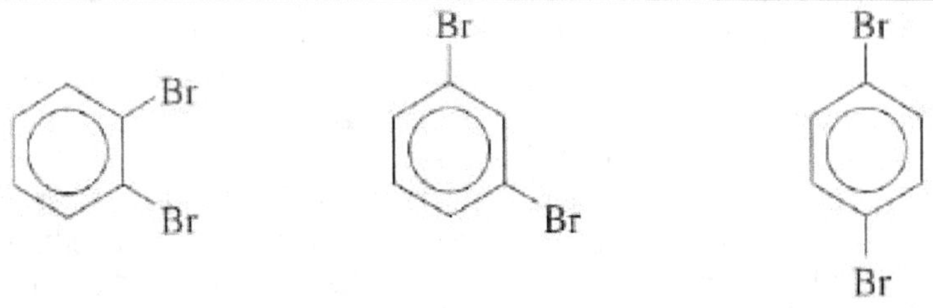

Benzen'in Yapısının Moleküler Orbital Teorisiyle Açıklanması: Benzen halkasındaki karbon atomlarının bağ açılarının 120^0 olması, karbon atomlarının sp^2 melezleşmesi yaptığını gösterir. Tüm bağ uzunlukları **1,39 A^0** olduğundan, p orbitalleri etkili bir şekilde örtüşmek için enerjilerini azaltırlar ve sonuçta altı karbon atomu tek bir halka halinde sıralanmış olur. Benzendeki bütün bağlayıcı moleküler orbitaller (tüm pi ve sigma bağları), dolu olduğundan elektronların tamamının spinleri eşleşmiş olur ve böylece benzenin dış kabuğunda halka halinde sıralanmış olan dağılmış haldeki elektronlar, yeni bir bağ yapmaya karşı kararlı bir hal alarak kapalı bir kabuk oluştururlar. İşte bu kapalı bağlayıcı kabuk, kısmen benzenin daha kararlı bir yapı kazanmasını sağlar. Bu kabuk olayı ise, **1931** yılında, bir alman fizikçisi olan **Eric Hückel** tarafından açıklanmıştır. Hückel kuralı, benzende olduğu gibi, her atomu bir p orbitaline sahip olan ve düzlemsel halka içeren tüm bileşiklerle ilgilidir. Buna göre, Hückel'in hesaplamaları, (4n+2) sayıdaki (burada n=0,1,2,3,4.. olabilir) pi elektronu içeren (yani 2, 6,10, 14 ..gibi sayıda pi elektronu bulunan) düzlemsel yapıdaki tek halkalı bileşiklerin, benzen gibi kapalı olarak dağılmış bir elektron kabuğuna sahip olduklarını ve bunların önemli ölçüde rezonans enerjilerinin olması gerektiği göstermiştir. **Başka bir değişle, 2, 6, 10, 14.. v.b. sayıda dağılmış pi elektronu bulunan düzlemsel yapıdaki tek halkalı bileşikler aromatiktir**. Benzen'in bu ALTI halkaya sahip kararlı yapısı, yaratıcının tabiatta düzenlediği önemli biyokimyasal özelliklerden birisidir ki, bu sayede halkalı bir yapıya sahip olan ve canlı organizmalarda gerekli olan pek çok ALTIGEN halkaya sahip molekül (enzim, koenzim, protein, lipid, kolesterol gibi v.b.) ve daha sayamadığımız milyonlarca bileşik çeşidi oluşur. İşte, teorik olarak açıklanmasında güçlük çekilen Benzen'in ALTIGEN yapıdaki moleküler yapı teorisine ilişkin bu kararlılık ve rezonans yapısını; aşağıdaki gibi bir daire içerisine kenar sayısı kadar köşesi bulunan bir ALTIGEN çokgen çizerek ve bu modeli atomik orbitallerine ilişkin moleküler orbital teorisinden yaralanarak geliştirilen ve protonlara pratik uygulamalarda NMR spektrometresinde kullanılarak uygulanan manyetik alan ile ışıma arasındaki fiziksel bir özellik yardımıyla özet olarak aşağıdaki gibi ALTI denklem ve ALTI diyagramla şöyle gösterebiliriz:

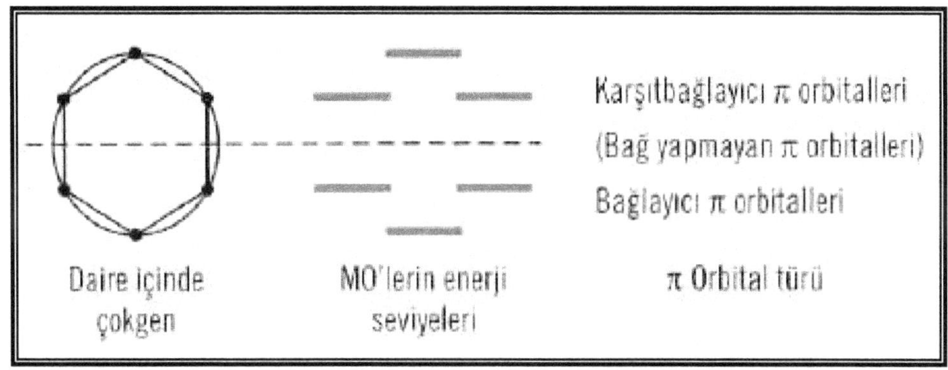

Diyagram-I: Halkasal yapıdaki herhangi bir moleküle ait moleküler enerji seviyeleri.

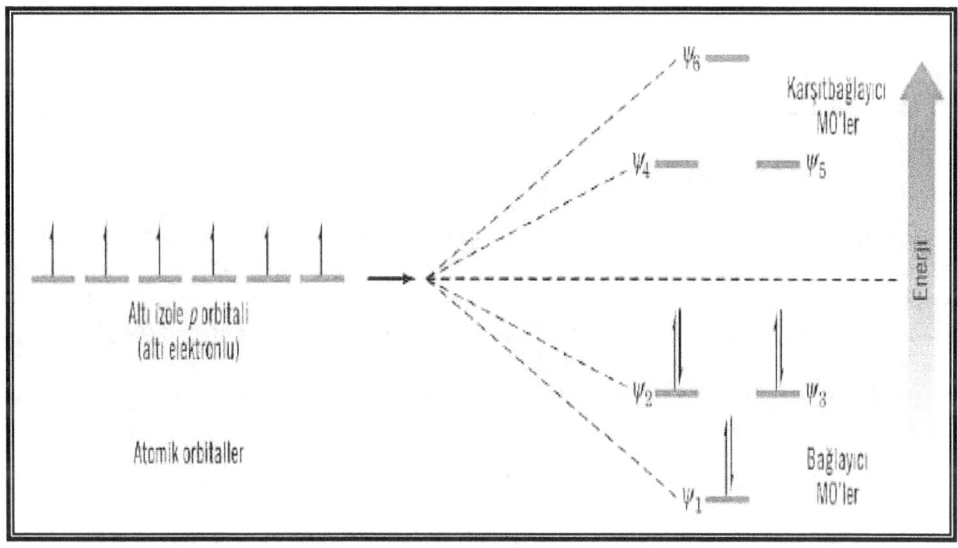

Diyagram-II: Çokgenin köşelerinin daireye değdiği noktalar, sistemin pi moleküler orbitallerinin enerji seviyelerine karşılık gelir. Bu enerji seviyeleri ise, yukarıda benzen için kuantum mekaniği hesaplamalarına dayanılarak bulunan ve üstteki grafikte verilen farklı enerji seviyelerine denk gelir.

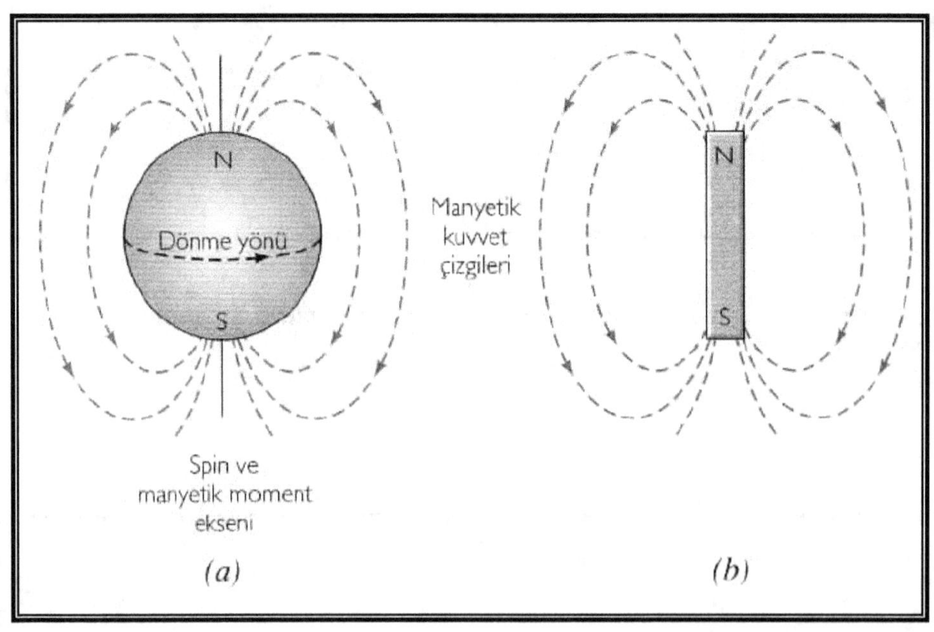

Diyagram-III: (a) Dönmekte olan bir protona eşlik eden manyetik alanlar. (b) Dönmekte olan bir proton küçük bir mıknatıs dipolüne benzer. Newton'un ikinci yasasına göre, merkezdeki pozitif yüklü proton ve etrafındaki Q yüküne ve v**, çizgisel hızına sahip elektronun oluşturduğu**

Manyetik Alan Denklemi: $QvB = m\dfrac{v^2}{r}$ **[I] olup, buradan manyetik alan**

değerini çekersek; $B = \dfrac{mv}{Qr}$ **[II] ve bu Manyetik alana bağlı Dipol Momenti**

ise, $P = QBr$ **[III] olur ve böylece protonun ve elektronun kendi eksenleri etrafında göreceli olarak aynı hızda döndüğünü varsaydığımızda ve gecikmelere bağlı açısal spin değerine bağlı faz farkını ihmal ettiğimizde**

protonun Manyetik Açısal Hızı, $\omega = \dfrac{QB}{m}$ **[IV] olur.**

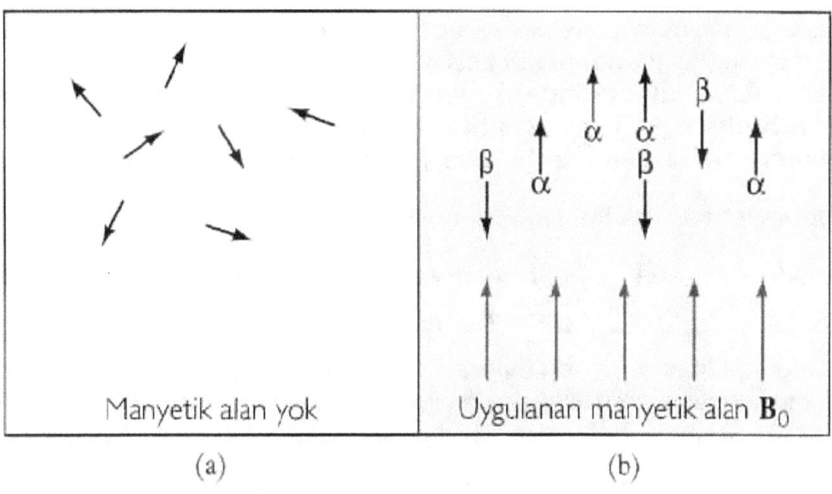

Diyagram-IV: (a) Manyetik alan yokken, protonların oklarla gösterilen manyetik momentleri düzensiz olarak uzayda yönlenirler. (b) Protonlar bir dış manyetik alan (B_0) uygulandığında, bazıları manyetik alanla aynı yönde (α spin durumu); bazıları da zıt yönde (β spin durumu) olacak şekilde dizilirler. Bu dizilimin sonucunda organik moleküle ait atomların bir kısmı α durumunda olurken; diğer bir kısmı da β durumunda olur. Bu özellik, organik moleküllerde, kutuplanmış birimlerin (ATP sentezi sırasında gerçekleşen enerji üretim basamaklarındaki Proton Pompası İnhibitörü olarak çalışan F_0 ve F_1 birimlerinin bu şekilde kutuplaşması gibi) birbirinden ayırt edilmesine yardımcı olur.

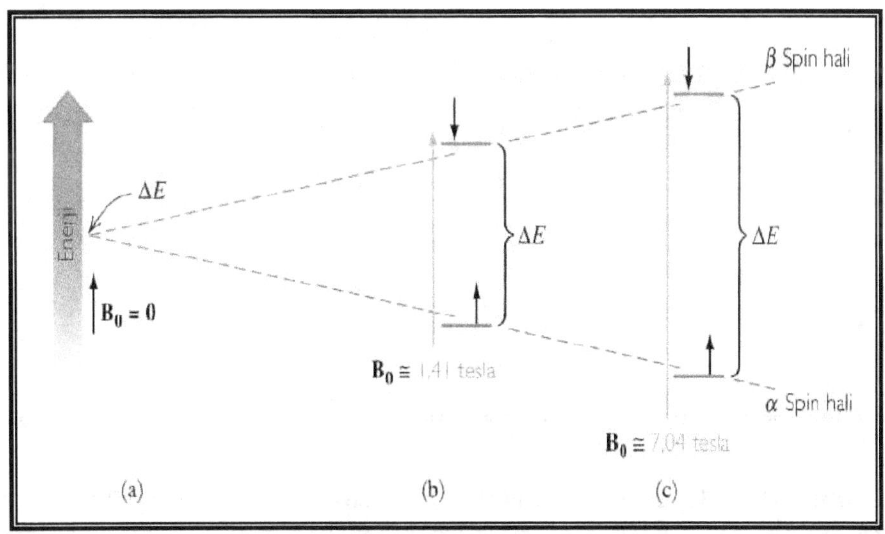

Diyagram-V: Bu diyagramdan da açıkça görüldüğü gibi, protonların dış manyetik alandaki bu iki farklı dizilişlerinin enerjileri aynı değildir. Manyetik alanla aynı yönelişe sahip olan protonların enerjileri, zıt yönde yönlenmiş olanlarınkinden küçüktür. Dolayısıyla, protonu düşük enerjili halinden (alanla aynı yönde), yüksek enerjili haline (alanla zıt yönde) "takla attırabilmek için" belirli bir dış enerji gerekir. İşte, NMR spektrometresinde gereken bu enerji miktarı radyo frekans bölgesindeki elektromanyetik ışıma ile, yani frekansı $v = \dfrac{\gamma B_0}{2\pi}$ [V] olan bir ışın demetiyle sağlanabilir. Burada γ, jiromanyetik orandır ve proton için değeri $\gamma = 26{,}753\ rad\ s^{-1}tesla^{-1}$ 'dir. Bu enerji soğurulması gerçekleştiğinde, çekirdekler elektromanyetik ışıma ile rezonansa geçer. Buradaki gerekli enerji, manyetik alanın değeriyle doğru orantılıdır. Örneğin, yaklaşık 7 Tesla şiddetindeki bir manyetik alanda saniyede $\omega = 3 \times 10^{8}\ rad\ s^{-1}$ değerinde bir hızda çevrim yapan bir elektromanyetik ışıma protonların soğurması için gerekli olan enerjiyi sağlar. İşte, Nükleer Manyetik Rezonans (NMR) cihazlarında kullanılan bu benzer özellik ve fiziksel kuram sayesinde benzen molekülü kararlı bir rezonans yapısına sahiptir.

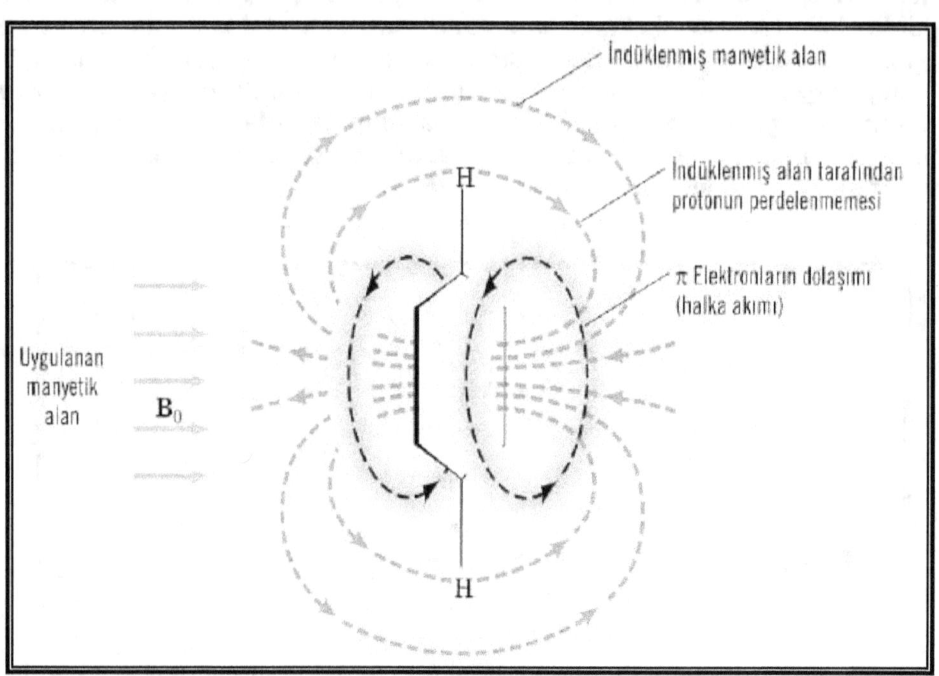

Diyagram-VI: Benzen molekülü güçlü bir manyetik alana yerleştirildiğinde, elektronlar yukarıdaki şekilde gösterildiği gibi okla gösterilen yönde dolaşım yaparak çok küçük bir halka akımı oluştururlar. Eğer yeterli bir fizik bilginiz varsa elektronları neden bu şekilde bir akım oluşturacağını anlarsınız. Çünkü, göreli elektrodinamik kanununa göre, uygulanan elektronlar, uygulanan manyetik alanı azaltacak yönde bir indüklenmiş alan oluşturmak için ok yönünde $\dfrac{\partial \varphi}{\partial t} = -L\dfrac{\partial i}{\partial t}$ [VI] şeklinde toplam manyetik alanı azaltacak yönde diferansiyel bir ($\Delta\varphi$) akısı ve buna bağlı olarak bir diferansiyel (Δi) akımı oluştururlar. Benzer şekilde, Benzen'in π (pi) moleküler orbitallerindeki elektronların oluşturduğu halka şeklindeki elektron akımı da, içerdeki protonları bu halka akımı sayesinde perdeleyerek molekülün daha kararlı bir yapı kazanmasını sağlar. İşte, benzen molekülünün kararlı halkasal bir yapı kazanmasını sağlayan, bu diferansiyel göreceli manyetik akı denklemidir.

3- CANLILIĞI OLUŞTURAN TEMEL ORGANİK BİLEŞİKLER

[İLERİ ORGANİK KİMYA BİLGİSİ-II]

Soru: Canlı organizmalardaki hücre yapılarında, canlılığı meydana getiren temel organik bileşikler nelerdir? Bunların yapısı nasıldı? Hücre içerisindeki fonksiyonları nelerdir? Hücreyi nasıl meydana getirirler?

Cevap: Bu mesele, önceki kısımda ele aldığımız organik kimyanın yapı teorisine göre hem içerik hem de canlıların çeşitliliğine bağlı farklılıklardan dolayı çok geniş bir konu olması sebebiyle daha detaylı bir şekilde incelenecektir. Hücre içerisindeki canlı yapıları teşkil eden organik bileşik çeşitleri çok geniş bir spektrum içermesine rağmen belli başlı ana gruplara ayrılarak sınıflandırılabilirler. Bu sınıflandırma içerisinde, örneğin; **Karbonhidratlar**, **Glikozlar** (**Basit veya kompleks şeker molekülleri**), **Lipidler**, **Terpenoidler**, **Steroidler**, **Aminoasitler**, **Proteinler**, **Enzimler** ile **DNA** ve **RNA molekülleri** ana başlıklar olarak belirlenebilir. Bununla birlikte, daha sayamadığımız pek çok organik bileşik grubu da yukarıda saydığımız ana organik bileşik grubuna dahil edilebilir. Örneğin; **Koenzimler**, **Vitaminler**, **Hormonlar** gibi.. Şimdi, sırasıyla basit yapılı olanlarından daha kompleks yapıda olanlara doğru bu organik bileşikleri ve hücre içerisindeki görevlerini inceleyelim. Bu bileşiklerin canlı organizmalarda sayılamayacak kadar çok görevi olmasına rağmen biz burada sınırlı bir kısmından ancak bahsedebileceğiz. Dolayısıyla, bu durum da bize yaratıcının yaratılış için ne kadar çok alternatif yol ve onu oluşturan birim tayin ettiğini daha mükemmel bir şekilde anlamamıza ve bu harika tarzda meydana getirilen yapıları incelemekle inancımızı daha da pekiştirmemize yardımcı olacaktır.

Dolayısıyla, bu kadar karmaşık ve kompleks yapılardan oluşmasına rağmen, tüm bu karmaşık sistemlerin tek bir hata bile yapılmaksızın kusursuzca işlemesi, yaratılış en büyük delillerinden ve Yaratıcının en büyük isbatlarından birisidir.

Örneğin, aşağıdaki grafiklerde çizilmiş bağlantılı yollarla gösterilen ve binlerce metabolizmaya ait reaksiyonlar zincirini gösteren işlemler sadece tek bir basit bitki hücresi ile tek hücreli bir ökaryot hücresine aittir:

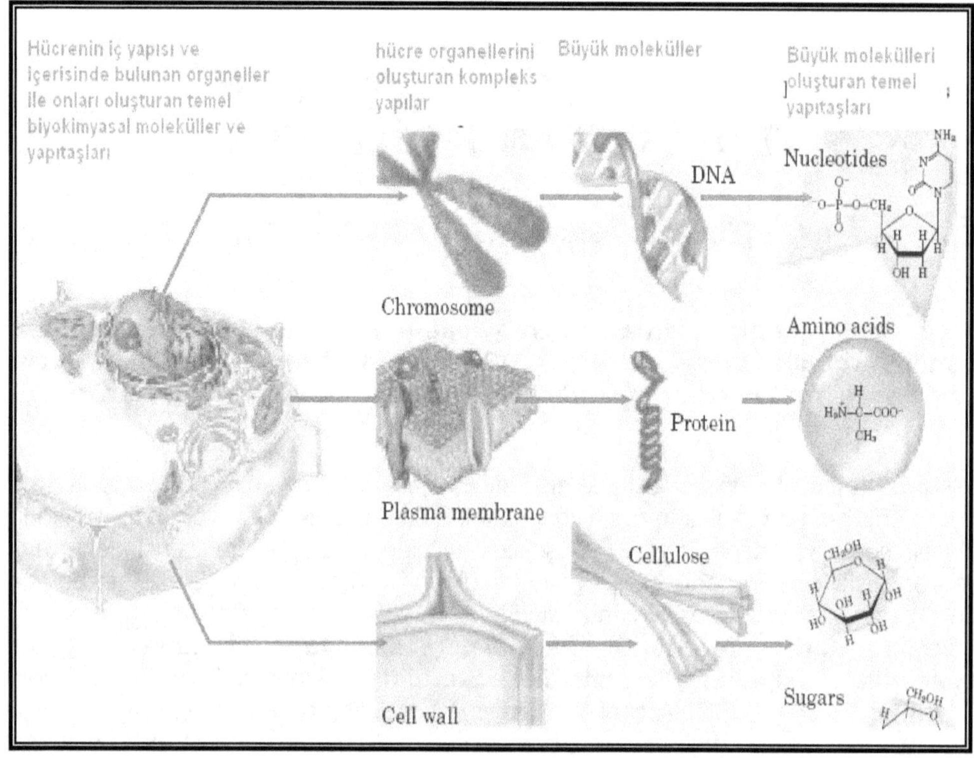

Hayvan Hücresi

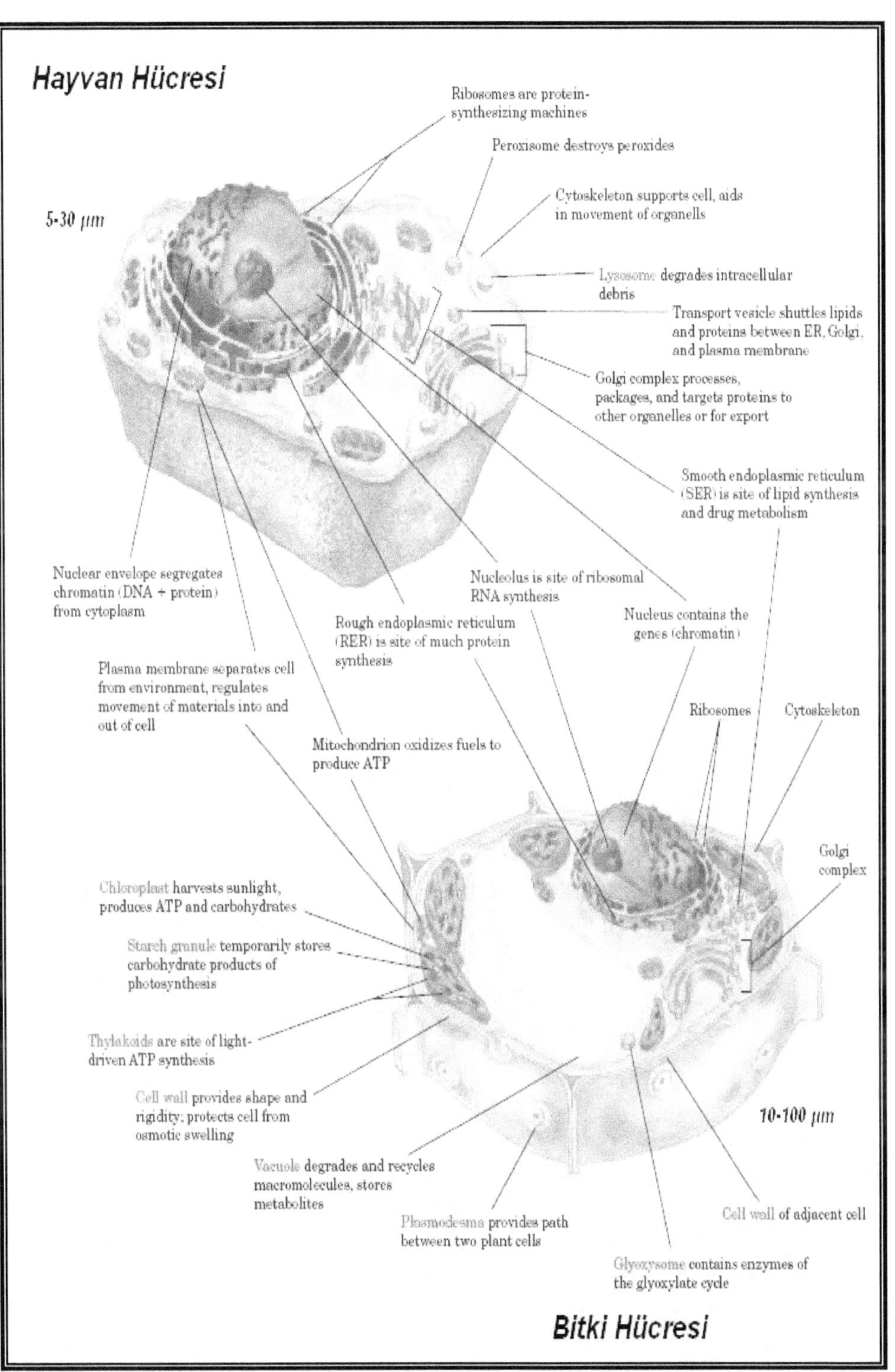

En basit bakteri hücresinin temel bileşenleri

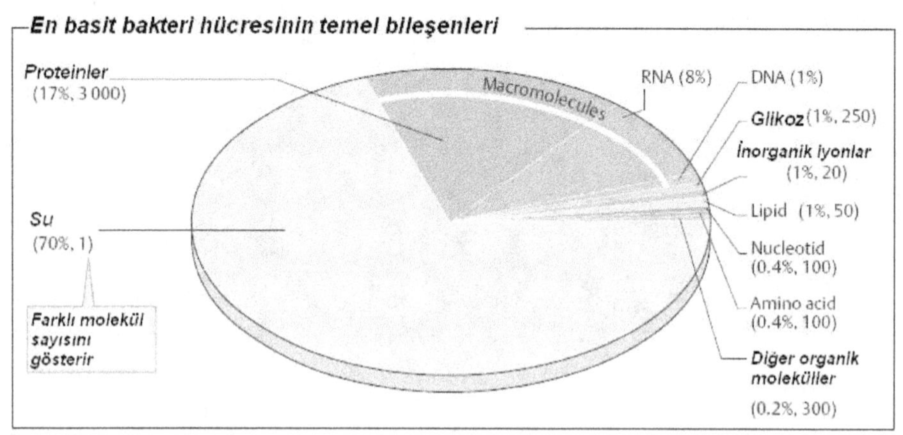
Proteinler
(17%, 3 000)
Macromolecules
RNA (8%)
DNA (1%)
Glikoz (1%, 250)
İnorganik İyonlar
(1%, 20)
Lipid (1%, 50)
Nucleotid
(0.4%, 100)
Amino acid
(0.4%, 100)
Su
(70%, 1)
Diğer organik
moleküller
(0.2%, 300)
Farklı molekül
sayısını
gösterir

Bakteri hücresinin içi

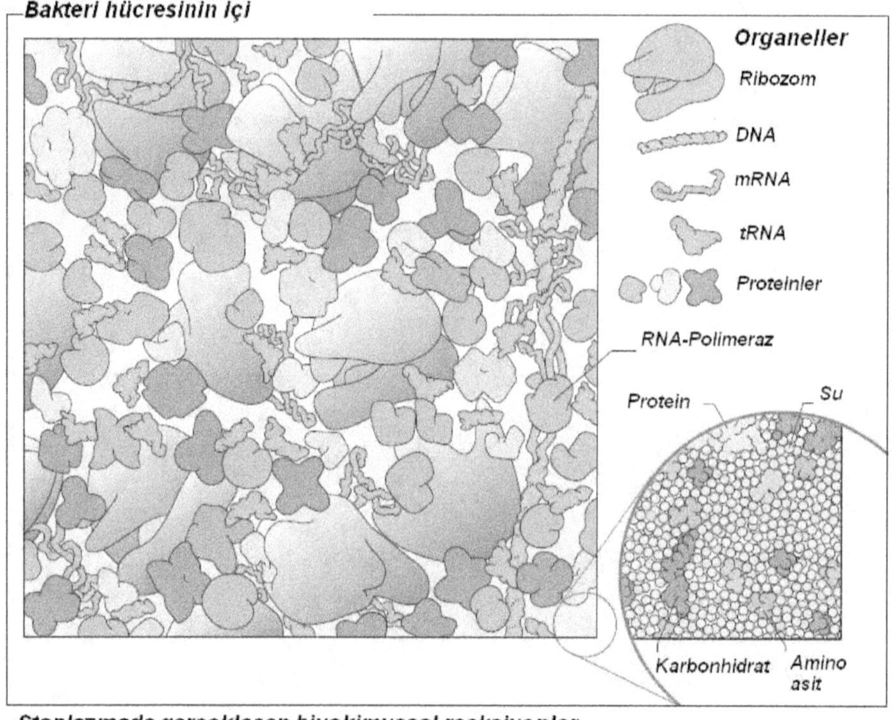
Organeller
Ribozom
DNA
mRNA
tRNA
Proteinler
RNA-Polimeraz
Protein
Su
Karbonhidrat
Amino
asit

Stoplazmada gerçekleşen biyokimyasal reaksiyonlar

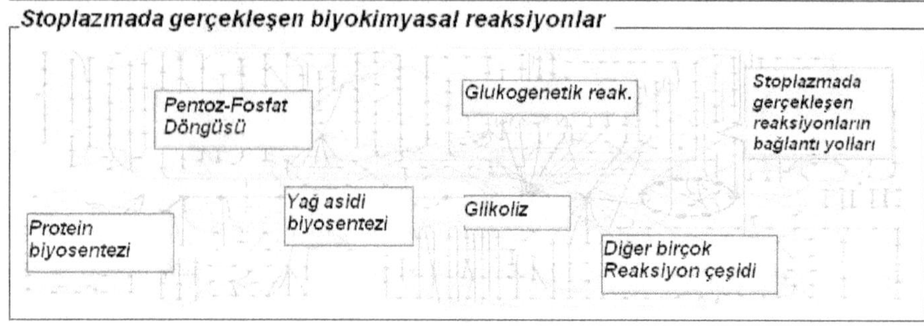
Pentoz-Fosfat
Döngüsü
Glukogenetik reak.
Stoplazmada
gerçekleşen
reaksiyonların
bağlantı yolları
Yağ asidi
biyosentezi
Glikoliz
Protein
biyosentezi
Diğer birçok
Reaksiyon çeşidi

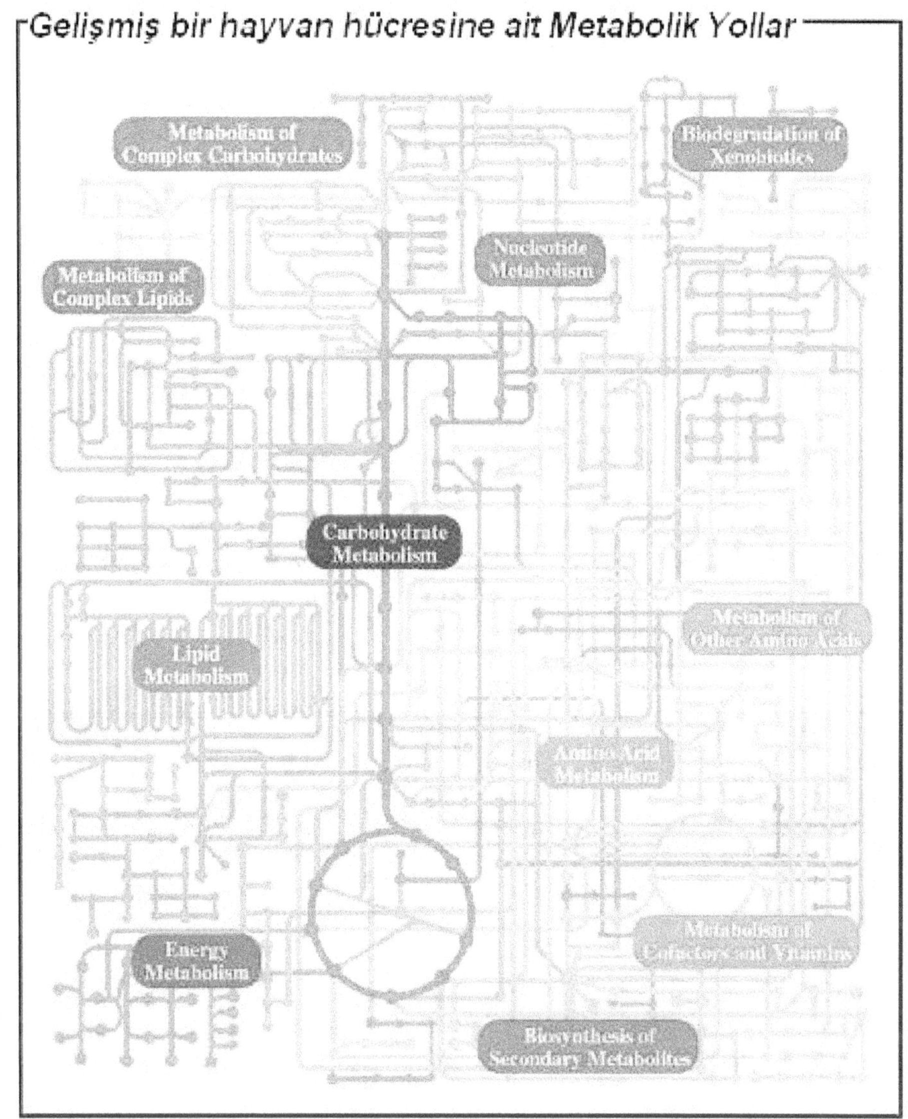

TEMEL BİYOMOLEKÜLLER

Organik bileşiklerin temel bir sınıflandırmasını şu şekilde yapabiliriz:

BİRİNCİSİ: İnorganik atom ve moleküllerden oluşturulmuş olan basit yapıdaki organik bileşikler grubu. Bu gruptaki çoğu biyomolekül, Karbon (C), Oksijen (O), Hidrojen (H), Azot (N), Kükürt (S) ve Fosfor (P) elementlerinin ağırlıkta olduğu atomlardan teşkil edilmiş basit organik bileşik türevleri olarak karşımıza çıkar ve canlılığı oluşturan organik moleküllerin %75-80'ini teşkil eder.

Organik metabolizmalar, bu organik bileşikleri; asit türevlerini veya oksit ya da hidrür bileşenlerini ayrıştırarak kullanır. Örneğin, hücredeki enerji üretimini gerçekleştiren ATP sentezinde sitrik asit döngüsünde kullanılan proton transferi mekanizması veya Fotosentez aşamalarındaki Calvin döngüsünde kullanılan karanlık devre basamaklarındaki oksitlenme reaksiyonları gibi. Bunlardan başka, hidrokarbonların birçok grubu ve pek çok fonksiyonel grup bileşiği de; örneğin $(R-XH_{n-1})$, $(R-XH_{n-2}-R)$ gibi hidrokarbonlar; $(R-OH)$ gibi alkol grupları; $(R-O-R)$ şeklindeki ester bileşikleri; su ya da amonyak yapıdaki amin bileşikleri türevleri $(R-NH_2)$, $(R-NH-R)$, $(R-N-R'R'')$ ve tiyol ya da tiyol esterleri şeklinde $(R-SH)$, $(R-S-R')$ ya da hidrojen sülfür bileşikleri halinde (H_2S) olarak ya da -OH -NH₂ grubu hidroksi veya amonyum polar organik bileşikleri şeklindeki yapılar halinde kullanılır. Ayrıca birçok karboksilik asit grubu ile aldehit ve keton da temel organik bileşik yapılarında mutlaka yer alır. Özellikle karboksilik asitlerden **fosforik asit** $(\mathbf{H_3PO_4})$ hücredeki enerji üretimini gerçekleştiren pek çok metabolizmada kullanılır. Aşağıdaki grafiklerde, bu temel organik bileşik sınıflarından hücre içerisinde en çok kullanılanlarının temel yapıtaşları ve bu moleküllerin kullanıldığı bazı hücre metabolizmaları verilmektedir:

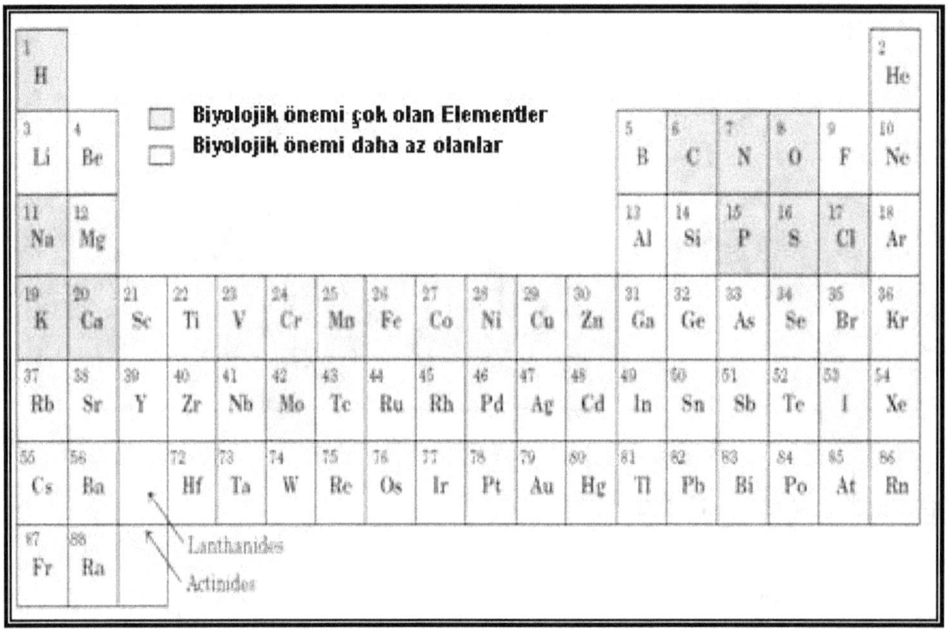

Periyodik tabloda biyolojik yapılarda en çok kullanılan elementleri gösteren bir tablo.

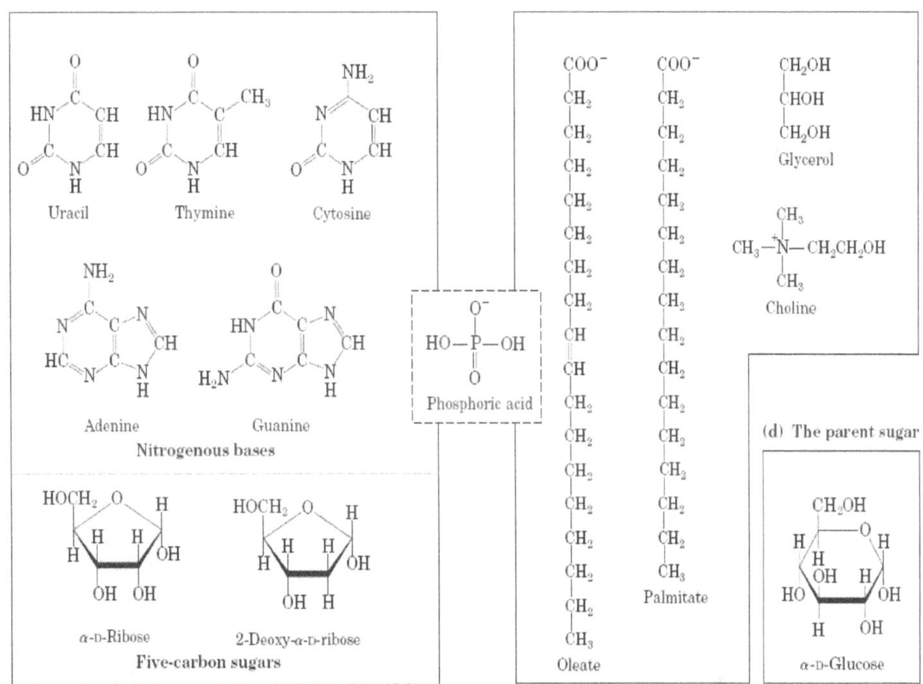

Proteinlerin yapıtaşlarını oluşturan temel Amino asitler.

Nükleik asitlerin temel yapıtaşları ve beş karbonlu riboz şekerleri (solda) ile lipidlerin bazı temel yapıtaşları (sağda).

289

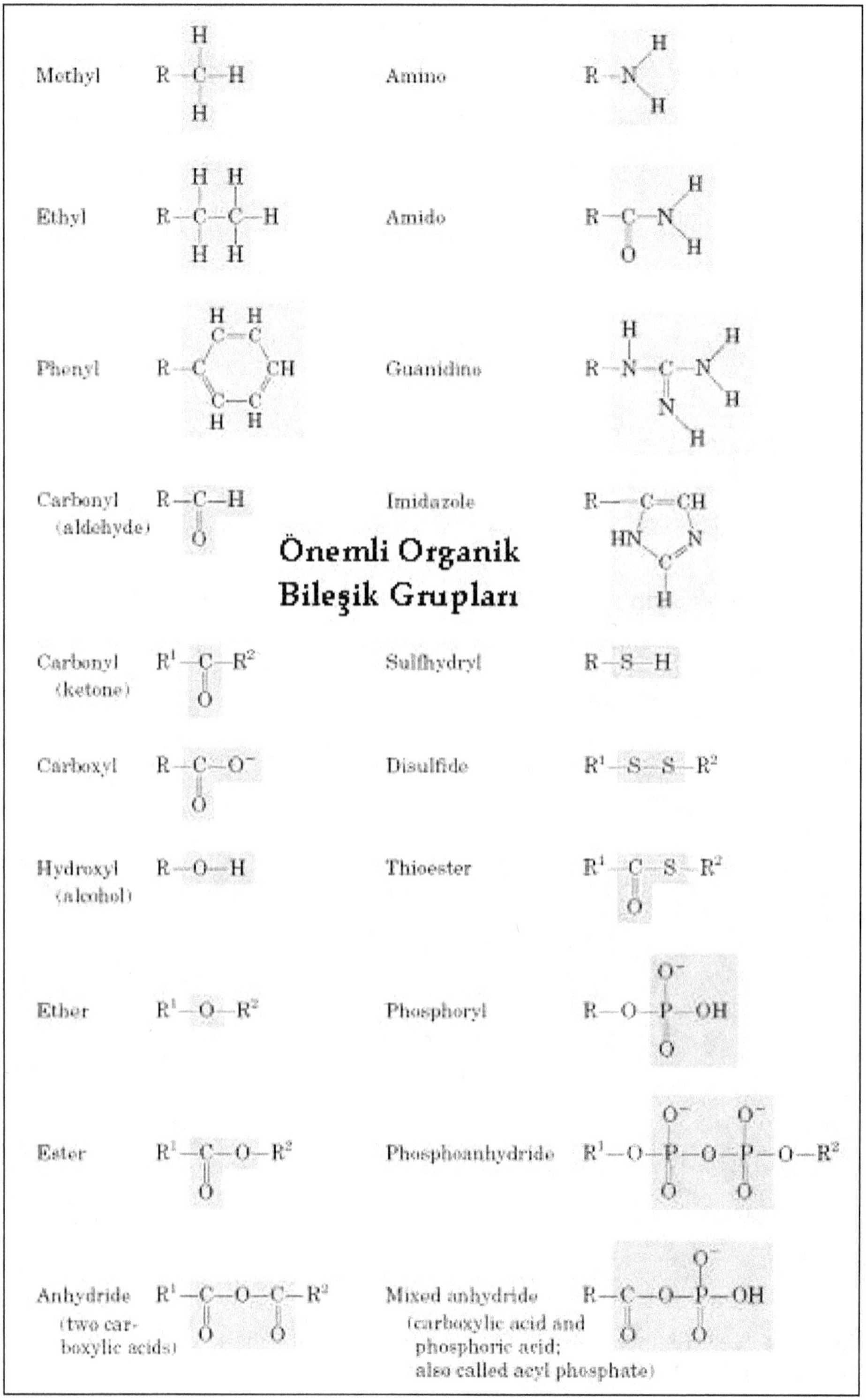

Önemli Organik Bileşik Grupları

Methyl

Ethyl

Phenyl

Carbonyl (aldehyde)

Carbonyl (ketone)

Carboxyl

Hydroxyl (alcohol)

Ether

Ester

Anhydride (two carboxylic acids)

Amino

Amido

Guanidino

Imidazole

Sulfhydryl

Disulfide

Thioester

Phosphoryl

Phosphoanhydride

Mixed anhydride (carboxylic acid and phosphoric acid; also called acyl phosphate)

Önemli Organik Bileşik Grupları (devamı)

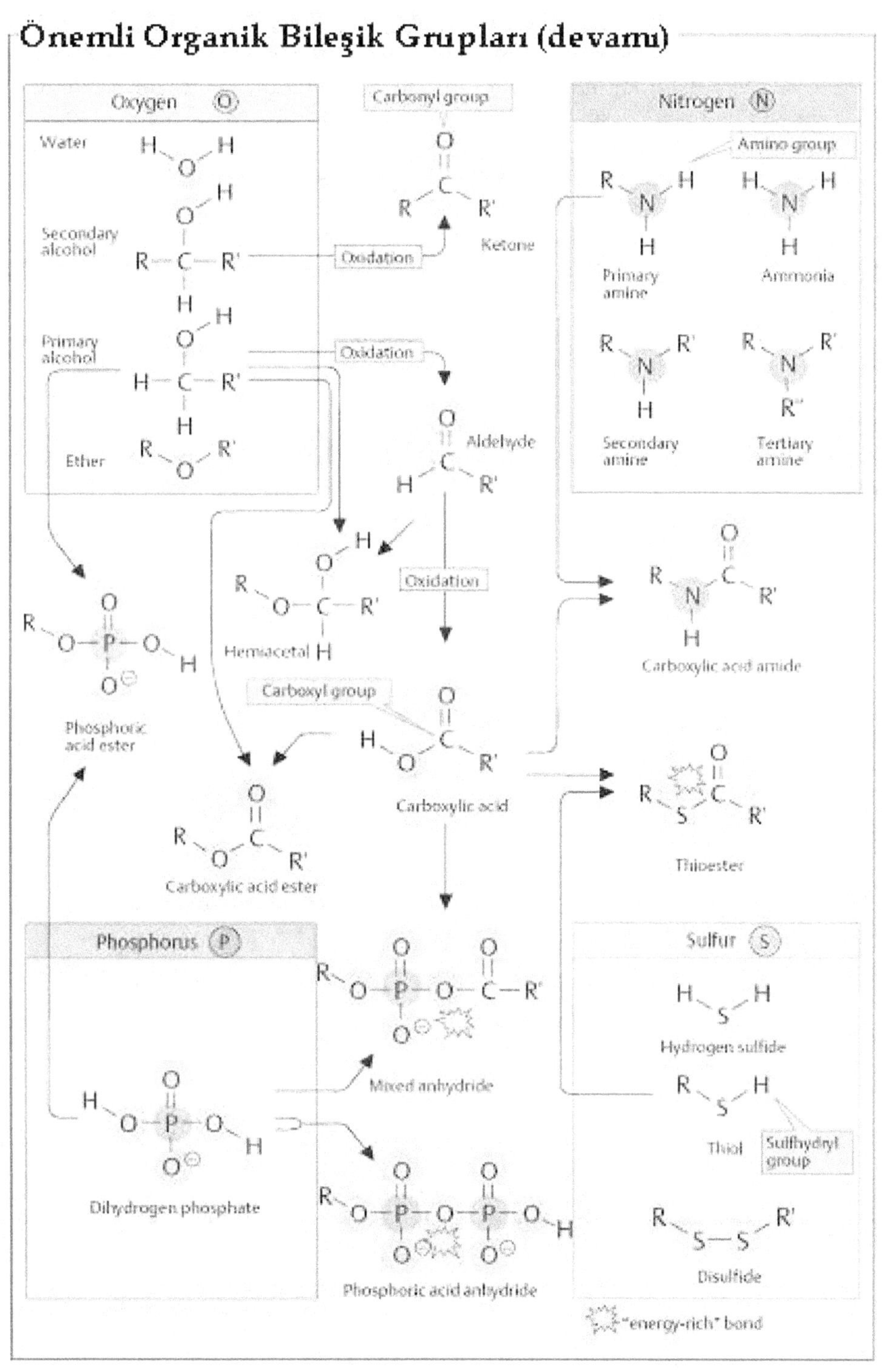

291

İKİNCİSİ: Bazı temel organik bileşik grubu da, daha küçük birimler halindeki organik moleküllerin birleştirilmesiyle teşkil edilir ki, bu çeşit büyük moleküller hücresel yapıdaki daha karmaşık fonksiyonları yerine getirmek için kullanılırlar. Bu çeşit bileşikler genellikle, kondensasyon reaksiyonları olarak bilinen ve reaksiyon tepkimesi, en temel organik bileşik substratı (ortamı) olan su (H_2O) tarafında katalizlenen tepkimelerle meydana getirilir. Biyolojik açıdan önemi olan birçok Enzim, Koenzim, Vitamin, Protein, Karbonhidrat ve Glikoz molekülü ile DNA ve RNA Nükleotid molekülleri ve Nükleik asitler bu tip reaksiyonlar sonucu, çok sayıdaki küçük organik bileşiklerin belirli bir moleküler kalıba göre birleştirilmesiyle meydana getirilir.

Örneğin, aşağıda moleküler yapısı ve mimarisi detaylı olarak verilen ve hücresel yapılardaki tepkimelerde önemli fonksiyonları olan bir bileşik **Koenzim A** (**Acetil CoA**), bu şekilde meydana getirilen kompleks yapılı bir nükleotid molekülüdür:

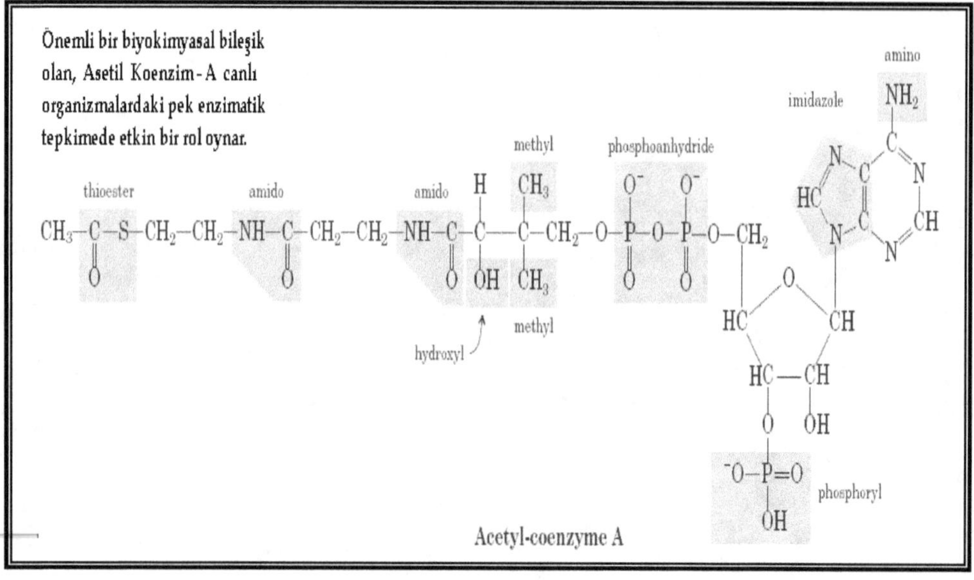

Asetil Koenzim- A (Van der Waals modeli)

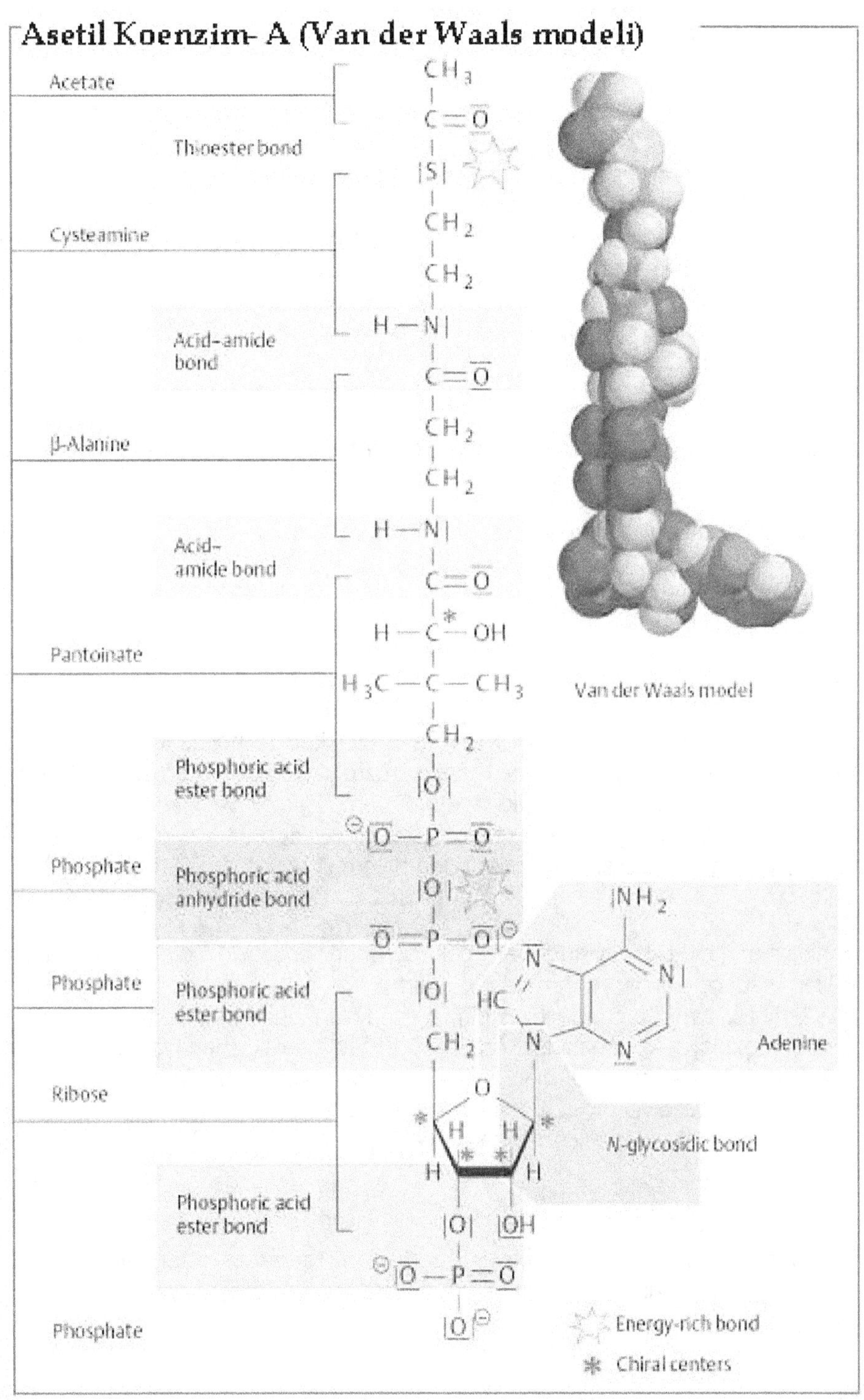

KARBONHİDRATLAR

Karbonhidratlar olarak bilinen organik bileşikler adlarını, eski incelemelerde sıklıkla $C_xH_2O_y$- formülülüne sahip olmaları ve bunun "Karbonun hidratları" olarak tanımlanmasından almıştır. En basit karbonhidratlar, şekerler veya sakkaritler olarak da bilinen **Glikoz**, **Laktoz** ve **Sakkaroz** molekülleridir. Bu nedenle, biyolojik şekerlerin sonuna genellikle *—oz* eki getirilerek okunur. Çay şekeri, *sakkaroz*, kan şekeri *glikoz*, meyve şekeri *fruktoz*, süt şekeri *Laktoz* ve malt şekeri ise *maltoz* ifadeleriyle tanımlanır. Karbonhidratlar genellikle polihidroksi aldehitler ve ketonlar veya hidroliz edildiklerinde aldehitleri veya ketonları veren kompleks organik bileşikler olarak tanımlanırlar.

Her ne kadar bu tanım, karbonhidratların önemli fonksiyonel gruplarını içerisine alsa

$$C = O \quad \text{ve} \quad -OH$$

da, ileride daha detaylı göreceğimiz gibi karbonhidratlar $C = O$ ve $-OH$

grupları içerdiklerinden, bu tanımlamanın sınırları daha da genişletilebilir. Daha basit hidrokarbonlara hidrolizlenemeyen (sulu ortamda ayrıştırılamayan) basit hidrokarbonlara *monosakkaritler* denir. Yapısal olarak, hidroliz edildiklerinde yalnızca iki molekül monosakkarit verenlere *disakkarit*; üç molekül monosakkarit verenlere *trisakkarit*; daha fazla sayıda (>10) monosakkarit molekülü verenlere ise *polisakkaritler* denir. Örneğin, maltoz ve sakkaroz disakkarittir. Hidroliz edildiklerinde; 1 mol maltoz ve 2 mol glikozu; sakkaroz ise, 1 mol glikoz ve 2 mol fruktozu verir. Örneğin çokça bilinen nişasta ve selüloz ise, polisakkarittir ve her ikisi de glikoz polimerleri, yani glikoz molekül zincirlerinden oluşmuş büyük moleküllerdir.

Karbonhidratlar, bitki hücresinde en çok bulunan organik molekül çeşididir. Bu moleküller, sadece canlı organizmaların önemli bir yapı bileşeni olarak kalmazlar; bununla birlikte, aynı zamanda bazı bitki ve hayvan hücrelerinde destek ve enerji depo eden dokuların oluşmasında önemli bir öğe olarak işlev yaparlar. Örneğin, odun, pamuk ve ketende bulunan selüloz dokusu veya patates, buğday, pirinç, fasulye, mısır ve bezelye gibi bitki hücrelerinde bol miktarda bulunan nişasta gibi. Ayrıca karbonhidratlar hücre içerisinde gerçekleşen pek çok metabolizma faaliyetine katılırlar.

Örneğin, bir hücrenin diğer hücreler tarafından tanınmasını sağlayan yapıların bileşeni olarak kullanılırlar:

1 mol maltoz $\xrightarrow[\text{H}_3\text{O}^+]{\text{H}_2\text{O}}$ 2 mol glikoz

Bir disakkarit   **Bir monosakkarit**

1 mol sukroz $\xrightarrow[\text{H}_3\text{O}^+]{\text{H}_2\text{O}}$ 1 mol glikoz + 1 mol fruktoz

Bir disakkharit   **Monosakkaritler**

1 mol nişasta
veya
1 mol sellüloz $\xrightarrow[\text{H}_3\text{O}^+]{\text{H}_2\text{O}}$ birçok mol glikoz

Polisakkaritler   **Monosakkaritler**

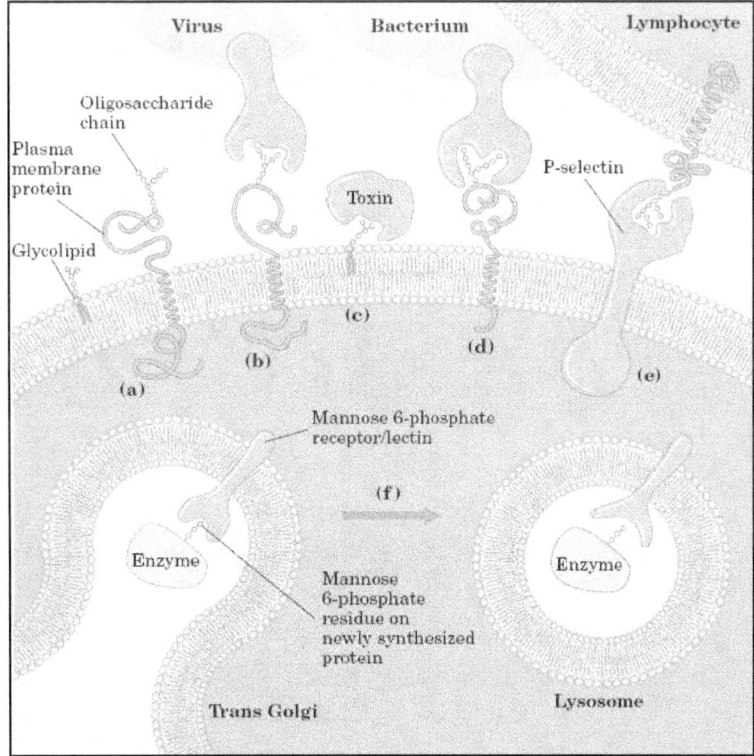

Karbonhidratların bazı grupları, hücre zarının yapısında yer alarak yabancı molekülleri tanıma veya engelleme gibi önemli bazı biyolojik faaliyetlerde

bulunurlar. Örneğin yukarıdaki hücre zarı yapısında tek parça halinde yer alan oligosakkarit molekülü, bir glikoproteinin yapısına katılarak molekülün yüksek bir duyarlılık kazanmasını sağlar (a). Daha sonra hücreyi parçalamak için yaklaşan bir virüs glikoprotein tarafından algılanır (b). Virüs hücreden içeriye girebilmek için toxin enzimlerini salgılar (c). Aynı şekilde yine hücreyi yok etmek isteyen bir bakteri hücresi de toxinleri salgılar (d). Glikoprotein plazma membranındaki P-selektin (Lektin) molekülünü uyarır ve bu molekül de diğer savunma hücresi olan bir Lenfositle haberleşerek yardım çağrısı gönderir (e). Bunun üzerine trans golgi kompleksi tarafından, Lizozoma gerekli Antibakteriyel ve Antivirüs enzimlerini üretmesi için haber gönderecek olan Mannoz 6-fosfat karbonhidrat molekülü sentezlenir (f).

Aşağıdaki grafiklerde ise, biyolojik açıdan önemi olan bazı karbonhidrat ve şeker gruplarının basit bir sınıflandırılması, içerdikleri karbon atomuna göre verilmektedir:

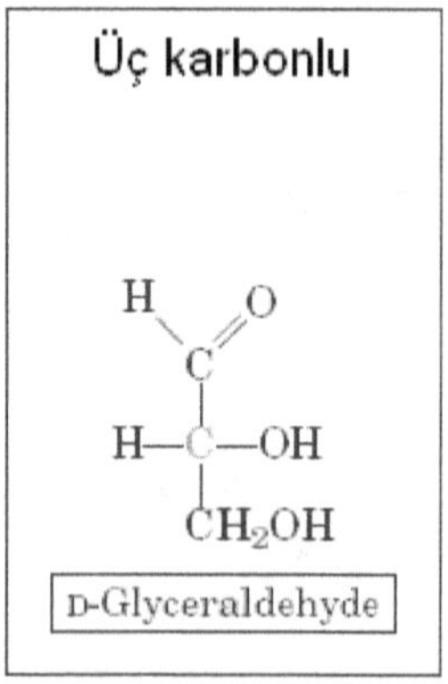

Üç karbonlu

D-Glyceraldehyde

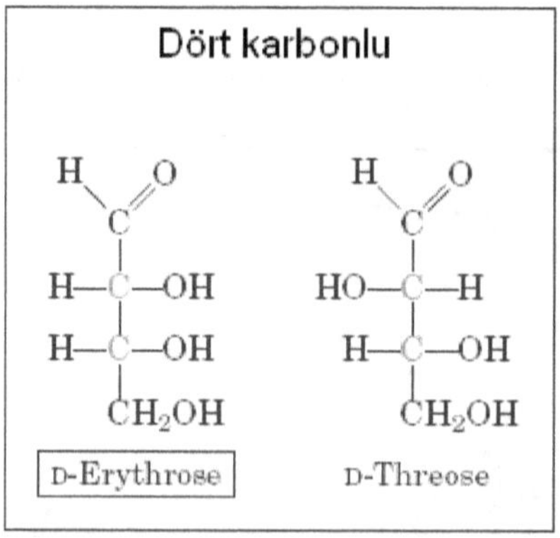

Dört karbonlu

D-Erythrose

D-Threose

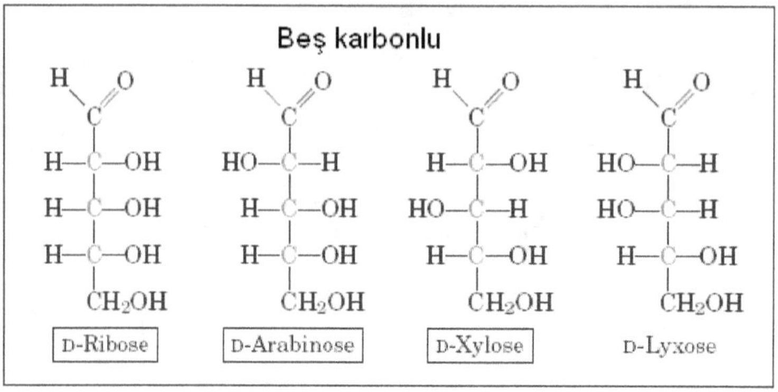

Beş karbonlu

D-Ribose

D-Arabinose

D-Xylose

D-Lyxose

Beş karbonlu

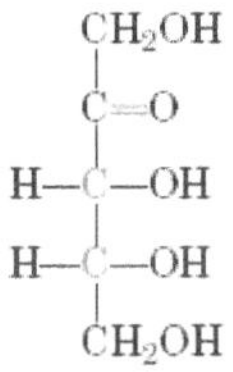

D-Ribulose

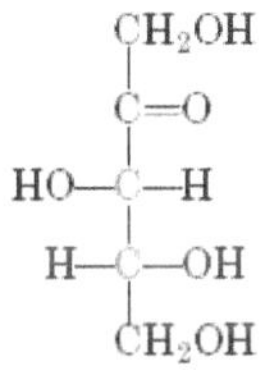

D-Xylulose

Altı karbonlu

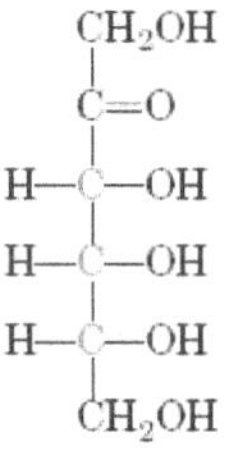

D-Psicose

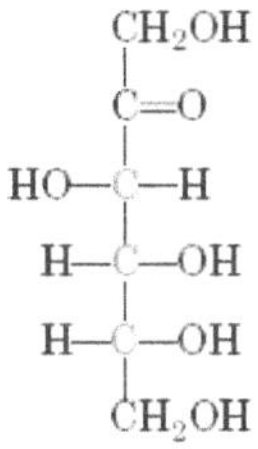

D-Fructose

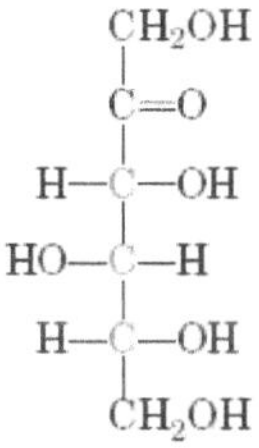

D-Sorbose

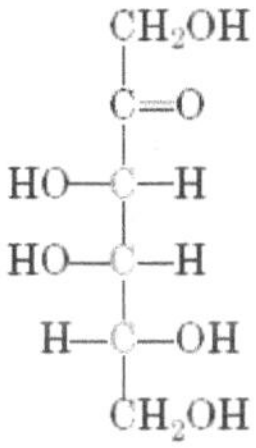

D-Tagatose

Altı karbonlu

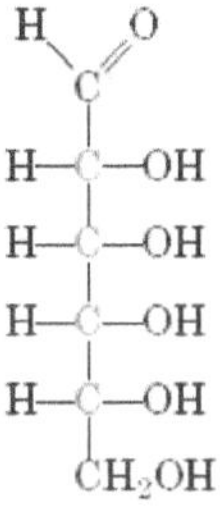

D-Allose

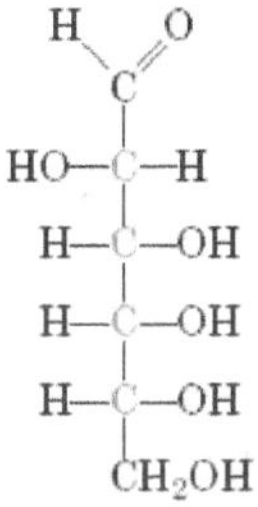

D-Altrose

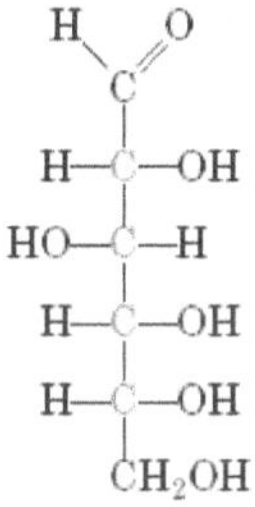

D-Glucose

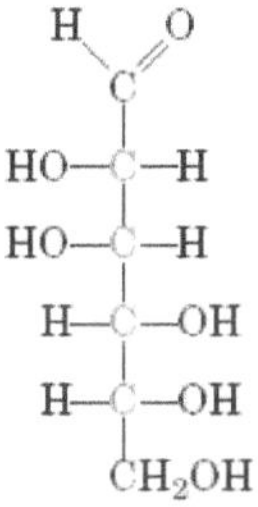

D-Mannose

Altı karbonlu

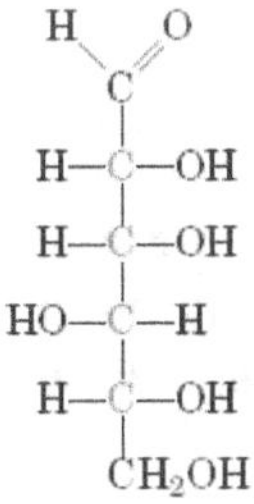

D-Gulose

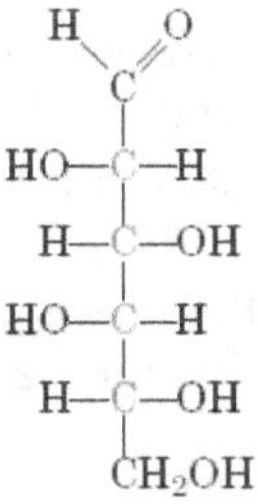

D-Idose

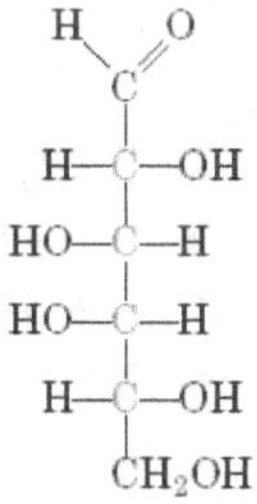

D-Galactose

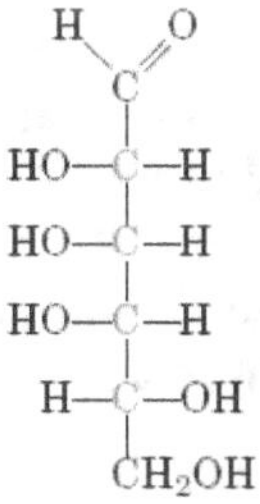

D-Talose

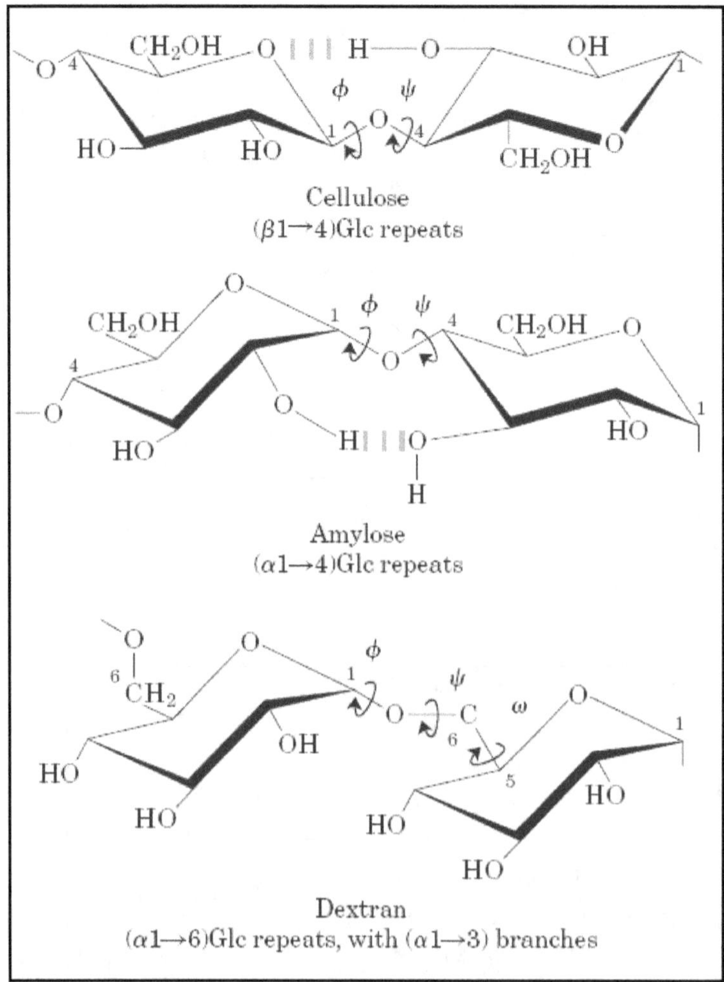

Biyomoleküller, yukarıda verilen Selüloz, Amiloz ve Dextran bileşiklerinde olduğu gibi, belirli açılarla (Φ, Ψ) kıvrılarak istenilen uygun şekli alırlar. Biyomoleküllerdeki bu kıvrılma işlemine *Konformasyon* adı verilir. Kıvrılma işlemi en çok hidrojen bağlarının bulunduğu O-H grupları arasında gerçekleşir. Konformasyon sırasında molekülün belirli bir ω açısında dönmesi gerekiyorsa, bu kez karbon atomuna bağlı bu grup serbestçe istenilen miktarda kendi ekseni etrafında döner. Dolayısıyla konformasyona dayalı kıvrılma ve dönme işlemleri biyomoleküllerin uygun şekilde ve formda oluşabilmesine olanak sağlayan önemli özelliklerdir.

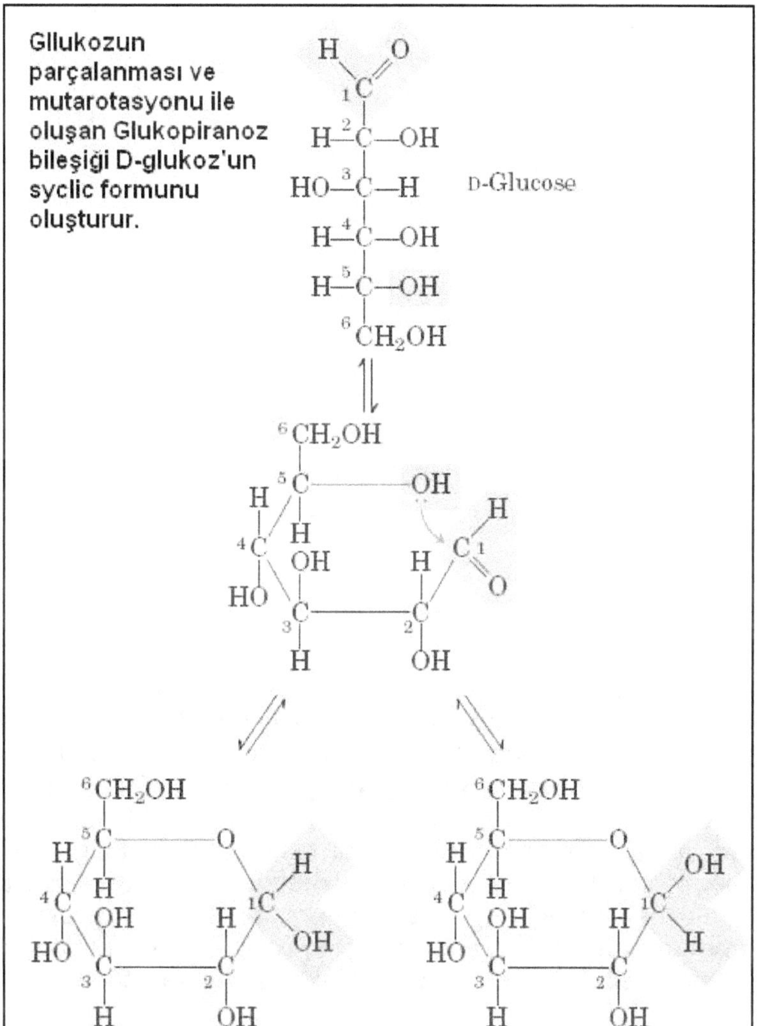

Glukoz molekülünün parçalanmasıyla oluşan Glukopiranoz bileşiğinin α ve β konformasyon şekillerini oluşturan syclic formları.

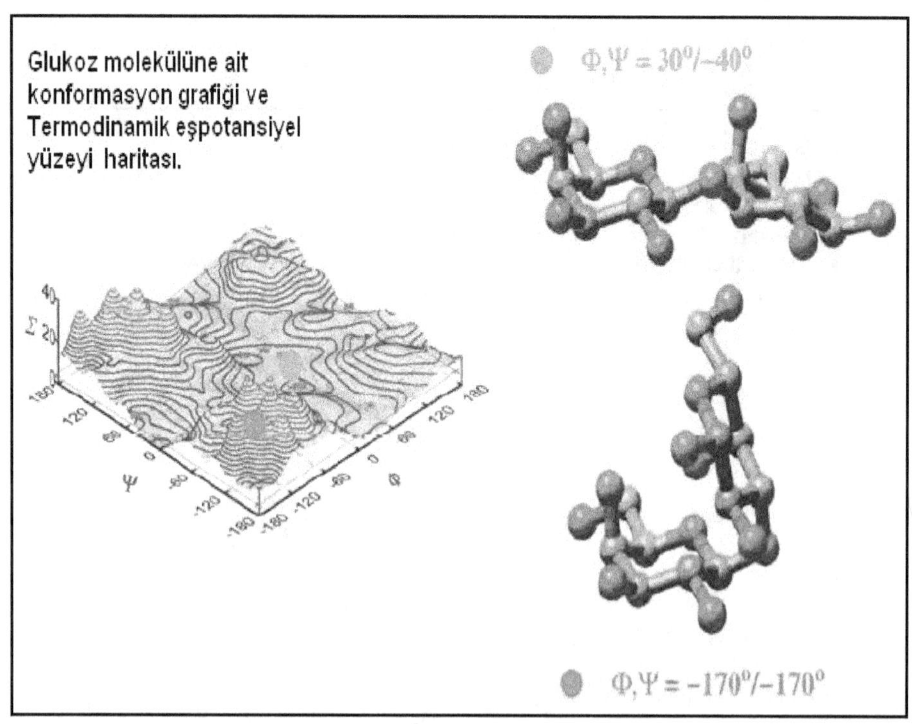

Glukoz molekülüne ait konformasyon (açısal kıvrılma veya burulma) grafiği ile molekülün termodinamik eşpotansiyel haritasını gösteren diyagram. Burada gösterilen Φ ve Ψ açılarının 0^0 ila 360^0 arasındaki değişimine bağlı olarak molekül, uygun şekli alana kadar kıvrılır ve bu süreç içerisinde molekül içerisinde hidrojen bağlarıyla bağlı olan grupların relatif enerjileri soldaki eşpotansiyel haritasında gösterildiği gibi Φ ve Ψ açılarına bağlı olarak tepe ve çukurlar meydana getirir. Burada kırmızı çizgilerle belirtilen yüzeyler, yüksek enerji düzeylerini gösterirken; gri çizgiler minimum enerji düzeyini ve sıfır çizgisiyle aynı hizada gösterilen mavi çizgiler molekülün optimum entalpi düzeyi olan izoenerji düzeyini gösterir.

Fotosentez ve Karbonhidrat Mekanizması: Karbonhidratlar, yeşil bitkilerde güneş enerjisini kullanarak karbondioksiti indirgeme veya "tutma" işlemi sonucunda "besin" ve aynı zamanda "oksijen" üretme işlemi sırasında sentezlenirler. İşte, tabiattaki var olan tüm hayvansal gıdaların da temelini oluşturan besin zinciri bu işlemle başlatılmış olur. Fotosentez işlemi, deniz yosunu ve daha yüksek yapılı bitkilerde "Kloroplast" denilen hücre organelinin içerisinde çok kısa bir sürede ve mu'cizevi bir tarzda gerçekleşen karmaşık reaksiyonlar zinciri sonucunda gerçekleşir.

Bu işlemin, matematiksel eşitliği şu şekildedir:

$$xCO_2 + yH_2O + \text{Güneş Enerjisi} \rightarrow \frac{C_x(H_2O)_y}{\text{Karbonhidrat}} + xO_2$$

Genelde fotosentez işlemi sırasında ilerleyen kısımlarda daha detaylı göreceğimiz gibi, pek çok karmaşık reaksiyon gerçekleşmesine rağmen, bunların birçoğu bilim dünyası tarafından halen aydınlatılamamıştır. Bununla beraber, fotosentezin bitki hücresinin önemli bir pigmenti olan klorofil molekülünün ışık fotonlarını soğurmasıyla başladığını biliyoruz. Klorofil, ışığın yeşil dalgaboyunu soğurduğu için tüm bitkiler ve yaprakları da yeşil renkte görünür:

Klorofil molekülünün yapısı.

Güneş ışığının fotonlarının klorofil tarafından yakalanmasıyla, açığa çıkan enerji karbondioksiti karbonhidratlara indirgeyen ve suyu oksijene yükseltgeyen bir dizi tepkimeyi başlatır ve sonrasında ortaya çıkan glikoz molekülleri bitki hücresi tarafından depo edilerek tekrar enerji üretiminde kullanılmak üzere oksidasyon (yakılma) tepkimelerine girer. Bu yüzden karbonhidrat molekülleri, güneş enerjisinin ana kimyasal depoları gibi davranan birer enerji reaktörü gibidirler. Enerjileri ise, hayvanlar veya bitkiler bu depo edilen molekülleri tekrar kullandıklarında açığa çıkar:

$$C_x(H_2O)_y + xO_2 \rightarrow xCO_2 + yH_2O + Enerji$$

Karbonhidratların metabolizması da, enerji üreten her bir basamağın bir yükseltgenme veya yükseltgenmenin sonucu olarak ortaya çıkan bir seri enzim katalizli tepkime sonucunda meydana gelir. Fotosentez metabolizmasını bir sonraki bölümde daha detaylı olarak inceleyeceğiz. Karbonhidratların yükseltgenmesiyle açığa çıkan enerjinin bir kısmı kaçınılmaz olarak ısıya dönüşmekle beraber, çoğu Adenozin Difosfat (**ADP**) ve İnorganik Fosfattan (**Pi**), Adenozin Trifosfatın (**ATP**) sentezine eşlik eden tepkimeler sayesinde yeni bir kimyasal yapı içerisinde saklanır. ADP'nin uç kısmında yer alan fosfat grubuyla fosfat iyonu arasında oluşan fosforik anhidrit bağı, kimyasal enerjiyi saklamanın bir başka şeklini oluşturur:

ADP ve ATP moleküllerinin yapısı ile enerji bağları. Bu tepkime tüm canlı

organizmalarda meydana gelir ve **ADP** molekülünde **ATP** molekülü sentezlenerek hücrenin ihtiyacı olan enerji açığa çıkmış olur.

Bitki ve hayvan hücreleri açığa çıkan bu ATP'de depo edilen enerjinin büyük bir kısmını bir kasın kasılması, bir makromolekülün içeri alınması, yeniden sentezlenmesi veya bazı kullanılmayan moleküllerin dışarı atılması gibi eneji gerektiren işlevleri yerine getirmek için kullanırlar. Bu yüzden ADP (adenozin trifosfat), kimyasal enerji açığa çıkaran biyolojik yükseltgenme reaksiyonlarının temelini oluşturur.

ATP'deki enerji kullanılacağında ya ATP molekülü hidrolizlenir:

ve bunun sonucunda; $ATP + H_2O \rightarrow ADP + P_i + Enerji$ **veya yeni bir anhidrit bağı oluşturulur:**

$$
\begin{array}{ccccccccc}
 & & & & O & & O & & \\
 & O & & & \| & & \| & & \\
 & \| & +ATP \rightarrow R & - & C & - O - & P & - & O^- + ADP \\
R & - C - OH & & & & & | & & \\
 & & & Açil \quad Fosfat & & & O^- & &
\end{array}
$$

Aşağıdaki Diyagramlar:

Diyagram-I: Hücre içerisinde enerji üretimi için kullanılan bazı temel karbonhidrat molekülleri ve monosakkarit yapıları.

Diyagram-II: Hücre içerisinde enerji üretimi için kullanılan bazı temel karbonhidrat molekülleri ve monosakkarit yapıları.

Diyagram-III: Bitki hücresinde bulunan selüloz molekülünün yapısı ve selülozik yapıdaki mikrofibrillerin oluşturdu destek dokusu yapıları.

Karbonhidratlar

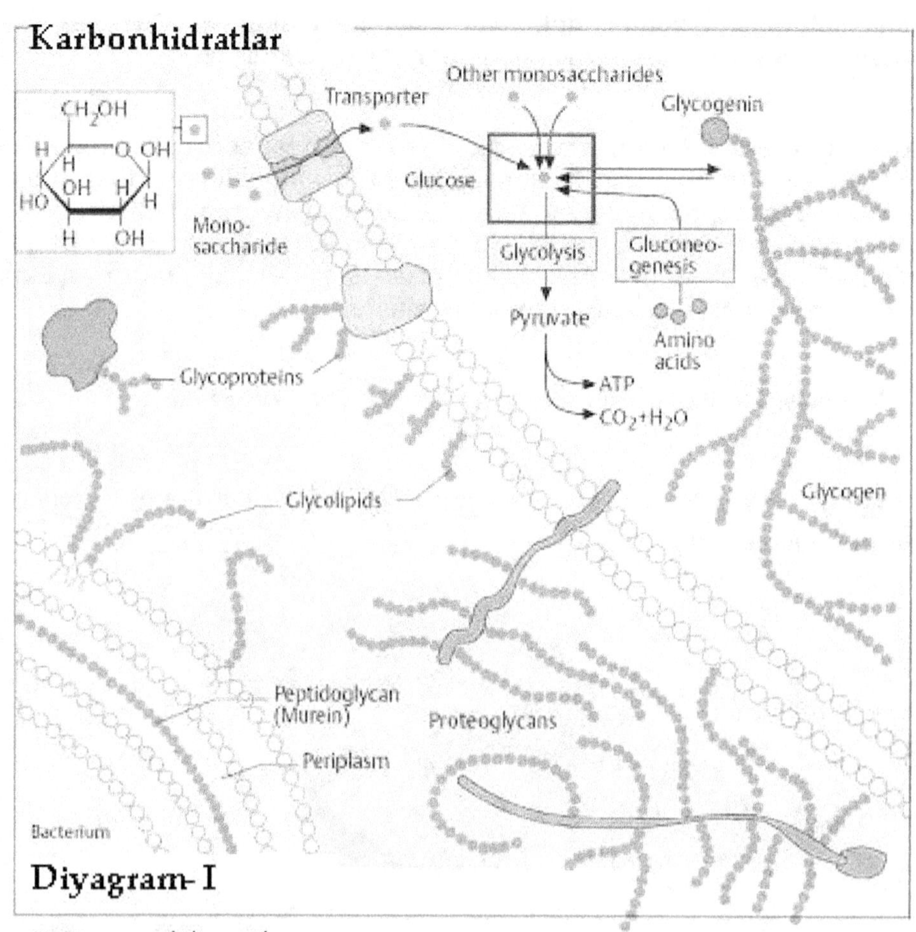

Diyagram- I

Monosakkaritler

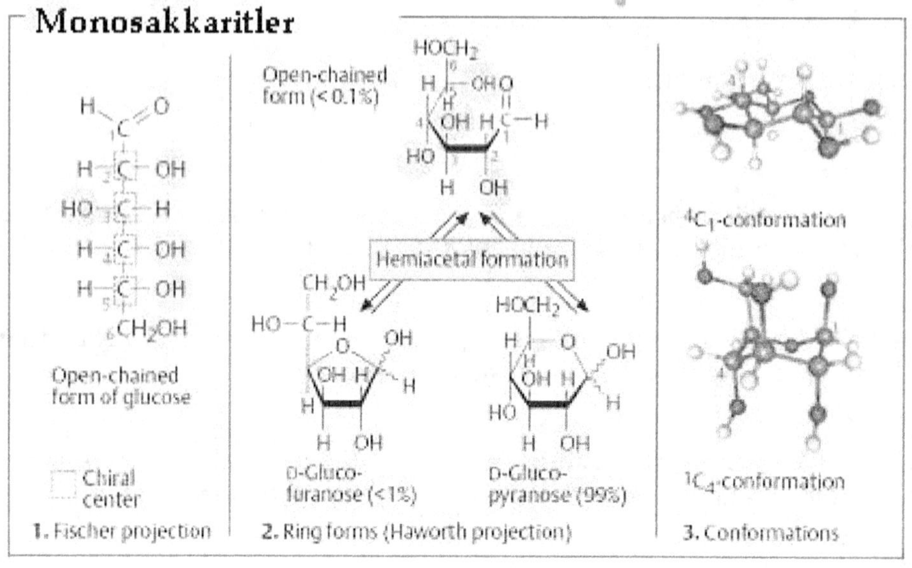

Önemli Monosakkaritler

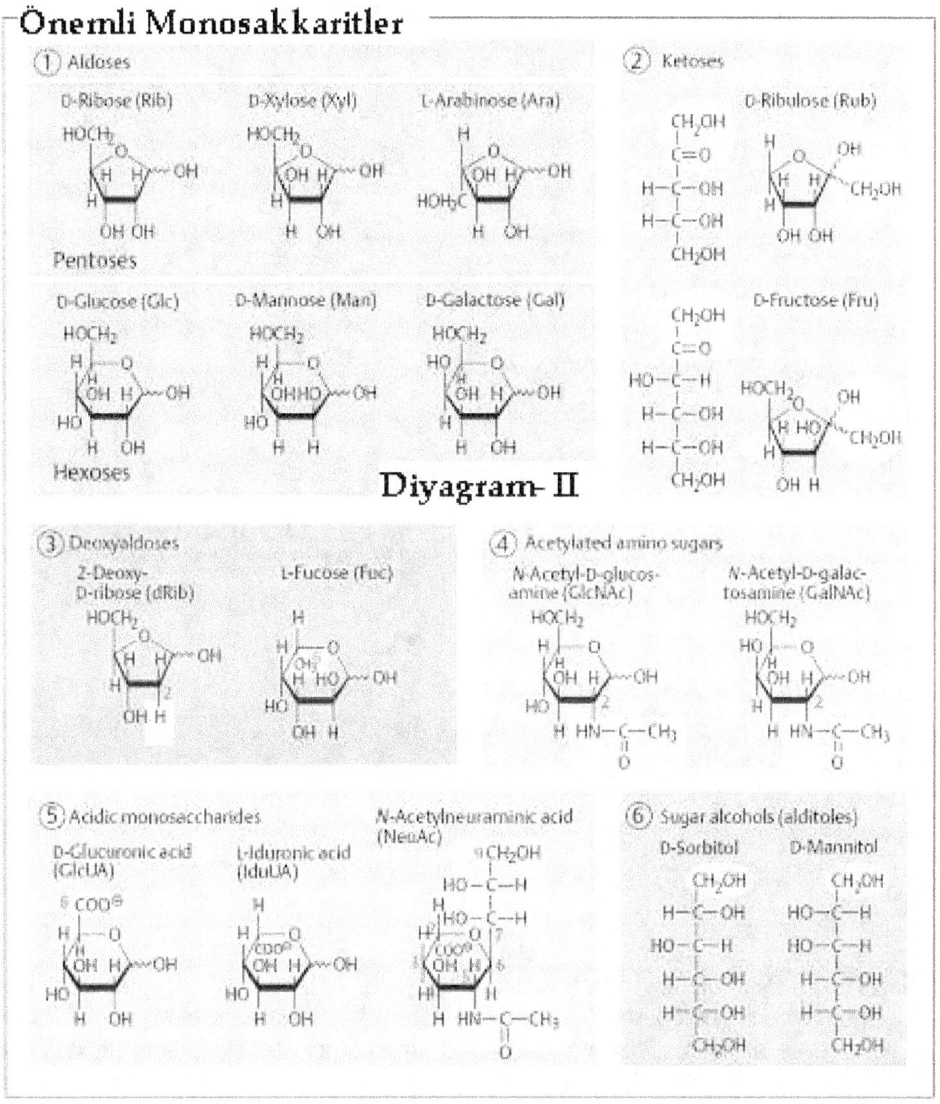

Diyagram- II

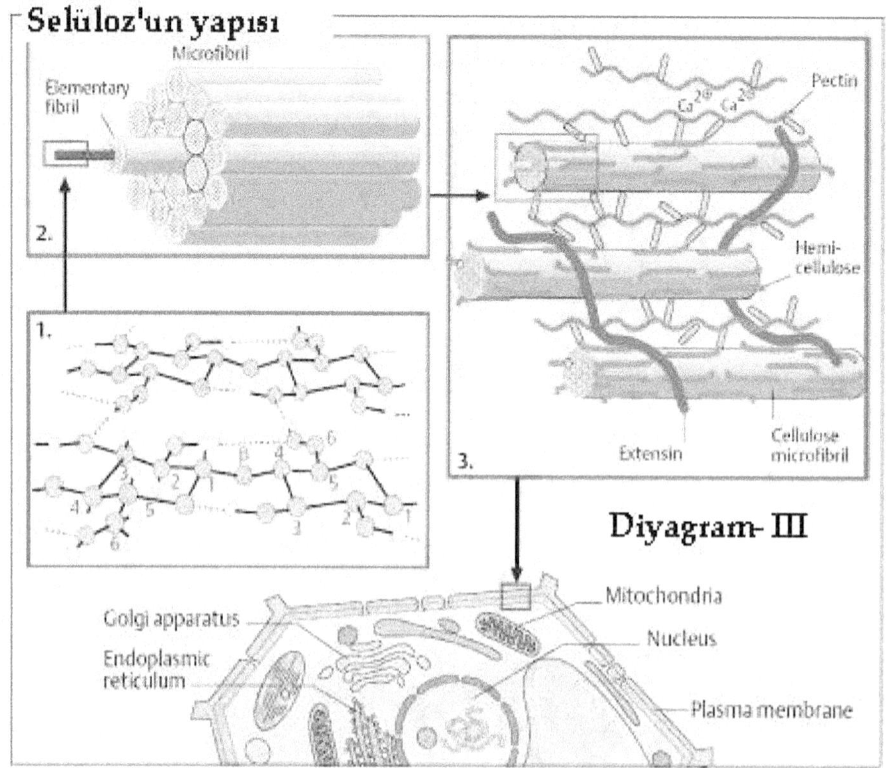

LİPİDLER

Lipidler veya yağlar olarak bilinen organik bileşikler adlarını, eski yunanca bir isim olan "Lipos", yani "bölünemez" anlamına gelen bir terimden almıştır. Lipidlerin birçoğu suda ve diğer çözücülerde kolay çözünmediği için bu tanımlama lipidler için oldukça uygundur. Lipidler biyolojik kökenli moleküller içerisinde önemli bir heterojen molekül grubu olup, suda az miktarda çözünmelerinin sebebi molekül içerisinde oksijen, azot, kükürt veya fosfor gibi iyonik atomların az miktarda bulunması ve buna bağlı olarak molekülün toplam dipol momentinin çok düşük olmasıdır. Lipidlerin en temel yapıtaşları esterlerdir. Küçük moleküller halindeki lipidlere monoaçilgliserol, diaçilgliserol veya triaçilgliserol veya kısaca gliseroller adı verilir. Daha büyük ester moleküllü lipid grupları ise poliaçilgliserol yapıda olan fosfolipid ve glikolipid denilen büyük yağ moleküllerini meydana getirir ki, bu büyük lipid molekülleri çift sıra halinde birleşerek çift katmanlı olan hücre duvarının yapısını oluşturur. Hücre duvarının madde giriş-çıkışını kontrol eden seçici geçirgen yapısı lipidlerin bu özel molekül yapıları, yani yalıtkan bir malzeme yapısı oluşturarak dış ortam ile hücre içerisindeki sıvı plazma yapısını özel olarak korunmuş bir şekilde izole etmesi sayesinde gerçekleşir:

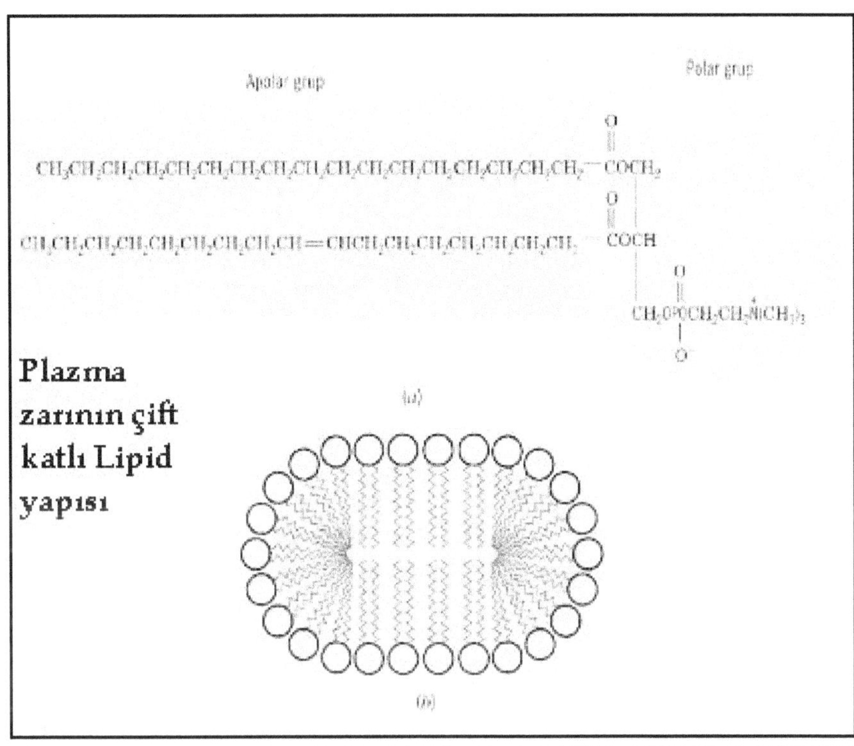

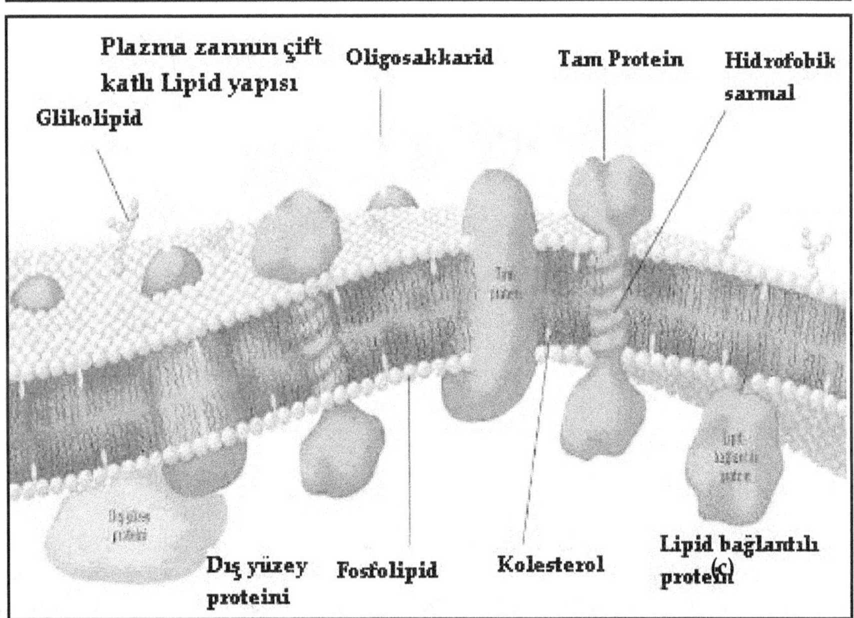

Plazma zarının çift katmanlı glikolipid yapısı (a ve b) ile hücre zarında yer alan lipid tabakalarını (c) gösteren bir kesit diyagram. Kesit diyagramdan da görüldüğü gibi, sarı renkli kolesterol molekülleri mavi kürelerden oluşan fosfolipidlerden oluşan çift katlı tabakanın iç yüzeyine

gömülmüştür. Sarı boncuklu zincirlerle gösterilen karbonhidrat bileşenleri ve yeşil boncuklu zincirlerle gösterilen glikolipidler zarın sadece dış yüzeyinde oluşurlar.

Lipidler çok geniş bir spektrumda incelebilir. Örneğin, aşağıdaki organik moleküllerin hepsi lipid yapısında olmasına rağmen molekül yapıları birbirinden oldukça farklıdır:

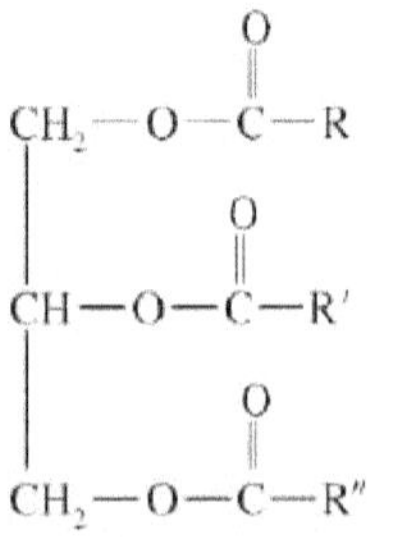

Hayvansal veya bitkisel yağ
(bir triaçilgliserol)

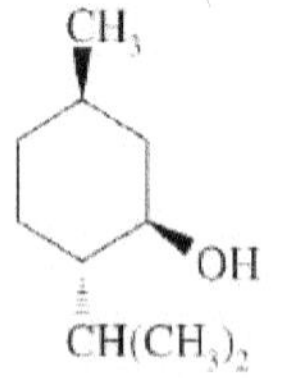

Mentol
(bir terpenoit)

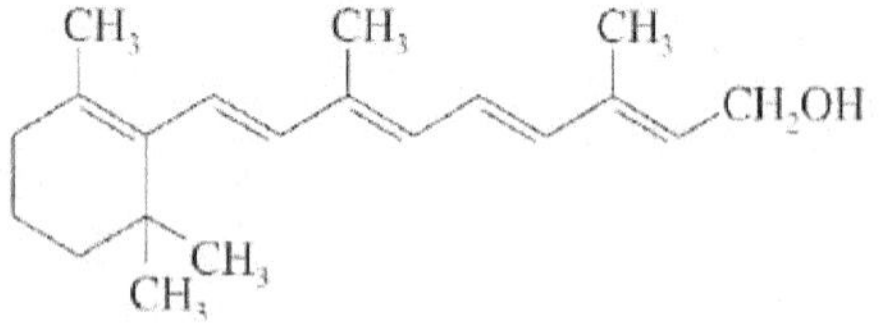

A vitamini
(bir terpenoit)

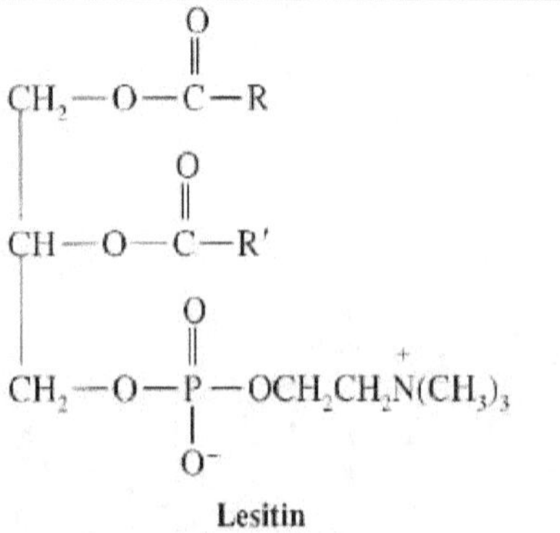

Lesitin
(bir fosfatit)

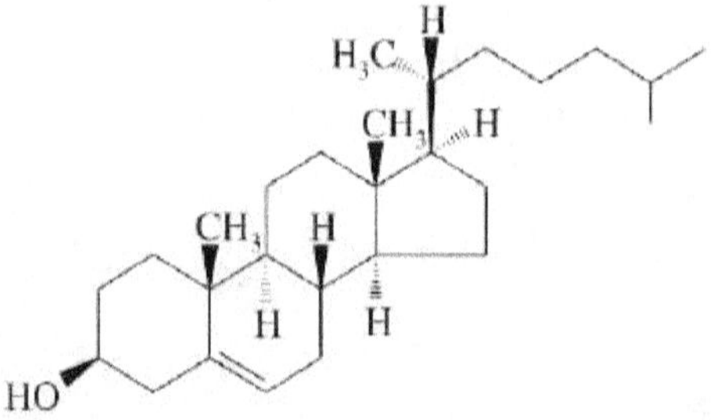

Kolesterol
(bir steroit)

Lipidlerin önemli bir kısmı, gliserol şeklinde bulunur ve bitkisel veya hayvansal yağların yapıtaşını oluşturur. Bunlar, yer fıstığı, soya veya ayçiçeği yağı ve tereyağı gibi yağlardır. Oda sıcaklığında sıvı halde bulunanlara sıvı yağlar; katı halde bulunanlara katı yağlar denir. Buna göre, bitkisel yağların önemli bir kısmı sıvı yağ şeklinde ve hayvansal yağların önemli bir kısmı da katı yağ şeklinde organizma içerisinde depolanır. Sıvı ya da katı yağların hidrolizi ile gliserol molekülleri ile yağ asitleri meydana gelir:

308

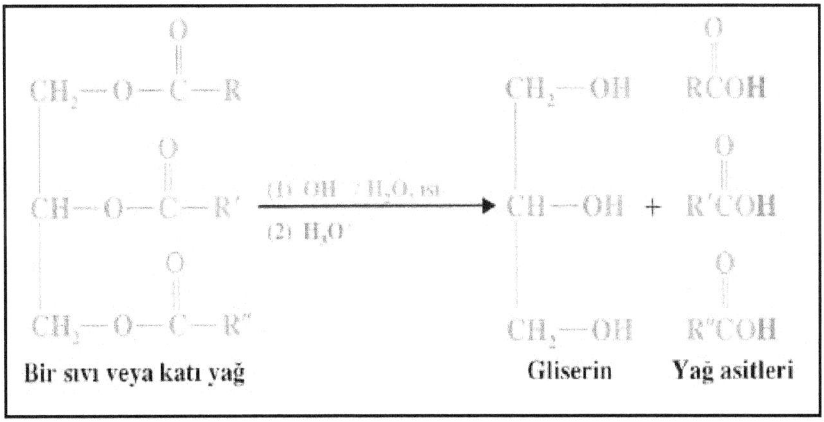

Bir de lipidlerin karboksilik asit veya yağ asitleri denilen özel bir grubu vardır ki, bu grupta yer alan pek çok organik yağ asidi, canlılığı kontrol eden birçok mekanizmalarda görev alır. Lipid yapısındaki bazı ikili bağların kırılıp kırılmamasına bağlı olarak, yağ asitleri; *doymuş yağlar* ve *doymamış yağlar* olarak da iki gruba ayrılabilir. Bu yağ asitlerinin önemli olanlarının bazı bitkilerdeki bulunma oranı aşağıdaki tabloda özet olarak verilmektedir:

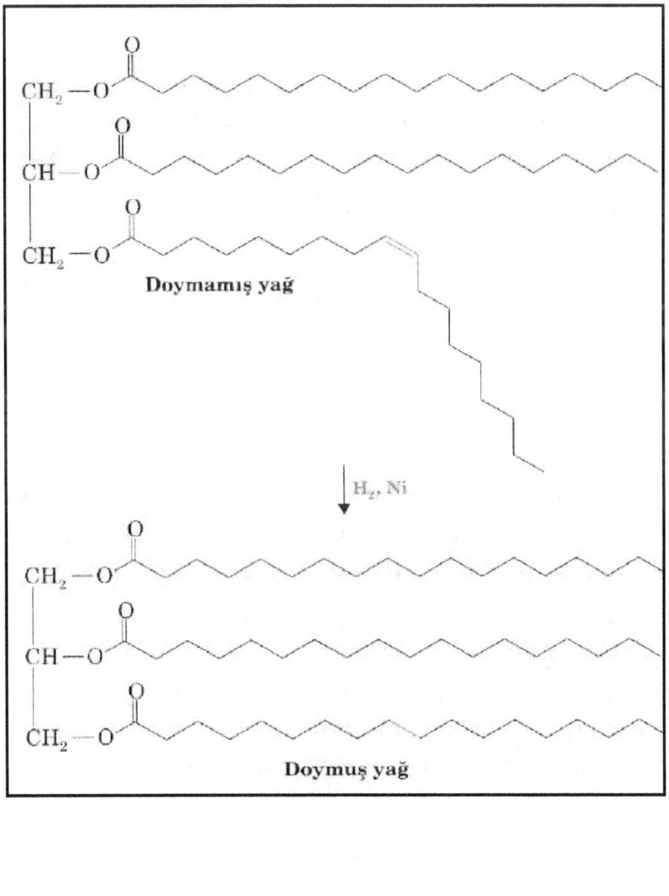

Katı veya Sıvı Yağlar	Elde Edilen Yağ Asitlerinin Bileşimi (% mol)											
	Doymuş									Doymamış		
	C_4 Bütirik Asit	C_6 Kaproik Asit	C_8 Kaprilik Asit	C_{10} Kaprik Asit	C_{12} Laurik Asit	C_{14} Miristik Asit	C_{16} Palmitik Asit	C_{18} Stearik Asit	C_{16} Palmit-oleik Asit	C_{18} Oleik Asit	C_{18} Linoleik Asit	C_{18} Linolenik Asit
Hayvansal Yağlar												
Terayağı	3-4	1-2	0-1	2-3	2-5	8-15	25-29	9-12	4-6	18-33	2-4	
Domuz Yağı						1-2	25-30	12-18	4-6	48-60	6-12	0-1
Sığır Donyağı						2-5	24-34	15-30		35-45	1-3	0-1
Bitkisel Yağlar												
Zeytinyağı						0-1	5-15	1-4		67-84	8-12	
Yerfıstığı Yağı							7-12	2-6		30-60	20-38	
Mısırözü Yağı						1-2	7-11	3-4	1-2	25-35	50-60	
Pamuk Yağı						1-2	18-25	1-2	1-3	17-38	45-55	
Soya Yağı						1-2	6-10	2-4		20-30	50-58	5-10
Keten Tohumu Yağı							4-7	2-4		14-30	14-25	45-60
Hindistan Cevizi Yağı		0-1	5-7	7-9	40-50	15-20	9-12	2-4	0-1	6-9	0-1	
Deniz Ürünleri Yağları												
Balık Yağı						5-7	8-10	0-1	18-22	27-33	27-32	

Ayrıca lipidler vücutta gerçekleşen pek çok enzimatik reaksiyonda kofaktör olarak aktif bir şekilde kullanılır ve daha büyük organik moleküllerin, örneğin proteinler ya da hormonlar gibi, yapısında yer alır. Ayrıca ışığa duyarlı olan bazı lipid molekülleri görme olayında aktif bir rol oynar. Yine bir grup lipid ise, **K vitamini** veya **Ubikinon Q** denilen ve vücutta önemli fonksiyonları olan Koenzimlerin yapısını teşkil eder. Aşağıdaki grafiklerde, bazı önemli lipid gruplarının sınıflandırılması ve organizmada oynadıkları roller tablo halinde gösterilmektedir:

Diyagram-I: Bazı önemli lipid gruplarının sınıflandırılması ve organizmada oynadıkları roller.

Diyagram-II: Bazı önemli yağ asitlerini oluşturan karboksilik asit gruplarının yapıları.

Diyagram-III: Bazı önemli fosfolipid ve glikolipid yapıları ve bunların yer aldığı daha büyük organik moleküler yapıların şematik gösterimi.

Diyagram-IV: Lipidlerin aktif olarak yapısında yer aldığı bazı önemli organik moleküller ve bazı organik bileşik komponentleri (İzoprenoidler).

Diyagram-V: Biyolojik aktivitelerde kullanılan diğer bazı önemli izoprenoid bileşiklerinin detaylı moleküler yapıları:

(a)   **Bir antioksidan molekül olan E vitamini,**
(b)   **Kanın pıhtılaşmasında etkin olan bir kofaktör olan K_1 vitamini,**
(c)   **Bir kan hücresi antijeni olan Warfarin,**

(d) **Bir mitokondrial elektron taşıyıcısı olan Ubikinon (Koenzim Q),**

(e) **Bir kloroplast elektron taşıyıcısı olan Plastokinon,**

(f) **Bir Glikoz (şeker) molekülü taşıyıcısı olan Dolikol.**

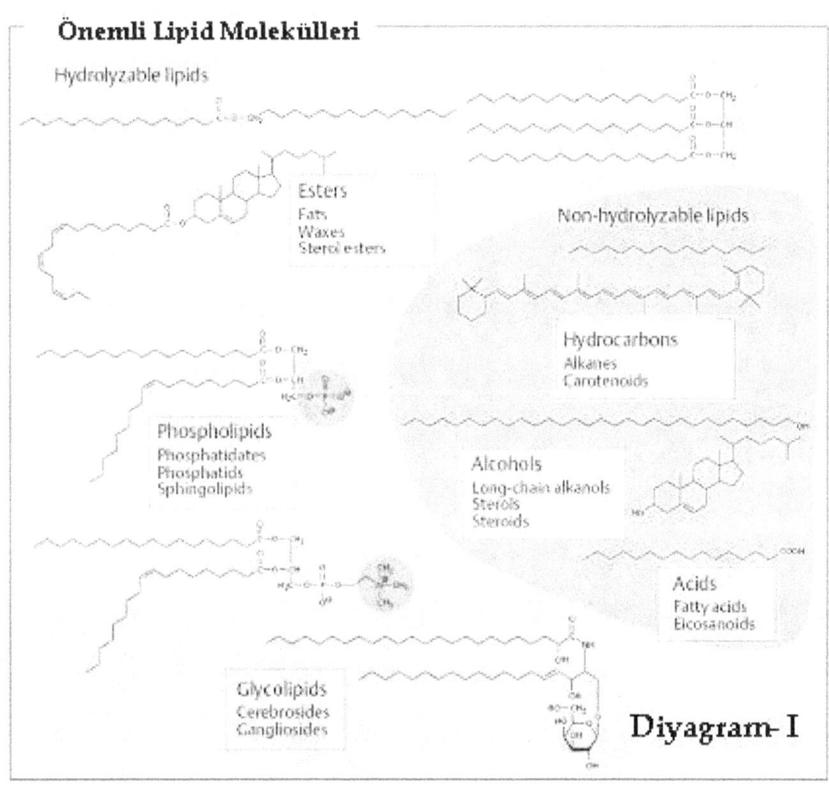

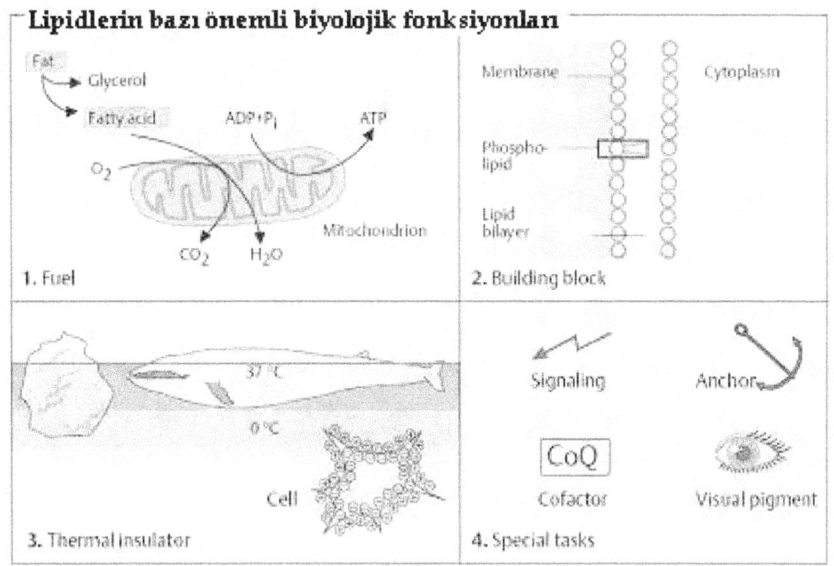

Yağ Asitlerinin moleküler yapıları

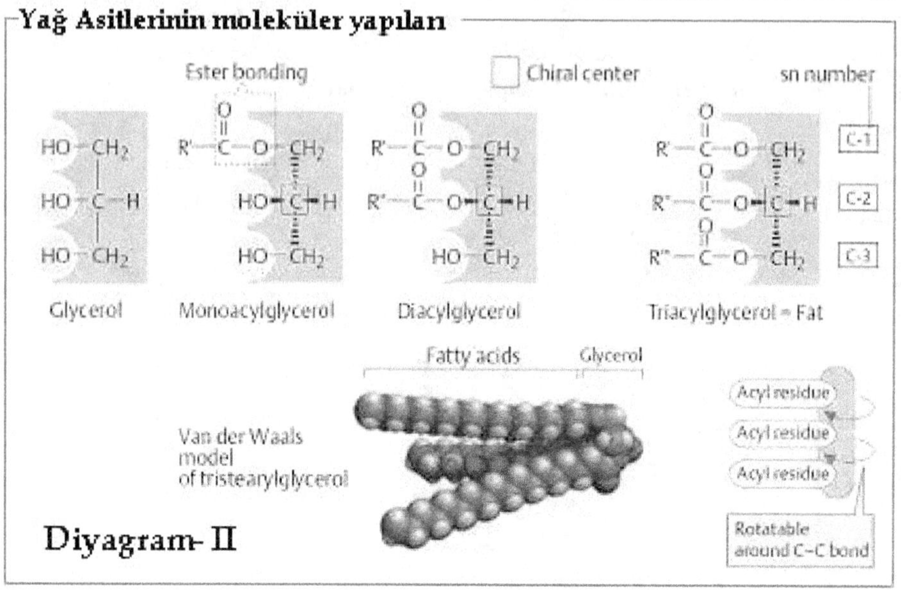

Diyagram- II

312

Fosfolipid ve Glikolipidlerin moleküler yapıları

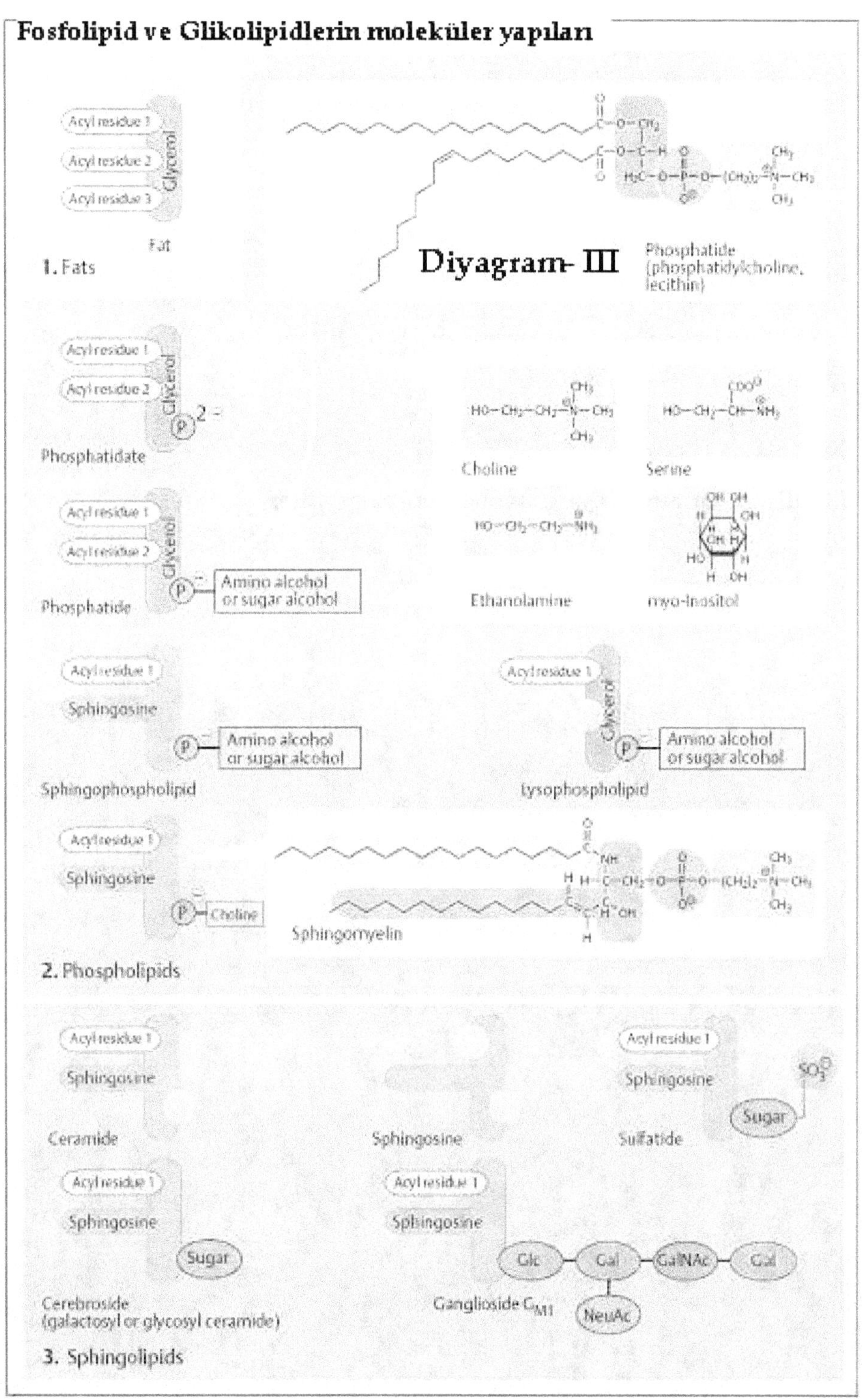

Lipidlerin Bazı Önemli Asetil grup bileşenleri

Diyagram- IV

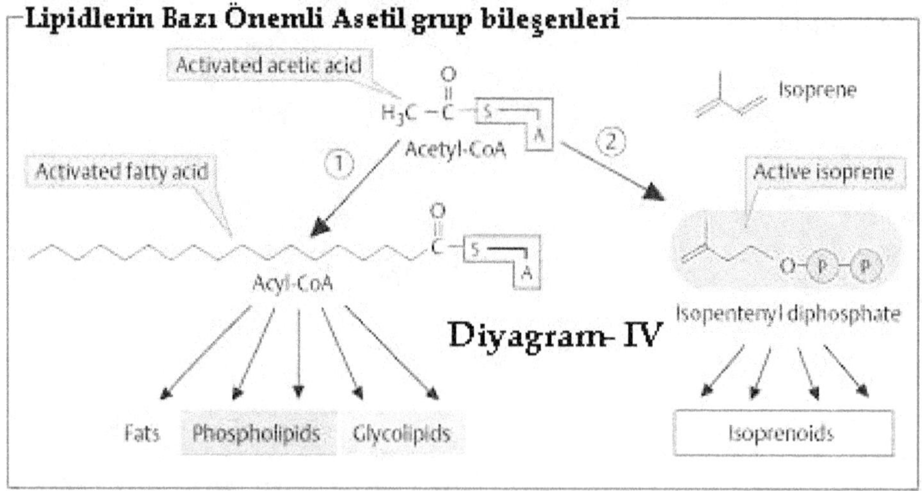

Lipidlerin Önemli bir grubu olan İzoprenoidler

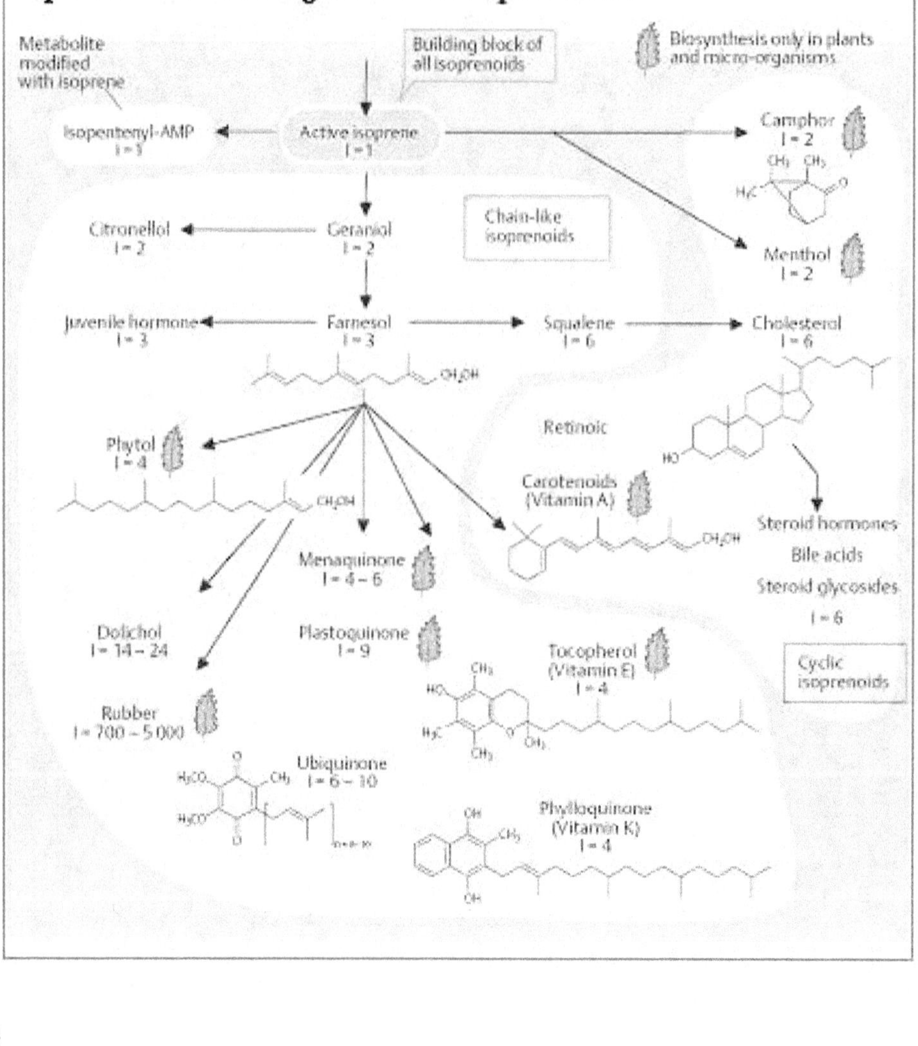

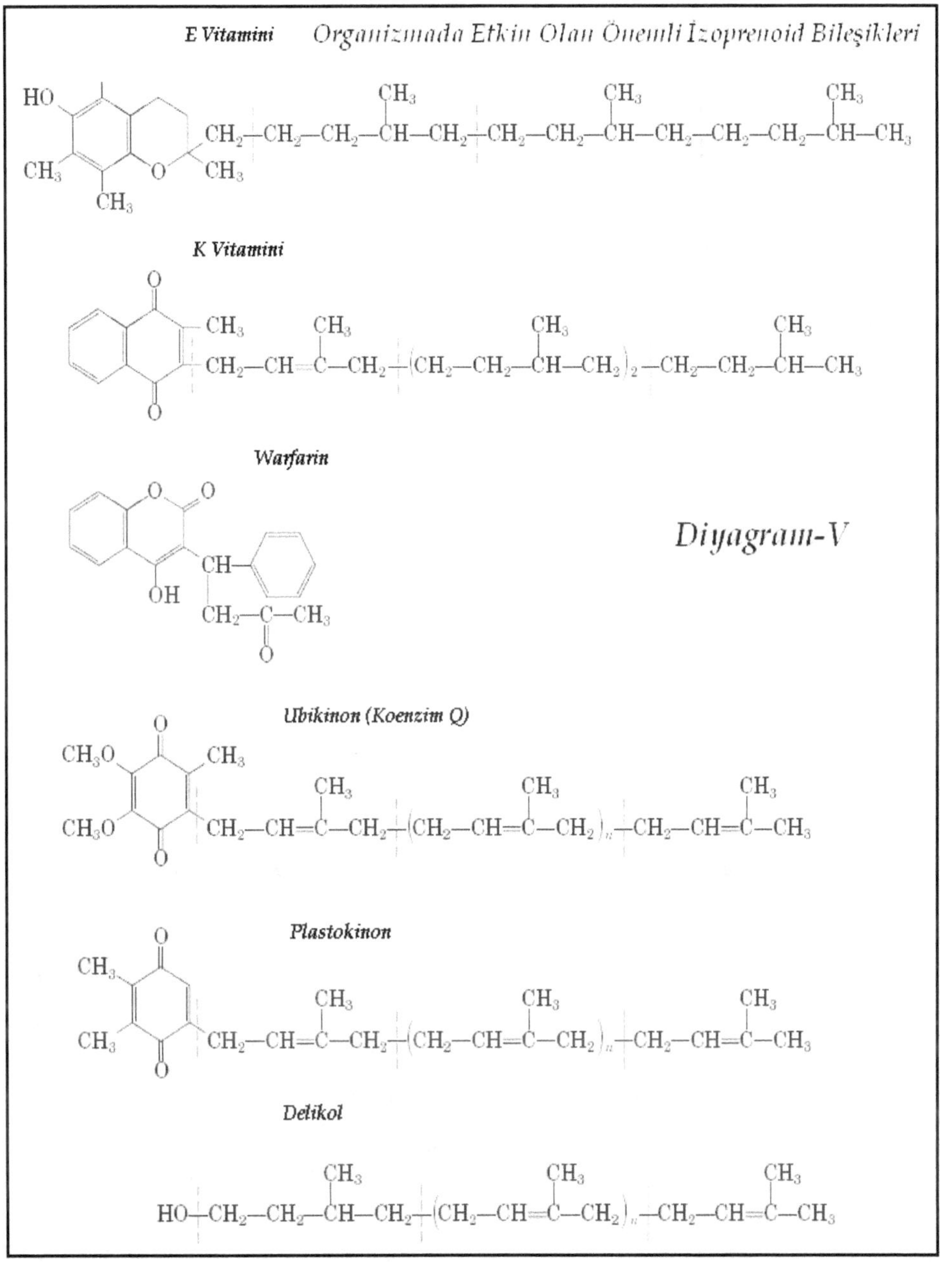

E Vitamini — *Organizmada Etkin Olan Önemli İzoprenoid Bileşikleri*

K Vitamini

Warfarin

Diyagram-V

Ubikinon (Koenzim Q)

Plastokinon

Delikol

TERPENOİDLER

Genellikle **Terpenler** olarak bilinen hidrokarbonlar ve **Terpenoidler** olarak bilinen oksijen içeren organik bileşikler uçucu yağların en önemli bileşenleridir. Bitkisel hücre yapılarında yer alan en önemli yağ asitleri grubunu terpenoidler oluşturur.

315

Çoğu terpen 10, 15, 20 veya 30 karbon atomlu iskelete sahiptir ve aşağıdaki gibi sınıflandırılır:

Karbon atomu sayısı (C)	*Sınıfı*
10	Monoterpenler
15	Seskiterpenler
20	Diterpenler
30	Triterpenler

Terpenler, **izoprenoid** birimleri olarak bilinen iki ya da daha fazla 5 karbonlu (C_5) birimlerin birleşmesiyle oluşmuştur. İzoprenoidlerin temel birimi olan **izopren**'in organik kimyadaki **UIPAC** genel adlandırmasına göre ismi, **2-metil-1,3 bütadien**'dir:

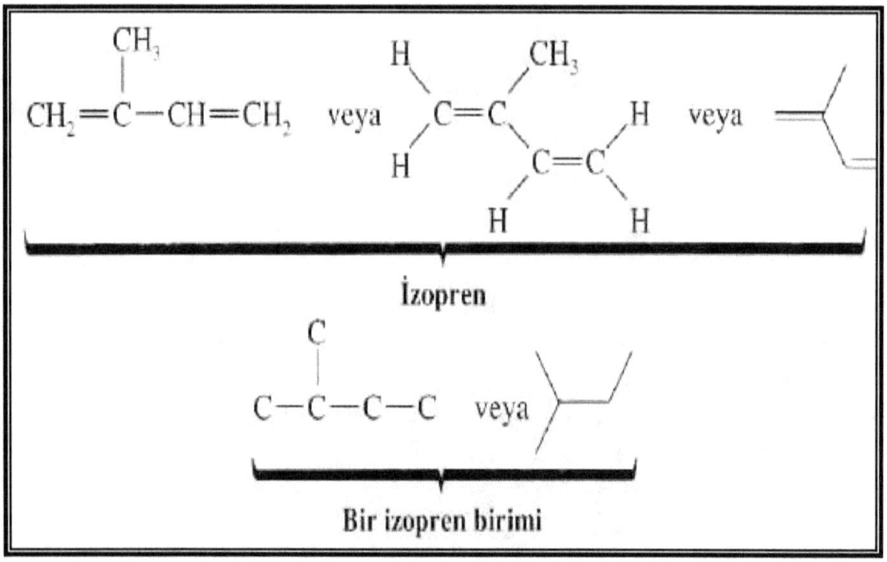

İzopren

Bir izopren birimi

Bitkiler terpenoidleri, izoprenden direkt olarak sentezleyemezler. Bu yüzden, dışarıdan bazı molekülleri hücre içerisine alarak burada birleştirir ve terpenleri meydana getirirler. Aşağıda doğadaki bazı bitkisel yapılarda bulunan bazı terpenoid moleküllerinin yapısı verilmektedir. Bu yapılarda, kırmızı renkli bölgeler izoprenoid yapı birimlerini gösterir. İzopren birimlerini ayırmak için kullanılan kesikli çizgilere bakıldığında, bir monoterpenin (buradaki **mirsen** molekülü gibi) iki izopren birimine; bir seskiterpenin (buradaki **α–farnesen** gibi) üç izopren birimine sahip olduğunu görebiliriz:

316

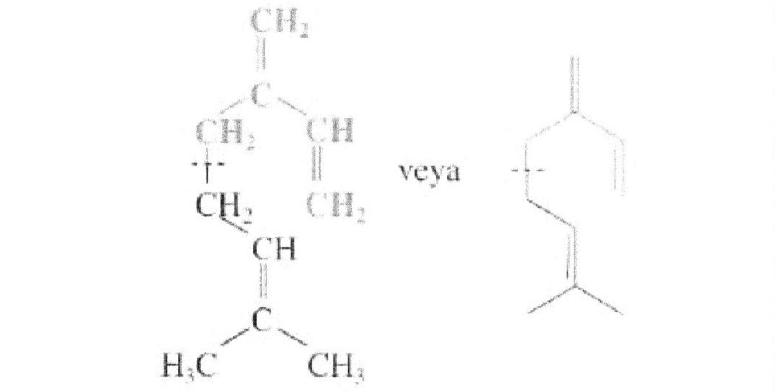

Mirsen
(defne yağından elde edilmiştir)

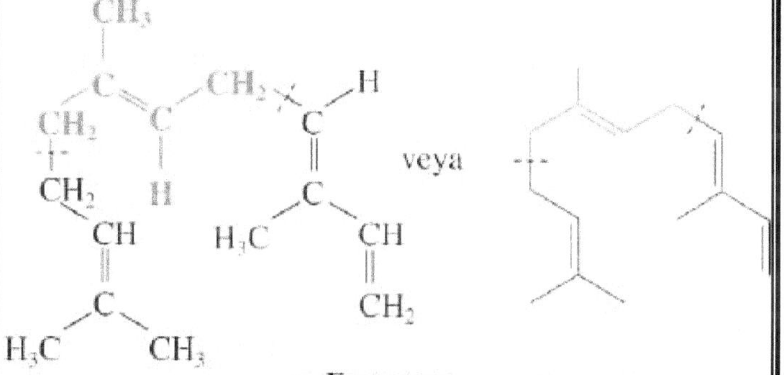

α -Farnesen
(elma kabuklarından elde edilmiştir)

Dikkat edilirse, her iki bileşikte de izopren birimleri, baş ve kuyruk birimleri birbirine eklenecek şekilde birleşmiştir.

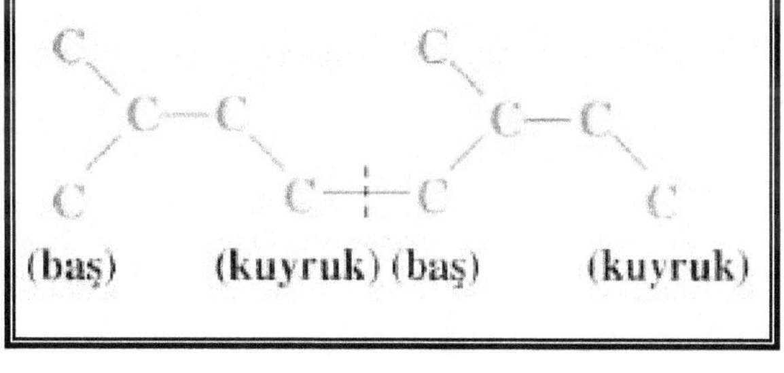

(baş)   (kuyruk) (baş)   (kuyruk)

Birçok terpen, halka şeklinde bağlanmış zincir şeklindeki izopren birimlerine sahiptir ve dikkat edilirse tüm terpenoidler yapılarında oksijen bulundururlar:

317

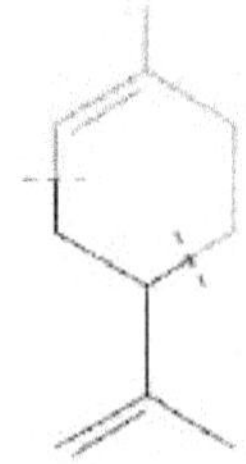

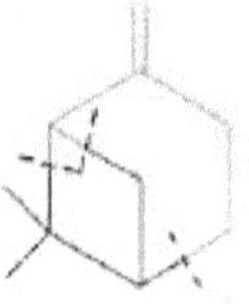

Limonen
(portakal veya limon yağından)

β -Pinen
(terebentin yağından)

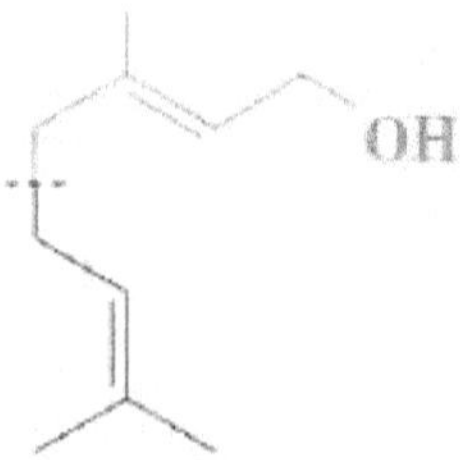

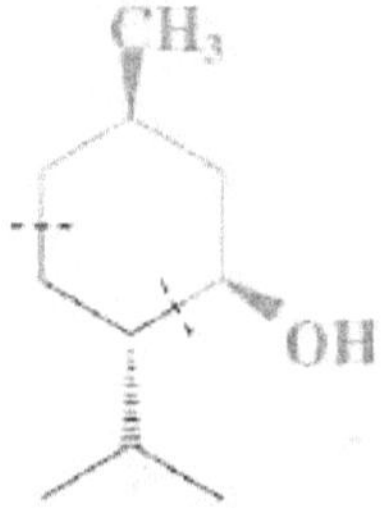

Geraniol
(gül ve diğer çiçeklerden)

Mentol
(naneden)

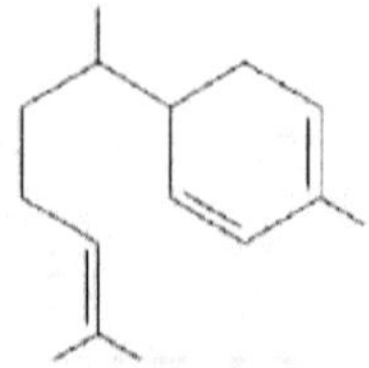

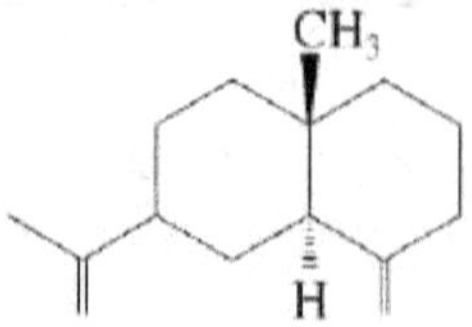

Zingiberen
(zencefil yağından)

β-Selinen
(kereviz yağından)

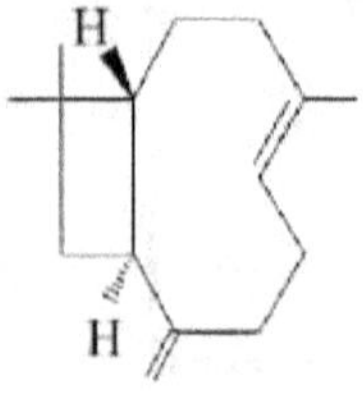

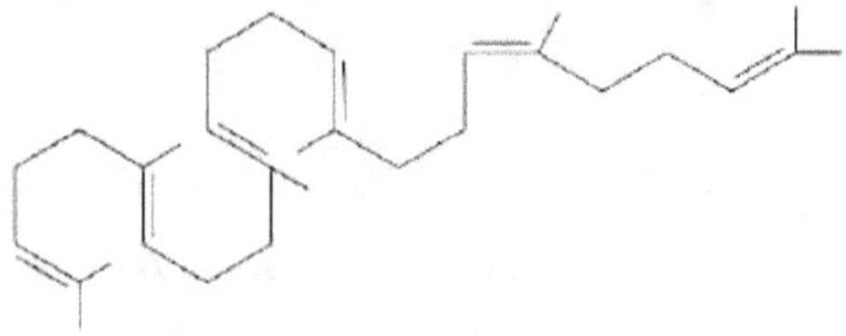

Karyofilen
(karanfil yağından)

Skualen
(Köpekbalığı karaciğeri yağından)

Büyük zincire sahip terpenlerin (tetraterpenler gibi) oluşturduğu **Karotenler** denilen bir organik bileşik grubu vardır ki, bu bileşikler hayvansal hücrelerdeki bazı önemli reaksiyonları katalizlerler. Bunlar, kuyruk kuyruğa bağlanmış ikili terpen gruplarından oluşan büyük organik moleküllerdir:

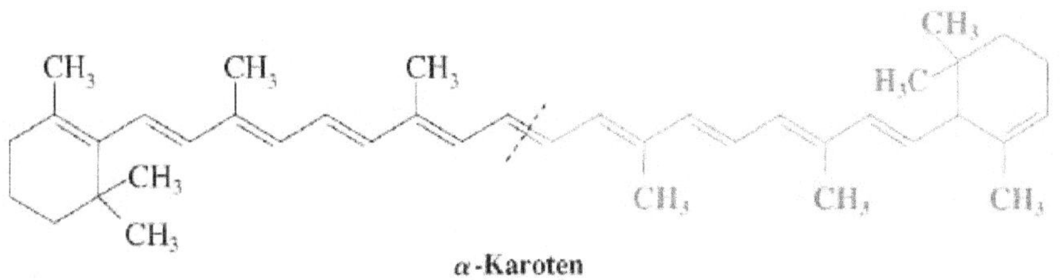

α-Karoten

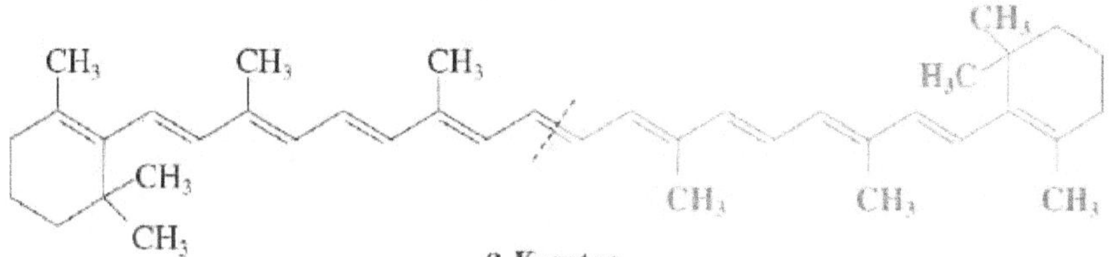

β-Karoten

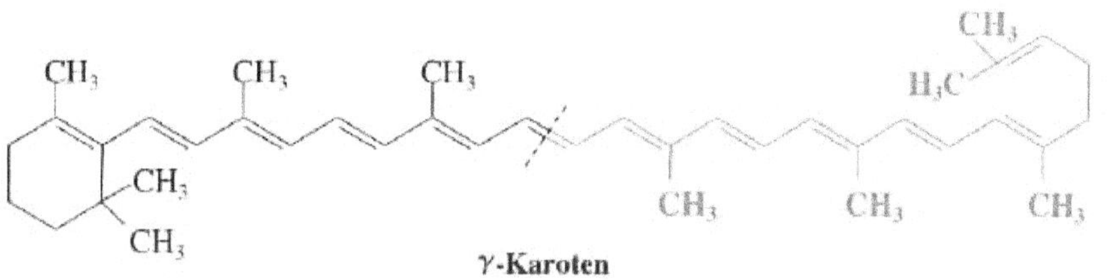

γ-Karoten

Karotenler, hemen hemen tüm yeşil bitkilerde bulunur. Hayvansal organizmalar ise, yukarıdaki bu üç önemli karoteni sentezleyemedikleri için bitkilerden hazır olarak alırlar. Daha sonra ise, kendi organizmalarında önemli bir organik bileşik olan **A vitaminini** sentezlemek için öncü madde olarak kullanırlar ve karaciğer tarafından A vitaminine dönüştürülürler:

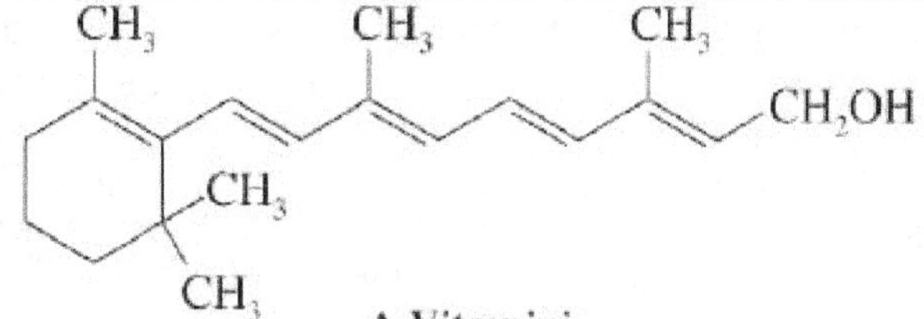

A Vitamini

Bu dönüşümde bir molekül β-karoten, iki A vitamini molekülünü oluşturur. α ve γ-karotenler ise, sadece bir A vitamini molekülüne dönüşür. A vitamini sadece görme fonksiyonunda değil, diğer organik faaliyetlerde de kullanılan önemli bir moleküldür. Örneğin, beslenmelerinde A vitamini eksikliği olan yavru hayvanlarda büyüme kusurları gözlenir.

STEROİDLER:

Bitki ve hayvanlardan elde edilen lipid yapıları, **steroidler** olarak bilinen başka bir çeşit organik bileşik grubunu oluşturur. Steroidler, canlı organizmalarda yer alan önemli düzenleyici moleküllerdir ve dışarıdan çok miktarda hazır olarak alındığında organizmada önemli değişiklikler meydana getirirler. Bu bileşikler arasında, büyük lidip molekülleri (**kolestan**, **kolesten** ve **kolesterol** gibi) erkek ve dişi üreme hormonları (**progesteron**, **testesteron**, **estradiol** gibi), adrenokortikal hormonları (**adrenalin**, **kortizon** ve **epinefrin** gibi) ve D vitaminleri grubu (**D₁** ve **D₂** gibi) ile bazı **safra asitleri** ve hormonlar yer alır. Steroidlerin, hemen hemen hepsi aşağıdaki gibi bir kalıba sahip halkalı yapıda bulunurlar:

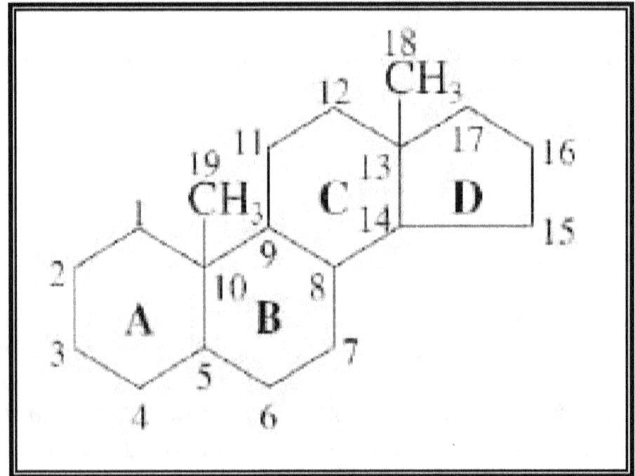

Steroid moleküllerinin halkasal kalıp modeli.

Bu halka sistemi, yukarıdaki gibi numaralandırılarak karbon atomlarının yerleri sayılarla gösterir. Dört halka ise, harflerle gösterilir. Birçok steroidde **B, C** ve **C, D** halkaları **trans** konumundadır. **A, B** halkaları ise, **cis** ya da **trans** olabilir ve aşağıdaki gibi bir üç boyutlu yapıyla da gösterildiği gibi, açısal metil gruplarını daha detaylı olarak gösteren **α** ve **β sübstitüentleri** olmak üzere iki ana gruba ayrılarak incelenebilir. Buradaki **α** ve **β** adlandırmaları 5 numaralı konumdaki hidrojen atomuna uygulandığında A, B halka bağlantısındaki trans halka sistemi **5α** serisini; A, B halka bağlantısındaki cis halka sistemi de **5β** serisini oluşturur:

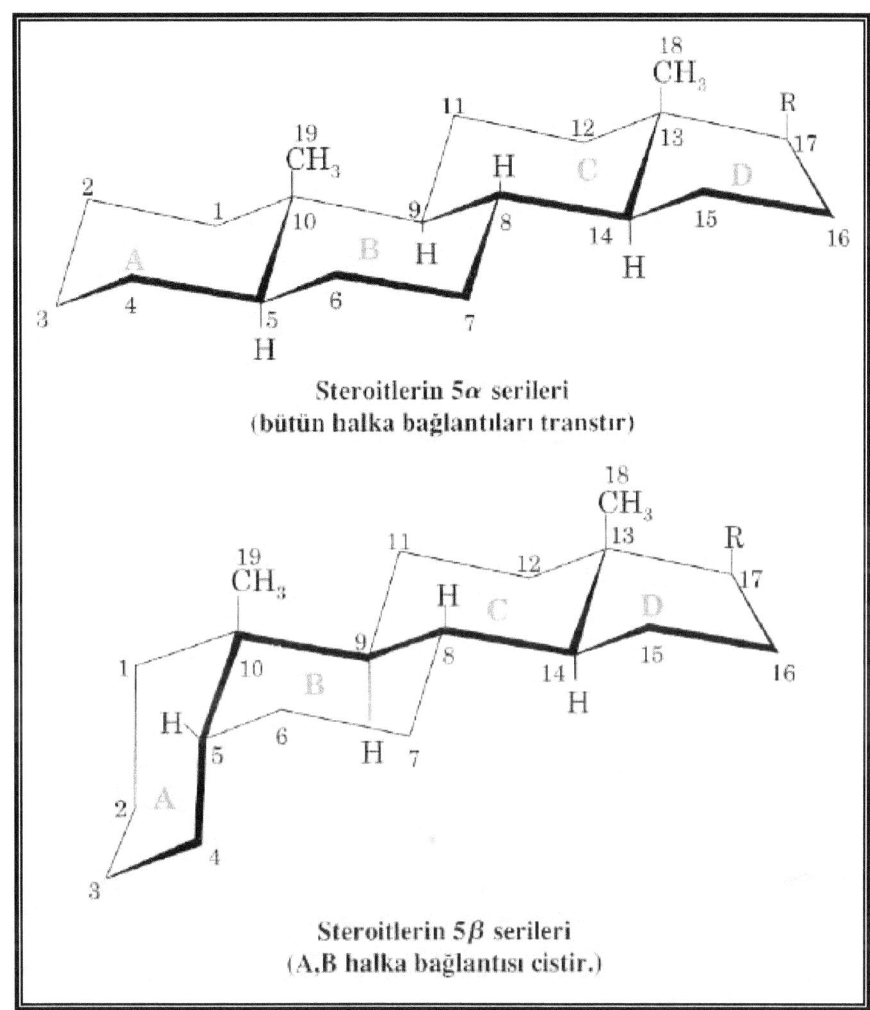

Steroitlerin 5α serileri
(bütün halka bağlantıları transtır)

Steroitlerin 5β serileri
(A,B halka bağlantısı cistir.)

KOLESTEROLLER:

UIPAC sistematik adlandırma sisteminde, **17** numaralı konumdaki **R** [Yani, **Rex** (birincil karbonil)] grubu; her bir steroid türünün temel adını belirler. Örneğin, gebelik önleyici sentetik bir steroid hormonu olan **noretinodrel, 17α-etinil-17β-hidroksi-5(10)-estren-3-on** şeklinde adlandırılır. Bu adlar, aşağıdaki çizelgede verilen steroid hidrokarbonunun adından türetilir:

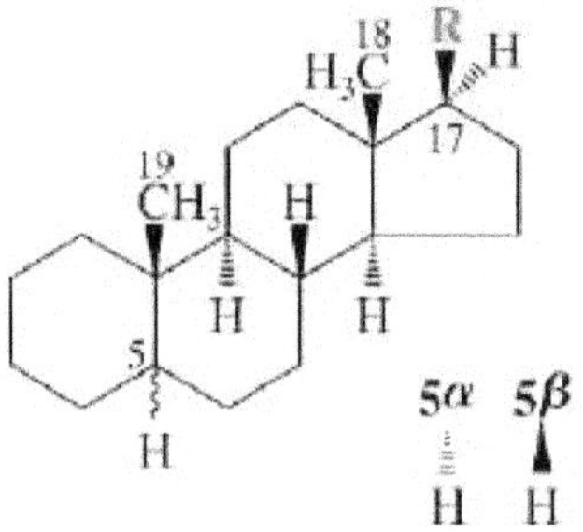

R	İsim
—H	Androstan
—H (—H ile —$\overset{19}{C}H_3$ yer değişebilir)	Estran
—$\overset{20}{C}H_2\overset{21}{C}H_3$	Pregnan
—$\overset{20}{C}H(\underset{21}{CH_3})\overset{22}{C}H_2\overset{23}{C}H_2\overset{24}{C}H_3$	Kolan
—$\overset{20}{C}H(\underset{21}{CH_3})\overset{22}{C}H_2\overset{23}{C}H_2\overset{24}{C}H_2\overset{25}{C}H(\underset{27}{CH_3})\overset{26}{C}H_3$	Kolestan

Bu temel adlandırmanın kullanımını gösteren iki örnek molekül aşağıda verilmektedir:

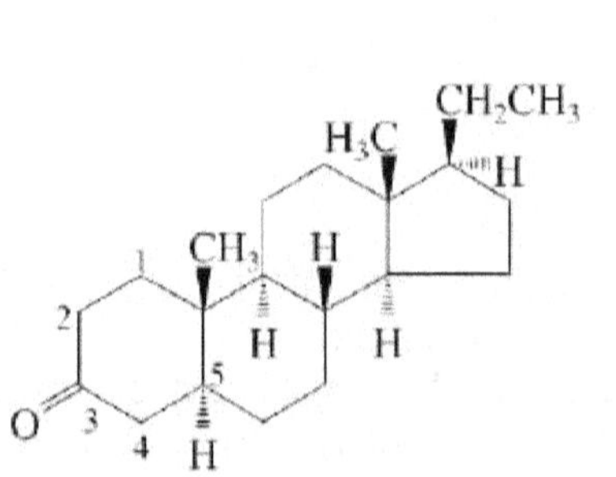

5α-Pregnan-3-on

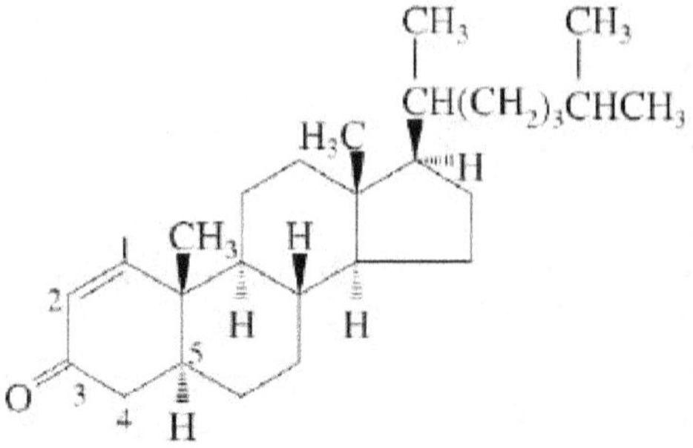

5α-Kolest-1-en-3-on

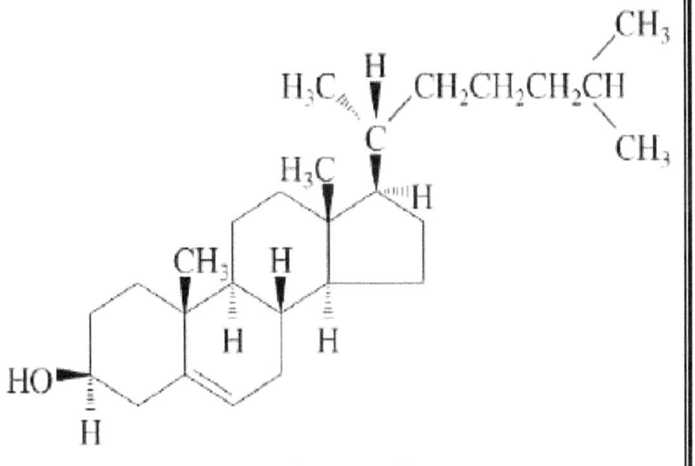

5-Kolesten-3β-ol
(kolesterolün konfigürasyonu)

Kolesterol molekülündeki mu'cizevi tasarım: Yukarıdaki sağdaki şekildeki steroidin bir türevi olan alttaki **Kolesterol**, yani **5-kolesten-3β-ol**, hemen hemen bütün hayvansal dokularda yer alır. İnsan vücudunda da çokça oluşur, ancak kolesterolün biyolojik fonksiyonlarının tamamı bilinmemektedir. Bununla birlikte, kolesterolün vücuttaki diğer steroidlerin tamamının biyosentezinde bir ara ürün olarak işlev gördüğü bilinmektedir. Yiyeceklerimizin kolesterol içermesine gerek yoktur, çünkü zaten vücudumuz tarafından sentezlenmektedir. Ayrıca, kolesterol vücutta kullanılan pek çok farklı ara ürüne ve bileşiğe de çeşitli tepkimeler sonucunda dönüşebilmektedir. Aşağıdaki şekillerde bu sayısız tepkimelerden sadece birkaç tanesi gösterilmektedir. Kolesterol ilk defa **1770** yılında izole edildi. **1920**'lerde iki alman kimyacı, **Adolf Windaus** ve **Heinrich Wieland** kolesterolün yapısını aydınlattıkları için **1927** ve **1928** yıllarında Nobel ödülünü aldılar. Fakat bu buluşlarını yaptıkları sırada şöyle ilginç bir sonuç ortaya çıktı: Kolesterolün yapısının aydınlatılmasındaki esas zorluk, kolesterolün sekiz adet düzgün dörtyüzlü stereomerkez, yani eşmerkezli sekiz adet düzgün dörtyüzlü geometrik bir yapı içermesinden kaynaklanıyordu. Bu ise, basit bir yapının 2^8, yani 256 değişik stereoizomere sahip olması anlamına geliyordu ve ilginçtir ki, kolesterol bunlardan sadece biriydi ve diğer alternatif 255 moleküle herhangi bir organik canlı yapısının hiçbirisinde rastlanmıyordu. Dolayısıyla, bilim adamları daha sonra şu sonuca ulaştılar: Bir dış kuvvet, yani Yaratıcı bir güç doğadaki alternatif dengeleri o şekilde özel olarak seçmektedir ki, bunda en ufak bir hata payı, yani buradaki gibi 256'da birlik bir hata payı bile organik molekülün tamamen inorganik bir yapı kazanmasına yol açması demekti. Dolayısıyla bu da, tabiattaki kusursuz tasarımın ne kadar özenle ve hatasız bir şekilde gerçekleştirildiğinin milyonlarca açık isbatından sadece birisiydi.

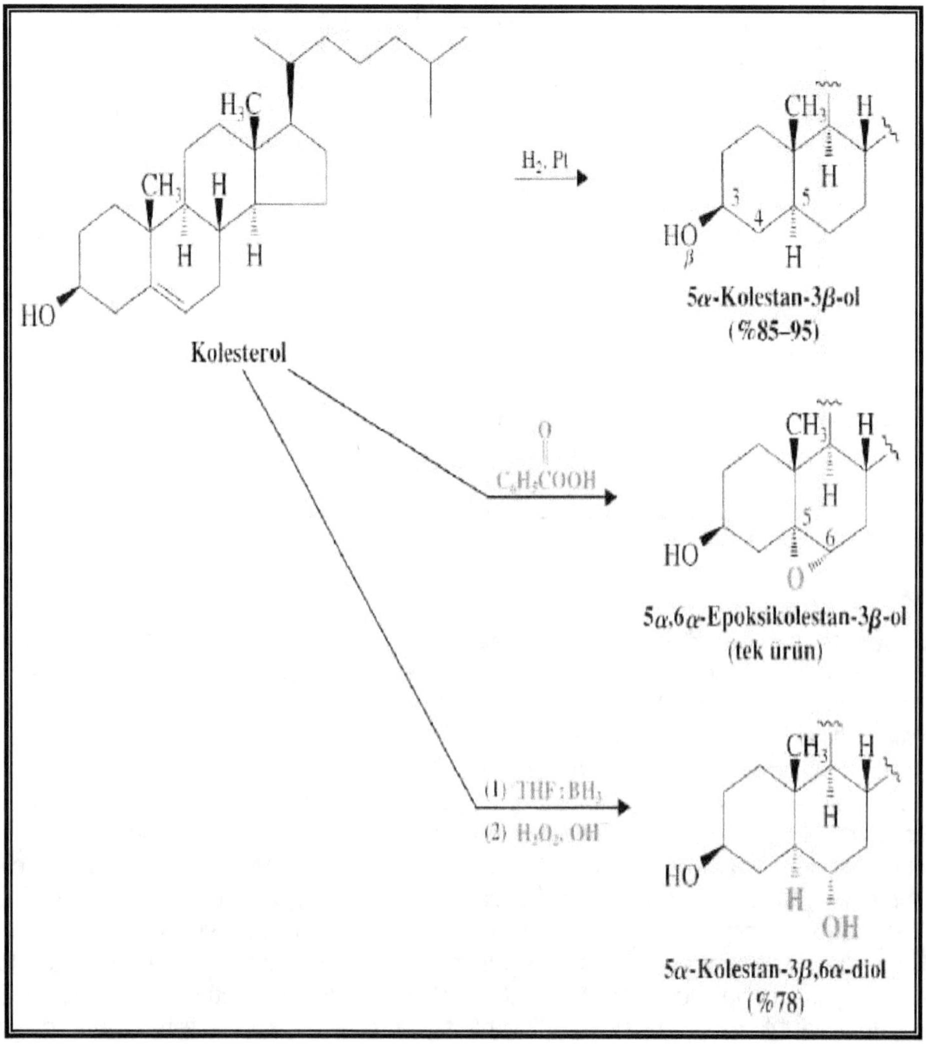

Kan kolesterolünün yüksek seviyede olması ise, damar sertliği ve kalp krizi gibi önemli hastalıklara sebep olur. Kalp krizi, kolesterol içeren tabakanın kalp damarlarını tıkayıp kanın akışını engellemesiyle oluşur.

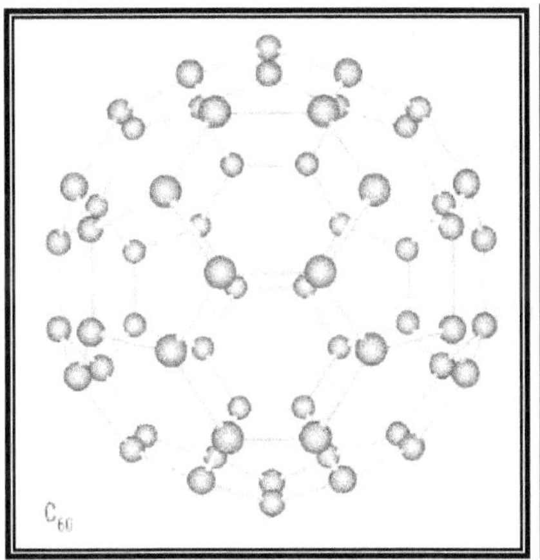
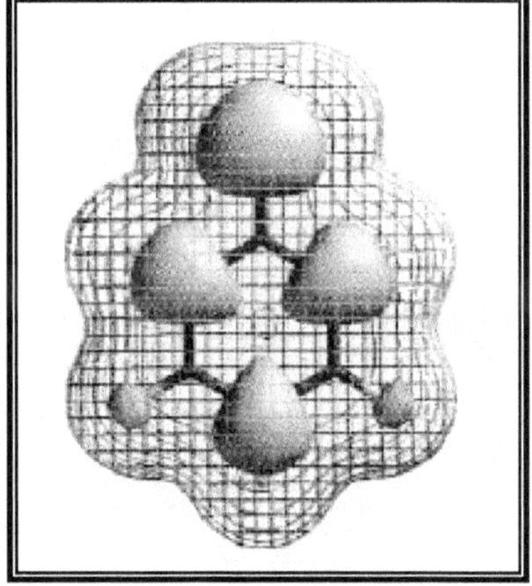

Kolesterol molekülünün doğada bulunan olası stereoizomerlerinin sayısı 2^8'dir.

ÜREME HORMONLARI:

Üreme hormonları üç ana başlık altında sınıflandırılabilirler:

- **1-** Kadın üreme hormonları (Estrojenler),
- **2-** Erkek üreme hormonları (Androjenler),
- **3-** Hamilelik hormonları (Projestinler).

1929 yılında ilk kez elde edilen üreme hormonu bir estrojen olan **estron**'dur. Daha sonra ise, dişi üreme hormonu olan **estradiol** bulunmuştur. Estron, estradiolün metabolize olmuş şeklidir:

Estradiol, yumurtalık tarafından salgılanır ve hamilelik esnasında süt bezlerinin gelişmesini hızlandırır. Erkek üreme hormonu olan androsteron ise, ilk kez **1931** yılında elde edilmiştir. Daha sonra elde edilen testesteron ise, esas erkek üreme hormonu olup, androsteron testesteronun metabolize olmuş şeklidir:

Testisler tarafından salgılanan testesteron hormonu, erkeklerde sesin kalınlaşması, kasların gelişmesi gibi ergenlik gelişimlerini sağlar. Moleküler yapıları incelendiğinde, testesteron ve estradiolün hem yapı ve hem de işlev bakımından oldukça benzer moleküller olduğu görülür. Dolayısıyla, aralarındaki ufak bir fark, birbirinden organizma olarak tamamen farklı iki farkı cinsin oluşmasını sağlar. Bu farklılık ise şuradan kaynaklanır ki, testesterondaki **A**, **B** halka bağlantısında açısal **metil** grupları yer almaktadır; oysa bu özellik estradiolde **yoktur**. Ayrıca estradiolün **A** halkası bir **benzen** halkasıdır ve sonuçta estradiol bir fenol bileşiğidir. Testesteronun **A** halkası ise, bir **α, β–doymamış keto** grubu içerir.

Diğer önemli bir üreme hormonu olan **progesteron** ise, hamileliği düzenleyen ve gebelik döneminin süresini cenin oluşumu bitince durduran önemli bir organik bileşiktir. Yumurtlama olduktan sonra, yumurta hücresinin (*Corpus luteum*) parçalanmasından geri kalanlar progesteron hormonunu salgılamaya başlarlar. Bu hormon rahmi, döllenmiş yumurtanın tutunması için hazırlar ve devam eden progesteron salgılanması hamileliğin tamamlanması için gereklidir. Böylece, progesteron hamilelik sırasında yeniden yumurtlamayı durdurarak bu süreç içerisindeki ikinci bir kez hamile kalınmasını engeller.

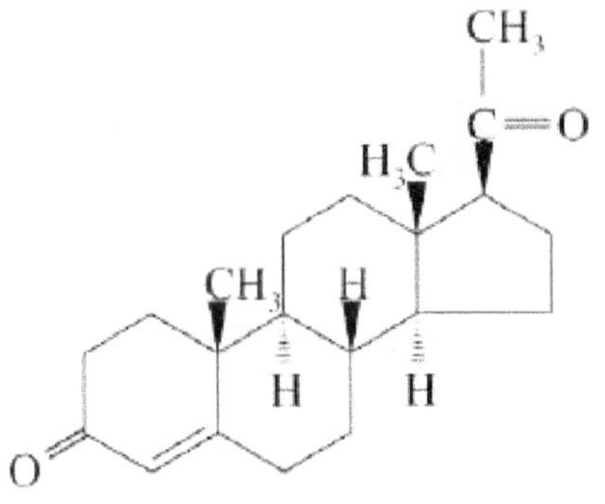

Progesteron
(4-pregnen-3, 20-dion)

Bununla birlikte, yapay olarak alınan bazı sentetik progestinler de geliştirilmiş olup, bu hormonlar da hamileliği kontrol eden veya yumurtlamayı durduran önemli bileşiklerdir. Bunların en önemlileri, **noretindron** ve **etinilestradiol**'dür:

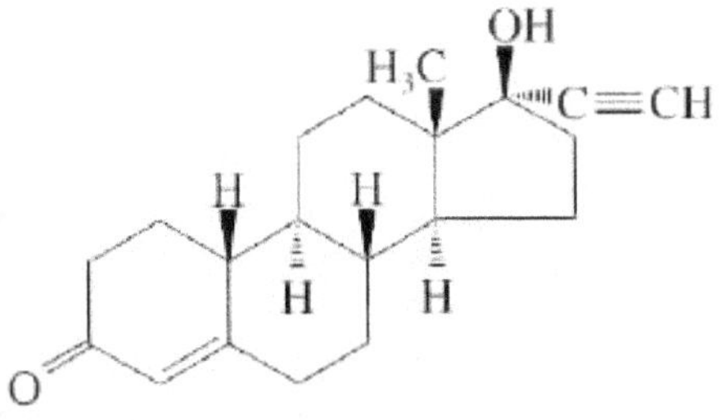

Noretindron
(17α-etinil-17β-hidroksi-4-estren-3-on)

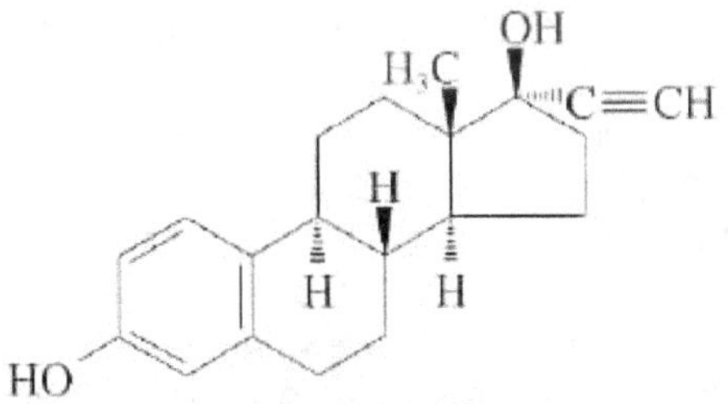

Etinilestradiol
[17α-etinil-1,3,5(10)-estratrien-3,17β-diol]

ADRENOKORTİKAL HORMONLAR:

Adrenal korteksten, yani karaciğer üstünde bulunan adrenal bezlerinin bir kısmından en az **28** farklı türde hormon salgılanır. Örneğin, bunlardan aşağıda verilen ikisi bu steroid hormonlarındandır:

Adrenokortikal steroidlerin çoğu, halkasal yapının **11** numaralı konumunda bir oksijenli fonksiyonel grup içerir. Örneğin, yukarıda şekillerden de görüldüğü gibi, kortizonda bir keto grubu ve kortizolde ise bir β–hidroksi grubu vardır. Kortizol, insanda adrenal korteks tarafından sentezlenen önemli bir hormondur. Adrenokortikal steroidleri, genel olarak karbonhidrat, yağ ve protein metabolizması; su ve elektrolit dengesi; allerjik ve iltihaba yol açan tepkimeler gibi birçok biyolojik etkinliğin düzenlenmesinde etkin rol oynarlar. 11 numaralı konumunda oksijen taşıyan birçok steroid, son zamanlarda addison hastalığından astıma ve deri iltihaplarına kadar birçok hastalığın tedavisinde kullanılmaktadır.

D VİTAMİNLERİ: **1919**'da güneş ışınlarının, zayıf kemik gelişimi ile kendini gösteren ve bir çocuk hastalığı olan hastalığın iyileşmesine neden olması, bu konu üzerindeki araştırmaları yoğunlaştırdı. Ayrıca, bazı yiyecek maddelerinin güneş ışığına tabi tutulmasıyla, raşitizm gibi kemik hastalıklarını önleyici etkisinin olduğu anlaşıldı ve **1930** yılındaki araştırmalar mayadan elde edilen **ergosterol** isimli bir steroidin bu gelişimde etkili olduğunu gösterdi. Ergosterolün ışığa tabi tutulmasıyla çok etkin bir maddenin ortaya çıktığı tesbit edildi. **1932**'de **windaus** ve çalışma arkadaşları Almanya'daki araştırmaları sonucunda bu maddelerin en etkininin bugün **D₂ vitamini** olarak bildiğimiz molekül tarafından gerçekleştirildiğini keşfetti. Burada oluşan fotokimyasal tepkime ile ergosterolün **B** halkasının açılarak konjuge bir bileşiğin ortaya çıktığı bulunmuş oldu:

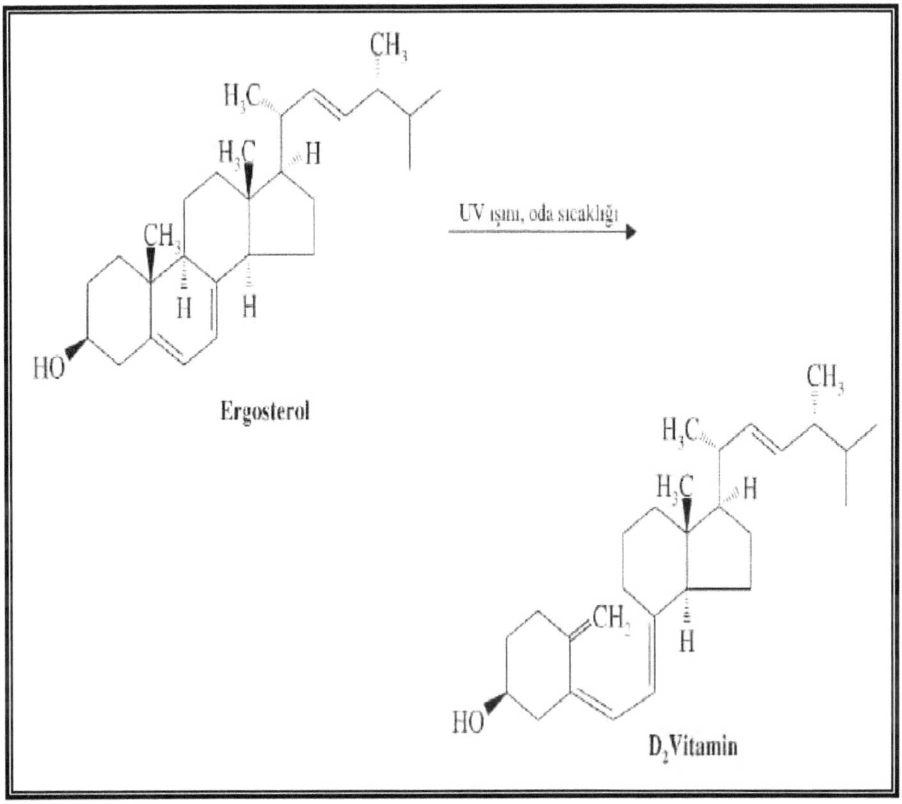

DİĞER STEROİDLER:

Tabiatta bitki organizmalarında serbest halde bulunan veya hayvansal organizma içerisinde sentezlenen diğer bazı önemli steroidler aşağıdaki tablo ve diyagramlarda ayrıntılı olarak verilmektedir:

Tablo-I: Bazı önemli diğer steroid isimleri ve vücut içerisindeki fonksiyonları.

Diyagram-I: Steroidlerin iki boyutlu halkasal moleküler kalıp yapısı, üç boyutlu konformasyon yapısı ile kolesterol molekülünün üç boyutlu van der waals modeli.

Diyagram-II: Steroid hormonları bitkisel ve hayvansal olarak ayrı ayrı gösteren molekül yapıları.

Diğer önemli Steroidler

Tablo- I

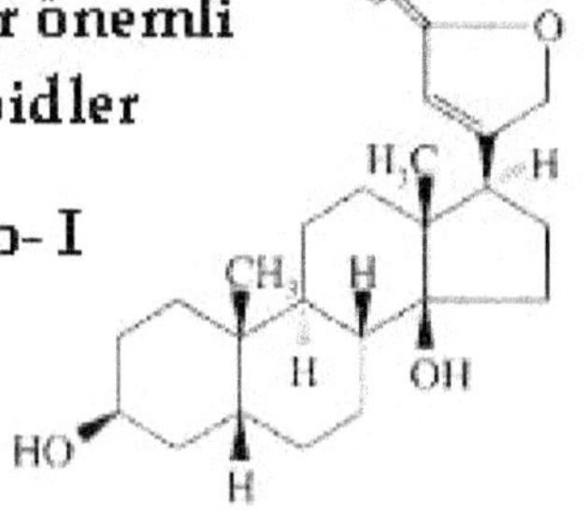

Dijitoksijenin

Dijitoksijenin, yüksükotunun hidrolizinden izole edilebilen, 1785 yılından bu yana kalp rahatsızlıklarında ilaç olarak kullanılan bir maddedir. Yüksükotunda, şeker molekülleri steroidin 3-OH grubunda asetal köprüleri ile bağlanmıştır. Az bir miktar yüksükotu kalp kaslarını kuvvetlendirir, ancak, büyük dozlar kalp için güçlü bir zehirdir.

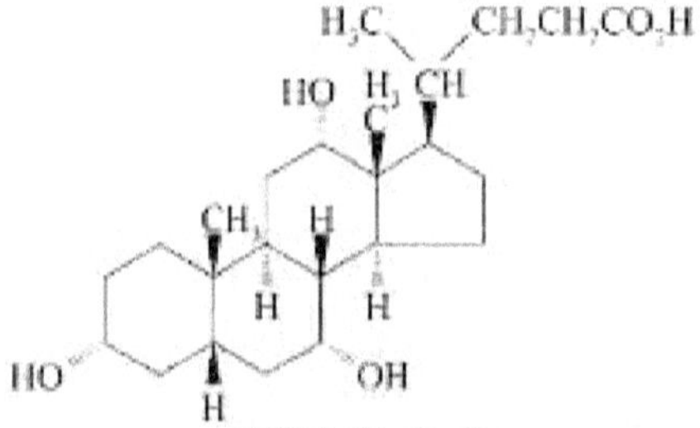

Kolik asit

Kolik asit, insan ya da öküz safrasının hidrolizi ile elde edilen çok bulunan bir asittir. Safra, karaciğerden salgılanır ve safra kesesinde depolanır. İnce bağırsağa salgısı ulaştığında, safra, yağlar üzerine bir sabun gibi etki eder, bu da sindirim işlemine yardımcı olur.

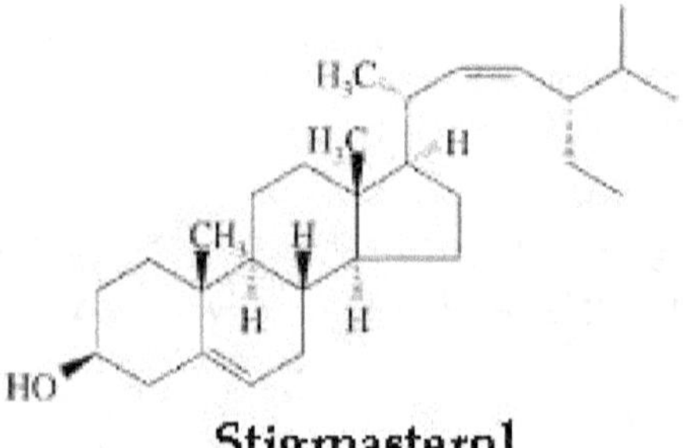

Stigmasterol

Stigmasterol, soya yağından ticari olarak elde edilen bir bitkisel steroittir.

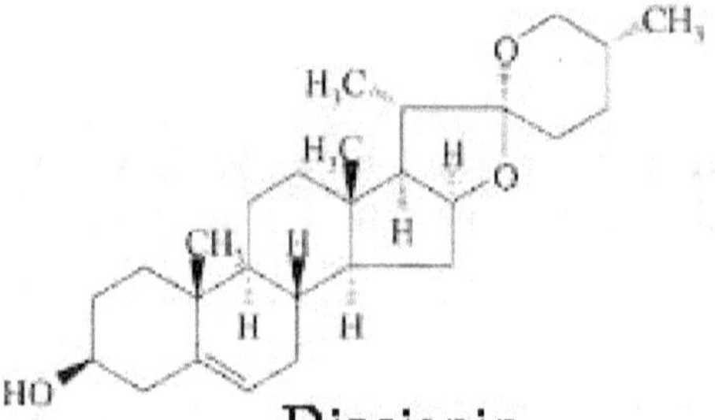

Diosjenin

Diosjenin, Meksika şarabı, *cabeza de negro*, genus *Dioscorea*'dan elde edilir. Kortizon ve seks hormonlarının ticari olarak sentezinde çıkış maddesi olarak kullanılır.

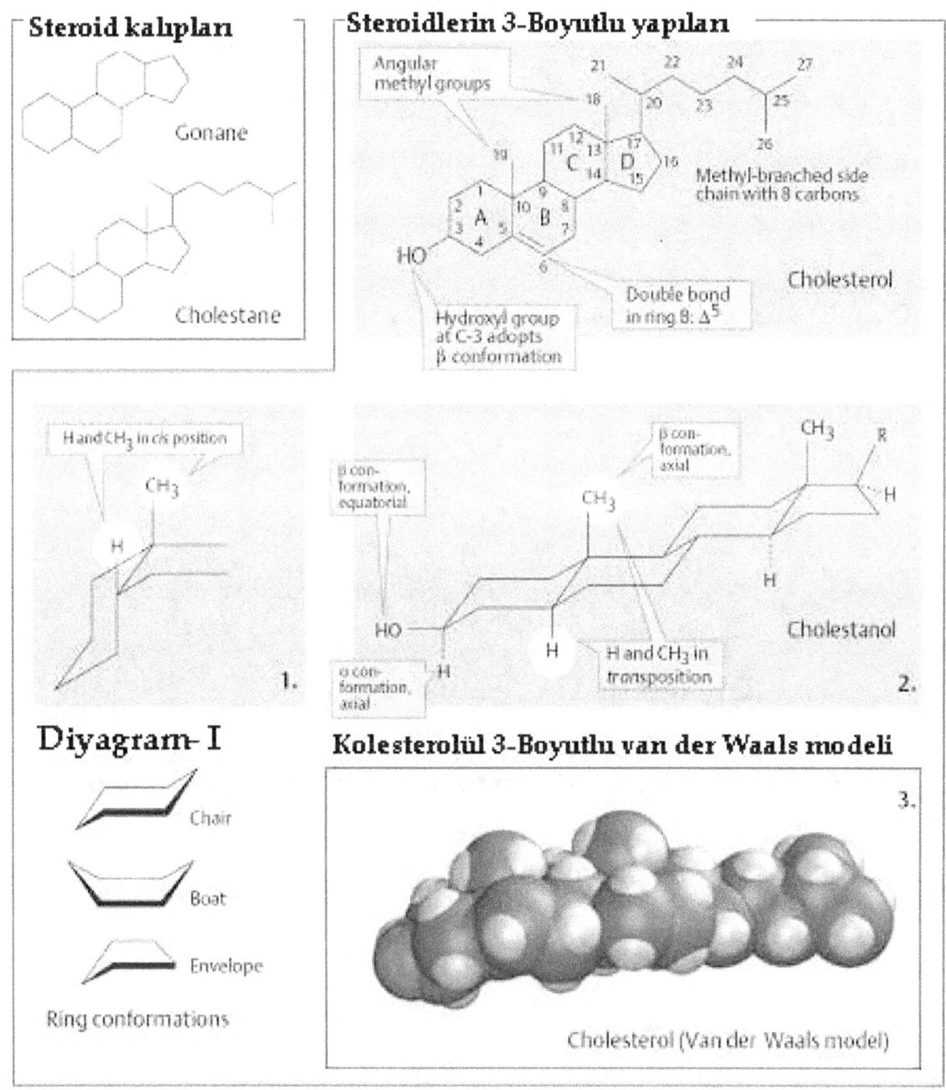

Steroid kalıpları
Gonane
Cholestane

Steroidlerin 3-Boyutlu yapıları
Angular methyl groups
21 22 24 27
18 20 23 25
19 11 12 13 17 26
C D
14 15 16
1 9 8
2 A 10 B 7
3 4 5 6
HO
Methyl-branched side chain with 8 carbons
Cholesterol
Hydroxyl group at C-3 adopts β conformation
Double bond in ring B: Δ5

H and CH3 in cis position
CH3
H
1.

β conformation, equatorial
β conformation, axial
CH3
CH3
R
H
H
HO
H
H
α conformation, axial
H and CH3 in transposition
Cholestanol
2.

Diyagram- I
Chair
Boat
Envelope
Ring conformations

Kolesterolül 3-Boyutlu van der Waals modeli
3.
Cholesterol (Van der Waals model)

Bazı önemli Steroller
Animal sterol
Cholesterol
Ergosterol
Plant sterols
HO
Stigmasterol
β-Sitosterol
HO

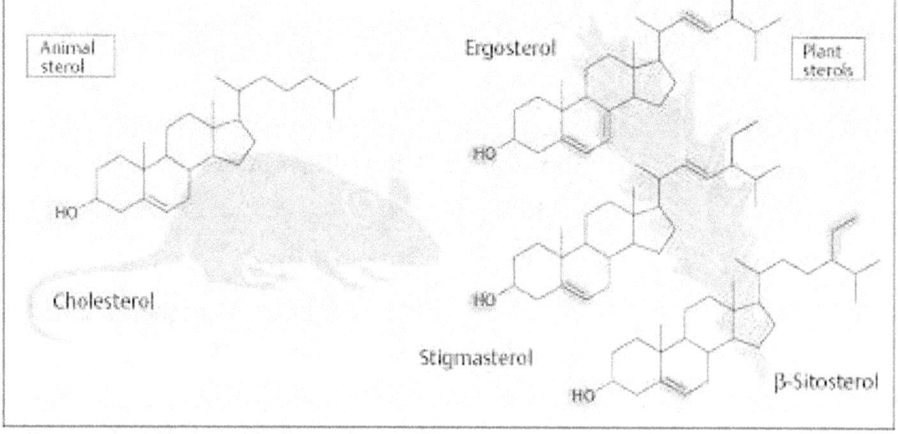

Önemli yağ asitlerinden olan Kolik asit ve türevleri 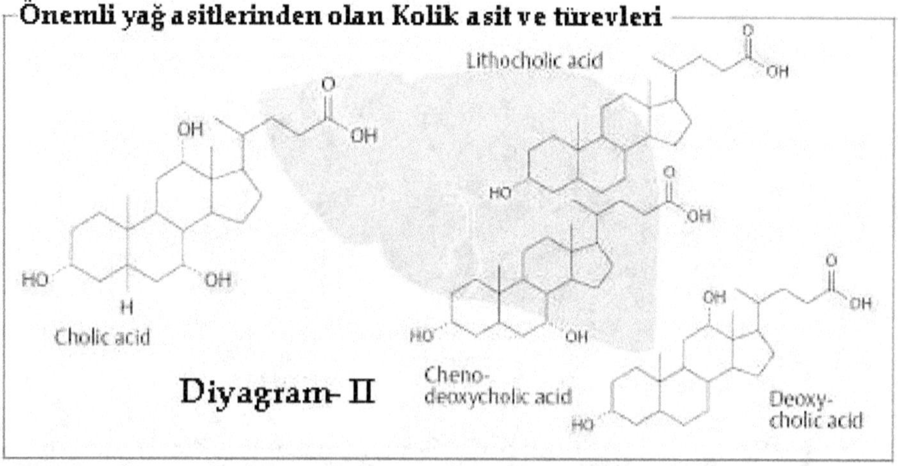
Lithocholic acid
OH
OH
O
OH
HO
HO
OH
H
Cholic acid
Diyagram- II
Cheno-
deoxycholic acid
HO
OH
OH
O
OH
OH
O
OH
Deoxy-
cholic acid
HO

Bitki ve hayvanlarda sentezlenen bazı önemli Steroid hormonları
CH₂OH
C=O
OH
HO
O
Cortisol
CH₂OH
C=O
OHC
HO
O
Aldosterone
OH
O
Testosterone
OH
HO
Estradiol
CH₃
C=O
O
Progesterone
OH
OH
HO
Calcitriol
OH
OH
HO
HO
O
Ecdysone
Molting hormone
of insects,
spiders
and crabs

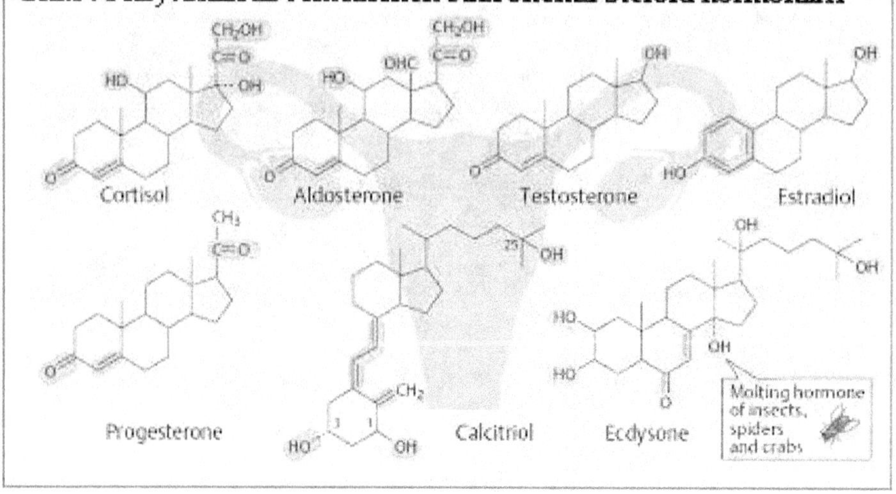

AMİNO ASİTLER VE PROTEİNLER:

Biyolojik organik kimyasal reaksiyonların önemli bir kısmını gerçekleştiren en önemli üç büyük molekül grubu; polisakkaritler, proteinler ve nükleik asitlerdir. Polisakkaritler daha önce karbonhidratlar başlığı altında detaylı olarak değinmiştik. Karbonhidratların önemli görevlerinin enerji stokları olarak hücre yüzeylerinde biyokimyasal etiketler olarak hücre içindeki yapıların ve içeri taşınan malzemelerin tanınmasında rol oynadığı gibi, bitkilerde selüloz şeklinde yapı malzemesini oluşturan temel destek dokusu olarak da kullanıldığını gördük. Bir sonraki kısımda ise, nükleik asitler incelenecek ve onların da canlılık faaliyetleri için çok önemli olan iki büyük amaca hizmet ettikleri görülecektir: Bilgi depolama ve bilgi aktarımı. Fakat büyük biyopolimer moleküllerin içerisinde bu üç gruptan en fazla fonksiyona sahip olanı proteinlerdir. Enzim ve hormonların yapıtaşlarını oluşturan proteinler, vücutta oluşan birçok tepkimeyi katalizlerler ve düzenlerler; kas ve tendonlar olarak vücudun hareket etmesini sağlayan dukuları oluştururlar; deri ve saç olarak bir dış örtü vazifesi görürler; hemoglobin molekülü olarak en uzak köşeleri enerji üretimi için gerekli olan oksijen molekülünü taşırlar; antikorlar olarak hastalıklara karşı korurlar ve kemikte diğer maddelerle birleşim halinde bulunarak kemik dokusunu desteklerler. Bütün bu fonksiyonların çeşitliliği karşısında, proteinlerin çok değişik şekil ve büyüklükleri vardır. İncelediğimiz moleküllerin çoğu standart hale getirildiğinde, hatta küçük hacimli proteinlerin dahi sıkıştırılmış bir yapıda olduğu ve büyük molekül kütlelerine sahip oldukları görülür. Örneğin, Lizozom adlı enzim nispeten küçük bir proteindir, ancak molekül kütlesi 14.600 Da'dır. Bunun gibi, birçok proteinin molekül kütlesi çok daha fazladır. Lizozom ve hemoglabin moleküllerinde olduğu gibi, küresel yapıda olanlar olduğu gibi; α-keratinin spiralli yapısına ve ipek liflerinin plili yapısına kadar uzanır. Aşağıdaki şekillerde küçük bazı küçük boyutlu proteinler, Sitokrom C, Lizozom ve Ribolükleaz enziminin 3-boyutlu moleküler yapıları gösterilmektedir:

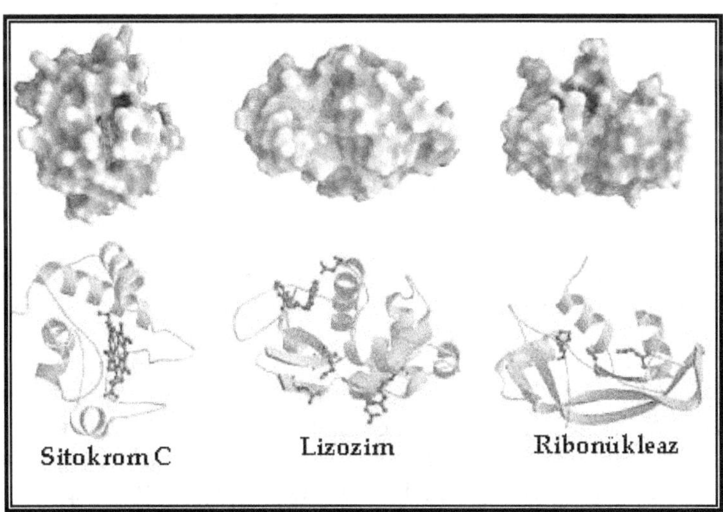

Bazı Protein moleküllerine ilişkin biyokimyasal parametreler			
	Moleküler ağırlık (Da)	Rezidü sayısı	Polipeptid zincir sayısı
Cytochrome c (human)	13,000	104	1
Ribonuclease A (bovine pancreas)	13,700	124	1
Lysozyme (chicken egg white)	13,930	129	1
Myoglobin (equine heart)	16,890	153	1
Chymotrypsin (bovine pancreas)	21,600	241	3
Chymotrypsinogen (bovine)	22,000	245	1
Hemoglobin (human)	64,500	574	4
Serum albumin (human)	68,500	609	1
Hexokinase (yeast)	102,000	972	2
RNA polymerase (*E. coli*)	450,000	4,158	5
Apolipoprotein B (human)	513,000	4,536	1
Glutamine synthetase (*E. coli*)	619,000	5,628	12
Titin (human)	2,993,000	26,926	1

Bütün bu büyüklük, şekil ve işlev çeşitliliğine rağmen tüm proteinlerin ortak özellikleri vardır ve bu sayede onların yapılarını ve özelliklerini anlamamız kolaylaşır. Protein molekülleri, organik molekülleri içerisinde Poliamitler grubu içerisinde yer alır ve yaklaşık monomer biçimleri 20 farklı α–amino asiti içermektedir:

Protein molekülleri çok sayıdaki Amino asit molekülünün yan yana dizilmesiyle meydana gelir.

Hücreler bu değişik α-amino asitleri kullanarak proteinleri sentezlerler. Değişik α-aminoasitlerin bir protein zinciri boyunca olan tam sırasına proteinin *birincil yapısı* denir. Bu birincil yapı, adından da anlaşılacağı gibi temel bir öneme sahiptir. Proteinin kendine has işlevini gerçekleştirebilmesi için, birincil yapısı tam olarak doğru olmalıdır. İleride görüleceği gibi, birincil yapı doğru olduğunda poliamit zincir topluluğu uygun bir şekilde katlanarak (kıvrılarak) onu, yapacağı özel görevin gerektirdiği şekle sokar. Poliamit zincirinin bu katlanması, proteinin *ikincil* ve *üçüncül yapıları* olarak adlandırılan yüksek seviyeli bir karmaşıklığa neden olur. *Dördüncül yapı* ise, protein birden fazla poliamit zincirinden oluşan bir küme içerdiğinde ortaya çıkar. Aşağıdaki şekillerde bu yapılar verilmektedir:

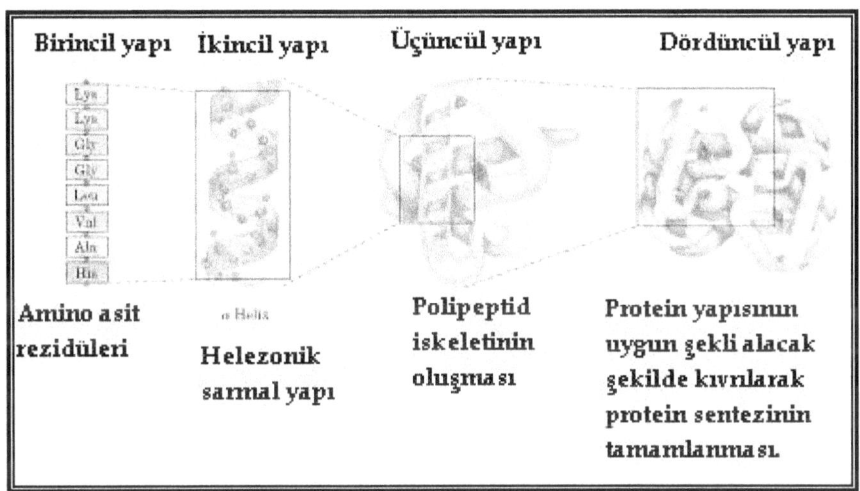

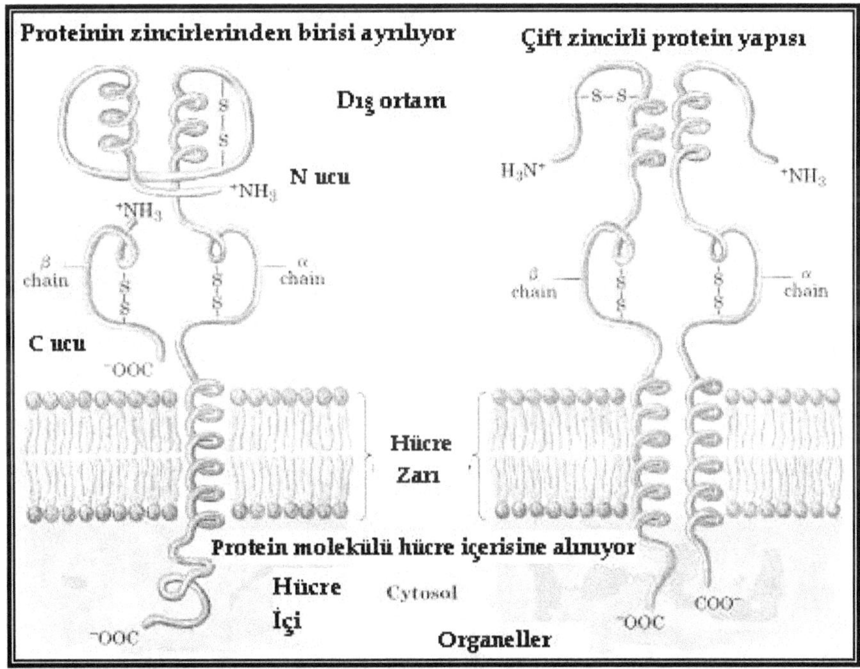

Üstteki şekil: Proteinlerin pimary (*birincil*), secondary (*ikincil*), tertiary (*üçüncül*) ve Quarternary (*dördüncül*) yapıları. Alttaki şekil: Bir protein molekülünün hücre zarından içeriye geçişi.

Proteinin asit veya bazlarla hidrolizi (bileşenlerine ayrışması) ile değişik amino asitlerin bir karışımı ortaya çıkar. Doğal proteinin hidrolizi, **22** değişik **amino asiti** verir ve bu amino asitler canlı organizmalarda etkin bir şekilde kullanılan önemli yapısal özelliklere sahiptirler.

Aşağıdaki şekillerde, biyolojik yapılarda en çok kullanılan 20 amino asit isimleriyle, içerdiği fonksiyonel grup ve yük durumuna bağlı olan moleküler yapılarıyla birlikte verilmektedir:

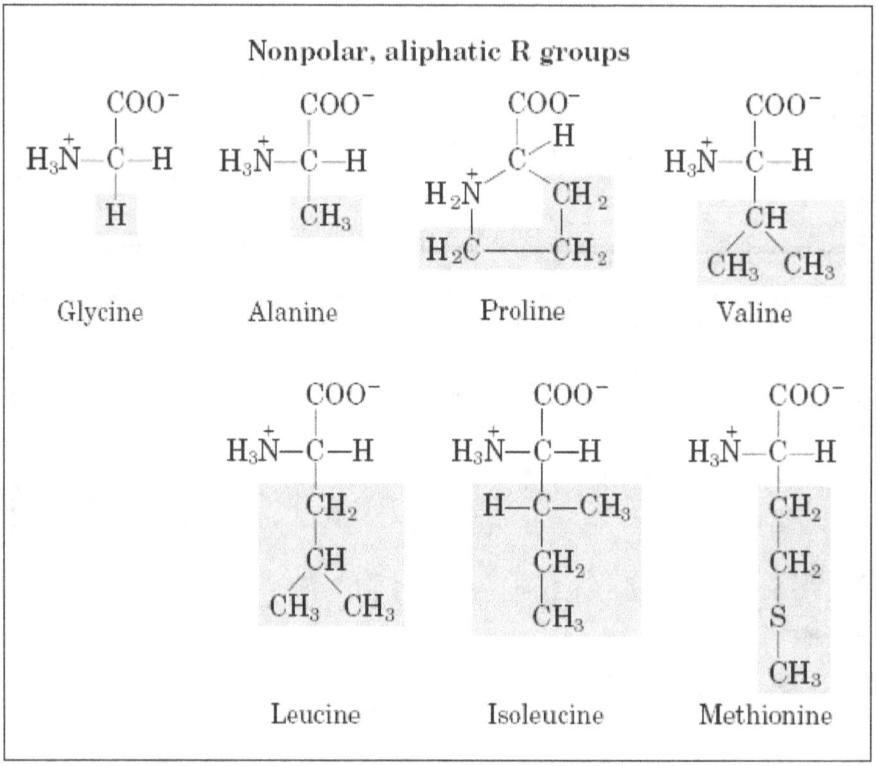

Polar, uncharged R groups

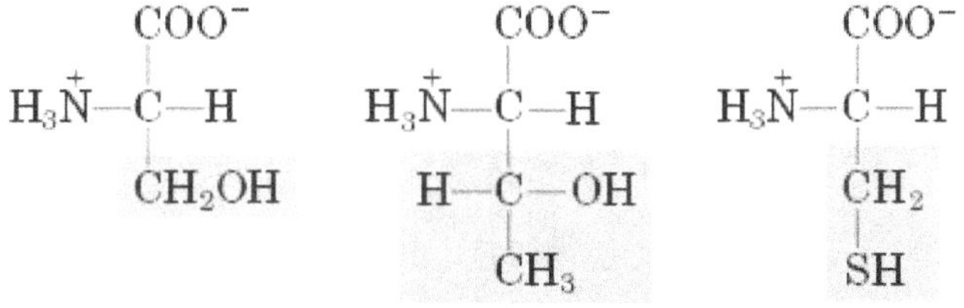

Serine

Threonine

Cysteine

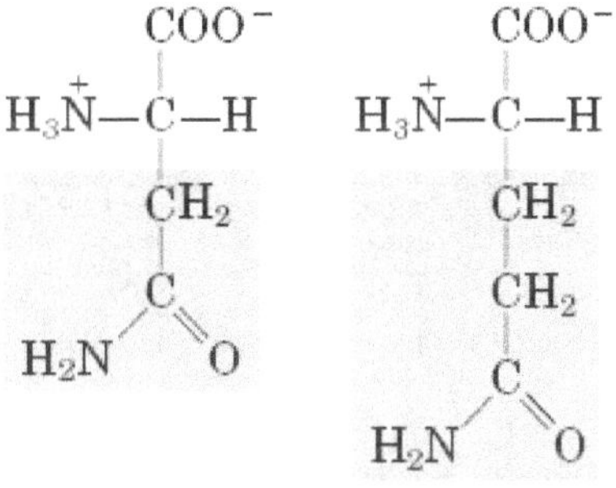

Asparagine

Glutamine

Aromatic R groups

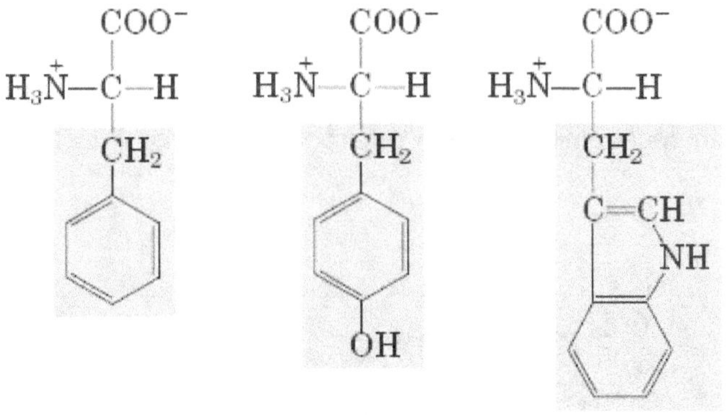

Phenylalanine

Tyrosine

Tryptophan

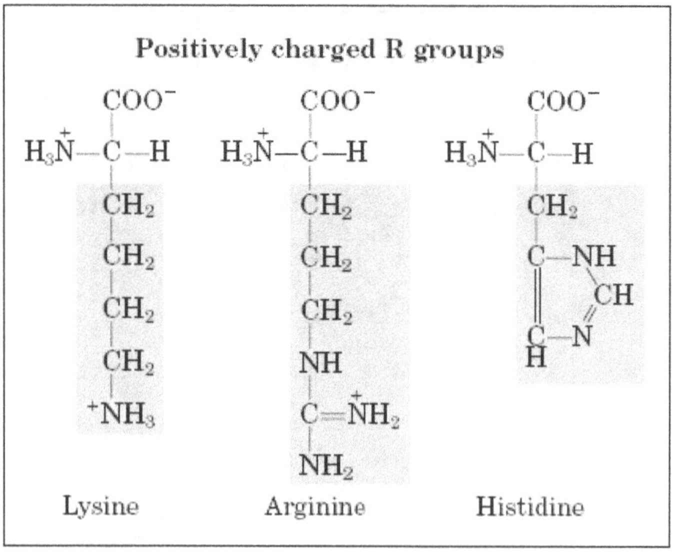

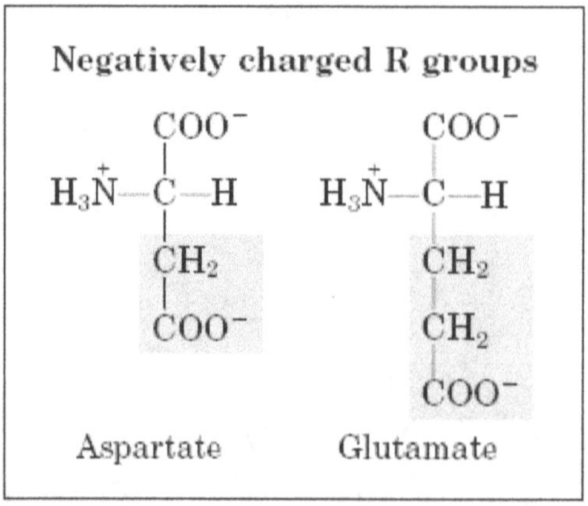

Glisin hariç bütün doğal amino asitlerin α-karbonu, kiral olarak L (Levo, yani sol elli) yapısındadır:

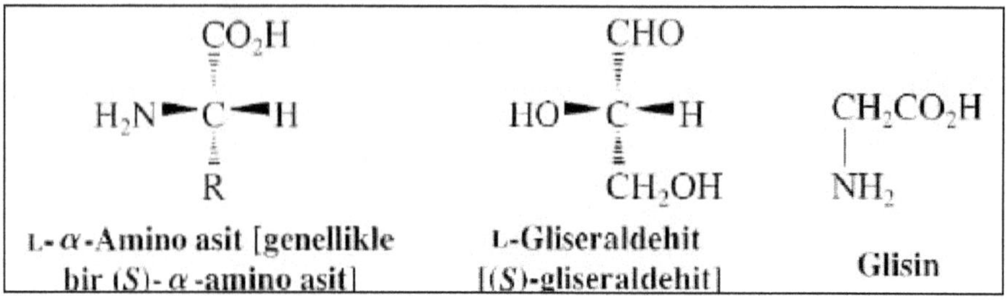

Gerçekte ise, hücre içerisinde gerçekleşen protein sentezi sırasında, yukarıdaki verilen 20 aminoasit kullanılır. Geriye kalan 2 aminoasit ise, poliamit dizisi eksiksiz olarak tamamlandıktan sonra sentezlenir. Sistin ve sistein aminoasitleri ise, birbirine dönüşebildiği için genellikle sadece birisi hücre içerisinde sentezlenerek diğerine dönüşür:

$$2\ HO_2CCHCH_2SH \underset{[H]}{\overset{[O]}{\rightleftharpoons}} HO_2CCHCH_2S-SCH_2CHCO_2H$$

Aminoasitler, bütün canlı organizmalar, bitkiler ve hayvanlar tarafından sentezlenebilirler. Fakat birçok yüksek yapılı hayvan hücresi, tüm proteinleri bu aminoasitlerden sentezlemekte yetersiz kalır. Fakat bununla birlikte, hayatı devam ettirebilmek için sekiz temel aminoasitin dışarıdan hazır alınması gerekir. Bu durum hayvan hücreleri için geçerli olduğu gibi, ilginç bir durum olarak bazı böcekçil bitkiler için de geçerlidir ve onlar da ihtiyaç duydukları bu aminoasitleri yakaladıkları böcekleri yiyerek elde ederler:

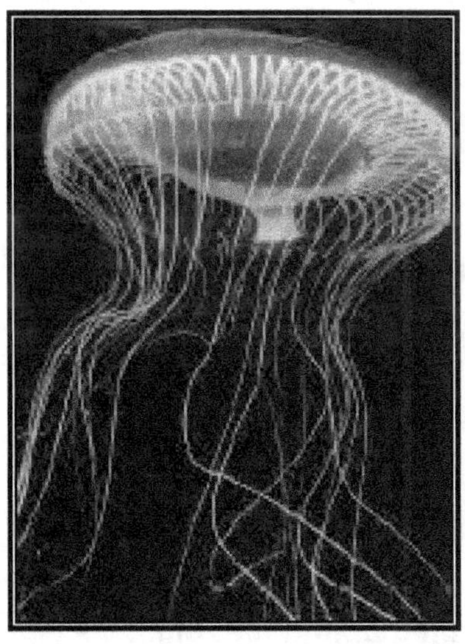

Küçük aminoasit gruplarının birleştirilmesiyle daha büyük protein molekülleri olan polipeptidler oluşturulur. Aşağıda bu moleküllerden dört tanesi tanesi verilmektedir:

Bir konjuge protein olan Hemoglobin molekülü.

Oksitozin

Vazopressin

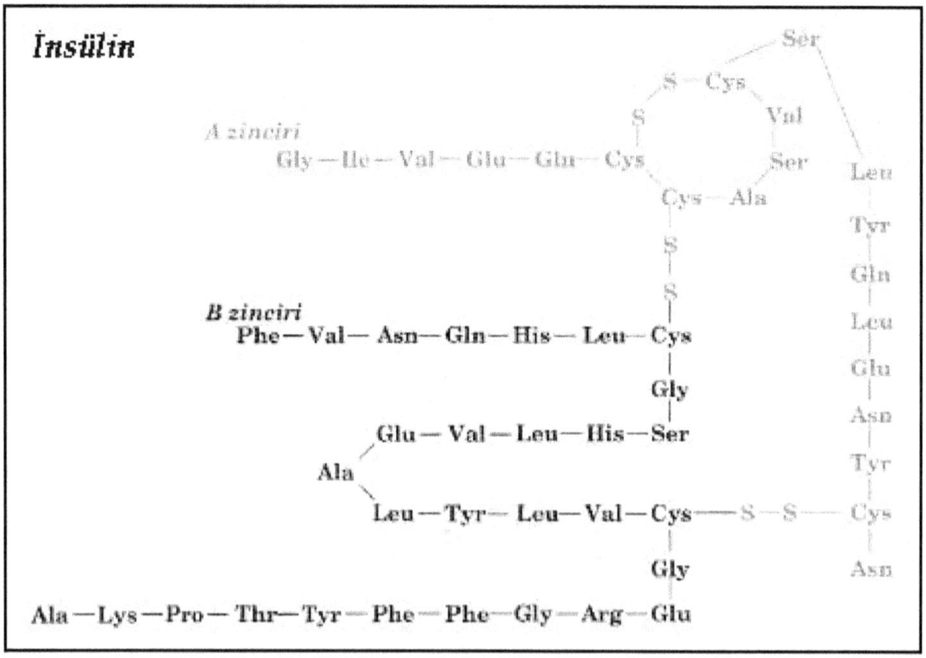

ENZİMLER:

Canlı hücrelerin hemen hemen tamamında biyolojik katalizör olarak görev yapan bir diğer önemli grup protein olan enzimler, organik tepkimelerin hızında büyük bir artış meydana getireren reaksiyonları hızlandırırlar. Birçok durumda enzimlerle katalizlenmiş tepkimelerin hızı, katalizlenmeyenlere oranla 10^5-10^{17} kat hızlı gerçekleşir. Dolayısıyla, eğer enzimler olmasaydı sadece birkaç saniye alan kolumuzu kıpırdatmamız veya ayağımızı kaldırmamız senelerce sürecek bir zaman alacaktı. Canlı organizmalardaki bu büyüklükteki hız artışları, canlı hücrelerde var olan ılımlı koşullarda bile, tepkimelerin uygun hızlarda gerçekleşmesini sağladıkları için oldukça önemlidir. Enzimler tepkimeye giren reaktifler açısından kaydedeğer bir özgüllük gösterirler ki, bu özgüllük sayesinde, tepkimeler diğer katalizörlere oranla daha hızlı gerçekleştirilir. Örneğin, proteinlerin enzimler yardımıyla sentezinde, ribozomlar üzerinde gerçekleşen tepkimelerde 1000 aminoasit kalıntısından çok daha fazlasını içeren polipeptidlerin sentezi enzimler tarafından hatasız bir şekilde gerçekleştirilir. Her enzimin kendisiyle birleşen bir substratı, yani katalizörü bulunur. Dolayısıyla, tepkimenin hızlanması için reaksiyon sırasında enzim ve substratı birleşerek yeni bir kompleks oluştururlar. Substratın enzime bağlanması çoğunlukla substratın bağlarının daha gergin olmasına neden olur, bundan dolayı da bu bağlar daha kolay kırılarak enzimin gerçekleştirdiği tepkimeden, bir uzay mekiği misali kolayca görevini yerine getirerek ayrılırlar. Tepkimenin ürünleri genelde, substrattan farklı şekillere sahip olduğu için enzimin kullanılmasını diğer bir molekül de kabul edebilir ve böylece tek bir enzim farklı ürünleri oluşturacak olan yüzlerce tepkimede kullanılabilir ve bütün bu işlemler tekrar ederek sürüp gider:

342

$$\text{Enzim + substat} \rightleftharpoons \text{enzim-substrat kompleksi} \rightleftharpoons \text{enzim + ürün}$$

Şimdi bir enzimin bir organik reaksiyonu nasıl hızlandırdığını matematiksel olarak kısaca inceleyelim ve bu hızlandırma işlevine ilişkin matematiksel bir reaksiyon hızı denklemi elde edelim. Buradaki reaksiyonun gerçekleştiği hücresel birim kompleksin içerisinde, reaktiflerden ürünlere doğru enzim katalizinde gerçekçekleşen tepkimelerin; toplam iki basamakta gerçekleştiğini kabul edersek ve birinci basamağındaki hız katsayısına k_1 ve ikinci basamaktaki hız katsayısına k_2 diyecek olursak;

$$E + S \underset{k_{-1}}{\overset{k_1}{\rightleftharpoons}} ES \qquad ES \underset{k_{-2}}{\overset{k_2}{\rightleftharpoons}} E + P \qquad [S] >> [E]$$

olmak üzere enzimin reaksiyonu hızlandırma denklemine ilişkin bir ifadeyi (**Michaelis-Menten Denklemini**) şöyle elde edebiliriz: Tepkimenin başlangıç durumundaki substrat (reaktif) konsantrasyonuna [S] bağlı olarak ürünlerin oluşma hızının grafiği mililitrede bir birim mol olarak şu şekilde değişmiş olsun:

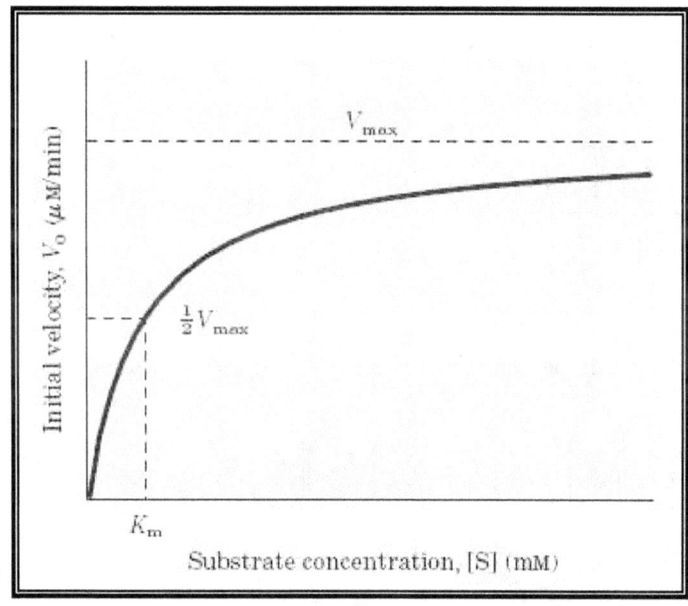

Bu durumda, ürünleri reaksiyon hız katsayısıları (k_1 ve k_2) reaksiyonun başlangıç hızı (V_0), reaksiyonun maksimum hızı (V_{max}), ve reaksiyona giren enzimin reaksiyon basamak sayısı (E_t) cinsinden ifade edersek;

$$ES = k_1[ES] + k_2[ES] = k_1([E_t] - [ES])[S] \quad \text{ve} \quad V_0 = k_2[ES]$$

olmak üzere sabit oda sıcaklığı (25 C^0) ve 1 atmosfer basınç altında şu eşitliği yazabiliriz:

$$k_1([ES] - [ES])[S] = k_{-1}[ES] + k_2[ES] \quad \text{ve buradan,}$$

$$k_1[E_t][S] - k_1[ES][S] = (k_{-1} + k_2)[ES] \quad \text{olmak üzere;}$$

$$k_1[E_t][S] = (k_1[S] + k_{-1} + k_2)[ES] \quad \text{eşitliği yazılır,}$$

ve buradan da; [ES]'i çözersek;

$$[ES] = \frac{k_1[E_t][S]}{k_1[S] + k_{-1} + k_2} \Rightarrow [ES] = \frac{[E_t][S]}{[S] + (k_{-1} + k_2)/k_1}$$

elde dilir. Buradaki **(k₂+k₋₁)/k₁** ifadesi, *Michaelis-Menten sabiti* olup bu sabite **K$_m$** dersek;

$$[ES] = \frac{[E_t][S]}{[S] + K_m}$$

denklemi elde edilir. Bu denklemde de **[ES]**'i **V$_0$** cinsinden yazarsak;

$$V_0 = \frac{k_2[E_t][S]}{[S] + K_m} \qquad V_0 = \frac{k_2[E_t][S]}{[S] + K_m}$$

{MICHAELIS-MENTEN ENZİMATİK HIZ TEPKİME DENKLEMİ}

elde edilmiş olur. Bu denklem bize, biyokimyasal reaksiyonlarda gerçekleşen enzimlerle ilgili önemli bir olguyu; V_0 başlangıç hızı ve V_{max} maksimum hızlarına sahip olan bir enzimatik tepkimenin substrat miktarının **[S]**; Michaelis-Menten hız sabitine (**K_m**) bağlı olarak nasıl değiştiğini, yani bu sabitin değerine bağlı olarak enzimin tepkimeyi kaç kat hızlandırıldığını verir.

Aşağıdaki diyagramda bu hız değişimi açıkça görülmektedir:

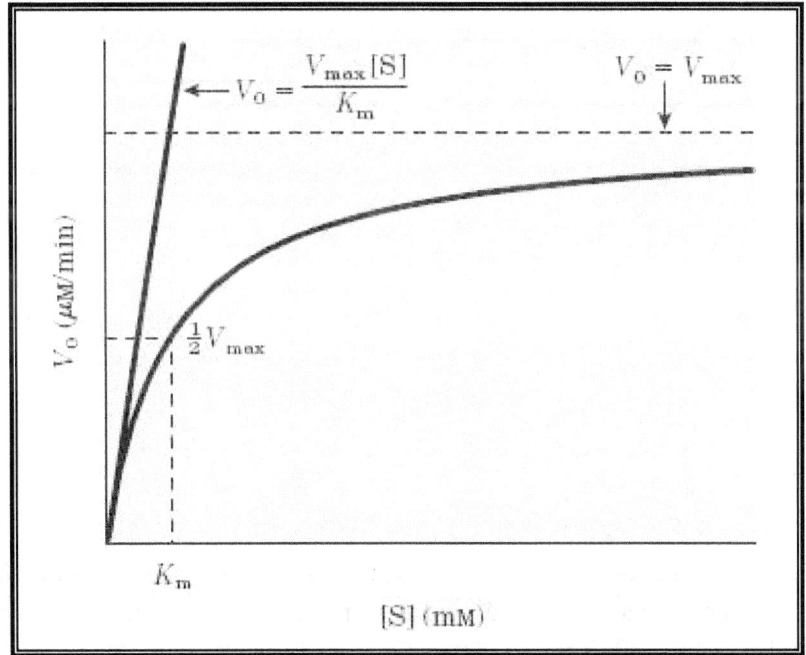

Aşağıdaki tablolarda ise, *Enzimatik Hız sabiti* **K_m** ve *Enzim katalizör sabiti* (**K_cat=V_max/E_t**) sabitlerine bağlı olarak, bazı enzim çeşitlerinin organik reaksiyonları kaç kat hızlandırdıkları verilmektedir:

Enzyme	Substrate	K_m (mM)
Hexokinase (brain)	ATP	0.4
	D-Glucose	0.05
	D-Fructose	1.5
Carbonic anhydrase	HCO_3^-	26
Chymotrypsin	Glycyltyrosinylglycine	108
	N-Benzoyltyrosinamide	2.5
β-Galactosidase	D-Lactose	4.0
Threonine dehydratase	L-Threonine	5.0

Enzyme	Substrate	k_{cat} (s^{-1})
Catalase	H_2O_2	40,000,000
Carbonic anhydrase	HCO_3^-	400,000
Acetylcholinesterase	Acetylcholine	14,000
β-Lactamase	Benzylpenicillin	2,000
Fumarase	Fumarate	800
RecA protein (an ATPase)	ATP	0.4

Enzyme	Substrate	k_{cat} (s^{-1})	K_m (M)	k_{cat}/K_m $(M^{-1}s^{-1})$
Acetylcholinesterase	Acetylcholine	1.4×10^4	9×10^{-5}	1.6×10^8
Carbonic anhydrase	CO_2	1×10^6	1.2×10^{-2}	8.3×10^7
	HCO_3^-	4×10^5	2.6×10^{-2}	1.5×10^7
Catalase	H_2O_2	4×10^7	1.1×10^0	4×10^7
Crotonase	Crotonyl-CoA	5.7×10^3	2×10^{-5}	2.8×10^8
Fumarase	Fumarate	8×10^2	5×10^{-6}	1.6×10^8
	Malate	9×10^2	2.5×10^{-5}	3.6×10^7
β-Lactamase	Benzylpenicillin	2.0×10^3	2×10^{-5}	1×10^8

Enzimlerin yaptığı işlemin tersini yani, yavaşlatma işlevini yapan inhibitörler için ise, yukarıdaki işlemlerin tam tersi gerçekleşir ve bu durumda *Michaelis-Menten denklemi* şu hale gelir:

$$[E]_t = [E] + [EI] + [ES], \quad \alpha' = 1 + \frac{[I]}{K_I'} \quad \text{ve} \quad K_I' = \frac{[ES][I]}{[ESI]}$$

olmak üzere;

$$V_0 = \frac{V_{max}[S]}{\alpha'[S] + \alpha K_m}$$

{EADIE-HOFSTEE İNHİBİTÖR HIZ TEPKİME DENKLEMİ}

elde edilir. buradaki α ve α' inhibitör sabitleridir. Aşağıdaki grafiklerde, inhibitör etkili bir organik reaksiyonun hız diyagramları verilmektedir:

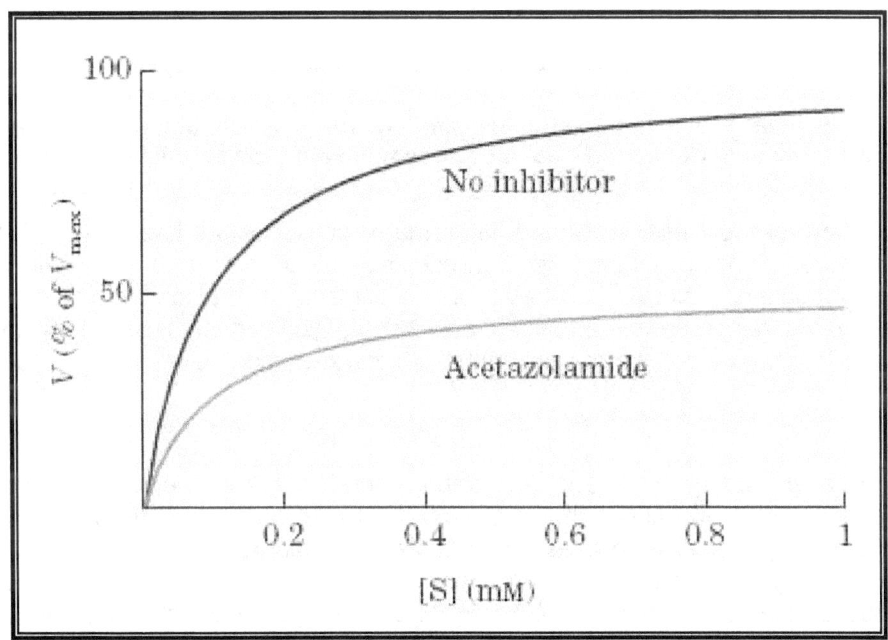

İnhibitör varlığında (Burada, Asetazolamid inhibitörü kullanılmış) ve İnhibitör olmadan gerçekleşen iki organik reaksiyonun Tepkime-Hız Diyagramı.

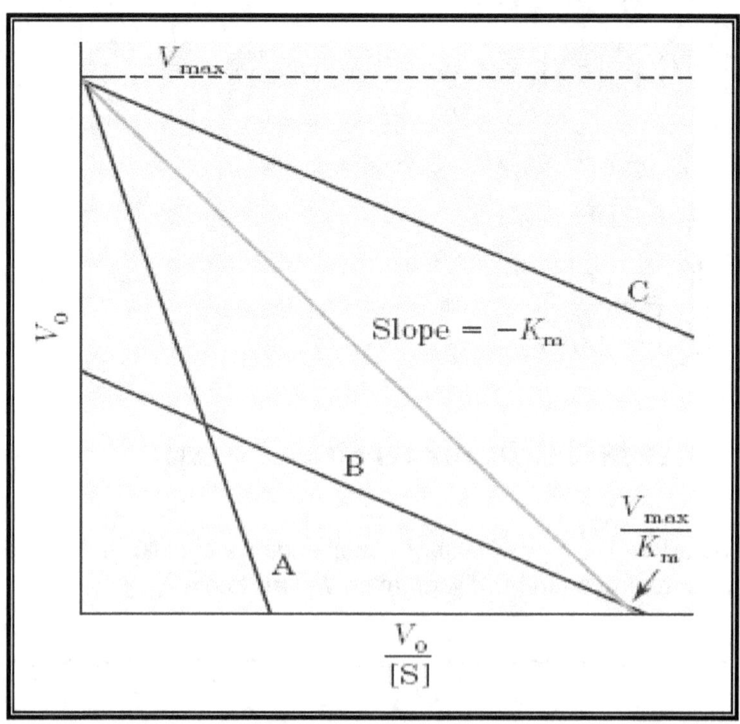

Tepkimeye ait Eadie-Hoffstee Hız değişiminin grafiği. Görüldüğü gibi, tepkime diyagramı negatif bir eğime sahiptir ve tepkimenin yavaşlatıldığını belirtir.

Enzimlerin tepkimeyi nasıl hızlandırdıklarını matematiksel olarak kısaca inceledikten sonra, şimdi de yapılarından biraz bahsedelim. Hemen hemen bütün enzimlerin yapısı proteinlerden oluşur. Substrat proteine bağlanır ve tepkime etkin taraf adı verilen yerde gerçekleştirilir. Substratı etkin tarafa yönlendiren kovalent olmayan kuvvetler, yani van der waals, elektrostatik dipol kuvvetleri veya hidrojen bağları kuvvetleridir.

Bazı enzimler, sadece bir bileşiği substratları olarak kabul ederlerken; bazıları da geniş bir alandaki bileşikleri substrat olarak kabul edebilirler. Bununla birlikte, tüm enzimlerin organik reaksiyondaki temel fonksiyonu, substrat halinde tepkimenin serbest enerji diyagramına ait *ΔH* (geçiş enerjisine ait entalpi değerinin) düşürülmesinde ve termodinamik ısının aşağı çekilmesinde aktif rol oynayarak, aynı sıcaklık ve basınç altında tepkimenin hızlanmasını sağlamaktır. Örneğin, karboksipeptidaz A, bütün polipeptidlerden C-ucu peptidini hidroliz edebilir, ancak sondan bir önceki kalıntı, Arginin, Lisin veya Prolin olmamalı ve sonra gelen kalıntı prolin olmamalıdır. Aminoasitler arasında oluşan −CO-NH- amit bağı, bir *peptid bağı* veya *peptid bağlantısı* olarak bilinir. Aminoasitler bu yolla, zıt tarafları serbest kalacak şekilde birleştiklerinde *aminoasit kalıntısı* olarak bilinen yapılar oluşur. İki, üç veya daha fazla (3-10) aminoasit kalıntısı içeren polimerlere sırasıyla dipeptidler, tripeptidler, oligopeptidler ve polipeptidler denir.

Proteinler ise, bir veya daha fazla sayıda polipeptidin birleşmesiyle oluşan yapılardır. Bir polipeptid zincirinin bir ucu, serbest $-NH_3^+$ grubuna sahip bir aminoasit kalıntısı ile; diğer ucu ise, bir serbest $-CO_2^-$ grubu taşıyan bir *aminoasit kalıntısı* ile sonlanır. Polipeptidlerin ve onlardan oluşan protein ve enzimlerin bu iki grup uç kalıntısına *N-ucu* ve *C-ucu* kalıntısı adı verilir:

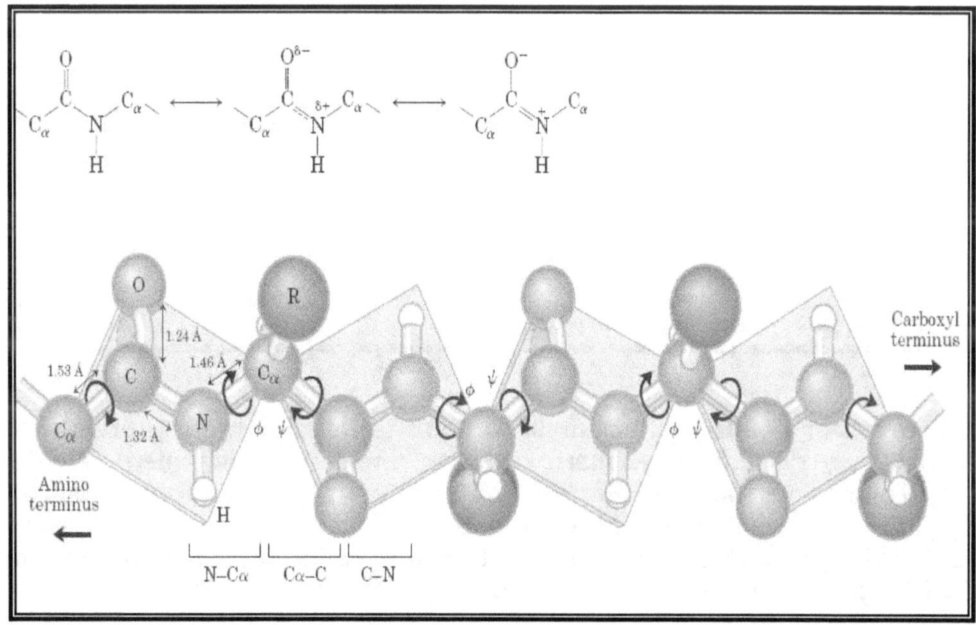

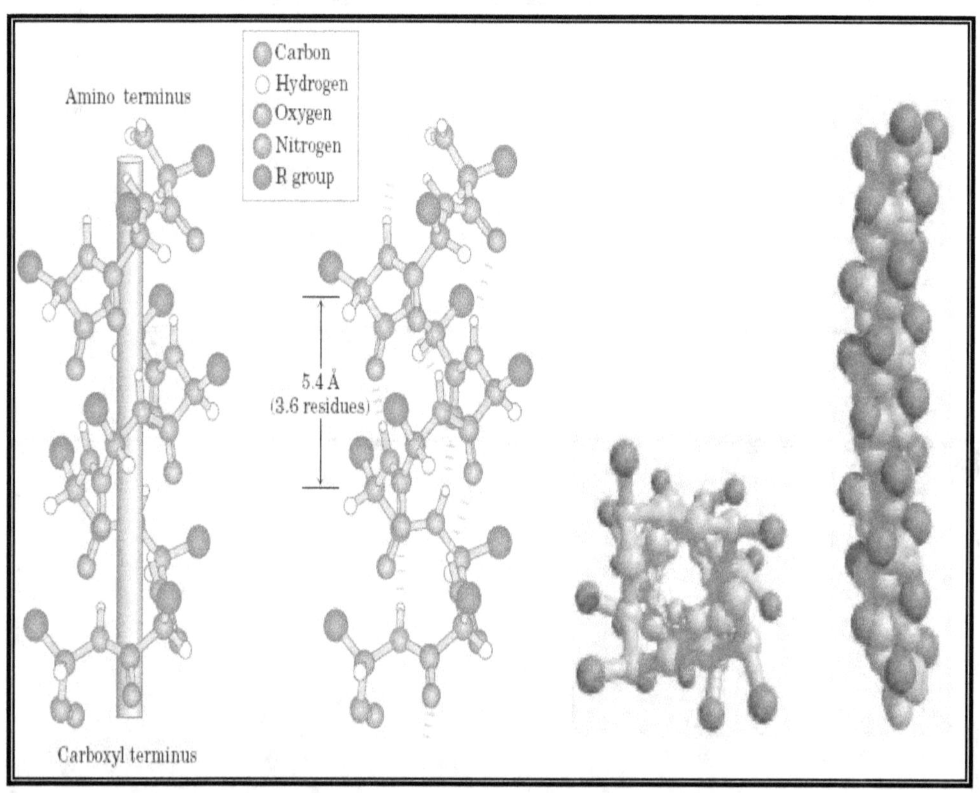

Amino asitler belirli bağ açılarıyla kırılarak birleştiklerinde, proteinlerin üçüncül ve dördüncül yapıları oluşarak molekülün istenilen şekilde bükülebilmesine olanak sağlar. Her iki uçta yer alan amino ve karboksil grupları ise, moleküle sonradan eklenerek enzimatik tepkimeler yardımıyla polipeptid zincirlerinden binlerce amino asit içeren protein zinciri teşkil edilerek tamamlanmış olur.

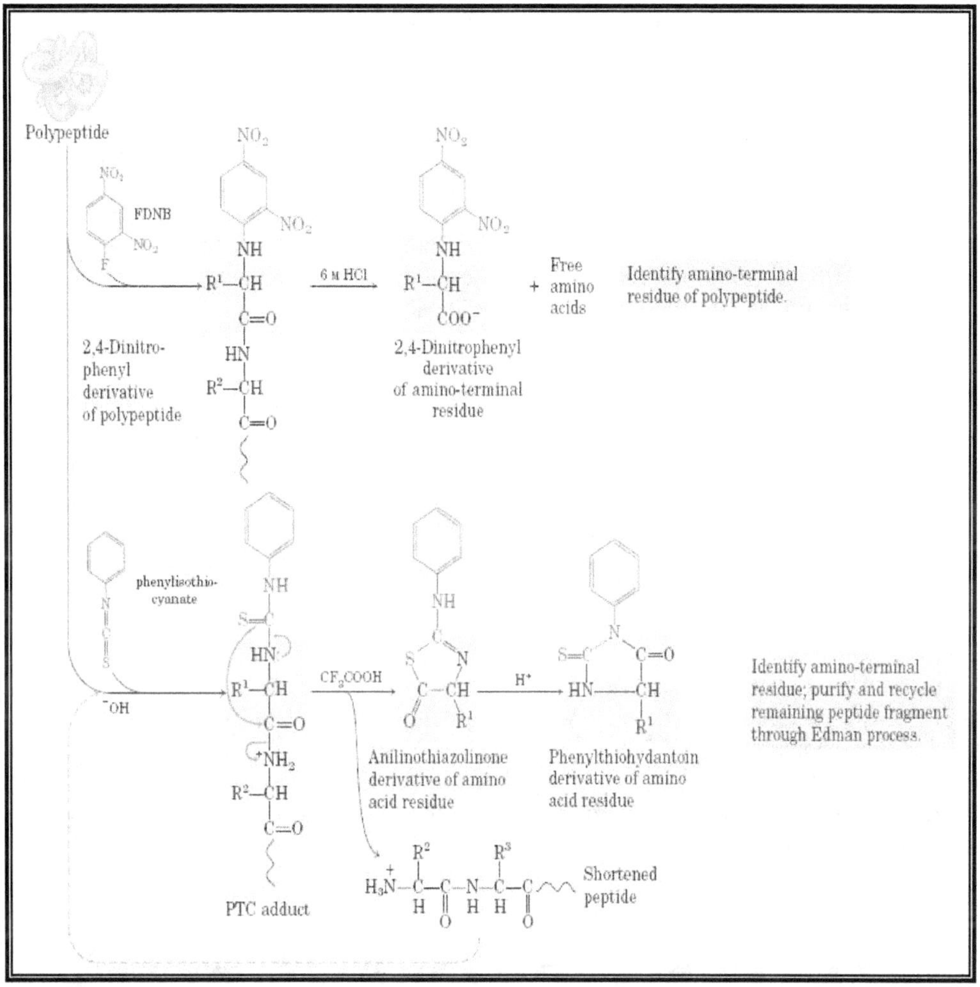

Bir polipeptid zincirinin oluşma aşamaları ve bu sırada oluşan amino asit kalıntıları (rezidüler).

Bir başka enzim olan Kimotripsin ise peptid bağlarının hidrolizini katalizleyen bir sindirim enzimidir ve esterlerin hidrolizini de katalizler:

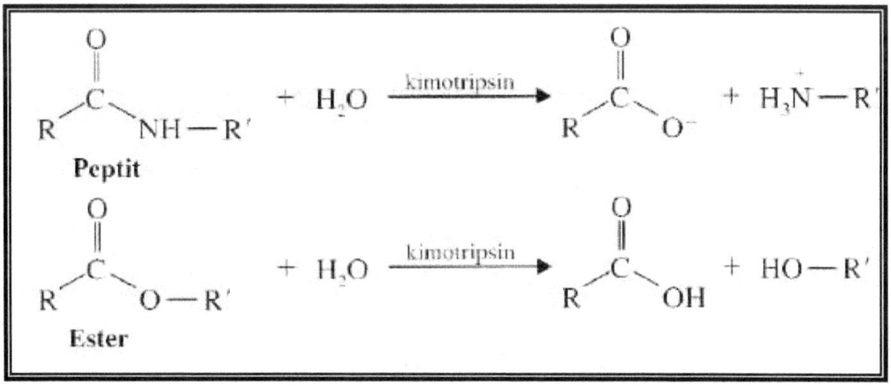

Bir enzimin etkinliğini olumsuz yönde etkileyen bir bileşiğe **inhibitör**, yani *reaksiyon yavaşlatıcı* adı verilir. Etkin taraf için doğrudan substrat ile yarışan bir bileşik bir rakip inhibitör olarak bilinir. İnhibitörlerin tıpta ve ilaç sanayinde kullanılan çok çeşitli bileşikleri vardır, örneğin HCl inhibitörü, NaOH inhibitörü gibi sindirim enzimlerini yavaşlatan inhibitörler olduğu gibi, kalp, akciğer ve karaciğer enzimlerini de yavaşlatan bir kısım Sodyum (Na), Potasyum (K) ve kükürt (S) inhibitörleri de bu organların kasılmasında ve gevşemesinde rol oynayan enzimlerin reaksiyon hızlarını düşürerek veya sülfato (sülfanilamit) gibi p-aminobenzoik asidi folik aside çeviren bakteri enziminin rakip inhibitörü olarak antibakteriyel mekanizmaları tetikleyen çeşitli hastalıkların tedavisinde aktif olarak kullanılır.

Bazı enzimler ise, bir yardımcı etkenin (**kofaktör**) varlığına ihtiyaç duyarlar. Bu yardımcı etken, insan vücudunda buluna karbonik anhidraz enziminin çinko atomu gibi, bir metal iyonu olabilir. Bazı diğer enzimler de, **koenzim** (yardımcı, sürücü veya driver enzim) denilen NAD veya FAD gibi bir organik molekülün varlığını gerektirebilir. Koenzimler enzimatik tepkimelerde yer değişerek enzimin substratının yerine geçebilirler. Örneğin NAD, NADH'ye dönüşebilir. Bazı enzimlerde ise, yardımcı grup enzime kalıcı olarak bağlanır.

Bu tür yardımcı enzimlere ise, *prostetik grup* denir. Suda çözünen vitaminlerin çoğu, koenzim grubu içerisinde yer alan yardımcı enzimlerin öncü malzemesidir. Örneğin, niasin (nikotonik asit), NAD'nin öncüsüdür ve soya fasülyesinde bol miktarda bulunur. Pantotenik asit ise, canlı organizmalarda gerçekleşen pek çok enzimatik tepkimeyi gerçekleştiren Koenzim A'nın önemli bir bileşeni olup, bazı meyve ve sebzelerde bulunur:

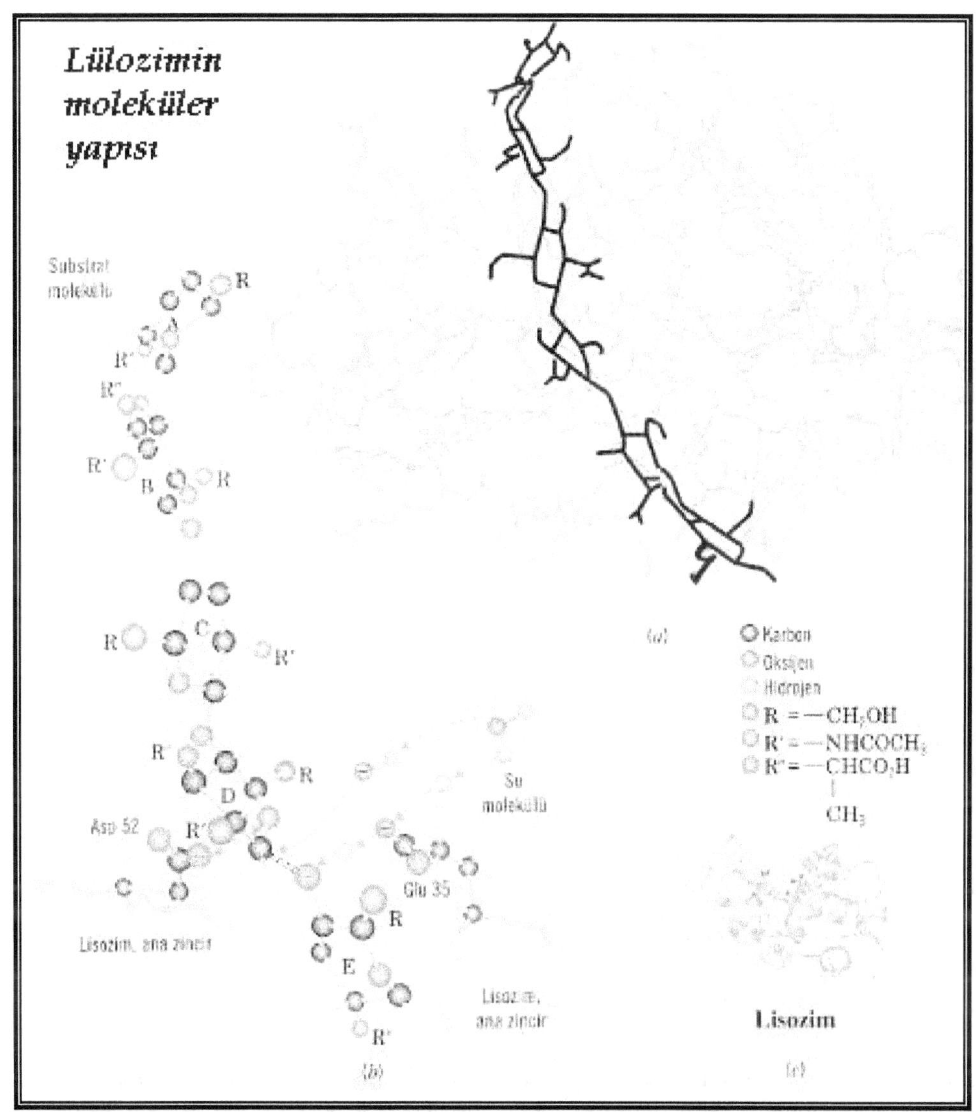

Bu çizim, Lizozim-substrat kompleksinin iskeletini göstermektedir (a). Bu substrat, lizozimin içerisindeki bir yarığa girer ve orada hidrojen bağlarıyla tutunur (b). Lizozim, oligosakkariti bağladığında, yarık hafifçe kapanır substrat içeride kalır. En sondaki sarı kurdelalı şekilde ise, lizozimin moleküler modeli gösterilmektedir (c).

353

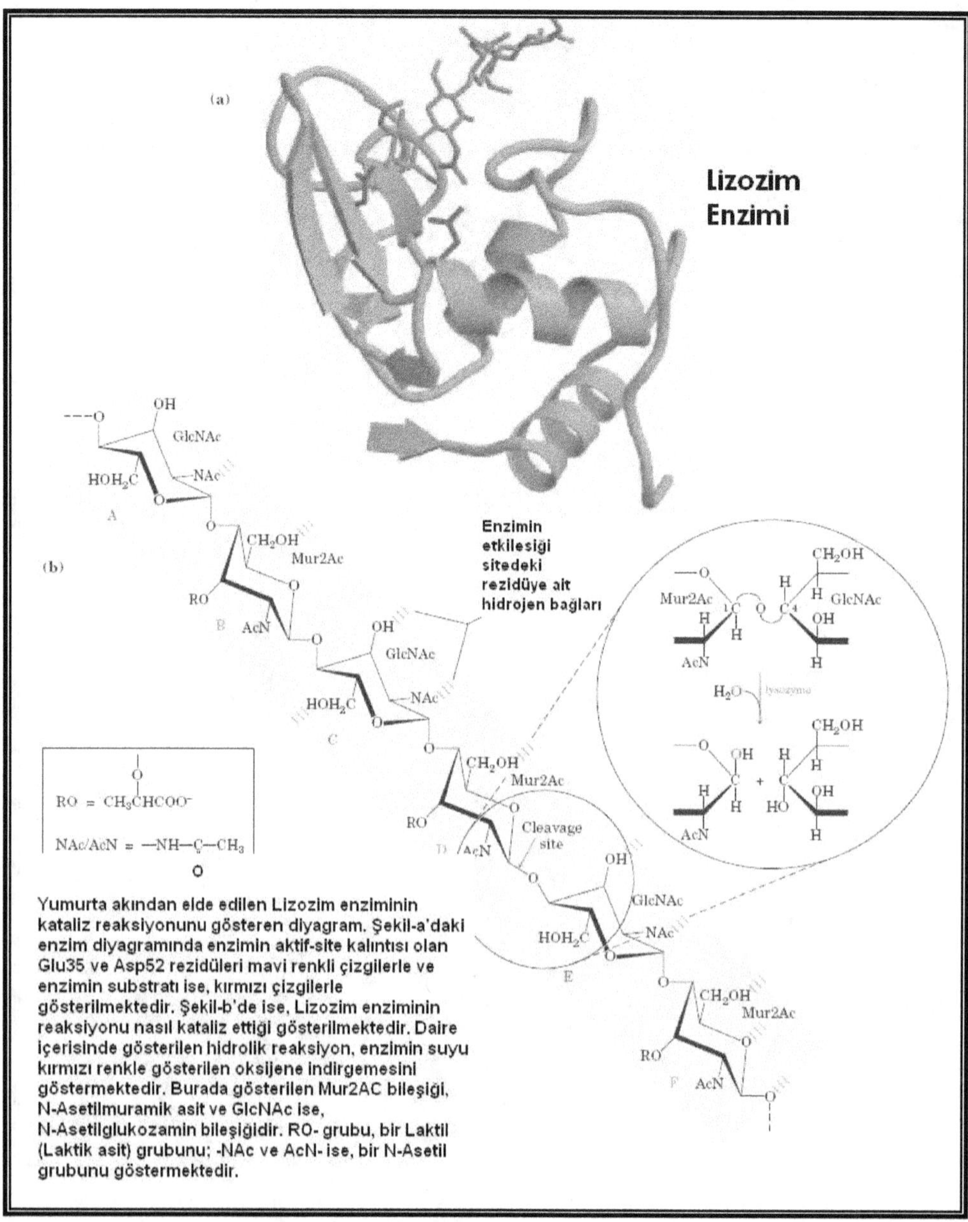

Yumurta akından elde edilen Lizozim enziminin kataliz reaksiyonunu gösteren diyagram. Şekil-a'daki enzim diyagramında enzimin aktif-site kalıntısı olan Glu35 ve Asp52 rezidüleri mavi renkli çizgilerle ve enzimin substratı ise, kırmızı çizgilerle gösterilmektedir. Şekil-b'de ise, Lizozim enziminin reaksiyonu nasıl kataliz ettiği gösterilmektedir. Daire içerisinde gösterilen hidrolik reaksiyon, enzimin suyu kırmızı renkle gösterilen oksijene indirgemesini göstermektedir. Burada gösterilen Mur2AC bileşiği, N-Asetilmuramik asit ve GlcNAc ise, N-Asetilglukozamin bileşiğidir. RO- grubu, bir Laktil (Laktik asit) grubunu; -NAc ve AcN- ise, bir N-Asetil grubunu göstermektedir.

Lizozim enzimini aktivitesini gösteren kataliz reaksiyonu diyagramı.

Aşağıdaki Diyagramlar:

Diyagram-I Enzim varlığında bir organik reaksiyonun serbest enerji grafiğinin değişimi ve substrat kinetiğine bağlı olarak hız kazanan bir tepkimeye ait sıcaklık ve zamana bağlı olarak değişen tepkime-hız diyagramları.

354

Diyagram-II Çeşitli inhibitör tipleri ve tepkimeye etki ederek reaksiyonun gerçekleşme hızının düşmesini gösteren yavaşlatma-hız diyagramları.

Diyagram-III Çeşitli Koenzim tiplerini ve önemli Redox Koenzimlerinden olan;

- **NADP (:H⁻ hidrit iyonlarını taşımakla görevlidir),**
- **FMN (Flavin mononükleotid),**
- **FAD (Riboflavin veya B₂ Vitamini, Elektron taşımakla görevlidir),**
- **UQ (Ubikinon Q) ve**
- **Vitamin C (Askorbik asit)'i gösteren moleküler yapılar.**

Diyagram-IV Önemli Redox Koenzimlerinden olan;

- **Lipoamit (Elektron ve açil gruplarını taşımakla görevlidir),**
- **Demir sülfat,**
- **Hemoglobin molekülleri ile önemli Grup Taşıyıcı Koenzimlerinden olan;**
- **Nükleasit fosfat (2 ve 3 karbonlu glikoz gruplarını taşımakla görevlidir),**
- **Koenzim A (Pantotenik asit, Açil gruplarını taşımakla görevlidir) ve**
- **Tiyamin difosfat'ın (Vitamin B₁, Aldehit gruplarını taşımakla görevlidir) moleküler yapıları.**

Diyagram-V Önemli Grup Taşıyıcı Koenzimlerinden olan;

- **Pridoksal fosfat (Pridoksin ve B₆ Vitamini, Amino gruplarını taşımakla görevlidir),**
- **Biotin (CO₂ taşımakla görevlidir) ve**
- **Kobalamin (Vitamin B₁₂, H atomlarını ve alkil gruplarını taşımakla görevlidir)'nin moleküler yapıları.**

Diyagram-VI: Önemli protein enzimlerinden Ribonüklez A'nın detaylı moleküler yapısı.

Diyagram-VII: Önemli büyük moleküllü proteinlerden İnsülin'in detaylı moleküler yapısı.

Enzimin aktivitesini gösteren serbest enerji diyagramları

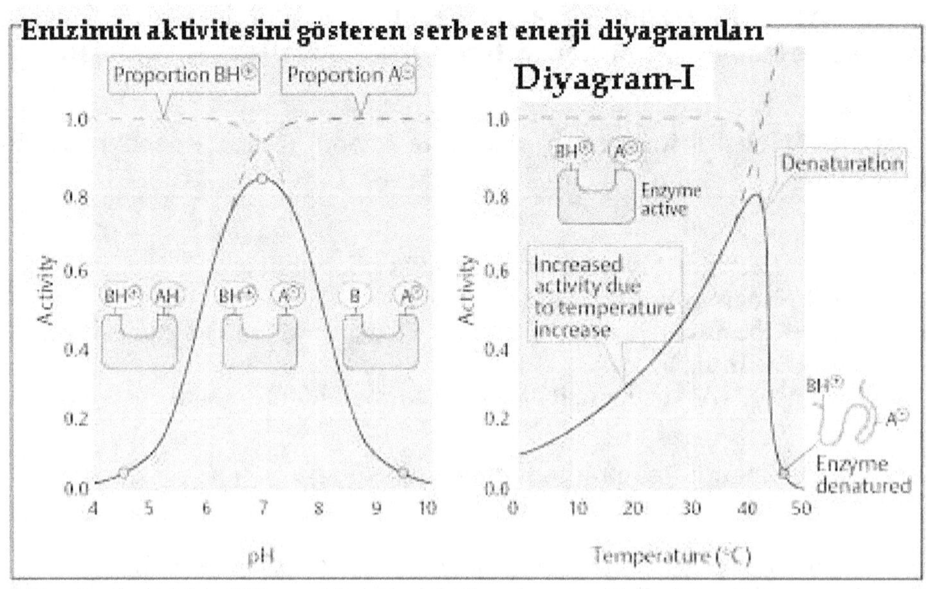

Enzimin etki ettiği madde olan Substratın moleküler yapısı

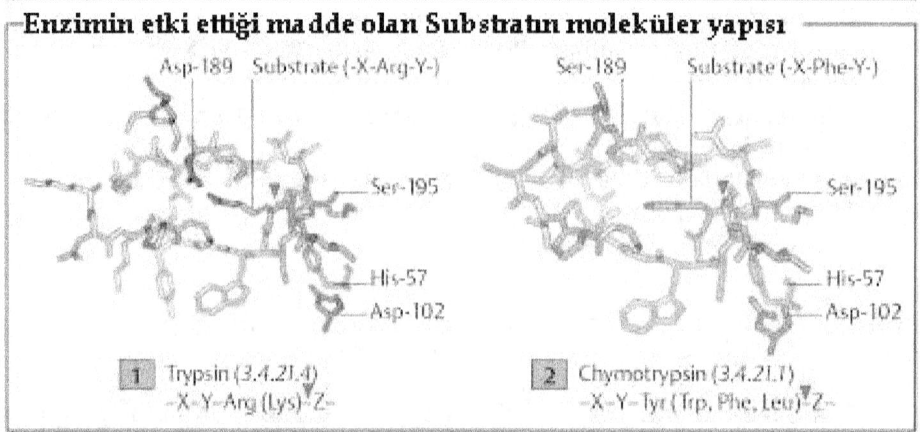

Substrat mekanizmaları

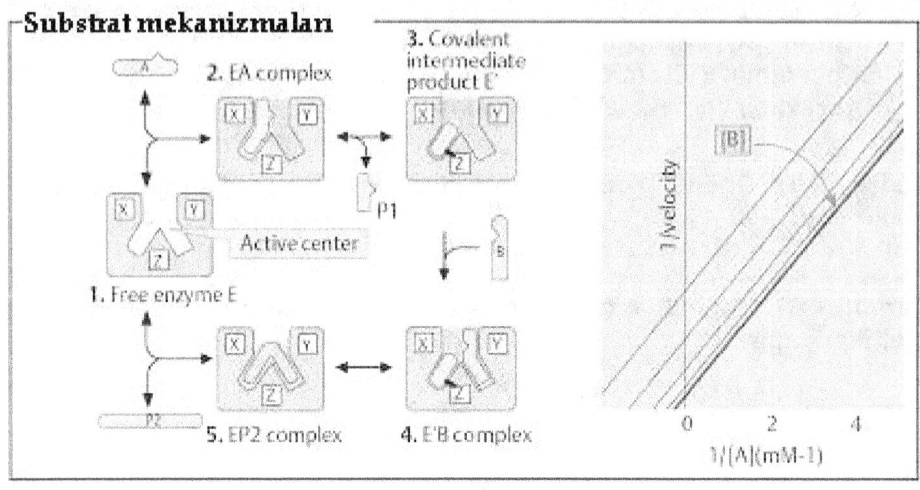

Diyagram- II

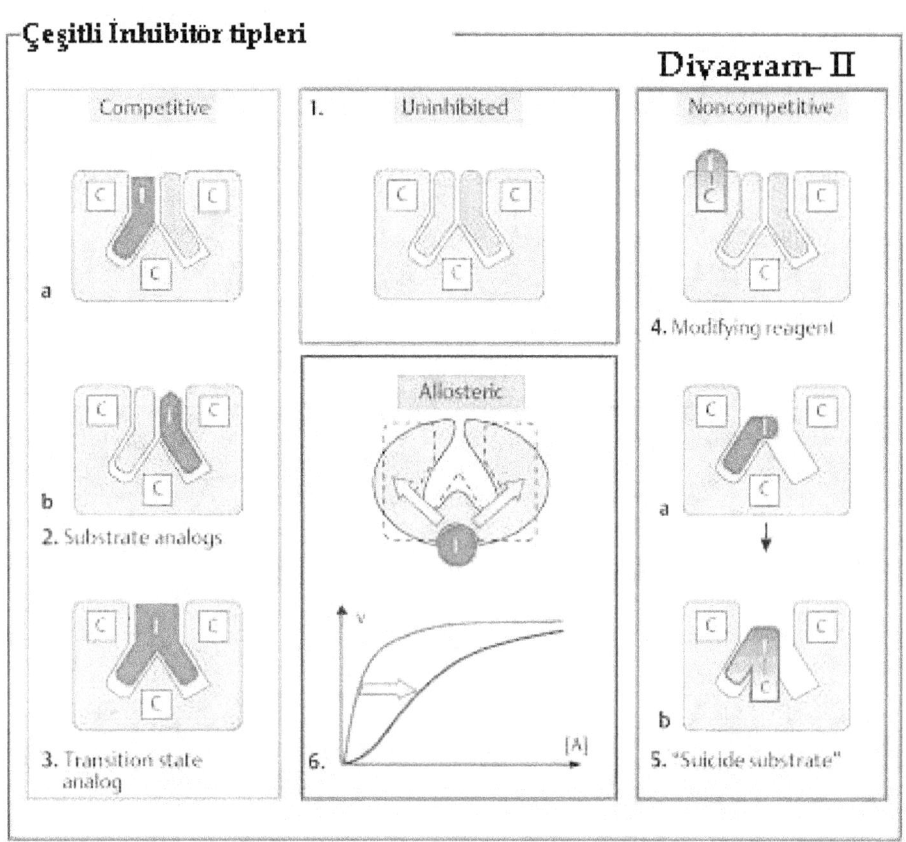

Bir İnhibitörün reaksiyon hızını düşürmesini gösteren diyagramlar

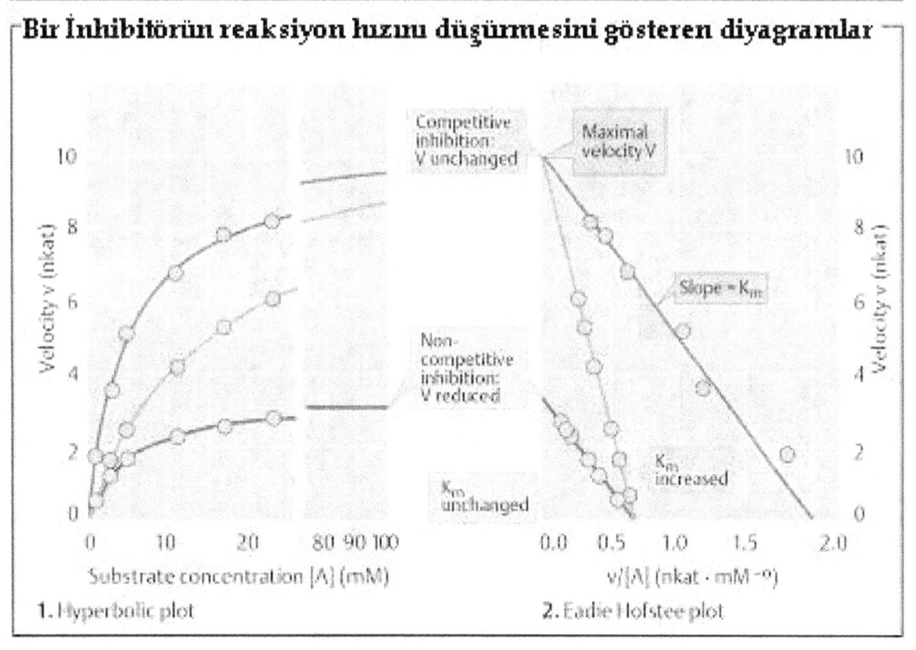

357

Koenzim Mekanizmaları

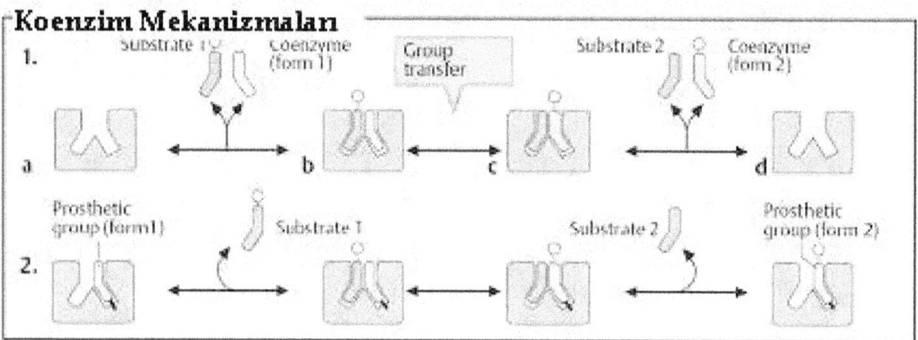

Redox Koenzimleri

Coenzyme	Oxidized form	Reduced form	Type	Transferred	E01 (V)
1. NAD(P)⊕ ox. red.			L	H⊖	−0.32
2. Flavin mononucleotide (FMN) ox. red.		Ribitol (Rit)	P	2[H]	−0.3 to +0.2
3. Flavin adenine dinucleotide (FAD) ox. red.		Ribitol	P	2[H]	−0.3 to +0.2
4. Ubiquinone (coenzym Q)			L	2[H]	−0 to +0.2
5. Ascorbic acid			L	2[H]	+0.1

Diyagram- III

─Redox Koenzimleri (devamı)

Coenzyme	Oxidized form	Reduced form	Type	Trans-ferred	$\varepsilon^{0\prime}$
6. Lipoamide 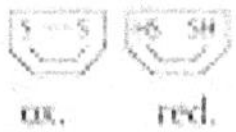 ox.　red.			P	2[H]	−0.29
7. Iron–sulfur cluster	$[Fe_2S_2]^{n+}$	$[Fe_2S_2]^{m+}$	P	$1e^{\ominus}$	−0.6 to +0.5
8. Heme  3+　2+ ox.　red.			P	$1e^{\ominus}$	0 to +0.5

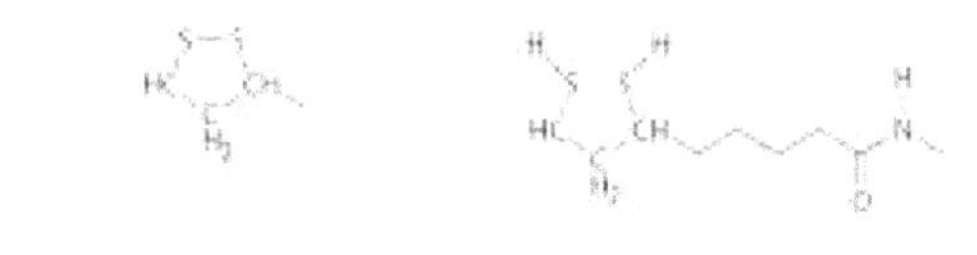

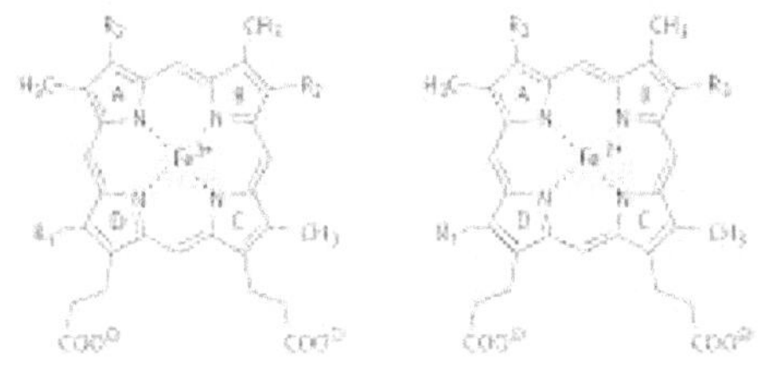

Diyagram- IV

─Grup Taşıyıcı Koenzimler

Coenzyme (symbol)	Free form	Charged form	Group(s) trans-ferred	Important enzymes
1. Nucleoside phosphates 		Base	Ⓟ B-Rib B-Rib- Ⓟ B-Rib- ⓅⓅ	Phospho-transferases Nucleotidyl-transferases (2.7.n.n) Ligases (6.n.n.n)
2. Coenzyme A			Acyl residues	Acyltrans-ferases (2.3.n.n) CoA trans-ferases (2.8.3.n)
3. Thiamine diphosphate 	TPP		Hydroxy-alkyl residues	Decarboxy-lases (4.1.1.n) Oxoacid de-hydrogenases (1.2.4.n) Transketolase (2.2.1.1)

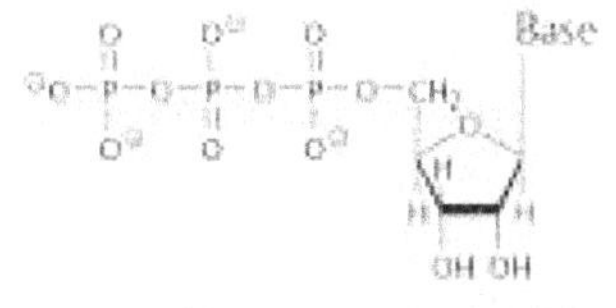

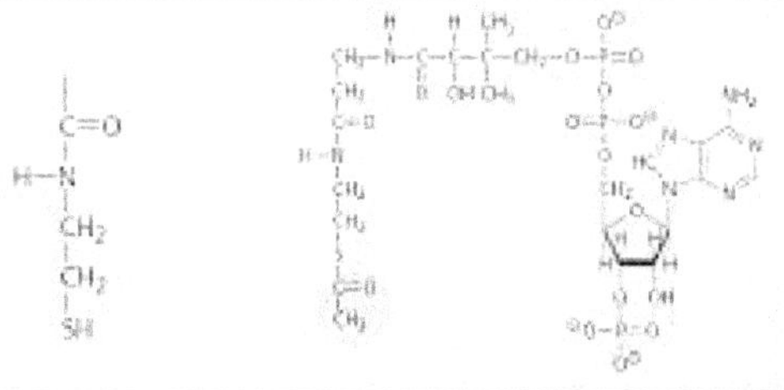

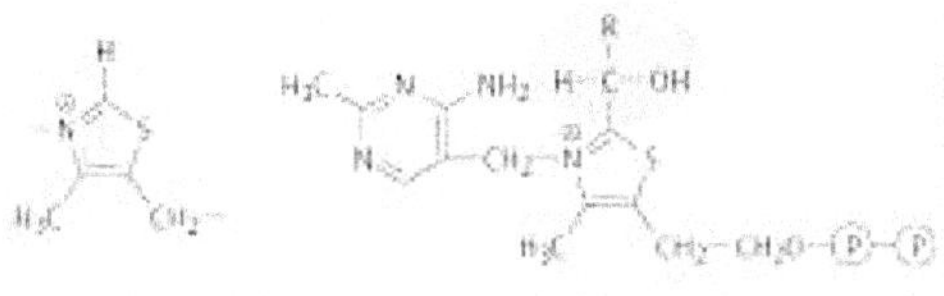

Coenzyme	Free form	Charged form	Group(s) transferred	Important enzymes
4. Pyridoxal phosphate 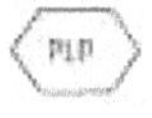 (PLP)	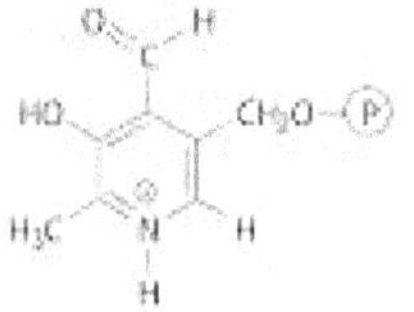	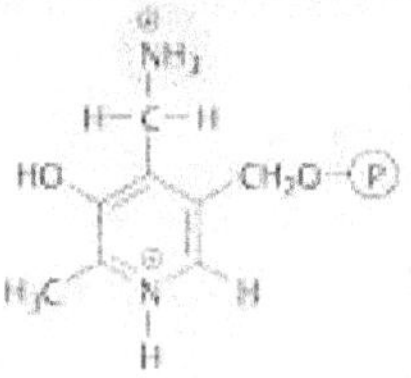	Amino group Amino acid residues	Transaminases (2.6.1.n) Many lyases (4.n.n.n)
5. Biotin 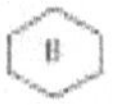 (B)	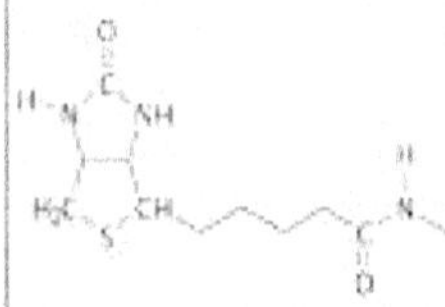	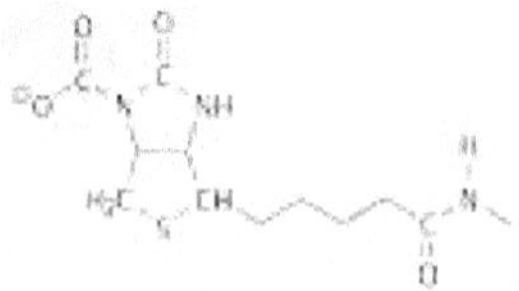	$[CO_2]$	Carboxylases (6.4.1.n)
4. Pyridoxal phosphate 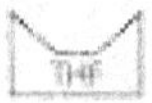 (THF)	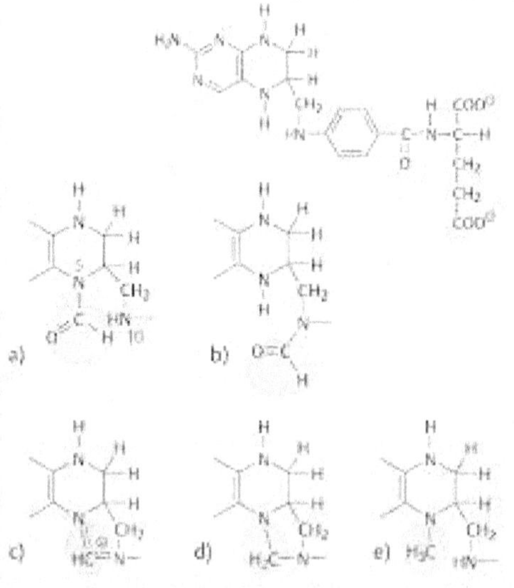	a) b) c) d) e)	C_1 groups a) $N5$-Formyl b) $N10$-Formyl c) $N5,N10$-Methenyl d) $N5,N10$-Methylene e) $N5,N10$-Methyl	C_1 trans-ferases (2.1.n.n)
7. Cobalamin coenzymes	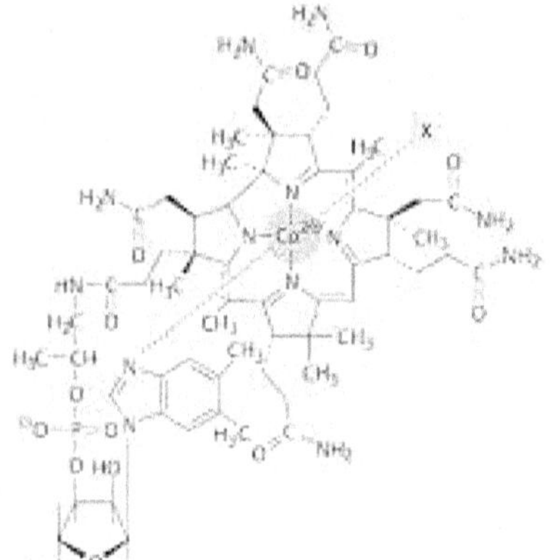		X = Adenosyl- X = Methyl-	Mutases (5.4.n.n) Methyl-transferases (2.1.1.n)

Diyagram- V

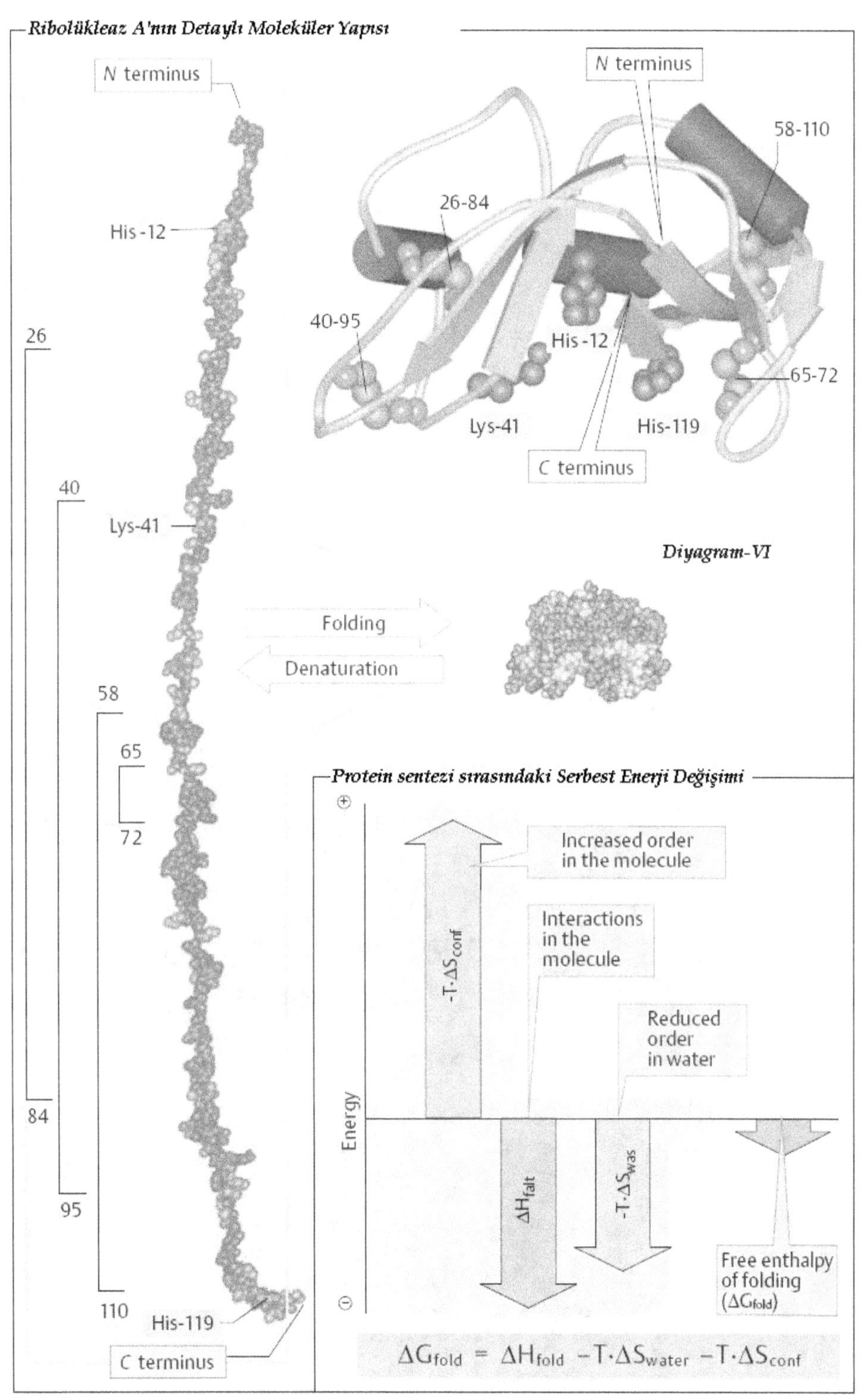

$$-T \cdot \Delta S_{conf}$$
$$\Delta H_{falt}$$
$$-T \cdot \Delta S_{was}$$

$$\Delta G_{fold} = \Delta H_{fold} - T \cdot \Delta S_{water} - T \cdot \Delta S_{conf}$$

İnsülin'in Detaylı Moleküler Yapısı

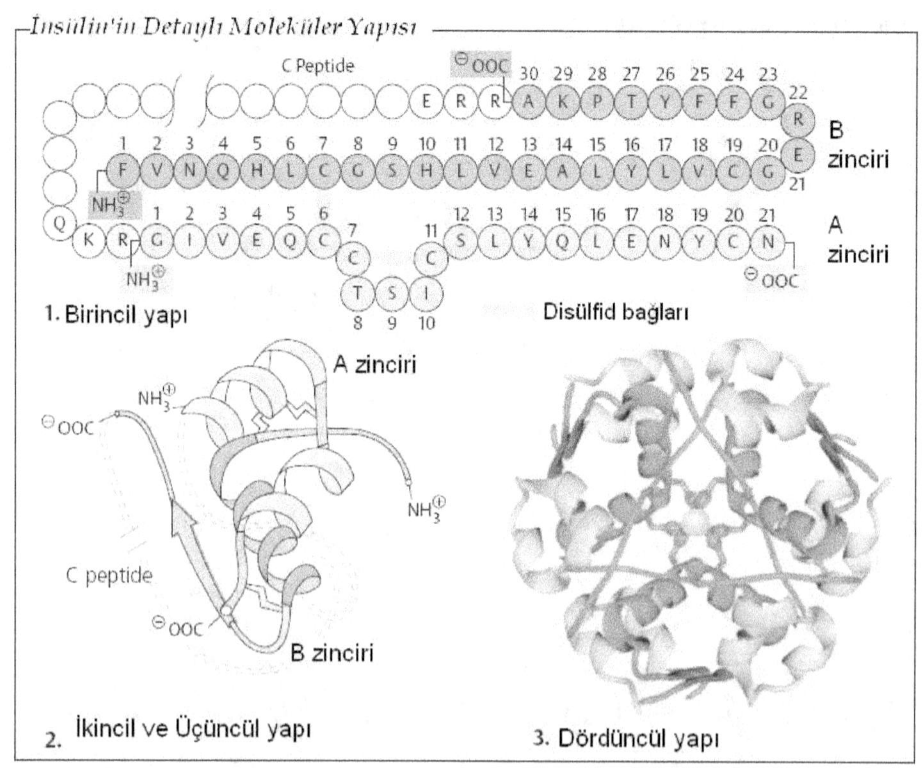
C Peptide
⊖ OOC   30 29 28 27 26 25 24 23
E R R A K P T Y F F G 22
R
B zinciri
1 2 3 4 5 6 7 8 9 10 11 12 13 14 15 16 17 18 19 20
F V N Q H L C G S H L V E A L Y L V C G 21
E
NH3⊕
A zinciri
Q K R G I V E Q C 7 11 C S L Y Q L E N Y C N
NH3⊕
C T S I
8 9 10
⊖ OOC
1. Birincil yapı
Disülfid bağları
A zinciri
NH3⊕
⊖ OOC
C peptide
⊖ OOC
B zinciri
2. İkincil ve Üçüncül yapı
3. Dördüncül yapı

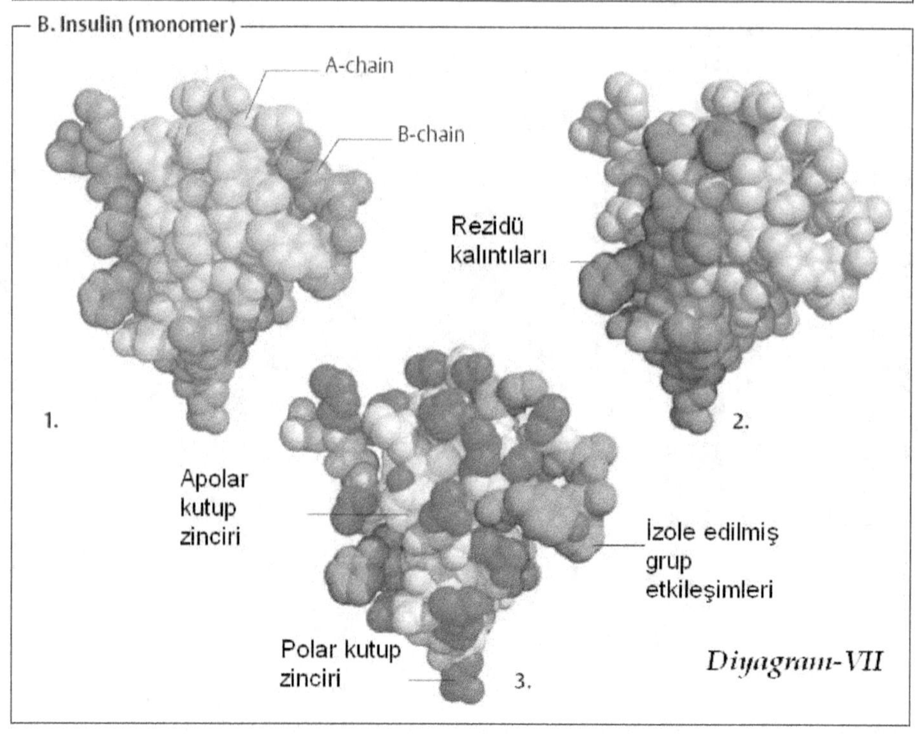
B. Insulin (monomer)
A-chain
B-chain
Rezidü kalıntıları
1.
2.
Apolar kutup zinciri
İzole edilmiş grup etkileşimleri
Polar kutup zinciri
3.
Diyagram-VII

NÜKLEİK ASİTLER, DNA VE RNA:

Biyokimya bilimi, çok uzun zamandan beri bilinen ve organik moleküllerin detaylarına ve oluşum mekanizmaları ile yapıtaşlarını inceleyen önemli bir bilim dalıdır. Dolayısıyla, Hayatı ve Canlılığı ilgilendiren her kademede büyük bir öneme sahiptir. Çünkü Yaşam, Biyokimyasal ilkelerle gerçekleşmektedir. Bu yüzden, bu bilim dalında hayatın ve canlılığın kökenine ilişkin öğrendiğimiz olayların nasıl gerçekleştiği, Yaratıcının bu ilkeleri en mükemmel şekilde nasıl takdir ettiği, Kainatı ve içerisindeki canlıların yapısını incelemekle mümkün olabilir. Ayrıca günlük hayatta hemen her gün karşılaştığımız olaylar olan, hastalıkların moleküler düzeyde nasıl tedavi edileceği, günlük hayatta vücudumuzun ihtiyacı olan maddelerin hangilerin ne oranlarda alınacağı ve bu maddelerin nasıl elde edildiği veya biyokimya laboratuarı ortamında ilaçların bu maddelerden nasıl geliştirildiği yine Hayatı, Tabiatı ve içerisindeki canlıları ve bunların içerisinde gerçekleşen Mekanizmaları, Metabolizmaları incelemekle mümkün olabilir.

Dolayısıyla, biyokimya bilimindeki uygulamalar, sadece basit birer kimya uygulaması olarak değil; birçok alanda Hukuk veya Sosyoloji Bilimlerinde bile kullanılarak, hatta insan hakları veya adaleti teşkil eden uygulamalarda da kullanılır. Örneğin, bildiğimiz gibi dünyanın birçok yerinde savaşların ve terörizmin zulmünden birçokları akrabalarını kaybetmekte veya zarar görmektedir.

İşte biyokimya bilimi, bu üzücü olaylardan sonra geride kalan aile ve akrabalık bağlarını modern biyolojinin araçları yardımıyla araştırmakta ve yıllar sonra bulmaktadır.

İşte bu gibi çalışmalardaki anahtar nokta, her bireyin her dokusunda bulunan ve sadece o bireye özgü bir imza olan mu'cizevi **DNA** molekülüdür. DNA'nın genel yapısı, her bir insanın her bir dokusunda aynı olmasına rağmen; her bir insanın DNA'sının ayrıntılı dizilişinde farklılıklar olduğu için aile bağlantılarını gösteren izler de vardır. Aynı zamanda, DNA örneklerinin karşılaştırılması ve benzer yapıların kullanılması birçok bilim dalına da hizmet eder.

Bu molekül öyle bir yapıya sahiptir ki, yeryüzünde tarihin eski dönemlerinden beri ne kadar insan gelip geçmişse hepsinin ayrı birer kalıtsal yapısı olmasını, yani iki bireyin tek yumurta ikizi bile olsa mutlaka belirli farklılıklarla ayrılmasını ve mevcut canlı sayısı kadar çeşitliliği sağlayan bir biyomoleküldür. İşte, hücre çekirdeğinin merkezinde saklanmış devasa bir bilgi deposu olan bu mu'cizevi molekül sayesinde; saç renkleri, boy, kilo, deri rengi, parmak izi ve hatta karakter tipleri bile her bireye özgü ayrı ayrı olacak şekilde tek bir zincir içerisinde sadece 4 harfle yazılan ve trilyonlarca farklı kodlanmış şifreden meydana gelen cilt cilt ansiklopediler misali birer Levh-i Mahfuz suretinde saklanmıştır. Bu kodlama ve saklama öylesine mükemmel bir şekilde gerçekleştirilir ki, milyarlarca koddan oluşan DNA zinciri kopyalanırken en ufak bir hata bile oluşmazken, kullanılan malzeme basit ve yekpare birer molekül olan 4 farklı yapıdaki

5-Karbonlu Riboz veya **Deoksi Riboz** şeker moleküllerinden oluşan 4 adet Nükleotiddir. Bu öyle bir yazı stilidir ki, insanoğlu dillerin bu kadar gelişmesine rağmen 29 harfle bir kitabı ancak yazabilirken; Yaratıcı bu 4 harfle hadsiz sayfaları olan ciltler dolusu kitapları küçücük bir hacim içerisinde ve sadece şuursuz atom yığınlarından oluşan basit moleküllere yaptırmaktadır. Üstelik hiçbir yazım hatası yapmadan veya aynı kitabı kesinlikle bir daha aynı şekilde yazmamak suretiyle birbirinden farklı farklı çeşitliliğe sahip milyarlarca canlı türünü meydana getirir.

Dolayısıyla, DNA'daki bu farklı diziliş ve bilgilerin kayıt altında tutularak depolanması, bir başka İKİ önemli gerçeğe daha işaret eder:

Birincisi: Bu bilgilerin yeniden açılması ve okunması demek olan **Haşir**, yani **yeniden diriliş**'in gerçekleşmesi.

İkincisi ise; Bu saklı bilgilerin bir insanın tüm hayat programını ve yaptıklarını kodlamalı olarak içermesi sebebiyle bu büyük detaylı bilgi kalıntısından kalan küçücük bir parçanın (İlmî tabirle **Acb-üd Deneb** olarak ifade edilen ve insan vücudunun bir yerinde montajlanmış halde bulunun bilgi kayıt defteri hükmündeki hayat programı ki, Hadislerde bu parçanın insan kuyruksokumu kemiğinin en küçük parçası olduğu bildirilmiştir ki, modern bilim insanın tüm vücudunun yakılsa bile bu küçük kemik parçasının yok olmadığını tesbit etmiştir ki, Allah ikinci dirilişte bu parçadan insanı tekrar yaratacaktır) içerisindeki bilginin açılarak ve yeniden okunarak her insanın bu doğru bilgi kaynağına göre **HESAP** ve **sorgu**'ya çekilmesi.

Demek ki, buradan anlıyoruz ki; DNA salt kuru bir bilgi yığınından ibaret karmaşık şifreler olmayıp; aynı zamanda İkinci hayatın, Neş'e-i Uhrâ'ya bakan ikinci bir hayat planının ana programı hükmünde olup; doğumdan başlayarak ölüme kadar gerçekleşen olayları, Kirâmen Katibîn meleklerinin defteri misali kayıt altında tutmaktadır. Bu gerçek Kur'ân-ı Hakîm'deki birçok ayette açıkça şöyle ifade edilir:

"İnsan, kendisinin kemiklerini biraraya toplayamayacağımızı mı sanır? Evet, bizim, onun parmak uçlarını bile aynen eski haline getirmeye gücümüz yeter! Fakat insan önündekini (Kıyameti ve Yeniden dirilişi) yalanlamak ister.."

"Gaybın anahtarları Allah'ın katındadır; onları O'ndan başkası bilmez. O, karada ve denizde ne varsa bilir; O'nun ilmi dışında bir yaprak bile düşmez. O yerin karanlıkları içindeki tek bir taneyi dahi bilir. Yaş ve kuru ne varsa hepsi apaçık bir kitapta (Levh-i Mahfuzda)'dır.."

"Bu Kur'an Allah'tan başkası tarafından uydurulmuş bir şey değildir. Ancak kendinden öncekini doğrulayan ve o Ana Kitapta kayıtlı olanları (Levh-Mahfuz) açıklayandır.."

"Ne yerde ne gökte zerre ağırlığınca bir şey Rabbinden uzak (ve gizli) kalmaz. Bundan daha küçüğü ve daha büyüğü yoktur ki, apaçık bir kitapta (levh-i mahfuzda) bulunmasın.."

"Yeryüzünde yürüyen her canlının rızkı, yalnızca Allah'ın üzerinedir. Allah o canlının durduğu yeri ve sonunda bırakılacağı mekanı bilir. (Bunların) hepsi açık bir kitapta (levh-i mahfuz'da)'dır.."

"Ne kadar ülke varsa hepsini kıyamet gününden önce ya helâk edecek veya en çetin bir şekilde cezalandıracağız. Bu, Ana Kitap'ta (levh-i mahfuz'da) yazılıdır.."

"Bilmez misin ki, Allah, yerde ve gökte ne varsa hepsini bilir? Bu, bir kitapta (levh-i mahfuzda) mevcuttur. Bu (eşya ve olayların bilgisine sahip olmak), Allah için çok kolaydır.."

"Gökte ve yerde göze görünmeyen hiçbir şey yoktur ki, apaçık bir kitapta (levh-i mahfuzda) bulunmasın.."

"İnkârcılar: Kıyamet bize gelmeyecek, dediler. De ki: Hayır! Gaybı bilen Rabbim hakkı için o, mutlaka size gelecektir. Göklerde ve yerde zerre miktarı bir şey bile O'ndan gizli kalmaz. Bundan daha küçük ve daha büyüğü de şüphesiz, apaçık kitaptadır (yazılıdır).."

"Allah, sizi önce topraktan, sonra da az bir sudan (meniden) yarattı. Sonra sizi (erkekli dişili) eşler yaptı. Allah'ın ilmine dayanmadan hiçbir dişi ne hamile kalır, ne de doğurur. Herhangi bir kimseye uzun ömür verilmez, yahut ömrü kısaltılmaz ki bu bir kitapta (Levh-i Mahfuz'da yazılı) olmasın. Şüphesiz bu, Allah'a göre kolaydır.."

"Şüphesiz biz, ölüleri mutlaka diriltiriz. Onların yaptıklarını ve bıraktıkları eserlerini yazarız. Biz, her şeyi apaçık bir kitapta (Levh-i Mahfuz'da) bir bir kaydetmişizdir.."

"Yeryüzünde ve kendi nefislerinizde uğradığınız hiçbir musibet yoktur ki, biz onu yaratmadan önce, bir kitapta (Levh-i Mahfuz'da) yazılmış olmasın. Şüphesiz bu, Allah'a göre kolaydır.."

NÜKLEOTİD VE NÜKLEOSİTLER:

Nükleik asitler, **Deoksiribonükleik asit** (**DNA**) ve **Ribonükleik asit** (**RNA**) hücredeki çoğalmayla ilgili kalıtsal bilgileri taşırlar ve bu bilgileri hücrelerde gerekli olan çeşitli protein sentezleri sırasında kopyalayarak yeni hücreye naklederler. Bu biyolojik polimerler, yani **helezonik** şekilli **zincir** moleküller, bazen proteinlerin yapısına da katılarak **Nükleoproteinler** şeklinde organizmadaki pek çok faaliyette aktif olarak yer alırlar. Genetik bilgiler, parça parça DNA grupları halinde bulunan ve GEN adı verilen komplike moleküller tarafından nesilden nesile aktarılır. Dolayısıyla, Genetik bilgilerimizin nasıl korunduğu, bu bilgilerin nasıl sonra gelen nesillerin organizmalarına geçerek çoğalmayı kontrol ettiği ve hücrelerin çalışan kısımlarına nasıl nakledildiği gibi bilgilerin anlaşılması, Nükleik asitlerin yapısını anlayarak mümkün olabilir. Bu yüzden, hücresel çağalmanın temelini oluşturan genetik bilginin kodlanma mantığını anlamak istiyorsak, bu kısımda detaylı olarak verilen Nükleotidlerin ve Nükleositlerin yapılarıyla ve bunların birleşmesiyle oluşan büyük zincir Nükleotid molekülleri olan DNA ve RNA'nın bilgi işleme, depolama ve kopyalama mekanizmalarına odaklanmamız gerekir. Nükleik asitlerin parçalanmasıyla oluşan küçük moleküllere Nükleotidler adı verilir.

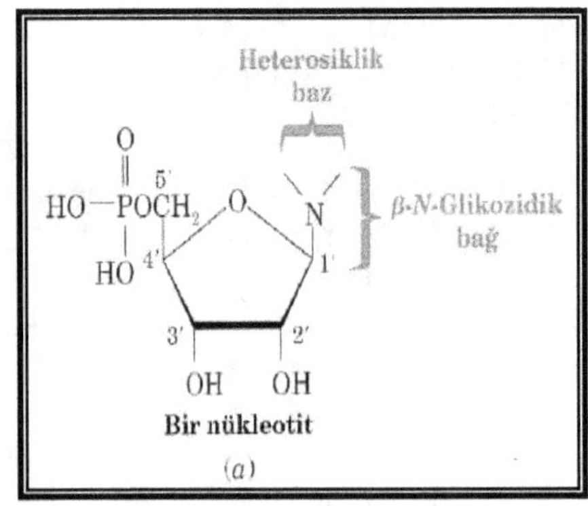

Bir nükleotit
(a)

Adenilik asit
(b)

(a) **RNA'dan elde edilen bir Nükleotidin genel yapısı. Buradaki kırmızı renkle gösterilen Heterosiklik baz grubu, Purin veya Pirimidin'dir. DNA'dan elde edilen nükleotidler, 2-Deoksiriboz molekülünün Riboz şeker bileşenidir, yani 2' konumundaki −OH hidroksit grubu DNA'da Hidrojenle (H) yer değiştirmiştir. Nükleotidin C5 karbon atomunda bağlı görülen fosfat grubu C3 karbon grubuna da bağlanabilir, yani DNA ve RNA'daki bu fosfodiester molekülü, nükleotidlerden birinde C5'te bağlıyken; diğerinde C3'te bağlıdır. Heterosiklik baz ise, her zaman C1'deki glikozidik bağa bağlıdır.**

(b) **Burada ise, Nükleotid molekülünün temel yapıtaşını oluşturan Adenilik asitin yapısı görülmektedir.**

Nükleotidlerin tek bir tanesinin genel formülü, yukarıdaki şekilde moleküler yapısı verilen Adenilik asittir.

Bir Nükleotidin sulu çözeltideki hidrolizi, yani parçalanması ile aşağıdaki ÜÇ temel yapıtaşı meydana gelir:

1- Bir heterosiklik baz olan Purin veya Pirimidin
2- Beş karbonlu bir Monosakkarid olan D-Riboz veya 2-deoksi D-Riboz
3- Bir Fosfat iyonu

Şimdi nükleotidlerin bu temel yapıtaşlarını ve daha sonra da, DNA ve RNA molekülleinin yapısını detaylı olarak inceleyelim. Nükleotidlerin temel parçası bir monosakkariddir ve bu molekül beş üyeli bir halka şeklinde bulunur. Nükleotidin heterosiklik bazı ise, ribozun ve deoksiriboz biriminin C_1' konumuna bağlanmıştır ve bu bağlantı her zaman β konformasyonundadır. Nükleotidin fosfat grubu ise, fosfat esteri şeklinde bulunur ve C_5' veya C_3' konumunda bağlı olur. Buradaki, üslü gösterimi kullanmamızın nedeni, nükleotidlerde atomların bağlı bulunduğu karbon grupları belirtilirken, karbon atomlarının kural olarak üssel olarak (1', 2', 3'...gibi) gösterilmesidir. Nükleotidin fosfat grubunun ayrılmasıyla bu bileşik Nükleosite dönüşür. Böylece DNA'dan elde edilen Nükleositler, şeker bileşeni olarak 2-deoksi-D-riboz bileşiği ile aşağıda verilen dört heterosiklik bileşik olan Adenin, Guanin, Sitozin ve Timin moleküllerinden birisini içerirken; RNA'dan elde edilen Nükleositler ise, şeker bileşeni olarak D-ribozu ve ayrıca Adenin, Guanin, Sitozin veya Urasil gibi bazlardan birisini içerir.

APPENDIX-I {İLERİ EK BİLGİ}

ENZİM FONKSİYONLARININ ORGANİK DAĞILIMI: Genel olarak enzimler, hücre içerisindeki fonksiyonlarına göre altı ana grup altında toplanabilirler:

Enzim Grup no	Enzim Grup ismi	Enzim Reaktif fonksiyonu
1	Oksidoredüktaz Enzimleri	H atomları, Hidrit iyonları ve Elektron taşıma görevlerinde yer alırlar.
2	Transferaz Enzimleri	Grup taşıyıcı görevlerinde yer alırlar.
3	Hidrolaz Enzimleri	Su içerisindeki fonksiyonel grupların taşınmasında görev alırlar.
4	Lizaz Enzimleri	C=C Çift bağlı karbon atomuna sahip grupların eklenmesinde veya çıkartılmasında görev alırlar.
5	İzomeraz Enzimleri	İzomerik formdaki molekül gruplarının taşınmasında görev alırlar.
6	Ligaz Enzimleri	C-C, C-S, C-O veya C-N gibi tek bağlı karbon atomlarına sahip ATP gibi yapılardaki ayrılma reaksiyonlarında görev alırlar.

Organizma için önemli olan bazı inorganik elementlerin taşınmasında görev alan enzimler ise aşağıda verilmektedir:

Taşınan Element	Taşıyıcı Enzimler
Cu^{2+}	Sitokrom Oksidaz
Fe^{2+} **veya** Fe^{3+}	Sitokrom Oksidaz, Katalaz, Peroksidaz
K^+	Piruvat Kinaz
Mg^{2+}	Hekzokinaz, Glukoz 6- Fosfataz, Piruvat Kinaz
Mn^{2+}	Arginaz, Ribonükleotid Redüktaz
Mo	Dinitrojenaz
Ni^{2+}	Üreaz
Se	Glutat Peroksidaz
Zn^{2+}	Karbonik Anhidraz, Alkol Dehidrojenaz, Karboksipeptitaz

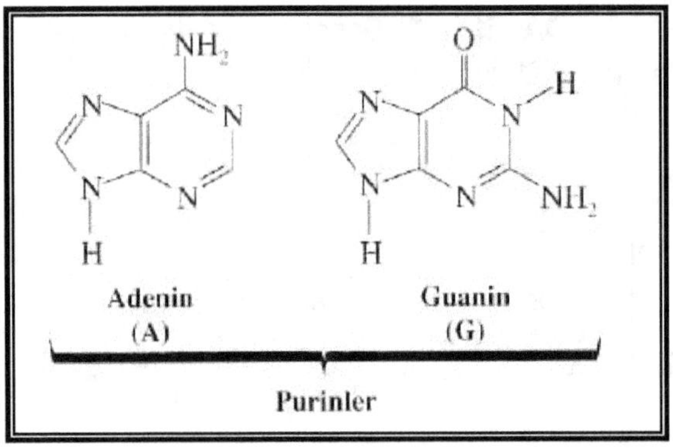

NH₂
O
H
Adenin
(A)
Guanin
(G)
Purinler

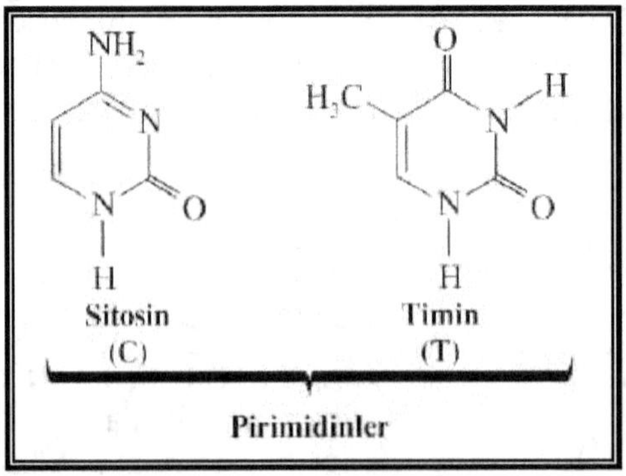

NH₂
O
H₃C
H
Sitosin
(C)
Timin
(T)
Pirimidinler

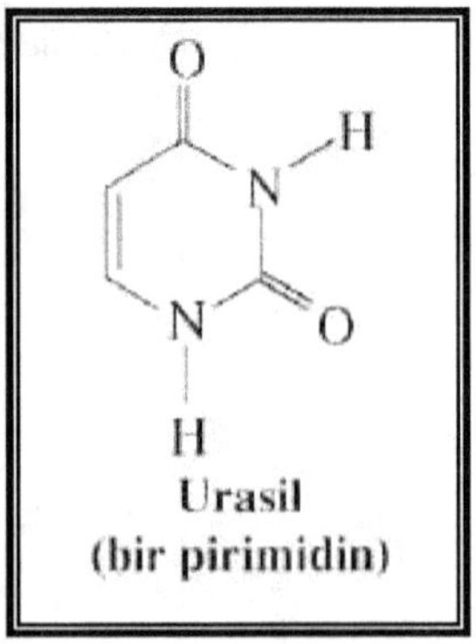

O
H
Urasil
(bir pirimidin)

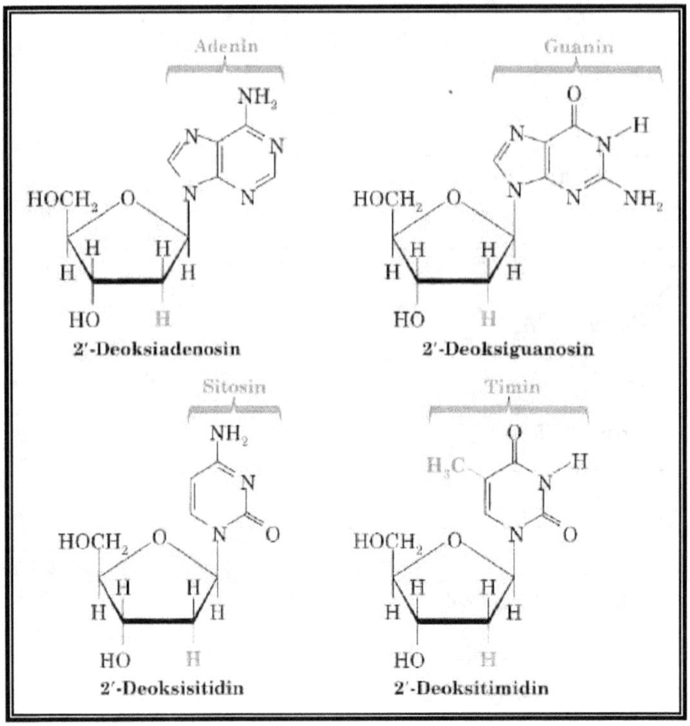

Adenin
NH₂
HOCH₂
H
H
H
H
HO
H
2′-Deoksiadenosin

Guanin
O
H
NH₂
HOCH₂
H
H
H
H
HO
H
2′-Deoksiguanosin

Sitosin
NH₂
HOCH₂
O
H
H
H
H
HO
H
2′-Deoksisitidin

Timin
O
H
H₃C
HOCH₂
O
H
H
H
H
HO
H
2′-Deoksitimidin

DNA Nükleositlerini Adenin, Guanin, Sitozin ve Timin molekülleri oluştururken; RNA'nın Nükleositlerini Adenin, Guanin, Sitozin ve Urasil molekülleri oluşturur. Dolayısıyla iki nükleik asidin arasındaki fark, RNA Nükleositinde Timin yerine Urasil molekülünün yer almasıdır. Yukarıdaki grafiklerde, Mavi çizgili olan moleküller DNA'nın; Kırmızı çizgili olanlar ise RNA'nın Nükleositleridir.

Nükleotidler, çeşitli şekillede adlandırılabilirler. Örneğin, Adenilik asit fosfat grubunun yerini belirtmek için 5'-Adenilik asit olarak ya da Adenozin 5'-fosfat veya basit olarak Adenozin Monofosfat (AMP) olarak adlandırılır. Nükleotid ve Nükleositler, DNA ve RNA yapılarının dışında da bulunurlar. Örneğin, Adenozin birimlerinin çok önemli Koenzimleri olan NADH ve Koenzim A gibi yapılarda yer alması gibi. Adenozinin 5'-trifosfatı, ATP molekülünde yer alan çok önemli bir enerji bileşenidir. Bu bileşiğe, 3′-5′-Halkalı Adenilik asit de denir. Hücreler bu bileşiği çeşitli hormon yapılarında kullanmak üzere, Adenilat siklaz enziminin etkisiyle ATP'den sentezlerler. Nükleotidler nükleositlere dönüştürülebilir.

Aşağıdaki grafiklerde, DNA'nın yapısına katılan bu nükleotid yapılarıyla aşamalı olarak bu işlemin nasıl gerçekleştiği gösterilmektedir:

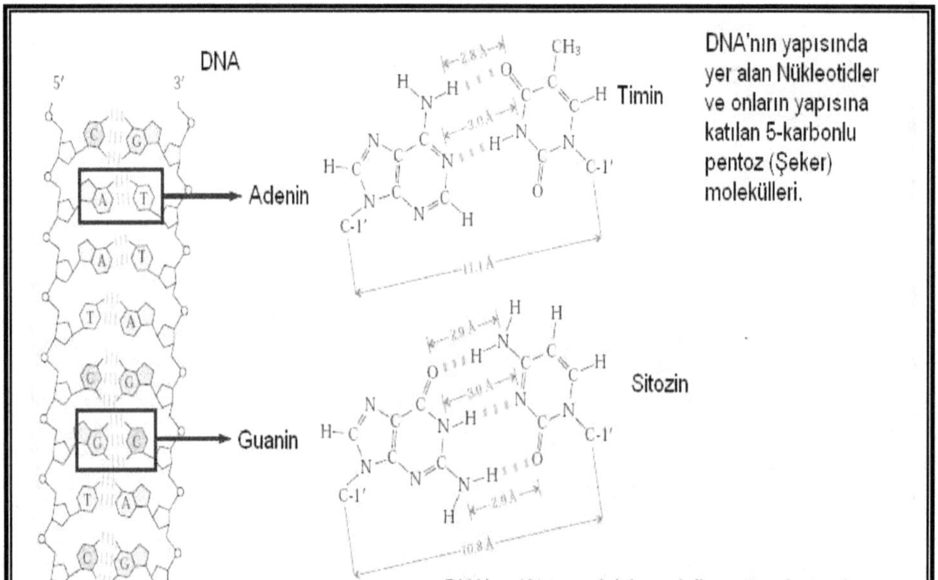

DNA'nın Watson-Crick modeline göre oluşturulmuş Helezonik çift sarmal yapısında yer alan temel Nükleotidler. Buradaki, nükleotidler arasındaki Hidrojen bağları kesikli üç mavi çizgiyle gösterilmektedir.

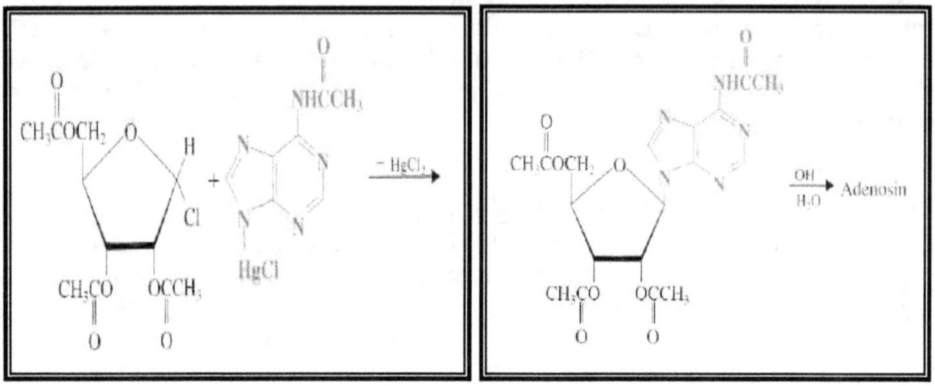

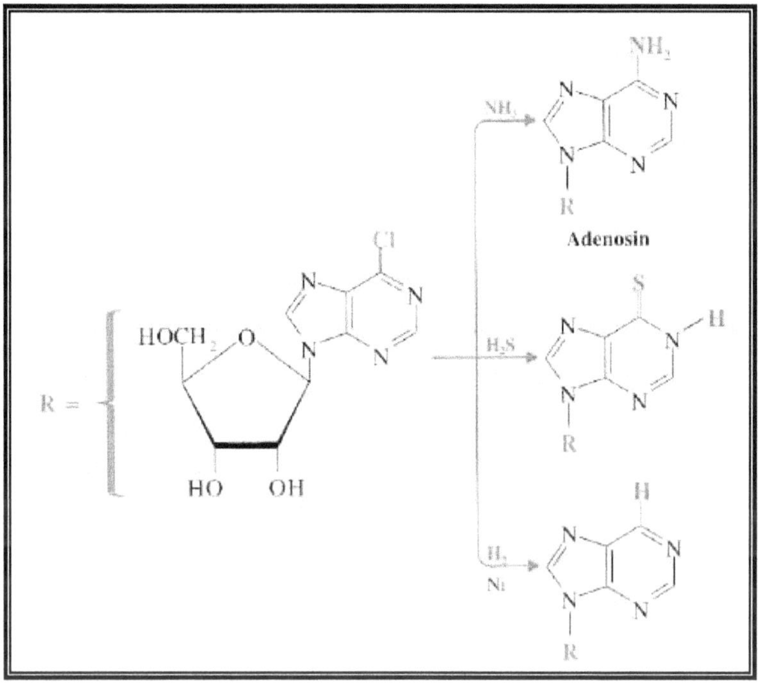

Nükleotidlerden Adenozin molekülünün elde edilmesi.

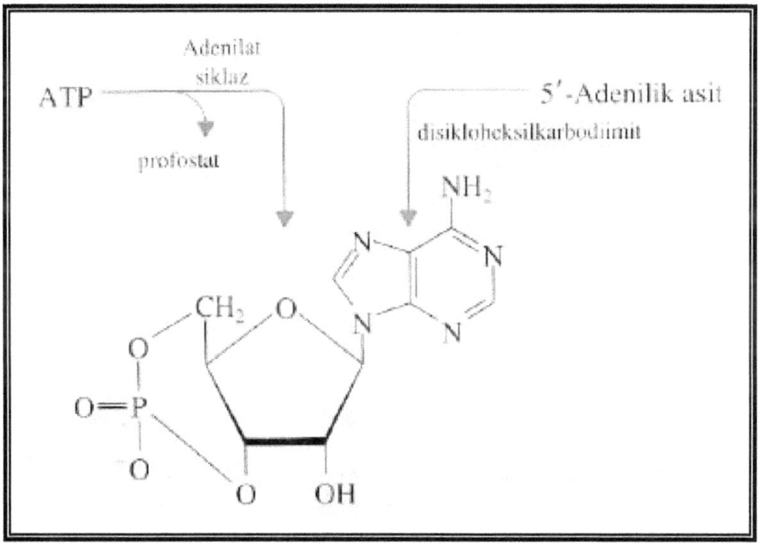

ATP molekülünden 3'-5'-Halkalı Adenilik asitin biyosentezi.

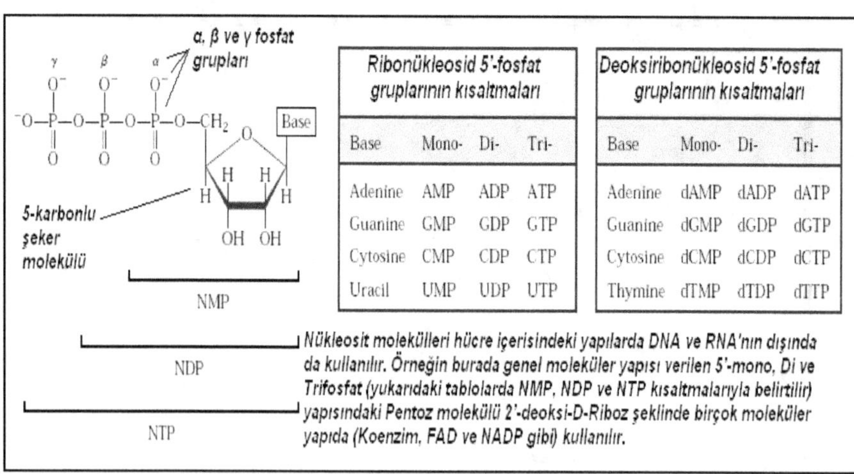

Ribonükleosid 5'-fosfat gruplarının kısaltmaları				Deoksiribonükleosid 5'-fosfat gruplarının kısaltmaları			
Base	Mono-	Di-	Tri-	Base	Mono-	Di-	Tri-
Adenine	AMP	ADP	ATP	Adenine	dAMP	dADP	dATP
Guanine	GMP	GDP	GTP	Guanine	dGMP	dGDP	dGTP
Cytosine	CMP	CDP	CTP	Cytosine	dCMP	dCDP	dCTP
Uracil	UMP	UDP	UTP	Thymine	dTMP	dTDP	dTTP

Nükleosit molekülleri hücre içerisindeki yapılarda DNA ve RNA'nın dışında da kullanılır. Örneğin burada genel moleküler yapısı verilen 5'-mono, Di ve Trifosfat (yukarıdaki tablolarda NMP, NDP ve NTP kısaltmalarıyla belirtilir) yapısındaki Pentoz molekülü 2'-deoksi-D-Riboz şeklinde birçok moleküler yapıda (Koenzim, FAD ve NADP gibi) kullanılır.

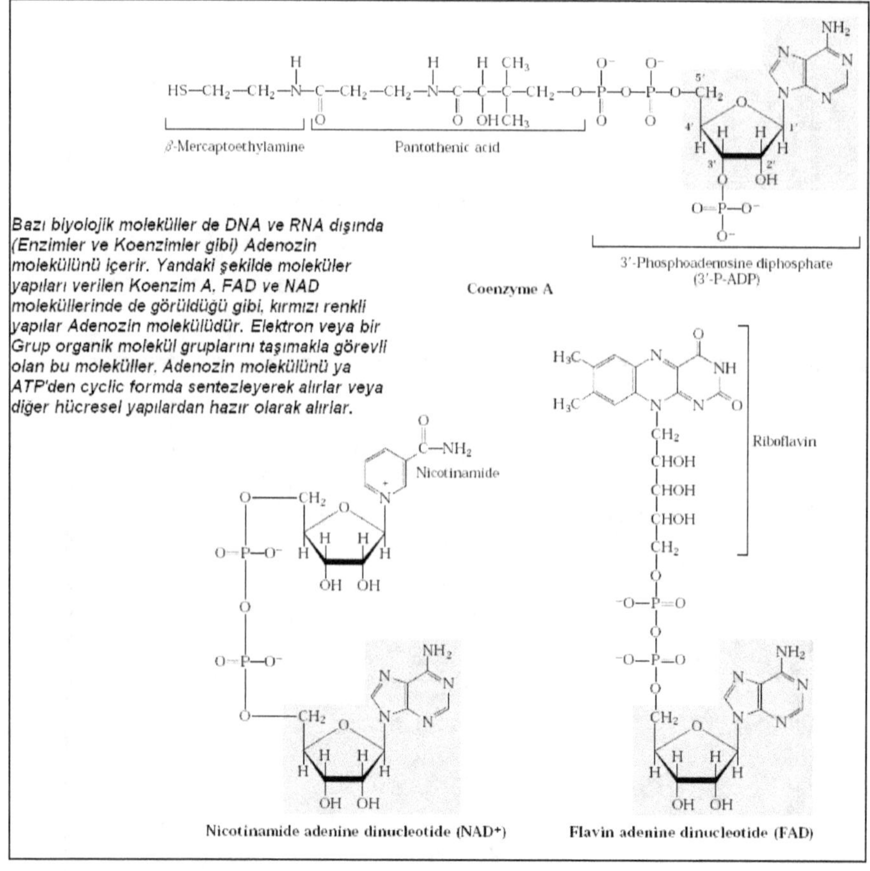

Bazı biyolojik moleküller de DNA ve RNA dışında (Enzimler ve Koenzimler gibi) Adenozin molekülünü içerir. Yandaki şekilde moleküler yapıları verilen Koenzim A, FAD ve NAD moleküllerinde de görüldüğü gibi, kırmızı renkli yapılar Adenozin molekülüdür. Elektron veya bir Grup organik molekül gruplarını taşımakla görevli olan bu moleküller, Adenozin molekülünü ya ATP'den cyclic formda sentezleyerek alırlar veya diğer hücresel yapılardan hazır olarak alırlar.

Nükleosit moleküllerinin, DNA ve RNA moleküllerinin dışında kullanıldığı yerler ile Adenozinin moleküler yapısını içeren bazı Enzim ve Koenzimler. Yukarıdaki şekilde, Kırmızı renkli bölgeler Adenozin moleküllerini göstermektedir.

Nükleik asitleri oluşturan temel baz molekülleri

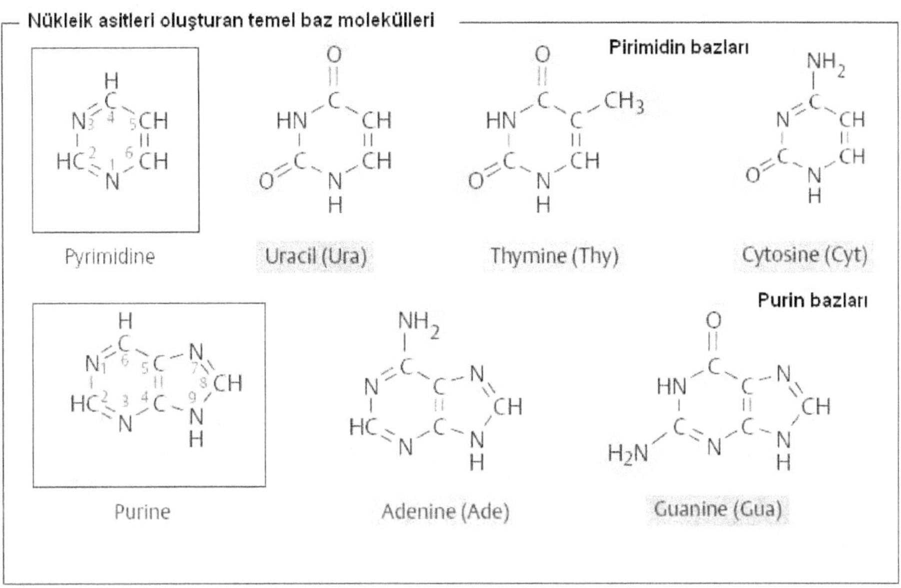
Pirimidin bazları
Pyrimidine
Uracil (Ura)
Thymine (Thy)
Cytosine (Cyt)
Purin bazları
Purine
Adenine (Ade)
Guanine (Gua)

Temel Nükleositler ve Nükleotidler

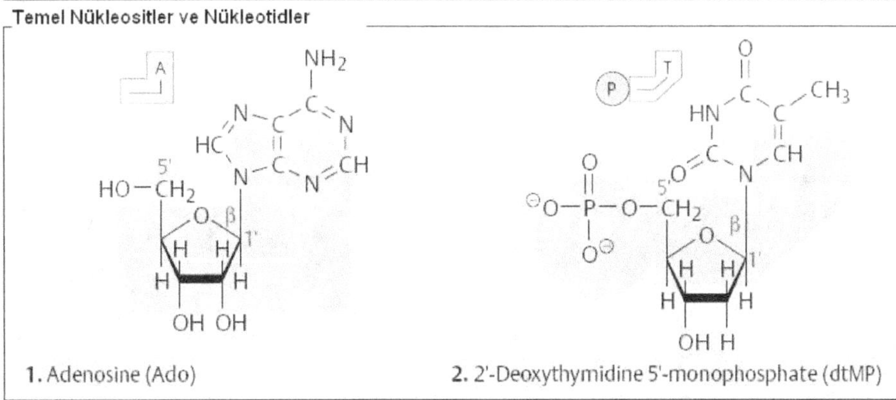
A
NH2
HO-CH2
1. Adenosine (Ado)
P   T
CH3
O-P-O-CH2
2. 2'-Deoxythymidine 5'-monophosphate (dtMP)

Oligonükleotidler ve Polinükleotidler

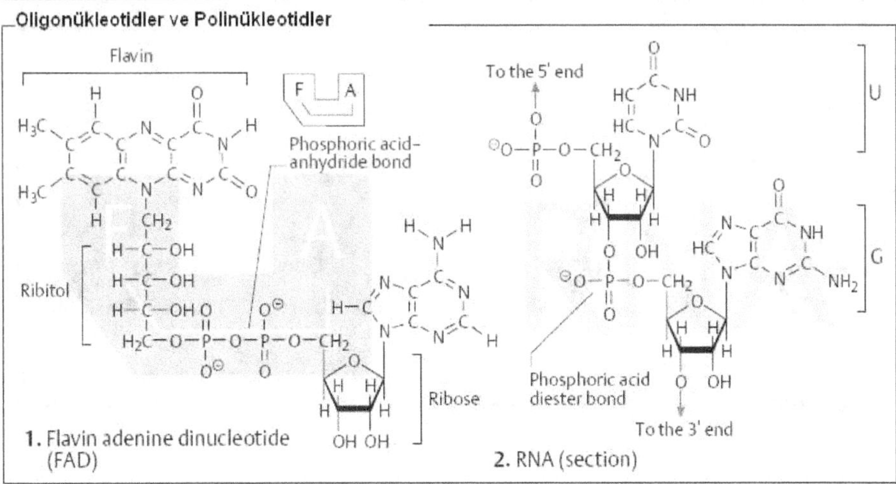
Flavin
F   A
Phosphoric acid–anhydride bond
Ribitol
Ribose
1. Flavin adenine dinucleotide (FAD)
To the 5' end
U
G
Phosphoric acid diester bond
To the 3' end
2. RNA (section)

DNA (DEOKSİRİBO NÜKLEİK ASİT):

DNA'nın yapısı ilk kez **1953** yılında, bilim tarihindeki önemli bir dönüm noktası olarak iki amerikalı bilim adamı olan **James Watson** ve **Fransis Crick** tarafından keşfedilmiştir. Bugün biyokimyanın ve biyolojinin pek çok alanında etkisini gösteren (kalıtım, gen teknolojisi ve üremeyle ilgili Genetik bilimi gibi v.b.) alt bilim dallarının çıkış noktasının ve literatürünün temeli, Watson ve Crick tarafından ileri sürülen çift sarmallı helezonik DNA modeline dayanmaktadır. Dolayısıyla, DNA'nın keşfi bilim tarihindeki en büyük buluşlardan birisidir.

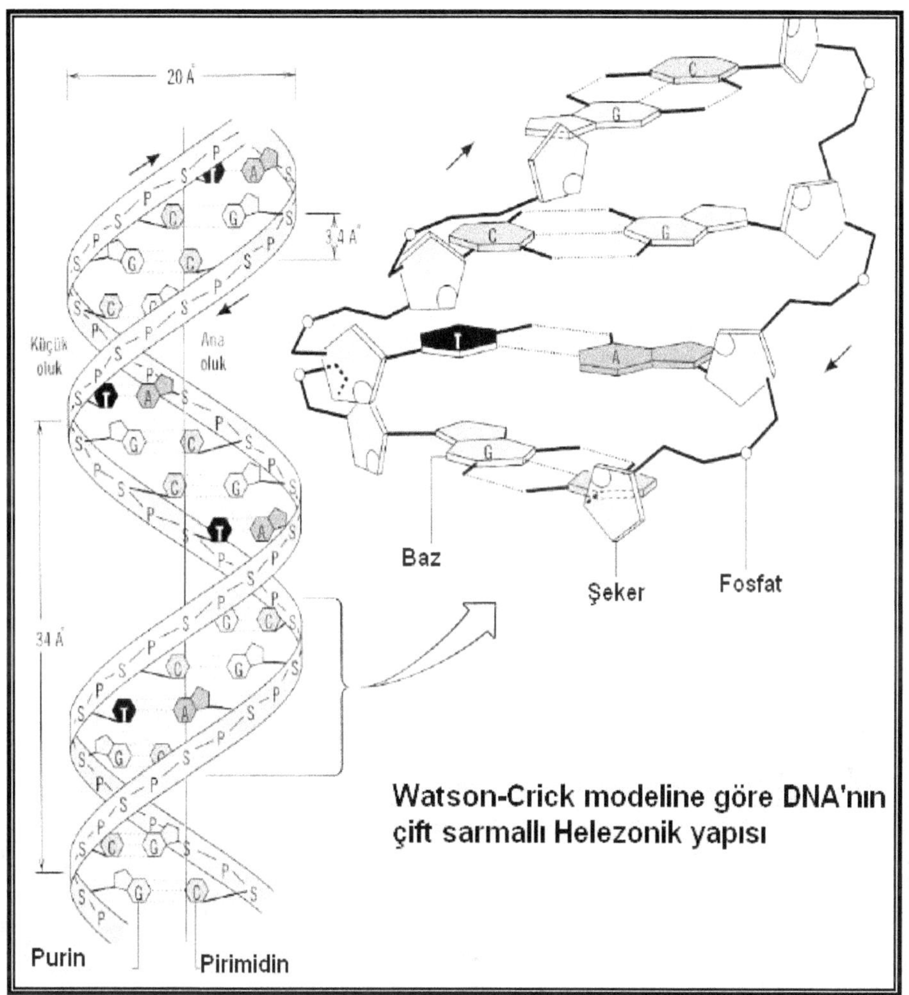

Nükleositler nükleik asitlerle, amino asitlerin proteinlerle gösterdiği aynı ilişkiyi gösterirler ve benzer şekilde Nükleositler de nükleik asitlerin yapıtaşlarını oluşturan monomerleri teşkil ederler. Yalnız, proteinlerde bağlantıları amit grupları yaparken; nükleik asitlerde fosfat ester bağları yer alır. Bir ribozun veya deoksiribozun 3'-OH karbon atomu bağlantısında bulunan bir fosfat ester bağlantısı, diğerinin 5'-OH karbon atomu bağlantısına bağlıdır. Bunun sonucunda nükleik asitler, şeker ve fosfat birimerinin temel birincil yapıyı, yani omurgayı oluşturduğu uzun dallanmamış çift molekül zincirlerine sahiptir ve bu zincirde muntazam aralıklarla heterohalkalı bazlar bu ana iskelete yan zincir gibi bağlanırlar. Aşağıdaki şekilde, bu bağlanma şekilleri detaylı olarak gösterilmektedir:

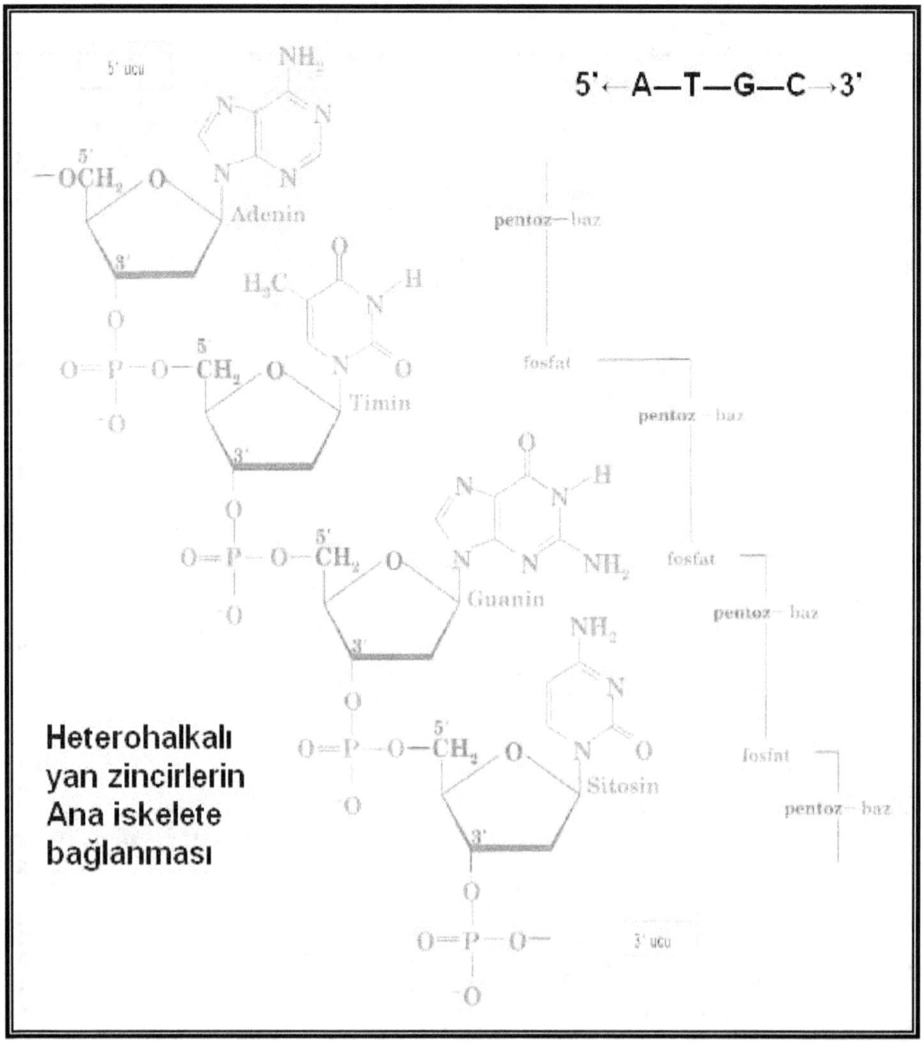

İşte genetik bilgiyi oluşturan dörtlü kodlar, bu şekildeki DNA zincirlerinin birbirine eklenmesiyle oluşur. Watson ve Crick, aynı yıl yaptıkları çalışmalarda DNA'nın ikincil yapısı için bir öneri daha sundular. Buna göre, DNA'nın ikincil yapısı; helezonik bir şekilde kıvrılmaktadır ve bu merdiven biçimindeki yapı sayesinde genetik bilginin nasıl korunduğu; hücre bölünmelerinde nasıl aktarıldığı ve genetik bilgilerin nasıl kopyalandığı gibi önemli meseleler aydınlatılarak; genetik bilginin aktarımını anlamamıza yardım ettiği için oldukça önemli bir konu başlığını teşkil etmektedir. Ayrıca bu yapı, içerdiği simetriden dolayı Adenin ve Guanin moleküllerinin toplam sayısının; Timin ve Sitozin moleküllerinin toplam satısına eşit olmasını öngörür ki, bu durum matematiksel olarak; $A + G = T + C$ denklemiyle belirlenir.

Watson ve Crick bu verilerden yola çıkarak, DNA'nın ikincil yapısı için çift sarmal modelini önerdiler. Bu modele göre iki nükleik asit zinciri, birbirine zıt iki teldeki baz çiftleri arasındaki Hidrojen bağlarıyla bağlanmıştır ve bu iki zincir, her iki zincirde aynı ekseni paylaşarak sarmal bir yapıya dönüşmüştür. Sarmalın iç kısmında baz çiftleri; dış kısmında ise, şeker-fosfat iskeleti yer alır. Sarmalın üzerinde 34 A^0 aralıklarla tekrarlanan uzunlukları boyunca, birbirini izleyen 10 nükleotid ikilisi yükselir. Spiralin dış kısmının genişliği ise, yaklaşık 20 A^0; zıt zincirlerdeki 3'-5' konumları arasındaki iç uzaklık ise 10 A^0 civarındadır. Watson ve Crick bu molekül modellerini kullanarak, çift sarmaldaki iç uzaklığın baz ikilileri arasındaki mesafenin, sadece Purin ve Pirimidin arasındaki hidrojen bağları için uygun olduğunu gözlemlemiştir. Eğer, Purin-Pirimidin baz ikilisi yerine örneğin Pirimidin-Pirimidin şeklinde bir dizilimi olsaydı mesafe çok büyük olur ve hidrojen bağları meydana gelemezdi. Watson ve Crick önerilerinde bir basamak daha ileriye gittiler ve Oksijen içeren heterosiklik bazların keton yapısında olduğunu varsayarak, baz ikililerinde Hidrojen bağlarının sadece Adenin (A) ile Timin (T) ve Sitozin (C) ile Guanin (G) arasında özel bir şekilde oluşabileceği üzerinde tartıştılar. Her bir baz için eşlerin (ikililerin) arasındaki oluşan bu hidrojen bağları aşağıdaki gibi gösterilebilir:

Dolayısıyla bu özel baz eşleşmesi, iki DNA zincirinin tamamlayıcı olduğunu, yani bir zincirde Adenin varken karşıt zincirde Timin; bir zincirde Sitozin varken karşıt zincirde Guanin olduğunu gösterir. İşte iki telin bu tamamlayıcı özelliği, DNA molekülünün hücre bölünmesinde nasıl kopyalandığını ve böylece genetik bilgilerin arkadaş hücrelere nasıl geçtiğini tam olarak açıklar:

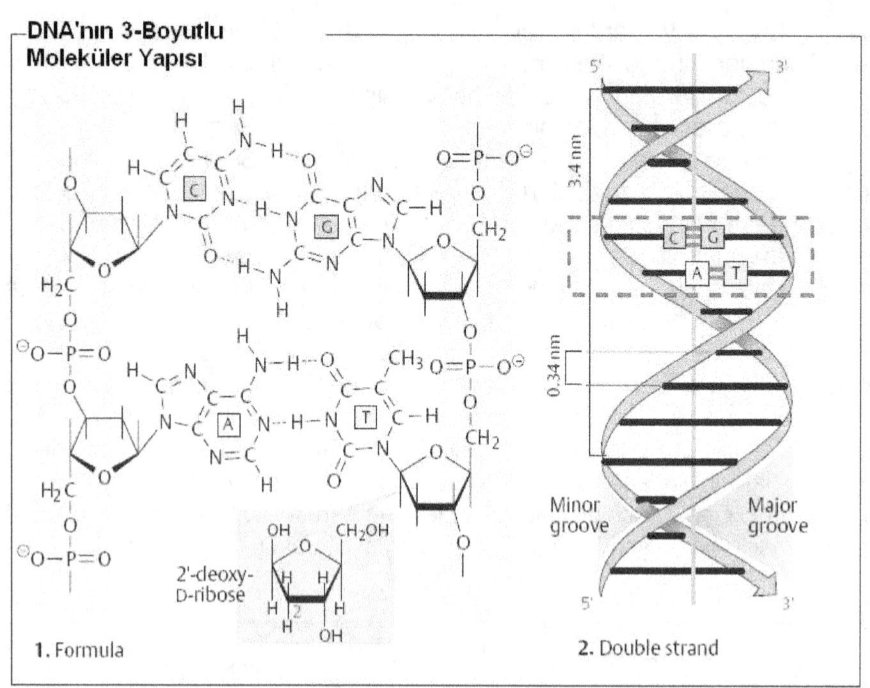

1. Formula

2. Double strand

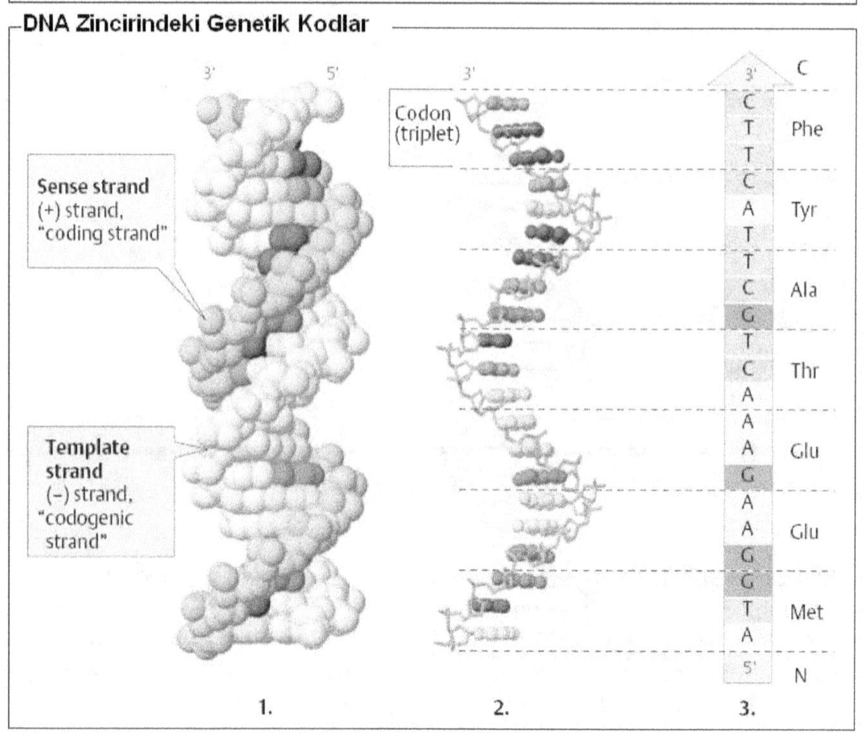

1.   **2.**   **3.**

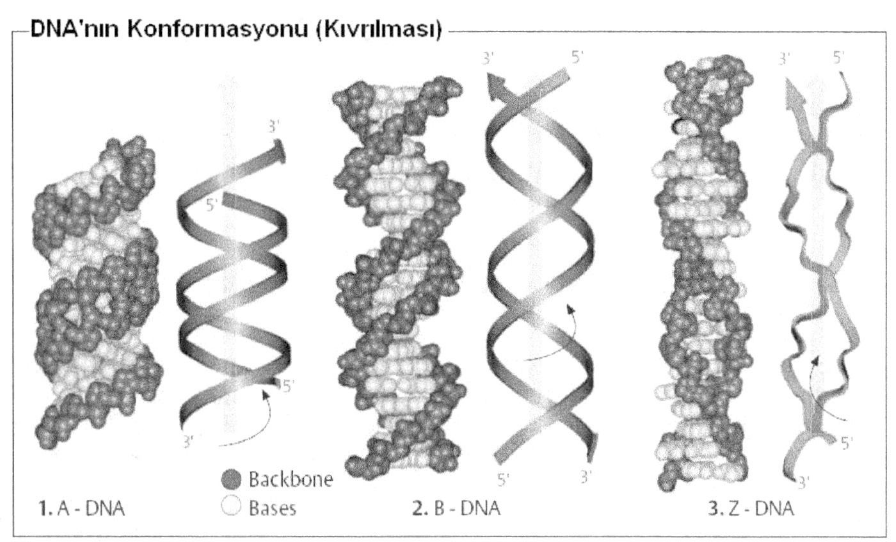

DNA'nın Konformasyonu (Kıvrılması)

1. A - DNA **2.** B - DNA **3.** Z - DNA

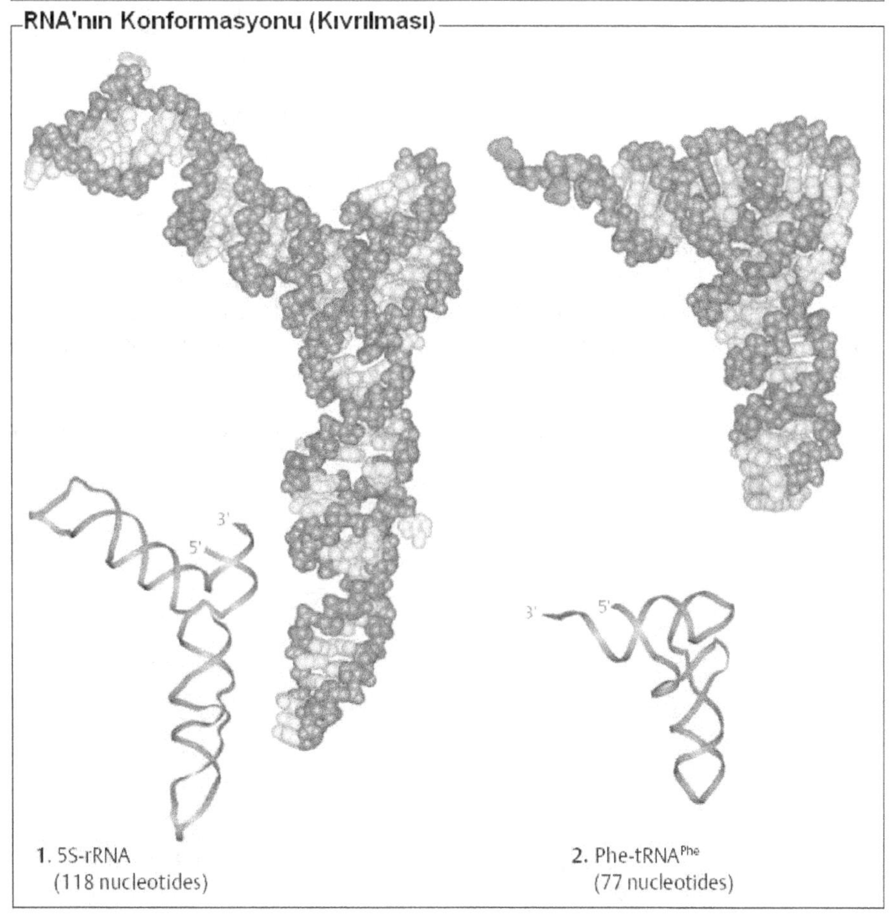

RNA'nın Konformasyonu (Kıvrılması)

1. 5S-rRNA
(118 nucleotides)

2. Phe-tRNA^{Phe}
(77 nucleotides)

RNA (RİBO NÜKLEİK ASİT) VE PROTEİN SENTEZİ:

Watson ve Crick DNA'nın yapısını açıkladıktan sonra, bilim adamları moleküler genetiğin merkezini teşkil eden diğer yapıları araştırmaya başladılar. Buna göre, hücre bölünmesinin temelini oluşturan Genetik kodun oluşumunu başlatan Protein sentezi, aşağıdaki gibi bir sıra izliyordu:

$$DNA \rightarrow RNA \rightarrow mRNA \rightarrow tRNA \rightarrow Protein$$

Protein sentezi, şüphesiz bütün hücre fonksiyonları için önemlidir, çünkü proteinler enzim olarak tepkimeleri katalizlerler. Örneğin, tek bir insan hücresinin DNA'sında 6 milyar baz molekülü bulunur. Bakterilerin en ilkel hücreleri bile 3000 farklı enzim kullanır. Bunun anlamı, bu hücrelerin DNA moleküllerinin ihtiyaç duyulan tüm bu proteinlerin sentezini yönetebilmeleri için, buna karşılık olacak sayıda gen içermeleri gerektiğidir. Gen, DNA molekülünün bir parçasıdır ve bir protein veya bir polipeptid sentezini yönlendirebilmek için gerekli olan bilgileri taşır. DNA esas olarak, Ökaryotik hücrelerin çekirdeklerinde bulunur ve protein sentezi hücrenin stoplazmasında gerçekleşir. Protein sentezi için iki temel işlemin gerçekleşmesi gerekir. Bu işlemlerden birincisi hücre çekirdeğinde, ikincisi ise stoplazmada meydana gelir. Bu işleme *Transkripsiyon* denir ve genetik şifrenin DNA'dan RNA (mRNA)'ya aktarılmasını ifade eder. Bu işlem RNA'nın iki şeklini içerir ve bunlar ribozomal RNA (rRNA) ve transfer RNA (tRNA)'dır. Protein sentezi ilk önce hücre çekirdeğinde mRNA senteziyle başlatılır ve DNA'nın çift sarmalının bir kısmı tek bir zincirde en az bir gen taşıyacak şekilde ayrılır. Hücre çekirdeğindeki ribonükleotidler, açıktaki DNA zincirinde DNA'nın bazlarıyla eşleşerek kalabalıklaşırlar. Eşleşme kalıpları DNA'daki kalıplarla aynı olur ve sadece RNA'da Urasilin yerine Timin molekülü gelir. mRNA'daki ribonükleotid birimleri bu zincire RNA polimeraz enzimiyle bağlanır:

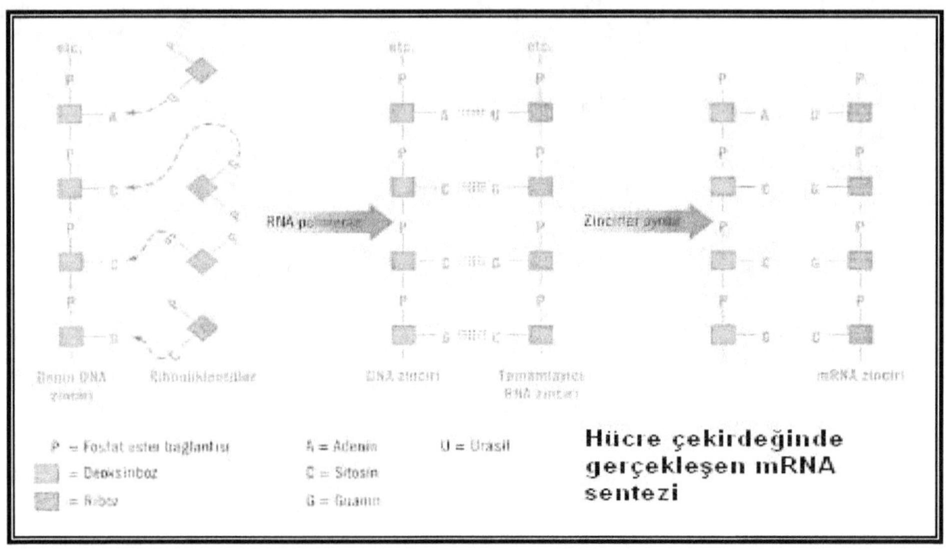

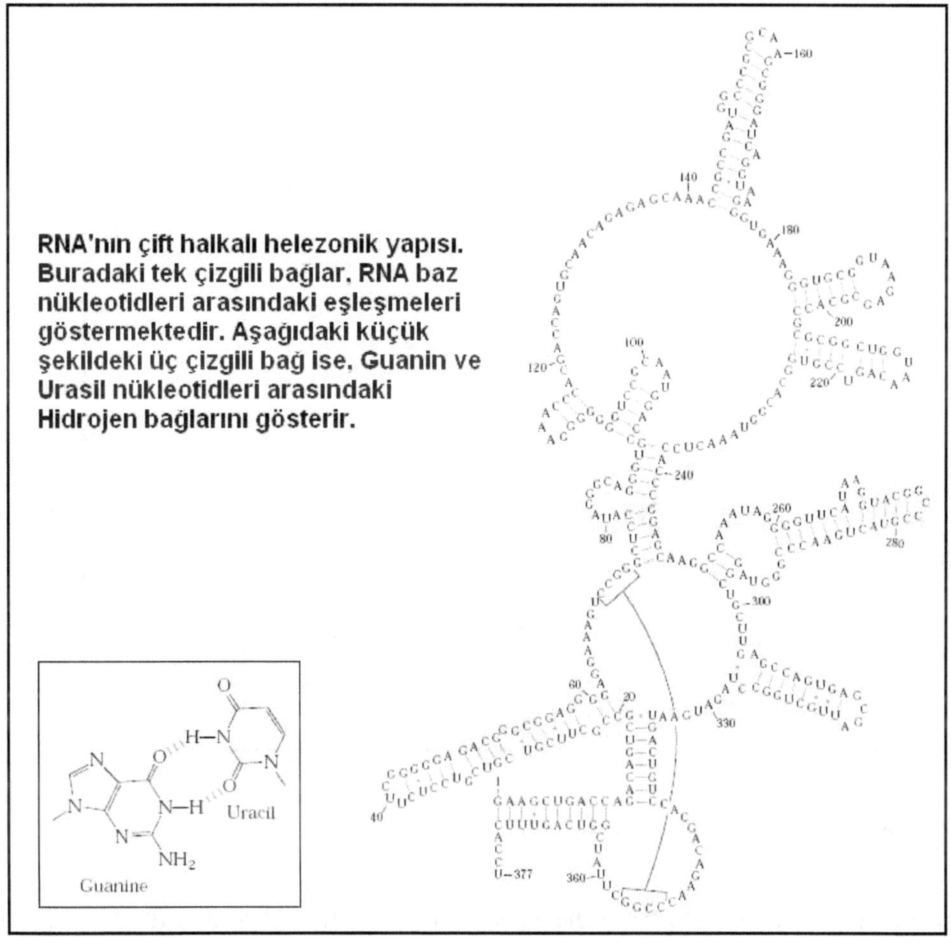

RNA'nın çift halkalı helezonik yapısı. Buradaki tek çizgili bağlar, RNA baz nükleotidleri arasındaki eşleşmeleri göstermektedir. Aşağıdaki küçük şekildeki üç çizgili bağ ise, Guanin ve Urasil nükleotidleri arasındaki Hidrojen bağlarını gösterir.

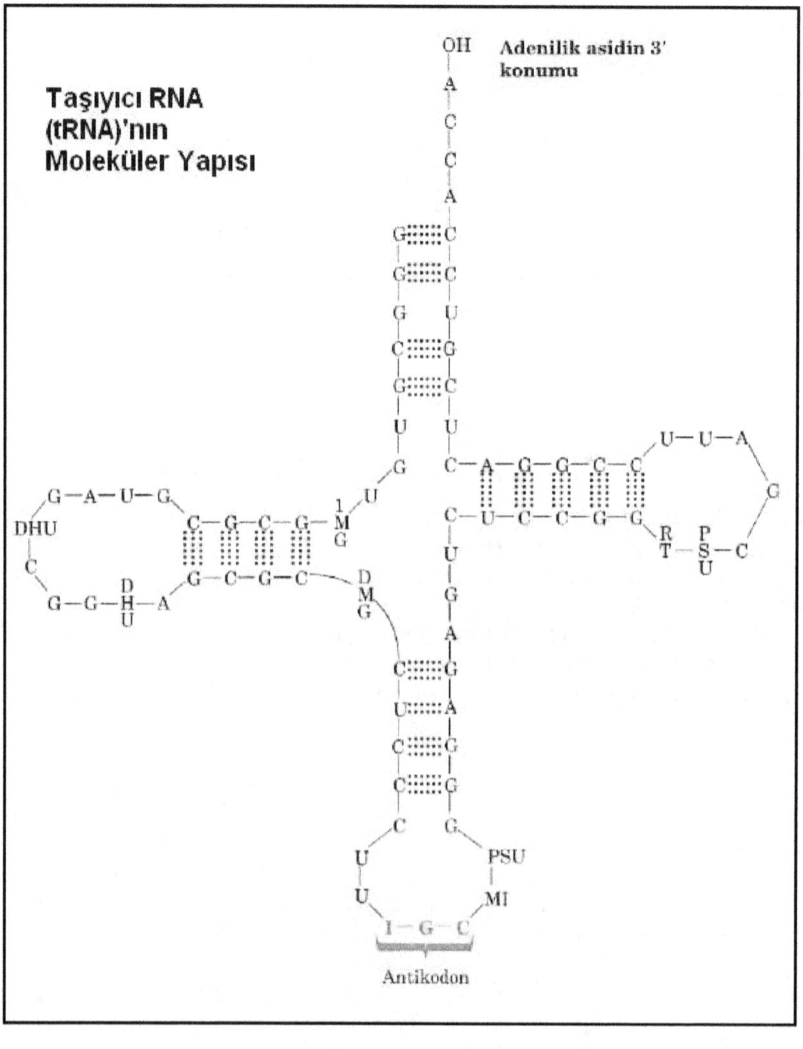

RNA VE tRNA'NIN MOLEKÜLER YAPISI:

Hücre çekirdeğinde mRNA sentezlendikten sonra, mRNA stoplazmaya göç eder ve burada protein sentezi için bir kalıp olarak davranır. Birçok hücrenin stoplazmasının içerisinde dağılmış bir halde bulunan küçük organellere *Ribozomlar* denir. Ribozomlar, hücre içerisinde protein sentezinin son aşamalarının tamamlandığı ve üretildiği merkezlerdir. Yaklaşık olarak bir ribozomun % 60'ını rRNA (Ribozomal RNA) ve % 40 kadarını da protein teşkil eder. Bu yüzden ribozom bir alt ve bir üst birim olmak üzere iki ayrı birimden oluşmuştur. Aşağıdaki şeklilde de gösterildiği gibi, ribozomlar 50S ve 30S adlı iki birimden oluşur:

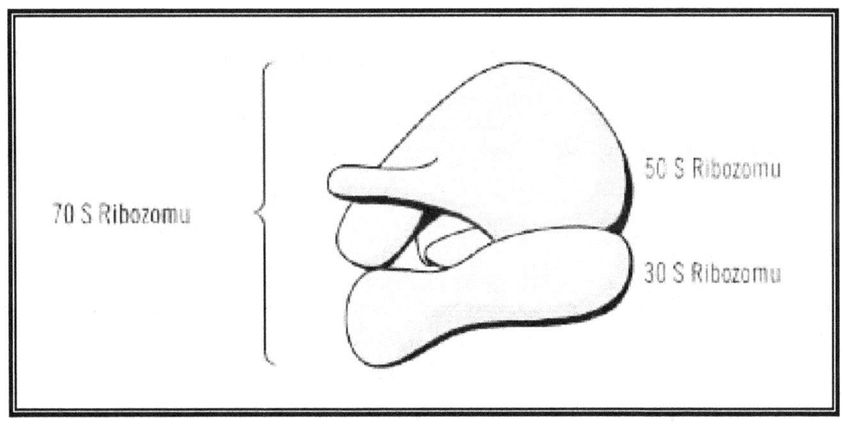

Ribozom, 50S ve 30S olarak adlandırılan iki alt birimden meydana gelmiştir. Bu iki birimin toplamı ise, 70S'dir.

Protein sentezlerinden ribozomlar yer almasına karşın, rRNA'nın kendisi direkt olarak protein sentezini yönlendirmez, birkaç ribozom mRNA'ya bağlanarak *Polizom*'u meydana getirir. Protein sentezi gerçekleşirken, polizomlardaki mRNA kalıp olarak davranır. rRNA'nın görevlerinden birisi de, ribozomu mRNA zincirine bağlamaktır. Çekirdekte yer alan protein senteziyle ilgili bir diğer önemli yapı olan taşıyıcı RNA (tRNA)'nın molekül kütlesi mRNA ve rRNA ile karşılaştırıldığında çok küçüktür. Bunun sonucu olarak, plazma ortamındaki çözünürlüğü onlara göre çok daha fazladır. tRNA'nın görevi, amino asitleri Polizomdaki mRNA'nın belirli bölgelerine nakletmektir. Her bir amino asit için birden fazla olmak üzere, proteinlerde yer alan birçok tRNA şekli vardır ve genetik kodlama yapılırken bu yapılar tekrarlanır. Aşağıdaki tabloda, tekrar eden bu genetik kodlar verilmektedir. Taşıyıcı RNA'nın kollarının bir tanesinin sonundaki dairesel kısımda bu kola özgü bir baz diziliş sırası vardır ve bu yapı *Antikodon* olarak adlandırılır. Antikodon, tRNA kodon olarak adlandırılan özel bir yere bağlandığı için protein sentezi açısından oldukça önemlidir. Amino asitlerin tRNA birimlerinin mRNA teline transferinde, diziliş sırası bu kodondaki diziliş sırası tarafından tayin edilir. Dolayısıyla, Antikodon amino asit diziliş sırasını belirlediği için protein yapısının uzunluğunu belirlediği gibi, sentez işleminin nerede başlayıp nerede biteceğini, yani protein zincirinin başlangıç ve bitiş noktalarını da tayin eder. İşte, bu diziliş sırası da her birisi farklı baz dizilişinde olan genetik kodları meydana getirir. Her bir üçlü koddaki her bir birim, nükleotidlerin üçlü bir takımı halinde yer alır ve böylece üç harften oluşan her bir kelime bir amino asite (CGA veya UAA gibi) karşılık gelir. Dolayısıyla, mRNA'daki üçlü takımların her biri tek bir amino asite karşılık gelir ve bu kelime dizilerinden oluşan yapılara genetik şifre (GEN) adı verilir. Dolayısıyla bir geni oluşturmakta kullanılan kelime sayısı $4^3=64$'dür. Gerçi, bu sayı protein sentezinde kullanılan toplam amino asit sayısı olan 22'den fazladır fakat geriye kalan şifreler boş olmayıp, RNA yapılarında kullanılan özel işaretleri oluşturmak için (Örneğin, `protein sentezini durdur' veya `protein sentezini başlat' gibi) kullanılır. Proteinler kalıcı yapılar olmadığı için, hücre içerisinde gerekli oldukları zaman defalarca yeniden sentezlenebilirler. Sonra, enzimler tarafından tekrar amino asitlere parçalanarak tekrar kullanılırlar. Bazı amino asitler enerji ihtiyacı için sindirilirlerken, yediğimiz yiyeceklerle kan yoluyla tekrar vücuda alınırlar ve bu işlem bu şekil tekrarlanarak sürüp gider..

(mRNA) Haberci RNA'nın Genetik Kodu

Amino asit	Baz Dizilişi 5'→3'	Amino asit	Baz Dizilişi 5'→3'	Amino asit	Baz Dizilişi 5'→3'
Ala	GCA	His	CAC	Ser	AGC
	GCC		CAU		AGU
	GCG				UCA
	GCU	Ile	AUA		UCG
			AUC		UCC
Arg	AGA		AUU		UCU
	AGG				
	CGA	Leu	CUA	Thr	ACA
	CGC		CUC		ACC
	CGG		CUG		ACG
	CGU		CUU		ACU
			UUA	Trp	
Asn	AAC		UUG		UGG
	AAU			Tyr	
		Lys	AAA		UGG
Asp	GAC		AAG		UAC
	GAU				UAU
		Met	AUG	Val	
Cys	UGC	Phe	UUU		GUA
	UGU		UUC		GUG
					GUC
Gln	CAA	Pro	CCA		GUU
	CAG		CCC		
			CCG	Zincir başlama fMet (N-formil-metiyonin)	AUG
Glu	GAA		CCU		
	GAG				
				Zincir sonlanma	UAA
Gly	GGA				UAG
	GGC				UGA
	GGG				
	GGU				

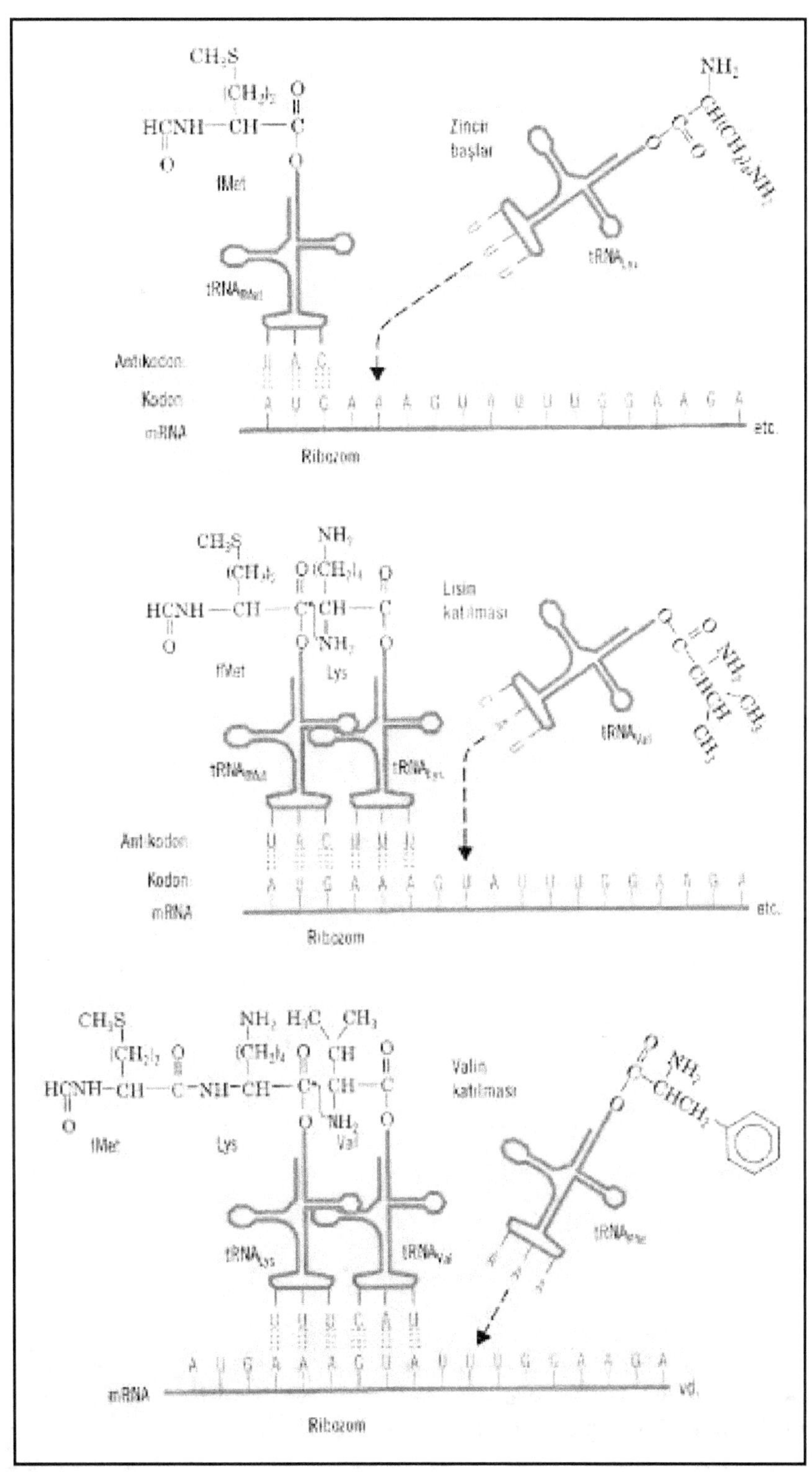

CH₃S
(CH₂)₂
HCNH — CH — C=O
O
fMet
tRNA_fMet
Zincir
başlar
NH₂
CHCH₂NH₂
tRNA_Lys
Antikodon
Kodon
mRNA
A U G A A A G U A U U U G A A G A   etc.
Ribozom

CH₃S
(CH₂)₂
HCNH — CH — C — CH — C
O
fMet
NH₂
(CH₂)₄
Lys
Lisin
katılması
NH₂ CH₃
C-CHCH
CH₃
tRNA_Val
tRNA_fMet
tRNA_Lys
Antikodon
Kodon
mRNA
A U G A A A G U A U U U G A A G A   etc.
Ribozom

CH₃S
(CH₂)₂
HCNH — CH — C — NH — CH — C — CH — C
O
fMet
NH₂
(CH₂)₄
Lys
H₃C CH₃
CH
NH₂
Val
Valin
katılması
NH₂
C-CHCH₂
tRNA_Phe
tRNA_Lys
tRNA_Val
mRNA
A U G A A A G U A U U U G A A G A   vd.
Ribozom

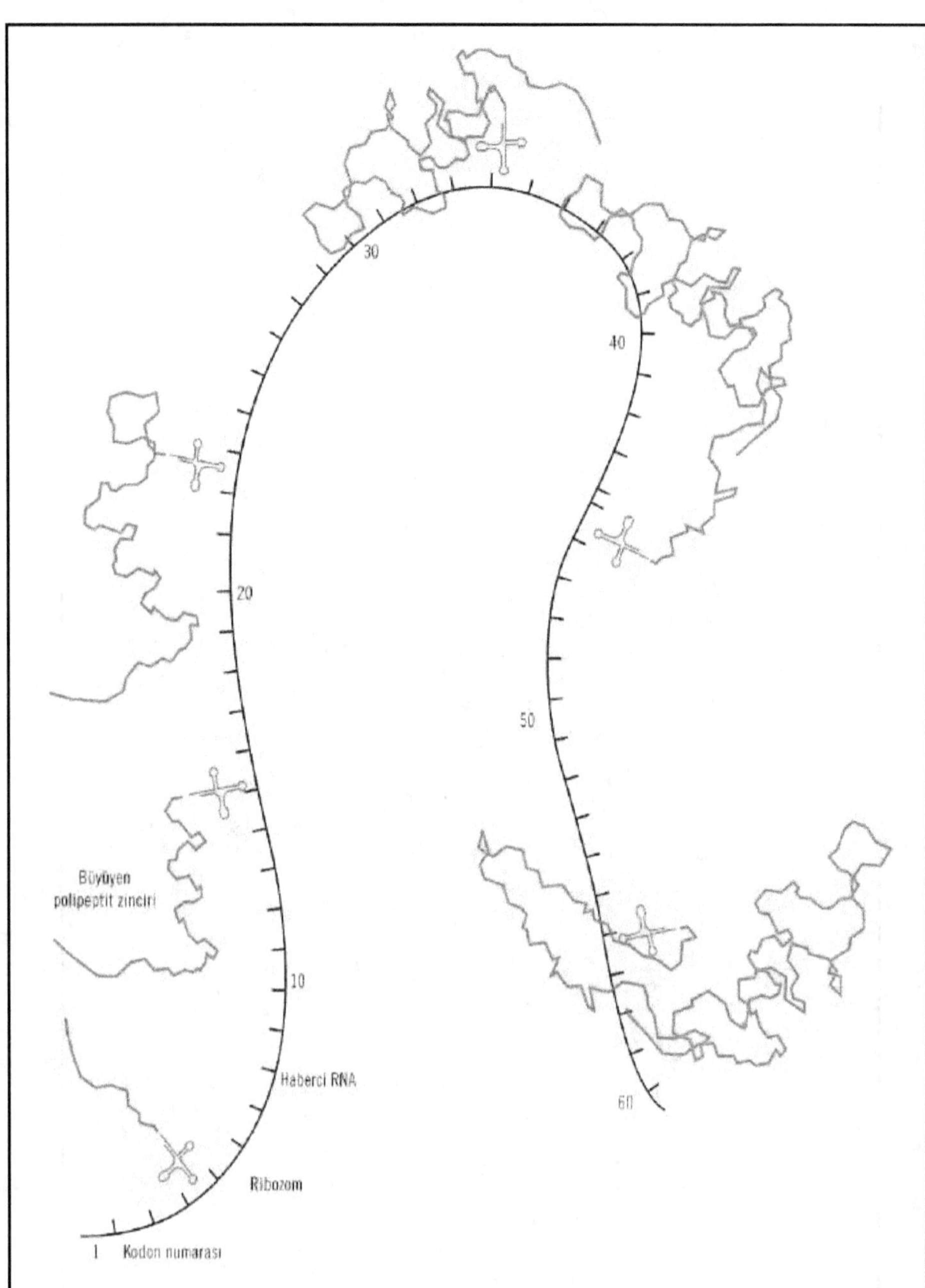

Protein molekülünün sentezlenirken katlanışı. Peptid zincirinin ana iskeleti sentezlendikten sonra, protein molekülü istenilen forma uygun bir şekilde katlanmaya başlayarak üçüncül ve dördüncül yapıları oluşur.

Ribonükleik Asit (RNA)'nın yapısı

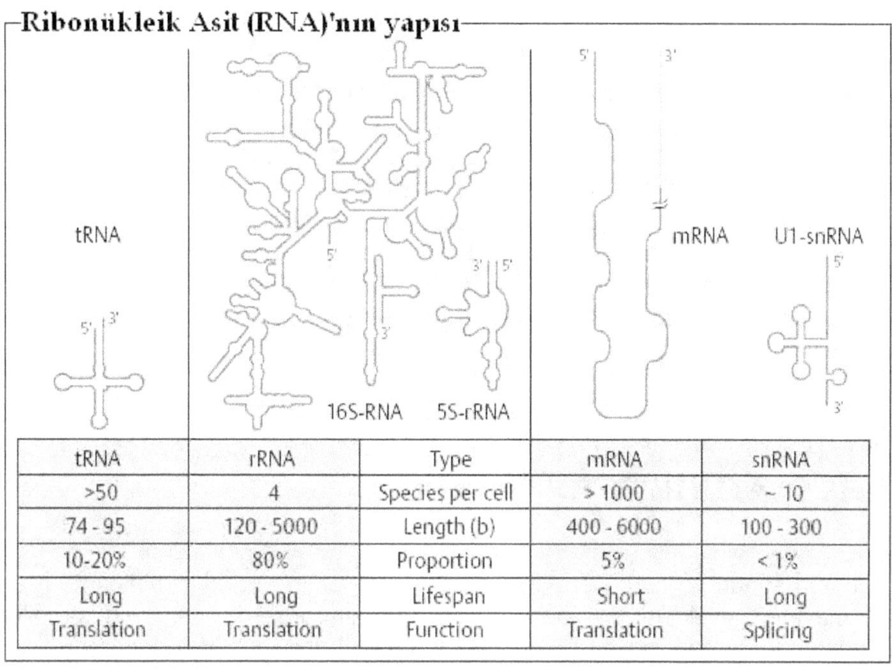

tRNA	rRNA	Type	mRNA	snRNA
>50	4	Species per cell	> 1000	~ 10
74 - 95	120 - 5000	Length (b)	400 - 6000	100 - 300
10-20%	80%	Proportion	5%	< 1%
Long	Long	Lifespan	Short	Long
Translation	Translation	Function	Translation	Splicing

Taşıyıcı RNA (tRNA)'nın yapısı

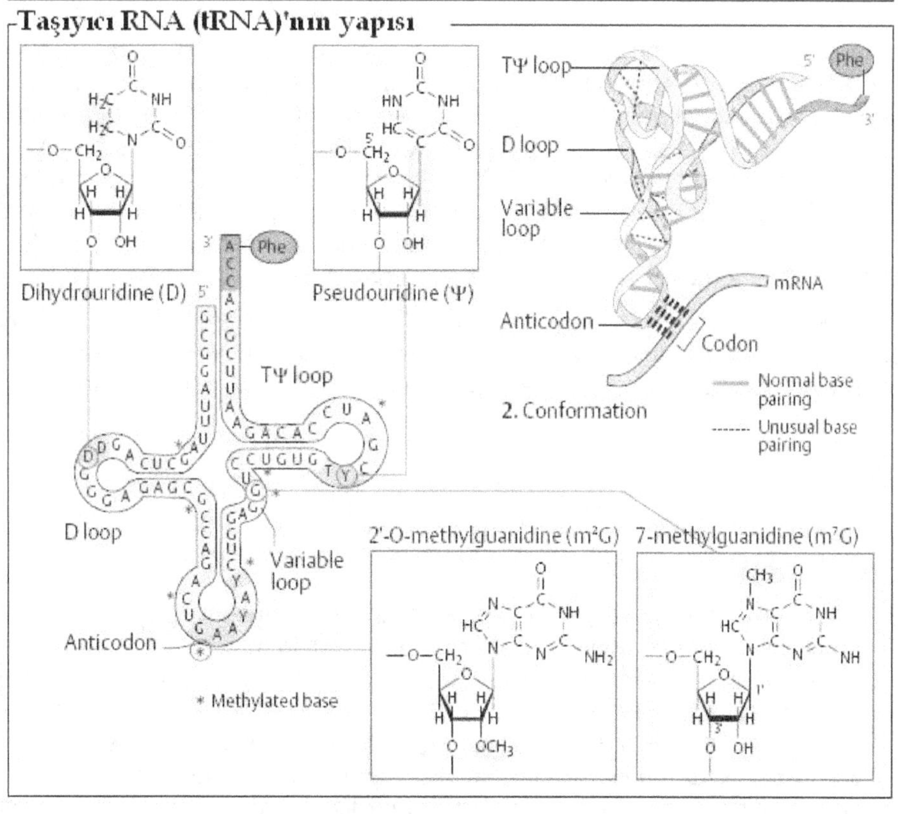

Üstteki grafikler: Protein sentezinin şematik diyagramları ile RNA ve tRNA'nın detaylı moleküler yapıları. Polipeptid zincirinin sentezlenmesi için bir kalıp olarak davranan haberci RNA ile protein sentezi başlatılarak basamak-basamak büyümeye başlar. Bu işleme *Translasyon* adı verilir. Transfer RNA ribozomla temasta olan mesajcı RNA'ya amino asit kalıntısını taşır. Kodon-Antikodon eşleşmesiyle ribozom yüzeyi üzerinde mesajcı RNA ile RNA arasında veri haberleşmesi gerçekleşir. Daha sonra, enzimatik tepkime amino asit kalıntısını amit bağlantısına birleştirir. Amit bağı meydana geldikten sonra, ribozom mesajcı RNA'nın bir sonra gelen kodonuna hareket eder. Yeni taşıyıcı RNA eşlenir ve amino asidini büyüyen zincire aktarır. Böylece, süreç devam ederek protein sentezi tamamlanmış olur.

APPENDIX-IV {İLERİ EK BİLGİ}
GÖRME OLAYININ FOTOKİMYASI

Bu bölümün sonunda, Evrim Teorisi'nin en büyük çıkmazlarından birisini oluşturan görme olayının moleküler biyolojisi ve fotokimyasını vererek, canlılığın temellerini teşkil eden canlı organizmaların yapıtaşlarını organik kimya biliminden yararlanarak incelediğimiz konumuzu noktalayalım. Böylece, yaratılışın ne kadar detaylı ve ince hesaplarla gerçekleştirilen mu'cizevi bir olay olduğunu ve tüm bu karmaşık biyokimyasal süreçler içerisinde en ufak bir kargaşanın yaşanmaması; yaratıcının her şeyde en mükemmel, en kusursuz ve en optimum, yani en kararlı enerji seviyesini içeren kısa yolu tercih ettiğini bir kez daha müşahede etmiş olacağız ve böylece tüm bunların tesadüfen oluştuğuna ilişkin en ufak bir şans dahi olmadığını bir kez daha görmüş olacağız. Bir sonraki bölümde ise, bu bölümden çok daha detaylı ve geniş bir yer kaplayan canlılığı meydana getiren metabolik olaylara, hücre içerisindeki doku, organel ve sistemlerin detaylı analizine geçeceğiz.

Gözün retinasına ışık etki ettiğinde oluşan kimyasal değişiklikler, bu kısımda inceleyeceğimiz zincirleme olarak gerçekleşen birkaç moleküler olayı içerir. Moleküler seviyede görme işlevinin anlaşılmasında özellikle İKİ olay esastır:

Birincisi: Konjuge polienler tarafından ışığın soğurulması,

İkincisi: Cis-trans izomerlerin karşılıklı dönüşümleri.

İnsan gözünün retinası iki çeşit alıcı hücre içerir. Şekillerinden dolayı, bu hücreler ROD ve KON isimlerini almışlardır. Rodlar özellikle retinanın çevresinde yerleşmiştir ve loş ışıkta görmeyi sağlarlar. Rodlar bununla birlikte, renk körü hücrelerdir ve sadece gri tonlardaki renkleri ayırt ederler. Konlar ise, en fazla retinanın merkezinde yer alırlar ve parlak ışıkta görmeyi sağlarlar. Normal bir büyüklükteki retinada ortalam 1 milyar Rod hücresi ve 3 milyon Kon hücresi bulunur. Konlar aynı zamanda, çeşitli renklerin frekanslarını ayırt etmek için çeşitli pigment moleküllere sahiptirler ve renkli görmeyi sağlarlar. Renk körlüğü hastalığı, bu kon pigmentlerinin tamamının veya bir kısmının görevini yapmamasından kaynaklanır. Bazı hayvanlar rod ve kon hücrelerinin ikisine birden sahip olmadığı için, sadece gölgeleri ayırt edebilirler, cisimlerin kendisini renkli olarak net göremezler. Bu yüzden hayvanların büyük bir kısmı, insan gibi gelişmiş bir görme organına sahip olmadığı için sadece algısal olarak dünyayı hissederler, yoksa her cismi göremezler. Bununla birlikte görme organları, kartal veya şahin gibi çok gelişmiş olan hayvanlar da vardır. Örneğin, uçamayan evcil kanatlılarla karga ve güvercin gibi uçabilen kuşların retinaları sadece kon içerdiğinden, sadece günün parlak ışığında görebilirler, hava karardıktan sonra cisimleri algılayamazlar. Baykuş ve benzer gece kuşlarının ise, retinaları sadece rod içerdiğinden, karanlıkta çok iyi görmesine rağmen gündüz cisimleri siyah-beyaz renklerde alaca olarak görürler.

Dolayısıyla, canlılarda çok büyük bir çeşitliliğe sahip olan ve her türe özgü farklı bir yapısı bulunan bu çeşitli görme organları, o türün beslenme ve korunma gibi yaşamsal özelliklerine göre ayrı ayrı dizayn edilmiştir ve bütün görme sistemleri, hatta en küçük canlıların, mesela bir sineğin bile çok gelişmiş bir görme organı vardır. Eğer sineğin gözü dikkatli bir şekilde incelenirse, binlerce hücreden meydana gelen gözenekli ve birçok hücreden oluşmuş komplike bir görme sistemine sahip olduğu görülecektir.

Rodlarda meydana gelen kimyasal değişiklikler, basitliği sebebiyle konlarda olanlardan daha iyi anlaşılır. Bundan dolayı, konumuz içerisinde sadece rodla ilgili görme olayını anlatacağız. Işık rod hücrelerine çarptığı zaman, Rodopsin olarak isimlendirilen bir bileşik tarafından soğurulur. Bu soğurma işlemi, bir seri biyokimyasal işlemi başlatır ki, en sonunda beyne bir sinir uyarı işaretinin iletilmesiyle sonuçlanır. Rodopsinin kimyasal yapısı ve rodopsinin ışık soğurduğunda oluşan konformasyonel değişikliklerini anlamamız, geçen yüzyılın başlarına dayanır.

Rodopsin, ilk kez **1876**'da alman fizyolojist **Frans Boll** tarafından keşfedildi. Boll, kurbağanın retinasındaki bir pigmentin, başlangıçta kırmızı-mor renkli bir ışığın etkisiyle ağardığını fark etti. Ağarma işlemi, ilk olarak sarı ve daha sonra da, renksiz bir retinaya yol açıyordu. Yaklaşık 1 yıl sonra başka bir bilim adamı, Willy Kuhne, bu kırmızı-mor pigmenti izole etti ve almanca *"görsel mor"* anlamında *"Rodopsin"* olarak isimlendirdi. Daha sonraki araştırmalar görmeyi sağlayan etkin molekülün, çoklu doymamış bir aldehit olan **11-cis retinal** olduğunu gösterdi.

Aşağıdaki grafiklerde bu molekülün görme işlemi sırasında nasıl sentezlendiği gösterilmektedir:

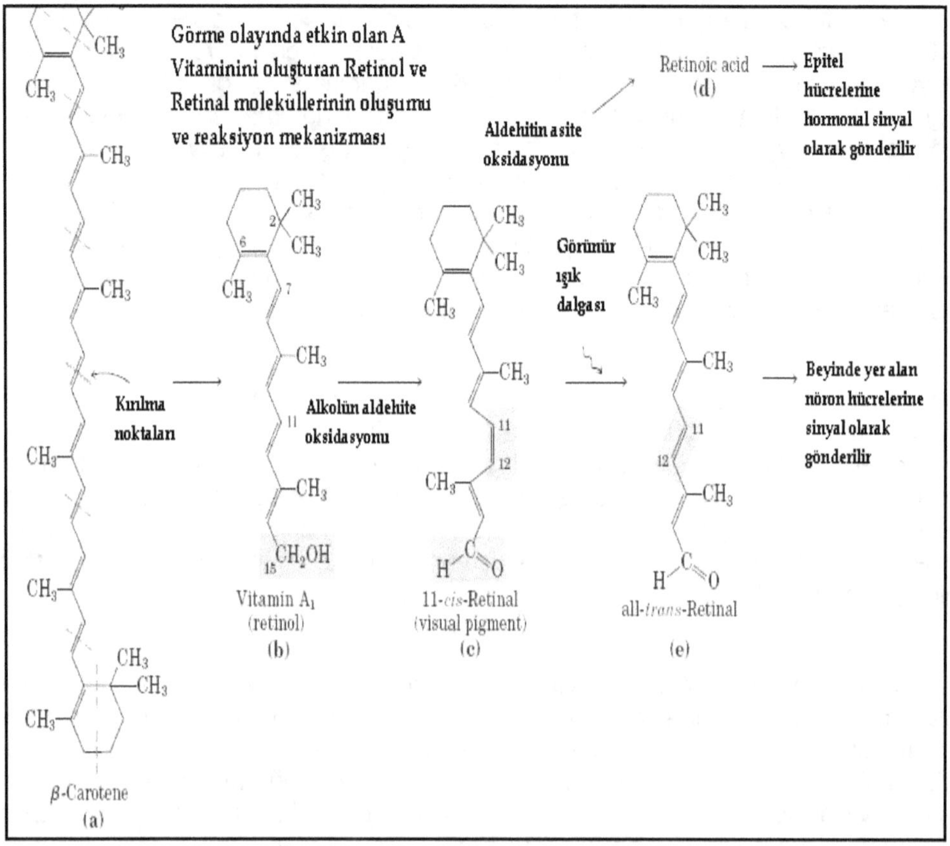

Görme olayındaki ara basamaklarda kullanılan Retinol ve Retinal moleküllerinin oluşumunu gösteren bir diyagram. (a) β-Karoten molekülü, önemli bir İzoprenoid olan A vitamininin öncülüdür. Buradaki İzopren yapıları kesik kırmızı çizgilerle belirtilmektedir. β-Karoten'in bu çizgilerden kırılmasıyla iki adet A₁ Vitamini (Retinol) elde edilir. (b) C-15 birimli karbon grubunun oksidasyonuyla, retinol bir aldehit olan Retinal molekülüne dönüştürülür (c) ve daha ileri oksidasyon aşamalarının sonucunda ise, Retinoik asit oluşur. (d) Retinal molekülü ise, görme olayında etkin olan beyindeki görme hücreleriyle bağlantılı olan nöron hücrelerine gerekli olan Rodopsin molekülünü sentezlemek için gerekli olan Opsin molekülüyle birleşerek görme olayında kullanılan bir ara proteini oluşturur. Karanlık ortamda, Rodopsin molekülünün Retinal bileşeni burada gösterildiği gibi 11-cis Retinal formundadır. (e) Eğer Rodopsin molekülü görünür ışık tarafından uyarılırsa, bu kez Retinal bileşeni all 11-trans Retinal formuna dönüştürülür ve görmeyle ilgili elektriksel sinyal motor hücreleri ve nöronlar tarafından beyne iletilir..

390

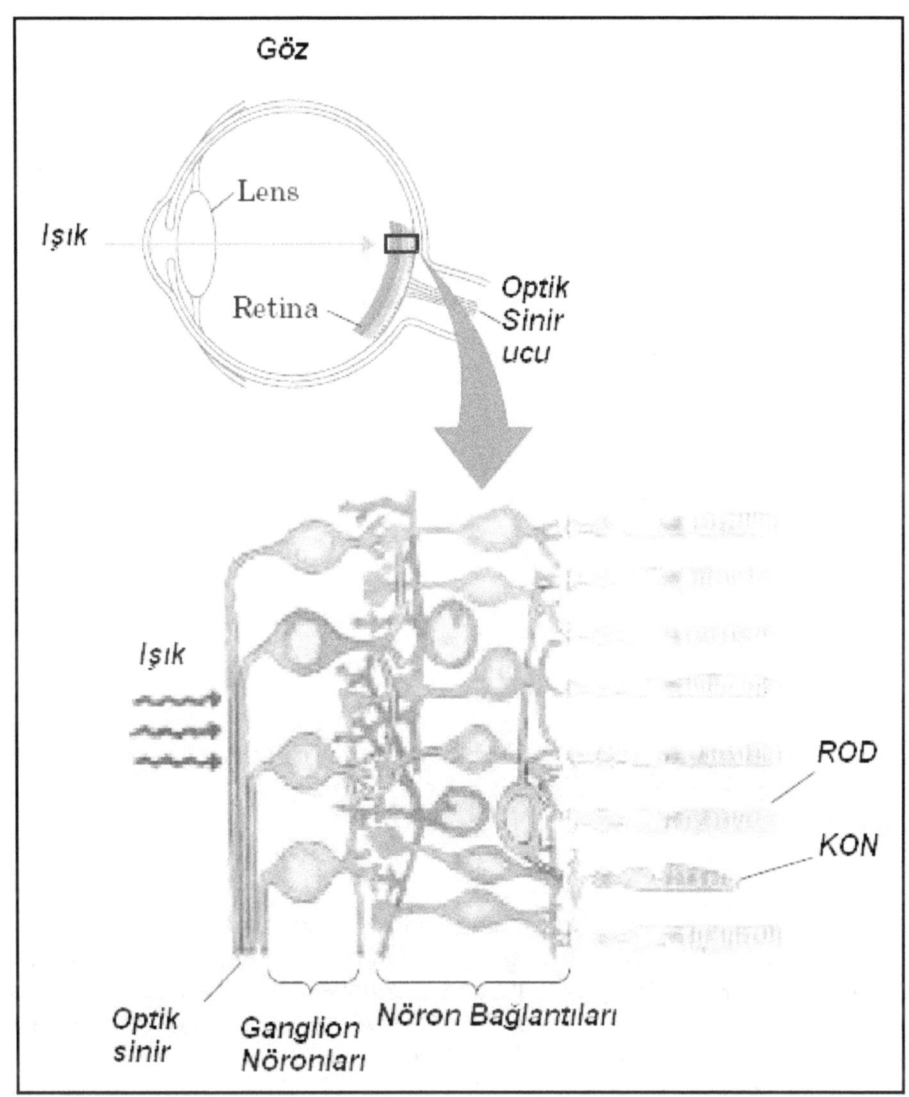

Genel olarak bir gözün görme işlevini gerçekleştiren kısımları ve beyne giden sinir ucu bağlantıları ile ROD ve KON hücrelerini gösteren şematik bir çizim.

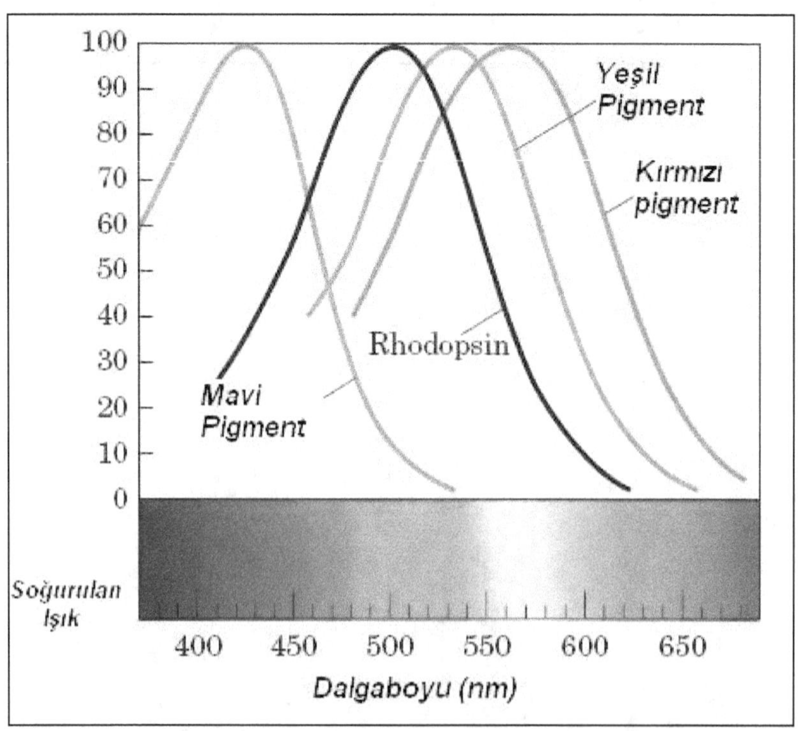

Rodopsin molekülünün ışığı algılama frakansı, görünür ışığın yaklaşık 250 nm'lik bir dalgaboyu genişliğindeki kısmını kapsar.

11-cis retinalin konjuge çoklu doymamış zinciri; rodopsine, üstteki diyagramda verildiği gibi; görünür bölge spektrumunun geniş bir bölgesinde ışığı soğurma yeteneği verir. Rodopsin bir ışık fotonu soğurduğunda, 11-cis Retinal bileşeni trans şekline izomerleşir. Bu arada oluşan ilk fotokimyasal bileşik, *Batorodopsin* olarak isimlendirilen bir ara üründür. Bu bileşik rodopsinden yaklaşık 150 kJ mol^{-1} daha fazla enerjiye sahiptir. Batorodopsin daha sonra, bir seri biyokimyasal basamak sonucunda, *all-trans metarodopsin II*'ye dönüşür. Sonuç olarak, bu ara reksiyonlarda gerçekleşen enzimatik tepkimeler, beyne giden bir sinir sinyali işaretinin iletilmesiyle sonuçlanır.

Bu ara basamaklar aşağıdaki şekillerde detaylı olarak gösterilmektedir:

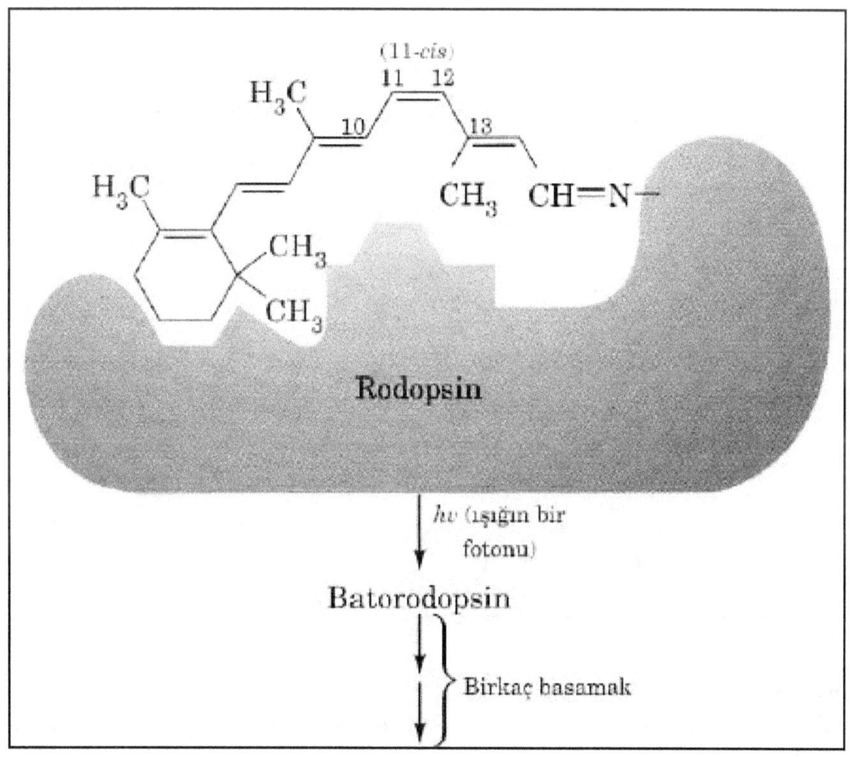

11-cis retinal ve Opsin'den Rodopsin molekülünün oluşumu.

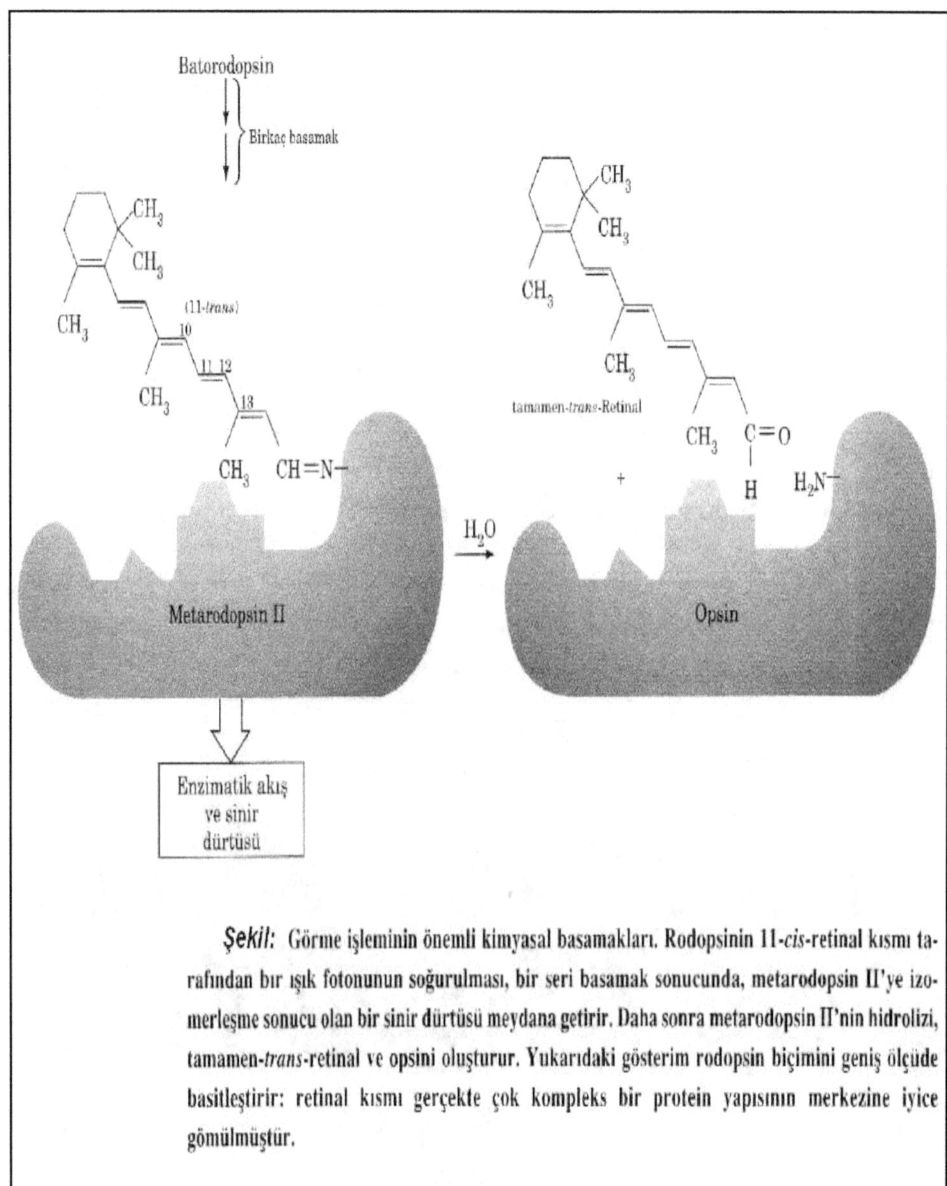

Şekil: Görme işleminin önemli kimyasal basamakları. Rodopsinin 11-*cis*-retinal kısmı tarafından bir ışık fotonunun soğurulması, bir seri basamak sonucunda, metarodopsin II'ye izomerleşme sonucu olan bir sinir dürtüsü meydana getirir. Daha sonra metarodopsin II'nin hidrolizi, tamamen-*trans*-retinal ve opsini oluşturur. Yukarıdaki gösterim rodopsin biçimini geniş ölçüde basitleştirir: retinal kısmı gerçekte çok kompleks bir protein yapısının merkezine iyice gömülmüştür.

Rodopsin'den, Batorodopsin ve Batorodopsin'den Metarodopsin-II moleküllerinin ve ondan da beyne giden görmeyi sağlayan sinir işareti uyarısının oluşumu.

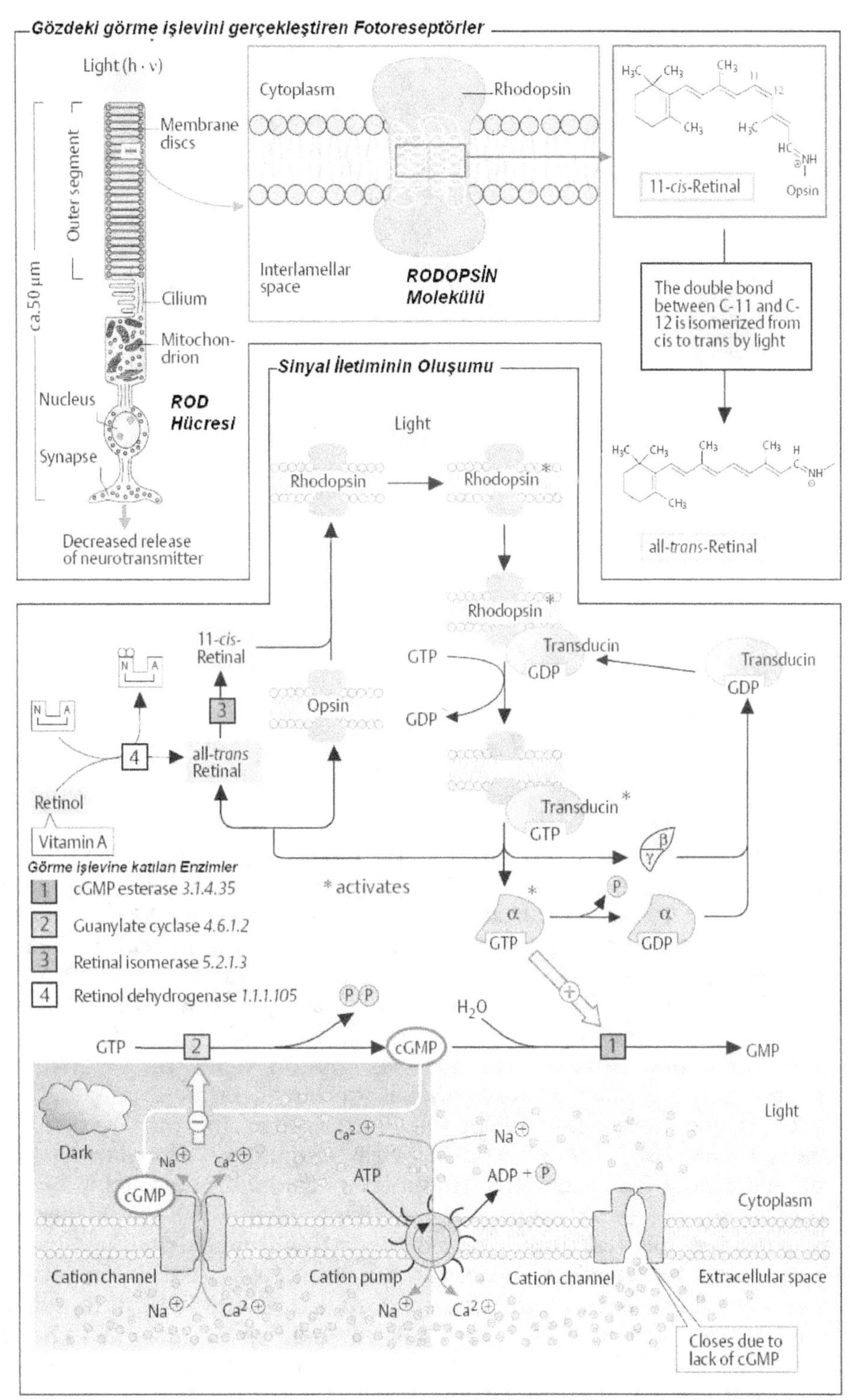
Gözdeki görme işlevini gerçekleştiren Fotoreseptörler
Light (h · ν)
Cytoplasm
Rhodopsin
Membrane discs
Outer segment
ca.50 μm
Interlamellar space
RODOPSİN Molekülü
11-cis-Retinal
Opsin
Cilium
Mitochon-drion
Nucleus
ROD Hücresi
Synapse
Decreased release of neurotransmitter
The double bond between C-11 and C-12 is isomerized from cis to trans by light
all-trans-Retinal
Sinyal İletiminin Oluşumu
Light
Rhodopsin
Rhodopsin*
Rhodopsin*
11-cis-Retinal
Opsin
GTP
Transducin GDP
GDP
Transducin GDP
all-trans Retinal
Transducin* GTP
Retinol
Vitamin A
Görme işlevine katılan Enzimler
1 cGMP esterase 3.1.4.35
2 Guanylate cyclase 4.6.1.2
3 Retinal isomerase 5.2.1.3
4 Retinol dehydrogenase 1.1.1.105
* activates
β
γ
α GTP
P
α GDP
GTP
2
cGMP
H₂O
1
GMP
Dark
cGMP
Na⊕
Ca²⊕
Ca²⊕
ATP
Na⊕
ADP + P
Light
Cation channel
Na⊕
Ca²⊕
Cation pump
Na⊕
Ca²⊕
Cation channel
Cytoplasm
Extracellular space
Closes due to lack of cGMP

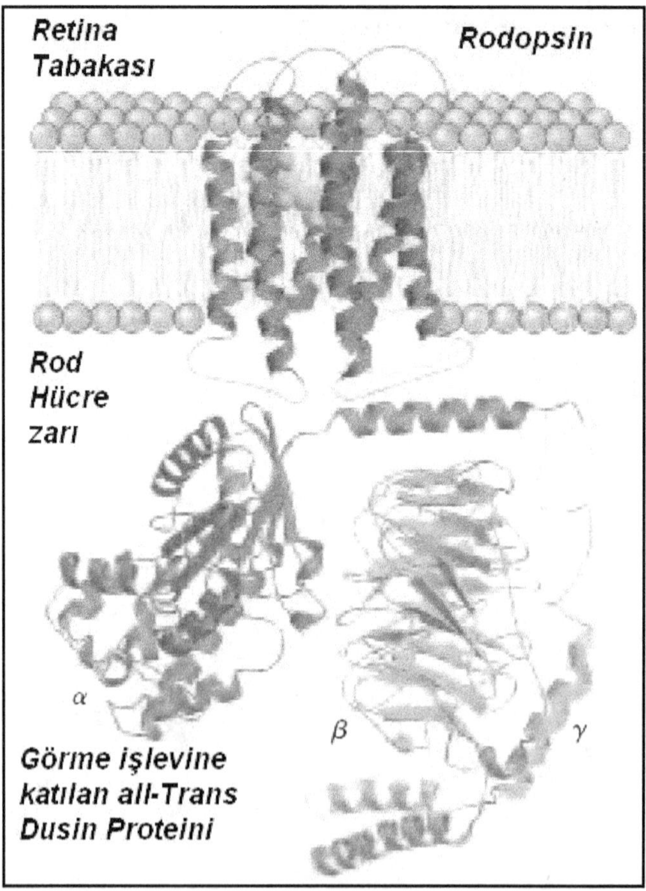

Retina tabakasındaki Rod hücresinin yapısı ile hücre zarından içeri alınan Rodopsin molekülü (kırmızı renkli) yedi adet helezonik sarmala sahip karboksil grubu içerir ve burada mavi renkle gösterilen 11-cis Retinal molekülü karboksil terminalinin yedinci helezonunun ucuna eklenir. Görme işlevini gerçekleştiren sinir işaretini oluşturabilmek için burada yeşil renkli gösterilen all-trans Dusin adlı bir proteine ihtiyaç duyar. Burada üretilen sinyal çok zayıf olduğu için tek bir görüntüye ait bir sinyalin kuvvetlendirilmesi gerekir ve bunun için bu Transdusin proteinlerinden 500 adet sentezlenmesi gerekir ki, bu sentez işlemi için tek bir görme hücresinde saniyede 4.200 adet hidroliz reaksiyonu gerçekleşir ki, bu reaksiyonların pek çoğunun detayları henüz bilinmemektedir. Bu işlemleri zihnimizde canlandırmak için bilinen fiziksel dünyadan (elektronik dünyasından) basit bir örnek vermek gerekirse, zayıf bir elektronik işareti kuvvetlendirmek için bir Op-amp devresiyle veya bir transistörle işaretin gücünün yükseltilerek kuvvetli bir akım veya gerilim oluşturulmasına benzetebiliriz. Bununla birlikte, görme olayının daha bunun gibi, pek çok biyokimyasal aşaması henüz aydınlatılabilmiş değildir. Burada tek bir molekülün; üç alt birimi olan α, β ve γ konformasyonları görülmektedir..

X. BÖLÜM

CANLILIĞI OLUŞTURAN ORGANEL VE SİSTEMLER

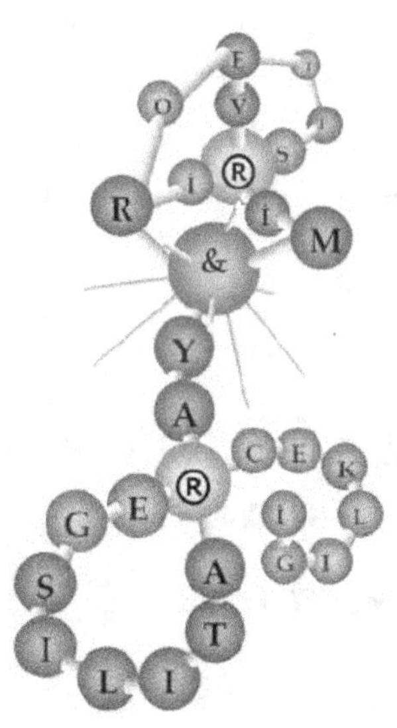

GİRİŞ

𝕭u bölüm, önceki bölümle birlikte kitabımızın en geniş ve detaylı bölümünü oluşturup, canlı organizmaların altyapısını oluşturan hücreyi genel olarak ve onu teşkil eden temel biyomolekülleri detaylı olarak inceledikten sonra, şimdi bu bölümde canlılığın temel yapıtaşı olan hücre içinde yer alan ve onun yapıtaşlarını oluşturan hücre organellerini detaylı olarak ele alıp, bunların içerisinde organik faaliyetlerin ve sistemlerin nasıl çalıştığını, canlılığı meydana getiren metabolizmaları ve reaksiyonları nasıl meydana getirdiklerini detaylı olarak inceleyeceğiz.

Bu incelememiz sırasında, Biyololojinin temel bilimlerinin her birisinden ayrı ayrı faydalanarak; canlı organizmaların yapıtaşları içerisinde canlılığın nasıl oluştuğunu, biyokimyasal düzeyde moleküler canlı organizma reaksiyonlarının nasıl gerçekleştiğini, bu yapıların nasıl yenilendiğini, değiştiğini ve toplanıp dağılarak değişik organik faaliyetleri yürütmek üzere nasıl tekrar bir araya geldiklerini ve bunların arasındaki temel mekanizmaları ve metabolizmaları hücre bazında detaylı olarak inceleyeceğiz. İncelememiz sırasında yararlanacağımız bu tıbbi bilimlerin moleküler seviyedeki en önemli temelini oluşturan **BEŞ ANABİLİM DALINDAN** meydana gelen;

1- HÜCRE KİMYASI (**SİTOLOJİ**),
2- DOKU KİMYASI (**HİSTOLOJİ**),
3- VÜCUT veya ANATOMİ KİMYASI (**FİZYOLOJİ**),
4- GENETİK veya ÜREME KİMYASI (**BİYOGENETİK**),
5- VÜCUT SAVUNMA KİMYASI (**İMMUNOLOJİ**).

Bilimlerinden yararlanarak canlılığın yapıtaşlarını, oluşumlarını, bunların teşkil ettiği canlı organizmaların ortak yapısını, organlarını ve vücut sistemlerini en küçük yapıtaşı olan hücre bazında ele alarak en kompleks vücut sistemleri ve fonksiyonlarının bu en temel seviyede nasıl oluştuğunu, yaratılışın inceleşmiş detaylarından arayarak iman-ı tahkiki'nin biyolojik varlıklara ve canlılığa bakan zahiri kutbunu bu bölüm çerçevesi içerisinde ele alıp keşfetmeğe çalışacağız. Her zaman eşyanın hakikatine ulaştıran en yakın yolu;

Yani, **"En küçüğe bak!"** veyahutta **"En küçük en büyüğün küçültülmüş bir suretidir!"** ve/veya **"En büyük en küçüğün büyültülmüş bir suretidir!"**

sırrınca ve en küçüğün kainattaki en büyük cisimlerin bir sureti ve hulasat-ul hulasası olarak ve kainata konulmuş önemli ve mühim bir düstur-u ilahi olarak gördüğümden, **"Birleşik Alan Teorisi"** isimli Fizik eserimdeki Planck ölçeğindeki en temel bir **"Graviton"** sicim ilmeğinin karadeliklerdeki en temel düzeyde tüm kainattaki kuvvet alanlarını tek bir çatı altında birleştirmesini ve kozmik alemin küçük bir suretini göstermesi hasebiyle; **"Yaratılış Gerçekliği"** isimli bu eserimde de onun canlı alemdeki temsilcisi ve karşılığı olan bir **"Hücre"** birim ilmeğinin canlılığın karanlık denizinde gerçekleşen zincirleme reaksiyonlar sonucunda birbirine eklenmesiyle canlılığı oluşturan en alt bir temel düzeydeki birleşimini içerdiğinden, yine yolculuğumuza benzer ilmi metodolojik yöntemimizle yaratıcının isbatına, iman-ı tahkikinin bu en kısa ve yakın yolundan limit bir durumda yaklaşarak devam edeceğiz ve genel ilkeyi yine bu eserimde de koruduğum için ve tüm canlılığın yapısını açıklamak için yola çıktığımız ve kainatın ta ilk yaratılışından galaksiklerin oluşumuna ve en nihayetinde de en mükemmel bir mekanizmaya sahip olan insanın yaratılışına kadar geçen evrimsel süreçte devam eden varlık alemine ilişkin bu uzun hayat yolculuğumuz boyunca, tek bir Hücrenin yapısını detaylı olarak açıklamanın konunun ve asıl yaratılış meselesinin ve makanizmalarının isbatında esas odak noktasını oluşturduğunu düşündüğüm için, eserimiz boyunca hedef ittihaz ettiğimiz bu konuya, yani tek bir hücrenin detaylı olarak moleküler düzeyde açıklanmasına odaklanmış olacağız. Böylelikle, varlık alemindeki en küçük ölçekte yer alan yumurta biçimindeki karadelik tekilliğinde büzülmüş olan Manyetik monopol ve içerisindeki Graviton titreşimlerinin Hücrenin ve içerisinde hareket eden molekül ordularının sistemli ve organize hareketlerine Hücrenin bu yapısının ise içerisinde milyarlarca yıldız, gezegen ve diğer gök cisimlerini barındıran Galaksilerin küçük bir sureti olduğunu, Galaksilerin ise Kainatın küçük bir sureti olduğunu ve işin ruhani boyutunu da ele alıp ta kainatın yaratılış amacından günümüze kadar olan zaman çizgisini göz önüne alıp kitabımızın önceki cildiyle beraber yaratılış konusunu bir bütün olarak ele aldığımızda, insanın kainatın küçültülmüş bir sureti olduğunu ve tüm bu yaratılış silsilelerinin mükemmel bir zincirle ve zaman silsileleri halinde birbirine yaratıcı tarafından mükemmel bir şekilde eklenmiş olduğunu görürüz ki, işte iman-ı tahkiki'nin ve ilk ciltte bahsettiğimiz gibi **Yunus Emre, Şah-ı Nakşibend** gibi alimlerin ve tasavvuf ehlinin varlık aleminde gördükleri en nihai nokta ve asıl ilmi amaç ve ulaşılmak istenen nihai hedef elbette bu geniş hakikatin bizim üzerimizde cereyan eden yansıması, yani zat-ı ilahinin bizim üzerimizde gerçekleştirdiği yaratıcı gücü ve onun tecellisini görmek olmalıdır ki, "**O, insanı kendi suretinde yarattı!**" ayetinin mühim

bir sırrı da kainatta cereyan eden bu birbirine benzeyen yapılara bakmakta ve her birisinin tek bir elden çıktığını kuvvetli bir şekilde isbatlamaktadır. İşte, okuyucu eserimiz boyunca esas bu konuya odaklanmalı ve tüm varlık aleminin yansımasını küçük ve/veya büyük bir suretini kendi üzerinde büyültülmüş ve/veya küçültülmüş bir bütün olarak görmeye çalışmalıdır.

Canlı varlık alemine ilişkin bu yolculuğumuz sırasında, canlı organizmayı koruyan savunma sisteminden hücre zarında madde geçişini kontrol eden transport (taşıma) sistemlerine; metabolizma faaliyetlerinden hücre içi enerji üretim sistemlerine kadar, geniş bir yelpazede ele alacağımız bu ilmi konulara farklı bir ilmi bakış açısıyla, canlı organizmanın en temel yapı taşı olan Hücre bazında, bu alt biyokimyasal bilim dallarının birleşimi ve Hücre biyokimyasına nüfuz eden ve indirgenen detaylı metabolik yapılarıyla yine tek bir Hücrede birleşeceği ve en iyi şekilde açıklanabileceği için ayrıntılı bir şekilde toplu olarak bu bölümde Hücrenin içerisindeki bu kompleks mekanizmaları ve alt birimleri inceleyeceğiz. Canlı hücrelerinde meydana gelen organik kimyasal reaksiyonları ve hücre içerisindeki organik mekanizmalar ile hücre içindeki organellerin detaylı yapılarını ele alacağımız bu bölümümüzde incelememizi **ÜÇ** ana başlık halinde yapacağız:

1- Hücre içerisinde yer alan ve canlılığı meydana getiren **BİYOKİMYASAL ORGANELLER,**

2- Hücre içerisinde gerçekleşen ve canlılığı meydana getiren **BİYOKİMYASAL MEKANİZMALAR,**

3- Hücre içerisinde gerçekleşen ve canlılığı meydana getiren **BİYOKİMYASAL METABOLİZMALAR,**

Şimdi sırasıyla hücre içerisindeki canlılığı en küçük boyutlarda, harika bir yaratılış mekanizmaları zinciri şeklinde gerçekleştiren bu muazzam yapıları yukarıda sıraladığımız ana bilim dallarından yararlanarak detaylı olarak inceleyelim:

1- HÜCRE İÇERİSİNDE YER ALAN VE CANLILIĞI MEYDANA GETİREN BİYOKİMYASAL ORGANELLER

BİLİM DALLARININ ORGANİZMANIN YAPI VE OLAYLARINI İNCELEME DÜZEYLERİ

Geçtiğimiz bölümlerin başında Biyokimyayı tarif ederken, kimyasal yapı ve davranışları moleküler düzeyde inceleyen bir bilim dalı olduğunu söylemiştik. **Hekimlik (Tıp)** dalının Temel Bilimler alanını oluşturan **Anatomi, Histoloji, Sitoloji ve Fizyoloji, İmmünoloji ve Genetik** gibi temel bilim dalları, Biyokimya ile birbirine çok sıkı bir şekilde içiçe geçmiş bir bütün teşkil ederler.

Bu ALTI bilim dalı da canlının temel yapısını değişik düzeylerde inceler ve böylece ortaya bir bütün çıkar. Anatomi, canlının makroskopik yani gözle görülen kısımlarını inceler. Sitoloji ve Histoloji, bu yapıyı mikroskopik düzeyde incelerken; Fizyoloji, İmmünoloji ve Genetik bilimleri hem makroskopik, hem de mikroskopik düzeyde canlılığın normal fonksiyonlarını araştırır.

HÜCRE VE METABOLİZMAYA GİRİŞ

ORGANİZMANIN TEMEL BİLEŞİMİ

Canlı sistemi organlar, organları dokular ve dokuları da hücreler meydana getirir:

HÜCRE

Canlıların en küçük yapısal ve fonksiyonel ünitesi hücredir; hücre en küçük, canlı, morfolojik ve fizyolojik birimdir. En küçük canlı, bir hücreden meydana gelmiştir; buna karşılık insan vücudunun yaklaşık bir trilyon hücreden meydana geldiğine inanılmaktadır.

Değişik büyüklükte, değişik şekillerde ve değişik fonksiyonlar gören binlerce hücre çeşidi bulunmaktadır. Bir avuç çiftlik toprağında ve bir bardak göl suyunda değişik tipte düzinelerle bir hücreli canlı bulunmaktadır. Gerek insan vücudu gerekse bir saksı çiçeği yüzbinlerce hücreden meydana gelmiştir; bu hücrelerin bir kısmı belli bir görevi görmek üzere özelleşerek dokuları ve organları meydana getirir.

BİLİM DALLARI	*ORGANİZMANIN YAPISINI İNCELEME DÜZEYLERİ*
ANATOMİ	Makroskopik
HİSTOLOJİ	Mikroskopik
FİZYOLOJİ	Makroskopik - Mikroskopik
BİYOKİMYA	Moleküler

Tablo- Temel Bilim Dallarının Organizmanın Yapısını İnceleme Düzeyleri.

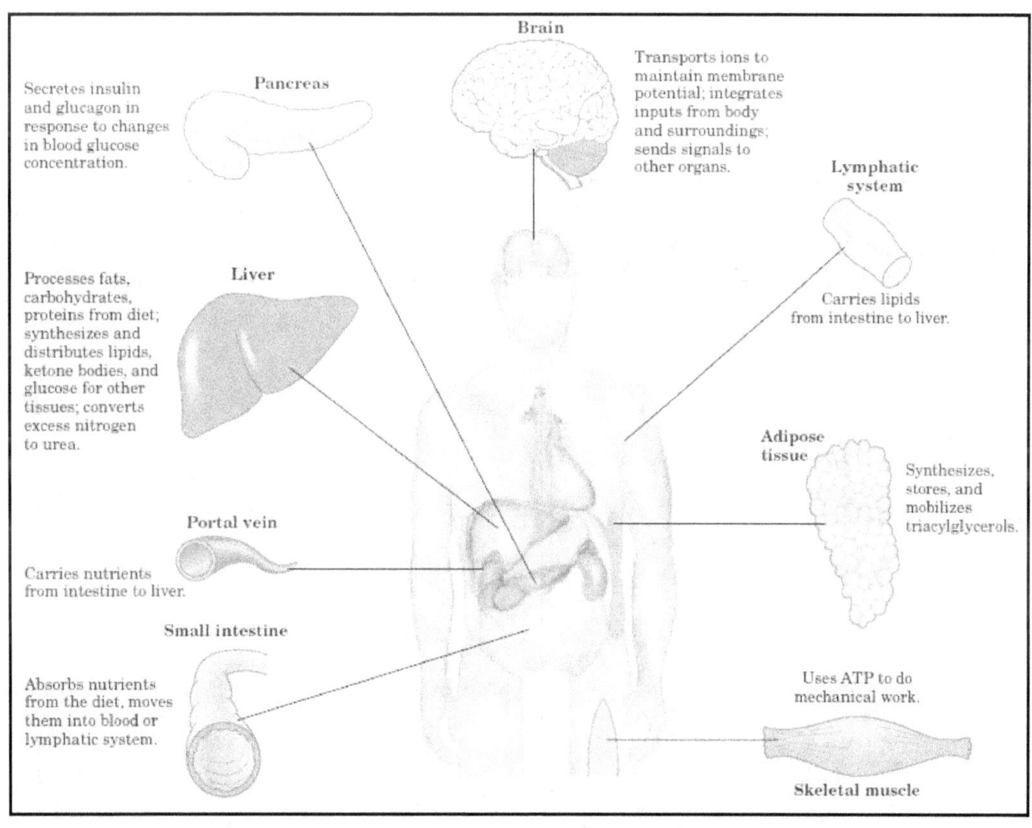

Grafik- Hücrelerin dokulaşmasıyla farklılaşan hücrelerin teşkil ettiği ve vücutta farklı fonksiyonları yerine getiren özel birimler meydana gelir. Bunlara "*doku*" adı verilir.

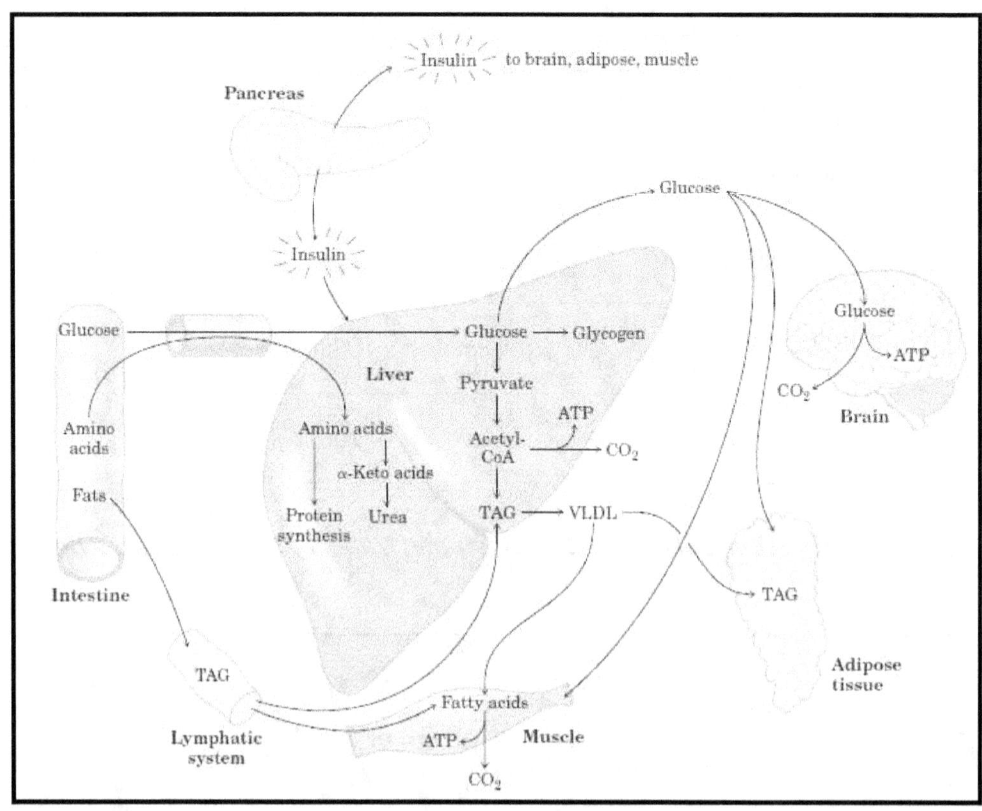

Grafik- Yukarıda insan vücudundaki farklılaşmış dokulardan meydana gelen bazı özelleşmiş organ yapıları ve aşağıda ise bu organlardan biri olan Pankreas'a ait bir metabolik reaksiyon olan "*İnsülin metabolizması*"nı gösteren şematik bir diyagram verilmektedir.

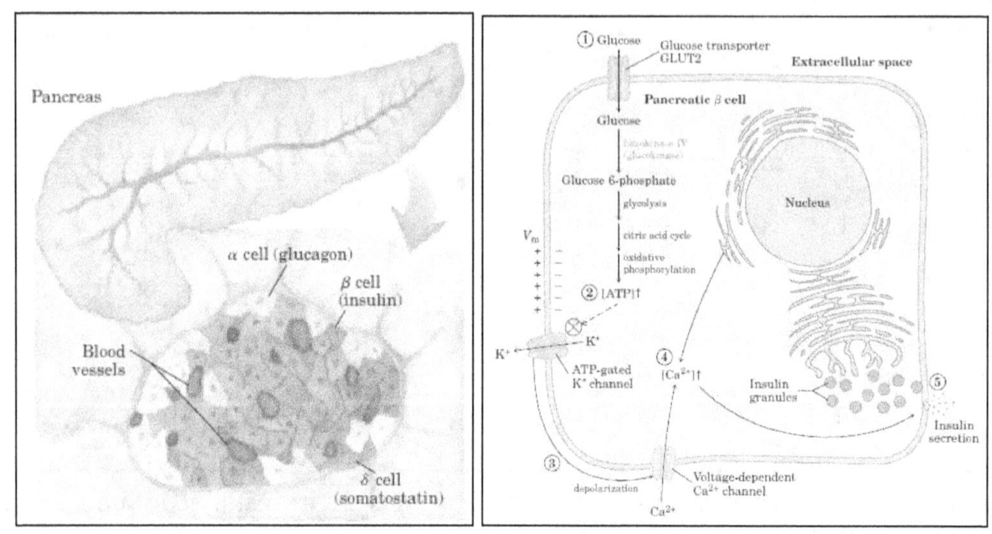

Grafik- Tek bir Pankreas hücresi ve hücre içinde meydana gelen İnsülin metabolizmasının şematik gösterilimi.

Temel yapı itibariyle iki tip hücre vardır: Bakteriler ve Mavi-yeşil alglerdeki gibi, çekirdek membranı, çekirdekçiği ve stoplazma organelleri bulunmayan, çekirdeği bir tek DNA molekülünden ibaret olan hücrelere **prokaryotik hücreler** denir. Mantar, algler, yüksek bitkiler, protozoonlar ve hayvanlardaki gibi, membranla çevrilmiş çekirdeği, çekirdekçiği, birden fazla kromozomları ve stoplazma organelleri bulunan hücrelere ise **ökaryotik hücreler** denir.

Prokaryotik ve Ökaryotik hücrelerin özelliklerindeki farklılıklar şöyledir:

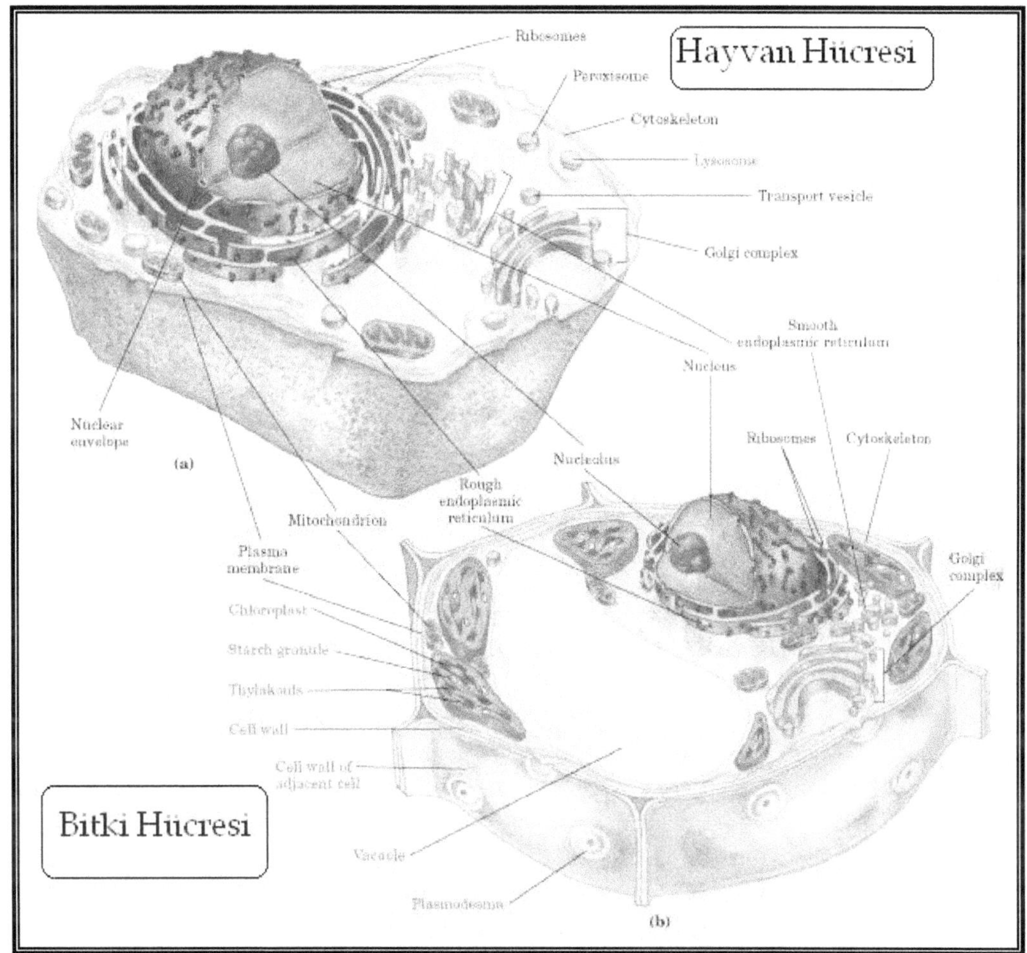

Grafik- **Bitki ve Hayvan hücrelerinin bir karşılaştırılması.**

Birçok dokunun yapısal ünitesi olan tipik bir hayvansal hücre, bir stoplazma ile bunu çevreleyen hücre zarından ibarettir. Stoplazma içinde nükleus (çekirdek) ile bazıları mikroskopla görülebilen subsellüler (Hücre içi) organeller bulunur:

Ökaryot ve Prokaryot Hücrelerin Karşılaştırılması

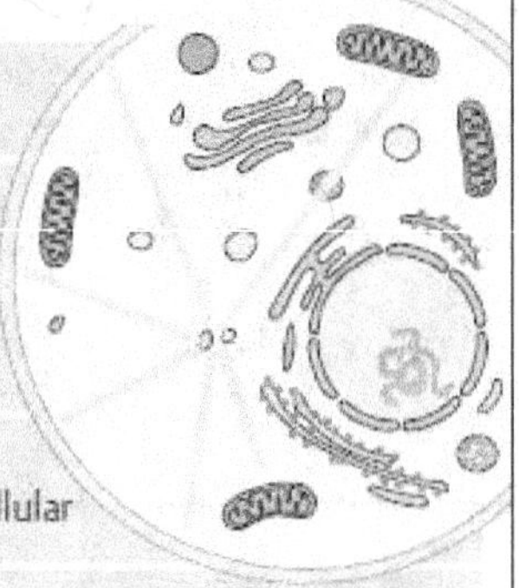

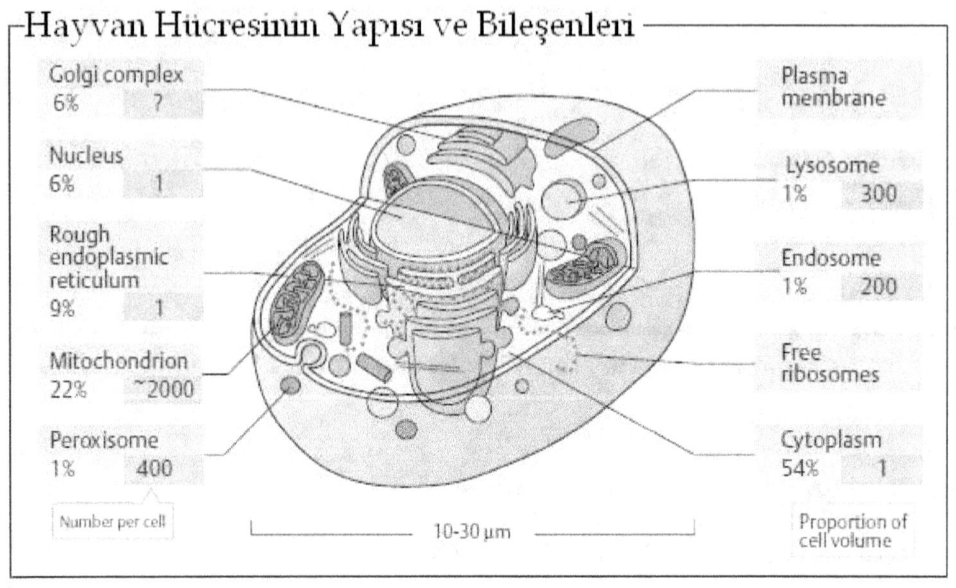

	Prokaryotes	Eukaryotes
Organisms	Eubacteria Archaebacteria	Fungi Plants Animals
Form	Single-celled	Single or multi-cellular
Organelles, cytoskeleton, cell division apparatus	Missing	Present, complicated, specialized
DNA	Small, circular, no introns, plasmids	Large, in nucleus, many introns
RNA: Synthesis and maturation	Simple, in cytoplasm	Complicated, in nucleus
Protein: Synthesis and maturation	Simple, coupled with RNA synthesis	Complicated, in the cytoplasm and the rough endoplasmic reticulum
Metabolism	Anaerobic or aerobic very flexible	Mostly aerobic, compartmented
Endocytosis and Exocytosis	no	yes

Hayvan Hücresinin Yapısı ve Bileşenleri

404

Tıpık bir Bakteri Hücresinin bileşenleri
Proteins
(17%, 3 000)
Macromolecules
RNA (8%)
DNA (1%)
Sugars (1%, 250)
Inorganic
ions (1%, 20)
Lipids (1%, 50)
Nucleotides
(0.4%, 100)
Amino acids
(0.4%, 100)
Other small
organic
molecules
(0.2%, 300)
Water
(70%, 1)
Number of
different mole-
cule types

Bakteri hücresinin Organellerinin şematik gösterimi
Ribosome
DNA
mRNA
tRNA
Proteins
RNA-Polymerase
Protein
Water
Carbohydrate
Amino acid

Hücre stoplazmasında gerçekleşen Biyokimyasal reaksiyonlar
Pentose phos-
phate cycle
Gluconeogenesis
Schematic
net of the
reactions
in the cytoplasm
Protein
biosynthesis
Fatty acid
biosynthesis
Glycolysis
And many other
reactions

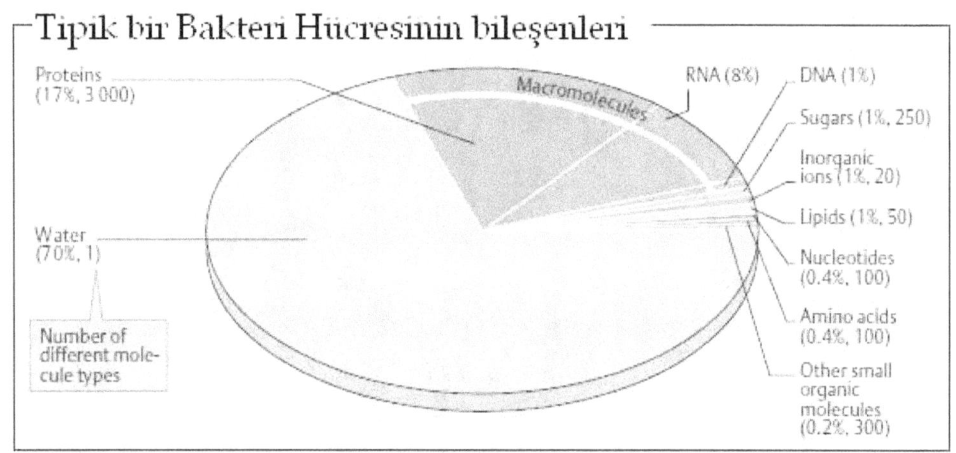

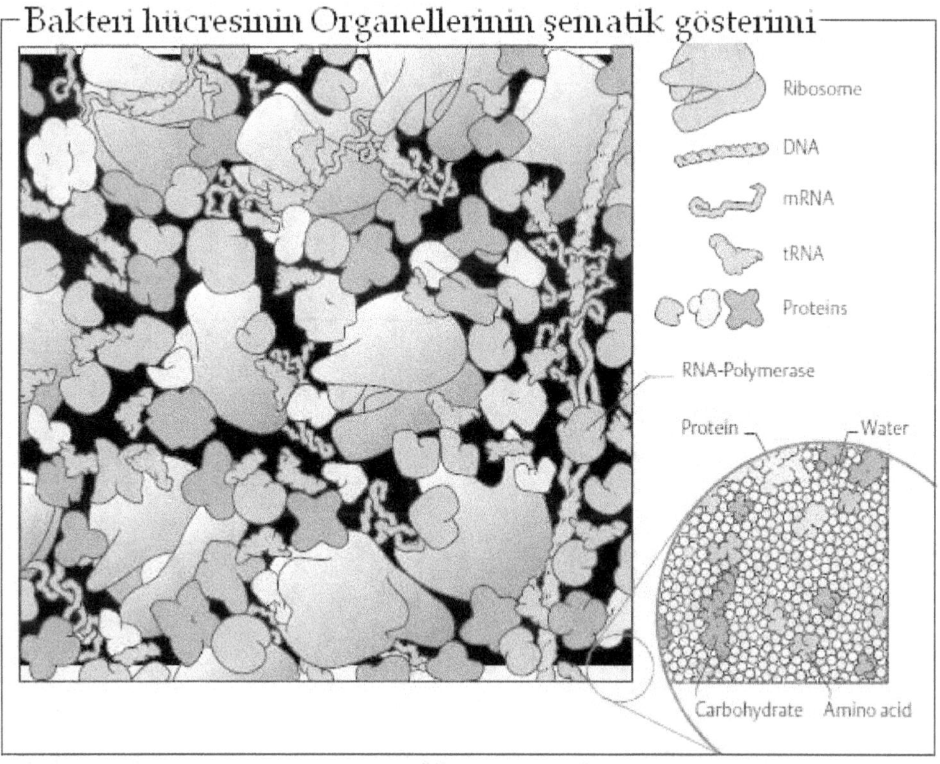

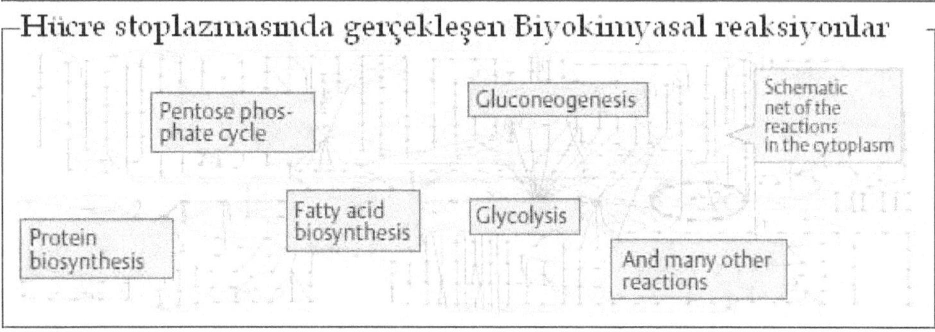

405

Hücre organelleri, subsellüler fraksiyonlama işlemi sonunda izole edilebilir ve marker enzimleriyle tanınırlar:

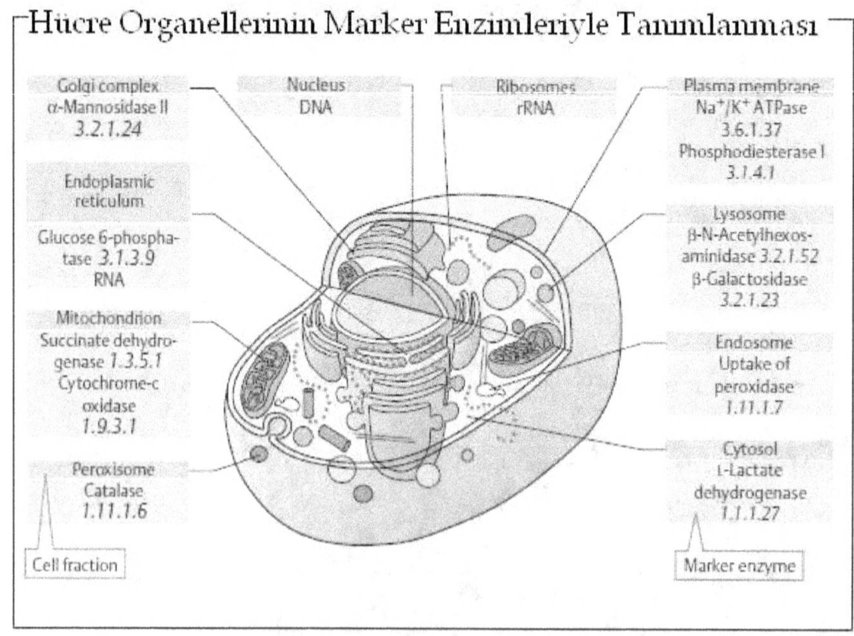

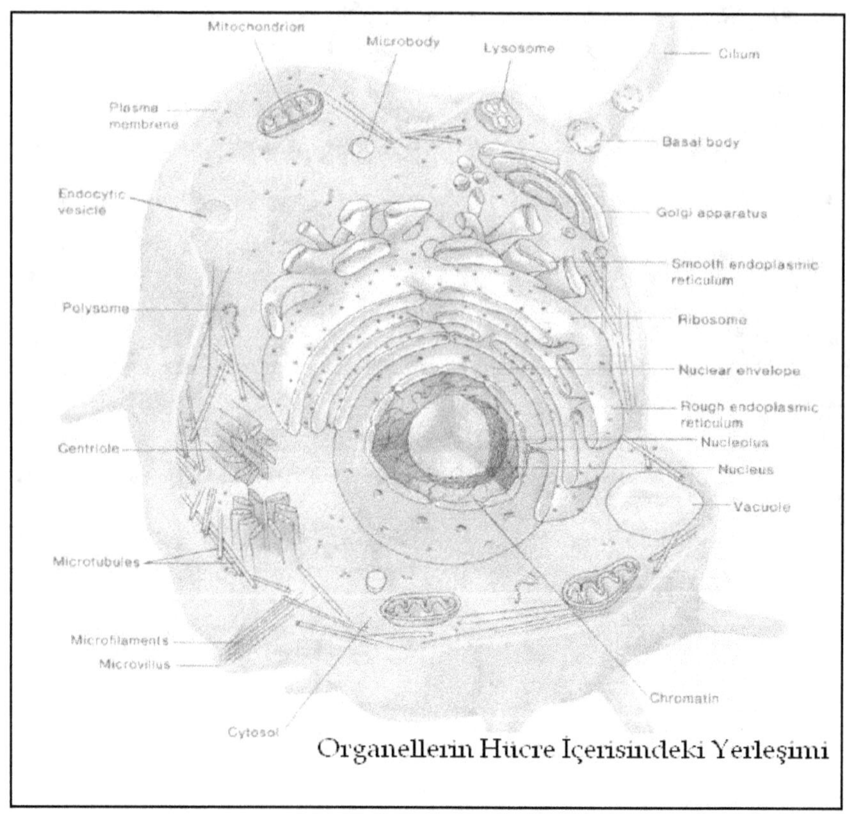

İşte, canlıların bu kimyasal yapı ve davranışları ancak kapalı bir hücre içerisinde meydana gelir. Dolayısıyla, Canlılığın sürebilmesi için organizma içerisinde bazı parçalanma ve sentez olaylarının olması gereklidir. Yani bir üretimin meydana gelmesi lazımdır. Bu üretimin kaynağı da canlı organizma içine alınan organik veya inorganik gıda maddeleridir. Biyokimya'nın ana amacı da canlı hücrelerle ilgili kimyasal olayların moleküler düzeyde tam olarak anlaşılmasıdır. Dolayısıyla, aşağıdaki şekilde de gösterildiği gibi, hücrenin sağ tarafında görülen gri tonlamalı çerçeve içinde üretim için hücreye giren maddeler görülmektedir. Bunlardan, glikoz, yağ asitleri ve amino asitler, organik birer madde olan sırasıyla karbonhidratlar, lipidler ve proteinlerin yapı taşlarıdır.

Bu organik maddeler sindirim kanalında yapı taşlarına parçalanmış, sonra da emilerek gerekli hücrelere taşınmışlardır. Yine şeklin sağ tarafında gri tonlamalı çerçeve içerisinde hücrelerden çıkan maddeler görülmektedir. Gelen ürünler şekilde de görüldüğü gibi, hücrenin değişik organellerinde ya oksidasyona uğrayarak karbondioksit ve suya kadar parçalanmış, ya da organizma için gerekli sentez ürünlerine dönüşmüştür. Bunlardan örneğin, bir sentez ürünü olan hormonlar, hücre dışına verilerek hedef dokulara taşınırlar. Enzimlerin çoğu ise, hücre içindeki reaksiyonlarda kullanılırlar.

İşte, hücre içine giren ve çıkan tüm bu organik ve inorganik maddeler, karbonhidratlar, lipidler, proteinler, vitaminler, enzimler, hormonlar biyokimya anabilim dalının, yani canlılığı teşkil eden yapı taşlarının ana konularını oluştururlar. Ayrıca tüm organik kimyasal reaksiyonlar sulu ortamlarda meydana geldiğinden, su ve yine bu reaksiyonların oluşmasında etkili olan biyokimya yönünden önemli fiziko-kimyasal olaylar, bu bölümde hücrenin yapısını ve metabolizmalarını teşkil eden organik yapıları ve Biyokimyanın, yani Organik kimyanın temel konuları içerisinde yer alır.

ORGANİZMADAKİ TEMEL MADDELERİN DAĞILIMI

Organizmaya sürekli olarak dışarıdan alınan maddeler, yani azotlu bileşikler, lipidler, karbonhidratlar ve makro elementler, aynı zamanda organizmanın temel maddeleridirler. Aşağıdaki tabloda bu maddelerin insan organizmasında bulunma oranları gösterilmiştir. Hayvanlar arasında ufak tefek farklılıklar olsa bile, genel bir fikir vermek açısından doğru bir örnek olarak kabul edilebilir.

Görüldüğü gibi su, % 60 yer tutarak en çok oranda bulunan maddedir. Bunun nedeni de, organizma içindeki reaksiyonların sulu ortamlarda gerçekleşmesi mecburiyetidir. Örneğin, toz halindeki glikoz ile, yine toz durumundaki, mağnezyum fosfatı, yan yana getirip karıştırsak, sadece karışırlar. Hiçbir reaksiyon meydana gelmez. Ama aynı maddelerin sudaki çözeltilerini birbirlerine ilave etsek, reaksiyon gerçekleşir ve sonuçta yeni bir madde (bileşik) oluşur.

Aşağıdaki moleküler bağ diyagramlarında bu durum daha iyi görülmektedir:

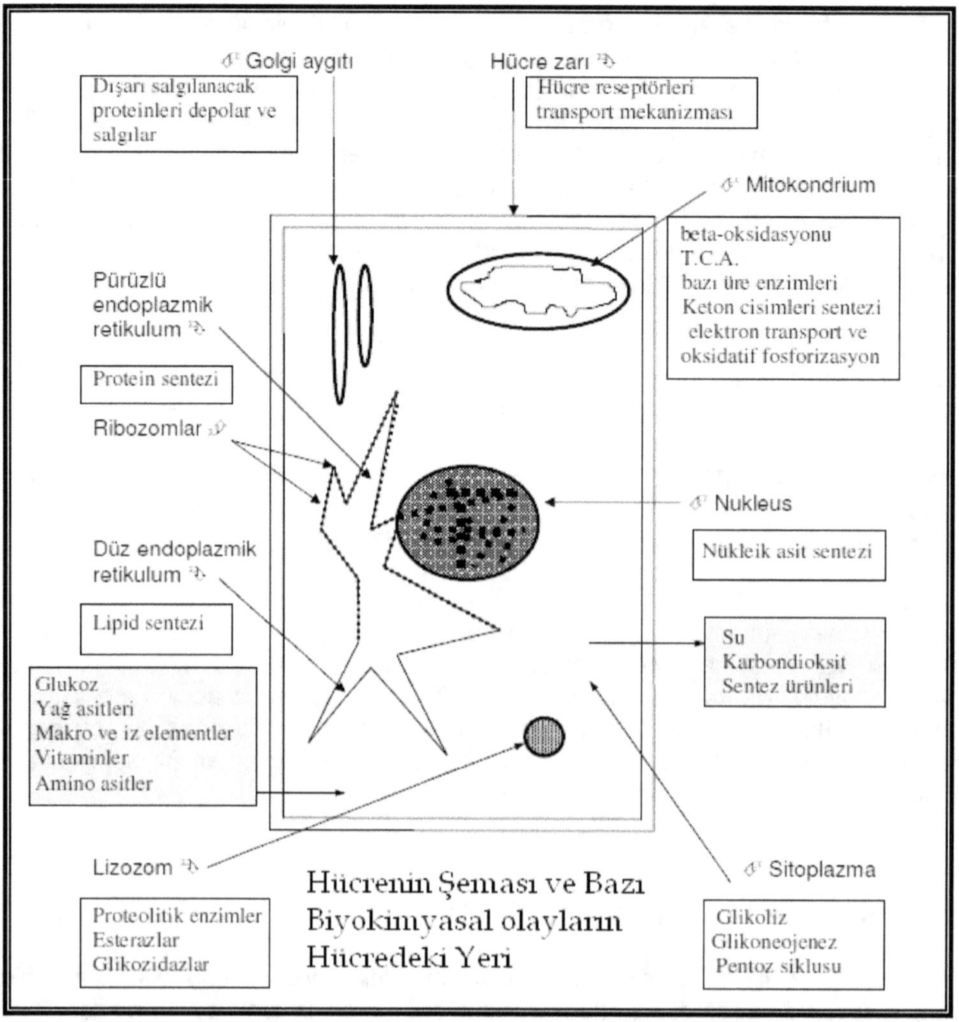

Diyagram- Hücredeki organellerin hücreiçi fonksiyonlarına göre dağılımı.

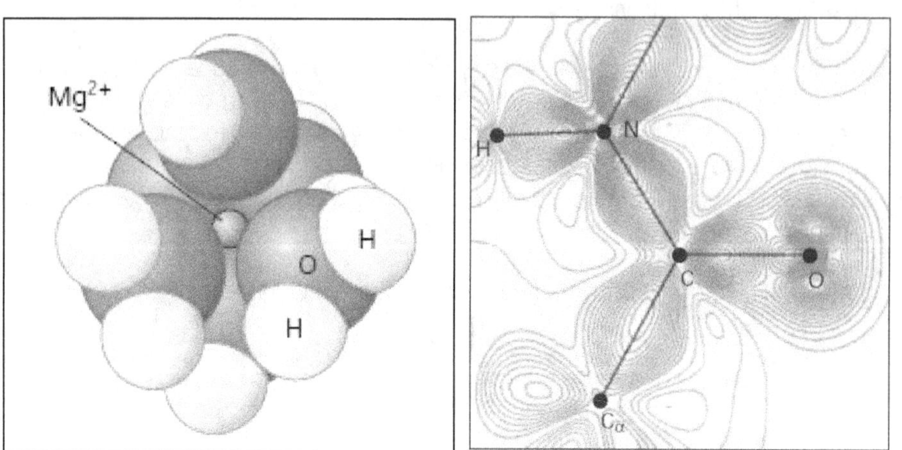

(Yandaki şekil)- Su molekülünün diğer Organik molekül gruplarıyla oluşturduğu bağ yapısının şematik diyagramı. Siyah çizgiler atomlar arasındaki kovalent bağları, kırmızı çizgiler negatif polarlığa doğru giden moleküler yük dağılımını ve mavi çizgiler ise, pozitif polarlığa doğru giden moleküler yük dağılımını gösterir. Sık çizgiler yük yoğunluğunun artmasını göstermektedir. Daha sonraki kısımlarda göreceğimiz gibi, suyun organik moleküllere bu tarz bir polar yapı kazandırması, canlı organizmalar için oldukça önemli olan fonksiyonlara, örneğin hücre zarının yarı geçirgen bir yapı kazanması gibi, yardımcı olacaktır.

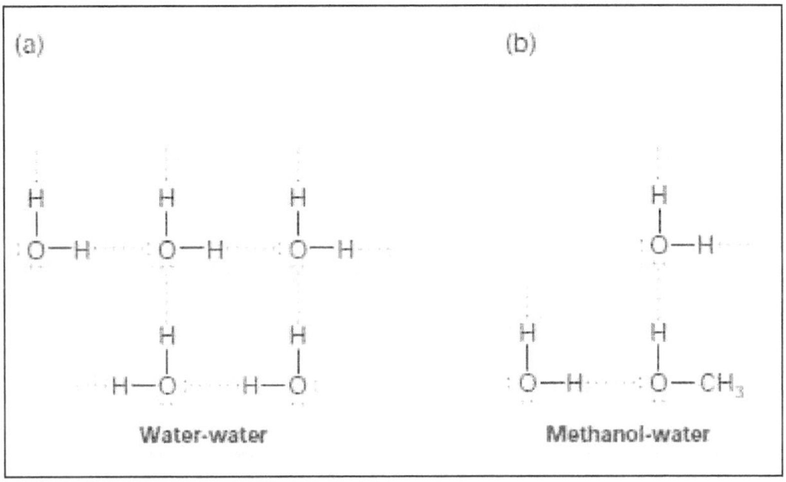

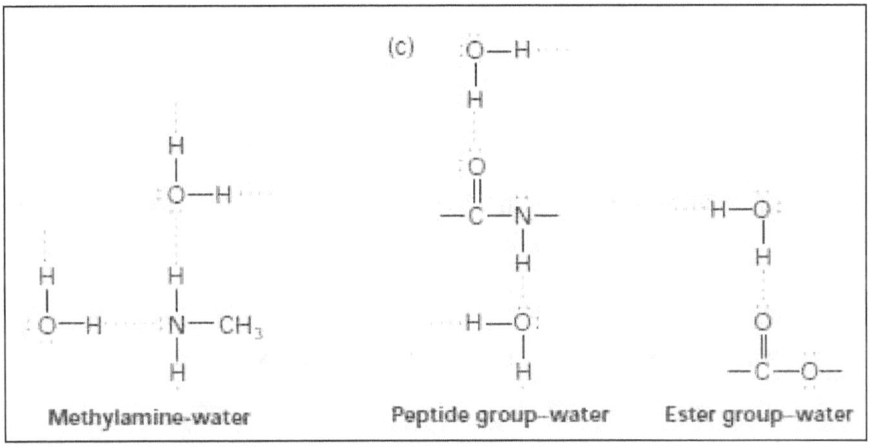

Suyun diğer bazı bileşiklerle yaptığı moleküler bağ yapıları:

Dikkat edilirse, organik moleküllerin sahip olduğu hidroksil ve amino grupları hidrojen bağları yaparak, canlı organizmalarda kararlı bir yapı sergileyen kuvvetli moleküler bağlar teşkil ederler. (a) Su molekülleri likid halde kendi aralarında H-H bağları yaparak tutunur. (b) Metanol bileşiğiyle yüksek çözünürlüğe sahip olan H bağları meydana getirir ve (c) Pek çok biyomoleküler yapıtaşında yer alan peptid ve ester gruplarıyla da H bağları oluşturarak organik moleküllerin polar bir yapı kazanmasını sağlar.

İşte, insanların ve birçok hayvanın beslenmesinde önemli bir yer tutan hatta diğer maddelerin toplamından bile daha fazla oranda organizmaya alınan karbonhidratlar, organizmada sadece % 1'lik bir yere sahiptirler. Bu kadar yüksek oranda alınan karbonhidratlar o zaman ne oluyor? Büyük bir kısmı enerji için kullanılır, yani oksidasyona uğrarlar, karbondioksit ve suya kadar parçalanırlar, Enerji için kullanılmayan fazlası ise, yağların sentezinde kullanılarak, organizmada daha sonra kullanılmak üzere yağ halinde depo edilir. Ancak tüm vücudun %1'i kadar bölümü ise karbonhidrat olarak kalır.

Organizmadaki temel maddeler	Örnekler	% gr.
Su		60
Azotlu bileşikler	Proteinler, peptidler, amino asitler, porfirinler, nukleik asitler.	19
Lipidler	Nötral yağlar, sterinler, fosfolipidler, karotinoidler, mumlar.	15
Karbonhidratlar	Monosakkaritler, polisakkaritler, amino şekerler, türev sakkaritler.	1
Mineraller	Makro elementler ve iz elementler.	5

Tablo- Organizmada bulunan temel maddeler ve yüzde gram olarak bulunma oranları.

SUYUN ORGANİZMADAKİ GÖREVLERİ, DAĞILIMI VE METABOLİZMASI

Yetişkin bir insanda vücut ağırlığının % 60 - 65'i sudur. Bu su kitlesi vücudun her yanına dağılmış olarak bulunur. Yanlız bu suyun dokular arasında dağılımının da, kimi doku ve organların payına daha az miktarlar (diş ve kemik gibi) düştüğü halde, kimilerine de büyük miktarlar (kaslar, böbrekler, karaciğer, kan, kornea v.b.) düşer. Yukarıda, yağlarla su arasında dokularda bulunma oranı bakımından ters bir orantının bulunduğuna değinmiştik. İşte bu olay göz önünde bulundurulursa, vücudun tüm su miktarının cinsler (erkek, dişi) ve kişinin zayıflığı ya da şişmanlığı (yağlılığı) ile de ilişkili olabileceği ortaya çıkmaktadır.

Bu aşağıdaki tabloda da açıkça görülmektedir:

Organ ve Dokular	Vücut Ağırlığına göre %'si	Su	Lipid	Protein	İnorganik Maddeler
Deri	6,33	57,71	14,23	27,33	0,62
Kaslar	39,76	70,09	6,60	21,94	1,01
Sinir sistemi	2,99	75,09	12,35	11,50	1,37
Karaciğer	2,34	71,58	3,11	22,24	1,35
Kalp	0,52	62,95	16,58	17,48	0,61
Akciğer	3,30	77,28	1,32	19,20	1,03
Dalak	0,11	78,69	1,19	17,81	1,12
Böbrekler	0,51	70,58	7,18	19,28	0,87
Pankreas	0,14	73,08	13,08	12,69	0,93
Yağ dokusu	11,37	23,02	71,57	5,85	0,20
İskelet	17,58	28,17	25,04	19,71	26,62
Dişler	0,08	5,00	-	23,00	67,95

Tablo- İnsan organizmasını oluşturan organik ve inorganik maddelerin bazı organ ve dokulardaki oranları.

Doku veya Organ adı	Su %'si	Doku veya Organ adı	Su %'si
Kornea	98	İskelet	22
Kan	79	Yağ dokusu	15
Kas	77	Diş minesi	0,2
Deri	72		

Tablo- Bazı doku ve organlardaki su %'desi.

AYNI KİLODAKİ			
ERKEK		KADIN	
Şişman	Zayıf	Şişman	Zayıf
% 43	% 70	% 40	%60
% 60		% 50	

Tablo- Erkek ve kadında kilolarına göre vücudlarındaki su yüzdeleri.

Örneğin, aynı vücut ağırlığındaki, zayıf erkekte tüm su miktarı, vücudun % 70'ini şişman erkekte % 43'ünü, aynı ağırlıktaki şişman ve zayıf kadınlarda ise zayıfta vücudun % 60'ını, şişmanda % 40'ını oluşturmaktadır. Tüm bunlardan da anlaşılmaktadır ki, herhangi bir canlı organizmada su bulunmayan bir kısım hemen hemen yok gibidir.

Örneğin, yine Protoplazmanın % 70-90'ı sudur. Bunun nedeni yukarıda da değindiğimiz gibi, sıvı ortamlarda tepkimelerin kolaylıkla meydana gelebilmesidir. Suyun en önemli niteliklerinden birisi, ergime ve kaynama noktaları ile buharlaşma ısısının öteki sıvılardan yüksek olmasıdır. Vücut yüzeyinden suyun buharlaşması ve terleme soğutucu bir etki gösterir. Ayrıca su, organizmanın sabit ısısını korumaya yardım etmesi için sahip olabileceği en iyi maddedir. Bunun ise en önemli nedeni, vücudumuzdaki su oranının yüksek olmasıdır. Suyun biyolojik görevleri ise şunlardır:

1) Makromoleküllerin yapı taşıdırlar; Hidrojen köprüleriyle su molekülüne bağlanan, polisakkarit, protein, nükleik asitler gibi kompleks makromoleküller, suyu düzenli bir şekilde tutma yeteneğine sahiptirler.

2) Küçük moleküllü maddeler için iyi bir çözücüdürler; Su içerisinde birçok metabolizma olayının meydana geldiği, substratların taşındığı, metabolizma olayları sonucu oluşan birçok artık ürünün atılmasını sağlayan bir çözücüdür.

3) İyi bir substrattırlar; Su, metabolizmanın birçok tepkimesine katılır. Hidrolazlar ve hidratazlar grubu enzimler, kosubstrat olarak suya gereksinim gösterirler. Oksidazlar, hidrolazlar ve solunum enzimleri tepkime ürünü olarak suyu açığa çıkarırlar.

4) İyi bir ısı düzenleyicisidir; Su yüksek bir ergime noktasına ve buharlaşma ısısına sahiptir. 1 gr. suyu 0 ° C den 100 ° C'ye ısıtmak için 100 kalori gerektiği halde, 1 gr. kaynar suyu 100 ° C'de buhar haline getirmek için 540 kaloriye ihtiyaç vardır. O halde organizmadan küçük miktarda su çıkması büyük oranda ısı kaybına neden olur. Terlemenin vücudu soğutucu etkisi bundan dolayıdır.

5) Enerjiyi düzenli bir şekilde yönetir; Hidratize yapılarda hidrojen bağları kovalent bağlara değişebilir veya tersi olabilir.

<table>
<tr><td rowspan="2" style="text-align:center">

SU</td><td colspan="1">BİYOLOJİK YÖNDEN ÖNEMLİ NİTELİKLERİ</td></tr>
<tr><td>• Ergime ve kaynama noktaları ile buharlaşma ısısı diğer sıvılardan yüksektir.
• Terleme ve vucut yüzeyindeki suyun buharlaşması ile organizma için çok iyi bir ısı düzenleyicisidir.</td></tr>
<tr><td colspan="2">BİYOLOJİK GÖREVLERİ
• Makro moleküllerin yapı taşıdır.
• Küçük moleküllü maddeler için iyi bir çözücüdür.
• İyi bir substrattır.
• İyi bir ısı düzenleyicisidir
• Enerjiyi düzenli bir şekilde yönetir.</td></tr>
</table>

Tablo- Organizma suyunun biyolojik yönden önemli nitelikleri ve görevleri.

Organizmada su, **bağlı** veya **serbest su** olmak üzere iki durumda bulunur. Suyun fonksiyonel dağılımı ise şöyledir:

a) **Hücre içi sıvısı** (Intrasellüler sıvı): Temel katyonu K'dır. Ayrıca Mg ve Na da bulunur. Temel anyonları, fosfat ve proteinattır.

b) **Hücre dışı sıvısı** (Ekstrasellüler sıvı): **Hücrelerarası sıvı** ve **Damar içi sıvısı** olarak iki komponent halinde bulunur. En önemli katyonu Na'dır. Ayrıca K, Ca, Mg da bulunur. Temel anyonlar ise, Cl ve bikarbonattır. Bu komponentler arasında, devamlı bir su alışverişi vardır. Buna rağmen su miktarı dar bir sınır içinde değişir.

SUYUN FONFSİYONEL DAĞILIMI	
Hücre içi sıvısı (=İntrasellüler sıvı)	Organizma suyunun % 70'ini kapsar. <u>Temel katyonu</u>: K+ <u>Temel anyonu</u>:fosfat, proteinat
Hücre dışı sıvısı (=Ekstrasellüler sıvı) Organizma suyunun %30'unu kapsar.	**A-** *Hücreler arası sıvı* (=interstitium sıvı) Organizma suyunun % 20'sini kapsar. **B-** *Damar içi sıvısı* (=intravasküler sıvı = plazması sıvısı) Organizma suyunun % 10'unu kapsar.

Tablo- Vücut suyunun fonksiyonel dağılımı

ORGANİZMADA SUYUN BULUNMA DURUMU	
1. Bağlı Su	*A-Hidrat Suyu*:İyonlara, protein, karbonhidrat gibi makro moleküllere H köprüleriyle bağlı olan su. *B-İntermoleküler su*:Lifler zarlar arasında kalmış akıcılığını yitirmiş su.
2-Serbest su	• Kan, lenf, beyin omirilik sıvısı gibi vucut sıvılarında bulunur.

Tablo- Vücuttaki suyun bulunma durumu.

Organizma suyunun büyük bir bölümü dışarıdan sağlanır. Buna **eksojen su** denir. Eksojen su, besin maddelerinden ve içilen sıvılarla vücuda alınan sudur. Bu şekilde alınan su sindirim kanalında izotonikleştirilir. Bunun önemli bir bölümü ince barsaklardan, kalanı ise kolonlardan emilir. Kan dolaşımına alınan su dokulara taşınarak, interstitial sıvıda depolanır. Bu, organizmanın su yedeğini oluşturur. Gerektiği zaman intrasellüler sıvıyı ve plazmayı besler. Sindirim salgılarını karşılar. Organizma su gereksiniminin bir kısmını da metabolizma olayları sırasında üretir. Buna da **endojen su** ya da **metabolizma suyu** denir. Endojen su organik maddelerdeki hidrojenin oksitlenmesinden elde edilir. Bunun için de sentez edilen su miktarı yenilen gıda maddelerinin özelliğine bağlıdır.

Formül yapılarında fazla hidrojen bulunan maddelerden daha fazla su sentezlenir. Örneğin; 100 gr. proteinin oksidasyonundan yaklaşık 34 gr su elde edilirken; aynı miktar karbonhidrattan yaklaşık 56 gr. yağdan ise 109 gr. su serbest kalır. Ortalama bir hesapla, organizmadaki oksidasyonlar sırasında her 100 kaloriye karşılık 10-15 ml. endojen su elde edildiği anlaşılmıştır. Örneğin, çöldeki develerin hörgücü bir yağ deposudur. En fazla endojen su da fazla hidrojene sahip oldukları için, yağlardan elde edildiğine göre, develerin uzun süre susuzluğa nasıl dayandığı bu şekilde açıklanabilir. Organizma suyunun yarısı 10 günde eksojen su ile değiştirilmektedir. Eksojen su gereksinimi yönünden, hayvanlar arasında bazı farklılıklar görülür. Örneğin, koyunlar bol sulu otlarla beslendikleri sürelerde hiç su içmeden de yaşayabilirler. Halbuki, atlar gıdaları ile aldıkları suya ve metabolizma suyuna ilaveten günde 40-50 litre suya gereksinim gösterirler.

Su organizmayı başlıca idrar ile terk eder. Ayrıca, dışkı, tükürük, burun salgıları, gözyaşı ve genital salgılarlada sıvı halde çıkarılır. Sıvı halde başka bir atılım yolu da süttür. Özellikle, laktasyondaki ineklerde ve emziren kadınlarda önemli miktarda su dışarı atılır. Su buharı halinde ise, su iki yoldan çıkarılır. Birincisi, deriden perspiration insensibilis (=**fark edilmeyen terleme**) ile ve akciğerlerden ekspirasyon havası ile. Terin bileşiminde 75 mekV. kadar NaCl bulunduğundan, terleme halinde hatırı sayılır miktarda Na$^+$ da atılmış olur. En önemli su metabolizması bozuklukları, **su kayıpları (=dehidratasyonlar)**, fazla su alımının yarattığı su zehirlenmeleri ve suyun çesitli sıvı komponentleri arasında paylaşılmasının bozukluğu anlamına gelen ve hızlı (ani) su kaybına neden olan ödem ve şok gibi metabolik olaylardır.

TEMEL HÜCRE ORGANELLERİ

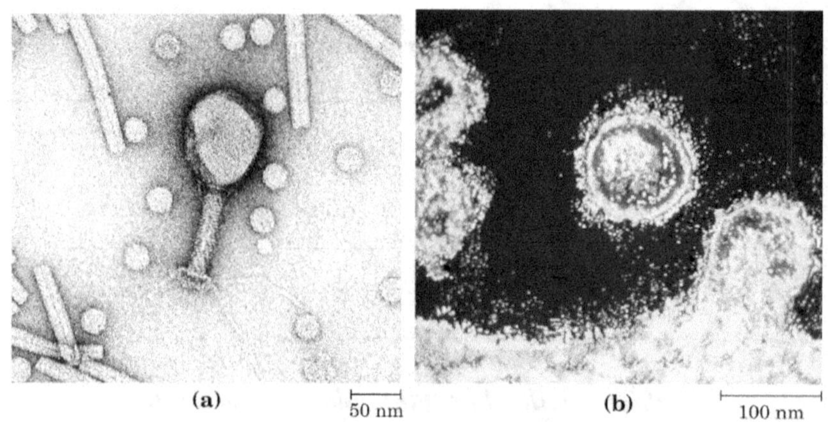

Bazı hücre organellerinin elektron mikroskobuyla alınmış görüntüsü.

HÜCRE ZARI (PLAZMA MEMBRANI)

Hücre zarı, hücre dışı ve hücre içi ortamlar arasında su ve suda çözünmüş maddelerin nakli ile ilgili geçişleri kontrol eder, hücresel aktiviteler için gerekli kimyasal ortamı sınırlar. Hücre zarı, hücreyi çevreleyerek hücrenin bütünlüğünü sağlar; hücrenin hareket edebilmesi ve biçiminde önemlidir. Hücre zarı yapısı için ise, çeşitli modeller ileri sürülmüştür. Danielli ve Davson modeline göre, hücre zarı statik yapıdadır; hidrofil kısımları dış tarafta ve hidrofob iki kolu iç tarafta olacak şekilde dizilmiş iki fosfolipid tabakası ortada bulunur ve bu bimoleküler fosfolipid tabakasını iki yandan kuşatmış protein tabakası en dışta yer alarak kuşatır:

414

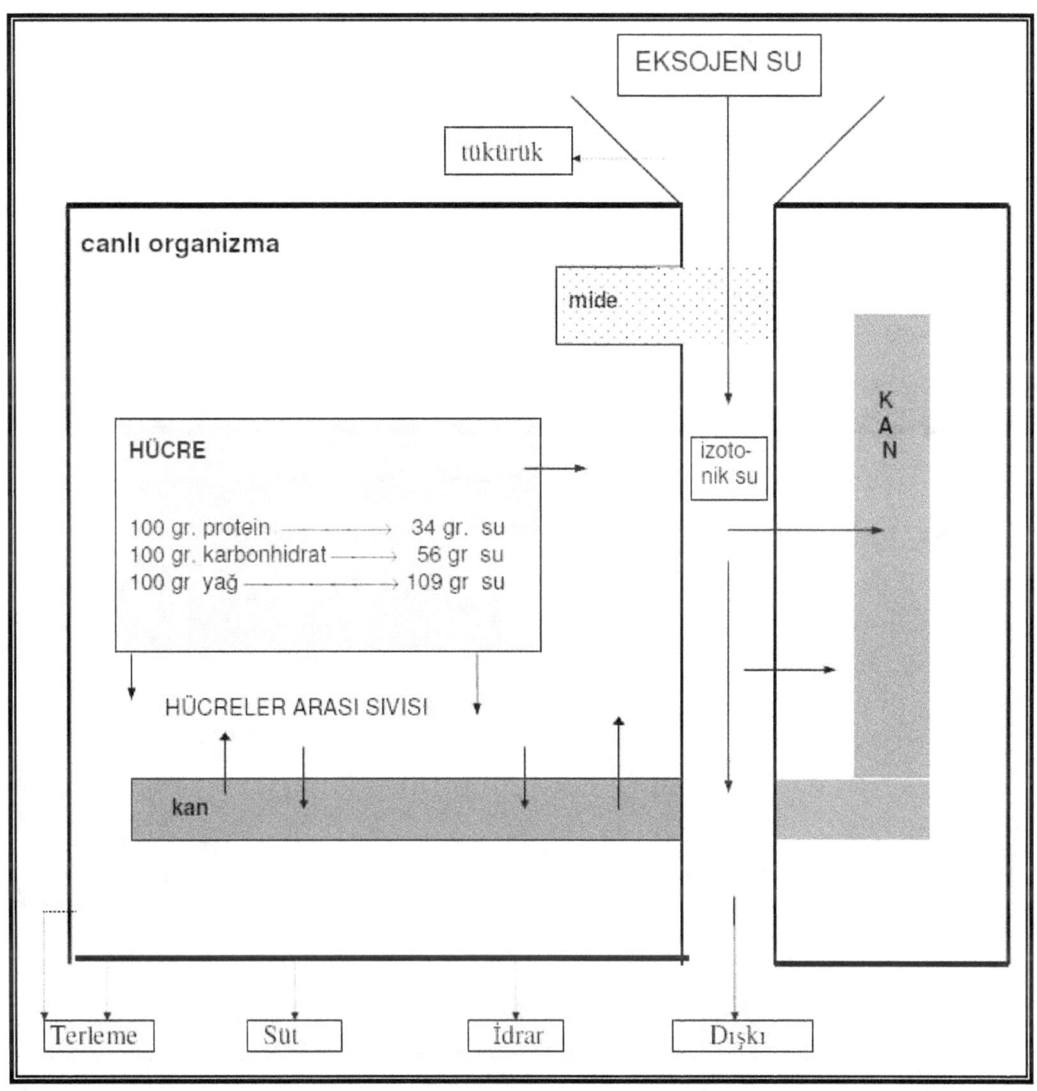

Diyagram- **Suyun vücuttaki metabolizmasını gösteren bir diyagram.**

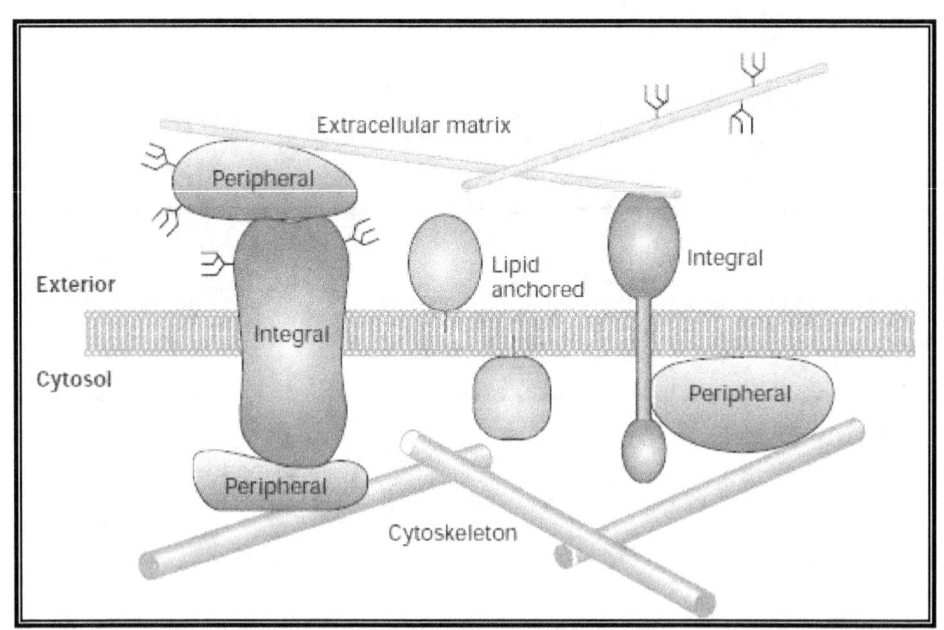

Hücre zarından su ve madde geçişini gösteren bir diyagram.

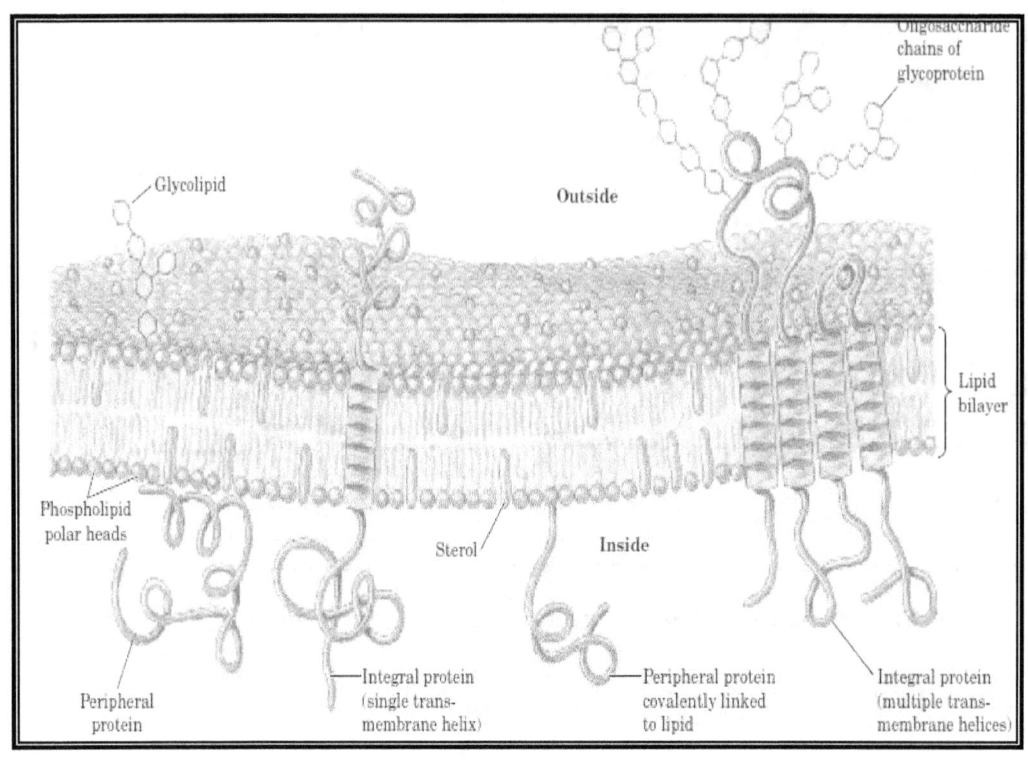

Hücre zarının çift katmanlı lipid yapısı.

Plazma Membranının Detaylı Yapısı

Extracellular side
Glycoprotein
Oligosaccharide
Phospholipid
Lipid bilayer
Glycolipid
5 nm
Peripheral membrane protein
Integral membrane proteins
Cytoplasmic side

Membran Yapısını Oluşturan Lipidler

a Phosphatidyl-inositol
b Sphingomyelin
c Ganglioside
d Phosphatidyl-ethanolamine
e Cerebroside
f Phosphatidyl-choline
g Cholesterol
h Phosphatidyl-serine
Phospholipids
Glycolipids
Cholesterol
Polar
Apolar
Polar
Outer leaflet
Inner leaflet
a b c d
e f g h

Membran (Hücre zarı) Yapısını Oluşturan Proteinler

Type I Type II
Type III
Type IV
Type V
Type VI
N
C
C
N
Lipid anchor
1. α-Helical
2. β-Barrel

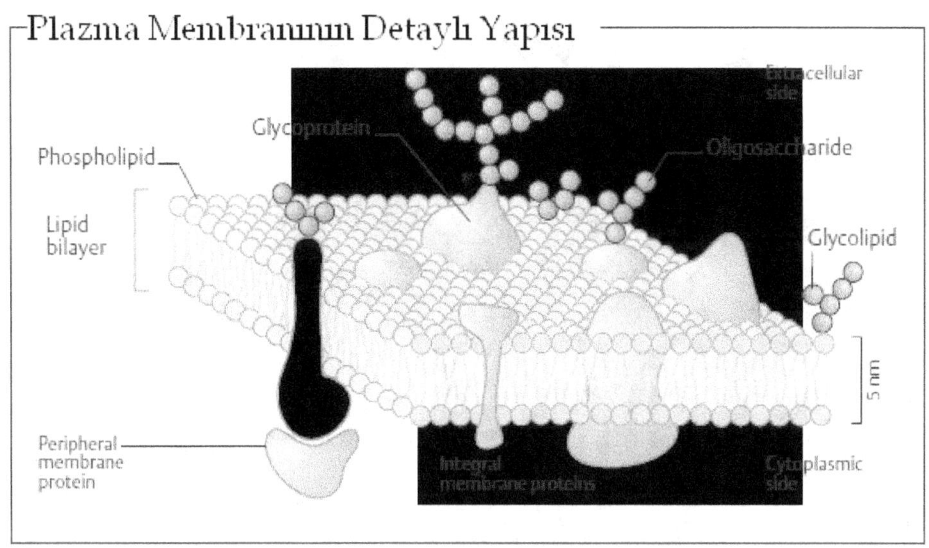

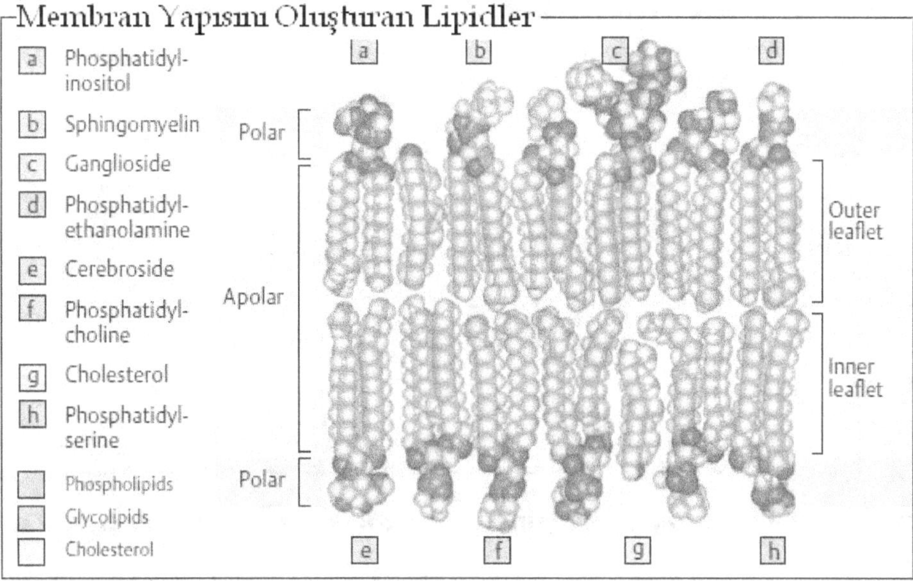

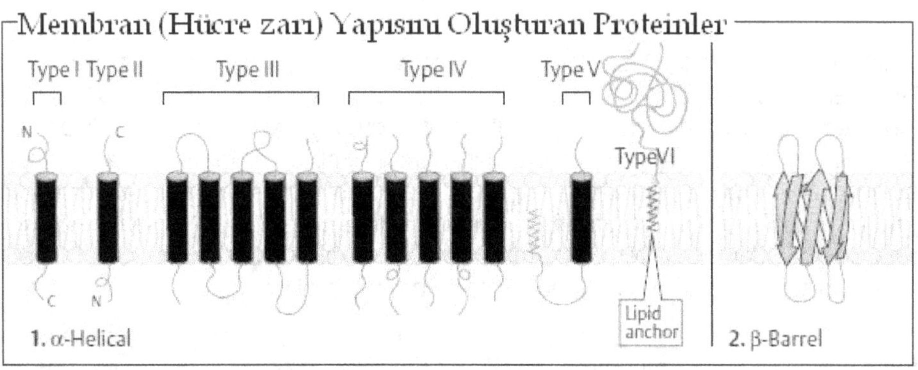

417

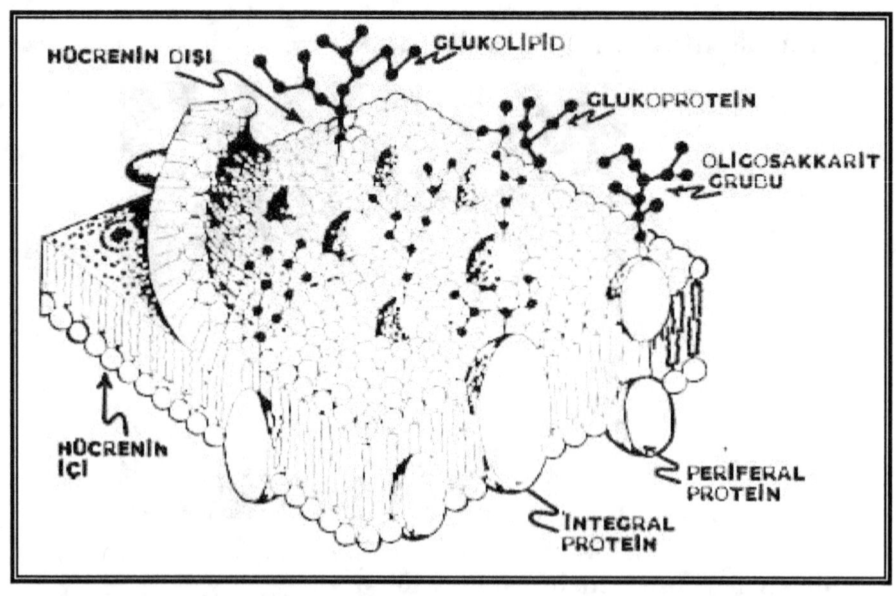

Resimler- Mozaik sıvı zar modelinin kurucuları: *A. Jonathan Singer* ve *Garth L. Nicolson.*

Membranların ana yapısını ve bütünlüğünü oluşturan yapı, iki tabakalı polar lipidden meydana gelmiştir. Bu iki tabakalı lipid akıcıdır; polar lipid tabakalarının polar olan baş kısımları membranın iki dış yüzüne dönük fakat doymuş ve doymamış yağ asitlerinden meydana gelmiş olan hidrofobik kuyruk kısımları membranın içine dönüktür. Membran yapısında bulunan lipidler, fosfolipidler, glikolipidler ve sterollerdir. Membranlarda bulunan iki temel fosfolipid grubu, fosfogliseridler ve sfingomiyelinlerdir; membran yapısının %30'unu oluştururlar. Kolesterol, membranlarda en sık rastlanan steroldür; genellikle plazma membranının dış kısımlarına doğru daha bol miktarda bulunur.

Membranların %50-60'ını proteinler oluşturur. Pompa, geçit, reseptör, enerji nakli, enzim gibi değişik görevleri olan membran proteinleri, integral proteinler ve periferal proteinler olmak üzere iki gruptur.

418

Hücre zarının iyon ve molekül transportunun, tanıma, küçük ve büyük moleküller için reseptör görevi görme gibi önemli fonksiyonları vardır. Hücre zarı, hormon gibi kimyasal sinyaller için spesifik reseptörler içerir ve membranların iç yüzlerinde birçok enzimin tutunacağı spesifik bölgeler bulundurmaktadır. İntegral proteinler, membranın çift katmanı boyunca asimetrik dağılım gösterirler; çift katman hidrofob merkezi kateden bir hidrofob bölge ile iki hidrofil uç içerirler; immunoglobulin molekülleri ve pek çok hormon reseptör molekülleri integral proteinlerdir. Periferal proteinler, iki katlı lipid tabakasının yüzeyinde yer alırlar; yüzeyde bulunan polar lipid başları tarafından elektrostatik olarak çekilmekte ve bir arada tutulmaktadırlar:

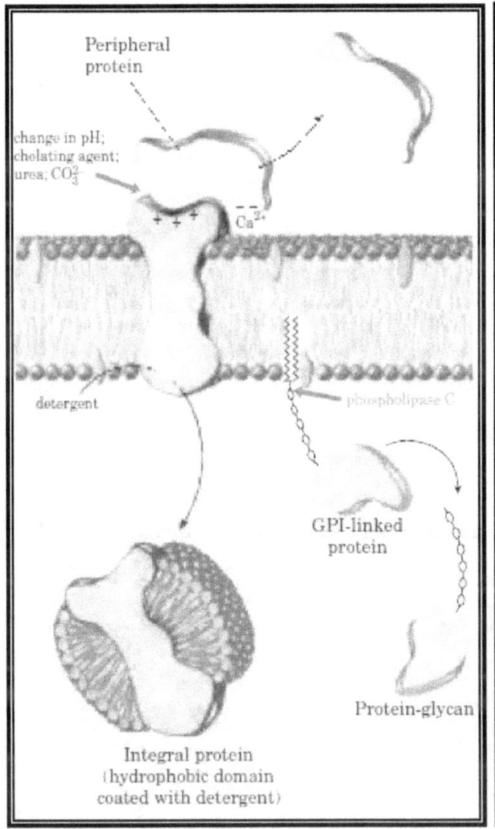

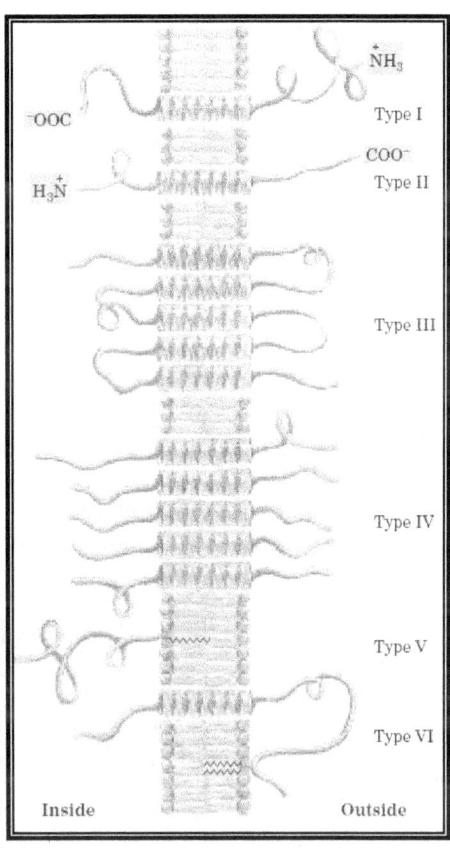

Membran proteinlerini gösteren şematik diyagram. Temel olarak, membran proteinleri Hücre zarı ile plazma içi hücre dışı ortam arasındaki operasyonel molekül ve madde geçişinde iki ortamın birbirinden ayrılmasında önemli bir rol oynar. Pripheral proteinler daha çok iyonik bir yapıda olmasına ve suda kolay çözülebilen bir yapıda karşın; integral proteinler plazma membranına kovalent bağlarla tutunmuş bir halde bulunur ve zor çözünürler. Bu yönüyle peripheral proteinleri iyonik organik moleküllerle bağ yapmaya eğilimlidir ve hidrofilik bir yapıdadır, integral proteinlerde ise tam tersi geçerlidir.

Bu durum, hücre zarına çift yönlü bir moleküler bağ yapma ve madde geçişini ayırd etme yeteneğini kazandırır.

419

İntegral proteinleri ise, yukarıdaki sağdaki şekilde de görüldüğü gibi 6 formdan oluşan birisine uyacak bir kategoride hücre zarına monte olur. Bu yapılar genelde hücresel moleküllerin kütleçekim etkisiyle helezonik bir yapı kazanmasına neden olur. Dolayısıyla su moleküllerine buna uygun olarak, elektrodinamik kütleçekim alanının yönlendirmesiyle molekül etrafında polarize olur. [*Ayrıca konu ile ilgili bkz: Birleşik Alan Teorisi, Su molekülünün kütleçekim etkisindeki moleküler polarize atomik yapısı, sayfa: 602-603*].

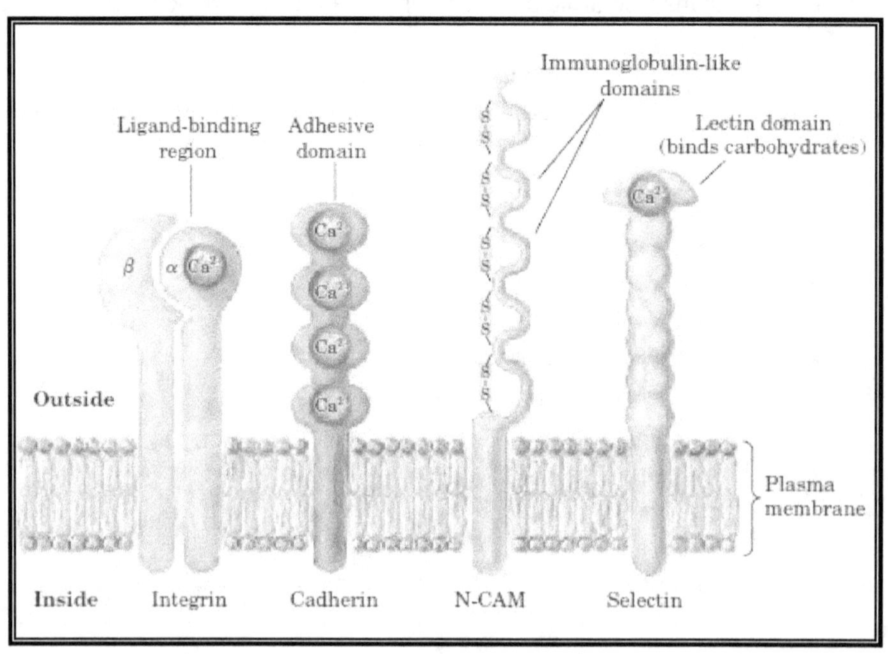

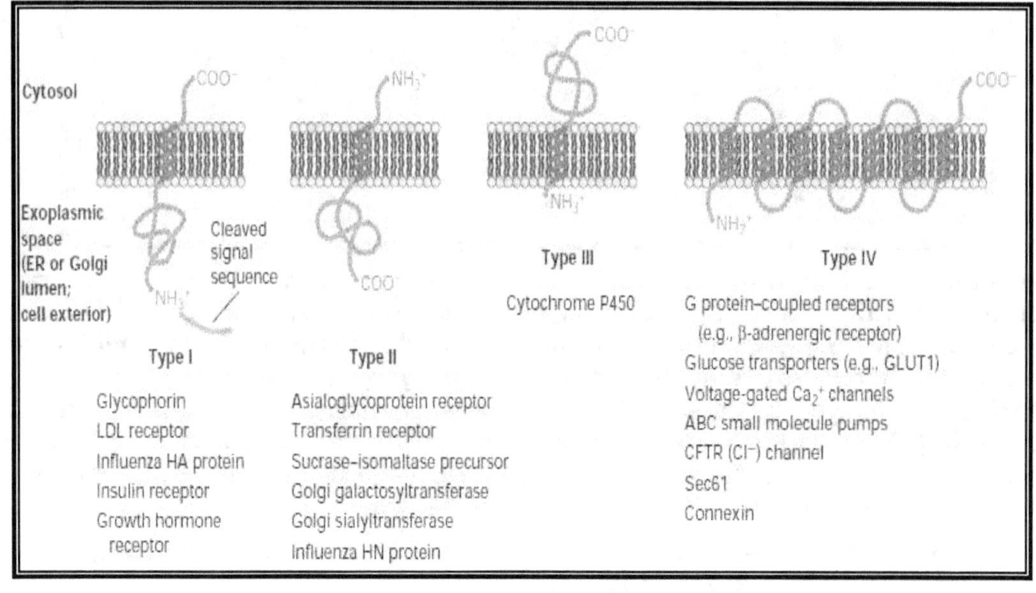

Üstteki şekiller- İki hücrenin etkileşimi sırasında hücre zarında aktive olan 4 çeşit polipeptid yapıdaki integral proteinin yapısı. **Hücrelerin etkileşimi sırasında, bu polipeptid yapılar plazma membranının yüzeyine tutunur ve gerekli biyokimyasal işaretleri üretir. Örneğin, sinir hücrelerinin iletişimi sırasında kullanılan Na-Ca^{+2} pompası buna güzel bir örnektir.**

Hücre membranında bulunan karbonhidratlar, membranın dış yüzeyindeki glikolipidlerin yapısında yer alan glukoz, galaktoz, mannoz ve sialik asittir. Hücre membranında bulunan enzimler; Na$^+$/K$^+$ ATPaz, 5^i-nükleotidaz ve adenil siklaz'dır.

NÜKLEUS (HÜCRE ÇEKİRDEĞİ)

Ökaryotik hücrelerde nükleus, bölünme halinde değilse çift katlı ve porlu bir nükleus membranı ile çevrilidir; nükleoplazma denen nükleus esas maddesi içinde bir veya daha fazla nükleolus ile DNA moleküllerinden yapılmış kromatin içerir:

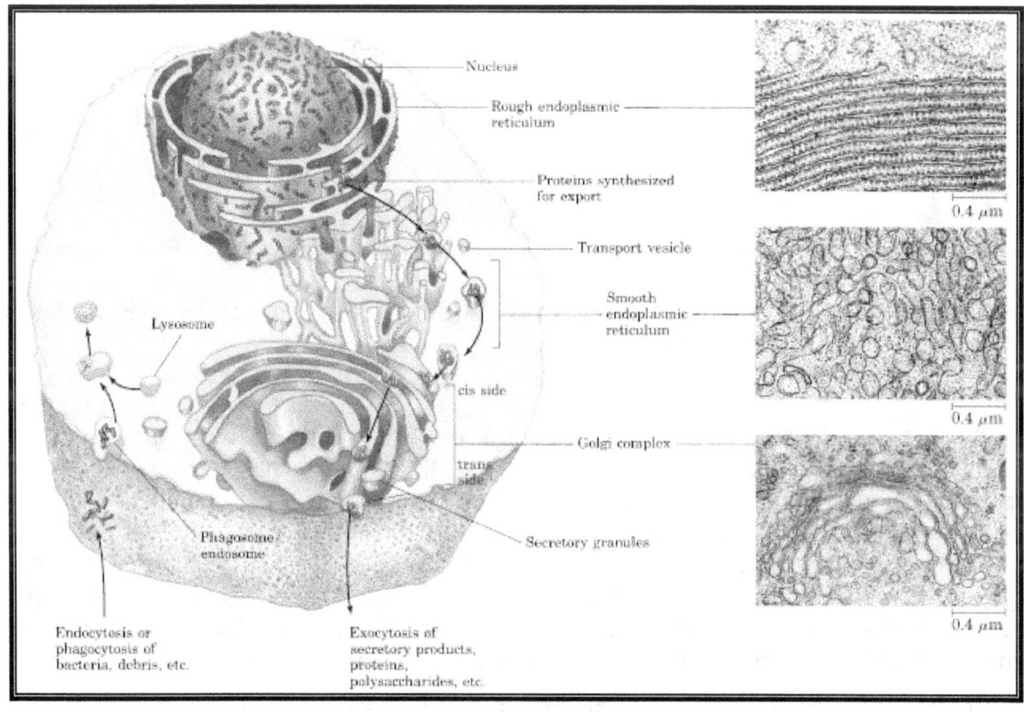

Grafik- Hücre çekirdeğinin yapısı.

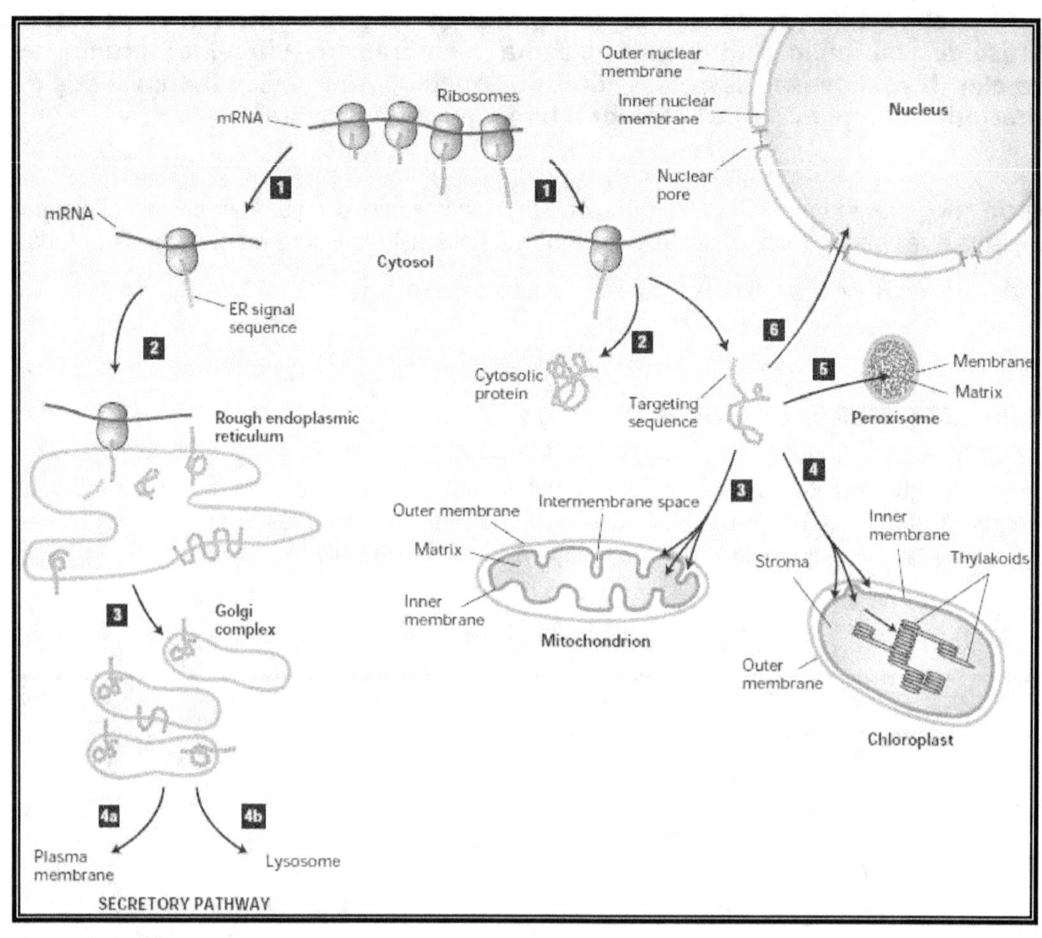

Grafik- **Hücre çekirdeği ile diğer organeller arasındaki sinyal ve molekül transferini gösteren bir diyagram.**

Nükleus ökaryotik hücrelerde hücredeki en büyük yapıdır ve yaklaşık 10 µm yarıçapındadır. Dış membranı, pürtüklü endoplazmik retikulum ile bağlantılıdır. Çekirdek, hücrenin replikasyonu (kopyalanması), genetik kodun aktarılması ve hücrenin çoğalması gibi bilgi kaydı gerektiren hücrenin hafıza deposu hükmündeki hayati fonksiyonlarını yerine getirir. DNA'nın büyük kısmı nükleusta kromatin adı verilen DNA-protein kompleksi şeklinde bulunur. DNA, hücre bölünmesinde ve genetik bilginin fenotipik ekspresyonunda önemlidir. Bölünme halinde olmayan nükleusta kromatin halinde bulunan DNA tarafından RNA sentezi yapılır; böylece hücre metabolizma ve fonksiyonu kontrol edilir.

Nükleusta, RNA polimeraz II ve RNA polimeraz III gibi mRNA ve tRNA sentezinde görevli enzimler, DNA polimeraz gibi DNA replikasyonunda görevli enzimler, niasinin NAD^+'e dönüştürüldüğü yolun enzimleri ve NAD^+'i poliADP-riboza dönüştüren enzim bulunur. DNA sentez ve onarımı, RNA sentezleri, NAD^+ sentezi nükleusta olmaktadır:

422

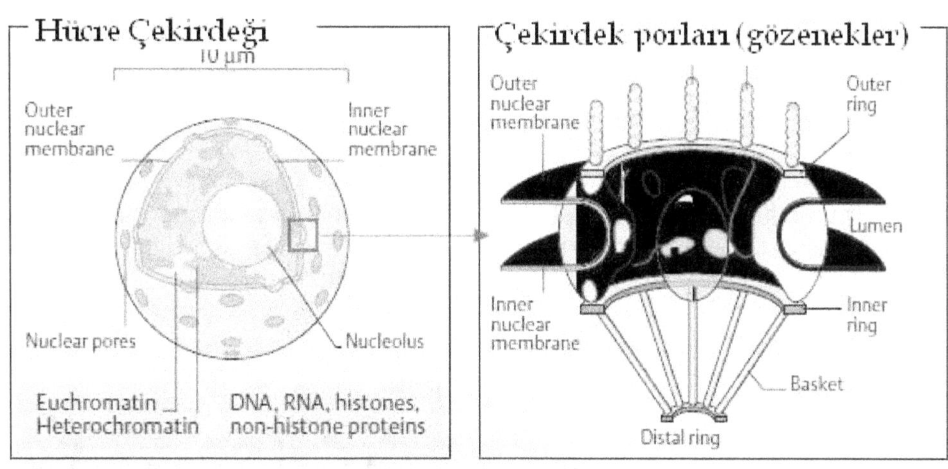

Hücre Çekirdeği
10 µm
Outer nuclear membrane
Inner nuclear membrane
Nuclear pores
Nucleolus
Euchromatin
Heterochromatin
DNA, RNA, histones, non-histone proteins
Çekirdek porları (gözenekler)
Outer nuclear membrane
Outer ring
Lumen
Inner nuclear membrane
Inner ring
Basket
Distal ring

Çekirdek ve stoplazma arasındaki etkileşimler
Nucleoplasm
Cytoplasm
Nucleolus
DNA
Replication
DNA
Transcription
N
N A
45S-RNA
hnRNAs
pre-tRNAs
Processing
NAD⊕ synthesis
rRNAs
tRNAs
mRNAs
Ribosomal subunits
Polysome
Translation
N
N A
NMN
NAD⊕
Ribosomal proteins, Histones, Non-histone proteins

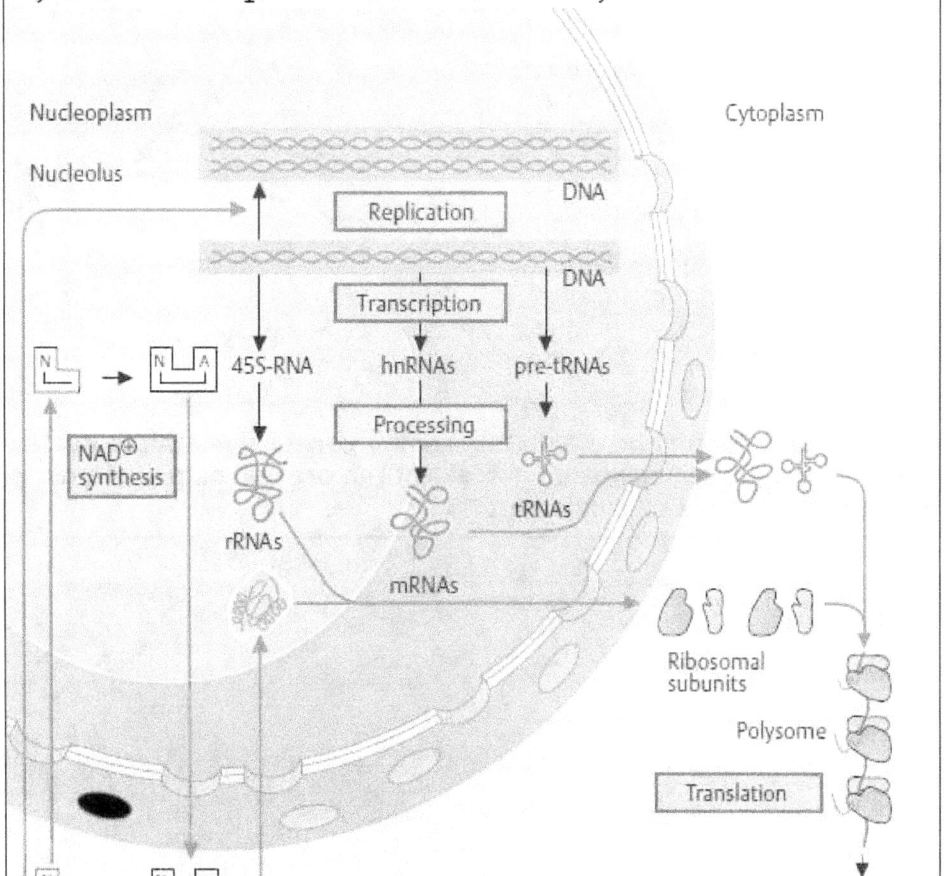

Nükleolus, rRNA sentezi ile ilgili genleri ve RNA polimeraz I gibi RNA sentezi ile ilgili enzimleri içerir. Nükleolus, RNA processing ve ribozom sentezinde de önemlidir.

RİBOZOM

Ribozomlar, pürtüklü endoplazmik retikulum membranının dış yüzüne tutunmuş veya stoplazmada serbest olarak bulunan topuz şeklinde taneciklerdir. Ribozomların kuru ağırlıklarının %65 kadarını RNA, %30 kadarını proteinler oluşturur:

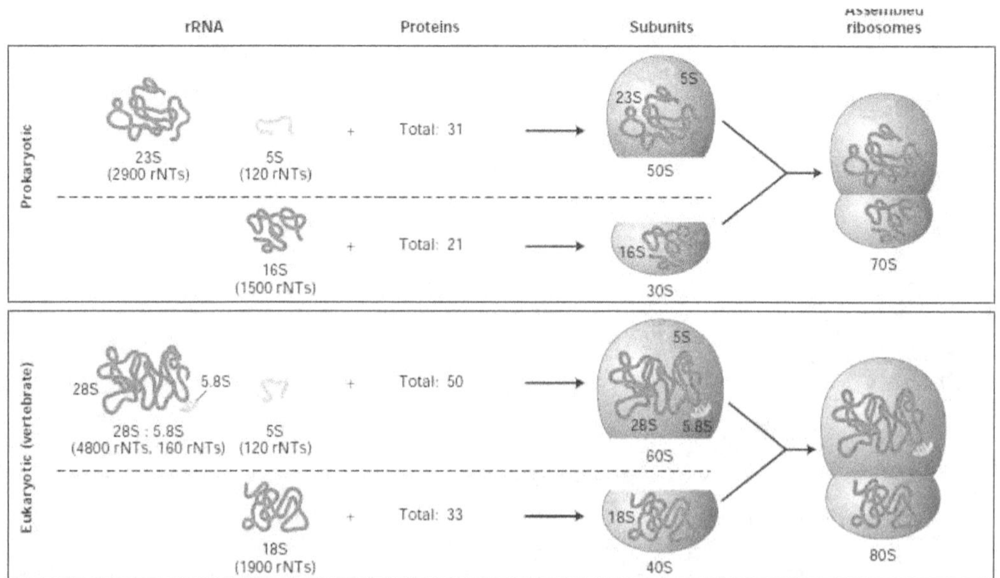

Prokaryotik ve Ökaryotik hücrelerde Ribozomun genel yapısı. Bütün hücrelerde bulunan ribozom, protein sentezini gerçekleştiren organel olup alt ve üst birim olmak üzere iki birimden oluşmaktadır.

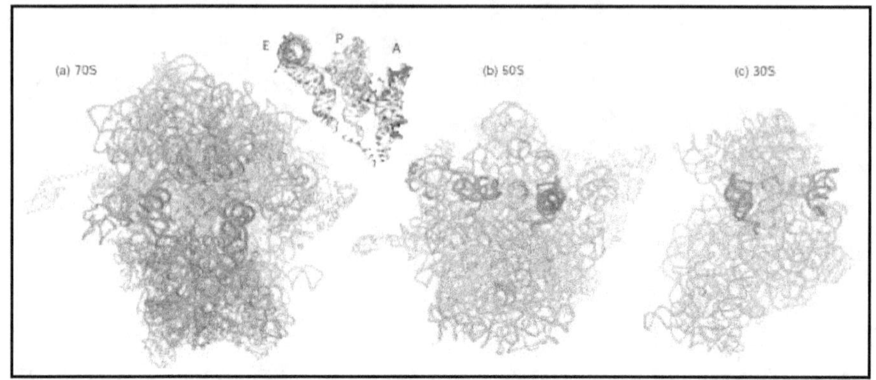

E. coli **bakterisine ait Ribozom organelinin düşük çözünürlüklü bir moleküler modeli. (a) 30S, 50S ve 70S alt birimleri ile (b) mRNA tarafından polipeptid zincirinin başlangıç kodunun üretilmesi. Buradaki E (sarı) P (yeşil) ve A (pembe) birimler ile (c) 3 adet tRNA birimini göstermektedir.**

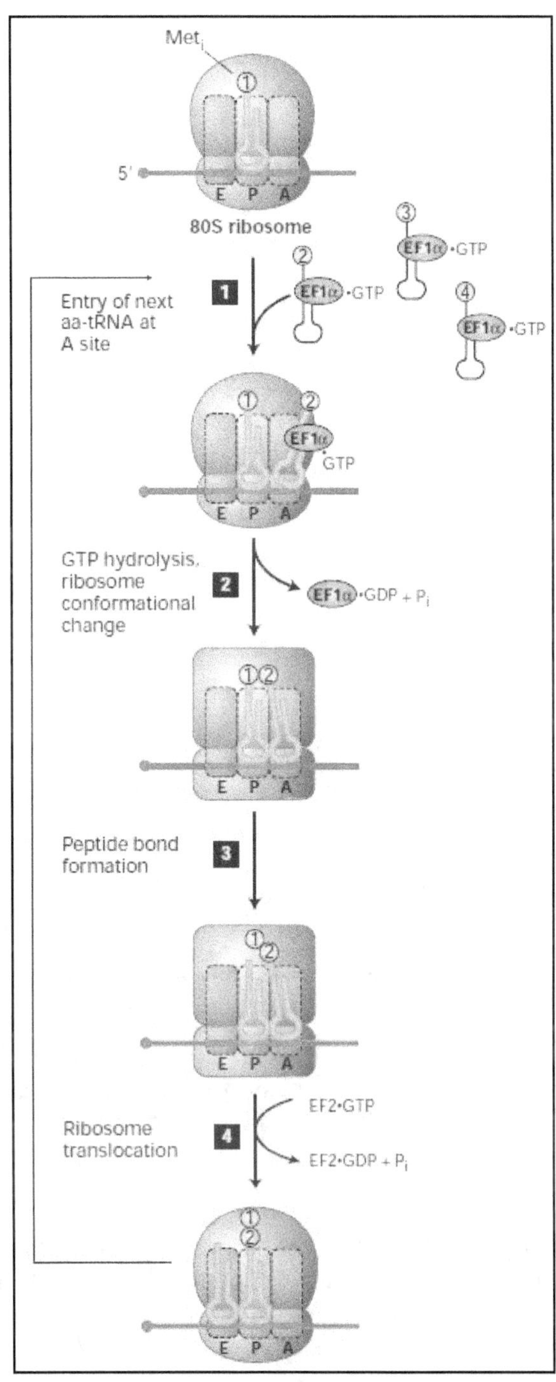

Ribozom tarafından protein sentezini başlatan peptid zincirinin oluşumunun başlatılmasını gösteren şematik bir diyagram.

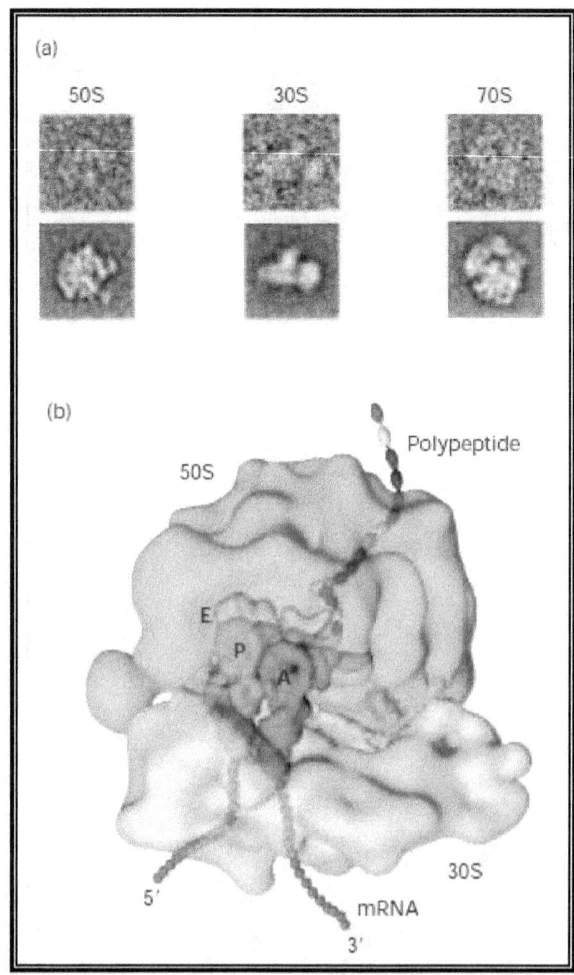

Ribozom organelinin düşük çözünürlüklü bir moleküler modeli. (a) 30S, 50S ve 70S alt birimleri ile (b) mRNA tarafından polipeptid zincirinin başlangıç kodunun üretilmesini gösteren 3-boyutlu moleküler diyagram.

Ribozomlar, nükleus DNA'sındaki ve mRNA vasıtasıyla kendilerine iletilmiş olan genetik bilgiye göre polipeptit zincirlerindeki amino asitlerin dizilişini ayarlayarak hücrenin genetik karakterine uygun tipte protein moleküllerinin sentezini sağlarlar. Ribozomlar, peptidil transferaz gibi protein sentezinde görevli enzimleri içerirler.

STOPLAZMA

Stoplazma, içinde bütün hücre içi elemanları süspansiyon (asıltı) halinde tutan ortamdır. Stoplazmanın fizikokimyasal durumu anlaşılmış değildir; ancak özellikleri, kolloidal bir protein makromolekülleri karışımı olduğu kanısını vermektedir.

426

Stoplazma, pürtüklü endoplazmik retikulum tarafından sentezlenen proteinlere kofaktör sağlayarak destek verir. Stoplazmada çözünebilir proteinlerden başka RNA, glukoz gibi kullanıma hazır organik maddeler, kreatinin ve elektrolitler gibi hücre aktivitesi ürünleri, bulunur. Stoplazma, sıklıkla bir polizom şeklinde serbest ribozomları içerir. Yağ doku hücrelerinde bol miktarda trigliserid, epidermal doku hücrelerinde bol miktarda keratin, karaciğer hücrelerinde bol miktarda glikojen bulunur. Stoplazmada, karbonhidrat, lipid, amino asit ve nükleik asit metabolizması gerçekleşir, protein sentezi olur:

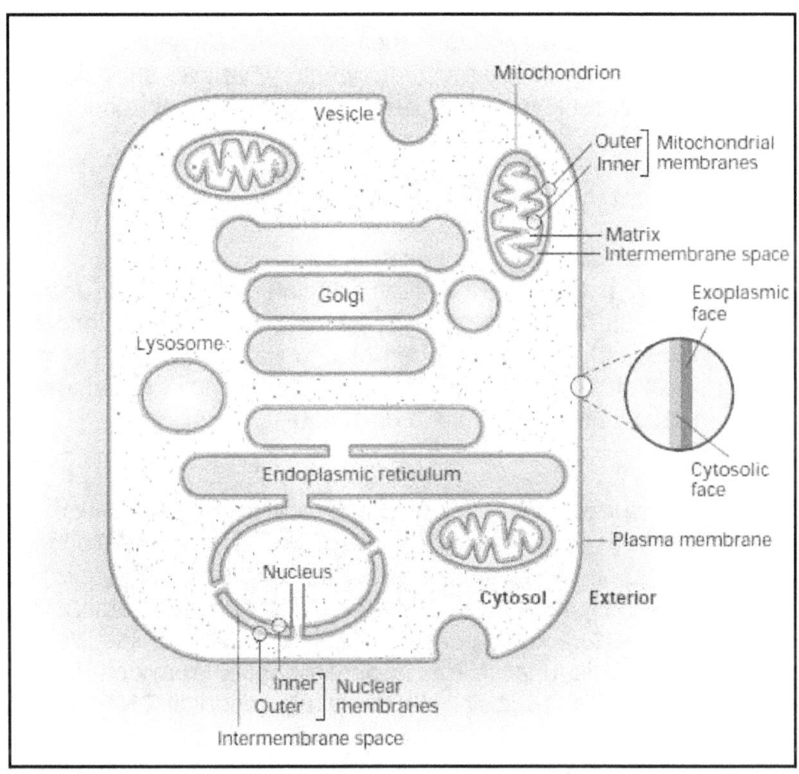

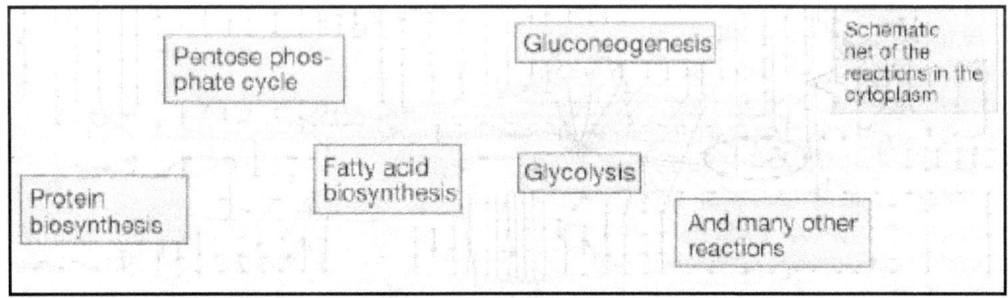

Stoplazmayı ve içerisindeki organel yerleşimini ve içerisinde gerçekleşen temel biyokimyasal metabolizma yollarını gösteren şematik grafikler.

Stoplazmada birçok enzim bulunmaktadır. Stoplazmada bulunan enzimler, glikoliz yolunda görevli enzimler ve LDH, glukoneojenezde fosfoenol pirüvattan glukoz-6-fosfat oluşmasına kadarki basamaklarda görevli enzimler, pentoz fosfat yolu enzimleri, amino asitlerin aktivasyonunda görevli amino açil-tRNA sentetaz enzimleri, yağ asidi sentezinde görevli asetil-KoA karboksilaz ile yağ asidi sentaz multienzim kompleksleridir.

SUBSELLÜLER ORGANELLER

Subsellüler organeller, stoplazma içinde membran ile sınırlanmış ve ultrasantrifüj teknikleriyle izole edilebilen farklılaşmış yapılardır. Başlıca subsellüler organeller, mitokondriler, endoplazmik retikulum, Golgi aygıtı, lizozomlar, ribozomlar, peroksizomlar ve sitoskletonlardır.

MİTOKONDRİ

Mitokondriler, içi belirli bir hacimde en büyük yüzey alanı bulundurmak üzere kıvrılmış bir iç zar ile dolu organeldir. Bir mitokondrinin %70-80'ini **iç zar** ve geri kalan kısmını **dış zar** oluşturur. Dış zar birçok molekül için geçirgen olduğu halde, iç zar seçici geçirgendir ve transmembran transport sistemini içerir. Mitokondri iç zarı, **mitokondri matriksi** denen kısım içinde yer alan **krista** denen kıvrımlarla dokunmuştur.

Mitokondri matriksinde ise karbonhidrat, amino asit ve lipidlerin oksidasyonu, üre ve hem sentezi olur; sitrat döngüsü ve yağ asidi oksidasyonu enzimleri mitokondri matriksinde bulunur. Glukoneojenezde pirüvik asidin oksaloasetata dönüşümünü katalize eden pirüvat karboksilaz, liponeojenezde pirüvatın asetil-KoA'ya dönüşümünü katalize eden pirüvat dehidrojenaz, ketojenezde asetil-KoA'dan keton cisimleri oluşumunu katalize eden enzimler de mitokondri matriksinde bulunurlar. Mitokondri matriksinde, kromozom DNA'sından farklı ve toplam hücre DNA'sının %0,1-0,2'sini oluşturan mitokondriyal DNA, RNA türleri, RNA polimeraz IV gibi RNA sentezi ve mitokondriyal protein sentezi enzimleri de bulunur. Pek çok mitokondri proteini stoplazmada ribozomlarda sentezlenir ve mitokondriye taşınır.

Mitokondri iç zarı ve kristalar üzerine fosforile edici üniteler yerleşmişlerdir. Solunum zinciri komponentleri ve ATP sentaz iç zarda bulunur.

Mitokondri iç zarı ile dış zarı arasındaki bölgede adenilat kinaz, nükleozid difosfokinaz, nükleozid monofosfokinaz enzimleri bulunur.

Mitokondri dış zarının biyokimyasal aktivitesi kısıtlıdır; monoaminooksidaz, açil-KoA sentataz, gliserofosfat açil transferaz, monoaçilgliserofosfat açil transferaz, fosfolipaz A gibi enzimleri içerir.

Hücresel solunum, enerji koruma, karbonhidrat ve lipidlerin oksidasyonu, üre sentezi ve hem sentezi, mitokondrilerin önemli fonksiyonlarıdırlar:

Mitokondrinin Yapısı

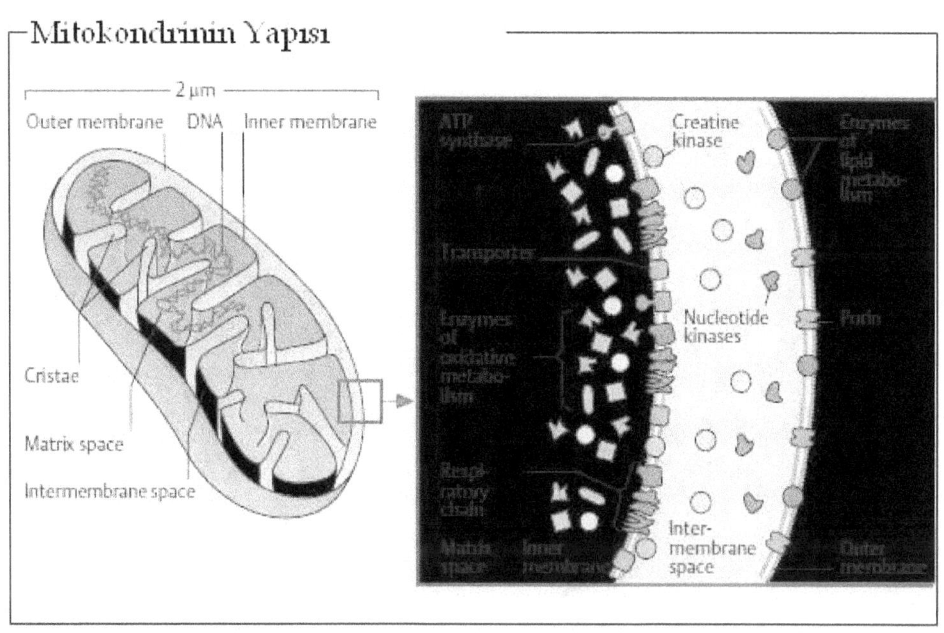

Mitokondrinin Gerçekleştirdiği Metabolik Fonksiyonlar

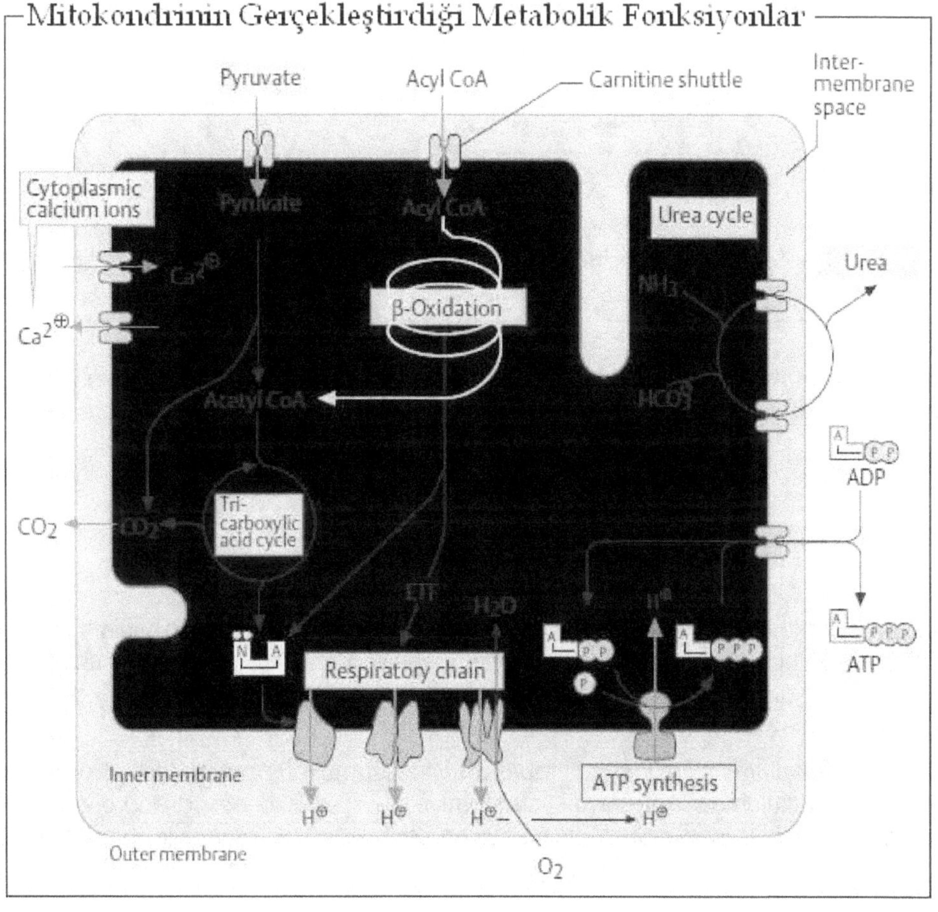

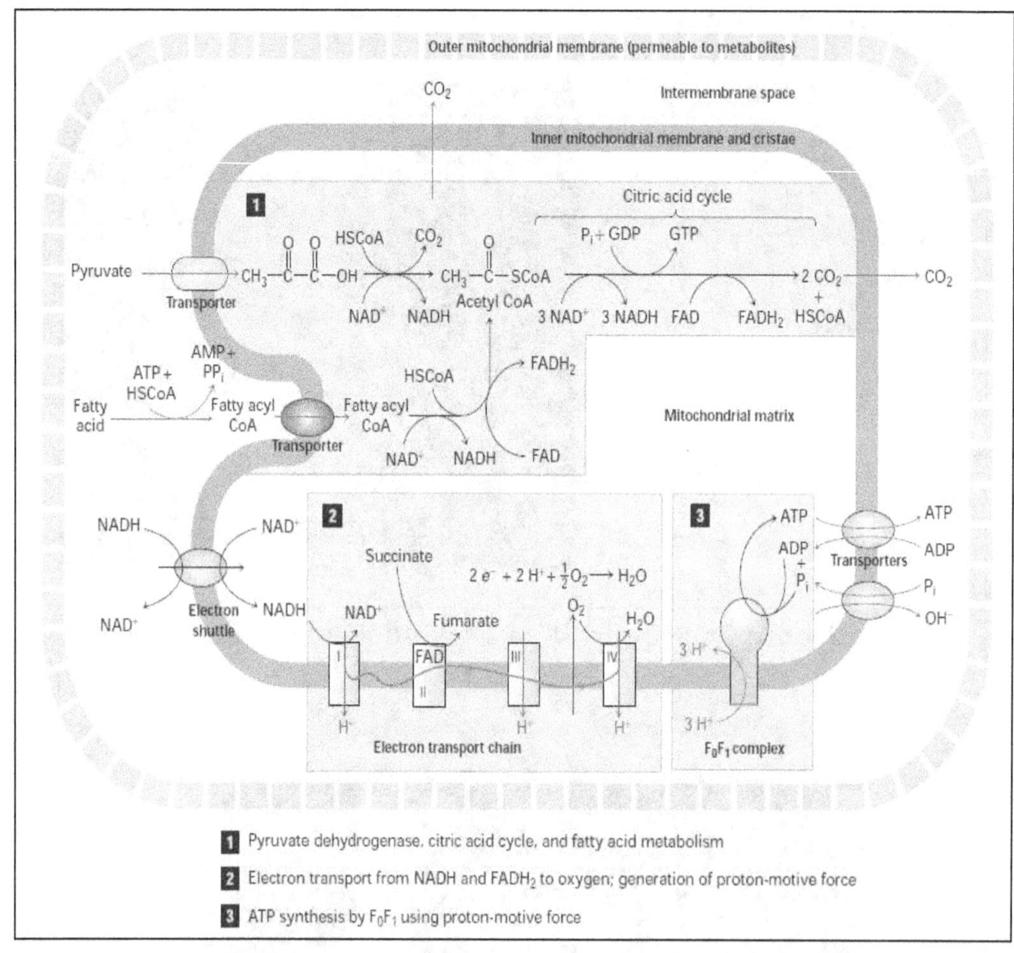

Mitokondri Matriksi içerisinde gerçekleşen yağ asidi oksidasyonu ve Piruvat ve Sitrik asit döngüsü ile gerçekleşen metabolizmaların toplu gösterilimi.

ENDOPLAZMİK RETİKULUM

Endoplazmik retikulum, eksternal (harici) membranlar ve nükleus ile bağlantılı internal (dahili) membranlar sistemidir. Birbirleriyle bağlantılı kanallar şeklinde endoplazmik retikulumu oluşturan membranlar ağı, sarnıç şeklinde nükleusun perinükleer membranından plazma membranına kadar uzanır.

Endoplazmik retikulum, fosfolipid çift tabakası içine gömülmüş proteinlerden oluşmuştur. Endoplazmik retikulumda kolesterol, sfingomiyelin, glikolipid ve glikoprotein miktarı oldukça azdır. Endoplazmik retikulum, membran sentezi, hücre organelleri ve eksport için protein ve lipid sentezini yapan, detoksifikasyon gibi önemli görevleri olan bir organeldir.

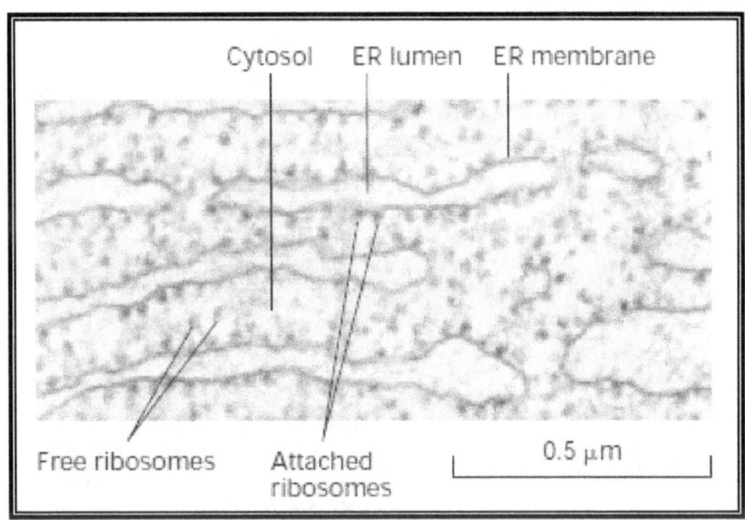

Hücre içinde elektron mikroskobuyla Endoplazmik Retikulumun gösterimi.

Pürtüklü endoplazmik retikulum; RNA'dan zengin ribozomlar içerir; pürtüklü endoplazmik retikulum membranlarının dış yüzeyine bağlı ribozomlar, hücreden dışarıya salgılanacak proteinleri sentez ederler. Membran lipidlerinin sentezi de pürtüklü endoplazmik retikulumda olur. Pürtüklü endoplazmik retikulumdaki ribozomların ana görevi, hücre dışına taşınan proteinleri ve lizozomlar içine yerleşen enzimleri sentezlemektir.

Düz endoplazmik retikulum; Ribozom içermez; hücrede oluşan veya ekstrasellüler ortamdan gelen çeşitli maddelerin hücrenin bir tarafından diğer tarafına veya ekstrasellüler ortama iletilmelerini ve bazı maddelerin stoplazmadan izole edilmelerini sağlar. Düz endoplazmik retikulum ayrıca glikojen ve lipid metabolizmasına katılır, steroid yapıdaki hormonların sentezlendiği yerdir. Düz endoplazmik retikulumda kolesterol biyosentezinde HMG-KoA oluşumundan sonraki reaksiyonlara ait enzimler, safra asidi sentezinde görevli enzimler, steroid hormonların sentezinde görevli enzimler, fosfolipid sentezinde görevli enzimler, glikolipidlerin ve glikoproteinlerin karbonhidrat kısımlarının transferinde görevli transferazlar, detoksifikasyon enzimleri bulunur. Steroid hormonların biyosentezindeki hidroksilasyon reaksiyonları ve eksojen toksik maddelerin hidroksilasyonu, sitokrom P 450 enzim sistemi tarafından katalizlenmektedir.

Endoplazmik retikulum ağları, hücre homojenatının diferansiyel ultrasantrifügasyonu sırasında parçalanır; membranlar, küçük veziküller şeklini alarak mikrozom denen yapıları oluştururlar; hücre içinde normalde bulunmayan mikrozomların arasında ise dağılmış bir halde ribozomlar bulunur.

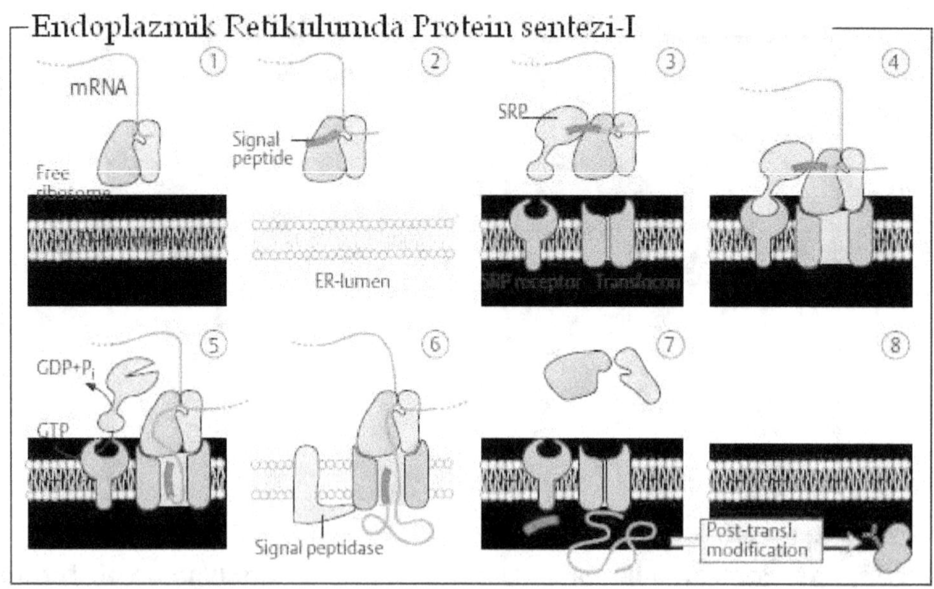

Endoplazmik Retikulumda Protein sentezi-II

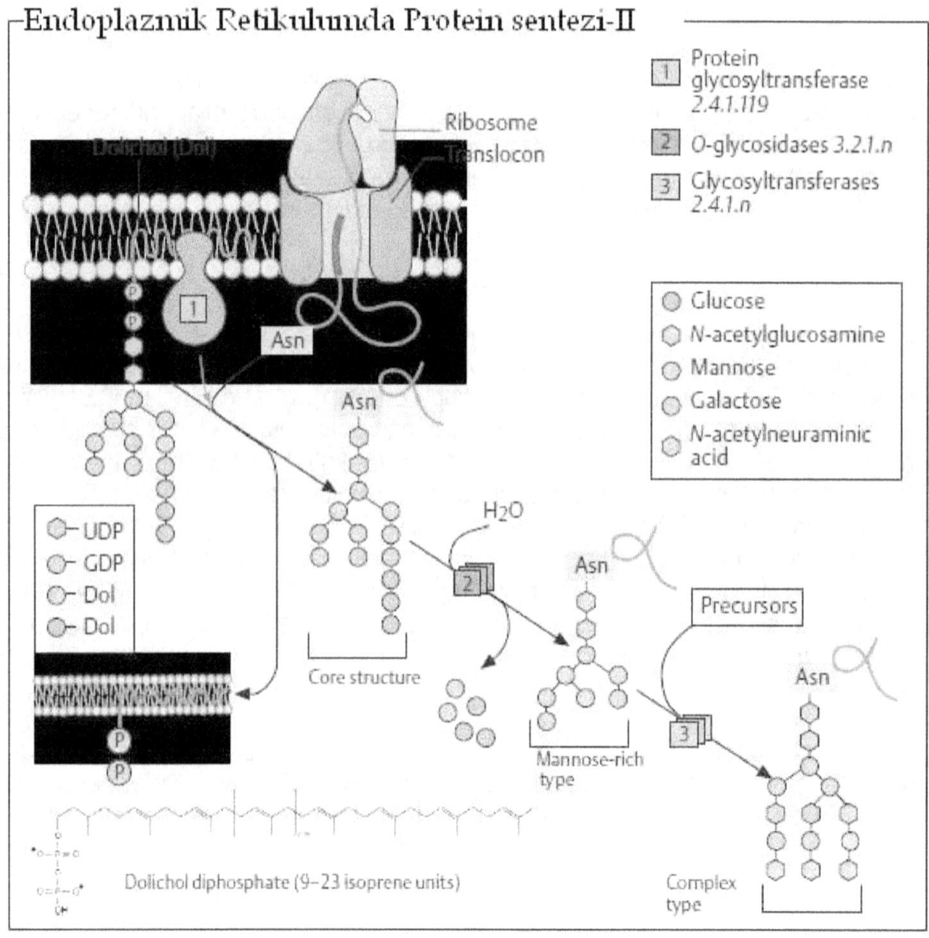

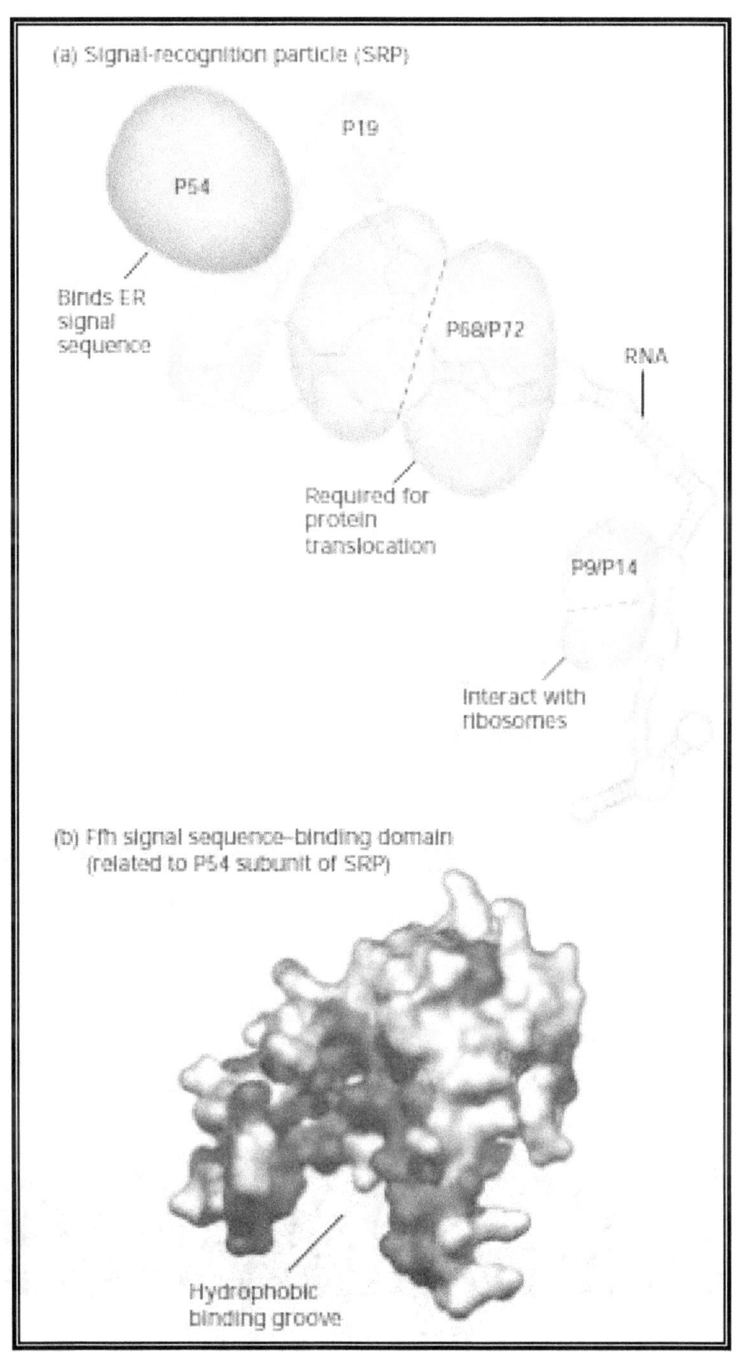

(a) SRP sinyal molekülü ile Ribozomda üretilen herhangi bir protein molekülünün ER tarafından tanınması ve ayrıştırılması sağlanır. **(b)** Bununla birlikte, ER tarafından gerçekleştirilen hücre içi sinyal senkronizasyonu molekülün istenilen büyüklüğe ve polariteye ulaşınca durdurulmasını sağlar.

Endoplazmik Retikulum ve Golgi Kompleksi

Morphological structures
Nucleus
Biochemical processes
1. rER
2. Transport vesicle
cis
medial
trans
trans-Golgi network
3. Golgi complex
4. Lysosome
5. Secretory vesicle
6. Cytoplasmic membrane
Membrane protein
1. Transport
2. Protein synthesis and folding
Signal peptide cleavage
Formation of disulfide bonds
Oligomerization
N-Glycosylation
folding
3. cis:
Phosphorylation
medial:
Sugar cleavage
Addition of GlcNAc
Addition of Gal and NeuAc
trans-Golgi network:
Sorting
4. Hydrolysis of macromolecules
5. Proteolysis
6. Exocytosis

Endoplazmik Retikulum (Morfolojik yapıdan bir detay)

Phospholipids
Cholesterol
Steroid hormones
Outside
Calcium store
Plasma membrane
Inside
Ca2⊕
Xeno-biotics
Metabolites
Enzyme systems of the lipid metabolism

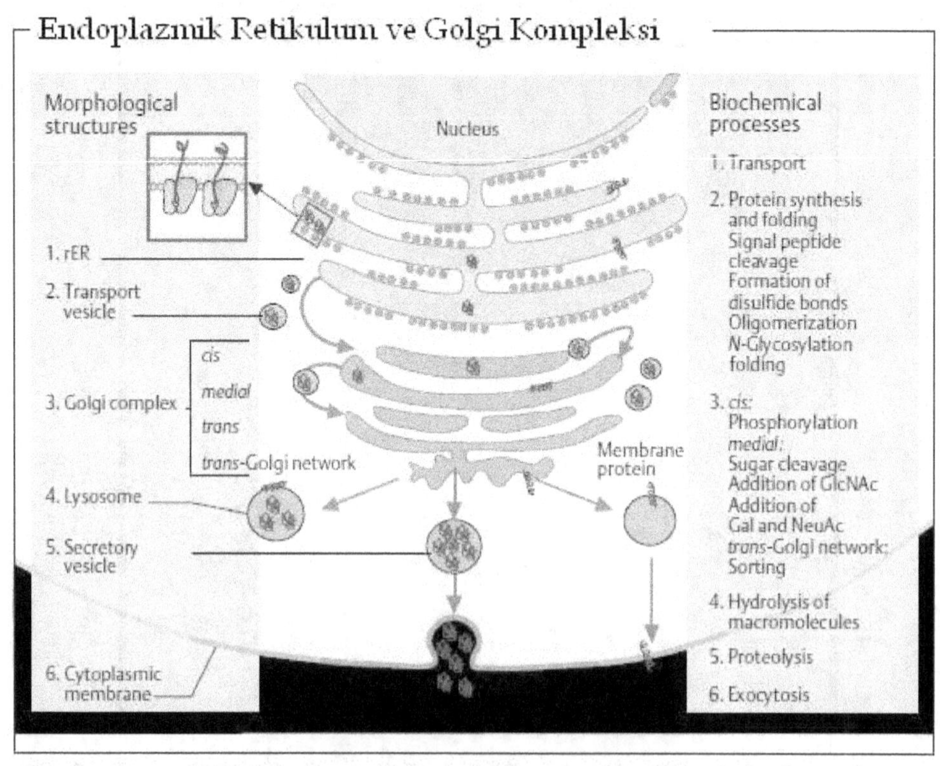

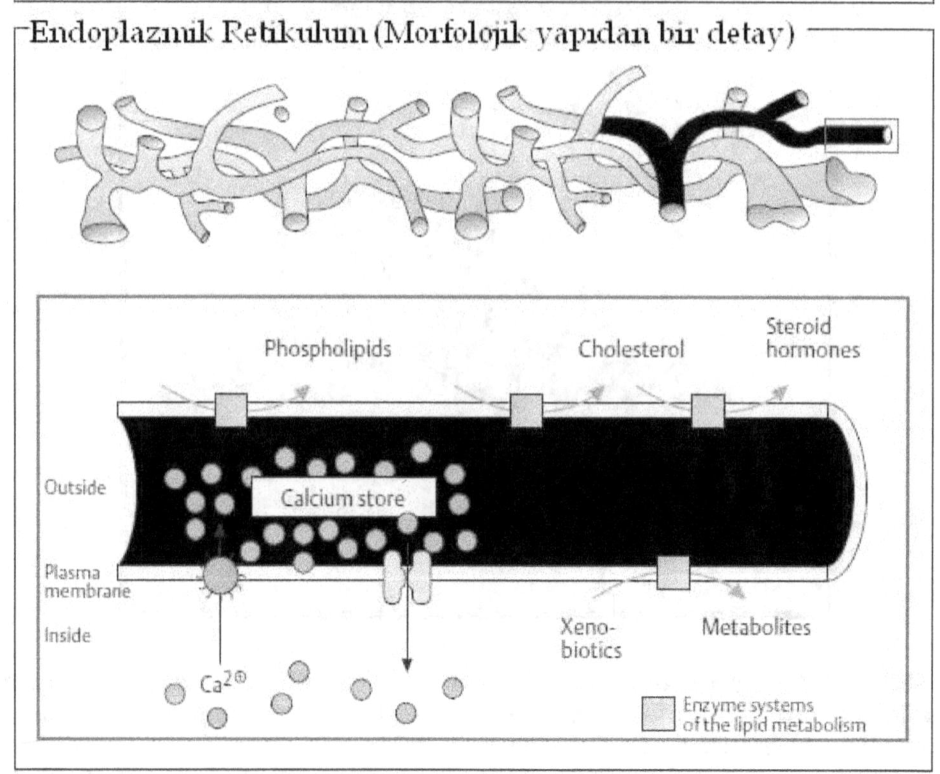

434

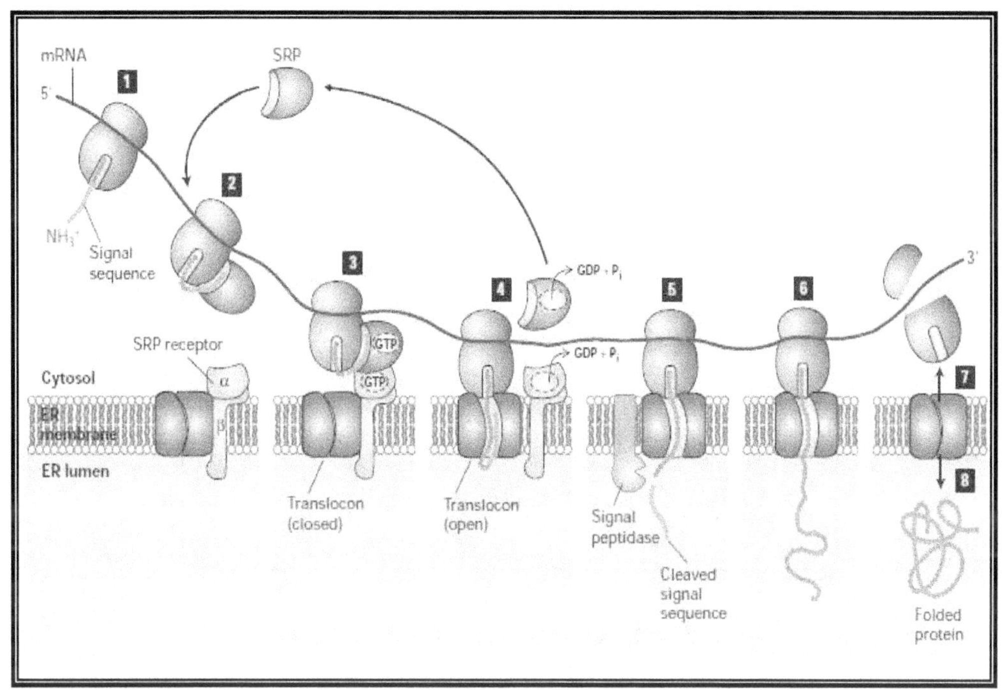

Endoplazmik Retikulum (ER) içerisindeki protein sentezinin ara basamaklarından birisini gösteren bir başka diyagram.

GOLGİ AYGITI (GOLGİ APARATI, GOLGİ KOMPLEKSİ)

Golgi aygıtı, memelilerin hücrelerinde genellikle yassılaşmış vezikül ve keselerden oluşmuş bir halde bulunan organeldir:

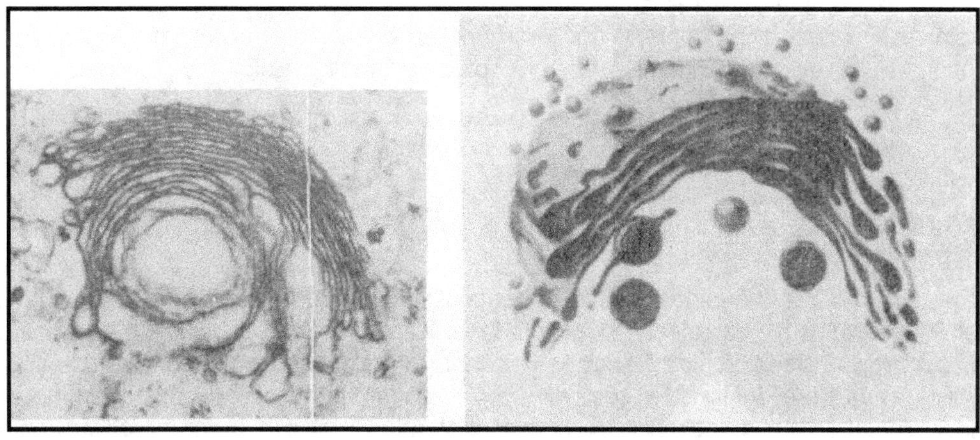

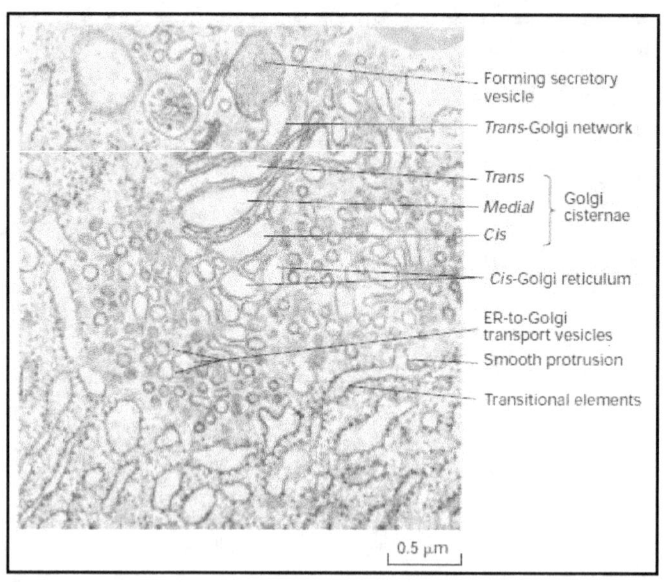

Golgi Kompleksi (Elektron Mikroskobu)

Golgi aygıtı, özellikle salgı yapan hücrelerde gelişmiştir. Golgi aygıtı, yeni membranların oluşum yeridir. İçlerinde çeşitli protein ve enzimlerin bulunduğu membran vezikülleri Golgi aygıtında oluşturulur ve uygun sinyal sonrası hücreden sekrete edilirler (ayrıştırılırlar). Hücredeki ribozomlarda sentezlenen proteinler, Golgi vezikülleri içine girerler; şekillenip olgun salgı granülleri haline geldikten sonra zarla çevrili olarak organelden ayrılır ve daha sonra ekzositoz yoluyla hücre dışına atılırlar. Golgi aygıtı, endoplazmik retikulumda sentezlenip hücreden salgılanacak proteinlerin sevkiyat merkezi ve glikoproteinlerin modifikasyon merkezidir; Golgi membranları, karbonhidrat ve lipid prekürsörlerinin glikoprotein ve lipoprotein oluşturmak üzere proteinlere transferini katalizler.

Golgi aygıtında galaktozil transferaz gibi, glikoproteinlerin modifikasyonu ile ilgili enzimler, membran oluşumu ve sekresyon veziküllerinin oluşumu ile ilgili enzimler de bulunur. Protein modifikasyonu, proteinlerin doğru organelleri bulması ve proteinlerin hücre dışına taşınımı, Golgi aygıtının bilinen önemli fonksiyonlarıdır. Golgi aygıtı, lizozom ve peroksizomların oluşumunda da görev alır.

PEROKSİZOMLAR

Peroksizomlar, yağ asitlerinin ve amino asitlerin yıkılımı, hücrede gerekli miktarda hidrojen peroksidin oluşması ve parçalanması ile ilgili taneciklerdir; *"mikrobody"* adı ile de bilinirler. Peroksizomlar, granüler bir matriks içerirler; şekilleri, bulundukları dokuların fonksiyonlarına göre değişkenlik gösterir. Peroksizomlar, peroksidaz, katalaz, amino asit oksidaz gibi enzimleri içerirler. Peroksizomlar, oksijen kullanırlar, hidrojen peroksit üretirler ve hidrojen peroksidi kullanırlar:

436

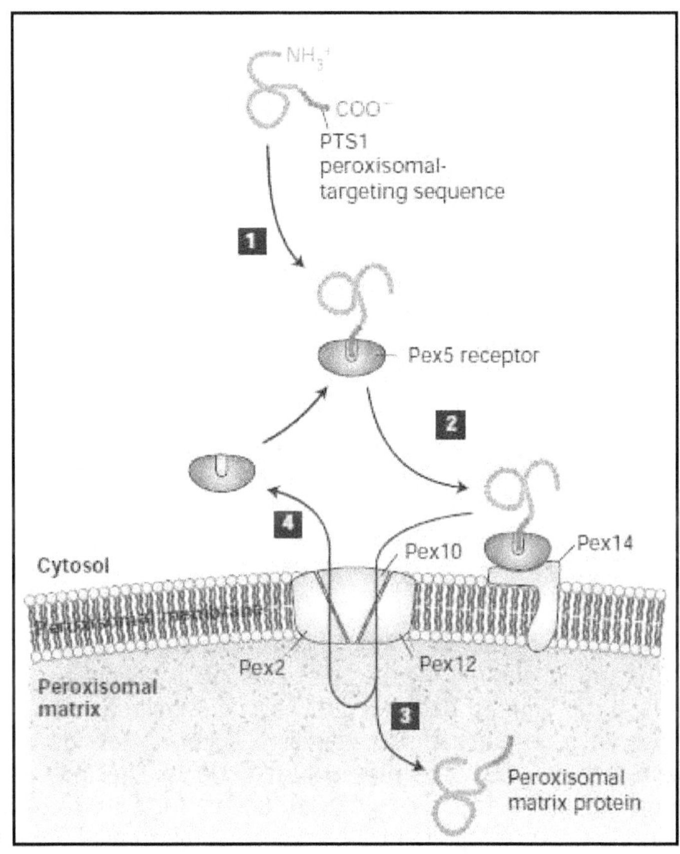

Yağ asitleri ve proteinlerin Peroksizom içerisinde yıkılımını gösteren bir diyagram.

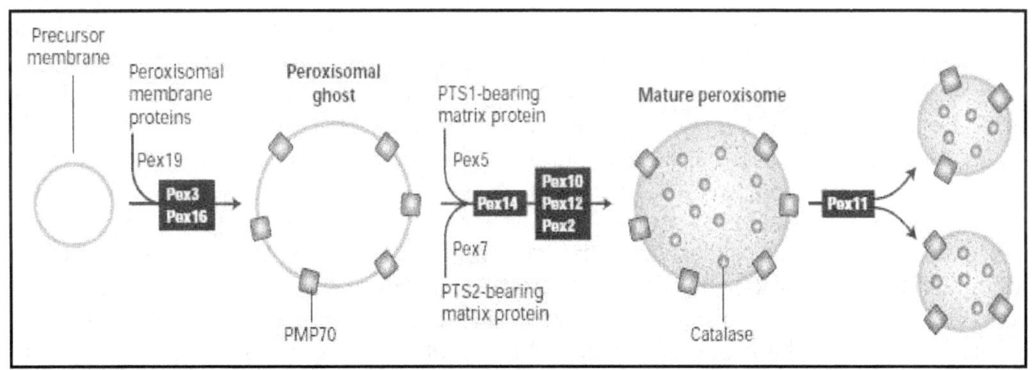

Katalaz enzimiyle amino asit parçalanmasını gösteren bir grafik.

Peroksizomlarda, ayrıca D-amino asitlerin, ürik asidin, 2-OH asitlerin, uzun zincirli yağ asitlerinin oksidasyonu ile gliserolipidlerin ve plasmalojenlerin sentezleri gerçekleşir.

LİZOZOMLAR

Lizozomlar, stoplazma içinde tek membranla sınırlanmış kese veya taneciklerdir. Lizozomların büyüklükleri ve morfolojik yapıları, gelişim evrelerine göre çok çeşitlidir. Primer lizozomlar, golgi keselerinden boğumlanarak ayrılan küçük veziküllerin birleşmesi ve içeriklerinin yoğunlaşmasıyla oluşan aktif hidrolaz depolarıdırlar.

Lizozomal matriks pH'ı, sitozol pH'ından düşüktür. Lizozomal enzimler olan hidrolazlar, asit ortamda en iyi iş gören proteazlar, glikozidazlar, lipazlar, asit fosfatazlar, esterazlar, glukuronidazlar, sülfatazlar, lizozimler, katepsin, RNAz'lar, DNAz'lar gibi enzimlerdir. Farklı dokuların lizozomlarındaki enzimler de farklıdır. Lizozomlar 0.2-2 µm yarıçapında hücre plazmasında tek parça halinde yüzen organellerdir. Lizozomların önemli bir görevi de, ATP sentezi sırasındaki V numaralı proton pompasını aktive eden enzimleri H^+ iyonları ile V kompleksinin zar yüzeyine yönlendirmesidir. Ayrıca hücrenin midesi olarak düşünülebilir, çünkü ürettiği 40 kadar hidrolaz enzimi ile hücre içerisindeki makro molekülleri inhibe eder ve parçalar. Ayrıca ihtiyaç duyulan bazı lizozomal enzimler için gerekli olan proteinler, Endoplazmik Retikulum'da sentezlenir ve lizozom zarından içeri alınır.

Primer lizozomların yine bir vezikül içinde bulunan, parçalanıp sindirilecek yapılarla birleşmesi ve enzimlerini bunların içine boşaltması sonucu sekonder lizozomlar oluşur. Sekonder lizozomların görünümü değişkendir; bazı durumlarda artık cisimler yüksek oranda lipid içerirler ve uzun süre kalırlar, zamanla lipid yapı okside olur ve renkli bir görünüm alır. Lizozomlar, genel hücre metabolizması ve işi sırasında devamlı harcanıp yıpranan hücre organellerini ve endositoz yoluyla hücreye fazla miktarda çekilmiş madde ve partikülleri enzimleriyle parçalar, sindirir ve böylece stoplazmayı bunlardan temizlerler. Hücrenin stoplazmik proteinleri ve glikojen tanecikleri gibi moleküller bulundukları yerlerde yıkıldıkları halde diğer makromoleküllü bileşikler ve maddeler lizozomlarda yıkılırlar.

Hücresel sindirim, protein, karbonhidrat, lipid ve nükleik asitlerin hidrolizi lizozomların önemli fonksiyonlarıdırlar. Lizozomlar, sekretuar işlevlerde de görev alırlar; bitkilerde ve fotosentetik bakterilerde besin ara döngüsünü sağlayan ve **"Glukogenesis"** denilen bu karbondioksit döngüsü içeren sitrik asit döngüsü sırasında lizozom gerekli enzimleri üreterek glukozun sentezlenmesini de sağlar ve prekursor protein moleküllerinde spesifik bağları kopararak aktif protein oluşumunu ve hücreden sekrete edilmesini sağlarlar. Lizozomlar, bağ dokusu, prostat ve embriyogenezde önemli organellerdir. Lizozomal enzimler, hücrenin ölümünden sonra otolizde rol oynarlar. Hücrede makromoleküllerin ve maddelerin lizozomal yıkılması yaşam için önemli bir prosestir; sfingomiyelin ve karbonhidrat içeren bazı sfingolipidler hücrede az miktarda bulundukları halde bunları yıkan lizozomal enzimler kalıtsal olarak eksik olursa hücrede birikirler ve lizozomal depo hastalıkları denen çeşitli hastalık tabloları ortaya çıkar. Birçok genetik hastalıkta lizozomal enzimlerin yokluğu gösterilmiştir; etkilenmiş hücrelerde sindirilemeyen materyal hücrenin genişlemesine ve normal hücresel işlevlerin bozulmasına neden olur.

Lizozomal membranlar küçük ve büyük moleküllere geçirgen değildir; madde geçişinde protein yapısında mediyatörler rol alır. Canlı hücrede normal şartlarda lizozomların yüzey membranları lizozom enzimlerinin stoplazma içine dağılmalarına engel olur; böylece protein, nükleik asit, glikolipid gibi önemli bileşiklerin lizozomal enzimler tarafından yıkılmaları önlenir. Fakat kömür, silisyum gibi lizozomlarda enzimleri olmayan ve suda çözünmeyen partiküller lizozomlarda birikirse, lizozom yüzey membranı yırtılır ve açığa çıkan lizozomal hidrolazlar hücreyi tahrip ederler. Akciğerlerde silikozis ve pnömokonyoz oluşmasında, gutta eklem ağrılarının ortaya çıkmasında böyle bir durum söz konusudur.

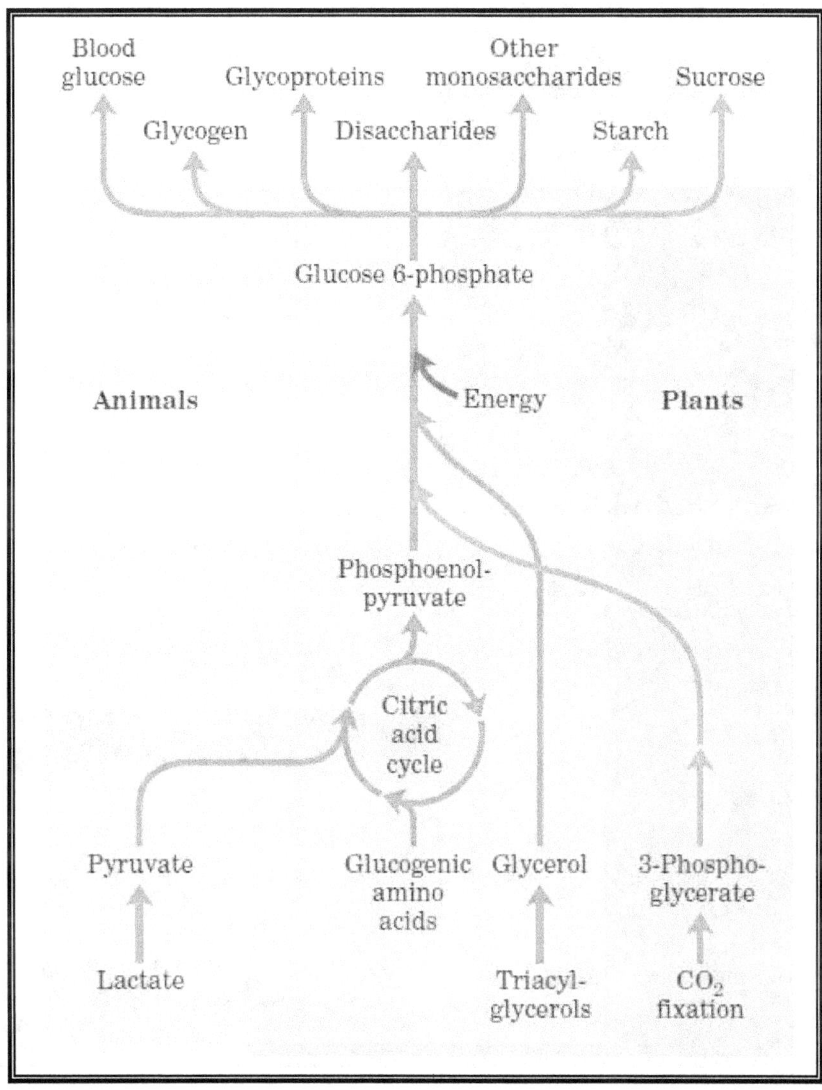

Diyagram: Bitki hücresinde lizozom içerisinde gerçekleşen karbonhidrat sentezi sırasındaki prekursor döngüsü. Bitki ve hayvan hücrelerinde besin sentezini sağlamak için bu şekilde yüzlerce precursor metabolizma döngüsü gerçekleştirilir. Precursor döngüsü sırasında yaklaşık 40 kadar enzim aktive olur.

Golgi Kompleksinde üretilen molekülün Lizozomdan atılması

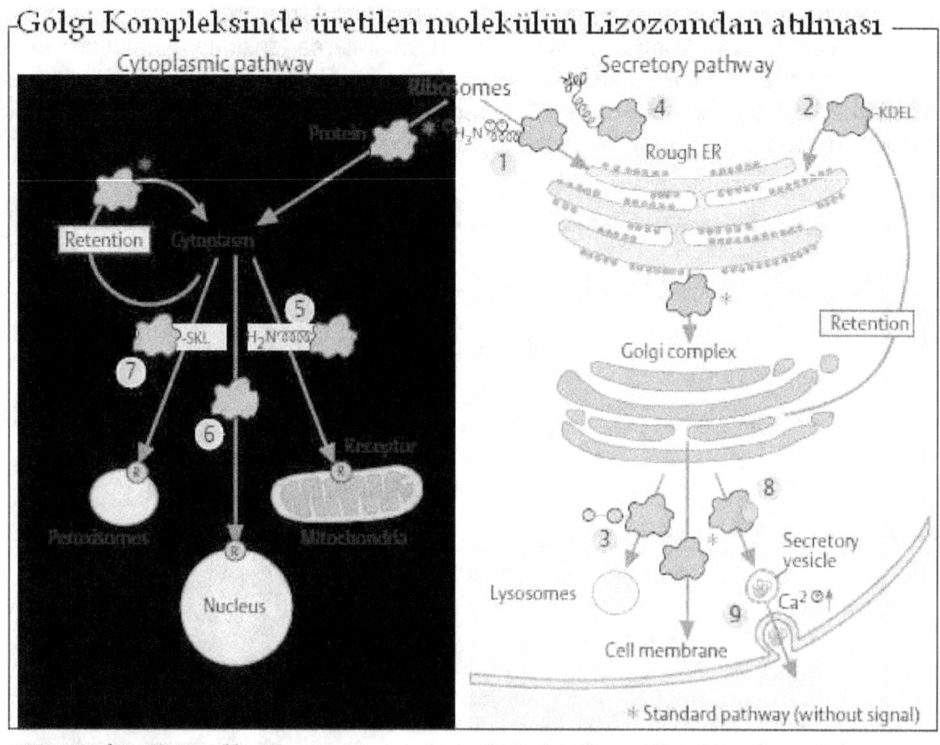

Transfer Sinyalleri

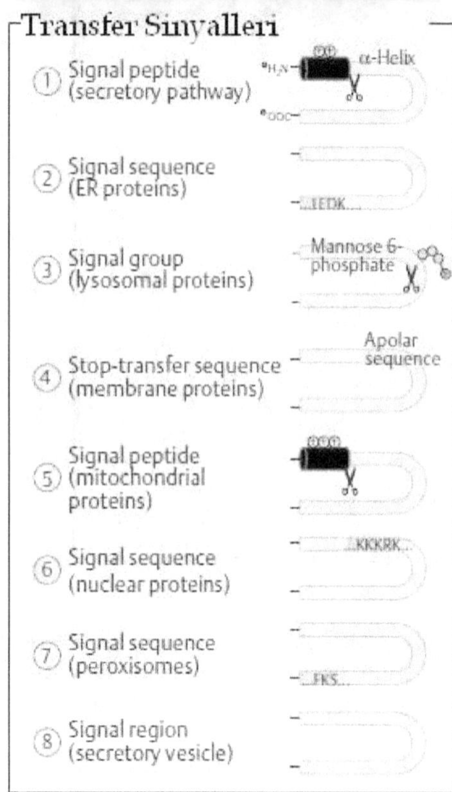

Ekzositos Yoluyla boşaltım

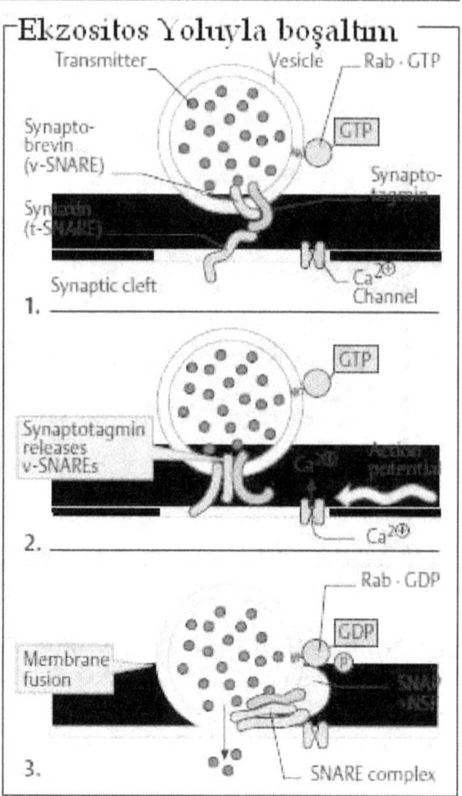

Lizozomun Yapısı

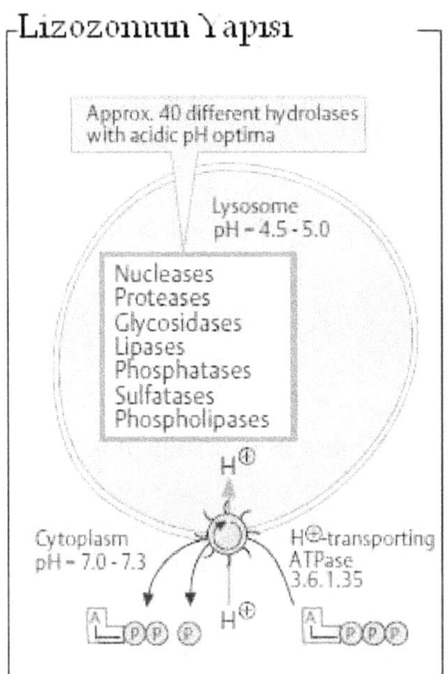

Lizozomun Fonksiyonları

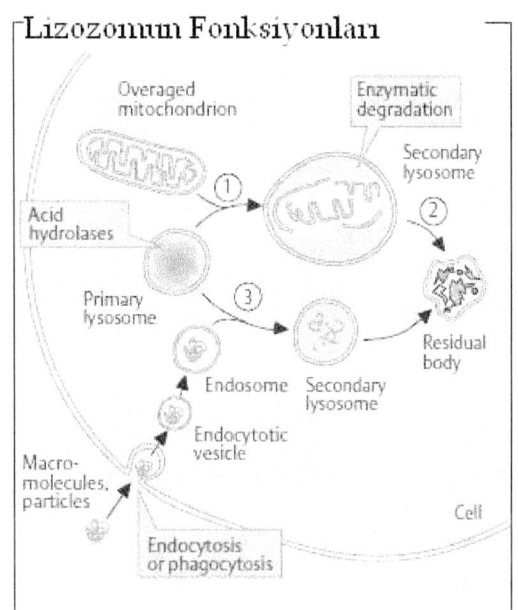

Lizozomal proteinlerin Sentezi ve Taşınması

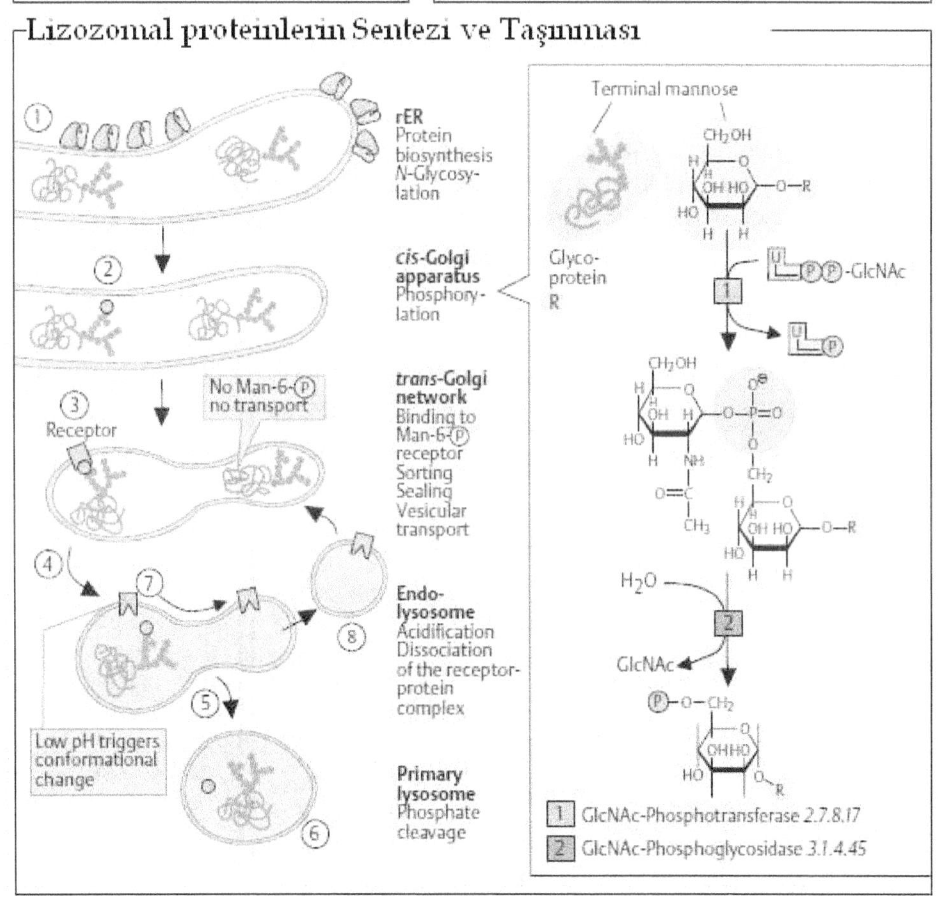

441

SENTRİOLLER

Sentrioller, hayvan ve bazı ilkel bitki hücrelerinde nükleus yanında veya nükleusa bitişik, koyu boyanan iki küçük organeldir. Sentrioller, büyük miktarda protein, az miktarda lipid ve polisakkarit içerirler.

Sentrioller, hücre bölünmesi sırasında kutuplara çekilerek aster yahut iğ ipliklerinin tutunmasını sağlarlar.

SİTOSKLETON

Sitoskleton, intrasellüler fibriler yapılardır; fibröz proteinlerden yapılmış mikrotubuli ve mikroflamanları kapsar:

Mikrotubuluslar, İntrasellüler transportta görevlidirler; ekzositoz ve endositozda rol alırlar. Hücrenin gereksinimine göre ortaya çıkan bir polimer protein olan tubulin tanımlanmıştır.

Mikroflamanlar, Kontraktil yapılardır; hücre morfolojisi ve hücre motilitesinde önemlidirler; hücre bölünmesinde ve mikrovillusların oluşumunda görevlidirler. En önemli hücresel flamanlar çizgili kaslarda bulunmaktadırlar; hücresel kontraksiyondan sorumludurlar.

Kimyasal enerjiyi hücre komponentlerinin hareketi için mekanik enerjiye dönüştüren proteinler olarak **myosin**, **dynesin** ve **kynesin** tanımlanmıştır; ancak enerji dönüşümü metabolizması halen detaylı olarak açıklanabilmiş değildir. Aşağıda bu mekanizmanın nasıl oluştuğunu tasvir eden myosin ışık reaksiyonlarına ait bir grafik çizim verilmektedir:

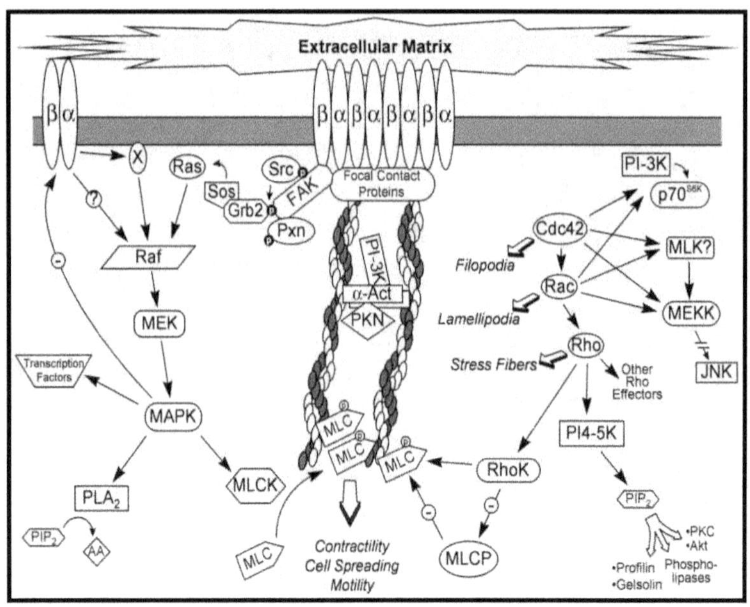

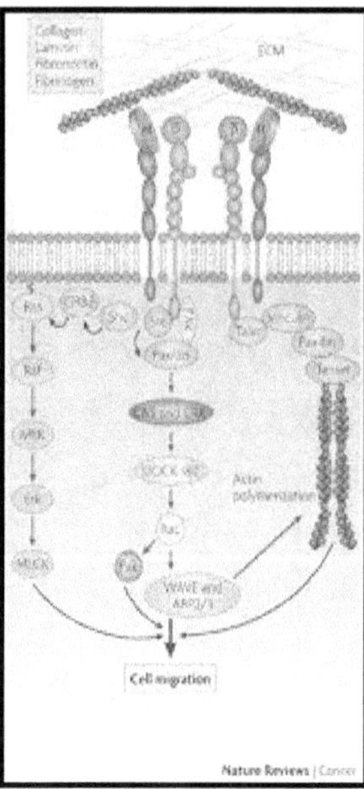

Mikroflamanlar ve Ara Flamanları

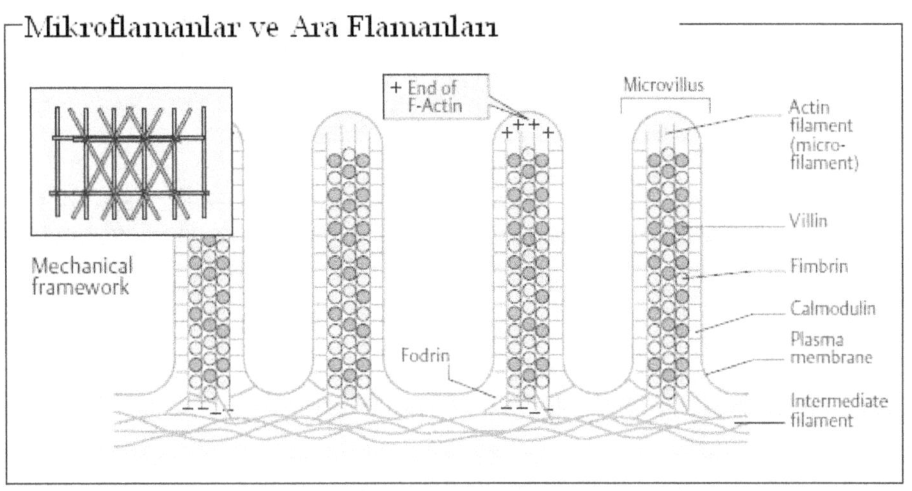

Mikrotübüller ve Çalışma Mekanizmaları

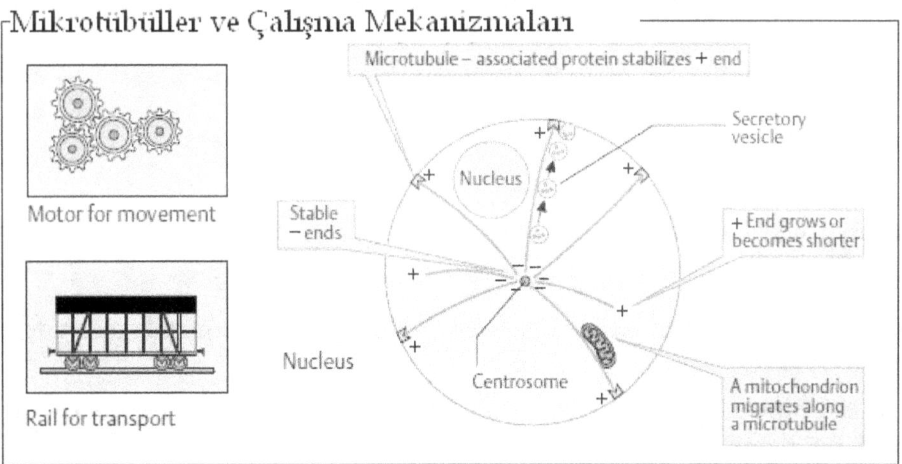

Stoskletonları oluşturan Mikrotübül ve Mikroflamanların Yapısı

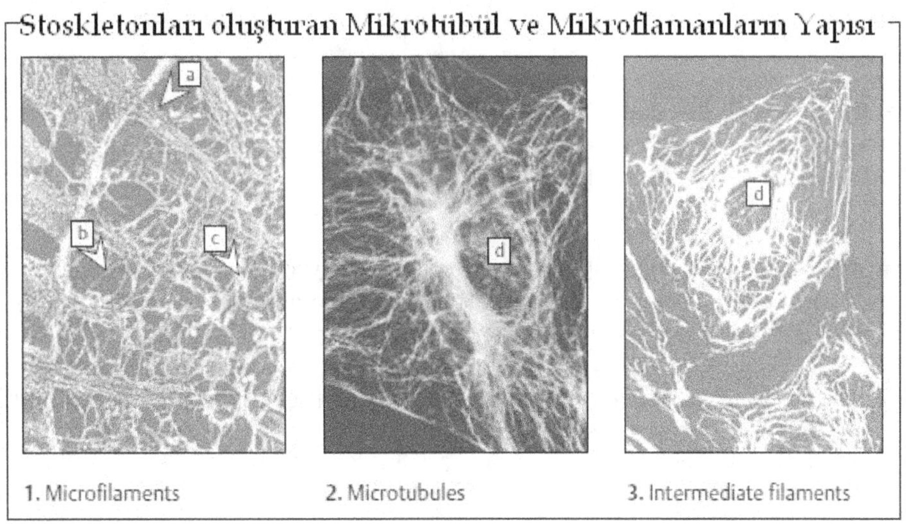

2- HÜCRE İÇERİSİNDE GERÇEKLEŞEN VE CANLILIĞI MEYDANA GETİREN BİYOKİMYASAL MEKANİZMALAR

Bu kısımda, Hücre içerisinde gerçekleşen bazı önemli metabolik mekanizmaları hücrenin en dış kısmı olan hücre zarından başlayarak en iç kısımlardaki mitokondrilerde gerçekleşen bazı madde geçişi reaksiyonları ve enerji üretim basamaklarına kadar detaylı olarak incelenecektir.

HÜCREDE MEMBRANLARININ YAPI VE FONKSİYONLARI

Hücre membranlarında çeşitli özellikler tanımlanmıştır:

1) Membranların trilaminar bir görünümü vardır.

2) Membranlar simetrik değildir.

3) İç membran katmanı dıştan daha kalındır.

4) Ortadaki genişlik 7-10 nm'dir.

5) İntrasellüler membranlar plazma membranlarından daha incedir.

6) Membranların yüzeyi düz değildir; globüler şekilli komponentler membrandan dışarıya çıkıntı yapmışlardır.

7) Hücresel membranlar çevreledikleri ortamın kompozisyonunu belirli transport sistemlerle korurlar.

8) Plazma membranları hücre tanınmasında ve hücre şeklinin korunmasında önemlidirler.

Membranlar, asimetrik bir iç ve dış yüzeyi olan asimetrik tabaka tarzında kapalı olan çift katlı yapılardır. Bu tabaka tarzındaki yapılar, termodinamik olarak stabil ve metabolik olarak aktif nonkovalant topluluklardır.

Membranların ana komponentleri lipidler ve proteinlerdir; membranlar az miktarda glikoprotein ve glikolipid içerirler; serbest karbonhidrat membranlarda yoktur. Hücre içinde veya hücreler arasındaki değişik membranlar farklı bileşimlere sahiptirler. İç membranların protein miktarı daha yüksektir; protein yüzdesi myelin kılıfında % 20, mitokondri iç membranında ise % 70 kadardır. Membranların çok faklı işlevleri gözönünde tutulduğunda farklı bileşimlere sahip olmaları şaşırtıcı değildir:

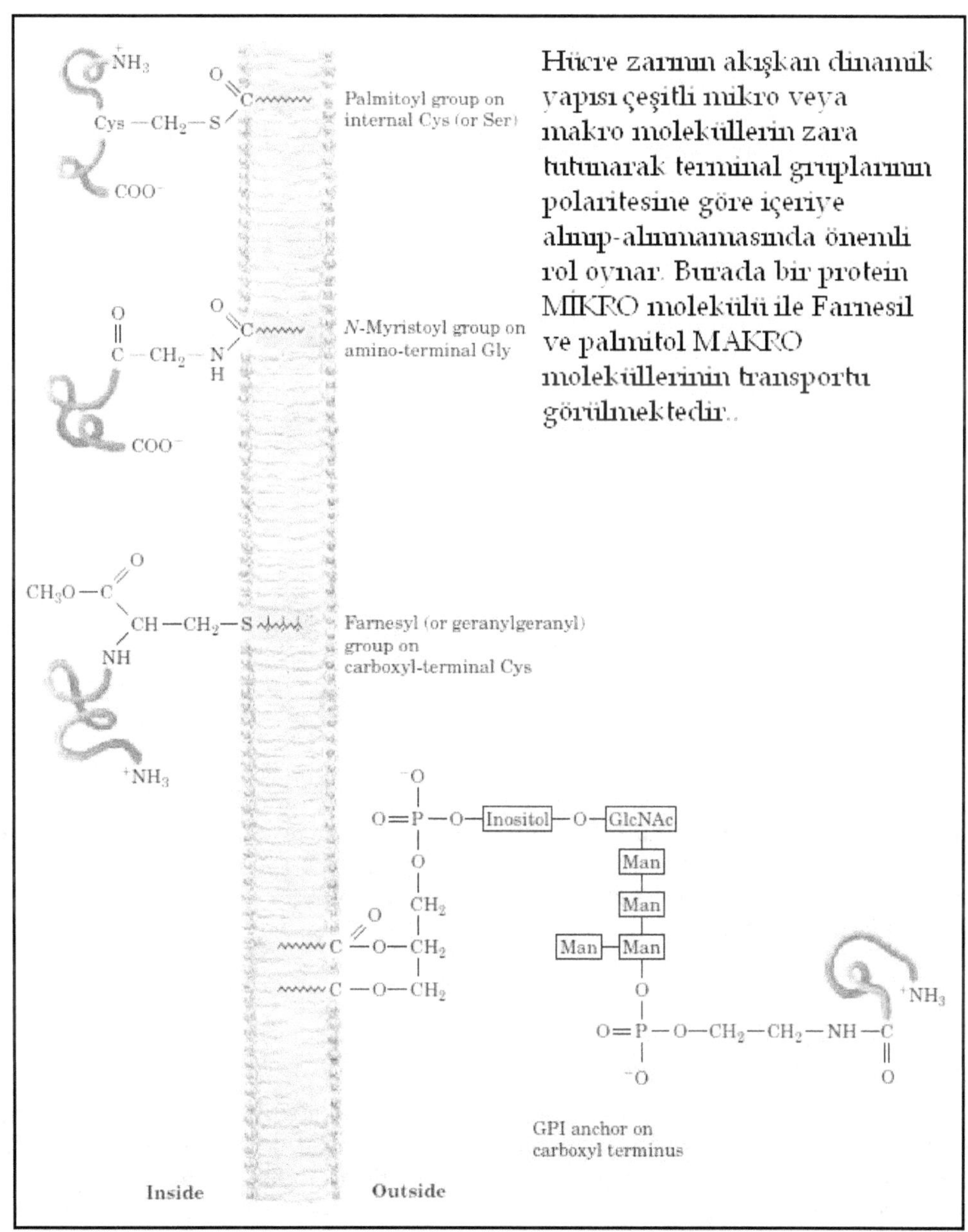

Hücre zarının akışkan dinamik yapısı çeşitli mikro veya makro moleküllerin zara tutunarak terminal gruplarının polaritesine göre içeriye alınıp-alınmamasında önemli rol oynar. Burada bir protein MİKRO molekülü ile Farnesil ve palmitol MAKRO moleküllerinin transportu görülmektedir..

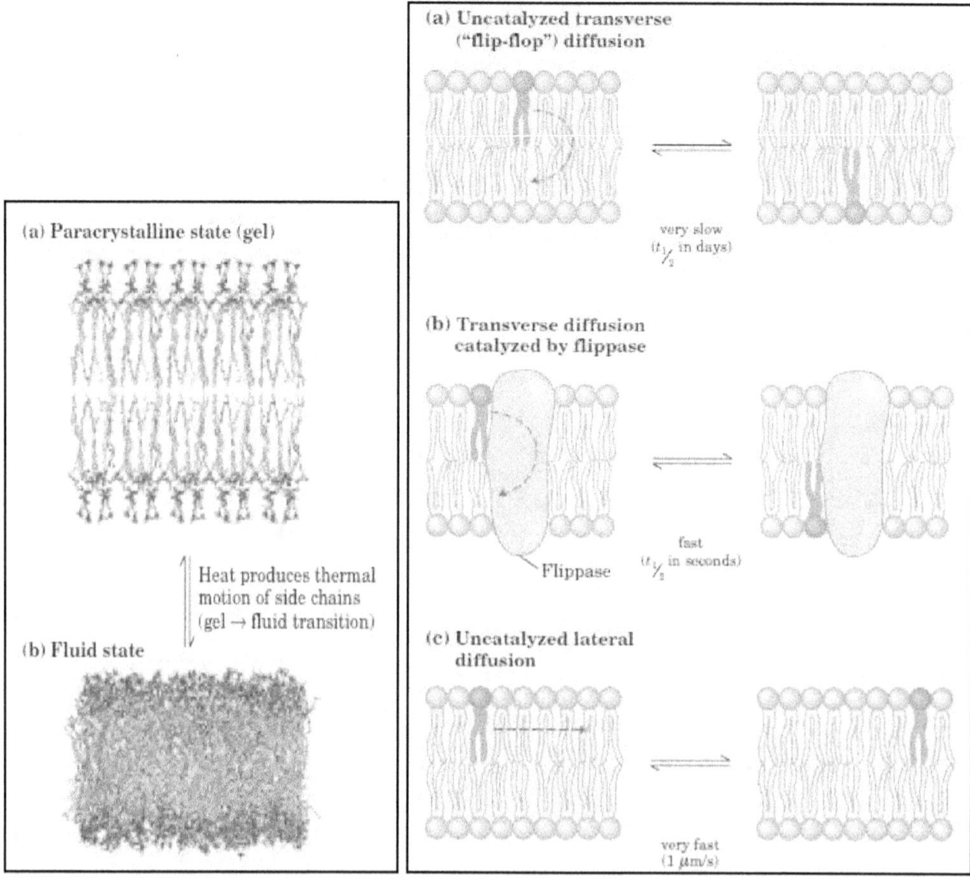

Hücre zarının çift katlı dinamik yapısı, ısıya bağlı transport işlemlerinde de etkili olur. Bu durumda molekülün içeri alınma süresi de bu parametrelere ve molekül büyüklüğüne bağlı olarak (*a*-yavaş, *b*-hızlı veya *c*-çok hızlı) şeklinde bir değişkenlik gösterecektir.

Memeli membranlarının temel lipidleri; Fosfolipidler, glikosfingolipidler ve kolesteroldür. Lipidler, hayvan hücre plazma membranlarının % 50'sini oluştururlar; 1 μm x 1 μm alandaki lipid çift tabakası içerisinde yaklaşık 5×10^6 lipid molekülü yer almaktadır. Sıçan ve insan karaciğer mitokondrilerinde membran lipid kompozisyonları benzerlik göstermektedir. Membran lipid kompozisyonu açısından en fazla varyasyon gösereni plazma membranlarıdır; çünkü beslenmeden etkilenmektedir. Plazma membranlarında nötral lipid ve sfingolipidler çok fazladır; sinir dokusunun aksonlarındaki myelin membranlarda glikosfingolipidler oldukça yoğundur. İntrasellüler membranlar en çok fosfogliserid içerirler; intrasellüler yapılardan mitokondri, nükleus ve düz endoplazmik retikulum membranları benzerlik gösterirken; golgi ve plazma membranları diğer organellerden ve birbirlerinden farklılık gösterir.

Membranlarda bulunan iki temel fosfolipid grubundan birincisi ve daha olağan olanı fosfogliseridler (gliserofosfolipidler)'dir. Fosfogliseridlerde fosfodiester bağı ile gliserole bağlanan ana bileşikler kolin, etanolamin, serin, gliserol ve inozitoldür ki, membranlarda en sık olarak bulunan fosfogliseridler, fosfatidiletanolamin (sefalin) ve fosfatidilkolin (lesitin)'dir; iki fosfatidikasit (1,2-diaçilgliserol-3-fosfat)'in gliserol ile bağlı olduğu bileşik olan kardiyolipin, özellikle iç mitokondriyal membranlarda ve bakteriyel membranlarda yer alır. Fosfogliseridlerin yapısında yer alan yağ asitleri de miristik asit, palmitik asit, palmitoleik asit, stearik asit, oleik asit, linoleik asit, linolenik asit ve araşidonik asittir; satüre yağ asitleri gliserolün C_1'inde, ansatüre yağ asitleri ise C_2'sinde yer alırlar. Her doku ve hücre farklı fosfogliseridler içermektedir; dokunun fizyolojik ve patofizyolojik durumuna bağlı olarak fosfogliseridler ve yağ asitleri farklılık gösterir. İnsan kalbinde bulunan etanolamin fosfogliseridlerin % 50'sinden fazlası plazmalojenlerdir; plazmalojenlerde gliserolün C_1'inde eter bağlı uzun alifatik bir zincir bulunur.

Membranlarda bulunan fosfolipidlerin ikinci sınıfı, gliserol yerine bir sfingozin omurgası içeren sfingomyelinlerdir ki, bunlar myelin kılıflarında belirgindirler. Sfingozin, uzun zincirli ve bir amino grubu içeren yağ alkolüdür. Sfingozinin amino grubuna amid bağı ile bağlı uzun zincirli ansatüre bir yağ asidi gelirse seramid oluşur. Seramidin C_1'deki -OH grubunun fosforilkolin ile esterleşmesiyle sfingomyelin oluşur. Sfingomyelin, sfingolipid sınıfından da sayılır ki, memeli dokusunda en fazla bulunan sfingolipiddir. Myelinin yapısındaki sfingomyelinlerde karbon zincirler uzundur.

Membranlarda bulunan diğer sfingolipidler olan glikosfingolipidler, seramidden türeyen serebrozidler ve gangliozidler gibi şeker içeren lipidlerdir. Glikoserebrozidler (seramid+glukoz), nöron dışı dokularda bulunurlar; galaktoserebrozidler (seramid+galaktoz), beyin dokusu ve sinir dokusunda bulunurlar. Galaktoserebrozidlerdeki galaktozun C_3 pozisyonunda sülfat grubu ile esterleşmesi sonucu sülfatidler oluşur. Seramide bağlı çok sayıda şeker ünitesi içeren (terminal şeker ünitelerinden biri veye daha fazlası sialik asit) kompleks sfingolipidler olan gangliozidler, total beyin lipidlerinin % 5-8'ini oluştururlar.

Membranlarda en fazla olağan olan sterol, hemen tamamı memeli hücrelerinin plazma membranlarında yer alan ancak daha az miktarlarda mitokondri, Golgi kompleksleri ve nükleer membranlarda da bulunan kolesteroldür. Kolesterol, genellikle plazma membranının dış tarafına doğru gidildikçe daha bol bulunur.

Membranlarda tüm temel lipidler hem hidrofob hem hidrofil bölgeler içerirler; bu nedenle **amfipatik** olarak adlandırılırlar. Sonuç olarak, membranlar amfipatiktirler. Amfipatik membran lipidlerinde polar bir baş grubu ve nonpolar zincirler (kuyruk) bulunur; doymuş yağ asitleri düz zincirlidirler, genellikle membranlarda cis- formunda bulunan doymamış yağ asitlerinin kuyrukları ise kıvrıntılıdır.

Fosfolipid molekülleri, içerdikleri yağ asitlerine göre uzunluk farkı göstermektedirler; ayrıca yağ asitlerinden biri doymamıştır ve her bir doymamış bağ hidrofobik kuyrukta kırılmaya neden olur. Kuyruk uzunluğu ve yağ asidinin doymuş olması, fosfolipid moleküllerinin yerleşiminin dolayısıyla membran akıcılığının etkilenmesine neden olur. Membran lipidlerindeki doymamış yağ asitlerinin kuyruklarında kıvrımlar arttıkça membranlar daha gevşek biçimde sıkışmaya başlar ve sonuçta daha akışkan olurlar.

Fosfolipidlerin amfipatik doğası, molekülün iki bölgesinin birbirinden farklı olan çözünürlüklere sahip olduğunu ortaya koymaktadır. Su gibi bir çözgende fosfolipidler kendilerini, termodinamik olarak her iki bölgeyi tatmin edecek şekilde düzenlerler; bir misel yapısında, hidrofob bölgelerin sudan korunmalarına karşın hidrofil polar bölgeler sulu çevreye gömülü bir durumda bulunmaktadırlar.

Uygun konsantrasyonlarda lipid molekülleri spontan olarak biraraya gelip küresel misel yapılarını oluştururlar. Misel oluşumu, lipid konsantrasyonuna, sistemin ısısına, karışık lipidler varsa farklı lipidlerin konsantrasyonlarının oranlarına bağlıdır; misel oluşumu için gerekli konsantrasyona kritik misel konsantrasyonu denir. Sulu bir çevrede amfipatik moleküllerin termodinamik gereksinimlerini çift katlı tabaka karşılayabilir.

Lipid çift tabakaları stabildir; açil gruplarının hidrokarbon zincirlerinin nonkovalent etkileşimiyle ve yüklü baş gruplarının su ile etkileşmesi sonucu son derece stabil bir yapı oluşur. Çift tabaka içerisindeki fosfolipid molekülleri, lateral diffüzyon, kendi etrafında dönme, flip-flop (bir katmandan diğerine geçme) gibi hareketlerle komşu moleküllerle yer değiştirmektedirler; lipid çift tabakası sadece stabil değil, ayrıca tek tek moleküllerin kendi tabakalarında hızla hareket ettikleri akışkan bir yapıdır.

Kapalı çift katlı tabaka, membranların esansiyel niteliklerinden bir tanesini sağlamaktadır; hidrofob merkezinde çözünemeyeceklerine göre, çift katlı tabaka, suda çözünen moleküllerin çoğuna geçirgen değildir. Bir membranda bulunan değişik proteinlerin sayısı sarkoplazmik retikulumda 6-8 arasında, plazma membranında ise yüzün üzerindedir. Proteinler, enzimler, transport proteinleri, yapısal proteinler, antijenler ve muhtelif moleküllere ait reseptörlerden ibarettir. Her membran farklı protein tiplerine sahip olduğundan, tipik membran yapısı diye bir kavram yoktur; farklı membranların enzimatik markerları olarak bilinir.

Çoğu membran proteinleri membranın tamamlayıcı bileşikleridirler; fosfolipidler ile etkileşirler. Yeterli miktarda incelenmiş olan membran proteinlerinin hepsinin çift katmanın 5-10 nm'lik transvers aralığını tümü ile katettikleri gözlenir. Bu **integral proteinler** genelde globulerdir ve bizzat kendileri amfipatiktir. Bunlar, araya girmiş, çift katmanın hidrofob çekirdeğini kateden hidrofob bir bölge tarafından ayrılmış iki hidrofil uçtan meydana gelirler. İntegral proteinler membran çift katmanında asimetrik olarak dağılmışlardır; integral membran proteinlerinin yapıları aydınlandıkça bunların bazılarının çift katmanı pek çok defa aşabildikleri ortaya çıkmaktadır:

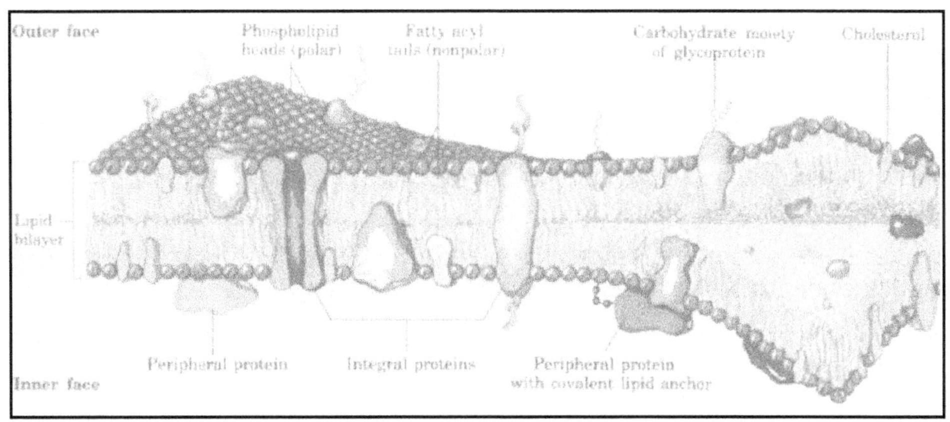

Fonksiyonel membranlar, sıvı bir fosfolipid matrikste dağılmış globuler integral proteinlerin iki boyutlu solüsyonlarıdırlar. Membran yapısının mozaik sıvı modeli 1922'de Singer ve Nicolson tarafından teklif edilmiştir. Membrandaki lipidlerin yerleşimleri asimetriktir; her tabaka sfingolipid ve fosfogliserid yönünden farklılık gösterir. Sfingomyelin dış yüzde iken, fosfatidiletanolamin iç yüzde yer alır; kolesterol her iki tarafta eşittir. Lipidlerde görülen bu asimetrik durum membran proteinlerinde de vardır; spesifik proteinler spesifik lipidlerin bir taraftan diğer tarafa geçişini kolaylaştırırlar. Katalize edilmeden bir taraftan diğer tarafa geçme (flip-flop) sfingolipid ve fosfogliseridler için çok yavaştır; polar baş grupların elektrostatik etkileşmeleri, hidrokarbon zincirlerin hidrofobik etkileşmeleri, kolesterol, protein-lipid etkileşmeleri bu hareketi zorlaştırır. Membranlardaki lipidler ve proteinler arasındaki etkileşim dinamiktir. Membranın lipid kısmı akışkandır ve içerisindeki lipid ve proteinler sürekli hareket ederler. Proteinlerin hareketi, lipidlerden daha yavaştır; hareketi kısıtlayan faktörler, diğer membran proteinleri, matriks proteinleri ve mikroflaman gibi hücresel yapısal elemanlardır. Bir lipid çift katmanında, yağ asitlerinin hidrofob zincirleri, esnekliği oldukça az olan bir yapı sağlamak amacıyla ileri bir düzenlenme ve sıralanmaya tabi olabilirler. Isı arttıkça, hidrofob yan zincirler daha çok sıvıyı andıran veya akışkan bir düzenlenmeyi benimseyerek düzenli halden düzensize doğru olan bir geçişe uğrarlar ki, yapının düzenliden düzensize doğru geçişe uğradığı ısı, **termodinamik geçiş ısısı (faz dönüşüm sıcaklığı)**'dır.

Faz değişiklikleri, dolayısıyla membranların akışkanlığı, membranların lipid bileşimine ve ısıya ileri derecede bağımlıdır. Uzun ve fazla satüre olan yağ asitleri daha yüksek geçiş ısıları gösterirler, yani yapının akışkanlığını artırmak için daha yüksek ısılar gerekir; düşük ısıda lipidler katı jel durumundadırlar. Doymamış hidrokarbon zincirlerindeki çift bağlar ise fosfolipid tabakasının akışkanlığını artırır; hidrokarbon zincirlerini biraraya toplamak zorlaşır. Kolesterol, membran fosfolipidleri arasına, hidroksil grubu sulu ara yüzeyde ve molekülün kalan kısmı yaprakçık içinde yer alacak şekilde yerleşir. Esnek olmayan sterol halkası, geçiş temperatürünün üzerindeki ısılarda fosfolipidlerin açil zincirleriyle etkileşir, bunların hareketini kısıtlar ve böylece membran akışkanlığını azaltır. Diğer taraftan temperatür geçiş temperatürüne yaklaşınca kolesterolün açil zincirleriyle karşılıklı etkileşimi bunların birbiri ile yan yana olan dizilmelerine müdahale eder; sıvı-jel geçişinin meydana geldiği ısıyı düşürür. Kolesterol, akışkanlığın ara fazlarını oluşturarak membranlarda bir moderatör molekül gibi davranır.

Kolesterolün membranlarda önemli fonksiyonları vardır:

1) Kolesterol, iyon pompası aktiviteleri için gereklidir.

2) Kolesterol, suda çözünen ufak moleküllere karşı lipid tabakasının geçirgenliğini azaltır.

3) Kolesterol, flip-flop hareketi için enerji bariyerini azaltır; çünkü küçük polar başı, lipid çift tabakası merkezinden kolay geçer.

4) Kolesterol, membrana mekanik stabillik sağlar. Kolesterol, -OH grubu ile, lipid çift tabakası içerisinde fosfolipid moleküllerinin polar başına yanaşır.

5) Kolesterol, membran akışkanlığında önemlidir; membran yapılarda katılık ve akışkanlığı düzenler. Kolesterolün yağ asidi zincirleri arasındaki sert düzlemsel yapısının akışkanlık üzerine İKİ türlü etkisi vardır:

Birincisi: Katıdan sıvıya geçiş ısısının altındaki sıcaklıklarda sterol yapı yağ açil zincirlerinin paketlenmiş tarzda düzenlenmesini engelleyerek membranın akışkanlığını artırır; geçiş ısısının üzerindeki ısılarda ise sterol yapı, komşu yağ açil zincirlerinin özgür hareketlerini kısıtlayarak akışkanlığı azaltır. Kolesterol, periferal bölgelere doğru membranlara sert yapı kazandırır; membranın iç kısmına kadar uzanamaz. Lipid çift tabakasının hidrokarbon zincirlerin uçlarının olduğu santral bölge hareketin en fazla olduğu bölgedir.

İkincisi: Yağ asidi ve kolesterol içeriği diyet gibi birçok faktör tarafından düzenlenen membranın farklı bölgelerinde akışkanlık olarak da farklılık gösterir. Farmakolojik ajanlar da membranları etkilemektedir. Örneğin, anesteziklerin uyku getirici ve kas gevşetici özellikleri, belirli hücrelerin membran akışkanlıklarını etkilemeleri ile ortaya çıkar. Anestezikler, *in vitro** olarak membran akışkanlıklarını artırırlar.

> ***In vitro:** *Sıklıkla biyoloji ve tıp alanlarında kullanılan bu terimlerden* **"in vivo"**, **"canlı ortamda ya da yaşayan koşullarda"**; **"in vitro"** *da* **"laboratuar ortamında ya da yapay koşullarda"** *anlamı taşımaktadır. Küçük bir örnekle biraz daha açıklamak gerekirse, yapay ortamda hazırlanmış doku örnekleri ya da bakteri kültürleri üzerinde denenen herhangi bir ilacın etkisi "in vitro" olarak çalışılmış olur. Daha sonra aynı ilaç canlı bir bünye üzerinde, doğal koşullarda denendiğinde de aynı çalışma "in vivo" olarak yapılmış olur.*

Bir membranın akışkanlığı, membranın fonksiyonlarını belirgin olarak etkiler. Membran akışkanlığı arttıkça, suya ve küçük hidrofil moleküllere olan geçirgenliği artar. Belirli bir fonksiyona katılan bir integral proteinin aktif bölgesi tümü ile bu proteinin hidrofilik bölgelerinde yer alıyorsa, lipid akışkanlığının değişmesi bu proteinin aktivitesi üzerine çok küçük bir etki oluşturabilir; buna karşın, integral proteinin aktif bölgesi bu proteinin lipid faza gömülü olan hidrofob bölgesinde yer alıyorsa, lipid akışkanlığının değişmesi bu proteinin aktivitesi üzerine anlamlı bir etki oluşturur.

Soğukkanlı hayvanlar kışın kış uykusuna yatarken, biyolojik membranları sıvı kristalden katı jel haline geçer; böylece enzim etkinlikleri en alt düzeye inerek biyolojik olaylar yani yaşam yavaşlatılır. Soğukkanlı hayvanlar, balıklar ve bakterilerin kış ve yaz aylarında biyolojik membranlarının lipid bileşimleri değişerek termodinamik geçiş ısısı (faz dönüşüm sıcaklıkları) buna göre ayarlanır; yaz aylarında biyolojik membran yapılarının -R gruplarında daha çok stearik asit grupları, kış aylarında ise daha çok oleik ve palmitoleik asit grupları bulunacak şekilde sentez olur.

BİYOLOJİK MEMBRANLARDAN MADDE GEÇİŞİ
[BİYOKİMYASAL (TRANSPORT) MEKANİZMALARI]

Hücre içi ve hücre dışı sıvıların içerikleri oldukça farklıdır:

	Madde	Hücre içi konsantrasyon (mM)	Hücre dışı konsantrasyon (mM)
Katyonlar	Sodyum	5-15	145
	Potasyum	140	5
	Magnezyum	0.5	1-2
	Kalsiyum	0.0001	1-2
	Hidrojen	$10^{-7.1}$ M (pH=7.1)	$10^{-7.1}$ M (pH=7.1)
Anyonlar	Klorür	5-15	110

	Çapı (nm)	Relative geçirgenlik
Su molekülü	0.3	1.0
Üre molekülü	0.36	0.0006
Suda çözünmüş sodyum	0.512	0.0000000002
Glikoz	0.86	0.000009

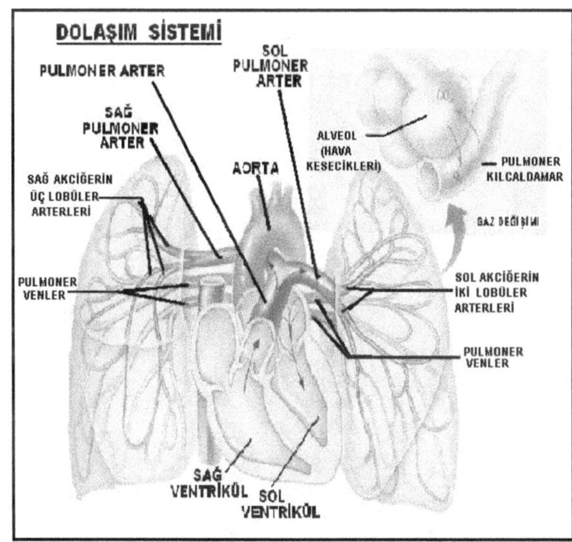

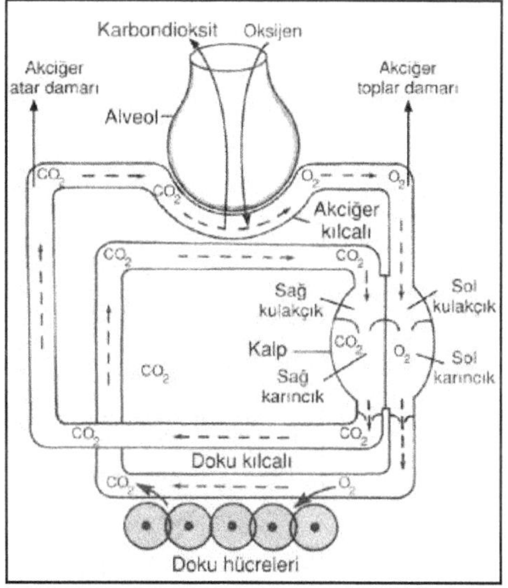

İnsan vücudundaki dolaşım sistemini genel olarak gösteren bir grafik. Canlı organizmalardaki dolaşım sistemi, hücreler arasındaki organizmanın ihtiyaç duyduğu organik ve inorganik maddelerin vücut sıvısı (kan) ile dokulara taşınarak buradan da oksijen veya karbondioksit gibi gazlar ile diğer inorganik moleküllerin hücreler arasındaki membranlardan geçişini ve madde değiş/tokuşunu sağlayarak organizmanın ihtiyaç duyduğu enerji tepkimelerinin hücre içerisinde gerçekleşmesini sağlayan motor bir vazife görür ki, bu durumda kalp bu mekanizmanın bir motoru ve akciğerler de hava filtresi ve böbrekler ise su dolaşımını sağlayan karbüratörü vazifesini görür.

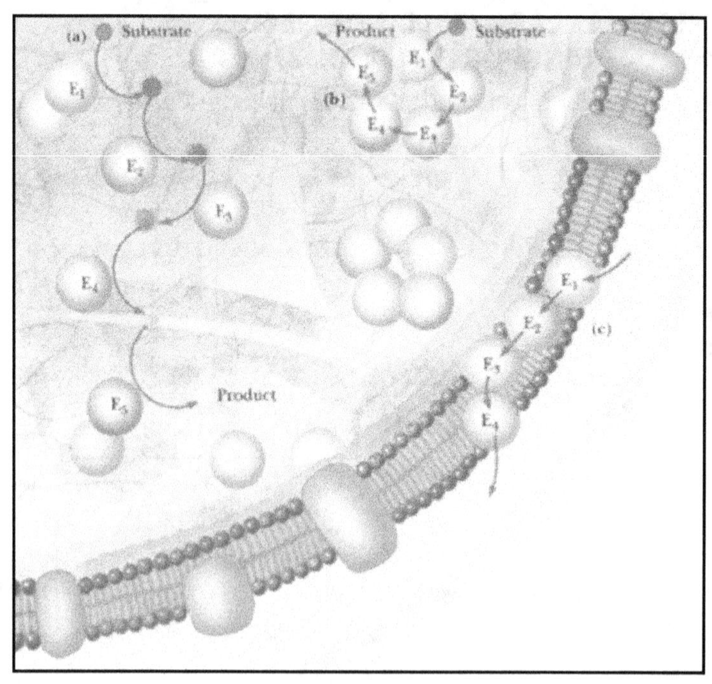

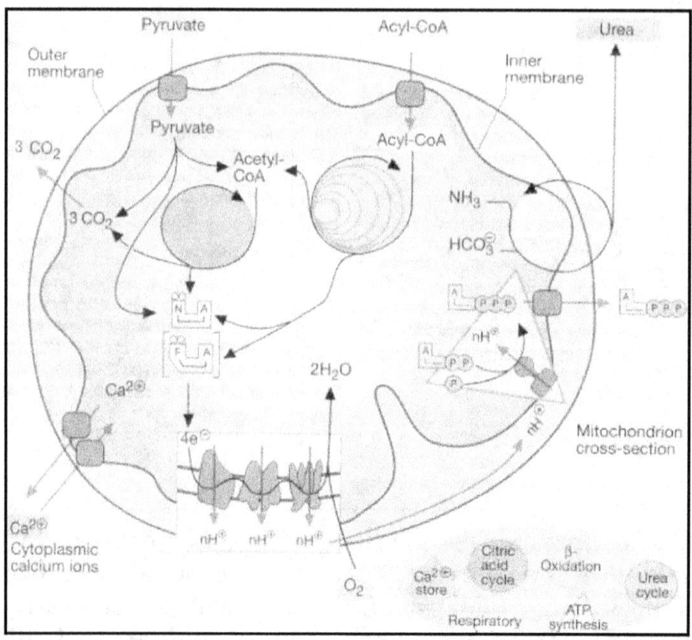

Hücresel membranlar üzerinde gerçekleşen transport mekanizmaları sayesinde, hücre içi ortam ile hücre dışı arasındaki kontrollü madde giriş/çıkışı sağlanır.

İşte, hücre içi ve hücre dışı sıvıların içerikleri arasındaki bu fark hücrenin devamlılığı açısından çok önemlidir. Zira, bu farkın devamlılığı hücre zarı tarafından sağlanır. Hücre dışında suda çözünmüş olan besin maddelerinin hücreye ulaşabilmesi için de membranı geçmeleri gerekir. Çift katlı lipid tabakasından oluşan hücre membranı suda çözünen pek çok madde için bir bariyer oluşturur; sadece su ve bazı iyonlar bu membranı kolayca geçebilir. Membrandan bir maddenin geçiş hızını belirleyen en önemli faktör maddenin *lipidite çözünürlüğü*'dür. Oksijen, azot ve alkollerin lipidite çözünürlüğü yüksek olduğu için membranı kolayca geçerler. Lipidde çözünmeyen moleküller de yeterince küçükse aynı şekilde lipid tabakayı geçebilirler; molekül büyüdükçe geçiş azalır.

İyonların membrandan geçmemelerinin nedeni, taşıdıkları elektrik yükleridir. Elektrik yükleri iki mekanizma ile iyonların membranlardan geçişini engellemektedir:

1) İyonlar, elektrik yükleri nedeniyle suya bağlanarak hidratlanmış iyonlar oluştururlar ve böylece iyonun çapı artar.

2) İyonun elektrik yükü çift katlı lipid tabakanın elektrik yükü ile etkileşir.

Biyolojik membranlardan madde geçişleri çeşitli şekillerde olabilir:

Pasif geçişler, konsantrasyon veya elektrokimyasal gradient yönünde dengeye doğru olur ve dışarıdan bir enerji gerektirmezler; aktif geçişte ise, konsantrasyon veya elektrokimyasal gradiente karşı olur ve enerji gerektirir.

MEMBRANLARDAN PASİF GEÇİŞLER

Basit Difüzyon ve İyon Kanallarından Geçiş

Su, alkol, üre, oksijen, azot, metan, CO_2 gibi küçük ve nonpolar moleküller biyolojik membranın fosfolipid çift katmanından veya integral proteininden diğer tarafa pasif olarak, yani hiçbir enerji gerektirmeden geçebilirler. Böyle bir geçişin olabilmesi için zarın iki yanında konsantrasyon (derişim) gradienti veya elektrokimyasal gradientin var olması gerekir; geçiş enerjisini bu gradientler sağlar.

Bir molekülün membranda uğradığı basit difüzyon, spesifik molekülün termal ajitasyonu, membrandaki konsantrasyon gradienti ve maddenin membran çift katmanına ait hidrofob merkezdeki çözünürlüğüne etki eder. Çözünürlük, eksternal sulu fazdaki bir solütün hidrofob çift katmana dahil olabilmesi için parçalanması gereken hidrojen bağlarının sayısıyla ters orantılıdır.

Lipidlerde iyi çözünmeyen elektrolitler su ile hidrojen bağları oluşturmazlar, fakat elektrostatik etkileşim ile hidrasyon sonucu bir su kabuğu kazanırlar ki, bu kabuğun büyüklüğü elektrolitin yük yoğunluğu ile direkt orantılıdır; büyük bir yük yoğunluğu olan elektrolitler daha büyük bir hidrasyon kabuğuna ve sonuçta daha yavaş bir difüzyon hızına sahiptirler. Örneğin Na^+'un yük yoğunluğu K^+'dan fazladır, bundan dolayı hidrasyona uğramış Na^+ hidrasyona uğramış K^+'dan daha büyüktür; sonuç olarak K^+, membrandan daha kolay geçer.

Doğal membranlarda transmembran kanalları yani seçici iyon iletici bölgeleri oluşturan proteinlerden meydana gelmiş gözeneksi yapılar bulunur. Na^+, K^+, Cl^- ve Ca^{2+} için hücre zarı membranında spesifik **iyon kanalları** tanımlanmıştır.

Katyon ileten kanallar, ortalama 5-8 nm kadar bir çapa sahiptirler ve kanal içerisinde negatif yüklüdürler. Kanalın permeabilitesi, büyüklüğüne, hidrasyonun derecesine ve iyondaki yük yoğunluğunun derecesine bağımlıdır. Sinir hücrelerinin membranlarında membran boyunca üretilmiş aksiyon potansiyellerinin etkisinden sorumlu olan çok iyi incelenmiş iyon kanalları bulunur. Bu kanalların bazılarının aktivitesi nörotransmitterler tarafından kontrol edilir; böylelikle kanal aktivitesi regüle olabilir. Bir iyon da diğer bir iyona ait kanalın aktivitesini düzenleyebilmektedir; örneğin, ekstrasellüler sıvının Ca^{2+} yoğunluğundaki bir azalma membran geçirgenliğini ve Na^+'un difüzyon hızını artırır. Bu durum membranı depolarize eder ve sinir deşarjını tetikler ki bu da düşük serum Ca^{2+} düzeyine özgü olan hissizlik, karıncalanma ve kas krampları gibi semptomların nedenidir. Kanallar, gelip geçici olarak açılırlar; girişler, açılma ve kapanmalarla kontrol edilir. Ligant engelli kanallarda, spesifik bir molekül reseptöre bağlanır ve kanalı açar; voltaj engelli kanallar ise membran potansiyelindeki bir değişikliğe yanıt olarak açılırlar veya kapanırlar.

Bazı mikroplar, iyonların membranlardan hareketi için mekik fonksiyonu gören ve **iyonoforlar** denen küçük organik molekülleri sentez ederler. İyonoforlar, spesifik iyonları bağlayan hidrofil merkezler içerirler ve periferal hidrofob bölgeler ile çevrilidirler ki bu düzenlenme, moleküllerin membranlarda etkin bir şekilde çözülmesine ve membran içine transvers olarak difüzyonuna izin verir. Difteri toksini gibi mikrobik toksinler ve aktiflenmiş serum kompleman komponentleri, sellüler membranlarda büyük gözenekler meydana getirebilirler ve böylece makromoleküllerin internal ortama direkt girişlerini sağlarlar.

TRANSPORT SİSTEMLERİ

Biyolojik membranlarda madde geçişini sağlayan proteinler transport sistemlerini oluşturur. Transport sistemleri, fonksiyonel açıdan hareket eden moleküllerin sayısına ve hareketin yönüne ya da hareketin dengeye doğru veya dengeden uzak olmasına göre tanımlanabilirler. Hareket eden moleküllerin sayısına ve hareketin yönüne göre transport sistemleri, **üniport** ve **kotransport** olmak üzere iki tiptir:

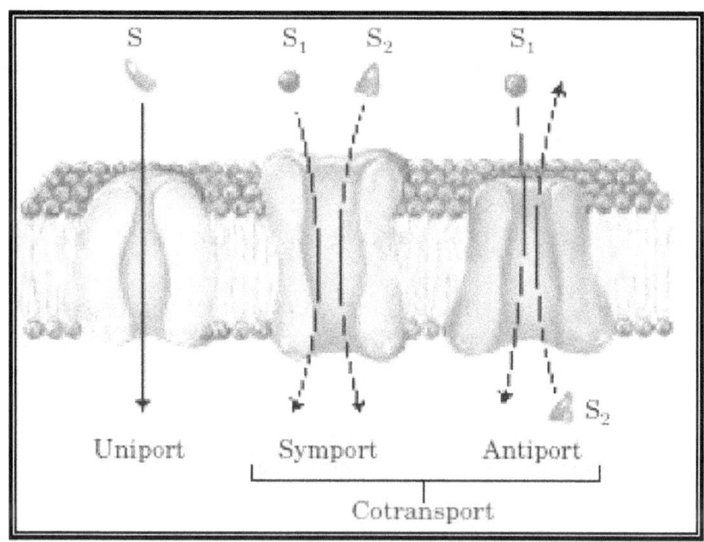

Genel olarak hücre zarından madde geçişini kontrol eden 3 çeşit transport mekanizması vardır: *1-* Üniport, *2-*Simport ve *3-*Antiport.

Üniport sistem, tek bir tip molekülü bir yöne doğru hareket ettirir.

Kotransport sistemler'de ise, bir solütün transferi diğer bir solütün aynı zamanda olan *stokiyometrik** transferine veya bunu izleyen periyottaki transferine bağımlıdır. Kotransport sistemler simport ve antiport olmak üzere iki tiptir:

> ***Stokiyometri (Element Ölçüsü):** *Stokiyometri (İng. Stoichiometry), Yunanca iki kelimeden türetilmiştir; stoicheion (element) ve metron (ölçüm). Kısaca element ölçüsü anlamına gelir. Kimyasal bir tepkimeye giren ve çıkan maddeler arasındaki kütlesel (bazen de hacimsel) hesaplamalarla ilgilenir. Kimya biliminin matematik kısmıdır. Jeremias Benjaim Richter (1762-1807), stokiyometrinin ilk prensiplerini ortaya koyan kişi olarak bilinir.*

1) Simport sistem, iki farklı molekülü aynı yönde hareket ettiren sistemdir. Bakterilerdeki proton ve şeker transportörleri, memeli hücrelerindeki Na^+ ve şeker (glukoz, mannoz, galaktoz, ksiloz, arabinoz) trasportörleri, Na^+ ve amino asit transportörleri simport transportörlerdir.

2) Antiport sistem, iki farklı molekülü zıt yönde hareket ettiren sistemdir. Na^+ iyonu hücre içine girerken Ca^{2+} iyonunun hücre dışına çıkması antiport sistem örneğidir. Özellikle uzun zincirli yağ asitlerinin ve NADH'in mitokondriye alınmasında antiport sistemler önemli rol oynar.

KOLAYLAŞTIRILMIŞ DİFFÜZYON

Bazı spesifik solütler, büyüklük, yük ve ayrışma katsayılarından beklenebileceğinden daha hızlı olarak, elektrokimyasal gradientleri boyunca membranlardan diffüze olurlar ki, bu geçiş kolaylaştırılmış difüzyon olarak tanımlanan bir şekilde olur. Kolaylaştırılmış difüzyon ile membranlardan geçiş başlıca üç şekilde olabilir:

1) Membranı tümüyle kateden ve **porinler** diye adlandırılan kanal proteinleri vasıtasıyla,

2) Molekül ağırlığı ve tipine göre farklı olan taşıyıcı proteinler vasıtasıyla,

3) Proteinlerin flip-flop hareketi vasıtasıyla.

Kolaylaştırılmış difüzyon, en iyi bir ping/pong mekanizması ile açıklanır. Bu modelde, taşıyıcı protein iki temel konformasyonda bulunur. "**Pong**" durumunda protein, solütün yüksek konsantrasyonu ile karşı karşıyadır ve solütün molekülleri taşıyıcı proteinde spesifik bölgelere bağlanırlar. Bundan sonra taşıyıcı protein konformasyonel değişikliğe uğrar ve solütün düşük bir konsantrasyonu ile karşı karşıya gelerek "**ping**" durumunu alır; solüt, düşük konsantrasyonlu tarafa salıverilir ve böylece transport gerçekleşir:

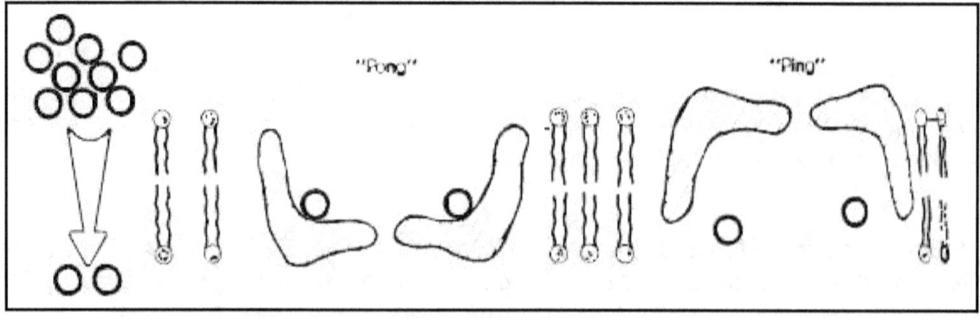

"**Ping**" durumunda boşalmış olan taşıyıcı, sonraki döngüyü tamamlamak için orjinal konformasyonu olan "**pong**" durumuna döner. Kolaylaştırılmış difüzyon sistemlerinin pek çoğu *stereospesifiktir* fakat basit difüzyonda olduğu gibi, metabolik enerji gereksinimi yoktur. Ancak kolaylaştırılmış difüzyon, basit difüzyondan farklı olarak bir üniport sisteme sahiptir ve hızı doyurulabilir:

> ***Stereoseçicilik veya stereospesifiklik:*** *Genel olarak stereokimya, bir molekülün simetrik veya asimetrik olmasıyla ilgilendiği gibi, bir organik tepkimenin stereoseçici (stereoselective) mi yoksa stereospecifik mi olduğunu anlamak için de, öncelikle tepkimenin mekanizmasını bilmek gerekir. Stereoseçici tepkimelerde, mekanistik olarak her iki ürünün de oluşması mümkünken, herhangi bir dış sebepten dolayı (mekanik, ısısal, kinetik olabilir veya diğer stereokimyasal sebepler olabilir) sadece bir stereoizomer oluşur (ya da daha büyük bir yüzdeyle oluşur). Organik kimyada birçok tepkime stereoseçici olabilir.*

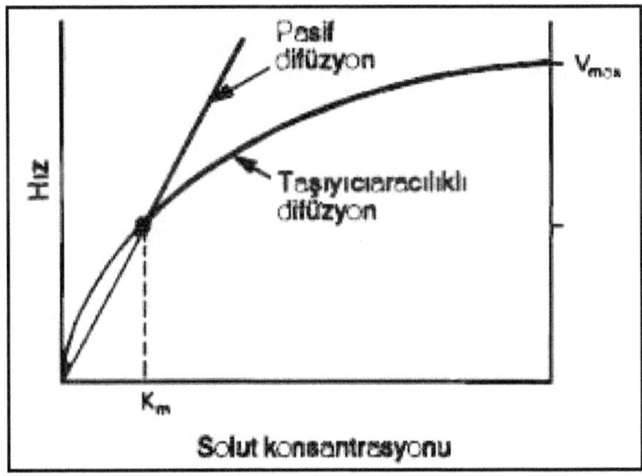

Glukoz ve amino asitlerin membranlardan geçişi kolaylaştırılmış difüzyonla olmaktadır. Solütlerin hücrelere kolaylaştırılmış difüzyon ile olan giriş hızlarını şu faktörler belirler:

1) Membrandaki konsantrasyon gradienti.

2) Mevcut taşıyıcı miktarı ki hormonlar, kolaylaştırılmış difüzyonu mevcut olan transportörlerin sayısını değiştirerek düzenlerler. Örneğin insülin, yağ doku ve kastaki glukoz transportörünü, intrasellüler bir depoya ait olan transportörleri devreye sokarak artırır. İnsülin, aynı zamanda karaciğer ve diğer dokulardaki aminoasit transportunu da kolaylaştırır.

3) Solüt-taşıyıcı etkileşiminin hızı.

4) Hem yüklü hem yüksüz taşıyıcı için konformasyonel değişikliğin hızı.

AKTİF TRANSPORT

Aktif transport, moleküllerin termodinamik dengeden uzağa yani konsantrasyon veya elektrokimyasal gradientin zıt yönünde taşınmaları açısından difüzyondan farklıdır; bundan dolayı enerji gerektirir. Aktif transport için gereken enerji, ATP'nin hidrolizinden, elektron hareketinden veya ışıktan sağlanabilir.

Aktif transport ile biyolojik sistemlerde elektrokimyasal gradientlerin devamlılığı sağlanır. Biyolojik sistemlerde elektrokimyasal gradientlerin devamlılığının sağlanması o derece önemlidir ki, belki de bu olay bir hücreye ait total enerji tüketiminin %30-40'ını oluşturur. Bu ise, hücre zarındaki madde giriş ve çıkışının tesadüfi oranlara göre olmayıp, belirli bir programa göre bilinçli bir şekilde ve bir amaca yönelik kontrol edildiğini göstermektedir.

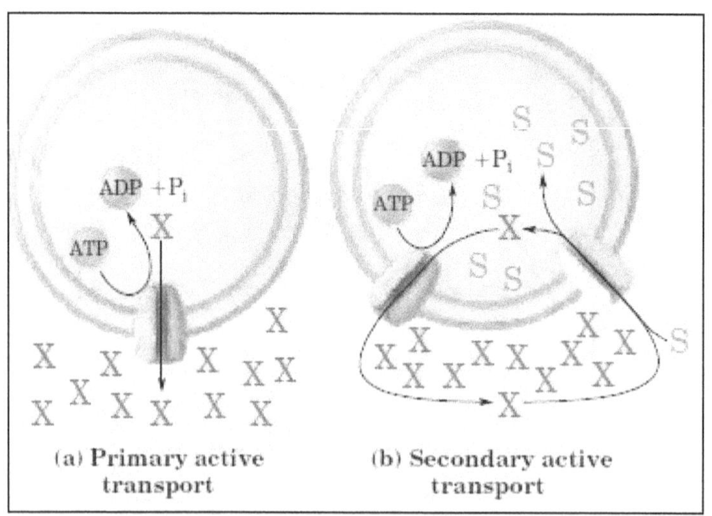

Genel olarak hücre zarından madde geçişini kontrol eden iki çeşit aktif transport mekanizması vardır: (a)- ATP sentezi sırasındaki gibi, elektrokimyasal gradiente bağlı olarak madde geçişini kontrol eden birincil aktif transport ve (b)- Nörokimyasal reaksiyonlarda olduğu gibi, Na⁺ gibi iyonların elektrokimyasal yoğunluk farkından kaynaklanan ikincil aktif transport.

Dolayısıyla, her iki transport sisteminde de sistemin madde geçişini başlatması herhangi bir molekülün solüt içerisindeki madde yoğunluğuna bağlıdır, şöyle ki:

$$\Delta G = \Delta G'^{0} + RT \ln[P \angle S]$$

Denklemi **S**'den **P**'ye olan madde geçişini ifade etsin. Transport sırasındaki geçiş hızını ve geçecek madde miktarını belirleyen organik kimyasal tepkimenin serbest enerji değişimi ise, **C** maddelerin konsantrasyon yoğunluklarını belirtmek üzere:

$$\Delta G_t = RT \ln\left[\frac{C_2}{C_1}\right]$$

denklemiyle belirlenir. Örneğin 25 ^{0}C'de 1 mol glukozun geçişi için bu değeri hesapladığımızda:

$$\Delta G_t = (8.315 \; J/mol \cdot K)(298 \; K)(\ln 10/1) = 5{,}700 \; J/mol$$

$$= 5.7 \; kJ/mol$$

olarak buluruz. Bu durumda toplam elektriksel ve kimyasal gradient ifadesi:

$$\Delta G_t = RT \ln\left(\frac{C_2}{C_1}\right) + Z\theta\Delta\Psi$$

Burada, θ Fraday elektriksel geçirgenlik sabiti (**96.480 J/V.mol**) ve $\Delta\psi$ Volt olarak transmembrane elektriksel potansiyelidir. Ökaryotik bir hücrede bu değer **0.05** ila **0.01 V** arasında pozitif ve negatif kutuplar arasındaki kondanse bölgede değişir.

Genellikle hücreler, bu şekilde hücre içi ortamda net bir negatif elektriksel potansiyel ile bir arada tutulan düşük bir intrasellüler Na^+ konsantrasyonu ve yüksek bir intrasellüler K^+ konsantrasyonu sağlarlar:

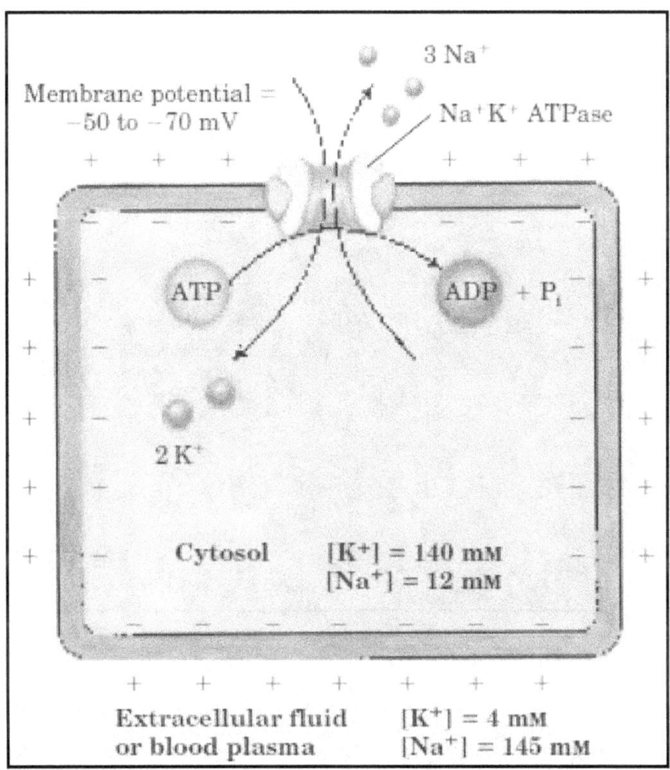

İntrasellüler ve ekstrasellüler arasında gardientleri sağlayan Na^+/K^+ ATPaz pompasıdır. Na^+/K^+ ATPaz pompası, membrana bağımlı **Na^+/K^+ ATPaz** tarafından her ATP molekülünün ADP'ye hidrolizi sırasında 3 Na^+ iyonunun hücre içinden dışarıya ve 2 K^+ iyonunun dışarıdan hücre içine hareketini sağlar:

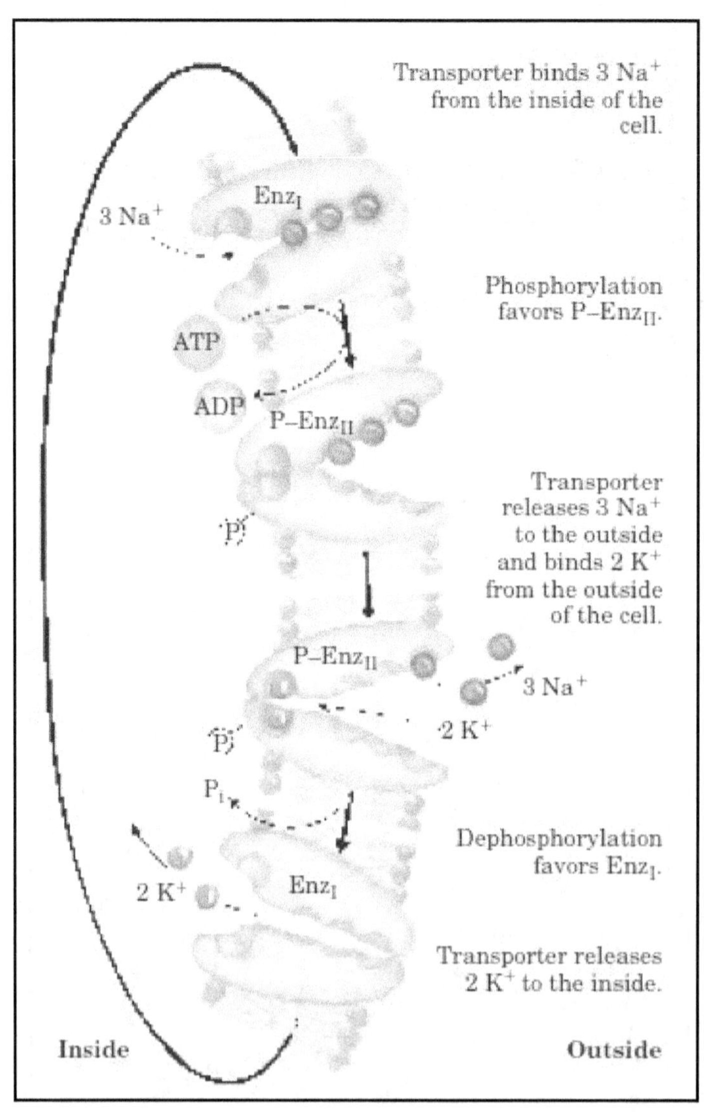

Na$^+$/K$^+$ ATPaz, bir integral membran proteinidir ve aktivite için fosfolipidleri gerektirir. **Na$^+$/K$^+$ ATPaz** membranın stoplazmik tarafında hem ATP hem Na$^+$ için katalitik merkezlere sahiptir; ancak K$^+$ bağlayıcı konum membranın ekstrasellüler tarafına yerleşmiştir. *Digoksin* veya *Ouabain* gibi büyük moleküllü Kalsiyum Kanal Blokerleri ve Beta Blokerler, ekstrasellüler bölgeye bu şekilde bağlanarak **Na$^+$/K$^+$ ATPaz'**ı kısıtlar ki bu kısıtlama, ekstrasellüler K$^+$ tarafından antagonize edilebilir. Kolaylaştırılmış difüzyon ve aktif transport pek çok özelliği paylaşırlar; benzerliğin söz konusu olduğu noktalar ise şöyledir:

1) Solüt için spesifik bir bağlanma bölgesi vardır.

2) Taşıyıcı, satüre olabilir; bundan dolayı bir maksimum transport hızına (V_{max}) sahiptir.

3) Solüt için bir bağlama sabitesi (K_m) vardır ve sonuçta tüm sistemin bir K_m'si vardır.

4) Yapısal olarak benzer olan yarışmalı inhibitörler transportu bloke ederler (durdururlar).

Kolaylaştırılmış difüzyon ile aktif transport arasındaki temel farklar ise şunlardır:

1) Kolaylaştırılmış difüzyon iki yönlü işlerlik gösterebilir, halbuki aktif transport genelde tek yönlüdür.

2) Aktif transport, her zaman bir elektriksel veya kimyasal gradiente karşı meydana gelir ve bundan dolayı enerji gerektirir.

Örneğin, Nöronal hücrelerin yüzeyini oluşturan membran, bir iç ve dış voltaj asimetrisi yani elektriksel potansiyel meydana getirir ve elektriksel olarak uyarılabilir. Membran spesifik bir membran reseptörünün aracılık ettiği kimyasal bir sinyal tarafından uygun bir şekilde uyarıldığında, membrandaki geçitler açılarak K^+'un dışarı akışı olsun veya olmasın Na^+ veya Ca^{2+}'un hücre içine olan hızlı akışına izin verirler; böylece voltaj farkı hızla ortadan kalkar ve membranın bu parçası depolarize olur. Ancak gradient, membrandaki iyon pompalarının etkisi sonucu hızla eski durumuna döndürülür. Geniş membran alanları depolarize olunca, elektrokimyasal bozukluk membran boyunca aşağı doğru dalgalar şeklinde yayılarak bir sinir impulsu üretir:

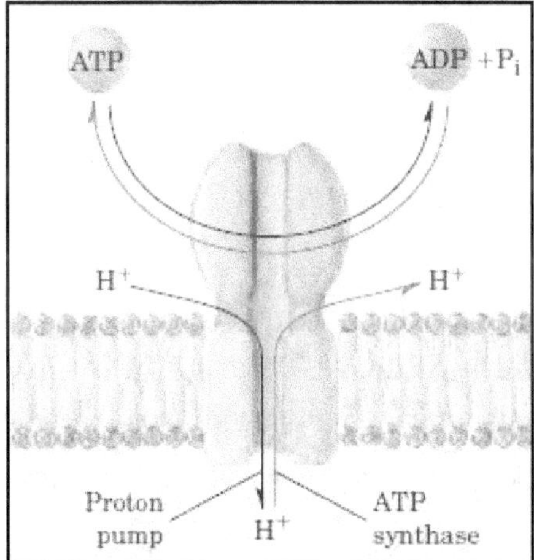

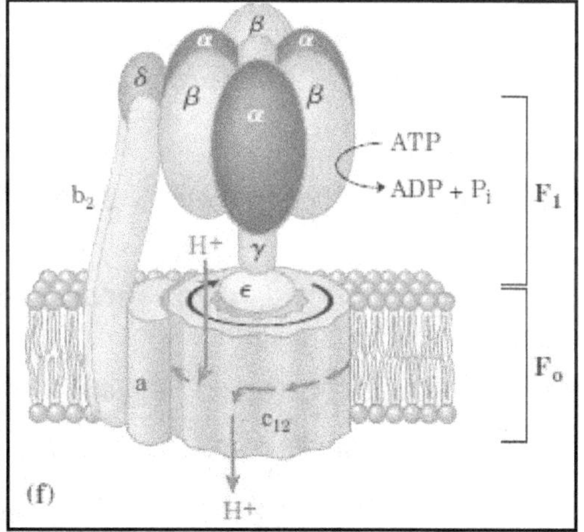

Bir proton pompası örneği: ATP sentezi sırasında aktive olan ATP sentaz kompleksinin F biriminin Revers kutuplanmasını gösteren bir şematik grafik. Kırmızı çizgili oklar elektrokimyasal gradient yoğunluğuna bağlı olarak proton geçiş yönünü temsil etmektedir. Bu ise, membrandan pasif geçişe bir örnektir.

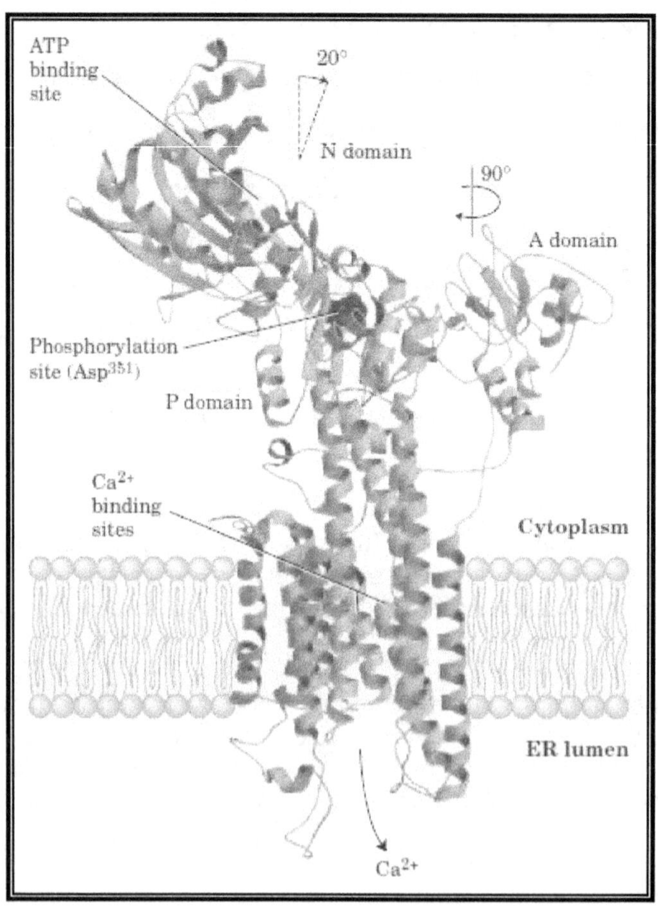

Grafik- **Sarkoplazmik Retikulum membranı tarafından gerçekleştirilen bir Ca⁺ pompası yapısı. Bu ise, membrandan aktif geçişe bir örnektir.**

Genel olarak Glukozun transportu çeşitli mekanizmaları kapsar:

Glukozun hücre dışı sıvılardan stoplazmaya geçişi kolaylaştırılmış difüzyon ile olur; bu, enerji gerektirmeyen ve simport türden bir geçiştir. Simport türden geçişte glukoz, hücre içine Na^+ ile birlikte geçer. Taşıyıcı proteinin iki bağlanma yeri vardır; birine glukoz diğerine Na^+ bağlanır. Na^+'un hücre dışında ve hücre içinde büyük konsantrasyon farkından dolayı elektrokimyasal gradienti büyüktür ki bu, Na^+'un öncelikle hücre içine geçmesine neden olur; Na^+, arkasından glukozu da sürükler. Hücre içine geçen Na^+, Na^+/K^+ ATPaz pompası ile hücre dışına çıkartılır. İnsülin, taşıyıcı proteini etkinleştirerek glukozun hücre içine girişini hızlandırır. Böylece hücre içinde biriken glukozun farklı bir yüzeyden bir dengeye doğru hareketi, üniport türden bir geçiştir ki bu durum, intestinal ve renal hücrelerde çoklukla meydana gelir:

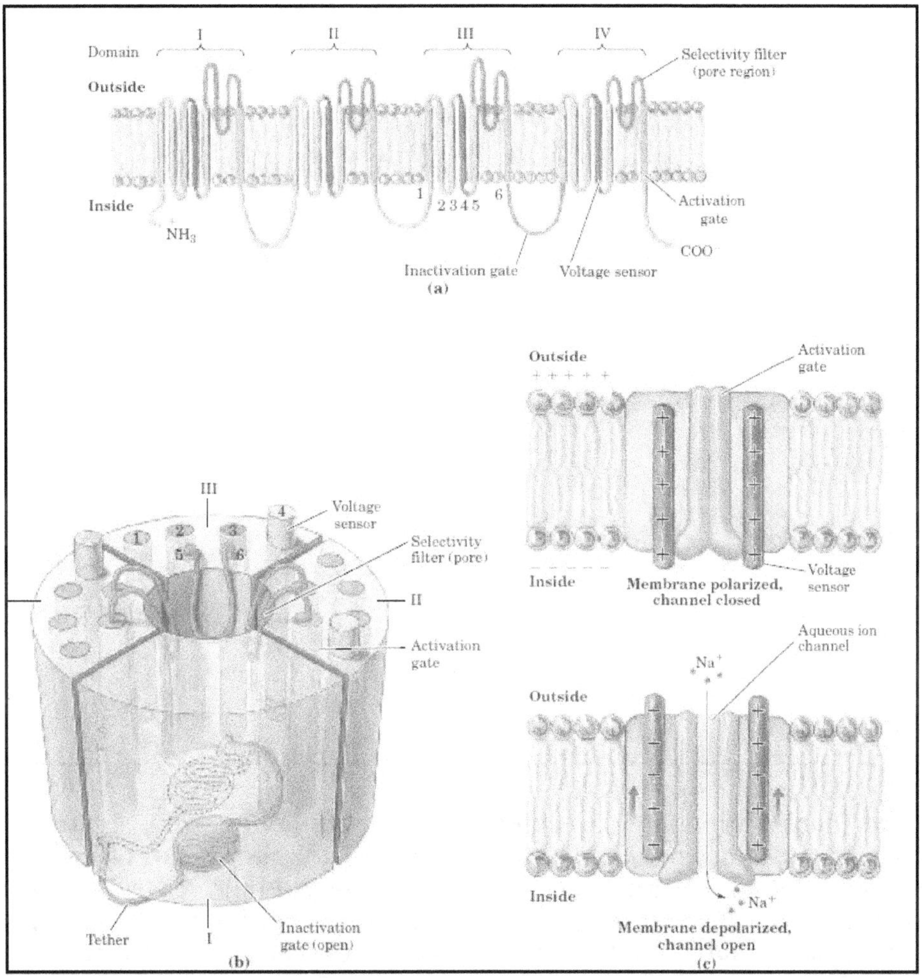

Bir nöron hücre zarına ait membrane potansiyelleri ve aktif iyon geçiş kapılarını gösteren şematik diyagramlar.

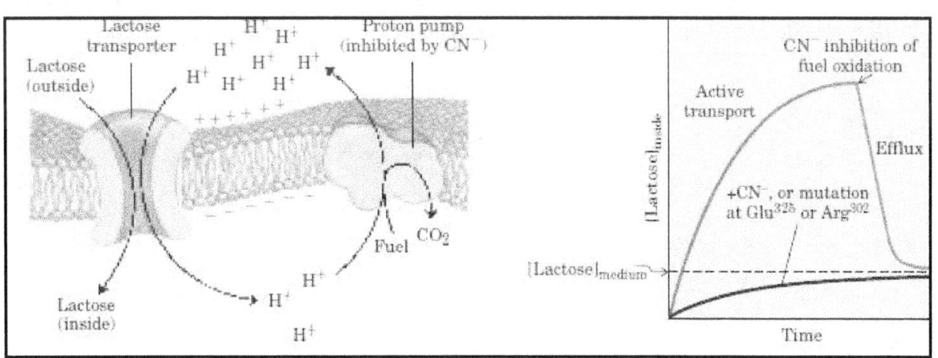

Bir E. Coli hücresinde gerçekleşen Laktoz transportu ve plazma içi yoğunluğunu gösteren grafik.

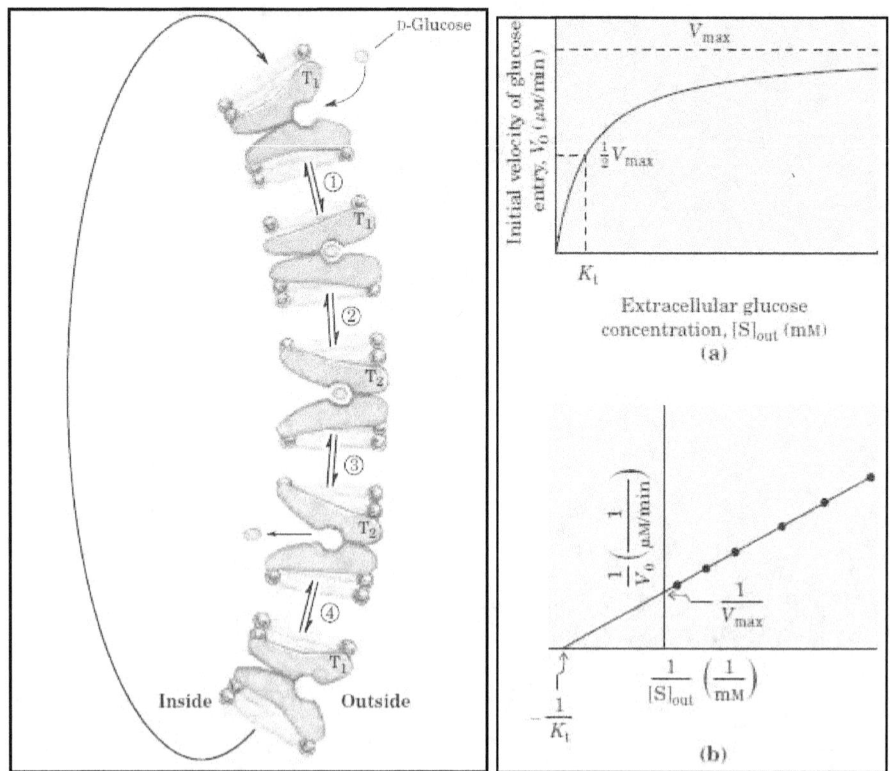

Glukozun hücre zarından transport modeli. Görüldüğü gibi, transport iki konformasyon aşamasından oluşur: T_1, hücre dışına monte olan birimdir ve T_2, hücre içine monte olan transport birimidir. İki birimin toplamı ise T ile gösterilmektedir. Buna göre glukoz transportu 4 aşamadan meydana gelir: 1- Plazma ortamındaki glukoz yoğunluğunu belirleyen T_1 miktarına bağlı alınacak miktarın belirlenmesi, 2- $S_{out}.T_1$'den $S_{in}.T_2$'ye doğru gerçekleşen transmembrane glukoz geçişi, 3- Glukozun T_2 stoplazmasında yoğunluğunun artması ve 4- T_1'in tekrar glukoz gerekip gerekmediğini kontrol etmesi için yeniden konformasyona uğraması. Tüm bu ara işlemler, Matematiksel Model olarak Michaelis-Menten difüzyon denklemine göre şu şekilde belirlenir:

$$S_{out} + T_1 \underset{k_{-1}}{\overset{k_1}{\Longleftrightarrow}} S_{out} \bullet T_1,$$

$$\underset{k_{-4}}{\overset{k_4}{\Updownarrow}} \qquad\qquad \underset{k_2}{\overset{k_{-2}}{\Updownarrow}}$$

$$S_{in} + T_2 \underset{k_{-3}}{\overset{k_3}{\Longleftrightarrow}} S_{in} \bullet T_2, \qquad V_0 = \frac{V_{max}[S]_{out}}{K_t + [S]_{out}}$$

464

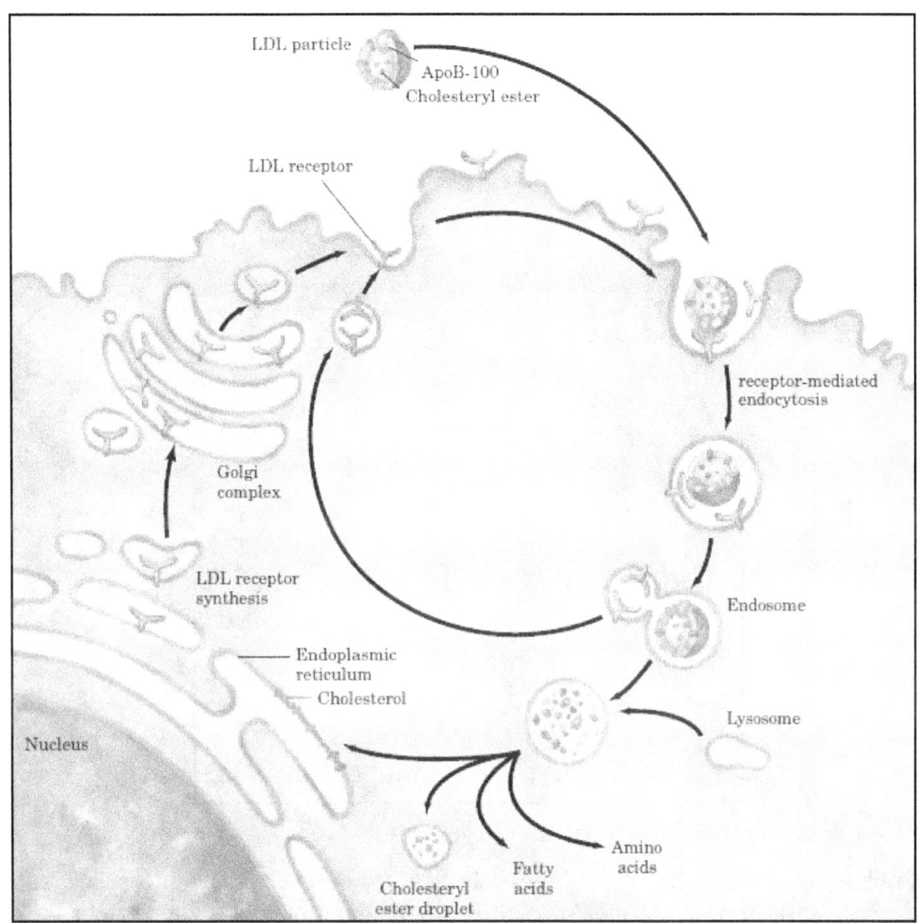

Kolesterol gibi daha büyük moleküllerin geçişinde ise hücre içerisinde yer alan Endozom gibi organel yapıları, reseptör-alıcı birimleriyle molekülü hücre zarında tanıyarak, molekülü kolesterol, yağ asidi veya amino asit grubu olmasına göre, ayrıştırıp hücre içerisine alınmasını sağlar.

MAKROMOLEKÜLLERİN PLAZMA MEMBRANINDAN GEÇİŞİ

ENDOSİTOZ

Endositoz, hücrelerin büyük molekülleri almaları olayıdır ki, bu büyük moleküllerin bazıları polisakkarit, protein ve polinükleotidler gibi, besinsel elemanların kaynağı olabilirler. Tüm ökaryotik hücreler plazma membranlarının bir kısmını devamlı olarak bünyelerine almaktadırlar. Plazma membranının segmanları ekstrasellüler sıvı ve içeriğinin küçük bir bölümünü çevreleyecek şekilde invagine olunca, endositotik veziküller meydana gelir; invaginasyonun orjinal konumunda plazma membranlarının kaynaşması sonucunda vezikül boynu kapatılınca vezikül yapıdan kopar:

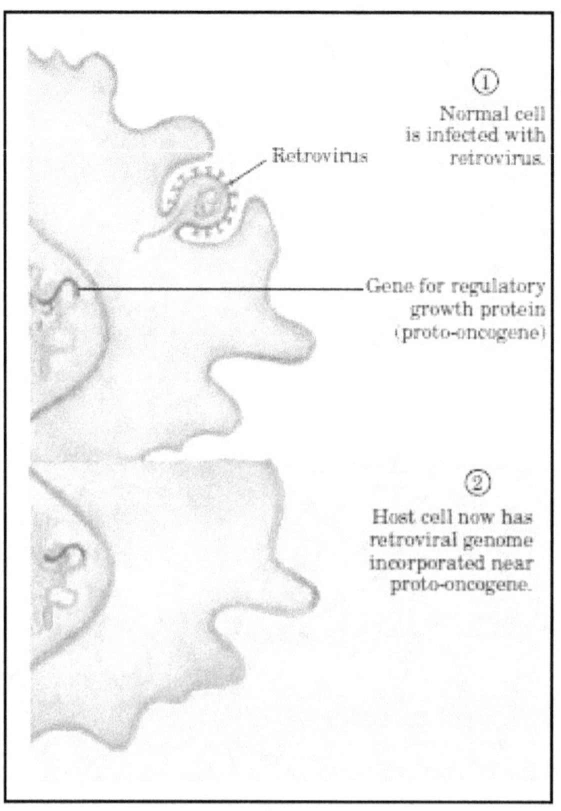

Endositotik veziküllerin çoğu hidrolitik enzimler içeren, bundan dolayı intrasellüler atıkların temizliği için farklılaşmış organeller olan primer lizozomlar ile kaynaşarak sekonder lizozomları oluştururlar. Makromoleküler içerik, aminoasitler, monosakkaritler ve nükleotidleri açığa çıkarmak üzere sindirilir ve tekrar stoplazmada kullanılmak üzere veziküllerden dışarı diffüze olur. Endositoz, genelde ATP'nin hidrolizinden olmak üzere enerjiyi, ekstrasellüler sıvıda Ca^{2+}'u ve hücre kontraktil elemanlarını gerektirir. Endositozun fagositoz ve pinositoz olmak üzere iki genel tipi vardır:

Fagositoz, Makrofajlar ve granulositler gibi farklılaşmış hücrelerde olur; virüs, bakteri, ölmüş hücreler veya yıkılım ürünleri gibi büyük partiküllerin alınımı ile ilişkilidir.

Pinositoz, Tüm hücrelere ait bir özelliktir ve sıvı ile sıvı içeriğinin hücresel alınımına yönelen bir olaydır. Pinositozun, sıvı faz pinositozu ve absorbtif pinositoz olmak üzere iki tipi vardır. Sıvı faz pinositozu, küçük veziküllerin oluşumu ile başarılan, solüt alınımının sadece bu solütün çevre ekstrasellüler sıvı ortamındaki yoğunluğu ile orantılı olduğu selektif olmayan bir olaydır; absorptif pinositoz ise, plazma membranında kendilerine ait sınırlı sayıda bağlayıcı konumlar bulunan makromoleküllerin alınımından primer olarak sorumlu olan reseptör aracılıklı selektif bir olaydır.

EKZOSİTOZ

Ekzositoz, makromoleküllerin hücreden dışa salınması olayıdır:

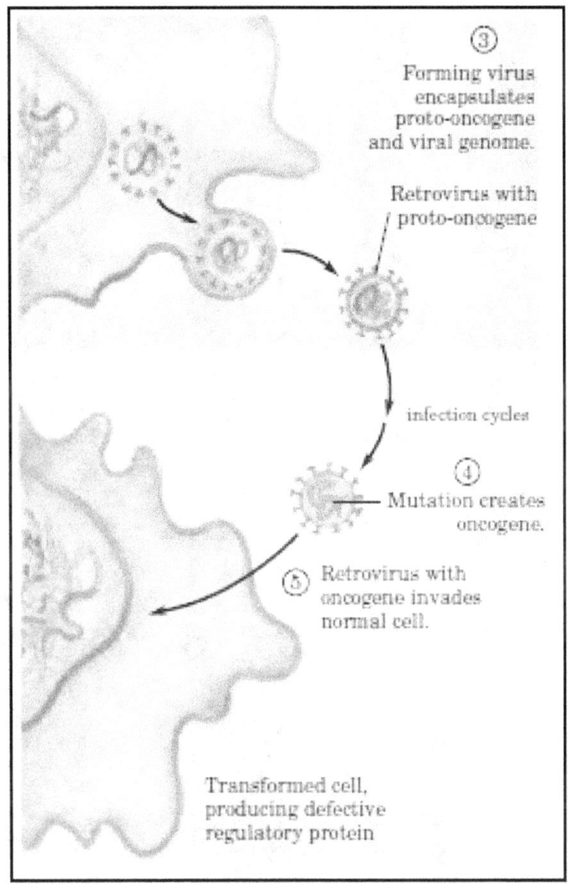

Ekzositoz olayı, Golgi aygıtında sentezlenen komponentlerin veziküller içerisinde plazma membranına taşınması sırasında meydana gelen membranın yeniden şekillenmesi olayına da katkıda bulunur. Ekzositoz sinyali, sıklıkla hücre yüzey reseptörüne bağlandığı zaman Ca^{2+} konsantrasyonunda lokal ve geçici bir değişikliği indükleyen bir hormondur; yani Ca^{2+}, ekzositozun tetiğini çeker hormon ise tetiği ateşler. Ekzositoz ile salıverilen moleküller ÜÇ kategoriye ayrılırlar:

1) Hücre yüzeyine bağlanan ve periferal proteinlere dönüşenler; örneğin, antijenler.

2) Ekstrasellüler matriksin bir kısmı olanlar; örneğin, kollajen ve glikozaminoglikanlar.

3) Ekstrasellüler sıvıya girerek diğer hücreleri haberdar edenler; örneğin insülin, parathormon ve katekolaminler, uygun uyarılar geldiği zaman salınmak üzere granüllerde paketlenirler.

Aşağıdaki grafiklerde genel olarak hücre zarında gerçekleşen transport işlemleri özetlenmektedir:

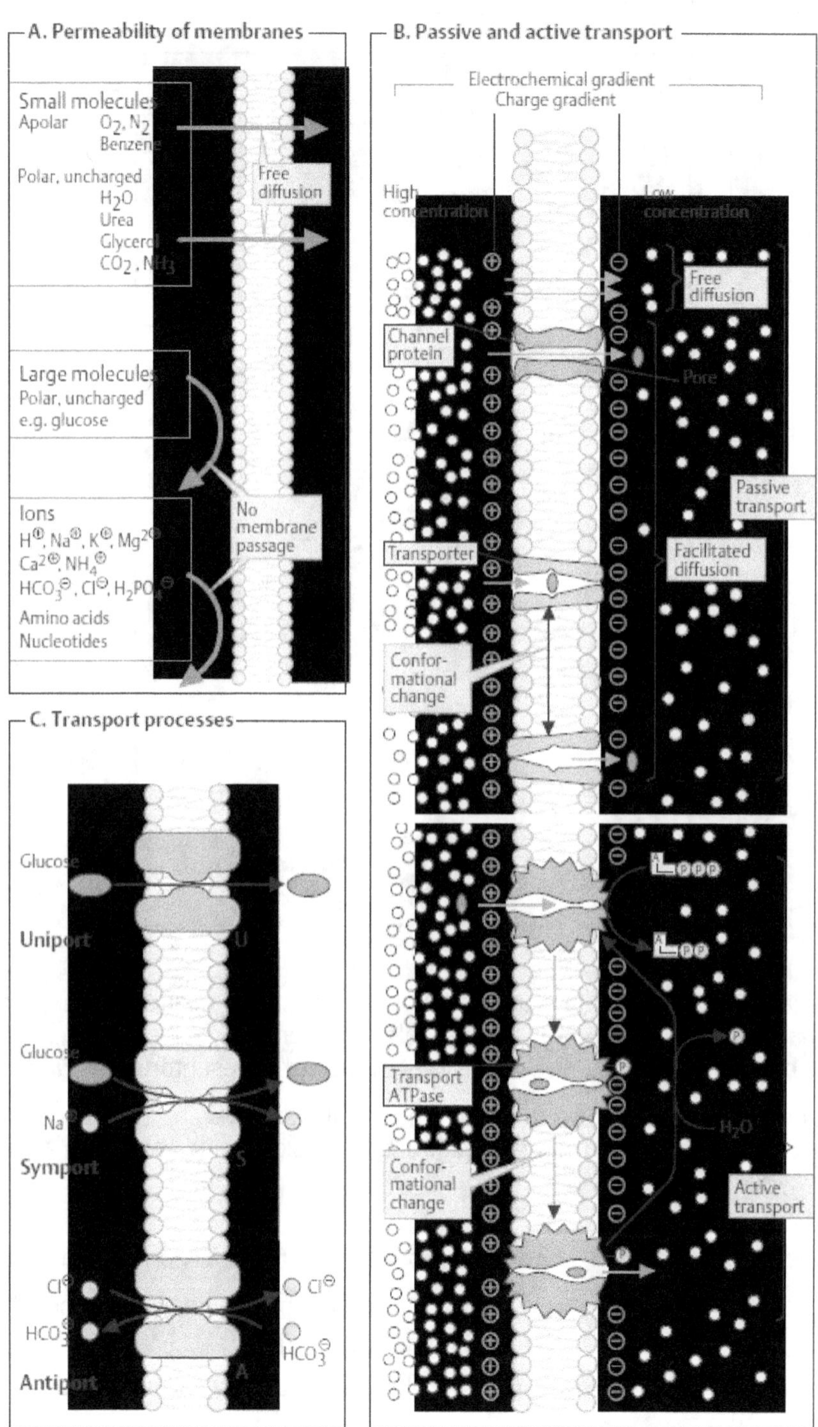

A. Transport mechanisms
Epithelial cells
Lumen
Blood
N
E
M
Na⊕
S
Na⊕
M
M
M
U
1. Facilitated diffusion
2. Active transport
3. Secondary active transport

B. Glucose transporter Glut-1
N
C
Glucose
Blood
Plasma membrane
Cytoplasm
Glucose

C. Aquaporin-1
N
C
Tubular lumen
H₂O
Plasma membrane
Tubule cell

D. Sarcoplasmic Ca²⊕ pump
Binding site for ATP
ATP
N
P
β
Domains
"Stalk"
Cyto-plasm
Binding sites for Ca²⊕
Trans-membrane domain
SR
1. Structure
Ca²⊕
a)
b)
c)
d)
2. Catalytic cycle

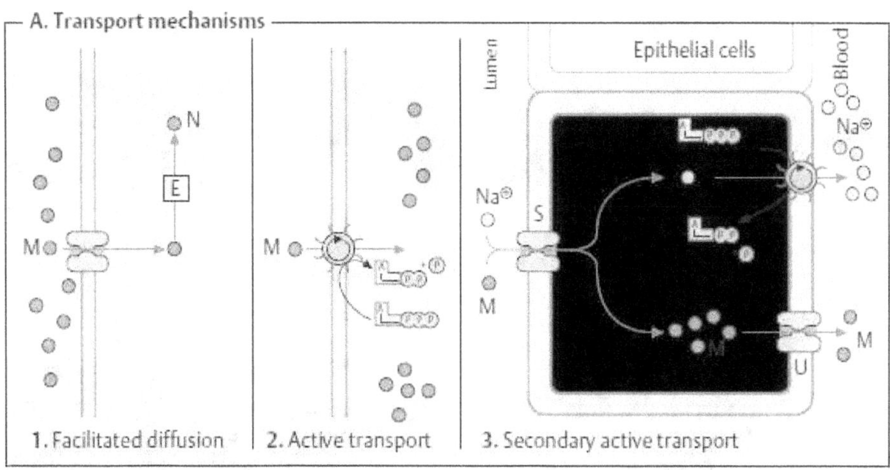

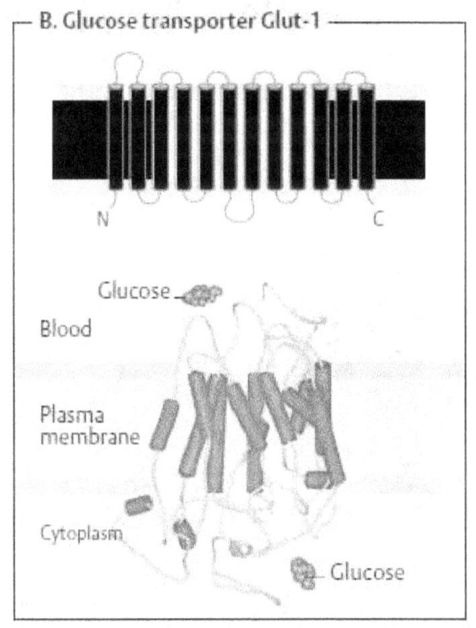

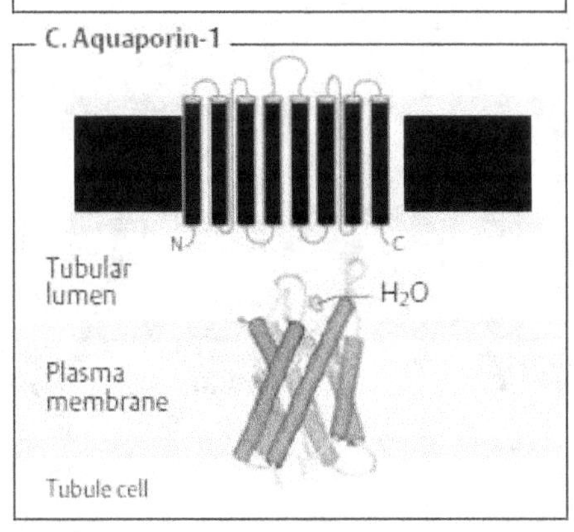

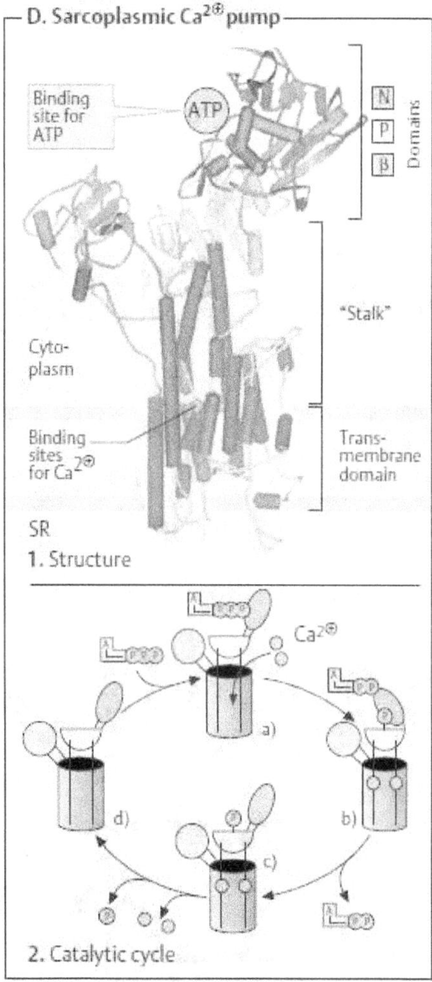

469

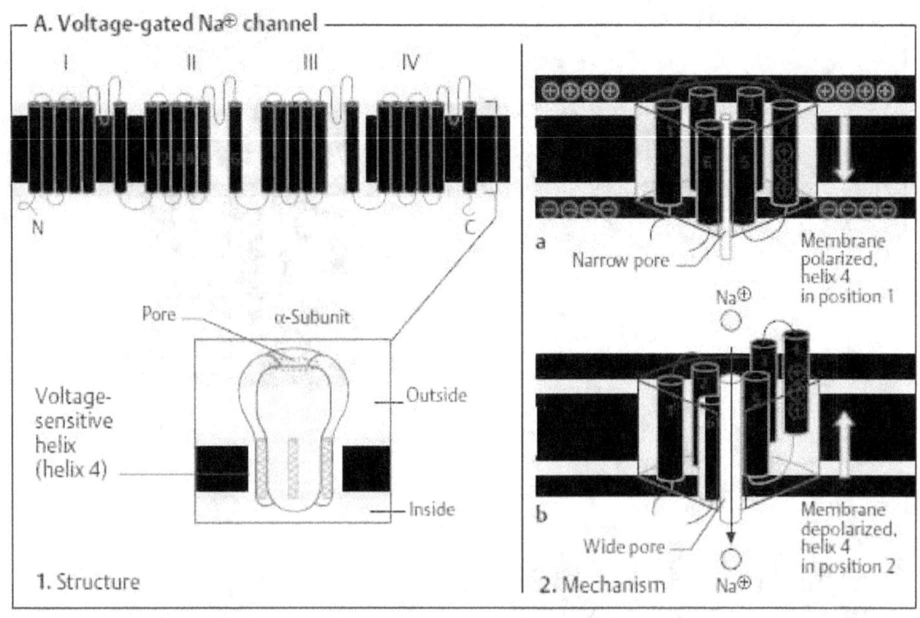
I
II
III
IV
N
C
α
Voltage-
sensitive
helix
(helix 4)
Pore
α-Subunit
Outside
Inside
1. Structure
a
Narrow pore
Membrane
polarized,
helix 4
in position 1
Na⊕
b
Wide pore
Membrane
depolarized,
helix 4
in position 2
Na⊕
2. Mechanism

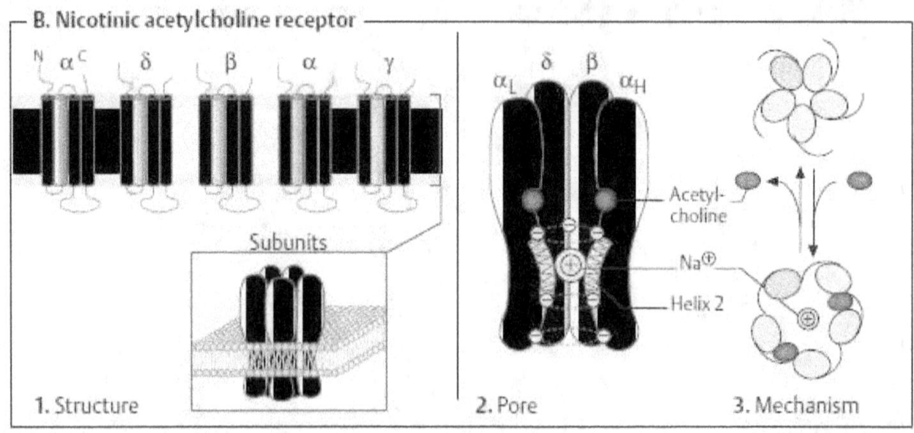
N
α
C
δ
β
α
γ
Subunits
1. Structure
αL
δ
β
αH
Acetyl-
choline
Na⊕
Helix 2
2. Pore
3. Mechanism

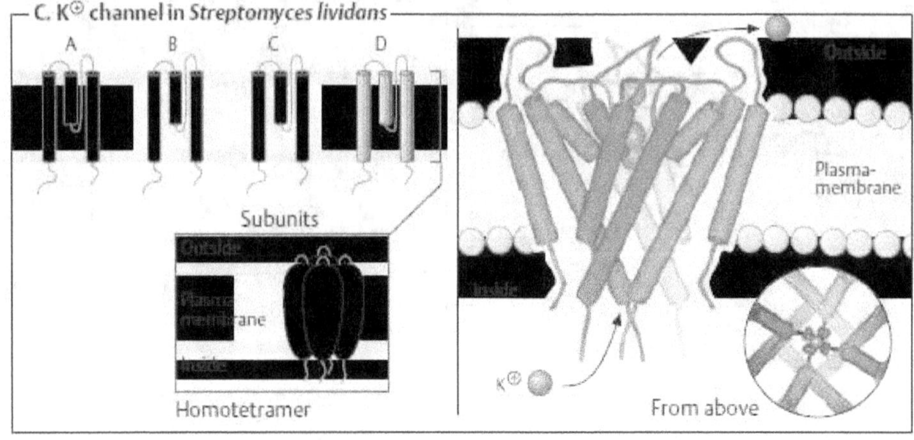
A
B
C
D
Subunits
Outside
Plasma
membrane
Inside
Homotetramer
Outside
Plasma-
membrane
Inside
K⊕
From above

HÜCREDE MEYDANA GELEN DİĞER
ÖNEMLİ BİYOKİMYASAL MEKANİZMALAR

Organizmada sayısız çoklukta kimyasal reaksiyon meydana gelir; fakat bunları birkaç sınıfta toplamak olanaklıdır. Hidroliz, kondensasyon, fosfat grubu transferi ve oksidoredüksiyon reaksiyonları organizmada sıklıkla gerçekleşen kimyasal olaylardır.

HİDROLİZ

İki molekül arasından bir mol su çıkmasıyla meydana gelen eter, ester ve peptit bağlarının su alarak yıkılması ve molekülün, oluştuğu maddelere ayrılması olayına **hidroliz** denir.

Disakkaritlerin ve polisakkaritlerin yapılarındaki glikozid bağının (eter bağı) hidrolizle yıkılması, bunların yapı taşları olan küçük moleküllü karbonhidratların açığa çıkmasını sağlar:

$$R.\overset{|}{\underset{|}{C}}\!-\!O\!-\!\overset{|}{\underset{|}{C}}.R' \;+\; H_2O \rightarrow R.\overset{|}{\underset{|}{C}}\!-\!OH \;+\; R'.\overset{|}{\underset{|}{C}}\!-\!OH$$

Eter bağı   Su   Karbonhidrat   Karbonhidrat

Sulu asitlerle ısıtarak karbonhidrat moleküllerindeki eter bağlarını yıkmak olanaklıdır. Aynı olay, vücut sıcaklığında özel karbonhidrat enzimleriyle de gerçekleştirilebilir ki, sindirim sisteminde büyük çapta gerçekleşen enzim ile hidrolize poli- ve disakkarit- sindirimi denir.

Yağların yapısında bulunan ester bağının hidrolizle yıkılmasıyla gliserol ve yağ asitleri, karbonhidratların fosfat esterlerindeki ester bağının hidrolizle yıkılmasıyla fosfat ve karbonhidratlar; genel bir ifadeyle ester bağının hidrolizle yıkılmasıyla alkol ve asit meydana gelir:

$$R.COO\!-\!R' \;+\; H_2O \rightarrow R.COOH \;+\; R'.OH$$

Ester bağı   Su   Asid   Alkol

Yağlar asit ve alkalilerle, fosfat esterleri ise asitlerle ısıtmak suretiyle hidroliz edilebilirler. Sindirim sisteminde ve organizma dokularında yağlardaki ester bağları lipaz adlı enzimlerle, dokulardaki fosfat esterleri fosfatazlarla yıkılarak bunları oluşturan ürünler serbest hale geçer. Aynı enzimler, vücut sıcaklığında deney tüplerinde de aynı maddelerin hidrolizini sağlarlar.

Protein ya da polipeptitlerdeki, peptitlerdeki peptit bağlarının yıkılması, bunların yapı taşları olan amino asitlerin açığa çıkmasını sağlar. Amino asitleri elde etmek için protein ya da peptitlerin kuvvetli asitlerle ya da alkalilerle uzun süre kaynatılması sık başvurulan bir yöntemdir. Proteinaz enzimleriyle protein çözeltilerini vücut sıcaklığındaki etüvlerde reaksiyona sokmakla da amino asitler elde edilebilir. Sindirim kanalında aynı şey büyük çapta olur; proteinler ve peptitler amino asitlere yıkılırlar ki bu olay, protein sindirimi olarak bilinir.

KONDENSASYON

Küçük moleküllerin, türlerine göre, birbiriyle reaksiyona girerek ester, eter, peptit bağlarıyla bağlanmalarına **kondensasyon (biyosentez)** denir. Kondensasyon reaksiyonlarında her bağ oluşumu, bu bakımdan uygun iki molekülden bir su çıkmasıyla birlikte olur.

Kondensasyon reaksiyonları, endergonik reaksiyonlardır; gerekli enerji, bu endergonik reaksiyonla aynı zamanda meydana gelen ekzergonik bir reaksiyondan sağlanır. Hücrede peptit, O-glikozid ve N-glikozid, ester bağlarının oluşması için gerekli enerji, ATP'den alınır; bağ sentezine kenetli olarak meydana gelen ATP hidrolizinin mekanizması, bağdan bağa değişir.

FOSFAT TAŞINMASI

Organizmada birçok madde (başta karbonhidratlar), reaksiyona girebilmek için önce fosforillenmiş yani fosfat esterleri oluşmuş olmasını gerektirir. Fosforik asitle direkt bir esterleşme söz konusu olmadığından, bu tür maddelere, fosfat vericiler fosfat kalıntısı ($-H_2PO_3$) sağlar; fosfat vericilerden fosfat bağları çözülür ve gerekli moleküle verilir.

Molekülün fosfat kalıntısını bağlayabilmesi için gereken enerji, fosfat vericilerdeki fosfat bağlarının çözülmesi sırasında ortaya çıkar ve fosfat kalıntısı ile, fosforillenme reaksiyonuna taşınır.

Fosfat vericiler, kapsadıkları fosfat kalıntısı sayısına göre iki grupta toplanabilirler:

Birinci grup fosfat vericiler; molekülündeki enol, karboksil, hidroksil ya da amino gruplarının 1 hidrojeni yerine 1 fosfat kalıntısı içerenlerdir ki bunlar aynı sıraya göre enol fosfat (örneğin, fosfoenolpirüvik asit), açil fosfat (örneğin, fosfogliserik asit), fosfat esterleri (örneğin, glukoz-6-fosfat), fosfamidler (örneğin, kreatin fosfat)'tır.

İkinci grup fosfat vericiler; bir nükleoziddeki pentozun bir alkol grubunun bir hidrojeni yerine bir difosfat (pirofosfat) kalıntısı ya da trifosfat kalıntısı içerenlerdir ki, başlıcaları adenozin difosfat (ADP) ve adenozin trifosfat (ATP)'tır:

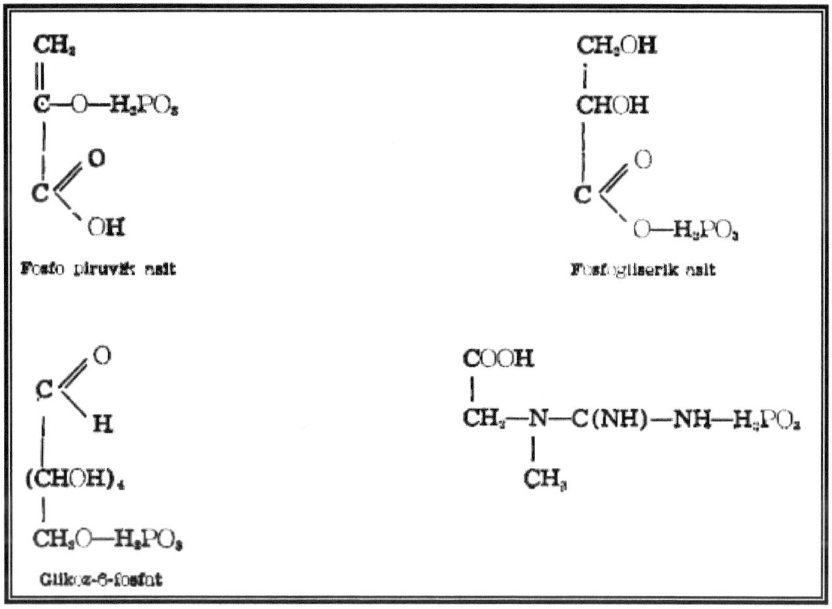

CH_2
‖
$C-O-H_3PO_3$
|
C ... O / OH

Fosfo piruvik asit

CH_2OH
|
$CHOH$
|
C ... O / $O-H_3PO_3$

Fosfogliserik asit

C ... O / H
|
$(CHOH)_4$
|
$CH_2O-H_2PO_3$

Glikoz-6-fosfat

$COOH$
|
$CH_2-N-C(NH)-NH-H_3PO_2$
|
CH_3

OKSİDOREDÜKSİYON REAKSİYONLARI

Bir maddenin oksitlenmesi, elektron kaybetmesi; indirgenmesi ise elektron kazanması diye tarif edilebilir. Moleküler hidrojenin (H_2) oksitlenmesi şöyle olur:

$$2H \Leftrightarrow 2H^+ + 2e^-$$

$$2H + 1/2 O_2 \Leftrightarrow H_2O$$

Ortaklanmış bir elektron (e^-) çifti oksijence kazanılmış; hidrojen ise elektron kaybetmiştir. Bir oksijen molekülü (O_2) indirgendiği zaman 4, 2 ya da 1 elektron alabilir; 4 elektronla oksijen iyonu, 2 elektronla peroksit iyonu, 1 elektronla ise süperoksit iyonu oluşur:

$$O_2 + 4e^- \rightarrow 2O^{2-} \xrightarrow{+4H^+} 2H_2O$$

$$O_2 + 2e^- \rightarrow O_2^{2-} \xrightarrow{+2H^+} H_2O_2$$

$$O_2 + e^- \rightarrow O_2^- \qquad 2(O_2^-) \xrightarrow{+2H^+} H_2O_2 + O_2$$

İnorganiklerin oksitlenmesiyle pozitif yüklü iyonlar oluşur:

$$Na \rightleftharpoons Na^+ + e^-$$
$$Co^{++} \rightleftharpoons Co^{+++} + e^-$$
$$Fe^{++} \rightleftharpoons Fe^{+++} + e^-$$

Alkolün oksitlenmesiyle primer alkol grubundan aldehit, sekonder alkol grubundan keton oluşur:

$$R-CH_2OH \rightleftharpoons R-CHO + 2H$$

$$\overset{|}{\underset{|}{H}}COH \rightleftharpoons \overset{|}{\underset{|}{C}} = O + 2H$$

$2H = 2H^+ + 2e^-$ demek olduğundan, $2e^-$ ve $2H^+$ molekülden ayrılmıştır. Aldehitin oksitlenmesiyle karboksilik asit oluşur; bunun esası, aldehitin hidrate olmuş şeklinden hidrojen atomu çıkmasıdır:

$$R-CHO + 1/2\ O_2 \rightleftharpoons R.-COOH$$

$$R-C\overset{\displaystyle O}{\underset{\displaystyle H}{\diagup\diagdown}} + H_2O \longrightarrow R-\overset{\displaystyle OH}{\underset{\displaystyle H}{\overset{|}{\underset{|}{C}}}}-OH \xrightarrow{\ -2H^+ - 2e^-\ } R-COOH$$

Alkilin oksitlenmesiyle de alkilen oluşur:

$$...CH_2CH_2... \xrightarrow{\ -2H\ } ...\ CH = CH... + 2H.$$

Primer aminin dehidrojenizasyonu sırasında bir çift bağ meydana gelir; ve böylece imin oluşur. İmin sabit değildir; su ile keton ($R_1 = H$ ise aldehit) ve amonyağa hidroliz olur:

474

$$R_1 \!\!-\!\!\! \underset{\underset{H}{|}}{\overset{\overset{R_2}{|}}{C}} \!\!-\!\!\! NH_2 \xrightarrow{\;-2H\;} R_1 - \overset{\overset{R_2}{|}}{C} = NH + H_2O \longrightarrow R_1 - \overset{\overset{R_3}{|}}{C} = O + NH_3$$

Türlü örneklerin incelenmesiyle, oksitlenmede elektron kaybının esas olduğu, organik maddelerde elektronla beraber H^+ iyonunun molekülden ayrıldığı görülür ki, organik maddelerde elektronla beraber H^+ iyonunun molekülden ayrılması **dehidrojenizasyon** olarak tanımlanır.

Yalnız başına bir H^+'nin bir molekülden uzaklaşması ise bir oksitlenme değil, sadece bir iyonlaşmadır:

$$R.COOH \longrightarrow R.COO- + H+$$

Bu örnekte, molekülden bir proton uzaklaşmış, fakat elektron oksijende kalmıştır. Organik maddelerin indirgenmesinde, elektron alınmasıyla H^+ alınmasının beraber gittiği anlaşılır.

Son yıllardaki incelemelerden anlaşıldığına göre, oksitlenmelerde H^+ ve e^-'nun uzaklaşması bir sıraya bağlıdır; önce proton (H^+), daha sonra elektron (e^-) uzaklaşır. En sık rastlanan oksitlenmeler, molekülden 2H yani $2H^+$ ve $2e^-$ uzaklaşması biçimindedir. Örneğin, etanolün oksitlenmesi sırasında ilk basamakta bir proton uzaklaşır ve alkolat meydana gelir; ikinci basamakta ikinci bir protonla beraber iki elektron uzaklaşır ki, bunların üçü birleşip bir hidrit iyonu ($:H^-$) bileşimiyle molekülden ayrılır:

$$2e- + H+ \longrightarrow H-$$

$$CH_3 . \underset{\underset{H}{|}}{\overset{\overset{H}{|}}{C}} \!\!-\!\! O . H \xrightarrow{\;-H+\;} CH_3 . \underset{\underset{H}{|}}{\overset{\overset{H}{|}}{C}} \!\!-\!\! O \xrightarrow{\;-H^-\;} CH_3 . CH \!\!-\!\! O- \;\rightleftharpoons\; CH_3CHO + $$

Organizmada enzimatik oksitlenme reaksiyonları da aynı mekanizma ile gerçekleşir:

$$\text{ENZH}_2 \rightarrow 2e^- + 2H^+ + \text{ENZ} \quad \text{ya da} \quad \text{ENZH}_2 \rightarrow H^- + H^+ + \text{ENZ}$$

Enzimatik indirgenme reaksiyonları şöyle olur:

$$\text{ENZ} + 2e^- + 2H^+ \rightarrow \text{ENZ H}_2 \quad \text{ya da} \quad \text{ENZ} + H^- + H^+ \rightarrow \text{ENZ H}_2$$

Elektron kaybı ve beraberinde hidrojen iyonu kaybı, ancak ortamda bunları alabilecek bir cismin bulunmasına bağlıdır. Örneğin, küpro bakır (Cu^+), ortamdaki ferri demire (Fe^{3+}) elektron verir; böylece kendi küpri bakıra (Cu^{2+}) oksitlenirken demir de elektron alarak ferro demire (Fe^{2+}) indirgenir:

$$Cu^+ + Fe^{+3} \rightarrow Cu^{2+} + Fe^{2+}$$

Bu sistemde demir bir oksitleyici (oksitleme etkeni), bakır ise bir indirgeyici (indirgeme etkeni)'dir. Bu esaslar, birçok biyomolekül ve bazı enzimler için de aynen geçerlidir. Bir enzimin taşıdığından yalnızca elektronları alabilecek enzimler vardır:

$$\text{Enz} - Fe^{2+} + \text{ENZ} - Fe^{3+} \longrightarrow \text{Enz} - Fe^{3+} + \text{ENZ} - Fe^{2+}$$

Bir enzimin taşıdığı hem elektronları ($2e^-$) hem protonları ($2H^+$) yani total olarak H_2'yi alabilme yeteneği olan enzimler de vardır:

$$\text{Enz H}_2 + \text{ENZ} \longrightarrow \text{ENZ H}_2 + \text{Enz.}$$

Bunlardan başka, oksitlenecek bir maddeden ayrılan hidrit iyonunu (H^-) doğrudan doğruya alabilen enzimler de bilinir:

$$\text{HC} - \text{O} - \text{H} + \text{Enz} \rightarrow \text{Enz H}^- + H^+ + \text{C}=\text{O.}$$

Bu örneklerden iyice anlaşılacağı üzere, oksitlenme ve indirgenme birbirine sıkı bağlı ve el ele giden olaylardır. Elektron ve protonun ya da hidrit iyonunun sadece çıktığı veya sadece girdiği formülle gösterilebilen her reaksiyona termodinamikte birer **yarım reaksiyon** denir. Buna göre, oksitlenme ve indirgenme birer yarım reaksiyondur; ancak ikisi bir araya geldiğinde birbirini tamamlar ve **tam reaksiyon** olur. Oksitlenen ve indirgenen iki maddeyi içeren bir ortama **redoks sistemi** denir. "**redoks**" (**Red**üksiyon-**Oks**idasyon) kelimesi, redüksiyon ve oksidasyon kelimelerinin ilk üç hecelerinden türemiştir. Oksitlenenden indirgenene doğru elektron taşınması olduğu zaman, bir "**redoks prosesi**" (redoks reaksiyonu) söz konusudur:

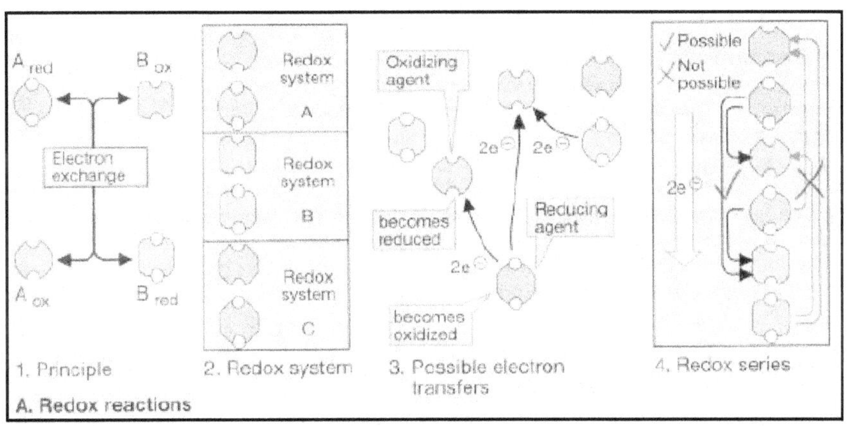

Maddelerin elektron alma ve verme gücünün ölçüsü, **redoks potansiyeli** adını alır ki, bu sistem hücresel yapılardaki zar geçirgenliğinde önemli bir biyoelektriksel davranıştır. Fiziksel olarak, iki sistem arasındaki elektrik potansiyel (gerilim) ölçmekle saptanır:

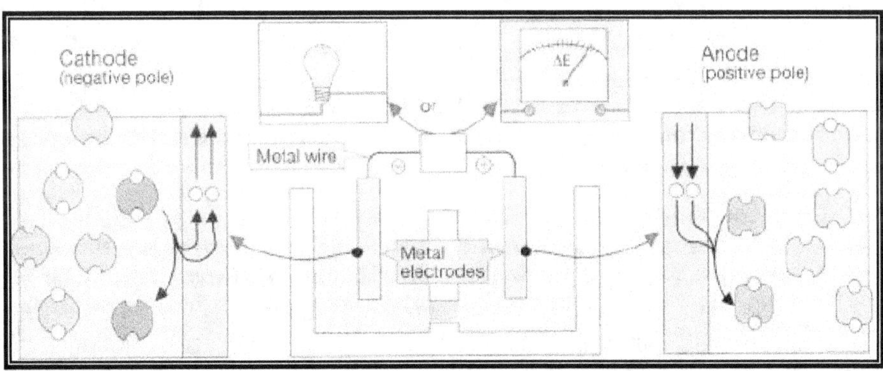

Her redoks sisteminin potansiyeli, sıfır olarak kabul edilen bir **standart redoks sisteminin** ($1/2H_2/H^+ + e^-$) potansiyeli ile karşılaştırılarak ölçülür. Bazı redoks sistemlerinin ölçülen redoks potansiyelleri şöyledir:

Redoks sistem: (Oksitl./İndirg.)	Redoks potansiyeli (E_0 volt'lar)
β-Ketobütirat / β-Hidroksibütirat	-0.27
Pirüvat / Laktat	-0.19
Oksalasetat / Malat	-0.17
Fümarat / Süksinat	$+0.03$
Oksijen / Su	$+0.82$

Oksidoredüksiyon enzimlerinin organik molekülden uzaklaştırdıkları ve aktardıkları elektronlara ve hidrojen iyonlarına **"indirgeme ekivalantları"** denir. Vücuttaki oksidoredüksiyon olaylarını başlıca üç türe ayırmak olanaklıdır:

1) İndirgeme ekivalantları taşınımı direkt (dolaysız) olan oksidoredüksiyonlar.

2) İndirgeme ekivalantları taşınımı indirekt (dolaylı) olan oksidoredüksiyonlar.

3) İndirgeme ekivalantları ayrılması olmadan gerçekleşen oksidasyonlar.

İndirgeme ekivalantları taşınımı dolaysız olan biyolojik oksidasyonları gerçekleştiren enzimler, **oksidazlar**'dır; bunlar, molekülden aldığı elektronu ve H^+'nu yalnız havanın moleküler oksijenine (O_2) verebilirler. Oksidazlar, bakırlı enzimlerdir; fenolleri kinona ve tirozin amino asidini derinin ve saçın renkli pigmenti olan melanine çeviren tirozinaz (fenolaz) ile adrenalin ve tiramin gibi monoaminleri oksitleyen monoaminooksidaz bunlardandır; fenolaz ile su (H_2O) oluşur, monoaminooksidaz ile hidrojen peroksit (H_2O_2) oluşur.

İndirgeme ekivalantları taşınımı dolaylı olan biyolojik oksidoredüksiyonların gerçekleşmesinde molekülden aldıkları indirgeme ekivalanlarını moleküler oksijen (O_2) yerine başka substrata aktarabilen **anaerobik dehidrojenazlar**, adı geçen ekivalanları hem oksijene hem başka substrata taşıyabilen **aerobik dehidrojenazlar** ve yine o ekivalanların yalnız elektron kısmını yalnız havanın oksijenine aktarabilen **hemoproteinli oksidazlar** el ele rol alırlar. Böylece basamak basamak işleyen bir zincirleme reaksiyon sonunda elektron ve H^+, oksijene taşınmış olur. Bu tip oksidoredüksiyon vücutta çok büyük çapta olur; karbonhidratlar, protein aminoasitleri ve lipidler bu yoldan dehidrojenasyona ve oksitlenmeye uğrarlar ve önemli miktarda enerji elde edilir.

İndirgeme ekivalantları ayrılmasıyla olmayan oksidasyonları gerçekleştiren enzimler **oksijenazlar**'dır. Oksijenazların **dioksijenaz** denen bir türü, bir oksijen molekülünü (O_2) tam olarak substrata yerleştirebilir. Oksijenazların **monooksijenaz** denen bir türü ise, oksijen molekülünün bir atomunu oksitlenecek moleküle ekler ve böylece hidroksilaz görevi görür; diğer oksijen atomunu ise indirgeme ekivalanı verebilecek maddelerin ya da koenzimlerin yardımıyla suya indirgetir:

$$\text{R-H} + \text{NADPH} + \text{H}^+ + \text{O}_2 \rightarrow \text{R-OH} + \text{NADP}^+ + \text{H}_2\text{O}$$

APPENDIX-V {İLERİ EK BİLGİ}
HÜCREDEKİ ENERJİ ÜRETİMİ (ATP) MEKANİZMALARI
(OKSİDATİF FOSFORİLASYON VE FOTO-FOSFORİLASYON)

Hücrede Enerji Üretimi, genel olarak;

1- **Fotosentez**: Işık enerjisi kullanılarak ATP üretir (Fotofosforilasyon).

2- **Kemosentez**: İnorganik maddeleri yakarak ATP üretir (Kemofosforilasyon).

3- **Solunum**: Organik maddeleri parçalayarak ATP üretir (Oksidatif fosforilasyon).

4- **Fermantasyon**: Substrat düzeyinde fosforilasyon.

Mekanizmalarıyla gerçekleştirilir.

Adenozin Tri Fosfat (ATP) ve Hücrede ATP Üretim Yolları

Yukarıda verilen ATP üretim yöntemleri, canlılar için gerekli enerjiyi sağlayacak kimyasal tepkimelere (Protein ve Enzim Üretimi gibi) gereken enerjiyi sağlar.

Solunum Çeşitleri ise, hücre bazında genel olarak iki gruba ayrılabilir:

A-Hücre dışı solunum

B-Hücre içi solunum

    a-Oksijenli solunum

    b-Oksijensiz solunum

Oksijenli Solunum

Solunum; enerji verici besinlerin kimyasal bağlarında depolanmış enerjiden yararlanarak ATP sentezlenmesine denir. Eğer, organik madde oksijen kullanılarak CO_2 ve H_2O'ya kadar parçalanırsa bu olaya oksijenli solunum denir. Kimyasal bağlardaki bu enerji, bağların açılmasıyla ortaya çıkarılır. Oksijenli solunum sonucunda 38 ATP'lik enerji üretilir. Mitokondrisi olan bütün hücreler oksijenli solunum yapar. İnsanın alyuvarları hariç bütün hücrelerinde mitokondri olduğuna göre, bütün hücrelerimizde oksijenli solunum yapılır diyebiliriz. Her canlı, her hücresinde, her an oksijenli solunum yapar (Bazı Bakteriler ve mavi – yeşil algler dışında, çünkü bunlar sülfür bileşikleriyle solunumu gerçekleştirir).

Bitkiler de öteki canlılar gibi hücrelerinde her an oksijenli solunum yapar. Yani gündüz fotosentez, gece solunum yaptığı düşüncesi yanlıştır. Çünkü solunum hem gece, hem gündüz yapılır. Tüm bunlardan da anlayacağımız gibi, fotosentez sonucu oluşan besin ve oksijen, solunumda kullanılarak karbondioksit ve suya dönüştürülür. Bunlar da, geri dönüşümle tekrar fotosentezde kullanılır. Kireç suyu kullanılarak ortamda karbondioksit olup olmadığı, solunum yapılıp yapılmadığı, oksijen kullanılıp kullanılmadığı anlaşılabilir.

BESİN + OKSİJEN (Mitokondri) → SU + KARBONDİOKSİT + ENERJİ (Enzim)

Oksijensiz Solunum (Fermantasyon)

Karbonhidratlardan, oksijen kullanılmadan ATP sentezlenmesidir. Fermantasyonda, karbonhidratlardan glikoz kullanılır. Eğer kullanılacak madde sakkaroz gibi bir disakkarit ise veya nişasta gibi bir polisakkarit ise, önce sindirilerek yapı taşı olan momosakkaritlere parçalanır. Oluşan Fruktoz ya da Galaktoz gibi momosakkarit ise, glikoza dönüştürülüp kullanılır. Fermantasyon da tüm canlılar tarafından kullanılır. Üstelik büyük bir bölümü, bütün canlılarda aynı biçimde yapılır. Ancak daha sonraki evreler farklı olduğundan farklı son ürünler oluşur. İnsan ve hayvanların çizgili kaslarında yapılan Fermentasyonun yan ürünü Laktik Asittir:

$$C_6H_{12}O_6 \rightarrow 2C_3H_6O_3 \text{ (Laktik Asit)} + 2ATP$$

Sirke bakterisinin Fermentasyonunun sonucu Sirke Asidi'dir:

$$C_6H_{12}O_6 \rightarrow 2\ CH_3-COOH + 2CO_2 + 2ATP$$

Bira mayasının Fermentasyon ürünü ise Etil Alkol'dür:

$$C_6H_{12}O_6 \rightarrow 2C_2H_5-OH + 2CO_2 + 2ATP$$

Fotosentez

Bitkiler besin yaparken havadan karbondioksit alırlar ve oksijen verirler. Yapraklara yeşil rengi veren klorofil maddesi güneş enerjisini kullanarak karbondioksit ve suyu oksijen ve basit şekerlere (glukoz) dönüştürür.

Basit şekerler bitki için gerekli besinlere dönüşürler, açığa çıkan oksijen ise havaya verilir. Bu besin yapımı işi fotosentez adını alır. Bitkiler, hayvanların tersine, besin aramaya gerek duymaz, besinlerini kendilerini üretirler. Beslenmenin yolu, bitkiye özgün yeşil rengi veren "**Klorofil**" denilen yeşil boyarmaddeden geçer. Bitki, klorofil aracılığıyla, güneş enerjisini kimyasal enerjiye dönüştürür. Bu kimyasal enerji de genellikle nişasta biçiminde saklanır ve gelişmek, büyümek için yakıt olarak kullanılır. Işık enerjisiyle, karbon dioksit ve su, zengin enerjili bir besin olan glikoza dönüşür. Yani fotosentez (ışıl bireşim), ısı ve ışıkla gerçekleşir. Bitki yapraklarını oluşturan hücrelerin içinde, "**Kloroplast**" denilen, çok küçük yapılar vardır. Her hücrede kloroplast sayısı yüzden fazladır. Kloroplastların içindeki yeşil renkli boyarmadde olan "**Klorofil**", ışık yakalar. Kloroplastlar, güneş ışınlarını panel gibi toplayıp, kollektör gibi enerjiye dönüştürerek, besin üretirler. Bitkiler de insanlar ve hayvanlar gibi yaşamak ve büyümek için havadan gazları, topraktan su ve tuzları ve güneş ışığının enerjisini kullanırlar. Bazı bitkiler kendi besinlerini yapamazlar, başka bitki ya da hayvanlardan elde ederler. Diğer canlıların besinlerini alan bu bitkilere "**Asalak**" denir. Bazı bitkiler de ölü hayvan ve bitkilerin üzerinde yaşarlar ki, bunlar da "**Çürükçül**" bitkilerdir. Bazen iki cins bitki birbirlerine zarar vermeden bir arada yaşarlar. Bu birliğe ise, "**Ortak Yaşama**" (Symbiotic yaşam) denir.

Bitkilerin bir grubunun beslenmesi çok ilginçtir. Örneğin, Etçil bitkilerde besin yapmak için gerekli bütün hammaddeler bulunmaz. Bunlar, böcekleri yakalayıp sindirerek kendilerinde eksik olan azotu sağlarlar. Yapraklar bitkinin besin oluşturan organlarıdır. Çeşitli hammaddeler burada besinlere dönüştürülür. Yaprak damarları iletim borularıdır. Yaprakta oluşan besinleri götürür ve yaprağa topraktan bol miktarda su ve inorganik madde getirirler. Bu suyun bir kısmı besin yapımında (fotosentez) kullanılır, çoğu da terlemeyle havaya verilir. Yaprakların birçok yararları vardır. Birçok hayvan, yaprakları yer. İnsanlar da bu yapraklı bitkilerden ve hayvanlardan beslenerek besin zincirini tamamlarlar ve bu şekilde tüm canlılar çeşitli şekillerde birbirinden yararlanırlar. Fotosentez kısaca yeşil bitkilerin besinlerini yapma işlemidir:

$$6H_2O + 6CO_2 + \text{IŞIK} \rightarrow C_6H_{12}O_6 \text{ (Glikoz)} + 6O_2$$

ATP (Adenozin 5-Trifosfat)

ATP'nin Kimyasal Yapısı

ATP (Adenozin 5-trifosfat), Hücre içinde bulunan çok işlevli bir nükleotittir. İngilizce *Adenosine Three Phosphate*'dan ATP olarak kısaltılır, en önemli işlevi hücre içi biyokimyasal reaksiyonlar için gereken kimyasal enerjiyi taşımaktır. Fotosentez ve hücre solunumu (respirasyonu) sırasında oluşur. ATP, bunun yanı sıra RNA sentezinde gereken dört esas Monomerden biridir. Ayrıca ATP, hücre içi sinyal iletiminde Protein Kinaz reaksiyonu için gereken fosfatın da kaynağıdır.

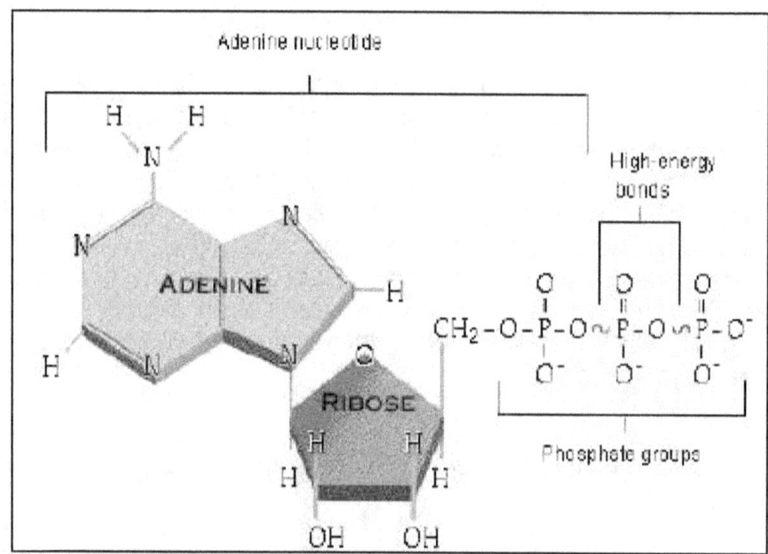

Şekil: Adenozin trifosfat (ATP) Molekülü.

Şekil: Adenozin trifosfat (ATP) Molekülü'nün detaylı yapısı.

ATP'nin Kimyasal Özellikleri

ATP, adenozin ve üç fosfat grubundan oluşur. Adenozinden itibaren sayınca ikinci ve üçüncü fosfat grupları arasındaki bağın enerjisi çok yüksektir. Bu bağın kırılmasıyla ATP, ADP'ye dönüştüğü zaman meydan gelen enerji değişimi, hücre içinde -12 kCal/mol, labortuvar şartlarında ise -7,3 kcal/mol'dür. Açığa çıkan bu büyük enerji miktarı, biyokimyasal reaksiyonlarda ATP'nin bir kimyasal enerji deposu olarak kullanılmasına yarar.

482

ATP Sentezi (Oksidatif Fosforilasyon)

ATP çeşitli yollarla sentezlenebilir. Aerobik şartlarda ATP sentezi mitokondrilerde, oksidatif fosforilasyon yoluyla gerçekleşir. Anaerobik şartlarda ise fermantasyon yoluyla olur. ATP sentezinde yakıt olarak başta glikoz ve trigliseritler kullanılır. Trigliseritlerin bozunumunda gliserol ve yağ asitleri oluşur. Hücre sitozolunda glikoz ve gliserol, glikoliz yoluyla pirüvata dönüştürülürler. Fosforilasyon yoluyla bu aşamada bir miktar ATP, pirüvat kinaz ve fosfogliserat kinaz enzimleri tarafından sentezlenir. Pirüvat sonra mitokondride oksitlenmeye devam eder. Mitokindride pirüvat, pirüvat dehidrojenaz aracılığıyla Acetyl-CoA'ya dönüşür, o da Krebs döngüsü ile karbondiokiste kadar oksitlenir. Yağ asitleri de beta-oksidasyonu ile Acetyl-CoA'ya dönüşürler ve Krebs döngüsü'yle metabolize olurlar. Krebs döngüsü'nün her bir deviniminde süksinil-CoA sentetaz tarafından bir ATP dengi GTP, bir de indirgeme gücüne sahip olan NADH sentezlenir. NADH'deki elektronlar elektron taşıma zinciri ile taşınırken ATP sentaz tarafından oksidatif fosforilasyon yoluyla çok miktarda ATP sentezlenir. Glukozun karbondiokiste oksidasyonuna hücre solunumu denir. Glikozdaki kimyasal enerjinin %40'ı, hücre için daha kullanışlı olan ATP'ye dönüşür. ATP ayrıca nüklezit difosfat kinaz enzimi aracılığıyla başka nükleozit trifosfatları kullanarak da sentezlenir.

Kas hücrelerinde ATP sentezlenirken, guanido-osfotransferaz tarafında katalizlenen benzer bir reaksiyonda da kreatin fosfat'ın fosfat grubu ADP'ye aktarılarak ATP ve kreatin oluşur. Bitki hücrelerinde ATP, kloroplastlarda gerçekleşen fotosentez yoluyla sentezlenir. Bu ATP'nin bir kısmı sonra trioz şekerlerinin oluşumu için Calvin döngüsünde kullanılır.

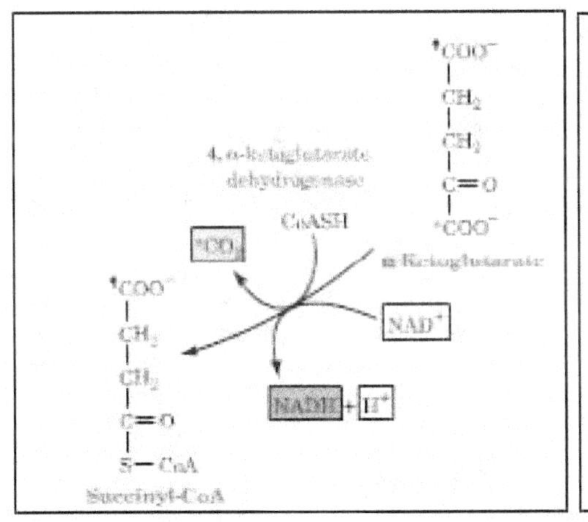
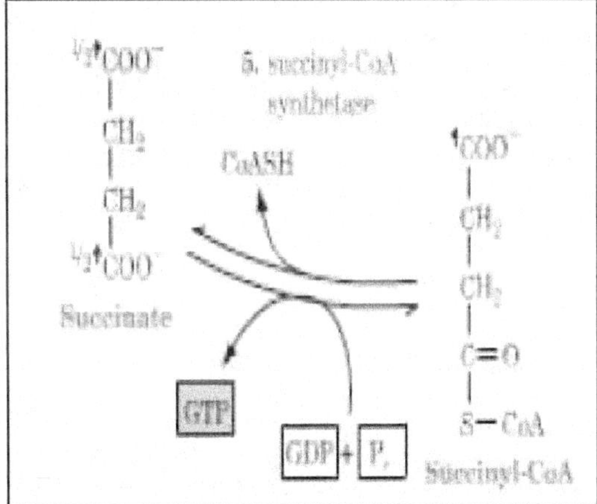

Şekil: ADP + GTP → ATP + GDP Döngüsü.

ATP'nin İşlevi

ATP'nin enerjisi onun ADP'ye dönüşmesine yol açan fosfat-fosfat bağının hidrolizi ile açığa çıkar. Hücre içinde çeşitli enzim, motor protein ve taşıma proteini bu enerjiyi kullanır. ATP'nin bozunumu ADP ve inorganik fosfat (Pi) oluşturur, ADP sonra AMP ve Pi olarak ayrıca bozunur. ATP'nin bir diğer bozunum yolu AMP artı Pirofosfat (PPi) şeklindedir. Bütün canlıların en önemli enerji kaynağı olan ATP'nin yapısında; Adenin denilen organik baz, beş karbonlu Riboz şekeri ve üç tane Fosforik asit bulunur. Bu fosfat gruplarından son ikisi yüksek enerjili fosfat bağlarıyla bağlıdır. Adenin ile Ribozun birleşmesiyle oluşan yapıya nükleozit (Adenozin) denir. Adenozine bir fosfat grubu bağlanırsa, Adenozin monofosfat (AMP); Adenozine iki fosfat grubu bağlanırsa, Adenozin difosfat (ADP); Adenozine üç fosfat grubu bağlanırsa, Adenozin trifosfat (ATP) oluşur. ATP'den bir fosfat koparıldığı zaman ADP oluşur ve bu sırada bir miktar enerji açığa çıkar:

$$ATP \rightarrow ADP + P + 7300 \text{ Kalori (Enerji)}$$

Bu enerji, yeni moleküllerin sentezinde (protein, karbonhidrat, yağ, DNA, RNA), hücre solunumunda, aktif taşımada, hücre bölünmesinde, fotosentezde, vücut hareketlerinin sağlanmasında, sinirsel iletimde başta olmak üzere daha birçok reaksiyonda harcanır. Bir hücrede enerji gerektiren endergonik reaksiyonlar olduğu gibi enerji veren ekzergonik reaksiyonlar da vardır. Hücrelerin içinde çok büyük enerji dönüşümleri ve enerji açığa çıkaran reaksiyonlar meydana geldiği halde, hücre bundan zarar görmez. Çünkü hücrede enerji veren ve enerji gerektiren olaylar, basamak basamak ve kontrollü bir şekilde yürür. Örneğin; bir karaciğer hücresi ortalama 1300 mitokondriye sahiptir. Her mitokondrinin bir saat içinde en az 10 ATP sentezlediğini düşünelim. Bu hücrelerde yaklaşık 10 milyon kalorilik bir enerji açığa çıkacaktır. Eğer bu enerji bir anda açığa çıkmış olsaydı, hiçbir hücre canlı kalamazdı. Dolayısıyla, diyebiliriz ki hücresel düzeyde bu reaksiyon zincirlerinin enerjiyi kararlı bir seviyede tutacak şekilde yürütülmeleri, bilinçli bir güç tarafından özenle kontrol edildiğini açıkça göstermektedir. Bu ise, ancak makro yapılar gibi mikro düzeydeki canlılığın da, aşama aşama yaratılarak ortaya çıktığının ve moleküler evrimin değil, tekamülün bir başka mükemmel isbatıdır.

ATP'nin asıl kaynağı ise güneştir. Güneş enerjisi fotosentezle organik moleküllerin bağlarındaki enerjiye çevrilir. Böylece çeşitli reaksiyonlar sırasında ADP'ye bir tane enerjili fosfat bağlanarak ATP sentezlenmiş olur:

$$ADP + H_3PO_4 \rightarrow Enerji (ATP) + H_2O$$

İşte, bütün canlı hücrelerin yapmak zorunda olduğu bu hayatsal olaya **fosforilasyon** denir. Fosforilasyon değişik biçimlerde gerçekleşir. Şimdi bitki hücresinde ATP ve ENERJİ üretimini kısaca inceleyelim:

FOTO sentez (Fotofosforilasyon)

Bitki Hücresinde Enerji Üretimi

(Klorofil İçinde Gerçekleşen Olaylar)

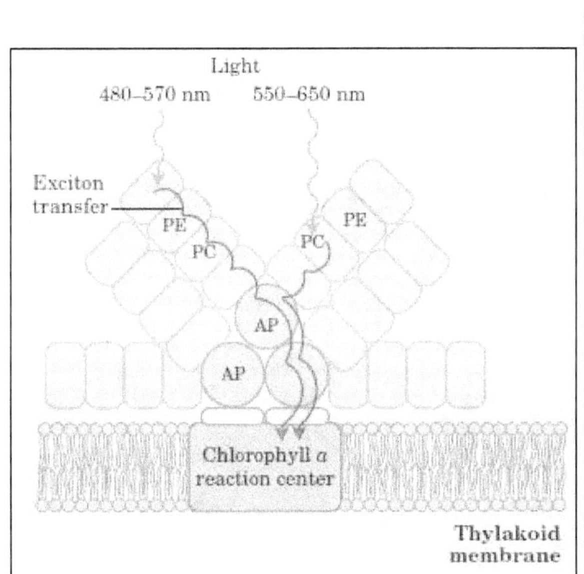

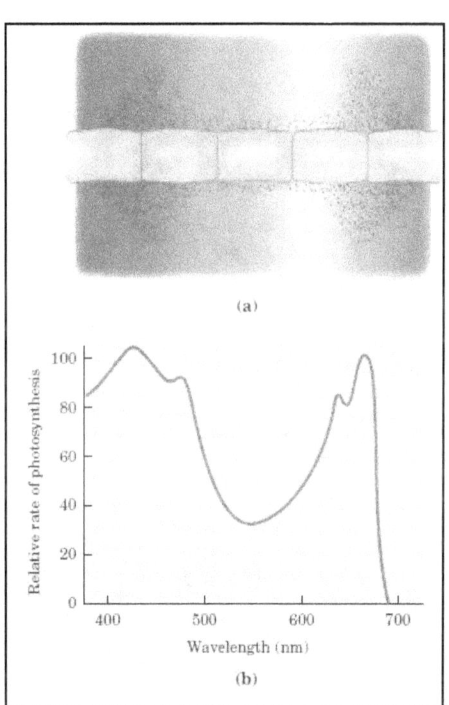

Tycloid hücre birimi tarafından, bitki hücresinin klorofil molekülünün duyarlı olduğu yeşil enerji bandına sahip dalgaboyu kısmının, güneş enerjisi ile başlayan organik kimyasal tepkime zincirleriyle, absorbe edilmesiyle ilk fotosentetik kimyasal reaksiyon işlemi başlatılmış olur. Yukarıda, tycloid hücresinin yapısı ve bu absorbe edilen sınırlandırılmış enerji bandı aralığı gösterilmektedir (a). Dikkat edilirse, ikinci grafikte bu enerji bandına ait klorofilin absorbe ettiği enerjinin, fotosentetik relatif oranının, görünür ışık bölgesine ait (yeşil renkli dalgaboyu alanı) bölgede daha fazla yoğunlaştığı görülür (b).

Bilindiği gibi ışık fotonlardan oluşmuştur. Yeşil yaprakların içindeki suya çarpan ışık, klorofil aygıtına yüklenir. Bu yükleme işlemi, klorofilde bulunan atomaltı parçacıkları harekete geçirir ve kuantum mekaniksel olarak elektron yörüngelerini değiştirir. Bu işlem, saniyenin on milyonda biri (0,1 µs) kadar kısa bir sürede gerçekleşir ve atomaltı parçacıklar bu kısa sürede su molekülündeki hidrojeni oksijenden ayırırlar.

Bu işlem o kadar hızlıdır ki, atomaltı parçacıkların hidrojen ve oksijeni birbirlerinden nasıl ayırdığını halen anlaşılamamıştır. Ayrılan hidrojenler, enzim ya da katalist denilen daha büyük spiral şekilli protein molekülleri tarafından yakalanırlar. Bu işlemin ilk reaksiyon basamaklarında sırasıyla aşağıdaki tepkimeler gerçekleşir:

(1) $E = \hbar.\upsilon$ (Klorofil molekülünden güneş ışığı ile elektron koparılması)

Burada, $\hbar$ Planck sabiti ve υ ışığın dalgaboyunu göstermektedir.

$$2H_2O + 2A \xrightarrow{Light} 2AH_2 + O_2$$

$$2H_2O + 2NADP^+ \xrightarrow{Light} 2NADPH + 2H^+ + O_2$$

(2) Klorofil molekülünün uyarılması ile konformasyona uğraması ve moleküler yük ayrıştırımına gitmesi:

$$(Chl)_2 + 1 \ exciton \rightarrow (Chl)_2^* \ {}_{(uyarı)}$$

$$(Chl)_2^* + Pheo \rightarrow \bullet(Chl)_2^+ + \bullet Pheo^- \ {}_{(yük \ ayrı.)}$$

$$2H^+ + 2 \bullet Pheo^- + Q_B \rightarrow 2Pheo + Q_BH_2 \ {}_{(Quinone \ reduction)}$$

(3) Bu uyarılmış enerjinin komşu klorofil mokülüne, ikinci moleküle geçmesiyle rezonans enerji transferinin gerçekleşmesi:

$$(1) \ 2(Chl)_2^* \rightarrow \bullet(Chl)_2^+ + e^- \ {}_{(Transformaion \ resonance-I)} \quad E' = -1.0 \ V$$

$$(2) \ Q + 2H^+ + 2e^- \rightarrow QH_2 \ {}_{(Transformaion \ resonance-II)} \quad E'' = -0.045 \ V$$

(4) Bu indüklenmiş rezonans enerjisinin klorofil molekülündeki enerji reaksiyon merkezinde (Q_A, Q_B ve P_{680} birimleri) depolanması:

$$(1) \quad 2H_2O + 2NADP^+ + 8 \ Foton \rightarrow$$

$$O_2 + 2NADPH + 2H^+ \ {\scriptstyle (Transformdion \ reduced-I)}$$

$$(2) \quad 4P_{680} + 4H^+ + 2PQ_B + 4 \ Foton \rightarrow$$

$$4P_{680}^+ + 2PQ_BH_2 \ {\scriptstyle (Transformdion \ resonance-II)}$$

$$(3) \quad 2Fd_{reduced} + 2H^+ + NADP^+ \rightarrow$$

$$2Fd_{ex} + NADPH + H^+ \ {\scriptstyle (Transformdion \ resonance-III)}$$

(5) Su molekülünün reaksiyon merkezinde ayrıştırılması ile ve karanlık fotosentetik reaksiyonlarla depo edilen enerjinin gerçekleştirilen zincirleme elektron transport reaksiyonlarıyla; bir elektriksel kondansatördeki yüklerin depo edilerek enerji üretilmesi gibi, stroma hücre biriminde organik besin molekülleri olarak moleküler bağlarda ATP enerjisi olarak depo edilmesi ve ADP süreci ile bu ATP enerjisinin tekrar hücre solunum zinciri içerisinde parçalanarak enerjiye dönüşmesi:

$$(1) \quad 2H_2O \rightarrow 4H^+ + 4e^- + O_2 \ {\scriptstyle (TAC-Transformdion \ ATP \ Cycle-I)}$$

$$(2) \quad 2H_2O + 8 \ Foton + 2NADP^+ + \approx 3ADP + \approx 3P_i \rightarrow$$

$$O_2 + \approx 3ATP + 2NADPH \ {\scriptstyle (TAC-Transformdion \ ATP \ Cycle-II)}$$

$$(3) \quad ADP + P_i \rightarrow ATP + H_2O \ {\scriptstyle (TAC-Transformdion-ATP \ Cycle-III)}$$

Bu işlemlerin tamamı ara basamakları göstermeden de aşağıdaki sonuç organik kimyasal tepkime ile de özet olarak ifade edilebilir:

$$CO_2 + H_2O \xrightarrow{Light} O_2 + \left(CH_2O\right) \ {\scriptstyle (PSR-Photo \ Synthetic-Reduction)}$$

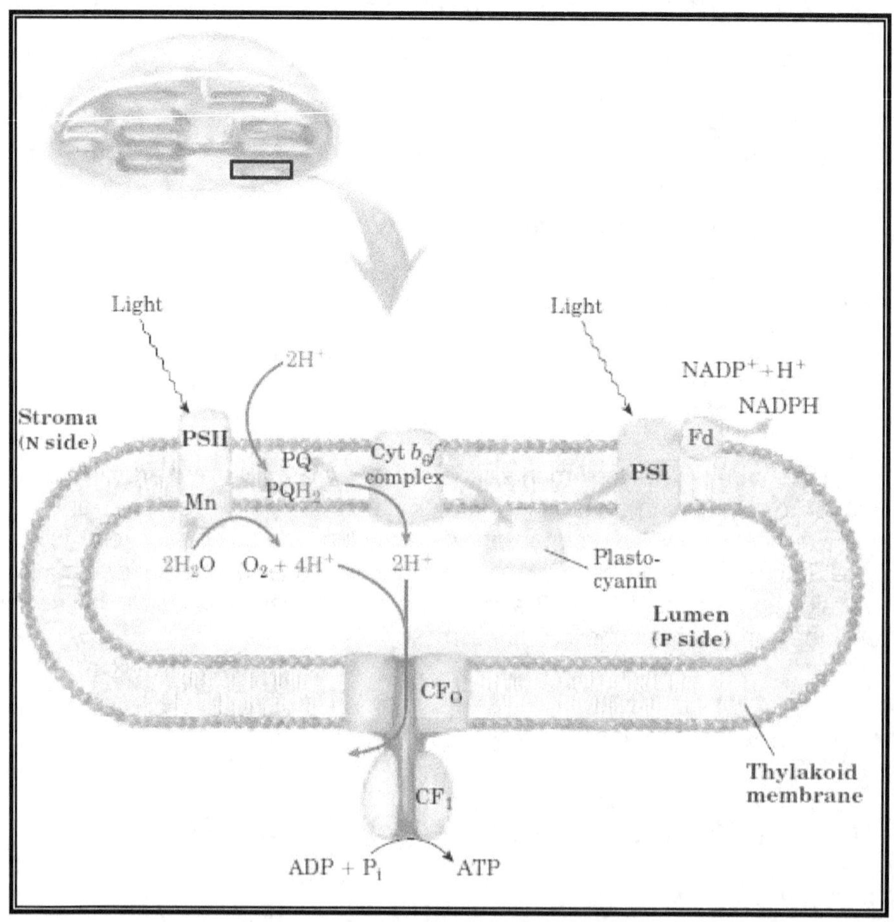

Tycloid hücre biriminde gerçekleşen proton ve elektron transfer işlemlerini ve devre şemalarını gösteren şematik bir diyagram. Burada gösterilen PSI (Photo System I) ve PSII (Photo System II) birimleri, stroma içerisinde tekrar enerji üretim döngüsüne katılarak, ATP sentezini gerçekleştiren oksidatif fosforilasyon sürecindeki elektron taşıyıcı bağlantı birimlerini göstermektedir. Işığın klorofil tarafından absorbe edilmesiyle, ilk önce PSI birimi tarafından elektron transfer işlemi başlatılır ve klorofil molekülündeki yüksek enerjili moleküler bağların kırılmasıyla, daha sonra Tycloid hücre biriminin zar yüzeyi üzerinde gerçekleşen zincirleme elektron transport reaksiyonlarıyla, sitokrom kompleksi tarafından bu absorbe edilen enerji komşu PSII birimine aktarılır ve bu birimin konformasyonu ile polarlanan bu enerji, tekrar ADP süreciyle ATP enerjisine dönüşerek depo edilmek üzere CF₀ birimiyle gösterilen proton pompasına iletilir. CF₁ birimi ise, ATP sentezini katalize eder. Stroma içerisindeki bu enerji döngüsü (siklüs) sürekli bu şekilde devam ederek hücre içindeki gerekli enerjiyi üreten bir reaktör gibi davranır.

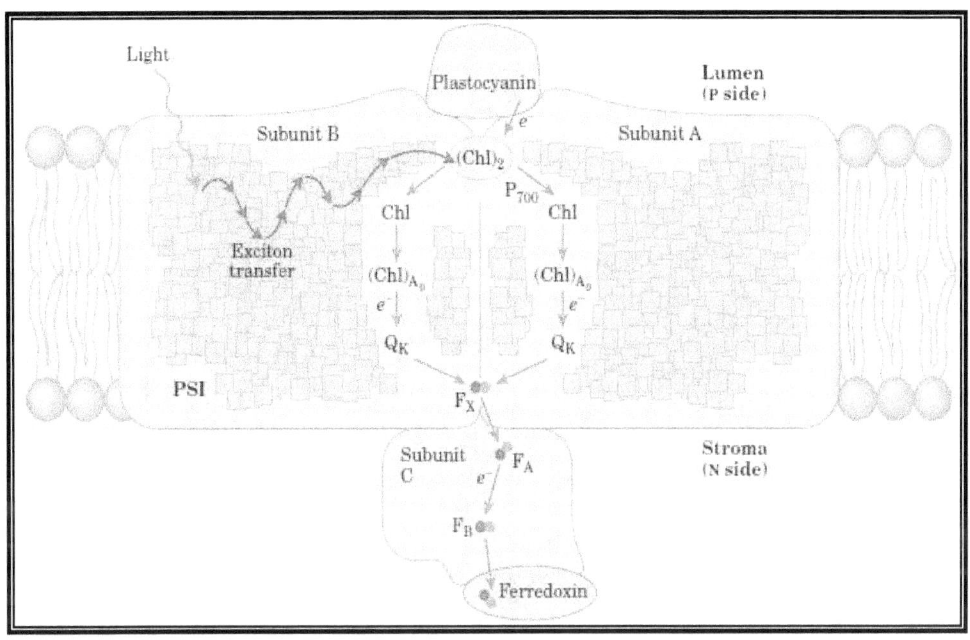

Stroma içerisinde yer alan PSI biriminin detaylı yapısı ve Klorofil içinde yer alan entegre elektron taşıyıcısı olan Plastocyanin molekülü ile elektron transport işlemini devam ettiren taşıyıcı Gradient molekül olan Ferrodeoxin'in sentezlenmesini gösteren şematik bir diyagram.

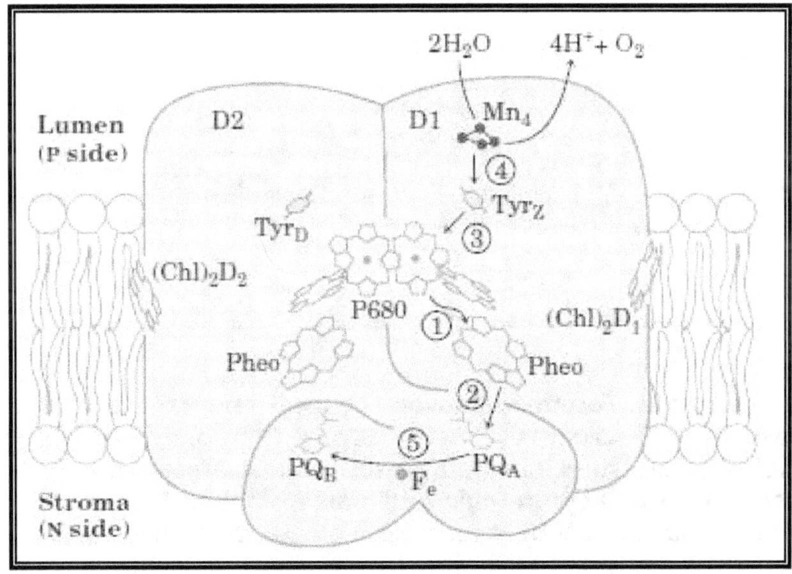

Photo System (PSII) biriminin detaylı moleküler yapısı. Buradaki PQ_A ve PQ_B Plastokinon (P_Q) molekül birimlerini göstermektedir.

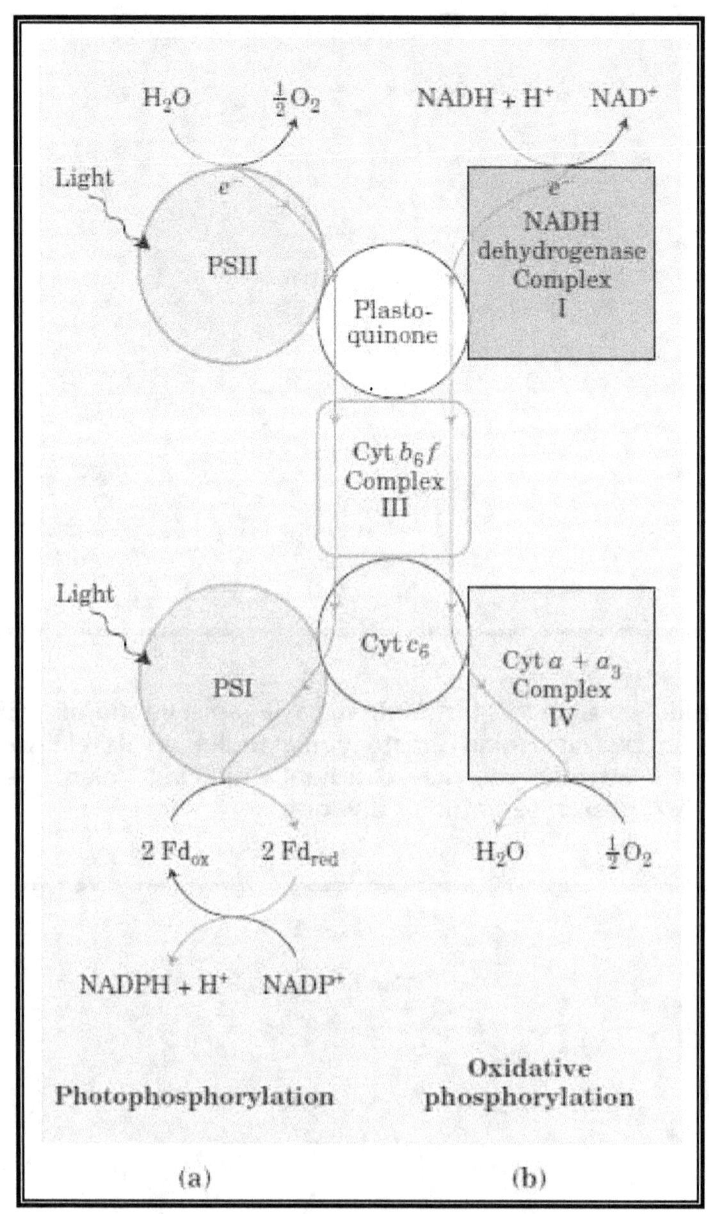

(a) Hücre içerisinde Fotofosforilasyon (güneş enerjisi ile besin üretimi) mekanizması ile (b) Oksidatif fosforilasyon (karbondioksit ile besinlerin yıkılımı) mekanizması sürecinin detaylarını ve ikisi arasındaki yol ayrımlarını gösteren şematik bir diyagram. Dikkat edilirse, Kompleks III ve Sitokrom C'den oluşan ara birim, bu yol ayrımının merkezini oluşturmaktadır.

490

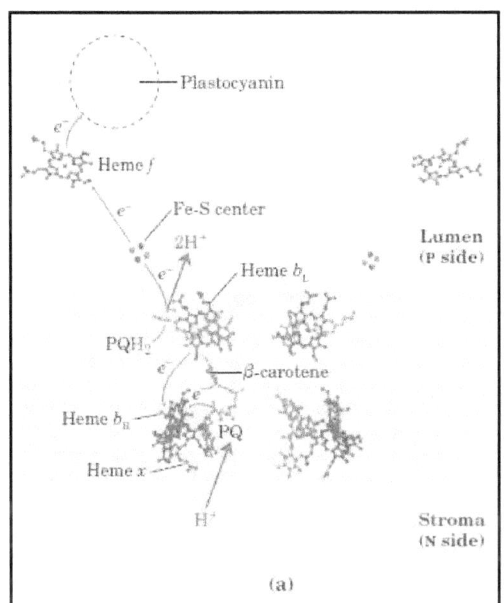
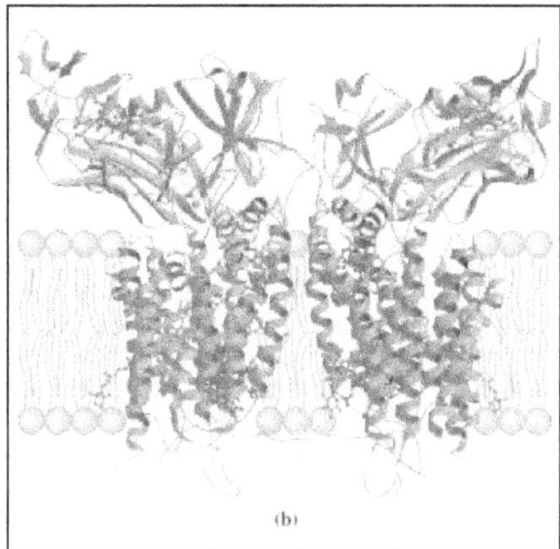

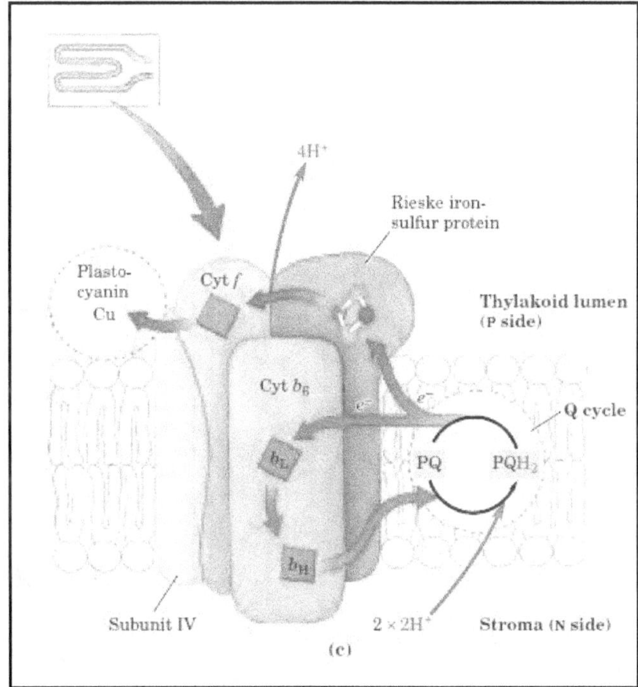

(a) Sitokrom organeli ve klorofil molekülünü içerisinde barındıran stroma biriminin fotofosforilasyon mekanizmasındaki elektron döngüsünü **(b)** gösteren şematik moleküler diyagram. Bazı sülfürle besin üreten bakteriler ise, stroma molekülleri içerisine demir-sülfür bileşiklerini kullanarak gerçekleştirdikleri enzimatik reaksiyonlar ve elektron transport sistemiyle kendi besinlerini üretirler **(c)**.

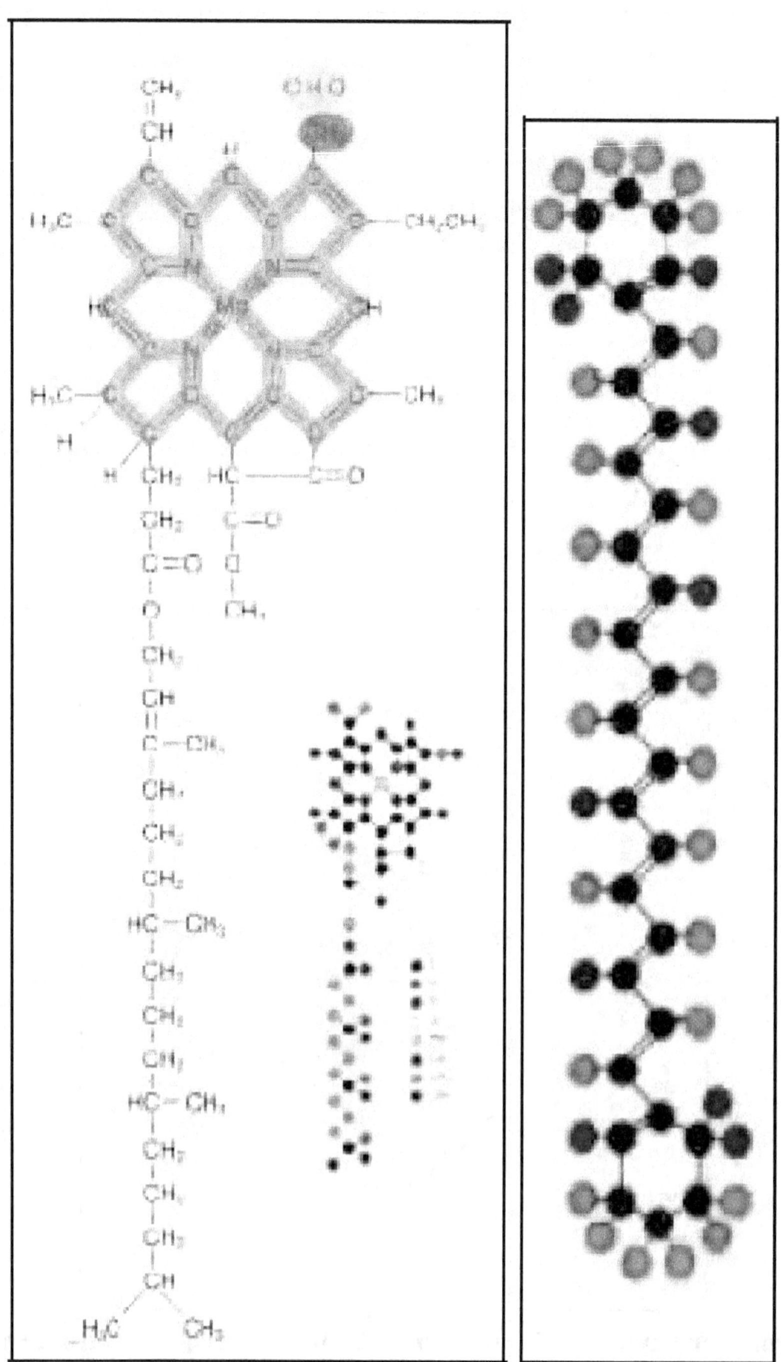

Fotosentez işleminin en önemli elemanlarından biri olan klorofil, organik atomların, yukarıdaki formüle uygun olarak dizilmelerinden oluşur (soldaki şekil). Beta karoten pigmentinin moleküler yapısı (Sağdaki şekil).

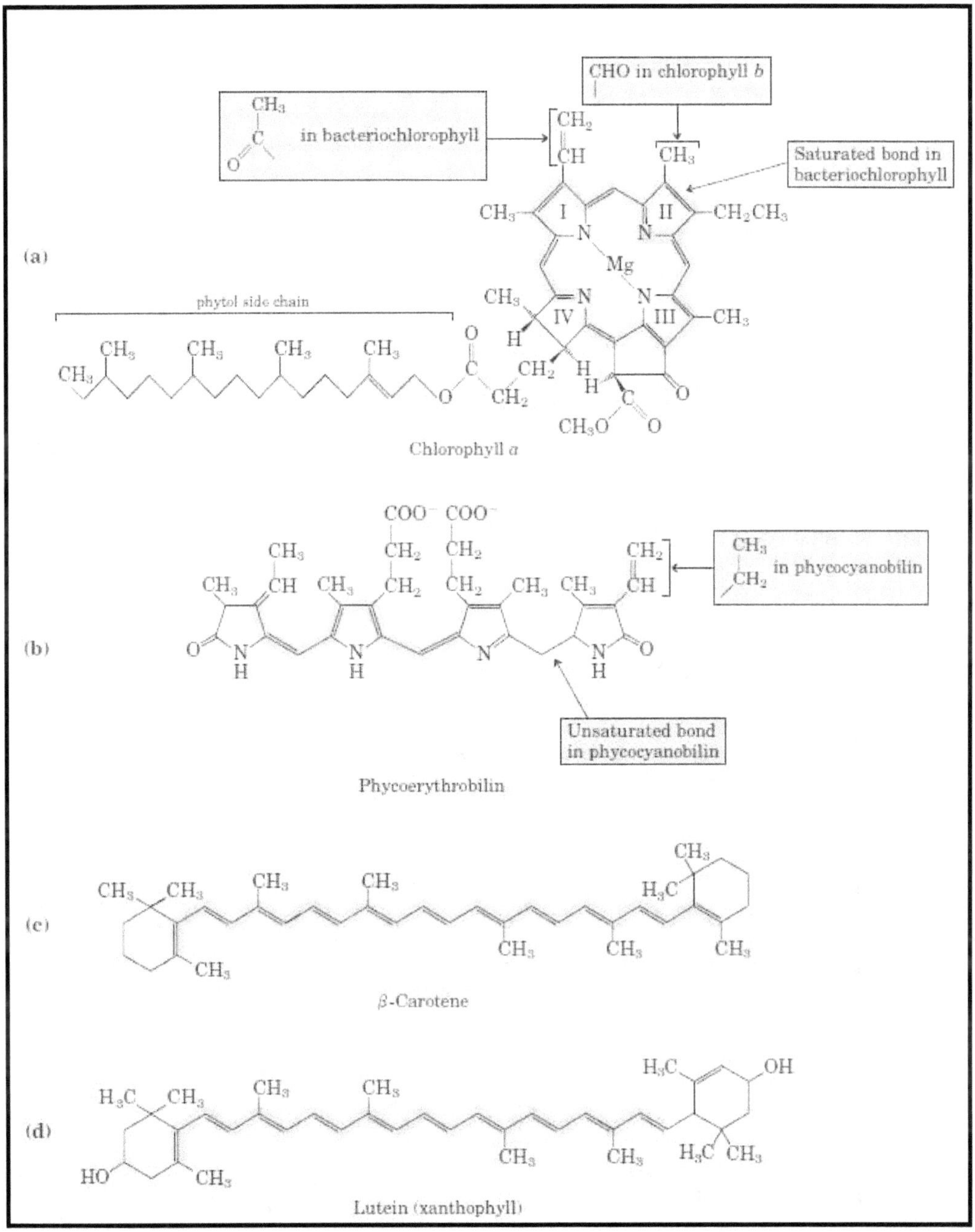

(a)

(b)

(c)

(d)

Klorofil molekülünün detaylı moleküler yapısı. Burada klorofil molekülü içerisindeki moleküler yapılar ayrı ayrı gösterilmektedir.

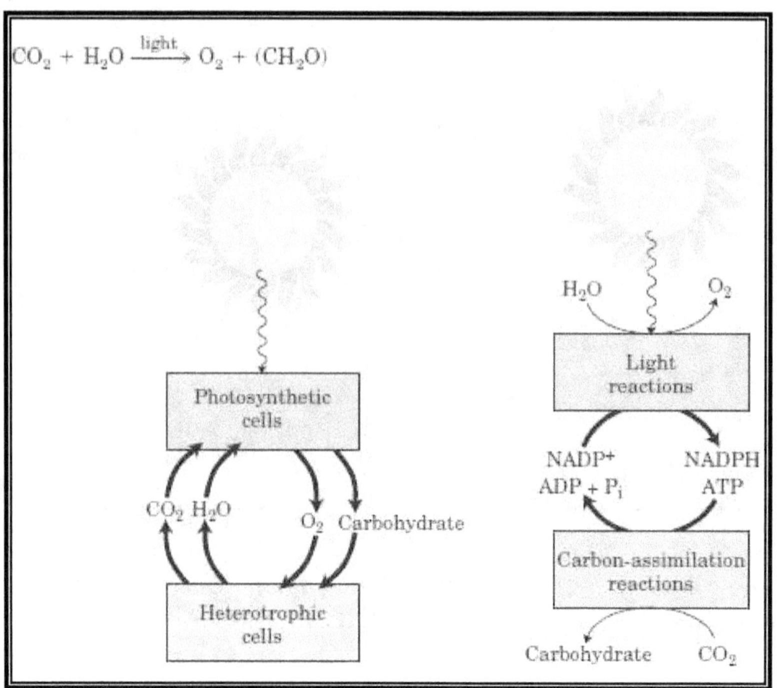

Şekil: Keratinin detaylı moleküler yapısı.

Fotosentez işlemi sırasında kullanılan bu enzimler onları tutmak için özel olarak tasarlanmış bir şekle sahiptirler. Bunlar, hidrojeni içeri alınan karbondioksitle öyle bir şekilde bir araya getirirler ki, her iki molekül birlikte çok yüksek hızda dönerek kimyasal olarak birbirlerine karışırlar. Bu da henüz çözülemeyen aşamalardan biridir. Öyle ki, bilim adamları sadece ortaya çıkan durumu değerlendirerek işlem sırasında neler olmuş olabileceği hakkında yorum yapabilmektedirler.

Fotosentezin İlk Aşamaları

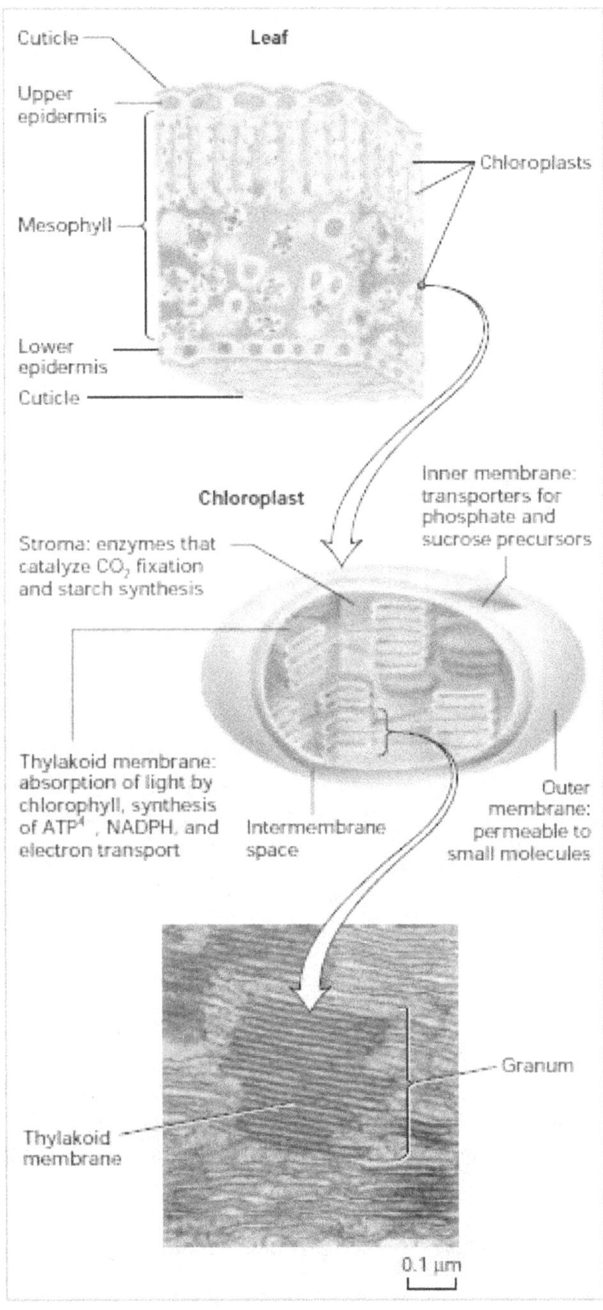

Şekil: Bitki hücresi içerisinde yer alan Stroma ve Tycloid hücre biriminin yapısı ile Klorofil molekülünün bulunduğu Kloroplast organelinin elektron mikroskobuyla alınmış görüntüsü.

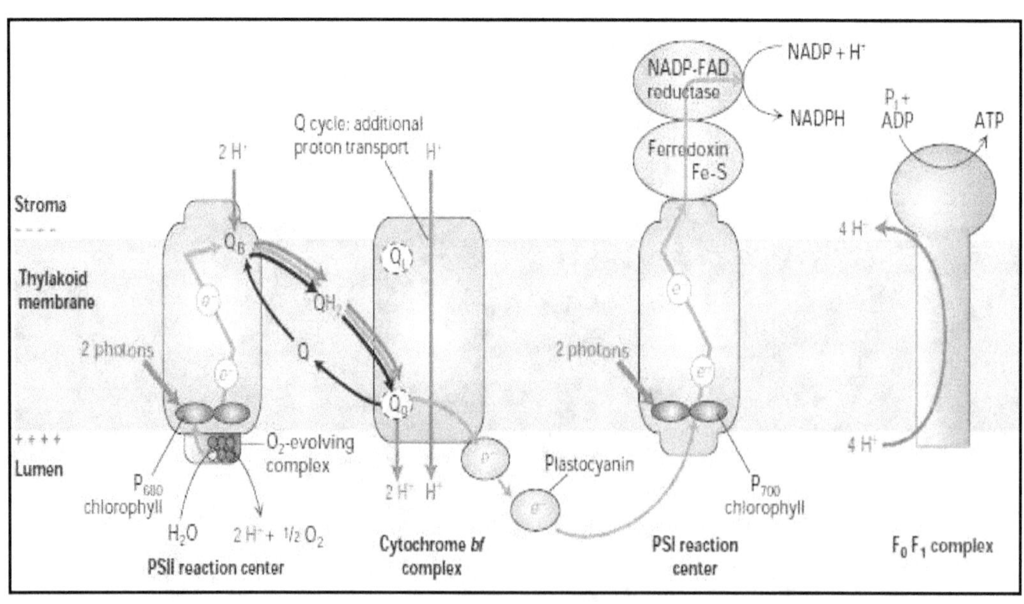

Şekil: Bitki yaprağı içerisindeki Koloroplast organelleri içerisinde gerçekleşen elektron transfer sistemlerini (Fotosistem I ve II) gösteren diyagramlar.

Fotosentez aşamalarının gerçekleşme süreleri incelendiği zaman Fotosentez işleminin gerçekleşmesi için gerekli olan zaman çok kısa olduğu görülür: "1 nano saniye (1 ns), yani saniyenin milyarda biri". Bu süre içinde enerji transferleri ve reaksiyon merkezinde toplanmış olan enerjinin gerekli yerlere dağıtımı gerçekleşir. İşte, bu kısa zaman aralığı içinde enerji transferlerinin gerçekleşmesi bir başka noktayı ortaya çıkarır:

Enerji transferi (ATP Transferi) ise, daha da kısa bir süre içinde yapılmak zorundadır..

Fotosentezin İlk Aşamalarına genel bir Bakış

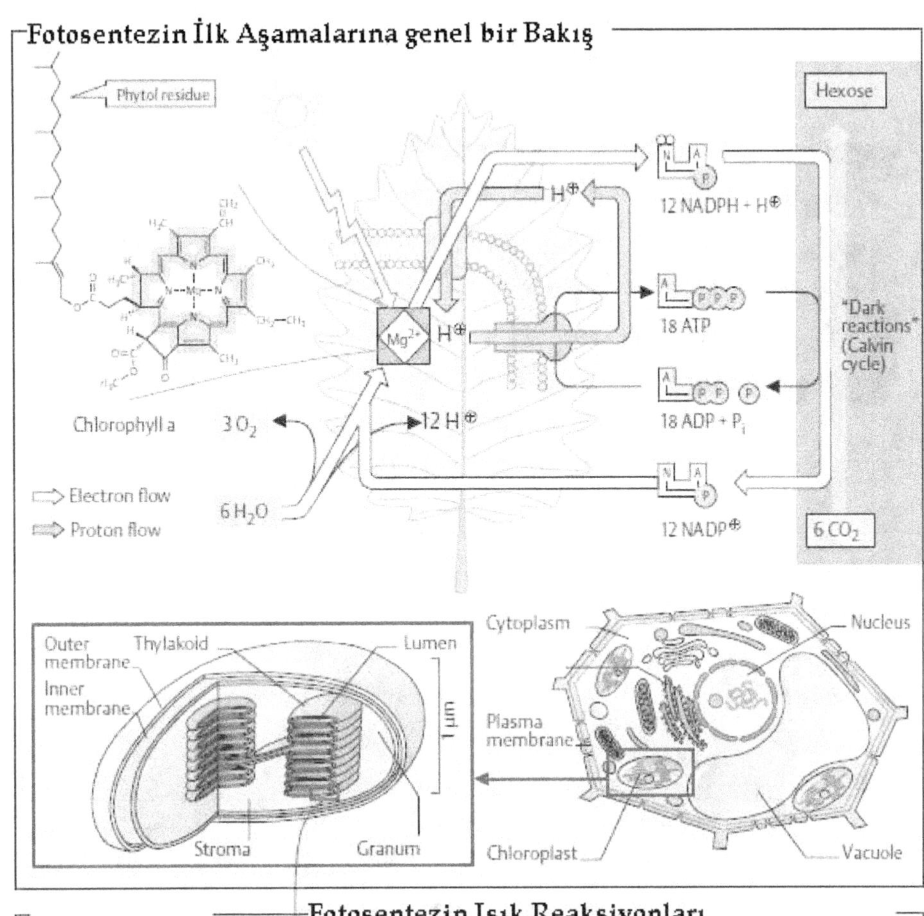

Fotosentezin Işık Reaksiyonları

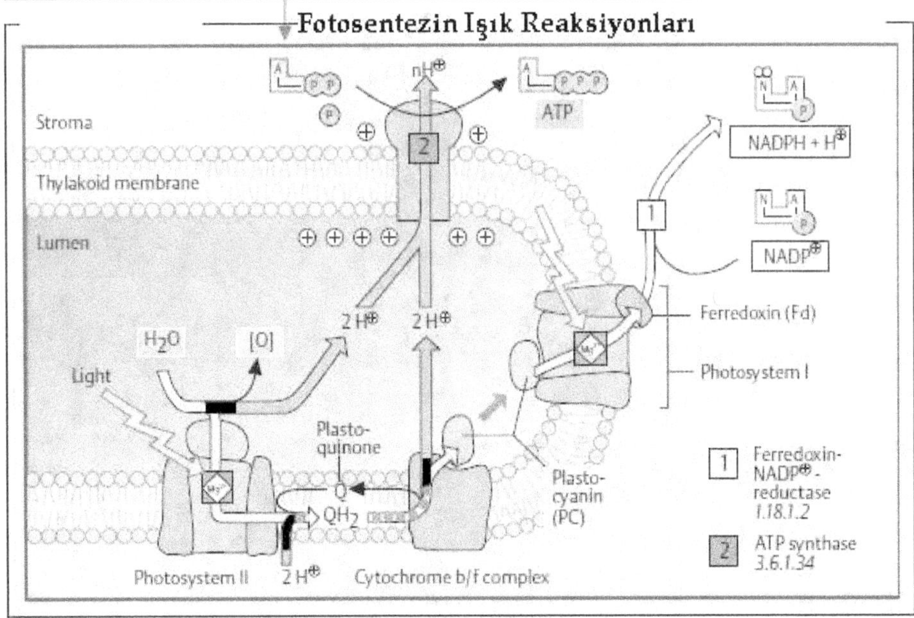

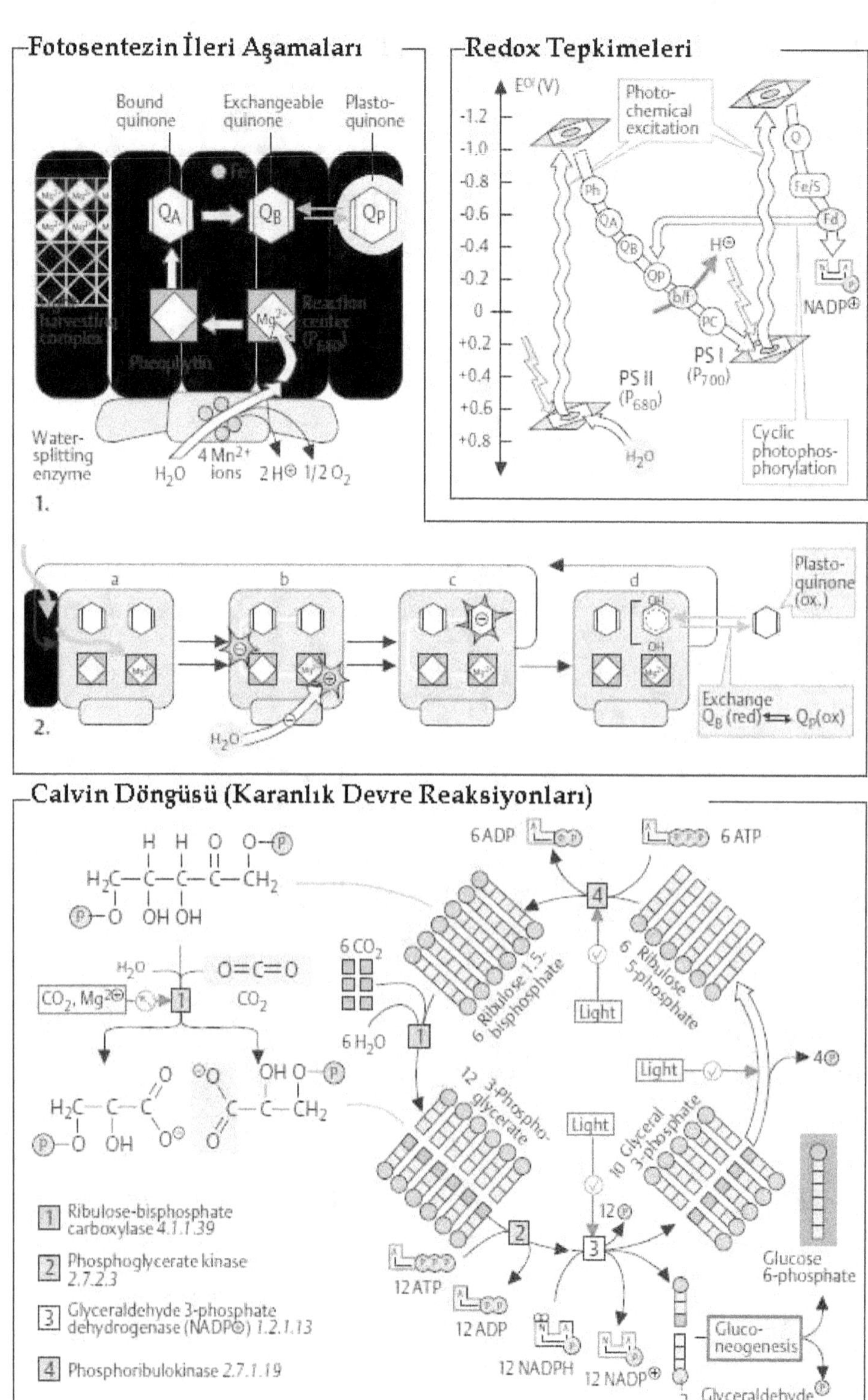
Fotosentezin İleri Aşamaları
Bound quinone
Exchangeable quinone
Plasto-quinone
Q_A
Q_B
Q_P
Mg^{2+}
Light-harvesting complex
Reaction center (P_{680})
Plastocyanin
Water-splitting enzyme
H_2O
4 Mn^{2+} ions
2 $H^\oplus$
$1/2 O_2$
1.

Redox Tepkimeleri
$E^{0'}$ (V)
-1.2
-1.0
-0.8
-0.6
-0.4
-0.2
0
+0.2
+0.4
+0.6
+0.8
Photo-chemical excitation
Ph
Q_A
Q_B
Q_P
b/f
PC
PS II (P_{680})
H_2O
Q
fe/S
Fd
$H^\oplus$
NADP$^\oplus$
PS I (P_{700})
Cyclic photophos-phorylation

a   b   c   d
H_2O
Plasto-quinone (ox.)
Exchange Q_B (red) $\Longleftrightarrow$ Q_P(ox)
OH
OH
2.

Calvin Döngüsü (Karanlık Devre Reaksiyonları)
H H O O—P
H_2C—C—C—C—CH_2
P—O OH OH
6 ADP
6 ATP
4
Light
6 Ribulose 1.5-bisphosphate
6 Ribulose 5-phosphate
$6 CO_2$
H_2O
O=C=O
CO_2
CO_2, $Mg^{2\oplus}$
1
$6 H_2O$
1
H_2C—C—C—C—CH_2
P—O OH
OH O—P
Light
Light
4 P
12 3-Phospho-glycerate
10 Glyceral 3-phosphate
Light
12 P
12 ATP
2
12 ADP
12 NADPH
12 NADP$^\oplus$
3
Glucose 6-phosphate
Gluco-neogenesis
2 Glyceraldehyde 3-phosphate

1 Ribulose-bisphosphate carboxylase 4.1.1.39
2 Phosphoglycerate kinase 2.7.2.3
3 Glyceraldehyde 3-phosphate dehydrogenase (NADP$^\oplus$) 1.2.1.13
4 Phosphoribulokinase 2.7.1.19

Fotosentezin İleri Aşamaları

HÜCREDEKİ BİYOELEKTRİKSEL SENKRONİZASYON MEKANİZMASI

{ Biyoelektriksel Saat Modeli}

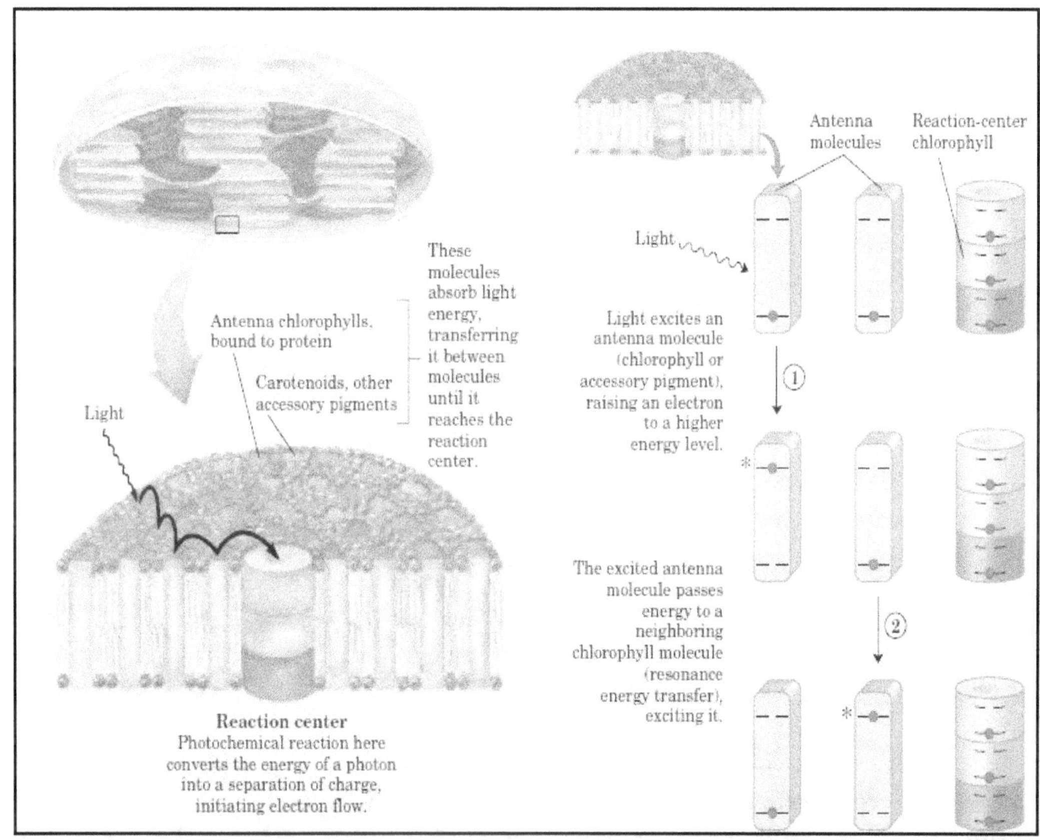

Fotosentez işlemi sırasında gerçeleşen 5 ana basamak oldukça karmaşıktır ve çok kısa bir süre içerisinde gerçekleşir. Bu kadar kısa sürede bu kadar kompleks reaksiyonların hatasız gerçekleşmesi ise, hücre ve içerisindeki yapılarda biyoelektriksel senkron olarak çalışan bir kontrol mekanizmasını öngören ortak bir biyoelektriksel saatin varlığını gerektirmekte ve düşündürmektedir.

Fotosentez aşamalarının gerçekleşme süreleri detaylı bir şekilde incelendiği zaman, yukarıdaki detaylı grafikler de gösterildiği gibi, Fotosentez işleminin gerçekleşmesi için gerekli olan zamanın çok kısa olduğu görülür: Yaklaşık 1 nano saniye (1 ns), yani saniyenin milyarda biri kadar bir süre. Enerji transferi (ATP Transferi) ise, daha da kısa bir süre içinde yapılmak zorundadır. Bu süre içinde enerji transferleri ve reaksiyon merkezinde toplanmış olan enerjinin gerekli yerlere dağıtımı gerçekleşir. Bu kısa zaman aralığı içinde enerji transferlerinin gerçekleşmesi bir başka noktayı ortaya çıkarır: Hücrede tüm bu kısa zamanlamaları senkronize edecek ve koordine edecek merkezi bir biyolojik saat (Clock) bulunmalıdır.

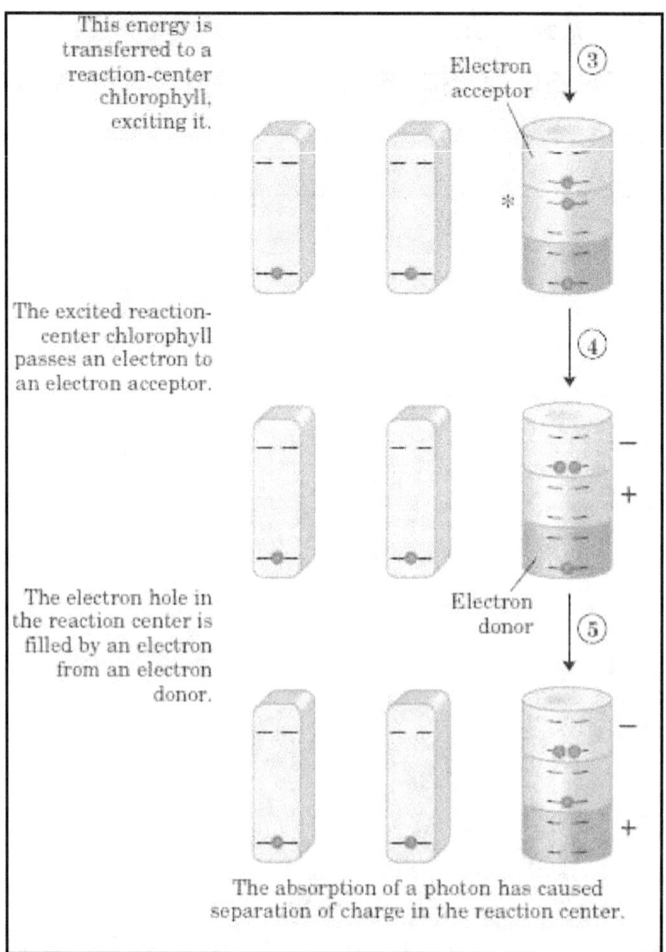

Tycloid hücre birimi zarında gerçekleşen fotosistem mekanizmasının organinazyonunu gösteren şematik diyagram (devamı). Dikkat edilirse, yukarıdaki reaksiyon aşamalarının her biri, daha önce değindiğimiz fotosentez reaksiyonlarını içeren 5 adet karanlık devre reaksiyon mekanizmasına denk gelmektedir ve tycloid içerisindeki bu işlemlerin her bir basamağı, birbirini tetikleyen zincirleme bir döngü (siklüs) şeklinde çalışır. Öyle ki, bu reaksiyon zincirlerinin her biri özenle ayarlanmış mükemmel bir hücre içi biyoelektriksel saat mekanizmasıyla senkronize edilir.

Bu durum, aynen bir Mikroişlemci tabanlı PC (bilgisayar) sisteminde yer alan çok yüksek frekanslı bir -kare dalga- veya elektriksel –sinüzoidal- Clock (Saat sinyali) işareti gibi; Hücre içerisinde de merkezi bir saat işaretinin varlığını ve bu saatin de merkezi bir birim tarafından kontrol edildiğini düşündürmektedir. Fakat bu Hücre içi Biyolojik saat işaretinin uyduğu mantıksal yapı, Boolean, Lineer veya Nonlineer Cebir ilkeleri değil de; daha çok Ara Kararları (İnter-Mind) verme ve Çok Seçicili (Multi-Selection) bir karar mekanizması oluşturabilmesi için, Fuzzy Logic (Bulanık Cebir) ilkelerine göre çalışmakta olduğunu düşündürür.

500

Hücre içerisinde işleyen bu işaretin süresi, yani bir Periyodu; yaklaşık bir saniyenin trilyonda üçü (3 ps) kadardır. Aşağıdaki grafiklerde bu merkezi saatin yaklaşık bir tahmini gelişen yapısı, basitten komplekse doğru verilmektedir:

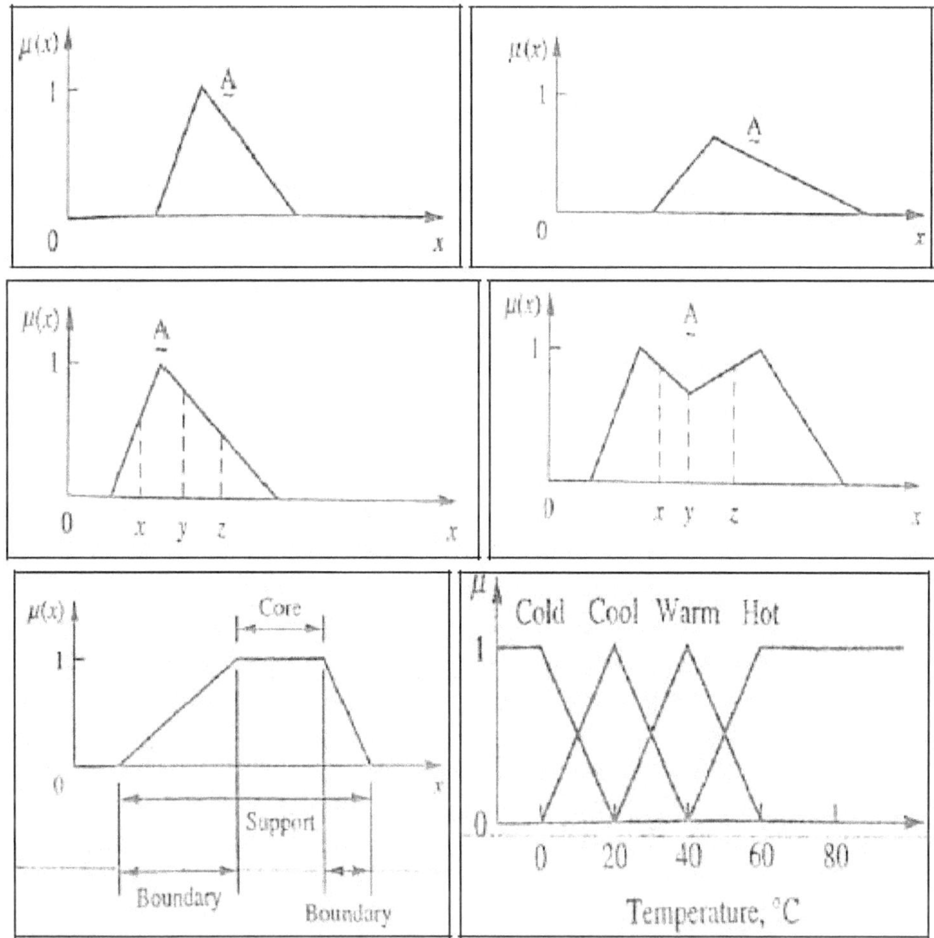

Şekil: Fuzzy değerli bir fonksiyonun geometrik olarak ifade edilmesi: Fuzzy değerli fonksiyonların tanımına göre, herhangi bir değişken herhangi bir zaman aralığında '0' ve '1' değerlerinin dışında '0,25', '0,75' gibi herhangi bir ara değeri de alabilir ve bunun sonucunda ara karar verme (inter-mind) makanizmaları; Örneğin, '*Sıcak*' ve '*Soğuk*' yanında '*Ilık*' veya '*Serin*' gibi durumlar da ifade edilebilir. Biyolojik mekanizmalarda böyle bir saat çevriminin kullanılması ise, organik yapılarda pek çok birleşme ve karar mekanizmasını oluşturan reaksiyonların hatasız bir şekilde yürümesi için gereklidir.

501

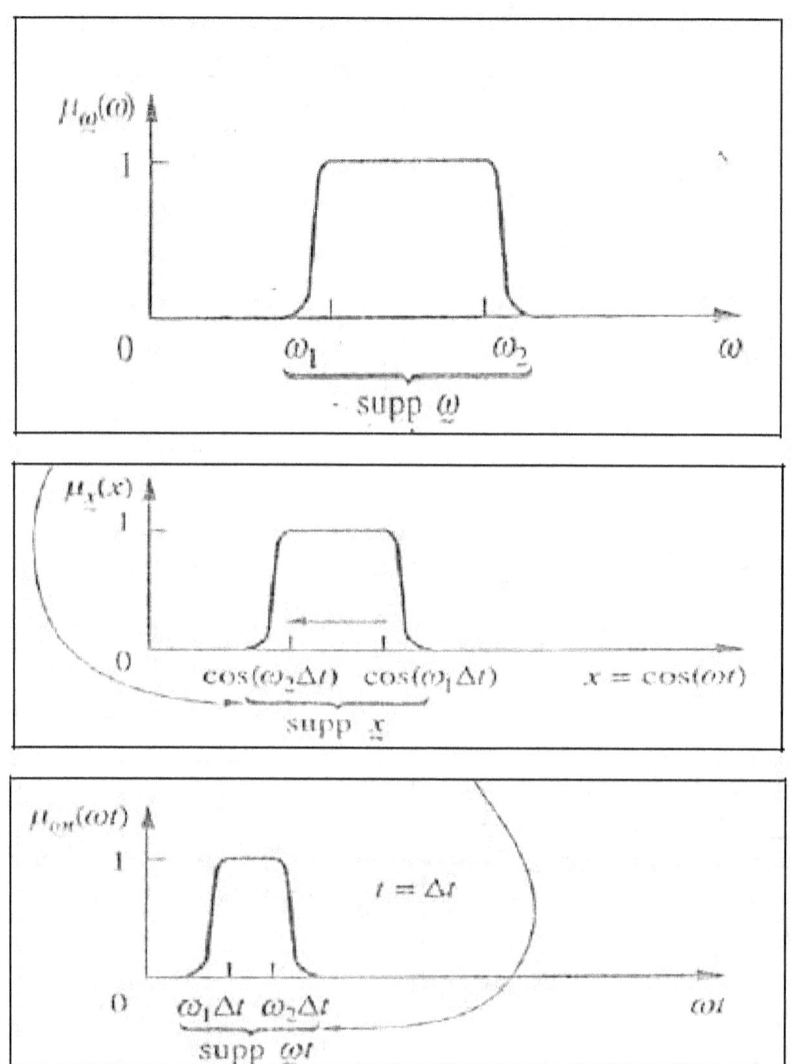

Şekil: Biyolojik Saatin tek bir Periyoduna ait zamana bağlı değişim (üstteki şekil). Saat frekansı yükseldikçe periyot azaltılır (ortadaki şekil) ve buna bağlı olarak gerçekleşmesi daha kısa zaman gerektiren biyokimyasal reaksiyon süreçleri için de gerekli olan komut işaretleri üretilmiş olur (alttaki şekil).

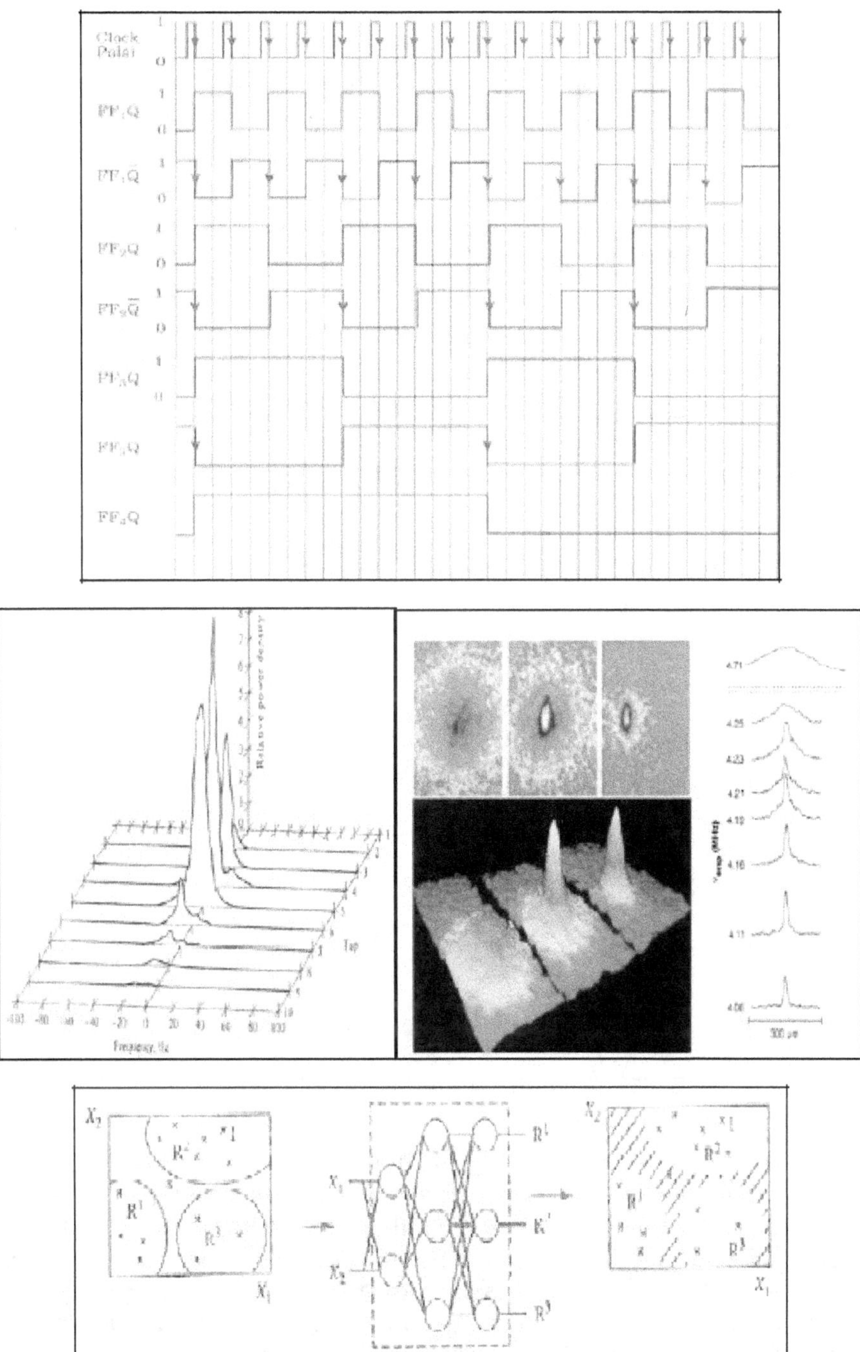

Şekil: Biyolojik Saatin 2 ve 3-Boyutlu Periyodik yapısı ve Gelişimi ile hücre birimleri arasındaki veri iletişimi ve bağlantıyı sağlayan Etkileşim Mekanizması. Biyolojik Saat, Hücre içi reaksiyonların yönetilmesi sırasında 3 ps gibi çok küçük bir frekansla çalışmalıdır.

Dolayısıyla, bu sayede Fotosentez veya ATP üretimi gibi çok kısa zaman aralıkları gereken hücresel fonksiyonların yürütülmesi için gerekli kontrol mekanizması ve zamanlama sağlanmış olur. Daha uzun periyotlu biyokimyasal reaksiyonlarda ise, Örneğin Protein ve Enzim üretimi gibi, bu biyolojik saatin periyodik katları (10, 100, 1000 vb. gibi) kullanılarak reaksiyon hızı yavaşlatılır.

Bu senkronizasyon mekanizması, hücre içi sistemlerde ATP üretimi ve Fotosentez reaksiyonlarında geçerli olduğu gibi; aşağıda kısaca şematik gösterimi verilen sinir hücreleri Nöronların "**Akson**" ve "**Dentrit**" kısımları arasında gerçekleşen sinyal iletimi ve Nörokimyasal senkronizasyon işlemleri için de aynen geçerlidir:

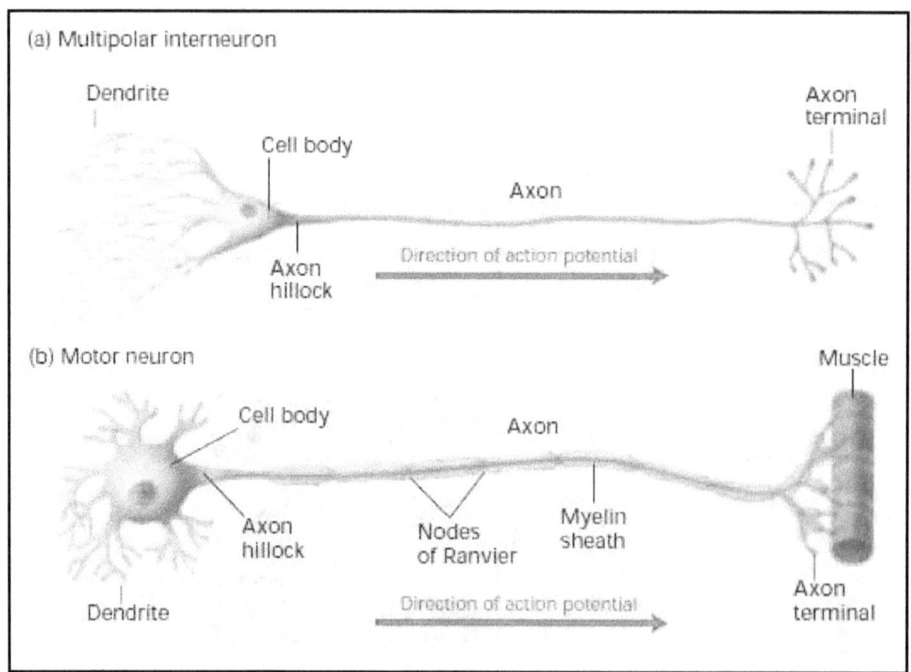

(a) Çok dallanmış bir Multipolar ve (b) Tek kutuplanmış bir Unipolar Motor nöron ağında sinir işaretinin iletim yönü. Burada aksiyon potansiyeli olarak verilen nöronun akson ve dentrit kısımları arasındaki elektriksel gradient potansiyeli, sinir hücreleri arasındaki iletişim işaretini başlatan ve miyelinler arasındaki bağlantıyı sağlayan senkronizasyon işaretini oluşturur. Sinir hücreleri arasındaki böyle bir aksiyon potansiyelinin varlığı ise, hücresel yapılar içerisindeki biyoelektriksel bir kontrol mekanizması olan biyoelektriksel senkronizasyon işaretlerinin ve saat palslerinin varlığına işaret etmektedir.

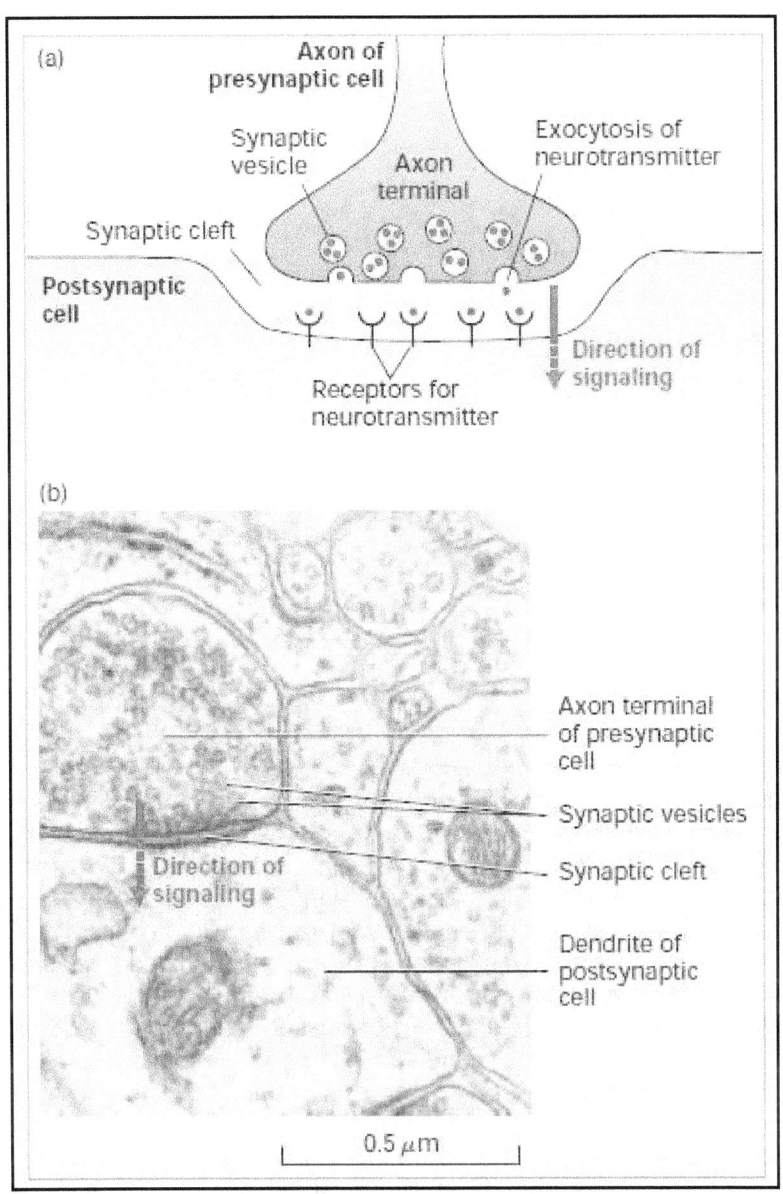

(a) Bu senkronize sinyal işareti, aksiyon potansiyelinin -60 mV ila +50 mV değerleri arasındaki değişken inter-mind değerleri için, farklı değerler alarak Akson, Myelin ve Sinaptik terminal bağlantıları arasındaki istenilen vücut fonksiyonuna uygun sinir işareti iletimini beyin içerisinde gerçekleştirir. (b) Buna göre sinyalizasyon yönü Aksonlardan Sinaptik bağlantılara doğru olacaktır.

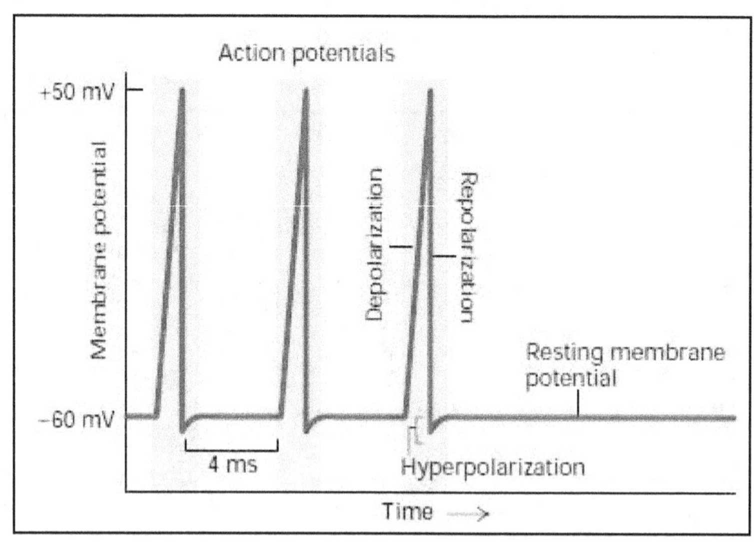

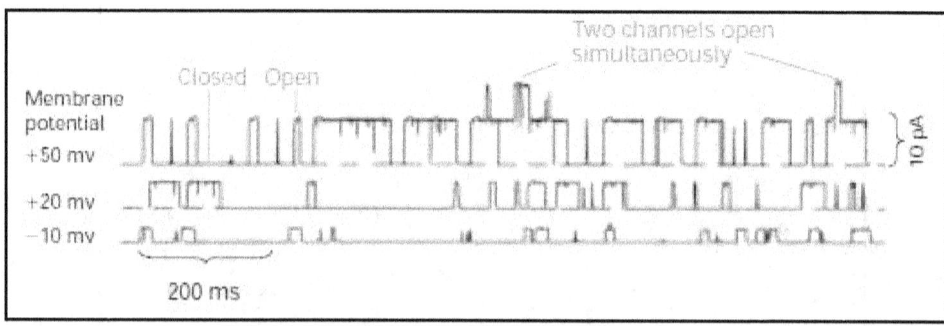

Üstteki şekiller: Hücre içi sinyal iletimini gerçekleştiren nörotik aksiyon potansiyeline ait senkronizasyon işareti diyagramı ile Membran potansiyeline göre bu potansiyelin farklı değerler almasıyla hücre içi birimlerle hücre zarının dışındaki dış ortam arasındaki sinyal iletimi ve senkronizasyon işaretlerinin oluşturulmasını gösteren diyagramlar. Buna göre, bu sinyal işaretinin çoğullanması ve bir periyodunun genlik ve zamanının farklı değerlere ayarlanması ile hücre zarındaki iyon kanallarının moleküler madde geçişinin zamansal kontrolü gerçekleştirilerek, reaksiyonlar arasındaki karmaşıklık önlenir ve böylece öncelik/sonralık sırası karışmamış olur ve aynı zamanda hücre zarındaki kapıların uygun zemini hazırlayacak şekilde eşzamanlı olarak açılıp (Open) kapanması (Closed) durumlarını aynen bir dijital lojik devre sistemi gibi kontrol eder. Bu sistem, kalbin kanı pompalaması veya böbreklerdeki bowman kapsüllerinde suyun ve inorganik maddelerin vücuttan uzaklaştırılması sırasında da gerekli relaksiyon/tansiyon (gerilme-gevşeme) işaretlerinin oluşturulması sırasındaki elektrokardiyografi diyagramlarına da benzemekte olup, bu biyoelektriksel saat sinyalizasyonunun organizmanın diğer sistemleri bazında da aktif olarak mükemmel bir şekilde çalıştırıldığına işaret etmektedir. Tüm bu senkronizasyon yapıları arasındaki birlik, benzerlik ve eşzamanlılık ise, bunların çok üstünde daha bir üst bilinci kapsayan ve tüm bu süreçleri kontrol eden zaman ötesi bir kontrolcünün varlığına işaret eder ki, bu da yaratıcının tüm varlık alemini en üst makro düzeyden en alt yapıdaki moleküler mikro düzeye kadar eşzamanlı olarak kontrol ettiğinin göstergesidir ki, bu da "**O, tüm varlık alemini perçeminden (alnından) tutmuştur.**" Ve "**Biz, insana şah damarından** *(en küçük hücresindeki en küçük yapıtaşını kontrol eden zamansal birimden)* **daha yakınız.**" ayet-i celilelerinin işaret ettiği hakikati doğrulamaktadır.

Hücre İçerisindeki Sinyalizasyonla Kontrollü Enerji Üretimi

Işığın yoğun olduğu zamanlarda klorofil **"üçlü durum"** (triplet) adı verilen kimyasal bir duruma yükselir. Bu ise, bitki içinde büyük zararlar meydana getirebilirdi. Çünkü üçlü durumda klorofilin dış halkasındaki iki elektronun yörüngeleri karşıt olacağına aynı yöndedir. Bu üçlü klorofil hemen oksijenle reaksiyona girerek proteinlere zarar verecek bir tekli oksijenin oluşmasına yol açardı. Bu zarara engel olan ise, klorofillerin çok yakınında yerleşmiş olan karotenlerdir (Keratin molekülü). Yine bir pigment çeşidi olan birçok karoten biraraya gelerek klorofilin üçlü durumunu yatıştırarak tekli oksijen oluşumunu engellerler. Görüyoruz ki, yine bu durum da, hücrede var olan merkezi bir elektriksel kontrol sinyalinin varlığını göstermektedir. Yani klorofilde yüklenmiş olan fazla miktardaki enerjiyi paylaşılarak klorofilin zararlı bir hale gelmesini bir geri dönüşüm mekanizmasıyla önlenmiş olur. Şimdi, hücredeki enerji üretimini gerçekleştiren bu merkezi sinyalle kontrol edilen sistemleri oluşturan, YEDİ Kompleks Mekanizmayı detaylı bir şekilde inceleyelim:

Hücrede Enerji Üretiminde Kullanılan Kompleks Yapılar ve Mekanizmalar

1-Oksidatif Fosforilasyon Mekanizması

(Pyruvat-Lactat) Döngüsü

Canlı hücre, dışarıdan aldığı kimyasal veya fiziksel enerjiyi, geliştirdiği bir sistemle, ($\sim$) şeklinde sembolize edilen ve ATP ile taşınan biyolojik enerjiye çevirir; daha sonra da ATP'yi kullanarak kimyasal iş, ozmotik iş ve mekanik iş üretir. Komple olarak metabolizma, aşağıdaki Grafikte detaylı olarak gösterildiği gibi, ATP sağlayan, ATP harcayan ve ATP sistemini devam ettiren süreçlerden oluşur. Yüksek organizmalarda ATP harcayan bunun gibi reaksiyon tipleri 100'ün üzerindedir. Hücre enerji metabolizmasında ATP oluşumu, esasen bir redoks sürecidir. Redoks tepkimeleri, eşlenmiş indirgenme (Redüksiyon) ve yükseltgenme (Oksidasyon) tepkimeleridir. Redoks tepkimelerinde, elektron kaybeden madde oksitlenmiş (Yükseltgenmiş), elektron kazanan madde ise (İndirgenmiştir) ki, reaksiyonun tümü oksidoredüksiyon reaksiyonu olarak adlandırılır; canlı organizmada gerçekleşen oksidoredüksiyon reaksiyonları da biyolojik oksidasyon olarak bilinir.

Organik maddelerin oksitlenmesinde elektronla beraber H^+ iyonunun da molekülden ayrıldığı görülür ki bu olay, dehidrojenizasyon olarak adlandırılır. Organik maddelerin indirgenmesinde ise elektron alınması, proton (H^+) alınmasıyla birlikte olur. Yani organik maddelerin oksidoredüksiyon reaksiyonlarında, bir organik molekül hidrojen donörü (vericisi) olarak rol alıp yükseltgenirken; bir başka molekül ise, hidrojen akseptörü (alıcısı) olarak rol alıp indirgenmektedir. Hücre enerji metabolizması, substrat dehidretasyon ve akseptör hidretasyon olmak üzere iki bölüme ayrılarak incelenebilir.

Anaerop hücrelerin enerji metabolizmasında substrat, yalnızca glukozdur. Glukoz, pirüvata kadar dehidre olur. Daha sonra da pirüvat, akseptör görevini üstlenerek NADH'de toplanmış olan elektronları alıp Laktata indirgenirken NAD^+ oluşur. Anaerop redoks tepkimelerin yalnızca ilk kısmı olan substrat dehidretasyon bölümünde ATP oluşur. Aerobik redoks sürecinin hem substrat dehidretasyon bölümünde hem de akseptör hidretasyon bölümlerinde ATP oluşur. Birinci bölümde ATP kazanılmasına substrat basamağında fosforilasyon denir, ikinci bölümde ATP kazanılmasına da oksidatif fosforilasyon (elektron transport fosforilasyon, solunum zinciri fosforilasyon) denir.

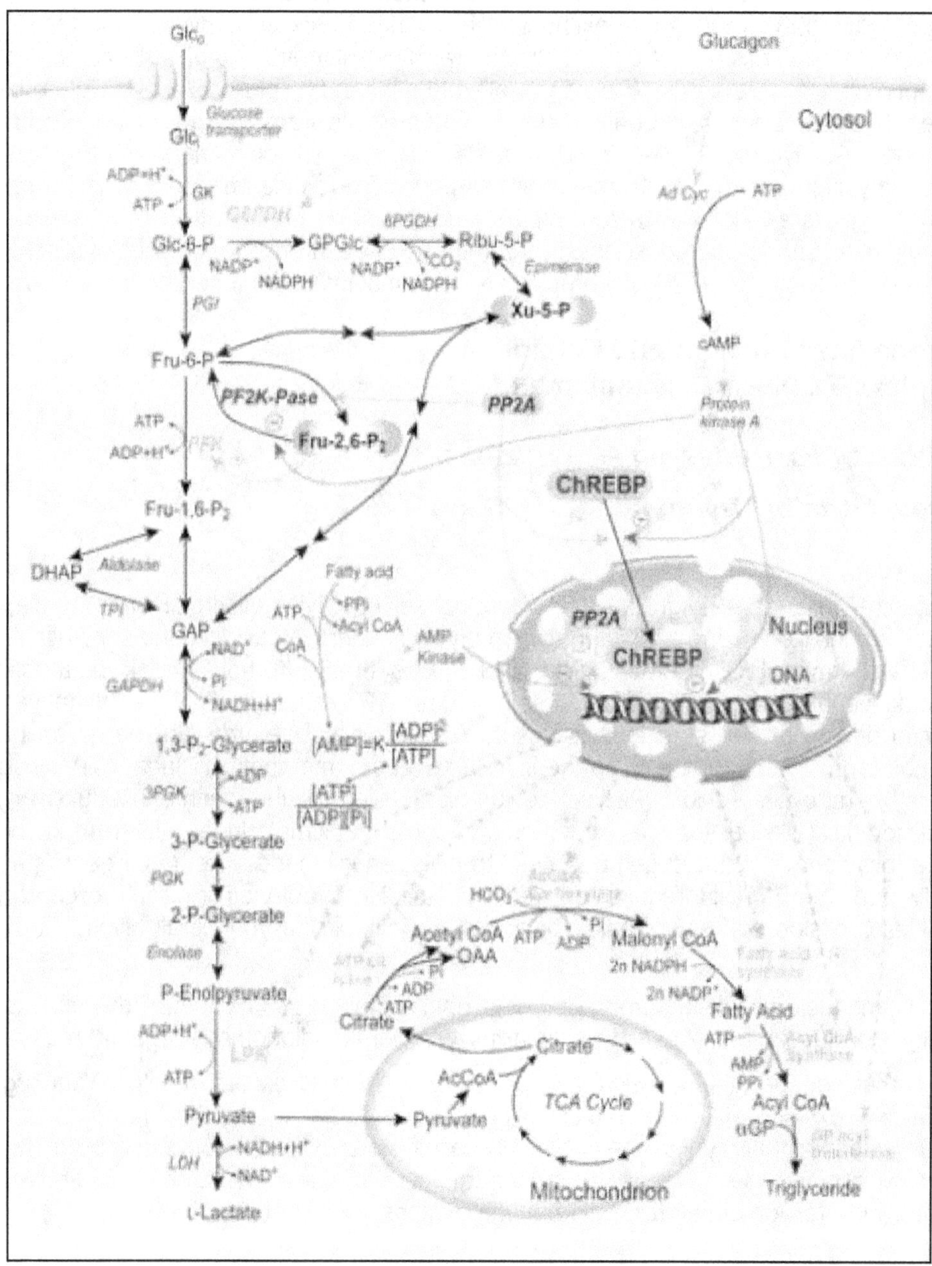

Hücre içerisindeki Enerji üretimi aşamalarını gösteren bir Grafik.

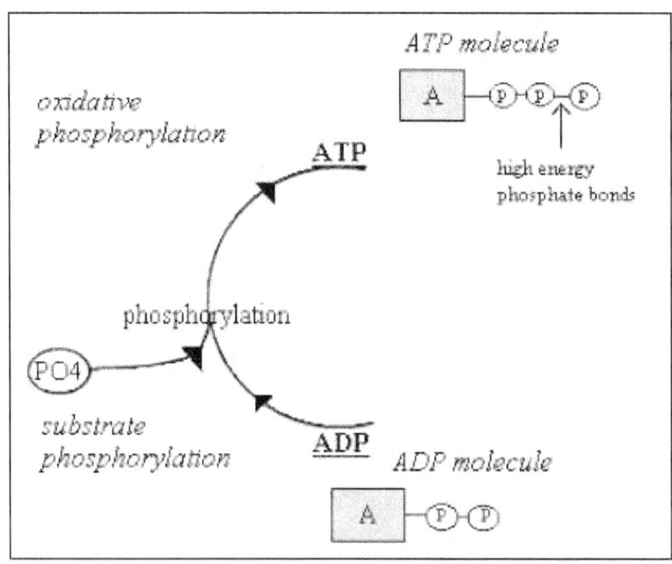

Oksidatif Fosforilasyon Mekanizması.

Pyruvat-Laktat Döngüsü: Pyruvate + NADH + H$^+$ → Lactate + NAD$^+$

Oksidatif fosforilasyon, moleküler oksijene elektron transferi yolunda ATP sentezidir. Oksidatif fosforilasyon, aerobik organizmaların anaerobiklere kıyasla solunum substratlarından daha fazla bir oranda serbest kullanılabilir bir enerjiyi yakalamalarına olanak verir.

2-Ara Kompleks Mekanizmalar (Calvin, Krebs veya Sitric Asit) Döngüsü

Yağ asitlerinin ve amino asitlerin oksidasyonu sırasında serbest kalan faydalı enerjinin tümü ve karbonhidratların oksidasyonundan açığa çıkanın tamamına yakını Mitokondrilerin içinde, NADH, FADH$_2$ gibi indirgeyici ekivalentler halinde kullanılabilir duruma getirilir.

Sitozolde gerçekleşen glikoliz olayı sırasında ise, NADH ve sonunda pirüvat oluşmaktadır. Pirüvattan, yağ asitlerinin ve amino asitlerin karbon iskeletinin yıkılımından oluşan Asetil-CoA'nın, mitokondri matriksinde sitrik asit döngüsüne girdiğini ve böylece NADH ve $FADH_2$ oluştuğunu son yıllarda yapılan araştırmalardan biliyoruz. Mitokondriler, solunum zinciri olarak bilinen ve indirgeyici ekivalentleri toplayıp taşıyan ve onları su oluşturmak üzere O_2 ile birleştiren bir dizi katalizör içerirler.

Mitokondride, açığa çıkan serbest enerjiyi ATP halinde yakalayan bir mekanizma da bulunur. İşte bu önemli Mekanizmaya Sitric Asit Döngüsü veya Krebs (Calvin) Döngüsü adı verilir. Hücre içerisinde gerçekleşen bu temel enerji siklüsleri (döngüleri) aşağıdaki grafiklerde özetlenmektedir:

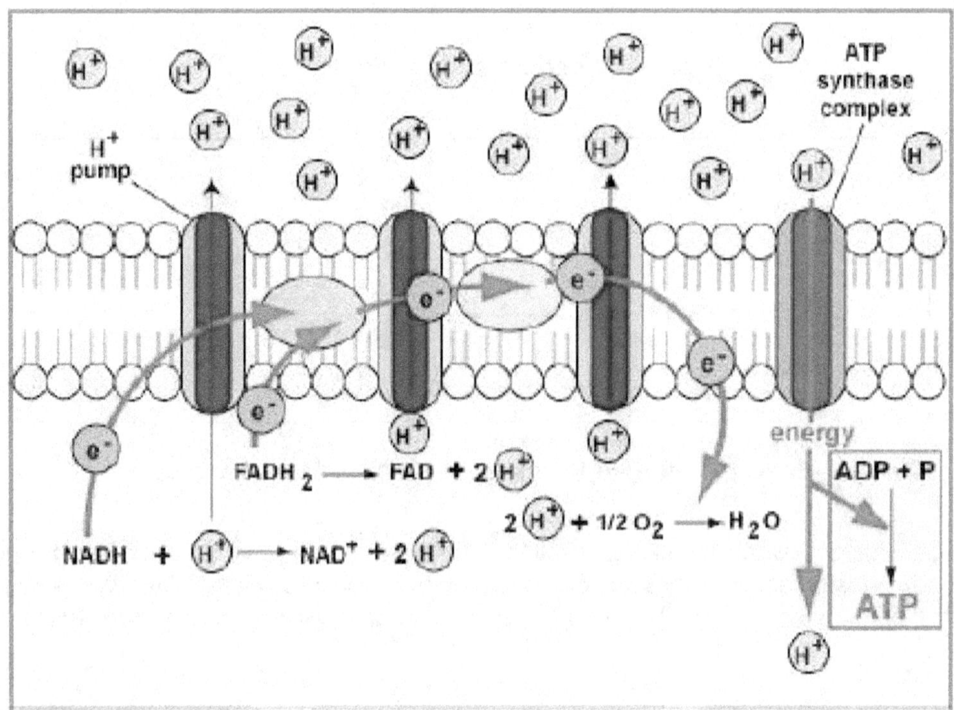

Mitokondri içerisinde gerçekleşen NADH ve FADH₂ döngüsü (siklüs).

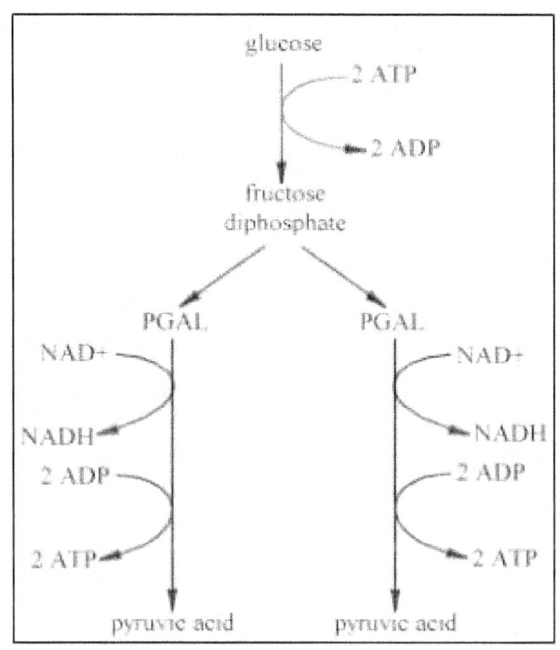

Sitozolde gerçekleşen Pyruvic asit döngüsü (siklüs).

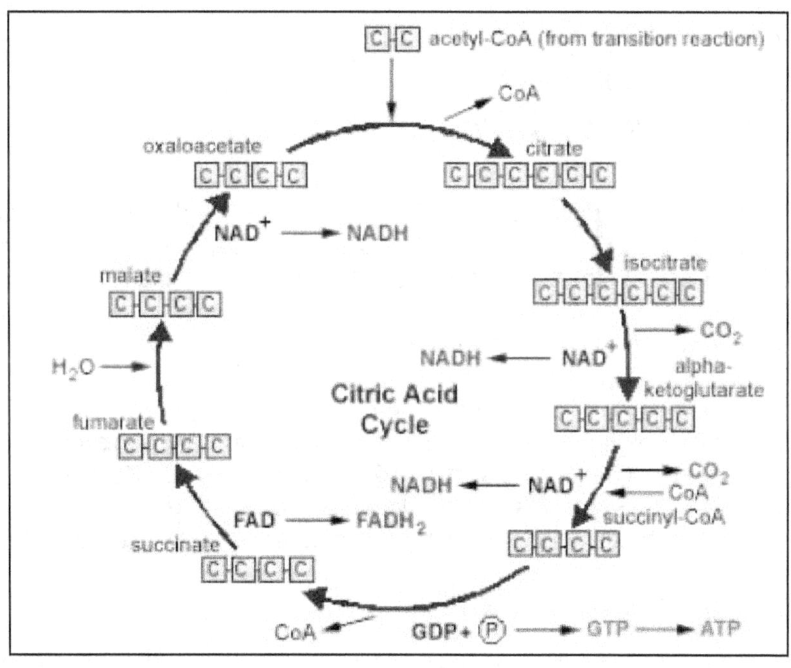

Sitozolde gereçekleşen Krebs çemberi veya TCA (Calvin) döngüsü (siklüs).

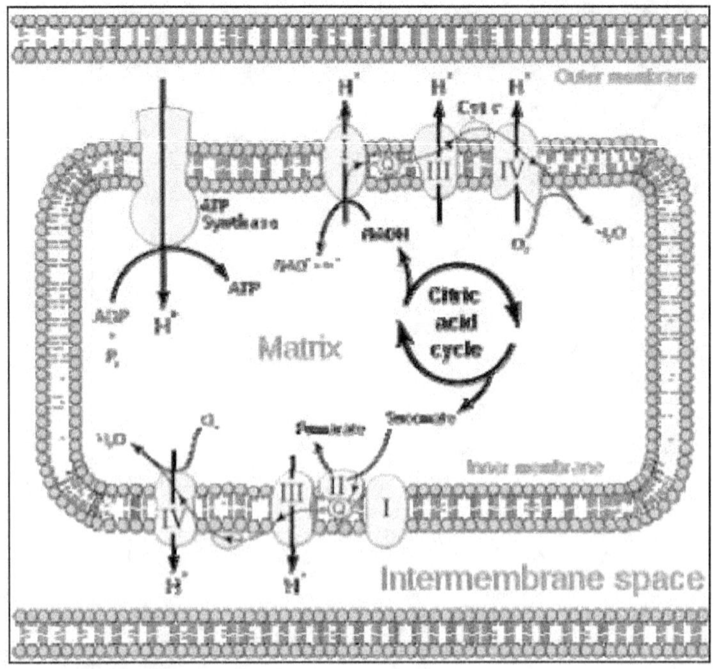

Mitokondride gerçekleşen Sitric asit veya diğer adıyla (Krebs veya TCA) döngüsü (siklüs)'nü gösteren bir başka grafik.

APPENDIX-VIII {İLERİ EK BİLGİ}

MİTOKONDRİYAL ENERJİ KOMPLEKSLERİ

Yukarıdaki grafiklerde de detaylı olarak görüldüğü gibi, mitokondriyal iç membranında Beş Elektron Taşıyıcı Kompleks (I, II, III, IV ve ATP Sentaz) vardır ki, bunlar elektron transport zincirinin (Solunum zinciri) Mekanizmalarıdır. Şimdi sırasıyla bu mekanizmalara değinelim:

3-Kompleks I (NADH Dehidrojenaz Kompleksi)

Mitokondriyal solunum zincirinin protein komponentini oluşturan bu beş kompleks, kendilerine özel bileşime sahip multi enzim kompleksleridirler. Bunlardan Sitokrom C, enzim komplekslerinden birinin bir parçası değildir; kompleks III, Kompleks IV arasında hareketli bir proteindir. Kompleks V ise, kendi kendine hareket edenilen bir motor proteindir. İşte ATP üretiminin ara aşamaları bu beş kompleks arasında gerçekleşir:

1- NADH Dehidrojenaz,
2- Süksinat Dehidrojenaz,
3- Ubikinon-Sitokrom C Okdikoredüktaz,
4- Sitokrom Oksidaz ve,
5- ATP Sentaz.

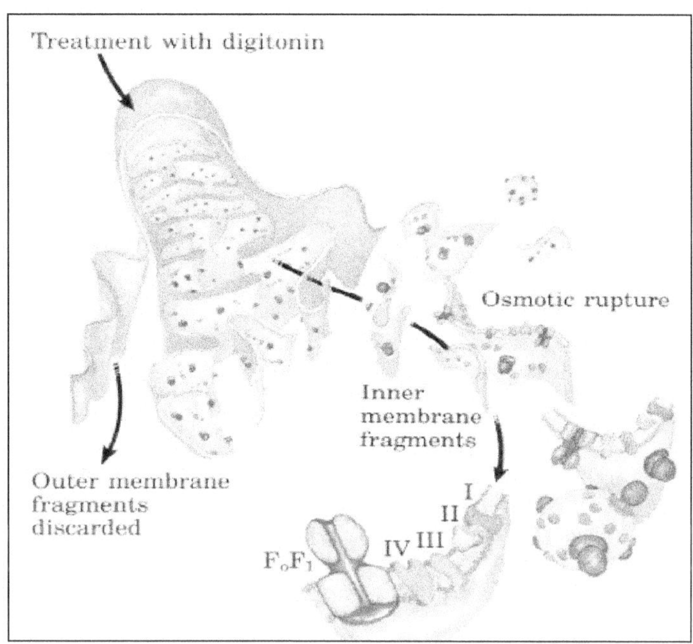

ATP üretimini gerçekleştiren Mitokondriyal Kompleks Mekanizmalar: Kompleks I, II, III, IV ve V.

Kompleks I (NADH dehidrojenaz kompleksi), iç mitokondriyal membrana gömülmüştür; NADH bağlayan yeri matriks tarafındadır ki burası, matrikste oluşan NADH ile etkileşebilir. Kompleks I, elektronların NADH'den ubikinona (UQ, koenzim Q) transferini katalize eder. Ubikinonun tamamen indirgenmiş formu olan U_QH_2, membranda kompleks I'den kompleks III'e difüze olur. Elektronların kompleks I yoluyla kompleks III'e akışı, protonların mitokondriyal matriksten membranlar arası boşluğa hareketiyle eşleşmiştir ki, böylece bir proton gradienti oluşur; bu proton Gradienti de mitokondriyal ATP sentezi için önemlidir.

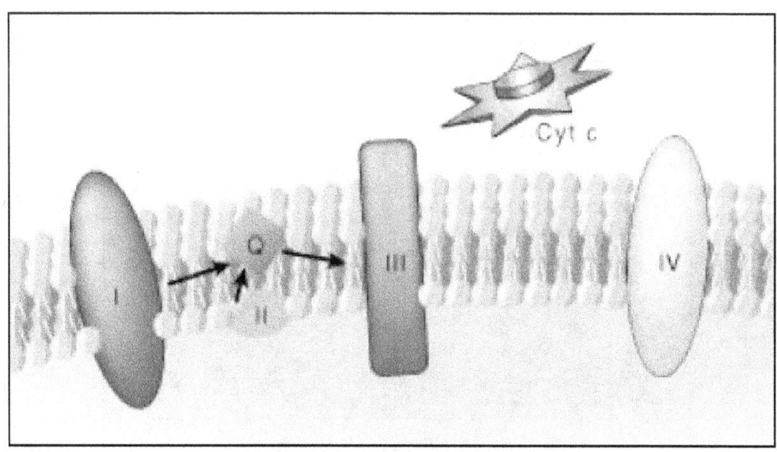

Kompleks-I'in yapısı.

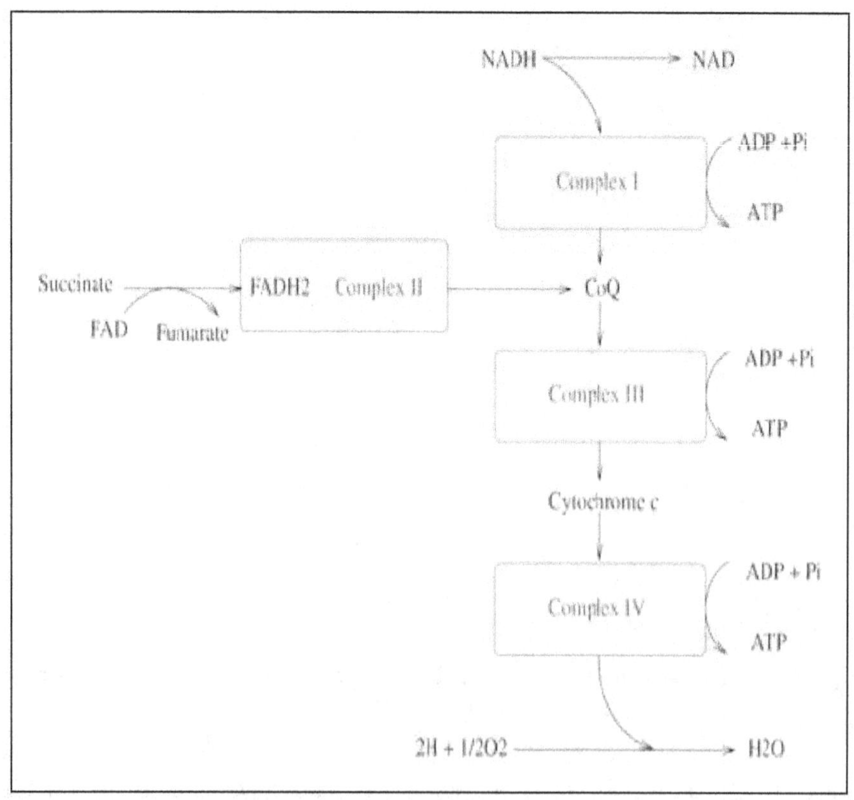

ATP üretimini gerçekleştiren ara Mekanizmalar:
Kompleks I, II, III, IV ve birbiriyle bağlantısını gösteren grafikler.

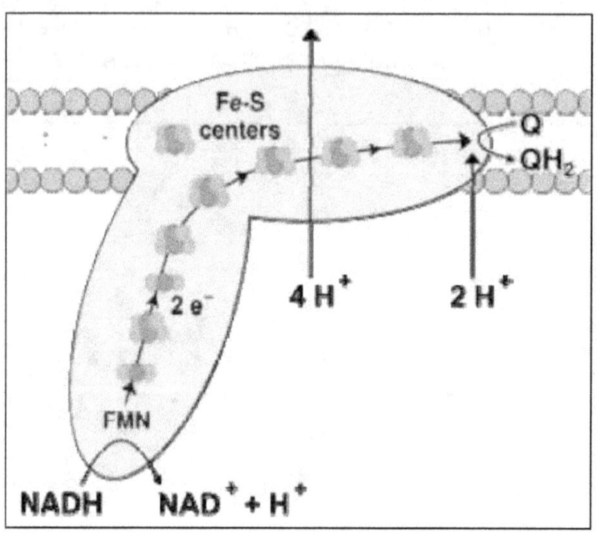

Kompleks-I'in ATP sentezindeki fonksiyonu.

4-Kompleks II (Süksinat Dehidrojenaz Kompleksi)

Kompleks II (Süksinat Dehidrojenaz Kompleksi), sitrik asit döngüsünde membrana bağlı bir enzimdir; elektronların süksinattan ubikinon'a (**U$_Q$** veya **Koenzim Q**) transferini katalize eder. FADH$_2$ yapısındaki elektronlar, kompleks II tarafından ubikinona (koenzim Q) aktarılır. Ancak, yağ açil-CoA ve sitozolik gliserol-3-fosfat'tan elektronların ubikinona transferi kompleks II yoluyla olmaz. Yağ açil-CoA için *açil-CoA dehidrojenaz, elektron-transfer eden flavoprotein (ETFP)* ve *ETFP-UQ oksidoredüktaz* görev yapar; gliserol-3-fosfat için ise, *gliserol-3-fosfat dehidrojenaz* görev yapar.

Aşağıdaki grafiklerde, bu yapılar detaylı olarak gösterilmektedir:

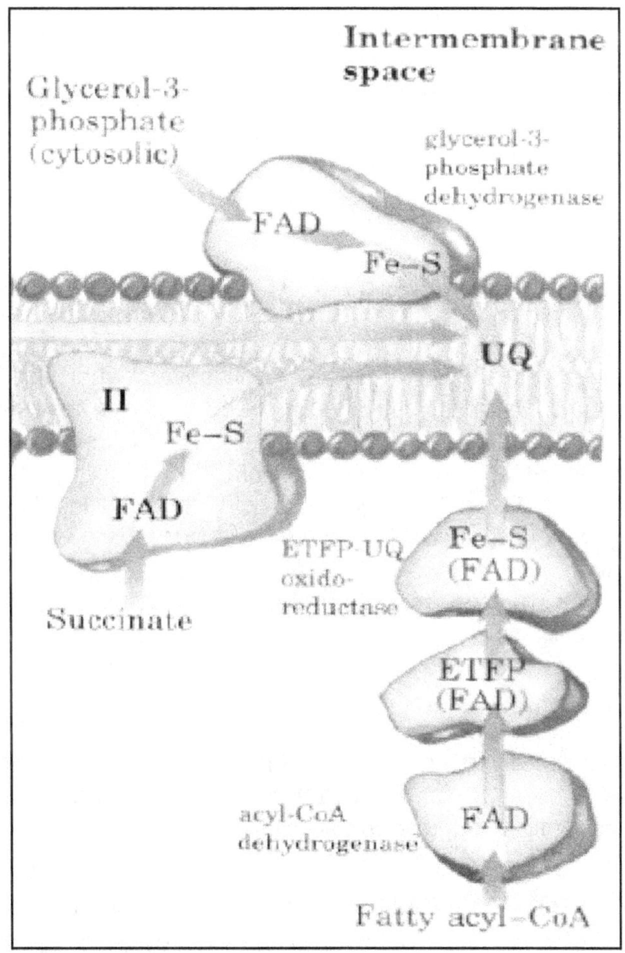

Kompleks-II'nin detaylı yapısı.

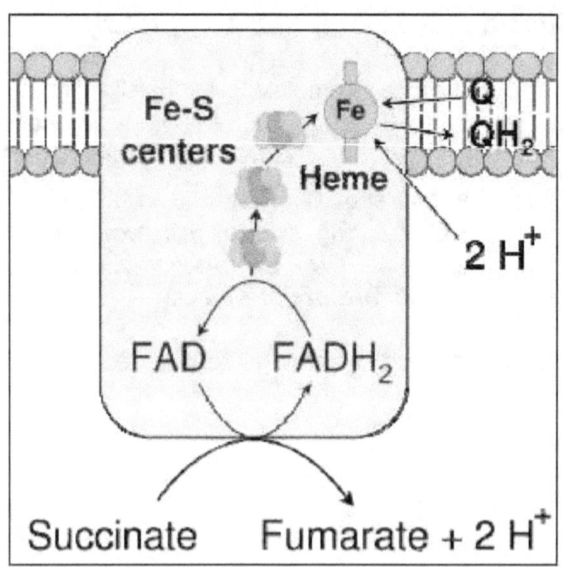

Şekil: Kompleks-II'nin ATP sentezindeki fonksiyonu.

5-Kompleks III

(Ubikinon-Sitokrom C Oksidoredüktaz Kompleksi)

Ubikinon (**Koenzim Q**), solunum zincirinde tek lipid yapılı moleküldür ve ATP sentez basamaklarında hayati bir öneme sahiptir ve aslında bu enerji kompleks biriminin bu enerji basamaklarının kilit noktasını oluşturduğunu söyleyebiliriz. Görevi elektronları kompleks IV'e taşımaktır. Hareketli elektron taşıyıcılarından birisidir. Dolayısıyla elektron döngüsünü sağlayan bir motor pompası görevi gördüğü için, hücre içindeki termodinamik ısı dengesinin korunmasında da önemli bir fonksiyona sahiptir. Öyle ki, bu birimin görevinin iptal edilmesiyle hücrenin termodinamiğin ikinci yasası gereği büyük ısı kaybına uğrayacağını ve elektron transferi gerçekleşmediği için, yetersiz enerji üretiminden dolayı hücre çökecek ve canlılık sona erecektir ki, bu molekülün canlılık için olan bu kritik fonksiyonunun, enerji üretilemediği için toplam ısı kaybının termodinamik azalışı ve moleküler ATP sentezinin durması, Kıyametin küçük sureti olan biyolojik ölüme işaret etmesi son derece ilginçtir. Dolayısıyla, bu moleküle hücrenin küçük prototip biyolojik "***Kıyamet molekülü***" de, diyebiliriz ki molekülün isminin dahi "***K***" harfleriyle başlaması, biyolojik açıdan önemli bir tevafuka hizmet etmiş ki, bu önemli konunun biyolojik felsefi boyutu hayatiyetin ve canlılığın sonu olan, ta ahir zamandaki son canlı hücresinin ölümüyle ilişkilendirilmiş.

Her neyse.. Kompleks III'ün diğer bir önemli görevi de, sitokrom C_1 kompleksi veya diğer adıyla ubikinon-sitokrom c oksidoredüktaz, elektronları ubikinondan sitokrom C'ye transfer eder ki, kompleks III içinden geçen elektronların yolu, "**Q siklüsü**" denilen bir diğer kapalı iç döngüyü oluşturur.

Kompleks III, bir proton pompası olarak fonksiyon görür ki; kompleksin asimetrik şeklinin bir sonucu olarak, U_QH_2'nin U_Q'a okside olmasıyla serbestleşen protonlar, membranlar arası boşluğa salınırlar ve böylece bir proton gradienti oluşur ki, bu proton Gradienti de Mitokondriyal ATP sentezi için çok önemlidir. Kompleks III yapısında bulunan sitokrom C_1 ise, elektronları sitokrom C yapısına aktarmaktadır:

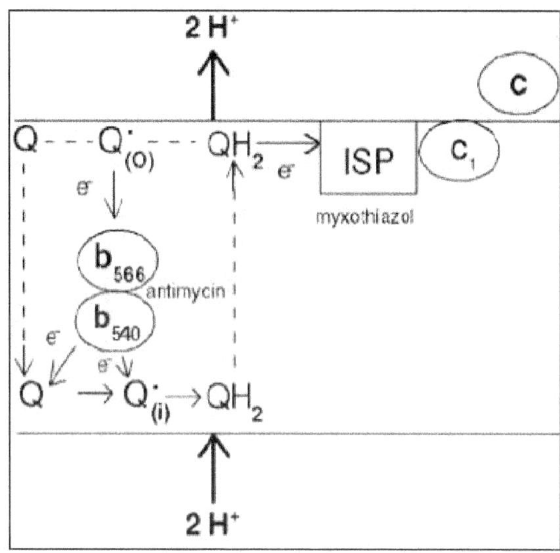

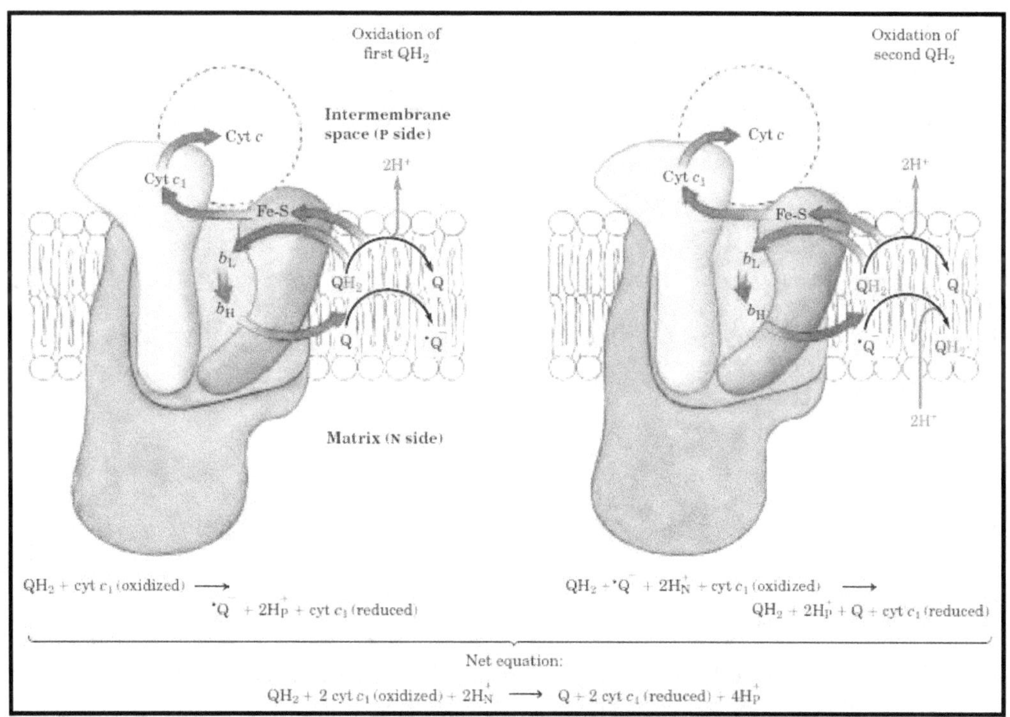

Şekil: Kompleks III tarafından gerçekleştirilen Q Siklüsü Döngüsü.

517

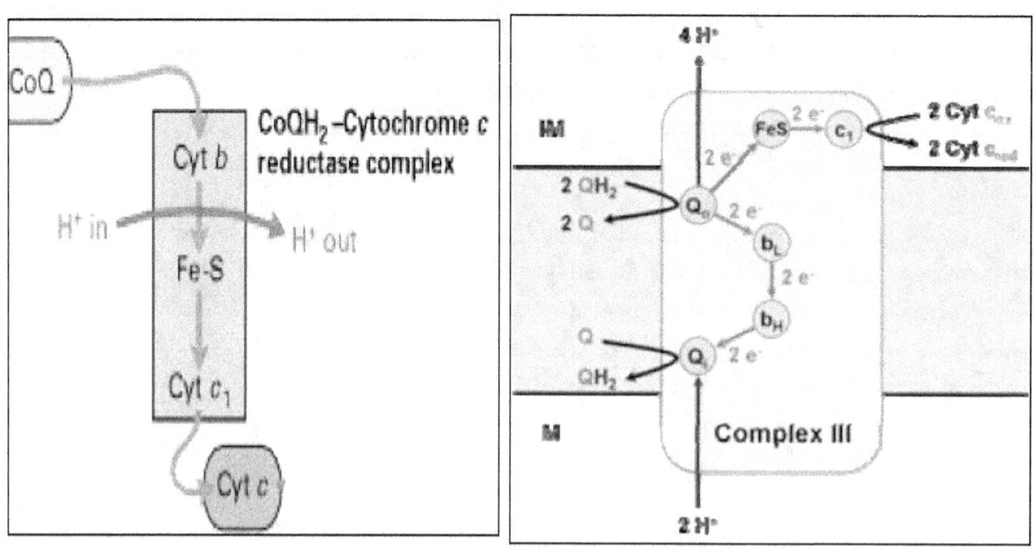

Şekil: Kompleks III tarafından oluşturulan Potansiyel Proton Gradienti: Kompleks-III'ün Kompleks II ve IV'le bağlantı yapısı ve Proton transfer sistemi. (alttaki) Kompleks-III'ün ATP sentezindeki fonksiyonu:

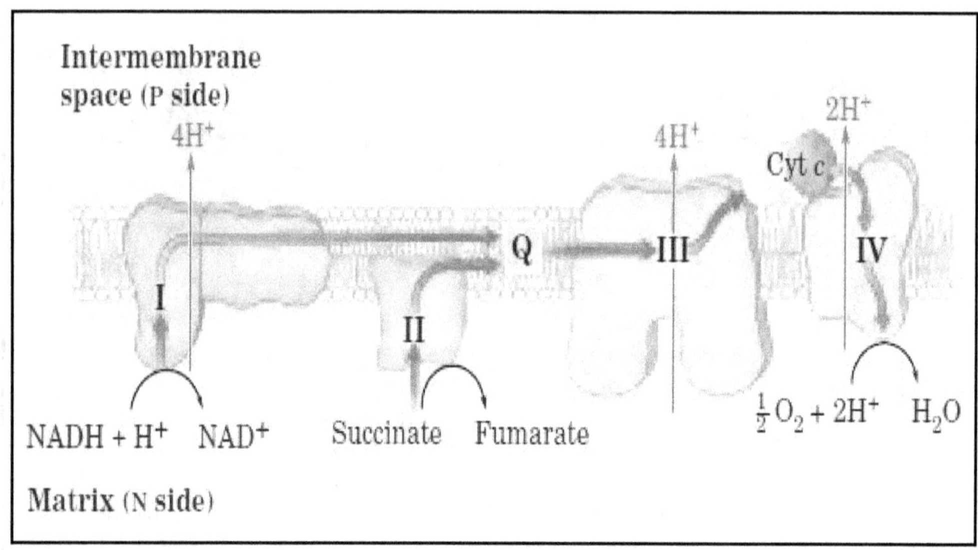

Şekil: Burada dikkat edilirse, Kompleks III Mitokondri zarı üzerinde, ideal bir transistordeki mükemmel bir P-N Jonksiyonu gibi davranır.

6-Kompleks IV (Sitokrom Oksidaz Kompleksi)

Kompleks IV (Sitokrom Oksidaz), elektronların sitokrom C'den O_2'ne transferini ve böylece O_2'in suya indirgenmesini katalize eder; yapısında sitokrom A ve sitokrom A_3 bulunur. Kompleks IV vasıtasıyla gerçekleşen sitokrom C'den O_2'e elektronların akışı, matriksten membranlar arası boşluğa net proton hareketine neden olur; böylece kompleks IV de bir proton pompası olarak fonksiyon görür. Kompleks I, III ve IV içinden elektron akışı, matriksten membranlar arası boşluğa proton akışıyla gerçekleşir. Elektronlar, kompleks I ve II'den geçerek U_Q'a ulaşırlar. U_QH_2, elektronların ve protonların bir mobil taşıyıcısı olarak görev görür; böylece elektronları kompleks III'e taşır. Kompleks III de elektronları bir başka bağlayıcı mobil zincir halkası olan sitokrom C'ye geçirir. Son olarak da Kompleks IV, elektronları indirgenmiş Sitokrom C'den O_2'e transfer eder. Solunum zincirinde gerçekleşen bu elektron akımının, ATP sentezinde temel rol oynadığı söylenebilir; böylece elektronların aktarılması sırasında elde edilen ve membran boyunca oluşan proton gradienti şeklinde depolanan enerji, ATP sentezinde kullanılır. Bir NADH molekülü 3 ATP oluşumunu sağlar; bir $FADH_2$ molekülü ise 2 ATP oluşumunu sağlar.

7-Kompleks V (ATP Sentaz Kompleksi)

Kompleks V, (*ATP sentaz*), İç mitokondriyal membranın ATP sentezleyen enzim kompleksidir; elektron transportu ile ATP oluşumunu eşleyen *kompleks V* olarak da bilinir. ATP sentaz, Fo (integral protein) ve F_1 (periferal protein) olmak üzere başlıca iki komponent veya kofaktöre sahiptir. Solunum zincirinde elektronların kompleks I, III ve IV üzerinden aktarılması sırasında protonların matriksten membranlar arası boşluğa pompalanması sonucunda iç membranda bir proton gradienti oluşur. Protonlar yüklü partiküller oldukları için bu proton gradientinin elektriksel özellikleri bulunmaktadır.

Bu yüzden matrikste, negatif membranlar arası boşluk pozitif yüklü olduğu için voltaj farkı meydana gelir. Oluşan bu elektrokimyasal gradient (pH gradienti veya elektriksel gradient), protonların matrikse geri dönmeleri için, bir proton hareket ettirici güç ortaya çıkartır. Bu güç etkisiyle, yukarıdaki hücreye ilişkin yarıiletken mekanizmalarında verildiği gibi, protonlar matrikse doğru geri dönerler.

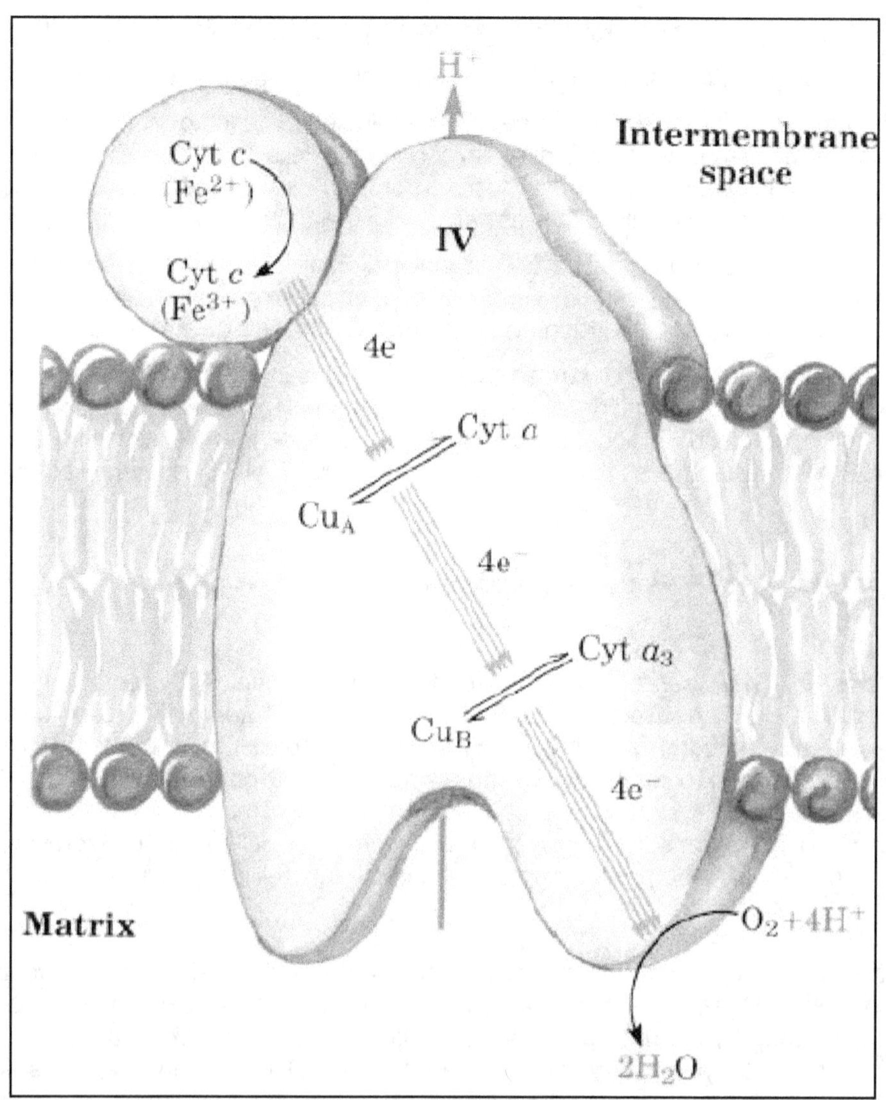

Kompleks IV, bir Proton Pompası gibi çalışarak, tıpkı bir Karşılıklı Endüktans gibi, Kompleks V (ATP Sentaz)'ın Rotor kısmının (F₀) sürülmesini (Drive) sağlar. Bu endüktif etki hücresel yapıların diğer bazı kısımların da görülür. Öyle anlaşılıyor ki, hücresel yapılarıdaki organik moleküler kıvrılmalar ve konformasyonlarda (protein gibi) bu endüktif etki etkin bir şekilde kullanılmaktadır. Bu ise, yine elektromanyetik kuvvetin canlılığı teşkil eden kainattaki en temel kuvvet alanı olduğunu bir kez daha isbat etmektedir..

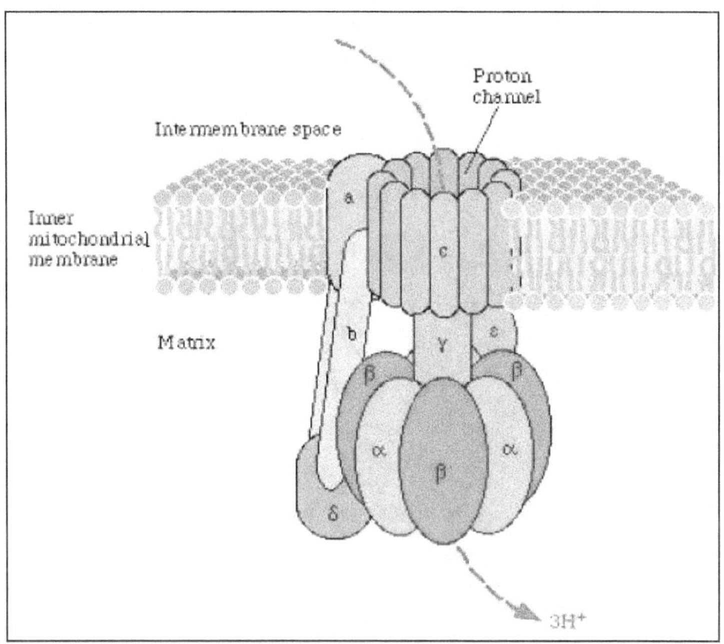

Kompleks V, ATP Sentaz tarafından gerçekleştirilen proton döngüsü ve matriksle hücre zarı (membrane) arasında oluşturulan Proton Gradienti.

Elektrokimyasal gradientteki bu enerji farkı, protonların matrikse geri dönmeleri sırasında ATP oluşumunda kullanılır. İşte, Oksidatif fosforilasyon olarak bilinen bu olay, ATP sentaz (kompleks V) tarafından katalizlenir. Elektron transport zinciri ve oksidatif fosforilasyon tepkimeleri, iç mitokondriyal membranda yer almaktadırlar. Protonların membranlar arası boşluktan matrikse dönüşünde ATP sentazın F_o alt birimi görev alır; ATP sentazın F_1 alt birimi ise, ADP kullanılarak ATP sentezini gerçekleştirmektedir. F_o, ATP Sentazın oligomisine ve disikloheksilkarbona (DCCD) duyarlı kısmıdır. ATP sentaza bağlanan oligomisin, proton kanallarını kapatarak protonların matrikse geri dönmesini engeller ve sonuçta ATP sentezini inhibe eder. F_1 de venturisidin (auroventin) ile bloke olmaktadır. Ayırıcılar, protonları geri transport ederek proton gradiyentini bozarlar ve böylece ATP sentezini inhibe ederler. Bu olay solunumu uyarır ve sistem proton gradientini düzeltmek için daha fazla yakıtı okside eder ve daha fazla proton pompalanır. Bu durumda oksijen kullanımı hızlıdır ve serbestleşen enerji ısı şeklinde yayılır; vücut ısısı artar. Lipofilik bir proton taşıyıcısı olan 2, 4-dinitrofenol, membranlar arası boşlukta protonları kabul edip kolaylıkla matrikse geçer ve orada daha az asidik ortamda protonları salar; böylece eşlenmeyi bozarak ATP sentezini inhibe eder. Örneğin, Arsenat da bir fosfat analoğudur ve ayırıcı olarak rol oynar. İyonoforlar ise, spesifik katyonlarla kompleks oluşturabilen ve bu yolla biyolojik membranlardan transportunu kolaylaştıran, lipofilik karakterde moleküllerdir. İyonoforlar, eşlenmeyi bozarak ATP sentezini inhibe ederler. Örneğin, bir iyonofor olan valinomisin, mitokondriyal membrandan K^+ geçişini kolaylaştırarak mitokondri iç ve dıştaki membran potansiyelini değiştirir. Gramisidin A ve nigerisin gibi bir grup antibiyotik de K^+ iyonları için iyonofordurlar, ancak beraberinde H^+ iyonlarını da etkilerler. Hem valinomisin hem de nigerisin beraber bulunduğunda hem membran potansiyeli hem de pH gradienti bozulduğundan ATP sentezi tamamen inhibe olur, yani durur.

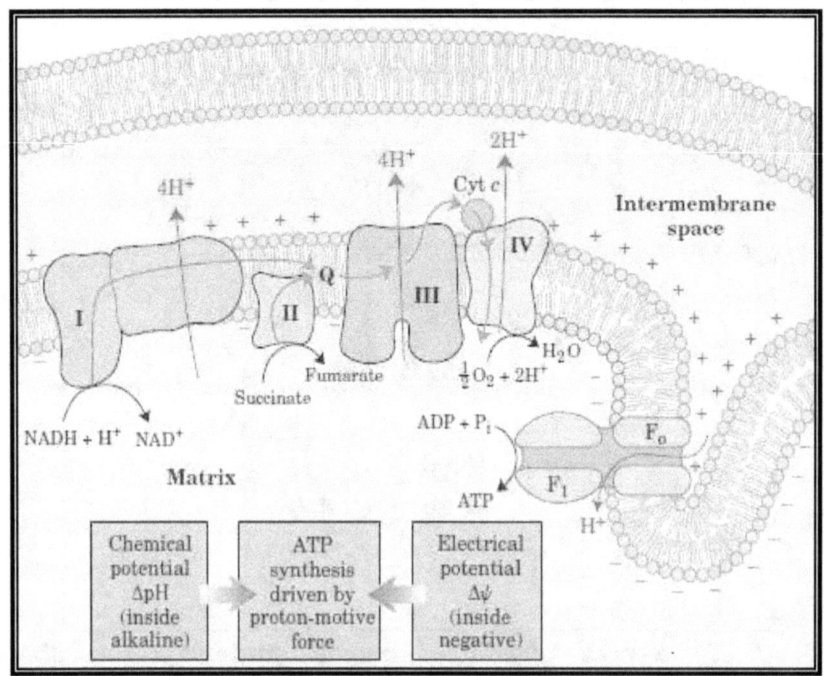

ATP Succinate tarafından oluşturulan Q siklüsü ile Kompleks III biriminin sürülmesi ve bu sırada oluşan elektriksel ve kimyasal potansiyel gradientlerin şematik gösterilimi.

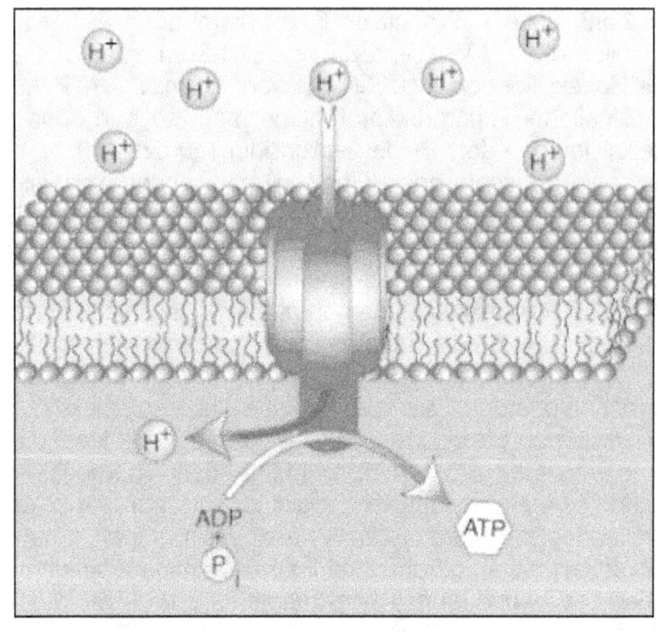

Kompleks-V (ATP Sentaz)'ın yapısı.

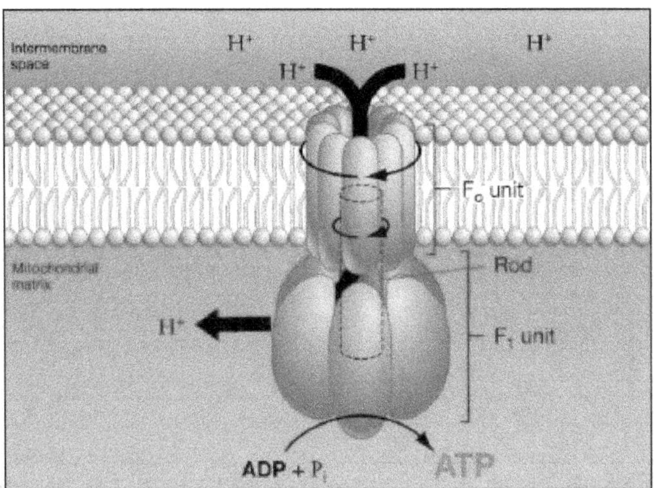

Kompleks-V (ATP Sentaz)'ın ATP sentezindeki fonksiyonu. Paul D. Boyer ve John E. Walker Atp sentezindeki Kompleks V'in bu metabolik fonksiyonunu ve motor/stator/rotor yapısını detaylarıyla açıkladıklarından dolayı 1997 yılında Nobel Kimya ödülünü almışlardır.

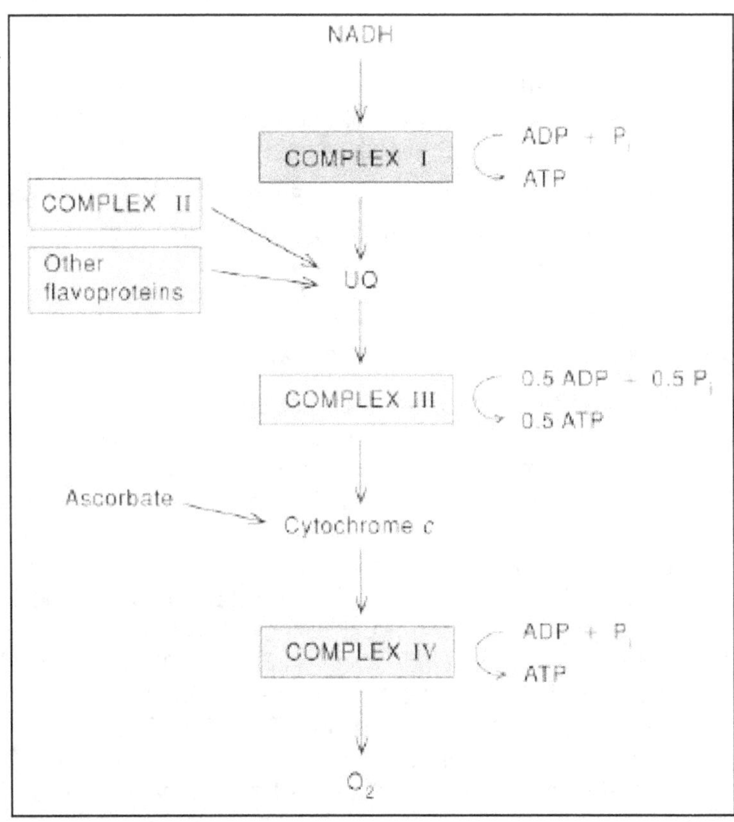

Kompleks-I, II, III ve IV'ün ATP sentezindeki Fonksiyonel Bağlantısı.

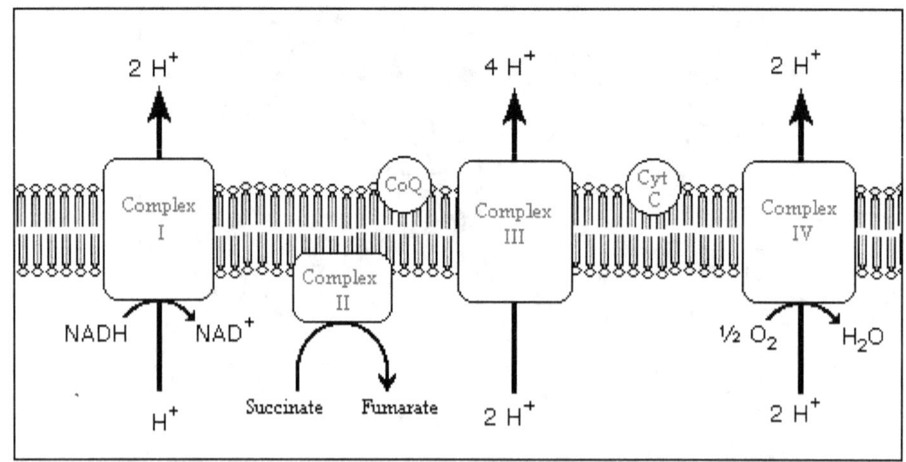

Kompleks-I, II, III ve IV arasındaki Yapısal Bağlantı.

APPENDIX-IX {İLERİ EK BİLGİ}

Hücredeki Enerji Üretiminin Biyoelektriksel Mekanizması

Hücredeki yapıları detaylı olarak incelediğimizde gördük ki, tüm bunlar ELEKTROKİMYASAL olarak çalışmaktadır. İşte hücredeki ATP üretimini de, bir elektriksel dirençten, bir kondansatör ve bir bobinden oluşan bir klasik elektrik devresinde üretilen ve harcanan enerjiye benzetebiliriz. Dolayısıyla hücredeki bazı yapılar, bir KONDANSATÖR veya BOBİN gibi enerji depolarken; bazı yapılar da bir DİRENÇ gibi enerjiyi harcayarak ısıya dönüştürür. Dolayısıyla hücrede yakılan enerji de CO_2 olarak ısı enerjisine dönüştürülür.

Elektriksel Devre Yapılarıyla Hücre Enerji Üretim Mekanizmaları Arasındaki İlginç Benzerlikler {Biyolojinin Fiziğin tek bir kuvvetine –Elektromanyetizmaya- indirgenmesi} Üzerine

Transistörün Yapısı ve Çalışma Prensibi ile ATP Sentez Mekanizmaları Arasındaki Benzerlikler

Buraya kadar gerçekleştirdiğimiz hücresel yapı incelemelerimizde gördük ki, organik yapılarda kusursuzca işleyen elektron hareketlerine dayalı mükemmel bir elektriksel sistem işlemektedir. Hatta hemen hemen diyebiliriz ki, biyolojideki tüm canlı yapılarını atomik seviyeye indirgediğimizde, geriye canlı yapılardan arta kalan elektriksel veya elektromanyetiksel olaylardan başka bir şey olmayacaktır. Buradan yola çıkarak şu önemli biyokimyasal sonuca ulaşabiliriz ki: Biyolojik yapıların ölçeklerini biraz alt yapılara indirgediğimizde BİYOLOJİ BİLİMİ ORGANİK KİMYA BİLİMİNE indirgenecektir. Organik kimyadaki bu yapıları ise, çok daha küçük ölçeklere indirgediğimizde ise, geriye KUANTUM FİZİĞİ VE ONUN ÜZERİNE İNŞA EDİLMİŞ OLAN ELEKTROMANYETİZMADAN başka şey kalmayacaktır. Şu halde, biyolojide genel olarak şu aksiyomatik hipotezi ileri sürebiliriz ki, biyoloji en küçük ölçeklere inildiğinde tamamen ELEKTROMANYETİZMA'ya indirgenecektir ki, elektromanyetizma da fizikten bilindiği gibi doğadaki en temel dört kuvvetten dördüncüsüdür. Öyleyse diyebiliriz ki, canlılığı oluşturan organik kimyasal yapılar, ta evrenin yaratılış anından günümüze kadar kompleksleşerek gelmiş olan bu elektromanyetik ana kuvvetin etkisinde şekillenmiştir.

Hücredeki Enerji üretimini, yukarıda incelediğimiz kompleks yapılara bakarak bir TRANSİSTÖR'lü güç kuvvetlendiricisi devresine benzetebiliriz. Eğer hücredeki bu mekanizma ile bir elektrik devresi arasındaki benzerlikleri karşılaştırsaydık; Hücrenin, bir TRANSİSTÖR gibi elektron akımını kullanarak ATP enerjisi ürettiğini açıkça görebilirdik. Üretilen bu ATP enerjisi ise, bir TRAFO görevi yapan son kompleks yapı, ATP Sentaz vasıtasıyla hücredeki gerekli birimlere dağıtılır. Şimdi bu mükemmel elektriksel yapılar ile hücredeki enerji üretim mekanizmaları arasındaki benzerlikleri kısaca inceleyerek bu benzerliklerden yaralanarak eşdeğer bir **"Biyoelektriksel ATP Sentez Modeli"** elde edelim:

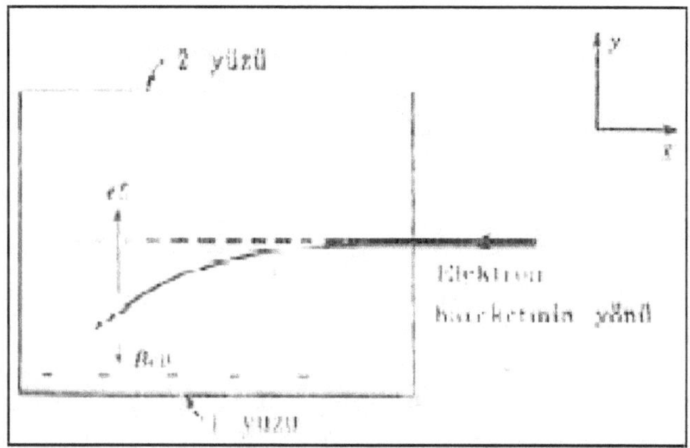

Transistörün enerji üretme mekanizmasının temelini oluşturan, bir n-tipi yarıiletkende elektronların (e⁻) levhanın iki uçları arasında gerçekleşen hareket yönü. Bu mekanizma, hücre içindeki elektron transport mekanizmasına denk gelir.

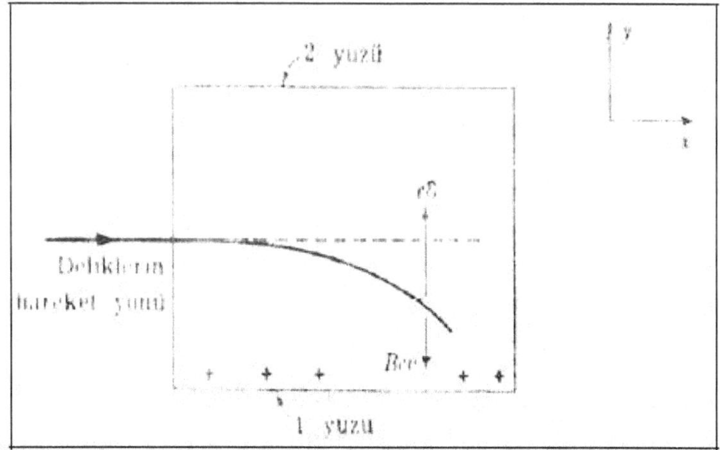

Transistörün enerji üretme mekanizmasının temelini oluşturan, bir p-tipi yarıiletkende pozitif yüklerin (H⁺) levhanın iki uçları arasında gerçekleşen hareket yönü. Bu mekanizma, hücre içindeki proton gradientine denk gelir.

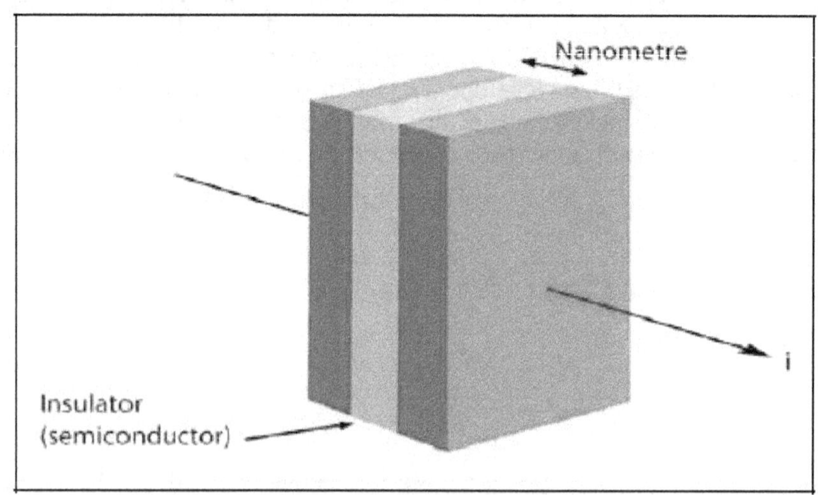

Tünel etkisi gösteren iki kompleks mekanizma arasındaki elektron akımı için Manyetorezistans Modeli (Hall olayı, Albert Fert ve Peter Grünberg isimli iki bilim adamı yarıiletkenlerdeki bu manyetorezistans mekanizmasını (MR) açıklamıştır ve bu çalışmalarından dolayı 2007 yılında Nobel Fizik ödülünü almışlardır).

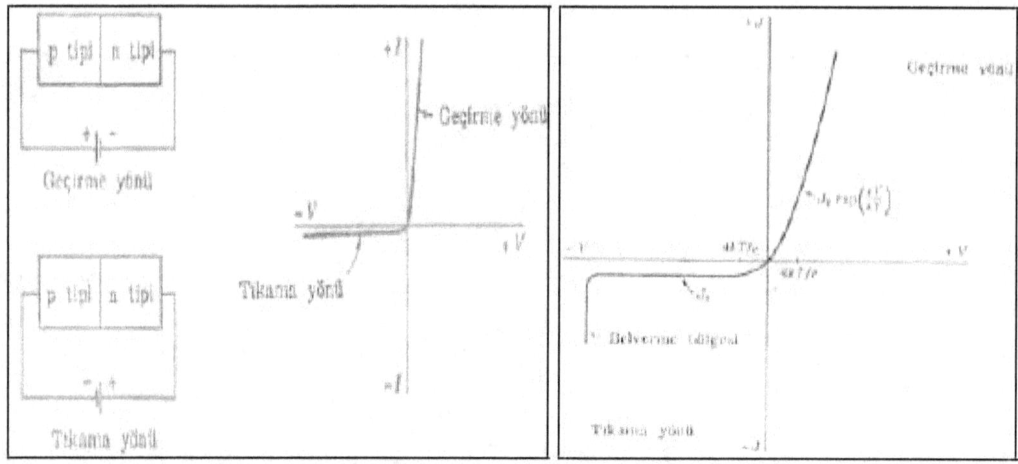

P-N yarıiletken mekanizmasının çalışma yapısı: Elektronlar, p-n Jonksiyonu tıkama halindeyken potansiyel Gradient barajını aşamazlar ve devreden akım geçmez. Jonksiyon geçirme yönünde kutuplandığında ise, potansiyel barajı aşılır ve devre iletime geçer.

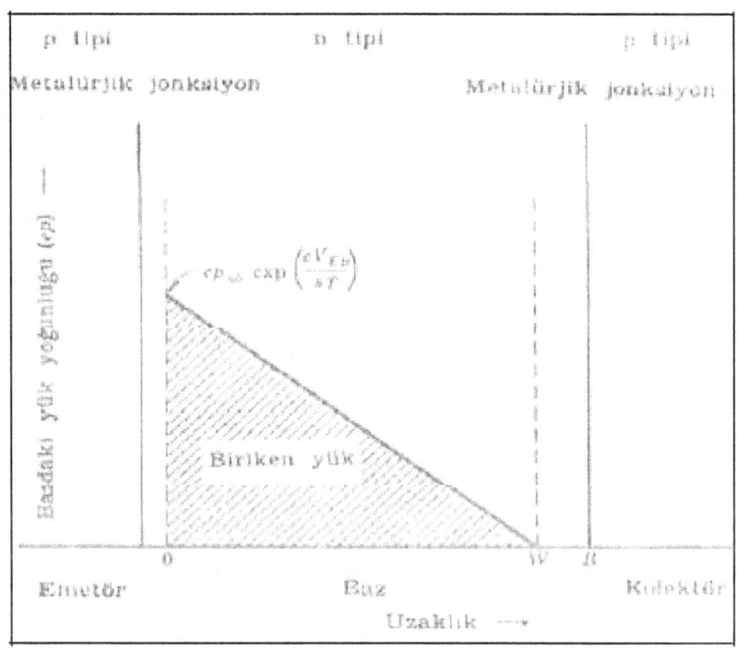

İki farklı yapıdaki yüzey arasında biriken yük. Hücredeki enerji üretimini sağlayan kompleks yapılarda da aynen elektrik devrelerinde olduğu gibi, madde yoğunluğundaki yük oranı farlılığına bağlı bir difüzyon potansiyeli oluşur ve daha sonra bu potansiyel fark hücre içerisindeki mekanizmalar tarafından enerji üretmek ve taşımak için kullanılır.

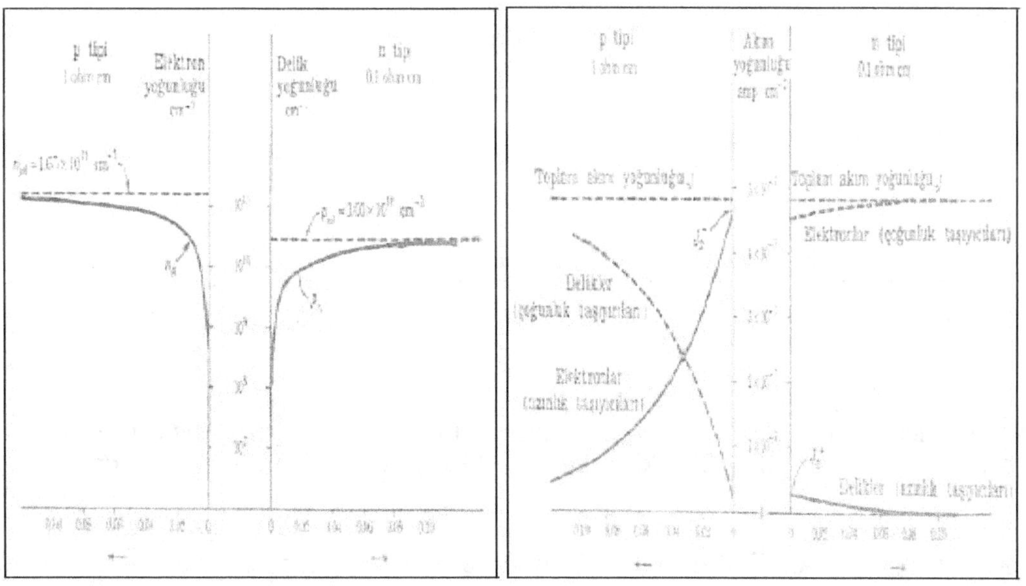

Üstteki çizim: Jonksiyonlar arasındaki geçiş bölgesi, hücrenin plazma ortamındaki yalıtkan bölgelerine denk gelir. Madde geçişini sağlayan mekanizmaların büyük bir çoğunluğu ise, elektrik devrelerindeki gibi Pozitif (+) ve Negatif (−) yüklü bölgelerin metal içinde kutuplaşmasıyla elektrik akımını oluşması gibi; bu yük yoğunluğu farklarından kaynaklanan difüzyon akımlarıyla sağlanır (Soldaki şekil). Bir transistörün iletim ve tıkama yönlerindeki çift yönlü gerçekleşen iletim mekanizmasının karakteristiği, p-n Jonksiyonu yapısı. Bu yapı, Kompleks yapılar arasındaki ATP üretimi sırasında gerçekleşen elektron hareketlerine çok benzer. Buradaki Jonksiyon Kapasitesi, Hücre duvarıyla hücre içi ortamın plazma yük yoğunluğuna bağlı potansiyel fonsiyonuna (V_{plazma}) denk gelir (Sağdaki şekil).

Biyoelektriksel Transistör Modeli

Elektronların ve pozitif yüklerin yarıiletken bir ortamdaki bu hareketleri sonucunda oluşan potansiyel farktan dolayı bir difüzyon akımı meydana gelir. Bu akımın sonucunda oluşan hücre ortamındaki dış ortamla iç ortam arasında oluşan Potansiyel Membrane (Zar) Gradienti *($V_{Plazma\ Zarı}$)*, Poisson difüzyon süreklilik denklemine göre matematiksel olarak şu şekilde ifade edilebilir:

$$\frac{\partial^2 V_{Plazma\ zarı}}{\partial x^2} = -\frac{\rho_{e^-}}{\varepsilon_{Plazma\ zarı}}$$

Burada ε, Plazma zarının Elektriksel Geçirgenliği'dir.

3-Boyutlu olarak;

$$\frac{\partial^2 V_{Plazma\ zarı}}{\partial x^2} + \frac{\partial^2 V_{Plazma\ zarı}}{\partial y^2} + \frac{\partial^2 V_{Plazma\ zarı}}{\partial z^2} = -\frac{\rho_{e^-}}{\varepsilon_{Plazma\ zarı}}$$

olarak bulunur. Buradaki ρ_e yük yoğunluğu ise, zamanla değişim gözönüne alındığında; iki kısımdan meydana gelir: **Sürüklenme** ve **Difüzyon** akımları. İşte bu akımlar ise, transistör yapısındaki $J^+ = J_s^+ + J_D^+$ ve $J^- = J_S^- + J_D^-$ akım yoğunluklarına denk gelir. Buna göre elektronlar (e) ve pozitif yükler (p) için difüzyon denklemleri:

$$\frac{\partial^2 p}{\partial x^2} = \frac{\rho_p - \rho_{p_0}}{\sqrt{D_p \tau_p}} \quad ve \quad \frac{\partial^2 n}{\partial x^2} = \frac{\rho_e - \rho_{e_0}}{\sqrt{D_e \tau_e}}$$

şeklindedir.

Burada;

$$L_p = \sqrt{D_p \tau_p} \quad ve \quad L_n = \sqrt{D_e \tau_e}$$

olarak pozitif ve negatif yükler için difüzyon uzaklıklarıdır. Bu uzaklıklar için, Einstein tarafından bulunan *Einstein Difüzyon Denklemleri* şu şekildedir:

$$J^- = eD_e \frac{de}{dx} \quad ve \quad J^+ = pD_p \frac{dp}{dx}$$

olarak belirlenir. Buna göre, Mitokondri içerisinde kazanılan toplam ATP Enerjisi, Transistörün (Kompleks III) Kazancına eşit olur:

$$J^+ = \frac{\partial H_{OUT}^+}{\partial t} = \frac{\alpha}{1-\alpha} \frac{\partial H_{IN}^+}{\partial t} \quad \frac{\alpha}{1-\alpha} = K = 38 \ ATP$$

İşte, yukarıda detayları anlatılan kompleks mekanizmalar arasındaki potansiyel barajını *(V_{plazma})* sırayla geçen elektronlar; bir Direnç, Kondansatör, Transistör, ve bir Elektrik motorunu teşkil eden bir Bobin çifti bileşiminden ve bunların komplike çalışmasından hareketle; Kompleks I, II, III, IV ve V Mekanizmaları vasıtasıyla oluşturduğu bu akımın neticesinde; bir enerji indükleyerek aynen alternatif bir jeneratör motoru gibi çalışan ATP sentaz vasıtasıyla bu enerjiyi hücre içindeki gerekli yapılara dağıtarak transfer eder.

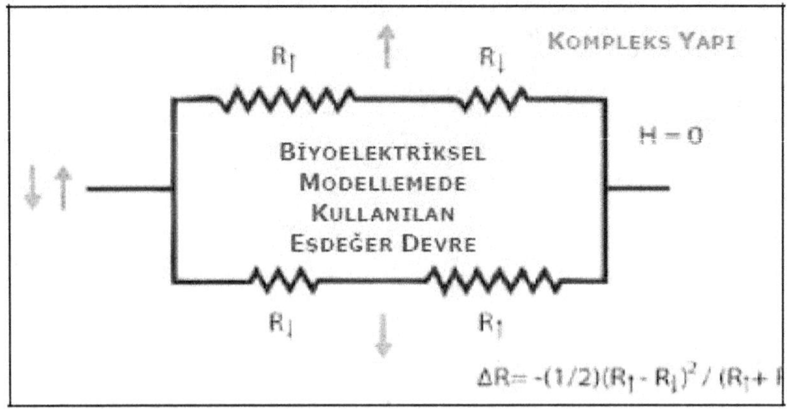

Biyoelektriksel Modellemede kullanılan bir Eşdeğer Devre.

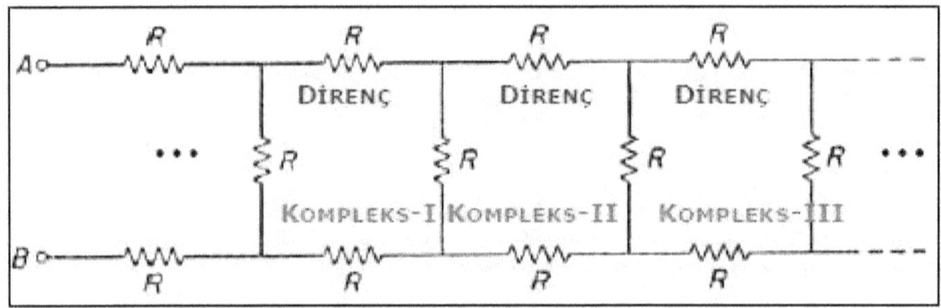

Seri ve paralel bağlı dirençlerden oluşan bir elektrik devresi. Buradaki her bir katman ise, üstteki Kaskad devrenin bir bölmesine denk gelir.

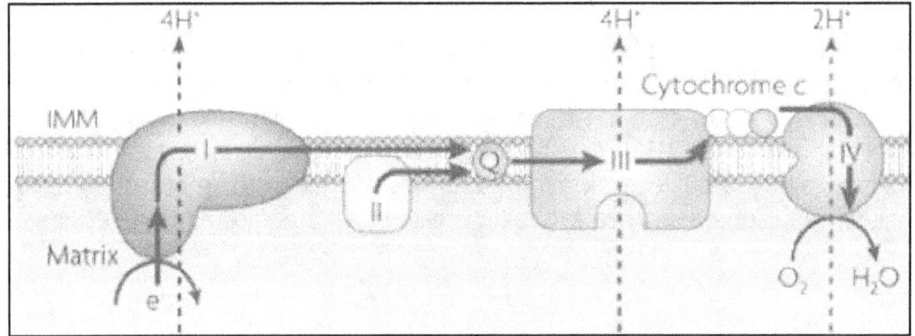

Hücredeki kompleks mekanizmalara ait her bir yapı. Buradaki her bir katman ise, Elektriksel yapıdaki bir Kaskad devreye denk gelir.

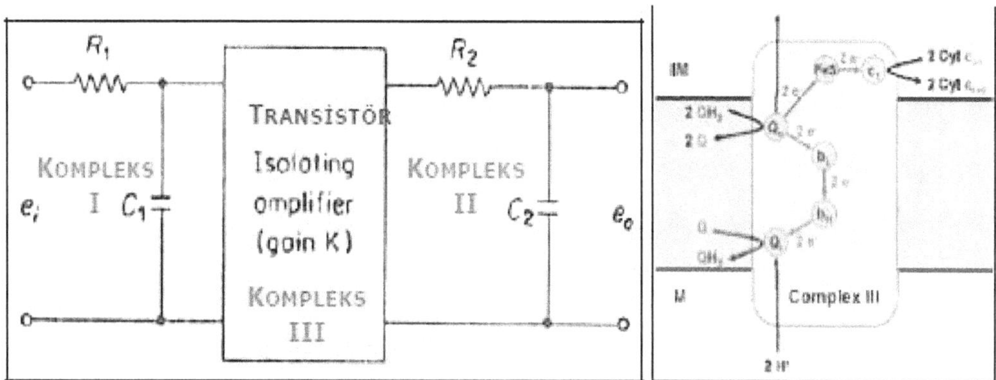

Kaskad bağlı bir elektrik devresi şemasındaki her bir katman da, hücre yapısındaki bir Kompleks mekanizmaya denk gelir. Burada Kompleks III, Transistörlü bir Amplifikatör (Kuvvetlendirici) yapısına eşdeğerdir.

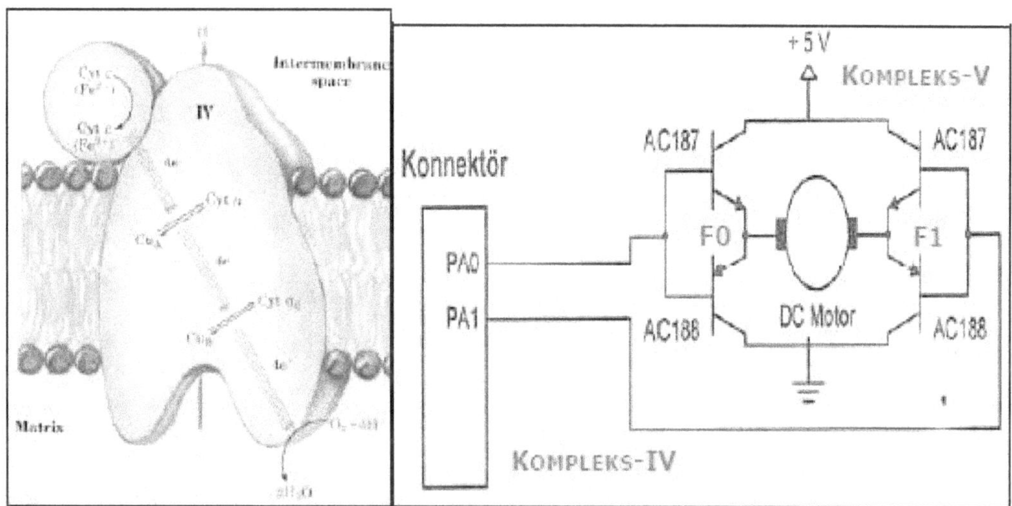

Eğer süreç geliştirilerek daha da devam ettirilirse, Kompleks mekanizmalar birbirine bağlanarak bu kez daha gelişmiş bir yapı sergilemeye başlarlar. Bir yandan elektrik devrelerinin enerjiyi kondansatörlerde depolaması gibi, Kompleks I ve II ürettikleri enerjiyi depolarken; kompleks III birimi elektron akımını kuvvetlendirerek kompleks IV'e transfer eder. Kompleks IV ise, proton akımını kompleks V'e aktaran bir konnektör gibi davranarak kompleks V birimini oluşturan ATP Sentaz'ın bir DC motor gibi sürülmesini sağlar. Kompleks V ise, bir elektrik santrali gibi çalışan bir jeneratör gibi, elektron hareketine dayalı elektromanyetik enerjiyi moleküller arasında depo edilen kimyasal bağ enerjisine çevirerek hücredeki enerji üretim döngüsünü tamamlar.

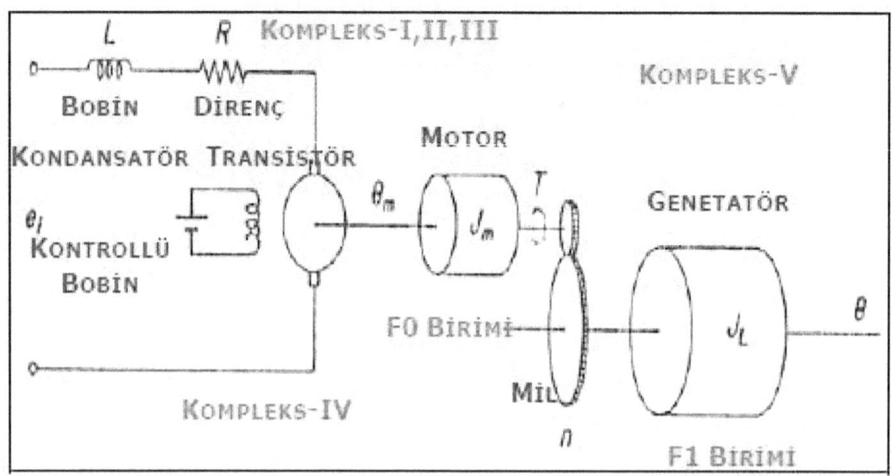

Diğer taraftan da, bu elektron akımı döngüsü devam ederek, kaskad bağlanmış devrelerde biriken enerji kuvvetlendirici devreler vasıtasıyla Generatöre (ATP Sentaz'ın birinci ünitesi, Stator veya F_0) enerji aktarmaya devam eder. Generatör ise, aldığı bu enerjiyi aynen bir hidroelektrik santrali gibi Motora (ATP Sentaz'ın, birinci üniteye organik bir mille bağlı olan ikinci ünitesi, Rotor veya F_1) aktararak siklüs şeklinde ATP Sentezini tamamlamış olur.

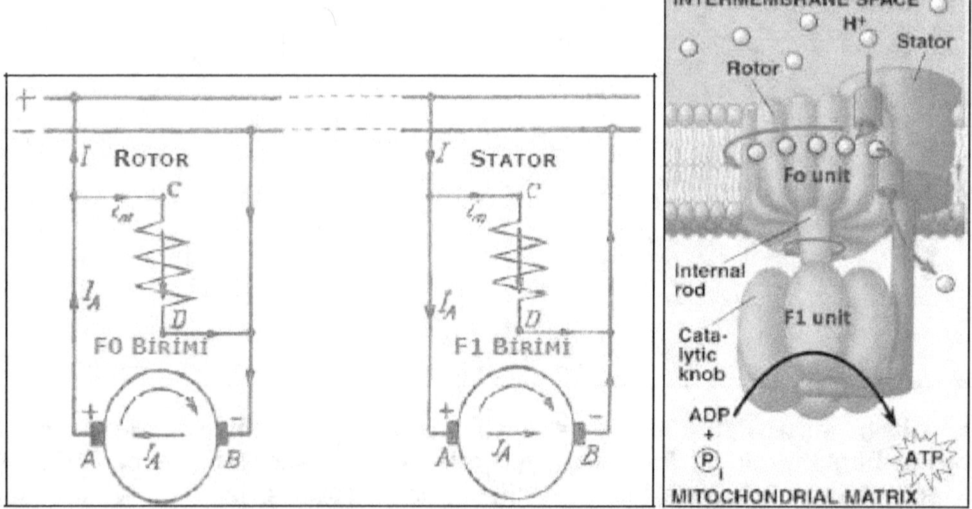

Böylece, Kendi fonksiyonlarından çok daha yüksek bir yapı oluştururlar ve çok zayıf sabit bir elektron akımını kuvvetlendirerek, aynen eşdeğer bir amplifikatör (yükselteç) devresinde olduğu gibi ATP enerjisine dönüştürerek transfer etmeye başlarlar. Dolayısıyla, sadece mitokondride gerçekleşen bu enerji üretim sistemlerine ilişkin üstün tasarım delilleri bile, yaratılışın ne kadar özenle ve hassas olarak ayarlanmış olduğunu bir kez daha göstermektedir.

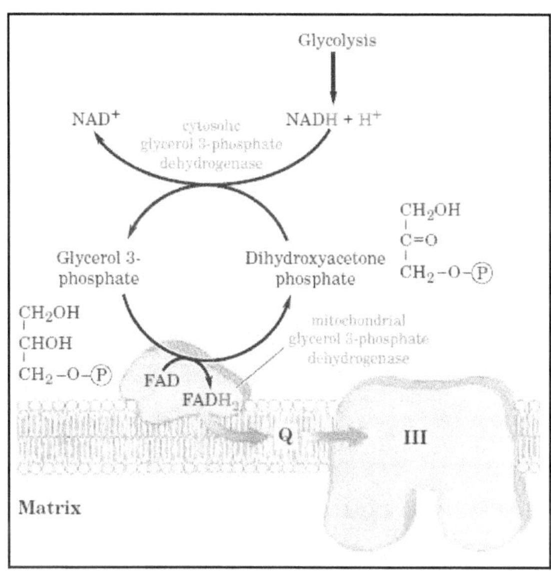

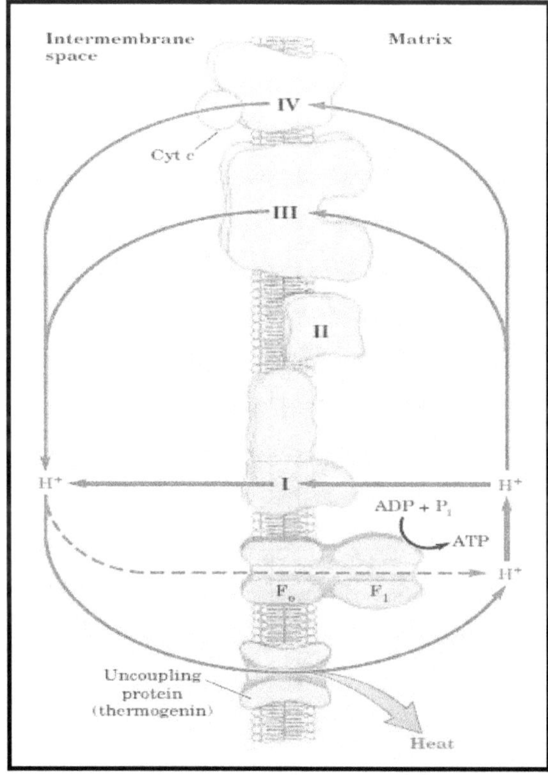

Hücrede diğer bir örnek Elektriksel yapı: Mitokondriyal Glyserol Trifostat Dehidrojenaz Enzimiyle Glyserol 3 fostat – Dihidroksit fosfat Döngüsünün oluşturulması ve bu döngüden sağlanan zayıf elektron akımıyla (U_Q) Kompleks III'ün bir Transistör gibi sürülmesi.

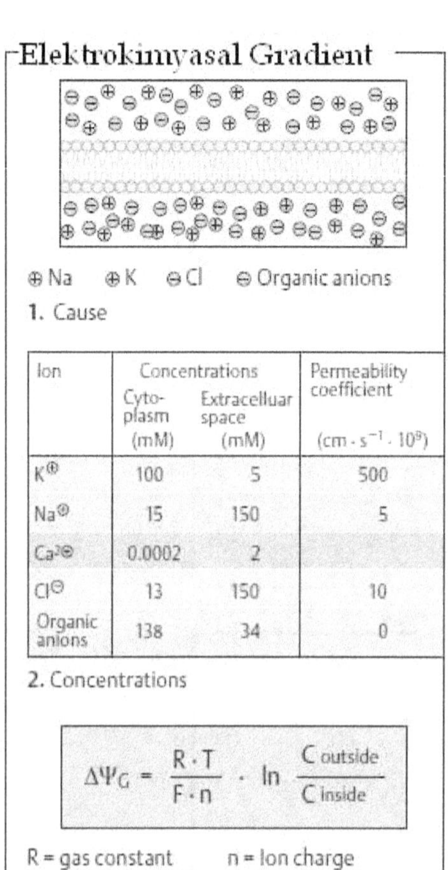

1. Cause

Ion	Concentrations		Permeability coefficient
	Cyto-plasm (mM)	Extracelluar space (mM)	(cm · s^{-1} · 10^9)
$K^{\oplus}$	100	5	500
$Na^{\oplus}$	15	150	5
$Ca^{2\oplus}$	0.0002	2	
$Cl^{\ominus}$	13	150	10
Organic anions	138	34	0

2. Concentrations

$$\Delta\Psi_G = \frac{R \cdot T}{F \cdot n} \cdot \ln \frac{C_{outside}}{C_{inside}}$$

R = gas constant　　n = Ion charge
T = temperature (K)　F = Faraday constant

3. Nernst equation

Proton Pompası Elektromotor Gücü

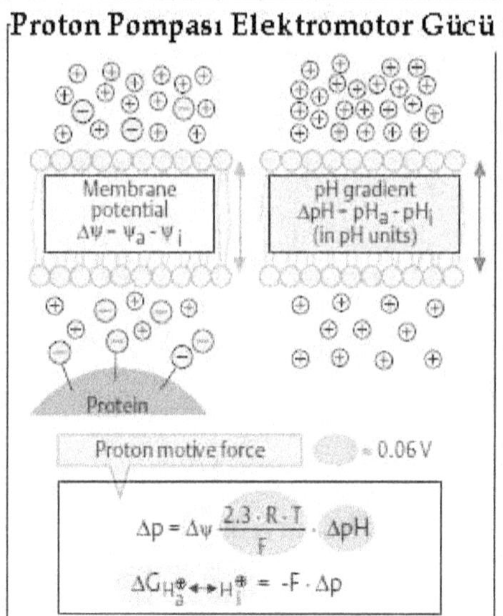

$$\Delta p = \Delta\Psi - \frac{2.3 \cdot R \cdot T}{F} \cdot \Delta pH$$

$$\Delta G_{H_a^{\oplus} \leftrightarrow H_i^{\oplus}} = -F \cdot \Delta p$$

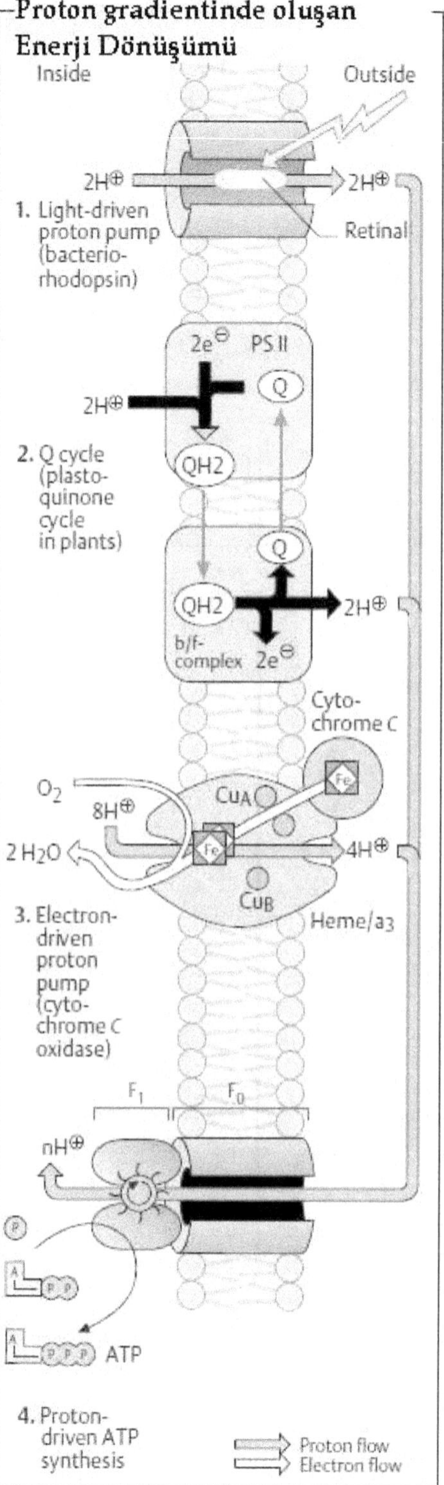

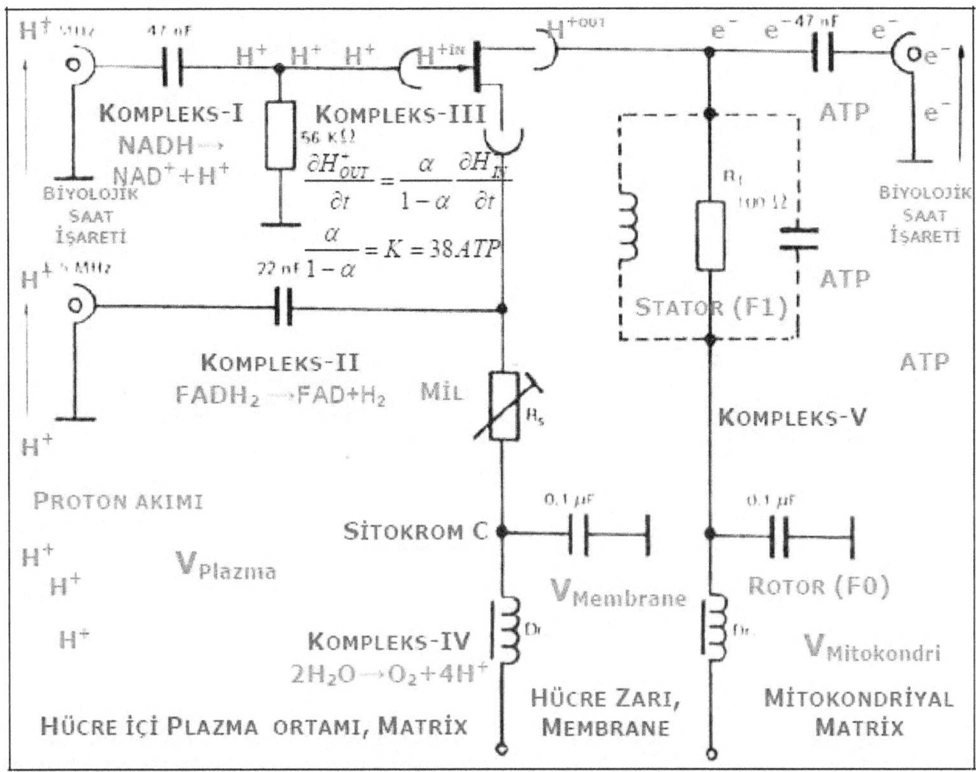

Bir transistörlü yükselteç devresi, Hücre içerisindeki ATP Enerjisi üreten Mitokondriyal yapılarla büyük bir benzerlik gösterir. Burada bir FET (Field Effect Transistor) kullanılmıştır (D_r indisi, Sürüklenme akımını gösterir) ki, bu transistorlü FET hücredeki enerji üretim birimlerinden Ubikinon (Koenzim Q veya Kompleks III) olarak adlandırılan birime denk gelirken; F_0 birimi motorun Rotor kısmına, F_1 birimi Stator kısmına ve Sitokrom C ise, proton akımını kontrol eden ve aynen bir kondansatör gibi elektrokimyasal hücre zarı proton potansiyelini kontrol eden bir filtre gibi davranır ve sonuç olarak hücrenin ihtiyaç duyduğu enerji molekülü olan ATP'nin sentezini sağlar. Dikkat edersek, bu yapıları teşkil eden birimler bilinçsiz atom ve molekül yığınlarından başka bir şey değildir, öyleyse felsefi olarak diyebiliriz ki: İnsanların ancak binlerce yılda düşünerek ve tasarlayarak oluşturabildiği bu elekriksel sistemlerden bile bunca üstün ve mekanik olarak harika yaratılan, meydana gelen bu yapıların bilinçli bir yaratıcı olmadan kendi kendisine teşkil edilmesi imkansızdır..

Dolayısıyla, tüm bu hücresel yapıların bir felsefi çıkarımı olarak ve Antropik ilkeden de yararlanarak; insan yapımı hiçbir yapı veya organize oluşumla izah edilemeyen hücre içerisindeki bu sayısız metabolik faaliyetler ve üstün yaratılış mekanizmalarının bizzat kendisi, yaratıcısını gösteren ve üzerlerindeki ilahi nakışları ve hikmetleri kör gözlere dahi gösteren, ilan ve isbat eden birer tesadüf eseri oluşamayacak kadar mükemmel mu'cizevi yaratılış harikasıdırlar diyebiliriz.

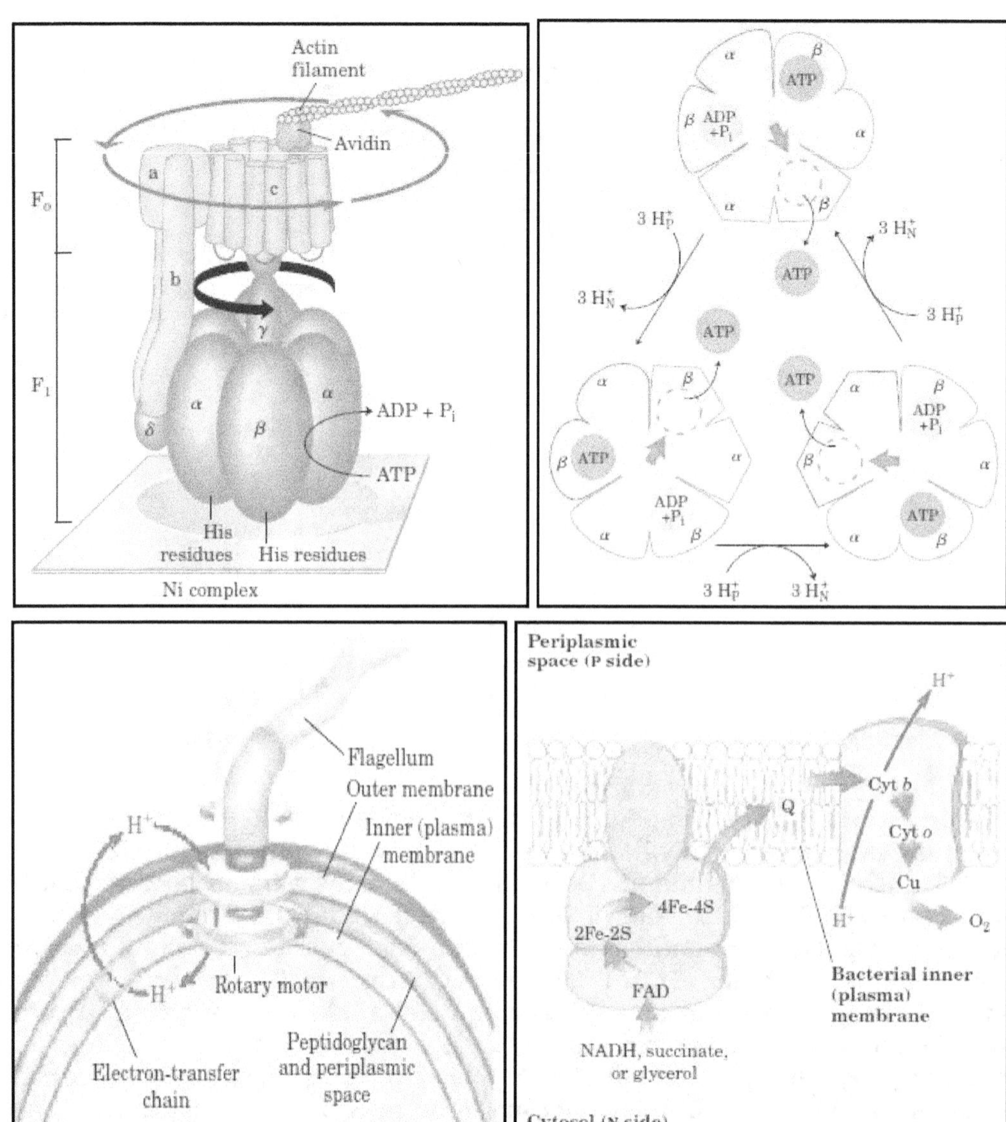

(Solda) Bir Flagellata bakterisine ait proton pompası olarak (Kompleks IV birimi) işlev yapan hücre içi elektromotor proton türbini ve Bir E. Coli bakteri hücresine ait periplazmik sitozol zar yüzeyi üzerinde dizilmiş olan ve elektron transferini gerçekleştiren bir elektron türbini (Kompleks I) birimi (sağda).

Dikkat edilirse, bu harika hücre içi elektromekanik enerji sistemleri aynen çok muazzam bir hidroelektrik santrali gibi çalışır. Örneğin, yukarıdaki şekilde verilen ve bir E. Coli bakteri hücresine ait periplazmik sitozol zar yüzeyi üzerinde dizilmiş olan ve elektron transferini gerçekleştiren bir elektron türbini (Kompleks I) ve PROTON TÜRBİNİ (Kompleks IV) birimleri incelense, buradaki iki birim arasında meydana gelen zar yüzeyine ait elektrokimyasal gradient potansiyeli, ATP sentezinin diğer ileri aşamaları için DRIVER

(SÜRÜCÜ) vazifesi görerek aynen bir ELEKTRO-MOTOR gibi bir sonraki ATP sentez birimlerini harekete geçirdiği görülür. Örneğin, yine yukarıdaki şekilde de verildiği gibi, insanlığın ancak çok uzun bir süre araştırma ve bilimsel gelişmeden sonra tasarlayabildiği bir transistörlü nano amplifikatör güç kazancı devresi ile Hücrenin ATP üretim mekanizmaları arasında şaşırtıcı derecede benzerlikler vardır. Eğer tüm süreç birleştirilirse, yukarıdaki karşılaştırmalı şekillerde verildiği gibi, bir Transistörlü Amplifikatör (Güç kuvvetlendiricisi) gibi çalışan ve girişinden aldığı çok zayıf bir akımla çok yüksek bir Enerji üreten bir yapı kazanır ve hücrenin gereksinim duyduğu ATP Enerjisini üretmiş olur. ATP olarak tutulmayan serbest enerjinin geri kalan kısmı ise, Isı Enerjisi şeklinde salıverilir. Bu döngüsel süreç, bir bütün olarak solunum sisteminin denge halinden tutularak, yeterli Ekzergonik (Enerji çıkışı sağlayan reaksiyon zinciri) halde olmasını sağlayarak, devamlı tek yönlü bir akışa ve sabit bir ATP eldesine olanak verir ve sıcakkanlı hayvanlarda vücut ısısının sürdürülmesine katkıda bulunur. Ayrıca bu enerji üreten kompleks yapılar, tekrar tekrar kullanılabilme özelliğine sahip oldukları için, aynen şarj edilebilen pillerde olduğu gibi, stabil bir enerji santrali olarak çalışırlar. Eğer hücre içerisinde aktif hale gelebilecek böyle bir nano FET transistör tasarlanabilirse, Biyolojide çok önemli uygulama alanı bulabilir. Belki de bu tür biyoelektriksel yapılar, KANSER hücrelerinin SAĞLIKLI hücrelerden AYRIŞTIRILMASI ve TANINMASI ve ELEKTROKİMYASAL AYRIŞTIRILMASI'nda da gelecekte kullanılabilecek ve şimdiki tedavisi imkansız olan bazı hastalıkların tedavisinde de kullanılabilir hale gelecektir.

Dikkat edersek, konunun başından beri ele aldığımız ve gördüğümüz bu üstün mekanik benzerlikler ve tüm bu muazzam hücresel yapılar da yaratıcının, hücresel organizmayı inşa ederken ta ilk baştaki tek hücreli canlılardan beri, aşama aşama yaratılışı gerçekleştirirken ne kadar çok büyük bir ilim ve hikmetle yaratılışı gerçekleştirdiğini, günümüzde kanıtlayan çok kuvvetli isbatlardan birini ve biyoloji ilminin son zamanlarda ortaya çıkarttığı ve yaratılışın ince derinliklerini ortaya koyan ve varlığını isbatlayan birer harika sanat eseridir. İşte aslında tüm bu biyokimyasal kanıtlar da, Richard Dawkins gibi, Evrim Teorisi tarafından birtakım hayali ve kurgulanmış ve kendiliğinden bir komplekslik üreten mekanizmaların kendi kendine meydana gelmesiyle, bir kontrol edici bilinçli yaratıcı güç olmadan gerçekleştirilmesinin ne kadar imkansız olduğunu ortaya koyan önemli birer yaratılış delilidir. Çünkü bu yapılara dikkat edersek, bir insanın bir elektrik motorunu inşa etmesi ne derece bir sanat ve mühendislik ve bir o kadar çok uzun zaman ve bilimsel gelişmeyi gerektiriyorsa ve her bir aşama yüzyıllar içinde bilinçli ve düşünebilen insanlar tarafından gerçekleştiriliyorsa; aynen öyle de, bundan kat kat daha üstün olarak yaratılan ve sadece hücrede gerçekleşen şu enerji üretimi mekanizmalarına bakmış olsak, ta ilk yaratılan canlı mekanizmalardan başlayarak tüm bu sistemlerin hücre içerisinde günümüze kadar değişmeden aynı tarzda gerçekleşerek gelmesi ve ta o ilk yaratılış anlarında da bu üstün ve birden ortaya çıkan ve sonsuz bir ilim ve hikmet gerektiren sanat eserlerinin bir anda ve hemen hepsinde ortak mekanizmalarla ortaya çıkması elbette ki, doğal olarak tüm bu yapıların YARATILMIŞ olduğunu isbatladığı gibi hepsinde ortak olarak bir birine benzemesi onun BİR yaratıcı olduğunu ve o ince nakışların ve üstün ilmin ve kudretin bir yansıması olduklarını ve tesadüfen kendi kendine oluşamayacak kadar BENZERSİZ (KOPYA EDİLEMEYEN) komplekslik içeren alt birimlerden oluştuklarını bilmüşahede görürüz. Çünkü, faraza eğer kendi kendine bu kompleks yapılar evrimleşerek meydana çıktığı kabul edilse, o zaman ilk meydana gelen hücrenin ilk önce kendi kendine tüm bu kompleks reaksiyonları ve metabolizmaları tasarlayacak ve tüm bu alt birimleri oluşturacak kadar plan, program ve çok kuvvetli bir dehaya sahip olması gerekirdi. Halbuki biz biliyoruz ki, dünyada ortaya çıkan ilk ilkel organizmalarda bile bu enerji üretim kompleksleri aynı şekilde mevcuttu ve eğer bir evrim geçirerek günümüze gelseydi şimdiki hücresel yapılarla ilk yaratılanların farklı olması gerekirdi ki, biyolojideki son zamanlarda yapılan keşifler tüm ilkel organizmaların da şimdiki hücrelerden aşağı kalmayacak kadar kompleks bir yapıda olduklarını ve bu kompleks halleriyle dünya hayatının başlangıcında ortaya çıktıklarını göstermektedir. Öyleyse diyebiliriz ki, daha atmosferin bile olmadığı bir dünyada böylesine çok çeşitlilikte canlıların aynı anda ortaya çıkışı, tüm canlıların ilkel ve denizde kendi kendine meydana gelen bir mikroorganizmadan türediği yönündeki evrim teorisinin ilk argümanını daha baştan geçersiz kılmaktadır. Bununla birlikte, ilk canlılar denizde yaratılmış ve ortaya çıkmış olabilir, fakat kara canlılarının onlardan tamamen farklı oldukları ve başka bir tasarımla yeniden yaratıldıkları su götürmez bir gerçektir ki, tüm kara canlılarının en kompleks organizmaya sahip olanı olan İNSAN'ın yaratılışı bu argümanı destekleyen en önemli biyolojik kanıttır.

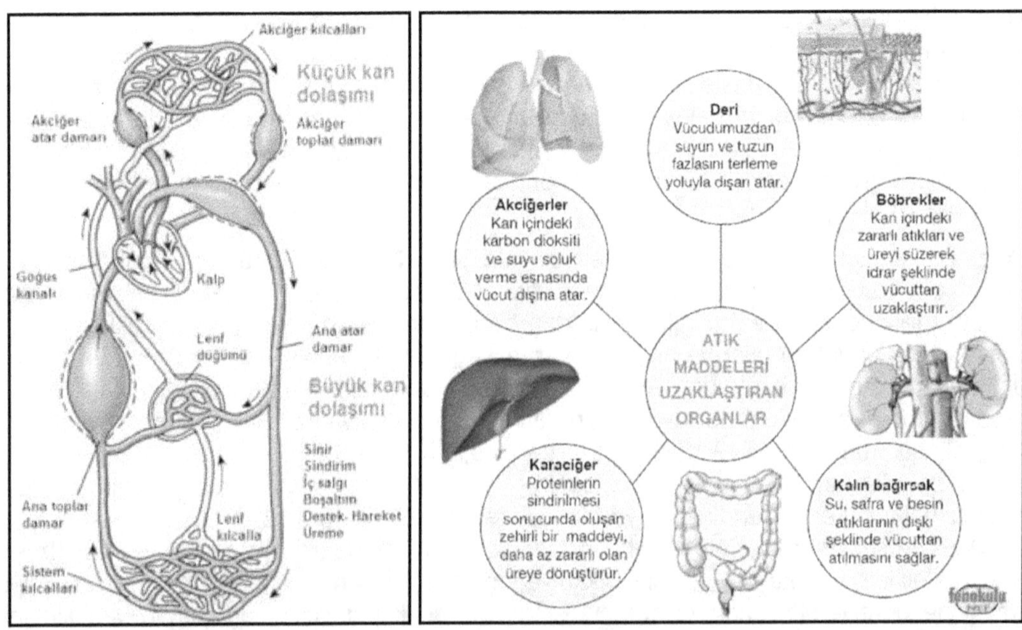

İnsan vücudundaki gelişmiş kompleks organ ve sistemler öylesine ileri bir yapıdadır ki, lenf sisteminden dolaşım sistemine, boşaltım sisteminden immün sisteme, sinir ve sindirim sisteminden iskelet ve kas sistemine kadar sayısız organ ve doku faaliyeti muazzam bir bütünlük ve parallelik içerisinde çalışarak hayatiyeti devam ettiren organik fonksiyonların yerine getirilmesi için komplike bir sistem halinde çalışır ve tüm bu sistemler çalışırken birbirine engel olmaz ve aralarındaki metabolizmaları bozmaz.

Tüm bunlar da, sonuç olarak üstün bir plan çerçevesinde TASARLANMIŞ bir YARATILIŞ MEKANİZMALARI ZİNCİRİ'nin hücre içerisinde işlettirilmekte olduğunu AÇIKÇA göstermektedir. Çünkü ilmen sabittir ki, gitgide komplekslik içeren birimlerin meydana çıktığı bir biyokimyasal sistem, biyolojik çeşitlilik olarak tüm canlı yapılarında ortak olarak aynı tarzda ve aynı kolaylıkta şu benzerliği göstermesi ve aynı miktarda enerji molekülünün benzer yapılar içinde sentezlenmesi, tüm bunların meydana getiricisi olan kuvvetin BİR olduğunu ve hepsinin onun imzasını ve mührünü taşıyan ve varlığına isbat oluşturan kuvvetli birer biyokimyasal deliller bütünü olduklarını bilmüşahede iki kere iki dört eder gibi, tüm hücresel yapılarda aynı kesinlikte ve tarzda isbat ederek yine BİR olan tek bir YARATICIYI göstermektedir..

3- HÜCRE İÇERİSİNDE GERÇEKLEŞEN VE CANLILIĞI MEYDANA GETİREN BİYOKİMYASAL METABOLİZMALAR

METABOLİZMAYA GİRİŞ

Canlıda oluşan ve devam eden fiziksel ve kimyasal olayların tümüne birden **metabolizma** adı verilmektedir. Metabolizma, yunanca kökenden gelen bir kelime olup devirsel olarak tekrar eden olaylar anlamına gelmektedir. Metabolizma, hayatsal olayları fiziksel ve kimyasal yönleriyle ele alan ve inceleyen bir bilim dalıdır.

F. C. BING'e göre metabolizma kelimesini ilk defa 1878'de "Textbook of Physiology" kitabında kullanan Sir Michael FOSTER olmuştur. Amerika'da biyokimyanın öncüsü sayılan Yale Üniversitesinden Russel H. CHITTENDEN, metabolizma kelimesini ilk defa 1885 yıllarında bir bilimsel yayında kullanmıştır.

Hücrelerdeki kimyasal reaksiyonlar enzimler tarafından katalizlenmektedir. Biz, enzimler tarafından katalizlenen bütün reaksiyonları metabolizma adı altında toplayabiliriz. Metabolizma, oldukça koordine ve maksatlı ilerleyen bir hücre faaliyetidir; bu faaliyette pek çok enzim sistemi görev almaktadır.

Metabolizmada dört önemli fonksiyon görev görmektedir:

1) Çevredeki enerjice zengin besin maddelerinin yıkımından ve güneş enerjisinden kimyasal enerji elde etmek.

2) Besin maddelerini, hücrenin makromoleküllerini sentez etmek için öncül yapıtaşları haline çevirmek yani sindirmek.

3) Öncül yapıtaşlarından hücrenin ihtiyacı olan makromoleküllerden proteinleri, nükleik asitleri, lipidleri, polisakkaritleri ve diğer hücre komponentlerini sentez etmek.

4) Hücrenin özelleşmiş fonksiyonuna göre gerektiğinde biyomolekülleri ya yıkmak ya da sentez etmek.

Canlı organizmalar, kendilerini yenilemek, gelişmek ve üremek için kimyasal maddelere gereksinim duyarlar. Çünkü organizmanın tamamı kimyasal maddelerden meydana gelmiştir. Bu kimyasal maddeler, karbonhidratlar, lipidler, proteinler gibi **organik maddeler**, kalsiyum, fosfor, demir, kükürt gibi **inorganik maddeler** ve **su**'dur. Örneğin **deri**, su, proteinler, lipidler ve inorganik maddelerden; **hücre zarları**, lipidler ve proteinlerden meydana gelmiştir.

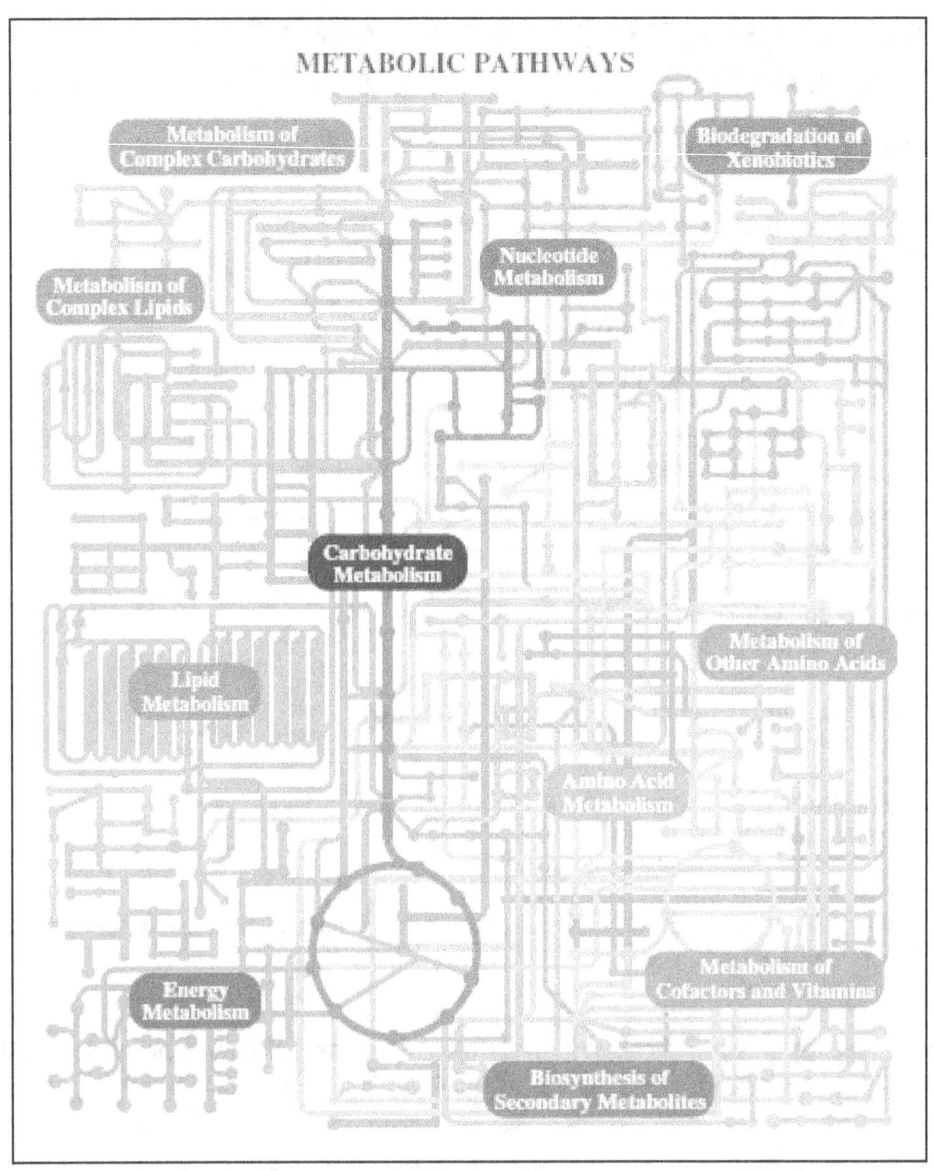

Canlı bir hücrede gerçekleşen metabolik reaksiyonların tümü, çok karmaşık metabolik yolları teşkil eden biyokimyasal reaksiyon zincirleriyle birbirine bağlanmıştır. İşte, canlılığı ayakta tutan organik reaksiyonlar zinciri böylesine karmaşık ve muazzam süreçler sonucunda gerçekleşmesine rağmen, hücre içinde bu mekanizmayı aksatan tek bir hata bir yapılmaması şaşırtıcıdır. Bu ise, üstün bir bilinç ve yaratıcı tarafından, aynen çok usta bir mühendisin milyonlarca mikroçipten oluşan devasa bir kompitürü tasarlaması gibi, tüm bunların detaylı olarak tasarlandığının mükemmel bir isbatıdır..

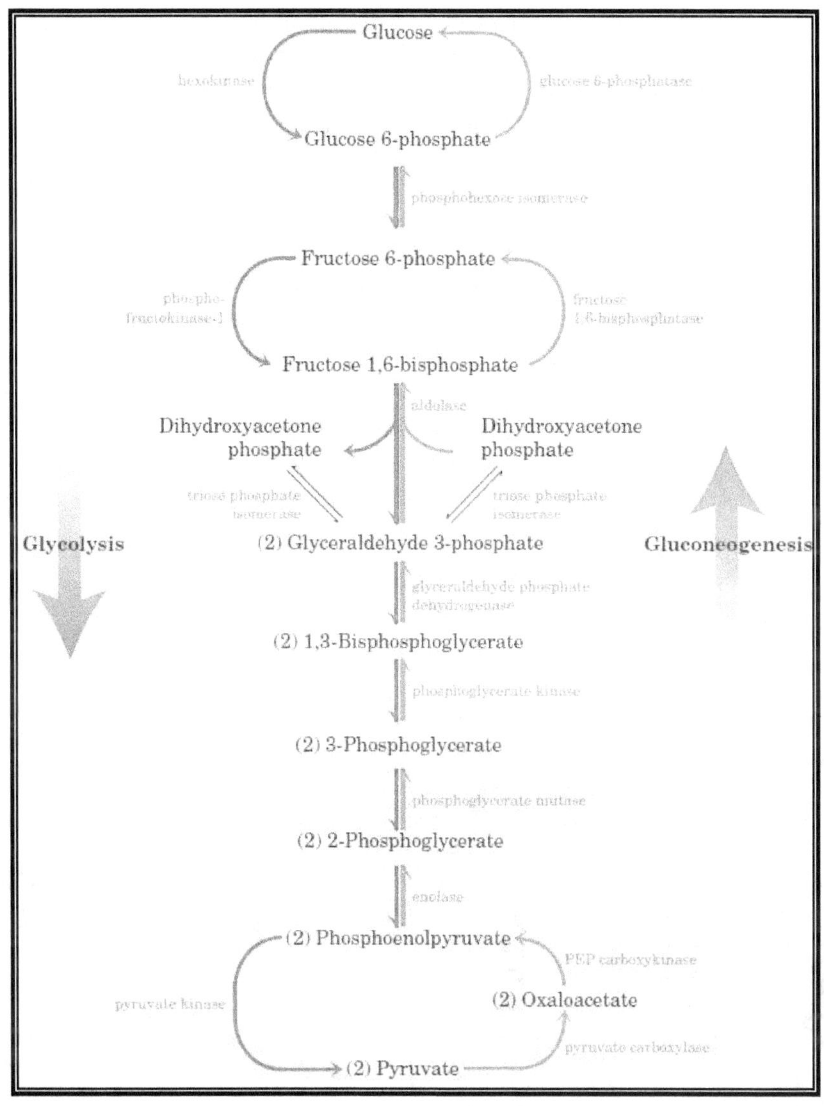

Genel olarak bir hücredeki metabolik faaliyetleri iki amaca hizmet eder:

BİRİNCİSİ: Besinlerin yıkılımı yoluyla enerji üretmek: *GLİKOLİZ*

İKİNCİSİ: Hücrenin enerji ihtiyacını karşılamak üzere gerekli enerji kaynağını sağlamak üzere besin üretmek: *GLİKOGENESİS*

Canlı organizmayı oluşturan bu kimyasal maddelerin, yani moleküllerin, dışarıdan alınması gereklidir. Alınan bu maddelerin çoğunluğu ise kompleks moleküller halindedir. Organizma tarafından kullanılabilmeleri için, önce basit moleküllere yani yapı taşlarına; örneğin, proteinlerin amino asitlere, karbonhidratların, monosakkaritlere parçalanmaları gerekir. Sonra da, barsaklardan emilmeyi takiben organizma içerisinde kullanılırlar.

Organizmayı oluşturan moleküller, ya canlının yapısına katılırlar ya da yapının oluşumunu ve sürekliliğini sağlayan fonksiyonlara katılırlar. Ancak moleküllerin çoğu hem yapıya katılırlar ve hem de fonksiyonlara. Fakat sadece moleküller arasında bu görevler yönünden öncelik oranlarında faklılık vardır o kadar. Örneğin, enzim, vitamin ve hormon gibi moleküller, yapıya çok dar bir oranda katılmalarına karşılık, yapının sürekliliğini sağlayan fonksiyonlara, yani reaksiyonlara çok daha büyük bir oranda katılırlar. Gıdalarla alınan ve emilen moleküller, hücreye girdikten sonra çeşitli biyokimyasal reaksiyonlara katırlar. Bu reaksiyonlar, bir moleküldeki bir bağın yıkılması, bir atomun ya da bir atom grubunun bir molekülden diğer moleküle taşınması ya da hayati bileşiklerin sentezlenmesi v.b. gibi olaylardan ibarettir. Şimdi sırasıyla bu metabolik yapıların detaylarını inceleyelim.

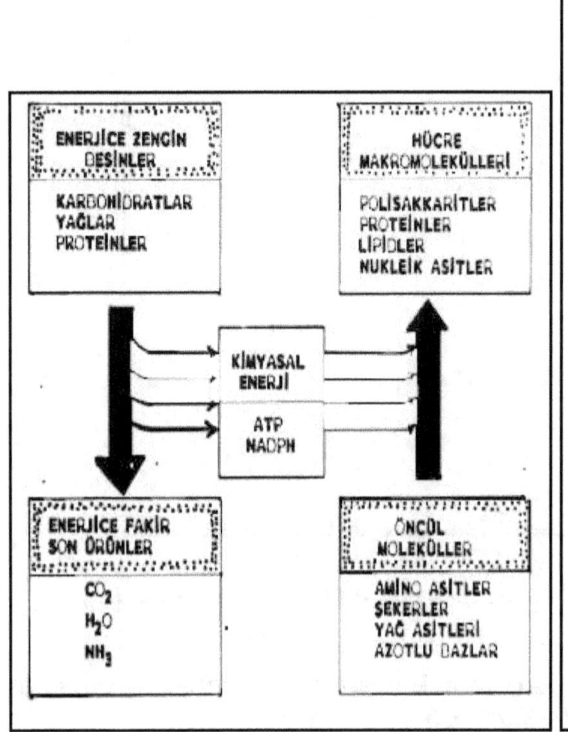

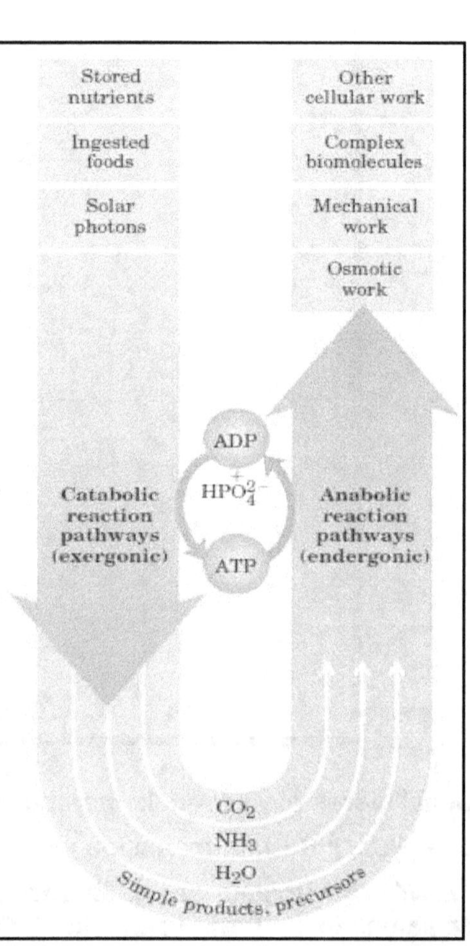

Canlılar Dünyasında gerçekleşen metabolik faaliyetler, sürekli bir döngü şeklinde devam edip giden biyokimyasal reaksiyon siklüsleri şeklinde tabiatta sürekli cereyan ederek, canlılar arasındaki besin zincirinin oluşmasını ve devamını sağlar. Bu reaksiyonların tamamının toplamı ise, iki tür organik tepkime şeklinde gerçekleşir ve özetlenebilir:

1-ANABOLİK REAKSİYONLAR   2- KATABOLİK REAKSİYONLAR.

542

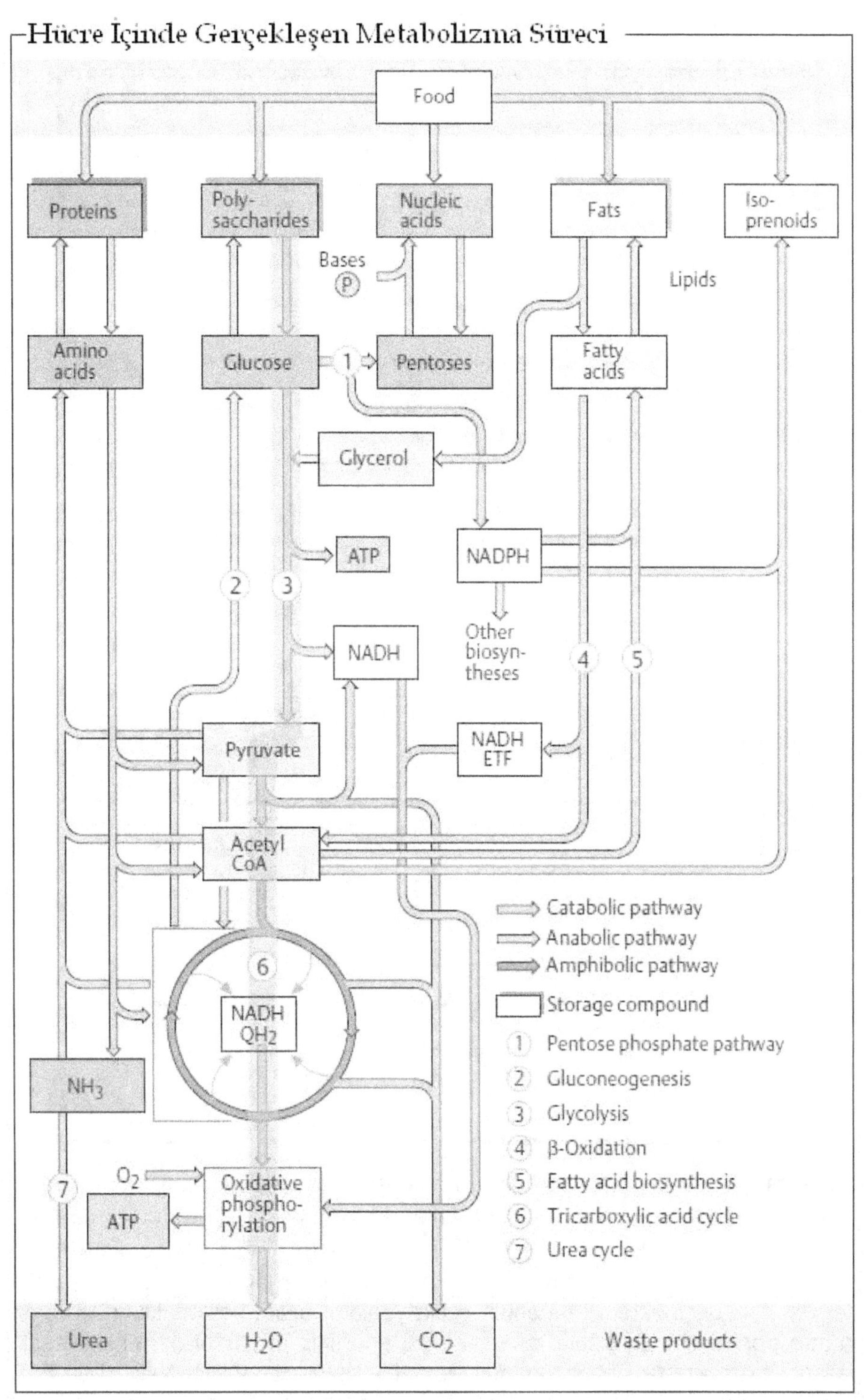

Food
Proteins
Poly-saccharides
Nucleic acids
Fats
Iso-prenoids
Bases
P
Lipids
Amino acids
Glucose
1
Pentoses
Fatty acids
Glycerol
ATP
NADPH
2
3
Other biosyntheses
NADH
4
5
Pyruvate
NADH ETF
Acetyl CoA
Catabolic pathway
Anabolic pathway
Amphibolic pathway
Storage compound
6
NADH QH2
1 Pentose phosphate pathway
2 Gluconeogenesis
3 Glycolysis
4 β-Oxidation
5 Fatty acid biosynthesis
6 Tricarboxylic acid cycle
7 Urea cycle
NH3
7
O2
Oxidative phospho-rylation
ATP
Urea
H2O
CO2
Waste products

Metabolizma	• Canlı bir organizmanın doku ve hücreleri içinde meydana gelen, canlı maddenin üretimini ve sürekliliğini sağlayan kimyasal reaksiyonların hepsine birden **metabolizma** denir.
Anabolizma	• Organizmada buluınan moleküllerden, yapısal vaya fonksiyonel bileşiklerin sentez edilmesine, yani metabolizma reaksiyonlarının yapılıma yönelmesine **anabolizma** denir.
Katabolizma	• Organizma tarafından sentez edilen ya da hücreye dışarıdan giren moleküllerin parçalan-ması yani metabolizma olaylarının yıkılıma yönelmesine **katabolizma** denir.
Ara Metabolizma	• Vücuda girmiş gıda maddelerinin, sindirim kanalından emildikten sonra, hücre ve dokularda uğradıkları değişikliklere, yani metabolizma olaylarına **ara metabolizma** denir.
Eksergonik Reaksiyonlar	• Kimyasal bir reaksiyon sonunda enerji açığa çıkarsa, bu tip reaksiyonlara, **eksergonik reaksiyonlar** denir.
Endergonik Reaksiyonlar	• Kimyasal bir reaksiyonun başlıyabilmesi için enerji gerekiyorsa bu tip reaksiyonlara **endergonik reaksiyonlar** denir.

KATABOLİZMA; metabolizmanın yıkım fazı olup ister dışarıdan alınsın ister hücrede depo edilen biyomoleküller olsun karbonhidrat, lipid ve proteinlerin basamak basamak yıkım reaksiyonuna uğrayarak daha küçük ve daha basit olan laktik asit, CO_2, H_2O, NH_3 gibi maddelere yıkılmasıdır. Katabolizma sonucunda, büyük organik moleküllerde saklı olan enerji serbest hale geçmektedir. Katabolik reaksiyonların belirli basamaklarında ve özellikle elektron transport zincirinde ortaya çıkan serbest enerjinin büyük bir kısmı kimyasal enerji olarak adenozin trifosfatta (ATP) tutulmaktadır; bir kısmı da NADH, NADPH ve $FADH_2$'de tutulmaktadır.

ANABOLİZMA; metabolizmanın biyosentez fazı olup küçük yapı taşı olan moleküllerden hücrenin polisakkaritler, proteinler, lipidler, nükleik asitler gibi makromoleküllerinin sentezini sağlayan fazdır. Biyosentez, yapının büyümesi ve daha kompleks hale gelmesi demektir; bu iş için enerji gerekmektedir ki biyosentez için gerekli olan enerji, ATP'nin ADP ve fosfata yıkılması ile elde edilmektedir.

Hücrelerdeki bazı komponentlerin sentezi yüksek enerjili hidrojen atomuna gereksinme gösterir ki, bu gereksinimi NADPH veya NADH molekülleri karşılar. İşte bu şekilde Canlı bir organizmanın doku ve hücreleri içinde meydana gelen, canlı maddenin üretimini ve sürekliliğini sağlayan kimyasal reaksiyonların hepsine birden **metabolizma** denir. Gıdalarla alınan ya da iç ortamda bulunan moleküllerden organizmanın yapısal veya fonksiyonel bileşikleri sentez etmesi, yani metabolizma reaksiyonlarının yapılıma yönelmesine **anabolizma** denir. Örneğin, amino asitlerden proteinlerin sentezlenmesi bir anabolizma olayıdır.

Organizma tarafından sentez edilen ya da hücreye dışarıdan giren moleküllerin parçalanması yani metabolizma olaylarının yıkılıma yönelmesine de **katabolizma** denir. Örneğin, hücrede sentez edilen glikojenin, glukoz birimlerine parçalanması veya glikozun CO_2'e parçalanması katabolizma olayıdır. Katabolizma reaksiyonları, vücutta anabolizma reaksiyonlarından daha çok meydana gelir. Çünkü, anabolizma olayları için gerekli enerji bu yoldan sağlanır. Canlı kalmak, gelişmek, hareket etmek, üremek için bir iş yapılması gereklidir. İş yapılması için de enerjiye gereksinim vardır. İşte bu enerji de katabolizma reaksiyonları ile sağlanır:

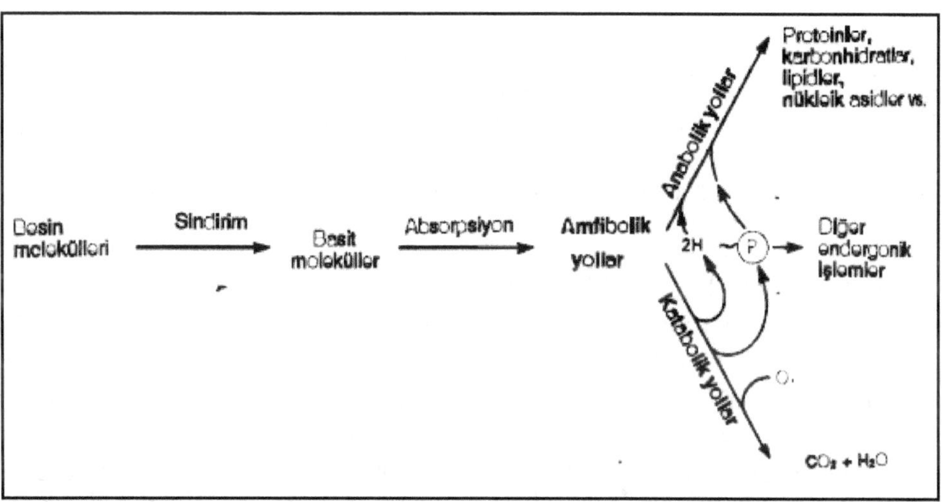

Vücutta meydana gelen reaksiyonlardan bir kısmı enerji vericidir. Bu reaksiyonlara **eksergonik** reaksiyonlar denir. Bir kısım reaksiyonlarda enerji alıcıdır. Bu reaksiyonlara da **endergonik** reaksiyonlar adı verilir. İş yapımında kullanılan enerjiye **serbest enerji** denir. Biyolojik sistemlerde ise serbest enerji doğrudan doğruya ortama salınmaz. Bu serbest enerji, **bağlı enerji** halinde saklanır, yani başka moleküllere aktarılarak burada yeni bağların oluşumu için kullanılır. Buradan da anlaşılıyor ki, vücutta eksergonik ve endergonik reaksiyonlar birbirlerini tamamlamak amacıyla birlikte meydana gelirler.

Organizmada hücre ve dokular içerisinde geçen metabolizma olayları **ara metabolizma** terimi ile de anılır. Bu terim, vücuda girmiş gıda maddelerinin ancak sindirim kanalından emildikten sonra uğradığı değişiklikleri ifade eder. Ara metabolizmadaki anabolik ve katabolik reaksiyonlar, basamaklar halinde yani bir takım ara maddelerin oluşmasıyla gelişir. Başka bir deyişle reaksiyonun baslangıcındaki **ön madde**nin ara maddeler üzerinden **son ürüne** ulaşması şeklinde meydana gelir. Arada meydana gelen maddelere de **ara metabolizma maddeleri** ya da **metabolitler** denir.

Metabolizma olayları, bu şekilde basamaklar halinde meydana gelirken, çok sayıda, küçük miktarlarda metabolitler oluşur. Ara metabolizma olayları organizmada canlılık olaylarının her türlü tersliklerini önlemek için çok düzenli bir şekilde işler. Metabolizma reaksiyonlarını düzenleme ve denetleme görevini büyük ölçüde **enzim** ve **hormon'**lar üstlenir.

Eğer metabolizmaya makro düzeyde bakacak olsaydık; canlıları, karbona olan ihtiyaçlarını giderme bakımından, ototrofik organizmalar ve heterotrofik organizmalar olmak üzere iki ana gruba ayırırdık. **Ototrofik organizmalar,** havanın CO_2'ini kullanarak karbona olan ihtiyaçlarını gidermekte ve karbon içeren diğer biyomolekülleri havanın CO_2'inden sentez etmektedirler; bu grup canlılara en güzel örnek, fotosentez yapan bakteriler ve yeşil yapraklı bitkilerdir. **Heterotrofik organizmalar,** havanın CO_2'ini kullanamazlar; karbon ihtiyaçlarını çevrelerindeki glukoz gibi organik moleküllerden karşılarlar.

Yüksek organizasyonlu hayvan hücreleri ve pek çok mikroorganizma heterotrofik yaşam tarzını seçmiştir. Ancak, organizmaların bütün hücreleri aynı alt sınıfa dahil değildir. Örneğin; yüksek bitkilerin klorofil içeren yeşil yaprakları ototroftur, buna karşılık bitkinin köklerinde klorofil bulunmaz ve köklerde bulunan hücreler heterotroftur; keza yeşil yapraklı bitkiler güneş ışığında ototrof, gece karanlığında ise heterotrofturlar.

Ototrofik organizmalar, havanın CO_2'ini, çevrenin suyunu ve güneş enerjisini kullanarak kendilerine gerekli olan karbonlu bileşikleri kendileri sentez etmekte ve dışarıya oksijen (O_2) vermektedirler. Buna karşılık heterotrofik organizmalar, ototrofik organizmaların sentez ettikleri molekülleri besin olarak kullanmakta ve onları okside ederek enerji elde etmekte; dışarıya CO_2 ve H_2O vermektedirler. Böylece oksijen ve karbondioksit, ototrofik ve heterotrofik organizmalar arasında devirsel olarak kullanılmakta ve atmosfere tekrar verilmektedir; güneş enerjisi, bu dairesel olayın meydana gelmesine yardımcı olmaktadır.

Öyleyse diyebiliriz ki, güneş olmadan canlılık başlamayacak ve devam etmeyecektir ki, güneşin dünyadan belli bir kritik uzaklığa yerleştirilmiş olması da, tüm organik reaksiyonların temelini teşkil eden canlı bitki hücrelerinin fotosentez işlemini başlatmasının tetikleyici mekanizmasını oluşturmaktadır. İşte, bu hassas ayarlamalardaki düzenlemeler de, bir yaratıcı gücün dikkatli tasarımının sonucu tüm bunların meydana geldiğini güneş gibi göstermektedir..

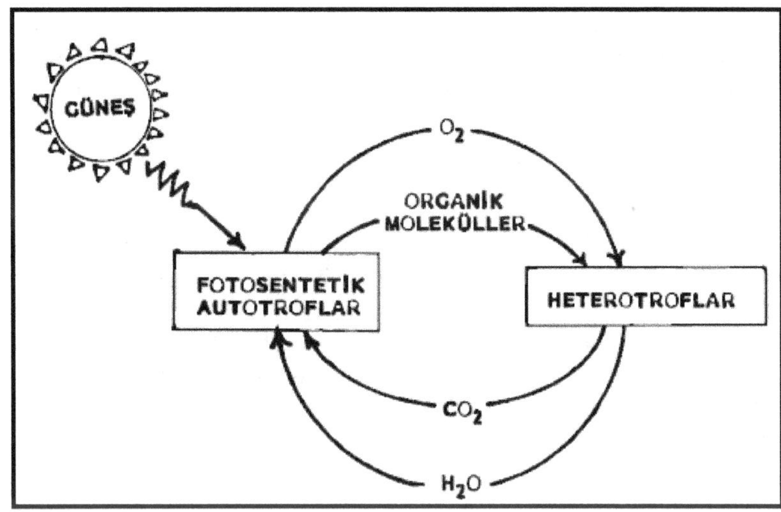

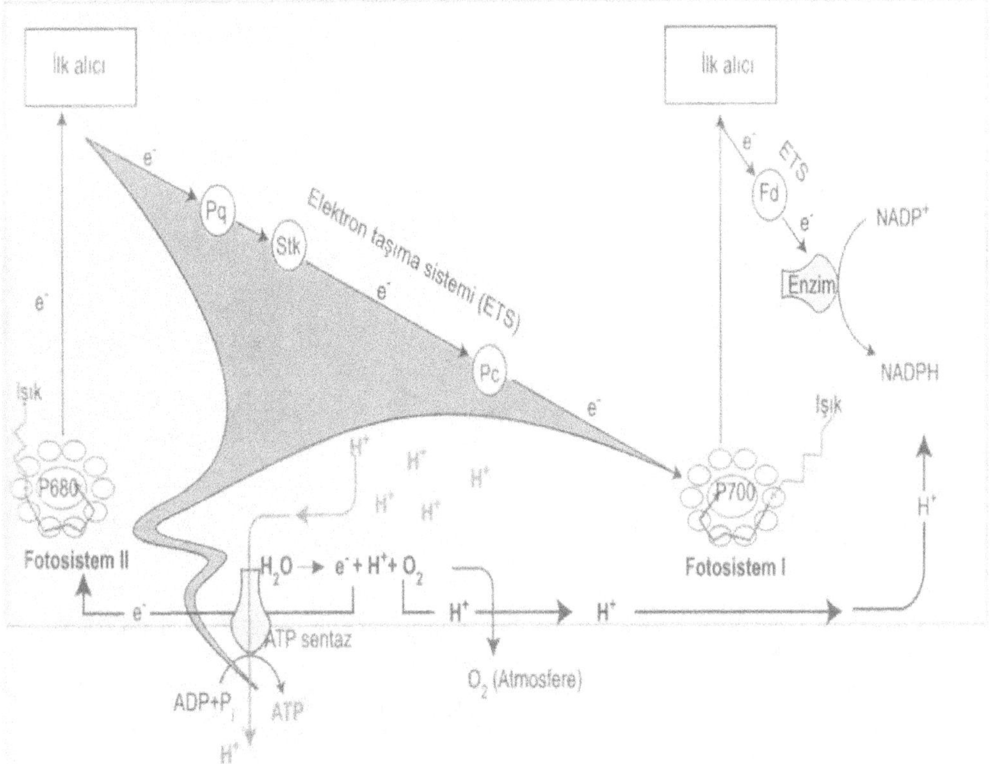

Tabiatta, canlılığı sağlayan temel reaksiyonlar, fotosentez işlemiyle başlar ve ışık reaksiyonlarıyla hücre içi elektron taşıma sistemleriyle gerçekleştirilen besin üretimiyle canlılara arasındaki besin zincirinin ilk halkası da böylelikle oluşturulmuş olur. Yukarıda görülen fotosentez işlemlerinin ara basamakları incelendiğinde, bitki hücresinin aynen mükemmel bir güneş paneli ile enerji üreten bir kimyasal reaktör santrali gibi çalıştığı görülür.

Yaşayan organizmalarda karbon ve oksijen, dairesel döngü halinde kullanılmaktadır. Ototrofik ve heterotrofik organizmalar da kendi aralarında, alt sınıflara ayrılmaktadırlar. Heterotrofik organizmalar, aerob ve anaerob olmak üzere iki alt sınıfa ayrılırlar:

Aerob canlılar; havanın bulunduğu ortamlarda yaşarlar ve organik besin moleküllerini okside etmek için moleküler oksijeni kullanırlar.

Anaerob canlılar; oksijenin olmadığı ortamlarda yaşarlar ve besinlerini oksijeni kullanmadan yıkarlar. Maya hücresi gibi pek çok hücre, hem oksijenli hem oksijensiz ortamda yaşamaktadır ki, bu tip canlılara **fakültatif anaerob canlılar** adı verilmektedir. Pek çok heterotrofik hücre, özellikle yüksek organizasyonlu hayvanların hücreleri fakültatif özellik göstermektedir; bunlar, şartlara göre anaerob metabolik yolu veya aerob metabolik yolu kullanırlar. Yerkürenin derinliklerinde toprak içinde yaşayan canlılar ve derin denizlerin dibinde yaşayan mikroorganizmalar oksijen kullanmazlar ki, bu tip canlılara **kesin anaerob canlılar** adı verilmektedir:

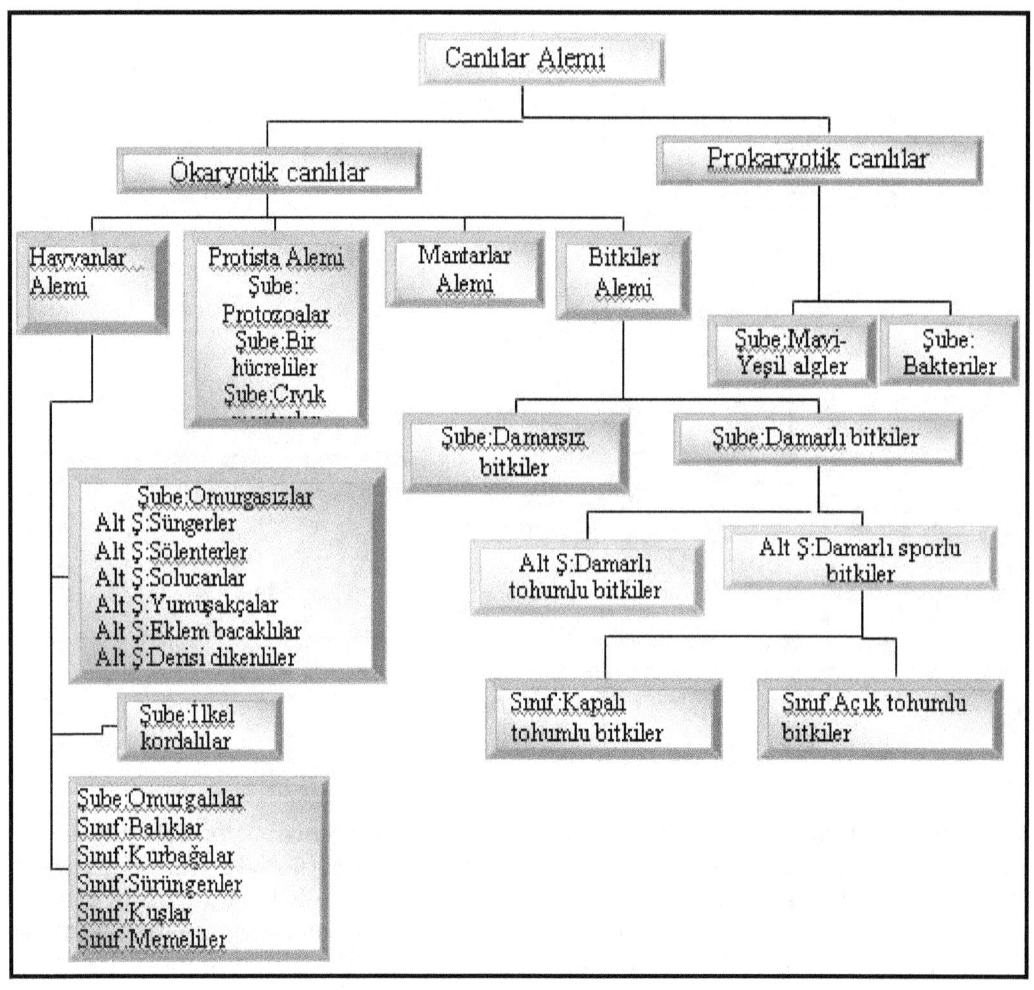

Yaşayan bütün canlılar, karbon, oksijen ve enerji kaynağına ek olarak azot kaynağına ihtiyaç duyarlar; azot, amino asitlerin, pürin ve pirimidinlerin sentezi için gereklidir; amino asitler proteinlerin, pürin ve pirimidinler ise nükleik asitlerin yapıtaşıdır. Canlılar arasında azotun bünyeye alınmasında büyük farklılıklar görülmektedir. Örneğin, yüksek organizasyonlu hayvanların çoğu azotu ya proteinler veya amino asitler halinde almaktadırlar; insanlar ve albino sıçanları 20 amino asidin 10 tanesini kendileri sentez edemezler, esansiyel amino asitler denen bu amino asitlerin dışarıdan besinlerle alınması gerekmektedir. Bitkiler ise, genellikle amonyağı veya nitratları alarak azot ihtiyaçlarını karşılamaktadırlar. Ancak çok az sayıdaki organizma, havada yaklaşık % 80 oranında bulunan gaz halindeki azotu (N_2) kullanabilmektedir.

Yerkabuğunda çok az miktarda azot tuzları halinde inorganik azota raslanmaktadır. Bütün organizmalar sonunda atmosferik azota ve azot tutan organizmalara muhtaçtır. Cyanobacteria ve mavi/yeşil algler, azot tutan ve ototrof organizmalardır. Toprakta daha pek çok sayıda azot tutan bakteri bulunmaktadır; özellikle baklagillerin kök modüllerinde bitki ile simbiotik yaşayan bazı bakteriler bulunmaktadır ki bu bakteriler, azot tutan bakterilerdir.

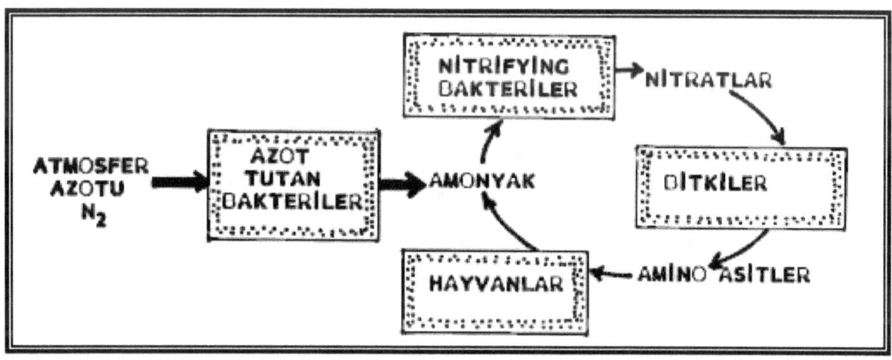

Azot tutan bakteriler, havanın azotunu tutarak amonyak oluştururlar. Nitritle beslenen bakteriler amonyağı nitritlere ve nitratlara dönüştürürler. Bitkiler, nitritler ve nitratları azot kaynağı olarak kullanarak amino asitler, proteinler, pürin ve pirimidin bazları ve nükleik asitleri sentezlerler. Bitkilerin birçoğu hayvanlar tarafından tüketilmekte ve azot kaynağı hayvanlara geçmektedir. İnsanlar bazı sebzeler ve hayvan etleri ile beslendikleri için azot kaynağı en sonunda insanlara geçmektedir. Azot, bitkiler ve hayvanlar arasında devirsel olarak kullanılmaktadır. Protein, karbonhidrat ve lipid metabolizmasını bir bütün olarak inceleyebiliriz. Besinlerle beraber alınan proteinler, karbonhidratlar ve lipidler, sindirilerek serbest amino asitlere, pentoz ve heksozlara, serbest yağ asitlerine dönüşmektedirler. Eğer bu bileşikler ihtiyaçtan fazla ise amino asitler proteinlere, heksozlar polisakkaritlere ve yağlara (trigliseridler), yağ asitleri yağlara dönüştürülerek depo edilmektedirler. Serbest amino asitler, pentoz ve heksozlar ve yağ asitlerinin enerji için harcanmaları gerekiyorsa amino asitlerin amino grubu önce amonyağa, sonra üreye dönüştürülerek dışarı atılır; amino asitlerden amino grubu atıldıktan sonra geriye kalan α-keto asit, heksozlar ve serbest yağ asitleri, ortak bir ara madde olan asetil-CoA'ya dönüşürler.

Asetil-CoA, sitrik asit döngüsüne girerek CO_2 ile birlikte $NADH+H^+$ ve $FADH_2$ oluşur. Sitrik asit döngüsünde oluşan $NADH+H^+$ ve $FADH_2$ molekülleri, elektron transport zincirine girerek enerji üretilir (Elektron transport zincirinde 1 molekül NADH, 3 molekül ATP oluşmasını sağlar; 1 molekül $FADH_2$, 2 molekül ATP oluşmasını sağlar.) ve su meydana gelir:

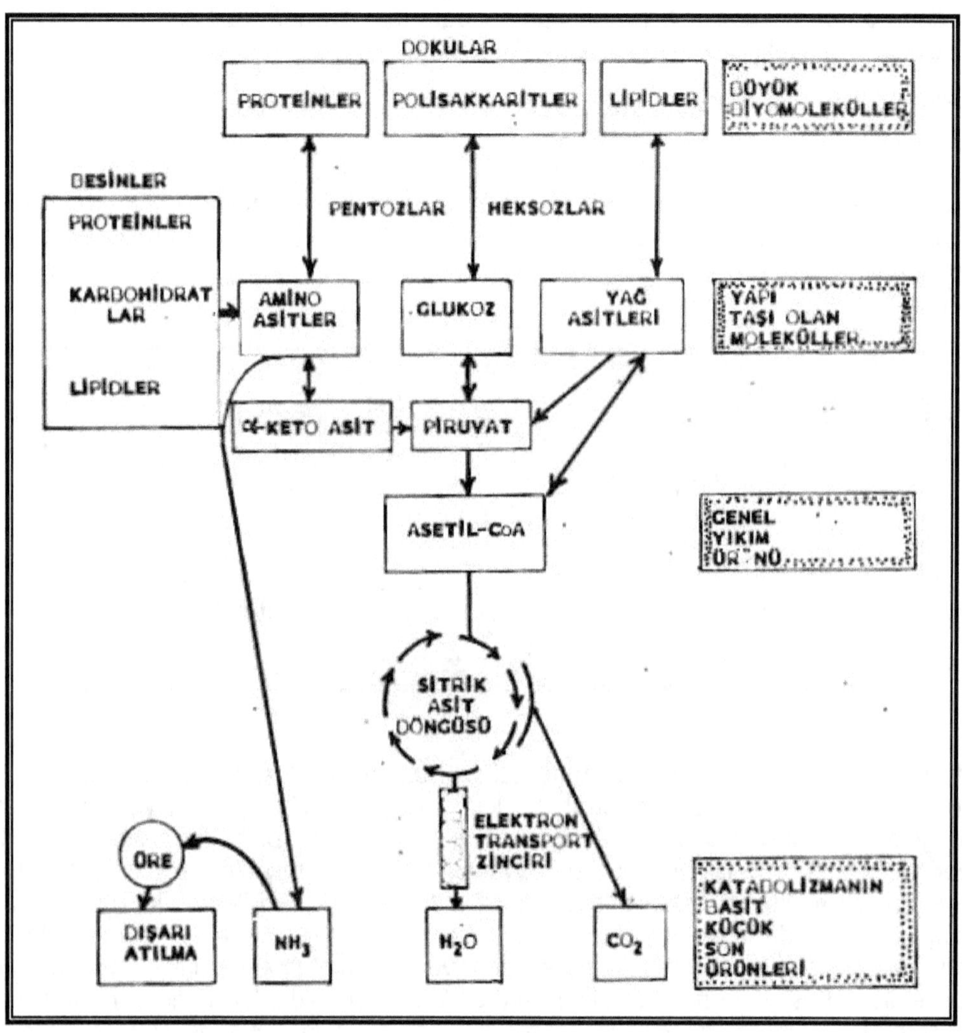

Karbonhidratlar besinlerle beraber ihtiyaçtan fazla alınacak olursa, ancak küçük bir kısmı dokularda glikojen halinde depo edilmekte, geriye kalan büyük bir miktarı asetil-CoA'ya dönüşmektedir. Asetil-CoA ise yağ asidi sentezine girerek önce yağ asitlerine daha sonra yağlara dönüşerek dokularda rezerv enerji kaynağı olarak depo edilmekte veya çeşitli bileşiklerin sentezi için kullanılmaktadır.

Glukoz ve yağ asitleri ise, vücudun enerji ihtiyacını karşılamak için devamlı kullanılmaktadır; bu nedenle bu moleküllerin besinlerle devamlı alınması gerekmektedir. Eğer bu tip moleküller besinlerle dışarıdan alınmayacak olursa dokularda depo halinde bulunan glikojen ve yağlar katabolizma ile yıkılarak yine glukoz ve serbest yağ asitleri meydana gelmekte ve bunlar enerji elde etmek için kullanılmaktadır.

Hemen hemen bütün metabolik reaksiyonlar çok hızlı bir şekilde gerçekleşmektedir. Çoğu zaman bu reaksiyonlar, canlı organizmalarda optimum pH, sıcaklık ve uygun iyon konsantrasyonu gibi ılımlı koşullarda ve genellikle koenzim ve kofaktörleri gerektiren spesifik bir enzim tarafından katalize edilmektedir. Metabolik yollarda birçok enzim görev almakta ve her bir enzimin bir reaksiyonu katalize etmesiyle metabolik yol ilerlemektedir:

$$A \xrightarrow{E_1} B \xrightarrow{E_2} C \xrightarrow{E_3} D \longrightarrow \longrightarrow \longrightarrow P$$

Metabolik yolların her basamağında küçük kimyasal değişiklikler meydana gelmektedir; genellikle spesifik bir atomun, molekülün veyahut fonksiyonel grubun alınması, transferi veyahut eklenmesi söz konusudur; metabolik yolda meydana gelen B, C, D gibi bileşiklere, ara metabolitler, intermediyer metabolitler veya ara ürünler adı verilmektedir. Metabolik yollar yukarıdaki gibi düz veya bazı hallerde aşağıdaki gibi dairesel bir yapıda da olabilir:

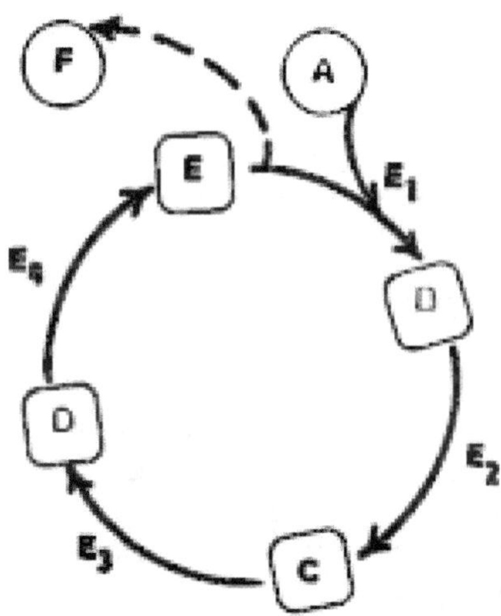

Bir metabolik yol sonunda meydana gelen bir molekülün daha etkili bir şekilde sağlanabilmesi için bu metabolik yolun geriye dönüşsüz olarak çalışması gerekir. Birçok enzimatik basamak geriye dönüşlüdür; geriye dönüşsüz basamak, ileriye doğru ve geriye doğru farklı enzimler tarafından katalizlenir:

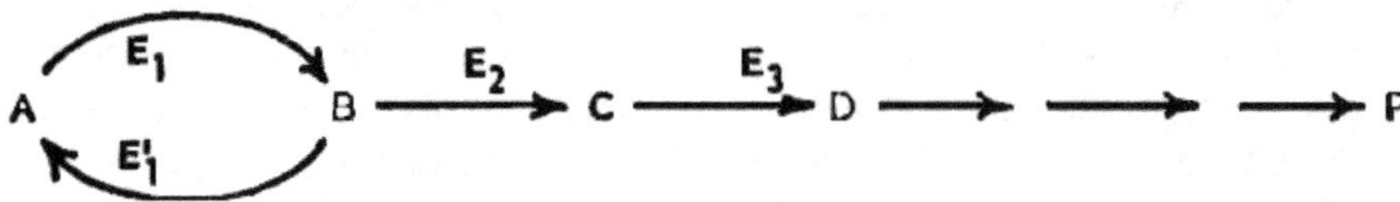

Bazı metabolik yollar, esas bazı basamaklardan sonra iki veya daha fazla metabolik yola ayrılabilirler. Dallanma gösteren metabolik yola en güzel örneklerden birisi, glukozun kullanılmasıdır:

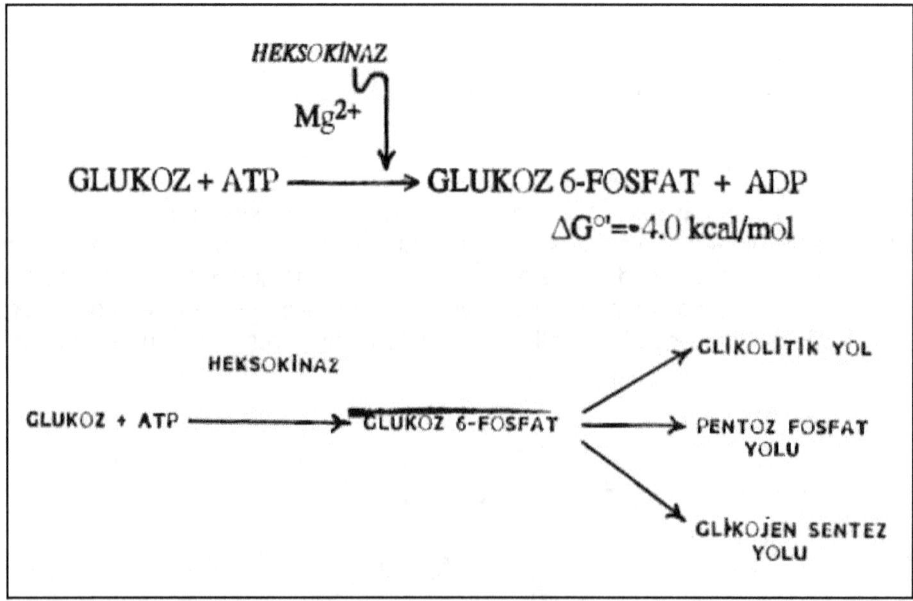

METABOLİZMANIN DÜZENLENMESİ

Bir metabolik yolda ortaya çıkan son ürünün veya onun ara metabolitlerinin ortamda fazla olması veya az olması hücre için zararlı sonuçlar doğurmaktadır. Böyle bir durum, hücre ekonomisine de ters düşmektedir. Normal ve sağlıklı kişilerde anabolik ve katabolik reaksiyonlar arasında bir dengenin sağlanması gerektiği ve bir kontrol mekanizmasının bulunmasının şart olduğu gayet açıktır.

Hücrede metabolik olaylar dinamik bir denge halinde düzenlenmektedir; anabolik ve katabolik olaylar arasında gayet ince olarak ayarlanmış bir denge bulunmaktadır. Bu denge sayesinde hücrenin kimyasal kompozisyonu değişmeden kalmaktadır. Bununla beraber büyüyen bir çocukta alınan besinler ve anabolik olaylar katabolik olaylardan daha fazla düzeyde meydana geldiğinden çocuk boyca ve ağırlıkça artış göstermektedir. Buna karşılık ihtiyarlık durumunda ve hastalık hallerinde katabolik olaylar anabolik olaylardan daha hızlı gerçekleştiği için kilo kaybı ve doku harabiyeti gözlenmektedir.

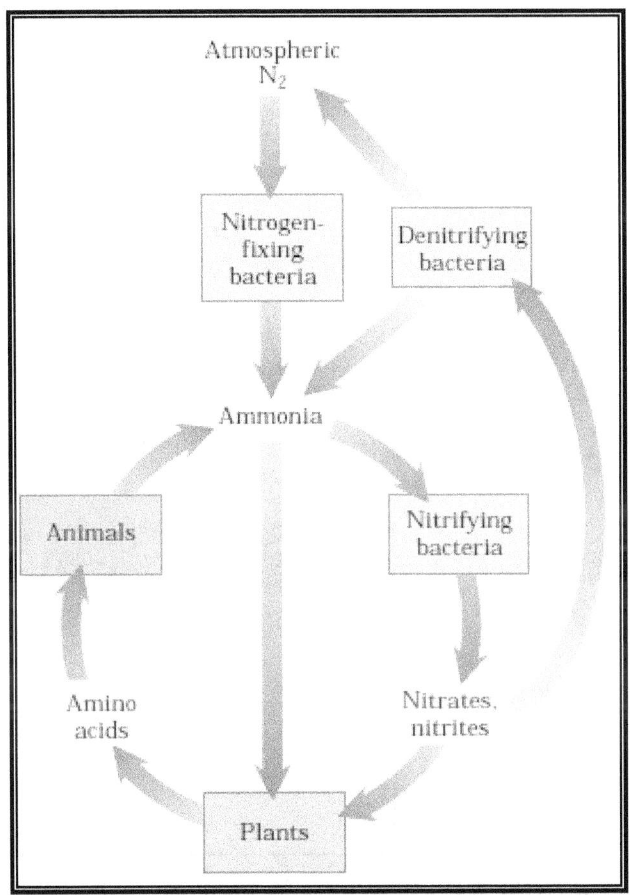

Biyosferde gerçekleşen Amonyak-Nitrojen döngüsü.

Basit bir hücreli organizma olan bakteride 2000 veya 3000 farklı proteinin bulunduğu ve yaklaşık olarak 1000 kadar veya daha fazla organik bileşiğin bulunduğu tahmin edilmektedir. Çok hücreli bir canlı olan insandaki molekül sayısının bundan kat kat fazla olduğu kabul edilmektedir. Bu kadar çok sayıdaki molekülün bulunduğu hücrede metabolizmanın ne denli zor ayarlandığını tahmin edebiliriz. Metabolizma, genellikle ÜÇ farklı mekanizma ile bir bütün olarak düzenlenmektedir ki, bunlar 1-allosterik etki, 2-enzim konsantrasyonu ve 3-hormonal etkidir. Beslenme-öncül madde konsantrasyonu, transport, kofaktörün ortamda bulunması, ürüne duyulan ihtiyaç, ürün inhibisyonu ve nöral kontrol, metabolik yolların düzenlenmesinde etkili olan diğer faktörlerdir.

Fotosentez reaksiyonları için gerekli olan Oksijen ve Karbondioksit döngüsünün atmosferdeki metaboliz düzenlemesi ototrof beslenen canlılar için ilk besin zincirinin oluşmasını sağlar. Oluşan bu besin zinciri ise, katabolik ve anabolik metabolizma yollarıyla tekrar yıkıma uğrayarak besin zincirine tekrar ilave edilir ve tabiatın bu mükemmel döngüsü bu şekilde sürerek devam edip gider.

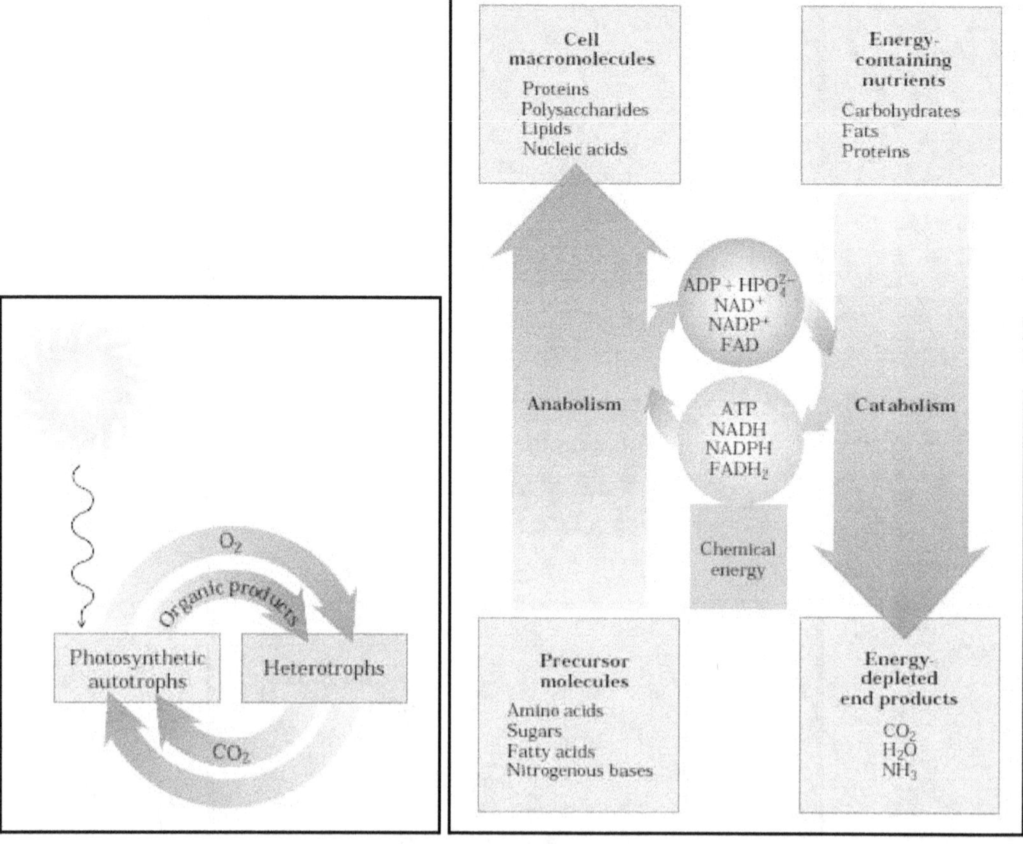

Fotosentez reaksiyonları için gerekli olan Oksijen ve Karbondioksit döngüsünün atmosferdeki metaboliz düzenlemesi ototrof beslenen canlılar için ilk besin zincirinin oluşmasını sağlar. Oluşan bu besin zinciri ise katabolik ve anabolik metabolizma yollarıyla tekrar yıkıma uğrayarak besin zincirine tekrar ilave edilir ve tabiatın bu mükemmel döngüsü bu şekilde sürerek devam edip gider.

ALLOSTERİK ETKİ İLE METABOLİZMANIN DÜZENLENMESİ

Metabolizmanın düzenlenmesinde en hızlı yanıt, allosterik enzimlerden gelmektedir. Allosterik enzimler, kendilerini etkileyen modifikatör molekülün stimulasyon veya inhibisyon etkisine göre katalitik aktivitelerini değiştirmektedirler. Allosterik enzimler genellikle metabolik yolların dallanma noktasına yerleşmiş olup metabolik yolun hızını ayarlayan, genellikle geriye dönüşsüz basamağı katalizlemektedirler.

Katabolik yollarda organik moleküllerin yıkılmasıyla ortaya çıkan enerjiden üretilen ATP, genellikle bir allosterik inhibitör olarak rol oynamakta ve katabolik reaksiyonu ilk basamağından inhibe etmektedir. Metabolizmanın anabolik yollarında son ürün, örneğin bir amino asit, allosterik inhibitör olarak rol oynayarak ilk basamaklardaki enzimi inhibe etmektedir; treoninden izolösin sentezi buna güzel bir örnektir:

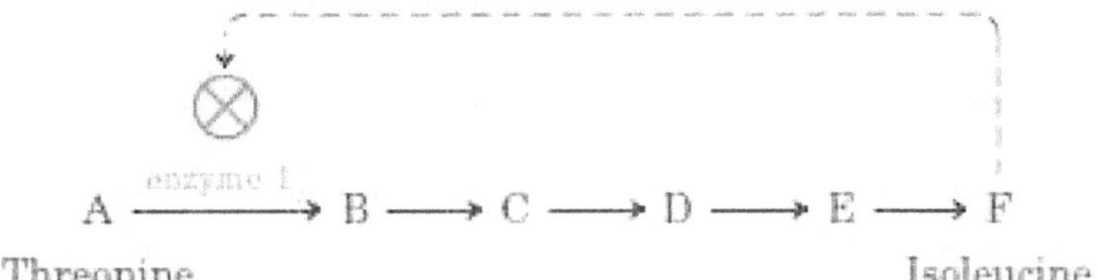

Ortamda izolösin konsantrasyonu arttığında bu bileşik ilk kademedeki allosterik enzim olan treonin dehidrataz enzimini inhibe etmekte ve metabolik yolun daha fazla çalışmasını engellemektedir. Bazı allosterik enzimler, spesifik modifikatörlerin etkisi ile stimule edilmektedir. Örneğin, ATP tarafından inhibe edilen fosfofruktokinaz enzimi, AMP tarafından aktive edilmektedir. Bazı hallerde bir allosterik enzim, diğer metabolik yollardaki bir ara metabolitten veya son üründen etkilenmekte ve aktivitesi değişmektedir. Bu şekilde, farklı enzim sistemlerinin birbiri ile koordineli bir şekilde çalışması sağlanmaktadır.

ENZİM DÜZEYİ VE AKTİVİTESİNİN METABOLİZMANIN DÜZENLENMESİNE ETKİSİ

Bir enzimin herhangi bir zamandaki konsantrasyonu o enzimin sentez ve yıkım hızı arasındaki dengeye bağlıdır. Metabolik yollarda yer alan reaksiyonları katalizleyen enzimler ya indüksiyon veya repressiyon mekanizması ile genetik olarak kontrol edilmektedir. Bazı enzimlerin sentez hızı belirli koşullar altında hızlandırılmakta ve bu gibi hallerde hücrede o enzimin konsantrasyonu o an için artırılmış olmaktadır. Örneğin, deney hayvanları yüksek karbonhidrat ve düşük protein ile beslenecek olursa glukozu yıkan glukoz-6-fosfat dehidrojenaz enziminin sentez hızı 15 misli artarken amino asitleri asetil-CoA'ya yıkan enzimlerin konsantrasyonu düşük düzeyde kalmaktadır; amino asitleri yıkan enzimlerin sentezi en düşük düzeyde tutulmaktadır. Hayvanlara proteince zengin besin verilmeye başlanacak olursa, bir gün içerisinde amino asitleri yıkan enzimlerin sentezinin ve konsantrasyonunun arttığını görmekteyiz.

Bazı hallerde enzimler hücrede sentezlenmiş olarak bulunurlar; hücrenin içinde bulunduğu koşullara göre aktif veya inaktif hale geçerek metabolizmanın düzenli bir şekilde yürümesine yardımcı olurlar. Enzim konsantrasyonu ya sentez ile artmakta veya ortamda var olan ve inaktif halde bulunan enzimin aktif hale dönüşmesiyle etki artışı mümkün olmaktadır; ortamda var olan ve inaktif olan enzim ile sağlanan kontrol daha hızlıdır.

BESLENME-ÖNCÜL MADDE KONSANTRASYONUNUN METABOLİZMANIN DÜZENLENMESİNE ETKİSİ

Başlama materyali veya öncül (prekursor) maddeler, değişik bileşikler olup bazıları basit ve çok bol olarak bulunmaktadır. Örneğin, hayvanlarda kolesterol biyosentezi, asetik asit ve onun koenzim A türevi olan asetil-CoA ile başlamaktadır. Asetil-CoA, hücrede çok bol olarak bulunan bileşiklerden birisidir; çünkü hem karbonhidrat metabolizmasında glikolitik yolun hem yağ asidi oksidasyonu metabolik yolunun son ürünü asetil-CoA'dır. Asetil-CoA ile başlayan kolesterol sentezi, 20'den fazla ayrı basamaktan sonra başarılır; her basamak spesifik bir enzim ve kofaktör tarafından katalize edilmektedir.

Metabolik yollar, beslenmeye bağlı olarak kendi çalışmasını ayarlamaktadır; alınan besine bağlı olarak bir veya daha fazla enzimin ya miktarı artmakta veya miktarı azalmaktadır. Örneğin süt emen çocukların mide salgılarında ve mukoza salgılarında sütü pıhtılaştıran bir enzim olan rennin'e bol miktarda rastlanmaktadır; ergin kimselerde bu enzim hemen hemen hiç salgılanmaz. Eğer bir enzimin ortamda substratı yok ise enzim genellikle sentezlenmez. Aynı durum, prokaryotik hücrelerde de gözlenir; bakterinin bulunduğu ortama glukoz yerine laktoz koyacak olursak hemen laktozu metabolize eden enzimler salgılanmakta, aynı ortama glukoz ilave edecek olursak bu enzimlerin sentezi hemen durmaktadır.

TRANSPORTUN METABOLİZMANIN DÜZENLENMESİNE ETKİSİ

Besinlerle alınan besin maddeleri sindirildikten sonra ince bağırsaktan emilerek kan dolaşımına katılmaktadırlar. Besinlerle alınan öncül maddelerin hücre tarafından kullanılabilmesi için hücre membranından hücre içine geçmesi gerekmektedir. Biyolojik membranlar, bir hayli selektif permeabilitesi olan bariyerlerdir. Hücre ve çevresi arasındaki madde alışverişi, spesifik transport sistemleri tarafından gayet iyi bir şekilde düzenlenmektedir. Bu düzenlenmede transport sistemlerinin rolleri çeşitlidir:

1) Transport sistemleri, hücrenin hacmini ayarlamakta, ayrıca hücre içi pH'ı ve iyon kompozisyonunu gayet dar sınırlar içinde tutarak enzim aktiviteleri için uygun ortamlar sağlamaktadır.

2) Transport sistemleri, besinlerle alınan ve sindirilen besinleri, özellikle hücre için enerji kaynağı ve yapıtaşı olan molekülleri hücre içine alır; artık maddeleri ise hücre dışına transport eder.

3) Transport sistemleri, membranlarda iyonik gradient yaratarak kas ve sinir hücrelerinin fonksiyon yapmasını sağlar.

GEREKLİ KOFAKTÖRLERİN ORTAMDA BULUNMASININ METABOLİZMANIN DÜZENLENMESİNE ETKİSİ

Metabolik yollardaki reaksiyonlar, spesifik enzimler kadar kofaktörlerin gerekli konsantrasyonda bulunması ile de el ele gitmektedir. Örneğin, etanol metabolizmasında koenzim olarak çok miktarda NAD^+'e ihtiyaç duyulmaktadır:

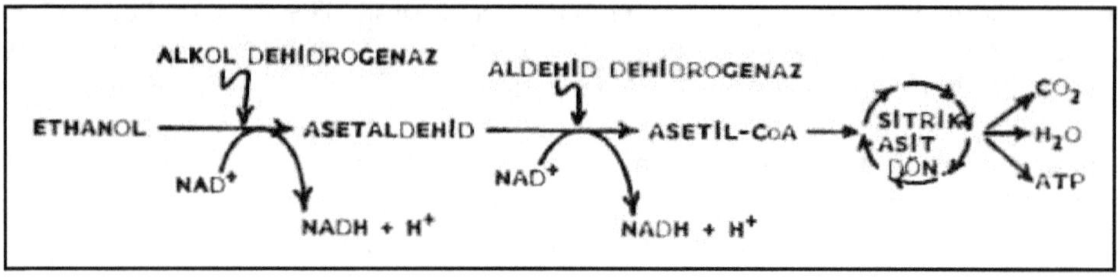

556

Ortamda yeteri kadar alkol bulunduğu zaman bunun metabolize edilmesini sınırlayan faktör, hücrede bulunan NAD^+ miktarıdır. NAD^+'nin ortamda kısıtlı miktarda olması, bu koenzime gereksinme duyan diğer metabolik yolların çalışmasını kısıtlayacaktır; NAD^+'nin kısıtlı olduğu koşullarda etanol kullanma yolu ya kısmen çalışacak veya tamamen bloke edilecektir. Mamafih pirüvik asitten laktik asit meydana gelmesini sağlayan ve $NADH+H^+$'e gereksinme duyan laktat dehidrojenaz gibi bazı enzimler alkol metabolizmasına kısmen yardımcı olmaktadır; çünkü redükte haldeki koenzim, bu enzim tarafından okside hale dönüştürülmektedir:

ÜRÜNE DUYULAN İHTİYACIN METABOLİZMANIN DÜZENLENMESİNE ETKİSİ

Bir metabolik yolda o metabolik yolun ürününe duyulan ihtiyaç sinyal görevi görmekte ve metabolik yolun düzenlenmesine katkıda bulunmaktadır. Bir metabolik yol sonunda üretilen ürün, daha fazla yapımı için stimulan bir faktör olarak rol oynamaktadır. Bu stimulasyon her reaksiyonun başında ve sonunda bulunan bileşiklerin konsantrasyonuna bağlı olarak meydana geldiği gibi, hormonal ve nöral olan diğer kontrol mekanizmaları ile indirekt olarak meydana gelebilir. Kan şekeri düzeyinin düşük olması, karaciğerde glikojen yıkımını stimule etmektedir. Eritropoietin, anemili kimselerde hemoglobin biyosentezini stimule edebilir.

ÜRÜN İNHİBİSYONUNUN METABOLİZMANIN DÜZENLENMESİNE ETKİSİ

Bir metabolik yolun ürünü, bu ürünün daha fazla sentezlenmesini inhibe edebilir. Metabolik yolun son ürünü hücrenin ihtiyacından fazla üretilecek olursa bu son ürün, modifikatör olarak hareket eder, metabolik yolun ilk ve regülatör enzimini inhibe ederek metabolik yolun çalışmasını ve kendi sentezini engeller; bu olaya, **feedback (geriye bildirimli) inhibisyon** adı verilmektedir. Pirimidin biyosentezinde son ürün olan sitidin trifosfat (CTP), ilk enzim olan aspartat transkarbamoilaz enzimini feedback inhibe etmektedir. Bir metabolik yolda son ürünün etki yerinin genellikle ilk enzim olması, hücre ekonomisi yönünden ve ara metabolitlerin ortamda daha fazla birikmemesi bakımından son derece önemlidir. Ürünün yeterli konsantrasyona erişmesi, genellikle hem enzim faaliyetini inhibe etmekte hem enzimin sentezini yavaşlatan repressör olarak rol oynamaktadır. Ürün inhibisyonu, metabolik yolların regulasyonunu sağlayan en hızlı ana mekanizmalardan birisidir.

NÖRAL KONTROL İLE METABOLİZMANIN DÜZENLENMESİ

Metabolik yollar üzerine sinirsel stimulasyon, büyük bir olasılıkla hormonlar aracılığı ile olmaktadır. Örneğin korku ve sinirlenme durumlarında fizyolojik faktörlerin etkisi ile karbonhidrat metabolizması hızlanmakta ve kan glukoz düzeyi yükselmektedir. Sinirsel etki ile hormonlar salınmakta ve bu etki aslında hormonal etkinin bir sonucu olarak ortaya çıkmaktadır. Korku ve sinirlenme, canlının tehlikede olduğunu belirten uyarılardır; karbonhidrat yıkımındaki ani artış ile organizmanın ihtiyacı olan enerji sağlanmak istenmektedir. Ayrıca nöral etkilerle nörohormonlar salgılanmakta ve bu salgılar bazı hallerde metabolik olayların düzenlenmesine yardımcı olmaktadır.

HORMONAL ETKİ İLE METABOLİZMANIN DÜZENLENMESİ

Hormonal etki ile metabolik yolların kontrolü, yüksek organizasyonlu hayvanlarda görülür. Hormonlar, kimyasal mesaj taşıyan moleküller olup endokrin bezler tarafından salgılanmakta ve kan dolaşımı ile etkili olacağı organ ve dokulara nakledilerek spesifik olarak bazı metabolik faaliyetleri stimule veya inhibe etmektedir. Adrenalin hormonu, böbrek üstü bezinin medulla kısmından salgılandıktan sonra karaciğere gelerek glikojen yıkımını stimule etmekte ve kan glukoz düzeyini yükseltmektedir. Adrenalin, aynı zamanda iskelet kasındaki glikojenin yıkımını stimule eder, glukozun laktik aside dönüşümünü sağlar ve ATP meydana gelmesini teşvik eder. Adrenalin hormonu etkisini karaciğer ve kas hücresinin dış yüzündeki spesifik adrenalin reseptör bölgesine bağlanarak gerçekleştirmektedir:

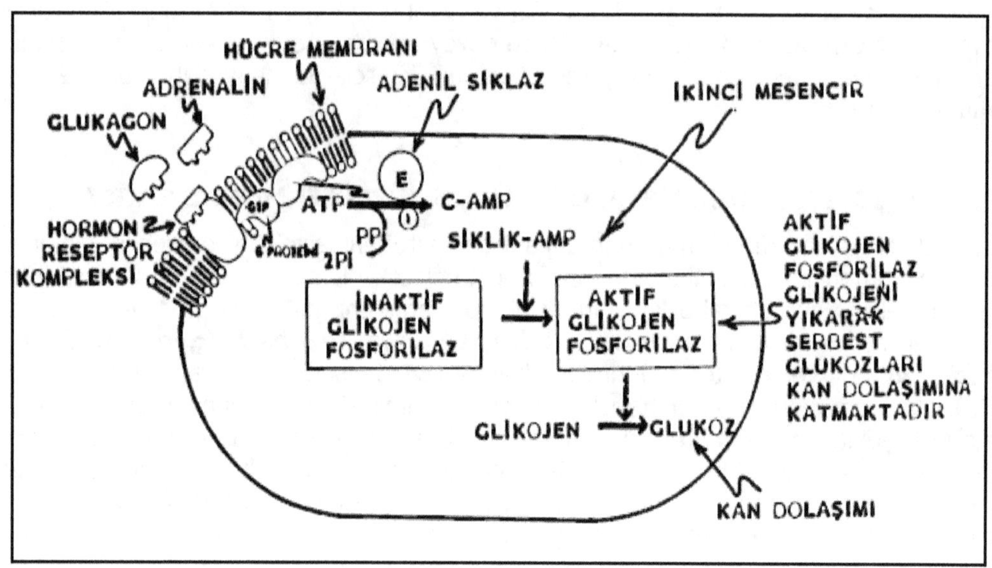

METABOLİZMA REAKSİYONLARI

Organizmada çok çeşitli metabolizma reaksiyonları meydana gelir. Ancak bunları aşağıdaki gibi ÜÇ ANA grup altında toplamak mümkündür.

a) Hidroliz ve Kondenzasyon,

b) Fosfat taşınması,

c) Biyolojik oksidasyonlar.

A- KONDENZASYON VE HİDROLİZ

KONDENZASYON

İki molekülün aralarından bir mol su çıkması ile eter, ester ve peptid bağları oluşturarak birleşmeleri olayına **kondenzasyon** denir. Organizma içerisinde iki monosakkarit molekülünün glikozid bağı ile birleşmeleri **eter bağına**, iki amino asitin birbiriyle birleşmesi **peptid bağına**, gliserolün yağ asitleri ile birleşmeleri de **ester bağına** güzel birer örnektirler.

Kondenzasyon, enerji alan yani endergonik bir reaksiyondur. Gerekli enerjiyi ortamda aynı zamanda meydana gelen eksergonik bir reaksiyondan sağlar. Ancak organizma içerisinde, eter, ester ve peptid başlarının biyosentezi için gerekli enerji ATP'den alınır. Çünkü ilerleyen konular içerisinde de göreceğimiz gibi, organizma içerisinde eksergonik reaksiyonlar sonucu meydana gelen enerji, örneğin bir hidroliz reaksiyonu sonucu açığa çıkan enerji ATP'de saklanır. Kondenzasyon olayına ait reaksiyon örneği aşağıdaki tabloda verilmiştir.

HİDROLİZ

Eter, ester, peptid bağlarının, her bağ için 1 mol su alarak çözülmesi sonucu kompleks kimyasal maddelerin daha basit yapıtaşlarına ayrılmasına **hidroliz** denir. Monosakkaritlerin glikozid bağlarıyla (eter bağı) birleşmesi sonucu meydana gelen polisakkaritlerin, amilaz enzimi ile, amino asitlerin peptid bağları ile birleşmeleri sonucu oluşan proteinlerin pepsin ile sindirim kanalında parçalanmaları vücutta meydana gelen hidroliz olaylarına örnektir. Yine trigliseritlerin lipaz emzimi etkisiyle gliserol ve yağ asitlerine parçalanması olayı da organizmada meydana gelen hidroliz olaylarına güzel bir örnektir. Aşağıdaki tabloda bu olayların formülasyonunu görmektesiniz. Hidroliz reaksiyonları eksergonik yani enerji veren reaksiyonlardır. Molekül başına 1-4 kilo kalorilik bir enerji açığa çıkar. Organizma içerisinde, sindirim enzimleri ve beden ısısı altında gerçekleşen hidroliz olayları, dışarıda yani *in vitro* olarak yoğun asit ve alkalilerle kaynatılarakta meydana getirilebilir.

$$\boxed{\textbf{METABOLİZMA REAKSİYONLARI}}$$

<u>Kondenzasyon:</u> İki molekülün aralarından bir mol. su çıkması ile eter, ester ve peptid bağları oluşturarak birleşmeleri olayına denir.

$$BOH + AH \longrightarrow AB + H_2O$$

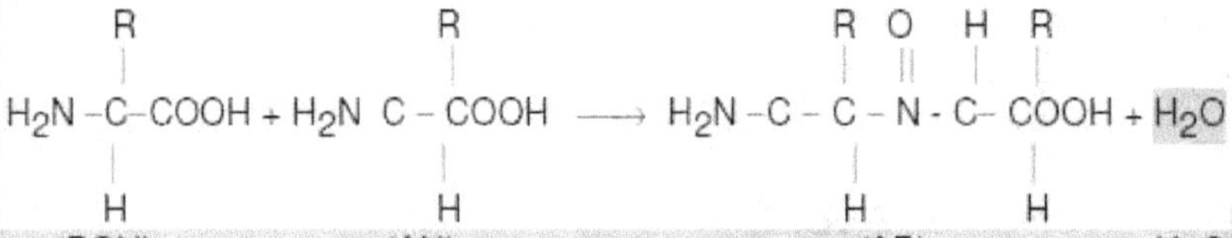

$$H_2N-\underset{\underset{H}{|}}{\overset{\overset{R}{|}}{C}}-COOH + H_2N-\underset{\underset{H}{|}}{\overset{\overset{R}{|}}{C}}-COOH \longrightarrow H_2N-\underset{\underset{H}{|}}{\overset{\overset{R}{|}}{C}}-\overset{\overset{O}{\parallel}}{C}-\underset{\overset{H}{|}}{N}-\underset{\underset{H}{|}}{\overset{\overset{R}{|}}{C}}-COOH + H_2O$$

| (BOH) | + | (AH) | $\longrightarrow$ | (AB) | + H_2O |

<u>Hidroliz:</u> Eter, ester, peptid bağlarının, her bağ için 1 mol. su alarak çözülmesi sonucu, kompleks kimyasal maddelerin daha basit yapı taşlarına ayrılması olayına denir.

$$AB + H_2O \longrightarrow BOH + AH$$

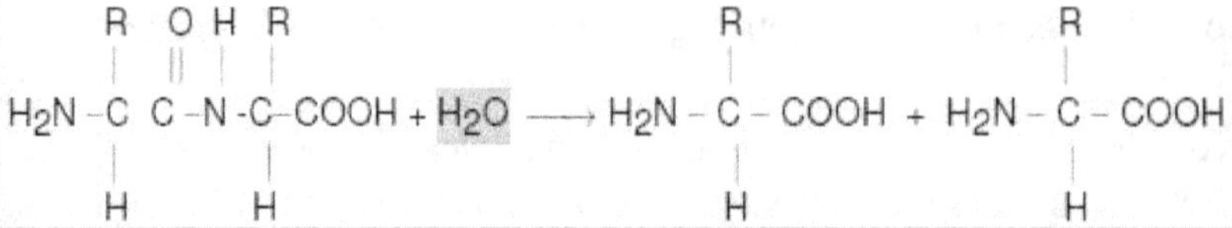

$$H_2N-\underset{\underset{H}{|}}{\overset{\overset{R}{|}}{C}}-\overset{\overset{O}{\parallel}}{C}-\underset{\overset{H}{|}}{N}-\underset{\underset{H}{|}}{\overset{\overset{R}{|}}{C}}-COOH + H_2O \longrightarrow H_2N-\underset{\underset{H}{|}}{\overset{\overset{R}{|}}{C}}-COOH + H_2N-\underset{\underset{H}{|}}{\overset{\overset{R}{|}}{C}}-COOH$$

| (AB) | + H_2O | $\longrightarrow$ | (BOH) | + | (AH) |

$$R.\overset{|}{C}-O-\overset{|}{C}.R' + H_2O \longrightarrow R.\overset{|}{C}-OH + R'.\overset{|}{C}-OH$$

| Eter Bağı | Su | Monosakkarit | Monosakkarit |

$$R.COO.-R' + H_2O \longrightarrow R.COOH + R'.OH$$

| Ester bağı | Su | Yağ asidi | Alkol |

| (AB) | + H_2O | $\longrightarrow$ | (AH) | + | (BOH) |

B- FOSFAT TAŞINMASI

Organizmadaki birçok moleküllerin, özellikle karbon-hidratların reaksiyonlara girebilmeleri için fosforlaşmış, yani fosfat esterlerinin oluşması gereklidir. Ancak organizmada moleküllerin fosforik asitle direkt birleşmeleri mümkün değildir. Bu görevi fosfat taşıyıcılar yüklenir ve fosfat kalıntısını gerekli moleküllere verirler. Fosfat taşıyıcıları kapsadıkları fosfat kalıntısı sayısına göre 2 grupta incelenirler.

Bir fosfat kalıntısı taşıyanlar; Moleküllerindeki **enol, karboksil, hidroksil** ya da **amino** gruplarının bir hidrojeni yerine, bir fosfat kalıntısı ($-H_2PO_3$) taşıyan maddelerdir. Aşağıdaki tabloda da görüldüğü gibi, enol fosfatlara, **enol fosfopirüvik asit**, açil fosfatlara, **fosfo gliserik asit**, fosfat esterlerine, **adenozin monofosfat** ve **glukoz-6-fosfat**, fosfamidlere, **kreatin fosfat** örnek olarak verilebilir.

Birden çok fosfat kalıntısı taşıyanlar; Bu gruba örnek olarak **adenozin difosfat (ADP)** ve **adenozin trifosfat (ATP)** verilebilir. Bu maddeler, bir nükleoziddeki pentozun alkol grubunun 1 hidrojeni yerine 2 ya da 3 fosfat kalıntısı geçmesiyle meydana gelmişlerdir.

Fosfat bağları ve enerji; Fosfat kalıntısı taşıyan yukarıdaki moleküllerden bir kısmının fosfat bağları **dayanıklı**, bir kısmının ise **dayanıksız**dır. Dayanıklı fosfat bağları aynı zamanda **az enerjili bağlar**dır. Bunların çoğu fosfat esterleridir ve organizmada **fosfataz** enzimleri ile; **in vitro** olarak ise sulu asit ve alkalilerle yıkmak mümkündür. Bu bağlar yıkılma sırasında 1-5 kilo kalori arasında bir enerji verirler. Örneğin, Aşağıdaki tabloda görüldüğü gibi glukoz-6-fosfatın, glukoz ve fosfata parçalanmasından, yani Glukoz-6-fosfattaki fosfat bağının yıkılımı ile az bir enerji, 3.3 kilo kalorilik bir enerji açığa çıkar.

Dayanıksız fosfat bağları ise yıkılması ile **yüksek enerji veren bağlardır. Açil fosfatlar, enol fosfatlar, fosfamidler ve adenozin trifosfat** bu tip fosfat bağları taşıyan moleküllerdir. Bir kısmı su ile bile yıkılabilir. Biyolojik reaksiyonlarda özel **fosfataz enzimleri** ile yıkıldıklarında, 7-13 kilo kalori enerji verirler. Onun için bu tip fosfat bileşiklerine **yüksek enerjili fosfat bileşikleri** adı da verilir. Örneğin, ATP'nin yıkılması ile bir ADP ve bir fosfat açığa çıkar ve bu sırada da 7 kilo kalorilik bir enerji meydana gelir. Çünkü, ATP'nin ikinci ve üçüncü fosfat molekülleri arasındaki bağ yüksek enerjili fosfat bağıdır.

Yukarıda da değindiğimiz gibi, metabolizma reaksiyonlarında, maddelerin yıkılımı sırasında yani katabolizma olaylarında, açığa çıkan enerji, endergonik yani enerjiye gereksinim gösteren reaksiyonlarda kullanılmak üzere özel kimyasal bir bağ içerisine sokularak saklanır. İşte bu ya ATP gibi nükleozidlerin fosfat bağlarında ya da metabolizma ara maddelerine fosfatların bağlanmasıyla gerçekleşir.

Tüm yüksek enerjili fosfat bileşikleri fosfat verici olarak görev yapar. Bu tür fosfat bileşiklerinin hidrolizi ile enerji açığa çıkar. Ancak bunlar arasından özellikle ATP, yıkılarak başka bir molekülün fosforlanması için hem gerekli fosfatı hem de enerjiyi sağlar. Organizma içerisinde bu fosfat ve enerji taşınması da **fosfokinaz** enzimlerinin kontrolü altında gerçekleşir. Aşağıdaki tabloda formülasyonu görülen bu temel reaksiyonlardan birincisi, **ekzergonik**tir. İkincisi ise **endergonik** reaksiyondur. Dikkat edersek, birinci reaksiyondan ikinci reaksiyona enerji taşımaya yarayan molekül de yine **fosfat**tır.

METABOLİZMA REAKSİYONLARI

<u>Fosfat Taşınması:</u>

- **<u>Bir fosfat kalıntısı taşıyanlar:</u>**

$$CH_2$$
$$||$$
$$C - O - H_2PO_3$$
$$|$$
$$C = O$$
$$|$$
$$OH$$

Fosfoenolpirüvik asit (PEP)

$$CH_2OH$$
$$|$$
$$CHOH$$
$$|$$
$$C = O$$
$$|$$
$$O - H_2PO_3$$

Fosfogliserik asit

$$H$$
$$|$$
$$C = O$$
$$|$$
$$(CHOH)_4$$
$$|$$
$$CH_2O - H_2PO_3$$

Glukoz-6-fosfat

$$COOH$$
$$|$$
$$CH_2 - N - C\,(NH) - NH - H_2PO_3$$
$$|$$
$$CH_3$$

Kreatin fosfat

$$Adenin - Riboz - O - H_2PO_3$$

Adenozin monofosfat (AMP)

- **<u>Birden çok fosfat kalıntısı taşıyanlar:</u>**

$$Adenin - Riboz - O - H_2PO_3 - O - H_2PO_3$$
Adenozin difosfat (ADP)

$$Adenin - Riboz - O - H_2PO_3 - O - H_2PO_3 - O - H_2PO_3$$
Adenozin trifosfat (ATP)

- **<u>Fosfat bağları ve enerji:</u>**

Fosfat bileşikleri	Bağ tür	Reaksiyon	K.Kalori
Glikoz-6-fosfat	ester	Glu-6-P → Glu + P	− 3,3
ATP	fosfoanhidrit	ATP → ADP + P	− 7,0
ATP	"	ATP → AMP + P + P	− 8,6
Fosfoenolpirüvat	enolfosfat	PEP → pirüvat + P	− 13,0
Kreatinfosfat	fosfamid	Kreatin-P → Kreatin+P	- 10,2

Bu reaksiyonda Glukozun, Glukoz-6-P'a dönüşmesi için enerjiye gereksinim vardır. Bu gereksinimde ATP'den bir fosfatın ayrılması ile sağlanmış ve bu fosfatta glukoz ile esterleşmiştir. Sonuçta, açıkta kalan 4 kilo kalorilik enerji de G-6-P'da saklanmıştır. Tabloda da görüldüğü gibi, G-6-P, Glukoz ve fosfata parçalanırken yaklaşık 3,3 kilo kalorilik muazzam bir enerji verir.

METABOLİZMA REAKSİYONLARI

- **_Fosfat taşınması mekanizması:_** (T.4-1)

1- $ATP + H_2O \longrightarrow ADP + Fosfat$ $- 7$ K.Kalori/mol.

2- $Glukoz + Fosfat \longrightarrow G - 6 - P + H_2O$ $+ 3$ K.Kalori/mol.

3- $ATP + Glukoz \longrightarrow G - 6 - P + ADP$ $- 4$ K.Kalori/mol.

- **_Oksidasyon:_** (T.4-2)

a)

$$R - CH_2OH \longrightarrow R - CHO + 2H \qquad HCOH \longrightarrow C = O + 2H$$

b)

$$R.COOH \longrightarrow R.COO^- + H^+$$

c)

$$R - C = O \xrightarrow{+ H_2O} R - \underset{H}{\overset{OH}{C}} - OH \xrightarrow{- 2H^+ \text{ ve } 2 e^-} R - COOH$$

d)

$$CH_3.\underset{H}{\overset{H}{C}} - O.H \xrightarrow{- H^+} CH_3.\underset{H}{\overset{H}{C}} - O \xrightarrow{- H^{--}} CH_3.CH - O^- \quad +$$

e)

$$ENZH_2 \rightarrow 2 e^- + 2H^+ + ENZ \quad \text{ya da} \quad ENZH_2 \rightarrow H^- + H^+ + ENZ$$

f)

$$ENZH_2 + 2 e^- + 2H^+ \rightarrow ENZH_2 \quad \text{ya da} \quad ENZ + H^- + H^+ \rightarrow ENZH_2$$

C- BİYOLOJİK OKSİDASYONLAR

Biyolojik oksidasyon olaylarının iyi anlaşılabilmesi için, öncelikle oksitlenme ve indirgenme olaylarının iyice anlaşılması gereklidir.

Oksidasyon ve redüksiyon olayları; Organizmada geçen oksidasyon reaksiyonları, enerjiyi serbest bırakan reaksiyonlardır. Her ne kadar oksidasyon terimi, oksijenin diğer bir madde ile birleştiği reaksiyonlar için kullanılırsa da, oksijen, hidrojen kabul eden birçok biyolojik akseptörden sadece bir tanesidir. Onun için **oksidasyon**un asıl tanımı, bir maddenin **elektron kaybetmesi**, **redüksiyon**un asıl tanımı da, bir maddenin **elektron kazanması** olarak yapılır.

Ancak organik maddelerde elektronla beraber hidrojen iyonunun da molekülden ayrıldığı görülür. Onun için en basit oksidasyon tipine **dehidrojenasyon** denir. Buna göre, organik maddelerin indirgenmesinde, elektron alınması ile birlikte hidrojen alınmasının da beraber gerçekleştiği görülür. Yukarıdaki tabloda bazı organik maddelerin oksitlenmesine ait formülleri görmektesiniz. Bunlardan *"a"* ile gösterilen formüllerde, primer ve sekonder alkoller $2H^+$ ve $2e^-$ kaybetmişlerdir, *"b"* ile gösterilen formülde ise, molekülden H^+, yani bir proton uzaklaşmış, elektron oksijende kalmıştır.

Biyolojik reaksiyonlarda, H^+ ve e^-' nun uzaklaşması bir sıra dahilinde basamaklı olarak oluşur. Önce proton (H^+) sonra da elektron uzaklaşır. En sık rastlanan oksitlenmeler, *"c"*deki formülden de görüleceği gibi, molekülden 2H, yani $2H^+$ ve $2\,e^-$'nun uzaklaşmasıdır. Bu reaksiyon *"d"*'de görüldüğü gibi, basamaklı olarak da meydana gelebilir. Burada ilk basamakta molekülden bir proton uzaklaşmış, ikinci basamakta da yine ikinci bir protonla birlikte iki de elektron uzaklaşmıştır.

Organizmada oksidasyon, redüksiyon olayları enzimler için de söz konusudur. Enzimlerin H ve elektron alış/verişlerinin formülasyonunu da yukarıdaki tabloda görmektesiniz. Elektron kaybı ve aynı zamanda hidrojen iyonu kaybı, ancak ortamda bunları alabilecek bir maddenin bulunması ile mümkündür. Şimdi sırasıyla bu olayları inceleyeceğiz.

BİYOLOJİK OKSİDASYON MEKANİZMALARI

Organizmadaki en önemli **elektron vericileri**, organik moleküllerin örneğin, glukoz, yağ asidi gibi moleküllerin **hidrojen atomlarıdır.** Hidrojen atomu bir H^+ ve bir e^-'dan ibarettir. En önemli **elektron alıcıları** ise, havanın **oksijen molekülü** (O_2)'dir. Biyolojik oksidasyonlarda işte bu organik maddelerdeki H iyonları ve elektronların oksijene taşınması olayıdır. Ancak bu reaksiyon tek bir tepkime ile değil de basamaklar halinde meydana gelir. İşte, bu basamaklarda organik maddelerdeki H iyonu ve elektron, **oksido-redüksiyon ezimleri** aracılığı ile taşınırlar. Oksido-redüksiyon enzimlerinin organik molekülden uzaklaştırdıkları ve aktardıkları **elektronlara ve hidrojen iyonlarına indirgeme ekivalantları (eşdeğerlikleri)** denir.

Bu indirgeme ekivalantları ya direkt, ya da indirekt olarak havanın oksijenine taşınırlar. **Direkt biyolojik oksidasyonlar** vücutta çok ufak çapta meydana gelir. Bu olayda görevli enzimler **oksidazlar**dır. Bunlar ilgili konular ileride görülecektir.

İndirekt biyolojik oksidasyonlar, ise vücutta çok büyük çapta meydana gelirler. Bu olayda görevli enzimler **dehidrojenazlar**dır. Vücutta büyük oranda metabolize olan, karbonhidratlar, proteinler ve lipidler bu yoldan dehidrojenasyona uğrarlar ve sonuçta önemli miktarda enerji meydana gelir. İşte vücutta asıl biyolojik oksidasyon bu indirekt yoldan olandır. Bu tür biyolojik oksidasyonda H iyonları ve elektronlar, enzimler aracılığı ile organik moleküllerden alınır ve oksijene kadar bir sıra enzimlere aktarılarak taşınırlar. Bu olayda görevli dehidrojenazlara **solunum enzimleri** denir. Bu enzimlerin indirgeme ekivalantlarını taşıyan aktif kısımları, yani organik molekülden hidrojen ve elektronları alıp taşıyan kısımları **Koenzim** bölümleridir ve Koenzimler etkili gruplarına göre **DÖRT** grupta toplanırlar:

1-Piridinli enzimler (Nikotinamidli enzimler); Etkili grubu **nikotinik asit amid**'dir. Yapının yani Koenzim'in tüm adı ise, **nikotinamid - adenin - dinükleotid**'dir. Kısaca **NAD** olarak gösterilir. NAD'de 2 fosforik asit bulunur. Buna bir üçüncü fosforik asit daha girerse **nikotinamid - adenin - dinükleotid - fosfat** kısaca **NADP** meydana gelir. NAD ve NADP' nin her ikisi de elektron ve hidrojen iyonu alınca indirgenir, **NADH + H** ve **NADPH + H** halini alır. Bu piridinli koenzimler, değişik **apoenzim**lere yani dehidrojenazlara bağlanırlar. Bu koenzime ait formülasyon aşağıdaki tabloda görülmektedir.

Koenzimi NAD olan enzimler, özellikle karbonhidrat metabolizmasında, **glikoliz** ve **TCA siklüsü** gibi metabolizma yollarında ve **mitokondri içi** solunum zincirinde çok önemli rol alırlar. NAD ve NADP'ler **anaerobik dehidrojenazlar** olduklarından O_2 ile reaksiyona girmezler ve organik bir maddeden aldıkları ve taşıdıkları H iyonu ve elektronları, bir sonraki koenzim olan Flavinli enzimlere aktarırlar.

2- Flavinli enzimler; Etkili grubu, Riboflavin'in (Vitamin B_2), **dimetil-izoalloksazin** grubudur. Yapının tüm adı ise **flavin-adenin-dinükleotid**'dir. Kısaca **FAD** olarak gösterilir. H iyonu ve elektron alınca **FADH₂** halini alır. FAD, özel bir apoenzime sıkıca bağlıdır. Tüm bu enzimlerin solunum zincirindeki görevi, piridinli enzimlerden ve organik maddelerden aldığı elektron ve hidrojeni, **kinon'lu enzimlere** (**Q**) aktarmasıdır.

3- Kinonlu enzimler (Koenzim Q₁₀); Etkili grubu **kinon**'dur. Yan kol olarak 10 izopren kalıntısı taşır. 2 H atomu yani $2H^+$ ve $2\,e^-$ alınca hidrokinon halinde indirgenir. **Q₁₀**'un biyolojik oksidasyon zincirindeki **sitokromlar**la yakın ilişkisi vardır ve özellikle sitokrom C tarafından indüke edilir ve ATP sentezi siklüsünde çok önemli bir rol alır. Flavinli enzimlerden aldığı $2\,H^+$ ve $2\,e^-$ ile indirgenir ve aldığı elektronları demirli enzimlere, başka bir deyişle, sitokromlara ve özellikle **sitokrom b**'ye verir. Flavinli enzimlerden aldığı $2\,H^{+}$'i de ortama bırakır. Koenzim Q₁₀'un oksitlenmiş şekli **Q** ile, indirgenmiş şekli de kısaca **QH₂** biçiminde gösterilir.

4- Demirli (Fe) enzimler; Etkili grubu **demir**dir. Demir bir porfin iskeletinin tam ortasına yerleşmiştir. Böylece bir koenzim oluşturmuştur.

Özellikle kan hücrelerinde önemli bir taşıyıcı koenzim olan **Hemoglobin** molekülü demir grubunu çokça kullanır. Porfirin yapılarında bulunan bu koenzimler, çeşitli özel proteinlerle çok sıkı bir şekilde bağlanarak çeşitli demirli enzimleri meydana getirirler. Bu enzimler başlıca **sitokromlar** ve **sitokrom oksidazlar**dır. Bu koenzimin fonksiyonu, yalnız elektronlar alıp vermekle demir valansında değişiklikler meydana gelmesi esasına dayanır. Üç değerli demir, iki değerli demir'e indirgenir. Bundan da anlaşılıyor ki, demirli enzimler yalnız elektron alıp verebilirler. Elektronla birlikte dehidrojenize olmuş, yani organik maddeden alınmış, H^+ iyonu ise açıkta kalır.

Sitokromların üç türü vardır. Bunlar **b_1, c_1 ve c sitokromlar**dır. Enzim işlevlerinde de aynı bu sıra ile dizilirler. Bunlar aşağıdaki tabloda da görüldüğü gibi, koenzim Q_{10}'dan aldıkları elektronları birbirlerine aktarırlar. Elektron veren oksitlenir, alan ise indirgenir. İndirgenmiş sitokrom c de elektronlarını **sitokrom oksidazlar**a verir ve kendi tekrar oksitlenir.

Sitokrom oksidazların ise iki türü vardır. **Sitokrom a** ve **sitokrom a_3.** Bu iki sitokromun aynı olduğu da ileri sürülmektedir. Sitokrom oksidaz a_3, sitokrom c'den elektronları alır ve kendi indirgenir. İndirgenmiş Sitokrom oksidaz a_3 de elektronlarını havanın O_2'ine vererek onu oksijen iyonuna çevirir. Oksijen iyonu da ortamdaki $2\ H^+$ ile reaksiyona girer ve böylece su sentezlenmiş olur. Organizmadaki endojen suyun sentezi bu şekilde meydana gelir. İlerleyen kısımlarda hücredeki enerji metabolizmasını detaylı olarak incelediğimizde bu yapıları daha iyi analiz edeceğiz.

Organik maddelerden metabolizma olayları sırasında dehidrojenaz enzimleri ile alınan hidrojen iyonları, yukarıda bahsettiğimiz koenzimler aracılığı ile solunum zincirinde taşınırlar ve havanın oksijeni ile reaksiyona girerek suyu meydana getirirler. Onun içindir ki, en çok hidrojene sahip molekülden en çok su sentez edilir. Lipidler de hidrojenden en zengin organik bileşik olduklarından en çok endojen su sentezlenen maddelerdir.

Solunum zincirinin fonksiyonları; Biyolojik oksidasyonların büyük kısmı, birbirini tamamlayan ve çok sayıda oksidasyon-redüksiyon olaylarının bir zincirin halkaları gibi, dizilmesiyle olur. Bu zincirin bir ucunda, özel bir dehidrojenaz enziminin doğrudan doğruya etkisiyle organik maddelerden hidrojeni aktifleştirerek alınması ile oluşan oksitlenmiş bir madde, diğer ucunda ise, moleküler bir oksijen vardır. Bu iki uç arasında, hidrojen ve elektron alıcı ve taşıyıcı enzimlerinin özel bir sıralanması görülür. Buna **elektron taşıma dizisi** veya **solunum zinciri** denir. Bu zincir,

$$AH_2 \rightarrow \textbf{NAD (NADP) - FAD - Q - b - }c_1\textbf{ - c - }a_3\textbf{ - }O_2$$

şeklinde gerçekleşir ve görüldügü gibi NAD'nin hidrojen ve elektronları alması ile başladığı gibi, aşağıdaki tabloda gösterildiği şekilde, FAD'den de başlayabilir (A, burada herhangi bir organik maddeyi simgelemektedir).

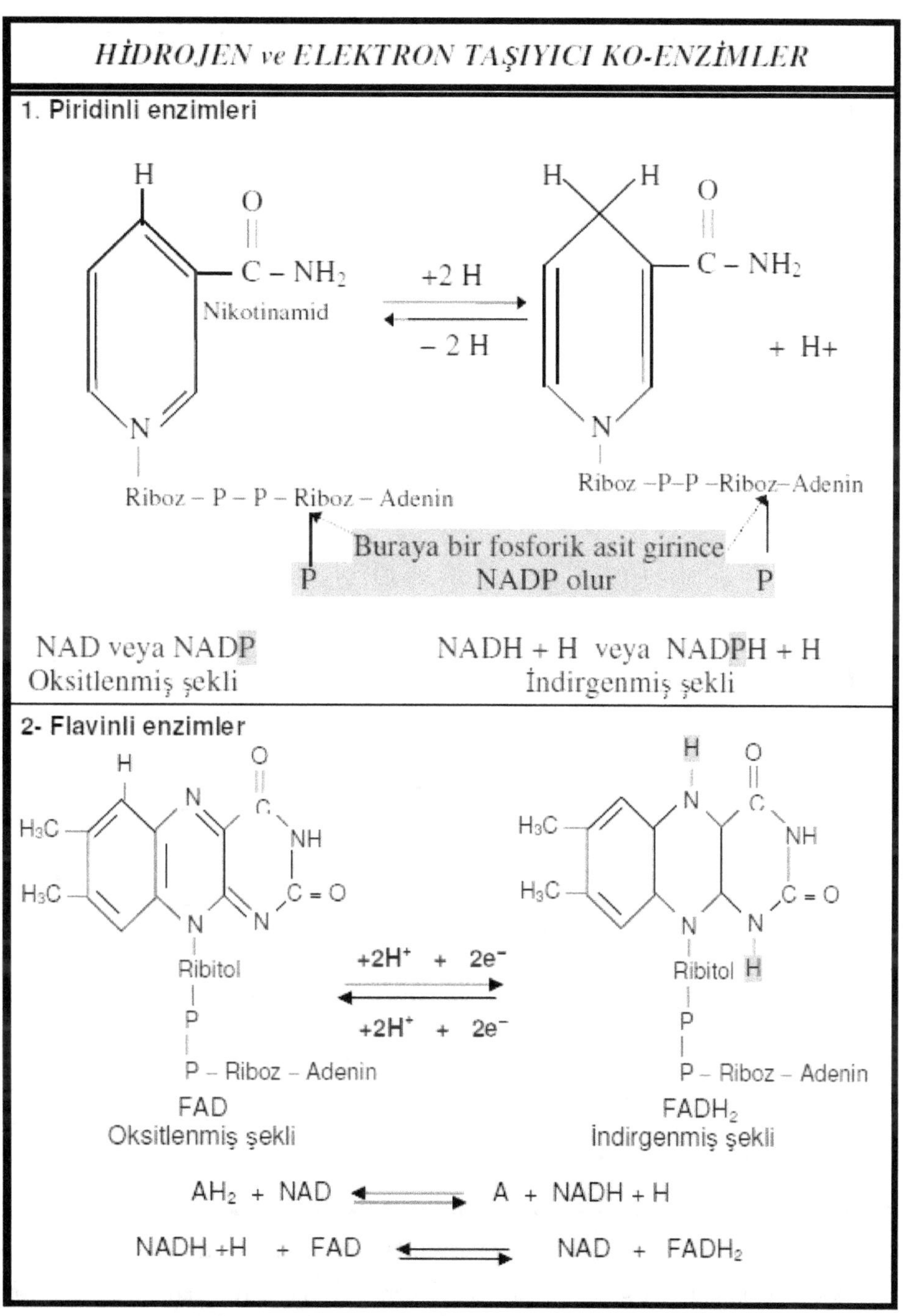

Tablo- Solunum zincirindeki temel koenzimler-I.

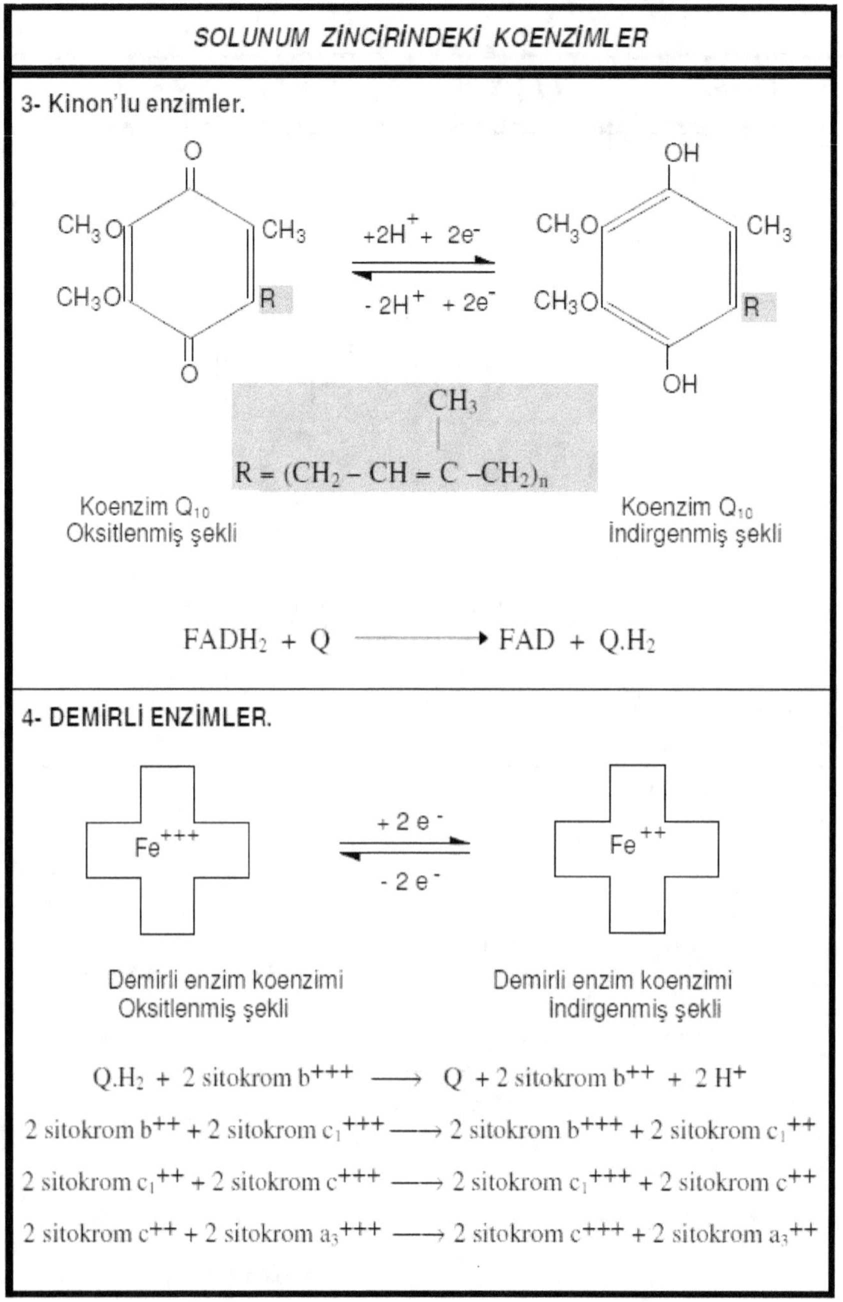

Tablo- Solunum zincirindeki temel koenzimler-II.

Oksijen, böylece sitokrom oksidaz (sitokron a_3) yardımı ile gelen elektronları ve ortamdan H^+'leri alarak suya indirger. Bu şekilde zincirin başında, hidrojenlerinin bir kısmını ya da tamamını kaybetmiş olan organik madde ise, başka bir maddeye dönüşmüştür. Böylece ya organizmada yeniden, yeni yapısıyla, yeni bir görev üstlenir; ya da daha başka reaksiyonlara, ileri oksidasyonlara maruz kalmaya hazır bir duruma gelmiş olur.

568

Solunum zincirindeki enerji miktarı ve oluşum yeri; Genel olarak oksidasyonlar sonunda sınırlı ve belirli bir enerji açığa çıkar. Reaksiyona giren kimyasal sistem de yüksek bir enerji düzeyinden daha aşağı bir düzeye iner. Aynı olay solunum zincirinde de görülür. $2H^+$ ve $2\ e^-$ taşınması sırasında, yüksek enerjili bir bağ oluşumuna yetecek gerekli enerji meydana gelir. Açığa çıkan bu enerji, bir inorganik fosfat ile, **adenozin difosfat**'a (**ADP**)'ye taşınır. ADP de bu enerji ve fosfatı bağlıyarak, yüksek enerjili **adenozin trifosfat**'ı **(ATP)** meydana getirir.

Eğer solunum zinciri yukarıdaki birinci dizideki gibi NAD'li bir dehidrojenazdan başlayıp oksitlenmiş ise, **3 mol ATP** sentez edilir. İkinci dizideki gibi FAD'li dehidrojenazlardan başlayıp oksitlenmiş ise **2 mol ATP** sentez edilir. ATP'lerin birincisinin oluşum yeri zincirde, NAD ile FAD arasındadır. İkinci ATP'nin sentez yeri sitokrom b ile sitokrom c arasında, üçüncünün yeri ise sitokrom a ile oksijen arasındadır. FAD'li dehidrojenazlarla başlayan biyolojik oksidasyonlarda niçin 2 ATP sentezlendiği, zincirdeki ATP'lerin sentez yerlerinden (bağların moleküldeki yerlerinden) daha iyi anlaşılmaktadır.

Biyolojik oksidasyonların önemi; Organizmada devamlı meydana gelen olaylardan birisi de **biyolojik oksidasyonlar**dır. Bu olaylar, vücutta oluşan **endergonik kimyasal reaksiyonlar** için gerekli enerjiyi sağladıkları gibi, bir maddenin oksitlenme ve yıkılması sırasında vücuda gerekli birçok **yeni maddelerin** ortaya çıkmasını da sağlarlar. Glukoz, yağ asidi, amino asit gibi, tüm organik yapı taşlarının oksidasyonundan ileri gelen enerji miktarı bakımından, ister organizma içerisinde olsun, ister doğada veya laboratuar koşulları altında meydana gelsin, aynıdır. Bu da 1 molekül glikoz için yaklaşık 700 kilo kaloridir. Bu canlılık için gerekli enerji aralığını sağlayan öylesine hassas ayarlanmış ve öyle yüksek bir enerji miktarıdır ki, meydana geldigi hücreyi yakıp kavurabilirdi. Fakat yukarıda elektron dizilim sırasına göre, yer alan oksidasyon koenzimleri bu reaksiyonları öylesine hassas bir şekilde kontrol eder ki bu yüksek enerji, hücreye zarar vermeden oksidasyona uğrar ve enerji üretecek veya kullanılacak diğer reaksiyonlara transfer edilir.

Laboratuar koşullarında ara maddelere gereksinme olmadan hızla CO_2 ve H_2O oluşması birden bire büyük bir enerji çıkması ile meydana gelir. Halbuki, canlının vücudunda basamak basamak gerçekleşen bu ara reaksiyonlar ile, birçok ara madde oluşur ve enerji de parça parça serbest hale gelir ve tüm bu süreç hücreyi parçalamadan kontrollü bir şekilde yaratıcı tarafından muazzam bir şekilde kontrol edilir. İşte, tüm bu argümanlar Miller deneyinin öne sürdüğü yapay koşullarda, deneysel olarak hücre sentezinin ne kadar imkansız olduğunu isbatlamaktadır. Bu gerçek Kur'an-ı Hakim'de açıkça şöyle bildirilir:

"O inkâr edenler görmüyorlar mı ki (başlangıçta veya yaratılış anında) göklerle yer *(veya hücre içindeki moleküllerle onlara göre gök sayılan organel yapıları)* birbiriyle bitişikti ve biz onları daha sonra ayırdık *(hücresel duvarlarla)*... Eğer Allah onları bir arada tutmasa... Yer ve gök bozulur giderdi.."

(Enbiya 22)

SOLUNUM ZİNCİRİ ve ENERJİ OLUŞUMU

Solunum zinciri ve su sentezi:

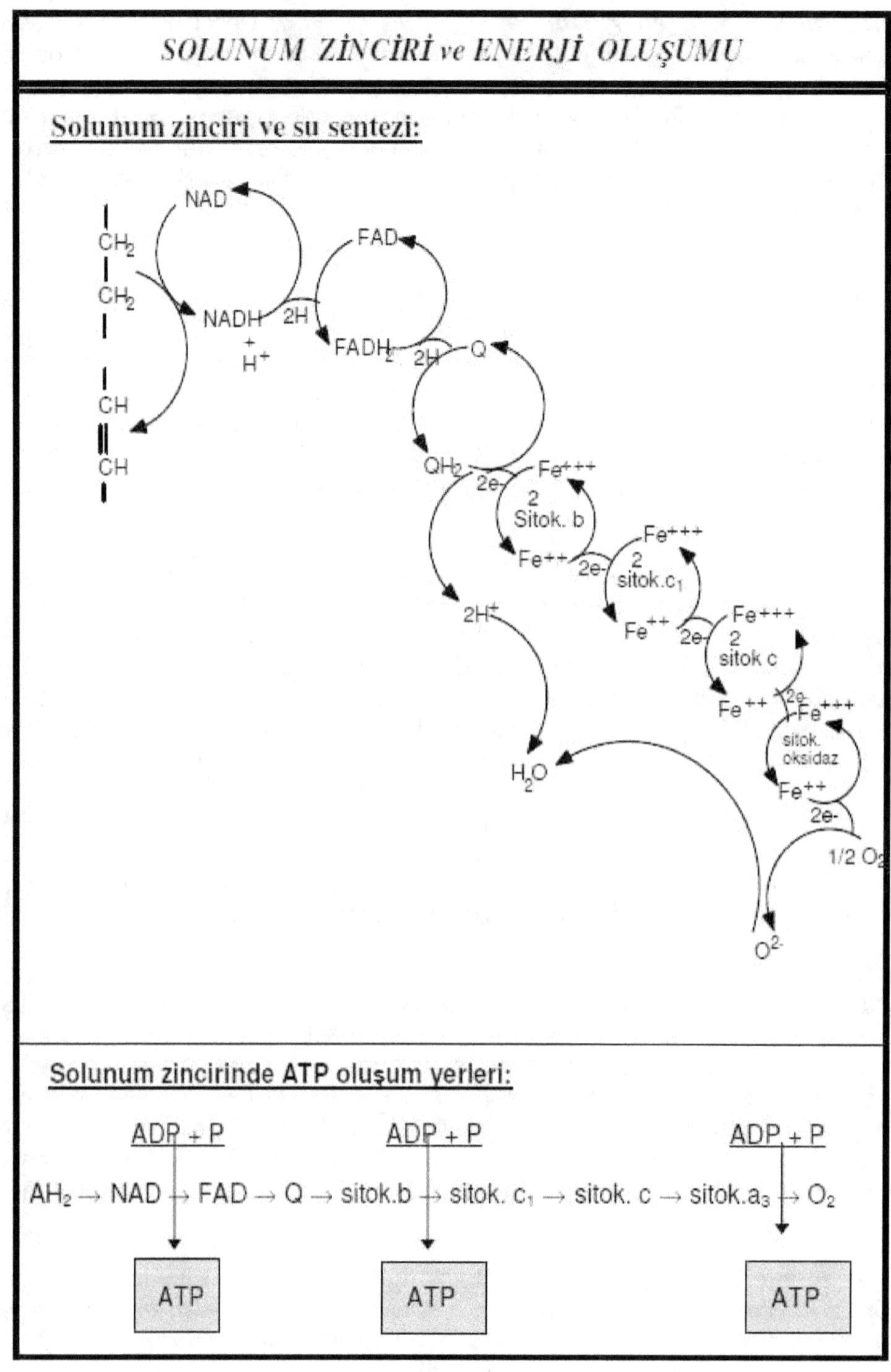

Solunum zincirinde ATP oluşum yerleri:

$$ADP + P$$

$$AH_2 \rightarrow NAD \rightarrow FAD \rightarrow Q \rightarrow sitok.b \rightarrow sitok.\, c_1 \rightarrow sitok.\, c \rightarrow sitok.a_3 \rightarrow O_2$$

ATP ATP ATP

Tablo- Solunum zinciri ve enerji (ATP) oluşumu.

İşte bu enerji parçaları da hemen tekrar başka moleküllerin ve özellikle **yüksek enerjili fosfat bağı** bulunan **adenozin trifosfat'**ın **(ATP)** oluşumuna harcanarak ve hiçbir israf olmadan ve yeniden kullanılarak mükemmel bir şekilde yeniden kimyasal enerji halinde depolaştırılır. Bir molekül ATP 7-8 kilo kalorilik bir enerji depolaştırır. ATP şeklinde depolanan bu enerji;

1- Vücut ısısının oluşum ve devamının sağlanmasında,

2- Peptid bağlarının, glikozid bağlarının oluşumu gibi birçok biyokimyasal sentez olayının sağlanmasında,

3- Kasların kontraksiyonunun ve hücre zarından aktif emilim, pompalama, salgılama gibi olayların sağlanmasında kullanılır (***Bu konudaki daha detaylı bilgi için yukarıdaki solunum zinciri reaksiyonlarını genel olarak gösteren tabloya bakınız***).

METABOLİZMA REAKSİYONLARININ HÜCREDEKİ YERLERİ

Nükleus (Çekirdek): Hücrenin nükleus fraksiyonunda oksidasyon-redüksiyon enzimleri bulunmadığı için, biyolojik oksidasyonlar burada meydana gelmez. Buna karşılık **nükleik asit, protein ve lipidlerin hidroliz ve sentezi** burada gerçekleşir. Çünkü gerekli enzimler yönünden zengindir. Sentez için gerekli enerji, mitokondri ve stoplazmadaki yüksek enerjili fosfat bağlarından (ATP) sağlanır.

Mitokondri: Bu fraksiyonda, ön sırada **biyolojik oksidasyon** ve **sitrik asit siklüsü (TCA siklüsü)** enzimleri bulunur. Bundan dolayı enerji veren, ekzergonik olaylar burada çok miktarda meydana gelir. Dolayısıyla **ATP sentezi** de çoklukla gerçekleşir. Bu nedenle bu fraksiyona hücrenin **enerji fabrikası** adı da verilmiştir. Buna karşılık, burada enerji veren reaksiyonlar çok meydana geldiğine göre, **enerji harcayan endergonik reaksiyonlar** da sıklıkla meydana gelir.

Ribozomlar: Protein biyosentezi, yağ asitleri biyosentezi hücrenin bu fraksiyonunda gerçekleşir.

Endoplazmik Retikulumlar: Hücrenin bu fraksiyonunda **protein depolanması** ve **taşınımı** gerçekleştirilir.

Lizozomlar: Protein, nükleik asit v.b. pek çok maddenin **hidrolizi** burada meydana gelir. Lizozom zardan yapılmış torba biçiminde bir kesedir. Türlü **proteazlar, RNAazlar, glikozidazlar, lizozimler, fosfatazlar** gibi çeşitli bileşikleri yıkan hidroliz enzimleri bu kesecik içinde bulunur.

Stoplazmadaki proteinler ve glikojenin stoplazma tanecikleri dışında kalan tüm bileşikler ve maddeler lizozomlarda yıkılır. Hücrede en büyük miktarda bulunan, protein, nükleik asitler ve fosfolipidlerin lizozomal yolla yıkılması yaşam bakımından ön sırada önemli olan olaylardandır. Lizozom zarı içerdiği enzimleri dışarı çıkarmaz. Çıktıkları anda ise hücreyi sindirirler. Bu nedenle lizozomlara hücrenin **intihar kesesi** denir.

Stoplazma: Stoplazmada tüm enzimler serbest halde bulunur. Anaerobik yani oksijensiz koşullarda, enerji oluşması olayı olan **glikoliz**'in başlıca yeri stoplazmadır. Glikoliz, glikozun pirüvik asit ya da laktik asite kadar parçalanması olayıdır. Sadece bir ayrıcalık olarak beynin glikoliz enzimleri hücrenin mitokondri fraksiyonunda bulunur.

Bundan başka, stoplazmada proteinlerin, yağların ve glikojen granüllerinin yıkılımları da gerçekleştirilir.

METABOLİZMA REAKSİYONLARININ HÜCREDEKİ YERLERİ	
NÜKLEUS	• Nükleik asitlerin hidroliz ve sentezi • Proteinlerin hidroliz ve sentezi • Lipidlerin hidroliz ve sentezi
MİTOKONDRİ	• Biyolojik oksidasyon • TCA siklüsü • ATP sentezi • Enerji harcayan endergonik reaksiyonlar
RİBOZOMLAR	• Protein biyosentezi • Yağ asitleri biyosentezi
RETİKÜLÜMLER	• Protein depolanması • Protein taşınması
LİZOZOMLAR	• Proteinlerin hidrolizi • Nükleik asitlerin hidrolizi • Proteaz, RNAaz, glikozidaz ve fosfatazlar bol miktarda bulunur.
SİTOPLAZMA	• Glikoliz • Proteinlerin yıkılımı • Yağların yıkılımı • Glikojenin yıkılımı

Tablo - Metabolizma Reaksiyonlarının Hücredeki Yerleri.

METABOLİZMADA GERÇEKLEŞEN REAKSİYON SİKLÜSLERİ (DÖNGÜLERİ)

Organizmada birçok maddenin yıkılışı ya da oluşumu, **"Siklüs"** adı verilen ve canlılığı meydana getiren en önemli reaksiyon zincirlerini üslenen birtakım organik zincirleme reaksiyon dizileri ile meydana getirilir. Siklüse girecek madde, önce siklüsün temel maddesi ile birleşir. Bu ürün de basamak basamak reaksiyona uğrayarak, birçok yeni madde üzerinden, siklüsün temel (üretilmesi istenen ana molekül) maddesine ulaşılır. Bu şekilde başta siklüsün temel maddesi ile reaksiyona giren madde ya daha ufak parçalarına ayrılmış, ya da büyük moleküllere çevrilmiş, ama sonunda temel madde yine oluşmuş olur. Böylece bir noktadan başlayıp (temel madde), devam eden reaksiyonlar zinciri sonunda tekrar ona dönülen reaksiyonlar zincirine **siklüs** adı verilir.

Karbonhidratlar, yağ asitleri ve proteinlerden olusan **Asetil-koA**'nın temel madde olan **oksalasetik asit** ile reaksiyona girerek CO_2 ve H_2O'ya kadar parçalanması **TCA siklüsü** ile olur. Yine ATP'nin yıkılışı ve ADP'den tekrar oluşumu da siklüs biçimindedir. Organizmada meydana gelen başka bir önemli siklüs de **Üre siklüsü**dür. İlerleyen kısımlarda bu konuyu ve hücre içerisinde gerçekleşen bu siklüs reaksiyonlarını daha detaylı olarak ele alacağız. Şimdilik, buraya kadar olanki kısımda kısaca ele aldığımız, temel siklüs yapılarını kısaca inceledikten sonra, canlı hücredeki gerçekleşen temel metabolizmaları sırasıyla tek tek ayrıntılı olarak inceleyeceğiz..

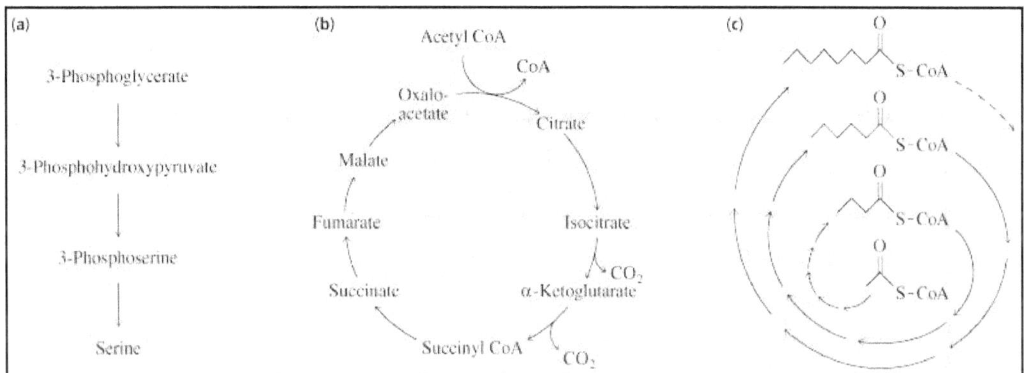

Hücre içinde gerçekleşen temel enerji siklüsleri, canlılığı oluşturan temel organik reaksiyon metabolizmalarının kilit noktasını oluşturmaktadır. Bu siklüslerin bazıları yukarıdaki diyagramda gösterildiği gibi (a) lineer veya (b) dairesel olabildiği gibi (c)'deki gibi spiral bir döngü yapısında da gerçekleşebilir.

Konuyla ilgili bir not daha belirtmek gerekir ki, daha önce fiziksel maddi alemde, yani cansız dünyasında Birleşik alan teorisinde de isbatlandığı üzere, özellikle bu spiral yapıdaki helezonik yapıların kapalı boyutlara, yani maddenin ruhani boyutlarına açıldığına işaret etmiş ve bunu fiziksel denklemlerle de isbat etmiştik.

Bu tarz bir düşünce, tabi ki sadece fiziksel bilimlerde değil, biyofizik veya biyokimya gibi maddenin inceleşmiş yapılarını inceleyen bilim sahalarında da bir devrim yapacaktır. Şöyle ki, özellikle bu spiral yapılı döngülerin canlı organizma yapılarında da ortaya çıkması bize göstermektedir ki: Enerji metabolizmaları gibi hayatiyeti etkileyen önemli hücresel mekanizmaların merkezlerinde yer alması ve hücresel döngü siklüsleri içerisinde çok sık rastlanır olması ve canlılığın devam edebilmesi için bu kapalı boyutlarla ilişkilendirilen yaratılış mekanizmasının evrim teorisinin savunduğu gibi, kendiliğinden değil de; tam tersine olarak bilinçli ve kapalı boyutlar ardındaki her şeyi düzenleyen organize bir güç tarafından kontrol edildiğini ve basamak basamak gerçekleştirildiğini düşündürmektedir. Ayrıca biyokimyasal süreçlerin bu kapalı boyutlar ardına uzanan süreçleri bize maddenin doğasında, organik veya inorganik yapıda olmasına bakmaksızın, tüm biyokimya biliminin bu en alt seviyede atomaltı boyutta kuantum mekaniğine indirgenebileceğine ve böylece tüm biyolojik süreçlerin temel düzeyde Birleşik bir alan kaynağının yönetimindeki tek bir kuvvet alanı bileşeni olan ELEKTROMANYETİZMA'nın kontrolünde işlettirildiğine ve tünel sürecinin arka tarafında yer alan paralel evrenler vasıtasıyla tüm yaşam faaliyetlerinin tüm bu perdelerin ötesindeki bilinçli ve herşeyi kontrol eden bir yaratıcı tarafından düzenlendiğinin en görkemli isbatlarından birisidir.

Konunun daha detaylı yönlerini görmek isteyen okuyucu, aşağıdaki tablolardan veya çok profesyonel bir okuyucu ise, kitabın sonunda verilen kaynaklardan hücredeki TCA döngüsünün yapısını daha detaylı inceleyerek bu durumu daha iyi anlayabilir. Dolayısıyla, canlı varlıklardaki yaratılışın izini sürmeye çalışan araştırmacı için, evrim teorisinin geçersiz kanıtlarını incelemek yerine sırf bu hücre metabolizması döngüsünün detaylarını incelemekle bile, yaratılış varlığını ve ne denli muazzam bir sanatla gerçekleştirildiğini anlamak için yeterli bilgiye sahip olacaktır..

BİYOLOJİK OKSİDASYONLAR	
ÖNEMİ	• Yeni maddelerin oluşmasını sağlar, • Enerjinin meydana gelmesini sağlar.
ATP (Adenozin trifosfat)	• Biyolojik oksidasyonlarda 1 mol glukoz için yaklaşık 700 kilo kalori enerji meydana gelir. • Bir mol. ATP 7-8 kilo kalorilik enerji depolaştırır.
ATP'nin ORGANİZMADA ENERJİ VERDİĞİ FONKSİYONLAR	1. ATP'nin ADP'ye hidrolizi ile vücut ısısının oluşum ve devamı için ısı enerjisi sağlar. 2. C–C bağlanmaları, peptid bağlanmaları, glikozid bağları oluşumu, esterleşmeler gibi reaksiyonlarla lipid, protein, polisakkaritler gibi büyük moleküllerin oluşumu için kimyasal enerji sağlar. 3. Kasların kontraksiyonu için enerji sağlar ve ayrıca, hücre zarından aktif emilim, pompalama ve salgılama gibi olaylar için enerji sağlar.

Tablo- Biyolojik Oksidasyonların ve ATP sentezinin Organizmadaki Önemi.

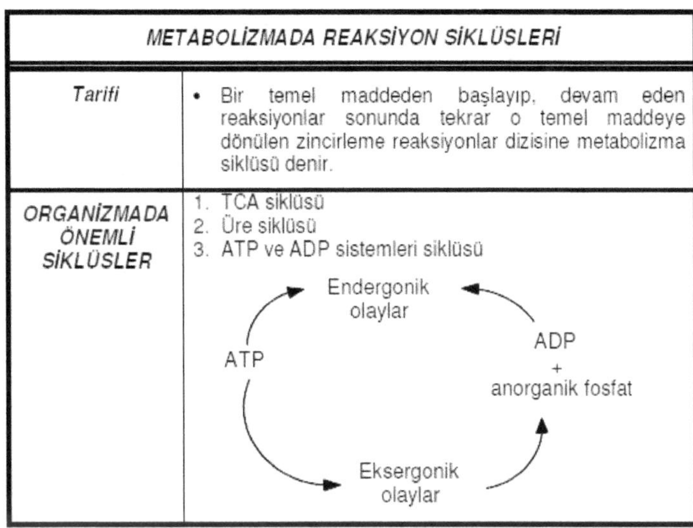

Tablo– Organizmadaki Temel Metabolizma Siklüsleri.

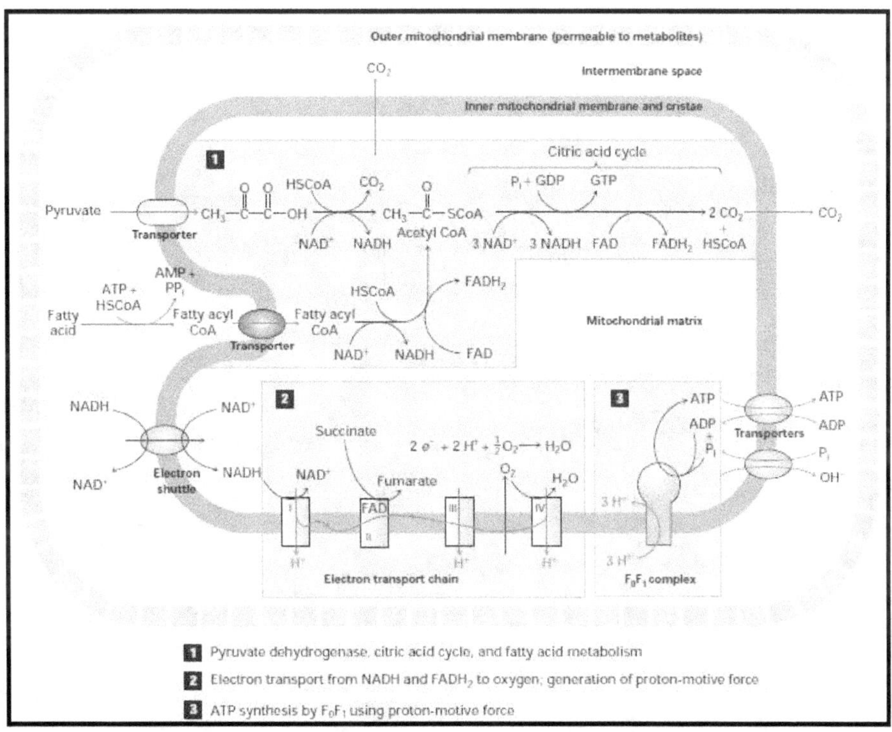

Hücre içinde gerçekleşen en önemli ve en sık gerçekleşen reaksiyon siklüsleri olan Piruvat, Sitrik Asit ve Yağ asidi metabolizması döngüleri ile Mitokondride elektron transport zinciri ile gerçekleşen ATP sentezi döngülerinin özet bir şematik gösterimi. Yukarıdaki birbiriyle bağlantılı bu komplike reaksiyon siklüsü, genel olarak Ökaryotik veya Prokaryotik olmak üzere tüm canlı hücrelerinde ortak olarak gerçekleşen bir reaksiyon siklüsüdür.

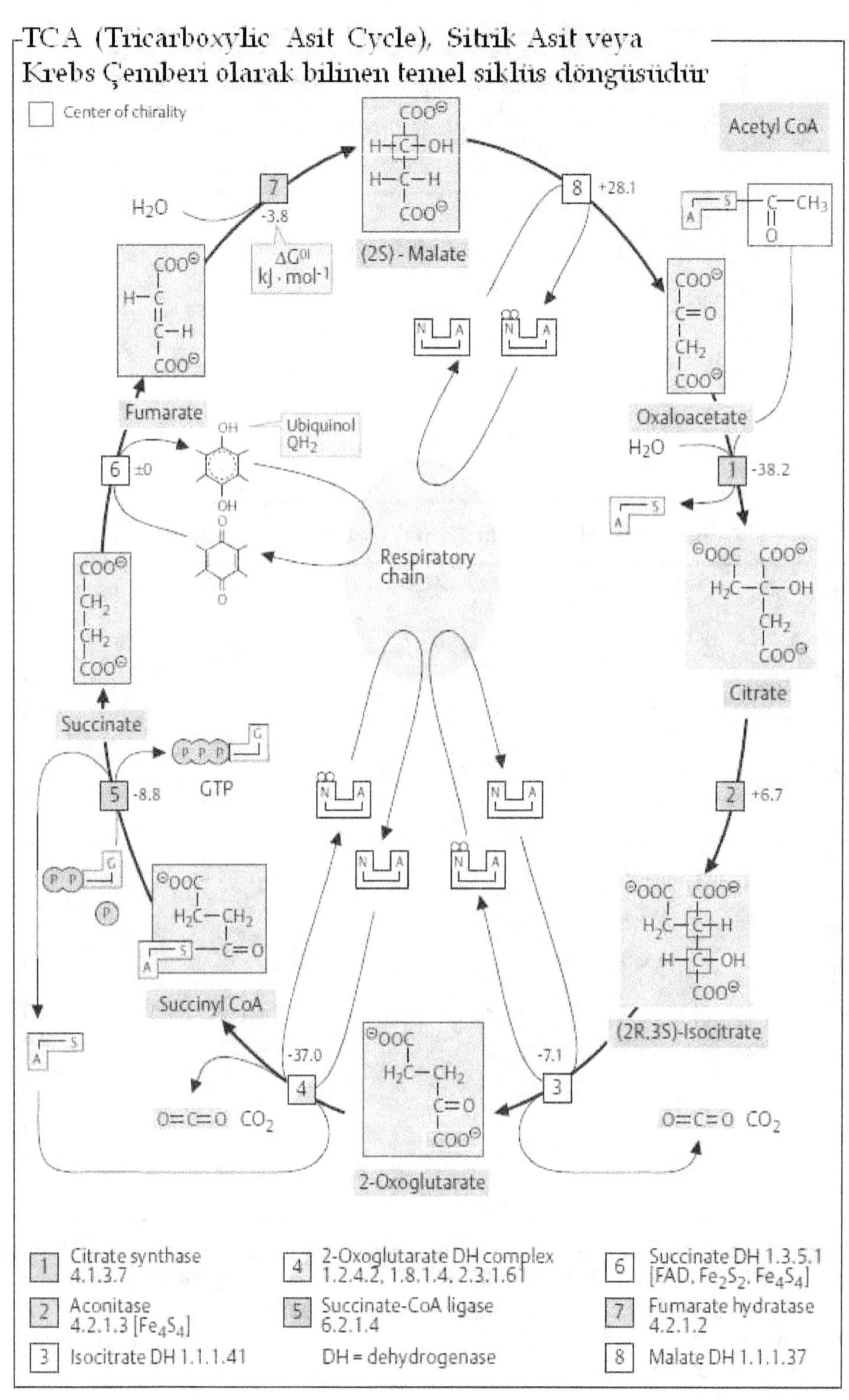
Center of chirality
Acetyl CoA
7
H2O
-3.8
8   +28.1
ΔG⁰ʹ
kJ · mol⁻¹
(2S) - Malate
Fumarate
6   ±0
Oxaloacetate
H2O
1   -38.2
Ubiquinol QH2
Respiratory chain
Citrate
Succinate
5   -8.8
GTP
2   +6.7
Succinyl CoA
(2R,3S)-Isocitrate
-37.0
4
-7.1
3
O=C=O CO2
2-Oxoglutarate
O=C=O CO2
1   Citrate synthase 4.1.3.7
2   Aconitase 4.2.1.3 [Fe4S4]
3   Isocitrate DH 1.1.1.41
4   2-Oxoglutarate DH complex 1.2.4.2, 1.8.1.4, 2.3.1.61
5   Succinate-CoA ligase 6.2.1.4
DH = dehydrogenase
6   Succinate DH 1.3.5.1 [FAD, Fe2S2, Fe4S4]
7   Fumarate hydratase 4.2.1.2
8   Malate DH 1.1.1.37

TCA Döngüsü ile Amino Asitlerin Yıkılımını Gösteren Diyagram

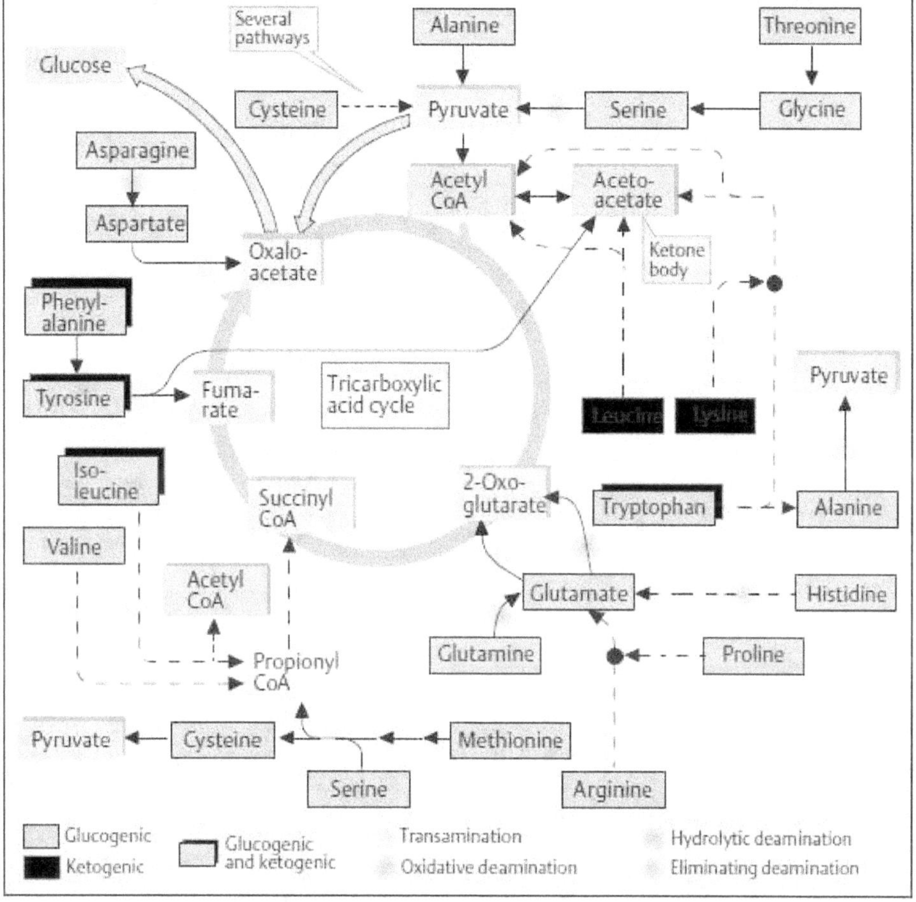

TCA Döngüsü ile Amino Asit Yapımını gösteren Diyagram

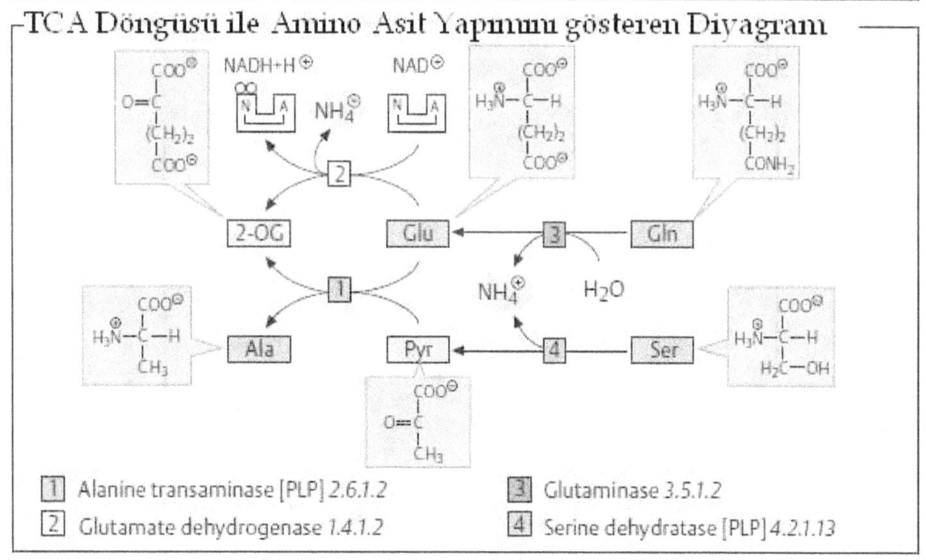

1. Alanine transaminase [PLP] 2.6.1.2
2. Glutamate dehydrogenase 1.4.1.2
3. Glutaminase 3.5.1.2
4. Serine dehydratase [PLP] 4.2.1.13

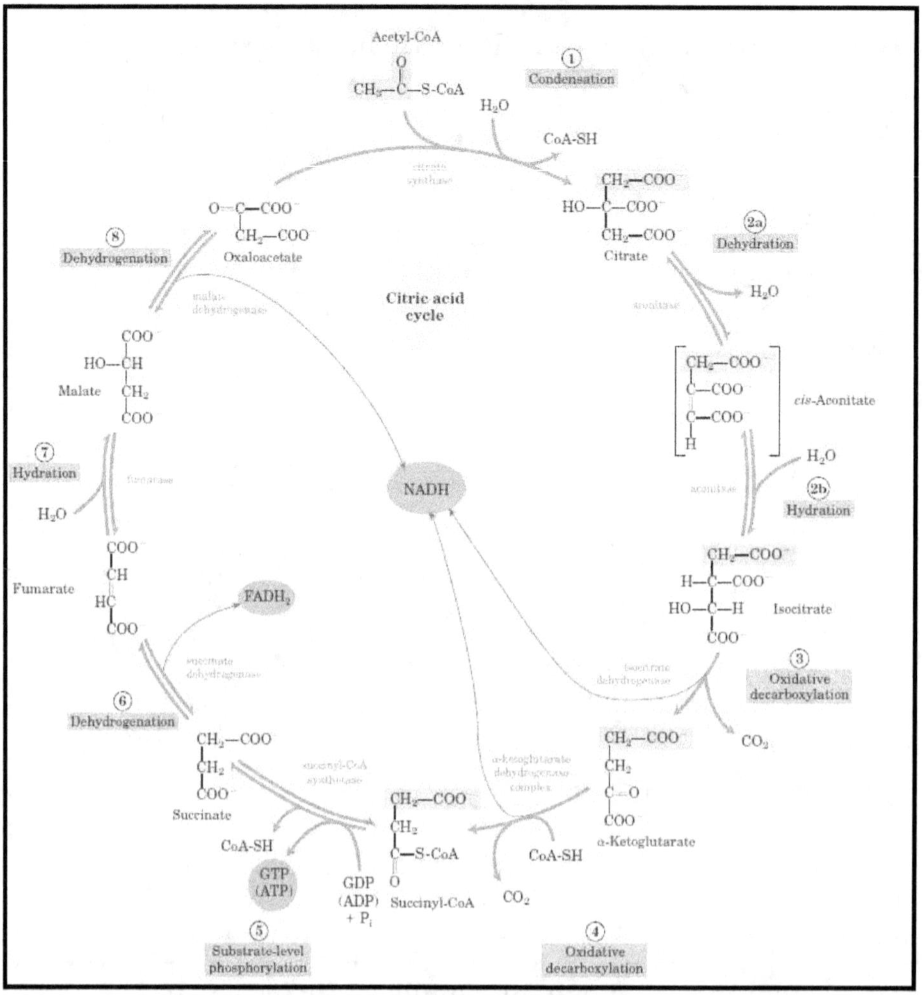

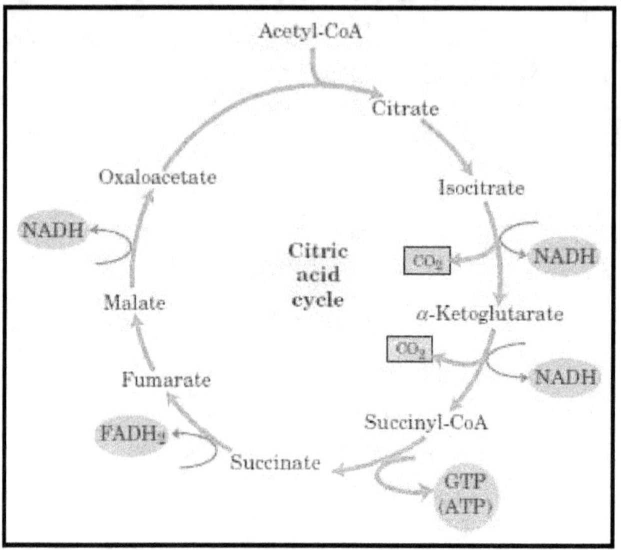

Acetyl-CoA
O
CH₃—C—S-CoA
① Condensation
H₂O
CoA-SH
citrate synthase
CH₂—COO⁻
HO—C—COO⁻
CH₂—COO⁻
Citrate
②a Dehydration
H₂O
aconitase
O=C—COO⁻
CH₂—COO⁻
Oxaloacetate
⑧ Dehydrogenation
malate dehydrogenase
Citric acid cycle
CH₂—COO⁻
C—COO⁻
C—COO⁻
H
cis-Aconitate
H₂O
aconitase
②b Hydration
COO⁻
HO—CH
CH₂
COO⁻
Malate
⑦ Hydration
fumarase
H₂O
NADH
CH₂—COO⁻
H—C—COO⁻
HO—C—H
COO⁻
Isocitrate
isocitrate dehydrogenase
③ Oxidative decarboxylation
COO⁻
CH
HC
COO⁻
Fumarate
FADH₂
succinate dehydrogenase
⑥ Dehydrogenation
CO₂
CH₂—COO⁻
CH₂
COO⁻
Succinate
succinyl-CoA synthetase
CoA-SH
GTP (ATP)
GDP (ADP) + Pᵢ
CH₂—COO⁻
CH₂
C—S-CoA
O
Succinyl-CoA
α-ketoglutarate dehydrogenase complex
CoA-SH
CO₂
CH₂—COO⁻
CH₂
C=O
COO⁻
α-Ketoglutarate
④ Oxidative decarboxylation
⑤ Substrate-level phosphorylation

Acetyl-CoA
Citrate
Oxaloacetate
Isocitrate
NADH
Malate
Citric acid cycle
CO₂
NADH
Fumarate
α-Ketoglutarate
FADH₂
CO₂
NADH
Succinate
Succinyl-CoA
GTP (ATP)

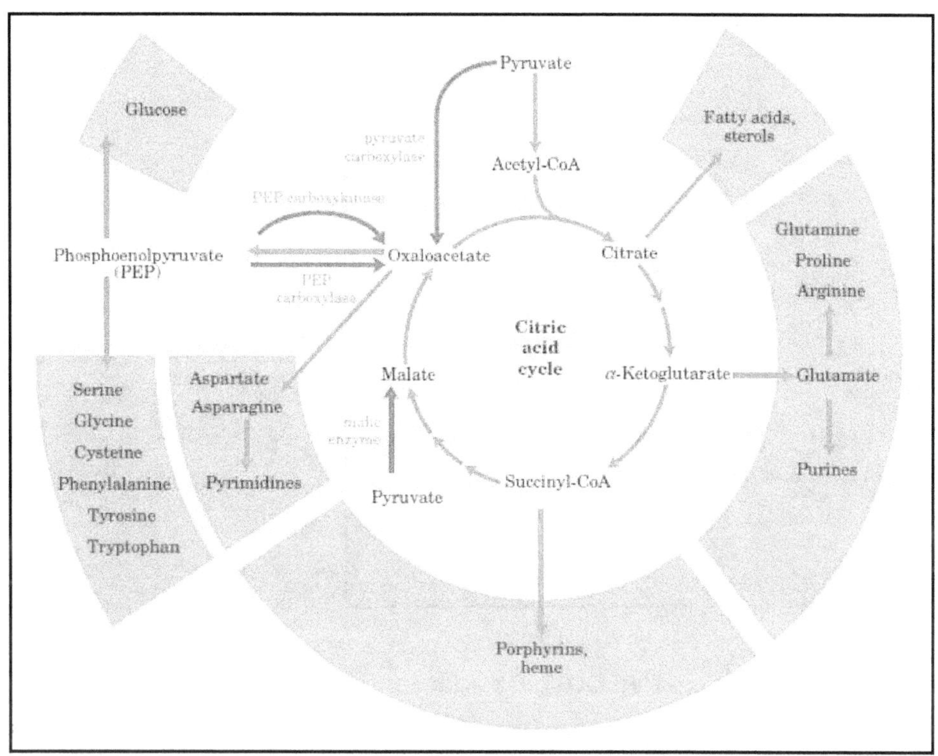

TCA (Sitrik asit) döngüsünün bir turunda meydana gelen ara reaksiyon siklüslerinin (üstteki) ve oluşan ürünleri (alttaki) gösteren diyagramlar. Buna göre, merkezinde sitrik asit çemberinin olduğu reaksiyon siklüslerinin son anabolik ürünü glukoz molekülü olup, Fotosentez ile besin üretim zincirindeki son halka glukozon ve temel protein moleküllerinin sentezine kadar devam eden reaksiyon siklüsleri şeklinde, hücre içindeki enerji döngüsü sürekli kendi üzerine kapanan bir dairesel süreç şeklinde devam edip gider. Canlı metabolizmada önemli bir yeri olan bu döngünün bir turunda aşağıdaki reaksiyon denklemleri verilen 8 ara basamak meydana gelir:

1- Sitrat Sentezi:

2- İzositrat Sentezi:

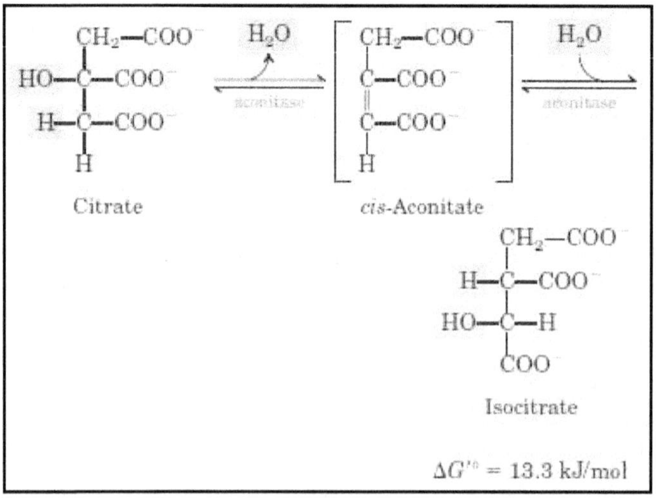

H2O
aconitase
H2O
aconitase
Citrate
cis-Aconitate
Isocitrate
ΔG'° = 13.3 kJ/mol

3- İzositratın α-Ketoglurat ve CO_2'e Oksidasyonu:

NAD(P)+ NAD(P)H + H+
CO2
Isocitrate
Oxalosuccinate
α-Ketoglutarate

4- α-Ketoglurat'ın Succinil-KoA ve CO_2'e Oksidasyonu:

CoA-SH
NAD+
NADH
+ CO2
α-Ketoglutarate
Succinyl-CoA
ΔG'° = −33.5 kJ/mol

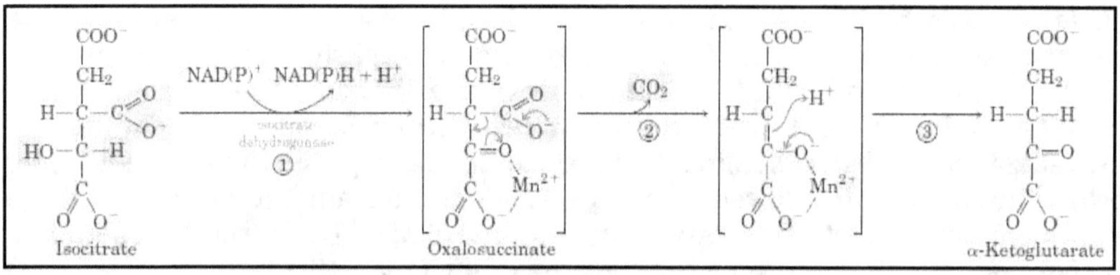

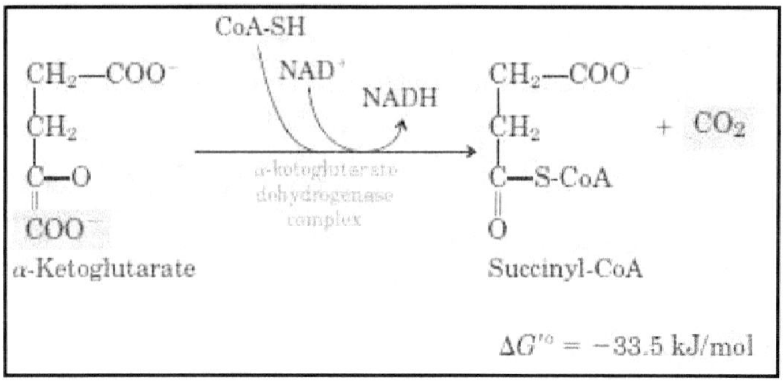

5- Succinil-KoA'nın Succinat'a Dönüşümü:

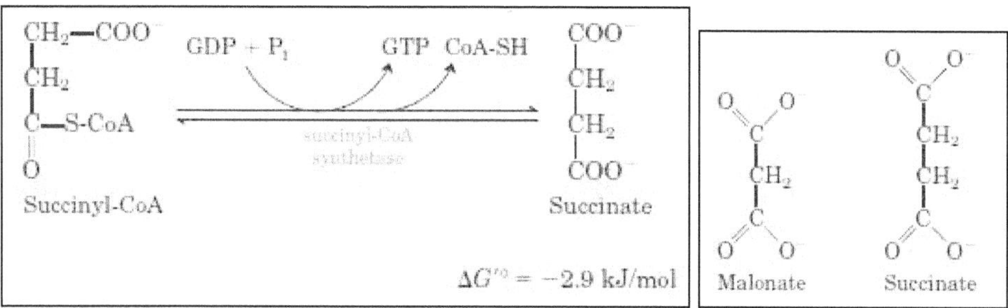

6- Succinat'ın Fumarat'a Oksidasyonu:

7- Fumarat'ın Malat'a Hidrasyonu:

8- Malat'ın OksaloAsetat'a Oksidasyonu:

$$L\text{-Malate} + NAD^+ \rightleftharpoons Oxaloacetate + NADH + H^+$$

$$\Delta G'^o = 29.7 \ kJ/mol$$

LİPİD METABOLİZMASI

GENEL BAKIŞ

Karbonhidratlar ve proteinlerle birlikte organizmanın organik maddelerini oluşturan **Lipidler**in hücre zarlarında yer almak gibi bazı yapısal fonksiyonları varsa da, asıl görevleri organizmanın karbobhidratlardan sonra en önemli yakıt kaynağı olmalarıdır. Alınan besin maddeleri içerisinde lipidlerin bulunması sadece yağda eriyen vitaminler için ve belirli doymamış yağ asitleri yönünden de önemlidir. Bunların dışında besinlerde bulunması şart değildir. Lipidler organizmanın enerji deposunu oluştururlar. Ağırlıkları dikkate alınırsa, aynı ağırlıkdaki karbonhidrat ve proteinlere oranla yaklaşık iki misli kalori verirler.

Vücudun karbonhidrat depolama yeteneğinin çok sınırlı olmasına karşılık, yağlar sınırsız denecek kadar çok miktarlarda depo edilebilirler. Ancak buna rağmen vücudun tercih ettiği kalori kaynağı lipidler değil, karbonhidratlardır. Lipidler organizmaya en çok nötral yağlar, özellikle trigliseritler biçiminde dahil olurlar. Ayrıca kolesterol ve diğer lipidler de az miktarlarda organizmaya alınırlar. Lipidler, karbonhidratlar ve proteinlere kıyasla daha çok karbon, buna karşılık daha az oksijen taşırlar. Bundan dolayı da, karbonhidrat ve proteinlere göre daha az oksidlenmiş halde bulunmalarına karşılık daha çok oksitlenebilirler, yani başka bir deyişle daha çok enerji verebilirler.

LİPİDLERİN SİNDİRİMİ

Besinlerle alınan lipidlerin büyük bir kısmını trigliseritler, daha azını fosfolipidler ile serbest ve ester kolesterol oluşturur. Lipid sindirimi ince barsaklarda ve ester bağlarının hidrolitik olarak parçanlanması şeklinde gerçekleşir. Bu hidrolitik parçalanma **lipaz** enziminin katalitik etkisi ile gerçekleşir.

Pankreas tarafından salgılanan lipaz, Ca^{++} iyonları, sabunlar ve safra tuzları gibi maddeler tarafından aktifleştirilir. Lipaz suda eridiğinden, lipidlere etkisini yağ/su sınır yüzeylerinde gösterir. Bunun için de yağların, bağırsak peristaltik hareketleriyle ve safra tuzlarının etkisiyle sınır yüzeyleri genişler ve bir **mikroemülsiyon** durumuna gelirler. Safra asitleri burada **yüzey gerilimini** azaltıcı bir etki gösterir. Mikroemülsiyon durumuna gelen yağların hidrolizi sonunda **trigliseritler**, *β-monogliseritlere* ve *serbest yağ asitlerine* parçalanırlar.

Lipaz enzimi trigliseritlerin β-ester bağlarını etkilemez. Bağırsak kanalındaki **kolesterol esterleri, kolesterol esteraz** enzimi aracılığı ile *kolesterol* ve *serbest yağ asitlerine,* **Fosfolipidler** de **lipaz** altında *fosfogliserit ve serbest yağ asitlerine* ayrılırlar. İşte bu hidroliz ürünleri başta monogliseritler ve yağ asitleri olmak üzere, tüm lipidlerin katıldığı **miseller**i oluştururlar. Misellerin yapısında yerine göre gliserol, -di ve tri-gliseritler de bulunabilir. Lipidler, miseller biçiminde mukoza hücrelerine alınırlar. Mukoza hücrelerinde yağ asitleri monogliseritler ile birleşerek trigliseritleri, serbest kolesterollerle birleşerek kolesterol esterlerini, fosfogliseritlerle de tekrar fosfolipidleri sentezlerler. Tüm bu sentez ürünlerinin ve az miktarda da serbest yağ asitleri ve serbest kolesterolün proteinlerle birleşmesi sonucu **silomikron**lar oluşur.

Silomikronlar mukoza hücrelerini terk ederek önce doku aralarına oradan da lenf kanalllarına ve son olarak da ductus thoracicus'a geçerler. Bu şekilde dolaşıma dahil olan lipidler oradan da adipoz doku, kalp kası, karaciğer ve akciğer gibi dokulara taşınırlar. Lenf yolu ile taşınan silomikronların kan dolaşımına dahil olmaları ile birlikte plazma süt manzarasını alır. Bu olaya **emilim hipelipemisi** denir. Besin alımından yaklasık 5-6 saat sonra emilim hiperlipemisi en üst düzeye ulaşır. Yavaş yavaş azalarak yaklaşık 10-12 saat sonra plazma berraklaşır ve eski haline döner.

Plazmanın berraklaşması silomikronların hücre içine girmesi ile gerçekleşir. Silomikronların hücrelere girmesi olayına **plazma berraklaştırıcı faktör** *(plazma-clearing factor)* yardımcı olur. Silomikronlar girdikleri dokularda parçalanarak yine yapıtaşlarına ayrılırlar. Böylece açığa çıkan yağ asitleri ve diğer lipidler, parçalandıkları dokulara göre değişik biçimlerde kullanılırlar. Örneğin, adipoz dokuda tekrar trigliseritleri oluşturarak depo edilirler, kalp kasında oksitlenerek enerji üretirler.

LİPİDLERİN ORGANİZMADA DAĞILIŞLARI

Organizmanın %10 kadarını lipidler oluşturur. En çok bulunanı trigliseritlerdir. Lipidler bütün organlarda bulunursa da, daha çok olarak bağ doku ve yağ dokuda, bu dokuların stoplazmasında depo halinde yer alırlar. **Trigliseritler,** en çok adipoz dokularda yer alır. **Doymamış yağ asitleri,** diğer dokulara kıyasla en çok karaciğerde bulunur. **Fosfolipidler,** adipoz doku dışında hemen hemen tüm dokulara dağılmış durumdadır. **Lesitin ve Kefalin,** hemen tüm dokularda önemli yoğunlukta bulunur.

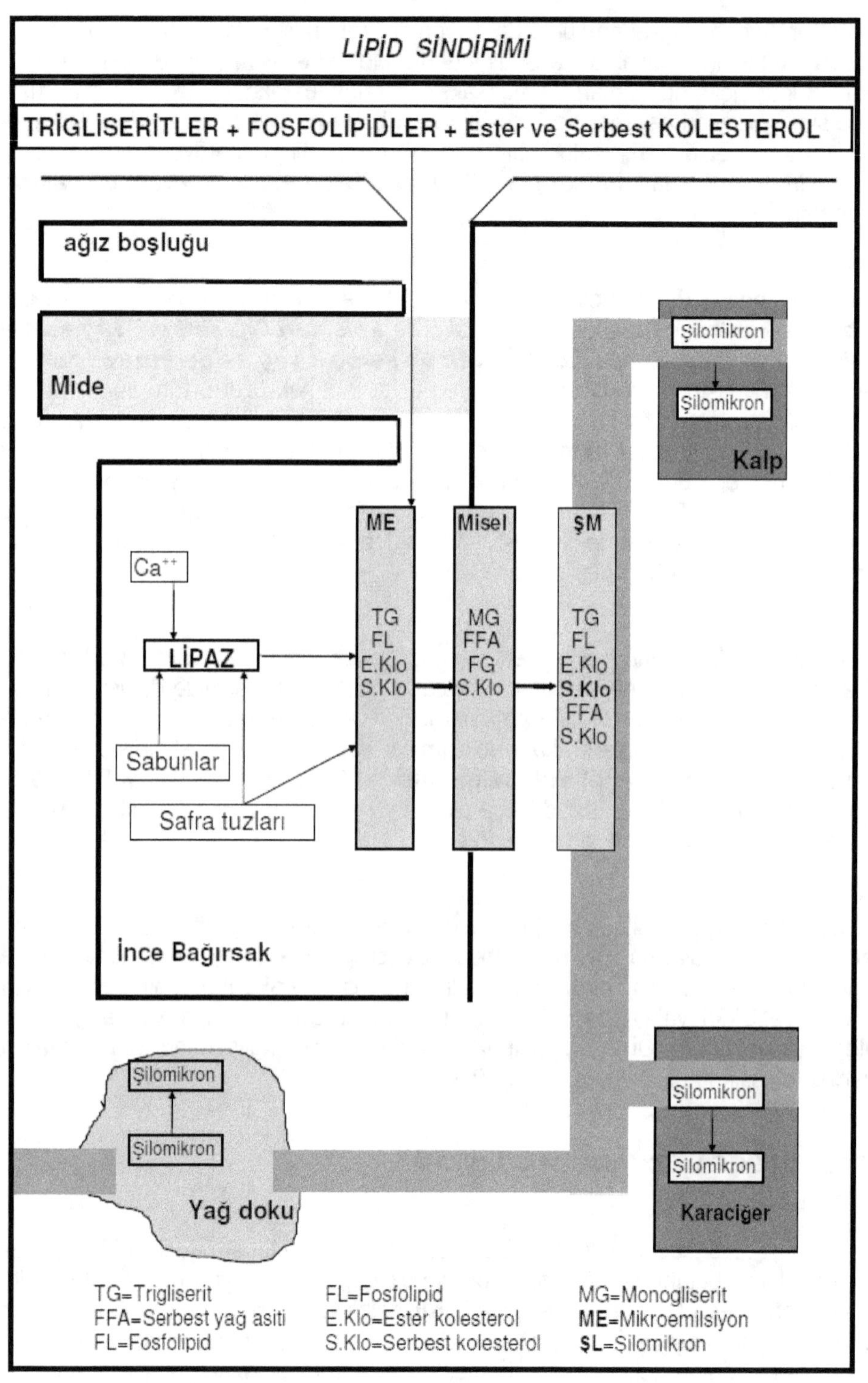

Tablo: Lipidlerin sindirimini gösteren fonksiyonel metabolik dağılım grafiği.

Sfingomyelinin, önemli oranlarda bulunduğu doku ise, akciğerler ve beyindir. **Plazmalogenler,** kas ve beyinde bol miktarda bulunur. **İnozitol taşıyan lipidler,** karaciğer, kalp ve beyinde yer alır. **Glikolipidler,** birçok dokudan izole edilmişse de en yüksek konsantrasyonda sinir dokusunda bulunur. **Serebrositler,** sinir dokusunda özellikle beyaz maddede ve gri maddede ki, ganlositlerde yer alır. **Kolesterol,** serbest olarak yüksek konsantrasyonlarda beyinde bulunur, Karaciğer ve plazmada ise hem serbest hem de ester kolesterol halinde yer alır.

ORGANLARIN LİPİD METABOLİZMASINDAKİ ROLÜ

Karaciğer; Karaciğer lipid metabolizmasında merkezi bir role sahiptir. Bundan dolayı da tüm lipid gruplarına dahil maddeleri yapısında taşır. Dokusundaki lipid oranı çeşitli etkenlere bağlı olarak değişmekle birlikte, ortalama % 5 düzeyindedir. Plazmadan aldığı serbest yağ asitlerini trigliserit ve fosfolipid sentezinde kullanır. Kolesterol sentezi ve plazma kolesterol düzeyinin denetimi de yine karaciğerin görevlerindendir.

Genel olarak, trigliseritler stoplazmada, fosfolipidlerde nukleus, mitokondria ve mikrozomlarda yer alır. Normalde karaciğerde bulunan lipidler, küçük damlacıklar halinde görülür. Çeşitli etkenlere bağlı olarak lipid oranın % 25-30'a varması, yağ damlacıklarının çapının 2-10 mikrona ulaşması ve yer yer 100 mikrona ulaşan yağ kistlerinin oluşması **karaciğer yağlanması**'nın belirtisidir. Karaciğer yağlanmasının nedenlerini aşağıdaki tabloda görmektesiniz:

ORGANİZMA DOKULARINDA LİPİDLERİN DAĞILIŞI	
Trigliseritler	En çok adipoz dokuda, sonra karaciğerde
Doymamış yağ asitleri	Diğer dokulara kıyasla en çok karaciğerde
Fosfolipidler	Adipoz doku dışındaki tüm dokularda
Lesitin, Kefalin	Hemen, hemen tüm dokularda
Sfingomiyelin	Yüksek düzeyde beyin ve akciğerde, az olarak tüm dokular
Plazmalogenler	Kas ve beyinde bol miktarda
İnozitol'lü fosfolipidler	Karaciğer, kalp ve beyinde
Glikolipidler	Sinir dokusunda bol miktarda
Serebrositler	Sinir dokusunda
Kolesterol	Karaciğerde ve yüksek düzeyde beyinde

Tablo: Lipidlerin Dokulara göre Dağılımını gösteren bir tablo.

KARACİĞER YAĞLANMASININ ETKENLERİ	
Tarifi	Karaciğerdeki lipid oranının %25-30'a ulaşması, yağ damlacıklarının çaplarının 2-10 mikronu bulması, yer,yer 100 mikrona varan yağ kistlerinin olşması ile karakterizedir.
Metabolik Etkenler	**Toksik Etkenler**
A-Beslenmeye bağlı etkenler 1-Fazla yağlı beslenme 2-Fazla karbonhidratlı beslenme 3-Proteinden fakir beslenme 4-Açlık 5-Lipotropik madde noksanlığı 6-Esansiyel yağ asitlerinin noksanlığı 7-Tiamin ve Biotin fazlalığı 8-Kronik alkolizm **B-Endokrin bozukluklar** 1-Hipofiz ile ilişkili bozukluklar 2-Kortikal bozukluklar 3-Troid bozuklukları 4-İnsülin bozuklukları 5-Seks hormonu bozuklukları **C-Diğer bozukluklar** 1-Merkezi sinir sistemi ile ilişkili bozukluklar 2-Obesitas 3-Etiyonin	**A-Kimyasal etkenler** 1-Karbon tetraklorid 2-Kloroform 3-Fosfor **B-Bakteriyel etkenler** **C-AAnoksit etkenler** 1-Anemi 2-Konjestiyon

Tablo: Karaciğer Yağlanmasının Temel Etkenleri.

Yağ Depo Dokuları; Depo dokularının kapsadıkları lipid oranı % 90'dır ve hemen hemen tamamına yakınını da trigliseritler oluşturur. Görevleri:

1- Yedek yağ deposu oluşturmak,

2- İç organları darbelere karşı korumak,

3- Isı izolasyonunu sağlamaktır.

Kolin, inozitol ve metiyonin gibi maddeler lipidlerin karaciğerden depo dokulara doğru transportunu hızlandıran maddelerdir. Karaciğer yağlanmasının etkenleri bu akışı ters yönde kamçılar. Onun için, yukarıda değindiğimiz bu 3 madde **karaciğer yağlanmasını önleyen lipotropik** maddeler olarak adlandırılırlar. Şimdi gelelim hücrede meydana gelen lipid metabolizmasının ara biyokimyasal basamaklarını daha detaylı olarak incelemeye.

LİPİD ARA METABOLİZMA BASAMAKLARI

Daha önce de değindiğimiz gibi, lipidler hayvansal organizmanın en zengin enerji kaynağını oluştururlar. Organizmanın karbonhidratlarla karşılayamadığı enerji, lipidlerin oksidasyonu ile karşılanır.

Yağ asitlerinin oksidasyonu; Silomikronlarla karaciğere gelen trigliseritler, burada gliserol ve yağ asitlerine parçalanırlar. Gliserol, ileride değineceğimiz karbonhidrat metabolizmasında anlattığımız şekilde organizmada değerlendirilir. Yağ asitleri ise, **β-oksidasyon** adı verilen bir yoldan oksidasyona uğrarlar. Bu oksidasyon olayı, en çok karaciğer ve böbrek dokusunda daha az da yağ dokusu ve düz kaslarda **mitokondriler** içerisinde meydana gelir. β-oksidasyonda yağ asidi zinciri β-karbon atomundan, yani -COOH grubuna en yakın 2. karbon atomundan oksitlenir ve sonunda 1 molekül asetil-CoA ile oksidasyona uğrayan yağ asidinin 2 karbon noksanı kadar yağ asidi kalır. Örneğin, 18 karbonlu bir yağ asidi, β-oksidasyon olayına maruz kalırsa sonunda 1 mol. asetik asit ile 16 karbonlu yağ asidi oluşturur ve bu olay her seferinde döngü olarak tekrar ettiğinde, yağ asidi toplam 2 mol kaybederek tamamı asetil KoA birimlerine parçalanana kadar devam eder. Oksidasyon β-karbon atomundan başladığı için bu adı almıştır.

β-oksidasyon toplam 5 ara basamaktan meydana gelir:

1-Aktivasyon *(Yağ asitlerinin aktifleşmesi):* Bu reaksiyonda yağ asidinin KoA türevi meydana gelerek yağ asidini aktifleştirir. Olayı **tiyokinaz** enzimi katalize eder. Üç tip tiyokinaz vardır. Birincisi, asetik asit ve propiyonik asit üzerine; ikincisi, 4-12 C'lu yağ asitlerine; üçüncüsü ise, 12 C'ludan fazla yağ asitlerini etkiler.

2-Desaturasyon *(Dehidrojenizasyon I)* Aktifleşen yağ asidi **asil dehidrojenazlar** tarafından a ve b C'lardan dehidrojenize edilir. Yani bu noktalarda 2 H kaybederek çift bağ oluşturur. Olayda FAD de rol oynar. Reaksiyonun geri dönüsü **redüktaz** enzimi aracılığı ile gerçekleşir ve NADP rol alır. FAD'ler H alarak solunum zincirine girerler ve 2 ATP sentez edilir.

3-Hidrasyon: Bu basamakta desaturasyon olayında meydana gelen çift bağa bir molekül su bağlanır ve sonuçta **β-hidroksiasil CoA** oluşur. Bu reaksiyonu **enoyl hidraz (krotonaz)** enzimi katalize eder.

4-Oksidasyon *(Dehidrojenizasyon II):* Bir önceki basamakta meydana gelen β-hidroksiasil KoA'nın OH grubu bir keto grubuna oksitlenir ve **β-ketoasil KoA** meydana gelir. Reaksiyonu **β-hidroksiasil dehidrojenaz** enzimi katalizler. Hidrojenleri NAD'ler alır ve sonuçta solunum zincirine girerek **3 ATP** sentezlenir.

5-Tiyolitik parçalanma: Bu son basamakta, β-ketoasil KoA, yeni bir KoA ile reaksiyona girerek, **1 mol asetil KoA** ayrılır. Geriye 2 C'nu eksilmiş yağ asidinin KoA türevi, yani aktifleşmiş şekli kalır. β-oksidasyon tekrarlanırken bu şekilde artık 1. basamak, yani aktivasyon olayı atlanarak 2. basamaktan devam eder ve olayın her tekrarlanışında yağ asidi zinciri 2 C kısalarak, sonunda tümüyle **asetil KoA**'lara bölünür. Elde edilen asetil KoA'lar yeniden yağ asidi sentezinde ve steroid sentezinde kullanılabildiği gibi, aseto asetil KoA'larla birleşerek yeniden **TCA** siklüsüne dahil olarak enerji üretimi için de kullanılabilirler.

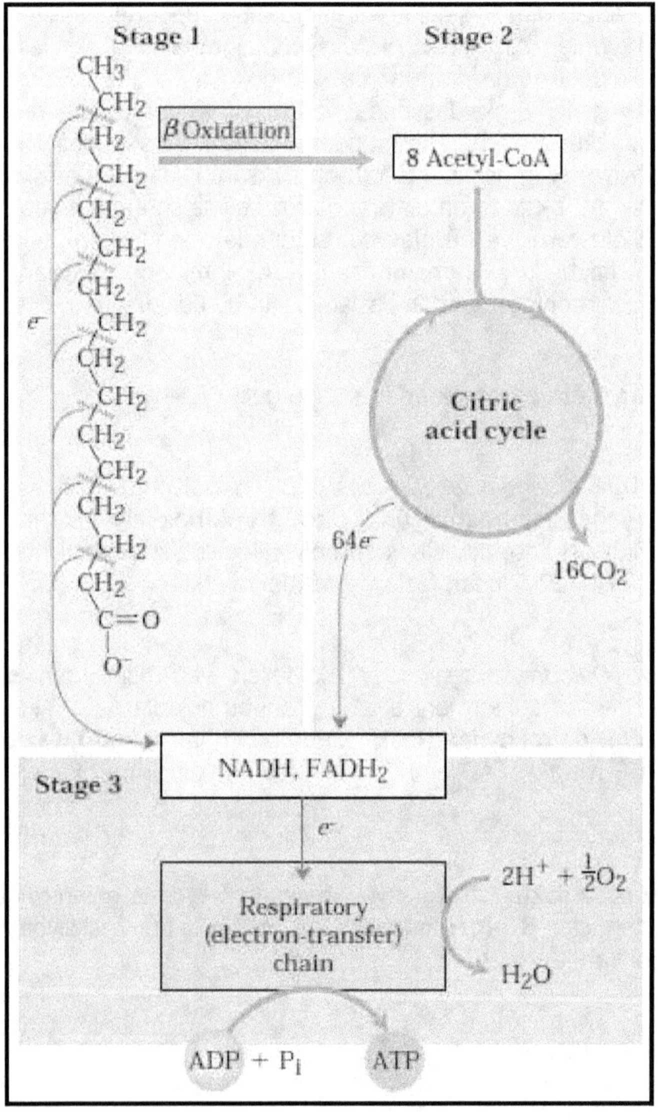

Yağ asidi metabolizmasının basamaklarını gösteren bir diyagram:

1- β-oksidasyon, 2-Desaturasyon (Asetil KoA ve Sitrik Asit döngüsü ile), 3-Tiyolitik Parçalanma (NADH ve FAD ile açığa çıkan enerjinin solunum zinciriyle yeniden oksidasyona katılması).

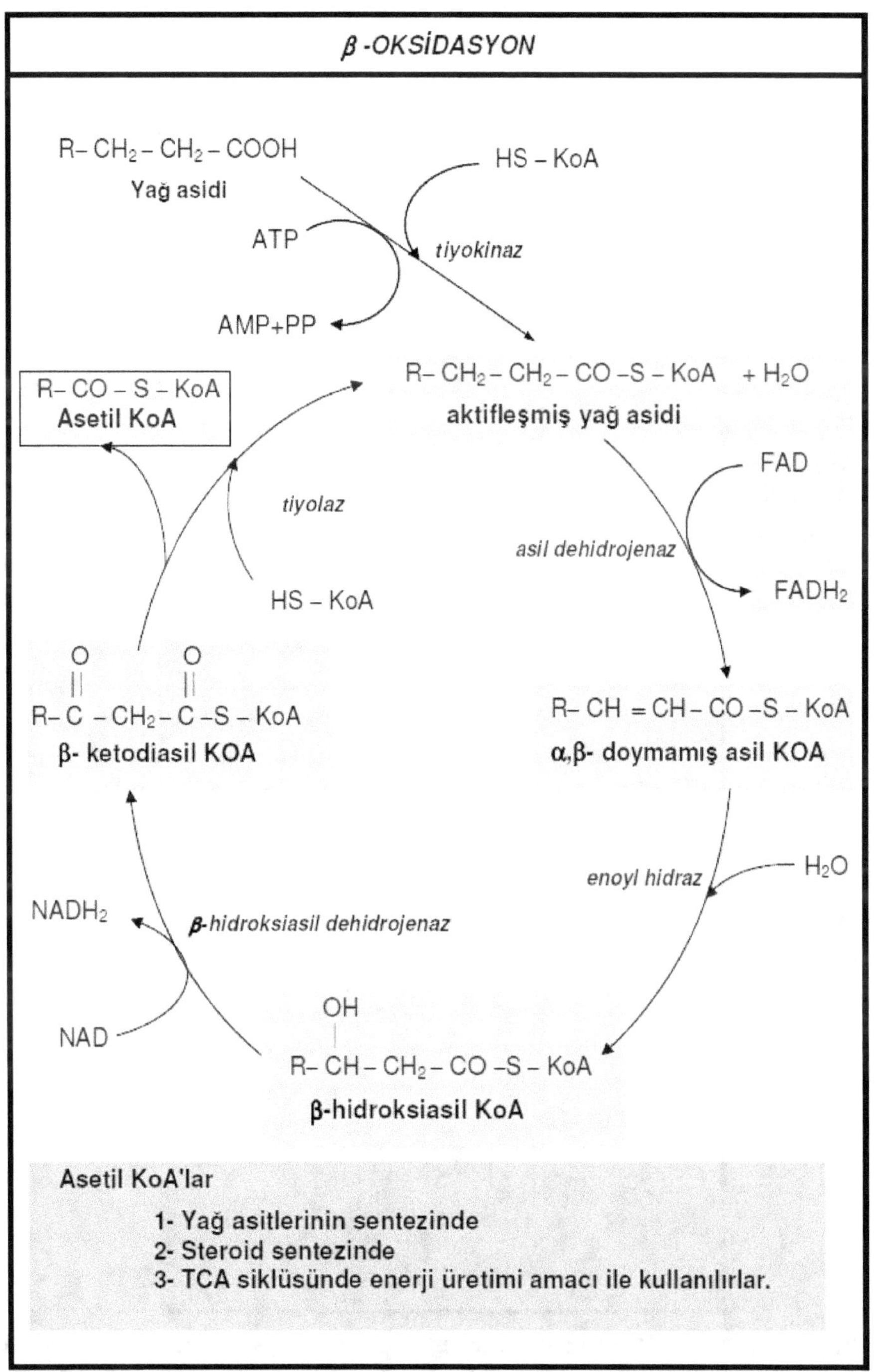

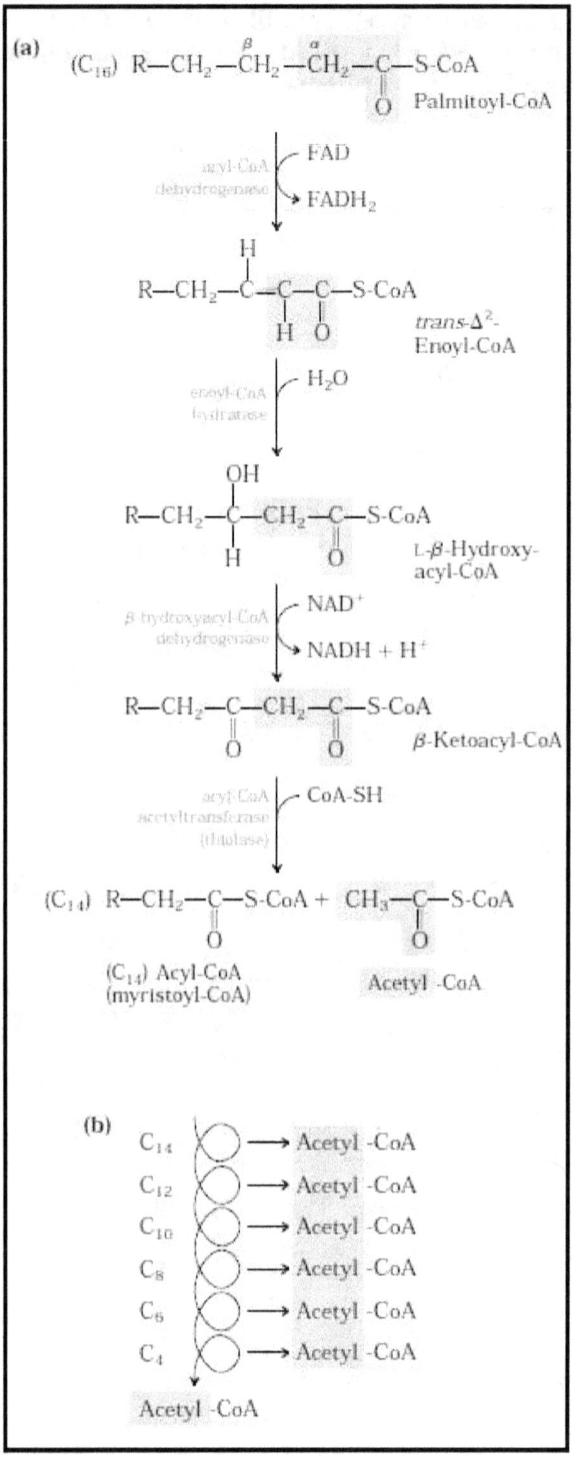

β-Oksidasyon basamaklarında gerçekleşen biyokimyasal reaksiyon yolları. (a) Doymamış asil KoA'dan (b) parçalanmış Asetil KoA'ya giden metabolik yol.

β-oksidasyon tablosu incelendiğinde, görülecektir ki, 2. ve 4. basamaklarda, yani Desaturasyon (Dehidrojenasyon I) ve Oksidasyon (Dehidrojenasyo II) safhalarında Hidrojenler FAD ve NAD'ler tarafından alınır. Yine biliyoruz ki, bunlar Hidrojenleri su sentez etmek üzere solunum zincirine transfer ederler. Bunun sonucu olarak da FAD'lerden 2 ATP, NAD'lerden de 3 ATP sentezlenir. Demek ki, β-oksidasyonun bir turundan toplam 5 ATP sentez edilir. β-oksidasyona uğrayan yağ asidi 16 karbonlu palmitik asit ise, bu yağ asidinin tamamen asetil-KoA'lara parçalanabilmesi için oksidasyonun 7 kez tekrarlanması gerekir. Her tekrarda 5 ATP sentez edildiğine göre palmitik asitin oksidasyonundan toplam 5x7=35 ATP sentez edilir. Palmitik asit 16 karbonlu olduğuna göre oksidasyonu sonucunda 8 adet asetil-KoA meydana gelir. Bunlar enerji temini amacıyla TCA siklusuna dahil olurlarsa o zaman 8x12=96 ATP daha sentez edilmiş olur. Çünkü, hatırlayacaksınız TCA siklusunda 12 ATP sentez edilir. Daha önce sentez edilmiş bulunan 35 ATP'nin de ilavesi ile 1 mol palmitik asidin oksidasyonu sonucu 131 adet ATP meydana gelmiş olur. β-oksidasyonun 1. basamağında 1 ATP harcandığı ve oksidasyonların tekrarı ikinci basamaktan devam ettiği dikkate alınırsa geriye net 130 ATP kalmış olur.

YAĞ ASİTLERİNİN BİYOSENTEZİ (LİPOGENEZİS)

Yağ asitlerinin sentezi başlıca karaciğer, yağ dokusu ve laktasyon döneminde meme dokusu hücrelerinin stoplazma ve mitokondriasında gerçekleşir. Bu olay, mevcut olan kısa zincirli yağ asitlerinin her defasında 2'şer C ilavesi ile daha uzun zincirli yağ asitlerine dönüşmesi şeklinde gelişir ve genellikle de asetik asitin aktif şekli olan asetil-KoA'lardan başlar. Bunun için asetil-KoA verebilen tüm maddelere, örneğin, karbonhidratlar, aminoasitler ve yağ asitlerine, yağ asidi sentezinin (lipogenezisin) alternatif kaynağı olarak bakılır. Lipogenezis biri mitokondrial diğeri stoplazmik olmak üzere iki şekilde gerçekleşir.

MİTOKONDRİAL LİPOGENEZİS

Daha çok önceden oluşmuş yağ asitlerine astil-KoA birimlerinin eklenmesi suretiyle zincirin uzaması esasına dayanır.

Birinci basamakta, asetik asit aktifleştirilir ve **Asetil KoA** oluşur.

İkinci basamakta, birinci basamakta meydana gelen asetil-KoA'ya bir asetil-KoA molekülü daha eklenmek suretiyle **asetoasetil-KoA** sentezlenir.

Üçüncü, dördüncü ve **beşinci basamaklarda,** aynen β-oksidasyon olayının tersi yönde, yani β-oksidasyonun dördüncü, üçüncü, ikinci basamakları gibi gelişerek, 2 karbonlu asetik asit, 4 karbonlu yağ asidi **bütirik asit**'in aktif şekli olan **Bütiril-KoA**'nın sentezi ile son bulur.

Sentez edilen bütiril-KoA, tekrar bir asetil-KoA ile birleşerek ve aynı basamaklar tekrarlanarak 6 C'lu yağ asidi sentez edilir. Daha sonra olayın tekrarlanması ile ve her seferinde 2 C eklenerek zincir uzatılır.

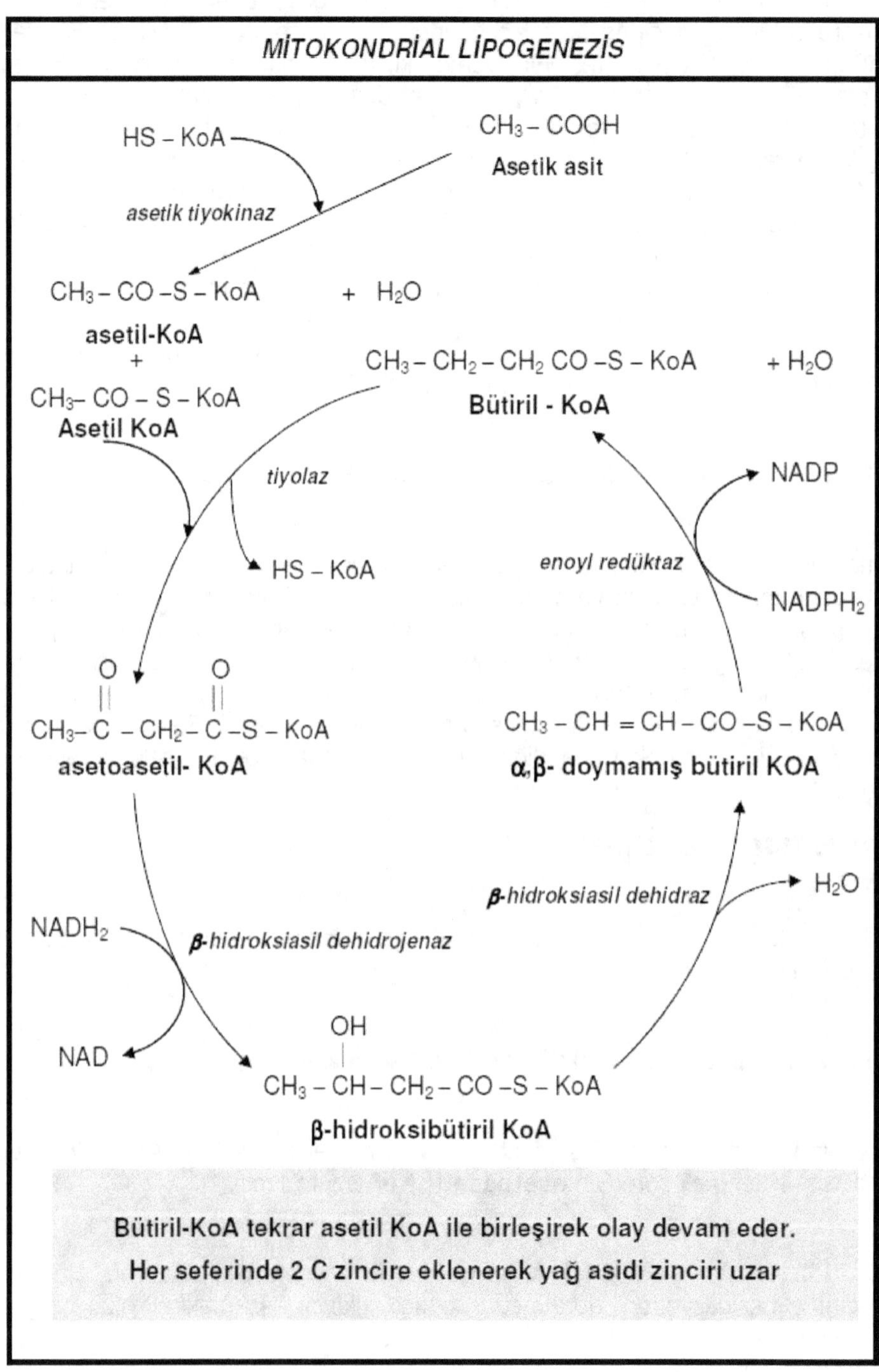

Diyagram Yağ asitlerinin biyosentez diyagramı.

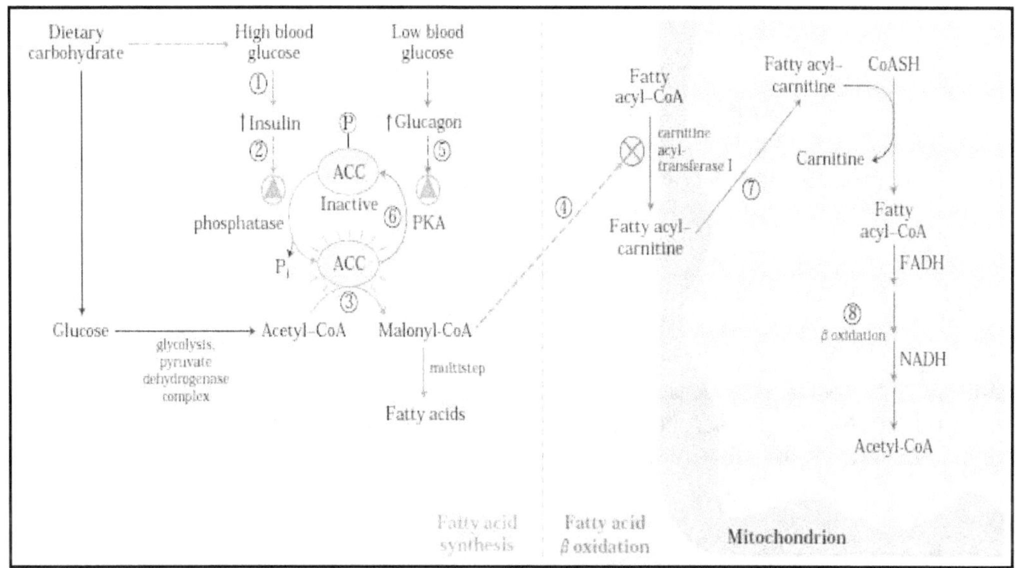

Diyagram: Mitokondri içerisinde gerçekleşen yağ asidi sentezi basamakları ile yağ asidi sentezi ve β-Oksidasyon süreci arasındaki ayrım.

STOPLAZMİK LİPOGENEZİS

Birinci Basamakta, CO_2, biotin kapsayan **asetil-KoA karboksilaz** enzimi aracılığı ile ve ATP yardımı ile, COO biçiminde asetil-KoA'ya bağlanır ve **malanil-KoA** meydana gelir.

İkinci basamakta, malonil-KoA, tekrar 1 mol asetil-KoA ile birleşir. Sonuçta **asetoasetil-KoA** oluşur. Olayı **β-ketoasil ACP sentetaz** enzimi katalize eder.

Üçüncü, dördüncü ve **beşinci basamaklar,** aynı mitokondrial yağ asidi sentezinde olduğu gibidir. Başka bir deyişle de β-oksidasyonun ters yönde gelişmesi gibidir.

Bu üç basamak sonunda asetoasetil-KoA, **bütiril-KoA'**ya çevrilir. Sonra tekrar bir mol molonil-KoA ile birleşerek reaksiyonlar tekrarlanır ve zincir her defasında 2 C uzayarak sentez olayı devam eder.

TRİGLİSERİT SENTEZİ

Trigliserit sentezi organizmada karaciğer, bağırsak mukozası ve yağ dokuda gerçekleşir. Sentezin ilk basamağında **gliserol** gereken enerjiyi ATP'den alarak, **gliserofosfo kinaz** enzimi yardımı ile **gliserofosfata** çevrilir:

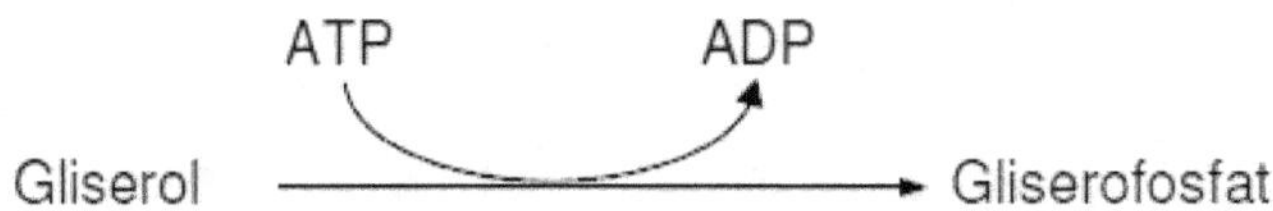

Daha sonra gliserofosfat asil-KoA ile birleşir ve **fosfatidik asit** setezlenir:

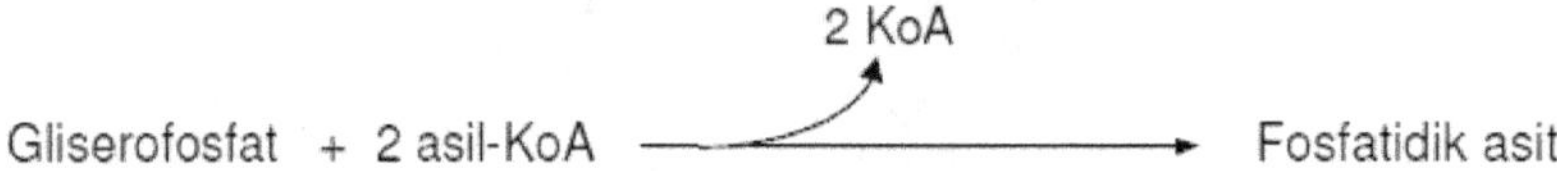

Fosfatidik asit, **fosfataz** aracılığı ile fosfat grubunun ayrılması sonucu **1, 2-digliserit**'e çevrilir. Bu da yeni bir asil-KoA ile reaksiyona girmesi sonunda 3 nolu karbon atomuna yağ asidi bağlanarak **trigliserit** sentez edilmiş olur:

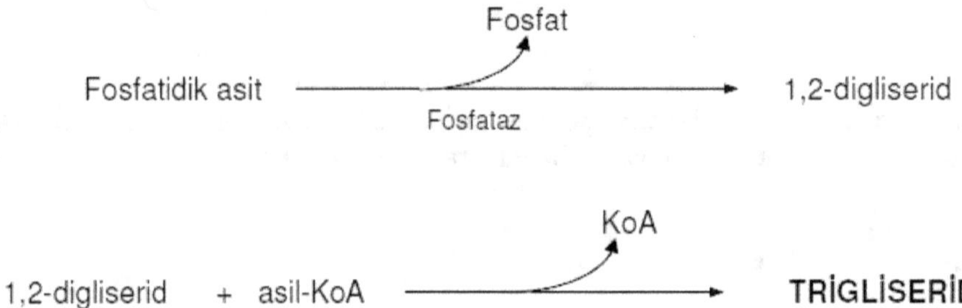

FOSFOLİPİD BİYOSENTEZİ

Fosfolipidler organizmada tüm dokularda sentezlenebilir. Ancak fosfolipidlerin önemli bir bölümü karaciğerde sentez edilirler. Fosfolipidlerin sentezi için taşıyıcı olarak **sitidin trifosfat**'a (*CTP*) gereksinim vardır. Ortamda bulunan sitidin trifosfat, daha önce meydana gelmiş olan fosfokolin ile reaksiyona girerek **sitidin difosfo-kolin** oluşur. Pirofosfat ayrılır. Fosfalipid sentezi 1,2-digliserit üzerinden başlar. 1,2-digliserid yukarıdaki gibi sentez edildikten sonra, **gliserit transferaz** enzimi aracılığı ile **CDP-kolin** ile **lesitin, CDP-etanolamin** ile **kefalin** sentezlenir:

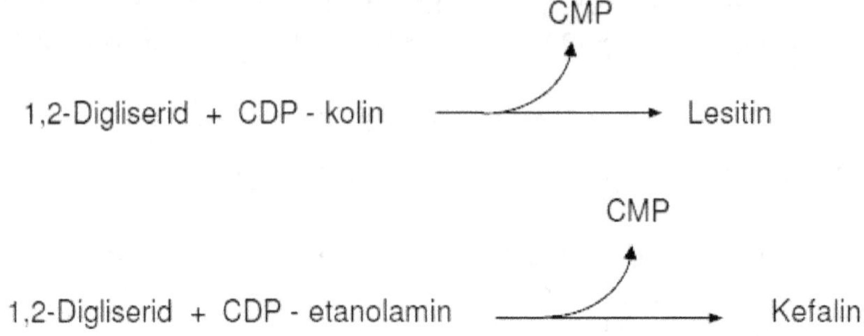

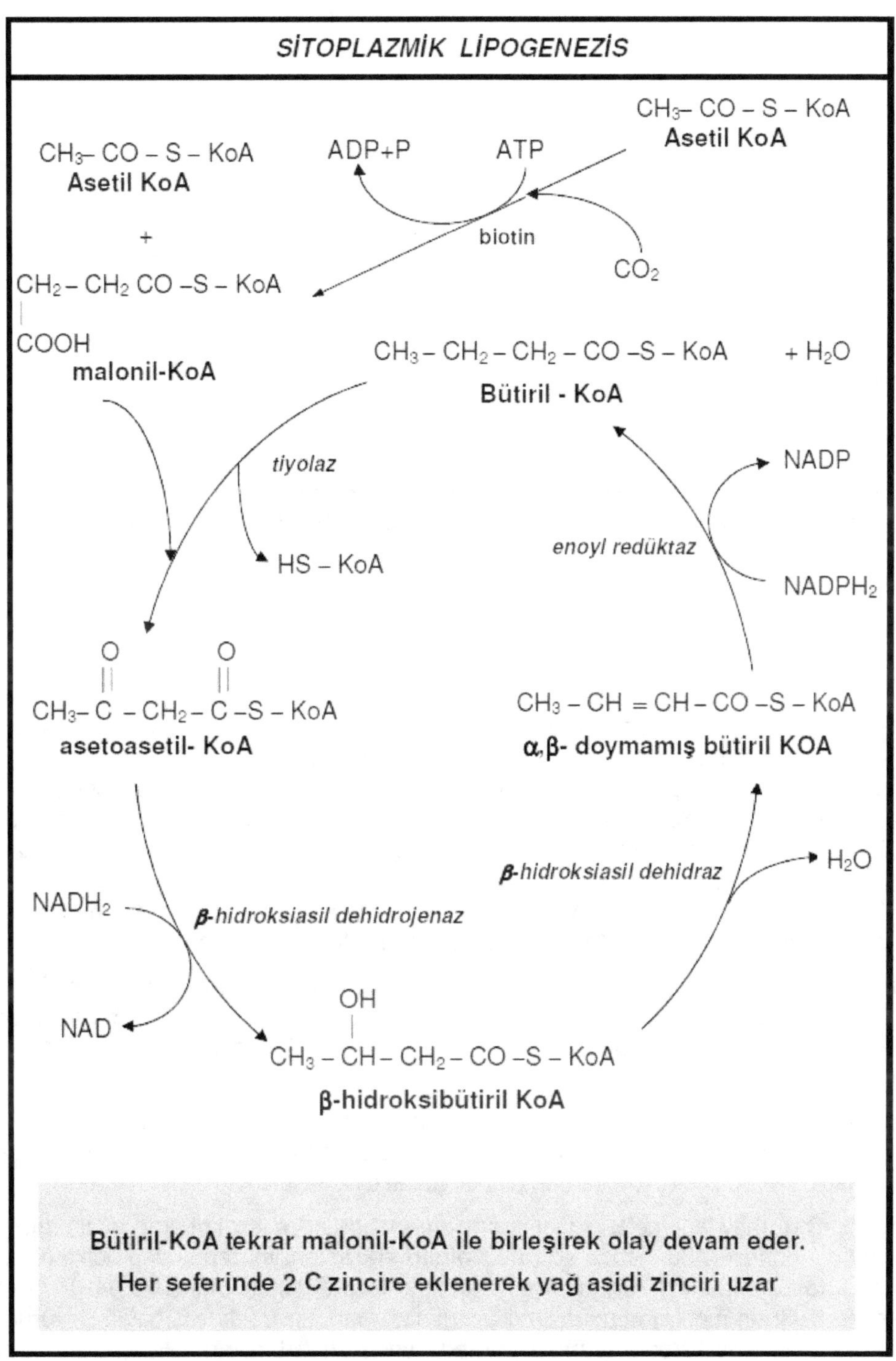

Tablo: Yağ asitlerinin stoplazmik biyosentez diyagramı.

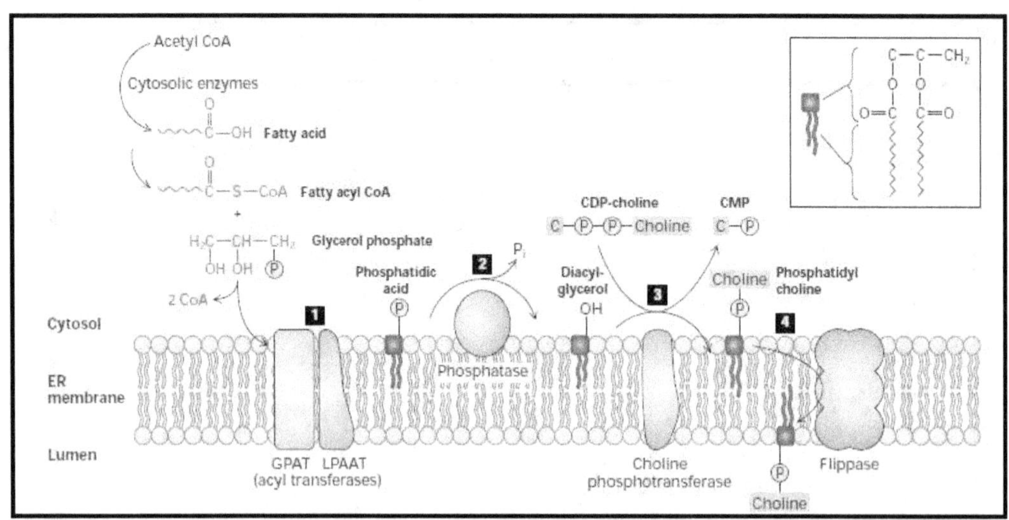

Diyagram: Fosfolipidlerin biyosentezini detaylı olarak gösteren bir diyagram.

KOLESTEROL BİYOSENTEZİ

Hayvansal organizmada, steroid yapısındaki bileşiklerin en önemlisi **kolesterol**'dür. Kolesterol organizma tarafından kolaylıkla sentez edilebilir. İnsan vücudunda günde 1 g kadar kolesterol sentez edilir. Dışarıdan alınan kolesterolün miktarı ise bunun ancak üçte biri kadardır. Organizmada kolesterolün sentez yeri başta karaciğer ve deri olmak üzere, adrenal korteks, testisler, ince barsaklar ve diğer bazı organlardır. Buna karşı yağ dokusu, kas, aorta ve yetişkin beyinde kolesterol biyosentezi oldukça yavaştır. Kolesterol sentezi asetil-KoA'larla başlar. Yani aynı yağ asitlerinde olduğu gibi, kolesterolde de asetil-KoA kaynak maddeyi oluşturur. İzotropik araştırmalar göstermiştir ki; kolesterolün tüm karbon atomları sentez sırasında asetil-KoA'dan üretilmektedir. Kolesterolün 2, 4, 6, 8, 10, 11, 12, 14, 16, 20, 23, 25 no'lu karbonları asetik asit'in COOH grubundan diğerleri ise CH_3 grubundan kaynak almaktadır. Kolesterolün sentezi başlıca 3 safhada gerçekleşir:

Birinci safha, Altı karbonlu **mevalonik asit**'in meydana gelmesi **safhasıdır.** Önce iki asetil-KoA birleşir, bu tekrar 1 mol. asetil-KoA, ile reaksiyona girer ve **3-hidroksi-3-metilglutaril-KoA (HMG-KoA)** oluşur. Sonra HMG-KoA indirgenerek **mevalonik asit** elde edilir.

İkinci safha, halka yapısına geçiş olan **squalen**'in oluşması safhasıdır. Squalen kolesterolün ön maddesi olarak da kabul edilir. Mevalonik asit bir dizi raksiyona uğratılarak 30 karbonlu doymamış bir hidrokarbon olan squalen'e dönüşür.

Üçüncü safha, meydana gelen squalen **squalen epoksidaz** enzimi aracılığı ile **squalen 2, 3-oksid**'e dönüşür. Bu madde **squalen oksid siklaz** enzimi tarafından halka oluşumu yolu ile **Lanosterolü** oluşturur. Lanosterol'ün kolesterol'e dönüşümü için 3. ve 14. karbon atomlarına bağlı üç metil grubunun uzaklaştırılması, yan zincirdeki çift bağın doyurulması ve B halkasında 8-9. karbon atomları arasında yer alan çift bağın 5-6. karbon atomları arasına kaydırılması gerekmektedir. Lanosterolden, kolesterol'ün oluşumu, ya **zimosterol** ve **desmosterol** üzerinden veya **24-25-dihidrolanosterol, metilkolestenol, kolestenol** ve **7-dehidrokolesterol** üzerinden olmaktadır.

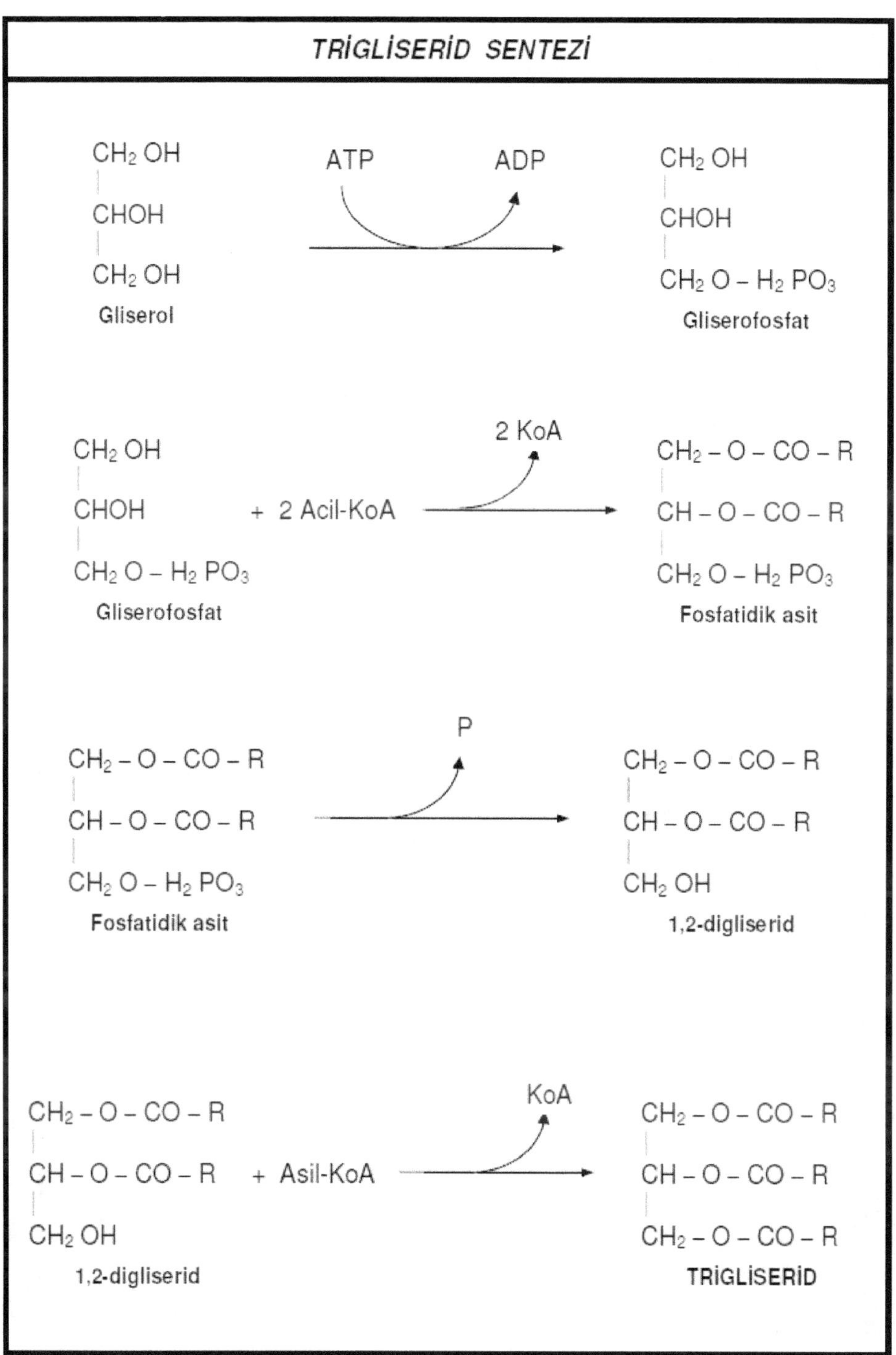

Tablo: Trigliseridlerin biyosentez basamakları.

Karaciğerdeki endojen kolesterol sentezi, gıda maddeleri ile alınan eksojen kolesterol miktarı ile ters orantılıdır. Dışarıdan çok miktarda kolesterol alınırsa endojen kolesterol sentezi de yavaşlar. Bu olayın düzenlenmesinde en önemli noktayı, 3-hidroksi-3-metilglutaril-KoA'nın, mevalonik aside dönüşüm basamağı teşkil eder. Besinsel kolesterol bu dönüşüm basamağını inhibe eder ve bu şekilde endojen kolesterol sentezi durur. Kolesterol organizmayı, safra asitleri, steroid hormonlar ile birlikte safranın barsaklara boşalmasıyla dışkı şeklinde terk eder.

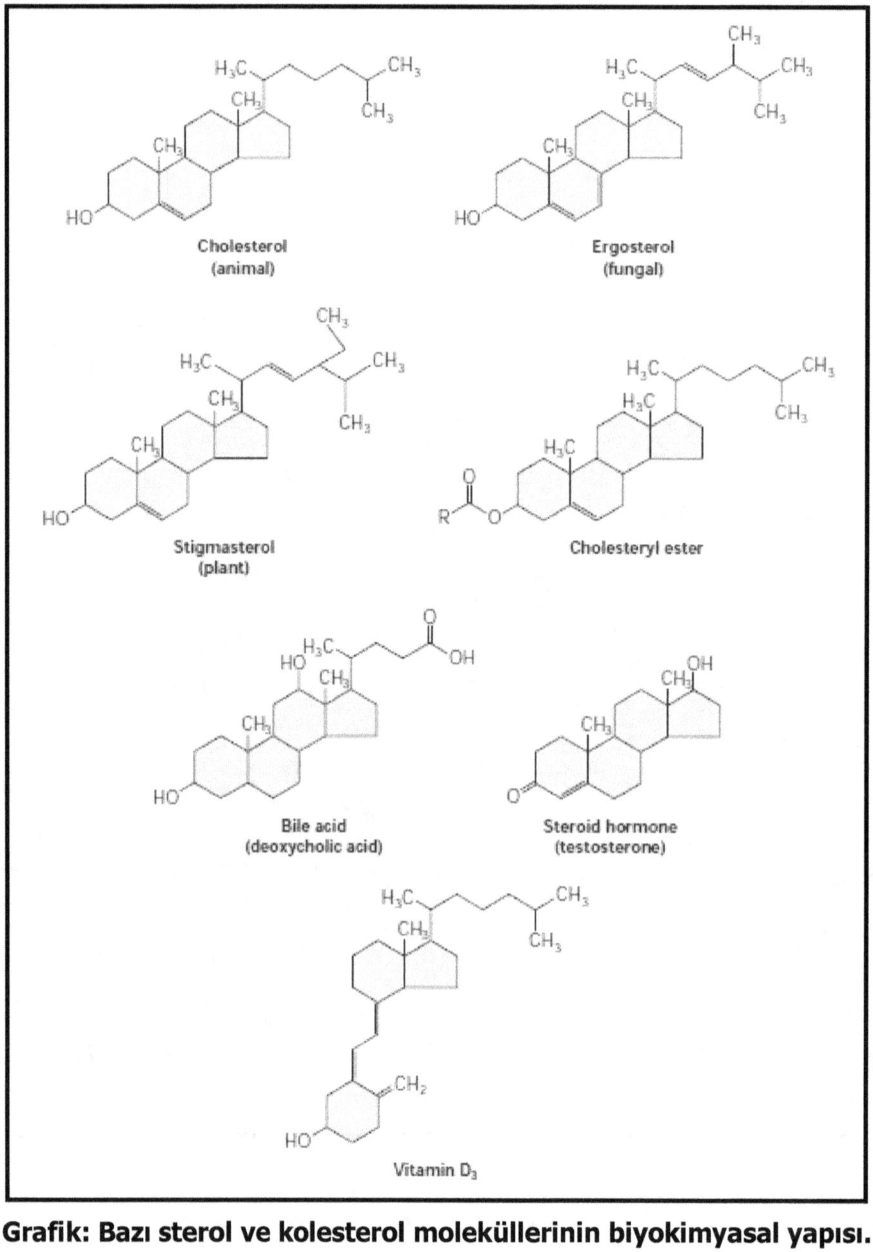

Grafik: Bazı sterol ve kolesterol moleküllerinin biyokimyasal yapısı.

KOLESTEROL METABOLİZMASI

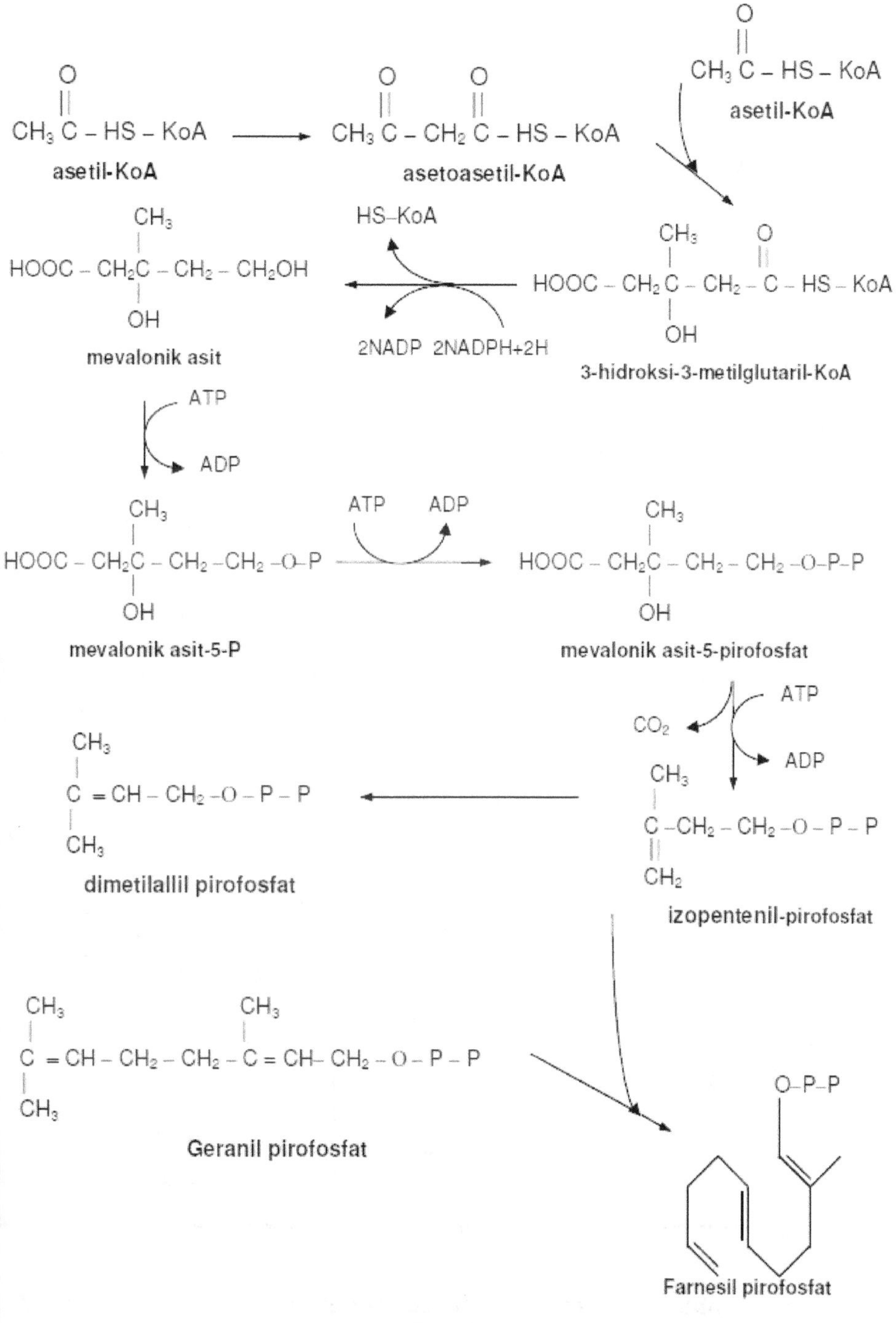

asetil-KoA
asetoasetil-KoA
asetil-KoA
mevalonik asit
3-hidroksi-3-metilglutaril-KoA
HS–KoA
2NADP 2NADPH+2H
ATP
ADP
mevalonik asit-5-P
ATP   ADP
mevalonik asit-5-pirofosfat
CO₂
ATP
ADP
dimetilallil pirofosfat
izopentenil-pirofosfat
Geranil pirofosfat
Farnesil pirofosfat

KOLESTEROL SENTEZİ Devam

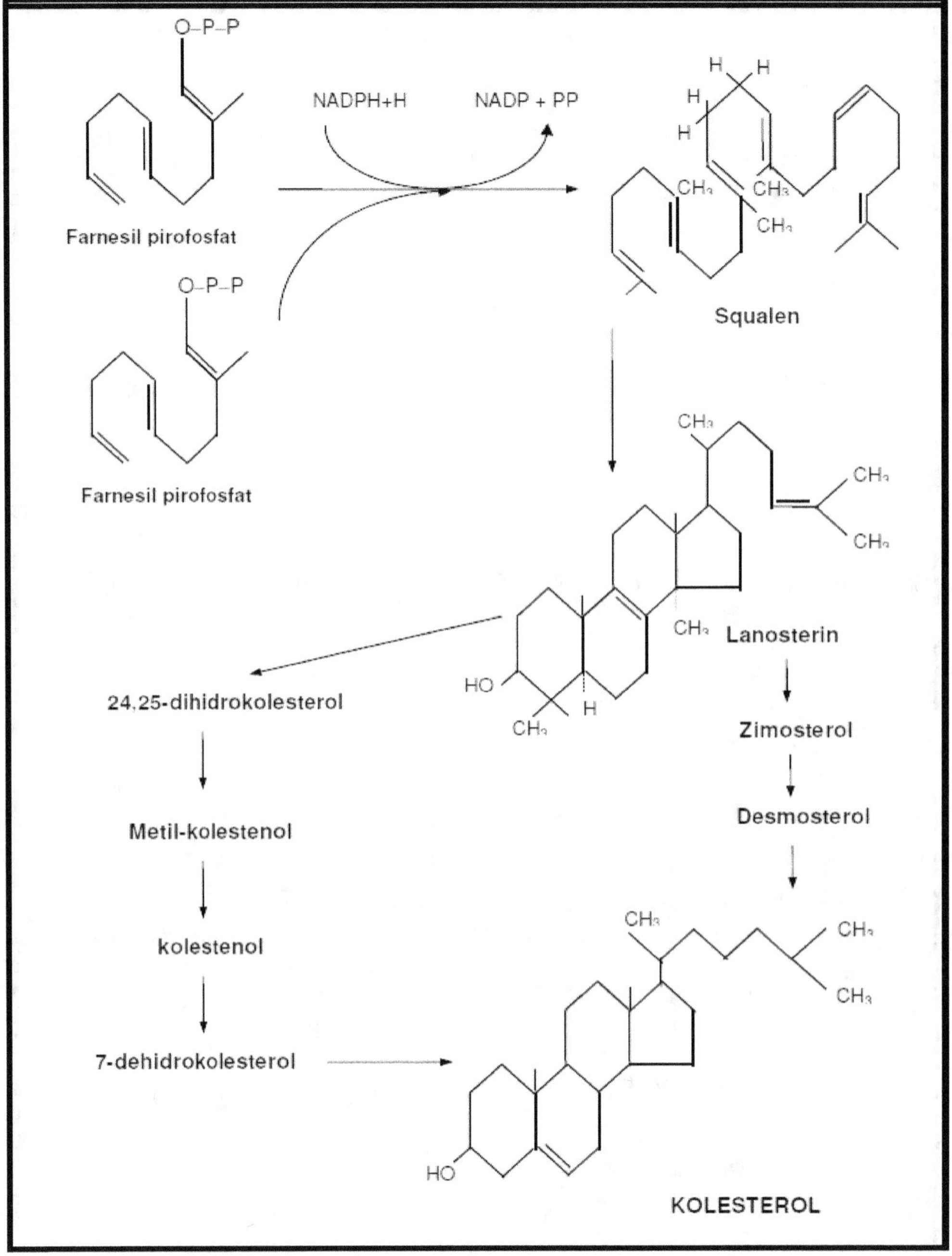

Tablo: Kolesterolün biyosentez basamakları.

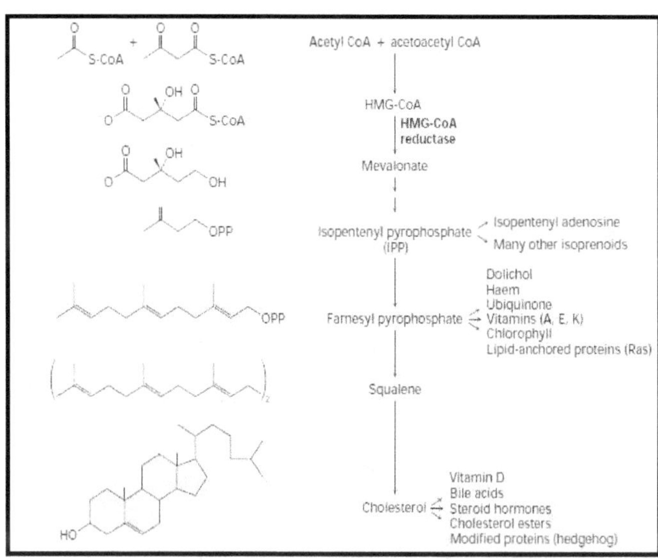

Tablo: Kolesterolün metabolik biyosentez yolu.

LİPİD METABOLİZMASI BOZUKLUKLARI	
ŞİŞMANLIK	• Enerji gereksinmeleri için yeterli olandan fazla besin alınmasına bağlı olarak depo yağlarının artması ile karakterize bir metabolizma bozukluğudur.
KAŞEKSİ	• Depo dokularında bulunan trigliseritlerin büyük miktarlarda kullanılması ve ileri durumlarda adipoz dokunun tümüyle ortadan kalkması ile karakterize bir metabolizma hastalığıdır.
TEK TIRNAKLILARIN LİPEMİASI	• Maksiller myositis ve bulaşıcı kansızlık gibi hastalıklarda, tek tırnaklılarda plazma lipid konsantrasyonunun yükselmesi ile karakterize hastalıktır.
ARTEROSKLEROZ	• Ekonomik düzeyi yüksek insanlarda ve atlarda, arterlerin intimasında çeşitli çeşitli bozukluklar yanında lipid, karbonhidrat, kalsiyum iyonları, fibroz doku birikimi ile karakterize bir hastalıktır.
BÜRGER-GRÜTZ HASTALIĞI	• Dalak, beyin ve kemik iliğinde soluk renkte ve büyük hücrelere rastlanmasıyla karakterize bir hastalıktır
HAND-SCHÜLLER-CHRİSTİAN HASTALIĞI	Kemik, deri ve lenf bezlerindeki hücre içlerine kolesterol yığılması ile karakterize bir hastalıktır.
GAUCHER HASTALIĞI	• Dalak, beyin ve kemik iliğinde soluk renkte ve büyük hücrelere rastlanmasıyla tanınan bir hastalıktır.
NİEMAN-PİCK HASTALIĞI	• Sitoplazmaları köpüklü görünüşte ve başta sfingomiyelinler olmak üzere çok miktarda lipid kapsayan Nieman-Pick hücrelerinin görülmesi ile karakterize bir hastalıktır.
TANGİER HASTALIĞI	• Hemen hemen tüm plazma yüksek dansiteli lipoproteinlerin yokluğu ve bir çok dokularda kolesterol esterlerinin yaygın olarak depo edilmesi ile karakterize kalıtsal bir hastalıktır.

Tablo: Bazı önemli Lipid biyosentez bozuklukları.

KARBONHİDRAT METABOLİZMASI

GENEL BAKIŞ

Memelilerde başlıca enerji kaynağını karbonhidratlar sağlar. Yine alınan besin maddelerinin % 60 kadarını karbonhidratlar oluşturur. Besinlerle alınan karbonhidratların en büyük bölümünü **polisakkarit** yapısında olan **nişasta,** yani **amiloz** ve **amilopektin** molekülleri meydana getirir. Öte yandan ot yiyen hayvanlar için başka bir **polisakkarit, selüloz** en büyük besin kaynağıdır. Bunlardan başka, bir **disakkarit** olan ve çay şekeri olarak da adlandırılan **sakkaroz**'un da karbonhidratlı gıda maddeleri arasında önemli bir yeri vardır. Yine disakkarit olan ve süt şekeri olarak adlandırılan **laktoz** da özellikle tüm hayvan ve insan yavruları için önemli bir besin maddesidir.

Glikojen gibi polisakkaritler besin maddesi olarak az miktarlarda alınırlarsa da önemli bir değerleri yoktur. Bazı **pentozlar** ve **mannozlar** da bitkisel besin maddeleriyle az da olsa organizmaya alınırlar. İşte, yukarıda karbonhidratlara ait saydığımız tüm moleküllerin organizmada geçirmiş olduğu reaksiyonlar karbonhidrat metabolizmasını oluşturur. Karbonhidrat metabolizması, ağızda, alınan moleküllerin sindirimi ile başlar, sindirim olayı ince bağırsaklarda devam eder ve emilimi ile sürer. Organizmada uğradığı reaksiyonlar ve oluşturduğu ara metabolitler sonu karbondioksit ve suya parçalanmasına kadar devam eder. Bu arada da organizma için gerekli enerjinin büyük bir kısmı sağlamış olur.

KARBONHİDRATLARIN SİNDİRİMİ

İşte polisakkaritlerin, kendilerini oluşturan en ufak monosakkarit moleküllerine ayrılmalarına **sindirim** diyoruz. Polisakkaritler ve özellikle nişasta ağızda ilk olarak tükürük bezleri tarafından salgılanan ve tükürükte bulunan **α-amilaz**'ın etkisi altında kalır. Üç tükürük bezinden salgılanan tükürüğün, besin maddelerini nemlendirici ve kayganlaştırıcı etkisi altında kalan nişasta, α-amilazın sindirimine bırakılır. Öncelikle nişastanın **amiloz** molekülleri sindirilmeye başlar. Amiloz molekülünü oluşturan zincir tarzındaki yapı, α-amilazın etkisiyle gelişi güzel parçalanarak **glukoz** ve **maltoz** moleküllerine parçalanır. Böylece amilozun son ürünü olarak ortamda 1/10'u **glukoz** ve 9/10'u **maltoz** olan bir karışım kalır. Nişastanın **amilopektin** molekülü ise, yine α-amilazın etkisi altında parçalanır. Ancak α-amilaz amilopektin moleküllerinin sadece α,1-4 glikozid bağlarını parçalayabilir. Karşısına α,1-6 bağı çıkarsa, atlar ve tekrar α,1-4 glikozid bağlarını parçalar. Böylece amilopektin sindiriminin son ürünü olarak, çoğu **maltoz,** geri kalan kısmı da trisakkaritler ve daha az kısmı da 6-9 monosakkaritli α,1-4 ve α,1-6 glikozit bağlı oligosakkaritlerden oluşan bir karışım kalır. Bu karışımın % 21 kadarı α,1-6 glikozit bağlı ve amilopektin dallanma noktalarından oluşmuş bir yapıdır ki, α-amilaz etkisiyle parçalanmazlar. Bundan dolayı, bunlara **sınır dekstrin** adı verilir. Ağızdaki karbonhidrat sindirimi bu şekilde tamamlanmış olur ve sindirilmiş besin maddeleri mideye geçerler. **Mide**de nişastaya ve diğer karbonhidratlara etkili hiç bir enzim yoktur.

Onun için karbonhidratlı besin maddeleri ağızdan geldiği gibi ince bağırsaklara inerler. Karbonhidratları içeren besin maddeleri, ince bağırsağa inince, pankreastan salgılanan α-**amilaz** ile bağırsak bezleri tarafından salgılanan **maltaz, sakkaraz, laktaz** ve **oligo-1,6- glikozidaz** gibi enzimlerin etkisine maruz kalır ve sindirim devam eder. Ağızda sindirilmiş nişastadan geriye kalmış olan **dekstrinler,** yani yer, yer α,1-6 glikozit bağı taşıyan yapı, **oligo-1,6-glikozidaz** enzimi tarafından α,1-6 glikozit bağlarından parçalanırlar ve geriye sadece maltoz ve glukoz molekülleri kalır. Maltoz molekülleri de **maltaz** enzimi tarafından parçalanarak glukoz birimlerine ayrılır. Böylece nişasta sindirimi, molekülün en küçük birim yapı taşı olan **glukoz** birimlerine kadar parçalanarak tamamlanmış olur.

Çay şekeri ile veya çeşitli tatlılarla alınan **sakkaroz**, ağızda sakkaraz enzimi bulunmadığı için, doğrudan doğruya bağırsaklara geçer. Bağırsaklarda **sakkaraz** enziminin etkisi altında yapıtaşları olan **fruktoz** ve **glukoz** birimlerine parçalanır. Sütle ve sütlü gıda maddeleri ile alınan **laktoz** da aynı sakarozda olduğu gibi, ağızda laktaz enzimi bulunmadığı için direkt olarak bağırsaklara geçer. Orada bağırsak bezleri tarafından salgılanan **laktaz** enzimi ile yapıtaşları olan **glukoz** ve **galaktoz** birimlerine parçalanır.

Böylece karbonhidratlı gıda maddeleri olarak en yaygın bir biçimde alınan nisasta, laktoz ve sakkaroz, organizma içerisinde ağızdan başlamak üzere uğradıkları sindirim olayı sonucunda bağırsaklarda glukoz, fruktoz ve galaktoz'dan oluşan monosakkaritlere kadar parçalanmış olurlar. Artık bu monosakkaritler de barsaklardan emilerek kan dolaşımına geçip, karaciğere taşınabilirler. Çeşitli bitkisel gıdalarla alınan başka bir polisakkarit de **sellüloz**dur. Ancak, ot yiyen hayvanlar dışında sellülaz enzimi bulunmadığından, selüloz sindirilemez ve dışkıda lifler halinde çıkar.

MONOSAKKARİTLERİN EMİLİMİ

Sindirim sonu yapıtaşlarına, yani monosakkaritlere kadar parçalanan karbonhidratlar artık emilime hazır hale gelmişlerdir. Monosakkaritler dışında hiçbir karbonhidrat direkt olarak kana geçmez ve organizma tarafından yabancı cisim gibi kabul edilerek, dışarı atılırlar. Disakkaritler bile, damar içi veya ağızdan başka yollarla verilirse, kullanılmadan dışarı atılırlar. Monosakkaritlerin büyük bir kısmı ince bağırsak mukozasından emilerek, **vena porta** yolu ile doğruca karaciğere giderler. Çok ufak bir kısmı da bağırsak **lenf yollarına** ve oradan **duktus torasikus** yolu ile genel dolaşıma girerler. Emilimin en büyük oranda gerçekleştiği yer, ince barsakların en üst bölümüdür.

Bağırsak mukozasından monosakkaritlerin emilim hızı, birbirinden farklıdır. Heksozlar pentozlardan daha çabuk emilirler. Pentozların ve heksozların da hepsi aynı hızla emilmez. Onlar da kendi aralarında farklı emilim hızlarına sahiptir. En hızlı emilen monosakkarit, **galaktoz**dur. Heksozlar arasında en sonra emilen ise **mannoz**dur. Heksozlar ve pentozlar emilim hızları yönünden aşağıdaki gibi bir sıra takip ederler:

Galaktoz > glukoz > fruktoz > mannoz > ksiloz > arabinoz

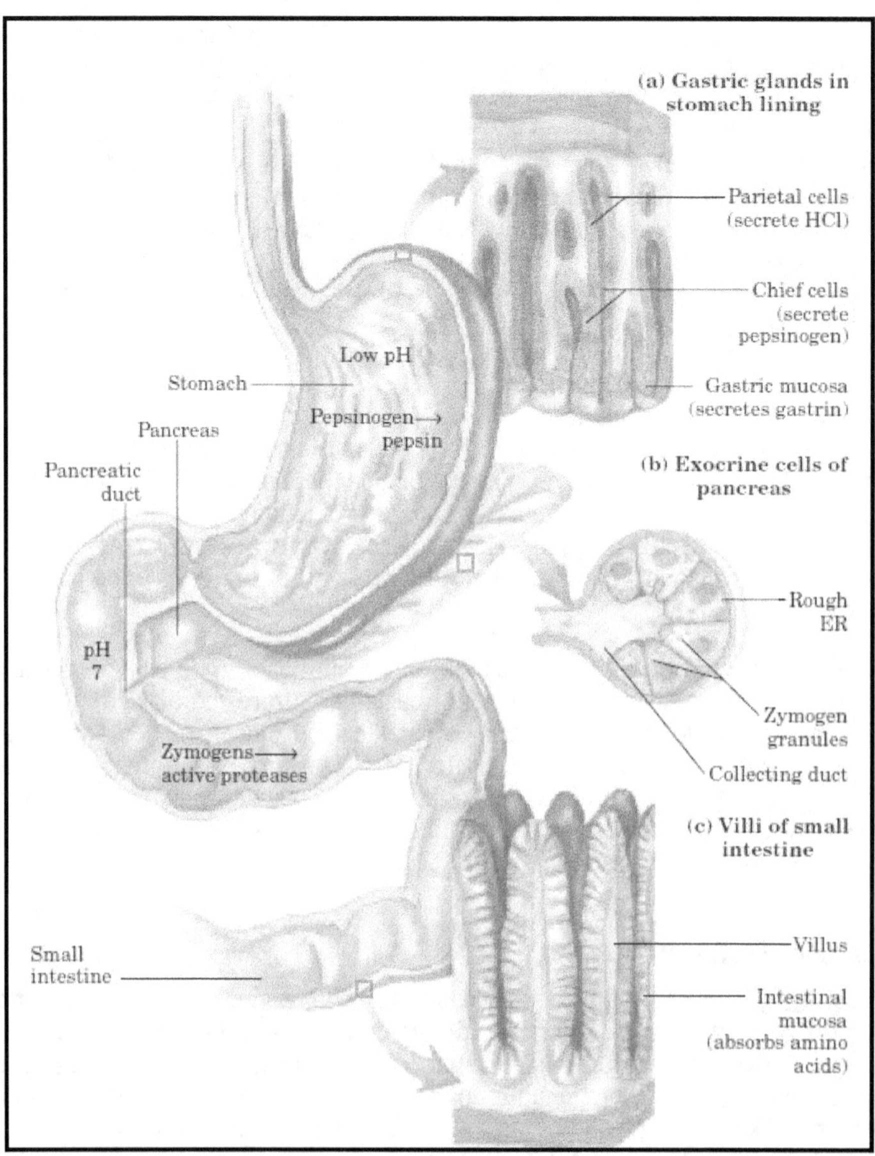

Besinlerin sindirim ve emilim işlemlerinin gerçekleştiği Gastrointestinal (sindirim) sistemi. Karbonhidrat ve Protein metabolizmalarının çoğu kısmı, bu sistem içerisinde gerçekleşerek büyük moleküllü besinlerin glukoz, monosakkarit veya amino asit gibi yapıtaşlarına kadar parçalanması ve kan yoluyla gerekli organlara (karaciğer ve pankreas gibi) taşınması, diğer sistemlere dağıtılması ve sürecin en son basamaklarında ise, besinler karbondioksit ve suya kadar parçalanarak tamamen enerjiye dönüştürülür ve artık ürünler dışkı yoluyla üre siklüsü ve boşaltım sistemi tarafından vücuttan uzaklaştırılarak vücudun enerjisini temin ettiği metabolik faaliyet tamamlanmış olur.

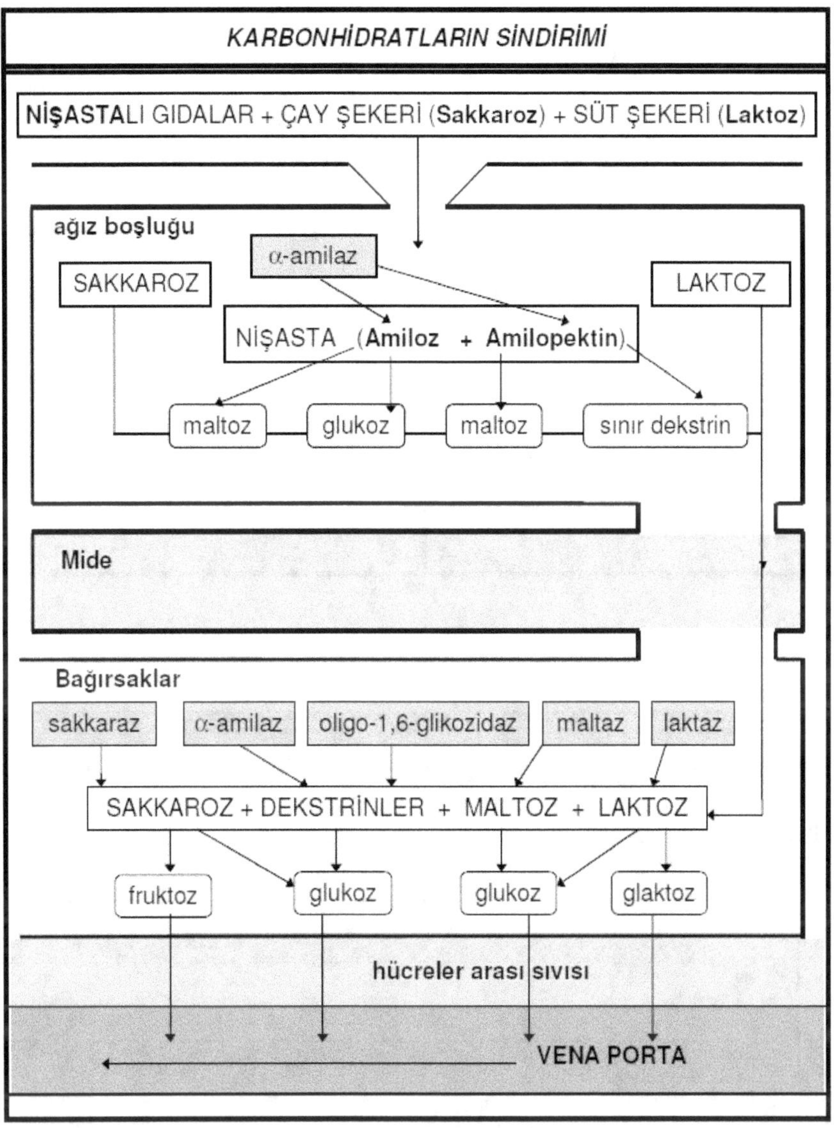

Glukozun emilim hızının 100 olarak kabul edildiği durumda, diğer monosakkaritlerin relatif emilim hızlarını gösteren bir tabloyu, aşağıda görmektesiniz. Monosakkaritlerin bağırsaklardan emilimi üzerine İKİ mekanizma etkilidir. Bunlardan birincisi **basit diffüzyon,** diğeri ise **aktif emilim** olayıdır. Emilim sadece bir diffüzyon olayı olsaydı, pentozlar, heksozlardan önce emilir, pentozlar arasında ve heksozlar arasında emilim hızı yönünden bir faklılık olmazdı. Monosakkaritlerin, bağırsak epitel hücreleri içine girişi ile ilgili olarak bir çeşit **membran transfer sistemi**nin bulunduğu sanılır. Bu sistem, konsantrasyon farkına karşı gelen **aktif emilim**dir. Emilimi etkileyen bazı genel faktörlerde vardır. Örneğin, emilim yüzeyinin, yani bağırsak mukozasının durumu, monosakkaritlerin emilim alanı ile temas süreleri bunların başında gelir. Ayrıca tiroksin hormonu emilimi arttırdığı gibi, B vitaminlerinin ortamda bulunması da emilimi olumlu yönde etkiler. Bu faktörlerin yetersizliği halinde, monosakkaritlerin emilim hızları azalır.

Emilen monosakkaritlerin büyük bir kısmı vena porta yolu ile, karaciğere taşınır. Karaciğere gelen monosakkaritlerden galaktoz ve fruktoz glukoza çevrilir. Glukoz ise, glikojen sentezinde, yağ asidi ve birkaç amino asidin sentezinde kullanılmasının dışında, oksitlenerek vücudun enerji gereksinimini karşılar. Bu olayların hepsi ilerleyen konuların içerisinde detaylı olarak görülecektir.

MONOSAKKARİTLERİN EMİLİMİ	
Emilim hızları	*Emilimi etkileyen faktörler*
glukoz............................100 galaktoz.........................110 fruktoz............................43 mannoz ....33 ksiloz ....30 arabinoz 20	1. Bağırsak mukozasının durumu 1. Monosakkaritlerin emilim alanı ile temas süresi. 1. Tiroksin hormonunun varlığı. 1. B vitaminleri.

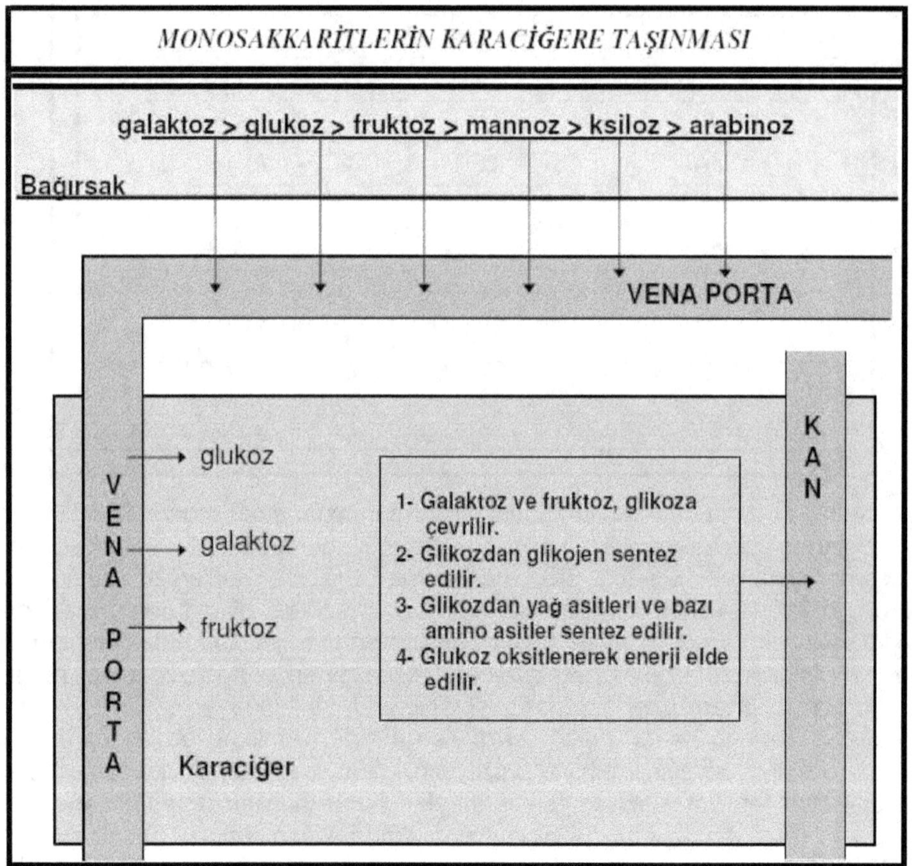

KAN GLUKOZ DÜZEYİ

Sindirim ürünlerinin emilimi sonucu vena portaya geçen ve oradan karaciğere gelen monosakkaritlerin hepsi karaciğer tarafından alınamaz ve önemli bir kısmı kan dolaşımına geçer. Emilimi takiben vena portadaki glukoz konsantrasyonu normal bir insanda % 300-400 mg'a ulaşabilir. Aynı biçimde genel kan dolaşımındaki konsantrasyonu da % 140 mg'a varabilir. Normal bir insanda 8-12 saatlik bir açlıktan sonraki açlık kan glukoz konsantrasyonu % 70-110 mg civarındadır. Gıda alımını takiben meydana gelen emilim sonucu yaklaşık 2 saat içerisinde yukarıdaki düzeylere ulaşır.

Sonra yavaş yavaş düşerek açlık kan glukoz düzeyine varır. Açlık kan glukoz düzeyine, **normal glukoz düzeyi**, normalden daha yüksek kan glukoz düzeyine, **hiperglisemi**, normalin altındaki kan glukoz düzeylerine ise **hipoglisemi** denir. Emilimi takiben 2 saat içerisinde görülen kan glukoz düzeyindeki yükselmeye de **emilim hiperglisemisi** adı verilir. Geviş getiren hayvanlarda gıda alımını takiben hemen bir emilim söz konusu olmadığı için, adı geçen hayvanlarda emilim hiperglisemisi de görülmez. Glukozun idrarla çıkarılmasına **glukozüri** denir. Normalde idrarla glukoz çıkarılmaz. Böbreklerden süzülen glukoz reabsorbe edilir, yani tekrar emilir ve bu şekilde idrarla atılmaz. Ancak kan glukoz düzeyi, hayvandan hayvana değişen bir düzeyin üstüne çıktığı zaman, böbreklerin glukozu geri almaya gücü yetmez ve idrar ile atılır. İşte bu düzeye **böbrek eşiği** adı verilir. İnsanlarda böbrek eşiği %160-170 mg'dır. Değişik hayvan türlerinde normal açlık kan glukoz düzeylerini ve böbrek eşiklerini aşağıdaki tabloda görmektesiniz.

Emilim hiperglisemisi normal durumlarda hiçbir zaman **böbrek eşiğinin** üstüne çıkmaz. Ancak kan glukoz düzeylerini kontrol eden mekanizmalarda bir bozukluk olursa, o zaman glukoz düzeyi böbrek eşiğini aşar ve idrarda glukoz görülür. Bir insanda açlık kan glukoz düzeyi % 110 mg'ın üstünde bulunursa, o insan **şeker hastası** olarak kabul edilebilir. Böyle bir hasta kontrollü bir biçimde beslenirse kan glukoz düzeyi böbrek eşiğinin üstüne çıkmayabilir. Bu da şunu göstermektedir ki, bir kişinin idrarında glukoz bulunmaması o kişinin şeker hastası olmadığı göstermez. Mutlaka kan glukoz düzeyinin de kontrol edilmesi gerekir. Ama idrarda, glukoz bulunmuşsa, o kişiye şeker hastası tanısı konulabilir. Ancak bazı **gebeliklerde**, geçici olarak, kan glukoz düzeyi normal olmasına ragmen **glukozüri** görülebilir.

Kan glukoz düzeyini normal sınırlar içerisinde tutan bazı faktörler vardır. Bunlar **kana glukoz veren** ve **kandan glukoz alan** mekanizmalardır. Bu faktörler aşağıdaki tabloda görülmektedir. İlerleyen konular içerisinde bu faktörleri detaylı bir biçimde inceleyeceğiz.

Hayvan Türü	Kan glukoz düzeyi %..mg	Böbrek eşiği %..mg
İNSAN	70 - 110	160 - 170
AT	54 - 95	180 - 200
İNEK	36 - 57	98 -102
KOYUN	40 - 65	160 - 200
KEÇİ	45 - 60	70 -130
KEDİ	60 -118	175 - 200
KÖPEK	70 - 100	175 - 220

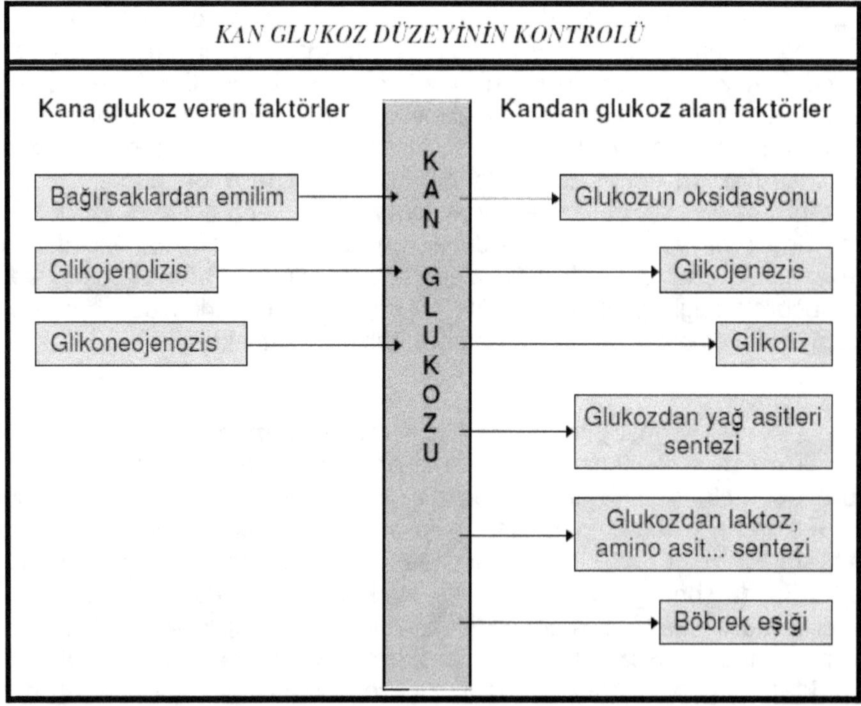

KARBONHİDRAT ARA METABOLİZMASI

Karbonhidrat metabolizmasının kaynağı **glukoz**dur. Ancak metabolizma olaylarının başlayabilmesi için glukozun hücre içerisine girmesi gerekir. Bu olay da basit bir diffüzyon ile meydana gelmez. Hücre zarının yapısal özelliği buna uygun değildir. Glukoz hücreye difüzyondan daha büyük bir hızla **aktif transport** ile girer. Aktif transport için gerekli enerji ATP'nin parçalanmasından sağlanır. Glukozun hücre içerisine girmesi birçok dokularda insulinin kontrolü altında meydana gelir. Glukoz hücre içerisine girdikten sonra da reaksiyonların başlayabilmesi için aktifleşmesi gerekir. Glikozun aktifleşmesi bir molekül fosfat bağlayarak **glikoz-6-fosfat (G-6-P)** haline dönüşmesi ile olur. G-6-P karbonhidrat metabolizmasında kaynak noktadır. Çünkü tüm metabolizma olayları bu noktadan başlayarak gelişir.

608

Hücre içine giren glukoz, metabolizma olayları sonunda şu ÜÇ sonuca ulaşır:

a) Çok küçük bir bölümü glikojen haline dönüşür.

b) 1/3'ü yağ asitlerine çevrilir.

c) En büyük bölümü de oksitlenerek CO_2 ve H_2O 'ya kadar parçalanırken enerji üretir.

Bütün bu karbonhidrat metabolizma olayları aşağıdaki metabolizma yolları ile gerçekleşir:

Glikojenez: Glikozdan glikojenin sentezlenerek depo edilmesi ya da başka bir anlatışla, glukoz moleküllerinin mevcut glikojen molekülüne eklenerek zincirin uzatılması olayıdır.

Glikojenoliz: Glikojenin, glukoza parçalanması olayıdır. Karaciğerde meydana gelen glikojenolizin son ürünü glikozdur. Kas glikojenolizinin son ürünü ise piruvik asit ya da laktik asittir.

Glikoliz: Glukozun veya glikojenin anaerobik koşullarda piruvik asit veya laktik aside kadar parçalanması olayıdır. Bu metabolizma reaksiyonları basamaklarına **Embden Meyerhof Geçidi** de denir.

Glikoneojenez: Karbonhidrat olmayan maddelerden glukoz sentezlenmesi olayıdır.

TCA (trikarboksilik asit) siklüsü (Sitrik asit siklüsü − veya Krebs siklüsü -): Glikoliz sonu meydana gelen piruvik asidin aerobik koşullarda CO_2 ve H_2O 'ya kadar parçalanması olayıdır.

Pentoz-fosfat yolu (Pentoz siklüsu): Glikozun direkt oksidasyona uğraması olayıdır.

Gliküronik asit geçidi (C_6 oksidasyon yolu): Glikozun gliküronik asit üzerinden yıkılımı olayıdır.

GLUKOZUN FOSFORİLASYONU

Glukozun hücre içine girdikten sonra uğradığı ilk değişiklik, fosfat bağlanarak **glukoz-6-fosfat (G-6-P)**'a dönüşmesidir. G-6-P glukozun metabolik olarak aktif şeklidir. Glukozla ilişkili tüm metabolizma olayları G-6-P'dan başlar. Glukoz hücreden kolaylıkla girip çıktığı halde, G-6-P hücreden çıkamaz. Glukozun, G-6-P'a dönüşümünü **glukokinaz** enzimi katalize eder. Glukoz, fosfatı **ATP**'den alır. ATP'den ayrılan bir mol fosforik asit glukozun 6. karbonuna bağlanır. Reaksiyonun geri dönüşümünü ise, başka bir enzim **Glukoz-6-fosfataz (G-6-Paz)** katalize eder.

GLİKOJENEZ

Glukozdan **gilikojen** sentezlenmesi olayıdır. Ancak bu olay glikojen molekülünün yeniden sentez edilmesi tarzında değil, glukoz moleküllerinin ortamda bulunan glikojen molekülüne α-1,4 ve α-1,6 glikozid bağlarıyla eklenmesi biçiminde gelişir. Vücudun enerjiye acil gereksinmesi yoksa, glukoz-6-fosfat glikojen sentezine yönelir yani depo edilir. Bu olayın;

ilk basamağında, glukoz-6-fosfat, **fosfogluko mutaz** enzimi etkisiyle **glukoz-1-fosfat**'a çevrilir. Yani glukozun 6 numaralı karbonundaki fosfat 1 numaralı karbonuna taşınır. Reaksiyonu her iki yönüne de aynı enzim katalize eder.

İkinci basamakda, oluşan glukoz-1-fosfat, **uridin trifosfat (UTP)** ile reaksiyona girer. UTP ve G-1-P'dan birer fosfat ayrılır ve **UDP-glukoz** meydana gelir. Bu arada iki mol de fosfat serbest kalır. Reaksiyonu **UDP-glukoz pirofosforilaz** enzimi katalize eder. UDP genelde bağladığı molekülleri başka bir moleküle taşıyarak bağlama görevi görür.

Üçüncü basamakta, UDP, glukozu glikojen molekülüne taşıyarak ekler ve molekülün uzamasını sağlar. Bu basamağı 2 enzim katalize eder. **Glikojen sentetaz** enzimi glukozun, glikojene α-1,4 glikozid bağları ile, **dallandırıcı enzim** ya da diğer adı ile **amilo-1→6- transglukozidaz** enzimi ile, α-1,6 glikozid bağları ile bağlanmasını sağlar.

GLİKOJENOLİZ

Glukoz moleküllerinin glikojenden ayrılarak, Glukoza ya da glukoz-6-fosfata dönüşmesi olayıdır. Organizmanın daha çok glukoza gereksinmesi olduğu zamanlar glikojenoliz olayı hızlanır. Örneğin aşırı soğuk, sıcak, korku veya heyecan gibi stres yaratan durumlarda kan glukoz düzeyi düşer ve bunun sonucu olarak da adrenalin, Glukagon ve ACTH gibi hormonlar salgılanır. Bu hormonlar da aşağıdaki anlatacağımız mekanizmayı çalıştırarak kana glukoz verilmesini sağlarlar.

Yukarıda adı geçen hormonlar, hücre zarındaki **adenil siklaz** enzimini aktive ederler. Bu enzim de ATP'den **siklik 3',5' AMP** oluşumunu katalize eder. Siklik-AMP, **protein kinaz** enzimini uyararak, **inaktif fosforilaz b kinaz**'ın, **aktif fosforilaz b kinaz**'a dönüşümünü sağlar. Bu dönüşüm sırasında da **inaktif fosforilaz a, aktif fosforilaz a**'ya çevrilir. Fosforilaz a enzimi de glikojenden glukozu ayırarak **glukoz-1-fosfat**'a çeviren enzimdir. Bu ayırma işlemi zincirin ucundan başlar ve α-1,6 glikozid bağlarına kadar devam eder. Bu noktada enzimin aktivitesi durur. Glikojen molekülünün, 1→6 bağlarını yıkan enzim **amilo-1→6 glikozidaz**'dır. Bu enzim 1→6 bağını yıktıktan sonra glikojen yine **fosforilaz a** enziminin etki sahasına girer. Daha sonra G-1-P, **fosfogluko mutaz** enziminin katalitik etkisi altında, G-6-P'a dönüşür. Takiben G-6-P da **glukoz-6-fosfataz** enziminin etkisi ile glukoz'a dönüşür.

Şayet glukoz kas aktiviteleri için gerekiyorsa, o zaman G-6-P, glukoza dönüşmez; doğrudan **Embden Meyerhof Geçidi**'nden oksidasyona uğrar. Glikojenez ve glikojenoliz karaciğerde ve kaslarda gerçekleşir. Dokular arasındaki tek önemli fark **kaslarda** glukoz-6-fosfataz enzimi bulunmadığı için G-6-P'ın glukoz'a dönüşememesi ve bu şekilde kana direkt olarak glukoz sağlanamamasıdır.

GLİKOLİZ

Glukozun, piruvik asit veya laktik aside kadar parçalanması olayıdır. Glikoliz tüm organ ve dokularda anaerobik yani oksijensiz koşullarda meydana gelir. Bu reaksiyonlar sonunda üretilen toplam enerji, oksidasyonda üretilene göre az sayılsa da, dokuların düşük O_2 basıncında iken dahi çeşitli aktiviteler için gerekli enerjiyi bu yoldan temin etmesi büyük önem taşır. Glikoliz birbirini izleyen reaksiyonlar halinde gerçekleşen bir biyokimyasal tepkimeler dizisidir. Glikoliz metabolizması, aşağıdaki gibi verilen ve birbirini takip eden **ONBİR** organik reaksiyon zincirinden meydana gelir:

1. Basamakta, glukoz, **glukoz-6-fosfata** çevrilir. Glukozun, G-6-P'a dönüşümünü **glukokinaz** enzimi katalize eder. Glukoz, fosfatı **ATP**'den alır. ATP'den ayrılan bir mol fosforik asit glukozun 6. karbonuna bağlanır. Reaksiyonun geri dönüşümünü, başka bir enzim **Glukoz-6-fosfataz (G-6-Paz)** katalize eder. Her iki yönde farklı enzimler görev yaptığından bu enzimlere glikoliz'in **kilit enzimleri** adı verilir.

2. Basamakta, glukoz-6-fosfat, **fosfogluko izomeraz** enziminin katalitik etkisi altında, **fruktoz-6-fosfat (F-6-P)**'a dönüşür. Tepkime iki yönlüdür.

3. Basamakta, fruktoz-6-fosfat, bir mol daha fosfat almak sutetiyle, **fruktoz-1,6-difosfat (F-1,6-di-P)**'a çevrilir. Gerekli ikinci fosfat ATP'den alınır. Tepkimeyi katalize eden enzim **fosfofruktokinaz**'dır. Bu enzim tek yönlü olarak görev görür ve glikolizin kilit enzimi olarak kabul edilir. Reaksiyonun geri dönüşümü, **fruktoz-6-fosfataz (F-6-Paz)** enzimi ile gerçekleşir.

4. Basamakta, bir önceki basamakta meydana gelmiş olan fruktoz-1,6-di-P, ikiye bölünerek, 2 mol 3 karbonlu monasakkarite yani triozlara parçalanır. Bunlar, **gliseraldehit-3-fosfat** ve **dihidroksiaseton fosfat**'tır. Reaksiyonu katalizleyen enzim **aldolaz**'dır. Ancak aldolaz sadece bu tepkimeye özel bir enzim olmayıp, başka keto şekerleri de parçalar. Aldolaz'ın katalize ettiği tüm tepkimelerde reaksiyon ürünlerinden birisi mutlaka dihidroksiaseton fosfat'tır.

5. Basamakta, bir önceki basamakta oluşan iki trioz, **triozfosfat izomeraz** enzimi tarafından birbirine çevrilir. Glikoliz olayı gliseraldehit-3-fosfat üzerinden devam ettiği için ortamda çok az enzim olsa dahi dihidroksiaseton fosfat'tan hızla gliseraldehit-3-fosfat meydana gelir. Bu şekilde de iki molekül gliseraldehit-3-fosfat sentez edilmiş olur. Reaksiyonlar zinciri de bundan sonra her basamakta ikişer molekül üzerinden devam eder.

6. Basamakta, Gliseraldehit-3-fosfat, oksidasyona uğrayarak, **1,3-difosfogliserik asid**'e dönüşür. Reaksiyonu, **fosfogliseraldehit dehidrojenaz** enzimi katalize eder. Bu reaksiyonu dehidrojenaz enziminin katalize ettiğini düşünürsek demek ki, tepkimede ilk maddeden (gliseraldehit-3-P) 2 H'nin alınması gerekmektedir. Burada hidrojen alıcı olarak **NAD** görev alır ve reaksiyondan **NADH₂** olarak çıkar. Biyolojik oksidasyon konusunu hatırlarsanız, **NADH₂** bu noktadan itibaren de solunum zincirine dahil olarak, **H₂O** oluşumunu sağlıyordu. Basamaklar iki molekül üzerinden devam ettiğine göre, 2 mol H₂O elde edilmiş olur. Böylece sonuç olarak, aynı zamanda 6 mol **ATP** sentezi gerçekleşmiş olur.

7. Basamakta, 1,3-difosfogliserik asit, **fosfogliserokinaz** enziminin etkisi altında 1 nolu karbonundaki fosfatı kaybederek, **3-fosfogliserik asit**'e dönüşür. Açıkta kalan fosfat da ADP'ye bağlanarak ATP sentez edilir. Reaksiyon iki molekül üzerinden devam ettiği için de, 2 mol ATP sentezi gerçekleşir.

8. Basamakta, Fosfatın karbonlardaki yeri, **fosfogliseromütaz** enziminin katalitik etkisi ile değişerek, **2-fosfogliserik asit** meydana gelir.

9. Basamakta, 2-fosfogliserik asit bir mol su kaybederek, **fosfoenolpiruvik asit**'e dönüşür. Tepkimeyi **enolaz** enzimi katalize eder.

10. Basamakta, fosfoenolpiruvik asit, fosfatını kaybederek **piruvik asit**'e dönüşür. Reaksiyonu **piruvat kinaz** enzimi katalize eder. Tepkime tek yönlüdür ve enzim **glikoliz'in kilit enzimlerindendir.** Dönüşümü glikoneojenez enzimleri ile olur. Ayrılan fosfatı ADP alarak ATP'nin sentezini sağlar.

11. Basamakta, piruvik asit, **laktik dehidrojenez** enzimi aracalığı ile **laktik asit**'e dönüşür. Bu, Glikolizin son basamağıdır. Dehidrojenaz reaksiyonu olduğundan, 2H'i NAD alır ve NADH₂ oluşur.

GLUKONEOJENEZ

Karbonhidrat olmayan maddelerden **glukoz** veya **glikojen** sentezi olayıdır. **G-6-P**'a kadar olan basamaklar aynıdır. **G-6-P** oluştukdan sonra organizmanın gereksinmesine göre, glukoz ya da glikojen sentezi sağlanır. Bu metabolizma yolunun baslangıç noktası da **piruvik asit**tir. Çünkü piruvik asit ile G-6-P arasındaki tek yol Embden Meyerhof geçididir. Karbonhidrat olmayan maddelerden piruvik asite çevrilebilenler, ya da ara metabolizmaları sırasında piruvik asit oluşan maddeler bu noktadan başlayarak G-6-P'a, dolayısıyla da glukoz ya da glikojene kadar ulaşabilirler. Buradan da anlaşılıyor ki, glukoneojenez, glikoliz'in ters yönünde oluşan reaksiyonlar dizisidir.

Piruvik asit ile G-6-P arasındaki 2 basamak dışında tüm basamaklar her iki yöne doğru da aynı enzimler tarafından katalize edilirler. Sadece 3 basamakta her iki yöne doğru farklı enzimler görev alır ki, bu enzimlere de bu reaksiyonlar zincirinin **kilit enzimleri** adı verilir. Glukoneojenez'de, kilit enzimlerin görev aldığı **ilk basamak**, piruvik asit ile fosfoenolpiruvik asit arasındaki reaksiyondur. Bu da basamaklar halinde gerçekleşir. Önce **piruvik asit, oksaloasetik asite** çevrilir. Reaksiyonu **piruvik asit karboksilaz** enzimi katalize eder. Enzime ATP, biotin ve CO_2 yardımcı olur. Ancak oksaloasetik asit mitokondri duvarını aşarak, stoplazmaya geçemez. Önce NADH'dan yararlanarak **Malik aside** dönüşür. Ardından, Malik asit kolaylıkla stoplazmaya geçer. Stoplazmada tekrar NADH yardımı ile, stoplazmik oksaloasetik asidi oluşturur. Bundan sonra oksaloasetik asit **guanozin trifosfat (GTP)'**dan yararlanarak ve **fosfoenolpiruvik asit karboksikinaz** enziminin katalizatör etkisi altında **fosfoenol piruvik asit**'e dönüşür. Yani Piruvik asidin, fosfoenol piruvik aside dönüşmesinde iki enzim görev alır. Farklı enzimlerin katalize ettiği ikinci reaksiyon, **F-1,6-diP'ın, F-6-P'a** dönüştüğü tepkimedir. Bunu **F-1,6-diPaz** enzimi katalize eder. Eğer olay glukoz yönüne devam edecekse, o zaman da G-6-P'ın Glukoza dönüşümünü 3. bir farklı enzim **G-6-Paz** enzimi katalize eder. Bu enzim beyin ve kaslarda bulunmadığı için G-6-P bu dokularda kan şekeri için kaynak değildir.

ALKOLİK FERMENTASYON (ETANOL OLUŞUMU)

Birçok mikroorganizmalarda ve özellikle maya hücrelerinde, glukozun, piruvik aside dönüşümüne kadar geçen reaksiyonlar aynı hayvansal dokulardaki gibidir. Ancak bunlarda **laktik asit** oluşmaz. Onun yerine piruvik asit, **piruvik asit dekarboksilaz enzimi** aracılığı ile bir mol CO_2 kaybederek **asetaldehide** dönüşür. Reaksiyonda **tiaminpirofosfat (TPP)** ko-faktör olarak yer alır. Daha sonra asetaldehit **alkol dehidrojenaz** enziminin katalizatör etkisi altında ve NADH + H'dan 2H alarak **etil alkol**'e çevrilir.

PİRUVİK ASİT'DEN GEÇEN METABOLİZMA YOLLARI

Yukarıda da değindiğimiz gibi, G-6-P'dan başlayan glukozun yıkılımı sırasında gelinen merkezi nokta **piruvik asit**'tir. Buradan itibaren 4 farklı yöne gidilebilir:

1- Alanin'e dönüşüm: Piruvik asit, NH_2 alarak, bir amino asit olan **alanin**'e çevrilir. Reaksiyonu **transaminaz enzimi (GPT)** katalize eder. Reaksiyon çift yönlüdür. Bundan dolayı alaninin besinlerde bulunma zorunluğu yoktur. Bu reaksiyon karbonhidratların, proteinlerle ilişkisini kuran yollardan birisidir.

2- Oksalasetik asite dönüşüm: Piruvik aside, CO_2'in bağlanmasıyla oksalasetik asit meydana gelir, çift yönlü bir reaksiyondur. Oksaloasetik asit organizmanın en önemli enerji üretim yollarından biri olan, TCA siklüsunun temel maddesidir.

3- Laktik asit'e dönüşüm: Piruvik asit, **laktik asit dehidrojenaz** enziminin katalizatör etkisi altında NADH+H'dan 2H alarak, **laktik asit**'e dönüşür. Laktik asit özellikle kas aktivitesinin yüksek olduğu durumlarda, piruvik asidin oksidasyonu için yeterli oksijen temin edilemediği zaman kaslarda çok miktarda oluşur.

4- Asetil KoA'ya dönüşüm: Anaerobik koşullarda oluşan glikoliz olayından sonra meydana gelen enerji, glukozun oluşturabileceği enerjinin ancak % 7'si kadardır. Organizmanın glukozun enerjisinden tam olarak yararlanabilmesi için meydana gelen piruvik asit moleküllerinin CO_2 ve H_2O'ya kadar oksidasyona uğramaları gerekir. Bu da, aerobik koşullarda ve TCA siklusunda meydana gelir. TCA siklusunun ilk reaksiyonu asetil-KoA'nın oksaloasetik asitle birleşmesi ile gerçekleşir. İşte bu asetil KoA'ların kaynaklarından birisi de, piruvik asitin **asetil KoA**'ya çevrilmesiyle sağlanır. Bunun dışında yağ asitlerinin β oksidasyonu ve bazı amino asitlerin metabolizmaları sırasında da asetil KoA meydana gelir.

Piruvik asidin, asetil-KoA'ya dönüşümü oksidadif dekarboksilasyonla gerçekleşir. Reaksiyon **piruvik dehidrojenaz** enzimi tarafından katalize edilir. Ayrıca ko-enzim olarak, **tiamin pirofosfat (TPP), lipoik asit, Koenzim-A (HSKoA)** ve **NAD** görev alır. Tepkime birkaç basamakta gerçekleşir:

1. Basamakda, Piruvik asit, tiamin pirofosfat ile reaksiyona girer. Dekarboksilasyona uğrayarak bir molekül CO_2 kaybeder. Sonuçta **hidroksietil tiamin pirofosfat** meydana gelir.

2. Basamakda, hidroksietil tiamin pirofosfat'ın **hidroksietil grubu**, lipoik asidin disülfid grubunda yer alan kükürt atomlarından birisine taşınır. Bu sırada meydana gelen oksido-redüksiyon reaksiyonu ile de, hidroksietil grubu **asetil grubu**na dönüşür. Böylece reaksiyon sonunda **asetil lipoik asit** oluşurken, **tiamin pirofosfat** da serbest kalır.

3. Basamakda, asetil lipoik asidin, asetil kısmı reaksiyona giren Koenzim A ile birleşerek **asetil-KoA**'yı meydana getirmiş olur. Asetil kısmı ayrılan lipoik asit de **dehidrolipoik asit** şekline dönüşür.

4. Basamakda, dehidrolipoik asit, **NAD** ile reaksiyona girer. NAD'ye iki hidrojen vererek, NADH+H'a indirgenirken, **lipoik asit** serbest kalır. Burada oluşan NADH+H da hidrojenlerini FAD'ye vererek solunum zincirine girer ve sonuçta her bir piruvik asit molekülüne karşılık **3 ATP** sentezlenir.

Bir glukoz molekülü, glikolizde, F-1,6-diP'ın ikiye bölünmesiyle devam eden reaksiyonlar sonrasında 2 mol piruvik asit vereceğinden demek ki, 1 mol glukozdan piruvik asidin, asetil KoA'ya dönüşmesi ile **6 mol ATP** sentez edilir. Aynı şekilde solunum zinciri sonunda 2 mol de H_2O sentez edilmiş olacaktır.

Piruvik asit gibi **Asetil-KoA** da metabolizmanın **kilit ara yapılarından** biridir. Yağ asitleri ve sterollerin biyosentezi, 2 asetil KoA'nın birleşmesi ile başlar. Aşağıdaki tablolarda Glikoliz ve temel Karbonhidrat metabolizmasına ait ara basamakların detaylı moleküler reaksiyon yolları verilmektedir:

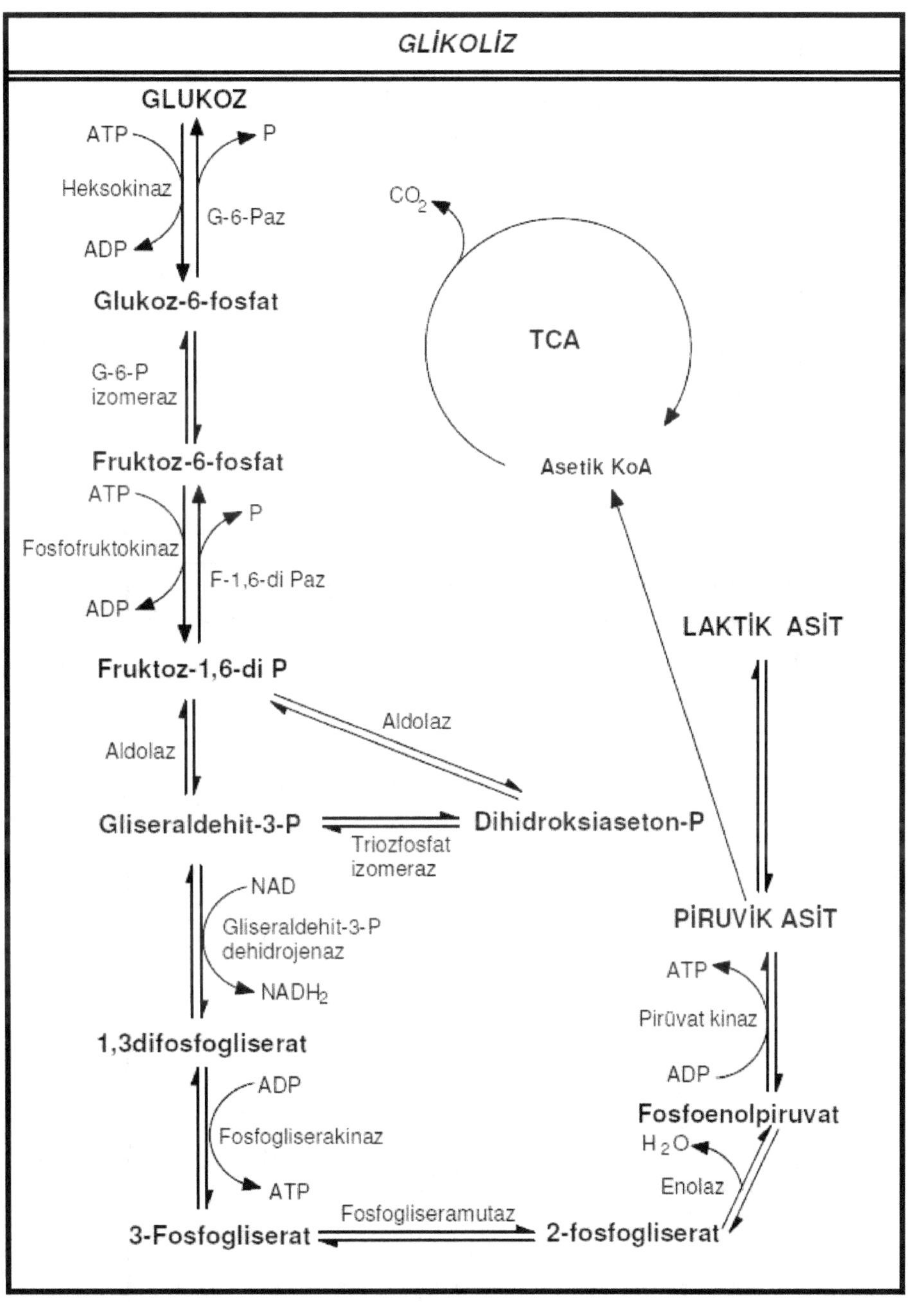

615

Metabolizma yollları	Anlam ve Özellikleri
1. GLİKOJENEZ	• Glikozdan glikojenin sentezlenerek depo edilmesi ya da başka bir anlatışla, glukoz moleküllerinin mevcut glikojen molekülüne eklenerek zincirin uzatılması olayıdır.
2. GLİKOJENOLİZ	• Glikojenin, glukoza parçalanması olayıdır. • Karaçiğerde meydana gelen glikojenolizin son ürünü glikozdur. Kas glikojenolizinin son ürünü ise piruvik asit ya da laktik asittir.
3. GLİKOLİZ	• Glukozun veya glikojenin anaerobik koşullarda piruvik asit ya da laktik asite kadar parçalanması olayıdır. • Bu metabolizma reaksiyonları serisine **Embden Meyerhof Geçidi**' de denir • Glikolizde üretilen toplam enerji oksidasyonda üretilene oranla pek az olmakla beraber, dokular düşük O_2 basıncında iken gerekli enerjiyi bu yolla üretirler.
4. GLİKONEOJENEZ	• Karbonhidrat olmayan maddelerden glukoz sentezlenmesi olayıdır. • Glikolizin tersi oayıdır.
5. TCA SİKLÜSU = SİTRİK ASİT SİKLÜSU = KREBS SİKLÜSU	• Glikoliz sonu meydana gelen piruvik asidin aerobik koşullarda CO_2 ve H_2O 'ya kadar parçalanması olayıdır. • Organizmada enerji üretiminde merkezi bir role sahiptir.
6. PENTOZ-FOSFAT YOLU = PENTOZ SIKLÜSU	• Glikozun direkt oksidasyona uğraması olayıdır. • Riboz, 4 ve 7 karbonlu monosakkaritlerin kaynağıdır. • Metabolizmanın NADPH gereksinimini karşılar.
7. GLİKÜRONİK ASİT GEÇİDİ = C_6 OKSİDASYON YOLU	• Glikozun gliküronik asit üzerinden yıkılımı olayıdır. • Üronik asit ve Vitamin C'nin sentez edildiği metabilizma yoludur.

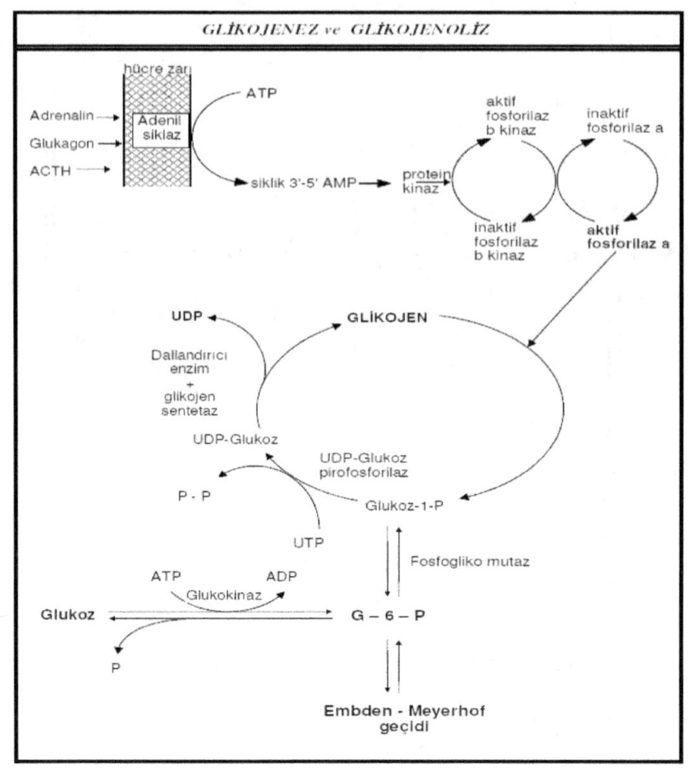

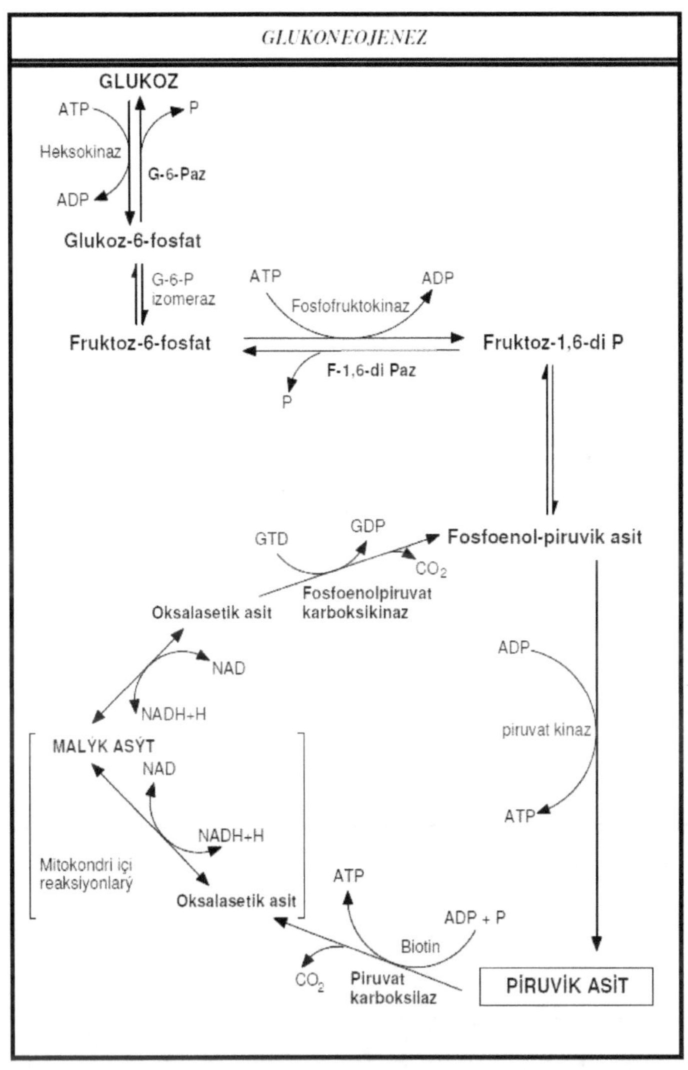

GLUKONEOJENEZ
GLUKOZ
ATP
P
Heksokinaz
G-6-Paz
ADP
Glukoz-6-fosfat
G-6-P izomeraz
ATP
ADP
Fosfofruktokinaz
Fruktoz-6-fosfat
F-1,6-di Paz
P
Fruktoz-1,6-di P
GTD
GDP
Fosfoenol-piruvik asit
CO$_2$
Fosfoenolpiruvat karboksikinaz
Oksalasetik asit
NAD
ADP
NADH+H
piruvat kinaz
MALYK ASÝT
NAD
ATP
NADH+H
Mitokondri içi reaksiyonlarý
Oksalasetik asit
ATP
ADP + P
Biotin
CO$_2$
Piruvat karboksilaz
PİRUVİK ASİT

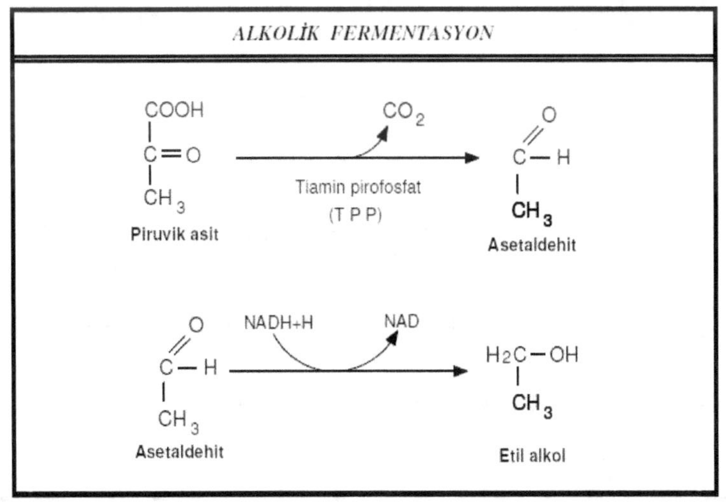

ALKOLİK FERMENTASYON
COOH
C=O
CH$_3$
Piruvik asit
CO$_2$
Tiamin pirofosfat
(T P P)
C—H
CH$_3$
Asetaldehit
C—H
CH$_3$
Asetaldehit
NADH+H
NAD
H$_2$C—OH
CH$_3$
Etil alkol

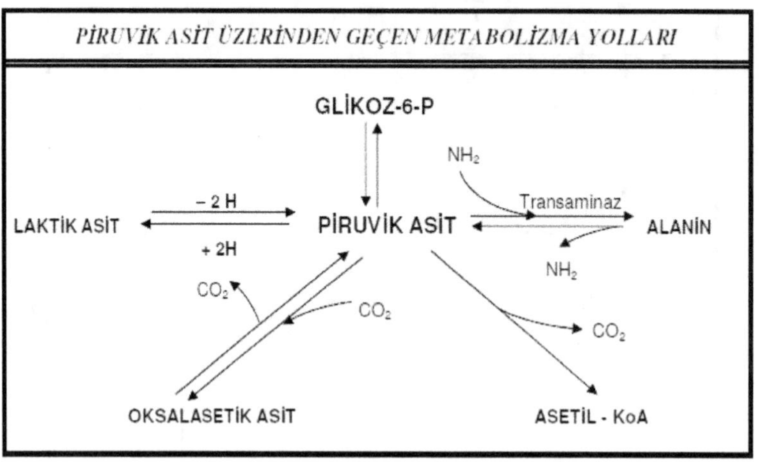

PİRUVİK ASİT ÜZERİNDEN GEÇEN METABOLİZMA YOLLARI
GLİKOZ-6-P
NH₂
Transaminaz
LAKTİK ASİT
– 2 H
+ 2H
PİRUVİK ASİT
ALANİN
NH₂
CO₂
CO₂
CO₂
OKSALASETİK ASİT
ASETİL - KoA

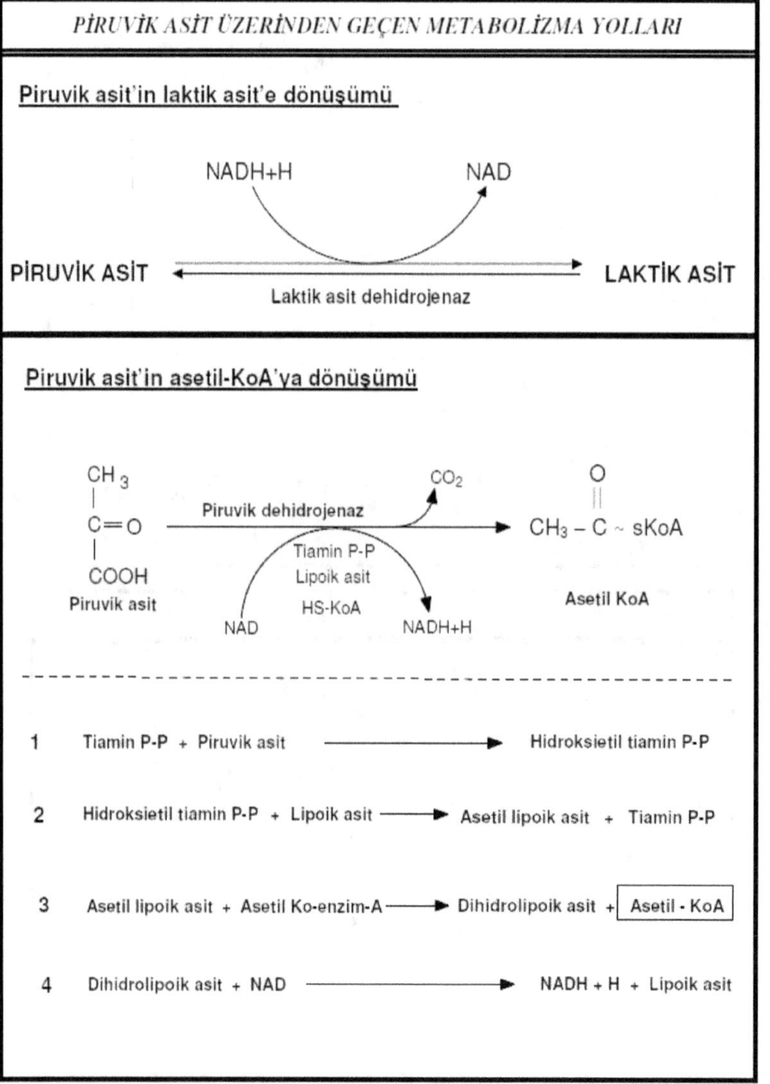

PİRUVİK ASİT ÜZERİNDEN GEÇEN METABOLİZMA YOLLARI

Piruvik asit'in laktik asit'e dönüşümü

NADH+H
NAD
PİRUVİK ASİT
LAKTİK ASİT
Laktik asit dehidrojenaz

Piruvik asit'in asetil-KoA'ya dönüşümü

CH₃
C=O
COOH
Piruvik asit
Piruvik dehidrojenaz
CO₂
Tiamin P-P
Lipoik asit
HS-KoA
NAD
NADH+H
CH₃ – C ~ sKoA
Asetil KoA

1   Tiamin P-P + Piruvik asit ⟶ Hidroksietil tiamin P-P

2   Hidroksietil tiamin P-P + Lipoik asit ⟶ Asetil lipoik asit + Tiamin P-P

3   Asetil lipoik asit + Asetil Ko-enzim-A ⟶ Dihidrolipoik asit + Asetil - KoA

4   Dihidrolipoik asit + NAD ⟶ NADH + H + Lipoik asit

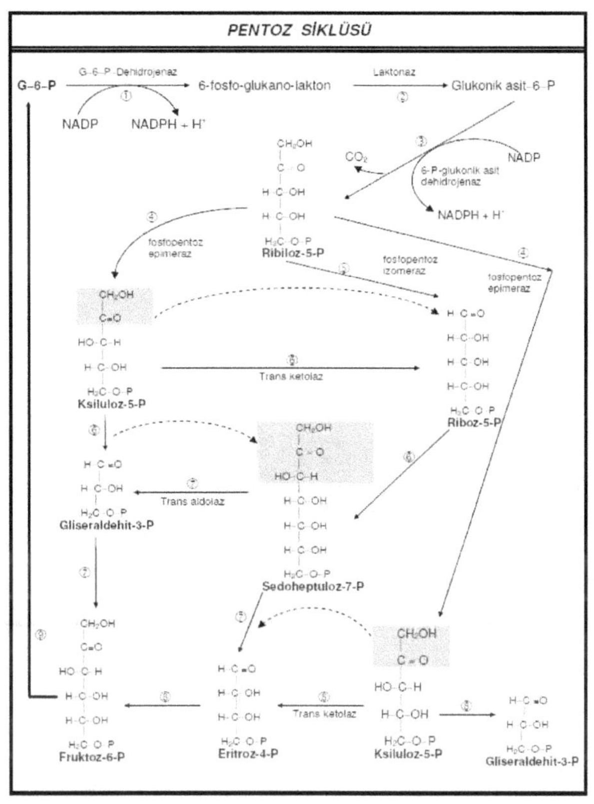

PENTOZ SİKLÜSÜ
G-6-P
G-6-P Dehidrojenaz
6-fosfo-glukano-lakton
Laktonaz
Glukonik asit-6-P
NADP
NADPH + H
CH₂OH
C=O
H-C-OH
H-C-OH
H₂C-O-P
Ribiloz-5-P
CO₂
NADP
6-P-glukonik asit dehidrojenaz
NADPH + H
fosfopentoz epimeraz
fosfopentoz izomeraz
fosfopentoz epimeraz
CH₂OH
C=O
HO-C-H
H-C-OH
H₂C-O-P
Ksiluloz-5-P
H-C=O
H-C-OH
H-C-OH
H₂C-O-P
Riboz-5-P
Trans ketolaz
CH₂OH
C=O
HO-C-H
H-C-OH
H-C-OH
H-C-OH
H₂C-O-P
Sedoheptuloz-7-P
H-C=O
H-C-OH
H₂C-O-P
Gliseraldehit-3-P
Trans aldolaz
CH₂OH
C=O
HO-C-H
H-C-OH
H-C-OH
H₂C-O-P
Fruktoz-6-P
H-C=O
H-C-OH
H₂C-O-P
Eritroz-4-P
Trans ketolaz
CH₂OH
C=O
HO-C-H
H-C-OH
H₂C-O-P
Ksiluloz-5-P
H-C=O
H-C-OH
H₂C-O-P
Gliseraldehit-3-P

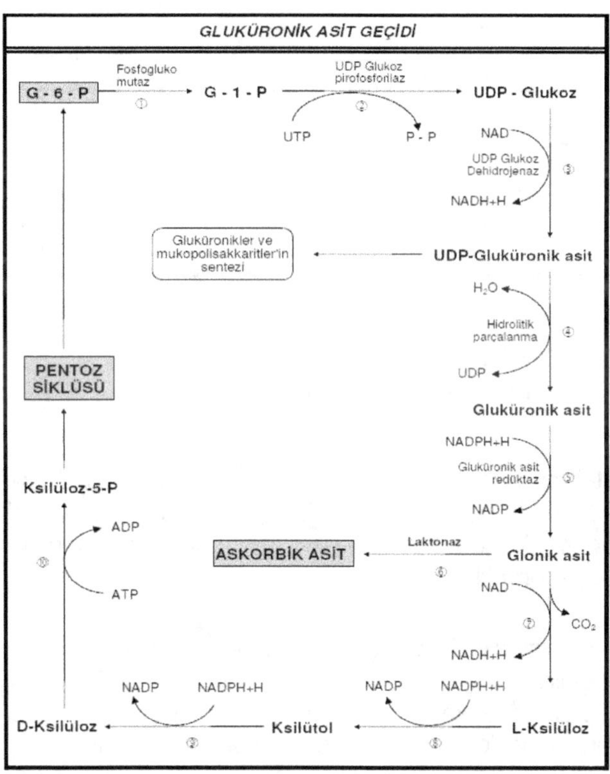

GLUKÜRONİK ASİT GEÇİDİ
G-6-P
Fosfogluko mutaz
G-1-P
UDP Glukoz pirofosforilaz
UDP-Glukoz
UTP
P-P
NAD
UDP Glukoz Dehidrojenaz
NADH+H
Gluküronikler ve mukopolisakkaritler'in sentezi
UDP-Gluküronik asit
H₂O
Hidrolitik parçalanma
UDP
Gluküronik asit
NADPH+H
Gluküronik asit redüktaz
NADP
PENTOZ SİKLÜSÜ
Ksilüloz-5-P
ADP
ATP
ASKORBİK ASİT
Laktonaz
Glonik asit
NAD
CO₂
NADH+H
NADP
NADPH+H
NADP
NADPH+H
D-Ksilüloz
Ksilütol
L-Ksilüloz

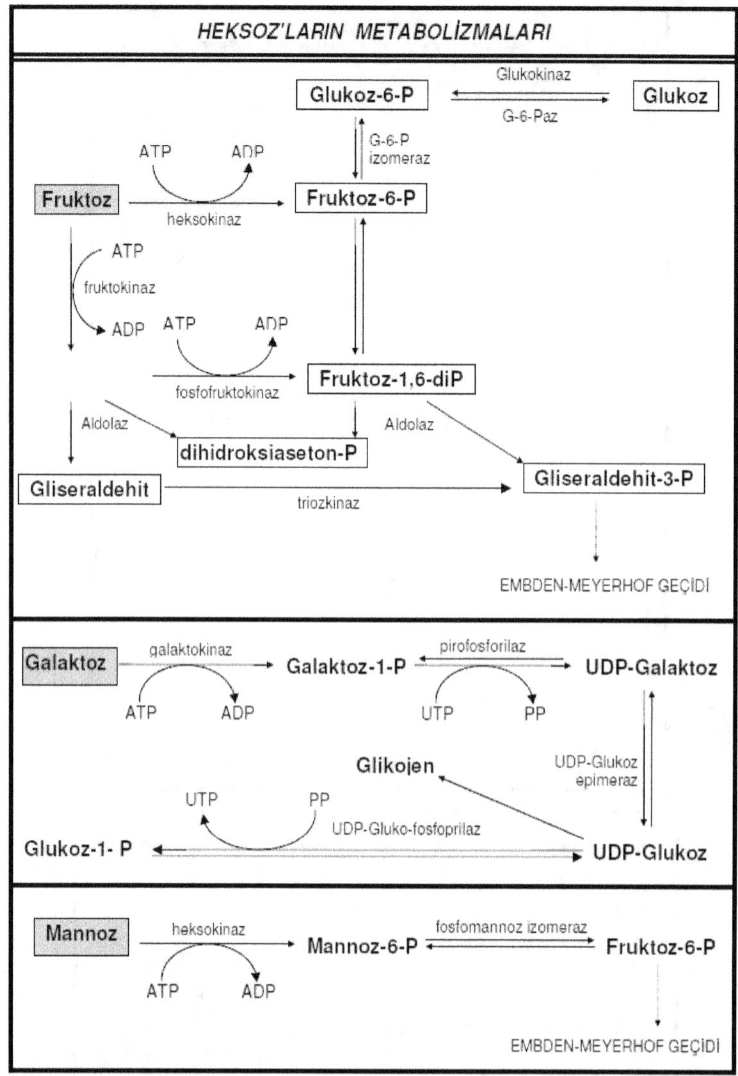

KARBONHİDRAT METABOLİZMASI İLE LİPİD VE PROTEİN METABOLİZMALARI ARASINDAKİ İLİŞKİLER

Lipid ve protein metabolizmalarının birçok ara metabolitleri karbonhidrat metabolizmasının ara metabolizma ürünleri ile benzerlik gösterir. İşte karbonhidrat metabolizması ürünlerini veren diğer metabolizmalar da bu noktalardan itibaren karbonhidrat metabolizmasına katılabilirler. Bunu bir iki örnekle açıklayalım:

Yağ asitlerinin **β-oksidasyona** uğrayarak parçalanmaları sonucu son ürün olarak **asetil-KoA**'lar meydana gelir. İşte yağ asitleri bu noktadan TCA siklüsüne girerler ve karbonhidrat metabolizmasına katılmış olurlar. Bunun aksini de düşünmek mümkündür. Glukoz, glikoliz ile piruvik asit'e oradan da **asetil KoA**'lara çevrilir.

Bu asetil KoA'lar da lipid metabolizmasında gördüğümüz **Lipogenezis** olayı ile birleşerek **yağ asitlerine** dönüşebilirler. Yine bir amino asit olan **alanin** ve **serin** metabolizmaları sırasında **piruvik asit**'e, **Treonin, asetil KoA**'ya, **prolin, histidin, arjinin, ornitin,** önce glutamik asite sonra da **α-ketoglutarik asid**'e çevrilirler ve bu noktalardan da karbonhidrat metabolizmasına dahil olurlar.

Başka bir amino asit olan **aspartik asit,** ya da metabolizmaları sırasında da aspartik asit oluşturan amino asitler, **oksaloasetik asit'e** dönüşürler ve bu noktadan TCA siklüsuna dahil olarak karbonhidrat metabolizması ile ilişki kurarlar. Uçucu yağ asitlerinden biri olan 3 karbonlu **propiyonik asit** de, geviş getiren hayvanların karbonhidrat metabolizmalarında anlattığımız sekilde **propiyonil-KoA**'ya ve oradan da **süksinil-KoA**'ya dönüşerek TCA siklüsüne dahil olur.

Genel olarak, proteinler, karbonhidratlar ve yağlar kendi metabolizmaları içerisinde sürekli organik asitler oluştururlar. Örneğin, yağlar **asetil-KoA, aseto asetik-KoA** ve **propiyonil-KoA**; amino asitler **pürivik asit, oksalo asetik asit** ve **α-ketoglutarik asit**'lere; karbonhidratların parçalanmasından da, **pürivik asit, asetik-KoA** ve **oksalo asetik asit**'ler meydana gelir. Bu ara metabolitlerin ileriye doğru metabolizmaları ve birbirlerine değişmeleri, başlıca TCA siklüsu aracılığı ile olur ve bu metabolitler artık birbirlerinden ayırt edilemezler.

Karbonhidratlar ile yağların bir başka ortak noktası ise **Gliserol** üzerindendir. Glikoliz sırasında meydana gelen **dihidroksiaseton fosfat**, önce bir **dehidrojenaz** enzimi aracılığı ile **α-gliserofosfat**'a indirgenir, sonra da **fosfataz** enziminin katalitik etkisi ile **gliserol** oluşur. Gliserol de daha önceden biliyorsunuz ki, nötral yağların yağ asitlerinden sonra önemli ikinci elemanıdır. Gliserol'ün yağ asitleri ile esterleşmesi sonucunda nötral yağlar meydana gelir. Bu reaksiyonlar reversibl, yani geri dönüşümlü olup aynı sekilde Gliserol de Glukoz'a dönüşebilir. Tüm bu ilginç mekanizmalar ise, bize yaratıcının tüm organik maddelerden tek bir birim yapıyı oluşturabildiğini veya tek bir basit birim yapıdan daha kompleks molekülleri de yine "**aynı kolaylıkla oluşturabildiğini**" ve "**her şeyden tek bir şey**" ve/veya "**bir şeyden her şeyi**" kolaylıkla meydana getirebildiğini ve bunun canlı organizmalar için kainata konulmuş ilahi bir hikmet kanunu ve kuvvetli bir ilahi hikmet delili olduğunu çeşitli ayetlerle ortaya koymaktadır:

"Ey insanlar, eğer öldükten sonra dirilmekten kuşkuda iseniz, (bilin ki) biz sizi (önce) topraktan, sonra nutfe (sperma)'dan, sonra alaka (embrio)'dan, sonra yaratılışı belli belirsiz bir çiğnem et parçasından yarattık ki (basit bir inorganik maddeden her şeyi içine alan canlı bir organizmaya), size (kudretimizi) açıkça gösterelim. Dilediğimizi belirtilmiş bir süreye kadar rahimlerde tutuyoruz, sonra sizi bir bebek olarak çıkarıyoruz. Sonra güç ve kabileyet çağınıza ermeniz için sizi büyütüyoruz. İçinizden kimi (henüz çocukken) öldürülüyor, kimi de ömrünün en kötü çağına (ihtiyarlığa) itiliyor ki, bilirken bir şey bilmez hale gelsin (Çocukluğunuzdaki gibi vücutça ve akılca güçsüz bir duruma düşsün)..

Yeri de kurumuş ölmüş görürsün (kompleks bir organik maddeden inorganik bir basit maddenin yaratılarak tekrar aslına, yani toprağa dönüşmesi). Fakat biz onun üzerine suyu indirdiğimiz zaman, titreşir, kabarır ve her güzel çiftten bitirir (yani tekrar inorganik madde bir döngü şeklinde canlı organizmaya dönüştürülür ve kompleks bir hale gelir).."

(22/Hacc, 5)

HORMONLARIN KARBONHİDRAT METABOLİZMASINA ETKİLERİ

Karbonhidrat metabolizmasının düzenlenmesinde etkili hormonların başında **insülin** gelir. Ayrıca **glukagon, epinefrin, ACTH** (adrenokortikotropik hormon), **Growth hormonu** (büyüme hormonu) da bu metabolizmanın etkili hormonlarıdırlar. Hormonlar konusunun detaylarına bu çalışmamızda girmemekle birlikte, biz burada sadece karbonhidrat metabolizmasını nasıl etkilediklerini inceleyeceğiz.

İnsülin, kan şekeri düzeyininin yükselmesini önlediği bilinen tek hormondur. İnsülin'in yetersiz olduğu durumlarda, kan şeker düzeyinin yükseldiğini, insülin verilmesiyle kan şeker düzeyinin düşürülebildiği bilinmektedir. İnsülin bu fonksiyonunu, kandaki glukoz'un hücre içine girmesini sağlayarak başarır. Daha önceden biliyoruz ki, glukoz'un kullanılabilmesi yani metabolizma olaylarına girebilmesi için hücre içine girmesi gerekmektedir. Bu da Glukoz'un G-6-P haline dönüşmesi ile mümkün olur. Glukoz'un, G-6-P'a dönüşmesine aracılık eden enzim **heksokinaz** enzimidir. İşte insülin bu enzimi aktive eder ve olayın gerçekleşmesini sağlar. Peki, İnsülin sadece **heksokinaz** enzimini mi aktive eder? Hayır. Glikoliz konusundan hatırlayacaksınız ki, Glikoliz'de bazı reaksiyonlar tek yönlü idi. Yani, her iki yöne doğru ayrı enzimler olayı katalize etmekteydiler. Bu enzimlere de **kilit enzimler** demiştik. İşte insulin bu kilit enzimlerden Glikoliz yönündeki **Glikokinaz, fosfofruktokinaz** ve **pruvat kinaz** enzimlerini **aktive** ederken, aksi yönde gerçekleşen, **glikoneojenez** olayını katalize eden **Glukoz-6-fosfataz, fruktoz-di-fosfataz, fosfoenolpurivik asit karboksikinaz** ve **pruvat korboksilaz** enzimlerini de **inhibe** eder. Bu şekilde de **insülin,** kan glukoz'unun hücre içine girmesini ve hücre içerisinde kullanılmasını sağlamış ve kontrol etmiş olur.

Glukagon, kan şekerini yükseltici bir etkiye sahiptir. Bu etkisini, **fosforilaz** enzimini kamçılayarak **glikojenoliz**'i yani glikojen'in glukoz'a dönüşmesini hızlandırmak suretiyle gerçekleştirir.

Epinefrin de glukagon gibi kan şekerini yükseltici bir etkiye sahiptir ve bu etkisini **glikojenoliz**'i hızlandırmakla gerçekleştirir.

ACTH, adrenal korteks hormonlarının salgılanmasına neden olarak, glukokortikoid'lerin salgılanmasını sağlar, ve bu da kan şekeri düzeyinin yükselmesine neden olur. Çünkü **glukokortikoidler,** glukoneojenezis'in artmasına yol açarlar.

Growth hormonu da, yine kan şekerini artırıcı bir etkiye sahiptir. Kan şeker düzeyinin düşmesi, Growth hormonu salgılanmasını arttırır. Growth hormonu da, dokularda glukoz kullanımını azaltmak suretiyle insülin'e antagonist (ters) bir etki yapar.

KARBONHİDRAT METABOLİZMASI BOZUKLUKLARI

Karbonhidrat metabolizmasında görülen bozukluklar, çoğunlukla **genetik** bir hata sonucu, **enzim** ve **hormon** yetersizliğinden veya beslenme bozukluklarından kaynaklanır. Aşağıda bu bozukluklardan en önemli olan bazılarını kısaca inceleyeceğiz:

Şeker Hastalığı (Diabetes Mellitus): Şeker hastalığı organizmanın karbonhidrat kullanma yeteneğinin azalması ile karakterize ve çoğunlukla da **kalıtsal** olarak meydana gelen bir metabolizma hastalığıdır. Yetersiz insülin salgılanmasına bağlı olarak kan şeker düzeyinin yükselmesi ile kendini belli eder. Yağ metabolizması bozukluğunun bir sonucu olarak da görülebilir. Şeker hastalığının kan şeker düzeyinin yükselmesi dışında başlıca üç önemli klinik belirtisi vardır: 1-Çok su içme, 2-Çok yemek yeme ve 3-Çok idrar çıkarma. Bunların yanında, ağız kuruması, halsizlik ve yorgunluk da diğer klinik belirtilerdir. Karbonhidrat metabolizmasındaki bozukluk aşırı yağ metabolizmasına ve negatif azot dengesine de neden olur. Organizmanın enerji gereksinimi yağ metabolizmasından sağlanması sonucu, **ketogenezis, ketozis** ve **asidozis** görülebilir.

Ketozis: Normal metabolizma koşulları altında **piruvik asit**'ten ve yağ asitlerinin **β-oksidasyonundan** kaynaklanan **asetil-KoA**'lar, **oksalo asetik asit** ile birleşerek **TCA** siklüsünda kullanılırlar. Karbonhidrat metabolizmasının bozulduğu veya şeker hastalığı, açlık, karbonhidratlardan noksan beslenme gibi durumlarda, yeterli glukoz glikoliz'de kullanılamaz. Bunun sonucu olarak da piruvik asit'ten yeterli **asetil-KoA** oluşamayacağı gibi, asetil-KoA'larla birleşmeye hazır yeterli **oksaloasetik asit** de bulunamaz. Bu durumda asetil-KoA gereksinimi yağ asitlerinin **β-oksidasyonundan** sağlanır. Başka bir deyişle, organizmanın enerji gereksinimi yağ asitlerinin oksidasyonu ile sağlanır. Meydana gelen asetil-KoA'lar da yeterli oksaloasetik asit bulamadığı için TCA siklüsünda kullanılamazlar ve normalden fazla asetil-KoA birikimi oluşur.

Bu şekilde, asetil-KoA'lar ikişer, ikişer birleşerek, asetoasetil-KoA'yı oluşturur. Diasilaz enzimi aracılığı ile asetoasetil-KoA, **asetoasetik asit (β- ketobütürik asit)** ve KoA'ya hidrolize olur. Asetoasetik asit, **β-hidroksibütürik asit**'e indirgenir veya dekarboksile olarak **aseton**'a dönüşür. **Asetoasetik asit β-hidroksibütürik asit** ve **aseton**'a **keton cisimleri** adı verilir. Bu olaya **ketogenezis** denir. Keton cisimlerinin kanda birikmesi sonucu meydana gelen bozukluğa da **ketozis** adı verilir. Keton cisimleri organizma sıvılarında asit/baz dengesini bozar ve **asidoz** meydana gelir. Ketozis'e bağlı olarak sığırlarda **sığır ketozis**'i, koyunlarda ise **gebelik toksemisi** görülür. Süt ineklerinde her gün glukoz'un % 60'ı laktoz üretiminde, gebe koyunlarda 1/3 - 1/2'i fetüs tarafından kullanılır. Bu nedenle glukoz'dan elde edilen asetil-KoA'lar azalır ve ketogenez olayı yukarıda anlatıldığı şekilde gerçekleşir.

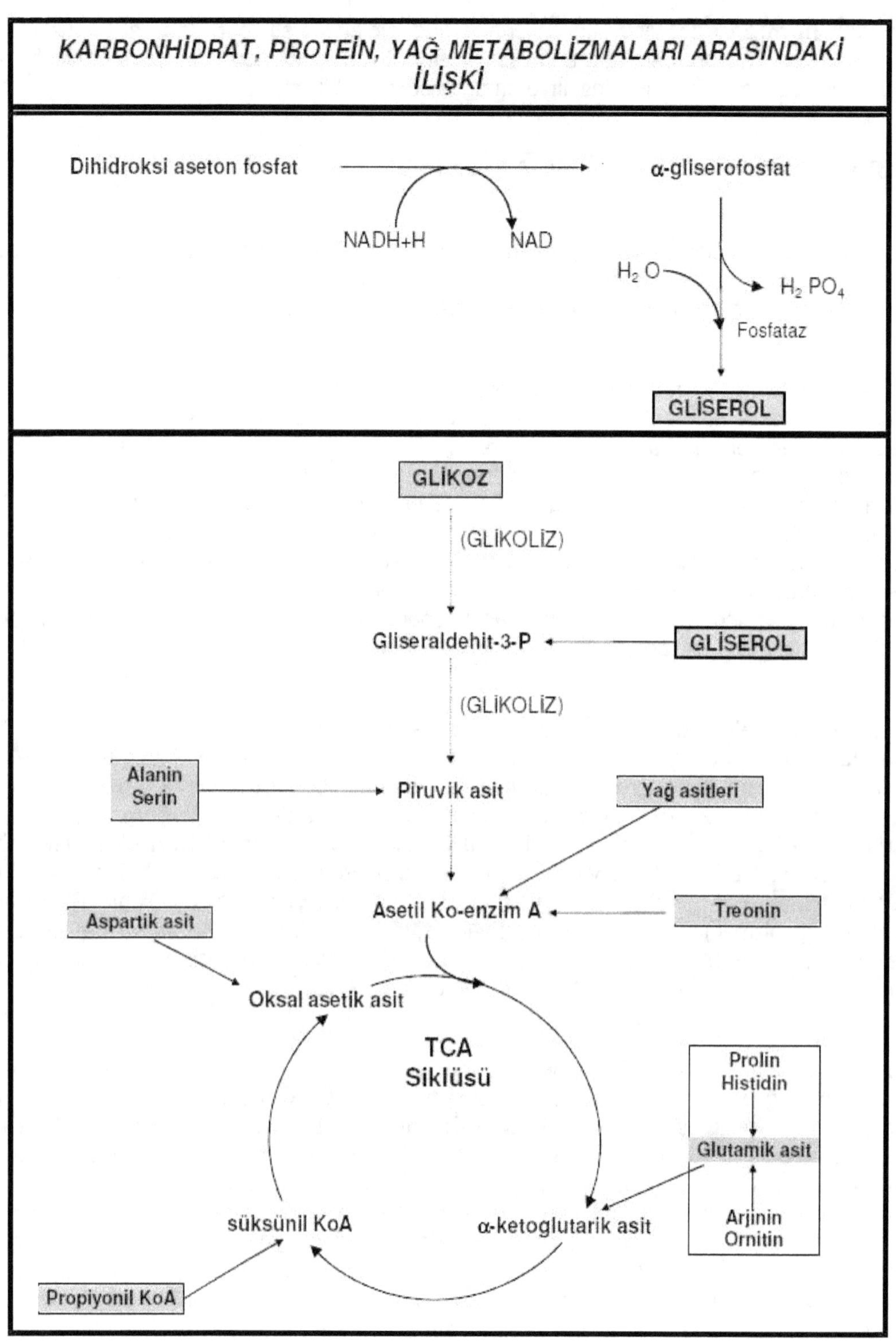

KARBONHİDRAT, PROTEİN, YAĞ METABOLİZMALARI ARASINDAKİ İLİŞKİ
Dihidroksi aseton fosfat
α-gliserofosfat
NADH+H
NAD
H₂ O
H₂ PO₄
Fosfataz
GLİSEROL
GLİKOZ
(GLİKOLİZ)
Gliseraldehit-3-P
GLİSEROL
(GLİKOLİZ)
Alanin
Serin
Piruvik asit
Yağ asitleri
Aspartik asit
Asetil Ko-enzim A
Treonin
Oksal asetik asit
TCA
Siklüsü
Prolin
Histidin
Glutamik asit
Arjinin
Ornitin
süksünil KoA
α-ketoglutarik asit
Propiyonil KoA

KARBON HİDRAT METABOLİZMASINI ETKİLEYEN HORMONLAR

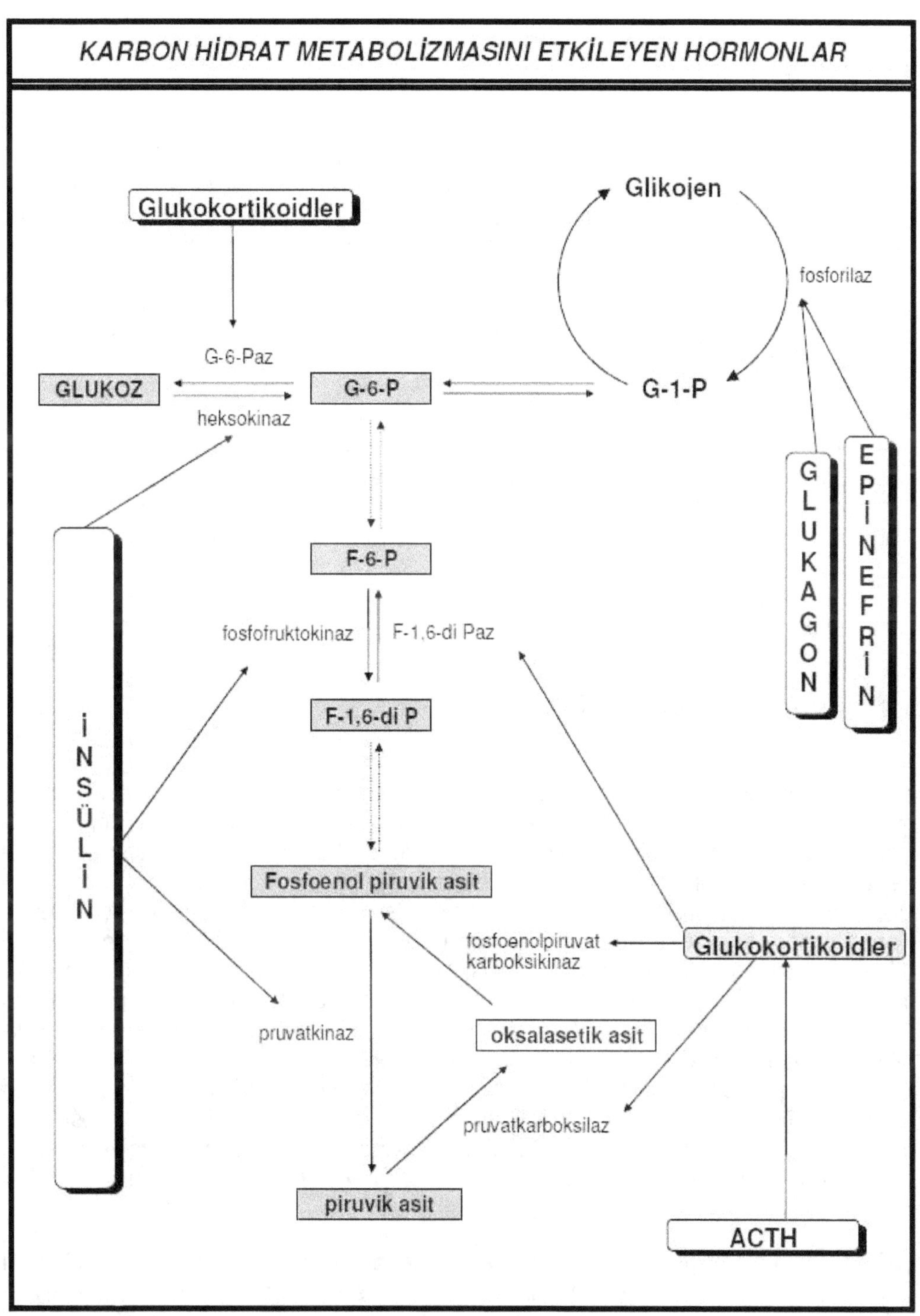

PROTEİN METABOLİZMASI

GENEL BAKIŞ

Protein metabolizması, karbonhidrat ve yağ metabolizmalarından biraz farklılık gösterir. Çünkü proteinler vücutta temel kuruluşu sağlayan esas yapı maddeleridir. Dolayısıyla, yaşamı devam ettirmek için bunları organizma mutlaka besinlerle almak zorundadır. Besinlerle günde alınması gerekli protein miktarı, genellikle vücut ağırlığının her kilogramı için 1 g dır. Yavrularda, gebelerde, protein yıkılışını arttıran sürekli ateş, bulaşıcı hastalıklar, hipertroidizm gibi durumlarda, protein sindirim ve emilimini aksatan sürekli ishallerde, idrarla protein kaybına neden olan nefroz gibi hastalıklarda gereksinim 1 g'ın üstüne çıkar.

Bitkisel ve hayvansal kaynaklardan gelen proteinlerin sindirimi sonucu organizmaya dahil olan amino asitlerle bizzat organizma tarafından yeniden yapılan amino asitler çeşitli amaçlar için kullanılırlar. Kan proteinlerinin, miyozinin, enzimlerin, proteohormonların ve hemoglobinin sentezi için amino asitlere gereksinim vardır. Protein metabolizmasındaki bir aksama, bu çok önemli biyolojik maddelerin fonksiyonlarının da aksamasına neden olur. Diğer besin maddelerinde de olduğu gibi protein metabolizmasının ilk basamağı Absorbsiyonla, yani emilimle başlar.

PROTEİN SİNDİRİMİ VE EMİLİMİ

Peptid bağlarının hidrolitik yoldan parçalanmasına ve amino asitlere kadar ayrılması olayına **protein sindirimi** denir. Proteinlerin emilebilmeleri için amino asitlere kadar parçalanmaları gerekmektedir. Protein sindirimi midede başlar. Mideye ulaşan proteinler, mide asidine bağlı olarak kuvvetli asit ortamda, mide salgısında bulunan ve bir **endopeptidaz** olan **pepsin**'in saldırısına uğrarlar. Bunun sonucunda proteinler az miktarda amino asit ile polipeptidlere parçalanırlar. Pepsin peptid bağlarının 1/5 ile 1/10'unu parçalar. Pepsin mide mukozasında, inaktif şekli olan **pepsinojen (propepsin)** biçiminde bulunur. Mide boşluğuna salgılandıktan sonra HCl ve pepsin'in otakataliz etkisiyle aktif pepsin haline geçer. İnce bağırsağa geçen polipeptidler burada pankreasdan salgılanan **tripsin** ve **kimotripsin** isimli iki **endopeptidaz**'ın etkisinde kalırlar. Bunun sonucu olarak, polipeptidler bir miktar aminoasite ve öncekinden daha küçük polipeptidlere parçalanırlar. Tripsin ve kimotripsin midenin operasyon ile alınması halinde, pepsin'in de görevini yüklenir. Pepsin, tripsin, kimotripsin, protein ve polipeptid molekülünün iç bölümlerindeki peptid bağlarını etkilemelerinden dolayı **endopeptidaz** adını alırlar.

Tripsin, pankreas salgı hücrelerinde iken aktif olmayan **Tripsinojen** biçimindedir. Tripsinojen enterokinaz enzimi ve tripsin'in otakataliz etkisiyle aktif tripsin haline çevrilir. Kimotripsin de pankreas salgı hücrelerinde iken inaktif hali olan **kimotripsinojen** biçimindedir. Tripsinin etkisi ile aktifleşir.

Yukarıda anlattığımız gibi tripsin ve kimotripsin'in parçalama ürünü olarak oluşan polipeptidler, daha sonra **aminopeptidaz** ve **karboksipeptidaz** adı verilen iki **ektopeptidaz**'ın etkisine maruz kalırlar. Polipeptid zincirini, aminopeptidazlar -NH_2 ucundan başlayarak, karboksipeptidazlar -**COOH** ucundan başlayarak parçalarlar. Aminopeptidaz ve karboksipeptidaz sindirimi sonunda serbest amino asitler ile **dipeptid** ve **tripeptid**'lerden olusan bir karışım ortaya çıkar. Karboksipeptidaz'lar, pankreas dış salgısı ile bağırsak boşluğuna gelirler. Aminopeptidaz'lar ise, ince bağırsak salgısı ile sindirim kanalına verilirler.

Bu şekilde olusan di- ve tri-peptidler, son basamakta **dipeptidaz** ve **tripeptidaz**'lar aracılığı ile **aminoasit**'lere parçalanırlar. Aminopeptidaz, karboksipeptidaz, dipeptidaz ve tripeptidaz'lar peptid zincirini dış bölümlerinden başlayarak etkilediğinden dolayı, **ektopeptidaz** adını alırlar. Protein sindirimi sonunda sindirim kanalında serbest amino asitlerden oluşan bir karışım oluşur.

Sindirim kanalında, protein sindirimi sonucunda ince bağırsaklarda serbest kalan amino asitler bağırsak mukoza hücrelerine alınırlar. Amino asitlerin bağırsak mukozasına emiliminde aktif bir mekanizma rol oynar. B vitaminlerinin, özellikle pridoksal fosfat'ın bu emilimde görevli olduğu bilinmektedir. Bir kısım amino asitler seçimlimli emildikleri gibi bir kısmıda bazı amino asitlerin emilimini inhibe eder. Bazen de bağırsaklarda geçici olarak meydana gelen bir defekt sonucu sindirim kanalında bulunan proteinlerin çok küçük miktarları sindirilmeden emilebilir. Bazı kişilerde, bazı besin maddelerine karşı görülen aşırı duyarlılık ya da başka bir ifade ile **allerjik** durumlar, bağırsaklardan sindirilmeden geçen proteinlere karşı meydana gelen antikorlara bağlanır.

Bağırsak mukozasına alınan amino asitlerin büyük bir çoğunluğu **vena porta**'ya geçer. Fazla protein alınması durumlarında amino asitlerin küçük bir bölümü de **duktus thorasicus** aracılığı ile taşınır. Vena porta ile karaciğere gelen amino asitlerin büyük bir bölümü burada tutulur. Kalan kısmı ise dolaşıma geçer, kanda plazma ve eritrositler arasında bölüştürülerek taşınır ve dokulara yayılır. Karaciğere gelen amino asitler burada büyük bir süratle **üre** yapımında kullanılır. Karaciğer amino asitlerden ürenin sentezlendiği tek organdır. Bunun dışında karaciğer dokusu, amino asitlerden yararlanarak **albumin**, **fibrinojen** ve az miktarda da **globulin**'leri sentezlerler. Dokulara giden amino asitler, buralara aktif bir transport sistemi ile girerler. Yani, hücre içerisinde yeterince amino asit bulunsa bile amino asitlerin hücre içerisine girmeleri engellenemez. Aktif transport için gerekli enerji glikoliz'den sağlanır. Hücre içerisine giren amino asitler, hücrenin protein niteliğindeki maddelerinin sentezinde ya da keto asitlerin ve aminlerin yapımında kullanılır.

Amino asitler kan plazmasında belli bir açlık düzeyinde bulunurlar. Kullanılma sonucunda kan plazmasındaki miktarlarında bir düşme olursa, sindirim yolu ile gelen ve organizmada sentez edilen amino asitler ile bu düzey sabit tutulmaya çalışılır.

PROTEİN SİNDİRİM ve EMİLİMİ
PROTEİN
ağız boşluğu
Pepsinojen
HCl
Pepsin
PROTEİN
Polipeptidler
aminoasitler
mide
Tripsinojen
enterokinaz
Tripsin
Kimotripsinojen
Kimotripsin
Polipeptidler
aminoasitler
ince bağırsak
Karboksipeptidaz
Polipeptidler
aminoasitler
Aminopeptidaz
dipeptidaz
di- ve tripeptidler
aminoasitler
tripeptidaz
aminoasitler
aminoasitler
vena porta

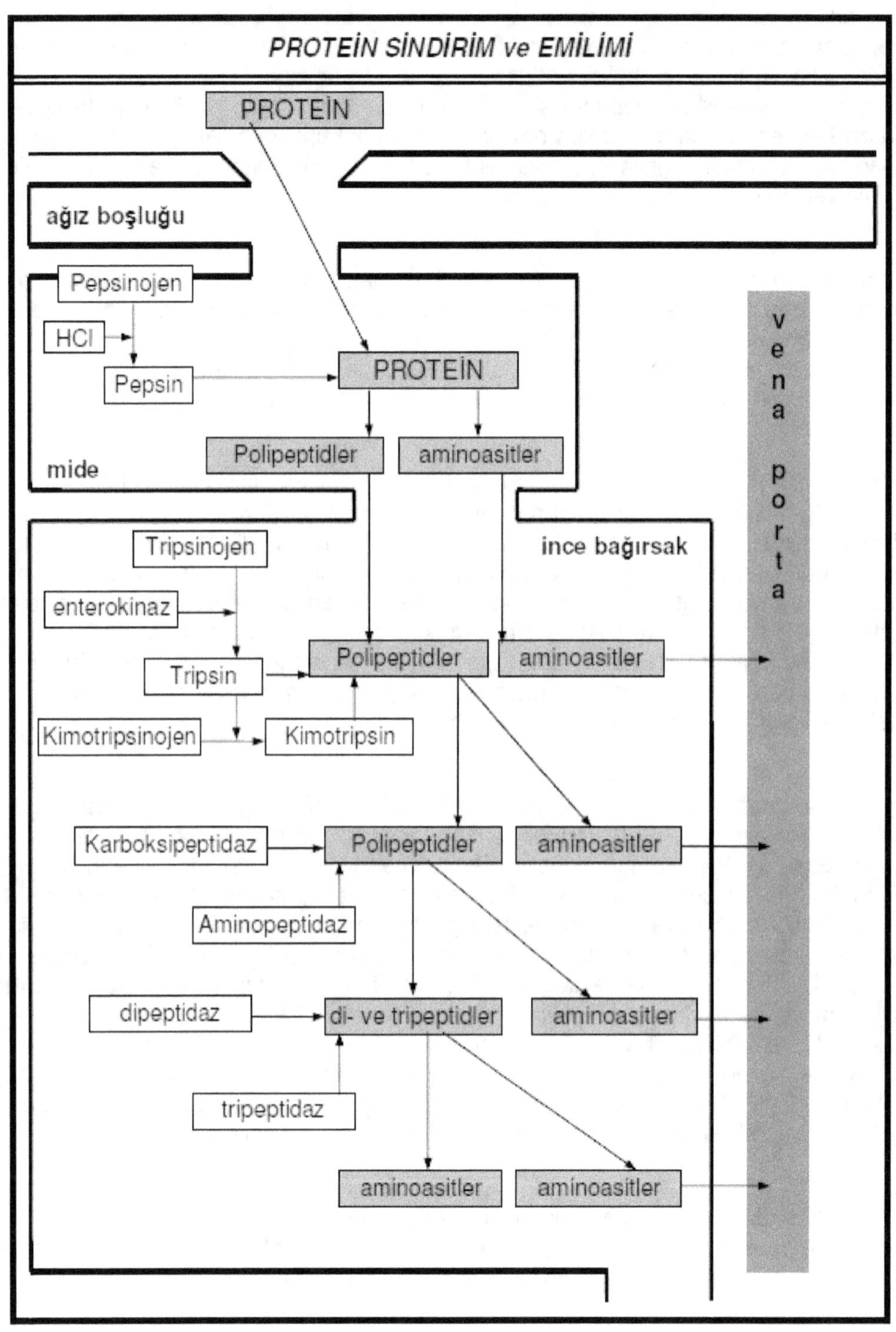

628

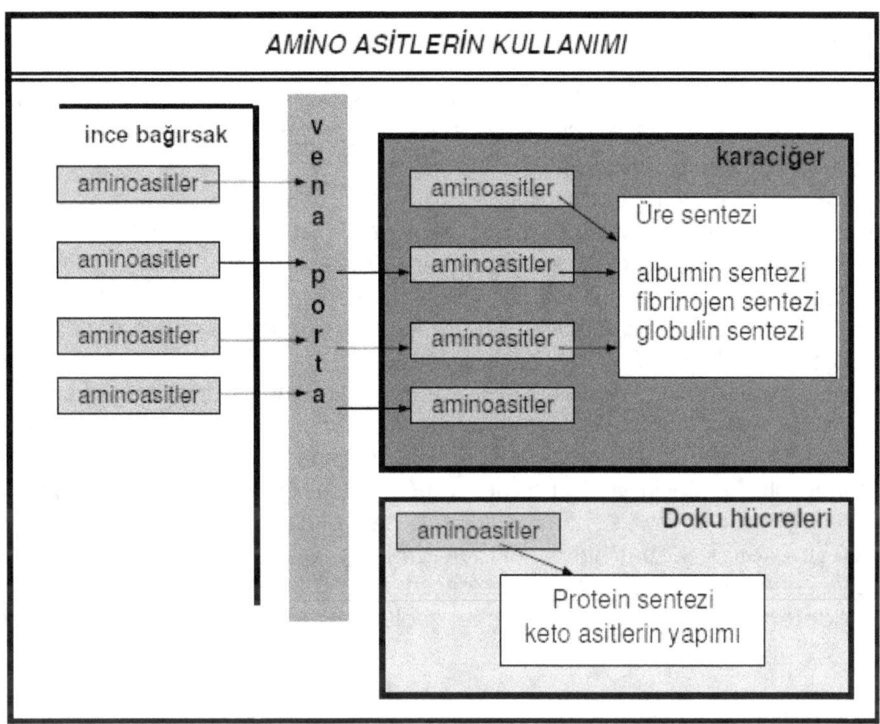

AMİNO ASİTLERİN KULLANIM YERLERİ

Amino asitler organizmada,

1- Doku ve kan proteinleri ile enzim ve hormonların yapımında,

2- Nükleik asit, kreatin, hem gibi protein yapısında olmayan ama içerisinde azot taşıyan maddelerin yapımında,

3- Amonyak ve ürenin sentezinde,

4- Başka amino asitlerin transaminasyon yolu ile sentezlenmesinde,

5- Enerji elde edilmesinde,

6- Karbonhidratların yapımında,

kullanılırlar. Kullanılmayan amino asitlerin az bir kısmı da idrar yolu ile atılırlar. Şimdi amino asitlerin bu kullanıldıkları yerleri ve kulanılış biçimlerini kısaca incelemeye çalışalım.

PROTEİN SENTEZİ

Organizmada doku ve hücrelerde bulunan amino asitler için en iyi kullanım yolu organizma proteinlerinin sentezlenmesidir. Bu sentezlenecek proteinler nelerdir? **Doku ve kan proteinleri, enzimler ve hormonlar.** Organizma proteinleri bir taraftan sürekli olarak parçalandıklarından, devamlı olarak sentez edilmeleri de gerekir. Sentez ve parçalanma arasında bir denge mevcuttur. Bunun için de organizmada protein miktarları önemli bir farklılık göstermez. Bazı proteinlerin yarılanma süreleri kısa, bazılarınınki ise uzundur. Örneğin; insülin için yarılanma süresi 6,5-9 dk. iken, plazma proteinleri için 10 gün, kas proteinleri için 180 gün, kollajen için 300 gündür. İnsanda, total vücut proteinleri için yarılanma süresi ortalama 80 gün kabul edilir. Buradan tam yarılanma süresinin 160 gün olduğunu ve sonuç olarak vücudu oluşturan tüm hücrelerin yılda ortalama 2 kez değiştiğini buluruz, yani ortalama olarak vücudumuzun yılda iki kez tamamen yenilendiğini söyleyebiliriz. Biliyorsunuz ki, proteinler amino asitlerin peptid bağları ile birbirlerine bağlanması ile oluşur. Çeşitli amino asitlerin, değişik sayılarda ve değişik varyasyonlarda birbiri ile bağlanması ile çok sayıda farklı proteinler oluşabilir. Bu yüzden, organizmada sadece 600'ün üstünde enzim bulunmaktadır. Doku proteinlerinin sayısı da binlerle ifade edilmektedir. İşte hücre içerisinde gerçekleşen bu organizma proteinlerinin sentezinin kontrolü, **genlerin,** daha açık bir deyimle genleri meydana getiren **DNA'**nın kontrolü altındadır.

DNA moleküllerinin iki önemli görevi vardır. Bunlardan birincisi hücre bölünmesi sırasında yeni hücrelerin DNA kaynağını oluşturmalarıdır. DNA iki polinükleotid zincirinin bir ortak eksen etrafında sarmallaşmaları ile oluşmuş çift sarmal yapısı gösterir. Hücre bölünmesi başlayacağı zaman DNA çift sarmalı açılır. Her iki polinükleotid zinciri birbirinden ayrılır. Bu zincirlerden her biri bir tür kalıp görevi üstlenerek kendi bütünleri olan öteki zincirin kopyası olan bir yeni zincir sentezlenmesini sağlar. Bu olaya **replikasyon** adı verilir. Bu şekilde, DNA yapısının hücre bölünmesi sırasında degişmemesi kalıtsal yapının sürekliliğini sağlar. Her DNA çiftinin birisinin anadan, ötekinin babadan alınması, yavruda ana ve babanın niteliklerinin ortaya çıkmasının nedenidir. Bu yapının bozulmadan aktarılması 1. ciltte ve önceki 9. bölümde de anlattığımız gibi, nükleik asitlerin yapısında yer alan pürin ve pirimidin bazların karşılarına uygun bazların gelmesiyledir. Her timin'in karşısına bir adenin, her sitozin'in karşısına bir guanin, her guanin'in karşısına bir sitozin, her adenin'in karşısına da bir urasil gelir ve genetik şifre böylece iletilir.

DNA molekülünün ikinci önemli görevi ise, hücreye özel proteinlerin sentezini kontrol altında bulundurmaktır. Hücre içerisinde proteinin sentez edildiği başlıca yer stoplazmik retikulumda yer alan **ribozom'**lardır. Bir canlının tüm hücrelerinde aynı kalıtsal bilgi bulunmasına rağmen, her hücre kendine özel proteinleri sentezler. Örneğin, insülin hormonunun sentezi sadece pankreasın **lengerhans adacığı'**nın beta hücreleri tarafından sağlanır. Halbuki canlının tüm soma hücrelerinde insülin sentezi ile ilgili kalıtsal bilgi mevcuttur. Bu olay **histon represyonu** adı verilen bir kavramla açıklanır. Histon represyonu, ufak moleküllü bazik proteinlerin (histonların) DNA molekülünün bazı bölümlerine tuz bağı ile bağlanarak belirli proteinlerin biyosentezleri için gerekli kalıtsal mesajları bloke etmeleri, yani durdurmaları şeklinde tarif edilir ve hücre farklılaşmasının ve dokulaşmanın da esas temelini oluşturur.

Ribozomlarda gerçekleşen protein sentezinin başlayabilmesi için bazı şartların gerçekleşmesi gerekir. DNA yapısına katılan baz gruplarının arka arkaya sıralanmaları ile belirlenen kalıtsal bildiri protein yapısına doğruca aktarılmaz.

Önce stoplazmaya çeşitli RNA türlerinin sentezlenerek salgılanmaları gerekir. Bunlar, ribozomların yapısına katılan **ribozomal RNA (rRNA),** amino asitleri ribozomlara taşıyan **taşıyıcı (transfer edici) RNA (tRNA),** ve sentezlenecek proteindeki amino asitlerin sıralanış biçimini belirleyen **haberci RNA (mRNA)**'dır.

Belirli amino asitlerin kendisini ribozoma transfer edecek olan tRNA ile birleşmesi için önce aktif hale gelmesi, protein sentezinde **birinci aşama**dır. Amino asidin aktivasyonu için aktive edici bir enzime ve enerjiye ihtiyaç vardır. Bu enerji **ATP**'den alınır, enzim ise **aminoasil-RNA sentetaz**dır. Bu tepkime sonunda ATP'nin iki fosfatı serbest kalırken geriye kalan AMP-enzim kompleksi de amino asidin karboksil grubu ile bağlanır.

Protein biyosentezinde **ikinci aşama**, aktif hale geçen amino asidin ribozoma nakledilebilmesi için, taşıma görevini gerçekleştirecek olan tRNA ile birleşmesidir. Stoplazmada molekül ağırlığı nispeten küçük birkaç transfer RNA mevcuttur. Her bir tRNA belirli bir amino asit için spesifiktir. Bu reaksiyonu **amino asit t-RNA sentetaz** enzimi katalize eder. Reaksiyon sonunda, aminoasit-tRNA meydana gelir. Reaksiyon amino asidin aktive olduğu AMP-enzim kompleksinden amino asidin koparak tRNA'nın adenilik asidinin riboz bölümündeki 3. Karbon atomunun -**OH** grubuyla birleşmesi sonucu gerçekleşir.

Bundan sonraki üçüncü ve son aşama protein biyosentezidir. Yukarıda açıklanan birinci ve ikinci aşamalar stoplazmada cereyan eder. Üçüncü aşamayı oluşturan protein sentezinin yeri ise, yukarıda da belirttiğimiz gibi, **Granüler Endoplazmik Retikulum**'un bir bölümünü oluşturan **Ribozomlar**'dır. Ribozomlar, rRNA ile 20 kadar proteinden oluşan küçük partiküllerdir.

Yapılan elektron mikroskop araştırmaları, protein biyosentezinin bir mRNA iplikçiği üzerine tesbih taneleri gibi dizilmiş birçok ribozom'un oluşturduğu bir organ olan **polizom** tarafından gerçekleştirildiğini ortaya koymuştur. Her ribozom mRNA zincirinin 80 nükleotid birimine denk bir bölümünü oluşturur. Her 3 nükleotid'in de bir amino asit taşıdığını düşünürsek 150 amino asitten oluşan bir protein molekülünün sentezi için 150x3=450 nükleotid'e gereksinim vardır. Her bir ribozom 80 nükleotid taşıdığına göre, mRNA zinciri 450/80=5 ribozom taşır. Demek ki, 150 amino asit ihtiva eden bir proteinin sentezi için polizom'un 5 ribozom taşıması gereklidir. Bu da şunu gösteriyor ki, sentezlenecek protein molekülü büyüdükçe, polizom yapısında yer alan, ribozom sayısı da artar.

Ribozom yüzeyinde protein sentezinin başlayabilmesi için, gerekli emir hücre nükleusunda bulunan ve yapılacak proteinin niteliğini belirleyen yetkili gen tarafından verilir. Bu emir verme olayı, mRNA'nın sentezi şeklinde olur.

mRNA, bir DNA şeridinden baz çiftleşmesi suretiyle gerçekleşir. Nükleusta bulunan DNA molekülü yapısında yer alan bazların sıralanışına uygun olarak, tek bir iplikçikten ibaret yeni bir RNA molekülünün oluşumuna olanak tanırlar. Yani DNA'da mevcut sıraya göre, her timin'in karşısında bir adenin, her sitozin'in karşısında bir guanin, her guanin'in karşısında bir sitozin ve her adenin'in karşısında da bir urasil bulunacak şekilde bir mRNA molekülü oluşturulur. Bu şekilde, bir DNA molekülünden, bir mRNA molekülünün oluşması olayına **transkripsiyon** denir. Bu olay, **RNA-polimeraz** enzimi tarafından katalize edilir. Oluşan bu mRNA molekülü buradan stoplazmaya geçer ve stoplazma içinde yer alan ve protein sentezinin gerçekleşeceği ribozom'a doğru yönelir. Ribozom'a gelen mRNA molekülü ribozom'un yüzeyine yerleşerek orada nükleusda bulunan DNA iplikçiğinin adeta bir negatif filmini meydana getirir. Bu surette mRNA nükleusdaki gende bulunan nükleik asit parçasından ribozoma, ribozom yüzeyinde oluşacak peptid zincirinde yer alacak amino asitlerin sıralanışı hakkında bir emir, bir bilgi nakletmiş olur.

Bu şekilde nukleus'tan ribozoma bilgi nakil işlemine **translasyon** denilmektedir. Ribozom üzerinde peptid zincirinin, yani protein molekülünün sentezi basamaklı bir olaydır. Sentez için gerekli olan amino asitlerin ortamda bulunmaları ve ribozom yüzeyine taşınabilir nitelikte olmaları gerekir. Bir amino asidin ribozoma taşınabilmesi için özel bir tRNA'ya ihtiyaç vardır. Bir tRNA molekülünün sentezini yukarıda anlatmıştık. İşte, bu tRNA'nın üç nükleotidinin ucunda bulunan pürin ya da pirimidin bazların diziliş farkları her bir amino asit için değişiktir. Örneğin, Tirozin amino asidi urasil-adenin-urasil (UAU) üçlüsüne, Lizin amino asidi adenin-adenin-adenin (AAA) üçlüsüne bağlanır. Aşağıdaki şekilde de görüldüğü gibi, aktifleşerek tRNA'ya bağlanan bu amino asitler ribozom üzerindeki mRNA'nın baz grupları ile eşleşir ve bunlara bağlı olarak taşınan amino asitler de, serbest NH_2 grubunun bulunduğu amino asitten başlayarak, özel enzimlerin katalizörlüğü altında, her basamakta yeni bir amino asidin zincire eklenmesi suretiyle protein sentezi gerçekleşmiş olur.

Organizmada gerçekleşen en önemli **ÜÇ** metabolizma faaliyetlerini (**Lipid**, **Karbonhidrat** ve **Protein metabolizması**) detaylarıyla anlattıktan sonra, şimdi vücutta gerçekleşen diğer metabolik faaliyetleri özet olarak anlatan metabolizmaların ana mekanizmalarını detaylarıyla veren çeşitli metabolizma diyagramlarının canlılıkta rol oynayan en önemlilerini tablolar halinde, birbiri arasındaki metabolik yolları ve organik reaksiyon zincirlerini de gösterecek şekilde, aşağıda vererek bu bölümü sonlandıracağız.

Birinci aşama : <u>Amino asidin aktifleşmesi.</u>

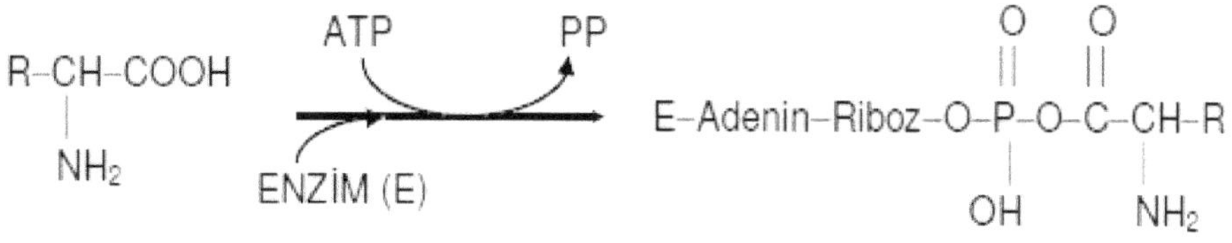

$$R-CH-COOH \xrightarrow[\text{ENZİM (E)}]{\text{ATP} \quad \text{PP}} E-Adenin-Riboz-O-\overset{O}{\overset{||}{P}}-O-\overset{O}{\overset{||}{C}}-CH-R$$

R–CH–COOH
  |
  NH₂

ATP → PP
ENZİM (E)

Amino asit
(AA)

E–Adenin–Riboz–O–P–O–C–CH–R
           | |
           OH   NH₂

O O

E-AMP-AA

İkinci aşama : <u>Aktif amino asidin tRNA ile birleşmesi.</u>

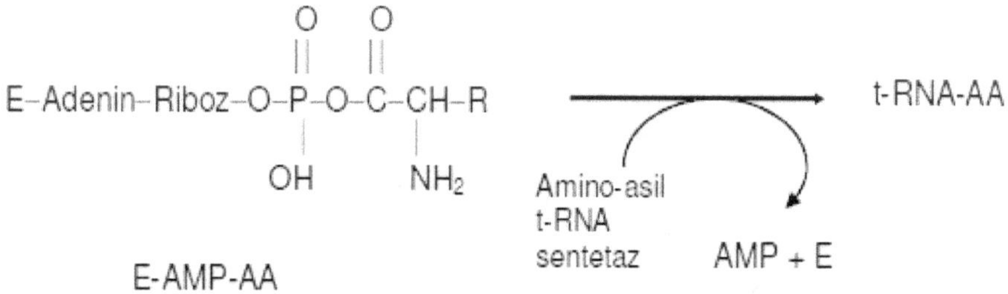

O O

E–Adenin–Riboz–O–P–O–C–CH–R
           | |
           OH   NH₂

E-AMP-AA

Aktive olmuş amino asit

Amino-asil
t-RNA
sentetaz

AMP + E

t-RNA-AA

Polizom

m-RNA

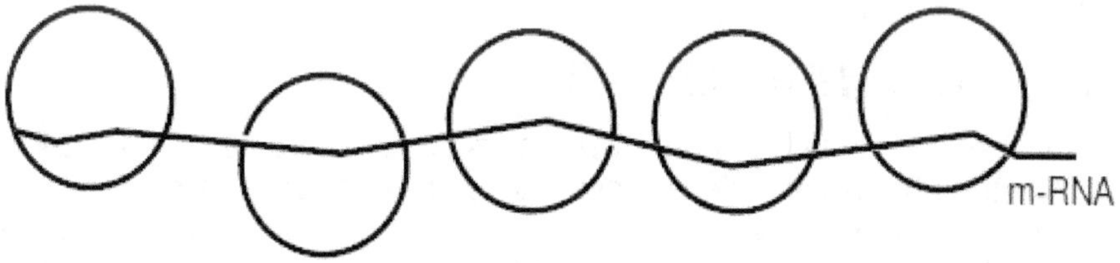

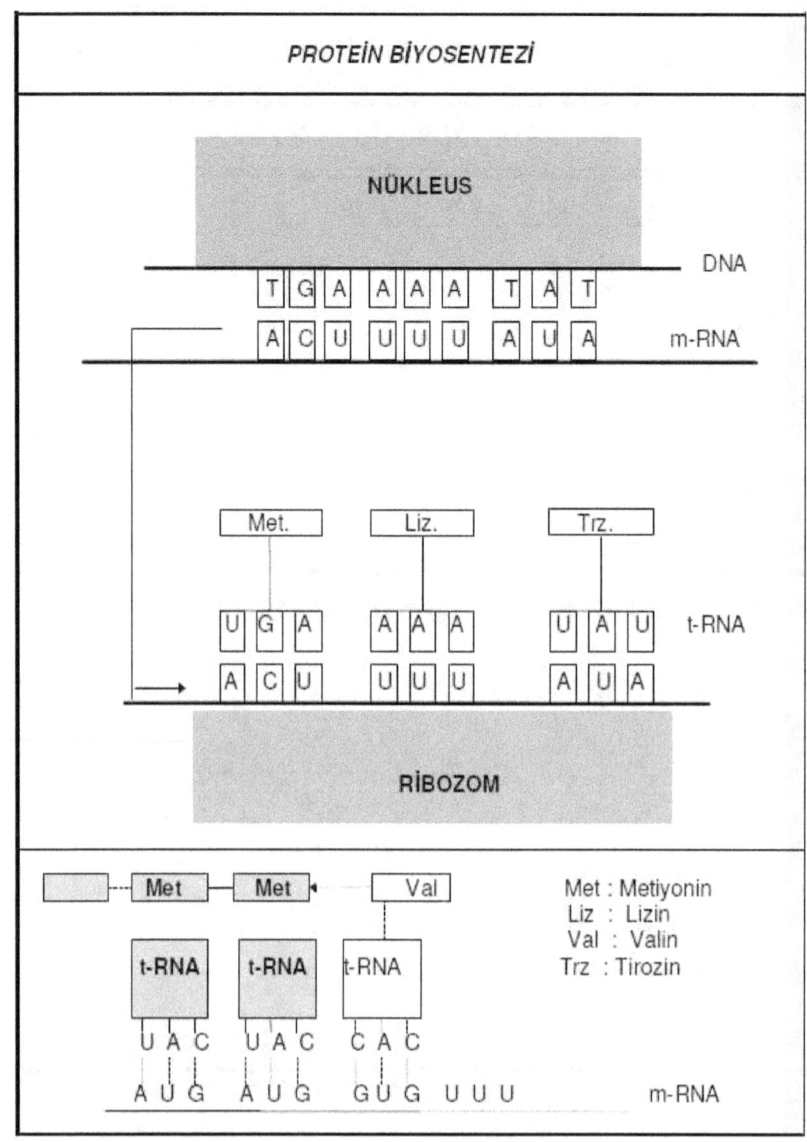

APPENDIX-XI {İLERİ EK BİLGİ}

METABOLİK DİYAGRAMLAR

Yaratılışla ilgili hücre içinde gerçekleşen mekanizma ve metabolizma faaliyetlerini detaylı olarak ele aldığımız bu uzun ve oldukça geniş bir biyoloji sahasını içeren bölümümüzü, tüm önemli organik hücre reaksiyonlarını ve faaliyetlerini içerdiği mekanizmalar ve metabolizmalarla birlikte özetleyen **KIRK** adet metabolik diyagramla sonlandırıp, bir sonraki bölümde yaratılışla ilgili çeşitli bilim adamlarının tarih içerisindeki ve günümüzdeki önemli görüşlerine yer vererek ve yaratılışa ilişkin Kur'an'da geçen biyolojik delillere ve önemli yaratılış ayetlerine kısaca değinerek, iki ciltten oluşan eserimizi sonlandırmış olacağız.

Calvin Döngüsü (Bitki Hücresi Kloroplastı)

6 CO₂ + 18 ATP + 12 NADPH + 12 H⊕ ⟶ Hexose + 18 ADP + 18 P + 12 NADP⊕
2x
Ribulose 1,5 - bis Ⓟ   CO₂
4.1.1.39
ATP   2 ADP   ATP
2.7.2.3
NADPH   2 NADP⊕   NADPH
1.2.1.13
6x
Glyceraldehyde 3-Ⓟ
Gluconeogenesis
5.3.1.1
C₃
4.1.2.13
3.1.3.11
C₆
2.2.1.1
C₄
4.2.1.13
Glucose 6-phosphate
3.1.3.37   C₇
2.2.1.1
C₅   C₅
5.1.3.4   5.3.1.6
C₅   C₅
ATP   ATP   ATP
ADP   ADP   ADP
2.7.1.19   2.7.1.19

① Ribulose 1,5-bisphosphate
② Carbon dioxide
③ 3-Phosphoglycerate
④ 1,3-Bisphosphoglycerate
⑤ Glyceraldehyde 3-phosphate
⑥ Dihydroxyacetone phosphate
⑦ Fructose 1,6-bisphosphate
⑧ Fructose 6-phosphate
⑨ Erythrose 4-phosphate
⑩ Sedoheptulose 1,7-bisphosphate
⑪ Sedoheptulose 7-phosphate
⑫ Xylulose 5-phosphate
⑬ Ribose 5-phosphate
⑭ Ribulose 5-phosphate
⑮ Glucose 6-phosphate

Trikarbolik Asit (TCA) Metabolizması

* Essential amino acid
Fat
Asp, Asn, Arg, Met*, Thr*, Ile*
GTP
Glucose
Oxaloacetate   3   PEP   Phe*, Tyr, Trp*
2   Irreversible
Acyl-CoA
Malate   Ala, Leu*, Val*   Pyruvate
Ala, Ser, Thr*, Cys, Gly
Carbo-hydrates
Cytoplasm
CO₂
5
Carnitine shuttle
CO₂   Pyruvate
ATP   Irreversible
CO₂
Malate   2   Oxalo-acetate
Acyl CoA   Acetyl CoA
β-Oxidation
ATP   ADP+Pᵢ
Citrate   4
Mitochondrial matrix
Malate   2   Oxalo-acetate
CoA
Fumarate
Acetyl CoA
Citrate
Asp   Asp
Phe*   Asn
Tyr   His
Ile*   Pro
Val*   Arg
Met*   Gln
Trp*   Glu
Succinate
Isocitrate
Fatty acids
GTP
Succinyl CoA   2-Oxo-glutarate   CO₂
Fat
CO₂
Porphyrins   Glu, Gln, Pro, Arg
NADH+H⊕   2[H]   O₂   2[H]   OH   Ubiquinol (QH₂)   OH
ADP   Pᵢ   Oxidative phosphorylation   ATP
H₂O

1 Pyruvate carboxylase 6.4.1.1
2 Malate dehydrogenase 1.1.1.37
3 PEP carboxykinase 4.1.1.32
4 Citrate lyase 4.1.3.8
5 Malic enzyme 1.1.1.40
⟹ Catabolic pathway
⟹ Anabolic pathway
⟹ Anaplerotic reaction

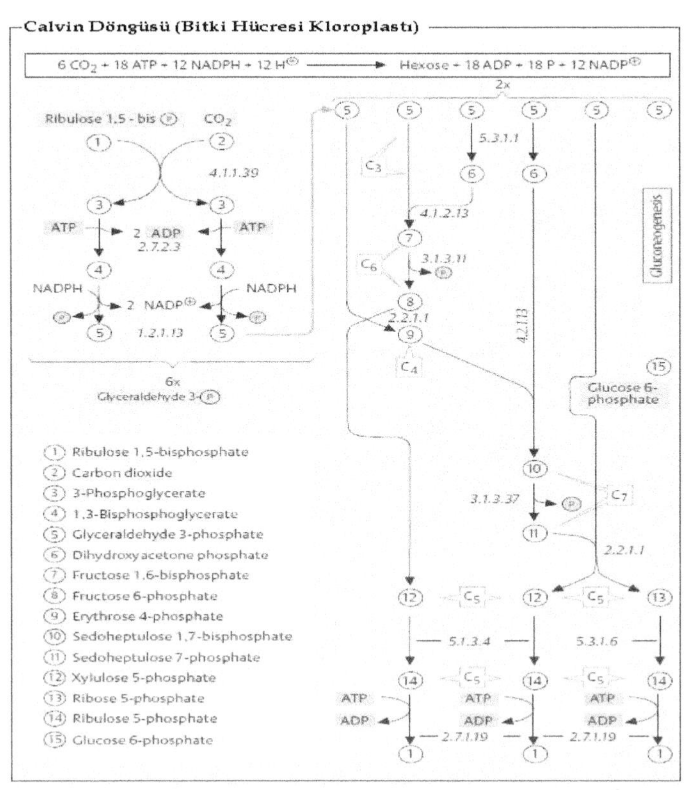

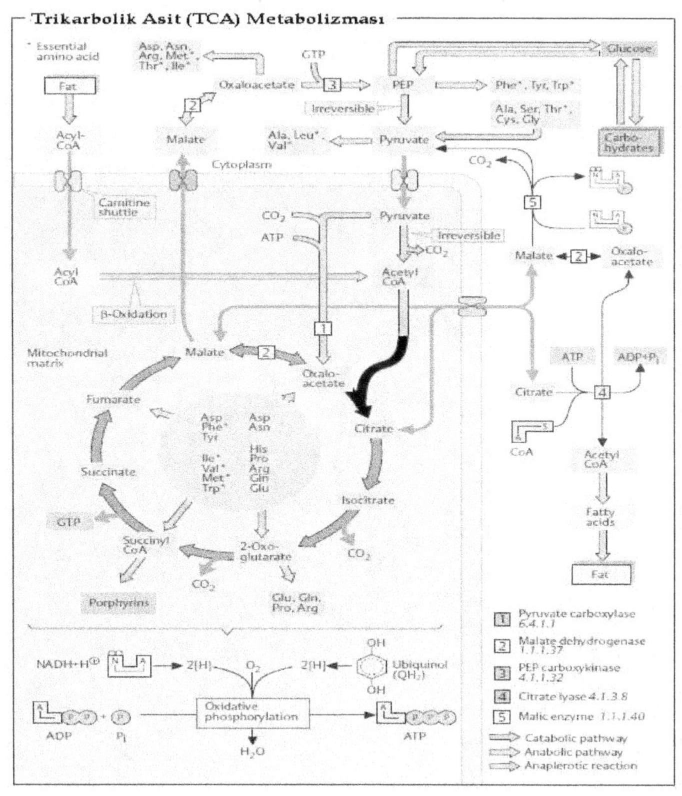

635

Karbonhidrat Metabolizması

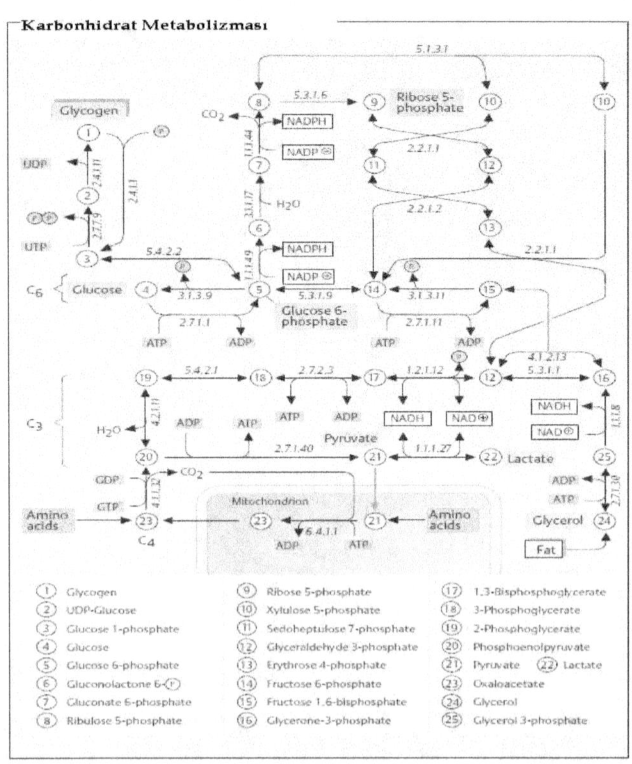

1	Glycogen	9	Ribose 5-phosphate	17	1,3-Bisphosphoglycerate
2	UDP-Glucose	10	Xylulose 5-phosphate	18	3-Phosphoglycerate
3	Glucose 1-phosphate	11	Sedoheptulose 7-phosphate	19	2-Phosphoglycerate
4	Glucose	12	Glyceraldehyde 3-phosphate	20	Phosphoenolpyruvate
5	Glucose 6-phosphate	13	Erythrose 4-phosphate	21	Pyruvate 22 Lactate
6	Gluconolactone 6-P	14	Fructose 6-phosphate	23	Oxaloacetate
7	Gluconate 6-phosphate	15	Fructose 1,6-bisphosphate	24	Glycerol
8	Ribulose 5-phosphate	16	Glycerone-3-phosphate	25	Glycerol 3-phosphate

Lipid Metabolizması

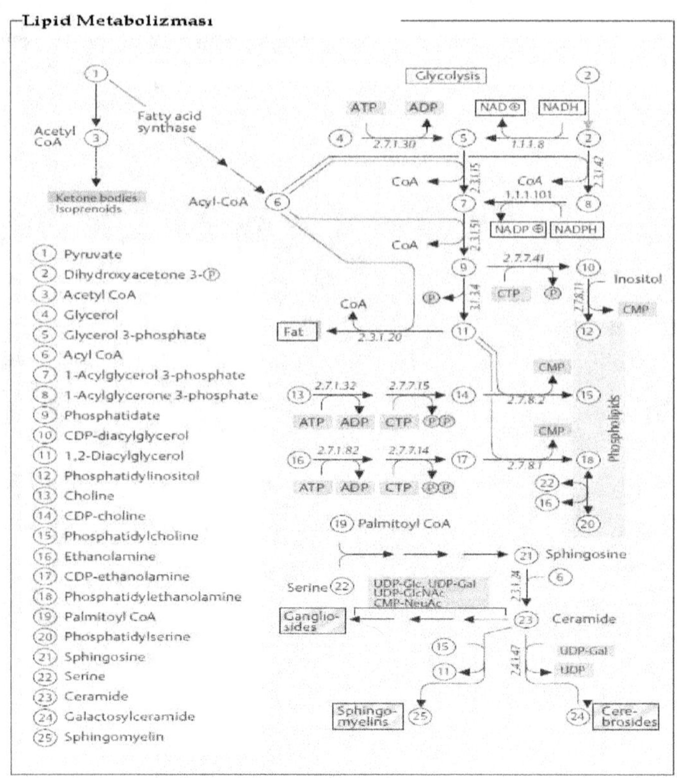

1	Pyruvate			
2	Dihydroxyacetone 3-P			
3	Acetyl CoA			
4	Glycerol			
5	Glycerol 3-phosphate			
6	Acyl CoA			
7	1-Acylglycerol 3-phosphate			
8	1-Acylglycerone 3-phosphate			
9	Phosphatidate			
10	CDP-diacylglycerol			
11	1,2-Diacylglycerol			
12	Phosphatidylinositol			
13	Choline			
14	CDP-choline			
15	Phosphatidylcholine			
16	Ethanolamine			
17	CDP-ethanolamine			
18	Phosphatidylethanolamine			
19	Palmitoyl CoA			
20	Phosphatidylserine			
21	Sphingosine			
22	Serine			
23	Ceramide			
24	Galactosylceramide			
25	Sphingomyelin			

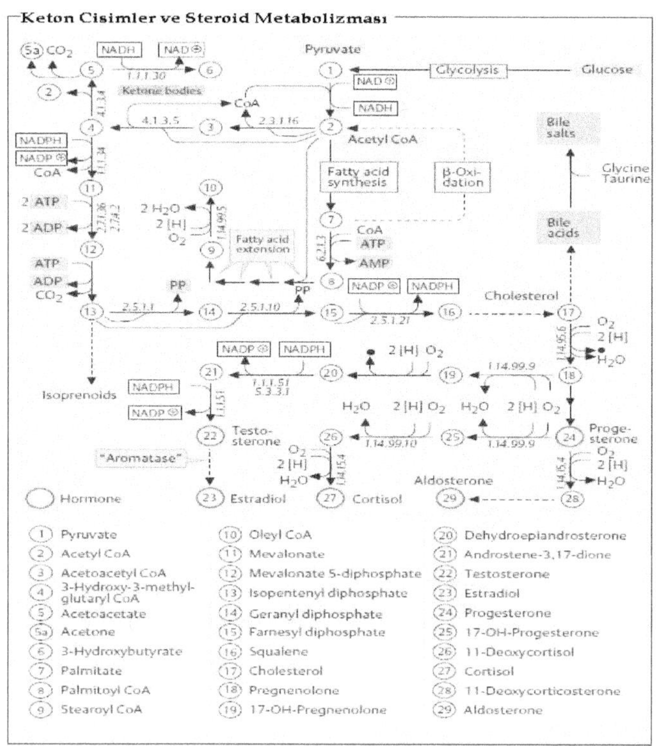

1. Pyruvate
2. Acetyl CoA
3. Acetoacetyl CoA
4. 3-Hydroxy-3-methyl-glutaryl CoA
5. Acetoacetate
5a. Acetone
6. 3-Hydroxybutyrate
7. Palmitate
8. Palmitoyl CoA
9. Stearoyl CoA
10. Oleyl CoA
11. Mevalonate
12. Mevalonate 5-diphosphate
13. Isopentenyl diphosphate
14. Geranyl diphosphate
15. Farnesyl diphosphate
16. Squalene
17. Cholesterol
18. Pregnenolone
19. 17-OH-Pregnenolone
20. Dehydroepiandrosterone
21. Androstene-3,17-dione
22. Testosterone
23. Estradiol
24. Progesterone
25. 17-OH-Progesterone
26. 11-Deoxycortisol
27. Cortisol
28. 11-Deoxycorticosterone
29. Aldosterone

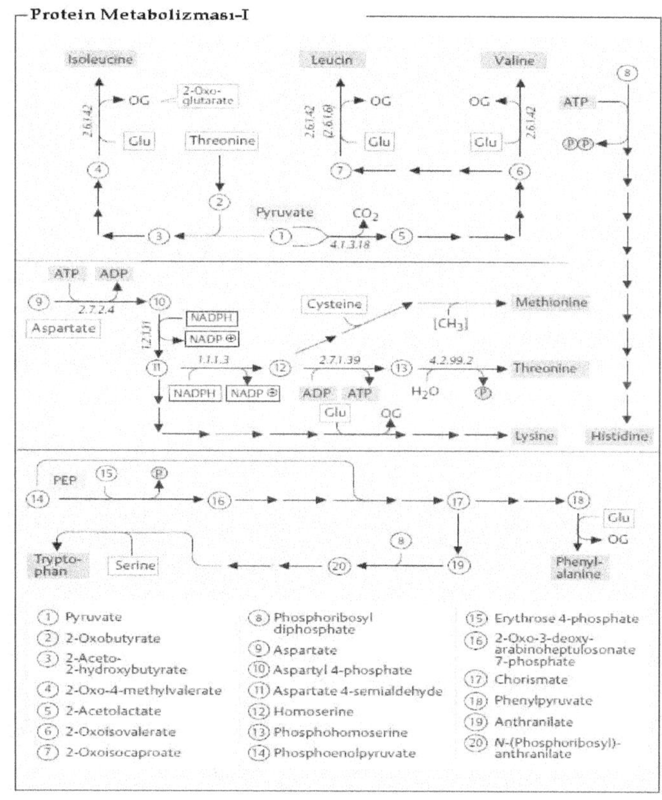

1. Pyruvate
2. 2-Oxobutyrate
3. 2-Aceto-2-hydroxybutyrate
4. 2-Oxo-4-methylvalerate
5. 2-Acetolactate
6. 2-Oxoisovalerate
7. 2-Oxoisocaproate
8. Phosphoribosyl diphosphate
9. Aspartate
10. Aspartyl 4-phosphate
11. Aspartate 4-semialdehyde
12. Homoserine
13. Phosphohomoserine
14. Phosphoenolpyruvate
15. Erythrose 4-phosphate
16. 2-Oxo-3-deoxy-arabinoheptulosonate 7-phosphate
17. Chorismate
18. Phenylpyruvate
19. Anthranilate
20. N-(Phosphoribosyl)-anthranilate

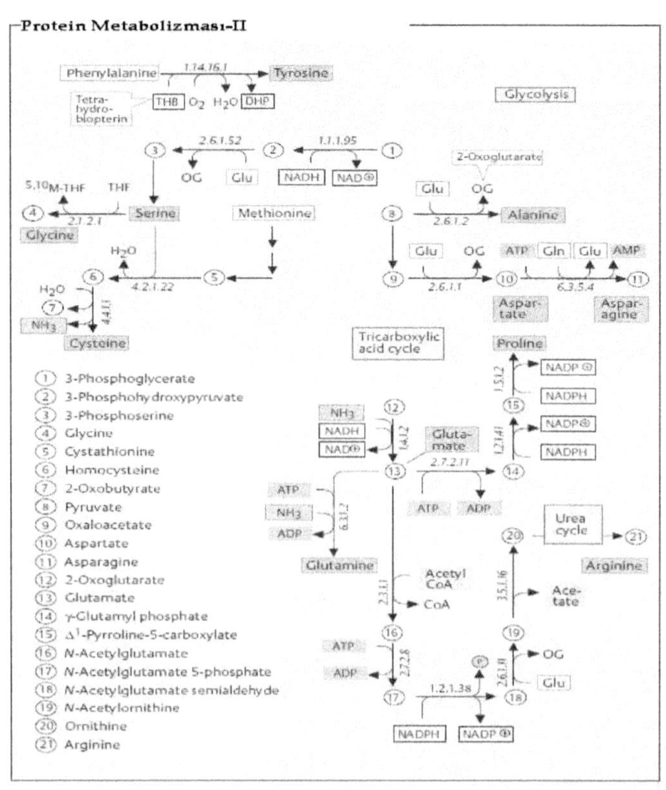

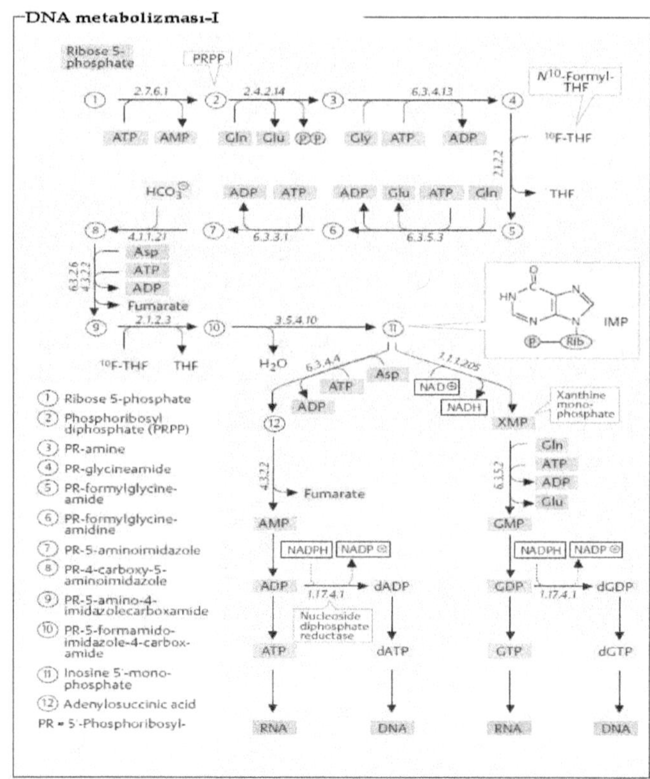

Protein Metabolizması-II
Phenylalanine
1.14.16.1
Tyrosine
Tetra-hydro-biopterin
THB
O2
H2O
DHP
Glycolysis
2.6.1.52
3
2
1.1.1.95
1
OG
Glu
NADH
NAD+
2-Oxoglutarate
5,10-M-THF
THF
Glu
OG
4
2.1.2.1
Serine
Methionine
8
2.6.1.2
Alanine
Glycine
H2O
6
4.2.1.22
5
9
Glu
OG
2.6.1.1
10
ATP
Gln
Glu
AMP
6.3.5.4
11
H2O
7
4.4.1.1
NH3
Cysteine
Aspartate
Asparagine
Tricarboxylic acid cycle
Proline
1.5.1.2
15
NADP+
NADPH
NADP+
NADPH
1. 3-Phosphoglycerate
2. 3-Phosphohydroxypyruvate
3. 3-Phosphoserine
4. Glycine
5. Cystathionine
6. Homocysteine
7. 2-Oxobutyrate
8. Pyruvate
9. Oxaloacetate
10. Aspartate
11. Asparagine
12. 2-Oxoglutarate
13. Glutamate
14. γ-Glutamyl phosphate
15. Δ1-Pyrroline-5-carboxylate
16. N-Acetylglutamate
17. N-Acetylglutamate 5-phosphate
18. N-Acetylglutamate semialdehyde
19. N-Acetylornithine
20. Ornithine
21. Arginine
NH3
12
NADH
NAD+
1.4.1.2
Gluta-mate
13
2.7.2.11
1.2.1.41
14
ATP
NH3
ADP
6.3.1.2
ATP
ADP
Glutamine
Acetyl CoA
CoA
2.3.1.1
Urea cycle
20
21
Arginine
3.5.1.16
Ace-tate
16
ATP
ADP
2.7.2.8
19
OG
Glu
2.6.1.11
18
17
1.2.1.38
NADPH
NADP+

DNA metabolizması-I
Ribose 5-phosphate
PRPP
N10-Formyl-THF
1
2.7.6.1
2
2.4.2.14
3
6.3.4.13
4
ATP
AMP
Gln
Glu
PP
Gly
ATP
ADP
10F-THF
2.1.2.2
HCO3-
ADP
ATP
ADP
Glu
ATP
Gln
THF
8
4.1.1.21
7
6.3.3.1
6
6.3.5.3
5
Asp
ATP
ADP
6.3.2.6
4.3.2.2
Fumarate
O
HN
N
N
N
IMP
P
Rib
9
2.1.2.3
10
3.5.4.10
11
10F-THF
THF
H2O
6.3.4.4
ATP
Asp
1.1.1.205
NAD+
NADH
Xanthine mono-phosphate
ADP
12
XMP
Gln
ATP
ADP
Glu
6.3.5.2
4.3.2.2
Fumarate
AMP
GMP
NADPH
NADP+
NADPH
NADP+
ADP
1.17.4.1
dADP
GDP
1.17.4.1
dGDP
Nucleoside diphosphate reductase
ATP
dATP
GTP
dGTP
1. Ribose 5-phosphate
2. Phosphoribosyl diphosphate (PRPP)
3. PR-amine
4. PR-glycineamide
5. PR-formylglycine-amide
6. PR-formylglycine-amidine
7. PR-5-aminoimidazole
8. PR-4-carboxy-5-aminoimidazole
9. PR-5-amino-4-imidazolecarboxamide
10. PR-5-formamido-imidazole-4-carbox-amide
11. Inosine 5'-mono-phosphate
12. Adenylosuccinic acid
PR = 5'-Phosphoribosyl-
RNA
DNA
RNA
DNA

638

DNA Metabolizması-II

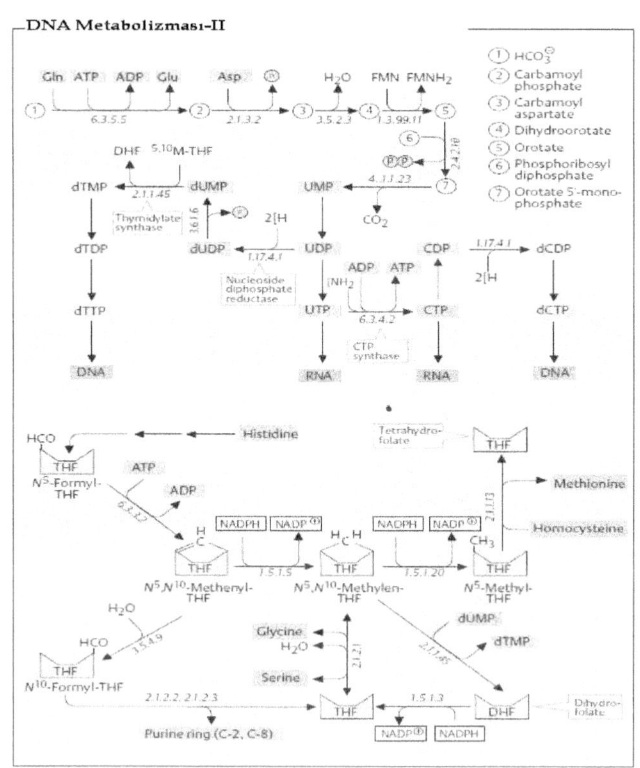

Labels (1–7):
1. HCO_3^{-}
2. Carbamoyl phosphate
3. Carbamoyl aspartate
4. Dihydroorotate
5. Orotate
6. Phosphoribosyl diphosphate
7. Orotate 5'-monophosphate

Hemoglobin (Demir) Metabolizması

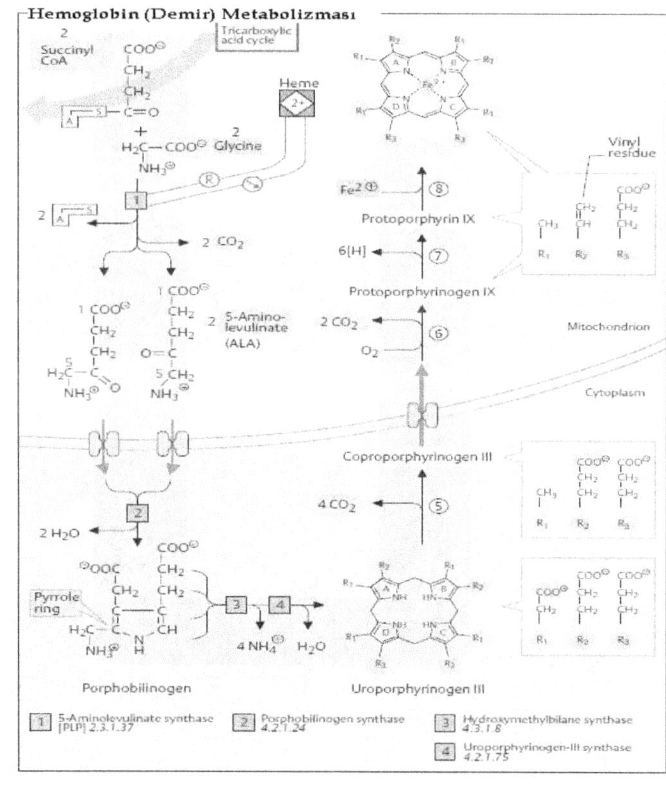

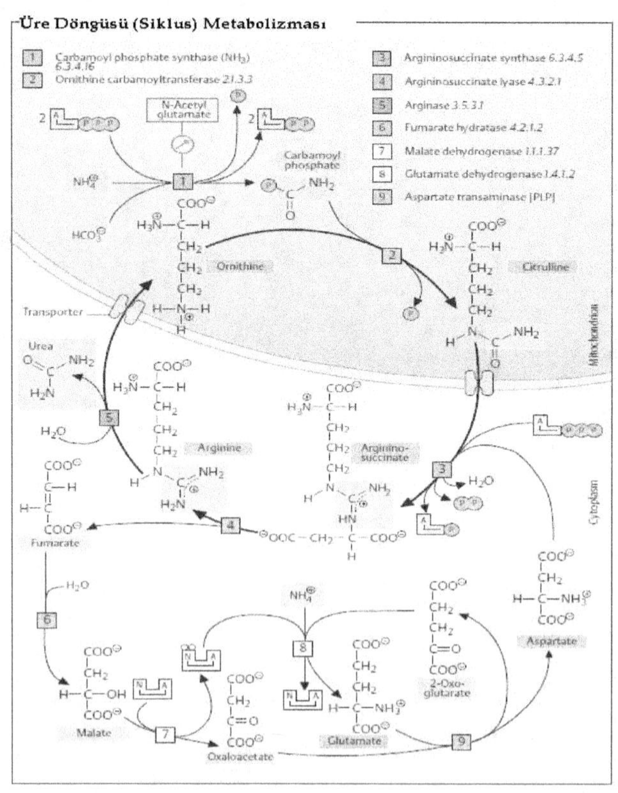

Üre Döngüsü (Siklus) Metabolizması
1 Carbamoyl phosphate synthase (NH3) 6.3.4.16
2 Ornithine carbamoyltransferase 2.1.3.3
3 Argininosuccinate synthase 6.3.4.5
4 Argininosuccinate lyase 4.3.2.1
5 Arginase 3.5.3.1
6 Fumarate hydratase 4.2.1.2
7 Malate dehydrogenase 1.1.1.37
8 Glutamate dehydrogenase 1.4.1.2
9 Aspartate transaminase [PLP]
N-Acetyl glutamate
Carbamoyl phosphate
Ornithine
Citrulline
Mitokondri
Transporter
Urea
Arginine
Argininosuccinate
Sitoplazm
Fumarate
Malate
Oxaloacetate
Glutamate
2-Oxo-glutarate
Aspartate

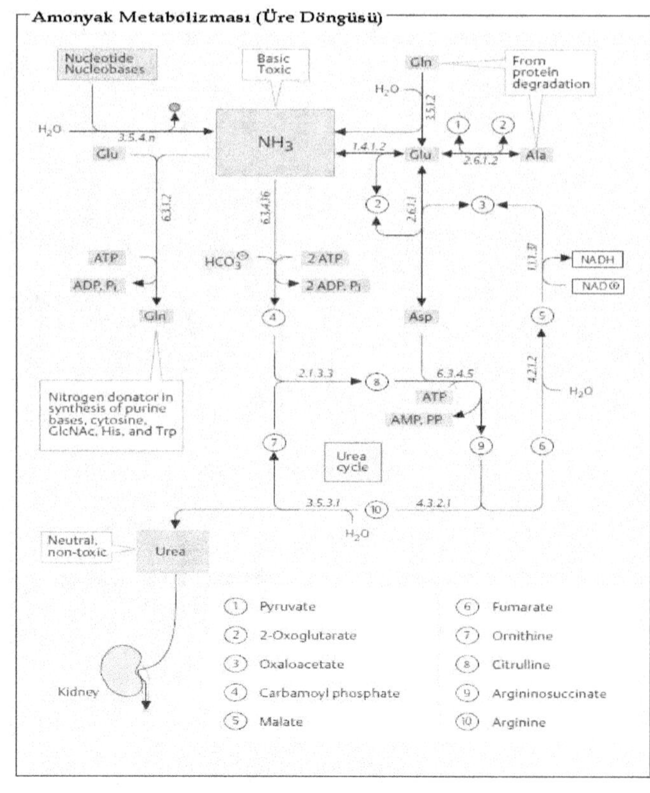

Amonyak Metabolizması (Üre Döngüsü)
Nucleotide Nucleobases
Basic Toxic
Gln
From protein degradation
NH3
Glu
Ala
Glu
Asp
ATP
ADP, Pi
Gln
HCO3
2 ATP
2 ADP, Pi
Carbamoyl phosphate
ATP
AMP, PP
NADH
NAD
Nitrogen donor in synthesis of purine bases, cytosine, GlcNAc, His, and Trp
Urea cycle
Neutral, non-toxic
Urea
Kidney
3.5.4.n
6.3.1.2
6.3.4.16
3.5.1.2
1.4.1.2
2.6.1.2
2.6.1.1
2.1.3.3
6.3.4.5
3.5.3.1
4.3.2.1
4.2.1.2
1.1.1.37
1 Pyruvate
2 2-Oxoglutarate
3 Oxaloacetate
4 Carbamoyl phosphate
5 Malate
6 Fumarate
7 Ornithine
8 Citrulline
9 Argininosuccinate
10 Arginine

Solunum Sistemi (Oksidatif Fosforilasyon) Metabolizması-I

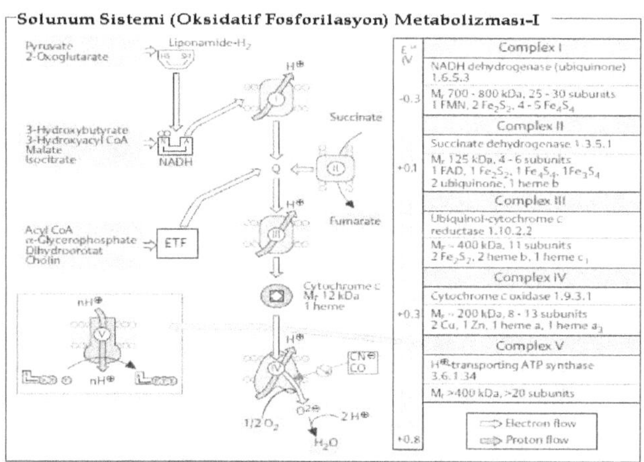

$E^{0'}$ (V)	Complex I
	Complex I
	NADH dehydrogenase (ubiquinone) 1.6.5.3
−0.3	M$_r$ 700 - 800 kDa, 25 - 30 subunits 1 FMN, 2 Fe$_2$S$_2$, 4 - 5 Fe$_4$S$_4$
	Complex II
	Succinate dehydrogenase 1.3.5.1
+0.1	M$_r$ 125 kDa, 4 - 6 subunits 1 FAD, 1 Fe$_2$S$_2$, 1 Fe$_4$S$_4$, 1Fe$_3$S$_4$ 2 ubiquinone, 1 heme b
	Complex III
	Ubiquinol-cytochrome c reductase 1.10.2.2
	M$_r$ ~ 400 kDa, 11 subunits 2 Fe$_2$S$_2$, 2 heme b, 1 heme c$_1$
	Complex IV
	Cytochrome c oxidase 1.9.3.1
+0.3	M$_r$ ~ 200 kDa, 8 - 13 subunits 2 Cu, 1 Zn, 1 heme a, 1 heme a$_3$
	Complex V
	H$^\oplus$-transporting ATP synthase 3.6.1.34
	M$_r$ >400 kDa, >20 subunits
+0.8	⟹ Electron flow ⇨ Proton flow

Solunum Zinciri Komponentlerinin Hücre Zarındaki Organizasyonu

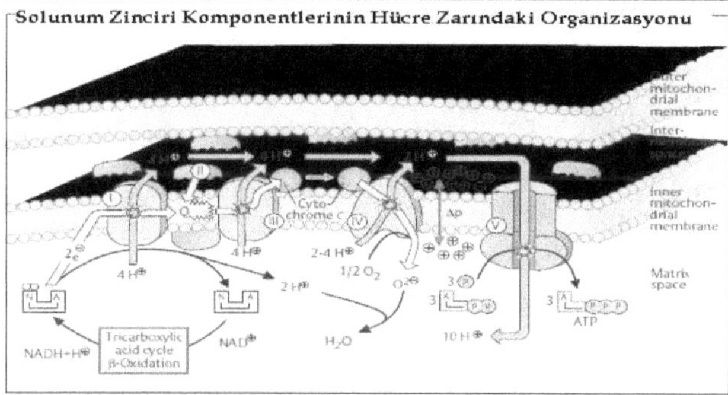

Redoks Sistemi (Oksidatif Fosforilasyon) Metabolizması-II

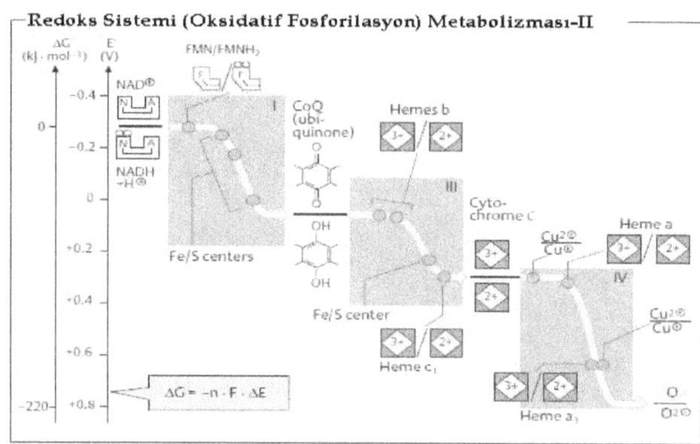

ATP Sentaz Biriminin Hücre Zarındaki Komponent Organizasyonu

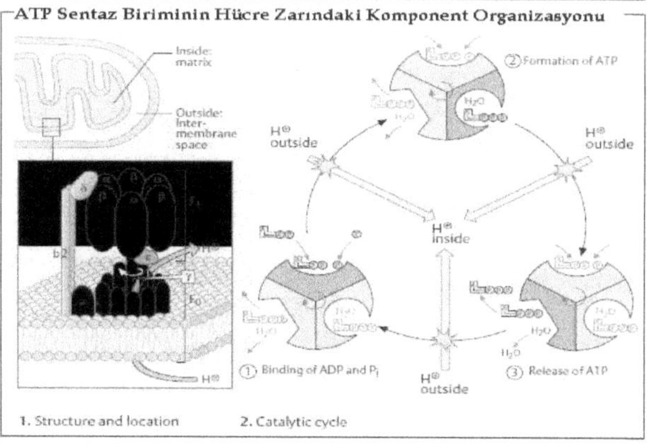

Solunum Sistemi Kontrol (Oksidatif Fosforilasyon) Mekanizması-III

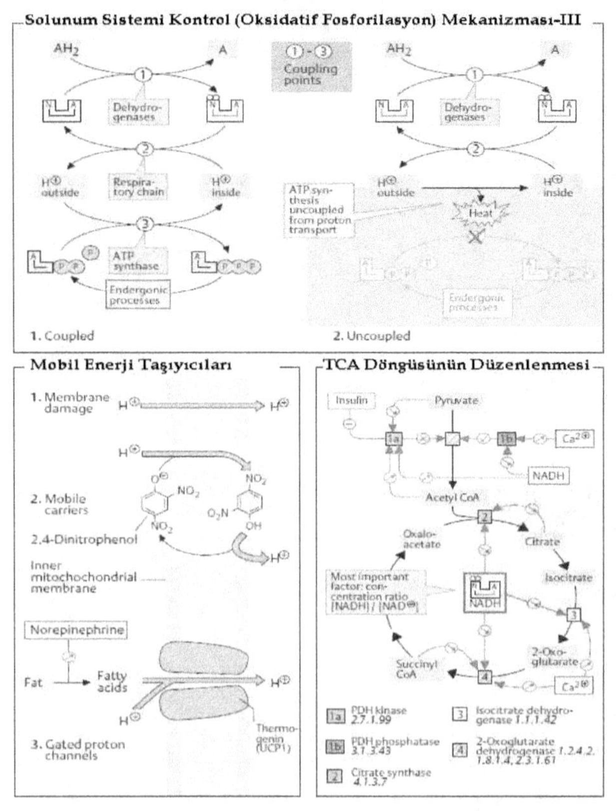

Mobil Enerji Taşıyıcıları

TCA Döngüsünün Düzenlenmesi

Glukoz Metabolizması

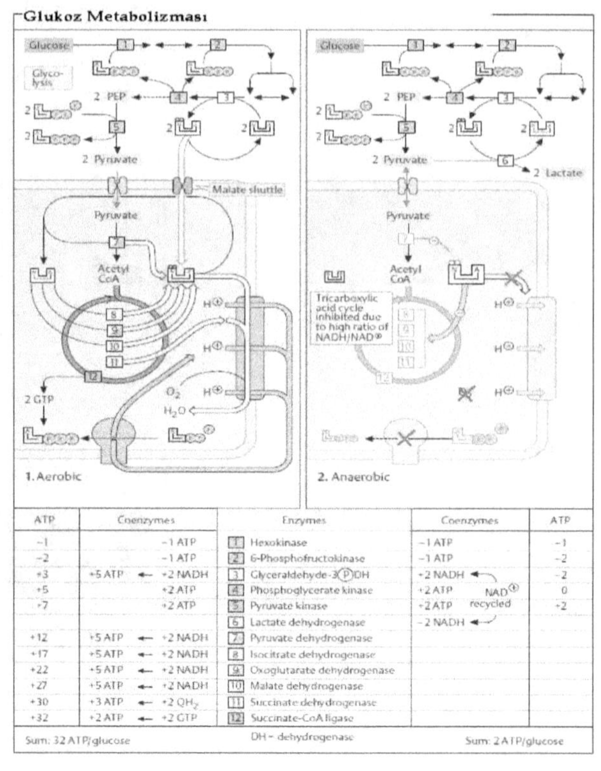

ATP	Coenzymes			Enzymes	Coenzymes		ATP
−1			−1 ATP	1 Hexokinase	−1 ATP		−1
−2			−1 ATP	2 6-Phosphofructokinase	−1 ATP		−2
+3	+5 ATP	←	+2 NADH	3 Glyceraldehyde-3 ℗ DH	+2 NADH ←		−2
+5			+2 ATP	4 Phosphoglycerate kinase	+2 ATP	NAD⁺	0
+7			+2 ATP	5 Pyruvate kinase	+2 ATP	recycled	+2
				6 Lactate dehydrogenase	−2 NADH ←		
+12	+5 ATP	←	+2 NADH	7 Pyruvate dehydrogenase			
+17	+5 ATP	←	+2 NADH	8 Isocitrate dehydrogenase			
+22	+5 ATP	←	+2 NADH	9 Oxoglutarate dehydrogenase			
+27	+5 ATP	←	+2 NADH	10 Malate dehydrogenase			
+30	+3 ATP	←	+2 QH₂	11 Succinate dehydrogenase			
+32	+2 ATP	←	+2 GTP	12 Succinate-CoA ligase			
Sum: 32 ATP/glucose				DH = dehydrogenase	Sum: 2 ATP/glucose		

Glikoliz Metabolizması

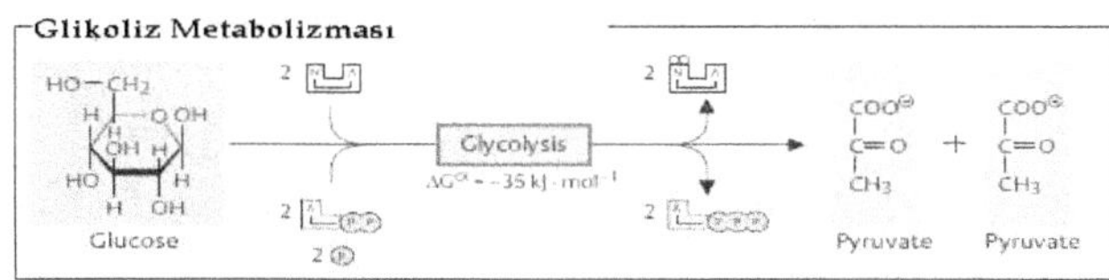

HO—CH2
Glucose
2
2
Glycolysis
ΔG° = −35 kJ · mol⁻¹
2
2
COO⁻
C=O
CH3
+
COO⁻
C=O
CH3
Pyruvate
Pyruvate

Glikoliz Reaksiyonları ve Molekülleri

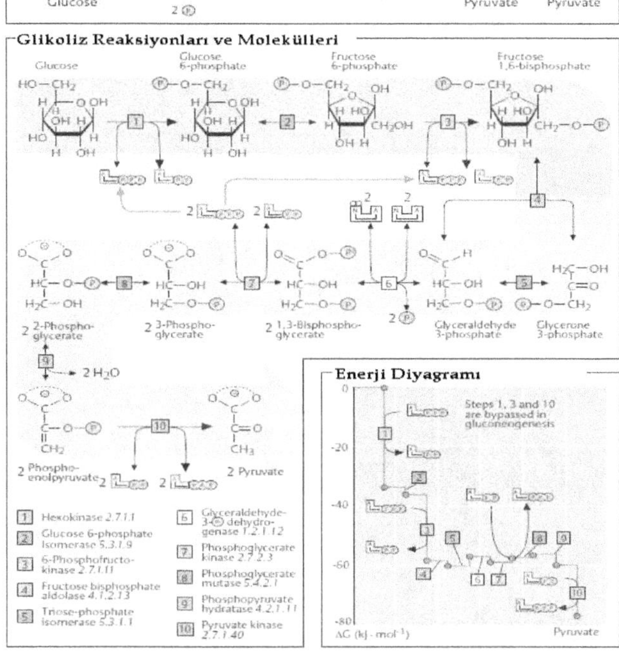

Glucose
Glucose 6-phosphate
Fructose 6-phosphate
Fructose 1,6-bisphosphate
HO—CH2
1
2
3
2
2
2
2
4
C=O
HC—O—P
H2C—OH
8
HC—OH
H2C—O—P
7
C=O
HC—OH
H2C—O—P
6
O=C—O—P
HC—OH
H2C—O—P
O=C—H
HC—OH
H2C—O—P
5
H2C—OH
C=O
O—CH2
2 2-Phospho-glycerate
2 3-Phospho-glycerate
2 1,3-Bisphospho-glycerate
Glyceraldehyde 3-phosphate
Glycerone 3-phosphate
9
2 H2O
C—O—P
CH2
10
C=O
CH3
2 Phospho-enolpyruvate
2 Pyruvate

1 Hexokinase 2.7.1.1
2 Glucose 6-phosphate Isomerase 5.3.1.9
3 6-Phosphofructo-kinase 2.7.1.11
4 Fructose bisphosphate aldolase 4.1.2.13
5 Triose-phosphate isomerase 5.3.1.1
6 Glyceraldehyde-3-P dehydro-genase 1.2.1.12
7 Phosphoglycerate kinase 2.7.2.3
8 Phosphoglycerate mutase 5.4.2.1
9 Phosphopyruvate hydratase 4.2.1.11
10 Pyruvate kinase 2.7.1.40

Enerji Diyagramı
Steps 1, 3 and 10 are bypassed in gluconeogenesis
0
−20
−40
−60
−80
ΔG (kJ · mol⁻¹)
1
3
1
6
4
5
7
8
9
10
Pyruvate

Pentoz–Fosfat Döngüsü Metabolizması: Oksidatif Kısım

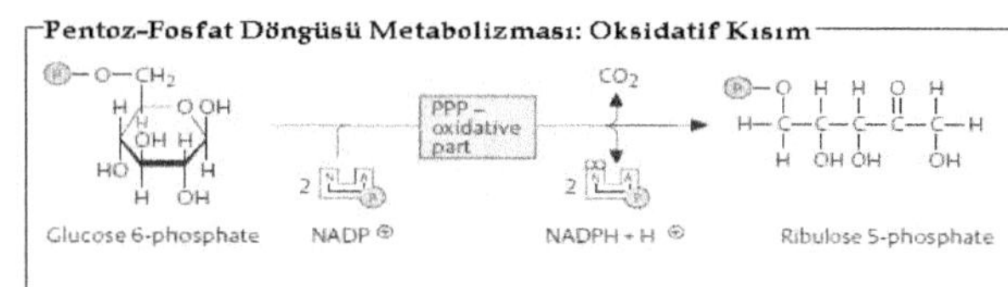

P—O—CH2
HO
Glucose 6-phosphate
2 NADP⁺
PPP – oxidative part
CO2
2 NADPH + H⁺
P—O H H O H
H—C—C—C—C—C—H
OH OH OH
Ribulose 5-phosphate

Pentoz–Fosfat Döngü Reaksiyonları

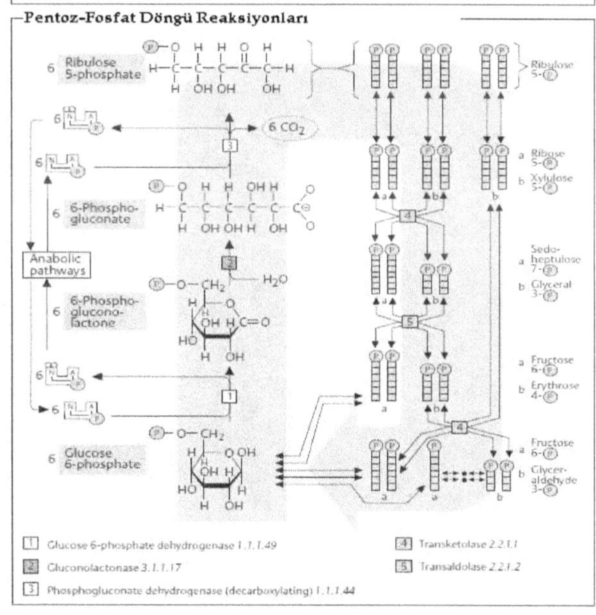

6 Ribulose 5-phosphate
P—O H H O H
H—C—C—C—C—C—H
OH OH OH
Ribulose 5-P
6 CO2
3
a Ribuse 5-P
b Xylulose 5-P
6 6-Phospho-gluconate
P—O H H H OH H
H—C—C—C—C—C—C—O⁻
H OH OH OH
Anabolic pathways
2
Sedo-heptulose 7-P
Glyceral 3-P
6 6-Phospho-glucono-lactone
P—O—CH2
H2O
HO
H C=O
4
5
a Fructose 6-P
b Erythrose 4-P
1
6
6 Glucose 6-phosphate
P—O—CH2
HO
a Fructose 6-P
b Glycer-aldehyde 3-P

1 Glucose 6-phosphate dehydrogenase 1.1.1.49
2 Gluconolactonase 3.1.1.17
3 Phosphogluconate dehydrogenase (decarboxylating) 1.1.1.44
4 Transketolase 2.2.1.1
5 Transaldolase 2.2.1.2

Glukogenesis Metabolizması

Lactate dehydrogenase 1.1.1.27
Pyruvate carboxylase (biotin) 6.4.1.1
Malate dehydrogenase 1.1.1.37
PEP carboxykinase 4.1.1.32
Fructose 1,6-bisphosphate 3.1.3.11
Glucose 6-phosphatase 3.1.3.9
Glycerol kinase 2.7.1.30
Glycerol 3-phosphate dehydrogenase 1.1.1.8
Glucose
Glucose 6-phosphate
Glucose
H2O
gER
Glucose 6-phosphate
Fructose 6-phosphate
Fructose 1,6-bisphosphate
H2O
3-Phospho-glycerate
ATP ADP
1,3-Bisphospho-glycerate
Glyceraldehyde 3-phosphate
Glycerone 3-phosphate
NADH +H
NAD
Glycerol 3-phosphate
ADP
ATP
NAD NADH
2-Phospho-glycerate
NADH+H NAD
Malate
GTP GDP
CO2
Oxaloacetate
Phospho-enolpyruvate
Pyruvate
Lactate
Glycerol
Malate
Oxaloacetate
Pyruvate
CO2
ADP ATP
NAD NADH +H
Amino acids
Glycerol
Lactate
Mitochrondrion
Cytoplasm
Amino acids

Glikojen Metabolizması

α-1,4-Glucan chain (unbranched)
α-1,4-Glucan chain (α-1,6-branched)
R
R
Reducing end
Degra-dation
R
Glucose 1-phosphate
UDP-glucose
Further degradation
R
UTP
R
Glucose 1-phosphate
Building block synthesis
Glucose
R
UTP-glucose 1-phosphate uridyltransferase 2.7.7.9
Glycogen synthase 2.4.1.11
Glucan branching enzyme 2.4.1.18
Phosphorylase 2.4.1.1
4-α-Glucanotransferase 2.4.1.25
Amylo-1,6-glucosidase 3.2.1.33

Glikojen Denge Sistemi

Liver
Blood
Muscle
Liver glycogen
4 - 6 g·l
Muscle glycogen
300g
Glucose 1-phosphate
Blood glucose
Glucose 1-phosphate
150g
Glucose 6-phosphate
De-grad-ation
Glucose 6-phosphate
Degra-dation
200g
1g
Glucose
Glucose
Glucose
Liver glycogen
Muscle glycogen

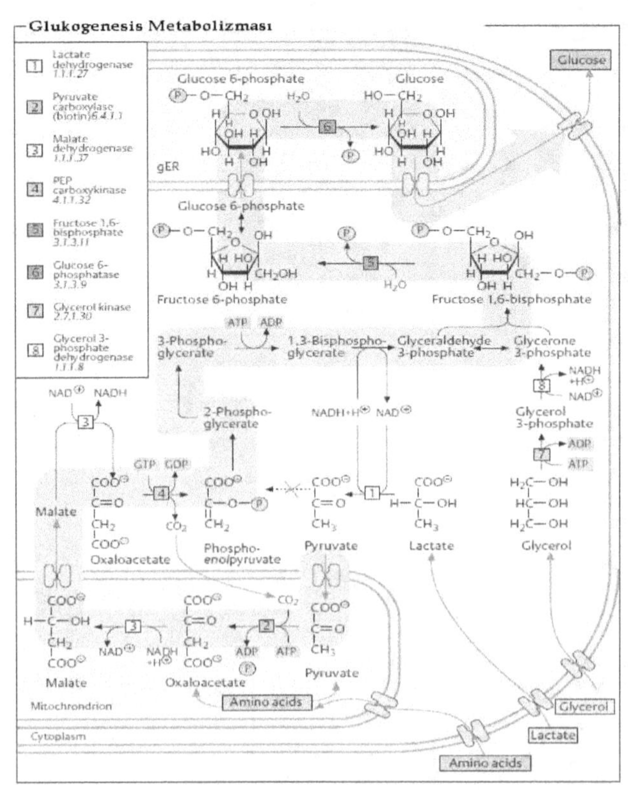

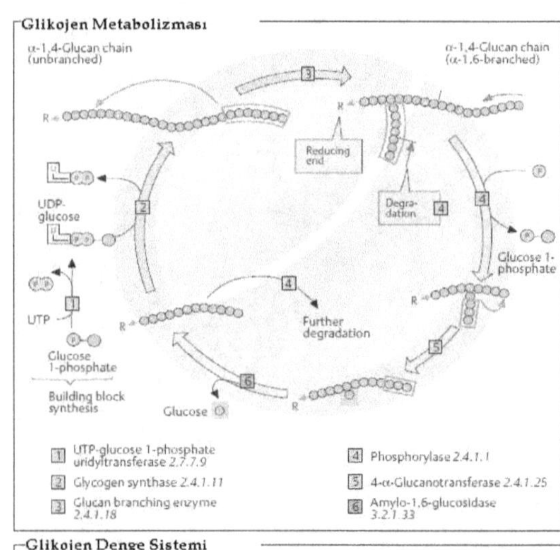

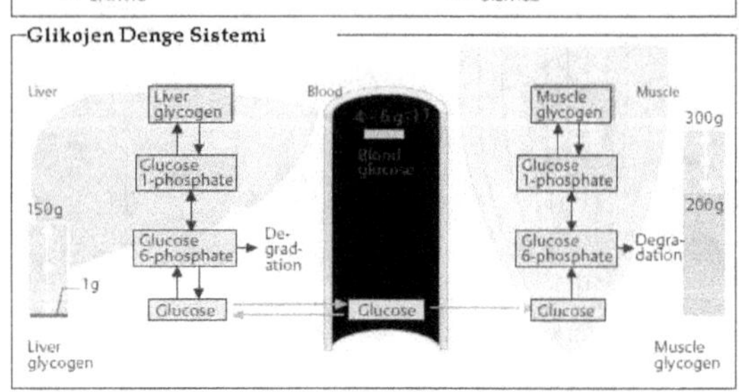

644

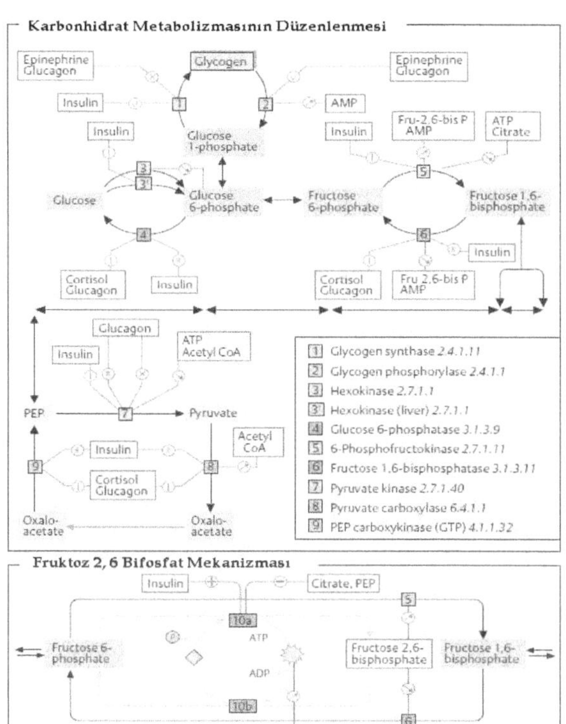

Epinephrine Glucagon
Glycogen
Epinephrine Glucagon
Insulin
AMP
Glucose 1-phosphate
Insulin
Fru-2,6-bis P AMP
ATP Citrate
Insulin
Glucose
Glucose 6-phosphate
Fructose 6-phosphate
Fructose 1,6-bisphosphate
Insulin
Cortisol Glucagon
Insulin
Cortisol Glucagon
Fru 2,6-bis P AMP
Insulin
Glucagon
Insulin
ATP Acetyl CoA
PEP
Pyruvate
Insulin
Acetyl CoA
Cortisol Glucagon
Oxalo-acetate
Oxalo-acetate
1 Glycogen synthase 2.4.1.11
2 Glycogen phosphorylase 2.4.1.1
3 Hexokinase 2.7.1.1
3' Hexokinase (liver) 2.7.1.1
4 Glucose 6-phosphatase 3.1.3.9
5 6-Phosphofructokinase 2.7.1.11
6 Fructose 1,6-bisphosphatase 3.1.3.11
7 Pyruvate kinase 2.7.1.40
8 Pyruvate carboxylase 6.4.1.1
9 PEP carboxykinase (GTP) 4.1.1.32

Insulin
Citrate, PEP
5
10a
Fructose 6-phosphate
ATP
ADP
Fructose 2,6-bisphosphate
Fructose 1,6-bisphosphate
10b
6
Insulin
cAMP
Glucagon
10a 6-Phosphofructo-2-kinase 2.7.1.105
10b Fructose 2,6-bisphosphatase 3.1.3.46

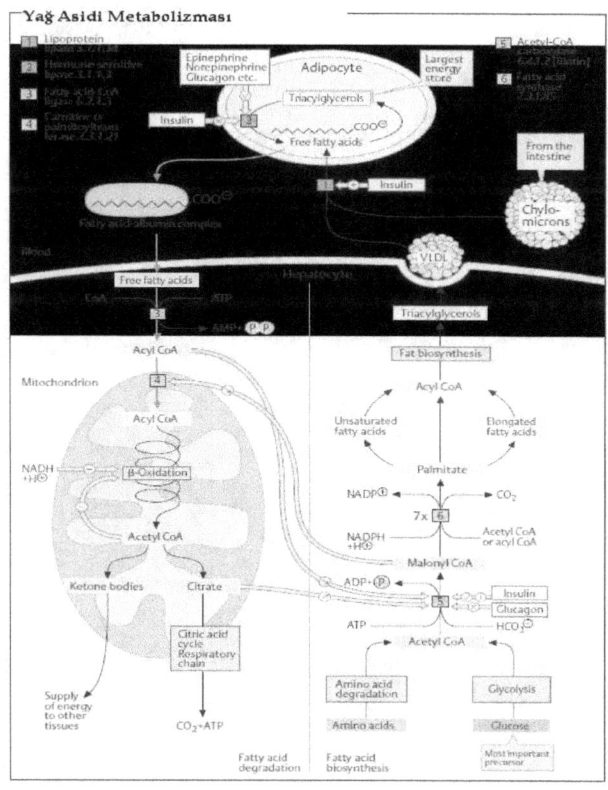

1 Lipoprotein lipase 3.1.1.34
2 Hormone-sensitive lipase 3.1.1.3
3 Fatty acid-CoA ligase 6.2.1.3
4 Carnitine O-palmitoyltransferase 2.3.1.21
5 Acetyl-CoA carboxylase 6.4.1.2 [Biotin]
6 Fatty acid synthase 2.3.1.85
Epinephrine Norepinephrine Glucagon etc.
Adipocyte
Largest energy store
Triacylglycerols
Insulin
Free fatty acids
From the intestine
Insulin
Chylo-microns
Fatty acid-albumin complex
Blood
VLDL
Free fatty acids
Hepatocyte
CoA
ATP
AMP + P-P
Triacylglycerols
Acyl CoA
Fat biosynthesis
Mitochondrion
Acyl CoA
Acyl CoA
Unsaturated fatty acids
Elongated fatty acids
NADH +H
β-Oxidation
Palmitate
NADP
CO2
Acetyl CoA
7x 6
NADPH +H
Acetyl CoA or acyl CoA
Ketone bodies
Citrate
Malonyl CoA
ADP + P
Insulin
Glucagon
ATP
HCO3
Acetyl CoA
Citric acid cycle Respiratory chain
Amino acid degradation
Glycolysis
Supply of energy to other tissues
Amino acids
Glucose
CO2 + ATP
Most important precursor
Fatty acid degradation
Fatty acid biosynthesis

Kolesterol Metabolizması

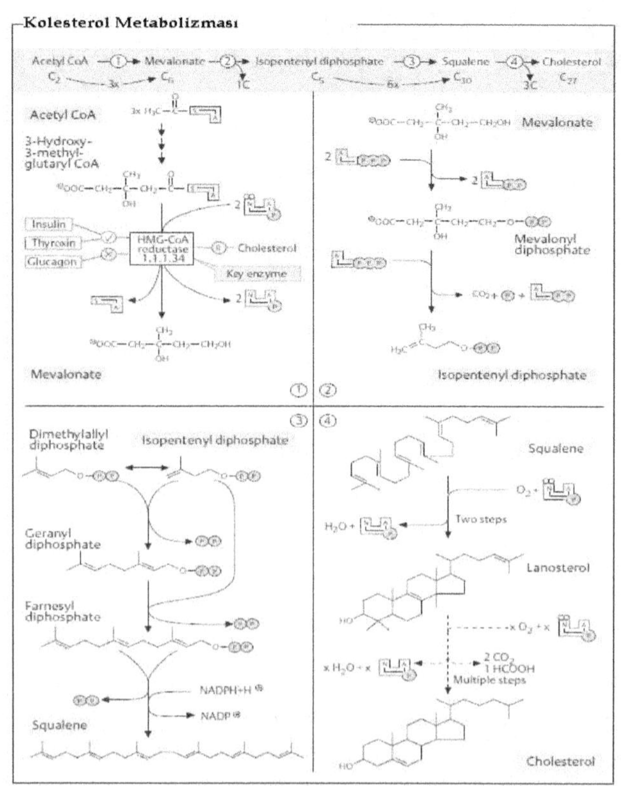

DNA Replikasyon (Genetik Kopyalama) Metabolizması

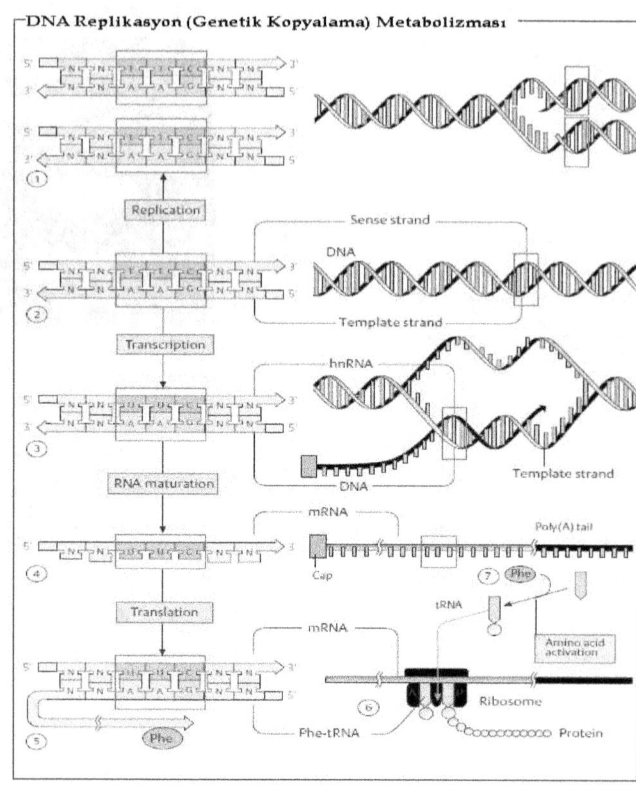

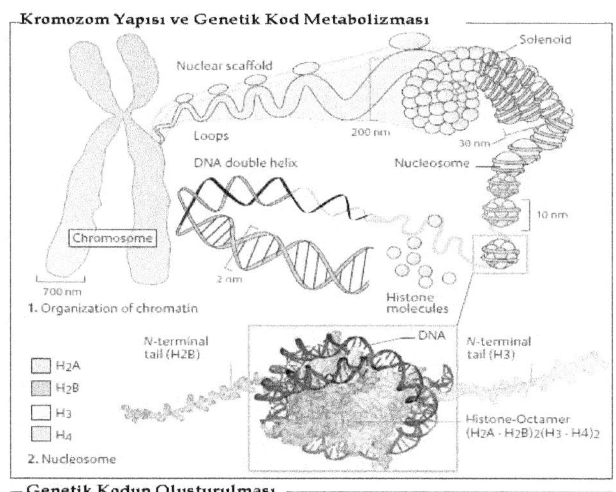

Genetik Kodun Oluşturulması

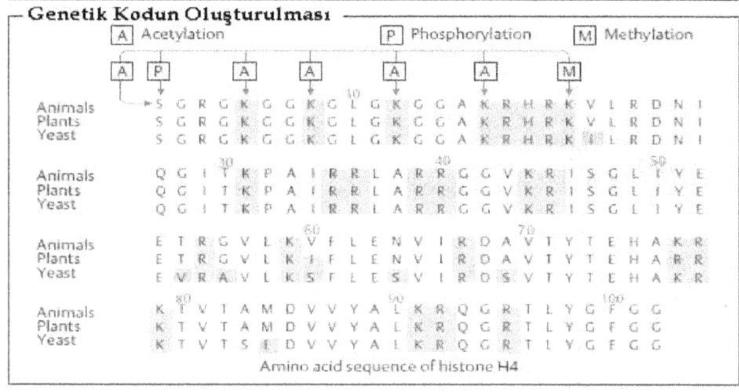

RNA ve Transkripsiyon Metabolizması

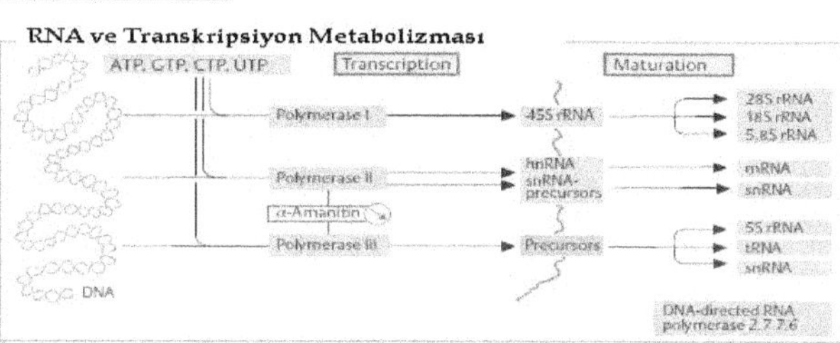

Genlerin Translasyon İçin Organizasyonu

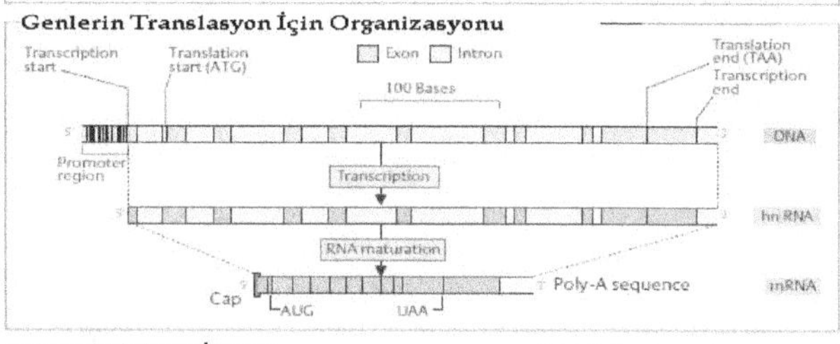

Transkripsiyon İşlemi

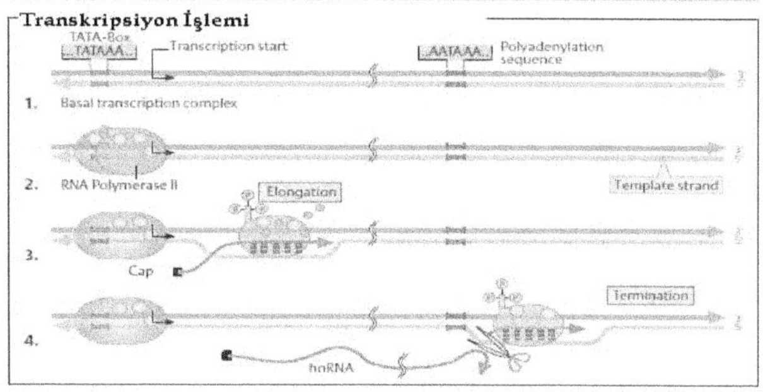

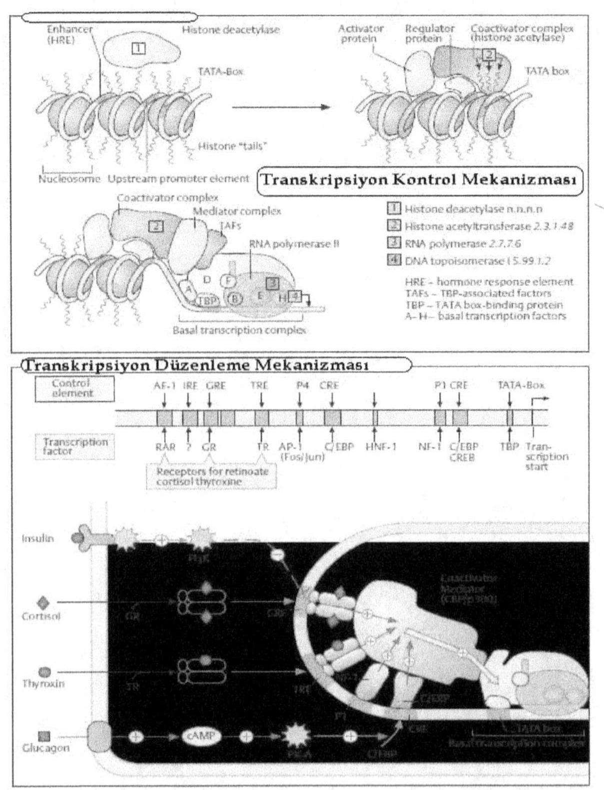

Enhancer (HRE)
Histone deacetylase
Activator protein
Regulator protein
Coactivator complex (histone acetylase)
TATA-Box
TATA box
Histone "tails"
Nucleosome
Upstream promoter element
Transkripsiyon Kontrol Mekanizması
Coactivator complex
Mediator complex
TAFs
RNA polymerase II
Basal transcription complex
Histone deacetylase n.n.n.n
Histone acetyltransferase 2.3.1.48
RNA polymerase 2.7.7.6
DNA topoisomerase I 5.99.1.2
HRE – hormone response element
TAFs – TBP-associated factors
TBP – TATA box-binding protein
A– H– basal transcription factors
Transkripsiyon Düzenleme Mekanizması
Control element
AF-1 IRE GRE TRE P4 CRE P1 CRE TATA-Box
Transcription factor
RAR ? GR TR AP-1 (Fos/Jun) C/EBP HNF-1 NF-1 C/EBP CREB TBP Transcription start
Receptors for retinoate cortisol thyroxine
Insulin
Cortisol
Thyroxin
Glucagon
PI3K
GR
TR
cAMP
PK-A
Coactivator Mediator (CBP/p300)
C/EBP
TRE
P1
CRE
TATA box
Basal transcription complex
mRNA

mRNA'nın Modifikasyon Metabolizması
7-methyl guanosine
m7 Gppp N— Cap
5' end
mRNA
Poly-A sequence
To the 3' end

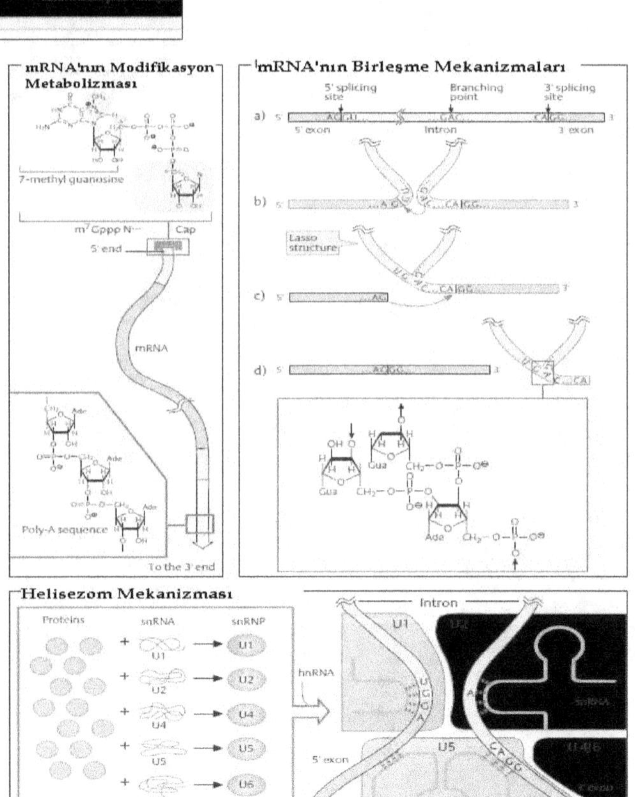

mRNA'nın Birleşme Mekanizmaları
5' splicing site
Branching point
3' splicing site
a) 5' AG GU GAC CAG G 3'
5' exon Intron 3' exon
b) 5'
Lasso structure
c) 5'
d) 5'
Gua
Ade
Helisezom Mekanizması
Proteins snRNA snRNP
U1 → U1
U2 → U2
U4 → U4
U5 → U5
U6 → U6
Intron
U1
hnRNA
snRNA
5' exon
U5
Spliceosome (schematic)

Elektrolit ve Su Döngüsü Metabolizması

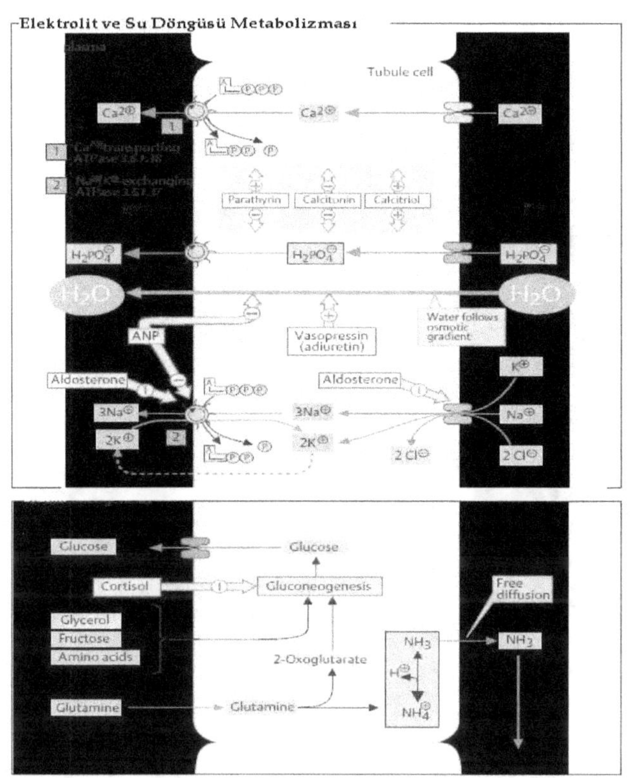
Plasma
Tubule cell
Ca2⊕
Ca2⊕
Ca2⊕
1
Ca²⁺-transporting
ATPase 3.6.3.8
Na⁺/K⁺-exchanging
ATPase 3.6.3.9
Parathyrin
Calcitonin
Calcitriol
H₂PO₄⊖
H₂PO₄⊖
H₂PO₄⊖
H₂O
H₂O
ANP
Vasopressin
(adiuretin)
Water follows
osmotic
gradient
Aldosterone
Aldosterone
K⊕
Na⊕
3Na⊕
3Na⊕
2K⊕
2K⊕
2 Cl⊖
2 Cl⊖
Glucose
Glucose
Cortisol
Gluconeogenesis
Free
diffusion
Glycerol
Fructose
Amino acids
2-Oxoglutarate
NH₃
NH₃
H⊕
NH₄⊕
Glutamine
Glutamine

Kas Organizasyonu Mekanizması

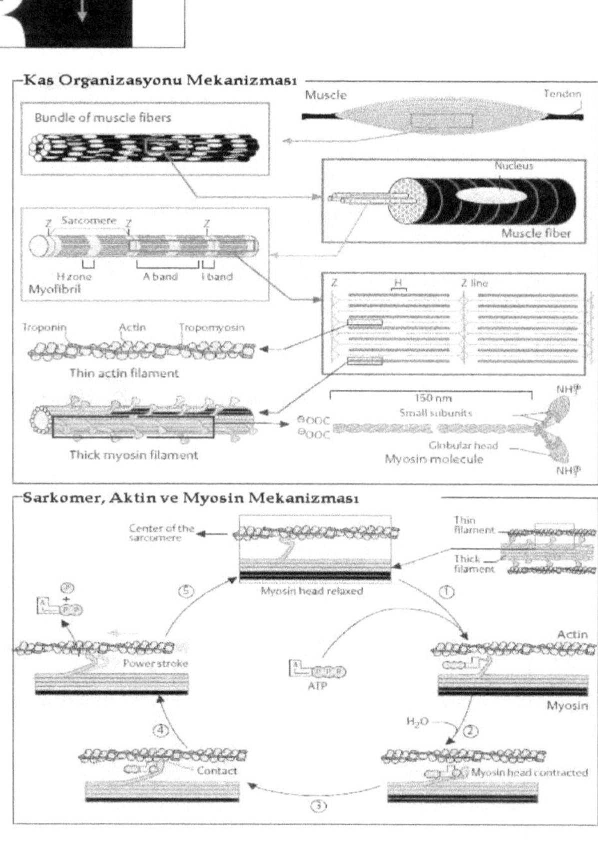
Bundle of muscle fibers
Muscle
Tendon
Nucleus
Muscle fiber
Sarcomere
Z
Z
Z
H zone
A band
I band
Myofibril
Z
H
Z line
Troponin
Actin
Tropomyosin
Thin actin filament
150 nm
NH⊕
Small subunits
⊖OOC
⊖OOC
Globular head
Myosin molecule
Thick myosin filament
NH⊕

Sarkomer, Aktin ve Myosin Mekanizması
Center of the
sarcomere
Thin
filament
Thick
filament
Myosin head relaxed
⑤
①
Actin
Power stroke
ATP
Myosin
H₂O
②
④
③
Contact
Myosin head contracted

Nöromuscular Mekanizması
Motoneuron
Action potential
End plate
Nucleus
Muscle fiber

Sarkoplazmik Retikulum (SR) Mekanizması
Transverse tubule
Sarcoplasmic reticulum
Depolarization of membrane causes opening of Ca2⊕-channels
Extracellular space
Cytoplasm
T tubule
SR
SR foot
Calsequestrin
Ca2⊕
[Ca2⊕] < 10⁻⁷ M
Ca2⊕ channel

Kalsiyum (Ca) İyon Dengesi Mekanizması
Myosin-binding site on actin blocked
Troponin
Ca2⊕
Ca2⊕ exposes myosin-binding site on actin
Actin
Tropomyosin
Myosin head

Sinir Hücresi (Nöron) Mekanizması
Dendrite
Axon terminals
Cell body (Soma)
Nucleus
Synapses
Axon
Myelin sheath
Schwann cell
Node of Ranvier

Nörotransmiter ve Nörohormon Mekanizması
Neuronal axon
Synaptic cleft
Neurotransmitter
Neurohormone
Receptor
Presynaptic cell
Erythrocyte
Blood capillary

Sinaptik Sinyal İletimi Mekanizması
Opens voltage-gated calcium channels
Action potential
Presynaptic membrane
Ca2⊕
Voltage-gated Ca2⊕ channel
Synaptic vesicle with transmitter
Action potential
Ca2⊕↑
Postsynaptic membrane
Enzyme
Na⊕
Second messenger
De-polarization
Ionotropic receptor
Metabotropic receptor
Pre-cursor
SM
Hyper-polarization
Cl⊖
Cellular response

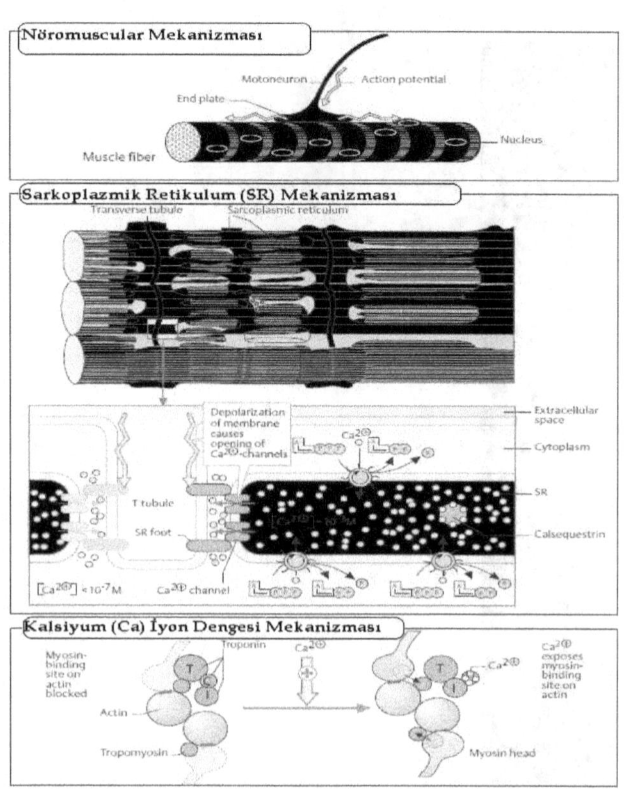

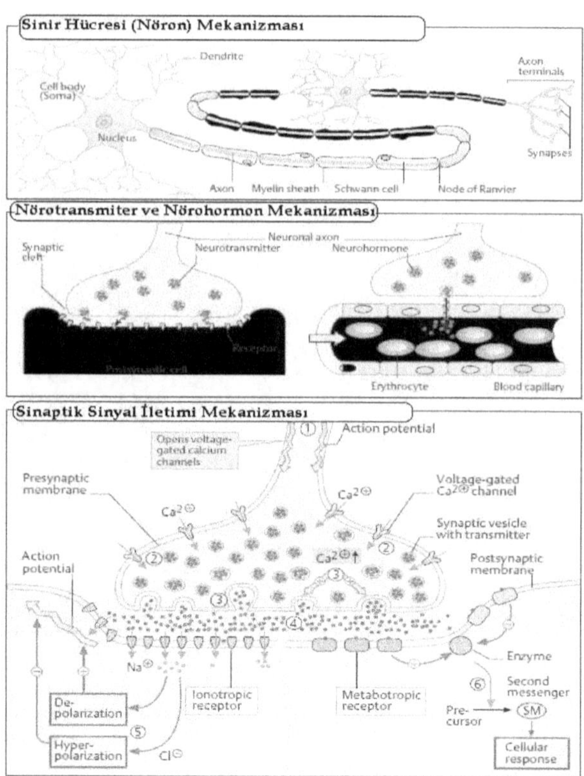

650

Nöroiletişim Sinyali ve Na-K-Cl Mekanizması

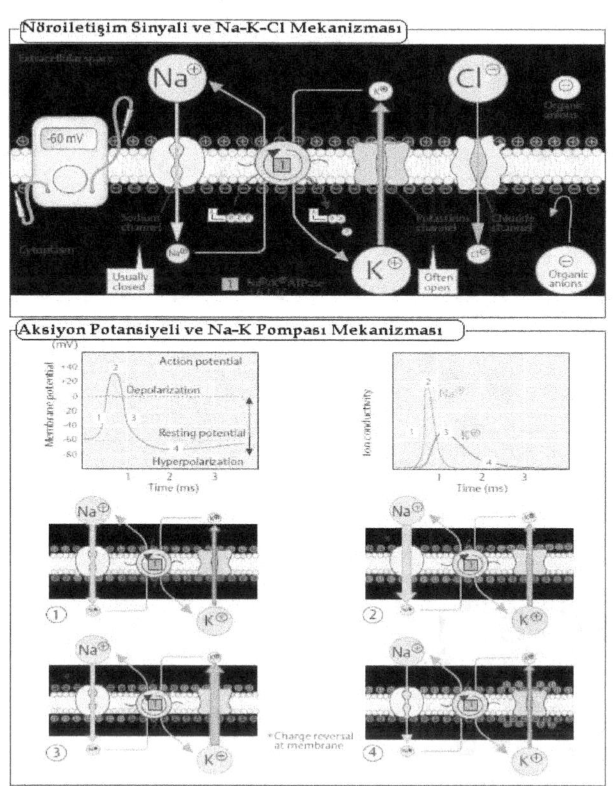

Extracellular space
Na
Cl
Organic anions
-60 mV
Sodium channel
Potassium channel
Chloride channel
Cytoplasm
Na
K
Organic anions
Usually closed
Often open
Na/K-ATPase

Aksiyon Potansiyeli ve Na-K Pompası Mekanizması
(mV)
Membrane potential
+40
+20
0
-20
-40
-60
-80
Action potential
Depolarization
Resting potential
Hyperpolarization
Time (ms)
Ion conductivity
Na
K
Time (ms)
Na
K
1
Na
K
2
Na
K
3
Na
K
4
*Charge reversal at membrane

Beynin Enerji Metabolizması

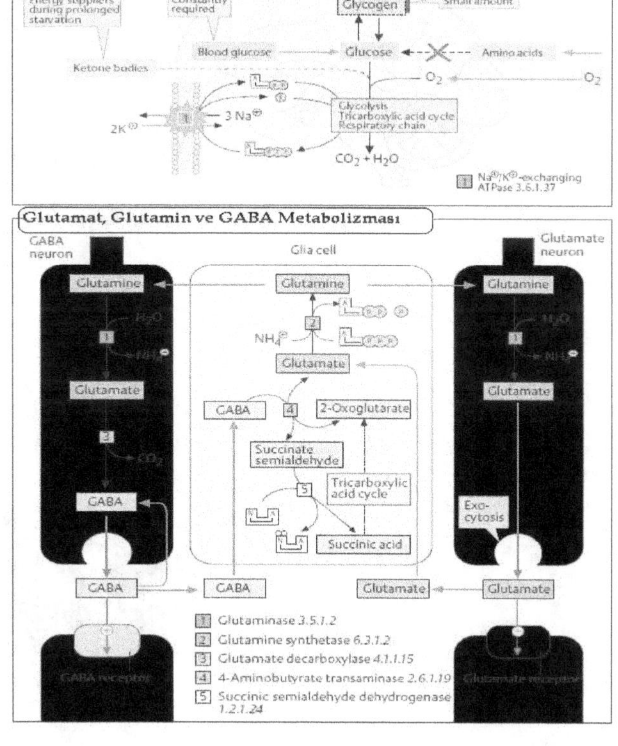

Energy suppliers during prolonged starvation
Constantly required
Glycogen
Small amount
Ketone bodies
Blood glucose
Glucose
Amino acids
O₂
O₂
Glycolysis
Tricarboxylic acid cycle
Respiratory chain
2K
3 Na
CO₂ + H₂O
Na/K-exchanging ATPase 3.6.1.37

Glutamat, Glutamin ve GABA Metabolizması
GABA neuron
Glia cell
Glutamate neuron
Glutamine
Glutamine
Glutamine
H₂O
NH₄
Glutamate
H₂O
NH₃
Glutamate
NH₃
Glutamate
Glutamate
GABA
2-Oxoglutarate
Succinate semialdehyde
Tricarboxylic acid cycle
CO₂
Succinic acid
GABA
Exo-cytosis
GABA
GABA
Glutamate
Glutamate
GABA receptor
Glutamate receptor
Glutaminase 3.5.1.2
Glutamine synthetase 6.3.1.2
Glutamate decarboxylase 4.1.1.15
4-Aminobutyrate transaminase 2.6.1.19
Succinic semialdehyde dehydrogenase 1.2.1.24

Gözün Fotoreseptör Metabolizması
Light (h · v)
Membrane discs
Outer segment
ca.50 μm
Cilium
Mitochondrion
Nucleus
Synapse
Decreased release of neurotransmitter
Cytoplasm
Rhodopsin
Interlamellar space
11-cis-Retinal
Opsin
The double bond between C-11 and C-12 is isomerized from cis to trans by light.
all-trans-Retinal
Görme Sinyali Metabolizması
Light
Rhodopsin
Rhodopsin
Rhodopsin
11-cis-Retinal
Opsin
all-trans-Retinal
Retinol
Vitamin A
GTP
GDP
Transducin GDP
Transducin GDP
Transducin GTP
Transducin GTP
* activates
α GTP
α GDP
1 cGMP esterase 3.1.4.35
2 Guanylate cyclase 4.6.1.2
3 Retinal isomerase 5.2.1.3
4 Retinol dehydrogenase 1.1.1.105
GTP
cGMP
H2O
GMP
Dark
cGMP
ATP
ADP
Light
Cytoplasm
Cation channel
Cation pump
Cation channel
Extracellular space
Na
Ca
Closes due to lack of cGMP

Kemik Mekanizması
Functions:
Mechanical support
Storage for Ca and phosphate
Synthesis of blood cells
Maturation of B cells
Composition:
Inorganic
Apatite
Carbonate
Water
Organic
Type I collagen
Proteoglycans
Phosphatases
Hydroxyapatite Ca10(PO4)6(OH)2
Hormones of the calcium metabolism
Parathyroid hormone
Ca in plasma
Ca
Calcitonin
Calcitriol
Absence leads to rickets
O
Ca
P
OH
Diş ve Dişeti Mekanizması
Hardest substance in the body
Dental enamel   97%
Dentin   70%
Cement   65%
Jawbone   45%
Crown
Dental plaque
Inorganic components
Dextrans
Plaque
Bacterium
Dental enamel
Neck
Root
Protect bacteria
Sugar
Saccharose
Glucose
Fructose
Attack apatite
Dental enamel
Dextrans
Anaerobic metabolism
Acids
Lactic acid
Propionic acid
Acetic acid
Butyric acid
Bacterium
E.g.,
Streptococcus mutans
Calcium salts
De-mineral-ization

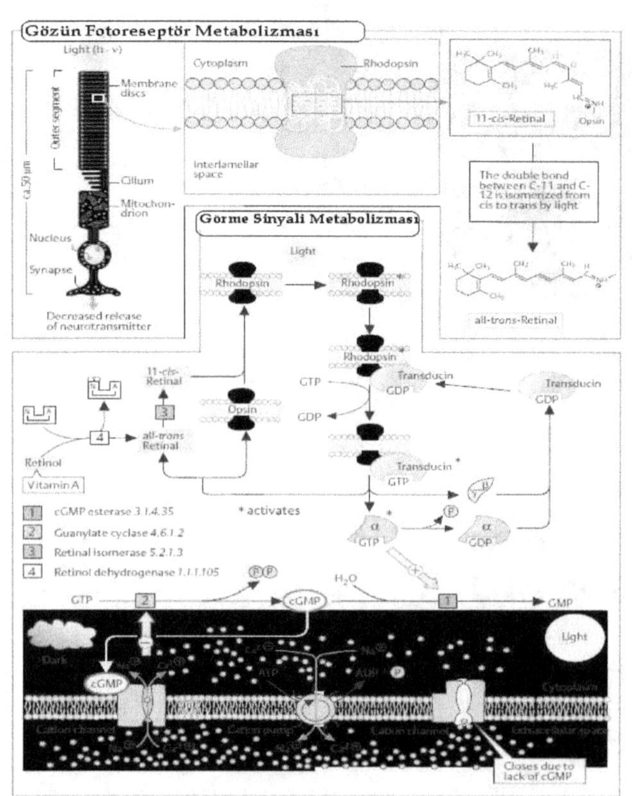

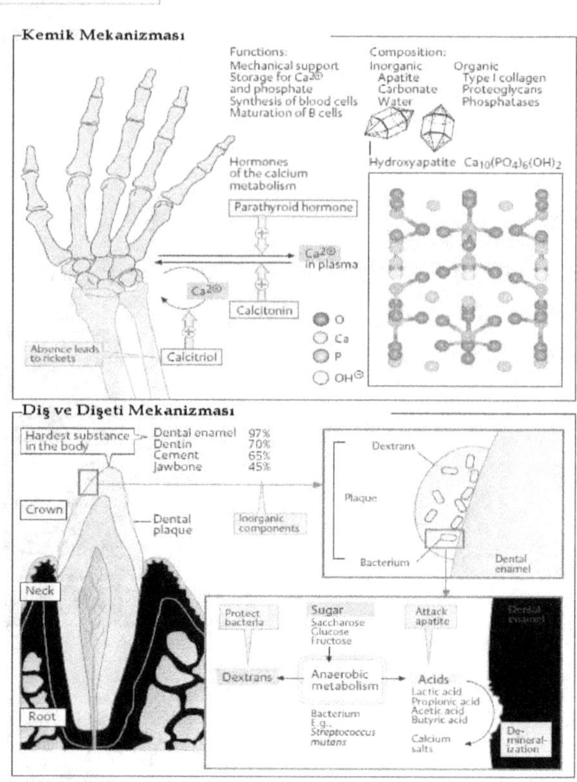

652

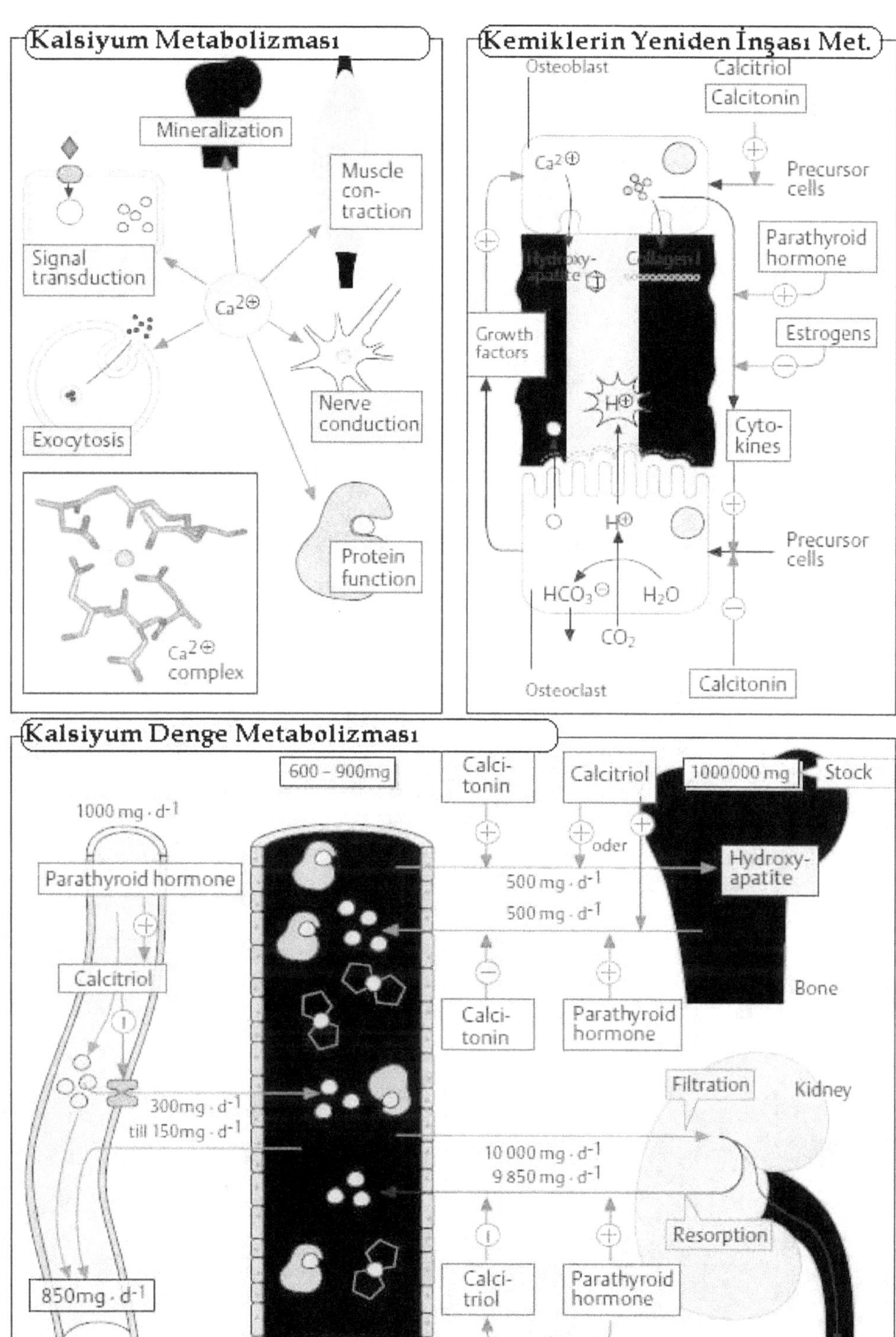

Kalsiyum Metabolizması
Mineralization
Muscle con-traction
Signal transduction
$Ca^{2\oplus}$
Nerve conduction
Exocytosis
Protein function
$Ca^{2\oplus}$ complex

Kemiklerin Yeniden İnşası Met.
Osteoblast
Calcitriol
Calcitonin
$Ca^{2\oplus}$
Precursor cells
Parathyroid hormone
Hydroxy-apatite
Collagen I
Estrogens
Growth factors
$H\oplus$
Cyto-kines
$H\oplus$
Precursor cells
$HCO_3^{\ominus}$
H_2O
CO_2
Osteoclast
Calcitonin

Kalsiyum Denge Metabolizması
600 – 900mg
Calci-tonin
Calcitriol
1000000 mg
Stock
$1000\ mg \cdot d^{-1}$
Parathyroid hormone
oder
Hydroxy-apatite
Calcitriol
$500\ mg \cdot d^{-1}$
$500\ mg \cdot d^{-1}$
Calci-tonin
Parathyroid hormone
Bone
$300mg \cdot d^{-1}$
till $150mg \cdot d^{-1}$
Filtration
Kidney
$10\,000\ mg \cdot d^{-1}$
$9\,850\ mg \cdot d^{-1}$
Resorption
$850mg \cdot d^{-1}$
Calci-triol
Parathyroid hormone
Intestine
Blood
$150\ mg \cdot d^{-1}$

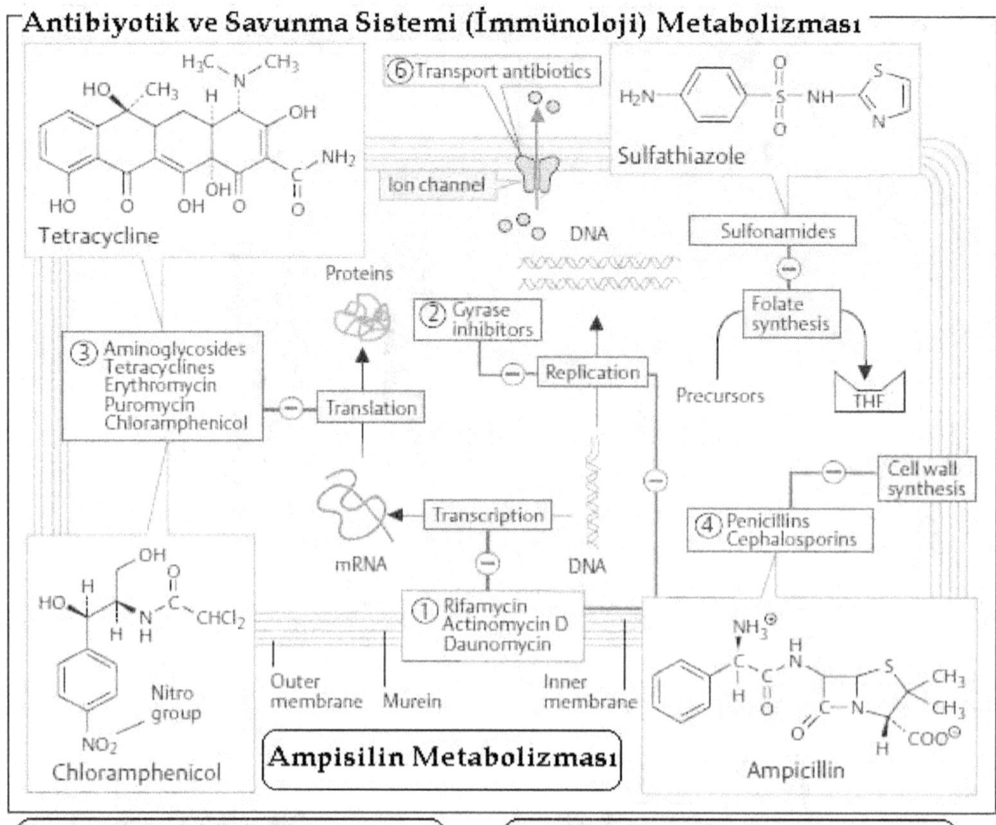

Donomisin Metabolizması

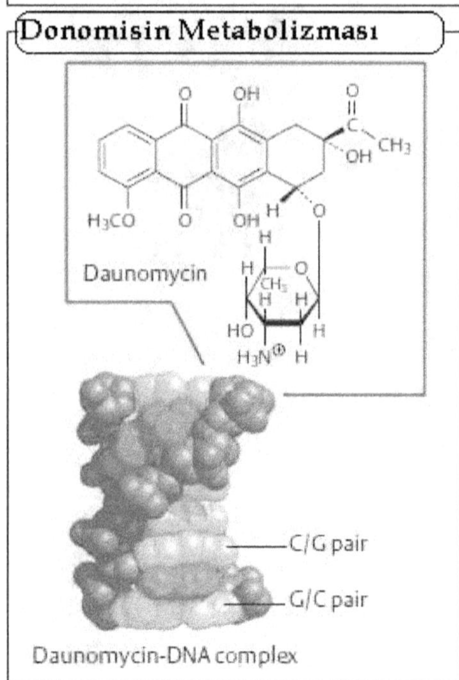

Penisilin Metabolizması

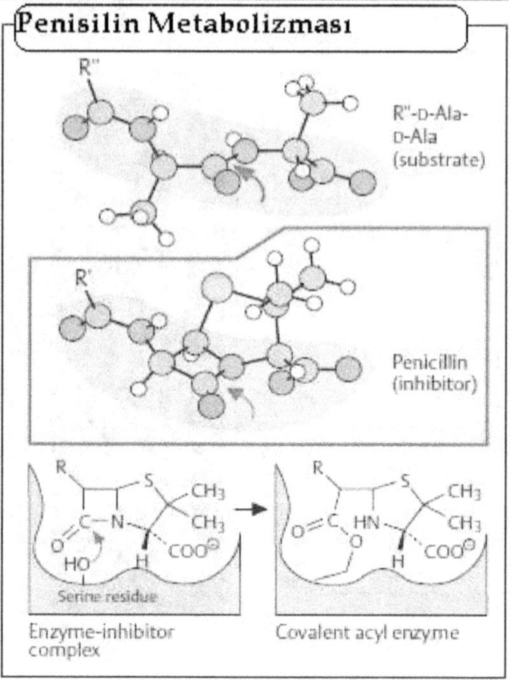

Hücre Bölünmesi (Mitozis) Metabolizması

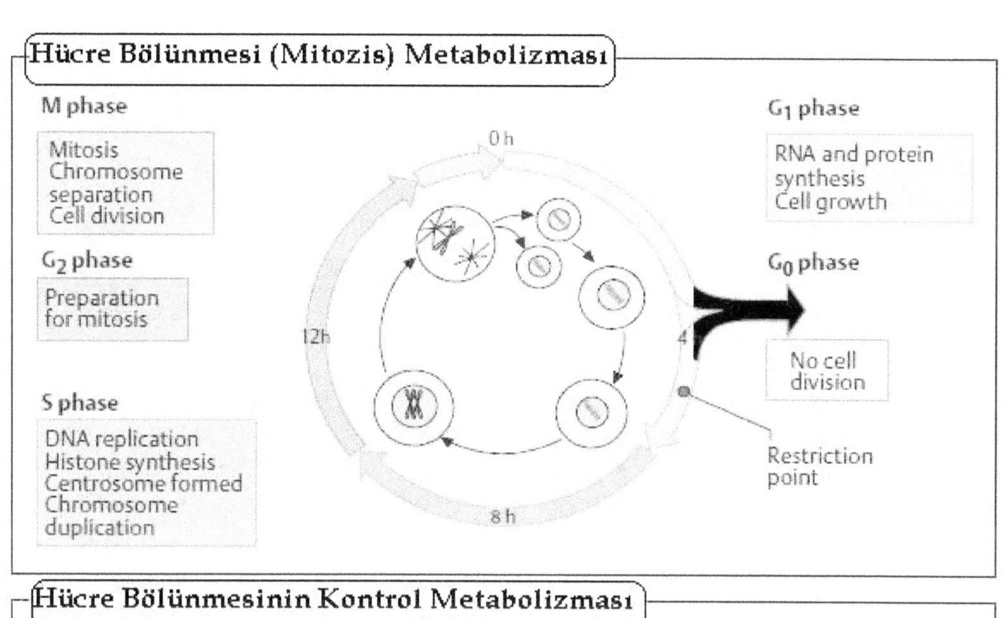

Hücre Bölünmesinin Kontrol Metabolizması

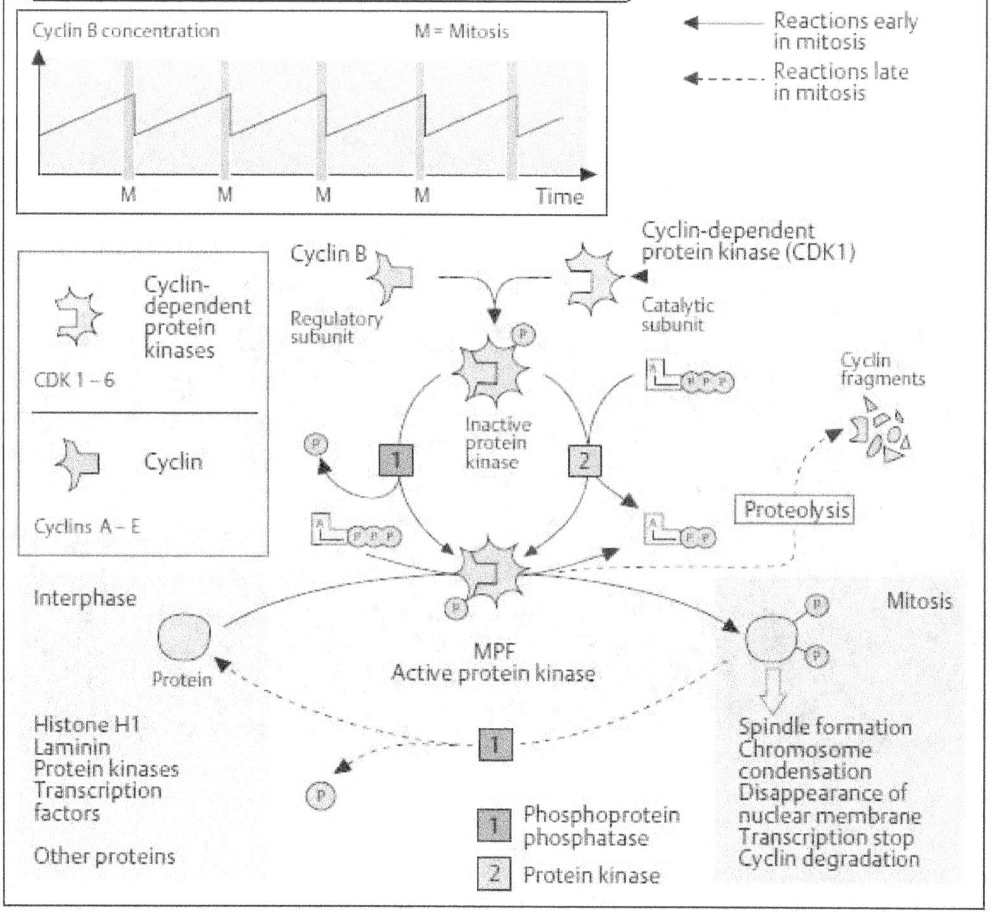

Küçük Kıyamet (Hücre Ölümü –Apoptozis-) Metabolizması

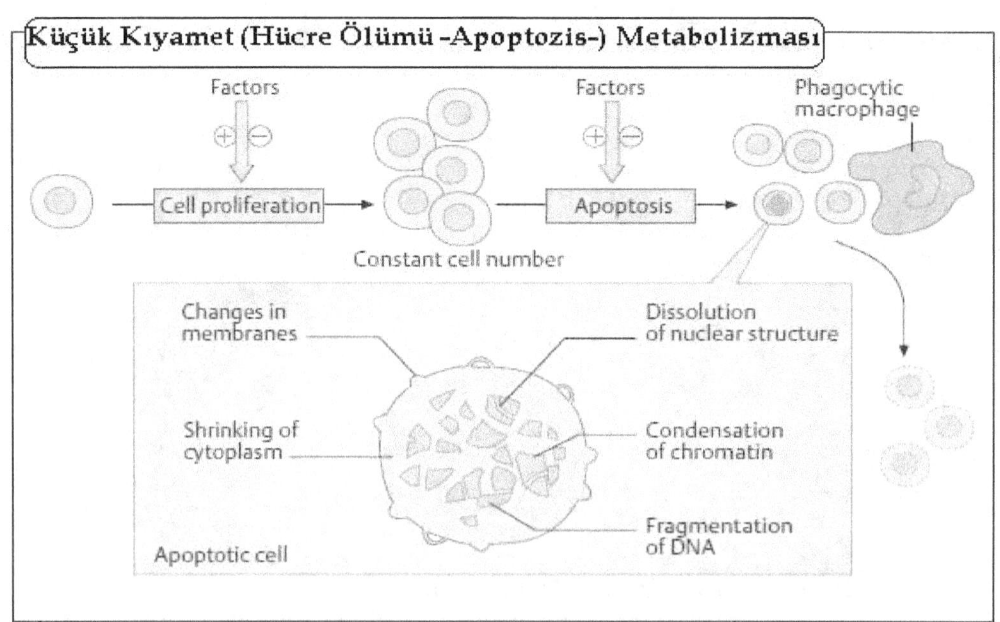

Hücre Ölümünün Düzenlenme Metabolizması

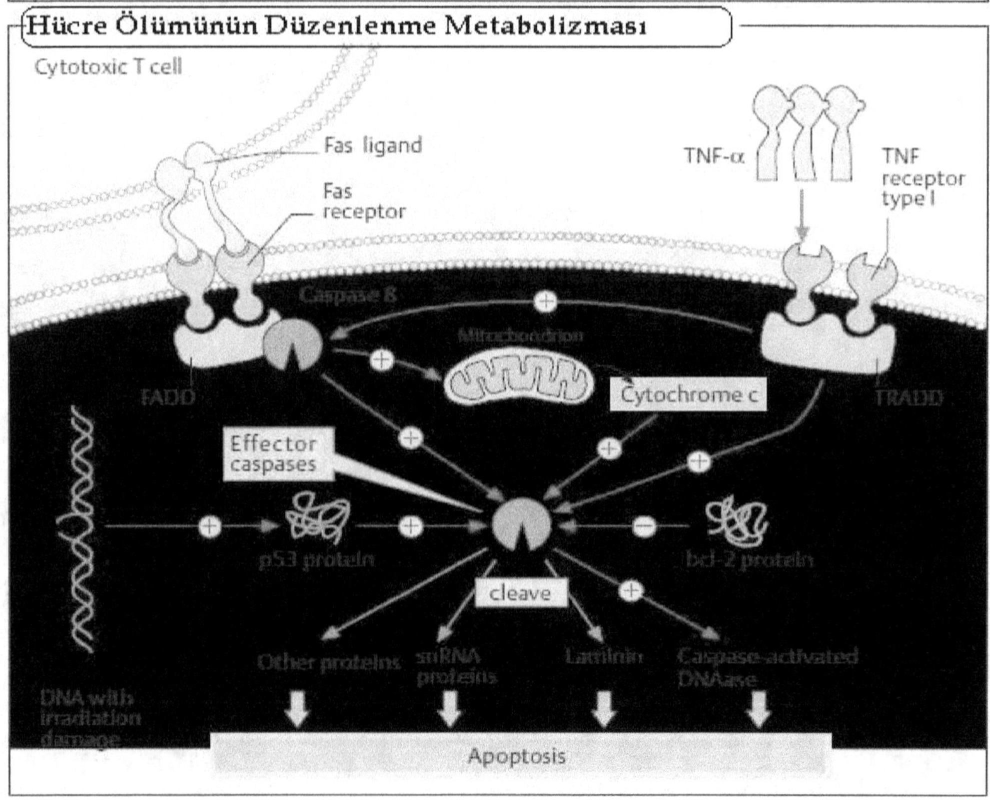

XI. BÖLÜM

İMAN EDEN BİLİMADAMLARININ YARATILIŞLA İLGİLİ GÖRÜŞLERİ

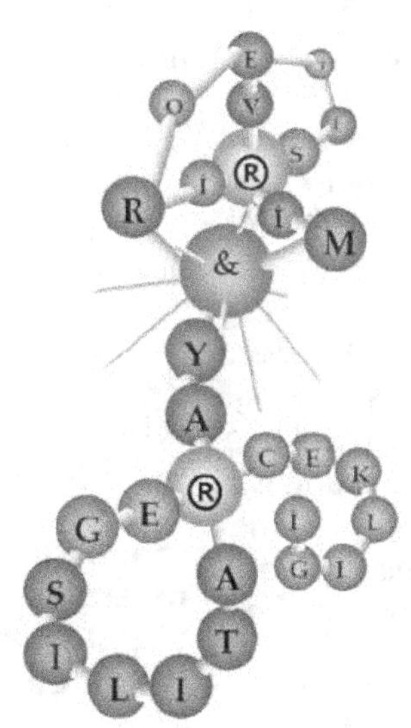

GİRİŞ

Bu bölümde, Batı dünyasındaki iman eden bazı Bilim adamlarının Yaratılışla ilgili çeşitli görüşlerine kısa kısa parçalar halinde yer vereceğiz. İncelememizi, İKİ KISIM halinde yapıp, Kur'an'da Yaratılışın mu'cizevi bir olay olduğuna dikkat çeken bazı yaratılışla ilgili detay içeren müteşabih ayetlerin kapalı yorumlarını ele alıp, insanın ve kainatın yaratılışını kısa başlıklar altında açıklamaya çalıştıktan sonra Geçmişte ve Günümüzde yaşamış olan iman eden bazı önemli bilim adamlarının Yaratılışla ilgili önemli görüşlerini aktaracağız. İnsanlar Kuran'da göklerin, yerin, dağların, yıldızların, bitkilerin, tohumların, hayvanların, gece ile gündüzün meydana gelişinin, kendi doğumunun, yağmurun ve yaratılmış daha birçok varlığın üzerinde düşünmeye ve bu varlıkları incelemeye çağrılmaktadırlar. Bunları inceleyen insan ise tüm varlıklarda Allah'ın yaratış sanatını görecek, böylece kendisini ve tüm evreni yoktan yaratan Rabbimiz'i tanıyabilecektir. Evreni ve içindeki tüm varlıkları incelemenin ve Allah'ın yaratış sanatını keşfederek insanlığa açıklamanın yollarından biri ise "bilim"dir. Dolayısıyla **din, bilimi Allah'ın yaratışındaki detaylara ulaşmada bir yol olarak benimser ve bu nedenle bilimi teşvik eder.** Din, bilimsel araştırmaları teşvik ettiği gibi, İslam dininde var olan gerçeklere göre yönlendirilen bilimsel araştırmalar da çok hızlı ve kesin sonuçlar getirir. Çünkü din, evrenin ve canlılığın nasıl var olduğu sorusuna en doğru ve en kesin cevabı vermektedir.

DİN İLE BİLİM DAİMA UYUM
~ İÇİNDE OLMUŞTUR ~

Bu yüzden, doğru bir noktadan başlanarak yapılan araştırmalar, evrenin ve canlılığın var oluşuna ait sırları en kısa sürede, en az emek ve enerji harcayarak açığa çıkaracaktır. 20. yüzyılın en büyük bilim adamlarından biri olarak kabul edilen **Albert Einstein**'ın da söylediği gibi **"Dinsiz bilim topaldır"**, yani dinin yol göstermediği bilim ilerleme gösteremez, kesin sonuçlara ulaşması çok zaman alır ve hatta çoğu zaman sonuç alınması mümkün olmaz. Bu gerçeği göremeyen materyalist ideolojiye sahip bilim adamları tarafından yönlendirilen bilimsel çalışmaların ise, özellikle son iki yüzyıldır, insanlığa ne kadar vakit kaybettirdiği, bu yolda yapılan çalışmaların büyük bir kısmının heba olduğu ve harcanan trilyonlarca liranın nasıl boşa gittiği gözler önündedir.

İşte bu nedenle, insanların kesin olarak bilmeleri gereken bir gerçek vardır: Bilim ancak Allah'ın sonsuz kudretini, evrendeki yaratılış delillerini araştırma amacını benimser ve bu amaç doğrultusunda çalışırsa doğru sonuçlara ulaşabilir. Rotası doğru çizilirse, yani doğru yönlendirilirse bilimin gerçek amacına en kısa sürede ulaşması sağlanabilir.

Soru: Doğu ve Batı dünyasındaki Dini görüş açısının Bilime ve Biyolojiye yaklaşımı nasıl olmuştur? Aralarındaki görüş farklılıkları ve yorum farkları nelerdir? 13. yüzyıldan 20. yüzyıla uzanan çizgide Doğu ve Batı dünyasında, Din ve Bilimi aynı eksende yorumlayan bilim adamları var mıdır?

Cevap: Materyalistler, bilim karşısındaki yenilgilerini gizleyebilmek için hemen her zaman birtakım propaganda yöntemlerini devreye sokarlar. Bunların başında ise, materyalist yayın organlarının beylik konusu haline gelmiş olan "din-bilim çatışması" iddiası gelir. Bu iddiayı dile getiren kaynaklarda, dinin tarih boyunca bilime karşı olduğu, bilimin ancak din terk edildiğinde gelişebileceği gibi, gerçek dışı hikayeler anlatılır. Oysa bilim tarihine biraz göz atmak bile, bu iddiaların yanlışlığını görmek için yeterli olacaktır.

İslam Tarihi'ne baktığımızda, Kuran'la birlikte Ortadoğu coğrafyasına bilimin de girdiğini görürüz. İslam öncesindeki Araplar, türlü batıl inanışa ve hurafeye inanan, evren ve doğa hakkında hiçbir gözlem yapmayan bir toplumdur. Ancak İslam'la birlikte bu toplum medenileşmiş, bilgiye önem verir hale gelmiş ve Kuran'ın emirlerine uyarak evreni ve doğayı gözlemlemeye başlamıştır. Sadece Araplar değil, İranlılar, Türkler, Kuzey Afrikalılar gibi pek çok toplum, İslamiyet'i kabullerinin ardından aydınlanmıştır.

Allah'ın Kuran'da insanlara öğrettiği akılcılık ve gözlemcilik, özellikle 9. ve 10. yüzyıllarda büyük bir medeniyetin doğmasına yol açmıştır. Bu dönemde yetişen çok sayıda Müslüman bilim adamı, astronomi, matematik, geometri, tıp gibi bilim dallarında çok önemli keşifler gerçekleştirmiştir. Bilimsel çalışmaların Avrupa'ya aktarılmasında önemli bir yeri olan ve Müslüman bilim adamlarının çoğunun yetiştiği **Endülüs**, özellikle tıp alanında çok büyük yeniliklerin ve atılımların beşiği olmuştur. Müslüman hekimler, tek bir konuda uzmanlaşmamışlar, özellikle farmakoloji, cerrahi, göz, doğum, fizyoloji, bakteriyoloji ve hijyen gibi çok geniş sahalarda eğitim görmüşlerdir. Uzun yıllar tıbbi bitkileri inceleyerek tıp tarihi ve tıbbi bitkiler hakkında eserler vermiş olan **İbn-i Cülcül** (?-992) ile teşhis ve tedavi konusunda ün yapmış olan ve bugün bilinen otuza yakın eseri bulunan Tunuslu hekim **Ebu Cafer İbn-i Cezzar** (?-1009) tıp konusunda en bilinen bilim adamları arasındadır. **Abdüllatif el-Bağdadi** (1162-1231) anatomi konusundaki çalışmaları ile tanınmaktadır. Alt çene ve göğüs kemiği gibi vücuttaki birçok kemiğin anatomisi hakkında geçmişte yapılmış hataları düzeltmiştir. Bağdadi'nin *El-İfade ve'l-İtibar* adlı eseri 1788 yılında düzenlenerek, Latince, Almanca ve Fransızca'ya çevrilmiştir. *Makalatün fi'l-Havas* isimli eseri ise beş duyu organını incelemektedir.

Müslüman anatomistler insan kafatasında bulunan kemik sayısını doğru olarak tespit etmişler ve kulak içinde üç küçük kemikçik bulunduğunu da belirlemişlerdir. Anatomik çalışmalar yapan Müslüman bilim adamlarının başında **İbn-i Sina** (980-1037) gelir. Daha çok küçük yaşta edebiyat, matematik, geometri, fizik, doğa bilimleri, felsefe ve mantık öğrenen İbn-i Sina sadece Doğu'da değil Batı'da da ünlenmiştir. En ünlü eseri olan *El-Kanun fi't-Tıb* Arapça yazılmış ve 12. yüzyılda Latinceye çevrilerek Avrupa üniversitelerinde 17. yüzyıla kadar temel ders kitabı olarak kabul edilmiş ve okutulmuştur. Eserde birçok hastalık ve ilaç sistematik bir şekilde anlatılmıştır. Bundan başka felsefe ve doğa bilimleri üzerine yüzden fazla eser vermiştir. *El-Kanun*'da söz edilen tıbbi bilgilerin büyük bir bölümü bugün dahi geçerliliğini korumaktadır. 1203-1283 tarihleri arasında yaşayan **Zekeriya Kazvini** ise Aristo'dan beri süregelen beyin ve kalple ilgili birçok yanlış düşünceyi çürütmüştür. Kalp ve beyinle ilgili bilgileri bugünkü bilgilerimize son derece yakındır. **Zekeriya Kazvini, Hamdullah Müstevfi el-Kazvini** (1281-1350) ve **İbnü'n-Nefis**'in anatomi üzerine olan çalışmaları modern tıp biliminin temelini oluşturmuştur.

Bu bilim adamları henüz 13. ve 14. yüzyılda kalp ve akciğerler arasındaki bağlantıları, atar damarların temiz kan, toplar damarların ise kirli kan taşıdığını, kanın akciğerlerde temizlendiğini, kalbe dönen temiz kanın aort tarafından beyne ve vücudun diğer organlarına taşındığını göstermişlerdir. **Ali bin İsa** (?-1038)'nın üç ciltlik göz hastalıkları üzerine yazdığı *Tezkiretü'l-Kehhalin fi'l-Ayn* ve *Emraziha* isimli eserinin birinci cildi tamamen göz anatomisine ayrılmış olup çok değerli bilgiler mevcuttur. Bu eser daha sonraları Latinceye ve Almancaya çevrilmiştir. **Muhammed Ebu Bekir Zekeriyya Razi** (865-925), **Burhaneddin Nefis** (?-1438), **İsmail Cürcani** (?-1136), **Kutbeddin Şirazi** (1236-1310), **Mansur bir Muhammed, Ebu'l Kasım Zehravi** astronomi, matematik tıp ve anatomi bilimlerinin tarihinde önemli yerleri bulunan Müslüman bilim adamlarından bazılarıdır.

Tıp ve anatomi bilimlerinin dışındaki bilim dallarında da birçok Müslüman bilim adamının çok önemli katkıları olmuştur. Örneğin 11. yüzyılda yaşayan **Beyruni**, Galilei'den 600 yıl önce dünyanın döndüğünü kanıtlamış, Newton'dan 700 sene önce dünyanın çapını hesaplamıştır.

15. yüzyılda yaşayan **Ali Kuşçu** Ay'ın ilk haritasını çıkarmıştır ve bugün Ay'da bir bölgeye onun ismi verilmiştir. **Sabit Bin Kurra** 9. yüzyılda yaşamış ve Newton'dan asırlar önce diferansiyel hesabını keşfetmiştir. 10. yüzyılda yaşayan **Battani** trigonometrinin ilk kaşifidir. Kendisiyle aynı yüzyılda yaşayan **Ebu'l Vefa** ise trigonometriye "sekant-kosekant" terimlerini kazandırmıştır. **Harizmi** 9. yüzyılda ilk cebir kitabını yazmıştır. **Mağribi**, bugün Paskal üçgeni olarak bilinen denklemi Pascal'dan 600 yıl önce bulmuştur. 11. yüzyılda yaşayan **İbn-i Heysem** optik biliminin kurucusudur. Roger Bacon ve Kepler onun eserlerinden faydalanmışlar, Galilei de onun eserlerinden faydalanarak teleskobu bulmuştur. **Kindi** ise Einstein'dan 1100 yıl önce izafi fizik ve izafiyet teorisini ortaya atmıştır. Pasteur'den yaklaşık 400 sene önce yaşayan **Akşemseddin** ilk olarak mikropların varlığını keşfetmiştir. **Ali Bin Abbas** 10. yüzyılda yaşamıştır ve ilk kanser ameliyatını gerçekleştirmiştir. Aynı yüzyılda ise **İbn-i Cessar** cüzzamın sebep ve tedavi şekillerini açıklamıştır. Burada sadece birkaçına yer verilen Müslüman bilim adamları, modern bilimin temelini oluşturacak önemli keşiflerde bulunmuşlardır.

Batı medeniyetine baktığımızda ise,

Çağdaş bilimin doğuşunun yine Allah inancı üzerine kurulu olduğunu görürüz. **"Bilimsel devrim çağı"** olarak bilinen 17. yüzyıl, **"Allah'ın yarattığı evreni ve doğayı keşfetme niyetiyle araştırma yapan"** bilim adamları ile doludur. Bu dönemde İngiltere, Fransa gibi ülkelerde kurulan tüm bilim enstitüleri, "Allah'ın kanunlarını keşfederek O'nu tanımak" hedefini benimsemiştir. Aynı eğilim 18. yüzyılda da devam etmiştir. Newton, Kepler, Copernicus, Bacon, Galilei, Pascal, Boyle, Paley, Cuvier gibi isimler, bilim dünyasına önemli katkıları bulunan ve aynı zamanda Allah'a olan imanları ile tanınan bilim adamlarından sadece birkaçıdır. Bu bilim adamları Allah'a inanan, dahası bu inançtan gelen şevkle bilimsel çalışma yapan kişilerdir. Bu gerçeğin göstergelerinden biri, 19. yüzyılın başlarında İngiltere'de düzenlenen ve "Bridgewater Treatises" olarak anılan bir dizi bilimsel yapıttır. Çok sayıda bilim adamı farklı bilim dallarında araştırma yapmış ve vardıkları sonuçları **"Allah'ın evrende ve doğada yarattığı ahenk ve uyumun delilleri"** olarak tanımlamışlardır.

Bu bilim adamlarının kullandıkları yöntem de, "Allah'ı doğayla tanıma" anlamına gelen "Natural Theology" (Doğal İlahiyat) kavramıyla ifade edilmiştir. Bridgewater Treatises'in öncüsü, devrin ünlü bilim adamı William Paley tarafından 1802 yılında yayınlanan *Natural Theology: or, Evidences of the Existence and Attributes of the Deity, Collected from the Appearances of Nature* (Doğal İlahiyat, ya da, Doğadaki Görünümlerden Yola Çıkarak, Allah'ın Varlığının ve Delillerinin İspatları) adlı kitaptır. Paley bu kitapta çok kapsamlı bir anatomi bilgisi sergilemiş ve canlı bedenlerindeki "tasarım"lara örnekler vermiştir. Daha sonra Paley'in yapıtı örnek alınarak, Kraliyet Derneği'nin çatısı altında bir açıklama yapılmıştır. Açıklamada, bilim adamlarından aşağıdaki konularda araştırma yapmaları istenmiştir: Allah'ın Kudreti, Aklı ve Güzelliği hakkında, O'nun yaratışını sergileyen tüm deliller ve akılcı açıklamalar. Örneğin, hayvanlar, bitkiler ya da madenler arasında Allah'ın yarattıklarının çeşitliliği ve oluşumları; sindirimin ve (yemekleri) dönüştürmenin detayları; insanın yaptığı tasarım örnekleri ve diğer her türlü akılcı argüman; eski ve modern bilim ve sanat dalları ve tüm edebiyat.. Allah'ın varlığının ispatlarını ortaya koymak için yapılan bu çağrıya pek çok bilim adamı karşılık vermiş ve birbiri ardına çok önemli bilimsel eserler yayınlanmıştır. *Bridgewater Treatises* bünyesinde yayınlanan bu eserler ve yazarları sırasıyla şöyledir:

Doğanın, İnsanın Ahlaki ve Entelektüel Yapısına Olan Uyumu (Thomas Chalmers, 1833) Kimya, Meteoroloji ve Sindirim (William Prout, M.D., 1834) Hayvanların İçgüdüleri, Alışkanlıkları ve Geçmişleri (William Kirby, 1835) İnsan Eli; Bir Tasarım Örneği (Sir Charles Bell, 1837) Jeoloji ve Mineral Bilimi (Dean Buckland, 1837) Doğanın, İnsanın Fiziksel Yapısına Olan Uyumu (J. Kidd, M.D., 1837) Astronomi ve Genel Fizik (Dr. William Whewell, 1839) Hayvan ve Bitki Fizyolojisi (P. M. Roget, M.D., 1840) *Bridgewater Treatises*, din ile bilim arasındaki uyumu gösteren pek çok örnekten biridir. Bu eserlerin öncesinde ve sonrasında yapılmış olan daha pek çok bilimsel çalışmanın amacı, Allah'ın yarattığı evreni tanımak ve bu yolla O'nun yüceliğini kavramak olmuştur. Bilim dünyasının bu rotadan sapması ise, materyalist felsefenin birtakım sosyal ve siyasi şartlar sonucunda 19. yüzyıl Batı kültürüne hakim olmasının bir sonucudur. Bu süreç Darwin'in evrim teorisi ile en açık ifadesini bulmuş ve bilim ile dini, daha önceki durumun tam tersine, birbirine ters iki bilgi kaynağı gibi göstermeye başlamıştır. İngiliz araştırmacılar Michael Baigent, Richard Leigh ve Henry Lincoln, bu konuda şu yorumu yaparlar:

"Darwin'den bir buçuk asır önce, bilim dinden ayrı değildi; aksine onun bir parçasıydı ve nihai amacı da ona hizmet etmekti. Ama Darwin'in zamanındaki bilim, o zamana dek taşımakta olduğu bu anlamdan koparıldı ve kendisini dine karşı mutlak bir rakip ve alternatif bir anlam olarak tanımladı. Artık insanlık, bu ikisi arasında bir seçim yapmaya zorlanacaktı. Ancak günümüzde din ile bilim arasına sokulmak istenen bu zoraki ayrılık, bizzat bilimin kendi bulguları tarafından yalanlanmaktadır. Din bizlere evrenin yoktan yaratıldığını öğretmekte, bilim ise bu gerçeğin kanıtlarını bulmaktadır. Din bize canlıları Allah'ın yarattığını öğretmekte, bilim ise canlılıkta ortaya çıkardığı tasarımla bu gerçeğin delillerini ortaya koymaktadır.."

Yine Michael Denton, Nature's Destiny adlı kitabında:

"Bir zamanlar ateizmin ve kuşkuculuğun en büyük müttefiki sayılan bilim, nihayet ikinci bin yılı bitirmekte olduğumuz şu dönemde, bir zamanlar Newton'un ve onun taraftarlarının istemiş oldukları gibi, antroposentrik inancın en büyük savunucusu haline gelmiştir" demektedir.

Antroposentrik inanç, dünyayı Allah'ın insanlar için yaratmış olduğu inancıdır. Dolayısıyla, bilimin ortaya koyduğu bu sonuç, giderek daha fazla bilim adamının Allah'a samimi bir biçimde inanmasını sağlamaktadır. Ünlü biyokimyacı Michael Behe "Yaratıcı'ya veya doğanın ötesinde bir gerçekliğin varlığına inanan bilim adamları popüler medya hikayelerinin anlattığından çok daha fazla sayıdadır; genel nüfusun % 90'ını oluşturan inançlıların, bilim adamları arasında farklı olduğunu düşündürecek bir neden yoktur" derken bu gerçeği ifade etmektedir. Bilimin vardığı bu sonuç karşısında, materyalistlerin tek yaptıkları şey ise, birtakım baskı mekanizmalarını devreye sokarak bilim dünyasını sindirmeye çalışmaktır. Batılı ülkelerde bir bilim adamının yükselebilmesi, doçent, profesör gibi ünvanlara ulaşabilmesi, bilimsel dergilerde yazılarını yayınlatabilmesi için bazı standartlara uyması gerekir. Evrim teorisini kayıtsız şartsız kabul etmek, bir numaralı standarttır. Bu nedenle bazı bilim adamları da, gerçekte hiçbir şekilde inanmadıkları Darwinist masalları kabul etmekte ve yaratılışın delillerini göz ardı etmekte, dolayısıyla insanlara "eğer din gelirse Ortaçağ'ın karanlıklarına gömülürüz" mesajı verilmektedir.

Scientific American dergisinin **Eylül 1999** sayısında, Scientists and Religion in America (Amerika'da Bilim Adamları ve Din) başlıklı yazıda, Washington Üniversitesi sosyologlarından Rodney Stark, bilim adamlarının üzerinde kurulan bu baskıyı şöyle açıklamıştır: 200 yıldır 'Eğer bilim adamı olmak istiyorsan, zihninin tüm dini zincirlerden arınması gerekir' fikri pazarlandı.. Üniversitelerde dindar olan kimseler susuyorlar ve dinsiz olanlara ayrıcalık tanınıyor. Üst kademelerde dinsizliği ödüllendirme sistemi var.

Materyalistlerin, dine karşı yürüttükleri bu sistemli mücadelenin bir diğer örneği de, başta belirtmiş olduğumuz propaganda yöntemleridir. "Din bilimle çatışır" ya da "Bilim materyalist olmak zorundadır" gibi iddialar, bu propagandanın temel unsurlarıdır. Şimdi, bu iddiaların neden mantıklı ve tutarlı yönlerinin olmadığını inceleyelim.

Soru: Ortaçağdaki dini bakış açısının ve Hristiyanlığın veya Yahudiliğin Bilimsel gelişmelere bakış açısı nasıldı? Bu dönemde Din ve Bilim uzlaşmacı bir tavır içerisinde miydi?

ORTAÇAĞ KİLİSESİ'NİN BİLİM ADAMLARINA KARŞI TAVRI

Cevap: Din karşıtı çevrelerce, Ortaçağ Kilisesi'nin hatalı uygulamaları ve tutumu sıkça dine karşı bir silah gibi kullanılır. Kilisenin Avrupa'yı gerilettiği ve sefalet yaşattığı söylenir.

Oysa **Gerçek Din**, Ortaçağ Kilisesi'nin uygulamaları ve tutumu değildir. Ortaçağ Kilisesi Hz. İsa'nın bildirdiği vahiyden uzaklaşmış ve din dışı bazı uygulamalar yürütmüştür. Özellikle ruhban sınıfının elinde ve bazı çevrelerin çıkarları doğrultusunda, ilahi kaynaktan tamamen uzaklaşarak idare edilen Kilise'nin uygulamalarından kuşkusuz bilim de zarar görmüştür. Ancak bu tarihsel gerçek, elbette ki İslam dinine mal edilemez.

Çünkü İslam, Ortaçağ Kilisesi gibi ruhban sınıfının hurafelerine değil, sadece ve sadece Allah'ın sözü olan Kuran'a dayanır. Ortaçağ Kilisesi'nin tutuculuğunun dindarlıkla bir ilgisi olmadığının önemli bir göstergesi ise, bu kilise tarafından baskı altına alınan Galilei gibi bilim adamlarının da gerçekte son derece dindar kimseler oluşudur. Bu örnek de bir kez daha sergilemektedir ki, skolastik düşüncenin bilim üzerinde uyguladığı baskı, dindarlığın değil, dinin çarpıtılmasının bir sonucudur.

İNCİL VE TEVRAT'A DAYANAN ELEŞTİRİLER

Ülkemizdeki materyalistler, din ve bilimi karşı karşıya getirmek istediklerinde, Örneğin **Richard Dawkins** gibi, Ortaçağ Kilisesi'nin uygulamalarını örnek vermenin yanı sıra, Tevrat'tan veya İncil'den bir cümle alıp, o cümlenin bilimsel bulgularla nasıl çatıştığını da örnek olarak göstermek isterler.

Bu çabaların ardında yatan neden ise, Ortaçağ Kilisesi'nin dinle bağdaştırılması ve bunu bazı çarpıtılmış sözde bilimsel verilerle isbatlamaya çalışırlar. Ancak göz ardı ettikleri veya görmezlikten geldikleri bir gerçek vardır: Tevrat ve İncil'in her ikisi de daha sonradan değiştirilmiş, yani tahrif edilmiş kitaplardır. Her ikisine de insan eliyle yazılmış birçok hurafe eklenmiştir. Dolayısıyla, bu kitapları din konusunda temel kaynak almak son derece yanlış olur. Oysa **Kuran, Allah'ın vahyidir ve hiçbir bozulmaya uğramamıştır ve tek bir harfi bile değiştirilmemiştir.** Bu nedenle Kuran'da en ufak bir çelişki veya hata yoktur. Allah'ın Kuran'da verdiği bilgiler de bilimin bulguları ile paraleldir. Hatta, henüz yüzyılımızda bulunabilmiş olan birçok bilimsel gerçek günümüzden 1400 sene öncesinde Kuran'da insanlara haber verilmiştir. Bu, Kuran'ın önemli bir mucizesidir ve Allah'ın vahyi olduğunun kesin delillerinden biridir. İlerleyen kısımlarda Kuran'da bildirilmiş olan bilimsel gerçeklerin bazılarından söz edilecektir. Aslında materyalist çevreler de bu gerçeğin farkında olacaklar ki, dine karşı görüş bildirirken hiçbir zaman Kuran'dan ayet gösterememekte, her defasında İncil veya Tevrat'tan aldıkları cümleleri kullanmaktadırlar.

"BİLİM MATERYALİST OLMAK ZORUNDADIR" İDDİASININ YANLIŞLIĞI:

Soru: 18. ve 19. yüzyıllarda yükselişe geçmeye başlayan maddi Materyalizm ve doğal seleksiyona bağlı Naturalizm fikirlerinin Bilime etkisi nasıl olmuştur? Bilim alanındaki bu çekişmeler Din alanına nasıl etki etmiştir? Bu fikirlerin, tarihin eski dönemlerindeki putperest inançlar ve sistemlerle, örneğin Mısırdaki gibi, bir bağlantısı ve benzerliği var mıdır?

Cevap: Materyalistlerin bir diğer propaganda malzemesi, **"Bilim sadece maddeyi inceler, dolayısıyla materyalist olmak zorundadır"** şeklindeki basmakalıp bir iddiadır. Bu, aslında biraz düşünen bir insanın hemen fark edebileceği bir kelime oyunundan başka bir şey değildir. Bilimin maddeyi incelediği doğrudur, ancak bu, bilimin materyalist olması gerektiği anlamına gelmez. Çünkü *"maddeyi incelemek"* ile *"materyalist olmak"* çok farklı şeylerdir. Maddeyi incelediğimizde, maddenin kendisi tarafından meydana getirilemeyecek kadar büyük bir bilgi ve tasarım olduğu sonucuna varırız. Bu bilgi ve tasarımın, tasarımcıyı hiç görmesek de, bilinçli olarak meydana getirildiğini anlayabiliriz.

Örneğin, bizden önce bir insanın girip girmediğinden emin olmadığımız bir mağara düşünelim. Bu mağaraya girdiğimizde eğer mağaranın duvarlarında çok büyük bir ustalıkla çizilmiş, göz kamaştırıcı resimler varsa, o halde "Bizden önce burada akıllı bir varlık bulunmuş, burada eserler meydana getirmiş" diye düşünürüz. O akıllı varlığı hiç görmeyebiliriz, ama varlığını eserlerinden anlarız. Bilim de işte bu yöntemle doğayı incelemektedir. Ve doğada asla maddesel etkenlerle açıklanamayacak bir düzen olduğunu, ancak madde-ötesi üstün bir Akıl tarafından var edilmiş olabilecek bir tasarım bulunduğunu ortaya çıkarmaktadır.

Bir başka deyişle, maddesel dünyanın her tarafında Allah'ın yaratışının ve hakimiyetinin açık delillerini bulmaktadır.

MATERYALİSTLERİN TUTUCU VE BAĞNAZ YAKLAŞIMLARI

Elbette ki her görüş sahibi, kendi görüşünün bilimsel gerçekler tarafından doğrulanıp doğrulanmadığını denemekte, bununla ilgili bilimsel araştırmalar yapmakta özgürdür. Örneğin, bir insan ortaya çıkıp dünyanın düz olduğunu iddia edebilir ve bu konuda araştırma yapabilir. Ancak önemli olan bu kişinin karşılaştığı bilimsel sonuçları nasıl değerlendireceğidir. Bilimsel verileri tarafsız olarak değerlendiren bir bilim adamı, araştırmaları sonucunda dünyanın düz olduğunu destekleyen bir delil bulamayacak, aksine dünyanın yuvarlak olduğu ile ilgili sayısız delille karşılaşacaktır. Bu durumda bu kişinin yapması gereken, ön yargısız bir şekilde, gerçek neyse ona yönelmek ve baştaki iddiasından vazgeçmek olmalıdır. Aynı durum materyalizm için de geçerlidir. Bilim maddenin mutlak bir varlık olmadığını, bir başlangıcının olduğunu kanıtlamıştır. Dahası, maddede olağanüstü bir tasarım bulunduğunu göstermiştir. Dolayısıyla maddeyi inceleyen materyalist bilim adamları, teorilerinin doğru olmadığını, gerçeğin inandıklarının tam aksi yönünde olduğunu görmüşlerdir. Ancak ne ilginçtir ki, söz konusu kişiler, materyalizme körü körüne bir bağlılık göstermekte ve bu "inançtan" asla ayrılmama konusunda şaşırtıcı bir inat sergilemektedirler. Ünlü bir evrimci ve materyalist olan Harvard Üniversitesi genetik profesörü Richard Lewontin, bu bağnaz materyalist tutumunu şöyle itiraf eder:

"Bizim materyalizme bir inancımız var, 'a priori' (önceden kabul edilmiş, doğru varsayılmış) bir inanç bu. Bizi dünyaya materyalist bir açıklama getirmeye zorlayan şey, bilimin yöntemleri ve kuralları değil. Aksine, materyalizmle olan a priori bağlılığımız nedeniyle, dünyaya materyalist bir açıklama getiren araştırma yöntemlerini ve kavramları kurguluyoruz. Materyalizm mutlak doğru olduğuna göre de, ilahi bir açıklamanın sahneye girmesine izin veremeyiz."

Lewontin tüm materyalistlerin bakış açısını açıkça dile getirmektedir. Bu ifadelerinde de belirttiği gibi materyalistler önce materyalist ideolojiyi benimser ve sonra bu ideolojiyi besleyecek bilgileri ararlar. Yani materyalizm, bilimsel araştırmalarla vardıkları bir sonuç değil, bilime kabul ettirmeye çalıştıkları bir ön yargıdır. Aynı durumu bir başka evrimcinin bakış açısında da görmek mümkündür.

Ünlü evrimci Robert Shapiro'nun *Origins: A Skeptic's Guide to Creation of Life on Earth* (Kökenler: Bir Şüphecinin Dünyada Hayatın Yaratılışı ile İlgili Kılavuzu) isimli kitabında, evrim teorisine olan sadakatini ifade eden sözleri şöyledir:

"Gelecekte bir gün bütün mantıklı kimyasal deneyler hayatın muhtemel kökeninin tamamıyla hatalı olduğunu gösterebilir. Dahası, yeni jeolojik kanıtlar dünya üzerinde ani bir hayat oluşumunu gösterebilir. Son olarak tüm kainatı keşfedip başka bir yerde bir hayat izine veya hayata neden olabilecek bir sürece rastlamayabiliriz. Böyle bir durumda birtakım bilim adamları cevap için dine başvurabilirler. Ancak benim de dahil olduğum diğerleri, elde olan daha az muhtemel bilimsel açıklamaları kalanlardan daha mümkün olan bir tanesini seçebilmek amacıyla ayıklamaya çalışacaklardır."

Shapiro'nun *"bilimsel bir açıklama aramaya devam ederiz"* derken kast ettiği şey, gerçekte *"materyalist bir açıklama"*dır. Materyalizme olan bu körü körüne bağlılık, Shapiro'yu ve onun gibi binlercesini fanatikçe bir inkara sürüklemektedir. Aslında söylemek istedikleri şey, ***"Her ne delil görürsek görelim, Allah'a inanmayacağız"*** cümlesinin itirafıdır. İlginçtir, bu saplantı sadece çağımızdaki materyalistlere özgü değildir. Allah, kendilerini inkar için şartlandırmış olan bu gibi insanlar hakkında Kuran'da önemli bilgiler verir. Örneğin, kendilerine gösterdiği pek çok mucize karşısında Hz. Musa'ya: **"Bizi büyülemek için mucize (ayet) olarak her ne getirirsen getir, yine de biz sana inanacak değiliz.."**

(Araf Suresi, 132)

diyen Mısırlılar da, çağdaş materyalistlerle aynı karaktere sahiplerdi.

Allah, başka ayetlerinde bu gibi insanlardan şöyle söz etmektedir:

"Onlardan seni dinleyenler vardır; oysa Biz, onu kavrayıp anlamalarına (bir engel olarak) kalpleri üzerine kat kat örtüler ve kulaklarında bir ağırlık kıldık. Onlar, hangi 'apaçık-belgeyi' görseler, yine ona inanmazlar. Öyle ki, o inkar etmekte olanlar, sana geldiklerinde, seninle tartışmaya girerek: "Bu, öncekilerin uydurma masallarından başka bir şey değildir" derler.."

(Enam Suresi, 25)

"Olanca yeminleriyle, eğer kendilerine bir ayet gelse, kesin olarak ona inanacaklarına dair Allah'a yemin ettiler. De ki: "Ayetler, ancak Allah Katındadır; onlara (mucizeler) gelse de kuşkusuz inanmayacaklarının şuurunda değil misiniz?"

(Enam Suresi, 109)

BATI DÜNYASININ GÖZÜYLE MODERN BİLİM VE BİYOLOJİ:

Soru: Kainatta tabii bir seçim mi vardır, yoksa tabiat üstü bir plan mı? Batı dünyasında bu konudaki görüşler nasıldır?

Cevap: Batı'da çok az insan, evrimci dünya görüşünün hangi ölçüde teistik (dinî) görüşle ihtilaf halinde olduğunun farkındadır. Pek çok insan ise hem Hristiyan olduğunu söyler hem de evrime, tarihi vak'a olarak inanır. Esasında evrim teorisi, çevremizdeki dünyanın ateistik açıdan izahıdır. Evrime inanan herkes ateist olmamasına rağmen, evrim teorisinin önde gelen müdafiileri, evrim kavramının tabiatta Yaratıcı'nın fiillerinin olmadığı hususunda hemfikirdirler. Batı dünyasında evrimin en şiddetli savunucularından olan Sır Julian Huxley, Birleşmiş Miletler'in UNESCO başkanlığını yürütürken dünyayı evrimci, hümanistik görüşün bayrağı altında toplamak için çok çalışmıştır. Aşağıdaki ifadeler onun kendi sözleridir:

"Darwin şunu açıkça ortaya koydu ki, tabiat ötesi bir planlayıcıya ihtiyaç yoktur. Çünkü tabii seleksiyon kavramı, hayatın herhangi bilinen bir formunu izah edebilir. Canlıların Yaratılışından tabii seleksiyon sorumlu olabilir. Hayatın evriminde "tabiat üstü bir güce" de ihtiyaç yoktur. Biz canlıların evriminde rol oynayan ve zihinlerimizi işgal eden tabiat üstü bütün fikirlerden tamamen kurtulmalıyız."

Öte yandan dünyanın her yerinde bütün dinî metinler, tabii dünyanın bir plan neticesinde şekillendiğini ve bu planı çizip uygulayan Yaratıcı'nın varlığı hususunda ittifak halindedirler. Dolayısıyla tabii sebeblerin ve işlemlerin bu planın gerçekleşmesinde hakiki tesirleri yoktur. Tabiat ötesi plan ile şans-ihtiyaç prensibiyle işleyen tabii seleksiyon, hayatın başlangıcı hakkında birbirine zıt iki görüşü temsil eder. Nobel ödülü sahibi zoolog Jacques Monod, evrimde kör şansın rolünü kendince şöyle ifade eder:

"Tek başına şans her bir yeniliğin kaynağını oluşturur. Mutlak olarak serbest ama kör şans, evrimin temel mekanizmasını oluşturur."

Britannica Ansiklopedisi'nin en son baskısında evrim hakkında şu ifadelere yer verilmektedir:

"Darwin iki şey yapmıştır. O evrim teorisinin, yaratılışın İncil'deki anlatımıyla çelişen bir vak'a olduğunu göstermiş ve evrimin sebebinin tabii seleksiyon olduğunu ve dolayısıyla da bir plana ve İlâhî Rehbere yer ve ihtiyaç olmadığını açıkça ifade etmiştir."

Batı'da pek çok dindar insan evrime inanır. Fakat bu insanlar şunu idrak etmelidirler ki, bilimin gerçekleriyle zıtlaşan evrimci düşünce tarzı; tabiatta, tabiat üstü hiçbir tesirin olmadığı sonucuna götürür (Şüphesiz böyle bir düşünce tarzı doğruysa). Ayrıca evrim doğru ise bütün dinler yanlış demektir. Cornell Üniversitesinde Biyoloji ve Tarih Profesörü Dr. W. Provine bir makalesinde şöyle demektedir:

"Darwin'in idrak ettiği husus şuydu: Eğer tabii seleksiyon, adaptasyonları izah ediyorsa, evrim de kelimesi kelimesine doğruysa, o zaman kainattaki plan varlığı ve delili, yanlış demekti. Neticede bu da şuraya çıkıyor ki, Allah'ın varlığı, cüz'i ve küllî irade meselesi, ölümden sonra hayat, değişmez ahlakî prensipler ve hayatın manası gibi hususlar anlamsız ve geçersizdirler."

Fakat, eserimizin birinci cildinde bu meseleyi bildiren görüşlerin ve evrim teorisinin neden geçersiz olduğunu detaylı olarak cevaplandırdığımız gibi; evrimin gerçek bir Biyoloji teorisi olmadığını gibi, ilmî olarak doğru sayılabilecek, yani kesin olarak deneylerle kanıtlanmış teoriler (Örneğin, İzafiyet teorisi gibi) arasında da olmadığını belirtmek gerekir.

Evrim teorisi gerçekte, geçmişin tarihinin yeniden kurulması veya tabiatın ateist bir çerçevede kurgulanması hakkındaki yanıltıcı bir dünya görüşüdür.

Evrim, şu anda mevcut olan kompleks canlı sistemlerini, kayaları, fosilleri ve biyolojik verileri yorumlama tarzıdır. Diğer deyişle evrim, günümüzün bu şekilde olması için gözlenmemiş geçmişte neler oldu sorusuna verilen

muhtemel cevaplardan birisidir. Görüldüğü gibi bu cevap ilmî bir hipotezden çok daha fazla şeyi içine almaktadır. Önde gelen evrimcilerin anladığı şekliyle evrim, Ortodoks tabiatçılığı (naturalizm) ve antiteistik (din karşıtı) felsefeyle bağlantılı olup sonuçta insanı "tabiat üstü güç"ün inkarına götürür. Yazılarında, mektuplarında ve hatıralarında Darwin, her canlı sistemde çok açık şekilde görünen planın tamamen mekanistik ve tabii sebeplerle ortaya çıkabileceği bir vasıta olarak tabii seleksiyonu ortaya atıp işledi. Darwin bu tabii seleksiyon kavramını, William Paley'in düşüncelerini çürütmede kullandı.

William Paley'e göre, canlı sistemlerin fonksiyonel kompleksliğinden yola çıkarak, bir kimse o sistemin oluşmasında ve devamında bir plan ve iradenin gerekliliğine hükmedebilir. Örneğin, nasıl ki kompleks bir fotoğraf makinası bir fotoğraf makinası ustasını gerektiriyorsa, aynen öyle de fotoğraf makinasından çok daha kompleks olan canlı sistemler, yaratılışlarında ve icraatlarında bir Yaratıcı'nın varlığına ve gereksinimine işaret ederler.

Darwin'in ve onun günümüzdeki takipçilerinin şiddetli şekilde W. Paley'in bu plan delili tartışmasıyla mücadele etmelerinin sebebi ise gayet açıktır. Plan delili bir planlayıcıyı gerektirdiğinden plan varsa bir planlayıcı var demektir. Böyle bir planlayıcı da, hem yaratılış fiilleri için birtakım kurallar koyabilme hem de kurallarını iptal edecek yeni kurallar koyma yetkisine sahip olacaktır. Ayrıca kutsal bir Yaratıcı'ya karşı davranışlarımızdan sorumlu olmamız, bu tabiatçı ve evrimci görüşe sahip insanlar tarafından kolaylıkla kabul edilemez. Eğer tarih boyunca hiçbir tabiat üstü güç yeryüzünde faaliyet göstermemişse, o zaman yaratılış hadisesi olmamış demektir. Öte yandan da, evrimciler dünya tarihinde tabiat üstü bir plana dair işaretlerin varlığının kabul edilmesine izin verirlerse; o zaman da evrim teorisi geçersiz olacak demektir. Çünkü evrim bir plan ve planlayıcıya değil sadece tabii sebeplere ve kör şansa ve rastgele tesadüflere güvenmektedirler.

Fakat, canlılarda plan delili bundan çok açık, yani ilimsel olarak kanıtlanmış ve yüzlerce kanıtı bulunan bir gerçeklik olarak karşımıza çıkar. Oysa tek hücreli bir organizma bile bilim adamlarının anlama kabiliyetlerinin ötesinde, son derece kompleks bir sistemdir ve olasılık hesaplarıyla hesaplandığında böyle canlı bir kompleksin kendi kendine oluşma olasılığı tüm kainattaki atom ve molekül sayısından çok daha büyük bir sayıdaki mümkün durumdan sadece birisinin bu canlı hücreyi getirebileceğini ortaya koymuştur.

Canlıların biyokimyevî fonksiyonları, son derece harika kompleks genetik kod ile programlanmış moleküller tarafından yerine getirilmektedir. Genetik kodda saklı bilgi sadece plan ve düzeni değil, aynı zamanda yazılı anlamlı bilgileri de ihtiva eder. Alfabesi dört harfli nükleotidler olan bu genetik bilgi sadece doğru olarak yazılmakla kalmamalı aynı zamanda hücrenin geri kalan kısmı, bu genetik bilgiyi okumaya ve ondan gelen talimatlara uymaya uygun olmalıdır. Eğer hücre, besinini metabolize edecek ve çoğalacaksa, bu bilgiler hücre tarafından doğru şekilde okunup anlaşılmalıdır. Bu genetik bilgi,

hayatın ilk başlangıcında da mevcut olmalıdır. Acaba genetik bilgi üçlü kodonlar halinde kendi kendine nasıl yazılmıştır? Hücre içindeki çeşitli organeller ve bunların alt birimleri genetik şifreyi okumayı ve ona itaat etmeyi nasıl öğrenmişlerdir? Onlara bu çok büyük sanat ve ma'rifet isteyen ilmi kim öğretmiştir?

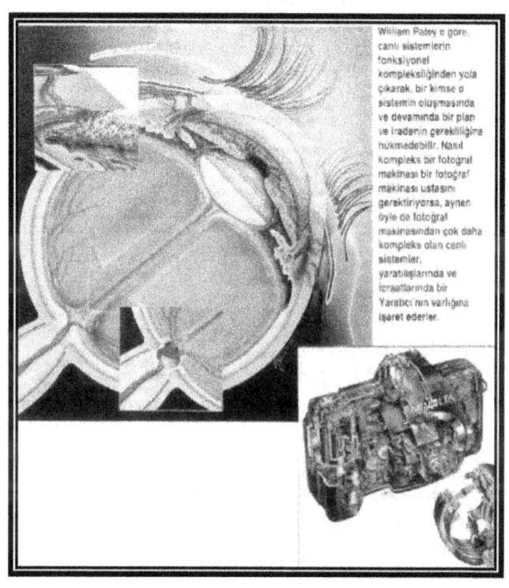

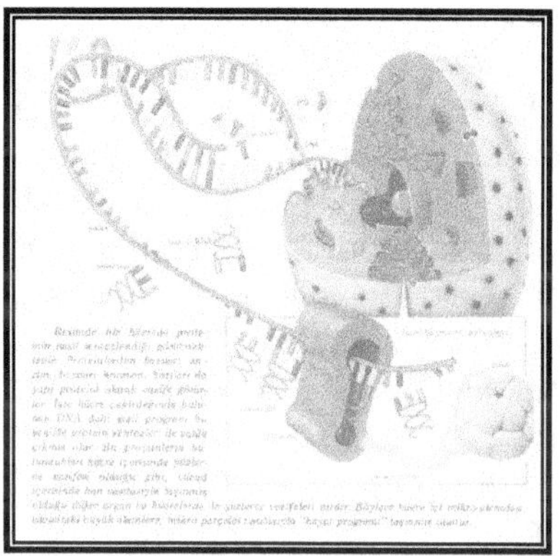

Evrim teorisinin, türlerin farklılaşmasıyla ortaya çıtığını iddia ettiği 250 bilyon yıl önce yaşayan bazı deniz canlılarının fosilleri günümüzdeki yaşayan örnekleriyle tıpatıp aynıdır. Bu da, göstermektedir ki, canlıların tüm türleri ilk yaratıldıkları forma tamamen uymaktadırlar ve birtakım mutasyonlarla sonradan değişmemişlerdir.

Günümüz evrimcilerinin yaşayan sözcüsü Carl Sagan genetik bilginin büyüklüğü hakkında şöyle bir kıyaslama yapmaktadır:

"Basit bir hücrenin ihtiva ettiği bilgi 10-12 bit civarındadır. Bu ise, Britannica ansiklopedisinin yüz milyon sayfalık bilgisiyle mukayese edilebilir.."

Bununla beraber Carl Sagan genetik bilgi kodunun sadece tabii sebeb ve işlemlerle kendi kendine yazıldığına ve sonra da cansız kimyevî maddelerden hayatın çıktığına inanır. Carl Sagan'ın inandığı bu evrimci görüşe gerçekten ciddi şekilde inanılabilir mi? Çok açık şekilde irade sahibi biri tarafından planlamanın neticesi olan canlılardaki hadiseleri ve fonksiyonları evrime atfetmek gerçekten akıllı bir davranış mıdır?

Tabiattaki planın varlığına en açık, güzel bir delil her zaman insan gözü olmuş ve olmaya devam etmektedir. Gözümüzde mercekler, kornea, iris gibi pek çok fonksiyonel kısımlar, onları kontrol eden kaslar, ışığa hassas çubuk ve koni hücreleri, sinyalleri beyindeki karar verme merkezine gönderen optik sinir gibi kısımlarıyla kompleks bir sistem oluşturmuşlardır. Böyle bir göz şüphesiz ilmi ve Kudreti Sonsuz, optik fizik bilgisine sahip bir planlayıcı tarafından planlanıp inşa edilmiştir. Öyle ki, Darwin bile göz hakkında bugün bilinen şeylerin çok azını bilmesine rağmen, insan gözünün kompleksliği karşısında şoke olup hayrette kaldı. "Türlerin Orjini" isimli kitabında Darwin "Son Derece Mükemmel Organlar ve Komplekslik" isimli bir bölümde şunları söylemektedir:

"Farklı miktarlarda ışığın odak noktasının ayarlanması sferikal ve kromatik aberasyonların düzeltilmesi gibi hususlar düşünüldüğünde gözün tabii seleksiyonla oluştuğunu düşünmek, açıkça kabul edip itiraf ediyorum ki, son derece ihtimal dışı ve ahmaklıktır.."

Darwin kitabında bu ifadeleri söylemesine rağmen hemen kitabın birkaç sayfa ötesinde, gözün nasıl tabii seleksiyonla oluşabileceğini tartışıyordu. Bir kimse niçin Darwin'in kendisinin bizzat ahmaklık ve ihtimal dışı olarak gördüğü bir sonucu kabul edip müdafaa etmek zorunda kalmasını merak edebilir.

Şimdi bunu izah edelim:

Bilindiği üzere Darwin dindar bir ailede büyüdü. Fakat onun yakın çevresi oldukça Anti-Hristiyan bir zihniyete sahiptiler. O dönemde zeki ve kabiliyetli çocukların tercih ettikleri papaz okuluna

Darwin de kayıt oldu. Fakat daha sonra Darwin dini inançlarını terk etti. 22 Mayıs 1860 tarihli Profesör Asa Gray'e (Amerikalı evrimci ilim adamı) yazdığı mektubunda Darwin, Gray'in teistik evrimi (Dini görüşü ve yaratılışı reddetmeyen evrim fikri) müdafaa eden mektubuna cevap veriyordu:

"Gözlemlerimi ve kitabımı ateistik bir tarzda yazmaya hiç niyetim yoktu. Fakat ben şahsen dünyada ve tabiatta olup bitenleri başkalarının görüp anlayabildiği kadar açık ve net anlayamıyorum. Aslında planı iyilik ve güzellik delili etrafında düşünüp yazmayı çok isterim. Fakat bana öyle görünüyor ki, bu dünya acılarla, elemlerle, ızdıraplarla, perişaniyetlerle ve zalimce tablolarla dolu. Mesela, ben Rahman ve Rahim olan herşeyi gören ve bilen bir Yaratıcı'nın, planlı şekilde canlı tırtılların içinde parazitlerin beslenmelerini düşünerek yarattığına inanmaya kendimi ikna edemiyorum. Veya bir kedinin fare peşinde koşturup, onunla oynadıktan sonra zalimce parçalayıp yemesine böyle Rahman ve Rahim bir Yaratıcı'nın nasıl müsaade edebileceğini aklım almıyor. Böyle acı, ızdıraplı tabloların planlı şekilde yapıldığına inanamıyorum. Buradan da ille de gözün planlanarak yaratılabileceği hususuna karşı şüphelerim artıyor."

Bu yazdıklarından anlaşıldığı üzere Darwin, evrimin başlangıcı ve mekanizması hakkında sonuca varırken, göze bakmıyordu. O dikkatini dünyanın ağrılı, ızdıraplı, elemli, perişan ve ölümlü yüzünde, yani görünebilen dış dünyaya toplamıştı ve tabiatın kaba ve sert zannedilen fakat aslında bizce bilinmeyen çok faydalı fonksiyonları bulunan dış yüzüne odaklanmıştı ve bu da onun canlılığın inceleşen ve asıl hakikati bildiren noktalarını görmesini engelliyordu. Kafası sadece bunlarla, yani tabiatın görünen yüzündeki bazı tekil meselelerle meşguldü.

Yeryüzündeki, ağrılı, ızdıraplı, acılı ölüm tablolarını görüp seyrettikçe, diğer insanların inandığı gibi tabiat ötesi bir Yaratıcı'nın olmaması gerektiği sonucuna gidiyordu ki; ona göre eğer bir Yaratıcı olsaydı, tabiattaki bu acılara, perişaniyetlere, ölümlere, çirkin şeylere müsaade edemezdi. Halbuki, daha önceki pek çok yazımızda da belirttiğimiz gibi, kaba olarak görülen suri tabiat; asıl görünen aydınlıklı iç yüzünün bir zarfı ve suretidir. Bu tekil meseleleri gösterip, yaratılışın mükemmelliğini inkar etmek akıl karı değildir. Çünkü, Yaratıcı kainatın dengesini zıtların karşılaştırılması, çatıştırılması ve iyinin kötüden; aydınlığın karanlıktan v.s. zıtlıkların birbirinden ayrılarak kainatın ihtiva ettiği muhteviyatı Ahiret hayatını meydana getirmek ve Cennet ve Cehennemi teşkil etmek için bu geçici karmaşıklık gibi görünen fakat aslında ona göre mükemmel olan bir son programa, Kıyamete ve Ahirete göre tanzim etmekte ve adım adım yaklaştırılmaktadır.

Eğer salt bu düşünceye bağlı kalırsak; bu dünya tamamen güzel şeylerden yapılmış olması gerekirdi ki, o zaman imtihan sırrının bir anlamı kalmayacaktı ve herkes adeta birer

Melek seviyesine yükselecek ve değişmeyen sabit bir derecede kalacaktı. Bu durum ise, Yaratıcının tüm kainat ve canlılar için takdir etmiş olduğu "Tekamül", yani Mükemmele doğru giden aşamalı bir yaratılış görüşüne zıt ve çelişen bir durum olacak ki, bu durum da kainatın ilk günkü yaratıldığı gibi sabit kalması, gelişip değişmemesi anlamına gelmektedir. Görüldüğü üzere Darwin, o dönemlerde bir iman krizi içindeydi ve inandığı Yaratıcı ile, O'nun bu dünyadaki icraatlarını zihninde bağdaştıramıyordu. Bu yüzden de Darwin tabiat üstü bir planın ve planlayıcının varlığını kabul etmemiştir. Neticede, ailesinin dinî inançlarını ve kainata "tabiat üstü bir gücün" müdahale ihtimalini reddeden Darwin'in elinde kalan tek malzeme tabii sebebler ve mekanizmalardı. Tabii sebeblere ve mekanizmalara tutunan Darwin, neticede evrim teorisinden doğan saçma sapan sonuçları kabul etmek zorunda kalıyordu. Ama şurası da bir gerçektir ki, yaşadığımız dünyada ızdırapların, perişaniyetlerin, zulümlerin ve ölümün varlığı; hakiki dinin eğitimini doğru şekilde almamış pek çok insanda iman ve inanç krizine yol açarak onları inkarcılığa sürüklemiştir ki, Darwin de böyle kimselerden biriydi ve tabiat üstü bir plan mı, tabii seleksiyon mu problemi karşısında o, tabii seleksiyonu, içine düştüğü inanç bunalımından dolayı mecburen tercih etmiştir.

KURAN'IN YARATILIŞLA İLGİLİ DİĞER BİLİMSEL MUCİZELERİ

Soru: Kur'an'da açıkça bildirilen ve günümüzde keşfedilen Bilimsel Yaratılış delilleri var mıdır? Eğer varsa, bu deliller çerçevesinde Kainat ve İnsanın yaratılışına nasıl bir açıklama ve çözüm getirilir?

Cevap: Bundan 14 asır önce Allah insanlara yol gösterici bir kitap olan Kuran-ı Kerim'i indirdi. Tüm insanlığı bu Kitab'a uyarak kurtuluşa ermeye davet etti. İndirildiği günden kıyamete dek, insanlığın yol göstericisi de bu son İlahi Kitap ve Peygamber Efendimizin sünneti olacaktır. Kuran'ın eşsiz üslubu ve içerdiği üstün hikmet, onun Allah'ın sözü olduğunun kesin bir delilidir. Bunların yanı sıra, Kuran'ın Allah Katından indirildiğini ispatlayan pek çok mucizevi özelliği de vardır. Bu özelliklerden biri, ancak 20. yüzyıl teknolojisiyle eriştiğimiz bazı bilimsel gerçeklerin 1400 yıl önce Kuran'da bildirilmiş olmasıdır.

Elbette ki Kuran bir bilim kitabı değildir. Fakat çeşitli ayetlerinde, son derece özlü ve hikmetli bir anlatım içinde aktarılan bazı bilimsel gerçekler ancak 20. yüzyıl teknolojisi ile keşfedilmiştir. Kuran'ın indirildiği dönemde bilimsel olarak saptanması mümkün olmayan bu bilgiler, günümüz insanına Kuran'ın Allah'ın sözü olduğunu bir kez daha ispatlamaktadır. Kuran'ın bilimsel mucizesini anlamak için, öncelikle bu İlahi Kitab'ın indirildiği dönemdeki bilim düzeyine göz atmak gerekir. Kuran'ın indirildiği 7. yüzyılda, Arap toplumu bilimsel konular hakkında sayısız hurafeye ve batıl inanca sahipti. Evreni ve doğayı inceleyecek teknolojiye sahip olmayan Araplar, nesilden nesile aktarılan efsanelere inanıyorlardı. Örneğin, gökyüzünün dağlar sayesinde tepede durduğu sanılıyordu. Bu inanışa göre dünya düzdü ve iki ucunda yüksek dağlar vardı. Bu dağların ise birer direk gibi gök kubbeyi ayakta tuttukları düşünülüyordu. Ancak Arap toplumunun tüm bu batıl inanışları Allah'ın bildirdiği ayetlerle birlikte ortadan kalktı. **"Allah O'dur ki, gökleri dayanak olmaksızın yükseltti"** (**Rad Suresi, 2**) ayeti göğün dağlar sayesinde tepede durduğu inancının doğru olmadığını bildirdi. Bunun gibi daha pek çok konuda, o dönemde hiçbir insanın bilmediği önemli bilgiler verildi. İnsanların astronomi, fizik ya da biyoloji hakkında çok az şey bildikleri bir dönemde indirilen Kuran, evrenin yaratılışından insanın oluşumuna, atmosferin yapısından, yeryüzündeki dengelere kadar pek çok konuda kilit bilgiler içermekteydi. Şimdi, Kuran'da yer alan bu bilimsel mucizelerden bir bölümünü birlikte görelim:

KAİNATTAKİ YARATILIŞ GERÇEKLİĞİ

Evrenin Yoktan Varoluşu

Kuran-ı Kerim'de evrenin ortaya çıkışı şöyle açıklanır:

"O gökleri ve yeri yoktan (Sıfır hacim, sıfır zaman ve sıfır mekan boyutundan) var edendir.."

(**En'am Suresi, 101**)

Allah'ın Kuran'da verdiği bu bilgi, çağdaş bilimin bulgularıyla tam bir uyum içindedir. Bugün astrofiziğin ulaştığı kesin sonuç, tüm evrenin madde ve zaman boyutlarıyla birlikte, bir sıfır anında, büyük bir patlamayla var olduğudur. **"Büyük Patlama"**, orjinal adıyla **"Big Bang"** teorisi, tüm evrenin yaklaşık 15 milyar yıl önce tek bir noktanın patlamasıyla yokluktan meydana geldiğini kanıtlamıştır. Büyük Patlama teorisi bugün evrenin varoluşu ve başlangıcı konusunda bütün bilim çevreleri tarafından ortak kabul gören bilimsel bir açıklamadır. Big Bang'den önce madde diye bir şey yoktur. Maddenin, enerjinin, hatta zamanın dahi bulunmadığı, tamamen metafizik olarak tanımlanabilecek bir yokluk ortamında madde, enerji ve zaman yaratılmıştır. Modern fiziğin ortaya koyduğu bu büyük gerçeği Allah Kuran'da bize 1400 yıl önceden haber vermektedir.

Evrenin Sürekli Genişlemesi

14 asır önce, astronomi biliminin henüz gelişmemiş olduğu bir dönemde indirilen Kuran-ı Kerim'de evrenin genişlediğinden şöyle bahsedilir:

"Biz göğü 'büyük bir kudretle' bina ettik ve şüphesiz Biz (onu) sürekli genişletmekteyiz.."

(**Zariyat Suresi, 47**)

Ayette geçen **"gök"** kelimesi Kuran'ın pek çok yerinde uzay ve evren anlamında kullanılır. Burada da bu anlamda kullanılmıştır. Yani Allah Kuran'da, evrenin genişleyici olduğunu bildirmiştir. Bilimin bugün varmış olduğu sonuç da budur. Yüzyılımızın başlarına dek bilim dünyasında hakim olan tek görüş, "Evrenin durağan bir yapıya sahip olduğu ve sonsuzdan beri süregeldiği" şeklindeydi. Ancak, günümüz teknolojisi sayesinde gerçekleştirilen araştırma, gözlem ve hesaplamalar evrenin bir başlangıcı olduğunu ve sürekli olarak **"genişlediğini"** ortaya koydu. Rus fizikçi Alexander Friedmann ve Belçikalı evren bilimci Georges Lemaitre, bu yüzyılın başlarında evrenin sürekli hareket halinde olduğunu ve genişlediğini teorik olarak hesapladılar. Bu gerçek, 1929 yılında gözlemsel olarak da ispatlandı.

Amerikalı astronom Edwin Hubble kullandığı dev teleskopla gökyüzünü incelerken yıldızların ve galaksilerin sürekli olarak birbirlerinden uzaklaştıklarını keşfetti. Herşeyin sürekli olarak birbirinden uzaklaştığı bir evren ise, **"sürekli genişleyen"** bir evren anlamına gelmekteydi. Evrenin genişlemekte olduğu, ilerleyen yıllardaki gözlemlerle de kesinlik kazandı. Ancak bu gerçek, henüz hiçbir insan tarafından bilinmezken, Kuran'da açıklanmıştı. Çünkü Kuran, tüm evrenin yaratıcısı ve hakimi olan Allah'ın sözüdür.

Gökcisimlerinin Yörüngeleri

Allah Kuran'da Güneş ve Ay hakkında bilgi verirken her birinin belli bir yörüngesinin olduğunu da belirtmiştir:

"Geceyi, gündüzü, Güneş'i ve Ay'ı yaratan O'dur; her biri bir yörüngede yüzüp gidiyor."

(Enbiya Suresi, 33)

Güneş'in sabit olmadığı, belli bir yörüngede yol almakta olduğu bir başka ayette de şöyle bildirilmektedir:

"Güneş de, kendisi için (tesbit edilmiş) olan bir karar yerine doğru akıp gitmektedir. Bu üstün ve güçlü olan, bilenin takdiridir."

(Yasin Suresi, 38)

Kuran'da bildirilen bu gerçekler, çağımızdaki astronomik gözlemlerle anlaşılmıştır. Astronomi uzmanlarının hesaplarına göre Güneş, Solar Apex adı verilen bir yörünge boyunca Vega Yıldızı doğrultusunda saatte 720 bin km.'lik muazzam bir hızla hareket etmektedir. Bu, kabaca bir hesapla, Güneş'in günde 17 milyon 280 bin km. yol katettiğini gösterir. Güneş'le birlikte onun çekim sistemi içindeki tüm gezegenler ve uyduları da aynı mesafeyi katederler. Ayrıca, evrendeki tüm yıldızlar da buna benzer planlı bir harekete sahiptirler. Tüm evrenin bu şekilde yörüngelerle donatılmış olduğunu Allah yine Kuran'da şöyle haber vermiştir: Evrende yaklaşık 200 milyar galaksi mevcuttur ve her galakside ortalama 200 milyar yıldız bulunur.

Bu yıldızların pek çoğunun gezegenleri, bu gezegenlerin de uyduları vardır. Tüm bu gök cisimleri çok ince hesaplarla saptanmış yörüngelere sahiptir. Ve milyonlarca yıldır her biri kendi yörüngesinde diğerleriyle kusursuz bir uyum ve düzen içinde akıp gitmektedir. Bunların dışında pek çok kuyruklu yıldız da kendisi için tespit edilmiş yörüngede yüzüp gider. Evrendeki yörüngeler sadece gök cisimlerine ait değildir. Galaksiler de şaşırtıcı hızlarla planlı ve hesaplı yörüngeler üzerinde hareket ederler. Bu hareketleri esnasında hiçbir gök cismi bir diğeriyle çarpışmaz.

Yolları kesişmez. Öyle ki bazı galaksilerin, hiçbir parçası diğerininkine değmeden birbirlerinin içinden geçip gittikleri gözlemlenmiştir. Elbette ki, Kuran'ın indirildiği dönemde insanlık, günümüzdeki gibi uzayı milyonlarca kilometre uzaklıklara dek gözlemleyecek teleskoplara, gelişmiş gözlem teknolojilerine, modern fizik ve astronomi bilgilerine sahip değildi. Dolayısıyla uzayın, ayette bildirildiği gibi, *"özen içinde yollar ve yörüngelerle donatılmış"* olduğunu, o dönemde bilimsel olarak tespit edebilmek imkansızdı. Ancak o çağda indirilmiş olan Kuran-ı Kerim'de bu gerçek bizlere açıkça haber verilmiştir; çünkü Kuran, Allah'ın sözüdür.

Atmosferin Korunmuş Tavanı

Kuran'da Allah, gökyüzünün ilginç bir özelliğinden, korunmuş bir tavan olmasından bahsedilir. Şöyle ki:

"Gökyüzünü korunmuş bir tavan kıldık; onlar (inkarcılar) ise, O'nun ayetlerinden yüz çeviriyorlar.."

(Enbiya Suresi, 32)

Gökyüzünün bu özelliği, 20. yüzyıldaki bilimsel araştırmalarla kanıtlanmıştır. Yerküremizi çepeçevre kuşatan atmosfer, canlılığın devamı için son derece hayati işlevleri yerine getirir. Dünyaya doğru yaklaşan irili ufaklı pek çok göktaşını eriterek yok eder ve bunların yeryüzüne düşerek canlılara büyük zararlar vermesini engeller. Atmosfer, bunun yanı sıra, uzaydan gelen ve canlılar için zararlı olan ışınları da filtre eder. İşin ilginç olan

yanı, atmosferin sadece zararsız orandaki ışınları, yani görünür ışık, kızıl ötesi ışınlar ve radyo dalgalarını geçirmesidir. Çünkü bunlar yaşam için gerekli ışınlardır. Atmosfer tarafından belirli oranda geçmesine izin verilen ultraviyole ışınları, bitkilerin fotosentez yapmaları ve dolayısıyla tüm canlıların hayatta kalmaları açısından büyük önem taşır. Güneş tarafından yayılan şiddetli ultraviyole ışınlarının büyük bölümü, atmosferin ozon tabakasında süzülür ve Dünya yüzeyine yaşam için gerekli olan az bir kısmı ulaşır. Atmosferin koruyucu özelliği bunlarla da kalmaz. Dünya, uzayın ortalama eksi 270 derecelik dondurucu soğuğundan yine atmosfer sayesinde korunur.

Dünya'yı zararlı etkilerden koruyan, yalnızca atmosfer değildir. Atmosferin yanı sıra **"Van Allen Kuşakları"** denilen ve dünyanın manyetik alanından kaynaklanan bir tabaka da, gezegenimize gelen zararlı ışınlara karşı bir kalkan görevi görür. Güneşten ve diğer yıldızlardan sürekli olarak yayılan bu ışınlar, insanlar için öldürücü etkiye sahiptir. Özellikle Güneş'te sık sık meydana gelen ve "parlama" adı verilen enerji patlamaları, Van Allen Kuşakları olmasa, dünyadaki tüm yaşamı yok edebilecek güçtedir. Geçtiğimiz yıllarda tespit edilen bir parlamada açığa çıkan enerjinin, Hiroşima'ya atılanın benzeri 100 milyar atom bombasına eş değer olduğu hesaplanmıştır. Parlamadan 58 saat sonra pusulaların ibrelerinde aşırı hareketler gözlenmiş, Dünya atmosferinin 250 km üstünde sıcaklık sıçrama yapıp 2500° C'ye yükselmiştir. Kısacası, Dünya'nın üzerinde, kendisini sarıp kuşatan ve dış tehlikelere karşı koruyan mükemmel bir sistem işler. İşte Dünya göğünün bu koruyucu kalkan özelliğini Allah yüzyıllar öncesinden Kuran'da bizlere bildirmiştir.

Geri Dönüşlü Gökyüzü

Kuran-ı Kerim'de, Tarık Suresi'nin 11. ayetinde gökyüzünün "geri döndürücü" özelliğinden bahsedilir:

"Andolsun Dönüşlü olan göğe.."

(Tarık Suresi, 11)

Ayette **"dönüşlü"** olarak tercüme edilen kelime, **"geri çeviren"** ya da **"geri döndüren"** anlamına gelmektedir. İlginç olan, gökyüzünün Kuran'da belirtilen bu özelliğinin, Kuran'ın indirilmesinden yüzyıllar sonra bilimsel olarak tespit edilmesidir. Bilindiği gibi Dünya'yı çevreleyen atmosfer pek çok katmandan oluşur.

Dolayısıyla, Her katmanın canlılığın yararına yönelik önemli bir görevi vardır. İncelendiği zaman her tabakanın kendisine ulaşan madde ya da ışınları uzaya ya da yeryüzüne geri döndürme özellikleri olduğu anlaşılmıştır. Örneğin, 13 ile 15 km yükseklikteki Troposfer yeryüzünden yükselen su buharının yoğunlaşarak yağış olarak yere geri dönmesini sağlar. 25 km yükseklikteki Ozonosfer uzaydan gelen radyasyon ve zararlı ultraviyole ışınlarını yansıtarak yeryüzüne ulaşamadan uzaya geri dönmelerini sağlar.

İyonosfer tabakası da yeryüzünden yayınlanan radyo dalgalarını bir uydu gibi yeryüzünün farklı bölgelerine geri yansıtarak, telsiz konuşmalarının, radyo ve televizyon yayınlarının, uzak mesafelerden izlenebilmesini sağlar. Atmosferin manyetosfer tabakası ise, Güneş'ten ve diğer yıldızlardan yayılan zararlı radyoaktif parçacıkları, yeryüzüne ulaşmadan uzaya geri döndürür.

Atmosferin Katmanları

Kuran ayetlerinde Allah'ın evren hakkında verdiği bilgilerden biri de gökyüzünün yedi kat olarak düzenlendiğidir. Kuran'da gök kelimesi tüm evreni ifade etmek için kullanıldığı gibi, Dünya göğünü ifade etmek için de kullanılır. Kelimenin bu anlamı alındığında, Dünya göğünün, bir başka deyişle atmosferin 7 katmandan oluştuğu sonucu ortaya çıkmaktadır.

Nitekim bugün Dünya atmosferinin üst üste dizilmiş farklı katmanlardan meydana geldiği bilinmektedir:

"Sizin için yerde olanların tümünü yaratan O'dur. Sonra, göğe istiva edip onları yedi gök olarak düzenleyen de O'dur. Ve O, herşeyi bilendir."

(Bakara Suresi, 29)

Üstelik ayette bildirildiği gibi, tam yedi temel katmandan. Bilimsel bir kaynakta bu konu şöyle açıklanır:

"Bilim adamları atmosferin birçok katmandan oluştuğunu keşfettiler. Katmanlar, basınçları ve bunları oluşturan gazların bileşimi gibi belirgin fiziksel özelliklerle birbirlerinden farklılaşırlar. Atmosferin Dünya'ya en yakın katmanı **"TROPOSFER"***dir. Atmosferin toplam kütlesinin %90'ını oluşturur. Troposfer'in üzerindeki katman* **"STRATOSFER"** *dir. Stratosfer'de ultraviyole ışınlarının emildiği katmana* **"OZONOSFER"** *adı verilir. Stratosfer'in üzerindeki tabakaya* **"MEZOSFER"** *adı verilir. Mezosfer'in üzerinde* **"TERMOSFER"** *yer alır. İyonize olmuş gazlar Termosfer'in içinde* **"İYONOSFER"** *adı verilen bir katman oluştururlar.. Dünya atmosferinin en dış tabakası 450 km. den 960 km. ye uzanır. Bu katmana* **"EKZOSFER"** *adı verilir. Bu kaynakta, belirtilen katmanları saydığımızda atmosferin ayette bildirildiği gibi tam olarak 7 tabakadan oluştuğunu görürüz:*

1- TROPOSFER
2- STRATOSFER
3- OZONOSFER
4- MEZOSFER
5- TERMOSFER
6- İYONOSFER
7- EKZOSFER

"Sonra, duman halinde olan göğe (Atmosfere) yöneldi. Böylece onları iki gün içinde yedi gök (YEDİ KATMAN) olarak tamamladı ve her bir göğe kendi emrini vahyetti.."

(Fussilet Suresi, 11-12)

Bu konuyla ilgili bir diğer önemli mucize de Fussilet Suresi'nin 12. ayetinde geçen **"her bir göğe emrini vahyetti"** ifadesinde yer almaktadır. Yani Allah'ın her tabakayı belli bir görevle görevlendirdiği belirtilmektedir. Gerçekten, daha önceki bölümlerde de gördüğümüz gibi, yukarıda saydığımız tabakaların her birinin insanların ve yeryüzündeki tüm canlıların yararı açısından çok hayati görevleri vardır. Yağmurların oluşmasından, zararlı ışınların engellenmesine, radyo dalgalarının yansıtılmasından, gök taşlarının zararsız hale getirilmesine kadar her tabakanın kendine özgü belirli bir işlevi bulunmaktadır. 20. yüzyıl teknolojisi olmadan tespit edilmesi hiçbir biçimde mümkün olmayan bu bilgilerin 1400 yüzyıl önce indirilmiş olan Kuran-ı Kerim'de açıkça bildirilmesi ise, çok büyük bir mucizedir.

Dağların Görevi

Kuran'da dağların önemli bir jeolojik işlevine dikkat çekilmektedir:

"Yeryüzünde, onları sarsmasın diye, sabit dağlar yarattık.."

(Enbiya Suresi, 31)

Dikkat edilirse ayette, dağların yeryüzündeki sarsıntıları önleyici bir özelliği olduğu haber verilmektedir. Kuran indirildiği dönemde hiçbir insan tarafından bilinmeyen bu gerçek, modern jeolojinin bulguları sonucunda ortaya çıkmıştır. Jeolojik bulgulara göre, dağlar, yeryüzü kabuğunu oluşturan çok büyük tabakaların hareketleri ve çarpışmaları sonucunda meydana gelir. İki tabaka çarpıştığı zaman daha dayanıklı olanı ötekinin altına girer. Üstte kalan tabaka kıvrılarak yükselir ve dağları meydana getirir. Altta kalan tabaka ise yeraltında ilerleyerek aşağıya doğru derin bir uzantı meydana getirir. Yani dağların yeryüzünde gördüğümüz kütleleri kadar, yeraltına doğru ilerleyen bir uzantıları daha vardır. Bu şekilde dağlar, yeryüzü tabakalarının birleşim noktalarında yerüstüne ve yeraltına doğru uzanarak bu tabakaları birbirine perçinler. Bu şekilde, yer kabuğunu sabitleyerek mağma tabakası üzerinde ya da kendi tabakaları arasında kaymasını engeller. Kısacası dağları, tahtaları birarada tutan çivilere benzetebiliriz. Bir başka ayette de Allah dağların bu işlevine, **"kazık"**lara benzetme yapılarak şöyle dikkat çeker:

"Biz, yeryüzünü bir döşek kılmadık mı? Dağları da birer kazık?"

(**Nebe Suresi, 6-7**)

Dağların bu sabitleyici özelliği bilimsel literatürde *"izostasi"* terimiyle tanımlanır. İzostasi'nin kelime anlamı şöyledir:

İzostasi: Jeolojide, dağların dünya yüzeyinin altında oluşturdukları yerçekimsel kuvvet sayesinde yer kabuğunun genel dengesinin sağlanması. Görüldüğü gibi, modern jeolojik ve sismik araştırmalar sonucunda keşfedilen dağların çok hayati bir işlevi, yüzyıllar önce indirilmiş Kuran-ı Kerim'de Allah'ın yaratmasındaki üstün hikmete bir örnek olarak bildirilmiştir. Bir başka ayette ise şöyle buyrulur:

Dağların Hareket Etmesi

Yine başka bir ayette dağların göründükleri gibi sabit olmadıkları, sürekli hareket halinde bulundukları bildirilmektedir:

"Dağları görürsün de, donmuş sanırsın; oysa onlar, bulutların sürüklenmesi gibi sürüklenirler.."

(**Neml Suresi, 88**)

Dağların bu hareketi, üzerinde bulundukları yer kabuğunun hareketinden kaynaklanır. Yer kabuğu kendisinden daha yoğun olan manto tabakası üzerinde adeta yüzer gibi hareket etmektedir. İlk olarak bu yüzyılın başlarında Alfred Wegener isimli Alman bir bilim adamı, yeryüzündeki kıtaların dünyanın ilk dönemlerinde birarada bulunduklarını, daha sonra farklı yönlerde sürüklenerek birbirlerinden ayrılıp uzaklaştıklarını öne sürmüştü.

Ancak jeologlar, Wegener'in haklı olduğunu onun ölümünden 50 yıl sonra yani 1980'li yıllarda anlayabildiler. Wegener'in, 1915 yılında yayınladığı bir makalede belirtmiş olduğu gibi yeryüzündeki kara parçaları yaklaşık 500 milyon yıl önce birbirlerine bağlılardı ve Pangaea ismi verilen bu büyük kara parçası Güney Kutbu'nda bulunuyordu.

Yaklaşık 180 milyon yıl önce Pangaea ikiye ayrıldı. Farklı yönlere sürüklenen bu iki dev kıtadan birincisi Afrika, Avustralya, Antartika ve Hindistan'ı kapsayan Gondwana idi. İkincisi ise, Avrupa, Kuzey Amerika ve Hindistan'sız Asya'dan oluşan Laurasia idi. Bu bölünmeyi izleyen yaklaşık 150 milyon yıl içindeki çeşitli zamanlarda Gondwana ve Laurasia daha küçük parçalara ayrıldılar.

İşte Pangaea'nın parçalanmasıyla ortaya çıkan bu kıtalar sürekli olarak kara ve deniz arasındaki dağılımı değiştirerek, yılda birkaç santimetrelik hızlarla Dünya yüzeyinde sürüklenmektedirler. 20. yüzyılın başlarında yapılan jeolojik araştırmalar sonucunda keşfedilen yer kabuğunun bu hareketi bilimsel kaynaklarda şöyle açıklanmaktadır:

"Yerkabuğu ve üst mantodan oluşan 100 km. kalınlığındaki dünya yüzeyi "tabaka" adı verilen parçalardan oluşmuştur. Dünya yüzeyini oluşturan altı büyük tabaka ve sayısız küçük tabaka vardır. "Tabaka tektoniği" adı verilen teoriye göre bu tabakalar kıtaları ve okyanus tabanını da beraberinde taşıyarak dünya üzerinde hareket ederler... Kıtasal hareketin yılda 1 ile 5 cm. civarında olduğu hesaplanmıştır. Tabakalar bu şekilde hareket ettikçe dünya coğrafyasında değişiklikler meydana gelir. Örneğin, Atlantik Okyanusu her sene biraz daha genişlemektedir. Burada belirtilmesi gereken önemli bir nokta da şudur: Allah dağların hareketini ayette "sürüklenme" olarak bildirmiştir. Nitekim bilim adamlarının bugün bu hareket için kullandıkları İngilizce terim de "Continental Drift" yani "Kıtasal Sürüklenme"dir.

Bilimin çok yeni keşfettiği bu bilimsel gerçeğin, Kuran'da bildirilmiş olması kuşkusuz Kuran'ın mucizelerinden biridir.

Aşılayıcı Rüzgarlar

Kuran'ın bir ayetinde rüzgarların "aşılama" özelliğine ve bunun sonucunda yağmurun oluştuğuna dikkat çekilir:

"Ve aşılayıcılar olarak rüzgarları gönderdik, böylece gökten bir su (yağmur) indirdik de (sizler için yeryüzünde nimetler bitirdik).."

(Hicr Suresi, 22)

Ayette, yağmur oluşumundaki ilk aşamanın rüzgarlar olduğuna dikkat çekilmektedir. Oysa bu yüzyılın başlarına kadar, rüzgarla yağmurun yağması arasında bir bağlantı bulunduğu bilinmiyordu. Rüzgarların yağmurun oluşumunda önemli bir "aşılayıcı" rol oynadıkları, modern meteorolojik çalışmalarla fark edildi. Rüzgarların bu aşılama özelliği şöyle gerçekleşir: Okyanusların ve denizlerin yüzeyinde, köpüklenme nedeniyle her an sayısız hava kabarcığı oluşmaktadır. Bu kabarcıklar patladıkları anda, milimetrenin 100'de biri çapındaki binlerce parçacığı havaya fırlatırlar. "Aerosol" adı verilen bu parçacıklar, rüzgarlar sayesinde karalardan gelen tozlarla karışarak atmosferin üst katmanlarına taşınır. Rüzgarların bu şekilde yükseklere taşıdığı parçacıklar, burada su buharı ile temas eder. Su buharı da bu parçacıkların etrafına toplanarak yoğunlaşır ve su damlacıklarına dönüşür. Bu su damlacıkları önce biraraya gelerek bulutları oluşturur, bir süre sonra da yağmur olarak yeryüzüne iner. Görüldüğü gibi rüzgarlar, havada serbest halde bulunan su buharını denizlerden taşıdıkları parçacıklarla "*aşılamakta*" ve böylece yağmur bulutlarının oluşumunu sağlamaktadır. Eğer rüzgarların bu özelliği olmasa, yüksek atmosferdeki su damlacıkları hiçbir zaman oluşamayacak ve yağmur diye birşey de olmayacaktı. Burada önemli olan nokta ise, rüzgarların yağmur oluşumundaki bu kritik görevinin asırlar önce Kuran ayetinde bildirilmiş olmasıdır. Hem de insanların doğa olayları hakkında hemen hiçbir şey bilmedikleri bir devirde.

Yağmurdaki Ölçü

Kuran'da yağmur hakkında verilen bir diğer bilgi ise, yağmurun belli bir ölçü ile indirildiğidir. Zuhruf Suresi'nde şöyle buyrulur:

"O ki, belli bir miktar ile gökten bir su (yağmur) indirdi de, onunla ölü bir memleketi 'diriltti (ve her yanına hayat) yaydı'; işte siz de böyle (kabirlerinizden diriltilip) çıkartılacaksınız."

(Zuhruf Suresi, 11)

Yağmurdaki bu ölçü de, yine çağımızdaki araştırmalarla tespit edilmiştir. Ölçümlere göre, yeryüzünden bir saniyede 16 milyon ton su buharlaşmaktadır. Bir yılda bu miktar 513 trilyon ton suya ulaşır. Bu, aynı zamanda bir yılda dünyaya yağan yağmur miktarıdır. Yani su,

sürekli bir denge içinde, "bir ölçüye göre" dönüp durmaktadır. Yeryüzündeki hayatın devamı da, bu su döngüsü sayesinde sağlanır. İnsan sahip olduğu tüm teknolojik imkanları kullansa dahi bu döngüyü asla yapay olarak gerçekleştiremez. Eğer bu miktarda küçük bir değişiklik bile olsa, kısa bir zaman sonra büyük bir ekolojik dengesizlik ortaya çıkacak ve bu da hayatın sonunu getirecektir. Fakat hiçbir zaman böyle olmaz; yağmur, Kuran'da bildirildiği gibi, yeryüzüne her sene aynı miktarda inmeye devam eder.

Denizlerin Birbirine Karışmaması

Denizlerin, araştırmacılar tarafından çok yakın bir geçmişte tespit edilen bir özelliği, Kuran'ın bir ayetinde şöyle bildirilir:

"Birbirleriyle kavuşmak üzere iki denizi salıverdi. İkisinin arasında bir engel (berzah) vardır ki; birbirlerinin sınırını geçmezler."

(Rahman Suresi, 19-20)

Birbirine açılan, fakat suları kesinlikle birbiriyle karışmayan denizlerin ayette bildirilen bu özelliği, okyanus bilimciler tarafından çok yakın bir zaman önce keşfedilmiştir. **"Yüzey gerilimi"** adı verilen fiziksel bir kuvvet nedeniyle, komşu denizlerin sularının karışmadığı ortaya çıkmıştır. Denizlerin farklı yoğunluklarından kaynaklanan yüzey gerilimi, adeta bir duvar gibi sularının birbirine karışmasını engeller. Elbette ki işin ilginç yanı, insanların, ne fizikten, ne yüzey geriliminden, ne de okyanus

680

biliminden haberdar olmadıkları bir devirde bu gerçeğin Kuran'da bildirilmiş olmasıdır.

İNSANDAKİ YARATILIŞ GERÇEKLİĞİ

Parmak İzindeki Kalıcı İmza

Kur'an'da, insanları ölümden sonra diriltmenin Allah için çok kolay olduğu anlatılırken, insanların özelikle parmak uçlarına dikkat çekilir. Parmak uçlarının vurgulanması, son derece hikmetlidir. Çünkü tüm insanların parmak izi, tamamen kendilerine özeldir. Şu an dünya üzerinde yaşayan her insanın parmak izi birbirinden farklıdır. Dahası, tarih boyunca yaşamış insanlarınki de birbirlerinden farklıdır. İşte bu nedenle parmak izi, herkese özel çok önemli bir "*kimlik kartı*" sayılmakta ve tüm dünyada bu amaçla kullanılmaktadır.

Ancak önemli olan, parmak izinin özelliğinin ancak 19. yüzyılın sonlarına doğru keşfedilmiş olmasıdır. Ondan önce, insanlar parmak izini hiçbir özelliği ve anlamı olmayan çizgiler olarak görmüştür. Fakat Kuran'da, o dönemde kimsenin dikkatini çekmeyen parmak izleri vurgulanmakta ve bu izlerin ancak çağımızda fark edilen önemine dikkat çekilmektedir:

"Evet; onun parmak uçlarını dahi derleyip-(yeniden) düzene koymaya güç yetirenleriz.."

(Kıyamet Suresi, 3-4)

Bebeğin Cinsiyeti

Yakın bir zamana kadar, insanlar, bebeğin cinsiyetinin anne hücreleri tarafından belirlendiğini sanıyordu. Ya da en azından, anne ve babadan gelen hücrelerin birlikte cinsiyet belirledikleri zannediliyordu. Ancak Kuran'da bu konuda farklı bir bilgi verilmiş ve erkeklik ve dişiliğin, **"rahme dökülen meniden"** yaratıldığı bildirilmiştir:

"Rahme dökülen meniden erkek ve dişi iki çifti O yarattı.."

(Necm Suresi, 45-46)

Allah'ın Kuran'da verdiği bu bilginin doğruluğu, genetik ve mikrobiyoloji bilimlerinin gelişmesiyle birlikte bilimsel olarak da ispatlandı. Cinsiyetin tümüyle erkekten gelen sperm hücreleri tarafından belirlendiği, kadının ise bu işte hiçbir rolü olmadığı anlaşıldı. Cinsiyet belirlenmesindeki etken, kromozomlardır. İnsan yapısını belirleyen 46 kromozomdan iki tanesi cinsiyet kromozomu olarak adlandırılır. Bu iki kromozom erkekte XY, kadında ise XX olarak tanımlanır. Bunun sebebi bu kromozomların bu harflere benzemesidir. Y kromozomu erkeklik, X kromozomu ise kadınlık genlerini taşır. Bir insanın oluşması, erkek ve kadında çiftler halinde yer alan bu kromozomların birer tanesinin birleşmesi ile başlar. Kadında yumurtlama sırasında ikiye ayrılan eşey hücresinin her iki parçası da X kromozomu taşır. Oysa erkekte ikiye ayrılan eşey hücresi, X ve Y kromozomları içeren iki farklı sperm meydana getirir. Kadında bulunan X kromozomu, eğer erkekteki X kromozomu içeren spermle birleşirse doğacak bebek kız olacaktır. Eğer Y kromozomu içeren spermle birleşirse, bu kez doğacak çocuk erkek olur. Yani doğacak çocuğun cinsiyeti, erkekteki kromozomlardan hangisinin kadının yumurtasıyla birleşeceğine bağlıdır.

Kuşkusuz genetik bilimi ortaya çıkıncaya dek, yani 20. yüzyıla kadar bunların hiçbiri bilinmiyordu. Aksine pek çok kültürde, doğacak çocuğun cinsiyetinin kadın bedeni tarafından belirlendiği inancı yaygındı. Hatta bu nedenle kız çocuk doğuran kadınlar kınanırdı. Oysa Kuran'da, insanlara genlerin keşfinden 13 yüzyıl önce bu batıl inanışı reddeden bir bilgi verilmiş, cinsiyetin kökeninin kadın değil, erkekten gelen meni olduğu bildirilmiştir.

Rahme Asılıp Tutunan "Alak"

Allah'ın insanın oluşumu hakkında verdiği bilgileri incelemeye devam ettiğimizde, yine çok önemli bazı bilimsel mucizelerle karşılaşırız. Erkekten gelen sperm ve kadındaki yumurta birleştiğinde, doğacak bebeğin ilk özü de oluşmuş olur. Biyolojide **"zigot"** olarak tanımlanan bu tek hücre, hiç vakit kaybetmeden bölünerek çoğalacak ve giderek küçük bir **"et parçası"** haline gelecektir. Ancak zigot bu büyümesini boşlukta gerçekleştirmez. Rahim duvarına asılıp tutunur. Sahip olduğu uzantılar sayesinde toprağa yerleşen kökler gibi, buraya yapışır. Bu bağ sayesinde de, gelişimi için ihtiyaç duyduğu maddeleri annenin vücudundan emebilir. İşte burada çok önemli bir

Kur'an mucizesi ortaya çıkmaktadır. Allah Kuran'da, anne rahmine tutunarak gelişmeye başlayan zigottan söz ederken, **"alak"** kelimesini kullanmaktadır:

"Yaratan Rabbinin adıyla oku. O, insanı bir "alak"tan yarattı. Oku, Rabbin en büyük kerem sahibidir."

(**Alak Suresi, 1-3**)

"Alak" kelimesinin Arapçadaki anlamı ise, **"bir yere asılıp tutunan şey"** demektir. Hatta kelime asıl olarak deriye yapışarak oradan kan emen sülükler için kullanılır. Kuşkusuz, anne karnında gelişmekte olan zigotun bu özelliğini işaret eden bir kelimenin kullanılması, Kuran'ı alemlerin Rabbi olan Allah'ın indirdiğini bir kez daha ispatlamaktadır.

Toronto Üniversitesi Tıp Fakültesi Anatomi Profesörü Keith L, Moore, Kur'ân'ı kötülemek için insanın yaratılışına, özellikle anne karnındaki teşekkül safhalarına dair ayetleri üzerinde incelemelerde bulundu. Ve bu ayetleri günümüzün embriyoloji ilmindeki tesbitleriyle karşılaştırdı. Elde ettiği netice ise, 14 asırdan beri Kur'ân-ı Mu'cizü'l Beyân'ın bütün herkese okuduğu şu ilahî fermanı doğrulamaktan ibaretti:

"Ey İnsanlar ve cinler! Eğer Kur'ân'ın ilahî kelam olduğunda şüpheniz varsa, bir beşer kelamı olduğunu düşünüyorsanız, haydi işte meydan, geliniz. Siz dahi, Muhammedü'l Emin dediğiniz Zât gibi, okumak, yazmak bilmez,

İşte Kur'ân şimdiye kadar ne söylemişse doğru çıkmış ve bu meydan okumasına karşı, değil cahiller, kâinatı ve insanı araştıran ilim adamları bile Kur'ân'ın ayetlerinde kâinat kitabına ters düşen en küçük bir noktaya bile rastlayamamışlardır. Aksine ilim adamları, kâinat kitabını inceledikçe ve onun sırlarını kavradıkça, Kur'ân'ı daha iyi anlayabilmişlerdir.

Neticede Kur'ân zamanın geçmesiyle eskimemiş, bilakis gençleşmiş ve daima taze ve yeni olduğunu akıllara tasdik, kalplere, vicdanlara hissettirmiştir.

Batı'lı ilim adamı Keith L. Moore'un insanın yaratılışı ile ilgili ayetleri yorumlayış şekli de şöyledir:

"İşte size bir âyet Zümer Sûresi, Ayet: 6.

"... Allah sizi analarınızın karınlarında üç karanlık içinde (karın, rahim ve amniochononik zar içinde) bir yaratılışdan sonra diğer bir yaratılışa çevirip kemâle erdiriyor. İşte Rabbiniz olan Allah, mülk O'nundur. O'ndan başka hiç bir ilah yoktur. Böyle iken (O'na ibadet etmekten) nasıl yüz çeviriyorsunuz."

Kur'ân'ın 14 asır önce söylediği bu hakikati ilk defa resmedenin, 15. asırda Leonardo da Vinci olduğunu biliyoruz. Bundan daha önceki bir tarihte, 2. asırda Galenos "Fetus'un Oluşumu" isimli kitabında plasentayı ve retal membranları (zar) tarif etmiştir. Tahminen şunu söyleyebiliriz ki 7. asırda doktorlar, insan embriyosunun rahimde geliştiğini biliyorlardı. Fakat onların insan embriyosunun safhalar halinde geliştiğini bilmeleri imkansızdı. M. Ö. 4. asırda bile Aristo, tavuk embriyosunun gelişimini safhalar halinde tarif etmiş olmasına rağmen, insan embriyosunun gelişiminin safhalar halinde olduğundan habersizdi.

Kısacası, 15. asra gelinceye kadar bu husus ilim adamlarınca ne tartışılabildi ne de açıkça ortaya konabildi. Ancak. 17. asırda Leewenhook tarafından mikroskobun keşfini takiben tavuk embriyosunun safhaları iyice tarif edilebildi. Streeter ilk defa 1941 yılında insan embriyosunun gelişim safhalarını anlatan sistematik bir tablo geliştirdi.

Fakat 1972 yılında O'Rahilly'nin geliştirdiği tablo, daha doğru olduğundan onun yerini aldı. Kur'ân'daki karanlık üç perde tabiri ise (1) ön karın duvarına, (2) Rahim duvarına, (3) Amniochorionic zara işaret ediyordu.

"Sonra Âdem'in neslini, sağlam bir yerde (rahimde) bir nutfe yapar." (23:13)

Buradaki nutfe tabiri, sperm veya spermatozoon olarak yorumlanmasına rağmen, bunun daha doğru yorumu zigot olmalıdır. Zira zigot bölünerek blastocystleri oluşturur. Onlar da gidip rahime yerleşirler. Bu âyeti takip eden diğer ayetde bu husus doğrulanmaktadır.

"Sonra o nutfeyi kan pıhtısı haline getirdik. Ondan sonra kan pıhtısını bir parça et yaptık. O et parçasını kemikler haline çevirdik. Kemiklere et giydirdik. Sonra ona başka bir yaratılış (ruh) verdik. Bak ki şekil verenlerin en güzeli olan Allah'ın şanı ne kadar yücedir.." (23:14)

Ayette geçen **alaka** kelimesi, bir sülüğe (kan emici hayvana) işaret eder. Bu kelime 7-24 gün arasındaki insan embriyosu için çok uygundur. Bu dönemde alaka haline gelen kan pıhtısı, rahimin endometrium'una tutunur. Tıpkı bir sülüğün deriye yapışmasına benzer şekilde. Zira, nasıl sülük konakladığı hayvandan besinini kan yoluyla alıyorsa, insan embriyosu da hamile kadının endometrium"undan (iç kısım)

kan alarak beslenir (Şekil-1).

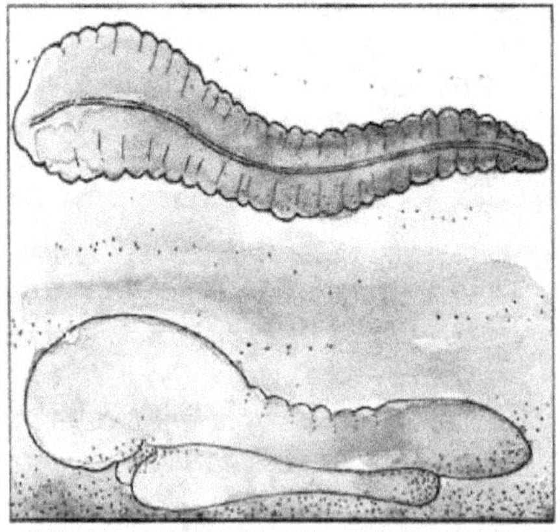

Şekil-1: (Yukarıda) Bir sülüğün (kan emici hayvan) resmi. (Aşağıda): 24 günlük insan embriyosunun çizimi: Bu safhada insan embriyosunun sülüksü yapıda görünmesi oldukça enteresandır.

23-24 günlük embriyonun bir sülüğü andırması ve Kur'ân'da bunun, bu hâdiseye işaret eden kelimeyle ifadesi oldukça harika bir hâdisedir. Çünkü 7. asırda ne mikroskop ne de büyüteç vardı. Doktorlar, o zaman insan embriyosunun sülüğe benzer bir görünüme sahip olduğunu nereden bilebileceklerdi. 4. haftanın başlarında embriyo ancak çıplak gözle görülebilir hale gelir. Boyu yaklaşık, bir buğday tanesinin iç kısmı kadardır.

"Sonra biz onu bir çiğnem et parçası yaptık." (23:14)

Arapça mudga kelimesi, çiğnenmiş madde veya et parçası anlamına gelir. 4. haftanın sonuna doğru, insan embriyosu bir dereceye kadar çiğnenmiş et parçasına benzer (Şekil-2). Çiğnenmiş görünümü, diş izlerini andıran somitlerden kaynaklanır. Somitler, omurganın başlangıcını (primordia) temsil eder.

8. hafta sonunda gelişen insan embriyosu, fetus olarak adlandırılır.

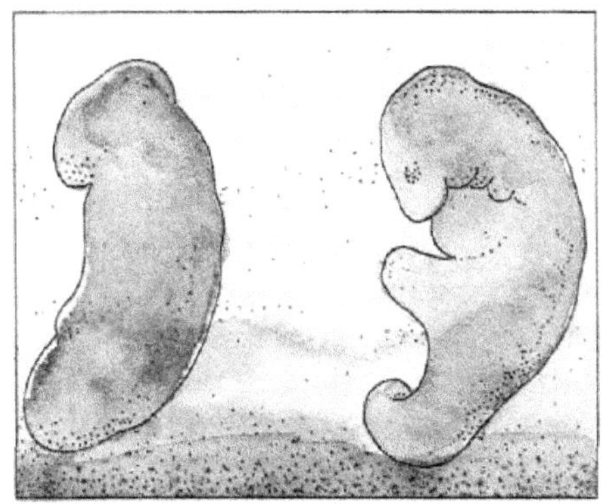

Şekil-2: (sol) çiğnenmiş et görünümündeki bir insan embriyosunun plastik modeli. (sağ); 28 günlük insan embriyosunun çizimi: Solda gösterilen modeldeki dış izlerini andıran görüntüyle, birkaç tane bilyayı andıracak şekilde belirginleşmiş somitleri gösteren insan embriyosunun mukayesesi.

"Sonra bir çiğnem et parçasını kemikler haline çevirdik. Kemiklere et giydirdik." (23:14)

Bu ayette, çiğnenmiş et parçası safhasından sonra kemiklerin ve kasların oluştuğuna işaret eder. Bu ise, adeta embriyolojik gelişmenin TV ekranında seyredilir gibi kademe kademe rapor edilmesi demektir. İlk önce kemikler, kıkırdak modeli olarak meydana gelir. Sonra onların etrafında somatik mezodermden kaslar gelişir.

"Sonra biz onu diğer bir yaratık haline dönüştürdük."

Ayetin bu kısmı da kemik ve kasların teşekkülünün sonunda, başka bir yaratığın gelişmeye başladığını gösterir. Açıkça bu kısım, 8. haftanın sonunda oluşan insana benzer embriyoya işarettir. Bu safhada embriyo ayırtedici insan vasıflarına sahip olup, bütün iç ve dış organlarının hepsinin işaretleri (primordia) ortaya çıkmış durumdadır.

".. Ve Allah size işitme, görme, hissetme ve anlama (kabiliyetleri) verdi." (32:9)

Bu ayet de işitme, görme, hissetme ve anlama gibi duygu ve kabiliyetlerin bahsedilen sırada çocukta geliştiğini ve oluşum sıralamasını harika ve mu'cizevi bir tarzda gösterir ki, bu da tıpa ve tıp embriyolojisinin verdiği bilgilere tamamen uymaktadır. Önce iç kulakların izleri, gözlerin başlangıç izlerinden önce gözükür ve en sonra da beyin (anlama ile ilgili kısmı) farklılaşır. Ayrıca bu ayet eğitim ve öğretimde çocukların anlama ve kavrama kabiliyetlerinin, derslerde ses, görüntü ve müşahhas cisimleri kullanarak arttırılabileceğine de işaret etmektedir. Çünkü bu ayet açıkça anlama hâdisesinin ilgili konuyla bağlantılı sesleri işitmeye, görüntüleri seyretmeye ve cisimleri dokunup kullanmaya bağlı olduğunu göstermektedir.

"Biz sizi (önce) toprakdan, sonra nutfe (sperma)'den, sonra yaratılışı belli belirsiz bir çiğnem et parçasından yarattık ki, size kudretimizi açıkça gösterelim." (22:5)

Buradaki belli belirsiz bir çiğnem et parçası ifadesi, embriyonun hem farklılaşmış hem de farklılaşmamış dokulardan oluştuğuna işaret eder. Mesela, kıkırdak kemikleri farklılaştığında, onların etrafındaki embriyonik bağ dokusu ve mezenkima farklılaşmamıştır. Daha sonra, bunlar kemiklere tutunmuş ligamentlere ve kaslara dönüşür.

".. Ve biz onu belirli bir süreye kadar rahimde istirahate tabi kıldık." (22:5)

Bu ayetde, açıkça Allah'ın hangi embriyoların rahimde tam süre doluncaya kadar gelişmesine devam edeceğini tayin ettiğine işaret eder. Bugün, iyi bilinen bir hususdur ki pek çok embriyo rahimin endometrium'una (iç kısmına) tutunamaz ve düşük hâdisesi meydana gelir. Genelde oluşan zigotların sadece %40'ı, canlı bir bebek doğumunu netice verecek fetus haline dönüşür.

Özetlersek; Kur'ân'daki insanın embriyolojik gelişimiyle alakalı bu ayetlerin yorumunun, 7. asırda yapılabilmesi imkansızdı. Dolayısıyla, tüm bunları bir kenara bırakalım 7, 8. asırları; 1800'lü yıllarda bile bu ayetlerin ne anlama geldiğini yorumlayabilecek yeterli bilgiye bile sahip değildik. Ancak, bugün bu ayetleri modern embriyolojinin bilgilerinin ışığında ifade ettikleri manayı çok daha iyi anlayabilmekteyiz. Şüphesiz, Kur'ân'da insanın gelişimiyle alakalı başka ayetler de vardır ve gelecekte, insan bilgisinin sınırları genişleyip artıkça, Kur'ân'daki pek çok ayetin manası, daha bir anlaşılır hale gelecektir.

Kemiklerin Kasla Sarılması

Kuran ayetlerinde bildirilen bir diğer önemli bilgi ise, insanın anne rahmindeki oluşum aşamalarıdır. Ayetlerde, anne karnında önce kemiklerin oluştuğu, daha sonra ise kasların ortaya çıkarak bu kemikleri sardığı haber verilmektedir:

"Sonra o su damlasını bir alak (hücre topluluğu) olarak yarattık; ardından o alak'ı bir çiğnem et parçası olarak yarattık; daha sonra o çiğnem et parçasını kemik olarak yarattık; böylece kemiklere de et giydirdik; sonra bir başka yaratılışla onu inşa ettik. Yaratıcıların en güzeli olan Allah, ne Yücedir."

(Müminun Suresi, 14)

Anne karnındaki gelişimi inceleyen bilim dalı embriyolojidir. Ve embriyoloji alanında, yakın zamana kadar kemiklerle kasların birlikte ortaya çıkarak geliştikleri sanılmıştır. Bu yüzden bazı kimseler uzun bir süre bu ayetlerin bilime ters düştüğünü iddia etmiştir.

Ancak gelişen teknoloji sayesinde yapılan daha ileri mikroskobik incelemeler, Kuran'da bildirilenlerin harfiyen doğru olduğunu ortaya koymuştur. Bu mikroskobik incelemeler göstermektedir ki, anne karnında, tam ayetlerde tarif edildiği gibi bir gelişme gerçekleşir. Önce embriyodaki kıkırdak doku kemikleşir. Daha sonra ise kas hücreleri kemiklerin etrafındaki dokudan seçilerek biraraya gelir ve bu kemikleri sarar.

Bu durum, *"Developing Human"* yani *"Gelişen İnsan"* adlı bilimsel bir yayında şöyle tarif edilmektedir:

"6. haftada kıkırdaklaşmanın devamı olarak ilk kemikleşme köprücük kemiğinde ortaya çıkar. 7. hafta sonunda uzun kemiklerde de kemikleşme başlamıştır. Kemikler oluşmaya devam ederken kas hücreleri kemiği çevreleyen dokudan seçilerek kas kitlesini meydana getirirler. Kas dokusu bu şekilde kemiğin etrafında ön ve arka kas gruplarına ayrışır."

Kısacası insanın Kuran'da tarif edilen oluşum aşamaları, modern embriyolojinin bulgularıyla tam bir uyum içindedir.

Bebeğin Rahimdeki Üç Evresi

Kuran'da insanın anne karnında üç aşamalı bir yaratılışla yaratıldığı bildirilmektedir:

"..Sizi annelerinizin karınlarında, ÜÇ KARANLIK içinde, bir yaratılıştan sonra (bir başka) yaratılışa (dönüştürüp) yaratmaktadır. İşte, Rabbiniz olan Allah budur, mülk O'nundur. O'ndan başka ilah yoktur. Buna rağmen nasıl oluyor da çevriliyorsunuz?"

(Zümer Suresi, 6)

Dikkat edilirse, ayette, insanın anne karnında, birinden diğerine farklılaşan üç ayrı evrede meydana geldiğine işaret edilmektedir. Gerçekten de bugün modern biyoloji, bebeğin anne karnındaki embriyolojik gelişiminin üç farklı devrede gerçekleştiğini ortaya koymuştur. Bugün tıp fakültelerinde ders kitabı olarak okutulan bütün embriyoloji kitaplarında bu konu en temel bilgiler arasında yer alır. Örneğin, embriyoloji hakkında temel başvuru kitaplarından biri olan *Basic Human Embryology* isimli kaynakta bu gerçek şöyle ifade edilmektedir:

*"Rahimdeki hayat **3 EVREDEN** oluşur; preembriyonik (ilk 2,5 hafta), embriyonik (8. haftanın sonuna kadar), ve fetal (8. haftadan doğuma kadar)."*

Tıp dilinde "trimester" yani **"üç dönem"** olarak da tanımlanan bu evreler bebeğin farklı gelişim aşamalarını içerir. Bu üç gelişim safhasının belli başlı özellikleri kısaca şöyledir:

- **Preembriyonik evre:**

Yaygın olarak **"1. trimester"** olarak anılan bu ilk evrede zigot bölünerek çoğalır, bir hücre kitlesi haline geldikten sonra kendini rahim duvarına gömer. Hücreler çoğalmaya devam ederken 3 tabaka halinde organize olurlar.

- **Embriyonik evre:**

"2. trimester" olarak da tanımlanan ikinci evre toplam 5,5 hafta sürer ve bu süre boyunca canlı "embriyo" olarak adlandırılır. Bu evrede hücre tabakalarından bedenin temel organ ve sistemleri ortaya çıkar.

- **Fetal evre:**

*Gebeliğin **"3. trimesteri"** olarak*

adlandırılan döneme girildiğinde embriyo artık **"fetus"** diye adlandırılır. Bu dönem gebeliğin sekizinci haftasından itibaren başlar ve doğuma dek sürer. Bir önceki dönemden ayırt edici özelliği yüzü, elleri ve ayaklarıyla belirgin, insan dış görünümüne sahip bir canlı olmasıdır. Dönemin başında 3 cm. boyunda olmasına rağmen tüm organları ortaya çıkmıştır. Bu 30 haftalık dönemin özelliği doğum haftasına dek fetusta büyüme ve orantılarında değişmedir. Anne rahmindeki gelişim ile ilgili bu bilgiler, ancak modern teknolojik aletlerle yapılan gözlemler sayesinde elde edilmiştir. Ancak görüldüğü gibi bu bilgiler de, diğer pek çok bilimsel gerçek gibi, mucizevi bir biçimde Kuran ayetlerinde haber verilmiştir. İnsanlığın tıbbi konularda hiçbir detaylı bilgiye sahip olmadığı bir dönemde, Kuran'da bu derece ayrıntılı ve doğru bilgiler verilmiş olması, elbette Kuran'ın Allah Kelamı olduğunun açık bir delilidir.

Anne Sütü

"Biz insana, anne ve babasına ihsanda bulunmayı (onlara iyilikle davranmayı) tavsiye ettik. Annesi onu, zorluk üstüne zorlukla (karnında) taşımıştı. Onun (sütten) ayrılması ise, iki yıl içindedir. "Hem Bana, hem anne ve babana şükret ki, dönüş yalnız Bana'dır."

(Lokman Suresi, 14)

Anne sütü, bebeğin besin ihtiyaçlarını eksiksiz olarak gidermek ve bebeği olası enfeksiyonlara karşı korumak üzere Allah'ın yarattığı eşsiz bir karışımdır. Günümüz teknolojisi ile hazırlanan bebek mamaları dahi bu mucizevi besinin yerini tutamamaktadır. Anne sütünün bebeğe olan faydaları her geçen gün daha fazla ortaya çıkmaktadır. Bilimin anne sütü ile ilgili yeni keşfettiği gerçeklerden biri ise bebeğin anne sütü ile 2 yıl boyunca beslenmesinin son derece faydalı olduğudur. Bilimin yeni keşfettiği bu önemli bilgiyi Allah bizlere **"...Onun (sütten) ayrılması, iki yıl içindedir..."** ayetiyle 14 asır önce bildirmiştir.

Soru: Batı dünyasında, Geçmişte ve Günümüzde elde ettiği bilimsel verilerden yararlanarak Allah'ın varlığını açıkça kavrayan ve bu yolla iman etmiş olan Bilim adamları var mıdır? Eğer varsa, bunlar kimlerdir ve hangi hangi Bilim dallarında çalışmalar yapmışlardır? Yaratılışla ilgili görüşleri nelerdir?

İMAN EDEN
BİLİM ADAMLARI

Cevap: Materyalist ve ateist çevreler her ne kadar çaba gösterirlerse göstersinler, açık olan bir gerçek vardır: Bilime konu olan tüm varlıkları ve sistemleri yaratan Allah'tır. Dolayısıyla dinin ve bilimin, samimi ve akılcı olarak uygulandıkları sürece, daima uyum içerisinde oldukları çok açık bir gerçektir. Bu açık uyumun bir göstergesi de geçmişte ve günümüzde yaşayan, buluşları ile insanlığa önemli hizmetleri dokunmuş **"iman eden bilim adamları"**dır. Bilimle uğraşan, yeni keşifler yapan, evrenin sırlarını açığa çıkarmaya çalışan bir bilim adamı, aslında Allah'ın yarattığı sanatı derinlemesine inceleyen, ondaki detayları fark etmeye ve yakalamaya çalışan kişidir. İşte bu nedenle, dinle bilim ayrılmaz bir bütündür ve bilim adamı da, Allah'ın sonsuz gücünü, sanatını, yaratmasındaki benzersizliği ortaya koyan kişidir.

Bu yüzden sanılanın aksine bilim adamları Allah'ın yarattığı sanatla en çok ilgilenen bireyler olarak, Allah'ın varlığını, birliğini en çabuk fark edebilen kişiler arasındadırlar. Nitekim, yüzyıllardır dinin kendilerine sağladığı özgür aklı, sınırsız düşünme yeteneğini kullanarak bilime büyük katkılarda bulunmuş olan birçok bilim adamı bulunmaktadır. Bu kişiler, hem bilimin, dinle tam bir uyum içinde olduğunu göstermiş, hem de bilime ve insanlığa önemli hizmetlerde bulunmuşlardır.

Newton, Kepler, Leonardo da Vinci, Einstein gibi bilim tarihine yön veren ünlü bilim adamları yaptıkları gözlemler ve araştırmalar sonucunda evreni Allah'ın yarattığını, düzene koyduğunu ve herşeyin Allah'ın hakimiyetinde olduğunu savunmuşlardır. Dahası, bilimin temel prensipleri inançlı kişiler tarafından ortaya atılmış ve çağdaş bilimin doğuşunda dinin önemli bir rolü olmuştur.

Tüm zamanların en büyük bilim adamı olarak nitelendirilen Isaac Newton'un evrene bakış açısı, aşağıdaki sözlerinde çok açık bir şekilde ifade bulmaktadır:

*"Güneş Sisteminin, gezegenlerin ve kuyruklu yıldızların harika sistemleri **yalnızca akıllı ve güçlü bir varlığın kudretiyle sürebilir.** Bu varlık yalnızca dünyanın ruhunu değil herşeyi yönetir, **O Allah'tır.**"*

Aynı şekilde ünlü bilim adamı Kepler'in de çalışmalarını, dini inançlarının yönlendirdiği bilinmektedir. Fizik ve kozmik fon radyasyonu alanında yaptığı çalışmalar nedeniyle 1978 Nobel fizik ödülünü alan Arno Penzias, Johannes Kepler hakkında şöyle bir açıklamada bulunmuştur:

"Bu Copernicus'a değil, gerçekte Kepler'in başarısına kadar uzanır. Çünkü epidevreler kavramı ve digerleri bilimadamlarının fikir alışverişi yaptıkları günlere uzanır. Bütün

bunlar gerçek bir inançlı kişi gelene dek devam etti ve o Kepler'di.. Kanun Koyucu olan Allah'a samimi bir şekilde inanıyordu."

"...Çok daha basit ve çok daha güçlü bir şeyin olması gerektiğine inanıyordu. Belki şanslıydı yada belki daha derin bir şey vardı, ancak Kepler'in inancı bulduğu doğa kanunlarıyla ödüllendirildi. O günden sonra zor bir mücadele oldu, ancak yüzyıllar sonra basit doğa kanunlarının işlediğini görüyoruz. İşte bu nedenle bilimadamları hala bu beklenti içindedir. Ve bu aslen Kepler'den kaynaklanmaktadır, ve Kepler bu umudu inancından elde etmişti."

Kitabın bu bölümünde geçmişten günümüze, modern bilimi kuran ve geliştiren inançlı bilim adamlarını ve bu kişilerin bilime yaptıkları hizmetleri ele alacağız. Bu bölümde yer verilen bilim adamlarının tümü evreni ve canlılardaki sistemleri Allah'ın yarattığına inanarak bilimle uğraşmışlardır. Francis Bacon'un bir sözü, inançlı bilim adamlarının yaratılan tüm varlıklara doğru bakış açısıyla baktıklarının güzel bir örneğidir.

Bacon şöyle demiştir:

"Bunlar Allah'ın işidir; yapan varlığın herşeyi yapabilecek güçte olduğunu ve aklını gösterir; Dünya Allah'ın yarattığı bir varlıktır."

Nitekim Allah pek çok ayetle yaratılmışlar üzerinde düşüne-bilmenin, Allah'tan gereği gibi korkup sakınmanın, O'nun büyüklüğünü, yüceliğini kavraya-bilmenin bir yolunun **"ilim sahibi olmak"** olduğunu haber vermiştir. Bu konudaki ayetlerden bazıları şöyledir:

"Allah'ın dışında başka veliler edinenlerin örneği, kendine ev edinen örümcek örneğine benzer. Gerçek şu ki, evlerin en dayanıksız olanı örümcek evidir; bir bilselerdi. Allah, Kendi dışında hangi şeye taptıklarını şüphesiz bilir. O, güçlü ve üstün olandır, hüküm ve hikmet sahibidir. İşte bu örnekler; Biz bunları insanlara vermekteyiz. Ancak alimlerden başkası bunlara akıl erdirmez. Allah gökleri ve yeri hak olarak yarattı. Şüphesiz, bunda iman edenler için bir ayet vardır."

(Ankebut Suresi, 41-44)

"Göklerin ve yerin yaratılması ile dillerinizin ve renklerinizin ayrı olması, O'nun ayetlerindendir. Şüphesiz bunda, alimler için gerçekten ayetler vardır."

(Rum Suresi, 22)

"Allah, gerçekten Kendisi'nden başka İlah olmadığına şahitlik etti; melekler ve ilim sahipleri de O'ndan başka İlah olmadığına adaletle şahitlik ettiler. Aziz ve Hakim olan O'ndan başka İlah yoktur."

(Al-i İmran Suresi, 18)

"Ancak onlardan ilimde derinleşenler ile mü'minler, sana indirilene ve senden önce indirilene inanırlar. Namazı dosdoğru kılanlar, zekatı verenler, Allah'a ve ahiret gününe inananlar; işte bunlar, Biz bunlara büyük bir ecir vereceğiz."

(Nisa Suresi, 162)

GEÇMİŞTE YAŞAMIŞ İMAN EDEN BİLİM ADAMLARI

Roger Bacon (1220-1292)

"İnancın rahmeti çok büyüktür" diyen ve çağdaşları tarafından **"muhteşem doktor"** olarak anılan Roger Bacon, deneysel metoda önem vererek, bilimde eski geleneklere son veren ünlü bir İngiliz din ve bilim adamıdır. Allah'ın ışığı insanların görebilmelerini sağlamak için yarattığına inanan Bacon, bu alanda kendi gözlemlerini yapmış, yaşadığı çağda kolay kolay düşünülemeyecek birçok teknik gelişmeyi yüzlerce yıl öncesinden haber vermiştir. Buharlı gemiler, trenler, otomobiller, uçaklar, vinçler ve asma köprüler Bacon'ın daha 13. yüzyılda tasarladığı gelişmelerden yalnızca birkaçıdır. Bir arkadaşına yazdığı mektupta Bacon şöyle demiştir:

"Gelecekte bir tek kişi tarafından yönetilen ve birçok kürekçinin çektiği bir tekneden çok daha hızlı yol alabilen gemiler, deniz taşıtları ve bir canlının gücünden yararlanmaksızın inanılmaz bir hızla gidebilen arabalar yapılacaktır."

Ayrıca Bacon, merceklerin büyütme özelliklerini ve kullanım yerlerini açıklamış, yıldızlardan gelen ışığın Dünya'ya aynı anda ulaşmadığını ilk kez o fark etmiştir. Kristof Kolomb'un doğumundan 200 yıl önce Dünya'nın düz değil yuvarlak olduğunu ve Avrupa'dan hep batıya doğru gidildiğinde Hindistan'a ulaşılabileceğini savunmuştur. Yaptığı deneyler sonucu ulaştığı bilgilerin inançlı insanlara faydasının dokunacağına inanan Bacon şöyle demiştir:

"Gelecekte, şimdi ve geçmişte göreceğimiz gibi bilim, inananlar için yararlıdır."

Bacon, bir araştırmacı olarak, bilimin dinle çelişmediğini, aksine bilimin inanmayan kişilere karşı kullanılabilecek önemli bir ikna aracı olduğunu savunmuştur.

"Bilim, insanların inancı kabul etmelerini sağlamada büyük bir avantaja sahip" sözü de, yine kendisine aittir.

Francis Bacon (1561-1626)

Bilimsel metodun kurucularından olan ünlü bilim adamı Bacon güçlü bir imana sahip bir kişi olarak bilinmektedir. Francis Bacon, Novum Organum'da bilimsel araştırmaların, kişiyi Yaratıcı'ya yakınlaştırdığını doğal felsefenin (bilimin) *"Allah'ın sözünden sonra batıl inançlara karşı en kesin çözüm ve inancın onayladığı en büyük destek olduğunu"* belirterek ifade etmiştir.

Galileo Galilei (1564-1642)

Galileo Galilei, teleskop kullanarak gökyüzüne bakan ilk kişidir. Galilei, hem Dünya'nın yuvarlak olduğunu söylemiş, hem de Ay'daki karanlık bölge, kraterler ve tepeleri ilk ortaya çıkaran kişi olmuştur. Bilime yaptığı bu büyük hizmetlerle tarihte önemli bir yeri olan Galilei, duyuları, konuşma yeteneğini ve zekaya insanlara Allah'ın verdiğine ve bunların en iyi şekilde kullanılması gerektiğine inanıyordu. Doğayı bir Yaratıcı'nın tasarlandığının çok açık olduğunu savunuyordu. *"Tabiat hiç şüphesiz Allah'ın hiç vazgeçemeyeceğimiz, okunması gereken diğer bir kitabıdır"* diyen Galilei, Allah'ın kitapları ile yarattıkları arasında hiçbir çelişki olamayacağını, çünkü her birini Allah'ın yarattığını söylüyordu.

Johannes Kepler (1571-1630)

"Tabiat kitabına göre biz astronomlar, Yüce Allah'ın din adamları olduğumuzdan, bizim Allah'ın şanını konuşmamız gerekir.." diyen ve Modern Astronomi biliminin kurucusu olan Kepler, gezegenlerin hareketlerini, güneş sisteminin uzaklığını hesaplamış ve yıldız hareketlerinin haritasını gösteren ilk astronomik takvimi yayınlamış büyük bir bilim adamıdır. Bu güçlü bilimsel kişiliğinin yanında Kepler, aynı zamanda evreni bir Yaratıcı'nın yarattığına inanmıştır. Neden bilim ile uğraştığını soranlara Kepler'in cevabı, *"Yaratıcı'nın eserlerindeki lezzeti tatmak için"* olmuştur. Allah'ın, yarattığı her şeyde Kendini

gösterdiğine inanan Kepler'in hayatı ve yaptıkları incelendiğinde, evrende İlahi bir tasarımın var olduğuna inanan bir insanın, bilimsel çalışmalarında da çok geniş ufuklu ve başarılı olduğu açıkça görülecektir.

Kepler, *"beyaz ayıları ve beyaz kurtları Kuzey'in karlı bölgelerine gönderen kimdir? Ayıların, balinaların ve kurtların beslenmesi için, kuşların yumurtalarını da onlarla birlikte orada bulunduran kimdir?"* diye sorduğu sorunun cevabını yine kendisi şöyle cevaplamıştır:

"Bizim Allah'ımızdır ve O en büyüktür ve O'nun üstünlüğü en büyüktür ve O'nun aklı sonsuzdur, O'nun sonu yoktur." epler sözlerini şu şekilde sürdürmüştür:

"Yaratıcı'yı anlamak için sahip olduğunuz tüm duyularınızı kullanın."

Johannes Baptista von Helmont (1579-1644)

Helmont, gaz kimyası ile kimya fizyolojisinin kurucusu olan ve termometre-barometreyi keşfetmiş ünlü bir bilim adamıdır. Dindar kişiliği ile tanınan Helmont için ünlü yazar Walter Pagels, bilimsel çalışmalarında dini inancından güç aldığını yazmıştır.

Blaise Pascal (1623-1662)

Eski Yunan'dan sonra geometride en büyük ilerlemeyi sağlayan ünlü bilim adamı Pascal, çok küçük yaşlarda bile birçok keşfin sahibi, çok başarılı bir bilim adamıdır. Matematik alanındaki pek çok çalışma ve buluşunun yanında Pascal, fizik alanında da önemli keşifler yapmıştır. Örneğin atmosfer ve sıvı mekaniği hakkında araştırmaları olan Pascal, atmosferde yüksekliğe göre değişen bir basınç olduğunu keşfetmiştir. Bilim tarihinde çok önemli bir yeri olan Pascal, inançlı bir bilim adamıdır. Pascal sözlerinde Allah'ın, matematikten elementlerin düzenine kadar herşeyin yaratıcısı olduğunu söyleyerek, Allah'ın sonsuz gücünü ifade etmiştir.

John Ray (1627-1705)

Ünlü İngiliz botanikçisi John Ray inançlı bir kişiydi. Ona göre, *"eğer insanoğlu yeryüzüne Allah'ın güzelliğini yansıtmak için getirilmişse, o zaman çevresinde yaratılmış olan herşeye dikkat etmeliydi'*. Bu düşünceyi kendisine prensip edinen Ray, çok genç yaşta bilimsel araştırmalar yapmaya yöneldi. Hem botanikte hem de hayvan biliminde zamanının en büyük otoritelerindendi. Ray, Allah'ın yaratışındaki sonsuz aklı anlatan bir kitap yayınladı. Bu çalışmada Ray, binlerce türdeki bitki, böcek, kuş, balık ve benzeri canlıyı tanıtarak, doğanın bir Yaratıcı'nın varlığını gösterdiğini anlattı. John Ray kitabında şöyle söylemektedir:

> *"Başta bütün işleri Allah yarattı, sonra bugüne kadar O'nun tarafından muhafaza edildi ve hala ilk yaratıldıkları gibiler."*

Botanik bilimine birçok hizmette bulunan Ray: *"Özgür bir adam için doğanın güzelliklerini ve Allah'ın sonsuz aklını ve yüceliğini*

düşünmekten daha değerli bir şey olamaz"* diyerek bilim ve dinin içiçe olduğunu her zaman vurgulamıştır.

Robert Boyle (1627-1691)

Modern kimyanın kurucusu olan Boyle, bilimde çığır açan birçok keşfin sahibidir. Bunlara örnek verecek olursak; Boyle, gazların havadaki basıncı ile havanın hacmi arasında bir ilişki olduğunu ortaya çıkarmış ve böylece bugün "Boyle Kanunu" olarak bilinen prensipler meydana gelmiştir. Ayrıca Boyle, turnusol kağıdı ile basit bir buzdolabı da icat etmiş, suyun donunca genleştiğini göstermiş, elementin ilk modern tanımını yapmıştır. *"Hava, basınçlı olduğuna göre atomun parçaları arasında boşluk olmalıdır"* diyen Boyle, böylece atom teorisine de katkıda bulunmuştur.

Böylesine önemli bilimsel buluşların sahibi olan Boyle, Allah'ın varlığına iman ediyordu. Evrende akıllı bir tasarım olduğunu ve bu tasarımın üstün güç sahibi bir Yaratıcı tarafından yapılmış olduğunu düşünüyordu. Boyle konuşmalarında ve yazılarında sık sık bilimle Allah inancının yan yana olması gerektiğini vurgulamıştır. Boyle bir mektubunda şöyle demiştir:

> *"Şanı, tabiatı yaratana verin... İnsanlığa iyilik getirmek için bilgiyi kullanın."* Boyle bir başka sözünde ise, canlılardaki mükemmelliğin Allah'ın varlığını açıkça gösterdiğini şöyle ifade etmiştir: *"Dünyadaki mevcut sistemin mükemmel bir şekilde planlanmış olması, özellikle de hayvanların sahip oldukları*

Antonie von Leeuwenhoek (1632-1723)

Leeuwenhoek, bakteriyi ilk kez keşfeden bilim adamıdır. Gözlüklerini büyüteç gibi kullanarak kumaşları incelemeye başlayan Leeuwenhoek, gördükleri ilgisini çekince diğer büyüteçleri üretmiş ve böylece mikroskobuyla ilk bakteriyi tanımlayan kişi olmuştur. Bir Yaratıcı olmaksızın, kendi kendine var oluş fikrini çürütme amacı onu çok önemli bilimsel araştırmalar yapmaya yöneltmiştir. Bu amaçla, hayvanlar ve bitkilerin beslenme sistemi, üreme, bitkilerde besin transferi, yine bitkilerin farklı yapı ve bölümleri ile kan hücreleri üzerinde araştırmalar yapmıştır. Kılcal damarlar üzerinde çalışarak kan hücrelerinin geçişini gören ilk bilim adamıdır. Ondan önce kimse kasların liflerden oluştuğunu bilmiyordu.

Isaac Newton (1642-1727)

Tüm zamanların en büyük bilim adamı olarak kabul edilen Newton, hem matematikçi hem de fizikçiydi. Newton'un bilime yaptığı büyük hizmetler hatırlanacak olursa; bunlardan en önemlisi yer çekimi kanununun keşfidir. Newton, kuvvet ve ivme arasındaki mükemmel ilişkiyi kütle kavramı ile bağdaştırmış; etki ve tepki prensibini bulmuş, bileşke kuvvetlerin sıfır olması halinde hareketli cisimlerin hızının hiç değişmeyeceği tezini ortaya atmıştır. Newton'un hareket yasaları, 4 yüzyıldır en basit mühendislik hesaplarından, en karmaşık teknolojik projelere kadar aynen uygulanmaktadır. Newton'un sadece çekim konusunda değil, mekanik ve optik gibi temel konularda da çok önemli buluşları olmuştur. Işığın 7 rengini keşfeden Newton, böylece optik adı verilen yepyeni bir bilim dalının da temelini atmıştır.

Newton bilimde çığır açan bu buluşlarının yanı sıra, ateizmi reddeden, Yaratılışı savunan ciddi eserler yazmış, *"Yaratılış tek bilimsel açıklamadır"* düşüncesini savunmuştur.

Newton, mekanik evrenin kendi deyimiyle *"bu hiç durmaksızın çalışan dev saatin"* ancak güçlü ve üstün akıl sahibi bir Yaratıcı'nın eseri olabileceği gerçeğine inanıyordu. Newton'un, dünyanın seyrini değiştiren buluşlarının temelinde, onun Allah'a yakınlaşma isteği vardır. Newton, Allah'ı daha yakından tanımak için yol olarak, Allah'ın yarattığı eserleri araştırmayı bulmuştur. Bu amaçla büyük bir şevkle araştırmalarına sarılmıştır. Newton, bilimsel araştırmalarını yapma gayretinin ardındaki sebebi *Principia Mathematica* adlı eserinde şu sözlerle ifade etmiştir:

Allah sonsuz ve mutlaktır; gücü sınırsızdır ve herşeyden haberdar olandır; varlığı sonsuzluğa dayanır; herşeyi yönetir, yapılan ve yapılacak olan herşeyi bilir. O sonsuz ve sınırsızdır; ... Daimidir ve vardır; Varlığı daimidir, her yerde mevcuttur; her zaman ve her yerde var olmasıyla O, tüm zamanı ve aralıklarını yaratır... Biz O'nu en akıllıca ve mükemmel işleyen ustalıklarından tanırız... Kulları olarak O'na saygı duyuyoruz ve inanıyoruz.."

John Flamsteed (1646-1719)

Ünlü Greenwich gözlem evinin kurucusu olan John Flamsteed, İngiltere'deki ilk astronomlardan biridir. Yaptığı sayısız gözlemden sonra teleskop çağının ilk büyük yıldız haritasını çıkaran Flamsteed, aynı zamanda bir din adamıydı.

John Woodward (1665-1728)

Woodward, jeoloji biliminin gerçek kurucularındandı. Bilime en büyük katkılarından biri Cambridge'de paleontoloji müzesinin kurulmasını sağlamak ve jeoloji dalını geliştirmek olmuştur.

Carolus Linnaeus (1707-1778)

İnançlı bir bilim adamı olan Linnaeus botanik konusunda çok önemli çalışmalar yapmıştır. Bitkilerin eşeyli ürediklerini ortaya çıkaran Linnaeus, bilime "biyolojik sınıflandırma" kavramını kazandırmıştır.

Jean Deluc (1727-1817)

İsviçreli bir fizikçi olan Deluc, "jeoloji" kelimesini keşfeden bilim adamıdır. O ve babası modern civa termometresi ile hidrometreyi bulmuşlardır. Deluc, evrenin ve canlılığın tesadüfen oluştukları fikrine karşı çıkması ve

yaratılışa inanmasıyla tanınmaktadır.

Sir William Herschel (1738-1822)

Herschel 18. yüzyılın en ünlü astronomlarındandır. Zamanının en fazla yansıtma özelliğine sahip olan teleskoplarını inşa ederek daha önce incelenemeyen nebula ve galaksileri incelemiş olmasıyla ünlü olan Herschel, inançlı bir bilim adamıydı. Herschel, **"inançsız astronomlar deli olmalı"** sözleriyle, astronomi ile uğraşan ve evrendeki mükemmel düzene şahit olan bilim adamlarının Allah'a inanmamalarının hayret verici olduğunu ifade etmiştir.

William Paley (1743-1805)

Paley, yaratılışa inanan bir bilim adamıydı. Önceki sayfalarda değindiğimiz "Doğal İlahiyat" isimli eseri, kendi döneminde en fazla satılan kitaplardan biriydi. Paley'in, *"sanat eserleri eğer insanın eseriyse, o halde canlı varlıklar da insandan çok daha üstün bir varlığın eseridir"* yaklaşımı çok ünlüdür. Paley, canlıların yaşadıkları ortamlarda hayatlarını sürdürebilmek için gerekli olan her türlü özellikle donatılmış olmalarını kendi ifadesiyle *"bir keşfin işareti, bir dizaynın ve dizayn edici bir Yaratıcı'nın delillerini temsil etmektedir."* diyerek açıklamaktadır.

George Cuvier (1769-1832)

Bilim tarihinin en önemli anatomist ve paleontologlarından biri olan Cuvier, karşılaştırmalı anatomi biliminin kurucularından, ve paleontolojinin ayrı bir bilim dalı olarak ayrılmasını sağlayan bilim adamlarındandır. Cuvier, yaratılışa olan kuvvetli inancı ve yaratılışın delilleri ve evrimin geçersizliği üzerine yaptığı tartışmalarıyla da ün kazanmıştı.

Humphrey Davy (1778-1829)

İman sahibi bir insan olmasıyla bilinen Davy zamanının büyük kimyagerlerindendi. Ünlü bilim adamı Faraday onun yanında çalışmıştı. Birçok önemli kimyasal elementi ilk defa kendisi izole etti. Isı hareket teorisini, güvenlik lambasını, elmasın bir karbon olduğunu ilk defa ortaya koyarak bilime önemli katkıları oldu.

Adam Sedgwick (1785-1873)

19. yüzyılın önde gelen jeoloji uzmanlarından olan Sedgwick, özellikle Kambriyen ve Devonyan olarak bilinen başlıca kaya sistemlerini tanımlayıp isimlendirmiştir. Aynı zamanda bir rahip olan Sedgwick, Charles Darwin'in arkadaşı olmasına rağmen onun evrim fikrini reddetmiştir.

Michael Faraday (1791-1867)

Zamanının en büyük fizikçisi olarak tanınan Faraday, özellikle elektrik ve manyetizmanın gelişmesinde önemli bir rol oynamıştır. Faraday'ın sadece fizik değil, kimya alanında da bilime büyük katkıları olmuştur. Faraday, bir Yaratıcı'nın varlığına ve din ile bilimin uyum içinde olduklarına inanan bir bilim adamıydı. **"Dünyayı tek bir Yaratıcı yarattığına göre, bütün tabiat bir bütünün parçaları olmalı"** diye düşünen Faraday, bu prensipten yola çıkarak, elektrik ve manyetizmanın birbirleriyle ilgili olduğu sonucuna varmıştı.

Samuel Morse (1791-1872)

Morse, insanlık tarihi için önem taşıyan telgrafı keşfetmiş büyük bir bilim adamıdır. Amerika'daki ilk kamerayı yapmıştır. Morse, herşeyi bir amaç doğrultusunda yaratan bir Yaratıcı'nın varlığına inanıyordu. Ona göre maddi dünya ve manevi dünya beraberce uyum içinde işlemekteydi. Morse, şunları yazmıştı:

"Bilgim arttıkça dinin İlahi kaynağının kanıtları daha da netleşiyor, Allah'ın büyüklüğü anlaşılıyor, gelecek ümit ve zevkle aydınlanıyor."

Joseph Henry (1797-1878)

Amerikalı ünlü fizikçi ve dindar bilim adamı Joseph Henry, Princeton Üniversitesi'nde profesördü. Galvanometre ile elektromanyetik motoru keşfeden Henry, yaptığı deneyler ve çalışmalar esnasında mutlaka Allah'a dua etmek ve ibadette bulunmak için zaman ayırırdı.

Louis Agassiz (1807-1873)

Birçok kişiye göre Amerika'nın en büyük biyoloğu olan Agassiz evrim teorisine şiddetle karşı çıkmasıyla tanınan bir bilim adamıdır. Agassiz, doğanın her yerinde Allah'ın İlahi planı olduğunu düşünüyordu ve yaratılışı inkar eden teoriyi kabul etmiyordu. Agassiz şöyle söylemişti:

"Zaman ve mekanın birleşmesi sadece düşünceyi göstermez, tasarıyı, gücü, aklı, büyüklüğü, geleceği önceden görmeyi, herşeyin bilgisinin olmasını, basireti de gösterir. Tek bir kelimeyle, tüm bu özellikler insanın tapacağı ve seveceği Allah'ın bir olduğunu yüksek sesle ilan etmektedir."

James Prescott Joule (1818-1889)

Termodinamiğin birinci kanununu keşfeden ünlü bilim adamı Joule, ayrıca bir telde ilerleyen elektrik akımının ürettiği ısıyı hesaplamış ve ilk kez gaz molekülünün hızını bulmuştur. Joule'un en büyük keşfi *"mekanik ısı denklemi"*ydi. Bu önemli keşif, en temel evrensel bilim kanunu olan *"enerjinin korunumu"* kanununa da rehberlik etmiştir. Böylesine önemli bilimsel buluşları olan Joule, tabiat kanunlarını öğrendikçe Allah'ı daha yakından tanıyabileceğine inanan bilim adamlarındandır. Bu inancı onu daha da fazla araştırma yapmaya sevk etmiştir. 1864 yılında Darwin'e karşı bir manifesto imzalayan 717 bilim adamının en önde gelenlerinden olan Joule'ün Allah inancını ifade eden şu sözleri ünlüdür:

"Allah'ın isteklerini öğrendikten ve itaat ettikten sonra yapacağımız diğer şey O'nun aklını, gücünü ve iyiliğini yaptığı işlerin kanıtından bilmektir. Tabiat kanunlarını bilmek Allah'ı bilmektir."

George Gabriel Stokes (1819-1903)

Başta fizik ve matematik olmak üzere birçok alanda önemli keşifleri bulunan Stokes ünlü bir İngiliz bilim adamıdır. Yer çekimi farklılıkları, astrofizik, kimya, sesle ilgili problemler ve ısı konusunda araştırmalar yapmıştır. Kuartzın, camın tersine ultraviyole radyasyonuna karşı transparan olduğunu gösterdi. Lord Kelvin ile elektro termodinamik araştırmaları yaptı. Stokes, X ışınlarının Maxwell'in elektromanyetik spektrumunun bir parçası olduğunu gösterdi. Bir süre Londra Victoria Enstitüsü'nün başkanlığını yapan Stokes, aynı zamanda Cambridge Üniversitesi Felsefe Topluluğu'nun faal bir üyesiydi. Doğayı, Yaratıcı'ya inanarak inceleyen bir bilim adamı olan Stokes'un Allah inancını dile getirdiği pek çok yazısı vardır. Stokes bu sözlerinde doğa kanunlarının Allah'ın emri altında olduğunu ve Allah'ın bu kanunları dilediği gibi yönlendirmeye güç yetiren olduğunu belirtmiştir.

Rudolph Virchow (1821-1902)

Virchow'un bilime başlıca katkısı ilaç alanında olmuştur. Modern patolojinin babası sayılan Virchow, hücre ile ilgili hastalıkları incelemiştir. Lösemiyi ilk defa o tarif etmiş, ayrıca antropoloji ve arkeoloji konularında araştırmalarda bulunmuştur. Virchow, Darwin ve Haeckel'in öğretilerine karşı çıkan en önemli bilim adamlarından biridir. Hatta bilimsel çalışmalarının yanı sıra, politikaya atılarak Alman okullarında okutulan evrim öğretisine şiddetle karşı çıkmıştır.

Gregory Mendel (1822-1884)

Mendel kanunları olarak bilinen 3 genetik kanununu bulan ünlü bilim adamı, kalıtımın prensiplerini ortaya koyan kişi olarak tarihe geçmiştir. Mendel'in kalıtım prensipleri, evrim teorisinin geçersizliğini ortaya koyan en önemli bilimsel dayanaklardan biri olmuştur. Kendi bulduğu kalıtım prensipleri bir yandan evrim teorisini çürütürken, diğer yandan Mendel kişisel olarak da tesadüflerin dünyayı oluşturamayacağına, herşeyi olduğu gibi, dünyayı da Allah'ın yarattığına inanan bir din adamıydı.

Louis Pasteur (1822-1895)

Tıp bilimi tarihinde önemli bir yere sahip olan Pasteur, özellikle hastalıklar hakkındaki mikrop teorisiyle ve evrim inancına kesin karşı oluşuyla ünlüdür. Mayalanmanın organik temelini ve kontrol edilebilme metotlarını ilk defa o açıklamıştır. Yaptığı çalışmalar onu bakteriyolojiye yöneltmiştir. Pasteur bu alanda yaptığı araştırmaları sonucunda, kuduz, difteri, şarbon ve diğer hastalıklarla mücadele için en önemli yol olan aşıyı geliştirmiş, pastörize etme ve sterilize etme işlemlerinin yöntemini ortaya koymuştur. Çok güçlü bir Allah inancı olan Pasteur, yaşadığı dönemde Darwin'in evrim teorisine karşı çıkması nedeniyle pek çok sözlü saldırıya uğramıştır. Bilim ile din arasındaki uyumu savunan Pasteur'ün bu konuda söyledikleri çok ünlüdür. Bu sözlerinden bazıları şöyledir:

"Doğayı ne kadar çok incelersem, Yaratıcı'nın eserleri karşısında inancım o kadar çok artıyor. Bilim insanı Allah'a götürür.."

William Thompson (Lord Kelvin) (1824-1907)

Lord Kelvin, dindarlığı ile tanınan zamanının önde gelen fizikçilerinden birisidir. Matematiğe ve fiziğe yaptığı katkıları ve keşifleriyle bilim çevrelerinin saygısını kazanmıştır. Lord Kelvin, hidrojen ve helyumu sıvılaştırmak için başarılı bir metot geliştiren ilk kişidir. Isı ile ilgili buluşları nedeniyle, ısı derecelerine bugün "Kelvin derecesi" denmektedir. Ayrıca, termodinamiği resmi fizik kuralı haline getirerek, birinci ve ikinci kanunlarını kesin bir şekilde formülleştirmiştir. Lord Kelvin'in Allah'a olan inancını ifade eden sözlerinden birkaç örnek şöyledir:

"Hür düşünen insanlar olmaktan korkmayın. Eğer derin düşünürseniz, bilim aracılığıyla Allah inancına yönelirsiniz. Hayatın kökenine baktığımızda, bilim, kesin bir şekilde o Büyük Kudret'in varlığını onaylar."

J.J. Thomson (1856-1940)

Elektronun varlığını ilk ortaya çıkaran (1897) J.J. Thomson, Cambridge Üniversitesi'nde fizik profesörüydü. Güçlü bir inancı olan Thomson'un, bilimin ulaştığı sonuçların Allah'ın varlığını gösterdiğini ifade eden sözleri şöyledir:

"Bilim kalesinin yüksek zirveleri Allah'ın muhteşem işlerini gösteriyor."

Sir William Huggins (1824-1910)

Hem iyi bir astronom, hem de inançlı bir bilim adamı olan Huggins, yıldızların, çoğunlukla dünyada bulunan elementlerin yanı sıra hidrojen de ihtiva ettiklerini keşfetmiştir. Huggins aynı zamanda evrenin genişlemekte olduğunu açık bir şekilde ortaya koyan Doppler etkisini (yıldızların birbirinden uzaklaştıkça kırmızıdan maviye doğru bir ışık saçması) ilk defa tanımlamıştır.

Joseph Clerk Maxwell (1831-1879)

Maxwell, kısa ömrüne rağmen bilime çok önemli katkıları olan büyük bir bilim adamıdır. Modern fiziğin kurucularından kabul edilen Maxwell, ışıkla elektriğin birbirleriyle bağlantılı olduğunu göstermiş, ışık, elektrik ve manyetizmayı tek bir denklem halinde ifade etmeyi başarmıştır. Einstein, rölativite teorisinin üzerinde çalışırken Maxwell'in denklemlerinden yararlanmıştır. Albert Einstein tarafından başarıları *"Newton'dan beri fiziğin sahip olduğu en üretken ve gururlu deneyim"* olarak nitelendirilen Maxwell, aynı zamanda inançlı bir kişiydi. Evrim teorisine karşı olan Maxwell, Fransız ateist LaPlace'ın ünlü *"nebula hipotezi"*'ne ve evrimci bir filozof olan Darwin'in savunucusu Herbert Spencer'e karşı keskin bir itiraz hazırlamıştır. Yazdığı bir mektupta, inançlı bir bilim adamının çalışmalarını dinin yararı için yapması gerektiğini düşündüğünü belirtmiştir.

John Strutt (1842-1919)

John Strutt, elektromanyetik dalga hareketi üzerinde çalışmalar yapmış, optik, ses ve gaz dinamiği gibi çeşitli bilimsel konulara da katkıda bulunmuştu. Strutt aynı zamanda argonu ve az bulunan gazları keşfetmiştir. Dindarlığıyla tanınan bilim adamı yayınlanan yazılarının ön sözüne *"Allah'ın işleri büyüktür"* diye yazmıştı.

George Washington Carver (1865-1943)

Tarım 1880'li yıllardan itibaren çok önemli bir bilim dalı olmuştur. Carver bu alanda çok önemli keşifleri olan ünlü bir bilim adamıdır. Carver Allah'a olan inancıyla tanınırdı ve tüm konuşmalarında konuyu Allah'a olan derin bağlılığına getirirdi. *Atlanta* dergisi ile bir röportajında kendisine bulduğu kil boya ile ilgili bir soru yöneltildiğinde şöyle cevap vermiştir: *"Benim tek yaptığım, Allah'ın yarattığını insanların kullanabileceği hale getirmek. Bu Allah'ın eseri, benim değil."*

Sir James Jeans (1877-1946):

Ünlü fizikçi Sir James Jeans, evrenin sonsuz ilim sahibi bir Yaratıcı tarafından yaratıldığına inanıyordu. Aşağıda Jeans'in inancını açıkladığı bazı sözleri yer almaktadır:

"Biz, evrenin bir dizaynı ve kontrol gücünü gösterdiğini

keşfettik.. Evren hakkında yapılan bilimsel bir araştırmanın sonucu tek bir cümleyle özetlenebilir: Evren, bilgisi sonsuz bir varlık tarafından dizayn edilmiştir."

Albert Einstein (1879-1955)

Çağımızın en önemli bilim adamı olan Albert Einstein aynı zamanda Allah'a olan inancı ile de tanınmaktadır. Bilimin dinsiz olamayacağını savunan Einstein'ın din ve bilimle ilgili bir sözü şöyledir:

"Derin bir imana sahip olmayan gerçek bir bilim adamı düşünemiyorum. Bu durum şöyle ifade edilebilir: Dinsiz bir bilim topaldır."

Einstein, evrenin tesadüflerle oluşamayacak kadar harika bir düzene sahip olduğuna ve evrenin Üstün Akıl sahibi Yaratıcımız tarafından yaratıldığına inanıyordu. Yazılarında Allah'a olan inancından sıkça söz eden Einstein için, evrendeki doğal düzenin harikalığı son derece önemliydi. Bir yazısında Einstein, *"Tabiatı araştıran herkesin içinde bir çeşit dini saygı"* olduğunu belirtmiş ve şöyle demiştir:

"Bilimle ciddi şekilde uğraşan herkes tabiat kanunlarında bir ruhun, insanlardan daha üstün bir ruhun olduğuna ikna olur. Bu yüzden bilimle uğraşmak, insanı dine götürür."

Einstein'in dine bakış açısını, aşağıdaki sözlerinde de görmek mümkündür:

"Din duygusu ne zaman kaybolsa, bilim, ilhamı olmayan bir deneyciliğe dönüyor."

Georges Lemaitre (1894-1966)

Georges Lemaitre evrenin yaratılışını ifade eden Big Bang teorisini ortaya atmıştır. Lemaitre, evrenin bir başlangıcı ve sonu olduğunu, bunun da pek çok insanın Allah'a inanmasında önemli bir rol oynadığını savunmuştur. Aynı zamanda bir din adamı olan Lemaitre, dinin ve bilimin insanlığı aynı gerçeklere ulaştıracağına inanıyordu.

Sir Alister Hardy (1896-1985)

Hardy, modern okyanus biliminin (Oceonography) kurucusudur. İnançlı bilim adamlarını, dine yaptıkları hizmetler nedeniyle ödüllendiren Templeton Vakfı, 1985 yılında bilim yoluyla dine ulaştığı ve bu konuda yaptığı çalışmalar nedeniyle Hardy'i ödüllendirmiştir.

Wernher von Braun (1912-1977)

Wernher von Braun, dünya çapında tanınan en popüler uzay bilimcilerden biridir. Wernher von Braun, II. Dünya Savaşı sırasında ünlü V-2 roketlerini geliştirerek Alman roket mühendisliğine önderlik etmiştir. NASA'nın direktörlüğünü de yapan Dr. Braun, aynı zamanda güçlü bir inanca sahip dindar bir bilim adamıydı. Yaratılış ve doğadaki tasarım için şöyle demişti:

"İnsan eliyle uzayda uçmak şaşırtıcı bir başarı ama uzay, kapılarının çok az bir kısmını insanlara açıyor. Bu delikten evrenin geniş esrarına bakmak, Yaratıcı'ya olan kesin inancımızı onaylıyor. Evreni var eden üstün bir Aklı tanımayan bir bilim adamını ve gelişen bilimi reddeden bir din adamını anlamakta güçlük çekiyorum."

Wernher von Braun, Mayıs 1974'te yayınlanan bir makalesinde şöyle diyordu:

"İnsan, tasarım ve amaç olmadan, evrenin kanunu ve düzeni ile bırakılamaz. Evrenin ve onun barındırdığı herşeyin şaşırtıcı yönlerini daha iyi anladıkça, zaten bu amaçla yaratılan tasarımda hayrete düşülecek çok daha fazla neden bulmuş olduk... Tek sonuca inanmaya zorlanmakla -yani evrendeki herşeyin tesadüfen oluştuğuna inanmaya zorlanmakla- bilimin tarafsızlığı ihlal edilmiş olur... Rastgele meydana gelen hangi işlem bir insanın beynini veya bir insan gözünün sistemini oluşturabilir?"

Max Planck (1858-1947)

Ünlü Alman fizikçi Max Planck, kendi ismiyle bilinen bir fiziksel sabitin kaşifidir. 1900'lü yıllarda Berlin Üniversitesi'nde fizik profesörü olan Planck, ışığın (radyasyon) bir akarsudaki suyun sürekli akışı gibi değil, bir yağmur damlasının pencerenin camında oluşturduğu görüntü gibi bir yapıya sahip olduğunu savunmuştur. Planck'a kadar olan zaman zarfında bilim adamları, ışığın bir dalga hareketi olduğunu düşünüyorlardı. Herbir ışık parçacığının bir enerji paketi olduğunu ortaya çıkaran Planck, her bir pakete "foton" adını verdi.

Foton kavramı, fizik alanında bir devrim meydana getirdi. Işık, ses gibi havada dalgalar halinde yayılmakla kalmıyor, aynı zamanda parçacıklar halinde de hareket edebiliyordu. Bu çok önemli buluşların sahibi Planck, evreni idare eden büyük bir "Güç"ün aklına inanıyordu.

Evrendeki düzenin yaratıcısının Allah olduğunu söyleyen Max Planck, Allah'a olan inancını şu sözlerle vurgulamıştır:

"Hangi sahada olursa olsun, bilimle ciddi şekilde ilgilenen herkes, bilim mabedinin kapısındaki şu yazıyı okuyacaktır: 'İman et. İman, bilim adamlarının vaz-geçemeyeceği bir vasıftır.' "

Charles Coulson (1910-1974)

Oxford Üniversitesi'nde yıllarca matematik profesörlüğü yapan Coulson, sözlerinde Allah'a olan inancını, Allah'a yakınlaşma isteğini, Allah'a dua edişlerini ve yaşamının amacının Allah'a yakınlaşmak olduğunu belirtmektedir.

GEÇMİŞTE YAŞAMIŞ DİĞER İNANAN BİLİM ADAMLARI

Bu bölümde isimlerini verdiğimiz Yaratılışa inanan bilim adamlarının her birinin geçmişte bilime önemli hizmetleri olmuştur. Bu bilim adamlarının varlığı, Yaratılışa inancın bilimle çatışmadığının, aksine dinin bilimi teşvik ettiğinin açık birer delilidir.

Leonardo da Vinci (1452-1519)- Sanat, mühendislik, mimari

Georgius Agricola (1494-1555)- Mineraloji

John Wilkins (1614-1672)- Astronomi ve Mekanik

Walter Charleton (1619-1707)- Kraliyet Tıp Okulu (Royal College of Physicians) Başkanı

Isaac Barrow (1630-1677)- Matematik Profesörü

Nicolas Steno (1631-1686)- Stratigrafi

Thomas Burnet (1635-1715)- Jeoloji

Increase Mather (1639-1723)- Astronomi

Nehemiah Grew (1641-1712)-Tıp

William Whiston (1667-1752)- Fizik, Jeoloji

John Hutchinson (1674-1737)- Paleontoloji

Johathan Edwards (1703-1758)- Fizik, Meteoroloji

Richard Kirwan (1733-1812)- Mineraloji

Timothy Dwight (1752-1817)- Eğitimci

James Parkinson (1755-1824)- Tıp

William Kirby (1759-1850)- Entomoloji (Böcek Bilimi)

Benjamin Barton (1766-1815)- Botanikçi, Zooloji

John Dalton (1766-1844)- Modern atom teorisinin kurucusu.

Charles Bell (1774-1842)- Anatomi

John Kidd (1775-1851)-Kimya

Johann Carl Friedrich Gauss (1777-1855)-Analiz, geometri, jeoloji, manyetizma, astronomi.

Benjamin Silliman (1779-1864)- Mineraloji

Peter Mark Roget (1779-1869)- Fizyoloji

William Buckland (1784-1856)- Jeoloji

William Prout (1785-1850)-Kimya

Edward Hitchcock (1793-1864)-Jeoloji

William Whewell (1794-1866)-Astronomi ve Fizik

Richard Owen (1804-1892)-Zooloji, Paleontoloji

Matthew Maury (1806-1873)-Okyanus bilimi ve Su bilimi

Henry Rogers (1808-1866)-Jeoloji

James Glaisher (1809-1903)-Meteoroloji

Philip H. Gosse (1810-1888)-Ornitoloji, Zooloji

Sir Henry Rawlinson (1810-1895)-Arkeoloji

John Ambrose Fleming (1849-1945)-Elektronik

Sir Joseph Henry Gilbert (1817-1901)-Tarım Kimyası

Thomas Anderson (1819-1874)-Kimya

Charles P. Smyth (1819-1900)-Astronomi

John W. Dawson (1820-1899)-Jeoloji

Henri Fabre (1823-1915)-Entomoloji

Bernhard Riemann (1826-1866)-Geometri

K. Werner Heisenberg-Kuantum fiziği, Moleküler fizik

Paul Dirac-Kuantum fiziği, Elektrokimya

Joseph Lister (1827-1912)-Cerrahi

John Bell Pettigrew (1834-1908)-Anatomi, Fizyoloji

Balfour Stewart (1828-1887)-İyonosferik elektrik

P.G.Tait (1831-1901)-Fizik, Matematik

Edward William Morley (1838-1923)-Fizik alanında Nobel ödüllü bilim adamı

Sir William Abney (1843-1920)-Astronomi

Alexander MacAlister (1844-1919)-Anatomi

A. H. Sayce (1845-1933)-Arkeoloji

James Dana (1813-1895)-Jeoloji

George Romanes (1848-1894)-Biyoloji ve Fizyoloji

William Mitchell Ramsay (1851-1939)-Arkeoloji

William Ramsay (1852-1916)-Kimya

Howard A.Kelly (1858-1943)-Jinekoloji

Douglas Dewar (1875-1957)-Ornitoloji (Kuş Bilimi)

Paul Lemoine (1878-1940)-Jeoloji

Charles Stine (1882-1954)-Organik Kimya

A. Rendle Short (1885-1955)-Tıp

L. Merson Davies (1890-1960)-Jeoloji, Paleontoloji

Sir Cecil P. G. Wakeley (1892-1979)-Arkeoloji

GÜNÜMÜZÜN İMAN EDEN BİLİM ADAMLARI

20. yüzyılda bilimde büyük ilerlemeler kaydedilmiş ve yüzyıllardır sır olan pek çok bilgi açığa çıkmıştır. Ve ilerleyen bilim, açıkça bir gerçeği göstermiştir: **Yaratılış Gerçekliği**. Her bilimsel bulgu evrende var olan canlı ve cansız tüm varlıklardaki kusursuz tasarımı, düzeni ve planı göstermektedir. Bu bulgulara bizzat şahit olan birçok bilim adamı ise tüm evrenin tasarımının üstün bir Aklın ürünü olduğunu görmüş, herşeyi sonsuz kudret sahibi Allah'ın yarattığını anlayarak, yaratılış gerçeğini savunmuştur. Bugün, başta ABD olmak üzere, batılı ülkelerde inançlı bilim adamları tarafından kurulmuş olan birçok ciddi akademi ve organizasyon mevcuttur. Aynı zamanda bu bilim kuruluşları, bilimsel delillerin evrendeki kusursuz tasarımı

ortaya koyduğunu göstermek için çalışmalarını sürdürmektedirler. Günümüzde yaşayan ve bilimsel çalışmaları ile tanınan inançlı bilim adamlarından bazıları şöyledir:

Dr. Henry Fritz Schaefer

Schaefer, Georgia Üniversitesi'nde kimya profesörü ve Kuantum Kimya Merkezi'nin direktörüdür. Tam 5 kez Nobel ödülüne aday gösterilen Schaefer için dünyanın en nitelikli üçüncü kimyageri denmektedir. İnançlı bir bilim adamı olan Schaefer, bilimsel çalışmalarının amacının Allah'ı tanımak olduğunu şu sözleriyle ifade etmiştir:

"Bilimin bir anlam kazandığı ve bana zevk verdiği anlar; kendi kendime "İşte bu Allah'ın yaratması" dediğim anlardır."

Isaac Bashevis Singer

Günümüz ünlü fizikçilerinden Singer, evrim teorisini reddeden ve Allah'a inanan bir bilim adamıdır. Verdiği bir konferansta evrim tezini şu ilgi çekici hikaye ile eleştirmiştir:

Bilim adamları şimdiye kadar hiçbir insanın ayak basmadığı ıssız bir ada keşfetmişler. Bu adaya ilk kez çıkan bilimciler gördükleri doğal hayattan oldukça etkilenmişler. Vahşi hayvanlarla balta girmemiş ormanlar onlara çok çarpıcı gelmiş. Sarp yamaçlara tırmanıp etrafı gözden geçirmişler. Adada en ufak bir uygarlık izi bulamamışlar. Tam gemilerine dönerlerken bir de bakmışlar ki kumsalda son model zarif bir kol saati duruyor. Hem de tıkır tıkır işliyor. Bilimciler için can sıkıcı bir durum. Bu saat buraya nereden geldi? Kesin olarak biliyorlar ki adaya kendilerinden önce hiçbir insanoğlu uğramamış. O halde ortada tek bir seçenek kalıyor. Bu saat, pahalı deri kayışı, değerli camı, akrep ve yelkovanı, pili ve diğer parçaları ile kendiliğinden şans eseri tesadüfen bu adaya geldi ve bu kumsala yerleşti. Başka alternatif yok!"

Singer, evrimcilerin içinde bulundukları yanılgıyı açıklamak için hikayesinin sonunda şöyle bir açıklama getirmiştir: *"Her saati yapan bir saatçi vardır."* Evrende var olan canlı ve cansız her varlık üstün bir tasarıma ve kusursuz bir düzene sahiptir. Dolayısıyla hiçbirinin varlığı tesadüflere dayandırılamaz. Her birinin üstün ve güçlü bir Yaratıcı'nın eseri olduğu açıktır. Günümüz bilim adamlarının büyük bir bölümü ise Singer'da olduğu gibi bu kusursuzluğu ve düzeni ortaya koyarak, hepsinin Allah'ın yaratışının eseri olduğunu insanlara göstermektedirler.

Prof. Malcolm Duncan Winter Jr.

Wheaton Üniversitesi'nde ve North Western Üniversitesi'nde tıp profesörü olan Prof. Winter da evrenin ve insanın mutlaka üstün bir Yaratıcı tarafından var edildiğine inanmaktadır. Bu inancını şöyle belirtmiştir:

"Fiziki metodları kullanarak diyebiliriz ki bütün esrarengizliğiyle beraber gökler ve yeryüzü, değişik şekilleriyle insan hayatı ve en sonunda çok yüce kapasitesiyle insanın kendi varlığı... Bütün bunların kendiliğinden ve tesadüfen meydana gelmiş olmasını düşünmek kadar karmaşık ve anlamsız bir düşünce olamaz. Öyleyse, evrene hükmeden bir zeka bulunmaktadır. Bütün bunların ardında bir Yaratıcı vardır. Madem ki insan, çevresinde bulunan değişik varlıklardan çok daha üstün bir yapıya sahiptir, öyleyse Yaratıcı'ya yönelmesi gerekir"

William Phillips

Lazer ışınıyla atomları yakalama metotları geliştirdiği için daha 50 yaşına varmadan Nobel ödülü kazanan günümüz fizikçilerinden William Philips inançlı bir bilim adamıdır. Nobel ödülünü kazandıktan sonra katıldığı bir basın toplantısında şöyle demiştir:

"Allah, bize içinde yaşayabileceğimiz ve keşfedebileceğimiz muhteşem bir dünya verdi."

Prof. Dale Swartzendruber

Iowa Üniversitesi'nde doktorasını yapan, California Üniversitesi'nde toprak bilimleri yardımcı profesörlüğü görevinde bulunan Prof. Swartzendruber, aynı zamanda

Amerikan Toprak Bilimleri Enstitüsü üyesidir.

Tüm evrenin kesinlikle tesadüfen oluşamayacağını ve bir Yaratıcı'nın eseri olduğunu Prof. Swartzendruber şu sözleriyle belirtmiştir:

*"Şurası muhakkaktır ki, gerek üstümüzdeki olağanüstü gökyüzünde olsun, gerek bize göre altımızdaki yeryüzünde olsun, **herşeyde bir plan ve bir amaç vardır.** Bu maksadı ve planı meydana getiren bir kuvvetin, yani sonsuz Yaratıcı'nın, varlığını inkara kalkışmak, akıl ve mantık kurallarıyla çelişir. Bu yazın, sararmış, boyunlarını bükmüş buğday başaklarıyla dolup-taşan ve bir buğday denizini andıran tarlayı gördüğü halde, onu eken bir çiftçinin bulunduğunu ve onun tarlanın yakınındaki bir kulübede veya başka bir yerde oturmakta olduğunu inkar edip kabullenmeyen kişinin düşebileceği çelişkiden, çok daha büyük bir çelişkidir."*

William Dembski

Günümüz matematikçi bilim adamlarından olan Dembski'nin araştırmaları aynı zamanda felsefeden ilahiyata kadar geniş bir alan içerir. Dembski, bilimin dünyayı anlamaya çalıştığını ve bilim adamlarının da ancak birer kaşif olduklarını savunur. Dembski'nin düşüncelerini ifade eden sözlerinden birkaç örnek şöyledir:

"...Dünya, Allah'ın yaratmasıdır,

bilim adamları ise dünyayı anlamaya çalışırken, Allah'ın düşüncelerini tekrarlarlar. Bilim adamları yaratıcı değil, kaşiftirler....Yaratılış ise, her zaman Yaratıcı'nın varlığını gösterir."

Prof. Stephen Meyer

Whitwort Üniversitesi'nde felsefe profesörü olan Meyer, yaratılışa inanan ve bu konuda pek çok eseri olan günümüz bilim adamlarındandır. Evrenin, bilinçli bir tasarımın ürünü olduğunu savunduğu sözlerinden birkaçı şöyledir:

"İddia ediyorum ki ne tesadüfler, ne prebiotik doğal seleksiyon, ne de fiziksel-kimyasal gereklilik, ilk hücredeki bilginin kaynağını açıklayamaz."

Prof. Walter L. Bradley

Teksas Üniversitesi'nde mekanik mühendislik profesörü olan Bradley, *Hayatın Kökeninin Sırrı* adlı kitabın yazarlarındandır. Tüm evrenin, canlı cansız herşeyin bir tasarımın ürünü olduğunu ve bunun delillerinin her yerde olduğunu savunan Bradley, bir Yaratıcı'nın varlığına olan inancını şu sözleriyle vurgulamıştır:

"1987 baharında bir iş için Cornell Üniversitesi'nde iken Hıristiyanlık ve bilim üzerine bir konferansım oldu. Bu konferansta bilimsel kanıtlarla Allah'ın varlığını gösterdim." Bradley, bir başka ifadesinde de

şunları söylemiştir: *Akıl Sahibi bir Yaratıcı olduğuna dair çok net deliller var."*

Prof. Earl Chester Rex

Washington Üniversitesi'nde ve Güney California Üniversitesi'nde yardımcı profesörlük, fizik doçentliği ve profesörlük yapan Prof. Rex aynı zamanda Amerikan Fizik Enstitüsü üyesidir. Tüm evreni Allah'ın yarattığına ve ona yine Allah'ın gücüyle hükmedildiğine inanan Prof. Rex, bu düşüncesini şu sözlerle dile getirmiştir:

"Kainatın oluşumunu açıklayan ve ona hükmeden kanunları belirten modern teoriler, Allah fikrinin dışında bir düşünceyle ortaya konduğu zaman, son derece karmaşık ve girift bir karanlık çıkmaza girerler. Ben şahsen Allah'ın varlığına inanıyor ve O'nun bu kainata hükmettiğini kabul ediyorum."

Dr. Allan Sandage

Günümüzün en tanınmış gök bilimcisi olan Dr. Allan Sandage, sonradan dini kabul eden bir bilim adamıdır. Son zamanlarda Batı dünyasında en çok dikkat çekilen bir bilimselo makale olan ve 1998 yılında yayınlanan **"Science found God -Bilim Allah'ı Buluyor-"** kapak konulu ünlü *Newsweek* dergisine verdiği röportajda Sandage, dini kabul etmesini şöyle açıklıyordu:

"Beni bu sonuca götüren,

dünyanın bilimle anlaşılamayacak kadar karmaşık olmasıydı. Var oluşun sırrını anlayabilmem ancak imanla mümkündür."

Prof. Cecil Boyce Hamann

Saint Louis Üniversitesi'nde biyoloji profesörlüğü yapmış olan ve Asburry Üniversitesi'nde biyoloji dersleri veren Hamann, Allah'a güçlü inancı olan günümüz bilim adamlarındandır. Hamann, inancını şu sözleriyle ifade etmiştir:

"Bilim dünyasında gözümü nereye çevirsem yücelerin yücesi bir Yaratıcı'nın varlığını gösteren eşi bulunmaz kanun ve düzenler gördüm. Fevkalade üstün yaratılış örneklerine şahit oldum... Evet ben de kesin olarak inanıyorum ki Allah vardır. O'nun bu kainatı yaratıp koruduğunu ve herşeye gücünün yettiğini kabul ediyorum. Yalnız bu kadar da değil. İnsan denilen yaratığın bütün zerrelerini O'nun koruduğunu da kabul ediyorum."

Prof. Paul Ernest Adolph

Saint John's Üniversitesi'nde yardımcı profesörlük yapmış olan, Amerikan Cerrahlar Birliği üyesi Prof. Adolph, yaptığı bilimsel çalışmalar sonunda güçlü bir Allah inancı kazanan bir bilim adamıdır. Prof. Paul Ernest Adolph inancını şöyle açıklamıştır:

"Ben Allah'a hiç kuşku duymadan kesin olarak inanıyorum. Ve bu inancım uğraştığım bilim dalının beni doğruladığı ve kuvvetlendirdiği bir imandır... İşte bu soruya cevap veriyorum: Evet, kainatta bir Yaratıcı vardır."

Prof. Lester John Zimmerman

Purdue Üniversitesi'nde doktorasını yapan ve Goshen Üniversitesi'nde tarım ve matematik profesörü olan Prof. Zimmerman Allah inancını şu sözleriyle dile getirmiştir:

Hiç şüphesiz ki, herşey Allah'ın yüce kudreti ile meydana gelmiştir. Herşeye gideceği yolu gösteren ve çizen O'dur. Toprak ve bitkilerle ilgili araştırmalarımda derinleştikçe Allah'a imanım da o nisbette arttı.."

Enrico Medi

Ünlü İtalyan bilim adamı, 1971'de Roma'daki uluslararası bir konferansta, bir bilim adamının şahit olduğu mucizeleri ve ulaştığı sonucu şöyle açıklamıştır:

"Uzayın ve zamanın dışında tüm varlıkların sahibi olan ve tüm varlıkları bu şekilde yaratan bir sebep vardır... Ve bu Yaratıcı da Allah'tır."

Prof. Wayne U. Ault

Prof. Ault, Columbia Üniversitesi'nde yüksek eğitimini yapmış ve New York jeo-kimya laboratuarlarında araştırma şefi olarak çalışmıştır. Prof. Ault bilimsel araştırmaların kişinin Allah inancını güçlendirdiğini şu sözleriyle belirtmiştir:

"Şurası muhakkak ki bilgi basamaklarında ilerlemek, eşyanın meydana gelişinin keyfiyetini ve sebeplerini araştırıp soruşturmak, insan zekasını diğer varlıklardan ayıran en büyük ve en önemli niteliklerden birisidir. Kainatı bir kuvvetin yarattığını kabul eden ve ilmi incelemelerine bu imanla dalan bir ilim adamı, ilmi çalışmalarını devam ettirirken mutlaka Allah'a imanını artıracak delillerle karşılaşacaktır."

Prof. Michael P. Girouard

Southern Louisiana Üniversitesi'nde biyoloji profesörü olan Michael Girouard, yaşamın tesadüflerle ortaya çıkamayacağına, yaşamın temeli olan proteinlerin ve hücrenin son derece karmaşık ve kusursuz yapılarının Allah'ın yaratmasının eseri olduğuna inanan günümüz bilim adamlarındandır. Prof. Girouard, Bilim Araştırma Vakfı tarafından 5 Temmuz 1998 tarihinde düzenlenen **"Evrim Teorisinin Çöküşü: Yaratılış Gerçekliği"** isimli II. Uluslararası Konferans'a katılmıştır. Bu konferansta yaptığı **"Yaşamın Tesadüflerle Ortaya Çıkması Mümkün mü?"** başlıklı konuşmasında, inandığı bu gerçeği bilimsel verileriyle ortaya koymuş ve konuşmasını şöyle bitirmişti:

*"Canlıların yapısı bu laboratuvar deneyinde üretilenden çok daha karmaşık ve farklı bir yapıdır. Kimya ve fizik kanunlarına baktığımızda ve bu konuda yorumda bulunulmasını istediğimizde, laboratuvardaki kimya ve fizik kuralları bize şunu söylüyorlar: **Mutlaka bir zeka olmalıdır, mutlaka Yaratıcı vardır, bu bilgiyi düzenleyen bir Yaratan vardır.** Bu beyan hala dünyadaki en bilimsel beyandır. İşte fizik ve kimya kanunları bize kesinlikle şüphesiz bir biçimde şunu söylüyor ki; **evrim ve cansızdan canlı oluşması mümkün değildir. İşte bilimsel kanıtlara dayalı olarak,** bu sadece benim konuşmamın sonu değil, aynı zamanda **evrimin de sonudur.**"*

Prof. Edward Boudreaux

New Orleans Üniversitesi'nde kimya profesörü olan Edward Boudreaux, kimyasal elementleri Allah'ın canlılığın yaratılması için gerekli şekilde düzenlediğine inanmaktadır. Prof. Boudreaux, 1998 yılında İstanbul'da düzenlenen **"Evrim Teorisinin Çöküşü: Yaratılış Gerçekliği"** konulu uluslararası konferanslar dizisinin ikincisinde **"Kimyadaki Dizayn"** başlığı ile yaptığı konuşmasında şöyle demiştir:

"İçinde yaşadığımız dünya ve bu dünyanın kanunlarını, biz insanların yaşamalarına en uygun biçimde Allah yaratmıştır."

Prof. Kenneth Cumming

ABD Yaratılış Araştırmaları Enstitüsü'nden, biyokimya ve paleontoloji konularında dünyaca ünlü bilim adamı Prof. Kenneth Cumming, evrim teorisine karşı olduğunu ve Allah'ın varlığına inandığını şöyle ifade etmiştir:

"Sanırım bu konudaki pek çok delil, teorinin değersizliğini ortaya koydu. Evrim adına ortaya konan deliller çürütülmeli ve evrimci düşüncenin çöküşü yönünde ortaya konmalıdır. Çevremizde gördüğümüz herşey, tüm varyasyonları ile yaratılışın birer parçasıdır ve hepsini çok üstün ve mutlak akıl sahibi bir varlık olan Allah yaratmıştır."

Prof. Carl Fliermans

Günümüzde ABD'nin en bilinen bilim adamlarından olan Prof. Fliermans, Indiana Üniversitesi'nde mikrobiyoloji profesörüdür. **"Kimyasal atıkların bakteriler yoluyla nötralize edilmesi"** konusunda Amerikan Savunma Bakanlığı'nın desteklediği araştırmaları yürüten Prof. Fliermans, İstanbul'da katıldığı **"Evrim Teorisinin Çöküşü: Yaratılış Gerçekliği"** konulu konferansta biyokimyasal düzeyde evrimcilerin iddialarını çürüttüğü konuşmasında, Allah'a olan inancını şöyle ifade etmiştir:

"Modern biyoloji canlıların asla evrimle ortaya çıkmadıklarını ispatlamakta ve Allah'ın üstün yaratışına delil oluşturmaktadır."

Prof. David Menton

*"30 yıldan bu yana canlıların anatomilerini inceliyorum. **Her araştırmamda karşılaştığım gerçek, Allah'ın kusursuz yaratışı oldu**"* sözleriyle Allah'a olan inancını dile getiren Prof. David Menton, Washington Üniversitesi'nde anatomi profesörüdür.

Prof. John Morris

Ünlü jeolog Prof. John Morris, ABD'de Yaratılışı savunan bilim adamlarının oluşturduğu en etkin kuruluş olan ICR (Institute for Creation Research - Yaratılış Araştırmaları Enstitüsü)'nin başkanıdır. Prof. Morris, Allah'a olan imanını ve evrim teorisinin bilim tarafından çürütüldüğünü bir konuşmasında şöyle belirtmiştir:

"Bizler profosyonel ve doktora sahibi bilim adamları olarak dindarız ve Allah'a inanıyoruz, Allah'ın Yaratan olduğuna gönülden inanıyoruz. Yaratıcı olan, hayatımız üzerinde egemen olan ve bizim boyun eğmemiz gereken varlık Allah'tır. Hayatımızı O'na borçluyuz ve Allah'ı hoşnut etmekle mükellefiz."

Arthur Peacocke

Günümüzün tanınmış biyo-kimyagerlerinden ve aynı zamanda Oxford Üniversitesi'nde bulunan Ian Ramsey Centre'ın yöneticisi olan Arthur Peacocke Allah'a olan inancını şöyle dile getirmektedir:

"Allah yaratır ve yaratılan dünyanın zamanının her anında vardır, Allah geçmişi ve geleceği ve şu andaki zamanı aşar; Allah ezeli ve ebedidir, çünkü O'nun var olmadığı hiçbir zaman yoktur ve gelecekte O'nun var olmayacağı hiçbir zaman olmayacaktır."

Prof. Albert MacCombs Winchester

Texas Üniversitesi'nde doktorasını tamamlayarak Baylor Üniversitesi'nde biyoloji profesörü olan ve bir süre Florida İlimler Akademisi başkanlığı yapan Prof. Winchester, bilimsel çalışmaların kendisinin Allah'a olan inancını kuvvetlendirdiğini şu sözlerle bildirmiştir:

"Ben değişik bilim dallarında çalışma yapmış ve uzun yıllarını bu yola vermiş birisi olarak, bilim dünyasında Allah'a imanımı sarsacak hiçbir şeyle karşılaşmadığımı bütün samimiyetimle ifade ederim. Bilimsel çalışmalar benim Allah'a imanımı daha da kuvvetlendirdi. Ve eskisinden çok daha sağlam ve metin bir hale getirdi."

Mehdi Golshani

Tahran'da bulunan Sharif Üniversitesi'nde fizik profesörü olan Mehdi Golshani, *Newsweek* dergisinde yayınlanan bir röportajında Allah'a olan inancını ve bilimsel araştırmaların din ile bir bütün olduğunu şu sözleriyle ifade etmiştir:

"Doğal olaylar Allah'ın evrendeki izleridir ve bunlar üzerinde çalışmak neredeyse dini bir vazifedir. Kuran insanlara **"yeryüzünde gezip dolaşın da, böylelikle yaratmaya nasıl başladığımıza bir bakın"** *ayetini bildirmiştir. Araştırma "İbadet işidir, böylece Allah'ın yaratmasındaki mükemmelikler daha çok açığa çıkar."*

Prof. Edwin Fast

Oklahoma Üniversitesi'nde doktorasını yapmış ve aynı üniversitenin fizik bölümü öğretim üyeliği görevinde bulunmuş olan Prof. Faust maddenin yapı taşı olan atomların kendi kendilerine biraraya gelerek tüm evreni ve canlıları oluşturmasının kesinlikle mümkün olmadığını savunmakta ve şu sözleriyle Allah'ın varlığına inandığını dile getirmektedir:

"İnsan en sonunda evrendeki sistematiği ortaya koyan "doğa kanunları"nın evrenin gördüğümüz gibi işlemesini tercih etmiş olan Üstün bir Aklın delili olduğu sonucuna varır. Tanecikleri akıllı bir şekilde yaratan neden onların ne özelliklere sahip olacağını da belirlemiştir."

Charles H. Townes

Lazeri keşfeden Townes, Berkeley Üniversitesi'nde araştırmalarına devam etmektedir. Townes, Allah inancını şu sözleriyle ifade etmiştir:

"Dindar bir insan olarak, bir Yaratıcı'nın varlığını ve etkisini güçlü bir şekilde hissediyorum."

John Polkinghorne

Cambridge Üniversitesi'nde özellikle parçacık fiziği konusunda uzman olan tanınmış fizikçi John Polkinghorne, *Newsweek* dergisiyle yaptığı röportajda Allah inancıyla ilgili olarak şu sözleri söylemiştir:

"Doğa kanunlarının gördüğümüz evreni yaratmak için ne denli olağanüstü bir şekilde ayarlandığını fark ettiğinizde, evrenin öylesine oluşmadığı, arkasında bir amacın olduğu fikrini görüyorsunuz... Benim için, Allah'a inançtaki temel unsur, evrenin ardında bir düşünce ve amaç olmasıdır.."

Hugh Ross

Toronto Üniversitesi'nde fizik profesörü olan ünlü Amerikalı astrofizikçi Hugh Ross **"Reasons to Believe"** (**İnanmak için Nedenler**) adlı Yaratılışçı kurumun başkanıdır. Kozmoloji ve yaratılış arasındaki ilişkiyi ele alan birçok tanınmış kitabı vardır.

Bunlara örnek olarak;, *"The Creator and the Cosmos"* (Yaratıcı ve Kozmos), *"Creation and Time"* (Yaratılış ve Zaman), *"Beyond the Cosmos"* (Kozmosun Ötesi) sayılabilir. Ross'un evrenin bir Yaratıcı tarafından var edildiğini savunan sözlerinden birkaç örnek şöyledir:

"Eğer zaman ve madde patlamayla birlikte ortaya çıkmışsa, o zaman evreni meydana getiren nedenin, evrendeki zaman ve mekandan tamamen bağımsız olması gerekir. Bu bize Yaratıcı'nın evrendeki tüm boyutların üzerinde olduğunu gösterir. Akıllı ve üstün bir Yaratıcı evreni yoktan var etmiştir. Akıllı ve üstün bir Yaratıcı evreni dizayn etmiştir. Akıllı ve üstün bir Yaratıcı dünya gezegenini dizayn etmiştir. Ve yine akıllı ve üstün bir Yaratıcı hayatı tasarlamıştır."

Prof. Dr. Duane Gish

California Üniversitesi'nde biyokimya profesörü olan Duane Gish, inançlı kişiliği ve evrim teorisine karşı mücadelesi ile tanınan önemli bir bilim adamıdır. Gish, dünya çapında katıldığı evrim teorisinin geçersizliğini anlatan konferanslarla ve dünyanın önde gelen evrimcileri ile yaptığı tartışmalarla bilim dünyasında adından sıkça söz ettirmektedir. Prof. Gish, 1998 yılında ülkemizde düzenlenen "Evrim Teorisi'nin Çöküşü: Yaratılış Gerçeği" isimli konferanslara konuşmacı olarak 3 kez katılmıştır. Gish'in evrim teorisinin çökmüş bir teori olduğunu ve yaratılışa olan kesin inancını ifade ettiği sözlerinden biri şöyledir:

"Evrim teorisi artık can çekişme noktasına gelmiştir. Yaratıcılık fikri ise sağlam delillerle izah ediliyor. Binlerce bilim adamı, yaratıcılık fikrini daha ikna edici buluyor. Bu sayı gün geçtikçe artıyor."

Dr. Pierre Gunnar Jerlstrom

Griffith Üniversitesi'nde moleküler biyoloji profesörü olan Jerlstrom, konusunda pek çok araştırmaya imza atmış ve bu araştırmalarıyla bilimsel ödül almaya hak kazanmıştır. Çeşitli bilimsel dergilerde makaleleri yayınlanan Dr. Jerlstrom yaratılışa inanan bir bilim adamıdır.

Dr. Stephen Grocott

Western Avustralya Üniversitesi'nde organometalik kimya uzmanı olan Grocott, analitik ve endüstriyel kimya alanlarında, yıllarca çok geniş çaplı araştırmalar yapmıştır. Bu konuda pek çok makaleye imza atmış olan Grocott, önceleri evrimci bir bilim adamıyken, yaratılışın kesin delilleri karşısında evrim teorisini terk edip Yaratılışa inanmaya başlamıştır. Grocott yaratılışın delilleriyle ilgili birçok toplantıya konuşmacı olarak katılmıştır.

Dmitry Kouznetsov

Birçok bilim adamının, gördüğü bilimsel gerçekler karşısında Allah'a ve dine inanmaya başladıklarını savunan Rus bilim adamı Kouznetsov, evrimcilerle yaptığı bilimsel tartışmalarla da tanınmaktadır.

Dr. Emil Silvestru

Romanya'da bulunan Babes-Bolyai Üniversitesi'nde yardımcı profesör olan Dr. Silvestru, mağaraların jeolojisi konusunda dünya çapında otorite olarak kabul edilmektedir. Uluslararası akademik dergilerde

712

bilimsel yazıları yayınlanan ve dünyanın ilk mağara bilimi enstitüsünün başında bulunan Dr. Silvestru, yaratılışı savunan bilim adamlarındandır.

Dr. Andre Eggen

Hayvan genetiği konusunda geniş çaplı araştırmaları olan genetikçi Dr. Andre Eggen şu anda Fransız Hükümeti için bilimsel araştırmalarını sürdürmektedir. Eggen, yaratılış gerçekliğine inanan bir diğer bilim adamıdır.

Dr. Ian Macreadie

Dr. Macreadie, moleküler biyoloji ve mikrobiyoloji konularında çok önemli araştırmalara imza atmış ünlü bir bilim adamıdır. 60'dan fazla araştırmasıyla Macreadie, Avustralya Commonwealth Scientific and Industrial Research Organization'da (Avustralya Bilimsel ve Endüstriyel Araştırma Organizasyonu) Biyo-moleküler Araştırma Enstitüsü'nün baş araştırma uzmanıdır. Yaratılışa inanan bu değerli bilim adamı, aynı zamanda Avustralya Mikrobiyoloji Derneği'nin verdiği en önemli ödülünün de sahibidir.

Prof. Andrew Conway Ivy

Dünyanın ünlü fizyoloji bilginlerinden olan Andrew Ivy, 1925-1946 yılları arasında North Western Üniversitesi Tıp Fakültesinde fizyoloji ve farmakoloji bölümlerinde başkanlık yapmıştır. 1946-1953 yılları arasında da Chicago'da bulunan Illinois Üniversitesi'nde tıp fakültesi profesörlüğü ve dekan yardımcılığı yapan Prof. Ivy, daha sonra aynı üniversitede fizyoloji profesörlüğü ve Klinik Bölüm Başkanlığı görevini almıştır. **"Kainatı yaratan bir Yaratıcı var mıdır?"** sorusunu **"Evet, ben O'nun varlığına inanıyorum"** sözleriyle cevaplayan Ivy, Allah inancını şu sözleriyle açıklamayı sürdürmüştür:

"Ben Allah'ın varlığına kendi varlığım gibi ve elimle dokunduğum eşyanın varlığı gibi inanıyorum. Şüphesiz ki Allah'ın varlığına inanmam varlıklar alemine bir anlam kazandıran en üstün ve biricik düşünce yoludur. Allah'a iman, insan denilen varlığa madde ve enerji yığını olmaktan çok daha büyük bir anlam katar. Allah'ın varlığına iman, sevgi konusunda en yüce ve insancıl düşüncelerin kaynağıdır."

Dr. Raymond Jones

Avustralya Devlet Bilimsel Araştırma Organizasyonu (CSIRO)'nda yıllarca hizmet vermiş olan araştırmacı bilim adamı Jones, tarımda Leucaena adı verilen bir problemi çözerek Avustralya çiftçilik endüstrisine milyonlarca dolar kazandırmasıyla tanınmaktadır. Jones yaratılışa inanan bir bilim adamıdır.

Jules H. Poirier

Elektronik alanında tasarım mühendisi olan Poirier, Amerikan Devleti için yüksek güçte savunma ve uzay projeleri tasarımında çalışmaktadır.

California Üniversitesi'nde elektronik mühendisliği, fizik ve matematik alanlarında çalışan Poirier'nin tasarımları Amerika'nın pek çok uzay ve savunma programında kullanılmıştır.

Poirier canlılarda gördüğü üstün akıl örnekleri karşısında, bunların bir Yaratıcı tarafından yaratıldıklarını fark etmiştir. Poirier bu konuda, monark kelebeklerindeki inanılmaz tasarım örneklerini ele aldığı *From Darkness to Light to Flight: Monarch-the Miracle Butterfly* (Karanlıktan Işığa, Uçuşa: Monark: Mucize Kelebek) adlı kitabı yazmıştır.

Michael J. Behe

Evrenin ve tüm canlıların akıllı bir tasarımın ürünü olduklarını savunan en ünlü bilim adamlarından bir diğeri de Michael J. Behe'dir. Behe, Pennsylvania'da Lehigh Üniversitesi'nde biyo-kimya profesörüdür.

The New York Times ve *Boston Review* gibi ünlü gazetelerde pek çok makalesi yayımlanan Behe *"Darwin's Black Box"* (Darwin'in Kara Kutusu) isimli kitabın da yazarıdır. Evrim teorisinin biyoloji açısından kabul edilmesi imkansız bir teori olduğunu kanıtlayan bu kitap, uluslararası alanda 80'den fazla baskı yapmıştır. Behe **"indirgenemez komplekslik"** adını verdiği bir kavramla evrim teorisinin imkansızlığını kanıtlamaktadır. Bu fikre göre, canlı bedenlerindeki pek çok organ, pek çok farklı parçanın birarada ve uyum içinde çalışmasıyla işlev görmektedir. Eğer bir parça işlevini kaybederse bu bütün organizmaya yansıyacak ve canlı fonksiyonlarını yitirecektir. Bu yüzden tesadüfi ya da aşamalı bir var oluşun söz konusu olması mümkün değildir. Michael Behe, **"Darwin'in Kara Kutusu"** isimli kitabında şöyle demektedir:

"Bunlar doğanın kanunları tarafından, tesadüfler sonucu veya bir ihtiyaçtan dolayı tasarlanmamıştır; aslında bunlar önceden planlanmıştır. Tasarımı yapan ise, sistemlerin en son halinin nasıl olacağını en iyi şekilde bilmektedir; bu nedenle sistemlerin oluşacağı her adım da önceden planlanmıştır. Yeryüzündeki hayat da en basit örneğinden en kritik parçalarına kadar, bu akıllı dizaynın sonucudur. Akıllı dizaynın sonucu aslında tüm gerçekliğini kendi içinde barındırmaktadır. Biyokimyasal sistemlerin akıllı bir tasarımcının eseri olduğunu anlamak için, yeni bir prensibe dayalı mantık veya bilim de gerekmemektedir. Son kırk yıl içinde biyokimya dalında yapılan çalışmalar zaten bu gerçeği görmeye yeterlidir ve ortaya konanlar da günlük hayatımızda rasladığımız unsurlardır."

Philip Johnson

Chicago Üniversitesi'nde hukuk profesörü olan Johnson, evrim teorisinin ideolojik yanını içeren pek çok araştırmanın da sahibidir. Johnson bu konuda *"Darwin on Trial"*, *"Reason in the Balance"*, *"Objection*

Sustained" isimli üç kitabın ve ayrıca kriminal hukuk üzerine 3 kitap ve pek çok makalenin yazarıdır. Evrim teorisine karşı verdiği büyük mücadele ile tanınan Johnson, aynı zamanda Allah'a iman eden bir bilim adamıdır. Johnson'ın Allah inancını ifade ettiği sözlerinden bazıları şöyledir:

> **"...Materyalist evrime meydan okumayı ilerletmek istiyorum. Gelin Yaratanın etrafında birleşelim."**

Charles Birch

Avustralya Sydney Üniversitesi profesörlerinden olan Birch, yaratılışa olan inancıyla tanınan bir bilim adamıdır. 1990 yılında, dine çeşitli hizmetlerde bulunan bilim adamlarına verilen **"Dinde İlerleme için Templeton Ödülü"**'nü almıştır. Birch, Allah inancını şu sözleriyle ifade etmiştir:

> *"..Bütün değerlerin kaynağı olan Allah, 'insana ellerinden ve nefes almaktan da yakındır.' Allah'ın varlığı gerçektir. Allah hem dünyayı yaratan, hem de dünyayı yaşatandır."*

S. Jocelyn Bell Burnell

İngiltere Açık Üniversitesi'nde fizik profesörü ve Fizik Bölümü'nün başkanı olan Burnell, aynı zamanda Atarca yıldızını keşfeden astronotlardan biridir. Allah inancına sahip olan Burnell, bu inancını şu sözlerle dile getirmiştir:

> *"..Güçlü, herşeyden haberdar olan, aynı zamanda da koruyan ve bağışlayan Allah'a inanıyorum..Tek bir Allah'ın var olduğundan eminim.."*

Prof. Owen Gingerich

Harvard Smithsonian Astrofizik Merkezi'nde astronomi ve bilim tarihi profesörü olan Gingerich, Allah inancına sahip olan bir bilim adamıdır. Gingerich dini duygularını şu sözleriyle ifade etmiştir:

> *"..Evrenin yaratılışını planlayan ve yöneten, Üstün bir Akıl Sahibi olan Allah'a inanıyorum..*
>
> *İnsanlığın yaratılışının evrenin ana prensibi olduğuna ve insanlığın özellikle bilinç, vicdan ve ahlaken doğruyla yanlışı ayırt etme özgürlüğüyle Allah'ın tecellisi olarak yaratıldığına inanıyorum."*

Prof. Carl Friedrich von Weizsacker

Almanya'da Max-Planck-Gesellschaft Üniversitesi'nde fizik ve felsefe profesörü olan Weizsacker, Allah inancını şu sözleriyle ifade etmiştir:

> *"..İsviçre'nin Jura dağlarında güzel yıldızlı bir gecede iki şeyden emin oldum: Allah burada idi ve yıldızlar fiziğin bugün bize öğrettiği gibi birer gaz topuydu."*

Prof. David Berlinski

Princeton Üniversitesi'nde matematik profesörü olan Berlinski, canlıların evrimleşmediklerini, tam tersine akıllı bir tasarımın ürünü olduklarını savunmuştur. Berlinski bu tasarımın sahibinin Allah olduğunu pek çok sözünde de ifade etmiştir. Berlinski'nin bu düşüncelerini dile getiren sözlerine aşağıdaki örnekleri verebiliriz:

> "..Yaşamın yapısı komplekstir ve kompleks yapılar dikkatli bir dizaynla yapılır. Tek bir yüksüğü yapmak için bile akla ihtiyaç vardır: O zaman yaşamda meydana gelmiş olan şeyler niçin farklı şekilde oluşsun?" Moleküler biyoloji, yaşayan bütün canlıları Allah'ın yarattığını göstermektedir."

Prof. William Lane Craig

Birmingham Üniversitesi'nde felsefe ve Münih'teki Ludwig Maximiliens Üniversitesi'nde ilahiyat profesörü olan Craig, evreni Allah'ın belirli bir amaçla yoktan var ettiğine inanmaktadır. Craig'in bu konudaki görüşlerini şu sözleri yansıtmaktadır:

> "Evrenin varlığının bir sebebi vardır. Evrenin sebebinin tek bir Yaratıcı olduğuna inanıyorum. Yoksa geçici bir etki sonsuz bir etkiden nasıl oluşabilir?.. Hem felsefi alanda hem de bilimsel alanda evrenin başlangıcı olduğu anlaşılıyor. Var olan bir şey, varlığının sebebine sahiptir. Bu sebep, sebepsiz, sonsuz, değişmeyen, zamansız ve maddesizdir. Ve bağımsız bir irade vardır. Sonuç olarak Allah'ın varlığına inanmanın mantıklı olduğuna inanıyorum." Gerçekte, "hiçlikten sadece hiçlik çıkar" kuralına uygun olarak, Big Bang'in doğaüstü bir sebebi olmalıdır. Patlama öncesindeki tekillik, her türlü zaman-mekan kavramlarının sona erdiği sınır olduğuna göre, Big Bang'in fiziksel bir sebebi olması imkansızdır. Aksine, Big Bang'in nedeninin, fiziksel uzay ve zamanı tümüyle aşmış, evrenden tamamen bağımsız ve akıl almayacak derecede kudretli olması gerekmektedir. Dahası, bu sebep, kendi bağımsız iradesine sahip olan bilinçli bir varlık olmalıdır... Dolayısıyla evrenin kökeninin sebebi, evreni sırf kendi iradesi ile belirli bir zaman önce var eden bir Yaratıcı'dır."

Dr. Kurt Wise

Bryan Üniversitesi'nde Matematik ve Doğal Bilim Bölümü'nde yardımcı profesör olan paleontolog Kurt Wise, evrim teorisine karşı olması ve güçlü Allah inancı ile tanınmaktadır. Dr. Wise, Allah'a olan inancını şu sözleriyle dile getirmiştir:

> "Yaratılış bir teori değildir. Allah'ın evreni yaratmış olması bir teori değil, gerçeğin kendisidir.."

Sigrid Hartwig-Scherer

Zürih Üniversitesi'nde Antropoloji profesörü olan Scherer *Ramapithecus-Progenitor of Humans?* isimli kitabın yazarıdır. Çalışmalarında, fosil kayıtlarının evrim teorisini çürüttüğünü, maymunların insanların atası olmadığını ortaya koyan Scherer, canlıların bir Yaratıcı'nın eseri olduklarını savunmaktadır.

J.P. Moreland

Güney California Üniversitesi'nde Felsefe profesörü olan Moreland, *Hıristiyanlık ve Bilimin Doğası* ile *Yaratılış Hipotezi* isimli kitapların yazarı, inançlı bir bilim adamıdır.

Paul A. Nelson

Chicago Üniversitesi'nde Biyoloji Felsefesi profesörü olan Nelson, canlıların bir akıllı tasarımın ürünü olduğunu savunan bilim adamlarındandır.

Prof. Jonathan Wells

Yale Üniversitesi'nde Din İşleri Profesörü ve Berkeley Üniversitesi'nde Moleküler ve Hücre Biyolojisi Profesörü olan Wells, *Charles Hodge's Critique of Darwinism* (Charles Hodge'ın Darwinizm Kritiği) isimli kitabın yazarıdır. Wells, bilimdeki son gelişmelerin canlıların bir tasarımın ürünü olduklarını gösterdiğini savunmaktadır.

Dr. Don Batten

Bitki fizyolojisiyle ilgili birçok araştırması olan ve bu araştırmalarıyla pek çok akademik ödüle layık görülen Dr. Batten, Allah'ın varlığına inanan dindar bir bilim adamıdır. Kendi alanı olan bitki fizyolojisinin yanında, yeryüzündeki yaratılış delillerini ele aldığı pek çok kitap ve makalesi yayınlanmıştır. Ayrıca dünya çapında yaptığı turlarda "Yaratılış Konusunda Cevaplar" başlığı ile konferanslar vererek, bilim adamı olmayanların da anlayabilecekleri bir dilde insanlara Allah'ın yaratış delillerini anlatmaktadır. Avustralyalı bilim adamı ilk turunu 1995 yılında İngiltere'de düzenlemiştir.

Dr. John Baumgardner

California Üniversitesi'nde Jeofizik ve Uzay Fiziği bilim dallarında yardımcı profesör olan Dr. Baumgardner evrim teorisi üzerine kurulu bir eğitim almasına rağmen, teorinin çıkmazda bulunduğu noktalar üzerine yaptığı araştırmalar kendisinin bu teoriyi reddetmesine ve Yaratılışı kabul etmesine neden olmuştur.

Prof. Dr. Donald Chittick

Oregon State Üniversitesi'nde kimya profesörüdür ve ayrıca yaptığı çalışmalar nedeniyle birçok ödüle layık görülmüştür. Yaratılışa inanan Chittick "Yaratılışın Delilleri", "Yaratılış ve İlkel Dünya" gibi pek çok konuda yaratılış seminerlerine konuşmacı olarak katılmaktadır.

Dr. Werner Gitt

Alman Federal Fizik ve Teknoloji Enstitüsü'nde profesör ve direktör olan Dr. Gitt, enformasyon, matematik ve kontrol mühendisliği konularında pek çok bilimsel makale yazmıştır. Aynı zamanda Yaratılışa inanan Dr. Gitt'in evrim teorisini eleştirdiği pek çok kitabı vardır: *"Did God Use Evolution"* (Allah Evrimi Kullandı mı?), *"In the Beginning was Information"* (Başlangıçta Bilgi Vardı), *"Stars and their Purpose: Signposts in Space"* (Yıldızlar ve Amaçları: Uzaydaki Kılavuzlar) ve *"If Animals Could Talk"* (Eğer Hayvanlar Konuşabilselerdi) bu kitaplara örnek verilebilir.

Dr. Gary E. Parker

Ball State Üniversitesi'nde biyoloji, fizyoloji ve jeoloji bilim dallarında profesör olan Parker, kariyerine başladığında bir evrimciydi. Yaratılışın güçlü bilimsel delilleri karşısında evrim teorisini terk eden Parker, Yaratıcı'nın varlığını kabul etmiştir. Biyoloji ve Yaratılış bilimi konusunda yayınlanmış birçok kitabı olan Parker, şu anda yaratılış bilimi ile ilgili seminerlere konuşmacı olarak katılmaktadır.

Dr. Margaret Helder

Alberta Yaratılış Bilimleri Derneği'nin başkanı olan, önemli bilim adamı, botanikçi Dr. Helder, yaratılışa inanan kadın bilim adamları arasında belki de en aktif olanıdır. Çevremizde gördüğümüz yaratılış delillerini içeren pek çok makale yazmıştır.

Prof. Dr. Jonathan D. Sarfati

Wellington Victoria Üniversitesi'nde kimya profesörü olan Sarfati, yaptığı pek çok araştırmayla akademik ödüller kazanmıştır. Sarfati de evrim teorisini savunmayı terk ederek Yaratılışa inanmaya yönelen bilim adamlarındandır.

Prof. Robert Matthews

Oxford Üniversitesi fizik profesörlerinden Robert Matthews, 1992'de yazdığı kitabında Allah'ın yaratış mucizesini şöyle ifade etmişti:

"Bütün bu işlemler mükemmel bir harmoniyle önce tek bir hücreden, canlı bir bebeğe; daha sonra küçük bir çocuğa, nihayet yetişkin bir insana kadar süregelir. Bütün bu olaylar, biyolojinin bütün safhalarında görüldüğü gibi ancak bir mucize ile açıklanabilir. Nasıl olur da böylesine mükemmel ve kompleks bir organizma, bu kadar basit ve küçük bir hücreden ortaya çıkabilir? Küçücük bir (i) harfinin üstündeki noktadan da küçük bir hücreden, muhteşem bir İNSAN yaratılır? Bu mucizeden başka bir şey değildir."

Dr. Claude Tresmontant

Paris Üniversitesi'nde çalışmalarını sürdüren Dr. Claude Tresmontant, *Realities* adlı dergide yayınladığı açıklamasında yaratılışa olan inancını ve Dünya'nın varoluşunun tesadüflerle gerçekleşemeyeceğini şöyle belirtmiştir:

"Dünyamızın yaratılışını hiçbir şans teorisi açıklayamaz. Şansla canlı varlıkların yaratıldığını iddia etmenin hiçbir anlamı yoktur."

Dr. Don Page

Don Page, 1976 yılında California Teknik Enstitüsü'nde fizik ve astronomi konusunda doktora yapmış, ünlü bilim adamları ile birlikte çalışmıştır. Page, evreni anlamanın Allah'ın aklını ve gücünü anlamada yardımcı olacağına, ancak Allah'ın aklının ve gücünün anlaşılmasının, evren ile sınırlı kalamayacağına inanıyordu.

Dr. Andrew Snelling

Jeoloji profesörü olan Dr. Snelling, CSIRO, ANSTO gibi ünlü araştırma grupları ve Amerikalı-İngiliz-Japon-İsviçreli birçok bilim adamı ile birlikte araştırma projelerine katılmıştır. Bu araştırmaları bilimsel makalelerle birçok uluslararası bilimsel dergide yayınlamıştır. Yaratılış bilimine olan katkılarından ötürü birçok kez ödüllendirilen Snelling'in, canlılardaki yaratılış örneklerini ele alan pek çok makalesi vardır.

Dr. Carl Wieland

Dr. Wieland, yaratılışın bilimsel delilleri hakkında aranan bir konuşmacıdır. Yaratılışın delillerini ele aldığı sayısız makalesi çeşitli uluslararası dergilerde yayınlanmıştır.

GÜNÜMÜZÜN DİĞER İNANAN BİLİM ADAMLARI

Tüm dünyada Allah'a iman eden birçok bilim adamı vardır. Aşağıda, isimlerini verdiğimiz, günümüz başarılı bilim adamlarının tümü canlıların tesadüflerle oluştuklarını reddetmekte ve tüm evreni bilinçli bir tasarım ile Allah'ın yarattığına inanmaktadırlar.

Prof. Robert Horton Cameron-Matematik

Dr. Jerry Bergman-Psikoloji

Dr. Kimberly Berrine-Mikrobiyoloji ve İmmünoloji

Prof. Vladimir Betina-Biyokimya ve Biyoloji

Dr. Andrew Bosanquet-Biyoloji ve Mikrobiyoloji

Dr. David R. Boylan-Kimya Mühendisliği

Dr. Clifford Burdick-Jeoloji

Robert Kaita-Plazma Fiziği

Jay L. Wile-Nükleer Kimya

Prof. Dr. Steve Austin-Jeoloji

Prof. Robert Newman-Astrofizik

Prof. Siegfried Scherer-Biyoloji

Dr. Russell Humphreys-Fizik

Dr. Geoff Downes-Bitki fizyolojisi

Dr. Larry Butler-Biyokimya

Prof. Linn E. Carothers-İstatistik

Prof. Sung-Do Cha-Fizik

Prof. Dr. Eugene F. Chaffin-Fizik

Dr. Choong-Kuk Chang-Genetik

Prof. Chung-Il Cho-Biyoloji

Dr. Harold Coffin-Paleontoloji

Dr. Jack W. Cuozzo-Tıp

Dr. Malcolm Cutchins-Uzay Mühendisi

Dr. Lionel Dahmer-Organik Kimya

Dr. Raymond V. Damadian-Fizik

Dr. Chris Darnbrough-Biyokimya

Dr. S. E. Aw-Biyokimya

Dr. Thomas Barnes-Fizik

Dr. Paul Ackerman-Psikoloji

David Dewitt-Nöroloji

Dr. Douglas Dean-Biyokimya

Dr. Don DeYoung-Astronomi, atmosferik fizik

Prof. Danny Faulkner-Astronomi

Prof. Dennis L.Englin-Jeofizik

Prof. Robert H. Franks-Biyoloji

Dr. Donald Hamann-Gıda bilimci

Dr. Barry Harker-Felsefe

Dr. Charles W. Harrison-Fizik

Dr. Harold R. Henry-Mühendislik

Dr. Joseph Henson-Entomoloji

Robert A. Herrmann-Matematik

Dr. Jonathan W. Jones-Tıp

Dr. Valery Karpounin-Matematik

Dr. Dean Kenyon-Biyoloji

Dr. John W. Klotz-Biyoloji

Dr. Vladimir F. Kondalenko-Sitoloji / Hücre Patolojisi

Dr. Leonid Korochkin-Genetik, Moleküler biyoloji, Nörobiyoloji

Prof. Jin-Hyouk Kwon-Fizik

Prof. Myung-Sang Kwon-Immünoloji

Prof. John Lennox-Matematik

Dr. John Leslie-Biyokimya

Prof. Lane P. Lester-Biyoloji, Genetik

Prof. George D. Lindsay-Bilim Eğitimi

Dr. Alan Love-Kimya

Prof. Marvin L. Lubenow-Antropoloji

Dr. Andrew McIntosh-Aerodinamik

Dr. John Mann-Tarım bilimi

Dr. Frank Marsh-Biyoloji

Dr. Ralph Matthews-Radyasyon kimyası

Dr. John Meyer-Fizyoloji

Dr. Henry M. Morris-Hidroloji

Dr. Len Morris-Fizyoloji

Dr. Graeme Mortimer-Jeoloji

Prof. Hee-Choon No-Nükleer mühendislik

Dr. David Oderberg-Felsefe

Prof. John Oller-Dil bilimi

Prof. Chris D. Osborne-Biyoloji

Dr. John Osgood-Tıp

Dr. Charles Pallaghy-Botanik

Prof. J. Rendle-Short-Pediyatri

Dr. Jung-Goo Roe-Biyoloji

Dr. David Rosevear-Kimya

Dr. Young-Gi Shim-Kimya

Dr. Mikhail Shulgin-Fizik

Dr. Roger Simpson-Mühendislik

Dr. Harold Slusher-Jeofizik

Prof. Man-Suk Song-Bilgisayar

Prof. James Stark-Bilim Eğitimi

Prof. Brian Stone-Mühendislik

Dr. Lyudmila Onkonogi-Kimya/Biyokimya

Dr. Larry Vardiman-Atmosfer bilimi

Dr. Joachim Vetter-Biyoloji

Dr. Noel Weeks-Zooloji

Dr. A. J. Monty White-Kimya / Petrol kinetiği

Prof. A. E. Wilder-Smith-Organik kimya ve Farmakoloji

Dr. Clifford Wilson-Arkeoloji

Prof. Verna Wright-Tıp

Prof. Seoung-Hoon Yang-Fizik

Dr. Ick-Dong Yoo-Genetik

Dr. Sung-Hee Yoon-Biyoloji

SONUÇ

İncelediğimiz tüm bilgiler, bizlere açık bir gerçeği göstermektedir: Kuran öyle bir kitaptır ki, içinde verilen haberlerin hepsi doğru çıkmış, o dönemde hiçbir insan tarafından bilinemeyecek gerçekler ayetlerde haber verilmiştir. Elbette ki bu durum, Kuran'ın bir insan sözü olmadığının apaçık bir ispatıdır. Kuran, herşeyi yoktan var eden ve ilmiyle tüm varlıkları kuşatan Yüce Allah'ın sözüdür. Allah bir ayetinde, Kuran'la ilgili olarak;

"Eğer o, Allah'tan başkasının katından olsaydı, kuşkusuz içinde birçok çelişkiler bulacaklardı."

(Nisa Suresi, 82)

buyurmaktadır. Kuran'da hiçbir çelişki olmadığı gibi, içinde yer alan her bilgi, gün geçtikçe bu İlahi Kitab'ın yeni mucizelerini ortaya koymaktadır. İnsana düşen ise, Allah'ın indirdiği bu İlahi Kitab'a sarılmak ve onu kendisine yol gösterici olarak kabul etmektir.

Sonuç olarak iki ciltten oluşan **"YARATILIŞ GERÇEKLİĞİ"** isimli Biyoloji eserimizi, sonunda kısaca şöyle açıklayabileceğimiz **"ÜÇ SONUÇ"**la özetleyebiliriz ki:

BİRİNCİSİ: Bilimin, BİYOLOJİ, BİYOKİMYA, GENETİK, TIP, FİZYOLOJİ ve BOTANİK gibi Yaratılışı ilgilendiren ilim dalları; KUR'ÂN'ın bildirdiği gerçeklere göre yönlendirildiği takdirde çok hızlı ilerler ve ancak bu sayede barışçıl amaçlar, fayda ve hizmet gözetilmek üzere kullanılırlarsa, insanlığa çok daha büyük hizmetler verebilirler. Aksi takdirde ise, Yaratıcıyı hışımlandırıp, otoritesine karşı gelindiğinde ise, mücazat-ı ilahiye ile şiddetli bir şekilde cezalandırılacağı şüphesizdir. İşte Allah (C.C.) bu yüzden Kuran-ı Hakim'de insanları, göklerin, yerin, dağların, yıldızların, bitkilerin, tohumların, hayvanların, gece ile gündüzün meydana gelişinin, insanın kendi doğumunun, yağmurun ve yaratılmış daha birçok varlığın üzerinde düşünmeye ve bu varlıkları incelemeye çağırmaktadır. Bunları inceleyen insan ise, tüm varlıklarda Allah'ın YARATILIŞ GERÇEKLİĞİ'ni ve Sonsuz bir hikmet ve ilme sahip Sanatını görecek, böylece kendisini ve tüm evreni yoktan yaratan Allah'ı (C.C.) daha iyi tanıyabilecek ve İMAN-I TAHKİKİ'ye bu kuvvetli İŞARET, DELİL ve BÜRHANLAR sayesinde daha çok yakınlaşacaktır.

İKİNCİSİ: Kainatı ve içindeki tüm varlıkları incelemenin ve Allah'ın yaratma sanatını keşfederek insanlığa açıklamanın yolu ise "BİLİM"dir. Dolayısıyla DİN, bilimi Allah'ın yaratışındaki İNCELMIŞ detaylara ve buradan hareketle iman-ı tahkikiye ulaşmada yardımcı bir yol olarak benimser ve bu nedenle bilimi teşvik eder. Din, bilimsel araştırmaları teşvik ettiği gibi, dinin bildirdiği gerçeklere göre yönlendirilen bilimsel araştırmalar da çok hızlı ve kesin sonuçlar getirir.

Dolayısıyla, DİN ve BİLİM, yakın bir zamana kadar ayrılmaz bir bütünün birbirinden ayrıymış gibi düşünülen birleşik BİR bütünün İKİ parçasıdır..

Bu yüzden, aslında bilimi de içerisine alan ve kapsayan din, KAİNATIN ve CANLILIĞIN nasıl var oldukları sorusuna en doğru ve en kesin cevabı veren tek kaynaktır. Dolayısıyla, bu konudaki tek gerçek otorite, Allah (C.C.) ve onun indirmiş olduğu Kelâm-ı Kadim olan KUR'AN-I HAKİM'dir.

ÜÇÜNCÜSÜ: Bu yüzden, insanların kesin olarak bilmeleri gereken bir gerçek vardır: Bilim ancak Allah'ın sonsuz kudretini, isimlerini ve sıfatlarını ve kainatta tezahür eden Yaratılışla ilgili diğer esma-i ilahiyyeyi (**RAHMAN, RAHİM, HAYY, KAYYUM, KUDDUS, SEMİ, BASAR, TEKVİN, HALIK, MUSAVVİR, BARİ, BASİT, MUHYİ, MUMİT VE MÜRİD.. gibi**) evrendeki yaratılış delillerini araştırma yönünde çalıştıkça, bunları talim edip kainattan gerekli dersi aldıkça doğru sonuçlara ulaşabilir ve ancak rotası doğru çizilirse, yani bu şekilde vahyin doğrultusunda doğru bir şekilde yönlendirilebilirse bilimin gerçek amacına en kısa sürede ulaşması sağlanabilir. Aksi takdirde, boş fikirlerin ve zihinleri bulanıklaştıran kaba bilgi yığınlarının, hakikate ulaşmak yerine bunların içerisinde kaybolup gitmesi içten bile değildir..

Vesselam...

~SON~

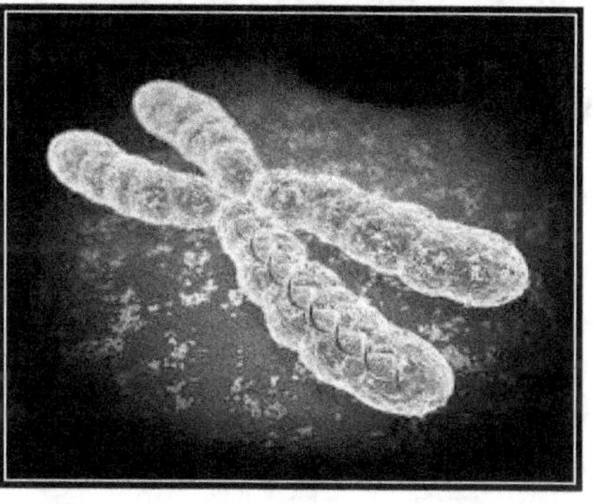

KAİNAT, bir nokta-misal bir noktadan başlayarak yaratıldığı gibi, ism-i azam'ın RAB ismiyle 18 bin alemi terbiye etmesine istinaden yine tek bir nokta üzerine çökerek KIYAMET'i getirecek ve var oluşu başlatan YARATILIŞ SON'a erecektir..

BİYOLOJİ TERİMLERİ SÖZLÜĞÜ

A

Abiyogenez: Canlıların cansız maddelerden meydana geldiğini savunan görüş.

Açık dolaşım: Kanın damarlardan dokular arasındaki özel boşluklara yayılıp, madde alış-verişi olduktan sonra toplayıcı damarlarla kalbe dönmesine denir.

Adaptasyon: Canlının yaşama ve üreme şansını artıran çevreye uyumunu sağlayan ve kalıtsal olan özellikleri.

Adenin: Adenin/Timin protein çiftinin bir azotlu bir bileşeni.

Adenozin trifosfat (ATP): Canlıların doğrudan kullandığı hücresel enerji molekülü, biyolojik enerji.

Adrenalin: Böbrek üstü bezinden salgılanan hormon.

Aerobik solunum: Hücrede yalnız moleküler oksijenin kullanıldığı bir solunum şeklidir.

Aglütinasyon: Kan hücrelerinin kümeleşerek pıhtılaşması.

Akson: Sinir hücrelerinin uzun uzantısı. Sinaptik bağlantıların sağlandığı uzantılardır.

Aktif taşıma: Yarı geçirgen bir zarda maddelerin az yoğun ortamdan çok yoğun ortama enerji harcayarak geçmesi olayıdır.

Aktin: Kaslarda kasılmayı sağlayan protein yapıdaki ince iplikler.

Alel: Bir karakter üzerinde aynı ya da farklı yönde etkili olan iki veya daha fazla genden herbiri.

Alg: Sulu ortamda yaşayan tek hücreli organizmalardır. Fotosentez yaparak ya da fagositoz yoluyla beslenir.

Allantoyis kesesi: Yumurta içindeki metabolik artıkların depolandığı embriyonik kese.

Alveol: Akciğerlerde genişlemiş küçük kesecik.

Amino asit: Proteinlerin yapıtaşıdır. Bir amino asit, amino grubu (NH_2) ile bir karboksil grubu (COOH) taşıyan bileşiklerdir. Çok sayıda amino asit peptid bağları ile bağlanarak proteinleri oluşturur.

Amonyak (NH₃): Protein metabolizması sonucu oluşan azot ve hidrojen bileşimi olan keskin kokulu bileşik.

Anaerobik solunum: Hücrede moleküler oksijenin kullanılmadığı bir solunum şeklidir.

Anizogami: Farklı şekil, büyüklük ve yapıdaki gametlerin birleşimiyle yapılan eşeyli üreme şekli.

Antiasit: Asit giderici.

Antidiüretik hormon: Böbreklerden suyun geri emilmesini sağlayan ve hipofizin arka lobundan salgılanan hormon.

Antijen: Canlı vücuduna dışarıdan giren ve antikor oluşmasını sağlayan yabancı madde.

Antikodon: RNA'daki üçlü baz dizilişi.

Antikor: Vücuda giren yabancı maddeleri (antijen) yok etmek için vücudun ürettiği savunma maddesi.

Apandis: İnce bağırsak ile kalın bağırsağın birleştiği yerde parmak şeklinde bir çıkıntı.

Apandisit: Apandisin iltihaplanması.

Apoenzim: Enzimin koenzim olmadan etkinlik gösteremeyen protein kısmıdır.

Apoptozis: Hücre ölümü.

Atmosfer basıncı: Atmosferin yer yüzünde bulunan her cisim üzerine yaptığı basınç. Deniz seviyesinde, 760 mm'lik civa sütununun 1 cm² alana yaptığı basınç "1 atmosfer" basıncı olarak kabul edilir.

Amino-asit: Hücrelerimizi oluşturan proteinlerin yapıtaşı olan "canlı" moleküller. 20 ayrı türü vardır. Vücudumuzdaki proteinlerin hangi amino-asitlerden oluşacağını genlerimiz belirler.

B

BAC (bakteriyel yapay kromozom): DNA parçacıklarını kopyalamakta kullanılan ve bir cins bakteride bulunan bir madde.

Bağışıklık: Bir organizmada, mikroorganizmalara ve bunların oluşturduğu maddelere karşı oluşturulan normal olmayan şartlara karşı koymayı sağlayan, doğal ya da sonradan kazanılmış direnç.

Bakteri: Monera aleminde yer alan zarla çevrili gerçek ve belirgin çekirdeği ve organelleri bulunmayan prokaryotik yapıdaki en ilkel tek hücreli canlı.

Bal özü: Çiçekler tarafından salgılanan tatlı ve genellikle kokulu bir sıvı.

Başkalaşım: Bazı böcek ve kurbağa gibi canlıların, yumurtadan çıktıktan sonraki gelişme evrelerinde yapısal değişikliğe uğrayarak atalarına benzer hale gelmeleri.

Bazal metabolizma: Hayatın devamı için şart olan asgari metabolizma faaliyeti.

Bazal metabolizma hızı: Besin alınması ve hareketsiz durumda vücudu canlı tutmak için gerekli enerji tüketimi miktarı.

Beyin: Omurgalılarda kafatası içindeki merkezi sinir sisteminin bir bölümü.

Bistüri: Laboratuarda kullanılan keskin bıçak.

Biyogenez: Canlıların kendilerine benzeyen canlılardan oluştuğunu açıklayan görüş.

Biyokütle: Belirli bir alan ve hacimde bulunan canlı ağırlığa biyokütle denir.

Biyosfer: Dünyadaki bütün canlıların yaşadığı 16-20 km kalınlığında tabaka. Biyosferin deniz seviyesinden 8-10 km'si atmofere, 8-10 km'si okyanusların dibine doğru uzanır.

Blastula: Döllenmiş yumurtanın bölünmeler sonucu, ortası sıvıyla dolu olan bir hücre tabakasından oluşan yapı.

Bowman kapsülü: Nefronun ucunda, glomerulusu saran yarım küre şeklindeki bölüm.

Bronş: Soluk borusundan ayrılan akciğerlere giden iki boru.

Bronşit: Bronşlarda bakterilerin yerleşip üreyerek iltihaplanması.

Biyoteknoloji: Özellikle DNA ve hücreyle ilgili konularda kullanılan biyolojik tekniklere verilen ad.

C

Cenin: Gelişmenin erken dönemindeki embriyoya verilen ad.

Cowper bezi: Seminal sıvının oluşturduğu bezlerden biri.

Crossing-over: Eşey ana hücrelerinde gerçekleşen mayoz bölünmenin profaz I safhasında oluşan tetratların kromatitleri arasındaki parça değişimi.

Çenek: Tohum yaprağı. Tohumun yapısındaki bitki taslağında bulunan yapraklardan herbiri.

Çift çenekli bitki (Dikotiledon): Embriyolarında iki çenek yaprak (kotiledon) bulunan bitkiler. İletim demetleri gövdede belirli bir düzende yerleşmiştir.

cDNA: Tamamlayıcı DNA. Haberci RNA şablonundan sentezlenerek elde edilen DNA şeklinde de tanımlanabilir.

D

Dendrit: Sinir hücresinin kısa olan uzantısı.

Deoksiribonukleik asit (DNA): Canlılardaki yönetici molekül. Genetik bilgileri içeren ve hücre çekirdeğinde yer alan ikili sarmal molekül.

Deoksiribonukleotid: DNA'nın yapıtaşı olan molekül.

Deoksiriboz: $C_5H_{10}O_4$ bileşiminde olan ve DNA'nın yapı birimlerinden biri olan şeker. Genel adı pentoz olan monosakkarit.

Deplazmoliz: Plazmolize uğramış hücrenin tekrar su alarak eski haline dönmesi.

Dermis: Hayvanlarda derinin alt tabakasına verilen ad.

Difüzyon: Moleküllerin hareket enerjileriyle çok yoğun ortamdan az yoğun ortama hareket etmesi.

Dihibrit: İki karakter bakımından melez olan bireylere verilen ad.

Dikotiledon: Embriyosunda iki çenek yaprağı bulunan bitki.

Diploid: 2n kromozom takımı taşıyan hücre.

Disakkarit: İki mol monosakkaritin dehidrasyonu sonucu oluşan çift şeker. Maltoz, sakkaroz, laktoz gibi.

Diyabet (Diabetus Mellitus): Şeker hastalığı. İnsülin hormonu düzensizliğinden kaynaklanan karbonhidrat metabolizması bozukluğu.

Doğalgaz: Yer kabuğunun içinde metan, etan gibi çeşitli hidrokarbonlardan oluşan yanıcı gaz.

Doku: Belirli bir işi yapmak üzere özelleşmiş hücreler topluluğu.

Dominant: Baskın gen.

Döllenme: Yumurta ve spermin birleşmesi.

Döllenme borusu (Rahim): Spermlerin yumurtayla birleştiği ve zigotu oluşturduğu tüp.

Döl yatağı: Uterus. Dişi üreme sisteminde, fetusu doğuma kadar beslemek ve barındırmakla görevli kas yapısında bir organdır.

Domain: Bir protein içerisinde bulunan ve kendine ait bir fonksiyona sahip bölüm. Tek bir protein içindeki domain bölümleri, hep birlikte proteinin total fonksiyonunu belirler.

E

Efektör: Bir organizmanın uyarıya karşı reaksiyon gösteren vücut kısmı, örneğin kas.

Ekdoderm: Embriyo gelişimi sırasında meydana gelen dış tabaka.

Eklem: İskelet sistemini oluşturan, iki ya da daha fazla kemiğin birbirine eklendiği kısım.

Ekoloji: Canlıların birbirlriyle ve çevreleriyle olan ilişkilerini inceleyen bilim dalı.

Ekosistem: Bir çevredeki canlı ve cansızların tümü.

Ekzotermik tepkime: Isı veren biyokimyasal tepkime.

Embriyo: Yumurtanın döllenmesinden sonra, oluşan canlı taslağı.

Emülgatör: Besinlere katılan ve onların kararlı emülsüyon haline gelmesini sağlayan katkı maddesi.

Endoderm: Embriyo gelişimi sırasında meydana gelen iç tabaka.

Endokard: Kalbin içini örten bir sıra yassı epitel dokudan oluşan zar.

Endokrin bez: İç salgı (hormon) bezi.

Endosperm: 3n kromozomlu besi doku.

Endotermik tepkime: Isı alan biyokimyasal reaksiyon.

Entropi: Fiziğin herhangi bir sistemin ısı değişimini inceleyen dalı. Fiziğin en temel kanunlarından biri olan "Termodinamiğin İkinci Kanunu", evrende kendi haline, doğal şartlara bırakılan tüm sistemlerin, zamanla doğru orantılı olarak düzensizliğe, dağınıklığa ve bozulmaya doğru gideceğini söyler. Canlı, cansız bütün herşey zaman içinde aşınır, bozulur, çürür, parçalanır ve dağılır. Bu, er ya da geç her varlığın karşılaşacağı mutlak sondur ve söz konusu kanuna göre bu kaçınılmaz sürecin geri dönüşü yoktur. Kozmik anlamda, genel geçerli olan bu yasa biyokimyasal süreçler için de geçerlidir. Bir yönüyle canlılığın sona ermesini etkileyen bu biyokimyasal süreçler, dünyada canlı organizma yaşamının sonuyla olduğu gibi, büyük kıyamet süreciyle de yakından ilgilidir.

Enzim: Hücre içinde üretilen ve bütün hayat olaylarını başlatan, hızlandıran, protein yapısındaki Katalizör proteinlere verilen ad. Biyokimyasal tepkimelerin gerçekleşme sürecini hızlandırır, ancak sürecin oluş biçimini etkilemezler.

Epididimis: Erkek üreme sisteminde, testislerin üzerinde bulunan spermlerin olgunlaştığı ve kısa bir süre depolandığı yer.

Epitel: Vücut dış yüzeyini, organların iç yüzeyini örten hayvansal doku.

Erepsin: Proteinlere etki eden ince bağırsak özsularında bulunan enzim.

Ergotin: Çavdar mahmuzu özütü. İlaç yapımında kullanılır.

Eşey: Cinsiyet.

Eşeyli üreme: Farklı iki eşey hücresinin birleşmesiyle bir canlı oluşması.

Eşeysiz üreme: Bir canlının özelleşmiş üreme hücrelerini meydana getirmeden tıpatıp atasına benzer canlıların oluşmasını sağlayan üreme şeklidir.

Etoloji: Canlıların davranışlarını inceleyen bilim dalı.

E. coli: Küçük boyutlu gen yapısı dolayısıyla genetik hastalık göstermeyen ve laboratuarda kolaylıkla üretilen bir cins bakteri. Bu sebeplerden dolayı genetik çalışmalarda yaygın biçimde kullanılır.

Elektroforesis: DNA parçacıkları ya da proteinler gibi iri molekülleri, benzeri moleküllerle birarada bulunduğu karışımlarından ayrıştırmakta kullanılan bir yöntem.

F

Fagositoz: Hücre zarından geçemeyen büyük katı moleküllerin yalancı ayaklarla hücre içine alınmasıdır.

Farinks: Ağız ve burun boşluklarıyla, gırtlak ve yemek borusu arasındaki boşluk, yutak. Farinks iltihaplanması tıpta "Faranjit" olarak bilinen enfeksiyon hastalığına neden olur.

Fauna: Belirli bir coğrafi alanda bulunan hayvan türlerinin tümü.

Fermantasyon: Bazı mikroorganizmaların ürettiği enzimlerin etkisiyle organik maddelerin uğradığı değişiklik.

Fetüs: Embriyonun üçüncü aydan doğuma kadar tüm organ taslakları oluşmuş hali.

Fibril: Telcik. (miyofibril=kas telciği; nörofibril=sinir telciği).

Fibrin: Kanın pıhtılaşmasıyla oluşan ipliksi, ağsı yapı.

Filogenetik sınıflandırma: Canlıların akrabalık derecelerine göre sınıflandırılması. Doğal sınıflandırma.

Filtre: Akışkan olan sıvı yada gazı süzmeye yarayan gözenekli madde. Akışkandaki asıltı, çamursu ya da katı maddeleri ayırmaya yarar.

Fitoplankton: Çoğunlukla bir hücreli su yosunlarından oluşan, sularda yaşayan bitki topluluğu.

Fiziksel Harita: DNA'daki kalıtıma bağlı olmayan, yani her DNA'da bulunan tanımlanabilir nirengi noktalarını gösteren tablo. İnsan genleri için en ayrıntısız fiziksel harita 23 kromozomun eklemlenmelerini gösterir. En ayrıntılısıysa kromozomlardaki nükleotid dizilerini gösterir.

Fizyoloji: Canlılardaki yaşamsal olayları (işleyişi) inceleyen bilim dalı.

Flora: Belirli bir coğrafi alanda bulunan bitki türlerinin tümü.

Folikül: Memelilerde yumurtalıkta bulunan ve olgunlaşmış yumurtayı taşıyan kesecik.

Fosfodiester bağı: DNA'daki fosfat ile şeker arasındaki bağ.

Fosforilasyon: ATP üretimi.

Fosil: Milyonlarca yıl önce yaşamış canlıların korunarak bu güne kadar gelmiş kalıntıları. Evrim teorisi, bu eski fosil kalıntılarından yola çıkarak, türlerin birbirinden başkalaşarak türediğini savunur; ancak son zamanlardaki modern biyokimyasal deneyler ve araştırmalar, bütün canlı türlerinin birbirinden başkalaşarak oluşamayacak kadar türe has indirgenemez komplekslikler içerdiğini ve yaklaşık 250 milyon yıl önce kambriyen patlamasıyla birlikte kendine has değişmeyen özellikler taşıyan benzersiz birer birey olarak aynı anda yaratıldıklarını ortaya koymuştur (*Ayrıca bkz: Yaratılış Atlası-Harun Yahya*).

Fotoreseptör: Işığı algılayabilen duyu hücresi, almaç.

Fotosentez: Yeşil bitkilerin, güneş enerjisi ve klorofil pigmenti yardımıyla CO_2 ve H_2O'dan besin maddelerini üretmesidir.

Fundus: Midenin genişlemiş kısmı.

G

Gamet: Erkek ve dişi üreme hücresine verilen ad.

Gangliyon: Merkezi sinir sistemi dışında bulunan, sinir hücrelerinin gövdelerinden oluşan sinir düğümü.

Gen: DNA molekülünün ortalama 1500 nükleotitten oluşmuş canlının kalıtsal özelliklerinden herhangi birini taşıyan parçası. Kalıtımın temel fiziksel ve işlevsel birimi. Her gen, protein veya RNA molekülü gibi özel bir işlev taşıyan kromozomların belli bir noktasındaki nükleotid dizilerinden oluşur.

Gen Ailesi: Benzer ürünler veren ve birbiriyle yakından ilintili genlerin meydana getirdiği grup.

Gen Haritalaması: Bir DNA molekülündeki genlerin göreceli konumlarının belirlenmesi. Bu haritalamada hangi genin bir diğerine göre molekülün neresinde yar aldığı ve aralarında neler bulunduğu belirlenir.

Gen Tedavisi: Kalıtsal bozukluğun düzeltilmesi için sağlıklı DNA'nın, hastalıklı hücrelere doğrudan zerk edilmesi.

Genetik Kod: RNA boyunca üçlü gruplar halinde bulunan ve protein sentezleme sırasında üretilen aminoasit dizilerinin düzenini belirleyen nükleotid dizileri.

Genetik: Belirli kalıtsal özelliklerin örüntüsünü inceleyen bilim dalı.

Genom: Her bir canlının kromozomlarında yer alan kalıtsal malzeme.

Genom Projesi: İnsanın ya da başka canlıların genomlarının tamamının ya da bir kısmının haritasını ve diziliş biçimlerini saptamayı hedeflemeye yönelik araştırmalar.

Glikojen: Hayvanlarda besinlerle alınan karbonhidratların karaciğer ve kaslardaki depo edilme şekli.

Glikoz: (Heksoz) $C_6H_{12}O_6$ molekül yapısındaki temel karbonhidrat.

Gliserin: Lipidlerin (yağların) yapısına katılan temel bir madde.

Glomerulus: Böbrekteki nefronların bowman kapsülü içinde bulunan kılcal kan damarları ağı.

Glukagon: Pankreas tarafından üretilerek kana verilen, kan şekerini artırıcı etki yapan hormon.

Gonad: Üreme hücrelerini meydana getiren üreme organları.

Granül: Stoplazmada bulunan küçük tanecikler.

Guatr: Tiroid bezinin büyümesi sonucu oluşan hastalık.

Gutasyon: Bitkilerin yapraklarından damlalar halinde su atılması.

H

Habitat: Bir organizmanın doğal olarak yaşadığı ve üreyebildiği yer.

Haploid: Olgun bir üreme hücresinde bulunan kromozom sayısı, vücut hücrelerinin sahip olduğu kromozom sayısının yarısına sahiptir. Kromozom sayısının yarıya inmesi sonucu oluşan "n" sayıda kromozom taşıyan hücrelere haploid hücre denir.

Havers kanalı: Kemik dokudaki, sinir ve kan damarlarının geçtiği kanal.

Hemoglobin: Alyuvarlarda O_2 ve CO_2 taşıyan, demir içeren protein.

Hermafroditizm: Her iki eşeyede sahip canlı.

Heterosis: (melez gücü) Melezlerin atalarına göre kazandıkları üstünlük.

Hibrit: Melez.

Hibridizasyon (Melezleme): Birbirini bütünleyen iki DNA zincirinin biraraya gelerek ikili sarmal biçimindeki molekülü oluşturması.

Hipotalamus: Ön beynin alt bölgesi olup bazı organ ve bezlerin çalışmasını düzenleyen kısmı.

Histoloji: Biyolojinin Dokuları inceleyen bilim dalı.

Homeostasi: Bir organizmanın içinde yaşadığı ortamla madde alış verişi yaparak, kendi iç ortamını belli sınırlar arasında dengede tutması.

Homojen: Bütün birimleri aynı yapıda, aynı nitelikte olan.

Homolog kromozom: Biri anneden, diğeri babadan gelen aynı gen çiftine sahip kromozomlar.

Hormon: Vücudun bir kısmında oluşturulan sonrada difüzyonla ya da kan dolaşımıyla diğer kısımlarındaki hücrelere taşınarak onların çalışmalarını düzenleyen özel maddeler.

I, İ

Islah: Bitki yada hayvanlarda türün iyileştirilmesi işlemi.

İmplantasyon: Döllenmiş yumurtanın rahim'in (uterus) Yumuşak dokusuna gömülmesi, döl tutma.

İnorganik madde: Canlılardan elde edilmeyen (organik olmayan) ve canlıların yaşadığı çevrede bulunan ve dışarıdan hazır alınmak zorunda olan maddeler (karbondioksit, su, tuz, demir, bakır, kükürt vs.).

İnsülin: Pankreasın ürettiği kan şekerini azaltan hormon.

İnterferon: Hücrelerin virüslere karşı ürettiği özel savunma maddesi.

In vitro: Sıklıkla biyoloji ve tıp alanlarında kullanılan bu terimlerden "*in vivo*", "*canlı ortamda ya da yaşayan koşullarda*"; "*in vitro*" da "*laboratuar ortamında ya da yapay koşullarda*" anlamı taşımaktadır. Küçük bir örnekle biraz daha açıklamak gerekirse, yapay ortamda hazırlanmış doku örnekleri ya da bakteri kültürleri üzerinde denenen herhangi bir ilacın etkisi "in vitro" olarak çalışılmış olur. Daha sonra aynı ilaç canlı bir bünye üzerinde, doğal koşullarda denendiğinde de aynı çalışma "in vivo" olarak yapılmış olur.

İris: Gözün saydam tabakasının altındaki damar tabakadan oluşan renkli kısmı.

İzolasyon: Ayrılma, yalıtım. Biyolojide herhangi bir sebeple populasyondaki fertlerin birbirleriyle olan ilişkilerinin kesilmesi.

K

Kadavra: Tıp öğreniminde üzerinde çalışmak için hazırlanmış ölü insan ya da hayvan vücudu.

Kapalı Dolaşım: Kanın kalp ve damarlardan oluşan kapalı bir sistem içerisinde dolaşmasıdır.

Kas tonusu: İskelet kaslarının, dinlenme durumundaki kasılı hali.

Katalizör: Kimyasal tepkimeye katılmadan tepkimenin hızını artıran madde.

Kazein: Sütte bulunan bir çeşit protein.

Keratin: Omurgalı hayvanların derisinin, tırnak saç, boynuz gibi yapılarında bulunan, suda çözünmeyen sert protein.

Klon: Genetik olarak birbirinin aynı olan canlılar.

Klorofil: Fotosentez olayında güneş enerjisini kimyasal enerjiye çeviren yeşil pigment maddesi.

Kloroplast: Bitkilerde Yeşil rekli klorofil pigmentini taşıyan plastid organel birimi.

Kodon: Özel bir amino asiti şifreleyen üç nükleotitten olşan mRNA üzerindeki birim.

Kohezyon: Aynı cins moleküller arasındaki çekim kuvveti.

Kohlea: İç kulakta salyongozda bulunan yapı.

Kolesistokinin: İnce bağırsaktan salgılanan ve karaciğeri uyaran hormon.

Koloni: Aralarında işbölümü yapan tek hücreli organizmaların bir araya gelerek topluluk oluşturmaları.

Kolloid: Parçacık büyüklüğü 1-100 µm olan madde.

Kondrin: Kıkırdak yapı hücrelerinin salgıladıkları ara madde.

Kondrosit: Kıkırdak doku hücreleri.

Konjugasyon: İki hücrenin geçici olarak gen alış-verişi yapmak için birleşmeleri.

Konsantrasyon: Birim hacimde bulunan madde miktarı.

Kornea: Gözün ön tarafında sert tabakanın saydam kısmı.

Kozmik: Yıldızlar arası, uzaylar arası madde ile ilgili olan.

Kozmik madde: Evreni meydana getiren madde. Kozmik madde görülebilen ve algılanan madde ve enerji ile görünmeyen antimaddeyi veya karanlık enerjiyi oluşturan iki kısımdan meydana gelmiştir. Son zamanlardaki astrofiziksel gözlemlere göre, evrendeki antimaddenin görülen madde miktarından çok daha fazla olması gerektiği ve paralel evren tabakaları arasındaki saklı (kapalı) boyutlarda depolanmış olduğunu ortaya koymuştur.

Kromotin iplik: Dinlenme halindeki ökaryot hücrenin çekirdeğinde bulunan kromozomların karmaşık hali.

Kromozom: Prokaryot ve ökaryot hücrelerde üzerlerinde genleri taşıyan DNA ve nükleoproteinden oluşmuş yapı. Hücrenin kendi kendini eksiksiz olarak kopylalamasına yarayan tüm bilgileri içeren ve hücre çekirdeğinde yer alan DNA'lar.

Kroner damarlar: Kalbi besleyen ince atardamarlar.

Krossing over: Mayoz bölünmede, tetratların kromotidleri arasında karşılıklı gen alışverişi, parça değişimi.

Kilobase: 1000 nükleotidlik DNA parçalarını esas alan ölçü birimi.

Klon Bankası (Genom arşivi): Bir canlının tüm genomunu temsil eden DNA parçacıklarının klonları.

L

Lenf: Akyuvar içeren, kan plazmasına benzeyen renksiz sıvı.

Lokus: Kromozomların üzerlerinde genlerin bulunduğu özel yerler.

Lop: Beyin, karaciğer gibi organların parçaları bölümleri.

Lökosit: Akyuvar, fagositoz yapan, antikor üreten, renksiz kan hücresi.

Lütein: Folikül hücrelerinde meydana gelen, yumurta sarısına renk veren pigment.

M

Matriks: Mitokondri ve hücre çeperi gibi temel hücre yapılarının içerisindeki boş ortamı dolduran ve içinde biyolojik olayların oluştuğu cansız, sıvı ortam.

Melez: Herhangi bir karakter yönünden farklı iki arı dölün çaprazlanması sonucu oluşan heterozigot döl.

Mesane: Boşaltım sisteminin idrar toplanan torbası.

Mezenşim: Embriyonun gastrula safhasında aktoderm ve endoderm arasında meydana gelen hücre yığını.

Metabolizma: Canlı organizmanın hücreleri içinde meydana gelen ve enzimlerle kontrol edilen olayların hepsi. Metabolizma ile enerji üretimi ve madde yapımı gerçekleştirilir. ATP üretimi ve protein sentezi iki önemli metabolik reaksiyondur. Örneğin, Lipid, Karbonhidrat veya Protein ile DNA metabolizmaları gibi.

Metagenez: Döl değişimi.

Mezoderm: Embriyo gelişimi sırasında meydana gelen orta tabaka.

Mezozom: Bakterinin üremesi sırasında bakteri zarından kıvrımlar yaparak meydana gelen mitokondri benzeri yapı.

Mikron (µm): Milimetrenin binde biri (1µm =1/1000 mm).

Mitozis: Bir hücreden aynı özellikte iki yeni hücre oluşturan hücre bölünmesi.

Miyelin: Bazı nöronların aksonlarının dışını saran, uyartı iletimini hızlandıran yağlı madde (kılıf).

Miyokard: Kalp kası.

Miyozin: Kas hücrelerinde kasılmayı sağlayan protein yapıdaki kalın iplikler.

Modifikasyon: Çevre etkileriyle canlıların fenotiplerinde meydana gelen değişiklikler.

Monohibrit: Tek karakter bakımından melez.

Monomer: Büyük moleküllerin hidrolizi sonucu oluşan en küçük yapı birimi.

Monoploid: (Haploid) tek (n) sayıda kromozoma sahip hücre.

Mukoza: Sindirim borusu, soluk borusu gibi iç organların iç yüzeyini örten ve mukus sıvısı salgılayan ince tabaka.

Mukus: Mukozada yer alan ve mukus hücreleri tarafından salgılanan kaygan, sümüksü koruyucu sıvı.

Mutaston: Canlılarda çevre şartlarıyla meydana gelen ve kalıtsal olan DNA dizisinde ortaya çıkan ve kalıtımla aktarılabilen değişiklik.

N

Nefridyum: Omurgasız hayvanlarda bulunan boşaltım organı.

Nefrit: Böbreklerdeki nefronların iltihaplanması sonucu oluşan hastalık.

Nefron: Omurgalı böbreğinin, idrar oluşturan yapısı ve işlev birimi.

Nitrit asit: (HNO_3) Niterat asidi. Yüksek derecede aşındırıcı, renksiz ve dumanlı sıvı. Zehirleyicidir ve şiddetli yanıklara yol açar.

Nöroglia: Sinir dokuda nöronlara desteklik yapan yardımcı hücreler, ara nöronlar.

Nöron: Sinir hücresi.

Nötr atom: Elektron ve proton sayısı birbirine eşit olan atom. Kuantum mekaniksel organik molekül teorisine göre, biyolojik molekülleri oluşturan kararlı yapıların atomları sulu çözelti ortamındaki iyon dengesini istenilen yönde akış sağlayacak şekilde molekülün atonlarının yüzeyinde elektronları kutuplara ayrılarak polarizasyon sağlanır ve çözelti denge haline ulaştığında izotonik ortam içerisindeki hücresel yapı nötr hale geçer ve kararlı bir organik yapı kazanır ki, bu durum kararlı canlı organik yapıların oluşmasında önemli bir rol oynar.

Nükleoprotein: Proteinlerin nükleik asitlerle kurduğu moleküler birlik.

Nükleotid: Nükleik asitlerin (DNA, RNA) yapı birimleri.

Nukleus (Çekirdek): Hücredeki genetik malzemeyi barındıran kısım.

O

Oksidasyon: (Yükseltgenme) Elektronların bir atom ya da molekülden ayrılmasını sağlayan kimyasal tepkime.

Oogenez: Yumurtanın meydana gelmesi olayı.

Oosfer: Yumurta hücresi, dişi gamet.

Organel: Hücre içinde belirli bir görevi yapmak üzere özelleşmiş ve zarla çevrili yapılar. Çekirdek, mitokondri, kloroplastlar gibi.

Organogenez: Embriyo tabakalarından organların meydana gelmesi.

Osein: Kemik dokunun ara maddesi.

Osteosit: Kemik dokuyu oluşturan kemik hücreleri.

Otolit: Kulak taşı.

Osmoz: Suyun yoğunluğunun çok olduğu yerden az olduğu yere doğru, yarı geçirgen zardan geçmesi.

Ototrof: Kendi besinini kendi yapabilen canlılar.

Ovaryum: Yumurtalık, yumurtaların meydana geldiği yer.

Onkogen: Bazı türleri kanserle de ilişkili olan bir gen. Onkogenlerin çoğu doğrudan ya da dolaylı olarak hücrelerin büyüme hızını etkiler.

Otoradyografi: Özel maddelerle boyanmış moleküllerin ya da molekül parçalarının röntgen ışınlarıyla incelenmesi.

Ökaryot hücre: Zarla çevrili organelleri ve gerçek çekirdeği olan hücre.

Özümleme: Canlı organizmanın, dışarıdan aldığı besin maddelerini parçalayıp yeniden kendine özgü maddelere dönüştürmesi.

Özüt: Bir doku örneğinin parçalanmış hali.

P

Parasempatik: Organların çalışmasına yavaşlatıcı etki yapan otonom sinir sisteminin bölümü.

Partenogenez: Yumurtanın döllenme olmaksızın gelişerek yeni canlı meydana getirmesi.

Patojen: Hastalık yapıcı özelliği olan mikroorganizma veya madde.

Patoloji: Hastalık bilimi, hastalığın nedenlerini araştıran uzmanlık dalı.

Pepsin: Mide öz suyunda bulunan ve proteinleri sindiren enzim.

Pepton: Proteinlerin mide öz suyunda sindirime uğramış son hali.

Periost: Kemik zarı. Kemiklerin dışında bulunan, kemik dokunun beslenmesini onarılmasını sağlayan zar.

Peristaltik: Sindirim sistemi gibi bazı organların çeperlerinde görülen ritmik ve kuvvetli kasılıp gevşeme hareketleri. Bu ritmik kasılma dalgaları organ içindeki maddeyi hareket ettirmeye yardımcı olur.

Periton: Karındaki organları saran iki katlı karın zarı.

pH: Bir sıvının asit veya bazlık derecesini gösteren değer.

Pigment: Hücrelere özgü renk veren madde.

Pinositoz: Hücre zarından doğrudan geçemeyecek kadar büyük moleküllü sıvı maddelerin hücreye alınması.

Plasenta: Çoğu memelide embriyonun besin ve gaz alış-verişini sağlayan yapı.

Plazmoid: Bakteri stoplazmalarında bulunan ve kromozom gibi davranan DNA'lar.

Pleura: Akciğerleri saran iki katlı zar. Akciğer dış zarı.

Polipeptid: Protein molekülünün yapısında bulunan amino asit zincirlerinin bir parçası.

Populasyon: Belirli bir bölgede yaşayan aynı türe ait bireylerin oluşturduğu topluluk.

Por: Gözenek, hücre zarındaki madde giriş-çıkışını sağlayan küçük delikler.

Prokaryot hücre: Zarla çevrilmiş özel organelleri ve gerçek çekirdeği olmayan hücreler. Bakteriler ve mavi-yeşil algleri içine alan monera alemindeki canlılar.

Protein: Yapısında karbon, hidrojen, oksijen ve azot gibi elementleri bulunduran temel moleküllerdir. Amino asitlerin peptid bağlarıyla birleşmesinden oluşur. Belli bir sırada dizilmiş bir veya birkaç amino-asit zincirinden oluşan büyük moleküller. Bu dizilişi genetik kodlamadaki nükleotidler belirler. Proteinler vücudumuzdaki hücrelerin, dokuların ve organların oluşması, işlevlerini görebilmesi ve bunu uyum içinde yapmaları için gereklidir. Her proteinin kendine özgü bir işlevi vardır. Sözgelimi hormonlar ve enzimler adlarını duyduğumuz protein türlerinden ikisidir.

Protoplazma: Hücrenin çekirdeği ile stoplazmasına verilen ad.

R

Refleks yayı: Duyu, ara ve motor nörondan oluşan en basit mekanizma.

Rekombinant DNA: Farklı biyolojik kaynaklardan elde edilen DNA moleküllerinin birleşmesinden oluşan yapı. Hücre sıvısında ve çekirdeğinde bulunan kimyasal bir maddedir. Protein sentezlemesi başta olmak üzere hücre içi kimyasal faaliyetlerde çok önemli bir rolü vardır. Yapısı DNA'ya benzer. Ama herbiri farklı işlevlere sahip birkaç cinsi vardır.

Rekombinasyon: Mevcut genlerin yeni genotipleri oluşturacak şekilde yeniden bir araya gelmesi.

Rektum: Kalın bağırsağın anüsle sonlanan düz kısmı.

Rejenerasyon: Canlılarda görülen, yaraların ve yıpranmış organların yenilenmesi olayı.

Replikasyon: DNA'nın kendini eşlemesi.

Reseptör: Çeşitli uyarıları alabilen ve duyu organlarının yapısında bulunan özelleşmiş hücre, hücre grupları veya sinir uçları. Almaç.

Resesif gen: Etkisini fenotipte gösteremeyen ve çekinik olan gen.

Restriksiyon enzimi: DNA'yı parçalamaya, kesmeye yarayan enzimler.

Retina: Gözün ağ tabakası.

Ribozomal RNA: Hücre ribozomlarında bulunan bir çeşit RNA.

Ribozom: Hücrede protein sentezinin yapıldığı yerlerdir. İki kısımdan oluşur ve özel ribozomal RNA'larla proteinleri içerir.

S

Sarkolemma: Kas telini saran zar.

Sedimentasyon: Çökelme.

Segmentasyon: Bir vücut yada yapının benzer parçalara bölünmesi, zigotun geçirdiği bölünme evreleri.

Sekretin: On iki parmak bağırsağının salgıladığı hormon.

Seleksiyon: Seçilim, ayıklama anlamında Evrim kuramının temel mekanizmalarından birisi.

Sentromer: Kromozomlarda kardeş kromotidleri bir arada tutan kısım.

Serum: Kanın, pıhtılaşmasından sonra hücrelerinden ayrılmış, açık sarı renkli sıvı kısmı.

Sinaps: İki nöronun veya nöronla başka bir hücrenin bağlandığı yer.

Sitoloji: Biyolojinin Hücreyi inceleyen bilim dalı.

Sperm: Erkek üreme hücresi.

Süksesyon: Bir bölgede yaşayan çeşitli türlerin belirli bir zaman içinde birbirlerini izleyerek ortaya çıkmaları; ekolojik süksesyon olarak tanımlanır.

Süspansiyon: Asıltı. Bir akışkan içinde yüzen sıvı parçacıkların oluşturduğu sistem.

T

Tetrat: Mayoz bölünme sırasında homolog kromozomların birbirlerine sarılarak oluşturdukları dört kromotitli yapı.

Transgenetik canlı: Rekombinant DNA teknolojisiyle yabancı bir genin yerleştirildiği canlı.

Transkripsiyon: (yazılma) DNA ipliklerinin birinden genetik bilgilerin yeni sentezlenen mRNA'ya aktarımı.

Translasyon: (okuma) mRNA'nın sentezlendikten sonra stoplazmadaki ribozoma bağlanıp amino asitleri tRNA'lar yardımıyla sıraya koyması.

Tümör: İnce bağırsağın iç yüzeyindeki, sindirilmiş besinleri emip kana karıştıran parmaksı uzantılar. Özel olarak kanserli hücresel yapı topluluklarına da tümör denmektedir.

Telomer: Kromozomun bitiş kısmı. Bu özel yapı, doğrusal DNA moleküllerinin kendi kendini üretmesi ve dengeli yapısını koruması işlerine yarar

Transkripsiyon: Bir DNA parçasından kopyalanan RNA sentezi.

V

Varyasyon: Bir türün bireylerindeki aynı karakterin farklı şekilleri, değişiklik, evrimsel çeşitlilik.

Vena Porta: Canlı organizmadaki metabolizma faaliyetleri sırasında yıkıma uğrayan ve geri taşıma ile metabolizmanın dışına atılan metabolitleri taşıyan geniş toplardamar ağı.

Vitellus: Yumurta sarısı. Döllenme sırasında yumurtanın beslenmesi sağlayan mukopolisakkarit, protein ve yağ karışımından oluşan madde.

Virüs: Sadece içine girdiği bir başka hücre içinde yeniden üreyebilen ve hücresel yapısı olmayan canlı. Virüsler bir protein kılıfı içindeki nükleik asitlerden ibarettir. Bazılarınınsa basit bir zarı vardır. Virüsler çoğalmak için, içine girdikleri hücrenin sentezleme yeteneğinden yararlanır.

Y

Yoğunluk: Herhangi bir maddenin bir birim hacminin kütlesi.

Yumurta: Dişi üreme hücresi. Dişi gamet hücresi.

Z

Zar: Hücreyi ve çoğu organelleri çevreleyen lipit ve proteinlerden oluşan yarı geçirgen dinamik organik yapı.

Zigot: Döllenmiş yumurta hücresi.

Zooloji: Biyolojinin hayvanları inceleyen dalı.

HUVE-L HALLÂKU-L AZÎM..

ZÂLÎKE-L HAYYU-L KAYYÛM..

VE RABBU-S SEMÂVÂTÎ VE-L ARD..

VE HUVE-L ALÎMU-L HAKÎM.. .

– İKİNCİ CİLDİN SONU –

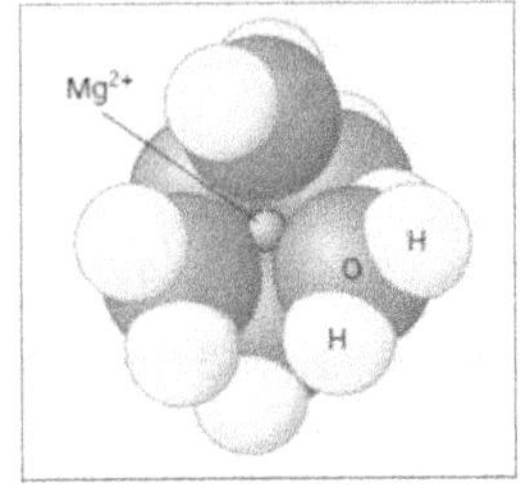

KAYNAKLAR

[1] Kur'ân Meali, Diyanet İşleri Başkanlığı

[2] Kur'ân Meali, Muhammed Hamidullah

[3] Albert L. Lehninger "Foundations of Biochemistry (Biyokimyanın Temel İlkeleri)", David L. Nelson & Michael M. Cox, Science, 2004 Publishing, 3. Baskıdan Türkçe çeviri: Prof. Dr. Nedret Kılıç, *Palme Yayıncılık, 2005*

[4] Harper, "Biyokimya" Robert K. Murray & Daryl K. Granner & Peter A. Mayes & Victor W. Rodwell, 25. Baskıdan Türkçe çeviri: Nurten Dikmen & Tuncay Özgüven, *Nobel Tıp Kitabevi, 2004*

[5] Atkins & Carey, "Kısa ve Öz Organik Kimya", 3. Baskıdan çeviri: Gürol Okay & Yılmaz Yıldırır, *Bilim Yayınevi, 2009*

[6] Guyton, "Tıbbi Fizyoloji Atlası", A. C. Hall, çeviri: H. Çavuşoğlu, *Nobel Tıp Kitabevi, İstanbul, 1996*

[7] Charles Darwin, "Türlerin Kökeni ve Korunumlu Doğal Seçilimin Anlamı" The Origin of Species: By Means of Natural Selection or the Preservation of Favoured Races in the Struggle for Life, *London: Senate Press 1995*

[8] J. W. Hole (Jr), "Human Anatomy and Physiology", *W. C. Brown Publishers, USA, 1993*

[9] Prof. Dr. Adem Tatlı, "Evrim: İflas Eden Teori", *Bedir Yayınları, 1990*

[10] Prof. Dr. Adem Tatlı, "Evrim ve Yaratılış", *Nesil Yayınları, 2008*

[11] Richard Dawkins "Tanrı Yanılgısı" The God Delusion, *London: W. W. Norton 2006*

[12] T.W. Graham Solomons & Craig B. Fryhle, "Organic Chemistry", University of South Florida, *John Wiley & Sons, 2000*

[13] T.W. Graham Solomons & Craig B. Fryhle, "Organik Kimya (Türkçe çevirisi)", Gürol Okay & Yılmaz Yıldırır, *Literatür Yayınları, 2002*

[14] Frank Netter, "Atlas of Human Anatomy", *Novartis, 1989*

[15] Juergen Wirth & Klaus-Heinrich Roehm & Jan Koolman, "Thieme Renkli Biyokimya Atlası", *George Thieme Verlag, Stuttgard/Germany, 2005*

[16] Chris A. Kaiser & Arnold Berk & Harvey Lodish, "Molecular Cell Biology", *W. H. Freeman Publishing; 5th edition (October 1999)*

[17] H. Stephen Stoker, "General, Organic and Biological Chemistry", Weber State University, *Brooks/Cole Publishers, USA, 2010*

[18] Prof. Dr. Tanju Ası, "Tablolarla Biyokimya I-II", *Nobel Tıp Kitabevi, 1999*

[19] Doç. Dr. Mustafa Altınışık, "PPT Biyokimya Sunuları ve Ders Notları", Pamukkale Üniversitesi Biyokimya Anabilim Dalı, *Aydın, 2009*

[20] Frank P. Incropera & David P. DeWitt, "Isı ve Kütle Geçişinin Temelleri", 4. basımdan çeviri: Feridun Özgüç & Taner Derbentli & Cem Parmaksızoğlu, *Literatür Yayınları, 2007*

[21] D. Le Croisette, "Biyoelektriksel sistemler ve Transistörler", Çeviri: Duran Leblebici & Yıldız Leblebici, *İTÜ yayınları, 1996*

[22] Stephen Jay Gould, "Smith Woodward's Folly", *New Scientist, Nisan 1979*

[23] Robert S. Brodkey, "Moleküler Taşınım Olayları (Ortak Yaklaşım)", *Literatür, 2009*

[24] Prof. Dr. Korkut Yaltkaya & Doç. Dr. Yurttaş Oğuz "Nöroloji (Ders Kitabı)", *Palme Yayıncılık, 2000*

[25] Prof. Dr. M. Turan Akay, "Genel Histoloji", *Palme Yayıncılık, 2008*

[26] David Haves & Migel Hooper, "Biochemistry (Biyokimya)", 3. baskıdan çeviri: Yusuf Tutar &Hikmet Geçgil & Mehmet Karataş, *Nobel Yayınları, 2010*

[27] Victor P. Eroschenko, "Histoloji Atlası", 9. Baskıdan çeviri: Prof. Dr. Ramazan Demir, *Palme Yayıncılık, 2001*

[28] Prof. Dr. Zekiye Çınar (Yıldız Teknik Üniversitesi), "Kuantum Kimyası", *Çağlayan Kitabevi, 1994*

[29] Campbell & Reece, "Biyoloji", 6. Baskıdan çeviri: Prof. Dr. Ertunç Gündüz & Prof. Dr. Ali Demirsoy & Prof. Dr. İsmail Türkan, *Palme Yayıncılık, 2010*

[30] Doç. Dr. Faik Mikailov & Doç. Dr. Sait Erenson, "Termodinamik ve İstatistiksel Fizik", *Papatya yayıncılık, 2008*

[31] Keeton & Gould, "Genel Biyoloji-I,II", 5. Baskıdan çeviri: Prof. Dr. Ali Demirsoy & Prof. Dr. İsmail Türkan & Ertunç Gündüz, *Palme Yayıncılık, 2003*

[32] David H. Persing & Fred. C. Tenover & David A. Ralman & Thomas J. White, "Moleküler Mikrobiyoloji", çeviri: Alper Tekeli, *Palme Yayıncılık, 2006*

[33] Hart, "Organik Kimya", 9. Baskıdan çeviri: Prof. Dr. Tahsin Uyar, *Palme Yayıncılık, 2008*

[34] Douglas Dewar, "Difficulties of the evolution theory & Man: a special creation (Evrim Teorisinin Güçlükleri & İnsan: Özel Yaratık)", *England 1931-1936*

[35] Prof. Dr. M. Ayhan Zeren, "Elektrokimya", *Birsen Yayınevi, İstanbul, 1999*

[36] Prof. Dr. Yüksel Sarıkaya, "Fizikokimya (Temel Ders Kitabı)", *Gazi Kitabevi, 2008*

[37] Prof. Dr. Metin Balcı, "Nükleer Manyetik Rezonans Spektroskopisi, *ODTÜ yy., 2004*

[38] Prof. Dr. Abdurrahman Aktümsek, "Genel Zooloji (Ders Kitabı)", *Nobel Yay., 2010*

[32] Richard B. Bliss & Gray E. Parker, "Origin of Life", *California, 1979*

[39] Kevin Mc Kean, "Biyokimyasal Süreçler Üzerinde Son Zamanlarda Yapılan Araştırmalar ve Bilimsel Makaleler", *Bilim ve Teknik, Sayı 189*

[40] J. P. Ferris & C. T. Chen, "Photochemistry of Methane, Nitrogen and Water Mixture as a Model for the Atmosphere of the Primitive Earth", *Journal of American Chemical Society, Cilt 97, Sayı 11, 1975*

NOTLAR